KULCZYŃSKI

Pamięci

Prof. Dra Władysława Kulczyńskiego

(1854—1919)

jednego z najwybitniejszych arachnologów świata,
pioniera naukowej arachnologii polskiej.

COLLECTED PAPERS ON SPIDERS

OF

WLADYSLAW KULCZYŃSKI

Volume 1

1 - 18

Joint publication of:

Springer-Science+Business Media, B.V.

1975

Additional material to this book can be downloaded from http://extras.springer.com.

ISBN 978-94-017-5824-6   ISBN 978-94-017-6271-7 (eBook)
DOI 10.1007/978-94-017-6271-7

Softcover reprint of the hardcover 1st edition 1975

Collected by P.J. van Helsdingen
Rijksmuseum van Natuurlijke Historie, Leiden, Netherlands

Life and work of Wladyslaw Kulczyński

Thorough descriptions are the keystone of systematics. Only through a conscientious and complete report on the characters and properties of an organism, can a taxonomist pass on to his fellows of the trade the acquired knowledge of the animals he has studied.

Be it in the form of an identification key, figures of the most important morphological properties, or the verbal summing up of measurements, colours and shapes, only when a description meets the high standards that have been set by the experience of numerous preceding taxonomists can it face the criticism of the generations that follow.

It is hard to say by whom Wladyslaw Kulczyński was taught the principles of taxonomy and the art of describing and illustrating animals. Above all his career must have been determined by his nature and by the way he was educated by his parents, influenced at the same time by the people that surrounded him as a youth. Later the more personal influence of schoolmasters and teachers may have guided him further on the course already taken. For all we know Kulczyński's interest in the natural sciences had already become apparent when he still was in the lower forms of secondary school. From then onwards it quickly developed into the specialized field of arachnology with which his name will for ever be connected.

Wladyslaw (or Vladislaus) Kulczyński was born on March 27, 1854, in Cracow, Poland, where he spent most of his life. In Cracow he went to elementary school, attended the secondary school, graduated at Cracow University, and in his turn became a teacher himself. Not surprisingly his first writings on animals dealt with the fauna of the Cracow region. They were faunistic papers on spiders (1872) and beetles (1872) with ample information on the habitats of the different species and the period of the year he collected them. These early papers already showed clearly his intuitive recognition of the importance of such data for the understanding of the biology of the species. At the time he published these first-fruits of his genius he had already become acquainted with Professor Nowicki, whom he helped in curating the collections of the Zoological Museum of the Jagiellonian University in Cracow. Subsequently he must also have been inspired by Rev. Janota, a well-known explorer of the Tatra Mountains.

It is surprising to learn that Kulczyński visited the Tatra's for the first time in 1875, when he was 21 years old. One would think that a young and enthusiastic naturalist as he must have been long before he reached that age, would have gone off exploring in that direction much sooner. Even in those days — just one-hundred years ago — it cannot have been much of a journey, less than 100 km to the south as the crow flies. Naturally the Tatra Mountains had not yet developed into the touristic area as we know it now, and it may have been very difficult to find suitable lodgings for a prolonged stay. After his first visit in 1875, Kulczyński became a regular visitor for several reasons. In the first place he went hiking and climbing there and helped to open up the Tatra's for other admirers of these magnificent mountains. Eventually he was honoured for this by having one of the mountain hotels named after him. So it appears that outside the world of spiders his name also became well-known.

But mountaineering was not his only occupation in the Tatra's. A number of substantial papers on the spider fauna of the Tatra Mountains are proof that he spent considerable time and energy on the persuit of his scientific aims once he had discovered this region. Many new spider species were collected and described, the fauna was thoroughly investigated and its relation to the altitudinal zonation discussed. Moreover, the spider fauna of the Tatra Mountains was compared with those of other regions: Tirol and the Karkonosze (or Krkonose) Mountains on the

Czechoslovakian border WSW of Wroclaw, thus placing this contribution to science on a much higher level than most contemporary publications in this field.

Here also one of the most wise decisions of Kulczyński comes to light. Instead of continuing to write his papers in Polish and thereby restricting his valuable information to a small section of Europe, he started to use universal Latin for the descriptions of his new species. Soon after that he decided to write all his papers entirely in Latin, adding German summaries in a few cases. We may be grateful for this. It certainly demolished a serious barrier that threatened the flow of information of which Kulczyński was the abundant source. Because of his consistent use of Latin — there are but few exceptions — the descriptions are accessible to the majority. We all know that a foreign language can constitute a serious impediment for an optimal use of a valuable paper. The choice between Polish and Latin certainly turns out to the latter's advantage being more universal than any of the other world-languages. Kulczyński's descriptions are of remarkably high standard. Male and female separately, the species are portrayed verbally with an accuracy that can still serve as an example. He was one of the first to mention measurements of leg segments consistently and accurately, a habit now practised by most, but quite exceptional in those days. Figures of the male palp and epigyne are nearly always presented, and these also are of high quality. Practically all figures were put together in lithographed plates and, though the figures are never very large, they excel because of the details he has put in. One cannot fail to note that he succeeded in maintaining the remarkable quality of his illustrations throughout his life, and we really have to admit that not many of the illustrations one finds in recent papers come up to his level; not to speak of the many descriptions from his own period that were not illustrated at all! This unusual but very fortunate combination of lucid descriptions and excellent figures always makes it a pleasure to pore over one of his treatises on the spiders of a certain region.

Gradually Kulczyński widened the geographical area covered in his faunistic spider studies. After his start with Galicia and the Tatra Mountains he continued to study other Central European regions from wherever he received material through colleagues or friends. Several papers deal with Tirol, Austria in general, and Hungary. The knowledge of the spiders of Central Europe must have advanced by leaps every time a new part of the "Araneae Hungariae", a monograph on Hungarian spiders he wrote together with Dr. C. Chyzer, was issued. It became a standard work, and still is, on the Hungarian spiders, but its influence went far outside the boundaries of that nation. And then in the course of time, when his name had become known throughout Europe as that of an eminent arachnologist, he began to receive material from collecting trips to other countries and expeditions to other parts of the world. And so we have inherited his writings on the spiders from Kamtchatka, Siberia, southern Russia, Turkey, several islands and countries in the Mediterranean region, a beautiful monograph on the spiders of Madeira, and so on. He did not hesitate to tackle material from Java, Sumatra, New-Guinea, and Australia. Apparently he was never offered any collections from the New World. Altogether he published 49 papers, one of which appeared posthumously. It might have been much more — from his bibliography one does not get the impression that the stream was running dry — if he had been allowed a longer life. He died on December 9, 1919, at the age of 66, in the place where he was born and had spent his life, the centre of Galicia in more than one respect, Cracow. Substantial parts of his collection are still preserved there in the Institute of Systematic Zoology and the Institute of Botany of the Polish Academy of Sciences, others are at the Zoological Institute at Warszawa.

If we try to view Kulczyński against the background of his time we might say that he lived and worked in a period which Bonnet so strikingly called the Golden Age of Arachnology. In the second half of the nineteenth century arachnological work for the larger part still consisted of describing new species. Revisionary papers were in the minority, though one often discussed the related species at the end of the descriptions of their newly discovered congeners. Treatises on the spider faunas of certain regions were favourites, and indeed, since any collection from not even necessarily very remote regions always contained exciting new forms, usually well worth the effort of writing a paper on its contents. We are all familiar with the never ending flood of titles of this category of papers by L. Koch, F.O. Pickard-Cambridge, O. Pickard-Cambridge, Thorell and Simon, to name just a few examples. The value of these faunistic papers should not be underestimated. They contributed to our general knowledge of the composition of the spider faunas of other continents, the distribution of spider families over the different zoogeographical areas and their relative importance. But one cannot fail to observe that the quantity must have had its negative influence on certain aspects of quality. In too many cases the descriptions were short and, one might say, rather superficial. They lacked the exactitude which we since have learned to be of paramount importance.

The situation gradually started to improve when people began to understand the importance of an accurate description where such an overwhelming number of species had to be dealt with adequately. Kulczyński should be given credit for having realized in time the insufficiency of most descriptions and also for having tried to cope with it in the way he did. In my experience, Kulczyński's detailed and accurate descriptions of colour-patterns and shapes can still stand the test of our times with flying colours, thanks to the fact that they include data on spination and characteristics of other setae, as well as measurements of leg-segments and main somatic elements, and are furnished with detailed, be it moderate-sized, figures of the copulatory organs. Work of such a high standard was decidedly exceptional in Kulczyński's time, at least in his early period. We have to wait until much later when at the turn of the century E. Schenkel and A. Tullgren began to produce comparably sound work.

Any student of the spider faunas of the Palaearctic or Oriental Regions sooner or later has to take advantage of the wealth of information of Kulczyński's papers. However, I have experienced great difficulties in locating libraries where one could obtain some of the rarer journals in which Kulczyński once published. Indeed, when preparing this reprint I had to apply to a Polish colleague for help in the case of one of Kulczyński's earlier papers that could not be found in any of the larger libraries in my own country. The preparation of this reprint of Kulczyński's "oeuvre" was in fact initiated because of the extreme scarcity of some papers and the difficulties in general in obtaining most of the others. The only way to make his work available to the ever increasing number of spider students is to make use of the possibilities of modern offset printing techniques.

As pointed out earlier, most of Kulczyński's papers were written in Latin, but in his early period he published some in his native Polish language, which might pose a barrier to many of us. In order to make the contents of these few papers, too, comprehensible for all, it was thought appropriate to add English summaries of the more important sections. It is a pleasure to bring to your notice these additions, which were prepared on our request by Dr. J. Prószyński from Siedlce, Poland, who personally knows the region Kulczyński lived and worked in. His help is gratefully acknowledged here.

This reprint contains all Kulczyński's publications that concern spiders. Papers on other groups of animals or general topics were not included. An exception also had to be made for "Araneae Hungariae", a joint publication with C. Chyzer which appeared between 1891 and 1897. It certainly is not less important than his other work, but it was not possible to include such an extensive treatise on the Hungarian spider fauna in this compilation of his other writings. It has to be dealt with separately.

His papers, 50 titles in total, are presented in chronological order and with original paging. The dates of publication given in the index are in conformity with Bonnet's "Bibliographia Araneorum". Pages of text are reduced in size when necessary. Because of the small size of most of Kulczyński's figures reduction of the larger plates (folio pages or double quarto pages) would render them useless. Therefore, plates have not been reduced in size but are maintained in their original dimensions.

CONTENTS

1

Przyczynek do fauny pajęczéj.

Podał Wł. Kulczyński.

~~~~~

Przyczynek niniejszy obejmuje częścią gatunki pająków nowo odkryte, częścią zaś z miejscowości, z których nie były jeszcze znane.

Epeira pyramidata Cl. (*marmorea var* γ Thor.). Skały Panieńskie, na krzakach, 7.
— *cornuta* Cl. Rybaki, na oczeretach pod wodą, 6.
— *sollers* Walck. Borek Fałęcki, na sosnach, 4.
— *dromedaria* Walck. Myślenice, 7.
— *agalena* CK. Borek Fałęcki, na sosnach, 4.
Singa nitidula CK. Myślenice, po pastwiskach, na nizkich ziołach, 7.
— *hamata* Cl. Olsza, Ojców, jak poprzednia, 5.
— *albovittata* Westr. Szczyglice, na suchym, słonecznym stoku, 4.
Cyrtophora (Singa) oculata Walck. Witkowice, w suchéj trawie, 10.
Cercidia (Singa) prominens Westr. Skały Panieńskie, w trawie, wśród lasu, 6.
Zilla atrica CK. Skały Panieńskie, Myślenice, na sosnach, 7, 8.
— *Stroemii* Thor. (*montana* Westr.), Radwanowice, Rząska, Borek Fałęcki, na sosnach, 6, 7.
Meta Merianae Scop. Borek Fałęcki, Mników, pod drzewami, 5.
— *cellulana* C. K. Radwanowice, Myślenice, 7.
Tetragnatha Nowickii L. K. Myślenice, nad wodą, 7.
— *extensa* L. Myślenice, nad wodą, 7.
— *pinicola* L. K. Rząska, na sosnach, 4.
Linyphia clathrata Sund. Olsza, Skały Panieńskie, Rząska, Borek Fałęcki, Ojców, Radwanowice, Myślenice, w trawie u stóp drzew, 3—7.
— *hortensis* Sund. Borek Fałęcki, Szczyglice, na krzakach, 6, 7.
— *peltata* Wid. Radwanowice, Skały Panieńskie, Ojców, na krzakach, 4—7.
— *thoracica* Wid. Skały Panieńskie, Ojców, w rozpadlinach skał, 7.
— *bucculenta* Cl. Skały Panieńskie, Borek Fałęcki, na ziemi, pod krzakami, 3.
— *frenata* Wid. Skały Panieńskie, 6.
— *minuta* Blw. (*domestica* Wid.). Skały Panieńskie, Radwanowice, po trawach, 7.
— *socialis* Sund. Kraków, Skały Panieńskie, na pniach starszych drzew, 8.
— *tenebricola* Wid. (*pygmaea* Westr.). Radwanowice, na ziemi, wśród suchych liści, 3, 4.
— *angulipalpis* Westr. Radwanowice, 7.
— *concolor* Wid. Kępa, w wiklinie, na ziemi, 3.

Tapinopa longidens Wid. Skały Panieńskie, Rząska, Radwanowice, na ziemi, wśród liści, kamieni, 6, 7.

Pachygnatha Clerckii Sund. Olsza, Błonia, pod drzewami, 3, 4, 10.
— *Listeri* Sund. Kępa, Skały Panieńskie, tak samo, 3, 4, 5.
— *De Geeri* Sund. Olsza, Błonia, Kępa, Rybaki, Skały Panieńskie, Borek Fałęcki, tak samo, b. pospolita, 3, 4, 5, 10.

Theridium riparium Blw. (*saxatile* C. K.). Skały Panieńskie, na skałach, 5, 7.
— *pictum* Walck. Rząska, na krzakach, 5—8.
— *mystaceum* L. K. Skały Panieńskie, Rząska, Mników, Radwanowice, na drzewach, 5—7.
— *simile* C. K. Borek Fałęcki, na sosnach, 4.
— *triste* Hahn. Borek Fałęcki, tak samo, 4.

Lityphantes (Theridium) corollatus L. Borek Fałęcki, Rząska, na piaszczystych pastwiskach, 3, 4,

Steatoda (Theridium) guttata Wid. Radwanowice, pod kamieniem, 7, dojrzały samiec.

Euryopis (Theridium) flavomaculata C. K. Skały Panieńskie, na ziołach w lesie, od kwietnia do lipca.

Erigone dentipalpis Wid. Błonia, na mrowiskach, marzec, kwiecień.
— *cornuta* Blw. (*bicuspidata* Westr.). Ojców, lipiec.
— *antica* Wid. Kępą. w wiklinie, marzec.
— *apicata* Blw. (*gibbicollis* Westr.). Skały Panieńskie, maj.
— *Sundevallii* Westr. Skały Panieńskie, maj.

Enyo germanica C. K. Skały Panieńskie, Radwanowice, na skałach i pod wielkiemi kamieniami, kwiecień, lipiec.

Dictyna arundinacea L. Olsza, Rybaki, Skały Panieńskie, na płotach, pod korą, marzec do maja.
— *variabilis* C. K. Skały Panieńskie, na ziołach, kwiecień.

Zora maculata Blw. (*spinimana* Sund.). Skały Panieńskie, na ziemi pod krzakami, marzec do lipca.

Apostenus fuscus Westr. Skały Panieńskie, Radwanowice, pod kamieniami, lipiec.

Drassus lapidicola Walck. Zabierzów, Radwanowice, na skałach, pod mchem, maj do lipca.

Anyphaena accentuata Walck. Skały Panieńskie, w suchych liściach, na drzewach, kwiecień, maj.

Chiracanthium carnifex Fabr. Borek Fałęcki, na sosnie, czerwiec.

Clubiona pallidula Cl. Skały Panieńskie, Borek Fałęcki, pod korą, marzec, kwiecień, maj.
— *erratica* C. K. Rząska, pod korą sosny, kwiecień.
— *compta* C. K. Skały Panieńskie, Radwanowice, na krzakach, lipiec.

Micaria pulicaria Sund. Olsza, Rybaki, Witkowice, na ziemi pod drzewami, od marca do października.
— *fulgens* Walck. Skały Panieńskie, na trawie, w lesie, czerwiec.

Phrurolithus festivus C. K. Skały Panieńskie, na skałach i u stóp ich w trawie, marzec, kwiecień.

Tegenaria cicurea Fabr. Skały Panieńskie, między kamieniami, lipiec.

Cybaeus angustiaram L. K. Skały Panieńskie, między kamieniami, kwiecień, maj.

Coelotes terrestris Wid. Skały panieńskie, tak samo, maj.

Textrix torpida C. K. Ojców, tak samo, lipiec.

Cryphaeca (Hahnia) silvicola C. K. Ojców, tak samo, maj.

Sparassus ornatus Walck. Skały Panieńskie, na ziemi lub w trawie pod krzakami, marzec, kwiecień.

Thomisus dorsatus Fab. Skały Panieńskie, w suchych liściach na drzewach, w kwietniu, późniéj na krzakach.

— *depressus* C. K. Borek Fałęcki, Skały Panieńskie, pod korą sosen i na sosnach, od marca do sierpnia.

Xysticus praticola C. K. Olsza, Skały Panieńskie, w trawie pod drzewami, marzec, kwiecień.

— *brevipes* Hahn. Skały Panieńskie, tak samo.

— *cuneolus* C. K. Skały Panieńskie, na ziołach w lesie, marzec, kwiecień.

— *scabricolus* Westr. Zabierzów, Ojców, pod kamieniami, lipiec.

Philodromus tigrinus Walck. Olsza, Błonia, Rybaki, Sikornik, Borek Fałęcki, pod korą wierzb, marzec, kwiecień.

— *ieiunus* C. K. Skały Panieńskie, w suchym liściu na drzewie, marzec.

— *corticinus* C. K. Rząska, Borek Fałęcki, pod korą sosen, od marca do lipca.

— *oblongus* Walck. Olsza, na ziemi pod krzakami, marzec.

— *griseus* Hahn. Borek Fałęcki, pod korą sosen i na sosnach marzec.

Aulonia albimana C. K. Skały Panieńskie, Mników, na skałach, kwiecień, maj, czerwiec.

Salticus hilarulus C. K. Skały Panieńskie, na tratwie wśród krzaków, czerwiec.

Attus muscosus Cl. Rząska, na sośnie, czerwiec, Radwanowice, na płocie, lipiec.

— *quinque-insignitus* Cl. Skały Panieńskie, na skałach, maj.

— *crucigerus* Walck. Ojców, wśród kamieni, maj.

— *heterophthalmus* Wider. Skały Panieńskie, między korzeniami, w kwietniu, na krzakach, w lipcu.

— *saxicolus* C. K. Skały panieńskie, na skałach, lipiec.

— *frontalis* Walck. Skały Panieńskie, na ziemi, w lesie, maj, czerwiec.

Dysdera cognata L. K. Radwanowice, na skale, lipiec.

2

Dodatek do fauny pajęczaków Galicyi.

Podał Wł. Kulczyński.

~~~~~~

Dotychczas odkryto w Galicyi około 270 gatunków pająków (*Araneae*). Zbiérając przez lat kilka koło Krakowa znalazłem jeszcze kilkadziesiąt gatunków nowych dla kraju. Prócz tego otrzymałem także z różnych okolic Galicyi nieco pająków: z okolic Lwowa od Prof. Kotuli (między témi kilka bardzo rzadkich i przedtém mi nieznanych gatunków), z Galicyi wschodniéj od JP. Śleńdzińskiego, z Nowego Targu od JP. Sykutowskiego, z Woli Batorskiéj (na wschód od Niepołomic) od JP. Krupy, wreszcie z Niepołomic i z puszczy Niepołomickiéj (gdzie sam tylko nie wiele zbierać mogłem) od ucznia gimnazyjalnego Ulanowskiego; za tę życzliwą pomoc wszystkim tym Panom składam niniéjszém podziękowanie.

W tak zgromadzonym zbiorze znalazło się, o ilem go dotychczas zdołał oznaczyć, do 90 gatunków jeszcze z Galicyi nie podanych.

Jakkolwiek ogólna ilość (koło 360) pająków znanych z Galicyi jest znaczna, (w Szwecyi i W. Brytanii, krajach może najlepiéj pod tym względem zbadanych, znaleziono ich do r. 1870 mało co więcéj nad 300, dopiéro badania w najnowszych czasach przedsięwzięte liczbę tę dość znacznie zwiększyły), przecież nie jest jeszcze ta gałąź fauny krajowéj bynajmniéj wyczerpana, zwłaszcza w podrzędach: *Retitelariae* i *Saltigradae*.

Pozostawiając na późniéj uzupełnianie niniéjszego spisu, w miarę jak zdołam opracować pozostały jeszcze materyjał, podaję to, com dotychczas oznaczył, trzymając się (w rzędzie pająków) systemu i nomenklatury Prof. Thorella, podanych w dziełach p. t.: *On European Spiders* (*Upsala 1869—1870*) i *Remarks on Synonyms of European Spiders* (*Upsala 1870—1873*).

Rzęd. **Araneae.**

Podrzęd 1. Orbitelariae.

Rodzina. **Epeiroidae.**

Podrodzina. **Epeirinae.**

Epeira Walck.

1. *E. angulata* Clerck. Las Rząsiecki, Borek Falęcki, las Krzyszkowicki, puszcza Niepołomicka. W kwietniu i maju młode, w czerwcu dorosłe okazy.

2. *E. dromedaria* Walck. Na suchych stokach koło skały Kmity i pod klasztorem Bielańskim. Dorosłe w maju i czerwcu.

3. *E. diademata* Clerck. Po lasach i zaroślach koło Krakowa pospolity. Dorosłe w lipcu i późniéj.

4. *E. alsine* Walck. Młode okazy po lasach koło Krakowa nie zbyt rzadkie (las Rząsiecki, Skały panieńskie, las Krzyszkowicki); jedyną dotąd dojrzałą ♀ znalazłem w lipcu.

5. *E. quadrata* Clerck. Las Krzyszkowicki, puszcza Niepołomicka; Myślenice. ♂ i ♀ dojrzałe w lipcu, ♀ także późniéj.

6. *E. marmorea* Clerck. α *forma principalis* Thorell. Nie rzadki po lasach i porębach. Las Rząsiecki, Szczyglice, Skały panieńskie, Borek Falęcki, las Krzyszkowicki.

β. *intermedia* Thorell. Las Krzyszkowicki, razem z postacią α.

γ. *pyramidata* Thorell. (*E. pyramidata* Clerck.). Skały panieńskie, las Krzyszkowicki.

7. *E. umbratica* Clerck. Ogrody krakowskie, Skały panieńskie; Myślenice. W lipcu ♀ dorosłe.

8. *E. ixobola* Thorell. Gatunek dopiéro w r. 1873 przez Prof. Thorella (w *Remarks on Synon.*) opisany, dawniéj prawdopodobnie po największéj części nie odróżniany od następnego, bardzo doń podobnego. Obydwa te gatunki żyją w Galicyi; początkowo pomięszałem jednak okazy z różnych pochodzące okolic, uważając je wszystkie za *E. sclopetaria*, nie mogę więc szczegółowo podać miejscowości, gdzie który z nich znaleziony został. W r. 1875 znalazłem *E. ixobola* na Rybakach i na Olszy pod korą starych wiérzb i topól (w marcu ♂ i ♀ jeszcze nie dorosłe).

9. *E. sclopetaria* Clerck. W Kościeliskach pod Tatrami, pod dachami chat w lipcu ♂ i ♀ dorosłe.

10. *E. cornuta* Clerck. Najczęściéj w zaroślach nad wodami. Bielany, Niepołomice. W kwietniu i lipcu dojrzałe ♀.

11. *E. patagiata* Clerck. W samym Krakowie i we wszystkich jego bliższych okolicach jeden z najpospolitszych gatunków tego rodzaju; dorosłe zbiérałem od kwietnia do lipca, także we wrześniu. Wola Batorska, Myślenice.

12. *E. agalena* Walck. Wcale nie rzadki i bardzo zmienny w ubarwieniu gatunek. Skały panieńskie, Wola Duchacka, Borek Falęcki, las Krzyszkowicki, puszcza Niepołomicka; Lwów. W końcu maja i w czerwcu dojrzałe ♂ i ♀.

E. (Atea) aurantiaca C. Koch., podanéj w „Przyczynku do pajęczéj fauny" Dra JACHNY (Spraw. Kom. fizyjogr. t. VI) z okolic Krakowa, dotychczas nie znalazłem. Jest to gatunek według C. FICKERTA (*Synonym.-alphabet. Verzeichn. d. europ. Arten des Arachn.-Genus Epeira, w Abhandl. d. Naturforsch. Gesellsch. zu Görlitz, 1875*) wątpliwy, Prof. THORELL nie wspomina o nim wcale. Często trafiają się okazy *E. agalena* z ubarwienia wcale podobne do *E. aurantiaca*, jak ją C. KOCH opisuje.

13. *E. sollers* Walck. W lasach sosnowych. Borek Falęcki, puszcza Niepołomicka. W maju dorosłe ♀.

14. *E. cucurbitina* Clerck. Koło Krakowa w lasach i zaroślach wszędzie pospolita. Dorosłe w czerwcu i późniéj.

15. *E. alpica* L. Koch. Z tego gatunku bardzo podobnego do *E. cucurbitina* mam tylko 1 okaz (dojrzała ♀) znaleziony przez JP. ŚLEŃDZIŃSKIEGO na Rokiecie nad Banią Berezowską w powiecie Kołomyjskim.

16. *E. Westringii* Thorell. Kilka młodych okazów znalezionych w kwietniu i maju w lesie Rząsieckim, na Bielanach, Rybakach, w Borku Falęckim i w lesie Krzyszkowickim; dojrzały okaz znalazłem tylko jeden (♀) w maju w Borku Falęckim. Gatunek postacią do obydwóch poprzednich bardzo zbliżony, ale barwy odmiennéj.

17. *E. adianta* Walck. Puszcza Niepołomicka, na początku czerwca same młode okazy, w lipcu dojrzała ♀. Bliżéj Krakowa gatunku tego nie znalazłem.

18. *E. ceropegia* Walck. Myślenice.

19. *E. acalypha* C. Koch. Dość pospolita. Szczyglice, Mników, Skały panieńskie, Sikornik, Borek Falęcki; Wola Batorska; Lwów. W czerwcu i lipcu dorosłe okazy.

20. *E. diodia* Walck. W lasach, zwłaszcza młodych, dość częsta. Bielany, Skały panieńskie, Borek Falęcki, las Krzyszkowicki; Galicyja wschodnia. W maju i czerwcu dojrzałe ♂ i ♀.

Cyrtophora Simon.

1. *C. conica* De Geer. Po lasach pospolita. Radwanowice, las Rząsiecki, Bielany, Skały panieńskie, Borek Falęcki, las Krzyszkowicki; Wola Batorska. W maju dorosłe ♂ i ♀.

2. *C. oculata* Walck. Rzadki gatunek. Skały panieńskie, Rybaki. W kwietniu i maju same młode okazy.

Singa C. Koch.

1. *S. hamata* Clerck. Dość częsta, ale rzadsza od następującéj. Błonia krakowskie, Dąbie.

2. *S. nitidula* C. Koch. Ogrody krakowskie, Bielany, Przegorzały, Kępa pod Zwierzyńcem, Dąbie; Lwów. Dojrzałe w końcu kwietnia i w maju, ♀ także w czerwcu.

3. *S. albovittata* Westr. Rzadka. Wola Duchacka.

4. *S. pygmaea* Sund. Rzadka. Borek Falęcki, w kwietniu młode, w maju dorosłe okazy.

Cercidia Thorell.

C. prominens Westr. Rzadka. Puszcza Niepołomicka; Lwów. W maju dorosłe ♂ i ♀.

Zilla C. Koch.

Z. Stroemii Thor. Krzemionki, Wola Batorska. W marcu i maju dojrzałe ♂.

Meta C. Koch.

1. *M. Merianae* Scop. W grocie Twardowskiego na Krzemionkach, 21 maja ♂ i ♀ dorosłe i różnego wieku młode.

2. *M. segmentata* Clerck. W jesieni pospolita w lasach i zaroślach. Witkowice, Olsza, Skały panieńskie, las Krzyszkowicki. We wrześniu i październiku ♂ i ♀ dorosłe.

3. *M. Mengei* Blackw. (*M. albimacula* Westr., *M. segmentata var. Mengei* Thorell. *olim*). Gatunek nadzwyczaj do poprzedzającego podobny, przez Prof. THORELLA nawet początkowo za jego odmianę uznany, jest równie pospolity jak tenże, i w tych samych żyje miejscach, pojawia się jednak w lecie (w maju i czerwcu dojrz. ♂ i ♀). Las Rząsiecki, Skały panieńskie, las Krzyszkowicki; puszcza Niepołomicka.

Tetragnatha Walck.

T. extensa Linn. *vera* Thorell. (*T. Nowickii* L. Koch). Wola Duchacka, Bielany.

T. extensa Linn. *forma. Solandri* (Scop.) Thorell. (*T. extensa* L. Koch). Z postaci tego gatunku u nas, jak i prawdopodobnie w całéj środkowéj Europie, najpospolitsza. Szczyglice, las Rząsiecki, Kępa, Rybaki, las Krzyszkowicki; puszcza Niepołomicka, Wola Batorska.

(*T. extensa* Linn. *forma. obtusa* Thorell. (*T. obtusa* C. Koch. i L. Koch) znalazłem w Ojcowie, bez wątpienia żyje zatém i ta postać w bliższych okolicach Krakowa).

Podrzęd 2. Retitelariae.
Rodzina. Theridioidae.
Pachygnatha Sund.

1. *P. Clerckii* Sund. W zaroślach i krzakach nad wodami prawie wszędzie znaleźć ją można, ale zwyczajnie w niewielkiéj ilości.

Las Rząsiecki, Olsza, błonia krakowskie, Kępa, Rybaki, las Krzyszkowicki, Borek Falęcki; Wola Batorska.

2. *P. Listeri* Sund. Przeważnie w lasach, nie rzadka. Las Rząsiecki, Skały panieńskie, Sikornik, Kępa, las Krzyszkowicki.

3. *P. De Geeri* Sund. Jeden z najpospolitszych pająków, którego prawie wszędzie i przez cały rok znaleźć można. Wola Batorska, Myślenice, Nowy Targ.

Episinus Walck.

E. truncatus Walck. Młode okazy niezbyt rzadkie na ziołach w lasach lub w ich pobliżu (Skały panieńskie, Borek Falęcki), dorosłe znalazłem raz tylko w lipcu na stoku pod klasztorem Bielańskim.

Tapinopa Westr.

T. longidens Reuss. Bielany, Skały panieńskie; Galicyja wschodnia. W maju dorosłe ♂ i ♀, we wrześniu ♀.

Linyphia Latr.

1. *L. montana* Clerck. W Krakowie i jego okolicach wszędzie pospolita; po płotach i krzakach, na polach i w lasach. Radwanowice, Aleksandrowice, Wola Batorska, Myślenice.

2. *L. clathratu* Sund. Pospolita w Krakowie i w okolicach (Sikornik, Kępa, Rybaki, Czarna wieś, las Krzyszkowicki). Wola Batorska.

3. *L. triangularis* Clerck. Równie pospolita jak *L. montana*. Radwanowice, Skały panieńskie, Borek Falęcki, las Krzyszkowicki; Myślenice.

4. *L. phrygiana* C. Koch. Czerna, 10 maja dojrz. ♀.

5. *L. emphana* Walck. (*scalarifera* Menge). Skały panieńskie.

6. *L. frutetorum* C. Koch. W dawniejszym moim spisie pająków p. t. „Przyczynek do fauny pajęczéj (Spraw. Kom. fizyjogr., tom VI) podałem ten gatunek jako *L. hortensis* Sund., idąc za WESTRINGIEM, który te dwa gatunki, dopiéro przez Prof. THORELLA należycie odróżnione, za jeden uważał. Bielany; z początkiem czerwca dojrz. ♂ i ♀.

7. *L. pusilla* Sund. Koło Krakowa nie rzadka. Radwanowice, Skały panieńskie, błonia krakowskie, Olsza, Rybaki, Wola Duchacka, Borek Falęcki. Z Galicyi wschodniéj dostałem ją od JP. ŚLEŃDZIŃSKIEGO.

8. *L. peltata* Reuss. Koło Krakowa rzadka. W końcu maja i w czerwcu dojrz. ♂ i ♀. Galicyja wschodnia.

9. *L. marginata* C. Koch. Nie rzadka na krzakach w lasach. Czerna, Radwanowice, Skały panieńskie. Galicyja wschodnia.

10. *L. thoracica* Reuss. Skały panieńskie, w marcu młode, w lipcu dojrzałe ♀.

11. *L. bucculenta* Clerck. Wszędzie koło Krakowa dość liczna. Wola Batorska, Nowy Targ.

12. *L. frenata* Reuss. Bielany. We wrześniu dojrz. ♀.

13. *L. nebulosa* Sund. Radwanowice, Bielany, Kraków (w domach), puszcza Niepołomicka. W czerwcu i lipcu dojrz. ♀.

14. *L. minuta* Blackw. i 15. *L. leprosa* Ohlert. Gatunki bardzo do siebie podobne; obydwa znalazłem w krakowskiém, ale pomieszawszy je początkowo podałem je jako *L. minuta* Blackw. ze Skał panieńskich i Radwanowic. Okazy z Radwanowic są *L. minuta*, ze Skał panieńskich *L. leprosa*, którą późniéj znalazłem także na Bielanach (w maju i czerwcu ♀ dojrz.).

16. *L. tenebricola* Reuss. Na wiosnę i w jesieni dość częsta w lasach pod opadłémi liśćmi i ziołami. Las Rząsiecki, Bielany, Skały panieńskie, Sikornik, Kępa, Borek Falęcki, las Krzyszkowicki.

17. *L. cristata* Menge. W takich miejscach, jak i poprzednia. Las Rząsiecki, Skały panieńskie, Sikornik. W listopadzie dojrz. ♂ i ♀.

18. *L. insignis* Blackw. 1 okaz ze Skał panieńskich (1 listopada dojrz. ♀).

19. *L. angulipalpis* Westr. Jak *L. tenebricola* i *cristata*. Las Rząsiecki, Skały panieńskie, Sikornik. W marcu, kwietniu i maju dojrz ♂ i ♀.

20. *L. alacris* Blackw. Skały panieńskie, 25 marca dojrz. ♂ i ♀.

21. *L. index* Thorell. Skały panieńskie, 25 marca 1 dojrz ♂.

22. *L. crucifera* Menge. Skały panieńskie, 27 marca ♂, 4 czerwca ♀ dojrz.

23. *L. nigrina* Westr. Skały panieńskie, Kępa, Rybaki, las Krzyszkowicki; od marca do maja ♂ i ♀ dojrz.

24. *L. concolor* Reuss. Dość pospolita. Siatka jéj mała, umieszczona w zagłębieniach ziemi między ziołami, liśćmi opadłémi i t. d. Skały panieńskie, wały fortyfikacyjne Krakowa, Rybaki, Borek Falęcki, las Krzyszkowicki. Od marca do maja dojrzałe ♂ i ♀.

25. *L. dorsalis* Reuss. We wszystkich lasach koło Krakowa pospolita. Przesiaduje zwykle na liściach leszczyny. Wola Batorska, Nowy Targ. Od kwietnia do czerwca dojrzałe ♂ i ♀.

26. *L. bicolor* Blackw. Wały fortyfikacyjne Krakowa. W marcu dojrz ♀.

27. *L. socialis* Sund. Dość częsta w jesieni na pniach starszych drzew.

Erigone Sav. et Aud.

1. *E. dentipalpis* Reuss. Nie rzadka na wiosnę w zaroślach, na pastwiskach i t. d. Bielany, Skały panieńskie, Sikornik, błonia krakowskie (na kretowinach, nie „mrowiskach" jakem.w dawniéjszym spisie podał), Kępa, Borek Falęcki, las Krzyszkowicki. Od marca do maja dorosłe ♂ i ♀.

2. *E. atra* Blackw. Las Rząsiecki, błonia krakowskie, Borek Falęcki. Od marca do czerwca dojrz. ♂.

3. *E. herbigrada* Blackw. Skały panieńskie, las Krzyszkowicki. W marcu, kwietniu i wrześniu dojrz. ♂.

4. *E. nudipalpis* Westr. Bardzo rzadka, dotąd znalazłem tylko 3 okazy, w lesie Rząsieckim, Krzyszkowickim i na Sikorniku (15 marca ♀ dojrz.; 3 i 6 kwietnia ♂ dojrz.).

5. *E. nigra* Blackw. Skały panieńskie, 26 marca ♂ i ♀ dojrz.

6. *E. tibialis* Blackw. Bielany, Skały panieńskie, las Krzyszkowicki. ♂ dojrzałe w kwietniu, maju, wrześniu i listopadzie: 6 kwietnia ♂ i ♀ *in copula*.

7. *E. cornuta* Blackw. Skały panieńskie, krakowski ogród botaniczny, las Krzyszkowicki. W maju i czerwcu ♂ dojrz.

8. *E. (Lophomma) mitrata* Menge. 20 marca znalazłem jednego dojrz. ♂ na Sikorniku.

9. *E. (Lophomma) cucullata* (C. Koch) Menge. Las Krzyszkowicki, 19 września ♂ i ♀ dojrzałe.

10. *E. antica* Reuss. Kępa, Rybaki, Borek Falęcki. W marcu i kwietniu ♂ i ♀ dojrzałe.

11. *E. cristata* Blackw. Sikornik, błonia krakowskie, Olsza, Rybaki, las Krzyszkowicki. Od marca do maja ♂ i ♀ dorosłe.

12. *E. perforata* Thorell. Na Skałach panieńskich w maju i czerwcu dość liczna na krzakach. Wola Batorska.

13. *E. (Phalops) furcillata* Menge. 1 okaz z Krakowskiego bez bliżéj oznaczonéj miejscowości.

14. *E acuminata* Blackw. (*non* C. Koch). Wola Duchacka, 28 marca dojrzała ♀.

15. *E. apicata* Blackw. Tylko 2 okazy (dorosłe ♂) ze Skał panieńskich (w marcu i kwietniu).

16. *E. bifrons* Blackw. Rybaki, 27 maja dojrz. ♂.

17. *E. elevata* (C. Koch) Thorell. Las Rząsiecki, Borek Falęcki. W maju dojrz. ♂.

18. *E. altifrons* Cambr. Las Rząsiecki, Skały panieńskie, las Krzyszkowicki. W maju i czerwcu dorosłe ♂.

19. *E. elongata* Reuss. Las Rząsiecki, Skały panieńskie, wały fortyfikacyjne Krakowa, Rybaki, Wola Duchacka, las Krzyszkowicki. Od marca do czerwca ♂ i ♀ dorosłe.

20. *E. picina* Blackw. Skały panieńskie, Kępa, las Krzyszkowicki. W maju i czerwcu dojrz. ♂.

21. *E. erythropus* Westr. Szczyglice, Rybaki, Borek Falęcki, ogrody krakowskie. W maju i czerwcu dojrz. ♂.

22. *E. hiemalis* Blackw. Skały panieńskie, 4 czerwca ♂ dorosły.

23. *E. scabricula* Westr. Skały panieńskie, Olsza, las Krzyszkowicki. W marcu i kwietniu ♂ dojrzałe.

24. *E. cirrifrons* Cambr. (*Descript. of some British Spiders new to science w Transact. Linn. Societ.* XXVII., str. 458, tabl. 57, fig. 43). Rybaki, las Krzyszkowicki; w marcu i czerwcu ♂ dojrz.

25. *E. pumila* Blackw. Borek Falęcki, 26 maja ♂ dojrz.

26. *E. latifrons* Cambr. Skały panieńskie, 25 kwietnia ♂ dojrz.

27. *E. retusa* Westr. Wały fortyfikacyjne za Wolską rogatką, Borek Falęcki; w marcu dojrzałe ♀, w kwietniu i maju ♂.

28. *E. fusca* Blackw. Olsza, las Krzyszkowicki; 6 maja i 19 września ♂ dojrzałe.

29. *E. graminicola* Sund. Skały panieńskie, Zwierzyniec, Rybaki, Wola Duchacka. Od marca do czerwca dojrzałe.

30. *E. rufipes* Linn. Las Rząsiecki, Wola Justowska, Błonia, Kępa, Rybaki, Dąbie. Od marca do czerwca dojrzałe ♂ i ♀.

31. *E. dentata* Reuss. Wały fortyfikacyjne za Wolską rogatką, Rybaki, Las Krzyszkowicki. W marcu, maju i wrześniu dojrzałe ♂.

32. *E. latebricola* Cambr. (*loc. cit.*, str. 444, tab. 56, fig. 32) Las Krzyszkowicki, 25 kwietnia ♂ dojrzały.

33. *E. isabellina* C. Koch. Kępa, las Krzyszkowicki. 19 września ♂ i ♀ dojrzałe.

34. *E. livida* Blackw. Szczyglice, Bielany, Skały panieńskie, Kępa, las Krzyszkowicki. ♂ dojrz. w kwietniu i maju, ♀ w maju, czerwcu, wrześniu.

35. *E. Clarkii* Cambr. Olsza, w marcu ♂ dojrzały.

36. *E. rufa* Reuss. Skały panieńskie, 25 marca ♂ i ♀ dojrz.

37. *E. silvatica* Blackw. Skały panieńskie, Bielany. We wrześniu i listopadzie ♂ i ♀ dojrzałe. 19 września znalazłem dwa ♂, jednego świeżo, po raz ostatni, wylinionego, ale jeszcze z miękkiém okryciem, drugiego jeszcze nie zupełnie dojrzałego, który właśnie stare okrycie miał zrzucić.

38. *E. viaria* Blackw. Skały panieńskie; w kwietniu i wrześniu ♂ i ♀ dojrz.

39. *E. vigilax* Blackw. Borek Falęcki, 12 kwietnia ♂ dorosły.

40. *E. fuscipalpis* C. Koch. Las Rząsiecki, Rybaki, Krzemionki, Borek Falęcki. W kwietniu i maju dojrzałe.

41. *E. penicillata* Westr. Rybaki, w marcu i maju dojrz. ♂.

42. *E. Sundevallii* Westr. Bielany, Kępa, Rybaki. W maju dojrz. ♂ i ♀.

43. *E. brevis* Reuss. Bielany, Skały panieńskie, Sikornik. ♂ dojrz. w marcu, kwietniu i maju.

44. *E.* (*Micryphantes*) *hirsuta* Menge (*Preussische Spinnen*, str. 237). Las Rząsiecki, 8 maja ♂ dojrzały.

45. *E.* (*Drepanodus*) *obscura* Menge. (*loc. cit.*, str. 242). Koło skały Kmity i na Bielanach na stoku pod klasztorem; w maju ♂ i ♀ dojrzałe i niedorosłe. Od tego gatunku nie różni się z pewnością *Neriene albipunctata* Cambridge (*On British Spiders*, w *Transact. of the Linn. Soc. XXVIII*, str. 451, tab. 34, fig. 15), białe kropki na kałdunie nie są wcale cechą istotną, jak na kilku moich okazach przekonać się można: jedne z nich mają kropki wyraźne, u innych widzieć je można tylko w pewném położeniu, niektóre wreszcie mają kałdun zupełnie jednostajnie ciemno ubarwiony.

46. *E.?* (*Ceratina*) *globosa* Menge. Las Rząsiecki, 8 maja ♂ dojrz.

Nesticus Thorell.

N. cellulanus Clerck. Podany w moim dawniéjszym spisie pod nazwą *Meta cellulana* C. Koch. Skały panieńskie, w czerwcu młode okazy.

Ero C. Koch.

1. *E. thoracica* Reuss. W lasach, pod liśćmi opadłémi. Las Rząsiecki, Skały panieńskie, las Krzyszkowicki. W kwietniu, maju i wrześniu ♀ dojrz.

2. *E. tuberculata* De Geer. Na suchych stokach, koło skały Kmity i pod klasztorem Bielańskim, najczęściéj na krzakach jałowca. W maju jeszcze niedojrzałe, z początkiem czerwca dorosłe okazy.

Phyllonethis Thorell.

Ph. lineata Clerck. Wszędzie pospolita na krzakach, w lasach i porębach.

Dipoena Thorell.

D. melanogaster C. Koch. Czerna, Bielany, Skały panieńskie, Borek Falęcki. Dojrzałe w czerwcu.

Theridium Walck.

1. *Th. formosum* Clerck. Pospolity.

2. *Th. tepidariorum* C. Koch. W cieplarni krakowskiego ogrodu botanicznego. Gatunek ten znajdywano dotychczas i w innych krajach Europy tylko w cieplarniach, prawdopodobnie został on więc do Europy zawleczony z roślinami z cieplejszych okolic.

3. *Th. riparium* Blackw. Koło Krakowa dotąd tylko na Skałach panieńskich znaleziony.

4. *Th. pictum* Walck. Pospolity w zaroślach i młodych lasach. Szczyglice, Bielany, Przegorzały, Kępa, las Rząsiecki, Wola Duchacka; Wola Batorska. W czerwcu dojrzałe.

5. *Th. denticulatum* Walck. W poprzednim spisie podany z kilku miejsc jako *Th. mystaceum* L. Koch. Prócz tego znalazłem go jeszcze koło skały Kmity, na Bielanach, Rybakach i Woli Duchackiéj. Wola Batorska, Lwów. W maju i czerwcu dojrzałe.

Theridium mystaceum opisane przez Dra L. Kocha (*Beiträge zur Kenntn. d. Arachn.-Fauna Galiziens*, odbicie z XLI roczn. c. k. Tow. nauk. w Krakowie) nie różni się może gatunkowo od *Th. denticulatum*; różnice podane przez Dr. L. Kocha (w wielkości i ubarwieniu) nie są dość wydatne. W „*Beitrag zur Kenntn. d. Arachn.-Fauna Tirols*" (część 2ga w *Zeitschr. des Ferdinandeums*, 1872) opisał Dr. L. Koch 2 nowe gatunki: *Th. petraeum* i *Th. pinastri*.

należące do téj grupy, do któréj liczą się *Th. denticulatum*, *varians* i *tinctum*, a zatém także *Th. mystaceum*. Na str. 254 i 255 podaje tenże autor cechy odróżniające te blizko z sobą spokrewnione gatunki: o *Theridium mystaceum* nie wspomina tam wcale.

6. *Th. simile* C. Koch. Dość rzadki. Szczyglice, Bielany. W maju i czerwcu dojrzałe.

7. *Th. tinctum* Walck. Nie rzadki, nawet w samym Krakowie po parkanach. Bielany, Skały panieńskie, Wola Justowska, las Rząsiecki, Borek Falęcki; Wola Batorska. W końcu maja i w czerwcu dojrzałe.

8. *Th. varians* Hahn. Nie rzadki. Bielany, Skały panieńskie, Wola Duchacka, Borek Falęcki. W maju i czerwcu dojrzałe.

9. *Th. sisyphium* Clerck. Pospolity koło Krakowa po lasach, porębach i zaroślach. Wola Batorska. W czerwcu i późniéj dojrzałe.

10. *Th. bimaculatum* Linn. Przegorzały, Kępa, Skały panieńskie, Wola Duchacka, Borek Falęcki. 4 czerwca jeszcze nie zupełnie dorosłe okazy.

11. *Th. pulchellum* Walck. Tylko 1 okaz ze Skał panieńskich (4 czerwca ♂ dojrz.).

12. *Th. triste* Hahn. Blizko Krakowa rzadki, dotychczas tylko w Borku Falęckim znaleziony.

13. *Th. instabile* Cambr. (*Descript. of some Brit. Spid.*). Z tego dotąd tylko w W. Brytanii odkrytego gatunku znalazłem w Tatrach, w dolinie Małéj Łąki, między Giewontem a Wielką Turnią, 4 sierpnia kilka samic. Strzegły one właśnie pod kamieniami swych oprzędów z jajami, spłoszone zabiérały je z sobą i unosiły na bezpieczniéjsze miejsce, tak jak to czynią według MENGEGO ♀ *Th. bimaculatum*. Linn.

Steatoda Sund.

1. *St. bipunctata* Linn. Pospolity, żyje także w pomieszkaniach w samym Krakowie. Bielany, Skały panieńskie, wały fortyfikacyjne Krakowa, Rybaki, las Krzyszkowicki; Wola Batorska, Lwów. Dojrzałe w kwietniu i maju.

2. *St. castanea* Clerck. Równie pospolity jak poprzedni, i przebywa także w pomieszkaniach w Krakowie. Bielany, Skały panieńskie, Wola Justowska, Krzemionki.

3. *St. versuta* Blackw. Jedyny okaz złapany w samym Krakowie (w czerwcu dojrz. ♂).

4. *St. guttata* Reuss. Po lasach u korzeni drzew i między opadłémi liścimi nie rzadki. Szczyglice, Bielany, Skały panieńskie, Rybaki, Krzemionki, Borek Falęcki; Wola Batorska. Od marca do czerwca dojrzałe okazy.

Lithyphanthes Thorell.

L. corollatus Linn. Na miejscach suchych, zwłaszcza piaszczystych. Szczyglice, Wola Duchacka, Borek Falęcki; Lwów. Dojrzałe w maju.

Euryopis Menge.

1. *Eu. flavomaculata* C. Koch. Dotychczas znalazłem tylko 2 okazy (dorosłe ♀) na Sikorniku (2 lipca). (Tak należy poprawić wiersze 18 i 19 na str. 2 w dawniejszym moim spisie, gdzie przez opuszczenie 2 wierszy rękopismu wydrukowano przy *Euryopis flavomaculata* to, co się odnosiło do *Episinus truncatus*).

2. *Eu. prona* Menge. W lesie Rząsieckim 8 maja dojrz. ♂.

Asagena Sund.

A. phalerata Panz. Na miejscach suchych, zwłaszcza piaszczystych. Koło skały Kmity, pod lasem Rząsieckim, na Sikorniku, Krzemionkach, w Borku Falęckim; Lwów. W maju i czerwcu dojrzałe.

Rodzina. Scytodoidae.

Podrodzina. Pholcinae.

Pholcus Walck.

Ph. opilionoides Schranck. Koło zabudowań, w kamieniołomach, pod kamieniami i t. d. Bielany, Krzemionki; Wola Batorska, Myślenice.

Rodzina. Enyoidae.

Enyo Sav. et Aud.

E. germanica C. Koch. Rzadki gatunek. Bielany, Skały panieńskie. Od kwietnia do czerwca dorosłe okazy.

Podrząd 3. Tubitelariae.

Rodzina. Agalenoidae.

Podrodzina. Amaurobiinae.

Dictyna Sund.

1. *D. arundinacea* Linn. Częstsza od *D. pusilla*, rzadsza od *D. uncinata*. Szczyglice, las Rząsiecki, Bielany, Borek Falęcki, las Krzyszkowicki. W maju ♂ i ♀ dorosłe.

2. *D. pusilla* Thor. Bielany, Krzemionki. W maju dorosłe.

3. *D. uncinata* Thor. Pospolita w Krakowie i wszystkich jego bliższych okolicach. Lwów. W maju dorosłe.

4. *D. variabilis* C. Koch. Dość rzadka, po lasach między opadłémi liśćmi i na ziołach. Bielany, Skały panieńskie, Sikornik, las Krzyszkowicki. W maju dojrzałe.

Titanoeca Thor.

T. quadriguttata Hahn. Pod kamieniami na suchych stokach koło skały Kmity i pod klasztorem Bielańskim, w dość wielkiéj ilości. W czerwcu dojrzałe.

Amaurobius C. Koch.

1. *A. fenestralis* Stroem. Nie rzadki. Przegorzały, Skały panieńskie, Sikornik, las Krzyszkowicki; Lwów. W maju ♀ dojrz., we wrześniu ♂ dojrzały.

2. *A. ferox* Walck. Wyłącznie w zabudowaniach, dotychczas tylko w samym Krakowie. W maju ♂ dorosły.

3. *A. claustrarius* Hahn. Tego gatunku w Tatrach wcale nie rzadkiego, nie znalazłem koło Krakowa.

Lethia Menge.

1. *L. humilis* Blackw. Kilka młodych okazów z Krakowskiego, bez bliżéj oznaczonéj miejscowości.

2. *L. Mengii* Cambr. (*On British Spiders*, str. 441, tab. XXXIII, fig. 0). Jedyny okaz (dojrz. ♂) z Krakowskiego, również bez oznaczonéj miejscowości.

Podrodzina. Agaleninae.

Cybaeus L. Koch.

C. angustiarum L. Koch. Skały panieńskie, las Krzyszkowicki. We wrześniu dorosłe ♀.

Drugiego bardzo podobnego gatunku, *C. tetricus* C. Koch., podanego w „Przyczynku do pajęczéj fauny" Dra JACHNY (pod nazwą *Amaurobius tetricus* Koch.) z nad Wisły pod Krakowem, dotąd nie znalazłem. *C. tetricus* jest według Dra L. KOCHA (*Die Arachn.-Gattungen Amaurobius, Coelotes und Cybaeus*, w *Abhandl. d. naturhist. Gesellsch. in Nürnberg*, IV tom 1868) gatunkiem alpejskim.

Coelotes Blackw.

C. inermis L. Koch. Bielany, Skały panieńskie, las Krzyszkowicki; od marca do czerwca i we wrześniu dorosłe ♀. Dwa drugie krajowe gatunki tego rodzaju (*atropos* Walck. i *solitarius* L. Koch.) znalazłem tylko w Tatrach. Wprawdzie w poprzednim spisie podałem *C. terrestris* Wid. (= *atropos* Walck.) ze skał panieńskich, ale wówczas nie znałem jeszcze wspomnionej wyżej monografii Dra L. Kocha, a nie mając już obecnie okazów wtedy zebranych, nie mogę oznaczenia sprawdzić; należy zatém gatunek ten przynajmniéj na teraz z fauny okolic Krakowa wykréślić.

Tegenaria Latr.

1. *T. Derhamii* Scop. Wszędzie w zabudowaniach pospolita. Kraków, Wola Batorska, Myślenice.

2. *T. domestica* Clerck. Pospolita w zwaliskach, murach starych, kamieniołomach i t. p. Bielany, Wola Justowska. W czerwcu i lipcu dorosłe.

3. *T. agrestis* Walck. Skały panieńskie.

4. *T. cinerea* Panz. Las Rząsiecki, Bielany, Skały panieńskie, Krzemionki. W marcu i kwietniu dorosłe ♀. (Podany dawniéj pod nazwą *T. cicurea* Fabr.).

Cryphoeca Thor.

1. *Cr. silvicola* C. Koch Na Skałach panieńskich i w lesie Krzyszkowickim pod zimę i na wiosnę dość częsta.

Cr. latitans Menge. 1 okaz (dorosła ♀) z samego Krakowa.

Hahnia C. Koch.

1. *H. elegans* Blackw. Rzadka. Las Rząsiecki, Olsza, wały fortyfikacyjne Krakowa, las Krzyszkowicki. W marcu, kwietniu i czerwcu ♀ dojrz., we wrześniu ♂.

2. *H. nava* Blackw. Las Rząsiecki, Bielany, Skały panieńskie, Sikornik, Kępa. W kwietniu i maju dorosłe.

3. *H. pusilla* C. Koch. Las Rząsiecki, Skały panieńskie, Sikornik. Od marca do maja dorosłe ♂ i ♀.

Agalena Walck.

1. *A. labyrinthica* Clerck. Wszędzie po miedzach, pastwiskach i t. d. pospolita.

2. *A. similis* Keyserl. Zwierzyniec (18 września ♂ dorosły), Niepołomice (w lipcu ♀ dojrz.).

Histopona Thorell.

H. torpida C. Koch. Bielany, Skały panieńskie, Sikornik, las Krzyszkowicki. W lipcu ♂ i ♀ dojrz.

Agroeca Westr.

1. *A. Haglundii* Thorell. Las Rząsiecki, Skały panieńskie, Sikornik, Borek Falęcki. Na wiosnę i w jesieni dorosłe ♂ i ♀.

2. *A. cuprea* Menge. Bielany, Borek Falęcki. W kwietniu, maju i lipcu dojrzałe ♀.

Podrodzina. **Argyronetinae**.

Argyroneta Latr.

A. aquatica Clerck. Dość częsta w czystych wodach stojących, na błoniach krakowkich, w moczarze pod lasem Krzyszkowickim; Niepołomice. W końcu kwietnia dojrz. ♂ i ♀.

Rodzina. **Drassoidae**.

Zora C. Koch.

1. *Z. maculata* Blackw. W lasach i zaroślach, między opadłémi liśćmi i ziołami nie rzadka. Bielany, Skały panieńskie, las Rząsiecki, Wola Duchacka, Borek Falęcki, las Krzyszkowicki; Wola Batorska. W kwietniu, maju i wrześniu dojrzałe.

2. *Z. nemoralis* Blackw. W takich miejscach, jak i poprzednia, ale nieco rzadsza. Szczyglice, Skały panieńskie, Sikornik, Borek Falęcki.

Nie znając prac BLACKWALLA i CAMBRIDGEA, w których gatunek ten został opisany, oznaczyłem go według krótkiéj o nim wzmianki Prof. THORELLA (*Rem. on Synon.*, str. 169). Otrzymawszy późniéj CAMBRIDGEA: *On British Spiders (Transact. Linn. Soc. XXVIII)*, przekonałem się, żem rzeczywiście znalazł *Zora nemoralis*, przedtém tylko z Anglii znaną. W 8 części dzieła p. t. *Preussische Spinnen* (1875) opisuje MENGE ten gatunek (znany mu również tylko z „*Remarks on Synon.*"), jako znaleziony koło Gdańska. Prawdopodobnie żyje zatém *Z. nemoralis* w całéj środkowéj Europie, ale może nie odróżniano jéj od *Z. maculata*, podobnéj wprawdzie, ale przecież różnéj o tyle, że nawet zupełnie młode okazy bez trudności oznaczyć można.

Apostenus Westr.

A. fuscus Westr. Razem z dwoma poprzedniémi gatunkami, ale także w suchych miejscach pod kamieniami. Bielany, Skały panieńskie, Sikornik, Krzemionki. Od kwietnia do czerwca i we wrześniu dorosłe okazy.

Liocranum L. Koch.

1. *L. domesticum* Reuss. U nas bardzo rzadki gatunek (w No-rymberdze według C. Kocha bardzo pospolity). W Krakowie w domach i na skalistych stokach koło skały Kmity i pod klasztorem Bielań-skim. W maju ♂ i ♀ dorosłe.

2. *L. celans* Blackw.? 3 maja znalazłem na Krzemionkach pod kamieniami jednego dorosłego samca. Okaz ten nie zupełnie zgadza się z opisem BLACKWALLA, co jednak może ztąd pochodzi, że jako świeżo wyliniony nie ma jeszcze należycie wybarwionego pokrycia.

Anyphaena Sund.

A. accentuata Walck. Częsta w lasach i zaroślach. Skały pa-nieńskie, las Rząsiecki, Borek Falęcki, las Krzyszkowicki; Lwów. W maju i czerwcu dojrzałe.

Clubiona Latr.

1. *Cl. pallidula* Clerck. Najpospolitszy gatunek z tego rodzaju. We wszystkich bliższych okolicach Krakowa; Wola Batorska. W końcu kwietnia i w maju ♂ i ♀ dorosłe.

2. *Cl. holosericea* De Geer. Koło Krakowa tylko w zaroślach nad wodami. Rybaki, Olsza. W marcu i kwietniu ♀, w czerwcu i wrześniu ♂ i ♀ dorosłe.

3. *Cl. germanica* Thorell. W zaroślach częsta. Kępa, Rybaki, Borek Falęcki. W marcu ♀, w kwietniu i maju ♂ i ♀ dorosłe.

4. *Cl. lutescens* Westr. Po lasach i zaroślach dość rzadka. Las Rząsiecki, Kępa, Rybaki, las Krzyszkowicki. W maju ♂ i ♀ dorosłe.

5. *Cl. frutetorum* L. Koch. Las Krzyszkowicki, 6 kwietnia ♂ i ♀ dojrz.

6. *Cl. erratica* C. Koch. Na sosnach, dość rzadka. Las Rząsiecki, Bielany, Skały panieńskie, Borek Falęcki, las Krzyszkowicki. W kwie-tniu i maju ♂ i ♀ dojrz.

7. *Cl. tridens* Menge. Kępa, 20 maja ♂ dojrz.

8. *C. coerulescens* L. Koch. Jak *Cl. lutescens*. Las Rząsiecki, Bielany, Skały panieńskie, las Krzyszkowicki; Lwów. W końcu kwie-tnia, w maju i wrześniu ♂ i ♀ dojrz.

9. *Cl. bifurca* Menge. 1 okaz bez oznaczonej miejscowości.

10. *Cl. trivialis* C. Koch. Na sosnach dość częsta. Szczyglice, Rząsiecki las, Skały panieńskie. Od kwietnia do czerwca dojrzałe.

11. *Cl. compta* C. Koch. Rzadka. Sikornik, Mogilany; w końcu kwietnia dojrzałe ♂.

12. *Cl. brevipes* Blackw. Bardzo rzadka. Bielany (23 maja ♀ dojrzała, która już jaja złożyła), Skały panieńskie (10 maja ♀ dojrz.).

Chiracanthium C. Koch.

1. *Ch. oncognathum* Thorell. W Borku Falęckim 26 maja ♂ dorosły w oprzędzie pod wrzosikiem (*Calluna vulgaris*) i mchem. Lwów.
2. *Ch. carnifex* Fabr. Bielany, Sikornik. W maju ♀ dojrz.
3. *Ch. nutrix* Walck. Bielany, Olsza, Borek Falęcki. W maju i czerwcu dorosłe ♂ i ♀.

Phrurolithus C. Koch.

Phr. festivus C. Koch. Nie rzadki w lasach, pod opadłémi liśćmi i ziołami, także pod kamieniami. Bielany, Skały panieńkie, Krzemionki, Borek Falęcki; Lwów. W kwietniu i maju ♂ i ♀ dojrzałe.

Micaria Westr.

1. *M. fulgens* Walck. Borek Falęcki, pod kępkami wrzosiku i mchu, w połowie kwietnia ♀ dorosłe i młode; Skały panieńskie, Sikornik w maju dorosłe ♂ i ♀.
2. *M. fulgens* Sund. Znacznie częstsza od poprzedniéj; w Borku Falęckim razem z nią. Wola Justowska.

Drassus Walck.

1. *Dr. quadripunctatus* Linn. W domu w Krakowie, w marcu i kwietniu nie dorosłe okazy.
2. *Dr. loricatus* L. Koch. Jak poprzedni, 26 maja ♀ dorosła.
3. *Dr. troglodytes* C. Koch. Szczyglice, Bielany, Krzemionki. W maju i czerwcu dojrzałe ♂ i ♀.
4. *Dr. cognatus* Westr. Las Rząsiecki i Krzyszkowicki, w kwietniu jeszcze nie dorosłe okazy. Lwów.
5. *Dr. infuscatus* Westr. Skały panieńskie, pod liśćmi, w kwietniu ♀, w maju ♂ dojrz.
6. *Dr. pubescens* Thor. 1 okaz bez oznaczonéj miejscowości.
7. *Dr. lapidicola* Walck. Pod kamieniami na suchych, skalistych miejscach. Pod skałą Kmity, Bielany, Krzemionki.

Prosthesima L. Koch.

1. *Pr. Petiverii* Scop. Bielany, Skały panieńskie, las Krzyszkowicki. W kwietniu i wrześniu dojrz.
2. *Pr. petrensis* C. Koch. U nas prawdopodobnie najczęstszy gatunek z tego rodzaju. Koło skały Kmity, Bielany, Borek Falęcki; Niepołomice, Lwów. Dojrzałe ♀ w kwietniu, maju i lipcu, ♂ w kwietniu.
3. *Pr. serotina* L. Koch. Bielany, Borek Falęcki; Lwów. W kwietniu ♀ dojrzałe.

4. *Pr. longipes* L. Koch. 1 okaz bez oznaczonéj miejscowości.

5. *Pr. pedestris* C. Koch. Na suchych stokach pod skałą Kmity i pod klasztorem Bielańskim. Na początku czerwca ♂ dorosły.

6. *Pr. electa* C. Koch. Borek Falęcki, pod kępkami mchu i wrzosiku. W kwietniu ♂ i ♀ dojrz., w maju tylko ♀.

Gnaphosa Latr.

1. *Gn. montana* L. Koch. Z Galicyi wschodniéj 1 okaz (♀ niedorosła) od JP. Śleńdzińskiego.

2. *Gn. comata* Ohlert. W Wolskim lesie, 10 maja ♀ niedorosła pod opadłémi liśćmi.

3. *Gn. variana* C. Koch. Puszcza Niepołomicka, w czerwcu ♂ dojrzały.

4. *Gn. bicolor* Hahn. Bielany, Skały panieńskie, Borek Falęcki. W kwietniu ♀ dorosłe.

Rodzina. **Dysderoidae.**

Segestria Latr.

S. senoculata Linn. Dość częsta. Aleksandrowice, Bielany, Skały panieńskie, Rybaki, Wola Duchacka; Lwów. ♂ i ♀ dorosłe w marcu, ♀ także w kwietniu i maju.

Dysdera Latr.

D. rubicunda C. Koch. Pod kamieniami, także w zabudowaniach, nawet w samym Krakowie. Bielany, Wola Justowska, Sikornik, Krzemionki; Wola Batorska. W maju ♂ i ♀ dojrz.

Harpactes Templ.

H. Hombergii Scop. Bardzo rzadka. Skały panieńskie, u korzeni i w szparach spróchniałego dębu; Bielany, pod kamieniami. W kwietniu niedorosłe, 10 maja ♂ i ♀ dojrzałe.

(*H. cognatus* L. Koch. podałem dawniéj (pod nazwą *Dysdera cognata*) z Radwanowic, ponieważ atoli jedyny okaz, jaki znalazłem, jest młody i z dostateczną pewnością oznaczyć się nie da, przeto gatunek ten z fauny okolic Krakowa na teraz wykréślić należy).

Podrzęd 4. Territelariae.

Rodzina. Theraphosoidae.

Podrodzina. Atypinae.

Atypus Latr.

A. piceus Sulz. Na stokach koło Skały Kmity i pod klasztorem Bielańskim, także na Krzemionkach.

Robi sobie rury z pajęczyny, głęboko w ziemię zapuszczone, których górny koniec nad ziemię wystający przyczepia do kamieni lub roślin. Za dnia przebywa pająk w samym końcu swego pomieszkania, zkąd go trudno wydobyć, gdyż słaba tkanina rury ciągnącej się zwykle między kamieniami i korzeniami urywa się przy wygrzebywaniu, a część pozostałą zasypuje ziemia, tak że ją już trudno odszukać. To też dopiéro po wielu daremnych usiłowaniach, gdy mi okrycie ciała przy linieniu zrzucone zdradziło mieszkańca tych rur, którego przedtém nie znałem, poświęciwszy dzień cały na to, zdołałem wydobyć kilka okazów tego pająka, zapewne i indziéj nie tak rzadkiego, za jakiego uchodzi.

Podrzęd 5. Laterigradae.

Rodzina. Heteropodoidae.

Micrommata Latr.

M. virescens Clerck. Skały panieńskie, Sikornik, las Krzyszkowicki. W końcu kwietnia i w maju ♂ i ♀ dorosłe.

M. virescens Clerck. *var. ornata* Walck. Rzadszy od poprzedniego. Bielany, Skały panieńskie, Sikornik. Dorosły w tymże czasie co i poprzedni.

Rodzina. Thomisoidae.

Podrodzina. Philodrominae.

Artanes Thorell.

1. *A. margaritatus* Clerck. Borek Falęcki, na sosnach.

A. margaritatus Clerck. *var. tigrinus* (De Geer) Thorell. Skały panieńskie (jedyny okaz podany dawniéj pod nazwą *Philodromus ieiunus* C. Koch).

2. *A. pallidus* Walck. Borek Falęcki, Wola Duchacka.

3. *A. poecilus* Thorell. (*Philodr. tigrinus* w dawniéjszym moim spisie). Koło Krakowa na pniach wiérzb nie rzadki. Pod lasem Krzyszkowickim; Wola Batorska, Lwów.

4. *A. fuscomarginatus* De Geer. Aleksandrowice, Wola Duchacka, las Krzyszkowicki; Wola Batorska.

Philodromus Walck.

1. *Ph. aureolus* Clerck. Po lasach i zaroślach koło Krakowa częsty. Wola Batorska.

2. *Ph. auronitens* Ausserer. Z okolic Krakowa bez bliżéj oznaczonéj miéjscowości.

3. *Ph. elegans* Blackw. Rzadki. Kępa, Czarna wieś, Wola Duchacka. Od kwietnia do czerwca tylko młode okazy.

4. *Ph. dispar* Walck. W lasach i zaroślach. Las Rząsiecki, Skały panieńskie, Sikornik, las Krzyszkowicki. W czerwca ♂ dojrz.

5. *Ph. subulosus* Menge. Bardzo rzadki. Bielany, 23 maja ♂ dojrzały, we wrześniu ♂ młody.

Thanatus C. Koch.

1. *Th. formicinus* Clerck. Na suchych stokach, koło skały Kmity i pod klasztorem Bielańskim. Dorosłe w kwietniu (♂ i ♀), maju (♂) i czerwcu (♀).

2. *Th. oblongus* Walck. Puszcza Niepołomicka, w czerwcu dojrz. ♂ i ♀.

Podrodzina. **Thomisinae.**

Monaeses Thorell.

M. cuneolus C. Koch. Bielany, Skały panieńskie, Sikornik. Dorosłe w kwietniu i maju.

Misumena Latr.

1. *M. vatia* Clerck. Koło Krakowa po lasach i zaroślach pospolity. Lwów.

2. *M. truncata* Pall. Skały panieńskie, Borek Falęcki, Wola Batorska, Lwów.

Diaea Thorell.

1. *D. dorsata* Fabr. Bielany, Skały panieńskie. W maju ♂ i ♀ dorosłe.

2. *D. tricuspidata* Fabr. Las Krzyszkowicki, Niepołomice, Wola Batorska. W maju i wrześniu ♂ dorosłe.

3. *D. globosa* Fabr. W okolicach Krakowa dotychczas tylko w lesie Krzyszkowickim znaleziony. W maju ♂, we wrześniu ♀ dojrzała.

Xysticus C. Koch.

1. *X. luctator* L. Koch. Bielany, Sikornik; Lwów. W maju i czerwcu dojrz. ♂.

X. impavidus Thorell. jest widocznie = *X. luctator* L. Koch. *Thomisus Cambridgii* ♂ opisany przez CAMBRIDGEA w „Descript. of some Brit. Spid." jest według Prof. THORELLA (*Rem. on Synon.,* str. 568) = *X. impavidus,* moje zaś okazy *X. luctator* zgadzają się zupełnie z opisem i ryciną CAMBRIDGEA. Wprawdzie w opisie *X. luctator* podaje Dr L. KOCH (*Beiträge z. Kenntn. d. Arachn.-Fauna Galiziens*), że się wyrostki na „*bulbus genitalis*" krzyżują, a tylny z nich jest na końcu rozszczepany, i na téj podstawie domyśla się Prof. THORELL, że *X. luctator* jest różny od *X. impavidus,* ale owe ustawienie wyrostków (przynajmniéj nieco ruchomych) nie jest stałe, jak to widziéć można na trzech moich okazach, rozszczepienie zaś wyrostka tylnego jest tak nieznaczne, żeby je raczéj zaciśnięciem nazwać należało i łatwo przeoczoném być może. Jeżeli rzeczywiście, jak przypuszczam, *X. luctator = X. impavidus,* to nazwa piérwsza, jako starsza, ma piérwszeństwo przed drugą.

2. *X. bifasciatus* C. Koch. Puszcza Niepołomicka, w czerwcu ♂ dorosły.

3. *X. lateralis* Thorell. W lasach dość częsty. Bielany, Skały panieńskie, las Krzyszkowicki; Lwów. W maju i czerwcu dojrz. ♂ i ♀.

4. *X. Kochii* Thor. Nieco rzadszy niż *X. cristatus.* Szczyglice, las Rząsiecki, Bielany, Skały panieńskie, Wola Duchacka, Borek Fałęcki; Lwów. Od kwietnia do czerwca dojrz. ♂ i ♀.

5. *X. cristatus* Clerck. Wszędzie koło Krakowa pospolity. Nowy Targ, Lwów. Dojrzałe ♂ i ♀ od kwietnia do czerwca.

6. *X. pini* Hahn. Na sosnach nie rzadki. Las Rząsiecki, Skały panieńskie, Borek Fałęcki, las Krzyszkowicki; Niepołomice. Dorosłe w kwietniu i maju (♂ i ♀), ♀ także we wrześniu.

7. *X. sabulosus* Hahn. Borek Fałęcki, w kwietniu ♀ dorosła.

8. *X. Ulmi* Hahn. Koło Krakowa dotąd tylko w lesie Krzyszkowickim znaleziony. W kwietniu i maju ♂ i ♀ dojrz.

9. *X. luctuosus* Blackw. Skały panieńskie, w czerwcu dorosły ♂.

10. *X. praticola* C. Koch. Wszędzie koło Krakowa częsty. Szczyglice, Skały panieńskie, Olsza, Czarna wieś, błonia krakowskie, Kępa, Rybaki, las Krzyszkowicki; Wola Batorska, Lwów.

X. brevipes podany przeze mnie dawniéj ze Skał panieńskich jest tylko odmianą barwną gatunku *X. praticola* C. Koch.

11. *X. horticola* C. Koch. Pod skałą Kmity, Bielany, Sikornik, Krzemionki. Od końca kwietnia do czerwca ♀ dojrz.

12. *X. trux* Blackw. Kępa, w maju ♀ dorosła.

13. *X. scabriculus* Westr. Stok koło skały Kmity, Bielany, Krzemionki. W kwietniu i maju dorosłe ♀ i ♂, pod kamieniami.

14. *X. striatipes* L. Koch. Bielany, Krzemionki, Niepołomice. W kwietniu ♀, w lipcu ♂ dojrzałe.

Coriarachne Thorell.

C. depressa C. Koch. Pod korą sosen. Skały panieńskie, w marcu dojrz ♀.

Podrzęd 6. Citigradae.

Rodzina. Lycosoidae.

Aulonia C. Koch.

Au. albimana Walck. Koło skały Kmity, Bielany, Rząska, Krzemionki, Borek Falęcki. W czerwcu dojrz. ♂ i ♀.

Lycosa Latr.

1 *L. lugubris* (Walck.) Thorell. W lasach koło Krakowa pospolita. Szczyglice, Rząsiecki las, Bielany, Skały panieńskie, Kępa, las Krzyszkowicki; Lwów. W końcu kwietnia, w maju i czerwcu ♂ i ♀ dojrzałe.

2. *L. monticola* Clerck. Szczyglice, las Rząsiecki, Krzemionki. W czerwcu dojrzałe.

3. *L. palustris* Linn. Las Rząsiecki, Bielany, Wola Justowska, błonia krakowskie, Rybaki, Krzemionki, Borek Falęcki; Nowy Targ. W maju i czerwcu dojrzałe.

4. *L. agrestis* Westr. Las Rząsiecki, Bielany, błonia krakowskie, Krzemionki; Nowy Targ. W czerwcu dojrzałe.

5. *L. agricola* Thorell. Las Rząsiecki, Olsza; Nowy Targ. W czerwcu dojrzałe.

6. *L. bifasciata* C. Koch. Na stoku pod klasztorem Bielańskim dość liczna. 25 maja ♂ i ♀ dorosłe, 19 września ♀ z torebkami jaj przytwierdzonemi do kądzielników.

7. *L. pullata* Clerck. Las Rząsiecki, w czerwcu ♂ i ♀ dojrz

8. *L. prativaga* L. Koch Las Rząsiecki, Kępa. W końcu maja i w czerwcu ♂ i ♀ dojrz.

9. *L. amentata* Clerck. Najpospolitszy gatunek z tego rodzaju. Wszędzie koło Krakowa; Wola Batorska, Myślenice, Nowy Targ. Lwów. W kwietniu i maju ♂ i ♀ dojrz.

10. *L. morosa* L. Koch. Koło Krakowa rzadka. Krzemionki, Borek Falęcki; Nowy Targ. W kwietniu ♂ i ♀ dojrzałe.

11. *L. paludicola* Clerck. Nieco rzadsza niż *L. amentata*. Bielany, Sikornik, błonia krakowskie, Czarna wieś, Kępa, Rybaki, Borek Falęcki: Wola Batorska, Myślenice. W kwietniu ♂ i ♀ dojrz.

12. *L. Wagleri* Hahn. Nowy Targ.

Tarentula Sund.

1. *T. fabrilis* Clerck. Bielany, Krzemionki, Borek Falęcki. W kwietniu ♂ i ♀ dojrz.

2. *T. inquilina* Clerck. Bielany, Skały panieńskie, las Krzyszkowicki; Lwów. W kwietniu ♀, we wrześniu ♂ dojrz.

3. *T. andrenivora* Walck. Najpospolitszy gatunek z tego rodzaju. Szczyglice, las Rząsiecki, Bielany, Skały panieńskie, Sikornik, błonia krakowskie, Rybaki, Krzemionki, Borek Falęcki, las Krzyszkowicki; Lwów. W końcu kwietnia ♂ i ♀ dojrzałe.

4. *T. aculeata* Clerck. Borek Falęcki, w kwietniu jeszcze nie dojrzałe okazy.

5. *T. trabalis* Clerck. Koło skały Kmity, Bielany, Sikornik, Krzemionki, Borek Falęcki, las Krzyszkowicki. W maju ♂ i ♀ dojrz.

6. *T. cuneata* Clerck. Pospolita. Szczyglice, Sikornik, Krzemionki, Borek Falęcki, las Krzyszkowicki; Lwów. W kwietniu ♂ i ♀ dojrz.

7. *T. pulverulenta* Clerck. Szczyglice, Bielany, Skały panieńskie, błonia krakowskie, Czarna wieś, Kępa, Krzemionki; Wola Batorska. W końcu kwietnia, w maju i czerwcu ♂ i ♀ dojrz.

8. *T. meridiana* Hahn. Szczyglice, las Rząsiecki, Bielany, Skały panieńskie, Krzemionki, Borek Falęcki. W maju ♀ dorosłe.

Trochosa C. Koch.

1. *Tr. cinerea* Fabr. Olsza; Nowy Targ. W maju ♂ dorosły.

2. *Tr. amylacea* C. Koch. Olsza, na piasku nad potokiem.

3. *Tr. picta* Hahn. Olsza, Borek Falęcki, las Krzyszkowicki; Lwów. W kwietniu i maju ♂ i ♀ dojrz.

4. *Tr. ruricola* De Geer. Pospolita. Bielany, Skały panieńskie, Sikornik, błonia krakowskie, Olsza, Rybaki, Krzemionki, Borek Falęcki, las Krzyszkowicki; Niepołomice, Wola Batorska, Nowy Targ, Lwów.

5. *Tr. terricola* Thorell. Nieco rzadsza od poprzedniéj. Bielany, Skały panieńskie, Sikornik, Borek Falęcki, las Krzyszkowicki; Lwów.

6. *Tr. terricola var.* C. Koch. (sed spec. propria). W 14 tomie dzieła p. t.: *Die Arachniden* opisuje C. Koch samca należącego, jak się domyśla, do *Tr. terricola* (*Tr. trabalis* C. Koch), odmiennie jednak ubarwionego, następnie zaś mówi: *Würden sich auf diese Weise gefärbte Weibchen vorfinden, so wäre zu vermuthen, dass es eine noch nicht gehörig beobachtete neue Species sey. Darüber wird hoffentlich in Zukunft etwas Bestimmtes gesagt werden können.* Taką

samicę znalazłem w Borku Falęckim w kwietniu. Jest to bez wątpienia gatunek osobny, więcéj się może nawet od *Tr. terricola* różniący niż *Tr. ruricola*, ale bardzo rzadki i nowszym autorom nie znany.

Pirata Sund.

1. *P. piraticus* Clerck. Rybaki, Niepołomice.
2. *P. piscatorius* Clerck. Na Rybakach i indziéj nad stojącemi wodami koło Krakowa.
3. *P. hygrophilus* Thorell. Kępa, las Krzyszkowicki. W kwietniu niedojrzałe, w końcu maja dorosłe ♂ i ♀.
4. *P. leopardus* Sund. Las Rząsiecki, Skały panieńskie, Borek Falęcki, las Krzyszkowicki; Niepołomice, Lwów. W czerwcu i lipcu dorosłe.

Dolomedes Latr.

1. *D. fimbriatus* Clerck. Niepołomice, w lipcu ♂ i ♀ dorosłe.
2. *D. plantarius* Clerck. Z poprzednim ♂ i ♀ dorosłe w lipcu.

Ocyale Sav. et Aud.

O. mirabilis Clerck. W zaroślach i lasach pospolity. Szczyglice, Bielany, Skały panieńskie, Kępa, las Krzyszkowicki; Niepołomice, Wola Batorska, Lwów.

Rodzina. **Oxyopoidae.**

Oxyopes Latr.

O. ramosus Panz. Koło skały Kmity, puszcza Niepołomicka. W czerwcu dorosłe ♂ i ♀.

Podrzęd 7. Saltigradae.

Rodzina. **Attoidae.**

Salticus Latr.

S. formicarius De Geer. Bardzo rzadki. Pod skałą Kmity, 8 maja ♂ dorosły, z okolic Lwowa otrzymałem od Prof. Kotuli ♀.

Leptorchestes Thorell.

1. *L. hilarulus* C. Koch. Bardzo rzadki. Prócz okazu ze Skał panieńskich podanego w dawniéjszym spisie (pod nazwą *Salticus hilarulus*) znalazłem jeszcze tylko 1 bardzo młody na Bielanach 19 września.

2. *L. berolinensis* C. Koch. Bardzo rzadki. Znaleziony koło Lwowa przez Prof. KOTULĘ.

Epiblemum Hentz.

1. *E. scenicum* Clerck. Kraków, po parkanach, Wola Duchacka.
2. *E. cingulatum* Panz. Kraków, po parkanach, Zwierzyniec.
3. *E. tenerum* C. Koch. Czarna wieś, 8 maja ♂ i ♀ dorosłe.

Heliophanus C. Koch.

1. *H. cupreus* Walck. Koło skały Kmity, Bielany; w czerwcu ♂ dorosłe.
2. *H. auratus* C. Koch. Czarna wieś, Sikornik. Dorosłe w maju ( ) i czerwcu (♂ i ♀).

Ballus C. Koch.

1. *B. depressus* Walck. (*Attus heterophthalmus* (Wider) w dawniejszym moim spisie). Dość częsty. Bielany, Skały panieńskie, Sikornik, las Krzyszkowicki; Lwów.
2. *B. aenescens* Sim. 1 okaz pod skałą Kmity.

Marpessa. C. Koch.

1. *M. muscosa* Clerck. Las Rząsiecki, 19 czerwca ♀. dorosła; Lwów.
2. *M. encarpata* Walck. Bardzo rzadki gatunek. Skały panień skie, 7 kwietnia ♂ dorosły. Koło Lwowa znaleziony przez Prof. KOTULĘ.

Dendryphantes C. Koch.

1. *D. rudis* Sund. Nie rzadki w sosnowych lasach. Las Rząsiecki, Skały panieńskie, Wola Duchacka, Borek Falęcki, Las Krzyszkowicki. W kwietniu ♂ i ♀ dorosłe.
2. *D. hastatus* Clerck. Rzadki. Wola Duchacka, 12 maja ♀ dorosła.

Euophrys C. Koch.

1. *Eu. frontalis* Walck. Dość częsty. Bielany, Sikornik, Czarna wieś, Kępa, Borek Falęcki. W maju ♂ i ♀ dojrzałe.
2. *Eu. reticulata* Blackw. Rzadszy od poprzedniego. Bielany, Skały panieńskie, las Krzyszkowicki. ♀ dorosłe w marcu, kwietniu i wrześniu.
3. *Eu. petrensis* C. Koch. Bardzo rzadki. Pod skałą Kmity, 7 czerwca ♀ dojrzała.

Philaeus Thorell.

Ph. caricus Sim. Sikornik, 3 czerwca ♂ dojrzały.

Attus Walck.

1. *A falcatus* Clerck. W lasach i zaroślach. Szczyglice, Skały panieńskie, Borek Falęcki; Niepołomice, Lwów. W maju i później dorosłe okazy.

2. *A. arcuatus* Clerck. Borek Falęcki, las Krzyszkowicki. W maju dorosłe ♂ i ♀.

3. *A. crucigerus* Walck. Bielany, Krzemionki; Lwów. W lipcu ♀ dorosłe.

4. *A. floricola* C. Koch. Bielany, Borek Falęcki; Niepołomice.

5. *A. Dzieduszyckii* L. Koch. Olsza, wały fortyfikacyjne Krakowa; Lwów (Zamkowa góra). W końcu kwietnia, w maju i czerwcu dorosłe ♂ i ♀.

6. *A. pubescens* Fabr. Szczyglice, Borek Falęcki; Lwów. W kwietniu i maju dorosłe okazy.

7. *A. erraticus* Walck. Szczyglice, las Rząsiecki, Czarna wieś, Zwierzyniec, las Krzyszkowicki. ♂ i ♀ dorosłe w maju i czerwcu.

(*A. saxicola* C. Koch podany został w dawniejszym spisie ze Skał panieńskich na podstawie jednego, niedorosłego okazu, nie dającego się z należytą pewnością oznaczyć, gatunek ten należy zatém przynajmniéj na teraz wykréślić z fauny Galicyi).

Aelurops Thorell.

Ae. fasciatus Hahn. Krzemionki, 3 maja pod kamieniem dorosłe ♀.

Yllenus Sim.

1. *Y. V-insignitus* Clerck. Borek Falęcki, Niepołomice, Lwów. ♂ dorosłe w maju i lipcu.

2. *Y. festivus* C. Koch. Na suchych stokach koło skały Kmity i pod klasztorem Bielańskim w wielkiéj ilości. Lwów (Piaskowa góra). W końcu kwietnia i w maju dorosłe ♂ i ♀.

3. *Y. arenarius* Sim. Na piaskach w Borku Falęckim, w maju ♂ i ♀ dorosłe. Koło Lwowa znaleziony przez Prof. Kotulę.

Rzęd. **Arthrogastres.**

I. Opilionea.

I. Opilionidae.

Nemastoma C. Koch.

1. *N. bimaculatum* Fabr. Las Rząsiecki, Skały panieńskie; Wola Batorska.

2. *N. Kochii* Now. Gatunek ten dotychczas tylko z Tatr znany znalazłem także na Baraniéj u źródeł Wisły.

3. *N. quadricorne* L. Koch. Koło Krakowa w lasach pod kamieniami i pod korą zgniłych pniaków niezbyt rzadki. Las Rząsiecki, Bielany, Skały panieńskie, las Krzyszkowicki.

Liobunum C. Koch.

L. bicolor Fabr. Skały panieńskie, 10 maja ♂ i ♀ dorosłe, na ocienionych skałach.

Plątylophus C. Koch.

1. *P. corniger* Herm. W lasach nie rzadki. Szczyglice, las Rząsiecki, Bielany, Skały panieńskie, Kępa, Borek Falęcki, las Krzy-Szczyszkowicki.

2. *P. denticornis* C. Koch. Od poprzedniego znacznie rzadszy. glice, Bielany, Kępa.

Cerastoma C. Koch.

C. cornutum Linn. Bielany, we wrześniu ♂ i ♀ dorosłe.

Opilio Herbst.

1. *O. tridens* C. Koch. W lasach i zaroślach dość częsty. Skały panieńskie, Olsza, las Krzyszkowicki.

2. *O. terricola* C. Koch. W lesie Krzyszkowickim razem z poprzednim, ale o wiele od niego rzadszy.

3. *O. grossipes* Herbst. Z gór Galicyi wschodniéj otrzymałem od JP. Śleńdzińskiego 1 okaz.

2. Trogulidae.

Trogulus Latr.

1. *T. tricarinatus* Linn. W lasach, pod opadłémi liśćmi. Bielany, las Krzyszkowicki.

2. *T. melanotarsus* (Herm.) C. Koch. Jak poprzedni, ale rzadszy od niego. Las Rząsiecki i Krzyszkowicki.

II. Chernetidae.

Chernes Menge.

Ch. Hahnii C. Koch. Pod korą wierzb i innych drzew koło Krakowa nie rzadki. Wola Batorska.

Chelifer Geoffr.

1. *Ch. granulatus* C. Koch. W Kościeliskach pod Tatrami, w zielniku.

2. *Ch. Schaefferi* C. Koch. W Woli Batorskiéj znaleziony przez JP. Krupę pod korą jabłoni.

Obisium Ill.

1. *O. silvaticum* C. Koch. Skały panieńskie, Sikornik, las Krzyszkowicki.

2. *O. dumicola* C. Koch. Las Krzyszkowicki.

3. *O. erythrodactylum* L. Koch. (*Uebersichtliche Darstellung der europ. Chernetiden, Nürnberg* 1873.) Gatunek znany dotychczas ze Szlązka i ze Schodnicy w Galicyi. Skały panieńskie, Sikornik, w kwietniu i maju, niezbyt rzadki.

4. *O. muscorum* Leach. Bielany, Skały panieńskie, Sikornik, Kępa, las Krzyszkowicki; Wola Batorska.

Summary

Ninety species of spiders are listed, collected by Kulczyński and several others in various localities in "Galicya", which brings the number of species known from that region to 360. The name "Galicja" or "Galicya" [genitive "Galicji" or "Galicyi", adjective "galicyjski" (singular) and "galicyjskie" (plural)] should be understood as follows.

Galicya is a XIIth century administrative name denoting a part of Poland, at that time incorporated into the Austro-Hungarian Empire. Its southern border corresponds with the present Polish-Czechoslovakian border and the southern slopes of the Tatra mountains, then part of Hungary. The western part of the former Galicya is now southern Poland, the eastern part at present lies in the Soviet Union. For each species the localities are mentioned, with data on habitat, biology, etc.

J. Prószyński

3

WYKAZ PAJĄKÓW

z Tatr, Babiéj góry i Karpat szlązkich

z uwzględnieniem

pionowego rozsiedlenia pająków żyjących w Galicyi zachodniéj

przez

Władysława Kulczyńskiego.

———

Postanowiwszy jeszcze w r. 1875 zająć się pionowém rozsiedleniem pająków w Galicyi, udałem się w tym samym roku do Tatr, w następnym w towarzystwie Prof. B. KOTULI w Karpaty szlązkie na krótki czas, a potém również na krótko na Babią górę od północnéj strony, w latach 1877, 78, 79 i 80 zrobiłem znowu cztéry kilkutygodniowe wycieczki w Tatry. Zestawienie nagromadzonego przy współudziale Prof. B. KOTULI materyjału, pomnożonego jeszcze zbiorkami JP. J. KRUPY z okolic Żywca i JP. STOBIECKIEGO z Babiéj góry, tudzież podanie wypadków otrzymanych, bądź ze spostrzeżeń w naszym kraju zrobionych, bądź z porównania tychże z wiadomościami o rozsiedleniu pająków w innych krajach, jest przedmiotem niniejszéj pracy; jéj uzupełnienie tworzyć będą opisy 25 gatunków, podanych tutaj jako nowe tylko imiennie bez diagnoz, opisy te bowiem spodziewam się ukończyć w niedługim przeciągu czasu.

Podane niżéj gatunki pająków tatrzańskich pochodzą przeważnie z regli, kosodrzewiny i hal Tatr nowotarskich, tudzież z najwyższych części Podhala nowotarskiego w Zakopaném i Kościeliskach. Wszystkie wycieczki robiłem tylko w lecie (w Lipcu i Sierpniu), z innych pór roku mam tylko nieco pająków zebranych na Podhalu w reglach przez J. TATARA w Zakopaném.

Do Tatr nowotarskich ograniczyłem się początkowo, częścią zmuszony okolicznościami, częścią spodziewając się, że węgierską stronę Tatr zbada O. HERMAN. Po otrzymaniu w r. 1879 ostatniego tomu „Węgierskiéj fauny pająków", postanowiłem zwiedzić przynajmniéj w części Tatry liptowskie i spiskie; sierpniowe słoty w r. 1880 zmusiły mnie jednak do poprzestania na dwóch kilkudniowych wycieczkach na Krywań, w ciągu których przeszedłem doliny Koprową, Hlińską, Niekcerkę, część ciemnych Smreczyn i doliny Mięguszowieckiéj, zwiedziłem Krywań i Wierch Mięguszowiecki. Z wycieczek tych, odbytych przeważnie w dokuczliwą słotę, która często nie dozwalała wcale zajmować się zbiéraniem, wyniosłem przekonanie, że dokładne przeszukanie niższych zwłaszcza krain po południowych stokach Tatr wielce jeszcze może wzbogacić wiadomości o faunie tych gór.

Tatry nowotarskie przeszedłem prawie całe od szczytów otaczających dolinę Chochołowską aż po Morskie Oko, przytém mniéj mi zależało na tém, ażeby nie pominąć żadnego miejsca, ale raczéj starałem się dokładniéj przeszukać te okolice, które mi się wydawały więcéj obiecującemi. Zdaje mi się téż, że wykaz obecny po dodaniu do niego jeszcze tych niewielu gatunków, których dla niedostatków dzisiejszéj literatury arachnologicznéj nie mogłem oznaczyć, dość dokładny da obraz pajęczéj fauny Tatr nowotarskich.

Wycieczki na Szlązk i Babią górę, przedsięwzięte dla pobieżnego poznania krainy pagórowatéj i górskiéj, mniéj dostarczyły gatun- ków; gdy jednak, ile mi wiadomo, fauną pajęczą Babiéj Góry nie zajmowano się dotąd wcale, a z Karpat szlązkich znanych jest tylko mało gatunków (podanych w Dra C. FICKERTA „Verzeichniss der schlesischen Spinnen" ogólnikowo z Beskidów), więc wykaz niniejszy przyczynia się dość znacznie do rozszérzenia wiadomości o faunie tych okolic.

~~~~~~~~

Fauną pajęczą Tatr zajął się piérwszy Prof. Dr. NOWICKI i podał piérwszy wykaz pająków z tych gór w tomie I Sprawozdań Komisyi fizyjograficznéj (Zapiski z fauny tatrzańskiéj str. [197]). Z 22 gatunków tam podanych, o cztérech: *Zilla inclinata*, *Clubiona holosericea*, *Dictyna benigna*, *Tetragnatha extensa*, trudno ze względu na ówczesny stan literatury powiedzieć, czy odpowiadają tym gatunkom, które dzisiaj mają nazwy: *Meta segmentata* Clerck, *Clubiona phragmilis* C. L. Koch, *Dictyna arundinacea* Linn., *Tetragnatha extensa* Linn. *vera*. W krainie turni i hal (w obszérniejszém znaczeniu, tj. w kosodrzewie i w halach) znalazł Prof. Dr. NOWICKI: *Thomisus citreus* F.,

Sparassus smaragdula F., *Zilla inclinata* Walck., *Z. montana* C. Koch, *Tarantula nivalis* C. Koch i *T. inquilina* C. Koch, t. j. *Misumena vatia* Clerck, *Micrommata virescens* Clerck, *Meta segmentata* Clerck? (może *M. Mengei* Blackw.), *Zilla montana* C. L. Koch, *Lycosa nemoralis* Westr. i *L. accentuata* Latr. Z gatunków tych nie jest żaden wyłącznie właściwy krainom powyżej regli leżącym, a nawet niektóre z nich dostać się tu mogły tylko przypadkowo. Uderzającém jest podanie, że *Lycosa accentuata* jest „wszędzie liczną pod kamieniami, gdzie czycha na muchy, siadające niekiedy dla spoczynku na kamieniach." Na szczytach galicyjskich i na Krywaniu widziałem w takich stosunkach tylko *Pardosa nigra;* znachodzenie się gatunku *Lycosa accentuata* w tych wysokościach nie jest jednak nieprawdopodobném. w Szwajcaryi bowiem i w Tyrolu dochodzi on do 2000 i 2200 m.

W reglach i na Podhalu zauważał Prof. Dr. Nowicki następujące gatunki, których nazwy podaję w tym porządku, jak następują po sobie w spisie, ale sprowadzone do obecnie używanéj nomenklatury: *Clubiona phragmitis* C. L. Koch?, *Chiracanthium lapidicolens* E. Simon? (= *Ch. nutrix* Westr. nec Walck), *Coelotes atropos* Walck., *Steatoda castanea* Clerck, *St. bipunctata* Clerck, *Dictyna arundinacea* Linn.?, *Tegenaria domestica* Clerck, *Linyphia triangularis* Clerck, *Pachygnatha De Geerii* Sund., *Tetragnatha extensa* Linn. *(forma?)*, *Epeira ceropegia* Walck., *E. cucurbitina* Clerck, *E. patagiata* Clerck, *E. diademata* Clerck, *E. umbratica* Clerck, *Diaea dorsata* Fabr. Pomiędzy pająkami zebranémi przezemnie w Tatrach nie ma dotąd: *Clubiona phragmitis, Chiracanthium lapidicolens, Steatoda castanea, Dictyna arundinacea.* Piérwsza została przez Prof. Dra Nowickiego podana także późniéj, więc jéj znajdowanie się na Podhalu albo w Tatrach nie ulega wątpliwości; *Dictyna* może jednak łatwo należeć do innego gatunku, pod nazwą „*Dictyna benigna*", bywały bowiem często mieszane gatunki *D. arundinacea, pusilla* i *uncinata; Chiracanthium lapidicolens* jako nieco rzadszy gatunek łatwo mógł ujść mojéj uwagi, *Steatoda castanea* przebywa w domach może tylko na Podhalu niższém, gdzie pająków nie zbiérałem.

„Spis pająków" JP. L. Wajgla (Spraw. Kom. fiz. 1866) podaje z Tatr te same gatunki, co wykaz Prof. Dra Nowickiego [1]), a nadto gatunek *Pardosa nigra* C. L. Koch. (oczywiście opuszczony tylko przypadkowo w „Zapiskach").

Tatrzańska „*Epeira cucurbitina*", któréj okazy mają być znacznie większe od innych, była zapewne $=$ *E. alpica* L. Koch.

W „Zapiskach z fauny tatrzańskiéj" Prof. Dra Nowickiego i w „Spisie pająków" JP. L. Wajgla w tomie II. Spraw. Kom. fiz. podane zostały następujące gatunki, jako żyjące w Tatrach (w halach i turniach według „Zapisków", co jednak zapewne nie do wszystkich

---

[1]) Pająki z Tatr otrzymał autor od Prof. Dra Nowickiego, o czém wspomina na str. [188].

odnosi się gatunków): *Melanophora (Prosthesima) subterranea* O. L. Koch, *Drassus lapidicollis (lapidicola)* Walck., *Dr. medius* L. Koch *(quadripunctatus* Linn.), *Theridium tinctum* Walck., *Coelotes terrestris* Wider *(atropos* Walck.), *Linyphia triangularis* Clerck., *Attus floricola* O. L. Koch, *Lycosa taeniata* Koch *(aculeata* Clerck.), *L. Wagleri* O. L. Koch. *(Pardosa), L. cuneata* Clerck, *Philodromus aeneus* L. Koch *(auronitens* Ausser.). Pająki te oznaczał Dr. L. Koch, mimo to przypuszczałbym, że *Attus floricola* podany w tym wykazie nie był *floricolą* ale *A. rupicola* C. L. Koch. - *Attus floricola* jest bowiem gatunkiem żyjącym nąd wodami i na moczarach; na Podhalu, przynajmniéj w Kościeliskach, nie znalazłem go, pomimo, żem go szukał umyślnie w odpowiednich miejscach. *A. rupicola* zaś należy do bardzo pospolitych gatunków w Tatrach. Pomieszanie tych dwóch gatunków łatwo mogło nastąpić, zwłaszcza, jeżeli Dr. L. Koch miał tylko samice przed sobą, pomiędzy temi nie ma bowiem prawie żadnych różnic.

W r. 1869 podał Prof. Dr. Nowicki w „Zapiskach faunicznych" (Spraw. Kom. fiz. III.) następujące gatunki, znalezione w Tatrach a oznaczone przez Drą L. Kocha: *Clubiona lutescens* Westr., *Cl. pallidula* Clerck, *Agalena labyrinthica* Clerck, *Cybaeus angustiarum* L. Koch, *Linyphia tenebricola* Wider (t. j. *L. alacris* Blackw., gdyż Dr. L. Koch gatunek ten, idąc za zą Westringiem, nazywał *L. tenebricola* „Wider" nawet i po wydaniu „*Remarks on Synonyms*" Prof. Thorella, jakem się o tém przekonał ze zbioru pająków Uniwersytetu Jagiellońskiego, który przejrzeć łaskawie mi Prof. Dr. Nowicki dozwolił), *Epeira diademata* Clerck, *E. pyramidata* Clerck, *E. marmorea* Clerck, *E. sclopetaria* Clerck, *Thomisus vatius* Clerck *(Misumena), Philodromus cespiticola* Walck. *(aureolus* Clerck), *Xysticus audax* C. Koch *(cristatus* Clerck), *Lycosa nigra* O. L. Koch *(Pardosa), L. fabrilis* Clerck, *L. saltuaria* L. Koch *(Pardosa), L. amentata* Clerck *(Pardosa), pullata* Clerck *(Pardosa), L. pulverulenta* Clerck, *L. trabalis* Clerck, *L. monticola* Clerck *(Pardosa), Amaurobius claustrarius* Hahn, *A. atrox* De Geer *(fenestralis* Stroem).

Z wyjątkiem *Lycosa trabalis* (którą mam z regli Babiéj góry), znalazłem wszystkie te gatunki w Tatrach, z wyliczonych zaś poprzednio nie widziałem tam: *Drassus quadripunctatus* (gatunek żyjący bardzo ukrycie, który częściéj znajduje się przypadkiem, niż przy umyślnych poszukiwaniach), *Theridium tinctum* i, jak już wyżéj powiedziano, *Attus floricola.*

Najobszérniejszy wykaz pająków tatrzańskich podał Prof. Dr. Nowicki w „Zapiskach faunicznych" w t. IV, Spraw. Kom. fiz. Pominąwszy gatunki podane już poprzednio [1]), dodał wykaz ten następujące ga-

---

[1]) Z tych jednak następujących w spisie tym nie ma: *Epeira patagiata, umbratica, pyramidata, marmorea, Meta segmentata. Pachygnatha De Geerii, Linyphia alacris, Theridium tinctum, Steatoda castanea, Dictyna arundinacea, Tegenaria domestica, Agalena labyrinthica, Chiracan-*

tunki do fauny tatrzańskiéj: *Epeira diademata var. stellata* C. L. Koch, *Meta albimacula* Westr. (*Mengei* Blackw.), *Tetragnatha Nowickii* L. Koch (*extensa* Linn. *vera*), *Linyphia phrygiana* C. L. Koch, *peltata* Wider, *thoracica* Wider, *Theridium lineatum* Clerck (*Phyllonethis*), *sisyphium* Clerck, *Melanophora clivicola* L. Koch (*Prosthesima*), *Clubiona phragmitis* C. L. Koch, *frutetorum* L. Koch, *Tegenaria cicurea* Fabr. (*Cicurina*), *campestris* C. L. Koch, *Coelotes solitarius* L. Koch, *inermis* L. Koch, *Hahnia silvicola* C. L. Koch (*Cryphoeca*), *Philodromus limbatus* Sund. (*dispar* Walck.), *Lycosa silvicola* Sund. (*Pardosa lugubris* Walck.), *arenaria* C. L. Koch (*P. agricola* Thor.), *tarsalis* Thor. (*P. palustris* Linn.), *morosa* L. Koch (*Pardosa*), *ferruginea* L. Koch (*Pardosa*), *albata* L. Koch (*Pardosa*), *piscatoria* C. L. Koch (*Pirata Knorrii* Scop.), *Attus falcatus* Clerck. (*Hasarius*), *Segestria senoculata* Linn.

Te same gatunki podał także Dr. L. Koch w „*Beiträge zur Kenntniss der Arachnidenfauna Galiziens.*"

Z gatunków tych nie znalazłem w Tatrach: *Clubiona frutetorum, Tegenaria campestris* i *Philodromus dispar*; względem dwóch piérwszych zasługuje na uwagę to, co podaję niżéj w uwagach 5 i 7.

W tomie VIII Spraw. Kom. fiz. umieszczony „Dodatek do fauny pajęczaków Galicyi" Prof. Dra Nowickiego zawiéra: *Cyrtophora conica* Pall. (*Cyclosa*). *Erigone nigra* Blackw. i *E. herbigrada* Blackw. jako nowe dla Tatr gatunki, tudzież pożądane wyjaśnienie, że podawany dawniéj *Philodromus aeneus* L. Koch. jest = *Ph. auronitens* Ausser., o czém trudno było zkądinąd się dowiedzieć, gdyż „*Ph. aeneus*" jest t. zw. *nom. in litt.*

W „Dodatku do fauny pajęczaków Galicyi" (Spraw. Kom. fiz. X.) wspomniałem o gatunkach *Epeira sclopetaria* Clerck, *Phyllonethis instabilis* Cambr., *Amaurobius claustrarius* Hahn, *Coelotes atropos* Walck. i *solitarius* L. Koch, jako o żyjących w Tatrach.

Prof. L. Wajgiel podał w „Pajęczakach galicyjskich" (Kołomyja 1874) *Amaurobius ferox* Walck. z Tatr; spis ten przecież zdaje się być wyłącznie opartym na pracach dawniejszych, ztąd podanie powyższe wątpliwéj jest wartości.

Dr. L. Koch opisując w „*Verzeichniss der in Tirol bis jetzt beobachteten Arachniden*" gatunki *Philodromus alpestris* L. Koch i *Ph. collinus* C. L. Koch wspomina, że żyją one także w Tatrach.

Ostatnią pracą, ile mi wiadomo, dotyczącą fauny pajęczéj Tatr jest: *Magyar-ország Pók-Faunája* O. Hermana (Buda-Pest 1876—79), w któréj tomie 3cim podaje autor spis pająków węgierskich (po nie-

---

thium lapidicolens, Clubiona lutescens, Drassus quadripunctatus, Micrommata virescens, Philodromus auronitens, aureolus. Diaea dorsata, Pardosa Wagleri, Lycosa accentuata, aculeata, fabrilis, pulverulenta, trabalis.

miecku). W spisie tym znajduję następujące daty dotyczące Tatr i ich okolicy:

Epeira diademata Clerck Tatry do 2000 m., *E. marmorea* Clerck Tatry, Łucziwna, *E. quadrata* Clerck Łucziwna. *E. patagiata* Clerck Łucziwna, Strba, Sw. Mikulasz, *E. ceropegia* Walck. Strba, *E. cucurbitina* Clerck Strba, *E. alpica* L. Koch Szmeks, *Zilla montana* C. L. Koch Krywań, *Meta Merianae* Scop. jezioro Szczerbskie, *Tetragnatha extensa* Linn. (*forma?*) Tatry do górnéj granicy regli, Szmeks. *Linyphia phrygiana* C. L. Koch Szmeks, *L. triangularis* Clerck Tatry, Strba, Pribilina, dolina Zakamenisko (?), *L. alticeps* Sund. Krywań koło górnéj granicy regli, *L. alpina* O. Herm. tak samo (z opisu trudno dojśc, co to za gatunek), *L. leprosa* Ohlert Łucziwna, Pribilina, *Erigone isabellina* C. L. Koch Tatry, regle, *Theridium sisyphium* Clerck jezioro Szczerbskie, Łucziwna, Pribilina, *Th. pictum* Walck. Tatry, *Steatoda bipunctata* Linn. Pribilina. *Amaurobius fenestralis* Stroem Pribilina, *A. claustrarius* Hahn jezioro Szczerbskie, Pribilina, *Coelotes atropos* Walck. Tatry, Pribilina, Szmeks, *C. solitarius* L. Koch Tatry, *Tegenaria campestris* C. L. Koch Pribilina, *Cryphoeca carpatica* O. Herm. Krywań, aż prawie po szczyt, *Clubiona trivialis* C. L. Koch Tatry, *Cl. pallidula* Clerck Łucziwna, *Gnaphosa montana* L. Koch Tatry. *Micrommata virescens* Clerck jezioro Szczerbskie. *Lycosa lignaria* Clerck! [1]), *L. monticola* Clerck Krywań, pod szczytem (?), *L. poecila* O. Herm. Łucziwna, *Tarentula pulverulenta* Clerck Tatry, *Pirata piraticus* Clerck Tatry, *Dolomedes fimbriatus* Clerck? Strba [2]). *Attus falcatus* Clerck Strba, *A. rupicola* C. L. Koch Tatry, *A. Wagae* E. Sim. jezioro Szczerbskie.

Według dotychczasowych wykazów znaleziono w Tatrach ogółem 93 gatunków pająków (licząc w to *Meta segmentata*, z podanych zaś przez O. HERMANA tylko gatunki znalezione w Tatrach i na ich stokach, nie licząc zaś *Epeira pyramidata* jako odmiany, tudzież *Dictyna arundinacea, Amaurobius ferox, Lycosa lignaria* i *Attus floricola*), z czego największa część zebrana została przez Prof. Dra NOWICKIEGO lub za jego powodem, wykaz zaś O. HERMANA przyczynił się do liczby powyższéj 14 przedtém nie podanémi gatunkami.

---

[1]) „Ich .., halte jene Art, welche in den Central-Karpathen selbst auf der Kriva spitze vorkommt, jedoch dort zwischen den Blöcken kaum zu erbeuten ist, für *L. lignaria* Cl."; gdyby jednak autor był tego pająka złapał byłby się przekonał, że nie jestto *Pardosa lignaria*, ale *P. nigra* C·L. Koch; ten tylko gatunek znalazłem w wielkiéj ilości na Krywaniu i to obok *P. saltuaria* L Koch, gdy tymczasem O. HERMAN podaje z tego miejsca *P. monticola*.

[2]) Mógłby to być i *D. plantarius* Clerck, gdyż O. H. mówi: „Auf Grund genauer Untersuchung theile ich die Auffassung Thorells, wonach D. plantarius bloss eine Farbenvarietät der Clerck'schen Stammform ist", gdy tymczasem Prof. THORELL właśnie udowodnił, iż to są gatunki odrębne, a tylko O. H. odnośny ustęp źle zrozumiał, co się zresztą nie jemu jednemu przytrafiło.

Wykąz niniejszy obejmuje 189 gatunków z Tatr, pomiędzy niémi 110 nie podanych w wykazach dawniejszych.

~~~~~~~~

Rozsiedleniem pająków w kierunku pionowym mało się dotychczas zajmowano. Z prac w tym przedmiocie, uwzględniających granicę rozsiedlenia systematycznie, nie zaś tylko przy tym lub owym gatunku, znane mi są tylko:

D. P. Pavesego *Catalogo sistematico dei Ragni del Cantone Ticino con la loro distribuzione orizzontale e verticale* i t. d. Genua 1873.

Dra C. Fickerta *Myriopoden und Arachniden vom Kamme des Riesengebirges*. Wrocław 1875.

Dra L. Kocha *Verzeichniss der in Tirol bis jetzt beobachteten Arachniden* i t. d. (*Zeitschrift des Ferdinandeums 3 Folge XX*).

H. Leberta *Bau und Leben der Spinnen (Die Spinnen der Schweiz)*. Berlin 1878.

Ostatnie dzieło, obszérne rozmiarem, ma niektóre wady, dla których korzystać z niego można tylko z wielką ostrożnością, a nawęt i ostrożność taka często nie na wiele się przyda. Brak należytéj znajomości przedmiotu, posługiwanie się oznaczeniami cudzemi bez własnéj krytyki, powoływanie się na dzieła cudze bez ich zrozumienia [1]) są często powodem, że nie można dojść, o jakim właściwie gatunku autor mówi. Katalog Pavesego, ze wszech miar na uznanie zasługujący, ma przecież tę wadę, że obejmuje zbyt mało gatunków (206, z rodzaju *Linyphia* 13, z r. *Erigone* zaledwie 3!), nie daje więc dokładnego obrazu rozsiedlenia pająków w téj części Szwajcaryi, do któréj się odnosi, i do zestawień liczebnych z fauną okolic lepiéj zbadanych nie daje się użyć. Tak pozostają tylko wykazy Dra L. Kocha i C. Fickerta, które téż, ile było można, zużyłem w poniżéj podanym spisie pająków z Tatr, Babiéj Góry i Baraniéj.

Przy dokładniejszém rozpatrzeniu się w zestawionych datach, jakie ze spisów wymienionych (przy użyciu także pracy Dra C. Fickerta *„Verzeichniss der schlesischen Spinnen"*) i z wykazu obecnego wyjąć można, nasuwa się myśli kilka, których podanie na tém miejscu może o tyle być stósowne, że w nich leżą niektóre wskazówki, jak wyniki podane w pracy niniejszéj oceniać należy ze stanowiska ogólniejszego tj. mając na względzie pionowe rozsiedlenie pająków w naszym kraju w ogólności.

---

[1]) Rzecz osobliwsza. że właśnie Prof. Thorella *„Remarks on Synonyms"*, dzieło, które systematykę pająków na nowe wprowadziło tory i z tego powodu w każdéj prawie nowszéj pracy bywa uwzględniąne, najwięcéj dało powodów do pomysłów, opartych przeważnie na mylném zrozumieniu słów autora.

Znikanie gatunków zwiérząt i roślin nizinom właściwych a pojawianie się innych w miarę wzmagającego się wzniesienia nad poziom morza, są zjawiskami łatwo w oczy wpadającemi i ztąd ogólnie wiadomcmi, dla nie wielu przecież dopiéro organizmów znane są przyczyny tych zjawisk; po największéj części można tylko ogólnikowo powiedzieć, że w miarę podnoszenia się lądu, zmieniają się stosunki klimatyczne, zmieniać się więc musi fauna i flora.

Przyczyny wyznaczające położenie górnéj i dolnéj granicy pionowego zasiągu gatunku, najłatwiejsze jeszcze są do zbadania dla roślin; rzecz sama jest mniéj zawikłana niż u zwiérząt, możliwość bowiem pobytu rośliny w daném miejscu zależy przedewszystkiém od stosunków klimatycznych i od właściwości gleby, mniéj zaś a często wcale nie od istnienia innych organizmów, powtóre: ze spostrzeżeń zebranych łatwiéj jest wydzielić zjawiska przypadkowe, gdyż rośliny są do miejsca pobytu stale przywiązane, nie posiadają środków do uchylania się czasowego od niekorzystnych wpływów klimatycznych i ztąd, dostawszy się w miejsce dla siebie niestósowne, zdradzają pospolicie już całém swém wejrzeniem, że im się tutaj nie dobrze dzieje.

Inaczéj rzecz się ma ze zwiérzętami. Znalazłszy w pewném miejscu jeden tylko okaz zwierzęcia, zbyt często nie można wiedzieć, czy dostał się tutaj przypadkowo, może dopiéro przed chwilą, czy przebywał może przez czas dłuższy, czy wreszcie jest miejsca tego stałym mieszkańcem. Ze względu na łatwość, z jaką wiele zwiérząt przenosi się z jednego miejsca na drugie, okazuje się, że dla należytego zbadania rzeczy szkodliwém jest dążenie, ażeby dla każdego zwierzęcia rozszérzać jego obszar rozsiedlenia jak najwięcéj, choćby opierając się tylko na pojedyńczo znajdowanych, może zabłąkanych okazach; prowadzi to bowiem z czasem do zatarcia wszelkich granic [1]), a zdaje się, że wiele podań dotychczasowych o pionowém rozsiedleniu pająków polega właśnie na podobnych przypadkowych spostrzeżeniach. Wydzielenie znowu z zakresu rozsiedlenia wszystkich miejsc, w których zwiérzę w jednym lub bardzo niewielu okazach zostało znalezioné, za dalekoby zaprowadziło, gdyż tak uznaćby trzeba wszystkie nadzwyczaj rzadkie zwiérzęta za nie mające chyba nigdzie stósownego miejsca pobytu. Z drugiéj strony zależność zwiérząt od otoczenia jest większa, niż u roślin. Ta okoliczność ułatwia wprawdzie niekiedy wytyczenie granic rozsiedlenia zwiérzęcia, mianowicie jeżeli jego rozwój jest ściśle związany z jednym gatunkiem rośliny. Rzecz staje się zawilszą, gdy zwiérzęciu nie jedna, ale kilka lub więcéj roślin dostarczać może stósownego pożywienia. Stósunek wreszcie zwiérząt drapieżnych, zwłaszcza niższych, do otoczenia jest, przynajmniéj w wielu przypadkach,

---

[1]) W Tatrach znalazłem np. chrząszcze *Hylobius pineti* Fabr. na Świnnicy w wysokości około 2100 m., *Rhinomacer attelaboides* Fabr. w dwóch okazach na Starorobociańskim Wierchu 2170 m.!

najbardziéj zawikłany, jak to wnosić można z nielicznych wprawdzie, przy hodowlach zrobionych doświadczeń, okazujących, że drapieżne zwiérzęta bywają bardzo wybredne w wyborze żywności złożonéj z mniejszéj lub większéj liczby gatunków zwiérząt, dla których warunki bytu mogą być znowu mniéj lub więcéj różne; ta zależność drapieżców od otoczenia, nieokréślona a przecież istniejąca, objawia się między innemi i w tém, że pewne ich grupy przywiązane są do t. zw. fizyonomicznych grup roślinności: las, łąka, wrzosowisko, jałowy piasek, błotniste zarośle, żywią każde odmienną grupę zwiérząt łupem żywym się karmiących.

W ogóle więc na pionowe rozsiedlenie zwiérząt takich jak pająki, dwie głównie okoliczności wpływać muszą: stosunki klimatyczne i właściwości florystyczne i faunistyczne; właściwości te są wprawdzie od stosunków klimatycznych zawisłe, mimo to, jako zależne także od niektórych innych okoliczności, bywają w miejscach ten sam klimat mających różne, i z tego powodu rozsiedleniu pająków odmienne muszą zakréślać granice. Szukając przyczyn, wykluczających ten lub ów gatunek pająka z pewnego miejsca, mieć trzeba obydwie wymienione okoliczności na względzie, bez wątpienia bowiem bywają właściwości miejscowe często powodem, że zwiérzę nie może dotrzeć do swych klimatycznych granic, których zakréślenie przeto bez uwzględnienia fizyjonomii miejsc badanych, do mylnych musi prowadzić wypadków.

Takie oddziaływanie florystycznych i faunistycznych stosunków, ścieśniające obszar rozsiedlenia, okazuje się ze wszech miar prawdopodobném przy porównaniu fauny pajęczéj wyższych okolic w górach różniących się swémi pionowémi i poziomémi wymiarami.

W poniżéj zamieszczonéj tablicy zestawiłem podług wymienionych wykazów, tudzież moich zapisków:

I. Liczbę gatunków znalezionych ogółem w Tyrolu, na Szlązku i w Galicyi zachodniéj (właściwie w okolicach Krakowa, Żywca, na Babiéj Górze i w Tatrach) z Karpatami szlązkiemi,

II. liczbę gatunków znalezionych powyżéj górnéj granicy lasów (nie wydzielając gatunków, których znajdywanie się tutaj uważam za przypadkowe),

III. stosunek téj liczby do poprzedzającéj w odsetkach,

IV. ilość gatunków żyjących w równinach i posuwających się po nad krainę lasów,

V. liczbę gatunków żyjących po nad krainą lasów a nie schodzących w równiny, przyczém, nie mając wiadomości o dolnéj granicy rozsiedlenia w Tyrolu i na Szlązku, przyjąłem dla dwóch ostatnich rubryk za podstawę stosunki znane mi z Galicyi.

	I.			II.			III.			IV.			V.		
	Tyrol	Szlązk	Galicyja	Tyrol	Szlązk	Galicyja	Tyrol	Szlązk	Galicyja	Tyrol	Szlązk	Galicyja	Tyrol	Szlązk	Galicyja
Orbitelariae	47	48	45	10	6·8	7	21·3	12·5-16·6	15·5	6	4-5	5	4	2·3	2
Retitelariae	121	106	151	53	8	37	43·8	7·5	24·5	25	3	13	25-28	5	24
Tubitelariae	119	80	83	32	6	14	26·9	7·5	16·9	18-20	1	6	12	4-5	8
Laterigradae	47	39	40	10	1	7	21·3	2·6	17·5	6	1	3	4	0	4
Citigradae	41	39	49	20	4-7	13	48·8	10·2-17·9	26·5	11	2-4	8	7-9	2·3	5
Saltigradae	49	35	35	9	1	3	18·4	2·9	8·6	6	0?	3	3	1?	0
Tetrasticta	10	6	5	0	0	0	0	0	0	0	0	0	0	0	0
Razem	434	353	408	134	26-31	81	30·9	7·4-8·8	19·8	72-74	11-14	38	55-60	14-17	43

(Piérwotnie miałem zamiar przeprowadzić obliczenia powyższe ściśle według granic orograficznych, przytém napotkałem jednak na trudności, przed któremi musiałem się cofnąć; liczby więc tu podane wymagałyby pewnych poprawek: parę gatunków podanych przez Dra FICKERTA tylko z Beskidów mieści się w rubryce I 2; właściwe ich miejsce byłoby w rubr. I 3, albo téż należałoby z téj ostatniéj wydzielić i zaliczyć do I 2 gatunki, znalezione przezemnie tylko na Szlązku, a przez Dra FICKERTA nie podane. Błędy te jednak małe mają znaczenie w obec tego, że całe obliczenie opiera się nie na ilości gatunków na Szlązku i w Galicyi rzeczywiście żyjących, ale na liczbie gatunków dotychczas odkrytych).

W Tyrolu znajduje się więc powyżéj regli jeszcze prawie dwa razy tyle gatunków żyjących na nizinach, co w Galicyi, a tu prawie trzy razy tyle, co na Szlązku. Głównym powodem tego jest bez wątpienia, że hale tyrolskie są najrozleglejsze i najwięcéj nrozmaicone, Tatry zaś pod tym względem o wiele przewyższają krainę kosodrzewu i hal w Karkonoszach, pasmie zaledwie 6 mil długiém, o dwóch równoległych grzbietach średnio tylko na 1200 m. wysokich, najwyżéj sięgających 1559 m., a pokrytych prawie tylko kosodrzewem, trawami z rodzaju *Nardus* i *Poa*, tudzież turzycami (*Carex*), (podług Dra FICKERTA *Myr. u. Ar.*).

Niektóre jednak gatunki podane z hal tyrolskich znalazłyby i w Tatrach stósowne miejsca pobytu, mimo to nie znalazłem ich tutaj. Rzecz ta jest nieco trudniejsza do wyjaśnienia. Byćby przecież mogło, że są to przynajmniéj w części gatunki, które się i w Tyrolu w téj wysokości tylko przypadkowo na czas bardzo krótki pojawiają, a w części może zwiérzęta, mogące wprawdzie dłuższy czas w miejscach tych przebywać, nie dość jednak zastósowane do tamtejszych stosunków, od czasu do czasu przeto ulegające wpływom ostrego klimatu; na miejsce jednak wytraconych, dostają się okazy nowe z większą może łatwością niż w Tatrach, tu bowiem zwarty pas regli musi tworzyć trudną do przebycia zaporę dla gatunków wymagających miejsc otwartych, świetlistych, a dla takich tylko wydają się hale stósowném miejscem pobytu. Ile w tém przypuszczeniu prawdy, okaże się dopiéro z czasem.

O górnych granicach gatunków nie posuwających się w hale, zbyt mało zebrano wiadomości; z tych, które są, zdaje się wynikać, że w Tyrolu granice te leżą przeważnie wyżéj, niżby ze stosunków w Tatrach wnosić można (uwzględniając różnicę w szérokości geograficznéj). Jeżeli tak jest rzeczywiście, to znowu głównym powodem byłyby regle tatrzańskie. Gatunki przebywające w miejscach otwartych mają przez regle przynajmniéj po północnéj stronie Tatr galicyjskich wytkniętą granicę w wysokości około 900 m., powyżéj któréj nie mają miejsc dla siebie stósownych, aż dopiéro w znaczniejszych wysokościach, gdzie już może przebywać nie mogą z powodu zbyt odmiennych stosunków klimatycznych.

Co się tyczy gatunków właściwych okolicom wyższym t. j. nie schodzących w równiny, to zestawienie powyżéj podane okazuje wydatnie wyższość Alp tyrolskich nad Tatrami, a tych znowu nad Karkonoszami. Różnica w rodzinie *Therididae* między Alpami a Tatrami jest tylko pozornie mała; obydwie liczby podane w tablicy zwiększą się jeszcze, z Tatr jednak obecnie już niewiele tylko pozostało mi gatunków nie oznaczonych, a Dr. L. Koch wspomina, że pomiędzy 50 mniéj więcéj gatunkami znalezionémi w Tyrolu, a jeszcze nie opisanémi, znajdują się przeważnie w wyższych okolicach Alp żyjące gatunki z rodzajów *Erigone* i *Linyphia*.

Ze względu na liczbę gatunków zamieszkujących jedne tylko góry a nie pojawiających się w innych, tworzą Alpy tyrolskie, Tatry i Karkonosze znowu taki sam szereg, jak ze względu na swe wymiary poziome i pionowę. Zgadza się z tém i to, że podług dotychczasowych wiadomości, więcéj alpejskich gatunków żyje w Tatrach niż w Karkonoszach (w Alpach i Tatrach: *Linyphia luteola, Theridium umbraticum, Phyllonethis instabilis, Philodromus alpestris, Pardosa nigra, P. Wagleri, P. ferruginea*; w Alpach i w Karkonoszach: *Clubiona alpica*; w Tatrach zaś i w Karkonoszach: *Linyphia mughi* i *Pardosa sordidata,* których ma brakować w Alpach).

Gatunków wspólnych Alpom tyrolskim, Tatrom i Karkonoszom jest niewiele.

O dolnych granicach rozprzestrzenienia gatunków halskich obecnie nic prawie powiedzieć nie można, brak bowiem danych w tym względzie w wykazie Dra L. Kocha. Niewiadomo téż, czy i o ile na nie wpływa przepaścistość Tatr; pod tym względem możnaby wprawdzie dojść do pewnych wyników przez porównanie Tatr z Babią Górą i Baranią, które różnią się wielce od tamtych swémi kształtami, różnice w faunie pajęczéj tych samych krain mogłyby jednak także pochodzić ze zbyt małéj rozciągłości, mniejszéj wysokości i właściwości petrograficznych Babiéj Góry i Baraniéj; dla tego powstrzymuję się z tém porównauiem do czasu, kiedy znane mi będą także inne części Karpat.

W ogóle sądzę, że wypadki podane w niniejszym wykazie mają przedewszystkiém lokalną wartość, mianowicie zaznaczone tu granice rozsiedlenia w znacznéj przynajmniéj części nie są granicami klimatycznemi ale miejscowemi; w Tatrach nowotarskich wiele pająków dla miejscowych przyczyn nie może, zdaniem mojém, całego zająć obszaru, w którymby ze względu na same tylko stosunki klimatyczne przebywać mogły.

Jednym z głównych powodów, dla których granice wielu jeszcze gatunków pozostają niepewnemi, są szczupłe dotąd wiadomości o faunie pajęczéj krainy górskiéj. Ogłaszając mimo to i pomimo innych, znanych mi dobrze a licznych jeszcze braków wiadomości zebrane dotychczas, czynię to w przekonaniu, że do prowadzenia daléj rzeczy nie dorywczo, ale według pewnego planu, konieczném jest zestawienie nagromadzonego materyjału, aby, poznawszy jego niedostateczność, wiedzieć, co jeszcze uzupełnienia wymaga.

*   *
*

W wykazie niniejszym trzymałem się w ogólności układu i słownictwa Prof. THORELLA z uwzględnieniem zmian, jakie ze względu na późniejsze prace w tym przedmiocie okazały się potrzebnemi.

Do każdego podrzędu dołączyłem tablicę, obejmującą wszystkie gatunki z okolic Krakowa, z Karpat szlązkich, Babiéj Góry i Tatr, o których pionowém rozsiedleniu mam wiadomości z własnych spostrzeżeń. Tablice podają zasiąg pionowy tych gatunków podług krain przyjętych przez Prof. Dra NOWICKIEGO w „Wykazie motylów tatrzańskich według pionowego rozsiedlenia" (Spraw. Kom. fiz. 1867); krainy te są:

1) Kraina niżu (*regio inferior*):
     a) równie (*planities*) do 285 m.
     b) okolice pagórkowate (*ditiones collinae*) do 475 m.
2) Kr. lasów górskich:
     a) Kr. górska (*r. montana*) do 935 m. (przynajmniéj w Tatrach nowotarskich).
     b) Kr. podhalska (*r. subalpina*) do 1500 m.
3) Kr. hal (*r. alpina*):
     a) Kr. kosodrzewu (*r. mughi*) do 1675 m.
     b) Kr. grzbietu (*r. tergorum* $=$ *supraalpina*) do 2110 m.
4) Kr. turni (*r. nudorum scopulorum*) do 2668 m.

W zaliczaniu każdego gatunku do pewnéj krainy trzymałem się nie tyle bezwzględnie wysokości, ale raczéj kierowałem się względami na otoczenie, w którém go znalazłem; tak np. gatunki, pochodzące z pagórków odosobnionych, nie wiele wystających ponad otaczające równiny, zaliczone są do przebywających w równinach, W ogólności starałem się w tablicach podać materyjał nie surowy, ale, ile było można, oczyszczony ze spostrzeżeń przypadkowych.

Najniższe miejsca, z których pająki posiadam, leżą blisko 200 m. n. p. m.; jeżeli zatém w wykazie podana jest ta wysokość jako dolna granica gatunku, nie należy tego uważać za twierdzenie, że gatunek ten nie schodzi niżéj.

Podania moje, odnoszące się do krainy turni najmniejszą mają wartość, gdyż szczyty, na których zbiérałem, po największéj części mało tylko wchodzą w tę krainę, a nadto granica pomiędzy nią i krainą grzbietu nie jest wyraźna: jestto granica wiecznego śniegu, w Tatrach z powodu braku tegoż teoretyczna; wartość jéj tutaj wydaje się nieco wątpliwą, w innych bowiem górach całe jéj znaczenie polega na tém, że powyżéj niéj wyjątkowo tylko pośród pól śniegowych trafiają się miejsca przystępne dla roślin.

Miejscowości przy każdym gatunku wyliczone są w tym porządku, w jakim po sobie od zachodu ku wschodowi następują: 1) Karpaty szlązkie, 2) okolice Żywca, 3) Babia Góra z otoczeniem, 4) Tatry począwszy od Podhala, daléj doliny i szczyty nowotarskie od zachodu ku wschodowi, wreszcie miejscowości w Tatrach liptowskich.

Orbitelariae.

	Kr. równi	Kr. pagórków	Kr. górska	Kr. podhalska	Kr. kosodrzew.	Kr. grzbietu	Kr. turni	
Cyclosa conica (Pall.)	*	*	*	*	.	.	.	Regle Karkonoszów.
— *oculata* (Walck.)	*	*	.	.	.	.	.	
Epeira angulata (Clerck)	*	.	.	.	.	.	.	
— *Nordmannii* Thor.	.	.	.	*	.	.	.	Regle Karkonoszów.
— *Zimmermannii* Thor.	?	?	.	.	.	.	.	
— *omoeda* Thor.	.	.	*	*	.	.	.	W Tyrolu w halach; regle Karkonoszów.
— *dromedaria* (Walck.)	*	.	.	.	.	.	.	
— *gibbosa* (Walck.)	*	.	.	.	.	.	.	
— *diademata* (Clerck)	*	*	*	*	*	.	.	W Tyrolu w halach; w Karkonoszach do hal.
— *stellata* C. L. Koch	.	.	*	*	.	.	.	W Tyrolu od 4000—7000'.
— *marmorea* (Clerck)	*	*	*	*	.	.	.	W Tyrolu w halach; regle Karkonoszów.
— — *v. pyramidata*(Cl.)	*	*	*	*	.	.	.	Regle Karkonoszów.

	Kr. równi	Kr. pagórków	Kr. górska	Kr. podhalska	Kr. kosodrzew.	Kr. grzbietu	Kr. turni	
Epeira alsine (Walck.)	*	.	?	.	.	.	.	
— *quadrata* (Clerck)	*	.	.	.	.	.	.	W Tyrolu do 7000'; do górn. gran. regli w Karkonoszach.
— *cucurbitina*(Clerck)	*	*	*	*	(*)	.	.	W Tyrolu do 6000'.
— *alpica* L. Koch.	(*)	(*)	*	*	(*)	.	.	Regle i kosodrzew Karkonoszów.
— *Westringii* Thor.	*	.	.	.	.	.	.	
— *Sturmii* Hahn.	*	*	*	.	.	.	.	? Regle Karkonosz.
— *triguttata* (Fabr.)	*	.	*	.	.	.	.	
— *Redii* (Scop.)	*	.	*	.	.	.	.	
— *ceropegia* (Walck.)	(*)	*	*	*	.	(*)	.	W T/rolu do 6000'.
— *umbratica* (Clerck)	*	*	*	.	.	.	.	W Tyrolu w halach.
— *sclopetaria* (Clerck)	.	*	*	.	.	.	.	Kosodrzew Karkon.
— *ixobola* Thor.	*	.	.	.	.	.	.	
— *cornuta* (Clerck)	*	.	.	.	.	.	.	
— *patagiata* (Clerck)	*	*	*	*	.	.	.	Kosodrzew Karkon.
— *adianta* (Walck.)	*	.	.	.	.	.	.	
— *acalypha* (Walck.)	*	*	*	.	.	.	.	
— *diodia* (Walck.)	*	.	.	.	.	.	.	
Singa hamata (Clerck)	*	*	.	.	.	.	.	
— *nitidula* C. L. Koch	*	.	*	.	.	.	.	
— *albovittata* Westr.	*	.	.	.	.	.	.	
— *pygmaea* (Sund.)	*	.	.	.	.	.	.	
— *sanguinea* C.L.Koch	*	.	.	.	.	.	.	
Cercidia prominens(Wr.)	*	.	.	.	.	.	.	
Zilla atrica (C. L. Koch)	*	*	*	.	.	.	.	
— *montana* C. L. Koch	.	.	*	*	*	(*)	.	W Tyrolu w halach; Karkonosze: od regli do hal.
— *Stroemii* Thor.	*	.	*	.	.	.	.	
Meta segmentata (Clerck)	*	*	.	?	.	.	.	W Tyrolu do 5000'.
— *Mengei* (Blackw.)	*	*	*	*	(*)	.	.	W Karkonoszach do kosodrzewu.
—· *Merianae* (Scop.)	*	*	*	*	.	.	.	Regle Karkonoszów.
— *Menardi* (Latr.)	*	.	.	*	.	.	.	
Tetragnatha extensa (L.)	*	*	*	*	?	.	.	
— *Solandrii* (Scop.)	*	*	*	?	.	.	.	
— *obtusa* C. L. Koch	.	*	*	*	.	.	.	Regle Karkonoszów.
— *pinicola* L. Koch	*	.	*	*	.	.	.	Kosodrzew Karkon.

(262)

W powyższéj tablicy oznacza (*), że znajdowanie się gatunku w odnośnéj krainie może być przypadkowém; znak zaś ? położyłem tam, gdzie oznaczenie gatunku jest niepewne.

Z gatunków podanych powyżéj, jako żyjących w krainie kosodrzewu i hal, żaden nie jest wyłącznie tym krainom właściwy. Z tyrolskich gatunków téj rodziny jeden tylko, *Epeira carbonaria* L. Koch, żyje w halach i nie schodzi niżéj, zresztą i w Tyrolu gatunki znalezione w krainie hal (powyżéj 5500') są mieszkańcami krain niższych. Tatry nie mają, przynajmniéj ile dotąd wiadomo, żadnego gatunku z téj rodziny sobie właściwego.

Epeiroidae.

Cyclosa Menge.

1. *C. conica* (Pall.). W niższych częściach regli tatrzańskich aż do wysokości 1100 m. nie rzadka, podobnie jak i w lasach koło Krakowa. Barania: w dolinie Białéj Wisły. Zawoja i regle Babiéj Góry. Tatry: wieś Kościeliska, doliny: Chochołowska, Kościeliska i Miętusia, Hruby Regiel, doliny: Małołącka i za Bramą, Samkowa Czuba, Boczań. Nie brakuje jéj zapewne nigdzie w niższéj przynajmniéj części regli.

Epeira Walck.

1. *E. Nordmannii* Thor. Kilka tylko okazów znalazłem w reglach tatrzańskich, najczęściéj przezemnie zwiedzanych w dolnéj części doliny Małołąckiéj i na Hrubym Reglu (960 — 1000 m.). Gatunek ten należy do rzadkich i z tego powodu nie łatwo będzie zbadać jego rozsiedlenie pionowe.

2. *E. Zimmermannii* Thor.? Jeden okaz, młody, może do tego należący gatunku znalazłem w lesie Gnojnickim na Szlązku (około 360 m.).

3. *E. omoeda* Thor. Gatunek ten (jak i obydwa poprzedzające), dotychczas z Galicyi nie podany, jest prawdopodobnie wyłącznie właściwy krainie regli, w któréj wprawdzie bardzo mało dorosłych, ale za to dosyć młodych okazów znalazłem na świérkach. Wieś Wisła, Barania: dolina Białéj Wisły. Lipowa. Tatry: doliny Małołącka, Kościeliska pod Kominami (mniéj więcéj od 500 m. do 1050).

4. *E. diademata* (Clerck) i 5. *E. stellata* (C. L. Koch) Fickert. Ponieważ o różnicy między *E. diademata* i *E. stellata* (ob. Uwagi) wykrytéj przez Dra Fickerta, dowiedziałem się dopiéro wtedy, kiedy prawie wszystkie okazy z Tatr, Babiéj Góry i Szlązka już oznaczyłem jako „*E. diademata*" i w części pomieszałem, przeto mogę tu podać przeważnie tylko miejscowości, odnoszące się do *E. diademata* w dawniejszém znaczeniu téj nazwy.

Czantoryja, Barania: doliny Białéj i Czarnéj Wisły, (jedyny samiec, którego na Szlązku znalazłem, jest *E. stellata* Fick.). Lipowa (same samice). Zawoja, regle Babiéj Góry (same samice). Tatry: Podhale (*stellata* i *diademata*), górna granica regli w dolinie Chochołowskiéj ku Czerwonemu Wierchowi, Kraków, Miętusia, regle (♂ *Ep. stellata*) i kosodrzew, Mała Łąka, regle (♂ *Ep. diademata*), dolina za Bramą, Strążyska aż po Giewont, Białe (♂*Ep. diademata*), kosodrzew w dolinie Stawów Gąsienicowych, kosodrzew w dolinie Pięciu Stawów (♀ bardzo ciemno ubarwiona), regle powyżéj polany pod Wołoszynem, regle między Rybiém i Roztoką (♀); Ciemne Smreczyny, kosodrzew (♀), dolina Koprowa, regle (♀), szałas pod Krywaniem i regle powyżéj (tu ♂ = *Ep. diademata*).

6. *E. marmorea* (Clerck). Wszystkie moje dorosłe okazy z Tatr należą do formy typowéj, z odmiany γ) *pyramidata* (Clerck) widziałem same młode okazy. W dolinach wśród lasów świerkowych nie rzadki, w Tatrach zbiérałem formę typową wyżéj (do 1500 m.) po południowéj, aniżeli po północnéj stronie (do 1000 m.).

 α) *forma principalis*. Barania, nad Czarną Wisłą. Lipowa. Zawoja, Wilczna, Rówienki na Markowéj, regle Babiéj Góry. Tatry: doliny Małołącka, za Bramą, Raczkowa, Koprowa, Niekcerka, regle koło szałasu pod Krywaniem.

 γ) *pyramidata* (Clerck). Las Gnojnicki, dolina Białéj Wisły na Baraniéj. Lipowa. Rówienki na Markowéj. Tatry: dolina Małołącka, regle między Roztoką a Rybiem (koło 1100 m.), regle pod Krywaniem.

7. *E. alsine* (Walck.) ? Do tego gatunku należy prawdopodobnie okaz krzyżaka, znaleziony pod doliną za Bramą, który jednak jako bardzo młody, na pewno oznaczyć się nie da.

8. *E. cucurbitina* (Clerck). Gnojnicki las, Ligotka. Nad Stryszawą, Bielasów groń, Rówienki na Markowéj, kosodrzew na Babiéj Górze. Tatry: Zakopane, w olszynie nad potokiem z doliny za Bramą, Gronik w Kościeliskach, u stóp Hrubego Regla, regle u wejścia do doliny Małołąckiéj, dolina za Bramą, Strążyska, regle koło Jaszczurówki. Kosodrzew w dolinie Stawów Gąsienicowych, 1500 m. (jeden okaz, bardzo młody, widocznie tak tu, jak i w kosodrzewie na Babiéj Górze, przypadkowo).

9. *E. alpica* L. Koch. Tuł ? (oznaczenie niepewne), doliny Czarnéj i Białéj Wisły na Baraniéj. Nad Stryszawą. Zawoja, Bielasów groń, Rówienki na Markowéj, regle ponad Szczawinami Markowemi i kosodrzew. Tatry, w krainie regli: w dolinach Chochołowskiéj, Kościeliskiéj, Miętusiéj, na Hrubym Reglu, w dol. Małołąckiéj, za Bramą, Strążyskach, na Boczaniu, nad Suchą Wodą, między Rybiém i Roztoką, na Krywaniu; w krainie kosodrzewu: w dolinie Małołąckiéj, poniżéj Czarnego Stawu Gąsienicowego, między Rybiém i Morskiém Okiem i powyżéj tegoż. Jakkolwiek w krainie kosodrzewu niezbyt rzadki, ma jednak gatunek ten z pewnością właściwą siedzibę w reglach.

E. cucurbitina jest właściwa okolicom niższym, *E. alpica* zaś krainie regli. Piérwsza podchodzi jednak dość wysoko (w Tatrach do 1100 m.), tak, że w dolnéj części regli tatrzańskich obydwa te gatunki znaleźć można, *E. cucurbitina* jest jednak tutaj rzadsza niż *E. alpica.* W okolicach Krakowa znalazłem na Bielanach i koło ruin zamku w Tenczynku po jednym dorosłym okazie (♀), które, opierając się na dotychczasowych opisach, uważam za *E. alpica*; trudno jednak na téj podstawie twierdzić, że gatunek ten schodzi aż do 300 m.n.p. m. zwłaszcza, że w Galicyi żyje jeszcze trzeci gatunek do obydwóch wymienionych bardzo zbliżony, mianowicie *E. Westringii* Thor., a dotychczas pewnych cech odróżniających go od *E. alpica* nie znaleziono. Nie jestem więc pewny, czy okazy wspomnione nie należą do *E. Westringii.* Rzecz tę rozstrzygnąć będzie można dopiéro, gdy się uda w wymienionych miejscowościach znaleźć dorosłe samce.

(Ob. Uwagę 2).

10. *E. Sturmii* Hahn. Podobnéj do tego gatunku *E. triguttata* (Fabr.) (ob. Uwagi) nie znalazłem w górach, *E. Sturmii* zaś posuwa się wprawdzie w dolną część regli tatrzańskich, ale należy już tutaj do rzadkości. Zawoja. Tatry: Podhale, u wejścia do doliny Kościeliskiéj, regle w dolnéj części doliny Małołąckiéj (najwyżéj 940 m.).

11. *E. Redii* (Scop.). Z gatunku tego, który sam zbiérałem tylko koło Krakowa w wysokości 200 — 250 m., otrzymałem od JP. Stobieckiego okaz znaleziony w Zawoi powyżéj kościoła (około 530 m.).

12. *E. ceropegia* (Walck.). Prawdopodobnie słusznie uchodzi ten gatunek za górski; trafia się przecież i w okolicach niższych, chociaż nie wszędzie (n. p. w Galicyi zachodniéj i w Tyrolu, w kantonie Ticino zaś znalazł go Pavesi tylko w wysokości 1200—2000 m.). Tuł, Barania: dolina Czarnéj Wisły, Młaka Hrubowska. Nad Stryszawą; Wilczna, Bielasów groń. Tatry: Podhale, regle Hrubego Regla i Krywania; na halach Raconia w wysokości 1870 m. znalazłem jednego dojrzałego samca, 23 Lipca 1878 r.

13. *E. umbratica* (Clerck). Tuł, Ligotka. Lipowa. Na Podhalu zebrał J. Tatar kilka bardzo młodych okazów, które mimo to do tego odnoszę gatunku, zwłaszcza, że i Prof. Dr. Nowicki podał *E. umbratica* z Tatr (z podhala albo regli). Zdaje się, że gatunek ten nie posuwa się ponad górną granicę stałych siedzib ludzkich.

14. *E. sclopetaria* (Clerck). Ile mi wiadomo, schodzi mniéj więcéj tylko do 400 m., w okolicach niższych zaś zastępuje go *E. ixobola* Thor. Wprawdzie w wykazach dawniejszych podawano go z okolic znacznie niższych, prawdopodobnie jednak nie odróżniano go od *E. ixobola. E. sclopetaria* trzyma się siedzib ludzkich, przebywa pod dachami, mostami i t. d. Wieś Wisła, Żywiec, Zawoja, Zakopane, Kościeliska (wieś) do 940 m.

15. *E. patagiata* (Clerck). Pospolity koło Krakowa, trafia się jeszcze, ale rzadko, w reglach tatrzańskich, nawet koło ich górnéj granicy, przynajmniéj po południowéj stronie. Tuł. Nad Stryszawą, Rówienki na Markowéj, Markowe Szczawiny. Tatry: olszyna w Zakopa-

ném nad potokiem z doliny za Bramą, nad Młyniczną, regle w dolinie Małołąckiéj; Ciemne Smreczyny, Raczkowa (najwyżéj 1000 m. po północnéj, 1500 po południowéj stronie).

16. *E. acalypha* (Walck.) Nie rzadki koło Krakowa, nie posuwa się wysoko; nie widziałem go w Zakopaném a najwyższe znane mi miejscowości są Ligotka na Szlązku, Lipowa, Zawoja.

Singa C. L. Koch.

1. *S. nitidula* C. L. Koch. Jedyny gatunek z tego rodzaju znaleziony w krainie regli i to tylko w niższym ich pasie. Nowy Targ, w zaroślach nad Czarnym Dunajcem 580 m.

Zilla C. L. Koch.

1. *Z. atrica* (C. L. Koch). Najwyżéj dotychczas znaleziona w Zawoi (koło 650 m.).

2. *Z. montana* C. L. Koch. Gatunek właściwy okolicom wyższym; niżéj 850 m. nie widziałem go nigdzie. Na świérkach, pod mostami, na płotach i t. d.; Dolina Białéj Wisły na Baraniéj. Babia Góra: regle aż po kosodrzew nad Markowemi Szczawinami. Tatry: Skibówka i dwór w Zakopaném, górna granica regli w dolinie Chochołowskiéj ku Czerwonemu Wierchowi, dolina Kościeliska aż po górną granicę regli ku Upłazowi, dolina Małołącka, regle, Strążyska, regle, w dolinie Stawów Gąsienicowych na świérkach pośród kosodrzewu i wyżéj w czystéj kosodrzewinie ku Lilijowemu, między Rybiém a Morskiém Okiem i powyżéj tegoż, szałas pod Krywaniem, regle w Niekcerce, regle i szałas w Ciemnych Smreczynach, kosodrzew w dolinie Mięguszowieckiéj. Od 850 do 1700 m.

3. *Z. Stroemii* Thor. Niezbyt rzadka koło Krakowa w różnych miejscowościach, w lasach, na skałach i t. d. Tuł. W Zakopaném i Kościeliskach znajdywałem ją tylko w domach, najwięcéj w mchu, którym górale zatykają szpary pomiędzy belkami. Najwyżéj 930 m.

Meta C. L. Koch.

1. *M. Mengei* (Blackw.).

Różnice między *M. segmentata* (Clerck) i *M. Mengei* tak są małe, że samice dorosłe prawie tylko po wielkości i nieco odmiennéj barwie odróżnić można. Wszystkie dorosłe okazy (przeważnie, a w Tatrach wyłącznie samice), które znalazłem na Szlązku, Babiéj Górze i w Tatrach, należą do *M. Mengei*, z młodych zaś część może należy do

34

M. segmentata, co jednak rozstrzygnąć trudno. Pomiędzy pająkami zebranémi przez J. TATARA w jesieni na Podhalu i w reglach tatrzańskich jest tylko *M. Mengei.* Z Babiéj Góry widziałem jeden przez JP. STOBIECKIEGO zebrany okaz, który prawdopodobnie należy do *M. segmentata.* Według „Spisu pająków" Prof. L. WAJGLA, tudzież „Zapisków z fauny tatrzańskiéj" Prof. Dra NOWICKIEGO z r. 1867 żyje *M. segmentata* w halach i turniach tatrzańskich; ponieważ jednak podanie to pochodzi z czasu, kiedy obydwa wspomnione gatunki nie zawsze bywały odróżniane, przeto kwestyi, czy one obydwa żyją w Tatrach i jakie ich jest pionowe rozsiedlenie, nie można jeszcze uważać za rozstrzygniętą.

Ligotka, Kiczera, Tuł, doliny Białéj i Czarnéj Wisły na Baraniéj. Glinka, (Ujsoł). Regle Babiéj Góry. Tatry, w krainie regli: doliny Chochołowska, Kościeliska, Małołącka, za Bramą, Strążyska, między Rybiém i Roztoką; w krainie kosodrzewu jeden tylko znalazłem dorosły okaz w dolinie Małéj Łąki (około 1500 m.).

2. *M. segmentata* (Clerck)? Markowe Szczawiny na Babiéj Górze (około 1300 m.).

3. *M. Merianae* (Scop.). Od 200 m. (w okolicach Krakowa) posuwa się ten gatunek do 1100 m. w Tatrach. Dolina Czarnéj Wisły na Baraniéj. Zawoja, regle Babiéj Góry. Tatry: doliny Kościeliska, Małołącka i za Bramą.

4. *M. Menardi* (Latr.). Regle w dolinie Kościeliskiéj pod Kominami (1100 m.). Żyje także w okolicach Krakowa, gdzie ją dopiéro niedawno znalazłem.

Tetragnatha Latr.

Przy oznaczaniu form tego rodzaju, uważanych przez jednych autorów za odrębne gatunki, przez innych przynajmniéj w części za odmiany tylko, napotyka się często znaczne trudności, zwłaszcza, jeżeli się ma do czynienia z młodémi okazami. Z tego powodu ma to, co poniżéj podaję przy *T. extensa vera*, tylko względną wartość, o ile się odnosi do młodych okazów; mogłyby one mianowicie należeć do *T. pinicola*, uznanéj wprawdzie i przez THORELLA za gatunek odrębny, do czego jednak może nie większe ma prawo, aniżeli *T. obtusa* lub *T. Solandrii.*

1. *T. extensa* (Linn.) *vera* Thor. Tuł. Zawoja, Markowe Szczawiny (same młode okazy), kosodrzew na Babiéj Górze (młode). Tatry: Gronik w Kościeliskach, Zakopane: na Skibówce i pod lasem ku Kuźnicom, koło schroniska w dolinie Pięciu Stawów w kosodrzewinie, między Rybiém a Morskiém Okiem i nad Morskiém Okiem; w trzech ostatnich miejscach same młode okazy.

2. *T. extensa* (Linn.) *f. Solandrii* (Scop.) Rówienki na Markowéj. Zakopane nad Młyniczną, regle tatrzańskie (tu tylko parę okazów młodych, zebranych przez J. TATARA).

3. *T. extensa* (Linn.) *f. obtusa* C. L. Koch. Las Gnojnicki. Zawoja. Podhale, regle w dolinie Kościeliskiéj (około 900 m.).

4. *T. pinicola* L. Koch. Dolny brzeg lasu między Małą Łąką i Strążyskami i regle w Strążyskach (do 900 m.).

Z cztérech form powyższych jest koło Krakowa najpospolitsza *T. Solandrii*, rzadsza *T. extensa vera*, najrzadsza *T. pinicola*. *T. obtusa* znalazłem tutaj tylko na Czerny w lesie świérkowym; nie schodzi ona prawdopodobnie w równiny. W Tatrach zdaje się być *T. extensa vera* najczęstszą, pozostałe mniéj więcéj równo rzadkiemi. Najwyżéj posuwa się *T. extensa vera*, jeżeli nie *T. pinicola*.

Retitelariae.

Rodzina ta, z należących do krajowéj fauny, najobfitsza w gatunki, obejmuje znaczną ilość pająków drobnych, przytém jednostajnie ubarwionych, ztąd nie ma zapewne rodzaju między pająkami, którego gatunki, nawet w Europie żyjące, w tak małéj dopiéro części byłyby znane i opisane, jak w rodzajach *Linyphia* i *Erigone*. Pomimo, że, ile mi wiadomo, liczba gatunków *Erigon* europejskich już opisanych, dochodzi do trzechset, wiele jest jeszcze gatunków zebranych a jeszcze nie opisanych (np. bawarskich i tyrolskich), a nie mniéj ich jeszcze zapewne zostaje do odkrycia. Z tego powodu wszelkie zestawienia odnoszące się do rozsiedlenia pająków poziomego czy pionowego w téj właśnie rodzinie najmniejszą mają wartość.

Oznaczanie gatunków w téj rodzinie wymaga wiele mozołu; na wątpliwości napotyka się zwłaszcza tam, gdzie przy opisie nie ma rysunku, który częstokroć jedynie jest w stanie podać niektóre szczegóły w formie przystępnéj i nie dwuznacznéj. Jakkolwiek w tym dziale uchodzi odróżnianie zwłaszcza samic za rzecz trudną, to przecież przy użyciu mikroskopu okazuje się, że trudności te są tylko pozorne; w rodzinie téj bowiem spotyka się taką rozmaitość form, że odróżnianie gatunków na pewniejszych spoczywa podstawach, niż w wielu innych rodzinach. Rzecz jednak jasna, że oznaczanie według dzieł nie uwzględniających szczegółów mikroskopowych, albo podających je w formie nie dającéj się przy oznaczaniu użyć bez nadwerężenia okazu, należeć musi do rzeczy mozolnych i często nie może doprowadzić do pewnych wyników.

Z wielu opisanych dotąd gatunków znane są dotąd tylko samce, z innych samce tylko są dobrze opisane, opisy samic zaś są mniéj dokładne. Pomiędzy pająkami tatrzańskiemi, zbieranemi tylko w Lipcu i Sierpniu, mam z wielu gatunków tylko samice; tych oznaczenie muszę tedy z przytoczonych powodów odłożyć przynajmniéj w części na późniéj; wykaz obecny w téj grupie wymagać jeszcze będzie uzupełnienia.

	Kr. równi	Kr. pagórków	Kr. górska	Kr. podhalska	Kr. kosodrzew.	Kr. grzbietu	Kr. turni	
Pachygnatha Clerckii S.	*	.	.	.	.	.	.	
— Listeri Sund.	*	.	.	.	.	.	.	
— De Geerii Sund.	*	*	*	.	.	.	.	W Tyrolu do 5000', w Karkonoszach aż w kr. kosodrzewu.
Episinus truncatus Wal.	*	.	.	*	.	.	.	
Tapinopa longidens(Wi.)	*	.	*	*	.	.	.	W Tyrolu do 3500'.
Linyphia montana (Cl.)	*	*	*	.	.	.	.	W Tyrolu do 4000', rzadko wyżej.
— clathrata Sund.	*	*	.	.	.	.	.	
— triangularis(Clrck.)	*	*	*	*	.	.	.	W Szwajcaryi do 2000 m.
— phrygiana C. L. K.	.	*	*	*	.	.	.	Regle Karkonoszów.
— frutetorum C. L. K.	*	*	.	.	.	.	.	
— pusilla Sund.	*	*	*	*	.	.	.	W Tyrolu do 6500'.
— peltata Wider	*	*	*	*	.	.	.	Regle Karkonoszów.
— emphana Walck.	*	*	.	.	.	.	.	
— marginata C. L. K.	*	*	*	.	.	.	.	W Tyrolu także w krainie hal.
— thoracica Wider	*	*	*	*	.	.	.	W Karkonoszach w krainie regli.
— frenata Wider	*	.	.	.	.	.	.	
— insignis Blackw.	*	.	.	.	.	.	.	
— nebulosa Sund.	*	*	.	.	.	.	.	
— minuta Blackw.	*	.	.	.	.	.	.	
— leprosa Ohlert	*	.	*	.	.	.	.	
— nigrina Westr.	*	.	.	.	.	.	.	
— dorsalis Wider	*	.	*	(*)	.	.	.	
— parvula Westr.	*	.	.	.	.	.	.	
— circumspecta Blck. ?	*	.	.	.	.	.	.	
— approximataCambr.	*	.	.	.	.	.	.	
— luteola Blackw.	.	.	.	(*)	*	(*)	.	W Tyrolu w krainie hal.
— alticeps Sund.	.	.	.	*	.	.	.	W Tyrolu w krainie hal; regle Karkonoszów.
— alacris Blackw.	*	*	*	*	*	*	.	
— obscura Blackw.	.	.	.	*	.	.	.	W Tyrol koło górnéj granicy lasów (?).
— crucifera (Menge)	*	*	.	.	.	.	.	
— cristata (Menge)	*	.	.	.	.	.	.	
— mughi Fickert	.	.	(*)	*	*	.	.	W Karkonoszach w kr. kosodrzewu.

	Kr. równi	Kr. pagórków	Kr. górska	Kr. podhalska	Kr. kosodrzew.	Kr. grzbietu	Kr. turni	
Lin. *Keyserlingii* Auss.	*		(*)		*			
— *lepida* Cambr.			(*)	*	*			
— *tenebricola* Wider.	*	*	*	*	*	*	(*)	W Tyrolu do 5000'.
— *variegata* (Blackw.)			*	*	*	*		
— *pulchra* n. sp.			(*)	*	*	*		
— *varians* n. sp.					*	*	*	
— *angulipalpis* Westr.	*							W Tyrolu w krainie hal.
— *monticola* n. sp.				(*)	*	*	*	
— *pallida* Cambr.	*							
— *pallens* n. sp.						*?		
— *microphthalma* Cbr.					*	*		
— — *var.* ?			*		*			
— *decens* Cambr.	*							
— *arcigera* n, sp.			*	*				
— *concolor* Wider	*	*		?				
— *bicolor* (Blackw.)	*		*	*				W Tyrolu w krainie hal.
— *annulata* n. sp.						*	*	
— *bucculenta*(Clerck.)	*		*					W Tyrolu do 5000'.
— *torrentum* n. sp.				*	*	*		
— *socialis* Sund.	*	*	*	*				Regle Karkonoszów.
Erigone atra (Blackw.)	*		*	*		*		W Tyrolu do 8000', w Karkon. aż w kr. kos.
— *dentipalpis* (Wider)	*	*	*	*	*	*	*	W Tyrolu do 8000'.
— *graminicola* (Sund)	*							
— *nigrai* (Blackw.)	*	*	*	?				W Tyrolu do 6000'.
— *tibials* (Blackw.)	*			*				
— *aries* n. sp.					*	*		
— *carpatica* n. sp.						*		
— *longimana* C. L. K.	*							
— *corallipes* Cambr.	*							
— *rufipes* (Linn.)	*							
— *isabellina* (C.L.K.)	*			*	*			W Tyrolu w krainie hal.
— *cacuminum* n. sp.						*		
— *vigilax* (Blackw.)	*							
— *herbigrada* (Black.)	*			*		*		Z hal tyrolskich nie podana.
— *Huthwaitii* (Cmbr.)	*	*		*	*	*		Nie podana z Tyrolu.
— *dentata* (Wider)	*							
— *speciosa* Thor.	*							

	Kr. równi	Kr. pagórków	Kr. górska	Kr. podhalska	Kr. kosodrzew.	Kr. grzbietu	Kr. turni	
Erigone fusca (Blackw.)	*	*	*	*	.	?	.	
— gibbifera n. sp.	.	.	.	*	(*)	.	.	
— retusa Westr.	*	.	.	.	.	.	.	W Tyrolu w krainie hal.
— apicata (Blackw.)	*	*	.	.	(*)	.	.	
— cornuta (Blackw.)	*	.	.	.	.	.	.	
— Clarkii (Cambr.)	*	.	.	.	.	.	.	
— latebricola (Cambr.)	*	.	.	.	.	.	.	
— truncorum L. Koch.	.	.	(*)	*	*	*	.	W Tyrolu w krainie hal, w Karkon. w kr. koso-drzewu i grzbietu.
— livida (Blackw.)	*	.	*	.	.	.	.	W Tyrolu w krainie hal.
— adipata L. Koch.	.	.	.	.	.	*	.	W Tyrolu w krainie hal; w Karkon. w kr. koso-drzewu i grzbietu.
— obscura (Menge)	*	.	.	.	.	.	.	
— rufa (Wider)	*	.	.	.	.	.	.	W Tyrolu w krainie hal.
— Sundevallii Westr.	*	.	.	*	.	.	.	
— viaria (Blackw.)	*	.	.	.	.	.	.	W Tyrolu do 4000'.
— silvatica (Blackw.)	*	.	.	*	*	*	*	W Tyrolu w krainie hal.
— pabulatrix Cambr.	.	.	(*)	*	*	*	*	
— longa n. sp.	.	.	.	.	.	*	.	
— fuscipalpis (C.L.K.)	*	*!	*	*	*	*	*	W Tyrolu w krainie hal.
— excavata n. sp.	.	.	.	*	.	.	.	
— myrmicarum n. sp.	.	.	*	.	.	.	.	
— hirsuta (Menge)	*	.	.	.	.	.	.	
— penicillata Westr.	*	.	.	.	.	.	.	
— brevis (Wider)	*	.	.	*	.	.	.	W Tyrolu w krainie hal.
— brevipes Westr.	*	.	.	*	.	.	.	
— globosa (Menge)	*	.	.	.	.	.	.	
— unicornis (Cambr.)	*	.	.	.	.	.	.	
— cuspidata (Blackw.)	.	.	.	.	.	*	.	Z Tyrolu nie podana.
— nudipalpis Westr.	*	.	.	.	.	.	.	
— bifrons (Blackw.)	*	.	.	.	.	.	.	
— prominula Cambr.?	.	.	.	*	.	.	.	
— elevata (C.L.Koch.)	*	.	.	.	.	.	.	W Tyrolu w krainie hal.
— cristata (Blackw.)	*	.	*	*	*	*	(*)	W Tyrolu przynajmniéj do 6000'.
— decipiens n. sp.	.	.	.	*	.	.	.	
— cucullata (C. L. K.)	*	.	.	.	.	.	.	

	Kr. równi	Kr. pagórków	Kr. górska	Kr. podhalska	Kr. kosodrzew.	Kr. grzbietu	Kr. turni	
Erigone mitrata (Menge)	*	.	.	.	.	.	.	
— *antica* (Wider) .	*	.	.	.	.	*	.	W Tyrolu w krainie hal.
— *suspecta* n. sp. .	.	.	.	.	.	*	.	
— *cirrifrons* (Cambr.)	*	.	.	.	.	.	'	
— *scabricula* Westr.	*	.	.	.	.	.	.	
— *parallela* (Wider)	*	.	.	.	.	.	.	„ „ „
— *pumila* (Blackw.)	*	.	.	.	.	.	.	
— *obscura* (Blackw.)	*	.	.	.	.	.	.	
— *hiemalis* (Blackw.)	*	.	.	.	.	.	.	
— *latifrons* (Cambr.)	*	.	.	*	*	*	.	W Tyrolu w krainie hal.
— *picina* (Blackw.)	*	.	.	.	.	.	.	
— *erythropus* Westr,	*	*	*	*	.	.	.	
— *elongata* (Wider)	*	.	.	*	.	.	.	
— *altifrons* (Cambr.)	*	.	.	.	.	.	.	
— *tatrica* n. sp. .	.	.	.	*	*	*	.	
— *acuminata* (Black.)	*	.	.	.	.	.	.	
— *perforata* Thor.	*	.	.	.	.	.	.	
— *furcillata* (Menge)	*?	.	.	.	.	.	.	
Nesticus cellulanus(Clk.)	*	*	.	.	.	.	.	
Ero thoracica (Wider)	*	*	*	*	.	.	.	
— *atomaria* C.L.Koch	*	*	.	.	.	.	.	
Phyllonethis lineata (Cl.)	*	*	*	*	.	.	.	
— *instabilis* (Cambr.)	.	.	.	*	*	*	.	W Tyrolu w krainie hal.
Dipoena melanogaster (C. L. Koch)	*	*	.	.	.	.	.	
Theridium tepidariorum (C. L. Koch)	*	.	.	.	.	.	.	
— *formosum* (Clerck)	*	*	*	.	.	.	.	W Tyrolu do 4000'.
— *riparium* Blackw.	*	*	*	.	.	.	.	„ „ 3000'.
— *umbraticum* L. Koch	.	.	(*)	*	*	.	.	„ w krainie hal.
— *sisyphium* (Clerck)	*	*	*	*	.	(*)	.	„ do 7000'.
— *pictum* Walck. .	*	.	*	.	.	.	.	
— *pinastri* L. Koch	*	*	.	.	.	.	.	
— *varians* Hahn. .	*	*	*	*	.	.	.	
— *denticulatum* Wlck.	*	*	*	.	.	.	.	„ w krainie hal.
— *tinctum* Walck.	*	*	*	.	.	.	.	
— *simile* C. L. Koch	*	.	.	.	.	.	.	
— *pulchellum* Walck.	*	.	*	.	.	.	.	
— *bimaculatum* (Linn)	*	*	*	.	.	.	.	

	Kr. równi	Kr. pagórków	Kr. górska	Kr. podhalska	Kr. kosodrzew	Kr. grzbietu	Kr. turni	
Theridium triste Hahn	*	.	.	.	.	.	.	
Steatoda castanea(Clrk.)	*	*	.	.	.	.	.	
— *bipunctata* (Linn.)	*	*	*	*	.	.	.	W Tyrolu do 6000; w Karkon. aż w krainę grzbietu.
— *versuta* (Blackw.)	*	.	.	.	.	.	.	
— *guttata* (Wider)	*	*	.	.	.	.	.	W Tyrolu do 7000′.
Lithyphantes corollatus (Linn.)	*	.	.	.	.	.	.	
Euryopis flavomaculata (C. L. Koch)	*	.	.	.	.	.	.	
— *prona* Menge	*	.	.	.	.	.	.	
Asagena phalerata(Pnz.)	*	.	*	.	.	.	.	W Tyrolu do 6000′.
Pholcomma gibbum (W.)	.	*	.	.	.	.	.	
Pholcus opilionoides (Sr.)	*	*	*	.	.	.	.	
Enyo germanica (C.L.K.)	*	.	.	.	.	.	.	

W krainie hal (powyżéj 5500 stóp) znaleziono w Tyrolu oprócz gatunków podanych w powyższéj tablicy jeszcze następujące: *Linyphia glacialis* L. Koch, *Erigone Helleri* L. Koch, *alpina* Cambr., *remota* L. Koch, *tirolensis* L. Koch, *aestiva* L. Koch, *monodon* Cambr., *alpigena* L. Koch, *avicula* L. Koch, *anguinea* L. Koch, *montigena* L. Koch, *broccha* L. Koch, *egena* L. Koch, *gulosa* L. Koch, *austera* L. Koch, *Simoni* Cambr., *robusta* Westr., *insecta* L· Koch, *columbina* L. Koch, *Theridium petraeum* L. Koch.

Linyphia glacialis żyje także w Szwajcaryi, *Erigone alpigena* w Styryi, *montigena* w Szwajcaryi, *Simoni* koło Paryża i Norymbergi, *robusta* w Szwecyi i na Bukowinie, *Theridium petraeum* koło Norymbergi i na Szlązku.

Erigone truncorum, *adipata* i *Theridium umbraticum* są gatunkami górskiemi, wspólnemi Alpom i Tatrom, a dwa piérwsze także Karkonoszom.

Według dotychczasowych wiadomości jest więc 17 gatunków właściwych Alpom. Podane zaś powyżéj jako nowe gatunki, również w liczbie 17, są wyłącznie mieszkańcami Karpat (przedewszystkiém Tatr). Stosunek ten, tak nadzwyczaj korzystny dla Tatr, jest jednak tylko pozorny. Około 50 gatunków z rodzajów *Erigone* i *Linyphia* znalezionych w Tyrolu, czeka jeszcze opisania, a pomiędzy mojémi „nowémi" gatunkami kryje się może kilka już znanych.

Wspólną Karkonoszom i Tatrom jest *Linyphia mughi* Fick.; wyłącznie właściwemi Karkonoszom zdają się być *L. pusiola* Fick. i *L. sudetica* Fick.

Theridioidae.

Pachygnatha Sund.

1. *P. De Geeri* Sund. Jeden z najpospolitszych pająków koło Krakowa, pod reglami tatrzańskiemi należy do gatunków dosyć rzadkich, i zdaje się, że dolna granica tych regli tworzy górną granicę jego rozsiedlenia. Tuł, Ligotka, Czantoryja. Lipowa. Zawoja. Gronik w Kościeliskach, Zakopane. Do 930 m.

Episinus Walck.

1. *E. truncatus* Walck. Najwyższa i jedyna dotąd w górach miejscowość, w któréj ten rzadki gatunek znalazłem (w 2 okazach), jest dolina Chochołowska (regle, około 900 m.).

Tapinopa Westr.

1. *T. longidens* (Wider). Las między Gronikiem a Siwarném w Kościeliskach, Hruby Regiel, regle u wejścia do doliny Małołąckiéj i w Strążyskach, do 1050 m. Gatunek ten żyje bez wątpienia i w innych zwiedzonych przezemnie miejscowościach na podgórzu i w górach; łatwo go jednak przy zbiéraniu pominąć, jeżeli się nie zwraca na niego szczególnéj uwagi; żyje on bowiem w szparach kory, koło korzeni drzew, w dołkach ziemi i podobnych zagłębieniach, do których wejście zasnuwa całkowicie gęstą, płaską pajęczyną bez żadnego otworu.

Linyphia Latr.

1. *L. montana* (Clerck). Z gatunków tego rodzaju koło Krakowa obok *L. triangularis* najpospolitszy, w Zakopaném bardzo rzadki, gdyż przeszukawszy tam płoty i parkany na znacznéj rozciągłości, zebrałem zaledwie 3 okazy. Ligotka, Wisła. Lipowa. Zakopane, najwyżéj 850 m.

2. *L. triangularis* (Clerck). W zaroślach i lasach koło Krakowa nadzwyczaj pospolita, w Tatrach posuwa się tylko w najniższy pas regli (mniéj więcéj do 1000 m.) i ustępuje tu co do liczby okazów innym gatunkom n. p. *L. phrygiana* i *L. peltata*, z których ostatnia

żyje wprawdzie w najbliższém otoczeniu Krakowa n. p. na Panieńskich Skałach, ale wcale rzadko, piérwsza zaś nie schodzi, przynajmniéj ile mnie wiadomo, poniżéj dolnéj granicy borów świérkowych. Las Gnojnicki, Ligotka, Tuł, Wisła. Zawoja. Zakopane, las między Gronikiem a Siwarném, regle w dolinach Małołąckiéj, za Bramą i Strążyskach.

3. *L. phrygiana* C. L. Koch. Gatunek ten nie żyje według moich spostrzeżeń w równinach, a pojawiając się zaraz u dolnéj granicy lasów świérkowych (n. p. na Czerny), jest jednym z cechujących gatunków dla krain pagórkowatéj, górskiéj i podhalskiéj. Barania: dolina Białéj Wisły. Zawoja, regle Babiéj Góry. Tatry: las między Gronikiem a Siwarném, regle: dolina Chochołowska, Kościeliska, Miętusia, Małołącka, Hruby Regiel, dolina za Bramą, Strążyska, regle pod polaną Waksmundzką i na Krywaniu (do 1300 m.; przynajmniéj po południowéj stronie Tatr).

4. *L. pusilla* Sund. Rzadsza w Tatrach niż koło Krakowa i dotąd tylko nie daleko od dolnego brzegu regli znaleziona (do 1000 m.). Tuł. Gronik w Kościeliskach i regle doliny Małołąckiéj.

5. *L. peltata* Wider. W górach równie częsta jak *L. phrygiana* i przebywa obok niéj na świérkach, schodzi jednak niżéj (patrz *L. triangularis*). Barania: dolina Białéj Wisły. Lipowa. Regle Babiéj Góry. Tatry: las między Gronikiem a Siwarném, regle w dolinach Chochołowskiéj, Kościeliskiéj, na Hrubym Reglu, w dolinie Małołąckiéj, za Bramą, Strążyskach i pod polaną Waksmundzką (mniéj więcéj do 1200 m.).

6. *L. emphana* Walck. Nie posuwa się znacznie ponad 500 m., jest więc właściwą tylko równinom i krainie pagórkowatéj. Las Gnojnicki, Ligotka, Kiczera, Tuł.

7. *L. marginata* C. L. Koch. Posuwa się wyżéj niż *L. emphana*, ale już w Zakopaném jéj nie znalazłem. Las Gnojnicki, dolina Czarnéj Wisły na Baraniéj. Lipowa. Zawoja (650 m.).

8. *L. thoracica* Wider. Najwyżéj znaleziona w wysokości mniéj więcéj 1200 m., chociaż, ile wnosić można z jéj miejsca pobytu, (najczęściéj w rozpadlinach skał zacienionych w lasach), nie powinno jéj brakować nawet koło górnéj granicy regli. Las Gnojnicki, dolina Białéj Wisły na Baraniéj. Lipowa. Regle Babiéj Góry. Doliny Kościeliska, Małołącka, za Bramą i Strążyska ku Małéj Świnnicy.

9. *L. nebulosa* Sund. Las Gnojnicki (360 m.). Żyje w domach n. p. w Krakowie i w lasach szpilkowych, zwłaszcza sosnowych; miejscowość tu podana leży prawdopodobnie już u górnéj granicy rozsiedlenia tego gatunku.

10. *L. leprosa* Ohlert. Przeważnie w domach lub w ich pobliżu. Na Podhalu, jak wszędzie zresztą, rzadka. Domy w Zakopaném i na Groniku w Kościeliskach (930 m.).

11. *L. dorsalis* Wider. W lasach koło Krakowa wcale nie rzadka. W Tatrach sięga tylko do dolnéj granicy regli i żyje prawdopodobnie tylko na drzewach liściastych. Nowy Targ, Zakopane, dolna część doliny Małołąckiéj, pod doliną za Bramą (najwyżéj 950 m.).

12. *L. luteola* Blackw. Przeważnie w krainie kosodrzewu. Miejscowość pod Giewontem leży wprawdzie jeszcze w krainie regli, za-
słonięta jednak od południa ścianą Giewontu, posiada niektóre wyższym okolicom właściwe gatunki, które téż tutaj mogą się dostać z łatwością z wyższych miejsc po stroméj ścianie Giewontu. Kosodrzew
w Pysznéj, Strążyska pod Giewontem, kosodrzew w dolinie Stawów
Gąsienicowych, pod Rybiém i między Rybiém a Morskiém Okiem, hale
nad Morskiém Okiem; regle w Niekcerce, kosodrzew na Krywaniu.
Od 1400 m. (nie licząc miejscowości pod Giewontem) do 1800 m. (na
Krywaniu).

13. *L. alticeps* Sund. Gatunek ten, podobnie jak poprzedzający,
zbiérałem tylko w górach, daléj ku północy (n. p. koło Gdańska według Mengego) żyją one obydwa w wysokościach znacznie mniéj-
szych. Na świérkach. Barania, pod szczytem. Regle w dolinach Małołąckiéj, za Bramą, Strążyskach i na Krywaniu. Od 1000 m. do 1500
(na Krywaniu).

14. *L. alacris* Blackw. Od okolic Krakowa aż w krainę hal,
najczęściéj w reglach. Tuł, Czantoryja, dolina Białéj Wisły na Baraniéj. Zawoja, regle Babiéj Góry. Las pod zwierzyńcem Zakopiańskim,
regle w dolinach Chochołowskiéj, Miętusiéj, Małołąckiéj, za Bramą,
pod Giewontem w Strążyskach, Boczań (regle), kosodrzew w dolinie
Stawów Gąsienicowych, Gęsia Szyja, regle między Roztoką a Rybiém,
kosodrzew między Rybiém i Morskiém Okiém, hale nad Morskiém
Okiem, kosodrzew i hale Krywania (tu do 2000 m.).

15. *L. obscura* Blackw. Kilka tylko okazów znalazłem w re-
glach tatrzańskich od ich dolnéj aż blisko do górnéj granicy. Dolina
Kościeliska, Hruby Regiel, dolina Małołącka i za Bramą, regle między
Rybiém a Roztoką (930—1300 m).

16. *L. crucifera* (Menge). Z tego koło Krakowa bardzo rzadkiego gatunku znalazłem jeden młody okaz na Goduli (około 500 m.).

17. *L. mughi* Fickert. Gatunek opisany piérwotnie z krainy ko
sodrzewu Karkonoszów (Fickert, *Myriopoden und Arachniden vom
Kamme des Riesengebirges*). W naszych górach jest on o wiele rzadszy w kosodrzewinie, aniżeli w reglach, gdzie należy do najpospolitszych pająków. Żyje przeważnie na świérkach; od 900—1700 m.
Barania, w dolinie Białéj Wisły i pod szczytem. Regle Babiéj Góry
(na świérkach w wielkiéj ilości). Tatry: Zakopane, dolina Chochołowska, Kościeliska, Miętusia, Hruby Regiel, dolina Małołącka, za Bramą,
Strążyska aż pod Giewont, Boczań, regle między Roztoką i Rybiém,
Krywań; w krainie kosodrzewu: w dolinie Małołąckiéj, w dolinie Stawów Gąsienicowych i Pięciu Stawów, pod Rybiém, między niém a Morskiém Okiem i nad Morskiém Okiem, w dolinie Mięguszowieckiéj.

18. *L. lepida* Cambr. Gatunek opisany przez Cambridgea (*On
some new Species of European Spiders*, w *Proceed. of the Linn. Soc.*
XI) podług jednego okazu znalezionego w Szkocyi. W reglach a wyjątkowo w kosodrzewinie w Karpatach dość częsty, ale o wiele rzad-

szy niż *L. mughi*, w tych samych mniéj więcéj wysokościach, co i ona. Barania, w dolinie Białéj Wisły. Regle Babiéj Góry. Tatry: koło szałasu w hali Chochołowskiéj, regle w dolinie Miętusiéj, na świérkach pośród kosodrzewu w dolinie Stawów Gąsienicowych, kosodrzew między Rybiém a Morskiém Okiem, regle na Krywaniu i kosodrzew w dolinie Mięguszowieckiéj.

19. *L. tenebricola* Wider. Pomiędzy małémi gatunkami tego rodzaju jeden z najpospolitszych koło Krakowa, wcale téż nie rzadki w Tatrach. Posuwa się aż w hale przynajmniéj do 2200 m.; okazy z tych bardzo wysoko położonych miejsc są jednak odmiennie ubarwione, tak, że dopiéro przez bardzo dokładne porównanie głaszczków u samców można się było przekonać, że forma ta nie jest osobnym gatunkiem, ale odmianą *L. tenebricola*. Tuł, Godula, Czantoryja, Wisła, dolina Białéj Wisły na Baraniéj. Zawoja, regle Babiéj Góry. Tatry: dolina Kościeliska (regle), Miętusia (regle), Hru by Regiel, dolina Małéj Łąki (regle i kosodrzew), dolina za Bramą ;- Samkowa Czuba, Strążyska aż pod Giewont, powyżéj źródła w Kalatówkach, Boczań, w kosodrzewie i halach od szałasów w dolinie Stawów Gąsienicowych po Zawrat i pod Kozim Wierchem od Zmarzłego, Miedziane (hale), regle i kosodrzew między Roztoką a Rybiém, kosodrzew między Rybiém a Morskiém Okiem, hale nad Morskiém Okiem; hale w Ciemnych Smreczynach i w dolinie Hlińskiéj.

20. *L. variegata* (Blackw). Od 900 do 2170 m. w Tatrach, wszędzie bardzo rzadka, najczęstsza jeszcze w reglach na świérkach (w halach pod kamieniami). Las między Gronikiem a Siwarném w Kościeliskach, hale na Hrubym Wierchu i Starorobociańskim, regle w dolinach Kościeliskiéj, Małołąckiéj i za Bramą, kosodrzew w dolinie Stawów Gąsienicowych, hale nad Morskiém Okiem, kosodrzew na Krywaniu.

21. *L. pulchra* n. sp. Rzadka. Przebywa w reglach, kosodrzewinie i halach tatrzańskich, przeważnie w piargach, i dla tego, tudzież z powodu wielkiéj szybkości ruchów, trudna do schwytania. Regle w dolinach Kościeliskiéj i Małołąckiéj, piargi w Strążyskach pod Giewontem, hale w dolinie Pięciu Stawów pod Zawratem, hale nad Morskiém Okiem, kosodrzew w dolinie Hlińskiéj. Od 1000 do 2000 m.

22. *L. varians* n. sp. Niezbyt rzadka, a przynajmniéj w niektórych miejscach (n. p. koło Zawratu) w większéj ilości. Zwykle razem z *L. monticola*. Od 1400 do 2200 m. i wyżéj?. Hale Wołowca, kosodrzew w Miętusiéj, kosodrzew i hale w dolinie Małéj Łąki, hale Czerwonego Wierchu, Giewont od przełęczy po szczyt, od Lilijowego po Świnnicę (hale), hale koło Zmarzłego ku Koziemu Wierchowi i ku Zawratowi, hale na Miedzianém, nad Morskiém Okiem, w Niekcerce, kosodrzew w dolinie Hlińskiéj.

23. *L. monticola* n. sp. Przeważnie w krainie kosodrzewu i hal, pod kamieniami, w miejscach niekoniecznie wilgotnych. Rzadka. Jak inne gatunki tego rodzaju, żyjące pod kamieniami, przebywa przeważnie nie pod kamieniami leżącémi płasko na ziemi, ale raczéj pomiędzy

ustawionémi przypadkowo tak, że może tam rozpiąć swą poziomą siatkę. Barania? (oznaczenie niepewne). Tatry: Hruby Wierch, hale, hale Czerwonego Wierchu, Strążyska pod Giewontem, od Lilijowego do Pośredniéj Turni, od Zmarzłego ku Zawratowi i ku Koziemu Wierchowi, Miedziane, kosodrzew między Rybiém a Morskiém Okiem; kosodrzew i hale w Ciemnych Smreczynach i w dolinie Mięguszowieckiéj, hale Krywania. Od 1000 (?) do 2200 m.

24. *L. pallens* n. sp. Z tego gatunku mam tylko 2 okazy (♂ i ♀), znalezione w dolinie Mięguszowieckiéj w kosodrzewinie albo w halach przez Prof. B. Kotulę.

25. *L. microphthalma* Cambr. (Ob. uwagi).

α) *vera*. Kosodrzew i hale Czerwonych Wierchów, hale koło Zmarzłego.

β) *oculis maioribus (an spec. propr.?)*. Strążyska, regle.

Gatunku tego w równinach nie znalazłem. Formę β) mam jeszcze z Czerny. Dotychczas więc została ta forma w Galicyi znaleziona w dwóch miejscach w wysokości 300 i 900 m. Forma α) żyje znacznie wyżéj: 1600—2000 m.

26. *L. arcigera* n. sp. Z tego gatunku znalazłem dotąd tylko samice dorosłe, samce zaś mam tylko młode. W krainie regli, najczęściéj na ziemi pod kamieniami. Regle Babiéj Góry. Doliny Chochołowska i Kościeliska (tu zwłaszcza na bezleśnych miejscach pod Kominami), Hruby Regiel, dolina Małołącka, las pod zwierzyńcem Zakopiańskim, Boczań, regle Krywania.

27. *L. concolor* Wider. Pospolita koło Krakowa, żyje prawdopodobnie tylko w równinach i w krainie pagórkowatéj (Godula, Tuł) i nie posuwa się może w krainę regli. W Tatrach (w reglu powyżéj polany Małéj Łąki) znalazłem jednego tylko i to młodego samca, który wprawdzie od okazów *L. concolor* z okolic Krakowa wyraźnie się nie różni, przecież mógłby i do jakiego innego gatunku należeć.

28. *L. bicolor* (Blackw.). Częsta koło Krakowa, w Zakopaném rzadka, w reglach tatrzańskich widziałem ją tylko na saméj ich dolnéj granicy. Lipowa, Zakopane, wejście do doliny Małéj Łąki (900 m.).

29. *L. annulata* n. sp. Bardzo rzadka i, jak się zdaje, właściwa tylko najwyższym miejscom, w których jeszcze dość znajduje nazrzucanych kamieni. W krainie kosodrzewu nie widziałem jéj nigdzie. Hruby Wierch, Wołowiec, Starorobociański, Czerwone Wierchy, Zawrat, dolina Pięciu Stawów, nad Morskiém Okiem; Krywań, dolina Hlińska. Od 1700 m. do 2200 (i wyżéj?).

30. *L. bucculenta* (Clerck). Pospolita koło Krakowa, w okolicach wyższych tylko koło Nowego Targu znaleziona.

31. *L. torrentum* n. sp. Gatunek ten zostanie prawdopodobnie z rodzaju *Linyphia* wydzielonym, gdy rodzaj ten dotąd sztucznie tylko od rodz. *Erigone* odgraniczony a złożony z gatunków bardzo rozmaitych rozpadnie się na rodzaje naturalne. *L. torrentum* nie należy w części Karpat mnie znanéj do rzadkości, owszem można prawie na pewno liczyć, że się ją znajdzie w każdém dostatecznie wysoko poło-

żoném miejscu, ziołami zarosłém i kamieniami zarzuconém a mocno wilgotném (koło źródeł i nad potokami). Jeżeli jedyną jéj ojczyzną są Karpaty, czego zresztą obecnie przy bardzo jeszcze niedokładnéj znajomości gatunków do tego należących rodzaju twierdzić nie można, to uznaćby ją trzeba za jednę z form najbardziéj charakterystycznych dla tych gór. Dolina Białéj Wisły na Baraniéj. Kosodrzew na Babiéj Górze od strony północnéj. Tatry: regle w dolinie Kościeliskiéj, Małołąckiéj, za Bramą, Strążyskach i na Boczaniu, hale nad Zmarzłém pod Kozim Wierchem, kosodrzew między Rybiém a Morskiém Okiem, hale w dolinie Goryczkowéj i Hlińskiéj. Od 800 do 1900 m.

32. *L. socialis* Sund. W reglach tatrzańskich do 1300 m. a może i wyżéj równie częsta jak w lasach koło Krakowa. Lipowa. Regle Babiéj Góry. Las pod zwierzyńcem Zakopiańskim, doliny Kościeliska, Małołącka i za Bramą, regle koło polany Waksmundzkiéj i między Rybiém a Roztoką.

Erigone Sav. et Aud.

1. *E. atra* (Blackw.). Równie prawie pospolita jak następująca, ale tylko do wysokości 1900 m. znaleziona. Regle Babiéj Góry. Zakopane, regle w dolinie Kościeliskiéj, Małołąckiéj, za Bramą, Jaworzynce, hale na Lilijowém, nad Morskiém Okiem, w dolinie Wiercichéj i na Krywaniu.

2. *E. dentipalpis* (Wider). Pospolita od równin aż w krainę hal, a nawet w krainie turni na szczycie Krywania (2496 m.) znalazłem jednego samca dorosłego, ten jednak dostał się tam może tylko przypadkiem. Las Gnojnicki, Godula, Tuł, dolina Białéj Wisły na Baraniéj. Regle Babiéj Góry. Nowy Targ. Zakopane, Gronik w Kościeliskach, regle: w dolinach Kościeliskiéj, Małołąckiéj, za Bramą i na Boczaniu; kosodrzew w dolinie Stawów Gąsienicowych; w krainie hal (i turni) od Lilijowego po Pośrednią Turnię, nad Zmarzłém ku Koziemu Wierchowi, w Ciemnych Smreczynach, na Krywaniu i w dolinie Mięguszowieckiéj.

3. *E. nigra* (Blackw.). Od równin przynajmniéj aż do dolnego brzegu lasów tatrzańskich, tu jednak rzadka. Lipowa. Zakopane, regle u wejścia do doliny Małéj Łąki, Hruby Regiel. W dwóch ostatnich miejscach znalazłem tylko samice; te mogłyby także należeć do *E. tibialis*, czego jednak według dotychczasowych opisów rozstrzygnąć nie można.

4. *E. tibialis* (Blackw.). Jedynego samca znalazłem w reglach w dolinie Małołąckiéj.

5. *E. aries* n. sp. Uzbrojeniem głowy tudzież głaszczkami samca odróżniająca się od wszystkich gatunków, których opisy są mi dostępne. Prawdopodobnie właściwa tylko krainom kosodrzewu i hal. Hale Babiéj Góry. Racoń (kosodrzew i hale), Czerwone Wierchy (tak samo), hale od Lilijowego po Pośrednią Turnię, kosodrzew na Krywa-

niu, kosodrzew i hale w dolinach: Wiercichéj, Glińskiéj i Ciemnych Smreczynach. Od 1400 do 2000 m.

6. *E. carpatica* n. sp. Podobna do *E. longimana* C. L. Koch i *aestiva* L. Koch, ale prawdopodobnie od obydwóch odmienna. Jedynego samca, świeżo wylinionego, z miękkiém jeszcze okryciem, znalazłem na Krywaniu w krainie hal (około 2000 m.).

7. *E. isabellina* (C. L. Koch). Od równin aż w krainę regli, gdzie przebywa na świérkach; w krainie kosodrzewu znalazłem ją raz tylko. Dolina Białéj Wisły na Baraniéj. W reglach dolin Kościeliskiéj, Małołąckiéj, za Bramą, między Rybiém a Roztoką; w krainie kosodrzewu: między Rybiém a Morskiém Okiem. Do 1300 (1500 ?) m..

8. *E. cacuminum* n. sp. W północném otoczeniu Zawratu, zwłaszcza ku Koziemu Wierchowi i Granatowi, tudzież na Miedzianém (1800 — 2000 m.) znaleziona w większéj liczbie okazów. Należy do grupy *Erigon*, w któréj samce mają głowy kształtu zwyczajnego, również głaszczki nie przedstawiają nic osobliwego.

9. *E. herbigrada* (Blackw.). Od równin aż w krainę hal, wszędzie rzadka. W dolinie Strążysk pod Giewontem i około Zmarzłego (1800 m.).

10. *E. Huthwaitii* (Cambr.). Z okolic Krakowa posiadam tylko jednę parę, mianowicie z Kępy Zwierzynieckiéj; tu jednak można czasem znaleźć zwiérzęta (n. p. chrząszcze) z pewnością z wyższych pochodzące okolic. Najczęstsza w reglach tatrzańskich, gdzie przebywa pod kamieniami koło potoków, posuwa się jednak w hale (do 1800) i nie jest tu zbyt rzadką w podobnych miejscach jak w reglach. Tuł. Regle Babiéj Góry. Dolina Miętusia (regle), dolina Małołącka: regle, piargi pod Wielką Turnią i kosodrzew, regle w Strążyskach, kosodrzew pod Lilijowém, nad Białką powyżéj Holicy, hale w Wiercichéj i Ciemnych Smreczynach, kosodrzew w dolinie Hlińskiéj.

11. *E. fusca* (Blackw.). Koło potoków pod kamieniami. W okolicach wyższych, zwłaszcza w reglach tatrzańskich znacznie częstsza niż koło Krakowa. Wisła. Zawoja. Zakopane, Gronik w Kościeliskach, regle w dolinach Chochołowskiéj, Kościeliskiéj, Małołąckiéj, za Bramą, Strążyskach. W krainie hal znalazłem na Miedzianém jednę samicę, która jednak może należy do jakiego innego bardzo podobnego gatunku.

12. *E. gibbifera* n. sp. Budową głowy u samca zbliżona nieco do *E. apicata* (Blackw). Przeważnie w reglach tatrzańskich na świérkach, nie częsta. Kraina regli: dolina Kościeliska, Małołącka, Strążyska i Boczań; w krainie kosodrzewu w dolinie Miętusiéj. Od 1000 do 1500 m.

13. *E. apicata* (Blackw.). Las Gnojnicki (360 m.). Z krainy kosodrzewu albo hal w dolinie Mięguszowieckiéj dostałem od Prof. B. Kotuli jednego samca, który tu dostał się prawdopodobnie przypadkowo.

14. *E. truncorum* L. Koch. W krainie hal, kosodrzewu i w reglach, schodzi aż do ich dolnéj granicy, przynajmniéj w Tatrach. Przebywa jak *E. livida* na ziemi pod kamieniami, kłodami zwalonemi

i t. p. Regle Babiéj Góry. Las pod zwierzyńcem Zakopiańskim, nad Młyniczną, dolina Małéj Łąki, w kosodrzewinie, Gęsia Szyja, kosodrzew w dolinie Stawów Gąsienicowych i między Rybiém a Morskiém Okiem, hale nad Morskiém Okiem, kosodrzew w dolinie Hlińskiéj, hale w Ciemnych Smreczynach. Od 900 blisko do 1900 m.

15. *E. livida* (Blackw.). Gatunek ten, nadzwyczaj do *E. truncorum* podobny i trudny do odróżnienia od niego, jest mieszkańcem okolic niższych, w wyższych zaś zastępuje go *E. truncorum*. Najwyżéj znalazłem go dotąd w dolinie Białéj Wisły na Baraniéj, powyżéj 600 m.

16. *E. adipata* L. Koch. Jeden z gatunków wyłącznie halom właściwych. W Tyrolu przebywa zwykle koło lodowców, na grzbiecie Karkonoszów znalazł go Dr. Fickert tylko koło śniégu. Hale tatrzańskie od Lilijowego ku Pośredniéj Turni, koło Zmarzłego ku Koziemu Wierchowi, Miedziane. 1800—2000 m. i wyżéj, zawsze tylko w miejscach dostatecznie zwilżanych przez topniejące śniégi.

17. *E. Sundevallii* Westr. Od równin do dolnéj części regli tatrzańskich (1000 m.), wszędzie rzadka. Regle w dolinie Chochołowskiéj, Małołąckiéj i koło doliny za Bramą.

18. *E. silvatica* (Blackw.). Od równin aż w krainę hal. Okazy z gór są wprawdzie nieco mniéjsze, ich przednia część głowy od oczu po brzeg *(clypeus)* nieco niższa niż u okazów z okolic Krakowa, nie zdaje mi się jednak, żeby je na téj podstawie oddzielić można jako gatunek osobny. Hale Wołowca, regle w dolinie Kościeliskiéj, regle i kosodrzew w dolinie Małéj Łąki, hale na Lilijowém, Pośredniéj Turni i Świnnicy, regle od Roztoki ku Rybiemu, kosodrzew i hale w Ciemnych Smreczynach, kosodrzew w dolinie Hlińskiéj. Przynajmniéj do 2200 m.

19. *E. pabulatrix* Cambr. Przeważnie w krainach kosodrzewu i hal, ale także znacznie niżéj u dolnéj granicy regli tatrzańskich (930 do 2200 m.). Okazy moje zgadzają się z opisem Cambridgea (w *On some new species of Erigone. Part* II, *Zoologic. Society of London. Proceed.* 1875) i rysunkiem przedstawiającym głaszczek samca, mniéj zaś z rysunkami przedstawiającémi części rozrodcze u samicy, różnice nie są jednak i tu dość znaczne, aby uznać moje okazy za odmienny gatunek. Kosodrzew i szczyt Babiéj Góry. Regle w dolinie Miętusiéj, u stóp Hrubego Regla, w dolinie Małołąckiéj, w Strążyskach pod Giewontem, las pod Zwierzyńcem Zakopiańskim, regle między Roztoką i Rybiém; kosodrzew pod Rybiém i między Rybiém a Morskiém Okiem; hale nad Morskiém Okiem, pod Zawratem w dolinie Pięciu Stawów, nad Zmarzłém ku Koziemu Wierchowi, na Świnnicy, od Pośredniéj Turni do Lilijowego; hala Pyszna, hale na Raconiu; kosodrzew i hale w Wiercisze, Ciemnych Smreczynach, dolinie Hlińskiéj, Niekcerce i na Krywaniu.

20. *E. longa* n. sp. Gatunek zbliżony do *E. scurrilis* Cambr. i *E. monodon* Cambr., osobliwy budową głowy u samca, tudzież ciałem

mocno wydłużoném. Kilka tylko okazów znalazłem nad Zmarzłém ku Koziemu Wierchowi, w wysokości około 1800 m.

21. *E. fuscipalpis* (C. L. Koch). Obok *E. dentipalpis* jeden z najpospolitszych gatunków tego rodzaju, w krainie hal nie wiele rzadszy niż w równinach. Tuł, Ropica - Ropicznik. Babia Góra, regle i kosodrzew. Zakopane, Gronik w Kościeliskach; hale Hrubego Wierchu, regle w dolinie Kościeliskiéj, Miętusiéj, na Hrubym Reglu, regle i kosodrzew w dolinie Małéj Łąki, hale Czerwonych Wierchów, regle w dolinie za Bramą, w Strążyskach, szczyt Małéj Świnnicy, kosodrzew w dolinie Stawów Gąsienicowych, hale na Lilijowém, Świnnicy, w dolinie Goryczkowéj i na Krywaniu. Do 2400 m.

22. *E. excavata* n. sp. Jedyny okaz tego, jak się zdaje, nowego gatunku, spokrewnionego z *E. subtilis* (Cambr.) i *E. conigera* (Cambr.) znalazłem u wejścia do doliny Małéj Łąki (około 930 m.).

23. *E. myrmicarum* n. sp. W Zawoi w wysokości około 650 m. n. p. m. znalazłem w gnieździe mrówek (*Myrmica sp.?*) pająka, prawdopodobnie dotąd nie opisanego. Jestto, jak mi się zdaje, stały mieszkaniec takich mrowisk, gdyż na spodniéj stronie kamienia, którym przykryte było gniazdo wspomnione, znajdowały się oprzędy z jajami, a pająk sam spłoszony uciekał z wielką szybkością w głąb gniazda. Z powodu téj szybkości a więcéj jeszcze z powodu towarzystwa, w którym się pająk znajdował, udało mi się tylko dwa okazy uchwycić, i to jeszcze poniósł przytém jeden z nich dość znaczne uszkodzenie.

24. *E. brevis* (Wider). Niezbyt częsta koło Krakowa, w Tatrach w dwóch tylko znaleziona miejscach: w reglach w dolinie Małołąckiéj i koło drogi pod reglami prowadzącéj od Małéj Łąki do Strążysk (niżéj 1000 m.).

25. *E. brevipes* Westr. Jedyny dotąd okaz w Galicyi znaleziony pochodzi z regli w dolinie Małéj Łąki (około 1000 m.).

26. *E. cuspidata* (Blackw.). Do gatunku tego nie ma dotąd ani dokładnego opisu, ani rysunku, któryby należycie przedstawiał szczegóły budowy głaszczków u samca. Ile jednak z tego, co się znajduje w BLACKWALLA *„History of the Spiders of Gr. Britain and Ireland“* i w THORELLA *„Remarks on Synonyms of European Spiders“*, wnosić można, nie będzie gatunek znaleziony przeze mnie w trzech okazach po obydwóch stronach Zawratu (od Zmarzłego i ku dolinie Pięciu Stawów) w wysokości około 2000 m. odmiennym od *E. cuspidata* Blackw. Uderzającém jest tylko, że w innych krajach (n. p. w Bawaryi) gatunek ten żyje w okolicach daleko niższych (koło Norymbergi).

27. *E. prominula* Cambr.? Jedyny okaz znaleziony u wejścia do doliny Małéj Łąki (około 930 m.) zgadza się dosyć z opisem CAMBRIDGEA (*Descriptions of twenty-four new Species of Erigone, Zoolog. Societ. of London, Proceed.* 1872); drobne różnice, jakie znajduję w ustawieniu oczu i w kształcie głaszczków, są może tylko przypadkowe, a może téż opis i rysunek nie są zupełnie trafne.

28. *E. cristata* (Blackw.) Jeden z gatunków rozsiedlonych od równin aż do krainy hal (i turni ?) i w tych wysokich miejscach nie o wiele rzadszy niż w równinach. Babia Góra, regle. Zakopane, nad Młyniczną, regle w dolinie Kościeliskiéj i Miętusiéj, hale Czerwonych Wierchów, dolina Małéj Łąki, regle i kosodrzew, regle w dolinie za Bramą i Strążyskach, szczyt Małéj Świnnicy, Boczań, regle, hale nad Zmarzłém pod Kozim Wierchem, na Miedzianém i na Krywaniu (przynajmniéj do 2200 m.).

29. *E. decipiens* n. sp. Gatunek prawdopodobnie nowy, z ubarwienia całkiem do *E. antica* podobny, ale z zupełnie inaczéj ukształconą głową. Jedyny okaz znalazłem w dolnéj części Strążysk, nieco powyżéj 900 m.

30. *E. suspecta* n. sp. (*E. anticae var. ?*). Hale w dolinie Pięciu Stawów i na Czerwonym Wierchu Małołączniaku (około 2000 m.). Forma, któréj tymczasowo nazwisko powyższe daję, jest nadzwyczaj do *E. antica* (Wider) zbliżoną i może tylko jéj odmianą. Kształt głowy u samców *E. antica* nie jest ze wszystkiém stały; gdyby więc wspomniona forma tylko głową się od *E. antica* różniła, uznałbym ją bez wahania za odmianę, ma ona jednak nadto wszystkie piszczele jednéj barwy, mogłaby więc przecież być osobnym gatunkiem.

31. *E. latifrons* (Cambr.). Raz tylko znalazłem ten gatunek koło Krakowa (na Panieńskich Skałach), zresztą wszystkie moje okazy pochodzą z gór i to przeważnie z krainy kosodrzewu i z hal (do 2000 m.), nie mogę więc wiedzieć, czy jestto gatunek górski, czy téż, co prawdopodobniejsze, żyje od równin aż w hale. Kosodrzew na Babiéj Górze. Tatry: kosodrzew na Raconiu i w dolinie Miętusiéj, Hruby Regiel, regle i kosodrzew w dolinie Małéj Łąki, regle na Małéj Świnnicy, Strążyska pod Giewontem, kosodrzew w dolinie Stawów Gąsienicowych, hale na Lilijowém i daléj aż do Pośredniéj Turni, hale koło Zmarzłego, kosodrzew między Rybiém i Morskiém Okiem, kosodrzew i hale w dolinie Wiercichéj i w Glińskiéj.

32. *E. erythropus* Westr. Od równin w okolicach Krakowa aż do dolnéj części regli tatrzańskich (około 1000 m.), wszędzie rzadka. Tuł. Zawoja. Regle w dolinie Kościeliskiéj, na Hrubym Reglu i w dolinie Małołąckiéj.

33. *E.elongata* (Wider). W Tatrach znalazłem ten gatunek raz tylko, w reglach Krywania powyżéj 1300 m., ale samce i samice razem; prawdopodobnie żyje on więc nie tylko w równinach ale i wyżéj aż do krainy regli.

34. *E. tatrica* n. sp. Dosyć częsta w Tatrach w krainach kosodrzewu i hal, ale także niżéj, w reglach. Najczęściéj na miejscach mocno wilgotnych, zarosłych ziołami, pod kamieniami. Podobna do *E. eborodunensis* Cambr. i *E. Helleri* L. Koch, ale od piérwszéj z pewnością różna a także od drugiéj, ile z opisu Dra L. Kocha domyślać się można, odmienna. Kosodrzew na Babiéj Górze. Racoń, kosodrzew i hale, regle w dolinach Miętusiéj i Małołąckiéj i na Boczaniu, hale w dolinie Wiercichéj i w Ciemnych Smreczynach. 930—1900 m.

Ero C. L. Koch.

1. *E. thoracica* (Wider). W lasach pośród opadłych liści, kamieni, między korzeniami i t. d. bardzo rzadka; od równin do regli
tatrzańskich (1200 m.). Las Gnojnicki. Lipowa. Regle w dolinie Kościeliskiéj pod Kominami i w dolinach Małołąckiéj, za Bramą i Strążyskach.

Phyllonethis Thor.

1. *Ph. lineata* (Clerck). Bardzo pospolita w równinach, w krainie górskiéj rzadka, w reglach tatrzańskich znaleziona tylko u samego
dolnego ich krańca i to bardzo rzadko. Las Gnojnicki, Ligotka, Tuł.
Lipowa, Żywiec. Zawoja, Bielasów groń, Rówienki na Markowéj. Regle
u wejścia do doliny Małéj Łąki (koło 1000 m.).

2. *Ph. instabilis* (Cambr.). W „Dodatku do fauny pajęczaków
Galicyi" (Sprawozd. Kom. fiz. za rok 1876) podałem ten gatunek jako
Theridium instabile. Właściwszém zdaje się jego umieszczenie w ro-
dzaju *Phyllonethis*, do którego zalicza go téż CAMBRIDGE w „*Syste-
matic List of the Spiders at present known to inhabit Gr. Britain and
Ireland*" (*Transact. Linn. Societ. Vol.* XXX).

Na Babiéj Górze i w Tatrach przeważnie w krainie kosodrzewu
i w halach, w krainie regli zaś dotąd tylko koło ich górnéj granicy
znaleziona, prawdopodobnie z tego powodu, że tu najwięcéj jeszcze
znajduje stósownych dla siebie miejsc pobytu tj. miejsc mniéj lub więcéj odsłoniętych, luźnie leżącémi, dużémi kamieniami zasypanych. Przebywa na dolnéj stronie takich kamieni; z powodu nieznacznéj wielkości, bardzo cienkich nóg i ubarwienia, łatwa do przeoczenia. W Tyrolu żyje również powyżej krainy lasów, Dr. L. KOCH znalazł ją jednak także koło Norymbergi; być więc może, że i u nas znajdzie się
w niższych okolicach. Kosodrzew i hale na Babiéj górze. Tatry: Kosodrzew w dolinie Miętusiéj, w dolinie Małéj Łąki w reglach powyżéj
polany, w piargach pod Wielką Turnią i w kosodrzewinie, w Strążyskach koło górnego końca lasu i pod samym Giewontem, kosodrzew
między Rybiém a Morskiém Okiem, hale nad Morskiém Okiem. Od
1200 do 1725 m. (na Babiéj Górze).

Theridium Walck.

1. *Th. formosum* (Clerck). W równinach pospolite, w krainie pagórkowatéj rzadsze, z krainy górskiéj mam tylko jeden okaz. Wisła,
dolina Czarnéj Wisły na Baraniéj. Podhale (do 900 m.?).

2. *Th. riparium* Blackw. W równinach znacznie rzadsze od poprzedzającego, posuwa się jednak wyżéj niż ono, wchodzi bowiem jeszcze
w dolny pas regli tatrzańskich (do 1000 m.). Zawoja. Gronik w Kościeliskach, Zakopane, regle w dolinach Małołąckiéj i za Bramą.

3. *Th. umbraticum* L. Koch. Gatunek znany dotychczas tylko z Alp. W Tatrach przebywa na świérkach, rzadziéj na kosodrzewinie, poniżéj krainy podhalskiéj schodzi prawdopodobnie tylko wyjątkowo. Podhale, regle w dolinach Chochołowskiéj, Kościeliskiéj, Miętusiéj i Małołąckiéj, na świérkach pośród kosodrzewu w dolinie Stawów Gąsienicowych, regle od Roztoki ku Rybiemu, kosodrzew pod Rybiém i między niém a Morskiém Okiem, regle na Krywaniu. Od 900 m. do 1500.

4. *Th. sisyphium* (Clerck.). W rozsiedleniu i sposobie życia podobne do *Th. varians*; dochodzi do 1300 m. przynajmniéj na południowych stokach Tatr. Jedyny okaz (dojrzały samiec) znaleziony nad Morskiém Okiem (1600 m.) dostał się tutaj z pewnością wyjątkowo. Tuł, dolina Czarnéj Wisły i szczyt Baraniéj. Lipowa, Glinka, Racza hala. Zawoja i regle Babiéj Góry. Zakopane; doliny Chochołowska i Kościeliska, Hruby Regiel, doliny Małołącka, za Bramą i Strążyska, koło Jaszczurówki, Krywań,—wszędzie w reglach.

5. *Th. pictum* Walck. Pospolite w lasach koło Krakowa; z okolic wyższych mam tylko po kilka okazów z Lipowy, znalezionych przez JP. Krupę, i z Podhala, zebranych przez J. Tatara.

6. *Th. pinastri* L. Koch. Bardzo rzadki gatunek, w równinach, a najwyżéj dotąd znaleziony w lesie Gnojnickim (około 360 m.).

7. *T. varians* Hahn. Z gatunków żyjących w równinach posuwa się najwyżéj i jest w reglach tatrzańskich pospolitsze niż *Th. riparium* a równie pospolite jak *Th. sisyphium*. Przebywa na świérkach. Las Gnojnicki, Tuł, dolina Czarnéj Wisły na Baraniéj. Lipowa. Zawoja. Regle w dolinach Chochołowskiéj, Kościeliskiéj, Małołąckiéj, za Bramą, koło Jaszczurówki i na Krywaniu.

8. *Th. denticulatum* Walck. W równinach rzadkie. Prócz tego mam okazy znalezione w Ligotce (nieco powyżéj 400 m.) i jedyny okaz z olszyny nad potokiem płynącym z doliny za Bramą w Zakopaném (około 850 m.).

9. *Th. tinctum* Walck. Pospolite koło Krakowa, nie rzadkie w krainie pagórkowatéj, w krainie górskiéj raz tylko znalezione. Las Gnojnicki. Zawoja (powyżéj 600 m.).

10. *Th. bimaculatum* Linn. W równinach rzadkie; z okolic wyższych mam tylko jednego samca, znalezionego na Ropicy na Szlązku i jednę samicę z Podhala (znalezioną przez J. Tatara zapewne nie wyżéj 900 m.).

Steatoda Sund.

1. *S. bipunctata* (Linn.). Przeważnie w domach, ale przebywa także nie rzadko w lasach pod korą drzew. W równinach pospolita, żyje jeszcze w krainie podhalskiéj. Ligotka, Wisła, Barania, niedaleko od szczytu. Żywiec, Lipowa. Zawoja. Gronik w Kościeliskach, Zakopane, regle w dolinie Małéj Łąki i na Hrubym Reglu; szałas pod Kry-

waniem. Do 1300 m. po południowéj, do 1000 po północnéj stronie Tatr.

2. *S. castanea* (Clerck.), Przebywa najczęściéj w domach, rzadziéj na skałach. W równinach pospolitsza od poprzedniéj, ale może nie wychodzi tak wysoko, jak ona. Moje okazy pochodzą z Ligotki i Żywca, zatém z krainy pagórkowatéj; z krainy górskiéj, mianowicie z Podhala, podał ją Prof. Dr. Nowicki.

3. *S. guttata* (Wider). Koło Krakowa nie rzadka. Prawdopodobnie posuwa się u nas najwyżéj w krainę górską, a nawet w Zakopaném nie widziałem jéj już wcale. Godula, Ropica - Ropicznik (około 700 m. ?).

Asagena Sund.

1. *A. phalerata* (Panz.). Nad Stryszawą na północ od góry Jałowca znaleziona przez JP. Stobieckiego zapewne nie o wiele wyżéj nad 500 m. Ze sposobu życia wnosząc (przebywa na miejscach piaszczystych, odsłoniętych), uważać trzeba ten gatunek za właściwy krainie równin.

Pholcoidae.

Pholcus Walck.

1. *Ph. opilionoides* (Schranck). Jedyny z téj rodziny gatunek zamieszkujący Galicyję, żyje koło domów i w rozpadlinach skał odsłoniętych. Niezbyt rzadki koło Krakowa, najwyżéj spostrzeżony w Ligotce i Zawoi (do 650 m.).

Jedynego gatunku z rodziny *Enyoidae* żyjącego w Galicyi (*Enyo germanica* (C. L. Koch)) nie widziałem nigdzie w górach.

Tubitelariae.

	Kr. równi	Kr. pagórków	Kr. górska	Kr. podhalska	Kr. kosodrzew.	Kr. grzbietu	Kr. turni	
Dictyna flavescens (Wk.)	*	.	.	.	.	.		
— *arundinacea*(Linn.)	*	.	.	.	.	.		
— *pusilla* Thor.	*	.	.	?	.	.		
— *uncinata* Thor.	*	*	.	*	.	.		
Titanoeca quadriguttata (Hahn)	*	*	(*)	.	.	.		
Amaurobius claustrarius (Hahn)	(*)	*	*	*	*	.		W Tyrolu tylko do 4000', w Karkon. w reglach i kosodrzew.
— *fenestralis* (Stroem)	*	*	*	*	.	.		Tyrol: hale.
— *ferox* (Walck.)	*	.	.	.	.	.		
Cybaeus angustiarum L. Koch	*	*	*	*	*	*		Karkon. górna granica regli.
Cicurina cicurea (Fabr.)	*	*	*	*	.	.		Tyrol: do 6500'.
Coelotes atropos (Walck.)	.	*	*	*	*	(*)		Tyrol: do 7000'; Karkon. od pagórków do hal.
— *solitarius* L. Koch	.	*	*	*	*	*		Tyrol: hale; Karkonosze: regle, kosodrzew.
— *inermis* L. Koch	*	*	*	*	.	.		
Cryphoeca carpatica O. Herm.	.	.	.	(*)	*	*	*	
— *silvicola* (C. L. K.)	*	*	*	*	(*)	.		Tyrol: hale.
Tegenaria Derhamii (S.)	*	*	*	.	.	.		
— *domestica* (Clerck)	*	*	*	.	.	.		
— *silvestris* L. Koch	(*)	*	*	*	.	.		Tyrol: hale.
Histopona torpida (C.L. Koch)	*	*	*	*	.	.		Tyrol: hale.
Agalena labyrinthica (Clerck)	*	*	*	*	.	.		Tyrol: hale.
— *similis* Keys.	*	*	.	.	.	.		
Hahnia elegans(Blackw.)	*	*	.	.	.	.		
— *helveola* E. Sim.	*	.	.	.	.	.		
— *nava* (Blackw.)	*	.	.	.	.	.		
— *pusilla* C. L. Koch	*	*	.	.	.	.		Tyrol: hale.
— *parva* n. sp.	.	.	.	.	*	.		
Argyroneta aquatica(Cl.)	*	.	.	.	.	.		
Zora maculata (Blackw.)	*	.	*	*	.	.		

	Kr. równi	Kr. pagórków	Kr. górska	Kr. podhalska	Kr. kosodrzew.	Kr. grzbietu	Kr. turni	
Zora nemoralis(Blackw.)	*	.	.	.	.	.	.	
Apostenus fuscus Westr.	*	*	.	*	.	.	.	
Agroeca cuprea Menge	*	.	.	.	.	.	.	
— *Haglundii* Thor.	*	.	.	.	.	.	.	
—. *striata* n. sp.? .	*	.	*	*	.	.	.	
Liocranum rupicola(W.)	*	.	.	.	.	.	.	
Phrurolithus festivus(C. L. Koch)	*	*	.	*	.	.	.	Tyrol: hale.
—. *minimus* C. L. Koch	*	.	.	.	.	.	.	Tyrol: do 3500'.
Anyphaena accentuata (Walck.)	*	*	.	.	.	.	.	
Chiracanthium erraticum (Walck.)	*	.	.	.	.	.	.	
— *lapidicolens* Sim.	*	*	.	.	.	.	.	
— *oncognathum* Thor.	*	.	.	.	.	.	.	
Clubiona phragmitis C. L. Koch	*	.	.	.	.	.	.	
— *germanica* Thor.	*	.	*	.	.	.		
— *terrestris* Westr.	*	.	.	.	.	.	.	
— *frutetorum* L. Koch.	*	.	.	.	.	.		Tyrol: hale.
— *alpicola* n. sp.?	.	.	.	(*)	*	*		
— *lutescens* Westr.	*	.	*	.	.	.		
— *neglecta* Cambr.	.	.	.	*	.	.	.	Tyrol: hale; Karkonosz.: regle.
— *coerulescens* L. K.	*	.	.	.	.	.	.	Karkon.: regle.
— *pallidula* (Clerck)	*	.	*	(*)	.	.	.	Karkon.: regle.
— *reclusa* Cambr. .	*	.	.	.	.	(*)	.	Karkon.: regle.
— *marmorata* L. Koch	*	.	.	.	.	.	.	
— *trivialis*(C. L.Koch)	*	*	*	*	.	.	.	Tyrol: do 5000'; Karkonosze: regle.
— *subsultans* Thor.	*	*	*	*	.	.	.	Tyrol hale; Kark.: regle.
— *corticalis* (Walck.)	.	*	*	.	.	.	.	
— *compta* C. L. Koch	*	*	.	.	.	.	.	Karkon.: regle.
Pythonissa nocturna (L.)	.	*	*	*	.	.	.	Tyrol: do 4000'.
Gnaphosa bicolor(Hahn.)	*	*	.	.	.	.	.	
— *montana* (L. Koch)	.	.	*	*	(*)	.	.	Tyrol: góry poniżej hal.
Poecilochroa conspicua (L. Koch)	*	.	.	.	.	.	.	
— *variana*(C. L.Koch)	*	.	.	.	.	.	.	

	Kr. równi	Kr. pagórków	Kr. górska	Kr. podhalska	Kr. kosodrzew.	Kr. grzbietu	Kr. turni	
Drassus lapidicola (Walck.)	*	*	*	.	.	.	.	Tyrol do 8000'.
— *macer* Thor . .	*	.	.	.	.	.	.	
— *pubescens* Thor .	.	*	.	*	*	.	.	Tyrol do 7000'.
— *loricatus* L. Koch	*	.	.	.	.	.	.	
— *infuscatus* Westr.	*	.	.	.	.	.	.	
— *troglodytes* C. L. Koch	*	.	*	*	*	*	.	Tyrolu do 7000'; Karkon.: aż w hale.
— *cognatus* Westr.	*	.	.	.	.	.	.	
— *quadripunctatus* (Linn.)	*	.	.	.	.	.	.	
— *scutulatus* L. Koch	*	?	.	.	.	.	.	
Prosthesima pedestris (C. L. Koch)	*	*	.	.	.	.	.	
— *subterranea*(C.L.K.)	*	*	*	*	*	*	*	Tyrol: hale.
— *clivicola* (L. Koch)	.	.	.	*	.	.	.	Tyrol: hale.
— *petrensis* (C. L. K.)	*	*	*	.	.	.	.	Tyrol: hale.
— *Latreillei* Sim. .	*	*	*	*	.	*	.	Tyrol do 7000'.
— *serotina* (L. Koch)	*	.	.	.	.	.	.	
— *longipes* (L. Koch)	*	.	.	.	.	.	.	
— *pusilla* (C. L. Koch)	*	.	*	.	.	.	.	
— *electa* (C. L. Koch)	*	.	.	.	.	.	.	
Micaria formicaria(Sd.)	*	.	.	.	.	.	.	
— *fulgens* (Walck.)	*	*	.	.	.	.	.	Tyrol: do 7000'.
— *pulicaria* (Sund.)	*	.	*	*	.	.	.	Tyrol: do 6000'.
— *hospes* n. sp. .	.	*	.	.	.	.	.	
— *montana* n. sp.	.	.	?	*	.	.	.	

Oprócz podanych powyżéj gatunków, żyją jeszcze w krainie hal w Alpach tyrolskich: *Tegenaria tridentina* L. Koch, *Cybaeus tetricus* (C. L. Koch), *Gnaphosa muscorum* (L. Koch), *G. leporina* (L. Koch), *G. helvetica* (L. Koch), *G. petrobia* (L. Koch), *G. badia* (L. Koch), *Micaria alpina* L. Koch, *Prosthesima talpina* L. Koch, *Clubiona alpica* L. Koch.

Z wyjątkiem *Tegenaria tridentina* i *Micaria alpica*, znalezionych dotąd tylko w Tyrolu, wszystkie inne wyliczone gatunki są daléj rozsiedlone, a mianowicie żyją wyłącznie w Alpach: *Gnaphosa petrobia* (we Francyi), *G. badia* (we Francyi, Szwajcaryi i Bawaryi), *G. helve-*

tica (we Francyi i Szwajcaryi), *Prosthesima talpina* (we Francyi). Z pozostałych zaś znaleziono: *Cybaeus tetricus* w Alpach francuskich i na Węgrzech (?), *Gnaphosa muscorum* w Lapponii, Szwecyi, Finlandyi, Alpach francuskich, Szwajcaryi, Bawaryi (koło Norymbergi) a nawet w Stanach Zjednoczonych, *G. leporina* w Szwecyi, Anglii i Siedmiogrodzie, *Clubiona alpica* w Szwecyi, Szwajcaryi i na Szlązku.

Z wyjątkiem może *Cybaeus tetricus*, który zdaje się być gatunkiem zachodnio europejskim, znajdą się prawdopodobnie wszystkie na ostatku wymienione także w Galicyi. Gatunkom zaś powyżej wyliczonym, prawdopodobnie wyłącznie alpejskim, przeciwstawić obecnie można jako wyłącznie właściwe Karpatom (zachodnim) tylko *Clubiona alpicola* n. sp. (?) i *Cryphoeca carpatica* O. Herm. Jakkolwiek przypuścić trzeba, że Karpaty galicyjskie, więcej ku północy posunięte niż Alpy, mniej od nich posiadają właściwych gatunków z rodzaju *Gnaphosa*, w którym liczba gatunków w miarę posuwania się ku południowi bardzo wydatnie się zwiększa, to przecież względne ubóstwo Karpat odnośnie do téj rodziny pająków okaże się z czasem bez wątpienia mniéjsze, niżby to obecnie sądzić można. Już obecnie posiadam dwa gatunki z rodzaju *Gnaphosa* prawdopodobnie nie opisane, a zatém zapewne właściwe Karpatom, co jednak stwierdzić się dziś nie da, gdyż z obydwóch gatunków mam tylko po jednym młodym okazie. Przeważna zresztą część gatunków do téj rodziny należących, są to zwiérzęta rzadkie i nadto dla nadmiernej chyżości ruchów trudne do uchwycenia, i z tego téż powodu nie prędko spodziewać się można dokładnego poznania téj części fauny krajowej.

Agalenoidae.

1. Amaurobiinae.

Dictyna Sund.

Z rodzaju *Dictyna* znalazłem w górach same tylko samice, co nadzwyczaj utrudnia dokładne oznaczenie gatunkowe. Tyle zdaje mi się pewném, że nie ma pomiędzy niemi *D. arundinacea* (L.), po której wykluczeniu wypadło okazy wszystkie odnieść do *D. pusilla* lub *uncinata*; w odróżnianiu tych gatunków kierowałem się prawie wyłącznie rzeźbą powierzchni tułogłowia, która jednak na nieszczęście daleko jest wyraźniejsza w opisach, niż w rzeczywistości. Z tych tedy powodów nie mogę ręczyć za oznaczenie *D. pusilla*.

1. *D. pusilla* Thor.? W Tatrach prawie równie częsta jak następująca i w tych samych miejscowościach. Regle Babiéj Góry. Tatry: regle w dolinach Chochołowskiéj, Kościeliskiéj, Małołąckiéj, za Bramą i Koprowéj. Po południowéj stronie Tatr do 1200, po północnéj mniéj więcéj do 1000 m.

2. *D. uncinata* Thor. Ligotka, Godula, Tuł. Regle w dolinie Małołąckiéj, za Bramą i koło Jaszczurówki. Do 1000 m.

Titanoeca Thor.

1. *T. quadriguttata* (Hahn). W równinach, krainie pagórkowatéj, najwyżéj w dolnéj części krainy górskiéj. Wyżéj prawdopodobnie gatunek ten nie wychodzi, przynajmniéj w reglach tatrzańskich nie ma go już, chociaż nie brak tu miejsc dla niego stosownych. Przeważnie, ale nie koniecznie na skałach wapiennych. Godula, Tuł, Czantoryja; do 600 mniéj więcéj metrów.

Amaurobius C. L. Koch.

1. *A. claustrarius* (Hahn). Gatunek ten jest bez wątpienia właściwie mieszkańcem krainy górskiéj i podhalskiéj, tu pospolity; w kosodrzewinie nie wszędzie znaleźć go można, w halach raz tylko go widziałem. W krainie pagórków pojawia się, przynajmniéj ile z moich zapisków wynika, tylko tam, gdzie w pobliżu wyższe znajdują się góry, a w równinach nie widziałem go nigdy. Ligotka, Ropica-Ropicznik, Kiczera, Tuł, Czantoryja, dolina Czarnéj Wisły na Baraniéj. Lipowa, Glinka, Zawoja, regle Babiéj Góry aż po ich górną granicę. Podhale; regle: dolina Chochołowska, Kościeliska, Miętusia, Małołącka, za Bramą, Strążyska aż pod Giewont, Białe, między Rybiém i Roztoką; kosodrzew w dolinie Małéj Łąki, w dolinie Stawów Gąsienicowych i między Rybiém a Morskiém okiem; hale w dolinie Małéj Łąki. Od 400 do 1800 m.

2. *A. fenestralis* (Stroem). W sposobie życia odmienny od poprzedniego; tamten przebywa zwykle pod kamieniami, ten zakłada mieszkanie najczęściéj na pionowych ścianach skał, porosłych niezbyt gęstym a dosyć grubą warstwę tworzącym mchem. Schodzi niżéj od poprzedniego (w równiny) i nie posuwa się tak wysoko, najwyżéj widziałem go mianowicie w reglach. Ligotka, Kiczera, Czantoryja, Wisła, Barania: dolina Czarnéj Wisły. Lipowa, Zawoja, regle Babiéj Góry. Podhale; doliny Chochołowska, Małołącka i za Bramą, Hruby Regiel, Krokiew, powyżéj Holicy nad Białką. Do 1100 m.

2. Agaleninae.

Cybaeus L. Koch.

1. *C, angustiarum* L. Koch. Od równin aż w hale, najczęstszy w reglach. Pod kamieniami. Tuł, Kiczera, Ropicznik-Ropica, Barania: doliny Białéj i Czarnéj Wisły i szczyt. Lipowa, Racza hala. Zawoja, Bielasów groń, regle i kosodrzew Babiéj Góry. Podhale; regle: doliny

Chochołowska, Kościeliska, Kraków, Miętusia, Małołącka, za Bramą, Strążyska i Białe, Gęsia Szyja, między Roztoką i Rybiém, Niekcerka; kosodrzew: dolina Małołącka, dolina Stawów Gąsienicowych, między Rybiém i Morskiém Okiem, Krywań; hale w dolinie Małołąckiéj, nad Morskiém Okiem, na Goryczkowéj i w dolinie Ciemnych Smreczyn. Do 1800 m.

Cicurina Menge.

1. *C. cicurea* (Fabr.). W lásach pośród korzeni i pod kamieniami. W równinach i krainie pagórkowatéj rzadka, z gór zaś widziałem tylko okazy, znalezione na Bielasowym Groniu nad Zawoją przez JP. Stobieckiego i w dolinie Białki powyżéj Holicy (1100 m.).

Coelotes Blackw.

Trzy gatunki galicyjskie z tego rodzaju: *C. atropos*, *solitarius* i *inermis*, żyją wszystkie w lasach górskich. Ile z liczby okazów raczéj niż z samych granic rozsiedlenia wnosić można, zajmuje *C. atropos* co do rozsiedlenia pionowego miejsce pośrednie pomiędzy obydwoma pozostałémi. W równiny schodzi jedynie *C. inermis*, w reglach tatrzańskich jest on w porównaniu z *C. atropos* i *solitarius* zwiérzęciem rzadkiém, w krainie kosodrzewu nie widziałem go nigdzie. W reglach tatrzańskich najpospolitszy jest *C. atropos*, w dół schodzi on aż po dolną granicę krainy pagórków, ale w równinach już go nie ma; w kosodrzewinie nie należy jeszcze do rzadkości, w halach jednak trafia się tylko wyjątkowo. Równie prawie nisko jak *C. atropos* schodzi *C. solitarius*; od krainy pagórków, w któréj tylko nielicznie się pojawia, rośnie liczba jego okazów w miarę posuwania się w górę, w halach jest prawie wszędzie, a w niektórych miejscach, n. p. na szczycie Babiéj Góry głazami zarzuconym, jest prawie jedynym, albo też co do liczby okazów nad innémi gatunkami przeważającym pająkiem. Wszystkie trzy gatunki żyją pod kamieniami a w lasach także pod odstającą korą pniaków i drzew powalonych.

1. *C. atropos* (Walck.). Tuł, Kiczera, Ropicznik-Ropica, Czantoryja, Barania: dolina Białéj Wisły i szczyt. Lipowa, Glinka. Nad Stryszawą na północ od góry Jałowca, Zawoja, Rówienki na Markowéj, regle i kosodrzew Babiéj Góry. Zakopane: las pod Zwierzyńcem; w krainie regli: w dolinie Chochołowskiéj, Kościeliskiéj, Miętusiéj, Małołąckiéj, za Bramą, Strążyskach aż po Giewont, Białém, na Krokwi, Boczaniu i Krywaniu; w krainie kosodrzewu pod Błyskim Wierchem; w halach na Goryczkowéj. Od 300 do 1800.

2. *C. solitarius* L. Koch. Ropicznik-Ropica, szczyt Baraniéj. Nad Stryszawą na północ od Jałowca, Zawoja powyżéj kościoła, Wilczna, regle, kosodrzew i hale Babiéj Góry. Zaskale. Zakopane: las pod Zwierzyńcem; w krainie regli: w dolinie Miętusiéj, Małołąckiéj, za Bramą, Strążyskach pod Giewontem, na Krokwi, w Białém, pod Wołoszynem;

w krainie kosodrzewu: pod Błyskım Wierchem, w dolinie Małołąckiéj, w dolinie Stawów Gąsienicowych, Pięciu Stawów, pod Rybiém, w dolinach Glińskiéj i Mięguszowieckiéj, na Krywaniu; w krainie hal: w szczelinie „Kraków“, na Czerwonych Wierchach, na Krzyżném, Małéj i Wielkiéj koszystéj, w dolinie Pięciu Stawów, nad Morskiém Okiem, w Ciemnych Smreczynach, w dolinie Glińskiéj, Mięguszowieckiéj, na Krywaniu; nadto w Raczkowéj i Podupłazkiéj (bez oznaczonéj krainy). Od 350 do 2200 m. (i wyżéj?).

3. *C. inermis* L. Koch. Czantoryja, szczyt Baraniéj. Lipowa. Nad Stryszawą na północ od Jałowca, Zawoja, regle Babiéj Góry. Zakopane: las pod Zwierzyńcem, Gronik w Kościeliskach; doliny Lejowa, Małołącka, za Bramą. Do 1200 m.

Cryphoeca Thor.

1. *Cr. carpatica* O. Herm. Dotąd znana tylko z Tatr. Przebywa najczęściéj w krainie hal i kosodrzewu, pod kamieniami; w krainę regli schodzi tylko wyjątkowo, najczęściéj jeszcze tam, gdzie z łatwością z wyższych okolic dostać się może. W niektórych miejscach w halach (np. koło Zawratu od północy) żyje w takiéj ilości, że pod każdym prawie kamieniem można znaleźć po kilka okazów. Do schwytania jest łatwa, jak o tém i O. Hermann wspomina; uwagę tylko jego, że pająk ten zamiast uciekać, ściąga tylko do siebie nogi, zmienić o tyle należy, że wprawdzie w piérwszéj chwili po odwaleniu kamienia, pająk zachowuje się zwykle spokojnie, i jakby nie przeczuwając niebezpieczeństwa trochę tylko poruszywszy się, daléj spoczywa (może jest zwierzęciem nocném i za dnia śpi), dotknięty jednak zrywa się i nadzwyczajnie szybko ucieka, jeżeli mu tylko w tém nie przeszkadza pajęczyna, przy odwracaniu kamienia zwyczajnie stargana i zmotana.

Racoń, kosodrzew i hale, hale Hrubego Wierchu, Wołowca i Starorobociańskiego, regle w dolinie Kościeliskéj (na miejscach bezleśnych pod Kominami), kosodrzew i hale pod Błyskim Wierchem, regle i kosodrzew w dolinie Miętusiéj, regle i kosodrzew w dolinie Małołąckiéj, hale Czerwonych Wierchów, regle w dolinie za Bramą (1 okaz), górny koniec Strążysk, Mała Świnnica, Jaworzynka, Giewont: od przełęczy ku Kopie Kondrackiéj po szczyt, hale Goryczkowéj, kosodrzew w dolinie Stawów Gąsienicowych, Lilijowe, Pośrednia Turnia, Świnnica, hale koło Zmarzłego, Zawrat, kosodrzew i hale w dolinie Pięciu Stawów, Krzyżne, Wielka i Mała Koszysta, Miedziane, kosodrzew między Rybiém i Morskiém Okiem, hale nad Morskiém Okiem, kosodrzew i hale w dolinach: Ciemnych Smreczyn, Glińskiéj, Niekcerce, Mięguszowieckiéj i na Krywaniu. Od 1000 m. (tu wyjątkowo) do 2300 (i wyżéj?).

2. *Cr. silvicola* C. L. Koch. W lasach w mchu, pośród liści opadłych, pod kamieniami, w szczelinach kory, od równin aż do regli tatrzańskich nie rzadka, rzadka w kosodrzewinie; w krainie hal jéj nie

widziałem. Ligotka, Ropicznik, Barania: dolina Białéj Wisły. Zakopane, Gronik w Kościeliskach; dolina Chochołowska aż do górnéj granicy regli, regle w dolinach Kościeliskiéj, Miętusiéj, Małołąckiéj, na Hrubym Reglu i Samkowéj Czubie, kosodrzew w dolinie Stawów Gąsienicowych; regle Krywania, kosodrzew w Mięguszowieckiéj dolinie. Do 1500 m. na północnych stokach Tatr.

Tegenaria Latr.

1. *T. domestica* (Clerck). W równinach żyje w domach i w rozpadlinach skał, w okolicach wyższych zdaje się przebywać wyłącznie w zabudowaniach. Wisła. Szmeks (powyżéj 1000 m.). Z Podhala, zkąd okazów nie posiadam, podał ją Prof. Dr. Nowicki.

2. *T. silvestris* L. Koch. Żyje wprawdzie w równinach, właściwą jéj ojczyzną są jednak bez wątpienia lasy w krainie pagórkowatéj i górskiéj i przynajmniéj dolna część lasów podhalskich. Przebywa w szczelinach skał i w zwisających darniach i korzeniach nad urwanémi brzegami. Z powodu wielkiéj ostrożności i szybkości trudna do uchwycenia, zwłaszcza, że rurka pajęczyny właściwe mieszkanie pająka tworząca, ciągnąc się zwykle w szpary niedostępne, ułatwia mu uchylenie się przed prześladowaniem. Ligotka, Kiczera, Ropica-Ropicznik, Tuł, Wisła, Barania: doliny Czarnéj i Białéj Wisły. Zawoja. Regle tatrzańskie: dolina Kościeliska, Małołącka i Strążyska. Do 1100 m. (Ob. Uwagi).

3. *T. Derhamii* (Scop.). Miejsce pobytu podobne jak u *T. domestica*. Na Podhalu Nowotarskiém zdaje się częstsza niż *T. domestica*, téj bowiem tam nie widziałem, a z *T. Derhamii* mam parę okazów. Ligotka. Zawoja. Gronik w Kościeliskach (930 m.).

Histopona Thor.

1. *H. torpida* (C. L. Koch). W lasach w miejscach podobnych jak *Tegenaria silvestris*. Od równin do regli tatrzańskich, najczęstsza w lasach okolic pagórkowatych i górskich. Ligotka, Kiczera, Ropica, Tuł, Czantoryja, Barania: dolina Czarnéj Wisły. Zawoja, Bielasów groń. Zakopane; regle w dolinie Małéj Łąki, w Strążyskach i na Krokwi. Do 1200 m.

Agalena Walck.

1. *A. labyrinthica* (Clerck). W równinach bardzo pospolita, w krainie pagórkowatéj także nie rzadka; w reglach tatrzańskich widziałem ją po północnéj stronie tylko na porębach dolnego brzegu regli sięgających. Jestto pająk żyjący w miejscach otwartych, na działanie słońca wystawionych, dla niego więc ciemny, gęsty las górski tworzy granicę nie do przekroczenia. Ropicznik-Ropica, Tuł, Wisła. Lipowa. Zawoja. Poręby na Hrubym Reglu i na zachód od wejścia

do doliny Małołąckiéj, regle Krywania. Najwyżéj 1100 po północnéj, 1300 m. po południowéj stronie Tatr.

2. *A. similis* Keys. W miejscach podobnych jak poprzedzająca, tylko może mniéj unika miejsc cienistych. Koło Krakowa rzadka; górna granica jéj rozsiedlenia leży według dotychczasowych spostrzeżeń niżéj niż poprzedniéj. Żywiec. W Skawicy wzdłuż brzegów potoku koło drogi (powyżéj 400 m.) widziałem ją na młodych świérkach w tak wielkiéj ilości jak nigdzie indziéj.

Hahnia C. L. Koch.

1. *H. pusilla* C. L. Koch. W tym rodzaju jedyny dotychczas gatunek z żyjących w równinach znaleziony w krainie pagórkowatéj, i to nie wysoko: Las Gnojnicki (około 360 m.).

2. *H. parva* n. sp. Gatunek najwięcéj zbliżony do *H. muscicola* E. Sim, zwłaszcza barwą, ułożeniem i wielkością oczu. U *H. muscicola* ma jednak być członek rzepkowy głaszczków u samca bezbronny, a w tém nie zgadza się z nią jedyny przezemnie znaleziony okaz. Kosodrzew w dolinie Stawów Gąsienicowych (1500 m.).

Drassoidae.

Zora C. L. Koch.

1. *Z. maculata* (Blackw.). W lasach równin prawie pospolita, ale już od krainy pagórkowatéj prawdopodobnie wcale rzadka, gdyż ze wszystkich tutaj wymienionych miejsc mam tylko po jednym okazie. Ropica. Regle w dolinie Kościeliskiéj, w dolinie Małołąckiéj, zrąb po wschodniéj stronie ujścia téj doliny, regle Krywania. Najwyżéj 1000 m. po północnéj, 1300 po południowéj stronie Tatr.

Apostenus Westr.

1. *A. fuscus* Westr. Przebywa w miejscach tych, co gatunek poprzedni, ale także na suchych miejscach odsłoniętych; w równinach dość częsty, wyżéj rzadki. Godula, Strążyska, poniżéj Siklawki (około 1100 m.).

Agroeca Westr.

1. *A. striata* n. sp.? (ob. Uwagi).

W równinach (koło Krakowa), w krainie górskiéj i u dolnéj granicy krainy podhalskiéj: Zawoja; regle w dolinie Chochołowskiéj, zrąb u wejścia do doliny Małołąckiéj. Do 930 m. Nadzwyczaj rzadka, ze wszystkich miejscowości mam tylko po jednym okazie.

Phrurolithus C. L. Koch.

1. *Phr. festivus* C. L. Koch. W równinach w lasach i w miejscach odsłoniętych pospolity, najwyżéj dotąd znaleziony pod szczytem Baraniéj, w reglach tatrzańskich trzyma się tylko ich dolnego krańca. Godula, Kiczera, Barania (około 1100 m.). Regle Babiéj Góry. Ujście doliny Małołąckiéj, Strążyska.

Anyphaena Sund.

1. *A. accentuata* (Walck.). Pospolita w równinach, ale nie wychodzi ponad krainę pagórkowatą. Las Gnojnicki, Tuł (koło 550 m.).

Chiracanthium C. L. Koch.

1. *Ch. lapidicolens* Sim. Jedyny z trzech gatunków krajowych znaleziony w krainie pagórkowatéj, a i o nim jeszcze z zupełną pewnością powiedzieć nie można, czy jest stałym téj krainy mieszkańcem, gdyż dotąd znalazłem tylko 1 okaz na Goduli (około 500 m.).

Clubiona Latr.

1. *Cl. germanica* Thor. W równinach wprawdzie nie wszędzie, ale gdzie się znajdzie, tam zwykle w znacznéj liczbie okazów; najwyżéj w krainie górskiéj. W regle nie wchodzi, przebywa tylko u ich podnóża w miejscach zarosłych drzewami liściastemi, wierzbami lub olszami. Zawoja. Zakopane (850 m.).

2. *Cl. alpicola* n. sp.? (Ob. Uwagi). Najczęstsza w krainie hal i kosodrzewu, w regle schodzi rzadko i to tylko w miejsca otwarte, zarzucone kamieniami. Przebywa pod kamieniami. Kosodrzew i hale Babiéj Góry. Hale Hrubego Wierchu, Wołowca i Starorobociańskiego, w dolinie Kościeliskiéj pod Kominami w krainie regli, kosodrzew w Pysznéj i w dolinie Miętusiéj, w dolinie Małołąckiéj w kosodrzewinie i w piargach pod Wielką Turnią, Giewont od przełęczy po szczyt, szczyt Małéj Świnnicy, od Lilijowego po Świnnicę (hale), dolina Pięciu Stawów (kosodrzew), hale Krzyżnego, Wielkiéj i Małéj Koszystéj, Miedziane, kosodrzew między Rybiém a Morskiém Okiem, hale nad Morskiém Okiem; kosodrzew i hale Ciemnych Smreczyn, Niekcerki i Mięguszowieckiéj doliny, regle, kosodrzew i hale Krywania. Od 1100 do 2300 m.

3. *Cl. lutescens* Westr. W lasach koło Krakowa z gatunków przebywających pod opadłém liściem i t. p. najczęstszy. Na Podhalu znalazłem jeden tylko okaz (♀) w olszynie nad potokiem z doliny za Bramą (w Zakopaném, 850 m.).

4. *Cl. neglecta* Cambr. W Galicyi i na Szląsku dotąd tylko

w krainie podhalskiéj w bardzo małéj ilości znaleziona. Szczyty Czantoryi i Baraniéj. Regle Babiéj Góry. 1000 do 1200 m.

5. *Cl. pallidula* (Clerck). Najpospolitszy z gatunków tego rodzaju w równinach, na Podhalu jeszcze niezbyt rzadki, ale w reglach widziałem go już tylko na zrębach dolnego ich brzegu dotykających i tam, gdzie buki nad świérkami przeważają; z tego względu wykluczyćby go należało z pomiędzy gatunków w krainie podhalskiéj żyjących. Barania: dolina Białéj Wisły. Lipowa. Równienki na Markowéj. Zakopane; doliny za Bramą i Strążyska (do 1000 m.).

6. *Cl. reclusa* Cambr. *(tridens* Menge). W dolinie Pięciu Stawów w drodze od Zawratu ku Zadniemu Stawu (około 1900 m.) znalazłem jednego dojrzałego samca. Przypuszczam, że dostał się tu przypadkowo, zapewne z regli, gdzie tego gatunku jednak nie widziałem.

7. *Cl. trivialis* C. L. Koch. W krainie regli najczęstszy z gatunków do tego rodzaju należących. Na świérkach. Wisła, szczyt Baraniéj. Zawoja, regle Babiéj Góry. Regle tatrzańskie: w dolinach Chochochołowskiéj, Kościeliskiéj, Małołąckiéj, za Bramą i Strążyskach; hale nad Morskiém Okiem (tu widocznie przypadkowo); regle Krywania. Do 1200 (na Krywaniu do 1300) m.

8. *Cl. subsultans* Thor. Obok *Cl. trivialis* jedyny gatunek z żyjących w równinach, który posuwa się w regle i tu jeszcze w takiéj liczbie okazów się pojawia, że go za stałego mieszkańca téj krainy uznać trzeba. Na uwagę zasługuje, że właśnie te dwa gatunki, dla których górski las świérkowy jest jeszcze stósowném miejscem pobytu, w równinach trzymają się lasów sosnowych, a zatém cetyniastych, i przebywają tu w ciepłéj porze roku nie na ziemi, ale na drzewach samych. Las Gnojnicki, Barania: dolina Białéj Wisły. Zakopane, dolina Małéj Łąki (regle), w dolinie Stawów Gąsienicowych w dolnéj części pasu kosodrzewiny ale na świérkach (1500 m.), więc widocznie już górna granica regli tworzy górną granicę rozsiedlenia tego gatunku.

9. *Cl. corticalis* (Walck.). Bardzo rzadka, dotychczas tylko w szczelinach kory jodeł i świérków w krainie pagórkowatéj i górskiéj znaleziona. Ligotka, Tuł, dolina Białéj Wisły. 400 do 800 m.

10. *Cl. compta* C. L. Koch. Jeden z rzadkich gatunków. W krainie równin i pagórków. Las Gnojnicki (360 m.).

Pythonissa C. L. Koch.

1. *P. nocturna* (Linn.). W krainie pagórkowatéj na Goduli (około 500 m.) pomiędzy mrówkami na wrzosowisku w większéj nieco ilości. Zresztą znalazłem tylko po jednym okazie w Zawoi (650 m.) nad potokiem pod kamieniem i w reglach Babiéj Góry (koło 900 m.) pod korą butwiejącego powalonego pnia.

Gnaphosa Latr.

1. *Gn. bicolor* (Hahn). W równinach w lasach mieszanych i so-

snowych rzadka. Najwyżej znaleziona na Goduli na wrzosowisku (koło 500 m.).

2. *Gn. montana* (L. Koch). Gatunek wyłącznie krainie górskiéj i podhalskiéj właściwy. Przebywa prawie wyłącznie na suchych miejscach pod suchą, odstającą korą pniaków, a na Szlązku zbiérałem go także pod kamieniami ułożonémi na takich pniakach. W kosodrzew wchodzi chyba wyjątkowo. Z powodu nadzwyczajnéj chyżości bardzo trudny do uchwycenia; jeżeli się nie uda oderwać kory tak, żeby pająka przez to nie spłoszyć, poczém go nie przeczuwającego jeszcze niebezpieczeństwa z nienacka przychwycić można, to już zwyczajnie wszelkie wysilenia, aby uciekającego pochwycić, pozostają bez skutku. Ropicznik, Barania, pod szczytem. Wyręb na Wilcznéj. Hruby Regiel (750—1200 m.). Szałas i regle na Krywaniu (koło 1300 m.). Kosodrzew w Ciemnych Smreczynach (koło 1600 m.).

3. *Gn. sp.?* W halach Krywania znalazłem jeden okaz, na nieszczęście młody, który według wszelkiego prawdopodobieństwa należy do gatunku jeszcze nie opisanego. Gdy jednak opisanie na podstawie młodego okazu w rodzaju takim jak *Gnaphosa*, obfitującym w gatunki jedynie na podstawie budowy narzędzi rozrodczych odróżnić się dające, nie miałoby właściwie żadnego znaczenia, więc poprzestaję na téj wzmiance.

4. *Gn. sp.?* Jeden tylko okaz znaleziony na szczycie Babiéj Góry, nie należący do żadnego ze znanych dotychczas z Galicyi gatunków, ale nie do oznaczenia jako młody.

Drassus Walck.

1. *Dr. lapidicola* (Walck.). W równinach na miejscach odsłoniętych, na światło słoneczne wystawionych pospolity, podobnie w krainie pagórkowatéj. Najwyższe miejscowości, z których ten gatunek posiadam, leżą koło górnéj granicy krainy górskiéj. Na szczytach Tatr nie znalazłem go, pomimo, że przeszukałem dużo miejsc, które byłyby dla niego zupełnie stósowne. Może podanie Prof. Dra Nowickiego (z Tatr, hal albo turni) opiera się na okazach, które się tam przypadkowo zabłąkały? Z drugiéj strony byćby jednak mogło, że gatunek ten żyje rzeczywiście w tych wysokościach w miejscach, w których nie byłem, co się nie wydaje nieprawdopodobném ze względu na znaczne wysokości, do których *Dr. lapidicola* dochodzi w Alpach. Godula, Kiczera, Tuł, Czantoryja (około 990 m.). Zawoja, szczyt Bielasowego gronia (840 m.). Podhale (1 okaz znaleziony przez J. Tatara).

2. *Dr. pubescens* Thor. Prawdopodobnie właściwy krainom pagórkowatéj, górskiéj i podhalskiéj. Dotąd przynajmniéj nie mam okazu z równin, niewątpliwie należącego do tego gatunku. W Tatrach zbiérałem go pod kamieniami przeważnie na zrębach u dolnéj granicy regli po północnéj, w dość rzadkim i wiele światła na ziemię przepuszczającym lesie po południowéj stronie. Godula (około 500 m.). Zrąb

u wejścia do doliny Małéj Łąki, Hruby Regiel, Strążyska, szczyt Małéj Świnnicy (900 do 1370 m.). Regle i kosodrzew na Krywaniu (1300 do 1800 m.),

3. *Dr. troglodytes* C. L. Koch. Według moich spostrzeżeń, jedyny gatunek z tego rodzaju przebywający w halach. tatrzańskich. Żyje on także w równinach i nie należy tu do rzadkości. Zawoja. Podhale. Regle w dolinie Chochołowskiéj, hale na Lilijowém, Krzyżném i Wielkiéj Koszystéj. Regle Krywania (obacz Uwagi). Prawie do 2200 m.

4. *Dr. scutulatus* L. Koch.? Jedyne dwa okazy, które nie bez wahania do tego odnoszę gatunku, znalazłem w Gnojnickim lesie (360 m.). Są one młode, więc oznaczenie musi pozostać niepewném.

Prosthesima L. Koch.

1. *Pr. subterranea* (C. L. Koch). (*Pr. Petiverii* (Scop.) Thor.). Od równin, gdzie jest po *Pr. petrensis* najczęstsza, aż w krainę hal i tu niezbyt rzadka. Ropicznik, Tuł, Czantoryja. Zawoja, hale Babiéj Góry. Tatry: hale Raconia, Wołowca, Hrubego Wierchu, kosodrzew w dolinie Stawów Gąsienicowych, hale Krzyżnego, Wielkiéj i Małéj Koszystéj, regle między Roztoką i Rybiém, kosodrzew pod Rybiém; regle i kosodrzew na Krywaniu, kosodrzew i hale w Ciemnych Smreczynach. Blisko do 2200 m.

2. *Pr. clivicola* (L. Koch). Z gatunku tego znalazłem tylko samice. W obec wielkich trudności, z któremi przy oznaczaniu gatunków tego rodzaju walczyć trzeba, nie mogę oznaczenia mojego uważać za bezwzględnie pewne, jest ono jednak tak prawdopodobne, że nie kładę przy niém znaku zapytania.

W reglach tatrzańskich i u ich podnóża, pod kamieniami, w lesie zaś samym tylko w miejscach nie bardzo gęsto zarosłych, w niezbyt małéj liczbie okazów. Regle w dolinie Chochołowskiéj, Małołąckiéj, zręby koło ujścia téj doliny, dolina za Bramą, Strążyska, regle między Rybiém i Roztoką. Od 900 do 1300 m.

3. *Pr. petrensis* (C. L. Koch). W równinach, przynajmniéj koło Krakowa, z gatunków tego rodzaju najczęstszy, w krainie pagórkowatéj rzadszy; najwyżéj w krainie górskiéj. Godula, Czantoryja. Bielasów groń (840 m.).

4. *Pr. Latreillei* E. Sim. (*Pr. atra* Thor.). Od równin do krainy hal, wszędzie rzadka. Ropicznik, Czantoryja. Zawoja. Hale w dolinie Małéj Łąki (około 1800 m.), regle Krywania.

5. *Pr. pusilla* (C. L. Koch), (*Pr. nigrita* Thor.). Bardzo rzadka, dotąd tylko w równinach i na Podhalu (około 900 m.) znaleziona.

Micaria Westr.

1. *M. fulgens* (Walck.). Koło Krakowa bardzo rzadka w lasach, najwięcéj okazów widziałem na wrzosowiskach pośród mrówek wielkością i barwą do tego pająka zbliżonych. Najwyżéj znalazłem ten ga-

tunek na Goduli (około 500 m.) na wrzosowisku również w towarzystwie mrówek *(Tetramorium caespitum?)*.

2. *M. pulicaria* (Sund.). Od równin, gdzie miejscami dość licznie się pojawia, aż do dolnéj części regli tatrzańskich, tu jedak bardzo rzadko. Las pod Zwierzyńcem Zakopiańskim, dolina Chochołowska, u wejścia do doliny Małéj Łąki. Do 1000 m.

3. *M. hospes* n. sp. Na Goduli razem z *M. fulgens* znalazłem gatunek z rodzaju *Micaria*, który po dokładném porównaniu ze wszystkiémi mnie znanémi opisami europejskich gatunków, uważać muszę za jeszcze nie opisany.

4. *M. montana* n. sp. W reglach Krywania (około 1300 m.) znalazłem jeden okaz, należący do gatunku prawdopodobnie również nie opisanego. Z Zawoi (650 m.) mam jeden okaz młody, być może, z tego samego gatunku, czego jednak na pewno twierdzić nie można, z powodu niedojrzałości okazu.

Laterigradae.

	Kr. równi	Kr. pagórków	Kr. górska	Kr. podhalska	Kr. kosodrzew.	Kr. grzbietu	Kr. turni	
Xysticus luctator L.Koch	*	.	.	.	.	*	.	
— *alpicola* n. sp. .	.	.	.	.	.	*	.	
— *Kochii* Thor .	*	.	.	.	.	.	.	Tyrol: kraina hal.
— *cristatus* (Clerck.)	*	.	*	*	*	*	*	Tyrol: w krainie hal; regle Karkonoszów.
— *pini* (Hahn) .	*	*	.	*	.	.	.	
— *Ulmi* (Hahn) .	*	.	.	.	.	.	.	
— *lateralis* (Hahn) Th.	*	.	.	?	.	.	.	W Tyrolu do 5000'.
— *bifasciatus* C. L. K.	*	.	.	.	.	.	.	Regle Karkonoszów.
— *luctuosus* (Blackw.)	*	.	.	.	.	.	.	
— *acerbus* Thor. .	*	.	.	.	.	.	.	
— *striatipes* L. Koch	*	.	.	.	.	.	.	
— *sabulosus* (Hahn)	*	*	.	.	.	.	.	
— *robustus* (Hahn)	*	*	.	.	.	.	.	W Tyrolu w wys. 3000'.
Synaema globosum (Fbr.)	*	.	.	.	.	.	.	
Coriarachne depressa (C. L. Koch)	*	.	.	.	.	.	.	
Oxyptila horticola C.L.K.	*	.	.	.	.	.	.	Tyrol: w krainie hal.

	Kr. równi	Kr. pagórków	Kr. górska	Kr. podhalska	Kr. kosodrzew.	Kr. grzbietu	Kr. turni	
Oxyptila praticola (C.L. Koch)	*	.	*	.	.	.	.	W Tyrolu do 3000'.
— *obsoleta* n. sp. .	.	.	*	*	.	*	.	
— *scabricula* (Westr.)	*	.	.	.	.	.	.	
— *Blackwallii* E.Sim.	*	.	.	.	.	.	.	W północnym Tyrolu do 3000'.
— *trux* (Blackw.) .	*	*	.	*	.	.	.	W Karkonosz. do 1400 m. (kosodrz.).
— *nigrita* Thor. .	*	.	.	.	.	.	.	
Misumena vatia(Clerck.)	*	*	*	*	.	.	.	Regle Karkonoszów.
— *tricuspidata* (Fabr.)	*	.	.	.	.	.	.	
Diaea dorsata (Fabr.)	*	*	*	(*)	.	.	.	
Pistius truncatus (Pall.)	*	.	.	.	.	.	.	
Tmarus piger (Walck.)	*	.	.	.	.	.	.	W Tyrolu do 4000'.
Philodromus margaritatus (Clerck)	*	.	.	.	.	.	.	
— — *var. ieiunus*(P.)	*	*	.	.	.	.	.	
— *poecilus* Thor. .	*	.	.	.	.	.	.	
— *emarginatus* (Schr.)	*	*	*	*	.	.	.	Tyrol: w krainie hal.
— *fuscomarginatus*(de Geer.	*	.	.	.	.	.	.	
— *aureolus* (Clerck.)	*	*	*	*	(*)	.	.	W Tyrolu do 6000'.
— *collinus* C. L. Koch	.	*	*	*	(*)	.	.	
— *auronitens* Ausser.	*	*	*	*	.	(*)	.	
— *dispar* Walck. .	*	.	.	.	.	.	.	
— *alpestris* L. Koch	.	.	.	*	*	*	.	Tyrol: w krainie hal.
Tibellus oblongus(Wlck.)	*	.	.	.	.	.	.	W Tyrolu do 4500'.
Thanatus formicinus (Clerck)	*	*	.	*?	.	.	.	Tyrol: w krainie hal.
Micrommata virescens (Clerck)	*	.	.	*	.	.	(*)	W Tyrolu do 5000'.
— *ornata* (Walck.)	*	.	.	.	.	.	.	

Prócz podanych powyżéj gatunków, żyją w halach Alp tyrolskich jeszcze: *Thanatus arenarius* Thor, *Xysticus glacialis* L. Koch i X. *secedens* L. Koch. *Thanatus arenarius* znaleziony w Tyrolu tylko w halach nie jest przecież gatunkiem wyłącznie górskim, znany on jest bowiem ze Szwecyi, z kilku miejsc we Francyi (n. p. z okolic Paryża), ze Szwajcaryi, z okolic Norymbergi i Sarepty. Dwa drugie gatunki zdają się wyłącznie właściwémi Alpom tyrolskim. Z gatunków podanych niżéj z Tatr i z Babiéj Góry dwa: *Xysticus alpicola* i *Oxyptila obsoleta*, które uważam za nie opisane, zostały, jeżeli się w tém nie mylę, dotychczas wyłącznie znalezione w Karpatach. Do tych dwóch dołączyćby jeszcze trzeba gatunek *Philodromus beskida* (Fickert), jako także właściwy tym tylko górom.

Wspólny Alpom i Karpatom jest *Philodromus alpestris*, dotychczas jeszcze w innych górach nie znaleziony.

Thomisoidae.

Thomisinae.

Xysticus C. L. Koch.

1. *X. alpicola* n. sp. Gatunek bardzo do *X. luctator* L. Koch zbliżony. Dotychczas posiadam tylko dwa okazy (dorosłe samce) znalezione na szczycie Hrubego Wierchu (2065 m.). Samicy nie umiem prawdopodobnie odróżnić od *X. cristatus*, żyjącego także w tych wysokościach. Byćby mogło, że do tego gatunku należy kilka samic znalezionych w dolinie Kościeliskiéj w krainie regli pod Kominami i w kosodrzewinie na Krywaniu.

2. *X. cristatus* (Clerck). Najpospolitszy gatunek z tego rodzaju w równinach, rzadszy w okolicach wyższych. W reglach mało tylko widziałem okazów, przeważnie na odsłoniętych, mniéj lub więcéj kamieniami zarzuconych miejscach; w wyższych jeszcze krainach (kosodrzewu i hal) znowu częstszy. Dochodzi przynajmniéj do 2200 m. Szczyt Baraniéj. Regle Babiéj Góry. Regle w dolinie Kościeliskiéj i za Bramą, szczyt Małéj Świnnicy, regle Gęsiéj Szyi i Boczania, hale na Starorobociańskim Wierchu, w dolinie Pięciu Stawów, w Ciemnych Smreczynach, w dolinach Glińskiéj i Mięguszowieckiéj i na Krywaniu.

3. *X. pini* (Hahn). W lasach sosnowych w równinach prawie pospolity, w krainie pagórków rzadszy, zresztą znaleziony jeszcze w reglach tatrzańskich, jednak nie wyżéj 1000 m. i w małéj liczbie okazów: w dolinie Chochołowskiéj i na Hrubym Reglu.

4. *X. lateralis* (Hahn) Thor?. W reglach tatrzańskich: na Hrubym Reglu, w dolinach Małołąckiéj i za Bramą, w wysokości około 1000 m. znalazłem kilka okazów młodych, które prawdopodobnie należą do tego gatunku niezbyt rzadkiego w równinach, którego pobyt jednak w téj wysokości koniecznie jeszcze wymaga potwierdzenia.

Oxyptila E. Sim.

1. *O. praticola* (C. L. Koch). Jedyny gatunek z tego rodzaju pospolity w równinach. Nie wychodzi prawdopodobnie wysoko, gdyż

już koło górnéj granicy krainy górskiéj nie widziałem go. Lipowa (około 500 m.).

2. *O. trux* (Blackw.). Znaleziony w równinach, w krainach pagórkowatéj, górskiéj i podhalskiéj, wszędzie bardzo rzadko. Gnojnicki las (360 m.), Godula (około 500), Regle Babiéj Góry (około 1000 m.).

3. *O. obsoleta* n. sp. U podnóża regli, w reglach i w halach znalazłem ten gatunek, najpodobniejszy w budowie głaszczków do *O. rauda* E. Sim., ale prawdopodobnie od niéj odmienny. Bielasów Groń (840 m.). Gronik w Kościeliskach, las między Gronikiem a Siwarném; w krainie regli: w dolinach Chochołowskiéj, Kościeliskiéj pod Kominami, Małołąckiéj i za Bramą; w krainie hal: na szczycie Giewontu (1900 m.).

Misumena Latr.

1. *M. vatia* (Clerck). Pospolita w równinach, dochodzi do regli i przebywa tu na zrębach, polanach, najczęściéj na kwiatach. Ropica-Ropicznik, Tuł. Lipowa, Glinka. Nad Stryszawą na północ od góry Jałowcą. Zawoja, Bielasów Groń, Rówienki na Markowéj, Markowe Szczawiny. Gronik w Kościeliskach; regle w dolinie Małołąckiéj, za Bramą i Koprowéj. Do 1000 m. po północnéj, 1200 po południowéj stronie Tatr.

Diaea Thor.

1. *D. dorsata* (Fabr.). Dość rzadka w lasach równin; najwyżéj widziałem ją w reglach tatrzańskich, ale tylko na porębach i w młodym lesie przeważnie bukowym, nie jestto więc gatunek podhalski ale najwyżéj górski. Las Gnojnicki, Tuł. Luboń. Zawoja. Dolina za Bramą i zrąb koło niéj (poniżéj 1000 m.).

Philodrominae.

Philodromus Walck.

1. *Ph. margaritatus* (Clerck) *var. ieiunus* (Panz.). Bardzo rzadka odmiana gatunku w równinach dość częstego. Dotychczas znalazłem tylko po jednym okazie w równinach i w krainie pagórkowatéj: w lesie Gnojnickim (360 m.).

2. *Ph. emarginatus* (Schranck). Nie rzadki w lasach sosnowych w równinach, żyje także w krainie pagórkowatéj i górskiéj, w podhalskiéj znaleziony tylko w niewielu okazach i tylko u dolnéj jéj granicy. Gnojnicki las. Zawoja, regle Babiéj Góry. Dolina za Bramą i regle koło Jaszczurówki. Najwyżéj nieco powyżéj 900 m.

(*Philodromus beskida* (C. Fickert). W „*Verzeichnis der schlesischen Spinnen* (*Zeitschrif f. Entomol., Neue Folge* 5. H. 1876) podał

Dr. C. Fickert ten gatunek jako nowy, znaleziony w dolinie Czarnéj Wisły).

3. *Ph. aureolus* (Clerck). W równinach pospolity, najwyżéj znaleziony w reglach tatrzańskich koło 1000 m. po północnéj, 1300 m. po południowéj stronie. Gnojnicki las, Tuł, pod szczytem Baraniéj i w dolinie Białéj Wisły. Zawoja, Rówienki na Markowéj. Zakopane, regle w dolinie Małołąckiéj, za Bramą, w Strążyskach i na Krywaniu,

4. *Ph. collinus* C.L.Koch. Wprawdzie już dawno opisany, ale nie dokładnie. Dokładny opis dał dopiéro Dr. L. Koch w „*Verzeichniss der in Tirol bis jetzt beobachteten Arachniden*" (*Zeitschr. d. Ferdinandeums* 1876), gdzie téż jako ojczyznę tego gatunku podaje Tyrol, Bawaryę, Karyntyję i Tatry (tu znaleziony przez Prof. Dra Nowickiego). Z równin nie mam dotychczas tego gatunku w zbiorze, okazy moje pochodzą z krainy pagórkowatéj, górskiéj, podalpejskiéj i z kosodrzewu, gdzie jednak prawdopodobnie nie przebywają stale. Najczęściéj znaleziony na świérkach. Gnojnicki las, dolina Białki. Lipowa. Regle w dolinie Miętusiéj, Małołąckiéj, za Bramą, Koprowéj i na Krywaniu; kosodrzew w dolinie Stawów Gąsienicowych. Od 350 m. do 1300 (1500?).

5. *Ph. auronitens* Ausserer. W równinach zdaje się bardzo rzadki, częstszy w okolicach wyższych. Lipowa. Zakopane, Gronik w Kościeliskach, regle w dolinach Małołąckiéj i za Bramą; regle Krywania. Nad Morskiém Okiem znalazłem jednego dorosłego samca; wyłączywszy tę miejscowość, jako zapewne przypadkową, tudzież krainę kosodrzewu w dolinie Małéj Łąki, zkąd mam tylko młode, nie dające się na pewno oznaczyć okazy, otrzymamy jako górne granice rozsiedlenia tego gatunku 1000 m. dla północnych, 1300 dla południowych stoków Tatr.

6. *Ph. alpestris* L. Koch. (*Verzeichn. d. in Tirol b. j. beobacht. Arachn.*). Podany przez Dra L. Kocha z Tyrolu, Karyntyi i Tatr, zkąd go zapewne otrzymał od Prof. Dra Nowickiego. Dotąd widziałem tylko samice. Przebywa w krainach hal i kosodrzewu, rzadko w reglach, na miejscach zarzuconych kamieniami. Samica przytwierdza oprzęd z jajami do dolnéj powiérzchni kamieni w małém zagłębieniu i zasnuwa go pajęczyną, rozciągającą się po same brzegi zagłębienia; na tym oprzędzie siedzi z rozpiętemi nogami. Młode okazy zbiérałem także na świérkach. Kosodrzew na Babiéj Górze. Regle w dolinie Chochołowskiéj i Kościeliskiéj, kosodrzew w dolinie Miętusiéj, w dolinie Małéj Łąki w reglach, kosodrzewinie i halach, świérki pośród kosodrzewu w dolinie Stawów Gąsienicowych, regle między Roztoką i Rybiém, kosodrzew między Rybiém i Morskiém Okiem; szałas w Ciemnych Smreczynach, kosodrzew i hale w dolinach Glińskiéj i Mięguszowieckiéj, kosodrzew na Krywaniu. Od 1000 m. do 1800 (i wyżéj?).

Thanatus C. L. Koch.

1. *Th. formicinus* (Clerck.). Z tego gatunku widziałem tylko jeden

okaz znaleziony przez p. Stobieckiego na Babiéj Górze (w reglach?), sam zbiérałem go tylko w równinach i w krainie pagórkowatéj.

Heteropodoidae.

Micrommata Latr.

1. *M. virescens* (Clerck.). W równinach w lasach niezbyt rzadka. Prócz tego znaleziona w krainie regli na Babiéj Górze. Na samym szczycie Krywania (2496 m.) w krainie turni znalazłem jednego dojrzałego samca, który bez wszelkiéj wątpliwości przypadkiem tylko tutaj się dostał prawdopodobnie z regli. W reglach tatrzańskich nie zbiérałem sam tego gatunku, O. Hermann znalazł go jednak koło jeziora Szczyrbskiego.

Citigradae.

	Kr. równi	Kr. pagórków	Kr. górska	Kr. podhalska	Kr. kosodrzew.	Kr. grzbietu	Kr. turni	
Aulonia albimana (Wlk.)	*	*	.	.	.	.	.	
Pardosa agricola (Thor.)	*	*	*	*	.	.	.	
— *agrestis* (Westr.)	*	*	*	*	(*)	.	.	
— *monticola* (Clerck)	*	*	*	*	.	.	.	Tyrol: w krainie hal (w Tyr. połud. do 8000').
— *albata* (L. Koch)	.	.	(*)	*	*	.		
— *saltuaria* (L. Koch)	.	.	(*)	(*)	*	*	*	Tyrol: w krainie hal; kos. i hale Karkonoszów.
— *palustris* (Linn.)	*	*	*	*	*	(*)	.	Tyrol: w krainie hal; regle Karkonoszów.
— *bifasciata* (C.L. K.)	*	.	.	.	.	.	.	
— *nigriceps* (Thor)	*	.	.	.	.	.	.	
— *pullata* (Clerck)	*	*	*	*	*	*	.	
— *prativaga* (L. Koch)	*	.	.	.	.	.	.	Regle Karkonoszów.
— *riparia* (C. L. Koch)	.	.	*?	*	.	.	.	Tyrol: w krainie hal.
— *lugubris* (Walck.)	.	.	.	.	.	.	.	
— —var. *tibiis distincte annulatis*	*	*	*	*	.	.	.	
— *morosa* (L. Koch)	*	*	*	*	.	.	.	

	Kr. równi	Kr. pagórków	Kr. górska	Kr. podhalska	Kr. kosodrzew.	Kr. grzbietu	Kr. turni	
Pardosa amentata (Clk.)	*	*	*	*	*	?	.	Tyrol: w krainie hal.
— *hortensis* (Thor.)	.	*	.	.	.	.	.	
— *paludicola* (Clerck)	*	*	.	.	*	.	.	
— *sordidata* (Thor.)	.	.	.	*	.	.	.	
— *ferruginea* (L.Koch)	.	.	.	*	*	*	.	Tyrol: w krainie hal.
— *lignaria* (Clerck)	.	*?	.	.	*	.	.	
— *nigra* (C. L. Koch)	.	.	.	.	*	*	*	Tyrol: w krainie hal.
— *Wagleri* (Hahn)	.	(*)	*	*	.	.	.	Tyrol: w krainie hal.
Pirata Knorrii (Scop.)	.	*	*	*	.	.	.	
— *hygrophilus* Thor.	*	.	*	*	.	.	.	
— *piscatorius* (Clerck)	*	.	.	.	.	.	.	
— *piraticus* (Clerck)	*	.	.	(*)	(*)	.	.	
— *lutitans* (Blackw.)	*	*	.	.	.	.	.	
Lycosa fabrilis (Clerck)	*	.	.	*	.	.	.	
— *inquilina* (Clerck)	*	*	*	.	.	.	.	Tyrol: do 5000'.
— *accentuata* (Latr.)	*	*	.	.	.	.	.	Tyrol: do 7000'; od pag. do kosodrz. Karkon.
— *trabalis* (Clerck)	*	*	.	*	.	.	.	Tyrol: do 7000'.
— *aculeata* (Clerck)	*	.	*	*	*	*	.	Od pagórków do kosodrz. Karkonoszów.
— *pulverulenta* (Clrk.)	*	*	*	*	*	.	.	Tyrol: w krainie hal.
— *cuneata* (Clerck)	*	.	*	.	.	.	.	Tyrol: do 5000'.
— *nemoralis* Westr.	*	*	*	*	*	(*)	.	Tyrol: w krainie hal.
— *miniata* C. L. Koch	*	.	.	.	.	.	.	
— *perita* (Latr.)	*	.	.	.	.	.	.	
— *cinerea* (Fabr.)	*	*	*	.	.	.	.	
— *amylacea* (C. L. K.)	*	*	*	*	(*)	.	.	
— *leopardus* Sund.	*	*	*	.	.	.	.	
— *terricola* (Thorell)	*	.	*	*	.	.	.	Tyrol: hale.
— *ruricola* (De Geer)	*	*	*	*	.	.	.	
— *robusta* Sim.	*	.	.	.	.	.	.	
— *sabulonum* L. Koch	*	*	.	.	.	.	.	
— *lucorum* L. Koch	*	*	.	.	.	.	.	
Dolomedes fimbriatus (Clerck)	*	.	.	.	.	.	.	Regle Karkonoszów.
— *plantarius* (Clerck)	*	.	.	.	.	.	.	
Ocyale mirabilis (Clerck)	*	*	.	.	.	.	.	Tyrol: hale do 6000'.
Oxyopes ramosus (Panz.)	*	*	.	.	.	.	.	Tyrol: hale.

Gatunki żyjące w halach Alp tyrolskich, a nie znalezione w Tatrach są: *Pardosa cursoria* (C. L. Koch), *P. blanda* (C. L. Koch), *Lycosa pinetorum* (Thor.) i *L. insignita* (Thor.) ($=$ *L. superba* L. Koch). Dwa piérwsze są dosyć daleko rozszérzone, a nawet zostały także znalezione: piérwszy na Bukowinie, drugi w Galicyi. W Tatrach jest może *Pardosa cursoria* zastąpiona przez *P. albata* (L. Koch). Brak gatunku *Pardosa blanda* w Tatrach byłby rzeczą dość osobliwą, nie można go jednak jeszcze uważać za zupełnie pewny (o czém zresztą niżéj w uwadze do *P. furruginea*).

Lycosa pinetorum została dotychczas znaleziona tylko w Szwecyi i w Alpach tyrolskich, *L. insignita* zaś w Alpach francuskich, szwajcarskich i tyrolskich, tudzież w Grenlandyi. Są to dwa przypadki,— zresztą między pająkami daleko rzadsze, niż w niektórych innych działach zwiérząt i roślin,—pojawiania się gatunków północnych na znacznéj wysokości w górach strefy umiarkowanéj.

Tak więc Alpy tyrolskie nie mają dotychczas ani jednego pająka z rodziny *Lycosoidae* wyłącznie im właściwego. Pod tym względem są stósunki w Tatrach o tyle korzystniejsze, że przynajmniéj jeden z żyjących tam gatunków, *Pardosa albata*, nie pojawia się, ile dotąd wiadomo, w żadném inném pasmie gór prócz Karpat (ma on się jeszcze znajdować na Bukowinie).

Drugi gatunek prawie wyłącznie Tatrom właściwy jest *Pardosa sordidata* (Thor.), ten jednak został znaleziony także w Karkonoszach. Karkonosze znów posiadają jeden gatunek: *Pardosa sudetica* (L.Koch), żyjący w krainie kosodrzewu w tych górach tylko i nigdzie indziéj.

Halskie gatunki Tatrom i innym górom wspólne są (oprócz *Pardosa sordidata*): *P. saltuaria, ferruginea* i *nigra*. Piérwsza z nich żyje także w Pirenejach, w całych prawdopodobnie Alpach i w Karkonoszach, druga w Alpach i w Czeskim lesie, ostatnia jeszcze tylko w Alpach.

Lycosoidae.

Pardosa C. L. Koch.

1. *P. agricola* (Thor.). W rozsiedleniu pionowém podobna do *P. agrestis*. Z regli tatrzańskich mam bardzo mało okazów. Wisła, dolina Czarnéj Wisły. Luboń. Regle w dolinie Małołąckiéj.

2. *P. agrestis* (Westr.). Gatunek w równinach dość częsty; posuwa się aż do regli tatrzańskich, w których dolnéj części leży prawdopodobnie jego górna granica, już tu bowiem należy on do rzadkości. Gnojnicki las, Tuł. Zawoja. Nowy Targ. Regle tatrzańskie (koło 1000 m.). W krainie kosodrzewu w dolinie Małołąckiéj i u Stawów Gąsienicowych znalazłem wprawdzie jeszcze ten gatunek, trudno jednak uważać go za stałego mieszkańca téj krainy, gdyż z obydwóch tych miejsc mam tylko po jednym okazie.

3. *P. monticola* (Clerck). Od równin aż do krainy podhalskiéj, powyżéj któréj już jéj nie widziałem nigdy. W reglach tatrzańskich (do 1100 m.) częstsza niż *P. agrestis* i *P. agricola*. Godula, Ropica-Ropicznik, Tuł. Bielasów Groń, regle Babiéj Góry. Gronik w Kościeliskach, Zakopane: nad Młyniczną, Hruby Regiel, dolina Małołącka, za Bramą, regle pod polaną Waksmundzką.

4. *P. albata* (L. Koch). Podana dotychczas tylko z Tatr i z Bukowiny. Przebywa na miejscach odsłoniętych (przeważnie na wapieniach); z tego względu uznać ją trzeba za mieszkankę krain kosodrzewu i hal, jakkolwiek znaleźć ją można i w reglach tam, gdzie stósowne dla siebie miejsca znajduje. Przy znanéj przepaścistości Tatr może się ona do nich dostać łatwo z miejsc wyższych. Że pobyt jéj w reglach nie jest rzeczą przypadkową, albo wyłącznie właściwościami Tatr spowodowaną, uznaćby można dopiéro wtenczas, gdyby się udało znaleźć ją w górach nie sięgających szczytami w krainy wyższe. Dolina Kościeliska: pod Kominami w krainie regli, hale Czerwonych Wierchów, Sarnia Skała, Boczań powyżéj regli, Kasprowa, hale pod Zawratem od północy. Od 1100 m. do 2100.

5. *P. saltuaria* (L. Koch). Jeden z gatunków wyłącznie górskich, przebywających przeważnie w krainach kosodrzewu i hal (przynajmniéj do 2300 m.). W reglach pojawia się tylko w górach sięgających szczytami dostatecznie wysoko przynajmniéj w krainę kosodrzewu; w takich górach schodzi on nawet poniżéj krainy podhalskiéj, co wprawdzie łatwo wytłómaczyć się daje wielką ruchliwością i sposobem życia właściwym prawie wszystkim gatunkom téj rodziny, mimo to do zjawisk normalnych policzoném być nie może. Nad Stryszawą na północ od góry Jałowca (Jałowca szczyt ma 1100 m. wysokości i łączy się z Babią Górą grzbietem nie spadającym nigdzie poniżéj 864 m.). Kosodrzew i hale Babiéj Góry. Podhale. Kosodrzew i hale Raconia, hale Hrubego Wierchu, Wołowca, Starorobociańskiego, górna granica regli w dolinie Chochołowskiéj pod Czerwonym Wierchem, kosodrzew w Pysznéj, Błyski Wierch, hale Czerwonych Wierchów, kosodrzew w dolinie Małołąckiéj, Giewont od przełęczy po szczyt, Sarnia Skała, regle Boczania, hale od Lilijowego po Pośrednią Turnię, kosodrzew w dolinie Stawów Gąsienicowych, Zawrat, kosodrzew i hale w dolinie Pięciu Stawów, na Krzyżném, Wielkiéj i Małéj Koszystéj, Ścienki pod Goryczkową (hale), kosodrzew i hale w Ciemnych Smreczynach, w Glińskiéj, Mięguszowieckiéj i na Krywaniu.

6. *P. palustris* (Linn.). Z gatunków do grupy *P. monticola* należących najpospolitszy w równinach; ten stósunek utrzymuje się aż do regli tatrzańskich (do 1200 m.). W kosodrzewinie raz tylko ją znalazłem; może częściéj niż *P. agrestis* dostaje się ona do téj wysokości, czy jednak i jéj z pomiędzy mieszkańców téj krainy nie należy wykluczyć, pozostaje jeszcze do zbadania. Las Gnojnicki, Kiczera, Ropica-Ropicznik, Tuł. Zawoja. Zakopane, Gronik w Kościeliskach; regle w dolinach Kościeliskiéj, Miętusiéj i Małołąckiéj, na Hrubym Reglu, w dolinie za Bramą, pod polaną Waksmundzką, kosodrzew w dolinie

Małołąckiéj. W halach Krywania znalazłem jeden okaz, zapewne tylko zabłąkany.

7. *P. pullata* (Clerck). W równinach na miejscach wilgotnych nie rzadka, częstsza w okolicach wyższych aż do krainy regli; w kosodrzewinie a nawet w halach (do 1800 m.) tu i ówdzie, zawsze w miejscach podmokłych i bujnie zarosłych. W dolinie Białéj Wisły i pod szczytem Baraniéj. Nad Stryszawą. Zawoja, Bielasów Groń, regle Babiéj Góry. Pod Zwierzyńcem Zakopiańskim, Gronik w Kościeliskach, kosodrzew pod Raconiem, regle w dolinie za Bramą, w Strążyskach, hale na Lilijowém i w dolinie Glińskiéj.

8. *P. riparia* (C. L. Koch). Dotąd tylko w reglach znaleziona (do 1100 po północnéj, 1300 m. po południowéj stronie Tatr); w innych krajach również tylko z gór podawana. Do zbadania jeszcze pozostaje, czy zajmuje całą krainę lasów górskich, czy tylko ich górny pas (podhalski). Ropica. Regle Babiéj Góry. Dolina Kościeliska, Hruby Regiel, dolina Małołącka; Krywań.

9. *P. lugubris* (Walck.). (Ob. Uwagi).

Od równin aż do krainy regli nie rzadka. Powyżéj regli nie widziałem jéj nigdy. Ligotka, Kiczera, Ropica-Ropicznik, Czantoryja, dolina Białéj Wisły, szczyt Baraniéj. Nad Stryszawą na północ od Jałowca. Zawoja, regle Babiéj Góry. Regle tatrzańskie: w dolinie Kościeliskiéj, na Hrubym Reglu, w dolinie Małołąckiéj i za Bramą, na Samkowéj Czubie, w Strążyskach, między Rybiém i Roztoką. Do 1200 m.

10. *P. morosa* (L. Koch). Bardzo rzadka w równinach; właściwą jéj ojczyzną zdają się być krainy górska i podhalska (do 1000 m.), w tych bowiem pojawia się częściéj. Zawoja. Podhale; regle w dolinach Chochołowskiéj, Kościeliskiéj, za Bramą i Strążyskach.

11. *P. amentata* (Clerck). W równinach bardzo pospolita. Od równin aż do krainy podhalskiéj nie widać wydatnego zmniejszania się liczby okazów. W kosodrzewinie jest już jednak bardzo rzadka, a z hal nie mam okazu, którybym do tego gatunku na pewno mógł zaliczyć. Gnojnicki las, Kiczera, Ropica-Ropicznik, Tuł, Wisła, dolina Białki, szczyt Baraniéj. Żywiec. Zawoja, regle i kosodrzew Babiéj Góry. Zabornia. Gronik w Kościeliskach, Zakopane, Jaszczurówka; w krainie podhalskiéj: doliny Chochołowska, Kościeliska, Miętusia, Małołącka i za Bramą, Samkowa Czuba, Strążyska, Sarnia skała, pod polaną Waksmundzką, między Rybiém i Roztoką, Jaworowa pod Goryczkową, Koprowa; w kosodrzewinie w dolinach Miętusiéj i Mięguszowieckiéj; w halach na Goryczkowéj (okazy młode).

Na Baraniéj i w reglach Babiéj Góry zbiérałem także okazy bardzo małe (u samicy tułogłowie tylko na 2·7 mm. długie), które jednak zresztą od okazów większych w niczém się nie różnią.

12. *P. paludicola* (Clerck). Pospolita w równinach, prawdopodobnie brakuje jéj jednak już powyżéj krainy pagórkowatéj. Najwyżéj zbiérałem ją pod Tułem (poniżéj 500 m.).

13. *P. sordidata* (Thorell: *Descriptions of séveral European and North-African Spiders*). Dotychczas znaleziona tylko w jednym okazie

w Karkonoszach. W krainie kosodrzewu na Ścienkach (pod Goryczkową od południa) w wysokości około 1600 m. znalazłem trzy okazy.

14. *P. ferruginea* (L. Koch) (neque Simon, nec *Lycosa Giebelii*
Pav.). Ob. Uwagi.

Niezbyt rzadka w krainach kosodrzewu i hal (blisko do 1800 m.),
najwięcéj w miejscach wilgotnych. W reglach, nawet wcale nisko
(1000 m.) znalazłem wprawdzie ten gatunek parę razy, mimo to uważałbym tylko kosodrzew i hale za właściwą jego ojczyznę, tém więcéj,
żem go w górach niższych nie widział. Kosodrzew w Pysznéj, regle
na Hrubym Reglu, w dolinie Małołąckiéj i pod Wołoszynem, kosodrzew
w dolinie Stawów Gąsienicowych, pod Rybiém, między Rybiém a Morskiém Okiem, hale nad Morskiém Okiem, kosodrzew na Ścienkach,
kosodrzew i hale w Ciemnych Smreczynach, kosodrzew w dolinie Glińskiéj, regle w Niekcerce, kosodrzew i hale w dolinie Mięguszowieckiéj.

15. *P. lignaria* (Clerck). Jedyny okaz znaleziony w Glince (Ujsoł)
tego północnego (ale także z Węgier przez O. Hermanna podanego)
gatunku otrzymałem od JP. Krupy,

16. *P. nigra* (C. L. Koch). Gatunek wyłącznie właściwy krainom
kosodrzewu, hal i turni (od 1400 do 2300 m. i wyżéj?), dotychczas
tylko w Tatrach i Alpach znaleziony. W reglach nie widziałem go
nigdy. Przebywa zwykle w miejscach dużémi kamieniami zarzuconych;
gdzie kamienie sięgają głęboko, tam pozostają zwykle w czas pogodny
i ciepły daremnemi wszelkie usiłowania, ażeby pająka tego złapać, dla
tego najporadniéj jest zbiérać koło brzegów pól piargowych, gdzie
z powodu, że warstwa leżących na sobie kamieni nie jest gruba, nie
trudno udaje się wygnać pająka na gołą ziemię. Jak z podanych niżéj
miejscowości wynika, nie brakuje tego gatunku nigdzie na zwiedzonych przezemnie szczytach; jest on tam z powodu swéj pospolitości
i wielkości formą najbardziéj wpadającą w oko. Hale Racunia, Hrubego Wierchu, Wołowca, Starorobociańskiego, kosodrzew w Pysznéj,
w dolinie Małołąckiéj, hale Czerwonych Wierchów, Giewont od przełęczy po szczyt, kosodrzew pod Lilijowém, hale od Lilijowego po
Świnnicę, kosodrzew pod Czarnym Stawem Gąsienicowym, hale koło
Zmarzłego, na Zawracie, na Krzyżném, Wielkiéj i Małéj Koszystéj,
w dolinie Pięciu Stawów, na Miedzianém, nad Morskiém Okiem. Kosodrzew w Ciemnych Smreczynach i dolinie Glińskiéj, kosodrzew i hale
w Niekcerce, dolinie Mięguszowieckiéj i na Krywaniu.

17. *P. Wagleri* (Hahn). Nad potokami w krainie podhalskiéj,
górskiéj i pagórkowatéj, w téj może jednak tylko tam, gdzie w pobliżu
znajdują się okolice wyższe. Wisła, Barania: w dolinie Czarnéj Wisły.
Zawoja. Doliny Małołącka i Strążyska. Od 400 m. (?) do 1000.

Pirata Sund.

1. *P. Knorrii* (Scop.). Ten gatunek uważam za wyłącznie właściwy okolicom wyższym; w równinach, zkąd bywał także podawany,

nie widziałem go nigdy, i zdaje mi się, że tu mógłby się tylko przypadkiem znaleźć, jestto bowiem zwierzę żyjące wyłącznie nad bystrémi potokami, o które w równinach trudno. Ponad reglami dotąd nie znaleziony. Ligotka, Tuł, Wisła, dolina Czarnéj Wisły. Lipowa. Zawoja, regle Babiéj Góry. Gronik w Kościeliskach, regle w dolinie Chochołowskiéj, Małołąckiéj, za Bramą, w Strążyskach, w dolinie ku Dziurze, pod Wołoszynem. Od 400 m. do 1300.

2. *P. hyrophilus* Thor. W lasach wilgotnych w równinach nie rzadki, jeszcze w reglach tatrzańskich (do 1000 m.) trafia się dość często, ale w kosodrzewinie nie widziałem go nigdy. Pod szczytem Baraniéj. Regle Babiéj Góry. Zakopane, Kościeliska, doliny Małołącka i Strążyska.

3. *P. piraticus* (Clerck). Z gatunków tego rodzaju najczęstszy; żyje nad wodami stojącemi o brzegach mniéj lub więcéj zarosłych. W okolicach pagórkowatych ani w krainie górskiéj nie znalazłem go, z podhalskiéj i z kosodrzewiny mam go z dwóch miejsc, ale tylko po jednym okazie, tak, że mi wcale nie jest jasném jego rozsiedlenie. Regle Babiéj Góry. Nad Morskiém Okiem (1600 m.).

Lycosa Latr.

1. *L. fabrilis* (Clerck). Rzadka w równinach. Z regli Krywania (koło 1300 m.) mam jeden młody okaz. Może rzeczywiście zamieszkuje tę krainę, i tylko z powodu swéj rzadkości nie została częściéj znaleziona.

2. *L. inquilina* (Clerck). W równinach równie rzadka jak *L. fabrilis*; oprócz tego znaleziona w krainie pagórkowatéj i górskiéj. Ligotka, Godula. Zawoja (650 m.).

3. *L. accentuata* (Latr.). Gatunek ten dochodzący w Tyrolu do 7000′, znaleziony w kosodrzewinie w Karkonoszach i podany także z hal tatrzańskich, zbiérałem sam tylko w równinach (tu często i w wielkiéj ilości) i najwyżéj w krainie pagórkowatéj: na Goduli (koło 500 m.).

4. *L. trabalis* (Clerck). Jeden z rzadszych gatunków w równinach, najwyżéj znalazłem go w krainie podhalskiéj. Ropica-Ropicznik, Czantoryja. Regle Babiéj Góry.

5. *L. aculeata* (Clerck). Ob. Uwagi.

W równinach dość rzadka, dochodzi do krainy kosodrzewu (do 1700 m.) a nawet hal. Szczyt Baraniéj. Regle i kosodrzew Babiéj Góry. Kosodrzew na Raconiu, regle aż po ich górną granicę w dolinie Chochołowskiéj i Kościeliskiéj, kosodrzew w Pysznéj, regle w dolinie Miętusiéj, na Hrubym Reglu, kosodrzew w dolinie Małołąckiéj, regle w Strążyskach, koło Jaszczurówki, kosodrzew w dolinach Stawów Gąsienicowych i Pięciu Stawów, regle między Roztoką i Rybiém, w dolinie Koprowéj, Krywań: regle, kosodrzew i hale.

6. *L. pulverulenta* (Clerck). W równinach pospolita, w górach podobnie jak *L. aculeata* częsta w reglach; w kosodrzewinie rzadka a w halach dotąd nie znaleziona. Ropica-Ropicznik, Godula, Czantoryja, dolina Białéj Wisły. Zawoja, regle Babiéj Góry. Zakopane, Kościeliska; regle w dolinie Chochołowskiéj, Kościeliskiéj, Małołąckiéj, na Hrubym Reglu i w Strążyskach; kosodrzew w dolinie Stawów Gąsienicowych (1600 m.); regle Krywania.

7. *L. cuneata* (Clerck). Z Podhala (najwyższéj znanéj mi miejscowości) mam tylko okazy zebrane przez J. TATARA w dość znacznéj liczbie. Zresztą pospolita w równinach.

8. *L. nemoralis* Westr. Pospolita w równinach, w okolicach pagórkowatych, w krainie górskiéj i podhalskiéj; w kosodrzewinie i w halach bardzo rzadko się trafia i może tylko przypadkowo. Godula, Ropicznik, Kiczera, Czantoryja, doliny Czarnéj i Białéj Wisły, szczyt Baraniéj. Żywiec, Lipowa, Glinka. Zawoja, Bielasów Groń, regle i kosodrzew Babiéj Góry. Zakopane; regle: Hruby Regiel, dolina Małéj Łąki, za Bramą, Strążyska, pod polaną Waksmundzką, dolina Koprowa; hale: Giewont, Lilijowe. Do 1800 m.

9. *L. cinerea* (Fabr.). W miejscach podobnych jak *L. amylacea*, w równinach od niéj częstsza, ale nie wychodzi prawdopodobnie tak wysoko. Wisła, dolina Czarnéj Wisły. Nad Stryszawą na północ od Jałowca. Nowy Targ. Do 600 m.

10. *L. amylacea* (C. L. Koch). Nad potokami w równinach bardzo rzadka, wydaje się właściwą okolicom pagórkowatym i górskim i dolnéj przynajmniéj części krainy podhalskiéj; w kosodrzew wchodzi może tylko przypadkowo. Wisła, dolina Czarnéj Wisły. Zawoja. Bielasów Groń, kosodrzew Babiéj Góry. Pod Zwierzyńcem Zakopiańskim, dolina Małołącka, Hruby Regiel, dolina za Bramą, Strążyska; w Tatrach tylko w reglach. Do 1000 m. (i wyżéj?).

11. *L. leopardus* Sund. Jeden z rzadszych gatunków, przebywa zwykle nad wodami stojącémi w miejscach cienistych; najwyżéj znaleziony w krainie górskiéj. Gnojnicki las. Pod Kozińcem (koło 900 m.).

12. *L. terricola* (Thor.). Rzadsza nieco od *L. ruricola*, w góry posuwają się obydwie równo wysoko. Pod szczytem Baraniéj. Nad Stryszawą na północ od Jałowca. Zakopane, regle u ujść dolin Małołąckiéj, za Bramą i Strążysk.

13. *L. ruricola* (De Geer). Pospolita w równinach; od nich sięga aż w regle tatrzańskie, w których jednak znajdowałem ją tylko niedaleko od dolnego brzegu lasów przynajmniéj po północnéj stronie (koło 1000 m.). Pod lasem Gnojnickim, Godula, dolina Czarnéj Wisły. Zawoja, Bielasów Groń, regle Babiéj Góry. Gronik w Kościeliskach, Zakopane, wejście do doliny Małéj Łąki, regle na Krywaniu (około 1300 m.).

14. *L. sabulonum* L. Koch. (*Verzeichniss der bei Nürnberg bis jetzt beobachteten Arachniden w Abhandlungen d. naturhist. Gesellsch. zu Nürnberg,* t. VI). (*Trochosa trabalis var.* C. L. Koch, *Die Arachniden* tom 14). Do tego gatunku należy według wszelkiego prawdo-

podobieństwa podana w moim „Dodatku“ *Trochosa* bez nazwy; jakkolwiek nie mając dojrzałego samca, nie mogę niektórych nasuwających się jeszcze wątpliwości usunąć. Gatunek ten nadzwyczaj rzadki znalazłem także na Goduli (około 500 m.).

15. *L. lucorum* L. Koch *(l. c.)*. Nadzwyczaj rzadka, dotąd tylko z okolic Norymbergi podana. Żyje w Galicyi w równinach i prawdopodobnie nie wychodzi ponad krainę pagórkowatą. Godula.

Saltigradae.

	Kr. równi	Kr. pagórków	Kr. górska	Kr. podhalska	Kr. kosodrzew.	Kr. grzbietu	Kr. turni	
Salticus formicarius (De Geer.)	*	.	.	.	.	.	.	
Synageles venator (Luc.)	*	.	.	.	.	.		
Marpissa muscosa(Clrk.)	*	.	.	.	.	.	.	
Dendryphantes hastatus (Clerck)	*	.	.	.	.	.	.	
— *rudis* (Sund.)	*	*	*	.	.	.	.	Tyrol: do 4000'; regle Karkonoszów.
— *encarpatus*(Walck.)	*	.	.	.	.	.	.	
Philaeus bicolor(Walck.)	*	.	.	.	.	.	.	
Epiblemum cingulatum (Panz.)	*	.	*	.*	.	.	.	Tyrol: hale.
— *scenicum* (Clerck)	*	.	*	*	.	.	.	Tyrol: hale.
— *tenerum* (C.L.Koch)	*	.	.	.	.	.	.	
Hasarius arcuatus (Clk.)	*	*	*	.	.	.	.	
— *falcatus* (Clerck)	*	*	*	*	.	.	.	Tyrol: do 4000'.
Pellenes tripunctatus (Walck.)	*	*	.	.	.	.	.	Tyrol do 6000'.
Attus pubescens (Fabr.)	*	.	*	.	.	.	.	
— *terebratus* (Clerck)	.	.	*	.	.	.	.	Tyrol: hale.
— *floricola*(C.L.Koch)	*	.	.	.	.	.	.	Od równin do hal Kar. (?)
— *rupicola*(C.L.Koch)	.	(*)	*	*	*	(*)	.	Tyrol: hale.
— *saxicola*(C.L.Koch)	*	*	*	*	(*)	.	.	Tyrol: hale.
— *Wagae* Sim.	*	.	.	.	.	.	.	
— *saltator* Sim.	*	.	.	.	.	.	.	
Phlegra fasciata (Hahn)	*	.	.	.	.	.	.	Tyrol: do 5000'.
Yllenus arenarius Sim.	*	.	.	.	.	.	.	
Aelurops festiva(C.L.K.)	*	.	.	.	.	.	.	

	Kr. równi	Kr. pagórków	Kr. górska	Kr. podhalska	Kr. kosodrzew.	Kr. grzbietu	Kr. turni	
Aelurops V - insignita (Clerck)	*	*	*	*	.	.	.	
Heliophanus cupreus (Walck.)	*	*	*	.	.	.	.	
— *dubius* (Hahn) .	*	*	.	.	.	.	.	
— *aeneus* (Hahn) .	*	*	.	.	.	.	.	Tyrol: do 5000'.
— *patagiatus* Thor.	.	*	.	.	.	.	.	
— *auratus* C. L. Koch	*	*	.	.	.	.	.	
Euophrys erratica (Wlk.)	*	*	*	*	.	.	.	Tyrol: hale.
— *frontalis* (Walck.)	*	*	*	*	.	.	.	
— *petrensis* C. L. K.	*	.	*	*	*	.	.	Tyrol: hale.
Ballus depressus (Wlck.)	*	*	*	.	.	.	.	Tyrol: do 3000'.
— *aenescens* (Sim.)	*	.	.	.	.	.	.	
Neon reticulatus (Blkw.)	*	*	.	*	.	.	.	

Jak w rodzinie *Epeiroidae* posiadają Alpy tyrolskie i w téj jeden tylko gatunek, *Euophrys alpicola* L. Koch, wyłącznie właściwy halom; w krainie grzbietu w Tatrach nie znalazłem żadnego gatunku z téj rodziny, w krainie kosodrzewu żyjące podchodzą tutaj z krain niższych.

W reglach tatrzańskich nie odkryto żadnego gatunku, któryby nie znajdował się także w innych górach, podczas gdy z Karkonoszów znany jest jeden: *Attus montigenus* Thor., w tych tylko górach żyjący.

Attoidae.

Dendryphantes C. L. Koch.

1. *D. hastatus* (Clerck). Rzadki w lasach sosnowych w równinach, prócz tego znaleziony tylko w krainie górskiéj. Zawoja (650 m.).

2. *D. rudis* (Sund.). W miejscach podobnych jak poprzedni, w równinach znacznie od niego częstszy; z wyższych okolic mam tylko okazy młode, nie dające się z całą pewnością oznaczyć. Las Gnojnicki. Podhale.

Epiblemum Hentz.

1. *E. cingulatum* (Panz.). W równinach pospolite, wchodzi jeszcze w krainę podhalską, ale tutaj znajdowałem je tylko na samym dolnym

brzegu lasu, pod korą świérków. Pod szczytem Baraniéj. U stóp Hrubego Regla i u ujścia doliny za Bramą. Niemal do 1000 m.

2. *E. scenicum* (Clerck). Pospolite w równinach; dochodzi do górnéj granicy krainy górskiéj i przebywa tu najczęściéj na domach. Barania. Zawoja, Bielasów Groń. Zakopane, Gronik w Kościeliskach (930 m.).

Hasarius Sim.

1. *H. arcuatus* (Clerck). W równinach nie rzadki; w wyższych okolicach w dwóch tylko okazach znaleziony, więc górna granica jego rozsiedlenia jeszcze niepewna. Barania (koło 900 m.). Zawoja (550 m.).

2. *H. falcatus* (Clerck). Pospolity w równinach, w krainie pagórkowatéj i górskiéj, najwyżéj znaleziony w dolnéj części regli tatrzańskich (do 1100 m.). Godula, Kiczera, Ropica-Ropicznik, Tuł. Lipowa. Nad Stryszawą na północ od Jałowca. Zawoja, Bielasów Groń, Rówienki na Markowéj, regle Babiéj Góry. Regle tatrzańskie: dolina Chochołowska, Hruby Regiel, dolina Małołącka, za Bramą, Strążyska.

Attus Walck.

1. *A. pubescens* (Fabr.). W równinach pospolity; w wyższych okolicach zastępuje go prawdopodobnie *A. terebratus*; najwyżéj w wysokości mniéj więcéj 600 m. w dolinie Czarnéj Wisły.

2. *A. terebratus* (Clerck). Gatunek u nas wyłącznie wyższym okolicom właściwy. W Zakopaném i Kościeliskach przebywa na ścianach domów, w których szparach ukrywa się przed niebezpieczeństwem. Pod szczytem Baraniéj, Racza hala. Zakopane, Gronik w Kościeliskach (880 do 930 m.).

3. *A rupicola* (C. L. Koch). Nadzwyczaj do *A. floricola* (C. L. Koch) zbliżony, różnice pomiędzy samicami są nawet tak nieznaczne, że ich na pewno odróżnić dotychczas nie umiem. Podania o rozsiedleniu *A. floricola* w górach z wielką więc trzeba przyjmować ostrożnością: gatunek ten zbiérałem sam tylko w równinach, w Zakopaném i Kościeliskach szukałem go umyślnie w miejscach podobnych, w jakich przebywa w równinach (na bagnach i moczarach, często między owocami *Eriophorum*), ale bez skutku. Wszystkie tu podane okazy zbiérałem w miejscach całkiem odmiennych, najczęściéj pod kamieniami, w znacznéj części samice razem z samcami, które łatwo odróżnić od *A. floricola*. W Tatrach zdaniem mojém nie ma *A. floricola*. *Attus rupicola* żyje w krainie podhalskiéj, górskiéj i pagórkowatéj, w téj zapewne tylko w pobliżu miejsc wyższych; w kosodrzewinie i w halach rzadko się trafia; od 500 m. do 1500 (na Babiéj Górze do 1700 m.). Wisła, doliny Białéj i Czarnéj Wisły. Glinka, Racza hala. Zawoja, Bielasów Groń, regle i hale Babiéj Góry. Gronik w Kościeliskach; regle: doliny Chochołowska, Kościeliska i Miętusia, Hruby Regiel, do-

liny Małołącka, za Bramą, Strążyska, Mała Świnnica, między Rybiém i Roztoką, dolina Koprowa, Krywań; kosodrzew w dolinie Stawów Gąsienicowych.

4. *A. saxicola* (C. L. Koch). Również do *A. floricola* bardzo zbliżony, ale nawet samice i młode okazy łatwo od niego odróżnić. W równinach nadzwyczaj rzadki, częstszy w okolicach wyższych aż do regli tatrzańskich. W kosodrzewinie w jednym okazie znaleziony. Najwięcéj okazów zebrałem w szczelinach kory świérków na dolnéj granicy regli tatrzańskich. Ligotka, Godula, szczyt Baraniéj. Nad Stryszawą na północ od Jałowca. Regle tatrzańskie w dolinie Miętusiéj, na Hrubym Reglu, w dolinie Małołąckiéj i za Bramą; kosodrzew w dolinie Stawów Gąsienicowych. Do 1100 (1500?) m.

5. *A. sp.?* Wisła. Tatry. Gatunek odmienny od wszystkich dotąd w Galicyi znalezionych, którego oznaczyć nie mogłem; ponieważ jednak literatury do téj rodziny nie mam jeszcze dostatecznie zebranéj, nie mogę wiedzieć, czy to jest gatunek rzeczywiście nowy.

Aelurops Thor.

1. *Ae. V-insignita* (Clerck). Rzadki w równinach, w górach szlązkich zbiérałem go dosyć często, w galicyjskich nie widziałem go dotychczas. Godula, Ropicznik-Ropica, pod szczytem Baraniéj (do 1000m.).

Heliophanus C. L. Koch.

1. *H. cupreus* (Walck.). Pospolity w równinach; najwyżéj znaleziony w krainie górskiéj i to rzadko. Godula. Zawoja (650 m.).

2. *H. patagiatus* Thor. Dotąd tylko w krainie pagórkowatéj. Rzadki. Wisła.

Euophrys C. L. Koch.

1. *Eu. erratica* (Walck.). W równinach niezbyt rzadka, w górach znajdowana w miejscach podobnych, jak *Neon reticulatus*, ale jeszcze nieco wyżéj od niego (koło 1300 m.). Godula, Kiczera, Ropica-Ropicznik, Czantoryja. Dolina Kościeliska: w krainie regli pod Kominami, Mała Świnnica.

2. *Eu. frontalis* (Walck.). W równinach i okolicach pagórkowatych częsta, wyżéj rzadsza, dochodzi do regli tatrzańskich, ale tu nie została znaleziona powyżéj 900 m. Godula. Zawoja. Nad Młyniczną, Strążyska.

3. *Eu. petrensis* C. L. Koch. Bardzo rzadka w równinach, częstsza w krainie górskiéj, podhalskiéj a nawet w kosodrzewinie (do 1800 m. na Krywaniu, w Galicyi najwyżéj 1517 m.). Zachodni szczyt Babiéj Góry (1517 m.). Gronik w Kościeliskach, regle między Rybiém i Roztoką; regle i kosodrzew na Krywaniu.

Ballus C. L. Koch.

1. *B. depressus* (Walck.). W lasach w równinach częsty, najwyżej w krainie górskiéj i tylko w jéj dolnéj części. Tuł. Zawoja (550 m.).

Neon Sim.

1. *N. reticulatus* (Blackw.). W równinach rzadszy niż *Euophrys frontalis*, w górach posuwa się wyżéj w regle (do 1100 m.). Ropica-Ropicznik. W dolinie Kościeliskiéj pod Kominami, w Strążyskach nie daleko ujścia.

~~~~~~~~~

Tetrasticta.

	Kr. równi	Kr. pagórków	Kr. górska	Kr. podhalska	Kr. kosodrzew.	Kr. grzbietu	Kr. turni	
Segestria senoculata (Linn.)	*	*	*	*	.	.	.	Regle Karkonoszów.
Harpactes rubicundus (C. L. Koch)	*	.	.	.	.	.	.	W Tyrolu do 3000′.
— Hombergii (Scop.)	*	*	.	.	.	.	.	Regle Karkonoszów.
— carpaticus n. sp.	.	*	*	.	.	.	.	
Atypus piceus (Sulz.)	*	.	.	.	.	.	.	

Jak w Karpatach od Tatr po Baranią, tak i w Alpach tyrolskich i w Karkonoszach nie żyje żaden gatunek tego nielicznego działu w krainie hal.

Dysderoidae.

Segestria Latr.

1. *S. senoculata* (Linn.). Nie rzadka w lasach równin i okolic pagórkowatych, prócz tego znaleziona w krainach górskiéj i podhalskiéj (do 1100 m.). Kiczera. Zawoja, regle Babiej Góry. Dolina Kościeliska pod Kominami, Hruby Regiel, dolina Małołącka.

Harpactes Templ.

1. *H. Hombergii* (Scop.). Bardzo rzadki w równinach. Na Goduli (około 500 m.) znalazłem jeden młody okaz.

2. *H. carpaticus* n. sp. Gatunek prawdopodobnie nie opisany, znaleziony w trzech tylko okazach w wysokości 500 do 600 m. Czantoryja, dolina Czarnéj Wisły. Lipowa.

U W A G I.

1. *Epeira diademata* (Clerck) i *E. stellata* Fickert.

C. L. Koch opisał (w „*Die Arachniden*" t. XI, str. 105) pod nazwą *E. stellata* krzyżaka z Alp Salcburskich nader do *E. diademata* podobnego, a różniącego się od tegoż prócz niektórych szczegółów ubarwienia nogami cieńszemi i krótszemi, tudzież większą odległością oczu średnich. Dr. L. Koch uważał dawniéj tę postać za odmianę *E. diademata (Beiträge z. Kenntn. d. Arachnidenfauna Galiziens)*. Dr. C. Fickert podzielił dawną *E. diademata* (w „*Verzeichniss d. schlesischen Spinnen*", *Zeitschr. f. Entomologie* 1876, 5 zeszyt) na dwa gatunki na podstawie różnic dostrzeżonych w budowie głaszczków u samców, i nazwał pospolitszy z nich *E. diademata*, rzadszy zaś *E. stellata*, opierając się na tém, że przysłany mu przez Dra L. Kocha pod nazwą *E. stellata* krzyżak należał do téj rzadszéj formy. Zastrzegł się jednak Dr. C. F., że jego *E. stellata* nie jest zupełnie równoznaczną z *E. stellata* C. L. Kocha, gdyż przebywa i na nizinach, nie tylko w Alpach jak ona. Idąc za Drem F., uznał także L. Koch *E. stellata* za osobny gatunek (*Verzeichn. d. in Tirol b. jetzt beob. Arachn.*), podaje jednak, że w Tyrolu żyje ona w wysokości 4—7000 stóp.

Według Dra Fickerta różnić się mają *E. diademata* i *E. stellata* tém, że u drugiéj ma t. zw. *spermophorum* dwa końce, a u piérwszéj część zwana *embolus* u ujścia przewodu gruczołu głaszczkowego ma płytę czworoboczną do części téj prostopadłą; u *E. stellata* spermophorum drugiego końca, u *E. diademata* embolus owéj płyty nie ma. Dr. H. Lebert podał w „*Bau und Leben der Spinnen*" rysunek przedstawiać mający *embolus* u *E. stellata* z uwagą: „*Dieses Abweichen von dem entsprechenden Theile von E. diademata Cl. ist eine schöne von mir verificirte Entdeckung Fickert's, welcher sich um dieses Organ sehr verdient gemacht hat.*" Rysunek ten przecież tylko do *E. diademata* odnosić się może, a i w tém przypuszczeniu trafnym nazwać go trudno.

Pomiędzy mojémi tatrzańskiémi okazami niektóre należą ze względu na *embolus* do *E. stellata* Fick.; u tych okazów posiada jednak *spermophorum* ząbek przed końcem, chociaż czasem (jak to i u *E. dia-*

demata bywa) bardzo niewyraźny. Ze względu więc na to, że obydwa mniemane gatunki właściwie tylko po kształcie części zw. *embolus* odróżnić można, że obydwa w barwie nie okazują żadnej różnicy, owszem u obydwóch jednakie odmiany barwne się pojawiają, że wreszcie sam Dr. FICKERT samic odróżnić nie zdołał, uważać tymczasem muszę *E. stellata* Dra FICKERTA za formę gatunku *E. diademata*, której stosunek do tegoż jeszczeby zbadać należało.

2. *Epeira alpica* L. Koch.

Dorosłe samice łatwe są do odróżnienia od *E. cucurbitina*, samce jednak sprawiają niekiedy wiele trudności. Z okazów samców, które uważam za *E. alpica*, żaden nie ma więcej nad trzy pary punktów czarnych na kałdunie (zwykle tylko dwie, jednę albo nic), Dr. L. KOCH zaś podaje, że ma ich być pięć par. Ciemna pręga na bokach tułogłowia jest wprawdzie o wiele słabsza, niż bywa zwykle u *E. cucurbitina*, trafiają się przecież samce z pręgą mniej więcej zatartą, które mimo to z innych względów do *E. cucurbitina* zaliczyć trzeba. Szeregi kolców na dolnej stronie uda u trzeciej i u czwartej pary nóg [1] ulegają rozmaitym zmianom, tak, że trudno na podstawie tej jednej cechy gatunki wspomnione odróżniać. Wyrostek dolny na piszczeli głaszczka jest szerszy i tępszy u *E. alpica* niż u *E. cucurbitina*, różnica jednak niezbyt wyraźna. Za to znajduję na moich okazach różnicę na wyrostku po zewnętrznej stronie tego samego członka, nie wspomnioną, ile mi wiadomo, przez żadnego z autorów: wyrostek ten jest nieco dłuższy u *E. alpica* i zakrzywia się ku końcowi, grubiejąc przytém powoli, u *E. cucurbitina* jest krótszy a ku końcowi tak nagle rozszérzony, że widziany z boku wydaje się jakby złożony z dwóch wyraźną liniją oddzielonych części: nasadowej podłużnej i końcowej poprzecznej, widziany z góry i z tyłu przedstawia ściśnioną część nasadową i na jej szczycie umieszczony, ukośnie na wewnątrz nachylony guzik széroki; przedziału tego pomiędzy nasadą a końcem wyrostka nie widać u *E. alpica* ani z boku ani z tyłu.

3. *Epeira Sturmii* Hahn.

E. Sturmii i *E. triguttata* (Fabr.) bywały do niedawna uważane za jeden gatunek (*E. agalena* Walck.). Z okazów podanych dawniej przezemnie z okolic Krakowa jako *E. agalena* należą jedne do *E. Sturmii* inne do *E. triguttata*. Prócz barwy różnią się samice tych dwóch gatunków zewnętrznémi organami rozrodczémi: u *E. Sturmii* jest t. zw. *scapus* złożony podobnie jak u *E. triguttata* z części poprzecznej dwa razy załamanej i części podłużnej; u piérwszéj jest część poprzeczna znacznie dłuższa od podłużnej, u drugiej krótsza. Twierdzenie SIMONA [2]

---

[1] E. SIMON pisze wprawdzie (w *Les Arachnides de France*, t. I) o kolcach na piszczelach czwartych, co jednak jest chyba pomyłką dwa razy powtórzoną (na str. 49 i 85).

[2] *Les Arachnides de France*, t. I.

i THORELLA [1]), że *scapus* u *E. Sturmii* ma być od nasady skierowany na lewo, u *E. triguttata* na prawo, jest z pewnością mylne, kierunek téj części jest u obydwóch gatunków zmienny. Ważną cechą, przez SIMONA wcale pominiętą, przez THORELLA w części uwzględnioną, jest kształt t. zw. *corporis vulvae*, złożonego z dwóch części od zewnątrz wypukłych, od wewnątrz wklęsłych, położonych po obu stronach części środkowéj (*scapus*). *Corpus vulvae* jest u *E. Sturmii* w znacznéj części przez *scapus* zakryte, u *E. triguttata* przeciwnie prawie w całości widoczne, przytém z powodu, że *scapus* ma u *E. Sturmii* część poprzeczną długą, u *triguttata* krótką, część ta rozciąga się na szérokość u piérwszéj więcéj, u drugiéj mniéj niż całe *corpus vulvae*.

4. *Linyphia microphthalma* Cambr.

CAMBRIDGE opisał w „*Descriptions of some British Spiders new to science*" (*Transact. of the Linn. Societ.* XXVII) dwa bardzo do siebie podobne gatunki: *Linyphia microphthalma* i *L. decens*. Różnice pomiędzy niémi leżą przeważnie w barwie i prawdopodobnie w ustawieniu oczu, chociaż trudno pod tym względem nabrać pewności z opisów CAMBRIDGEA i rysunków niezbyt z opisami zgodnych. Zdaje się, że jednym z tych gatunków, i to prawdopodobnie *L. decens*, jest Wesringowska *L. convexa*, a w takim razie miałaby ta nazwa piérwszeństwo przed nadaną przez CAMBRIDGEA.— *L. microphthalma* odznaczać się ma według CAMBRIDGEA bardzo drobnemi oczami, *L. decens* ma być w tym względzie do niéj podobna. Pomiędzy mojémi okazami do téj grupy należącémi, jedne jasno ubarwione i większe, mają oczy bardzo małe, te uważam za *L. microphthalma*; inne prawie równe poprzednim co do wielkości i barwy, trochę tylko ciemniejsze, mają oczy tak wielkie, jak największa część *Linyphii*. Zdaje mi się, że wielkość oczu jest w tym gatunku zmienna, czego jednak na pewno twierdzić nie mogę, zbyt mało mając okazów. Wprawdzie wielkość i rozstawienie oczu uważane bywają za cechy u pająków bardzo ważne; z niezbyt licznych moich spostrzeżeń przyszedłem jednak do przekonania, że i ta cecha jak wszystkie inne bezwarunkowo niezmienną nie jest. Okazów przeto o oczach wielkich nie uważam za gatunek odmienny od *L. microphthalma*, ale za jéj odmianę, albo podgatunek. Prócz tego mam z okolic Krakowa okazy mniejsze i ciemniéj ubarwione, te odnoszę choć nie bez wahania do *L. decens* Cambr.

5. *Tegenaria silvestris* L. Koch.

Gatunek opisany przez Dra L. KOCHA w „*Beitrag zur Kenntniss der Arachnidenfauna Tirols*. II *Abhandl.*" (*Zeitschr. d. Ferdinandeums*, 1872), wielce do *T. campestris* C. L. Koch podobny, od któréj zapewne nie zawsze bywał odróżniany. Idąc za THORELLEM, który uważał *T. campestris* C. L. Koch za równą *T. agrestis* Walck.

---

[1]) *Descriptions of several European and North-African Spiders.*

(ta jest jednak według Simona gatunkiem odmiennym), podałem w „Dodatku do fauny pajęczaków Galicyi" mylnie oznaczoną *T. silvestris* L. Koch jako *T. agrestis* Walck. ze Skał Panieńskich, co niniejszém prostuję. Niewiadomo, czy Dr. L. Koch także przed r. 1872 odróżniał *T. campestris* i *silvestris*, znachodzenie się przeto piérwszéj w Tatrach (podane w r. 1870) wymaga jeszcze koniecznie potwierdzenia.

6. *Agroeca striata* n. sp.?

Jestto ten sam gatunek, który podałem poprzednio (w Dodatku do fauny i t. d.) jako *Liocranum celans* Blackw.?; znalazłszy w Simona „*Les Arachnides de France*" t. IV dokładny opis *L. celans*, przekonałem się, że moje mniemane *L. celans* bardzo mało ma wspólnego z gatunkiem pod tą nazwą przez Blackwalla nie szczególnie opisanym. Najwięcéj zbliża się gatunek, o którym mowa, do *Agroeca lineata* Sim., a nawet nie jestem w stanie podać różnicy pomiędzy niemi. Mimo to podaję tu gatunek *A. striata* jako nowy z powodu, że może on różnić się od *A. lineata* w częściach rozrodczych, których Simon, mając tylko młode samice, nie mógł opisać. Połączenie tych gatunków w jeden, oparte na zgodności w barwie i kształcie ogólnym wydaje się nie uzasadnioném, zwłaszcza dla tego, że *A. lineata* dotychczas znaleziona została tylko na Korsyce.

7. *Clubiona alpicola* n. sp.?

Gatunek nadzwyczaj podobny do *Cl. frutetorum* L. Koch, a może nawet od niego nie różny. Wprawdzie znalazłem w budowie głaszczków u samców dość zresztą nieznaczną różnicę, nie mogę jednak wiedzieć, czy jest ona stałą, mam bowiem do porównania jeden tylko dorosły okaz *Cl. frutetorum.* U *Cl. frutetorum* jest dolny wyrostek na członku piszczelowym głaszczka ku końcowi mało rozszérzony i zaokrąglony, u *Cl. alpicola* znacznie rozszérzony i ukośnie ucięty, z kątem górnym nie zaokrąglonym; zdaje się, że i długość nóg w porównaniu z tułogłowiem jest odmienna. W opisach gatunku *Cl. frutetorum* nie ma zupełnéj zgodności u różnych autorów: w „*Die Arachnidenfamilie der Drassiden*" nazywa Dr. L. Koch, który piérwszy ten gatunek opisał, obydwa wyrostki na piszczeli głaszczka zaokrąglonémi, według Thorella (*Remarks on Synonyms*) ma być dolny wyrostek ucięty, opis Simona (*Les Arachnides de France*, t. IV) zgadza się lepiéj z moją *Cl. alpicola* niż z *Cl. frutetorum.* Byćby mogło, że i w Alpach francuskich żyje „*Cl. alpicola*", ale jéj Simon nie odróżnił od *Cl. frutetorum.*

8. *Pardosa lugubris* (Walck.).

P. lugubris pojawia się w dwóch formach, pomiędzy któremi nie mogłem się dopatrzeć innych różnic, jak tylko téj, że u jednéj piszczele mają wyraźne ciemne obrączki, u drugiéj zaś są prawie jednobarwne. Z piérwszéj formy mam tylko samice; być może, że pomiędzy samcami dałyby się wykryć nawet gatunkowe różnice. Te dwie formy odróżniał prawdopodobnie Dr. L. Koch jako *Lycosa lugubris* (Walck.) i *L. silvicola* Sund. Forma z piszczelami jednobarwnemi jest pospolita koło Krakowa, znajdują się jednak tutaj także okazy z piszczelami obrączkowanémi, chociaż bardzo rzadko. Wszystkie zaś moje okazy z gór szląskich, z Babiéj Góry i Tatr mają piszczele obrączkowane.

9. *Pardosa ferruginea* L. Koch.

Długi czas byłem niepewny, czy gatunek ten jest rzeczywistą *Lycosa ferruginea* Dra L. KOCHA. Wreszcie porównawszy jak najdokładniéj moje okazy z opisem Dra L. KOCHA w *„Beiträge zur Kenntniss der Arachnidenfauna Galiziens"*, przyszedłem do przekonania, że one muszą należeć do tego gatunku. Po Drze L. KOCHU opisali ten gatunek THORELL w *„Remarks on Synonyms"*, E. SIMON w *„Les Arachnides de France"* (tom III) i PAVESI w *„Catalogo sistematico dei Ragni del Cantone Ticino"* (jako mniemany nowy gatunek *Lycosa Giebelii*). Z żadnym z tych późniejszych opisów nie zgadza się galicyjska *P. ferruginea*; według nich wszystkich ma być „*septum*" połowiące zewnętrzne organa rozrodcze u samicy przy końcu nagle rozszérzone, a przecież opisuje je Dr. L. KOCH jako *„allmählig breiter werdend."* Sprzeczność ta jest tém trudniejsza do wytłumaczenia, że THORELL i SIMON otrzymali okazy *P. ferruginea* od Dra L. KOCHA, który też porównawszy z nią *Lycosa Giebelii* uznał obydwa gatunki za jeden. Z zawikłanéj téj sprawy nie umiem wyjść inaczéj, jak tylko przypuścić, że w Tatrach i w Alpach (i w Czeskim Lesie) żyją dwa bardzo do siebie zbliżone gatunki z tego rodzaju, którée może Dr. L. KOCH wziął za jeden, i opisawszy go według okazów galicyjskich jako *L. ferruginea*, posłał SIMONOWI i THORELLOWI okazy alpejskie. Gdyby ten mój domysł miał się okazać uzasadnionym, to nazwisko *Pardosa ferruginea* (L. Koch) pozostaćby musiało przy galicyjskim gatunku, a alpejski otrzymałby nazwę *Pardosa Giebelii* (Pav.).

Nie koniec jednak na tém. Według opisów E. SIMONA byłaby galicyjska *P. ferruginea* = *P. blanda* (C. L. Koch). Porównawszy jednak opisy tego gatunku u SIMONA i u C. L. KOCHA (w *„Die Arachniden"*), znajduję pewne niezgodności, głównie w barwie, które naprowadzają na myśl, że *P. blanda* SIMONA i C. L. KOCHA nie są tym samym gatunkiem. Czy podana przez Dra L. KOCHA *Pardosa blanda* z Tyrolu jest odmienną od gatunku tak nazwanego przez SIMONA, nie można wiedzieć, gdyż Dr. L. KOCH nie opisał nigdzie tego gatunku. Może wreszcie wypadnie *P. ferruginea* (t. j. *P. Giebelii* Pav.) całkiem wykréślić z fauny Galicyi, mianowicie, jeżeliby się okazało, że Dr. L. KOCH znaną już dawniéj *P. blanda* (C. L. Koch) opisał pod tém nazwiskiem jako gatunek nowy.

Wszystkie te trudności usunąćby się dały tylko przez porównanie okazów oryginalnych; rzecz dla mnie niemożliwa, gdyż obecnie żaden zbiór galicyjski nie posiada nawet oryginalnych okazów galicyjskiéj *P. ferruginea* przez Dra L. KOCHA opisanych!

10. *Lycosa aculeata* (Clerck) i *L. pulverulenta* (Clerck).

W równinach znalezione okazy tych dwóch gatunków łatwe są do odróżnienia po wielkości i barwie. Inaczéj rzecz się ma z górskiemi. W górach zbiérałem przeważnie okazy z ciemnemi ukośnemi pręgami na bokach kałduna, a zatém podobne co do barwy do *Lycosa gasteinensis* (C. L. Koch), zresztą jedne zbliżające się więcéj do *L. pulverulenta*, inne więcéj do *L. aculeata;* częstokroć, zwłaszcza mając do czynienia z młodémi okazami, trudno je na pewno odnieść do jednego z wymienionych gatunków. *Lycosa (Tarentula) gasteinensis* uznaną została przez Thorella za odmianę *L. pulverulenta (Remarks on Synonyms),* Dr. L. Koch zaś uważa ją za odmianę *L. aculeata (Verzeichn. d. in Tirol b. j. beob. Ar.).* Różnice pomiędzy dwoma témi gatunkami są tak małe, że trudno będzie znaleźć pewne dowody na jedno lub drugie zapatrywanie. Co się tyczy galicyjskich „*L. gasteinensis*", to zdaje mi się, że należą one częścią do *L. aculeata,* częścią do *pulverulenta,* przyczém odmiana do piérwszéj należąca mniéj wyraźnie się różni od *L. pulverulenta,* niż okazy *L. aculeata* w równinach żyjące.

Najlepiéj możeby było, idąc za Simonem (*Les Arachn. d. Fr.* t. III) połączyć *L. pulverulenta, gasteinensis* i *aculeata* w jeden gatunek. W spisie podałem *L. pulverulenta* i *L. aculeata* jako odrębne gatunki tylko dla tego, że gdyby je z czasem uznano ogólnie za jeden gatunek, łatwo będzie podzielone sztucznie miejscowości ściągnąć, gdybym zaś obecnie ściągnął obydwie formy, a rzecz okazałaby się przedwczesną, niemożebném byłoby dla korzystających z mojego wykazu dojść, gdzie jedna, a gdzie druga została znaleziona.

Summary

This paper deals with the spiders collected by Kulczyński and others in the mountainous areas of southern Poland. The spider fauna's of these areas are compared with those of other mountains in Central Europe, as far as known at that time, and the distribution of the species over the various altitudinal belts is presented in several tables. The following regions were explored by the author:

1. "Karpaty szlązkie" — Beskid Slązki: Silesian Beskid range, forest-covered mountains with some montane pastures and peaks reaching up to 1250 m above sea-level;
2. Zywiec area: low mountainous area south of the town Zywiec;
3. Babia Góra and surroundings: a mountain on the Czechoslovakian border, reaching 1725 m above sea-level, mainly forest-covered, with some alpine pastures and rock belts;
4. Tatry-Tatra mountains: an alpine range on the Czechoslovakian border, reaching 2665 m above sea-level, with well-developed forest, pastures and rock belts.

The translation of the headings of the tables is as follows:

1. "Kr. równi": lowlands up to 285 m above sea-level.
2. "Kr. pagórków": hills, up to 475 m.
3. "Kr. górska": lower montane forest, up to 935 m.
4. "Kr. podhalska": upper montane forest, up to 935 m.
5. "Kr. kosodrzewu": dwarf pine *(Pinus mughus)* mixed with alpine pastures, up to 1675 m.
6. "Kr. grzbietu": alpine pastures, including grass-covered summits, up to 2110 m.
7. "Kr. turni": rock belts near summit with patches of perennial snow in shaded places, up to 2668 m.

In the last column, without heading, Kulczyński compares his results with data from Tyrol (including Trentino Alto Adige) and the Karkonosze Mountains (ca. 100 km west of Wroclaw on the Czechoslovakian border). To understand these remarks three Polish words must be explained:

1. hala (plural: hale; plural genitive: hal) means montane pasture;
2. regiel (plural: regle; plural genitive: regli) means montane forest;
3. kosodrzew means dwarf pine belt *(Pinus mughus)* mentioned above.

The systematic part includes data on collecting localities for each species, with comments on occurrence, habitat, biology, and altitude.

The last chapter "Uwagi" (Remarks) contains taxonomic remarks on several species.

J. Prószyński

4

OPISY NOWYCH GATUNKÓW PAJĄKÓW

z Tatr, Babiéj góry i Karpat szlązkich

Władysława Kulczyńskiego

nauczyciela gimnazyjalnego.

Zbiérając w latach 1875—1880 pająki w Tatrach, na Babiéj górze i w Karpatach szlązkich znalazłem oprócz 220 gatunków znanych z innych stron Europy, kilkadziesiąt takich, których do żadnego z opisanych dotąd gatunków zaliczyć nie mogę; pominąwszy około 30 gatunków z rodzaju *Erigone*, z których tylko samice znalazłem, podaję obecnie opisy tych, o których przypuścić mogę, że sąto gatunki dotąd nie znane, uzupełniając w ten sposób częściowo pracę moją p. t.: Wykaz pająków z Tatr, Babiéj góry i Karpat szlązkich i t. d. (Sprawozd. Kom. fizyjogr. Akad. t. XV).

W wykazie tym wymieniłem 25 gatunków „nowych„; z tych tylko opisy 23 obecnie podaję, jeden bowiem z owych 25, *Linyphia pallens*, okazał się po dokładném zbadaniu gatunkiem już znanym, mianowicie jest on równy *Linyphia pallida* Cambr.; co się zaś tyczy drugiego *Micaria montana*, to sądzę, że jestto tylko forma gatunku poniżéj opisanego: *Micaria hospes*, nie mogę bowiem znaleźć pomiędzy niémi innéj różnicy jak tylko tę, że części rozrodcze u *M. hospes* mają barwę czerwoną, u *M. montana* czarną.

Pomiędzy gatunkami z rodzaju *Linyphia* podanémi niżéj jest jeden, którego samiec został prawdopodobnie opisany przez CAMBRIDGEA p. n. *L. microphthalma*; znalazłszy samicę, CAMBRIDGEOWI, nieznaną a nadto formę samca i samicy, którą prawdopodobnie uznać trzeba za odmianę tego gatunku różniącą się od typowych okazów wielkiemi oczami, uważałem za potrzebne ponowne opisanie tego gatunku.

W opisach trzymałem się słownictwa użytego przez Prof. Dra THORELLA w *Descriptions of several European and North-African Spiders*. Linije poprzeczne zgięte nazywam więc wygiętemi ku przodowi, *procurvus*, lub ku tyłowi, *recurvus*, według tego, czy ich strona wklęsła jest zwrócona ku przodowi, czy ku tyłowi, ustawienie oczu opisuję zawsze przez podanie odległości ich brzegów, nie środków. W opisach przednich części tułogłowia *(cephalothorax)* w rodzajach *Erigone* i *Linyphia* rozumieć należy przez wysokość (n. p. części twarzy zwanéj *clypeus*, lub przestrzeni zajętéj przez oczy średnie) pionową odległość górnego brzegu od dolnego, przez długość zaś rzeczywistą ich odległość w linii pochyłéj, któréj rzut pada na podłużną oś ciała; za kierunek pionowy przyjąłem wszędzie kierunek prostopadły do płaszczyzny wyznaczonéj przez brzegi części tułowiowéj tułogłowia. Oznaczenie stron lub kierunków w opisach głaszczków i nóg odnosi się zawsze do poziomego położenia tych części zupełnie wyprostowanych, nawet wtedy, gdyby się dla jakichbądź powodów tak wyprostować nie dały. Kształt i wielkość szczęk górnych *(mandibulae)* podaję zawsze tak, jak się one patrzącemu w kierunku poziomym przedstawiają, gdy są pionowo ustawione, nie zaś przy poziomém ustawieniu samego tułogłowia. Profil tułogłowia opisywałem zwłaszcza u drobnych gatunków z rodzajów *Erigone* i *Linyphia* z wszelką dokładnoscią, nie pomijając nawet mało widocznych szczegółów; jestto rzecz konieczna, kształt bowiem tułogłowia, tudzież kształt części rozrodczych i ustawienie oczu są prawie jedynemi cechami mogącemi posłużyć do odróżnienia samic w tych rodzajach; wszelka drobiazgowość nie wyda się zbyteczną, jeżeli się zważy, że z samego rodzaju *Erigone* opisanych jest dotąd przeszło 300 gatunków europejskich.

Wszystkie pomiary gatunków drobnych wykonałem za pomocą mikrometru; jakkolwiek wymiary zawsze są nieco zmienne, podałem znalezione wartości wszędzie szczegółowo, gdzie niegdzie aż do setnych części milimetru, ażeby przez zbytnie uogólnianie liczb nie zacierać istniejących pomiędzy niemi stosunków.

Konieczném uzupełnieniem opisów są dodane do nich rysunki, przedstawiające części rozrodcze wszystkich gatunków, a w rodzaju *Erigone* także kształt tułogłowia samców. Części rozrodcze pająków, zwłaszcza samców, przedstawiają taką rozmaitość form i często tak zawikłaną budowę, że byłoby niekiedy prawie daremném kusić się o ich dokładne opisanie. Z tego powodu nowe nawet opisy często nie podają żadnej o tych częściach wiadomości, albo tylko urywkowe wzmianki, zwłaszcza odnoszące się do niektórych szczególnie uderzających ich części; ta właśnie niedokładność opisów bywa często powodem, że oznaczenia gatunków podług nich muszą nieraz pozostać wątpliwemi. W wielu rodzajach polegają najwyraźniejsze cechy gatunkowe u samców nie na najważniejszych częściach głaszczków (n. p. na kształcie zbiornika niestósownie nazwanego przez niektórych niemieckich autorów *Tasterdrüse*), ale na kształcie części przeznaczonych prawdopodobnie tylko do spojenia głaszczka z częściami rodnemi samicy, nazwanych przez MENGEGO „*retinacula*". Dokładne podanie budowy tych części jest do oznaczenia gatunku niezbędném; staraćby się należało o ich opisanie; gdy jednak piérwszym krokiem na téj drodze musi być ponazywanie poszczególnych wyrostków i dokładne ich określenie, a opisy kilku nowych gatunków nie wydają się stósowném do tego miejscem, nie pozostało mi więc nic innego, jak przedstawić te części w rysunku.

Rysunki przedstawiające tułogłowia samców w rodzaju *Erigone* są tylko do tego przeznaczone, aby dać ogólne wyobrażenie o kształcie téj części ciała w sposób przystępniejszy niż przez opis, w którym niekiedy zbyt nagromadzone szczegóły zasłonić mogą ogólniejsze rysy; wykonane z tego powodu w małym formacie nie mogą one służyć do dociekania takich szczegółów jak ustawienie oczu i t. p., o czém wspominam dla tego, aby usunąć wątpliwości, jakie niekiedy nasunąćby się mogły przy porównaniu opisu z rysunkiem.

Linyphia (LATR.).

Linyphia annulata (n. sp.) (tab. I, fig. 1) cephalothorace rufo- aut fusco-flavo, linea media et marginibus nigro-fuscis, pedibus fusco annulatis, abdomine subtus nigro, plerumque albo maculato, superne et in lateribus albido, fusco reticulato, in dorso antice linea media et maculis utrimque tribus, postice arcubus tribus apicibus incrassatis, nigris, in lateribus vitta nigra et postice lineis nigris obliquis ornato; femoribus 6 posterioribus inermibus, 1-mi paris aculeo 1, metatarsis 4 anterioribus aculeo 1, 4 posterioribus aculeis 2 armatis; clavâ palporum maris maxima, paracymbio magno, subtus arcuato-convexo, antice excavato, supra prope basin in dentem brevem, apicem versus in duos longos producto; vulva magna, rufa, aeque fere longa ac lata, a latere visa processum apicem versus angustatum, apice rotundato, subtus sinuato, supra processu parvo ornato formante.

Femina. Cephalothorax 1·1 mm. longus, 0·85 latus, lateribus rotundatis, antice sinuato angustatus, subtilissime reticulatus, nitidus, rufo- aut fusco-flavus, linea media neque oculos neque marginem posticum attingente nigro-fusca notatus, marginibus thoracis nigro-fuscis; clypeus sub oculis impressus, inferius paullo procurrens, aeque altus ac spatium longum, quod ab oculo laterali antico et adiacenti medio occupatur, quam area oculorum mediorum paullo brevior; dorsum a declivitate postica oculos versus perparum adscendens, inter thoracem et caput perparum impressum, in parte cephalica convexiusculum; in declivitate postica adest fovea rotundata; impressiones cephalicae distinctae, laterales in thorace valde indistinctae. Oculi magni, prominentes, aream occupant parum angustiorem quam dimidia pars thoracica, omnes cingulis nigris circumdati, medii postici separatis, medii antici inter se confusis, laterales bini communibus; series oculorum ambae subrectae; oculi medii postici distant inter se intervallo paullo minore quam radius, a lateralibus minore quam diameter, a mediis anticis diametrum fere aequante; medii antici ceteris minores, inter se spatio disiuncti, quod radio paullo minus est; spatium interiectum oculis anticis medio et laterali diametrum medii paullo superat; nonnunquam tamen medii longius inter se distant, ita ut intervallum eorum radio paullo maius, spatium medio et laterali interiectum paullo minus quam medii diameter evadat. *Sternum* granulatum, subopacum, pilis, qui punctis dispersis nitentibus insistunt, ornatum, rubro-fuscum. *Mandibulae* colore cephalothoracis, clypeo fere triplo longiores, aeque crassae ac femora antica, subcylindratae, latere exteriore ante apicem vix excavato, ad sulcum unguicularem antice dentibus tribus (nonnunquam fortasse duobus tantum) armatae, subtilissime transverse reticulatae. *Maxillae*, quum ab inferiore parte aspiciuntur, a palporum insertione usque ad angulum anticum interiorem fere aequaliter arcuatae, angulo exteriore valde obtuso; fuscae, intus et ad apicem pallidae. *Palporum* articuli colore cephalothoracis, apicibus infuscatis; pars patellaris brevis, latere superiore quam latitudo apicalis circa $1^1/_2$ longiore; tibialis latitudine paullo plus $2^1/_2$ longior, tarsalis ambabus praecedentibus simul sumptis longior, sensim angustata, apice ipso obtuso. *Pedes* modice longi, colore cephalothoracis, fusco annulati et maculati: femora ornata in latere postico ad basin macula fusca, praeterea in parte media annulo interrupto, fusco, pallidiore, in summo apice autem angusto, obscuriore; patellarum summus apex fuscus; tibiae basi pallide flavae, deinde usque ad medium fere fuscae, apice fusco; metatarsi annulo medio et apicali indistinctis fuscis; pictura pedum anteriorum distinctior quam posteriorum. Femur 1-mi paris aculeo uno inter medium et apicem in latere antico armatum, cetera inermia; tibiae aculeis quinis instructae: supra 1.1, subtus 1, in utroque latere 1; tibiae posteriores praeterea nonnunquam aculeum unum alterumve accessorium habent; metatarsi omnes supra aculeo 1, 4 posteriores praeterea subter inter medium et apicem aculeo altero breviore ornati. Tibia cum patella 1-mi paris 1·5 mm., 4-ti paris 1·4 longa. *Abdomen* ovatum, supra pallide fuscum, punctis creberrimis albidis contaminatum (sive albidum, pallide fusco reticulatum), subtus et undique circa petiolum et mamillas nigrum; in lateribus vitta nigra ornatum, antice e nigrore partis inferioris exeunti, postice circa mamillas cum hoc confusa, praeterea aut lineis duabus tantum obliquis nigris in abdominis parte posteriore, aut etiam tertiâ in parte anteriore, cum marginibus areae nigrae inaequalibus coniuncta. Dorsum lineis et maculis nigris notatum: in parte antica adest vitta media et iuxta eam maculae utrimque tres; illa aeque fere lata ac femora antica, antice cum nigrore ventrali coniuncta, ultra abdominis medium paullo producta, inter par macularum primum et secundum in denticulum dilatata; macularum prima oblonga, antice lineolâ transversâ coniuncta cum vitta media, quam ramulis oblique anteriora versus emissis attingunt etiam maculae ambae posteriores, postice productae in lineas obliquas, cum lineis obliquis e vitta nigra laterali exeuntibus coniunctas aut eas non attingentes; partem alteram utriusque seriei macularum, quas supra descripsimus, efformant apices incrassati trium arcuum transversorum, recurvorum, in dorsi parte postica sitorum. In ventre adsunt ad medium et ante mamillas maculae albidae utrimque binae, posteriores quam anticae minores et spatio minore distantes, nonnunquam cum macula alia media in arcum procurvum confusae; omnes nonnunquam obliteratae, parum quam venter pallidiores. *Vulva* (fig. 1*d*, *e*) processum format magnum, retro et deorsum directum; e lamina constat rufa, nitida, aeque fere longa ac lata, parti vulvae basali transversae, antice multo latiori quam postice, basi lata affixa, lateribus subparallelis, apice subito angustato, denique rotundato; quum vulva a ventre aspicitur, ad latera laminae mediae, in eorum parte posteriore, conspiciuntur margines inferiores valvularum lateralium flavescentium, in ipso apice vulvae autem apiculum parvum, rotundatum, pallidum (fig. 1*e*). A latere aspectae vulvae (fig. 1*d*) pars libera, ventrem non attingens, apicem versus paullo angustata apparet, subtus ante apicem paullo excavata, apice ipso obtuso; pars antica laterum vulvae constat e marginibus reflexis laminae mediae, etiam in vulvae apice emergentis, alia autem eorum pars e valvulis lateralibus. In pariete superiore vulva processum tenuem, pallidum habet, cuius pars postrema, deorsum curvata, apiculum in summo apice vulvae a ventre aspectae emergens efformat.

Mas colore et forma feminae similis; tibia cum patella 4-ti paris 1·5 mm. longa; *cephalothorax* 1·1 longus, lateribus antice vix sinuatis; clypeus saltem aeque altus ac dimidia oculorum seriei anticae latitudo, a latere visus paullo minus areâ oculorum mediorum brevior, quam in femina; *mandibulae* clypeo triplo longiores, basi subcylindratae, in $^{3}/_{7}$ apicalibus sensim angustatae, marginibus exterioribus evidenter excavatis, interioribus divaricantibus, ad sulcum unguicularem antice dentibus duobus armatis. *Palporum* (fig. 1 *a*, *b*) pars patellaris brevis, aeque fere longa ac lata, supra in apice pilo longo forti ornata; tibialis aequali fere longitudine, latior (praesertim, quum desuperne aspiciatur), convexa praesertim in lateribus inferiore et exteriore, pilis singularibus carens; pars tarsalis magna, aeque saltem crassa atque area oculorum lata; paracymbium (fig. 1 *c*) et bulbus genitalis valde complicata.

Żyje w Tatrach węgierskich i galicyjskich, w wysokości 1700 m. do 2200, a może i wyżéj. Jestto gatunek prawdopodobnie właściwy saméj krainie hal, nie znalazłem go przynajmniéj ani razu w krainie kosodrzewu. W sposobie życia różni się od innych gatunków z tego rodzaju żyjących w krainie hal w Tatrach tém, że przebywa prawie zawsze w miejscach mniéj więcéj suchych, głazami zawalonych, podczas gdy tamte w najwiekszéj ilości znaleźć można w miejscach wilgotnych, zwilżanych wodą ze śniegów topniejących. Do rzadkich należy gatunków; z dziewięciu miejsc, w których ją znalazłem, mam tylko około 20 okazów; miejscowości te są: Hruby Wierch, Wołowiec, Starorobociański Wierch, Czerwone Wierchy, Krywań, stok nad Pięciu Stawami pod Zawratem, dolina Hlińska, stoki Mięguszowieckiego Wierchu nad Morskiém Okiem, miejsce przez Niemców ze Spiżu nazywane Blumengarten w dolinie Wielkiéj (Felka).

Linyphia pulchra (n. sp.) (tab. I, fig. 2) cephalothorace aut toto fusco aut luteo fusco, marginibus et linea media fuscis; pedibus flavidis, abdomine subtus nigro, supra albicanti, in lateribus vitta et postice lineis obliquis nigris, in dorso antice linea media nigra, pone eam maculis novem in series tres dispositis, postice arcubus nigris tribus aut quatuor ornato; metatarsis omnibus et femoribus anticis aculeo 1 armatis, ceteris femoribus inermibus; parte patellari palporum maris seta robusta ornata, clava mediocri, paracymbio in angulum sursum flexo, ante apicem postice profunde inciso et inde usque ad apicem tenui; vulva parva, constanti e lamina semicirculari nigra et e parte postica flava, transversa, postice emarginata et processu obtuso ornata.

Femina. Cephalothorax 1·1 mm. longus, 0·9 latus, fronte circiter duplo angustiore, lateribus rotundatis, antice sinu levi angustatus, clypeo excepto subtilissime reticulatus, ubique nitidus, aut totus fuscus aut luteo fuscus, marginibus et linea media, neque oculos neque marginem posticum attingente, latiuscula, indistincta, obscurius coloratis; clypeus sub oculis mediis profunde impressus, quam area oculorum mediorum $1/4$ brevior; dorsum inter partem cephalicam et thoracicam distincte impressum, in capite parum convexum; area oculorum mediorum sat fortiter declivis; fovea in declivitate cephalothoracis postica parum profunda, impressiones cephalicae distinctae, laterales in thorace parum expressae. Oculi magni, prominentes, medii antici ceteris minores; series postica vix recurva, antica subrecta, area mediorum postice diametro oculi latior quam antice; oculi laterales contingentes; medii postici a lateralibus spatio maiore quam inter se, diametrum oculi medii non aequante, a mediis anticis spatio quam diameter haec maiore remoti; medii antici disiuncti inter se spatio radium fere aequante, a lateralibus anticis spatio duplo fere maiore. *Sternum* exceptis punctis dispersis, quibus pili insistunt, leve, cum maxillis et labio plerumque obscurius coloratum quam cephalothorax superne. *Mandibulae* colore cephalothoracis, clypeo circiter $2^1/2$, tota altitudine faciali fere $1^1/4$ longiores, subcylindratae, latere exteriore ante apicem non aut vix sinuato, intus apice oblique truncato, angulis rotundatis, sulco unguiculari antice dentibus tribus, dorso pilis paucis ornato. *Maxillae* lateribus exterioribus parallelis, apice transverse truncato, angulis rotundatis. *Palporum* pars patellaris parva; tibialis fere $2^1/2$ longior; tarsalis quam ambae praecedentes simul sumptae longior, apicem versus sensim angustata. *Pedes* ut palpi pallide aut virescenti flavi, tenues, femore 1-mi paris aculeo uno in media parte antica armato, ceteris inermibus; in tibiis 1-mi paris aculei adsunt supra 1.1, antice 1, postice 1, subtus 1.1; tibiae ceterae etiam aculeis pluribus armatae, metatarsi omnes aculeo 1; aculei plerique diametro articulorum duplo triplove longiores. Tibia 1-mi paris quam patella $3^1/2$ longior, cum ea 2·1 mm. longa, 4-ti paris 1·7 longa. *Abdomen* ovatum, convexum, supra albicans aut flavescenti album, fusco reticulatum, nigro maculatum, subtus ut etiam circa petiolum et circa mamillas, quae pallidiores sunt, nigrum; areae hoc colore tinctae latera inaequalia; in lateribus vitta latiuscula nigra, antice cum nigrore ventris coniuncta, cum eo postice non confusa, sed plerumque lineis nigris obliquis, nonnunquam deficientibus coniuncta; in dorso maculae nigrae hae sunt: antice macula sat lata, apice rotundato, linea angusta cum nigrore ventrali coniuncto, angulis posticis in lineas obliquas paullo productis; quam sequuntur maculae rotundatae plerumque tres, lineâ mediâ inter se et cum macula antica coniunctae; iuxta et paullo pone quamque earum adest utrimque macula similis, plerumque lineolâ obliquâ cum media praeiacenti coniuncta; sequuntur arcus transversi parum curvati, sensim minores, tres aut quatuor, plus minusve inter se confusi; arcuum horum et trium anticorum, e maculis 9 supra dictis efformatorum, quasi partes exteriores, seiunctas efformant lineae nigrae, obliquae, e vitta laterali abdominis exeuntes. *Vulva* (fig. 2*d*) parva, parum prominens, constat e lamina nigra, postice truncata et e parte posteriore, quae est subplana, rufescenti flava, secundum longitudinem parum impressa, lateribus rotundatis, margine postico inciso et processu concolore, parvo, rotundato ornato.

    Mas colore et cephalothoracis forma feminae similis; clypeo a latere viso $1^1/2$ longiore quam area oculorum mediorum, *mandibulis* apicem versus fortius angustatis, in latere exteriore fortius sinuatis, clypeo 3-plo, totâ altitudine faciali fere $1^1/3$ longioribus. *Palporum* (fig. 2 *a*, *b*, *c*) pars patellaris aeque fere longa ac lata, supra ad apicem pilo longo armata; tibialis vix longior, parum latior, supra fere recta, ceterum convexa, processibus carens. Cephalothorax 0·95 mm. longus, tibia cum patella 1-mi paris 2·1, 4-ti paris 1·6 longa.

    Żyje w Tatrach galicyjskich i węgierskich. Zdaje się być bardzo rzadką; w kilku tylko miejscach ją widziałem i to wszędzie tylko w bardzo małéj ilości. Przebywa w miejscach miernie wilgotnych pod kamieniami. Zbierałem ją w krainie regli w dolinach Kościeliskiéj, Małołąckiéj i w Strążyskach, w krainie kosodrzewu w dolinie

6

Hlińskiéj, wreszcie w krainie hal w dolinie Pięciu Stawów (polskich), w dolinie Młynicy pod Furkotą, i na stokach od Rysów i Wysokiéj ku Żabim Stawom (w wysokości od 1000—2000 m. i nieco wyżéj).

Linyphia varians (n. sp.) (tab. I, fig. 3) cephalothorace cum pedibus flavo fusco, marginibus fuscis, abdominis colore valde varianti, ventre nigro fusco, dorso pallido, lateribus vitta nigro fusca, dorso linea media et lineis fuscis transversis modo discretis, modo confluentibus, modo ad partem evanescentibus ornato; femoribus 6 posterioribus inermibus, anticis aculeo 1 aut 2 armatis; metatarsis omnibus instructis in femina aculeis pluribus, in mare aculeo uno tantum superne ad basin metatarsi sito distincto, ceteris quam pili vix crassioribus; parte patellari palporum maris seta ornata, clava parva, paracymbio sursum arcuato flexo, ante apicem postice in dentem producto, deinde usque ad apicem angusto; vulva constante e lamina antica transversa nigra et e parte postica transversa, flava, postice emarginata et processu obtuso ornata.

Femina. Cephalothorax 1·5 mm. longus, late ovatus, lateribus antice perparum sinuatis, fronte quam dimidia thoracis latitudo parum latiore, totus — in clypeo tamen subtilissime — reticulatus, mediocriter nitidus, simul cum mandibulis, maxillis, palpis pedibusque pallide flavo fuscus, marginibus et lineis in capite reticulatis, indistinctis fuscis; dorsum postice secundum rectam fere lineam adscendens, inter partem cephalicam et thoracicam non impressum, in capite parum convexum. Clypeus sub oculis impressus, deinde usque ad marginem paullo procurrens, aeque altus ac spatium longum, quod ab oculo antico laterali et adiacenti medio occupatur. In cephalothoracis declivitate postica adest fovea rotundata; impressiones cephalicae modice profundae, ceterum superficies cephalothoracis subaequalis; caput supra pilis nonnullis procurvis ornatum. Oculi magni, prominentes, cingulis nigris circumdati, cinguli mediorum anticorum confusi, mediorum posticorum antice et postice dilatati; series postica subrecta, antica paullo recurva; oculi laterales contingentes, medii postici distant inter se spatio radium fere aequante, a lateralibus posticis spatio radium illum vix superante, a mediis anticis intervallo quam diameter maiore; intervallum mediorum anticorum, qui ceteris minores sunt, radio minus, inter medium et lateralem anticum diametro medii minus; area oculorum mediorum antice diametro fere oculi postici angustior quam postice. *Sternum* subtilissime reticulatum, ornatum pilis longis, punctis dispersis, paullulum elevatis insistentibus, ut labium nigro fuscum. *Mandibulae* clypeo fere triplo longiores, paullo longiores quam ambae basi latae, subcylindratae, latere exteriore paullo sinuato, intus a basi usque paullo ultra medium subrectae, deinde usque ad apicem rotundatae, dorso subtilissime reticulato, pilis paucis et ad sulcum unguicularem antice dentibus tribus ornatae. *Maxillae* a parte inferiore aspectae marginibus exterioribus parallelis, apice fere transverse truncatae, angulo apicali exteriore rotundato. *Palporum* pars tibialis crassitudine apicali saltem triplo longior, tarsalis ambabus praecedentibus simul sumptis longior, apicem versus angustata. *Pedes* longi et tenues, tibia cum patella 1-mi paris 2·5 mm. longa, 4-ti paris 2·4; femora 1-mi paris aculeo 1 aut 2 in parte antica armata, cetera inermia, subtus omnia pilis longis in series binas dispositis ornata; tibiae omnes aculeis compluribus, 1-mi paris circa 12 instructae, quorum 6 plerumque subtus plus minusve per paria dispositi; in metatarsis numerus aculeorum paullo variabilis, in omnibus adsunt inter basin et medium plerumque aculei 5 in omnibus lateribus siti, praeterea nonnunquam pone medium 1 aut 2. *Abdomen* ovatum, convexum, colore valde variabili: in exemplaribus praecipue distincte pictis subtus nigro fuscum, supra albicans, fusco reticulatum; in lateribus adest vitta lata, ab area fusca ventris spatio angusto, lineis duabus obliquis fuscis in maculas tres diviso separata; in dorso linea nigro fusca, antice latiuscula, posteriora versus angustata, mamillas haud attingens, lineis transversis persecta 6, angulato arcuatis, recurvis, quatuor anterioribus, praesertim autem 2-da, 3-tia, 4-ta, apicibus dilatatis, series duas macularum rotundatarum iuxta lineam mediam efformantibus, 5-ta 6-taque ubique aequali latitudine; supra mamillas macula, quasi ex arcubus confusis efformata. Vitae lateralis margo superior — praesertim in abdominis parte posteriore — serratus, dentibus lineas obliquas emittentibus maculas versus, quarum supra mentionem feci, directas, cum eis tamen non semper coniunctas. In aliis lineae mediae pars antica cum arcubus transversis anticis duobus dilatata et confusa maculam quadrangulam efformat, postice latiorem, utrimque cinctam vitta angusta pallida, quae sola e dorsi area pallida restat; arcus sequentes dilatati, inter se et cum lineis e vitta laterali exeuntibus adeo confusi, ut areae dorsi pallidae pars ab eis ocupata in quatuor series macularum albidarum posteriora versus inter se appropinquantes divulsa appareat. Saepe exemplaria inveniuntur colore rufescenti — praesertim in cephalothorace et pedibus — suffusa, abdominis dorso infuscato, punctis tantum albidis adsperso, nonnunquam etiam evanescentibus; vitta lateralis nonnunquam etiam cum area obscura ventris confusa est. Abdomen saepe totum nigro fuscum est praeter areae dorsalis pallidae vestigia constantia e vittis quatuor in longitudinem directis, parallelis, in parte antica et pone eas e punctis in series duas dispositis, iuxta locum sitis, quod in aliis speciminibus a linea media occupatur. Occurrunt etiam exemplaria abdomine toto nigricanti fusco, colore rufo suffuso. Inter permultas varietates una praeterea commemoratione digna est, cuius dorsum occupatur ab area flavo fusca pallida, marginibus in parte posteriore dentatis, antice lineis duabus ornata, altera in longitudinem extensa, altera transversa, arcuata, coniunctim crucem efformantibus. *Vulvae* (fig. 3 c) pars antica e lamina constat transversa, nigra, convexa, pars postica eandem fere formam habet atque in *Linyphia pulchra*, sed postice minus profunde incisa est.

Mas colore et cephalothoracis forma feminae similis, clypeo etiam aeque longo atque spatium occupatum ab oculo laterali antico et adiacenti medio a fronte aspectum, capite supra paullulum magis convexo, mandibulis clypeo fere $3\frac{1}{2}$ longioribus, paullo longioribus quam ambae basi latae, paullo gracilioribus quam in femina. *Palpi* (fig. 3 a, b) colore pedum, clava vix obscurius colorata, partes patellaris et tibialis aeque fere longae ac latae, illa subcylindrata, supra ad apicem pilo longo ornata, tibialis in latere exteriore infra convexa, ceterum subcylindrata, processu nullo instructa; clava parva, paullulum angustior quam spatium ab oculis tribus seriei anticae occupatum. *Pedes* ut in femina aculeati, aculei tamen subtus in metatarsis deesse videntur; ceterum aculei plures, praesertim in metatarsis, parum quam pili longiores et crassiores sunt, ideoque difficilius ab eis distinguuntur, adeo ut metatarsi aculeo singulo tantum supra ad basin armati videantur. Cephalothorax 1·1 mm. longus, tibia cum patella 1-mi paris 2·2, 4-ti paris 2·1 longa.

Żyje w Tatrach po stronie północnéj i południowéj. Dosyć częsta w krainie kosodrzewu i hal (1400—2500 m); w największéj ilości zbierałem ją na stokach w części pokrytych polami śniegowemi; gdzie na stokach takich utworzonych przeważnie z osuwających się luźnych odłamów skał (piargów) znajdą się miejsca z piargiem nieosuwającym się i dla tego pokryte bodaj skąpo roślinami, tam miejscami prawie pod każdym kamieniem znaleźć można jeden lub nawet kilka okazów z tego gatunku lub z gatunku *Linyphia monticola* albo *Erigone adipata* L. Koch. Zresztą przebywa *Linyphia varians* także w miejscach bez śniegu, byle wilgotnych i to najczęściéj między kamieniami tak ułożonémi, że pająk ten może tam wygodnie usnuć swą poziomą, płachtowatą siatkę. Okazów znalazłem bardzo dużo, mogę téż na pewno twierdzić, że opisane tu samce i samice do jednego gatunku należą, chociaż się różnią pomiędzy sobą kolcami na członkach piętowych nóg ustawionémi. Okazy posiadam z następujących miejsc (zebrane częścią przez Prof. B. KOTULĘ, częścią przezemnie): Wołowiec, dolina Miętusia, Małołącka, Czerwone Wierchy, Giewont, grzbiet od Lilijowego po Świnnicę, otoczenie Zmarsłego, Miedziane, dolina Hlińska, Niekcerka aż po przełęcz Lorenza, Mięguszowiecki Wierch, Rysy, Wysoka, hale między Lodowym Stawem a Luką, Świstowa aż po Polską Przełęcz, Szeroka Jaworzyńska. — W krainie regli nie widziałem tego gatunku nigdy.

Linyphia monticola (n. sp.) (tab. I, fig. 4) cephalothorace cum pedibus rufo flavo, fusco marginato, abdomine pallide fusco; femoribus 1-mi paris et metatarsis 6 anterioribus aculeo 1 ornatis, ceteris femoribus et metatarsis inermibus; parte patellari palporum maris supra ad apicem in angulum subrectum elevata, seta longa ornata; tibiali quam patellaris minore; paracymbio complicato, lamina exteriore fere triangulari, margine antico paullo sinuato, postico ad basin dente parvo acuto armato, prope apicem exciso; bulbo subtus ornato lamina, cuius pars apicalis foras curvata acute dentata est; vulva a latere aspecta processum formante crassitudine longiorem, subtus aequaliter arcuatum, apice rotundato et supra appendice parva instructo.

Femina. Cephalothorax 0·8 mm. longus, 0·65 latus, ut mandibulae, maxillae, pedes, palpi rufescenti flavus, marginibus fuscis, lateribus sat fortiter rotundatis, antice parum sinuatis, fronte latiore, oculorum area autem 0·05 mm. angustiore quam dimidia thoracis latitudo, supra totus (etiam in clypeo) subtilissime transverse reticulatus, nitidus. Clypeus sub oculis impressus, inferius usque ad marginem paullo procurrens, aeque altus atque intervallum oculorum lateralium anticorum latum. Dorsum a margine postico secundum rectam fere lineam adscendens, a medio usque ad oculos fere libratum, inter caput et thoracem perparum impressum, in capite convexiusculum. Fovea in declivitate dorsi postica profunda, rotundata, impressiones laterales in thorace parum, cephalicae satis distinctae. Oculi magni, prominentes, cingulis nigris circumdati inter se plus minusve confusis, itaque tota oculorum area infuscata, excepto intervallo oculorum mediorum posticorum et spatio praeiacenti usque ad oculos medios anticos extenso; series oculorum antica parum procurva, marginibus superioribus oculorum rectam fere lineam efformantibus, postica fere recta; oculi medii postici inter se spatio quam radius maiore, a mediis anticis spatio diametro circiter aequali remoti; spatium oculis posticis medio et laterali interiectum radio medii paullo minus esse videtur; medii antici ceteris multo minores, a lateralibus, qui ceteris paullo maiores videntur, spatio quam diameter mediorum minore disiuncti, inter se spatio minore, quod ne radium quidem aequare videtur, remoti. *Sternum* subtilius quam cephalothorax reticulatum, punctis dispersis, pilos gerentibus ornatum, fuscum. *Mandibulae* aeque crassae ac femora antica, clypeo 2½ longiores, subcylindratae, latere exteriore ad apicem vix sinuato, dorso subtilissime transverse ruguloso, ad sulcum unguicularem dentibus tribus ornatae. *Maxillae* a parte inferiore aspectae in labium paullo inclinatae, apice oblique truncato, angulo apicali exteriore magis quam interior obtuso. *Labium* breve, fuscum. *Palporum* pars patellaris latitudine paullo longior, supra arcuata, tibialis circiter duplo longior, subcylindrata, tarsalis ambabus praecedentibus simul sumptis parum longior, sensim attenuata. *Pedes* longi, tenues; femora antica aculeo 1 in latere antico instructa, cetera inermia; tibiae omnes ornatae supra aculeis 1.1, praeterea in pedibus 1-mi paris ante apicem utrimque 1, in pedibus 2-di paris 1 ante apicem in latere postico, metatarsi 6 anteriores aculeo 1, postici inermes. Patellae cum tibiis 1-mi et 4-ti paris fere aequales, 1·15 mm. longae. *Abdomen* convexum, ovatum, pallide fuscum, supra mamillas arcubus nonnullis tenuissimis, pallidis ornatum aut supra pallidum, subtus parum obscurius. *Vulva* magna, ventre circiter 4-plo tantum brevior, a latere aspecta (fig. 4d) primo deorsum et retro directa, deinde ventri parallela, ubique aequali fere crassitudine, apice rotundato; pars ventri parallela e valvulis duabus lateralibus, pilosis et e parte media glabra constat; valvulae quam pars media breviores sunt, ita ut apex — in vulvae latere ventri adiacenti appendice parva ornatus — a sola parte media occupetur. A parte inferiore aspecta vulva (fig. 4 c) posteriora versus sensim angustata, apex eius appendice supra dicta, rotundata, quam vulvae pars media multo angustiore ornatus apparet.

Mas colore et cephalothoracis forma feminae similis, clypeo altiore, aeque fere alto ac spatium longum, quod ab oculis tribus seriei anticae occupatur, mandibulis clypeo circiter duplo tantum longioribus, parum tenuioribus, latere exteriore distinctius sinuato. *Palporum* (fig. 4 a, b) pars patellaris desuper aspecta latitudine paullo longior, ante apicem ipsum in angulum elevata (angulo a latere aspecto fere recto) ibique pilo longo, nigro ornata; pars tibialis quam patellaris minor, basi ipsa angusta, deinde dilatata, subtus et intus convexa. Cephalothorax 0·8 mm. longus, 0·65 latus, tibia cum patella 1-mi paris 1·2 longa, 4-ti paris aequali longitudine.

Similis est *L. angulipalpi* (WESTR.?) MENGE; sed pars patellaris palporum maris multo minus quam in illa est elevata, itaque seta ab eius apice minus remota; in *L. angulipalpi* paracymbii lamina exterior fere ovata est, non triangularis, bulbus aliam habet formam; vulva *L. angulipalpis* quum a latere aspiciatur, a basi usque ad medium dilatata, latus eius inferius antice concavum, postice convexum apparet.

Gatunek ten żyje w Tatrach, gdzie go po galicyjskiéj i po węgierskiéj stronie zbierałem. Do tego gatunku może także należy jeden okaz znaleziony na Szlązku pod szczytem Baraniéj w krainie regli; na nieszczęście zmieniły u okazu tego części rozrodcze swoje położenie — bez wątpienia w czasie konania — tak że nie jestem w stanie oznaczyć go na pewno. W Tatrach nie znalazłem tego gatunku nigdy w reglach, ale tylko w krainie kosodrzewu i hal; przebywa on często w tych samych miejscach, co i *L. varians*, ale jest jeszcze częstszy niż ona. Z następujących miejsc posiadam okazy (zebrane w części przez Prof. B. KOTULĘ): Hruby Wierch (nad doliną Chochołowską), Kominy Tylkowe, Czerwone Wierchy, dolina Strążyska, grzbiet od Lilijowego po Świnnicę, otoczenie Zmarzłego pod Zawratem, Kopa Wielka, Krywań, Niekcerka, Ciemne Smreczyny, Młynica pod Furkotą, Miedziane, Mięguszowiecki Wierch od północy, stok między Rybiém i Morskiém Okiem, stoki nad Żabiémi stawami ku Rysom i Wysokiéj, dolina od Popradzkiego stawu po Lodowy i stoki powyżéj tegoż ku Luce, Sucha dolina, Świstowa pod Polską Przełęczą.

Linyphia arcigera (n. sp.) (tab. I, fig. 5) cephalothorace rufo fusco, fusco marginato, pedibus rufo fuscis, abdomine nigro; femoribus 6 posterioribus et metatarsis 4-ti paris inermibus, femoribus 1-mi paris et metatarsis 6 anterioribus aculeis singulis ornatis; vulva magna, prominenti, a latere visa aeque fere longa ac crassa, late perforata.

Femina. Cephalothorax 0·8 mm. longus, 0·65 latus, lateribus rotundatis, antice sinu levi angustatus, fronte rotundata, subtilissime reticulatus, cum pedibus, mandibulis, palpis rufo fuscus, marginibus fuscis, maculâ in capitis parte postica, lineis tenuibus eam cum oculis posticis lateralibus coniungentibus, aliisque abbreviatis ab oculis mediis posticis posteriora versus ductis, oculorum areâ, lineis denique radiantibus in thorace parum distinctis, obscurius coloratis. Dorsi pars postica secundum rectam fere lineam sat celeriter adscendens, cum parte anteriore fere libratâ angulum parum rotundatum efformans; impressio inter partem thoracicam et cephalicam distincta, haec convexiuscula, non altior quam illa. Impressiones cephalicae distinctae, laterales in thorace minus distinctae; fovea in declivitate postica modice profunda, rotundata. Clypeus sub oculis impressus, inferius fortiter proclivis, paullo longior quam area oculorum mediorum, aeque altus atque dimidia series oculorum antica longa. Oculi magni, prominentes, aream 0·28 mm. latam occupant; series ambae subrectae; oculi medii postici inter se spatio remoti radio circiter aequali aut eo vix minore, a lateralibus posticis intervallo radio vix minore, a mediis anticis spatio quam diameter paullo maiore; medii antici distant inter se spatio radio circiter aequali, a lateralibus anticis intervallo diametrum oculi medii aequante. *Sternum* in medio leve, in lateribus subtilissime reticulatum, punctis paucis, paullo elevatis, pilos gerentibus ornatum, ut *labium* nigrofuscum. *Mandibulae* clypeo circa $2\frac{1}{2}$ longiores, aeque crassae ac femora antica, a basi usque paullo ultra medium subcylindratae, deinde marginibus interioribus usque ad apicem sensim discendentibus et ad sulcum unguicularem antice dentibus longis tribus ornatis, lateribus exterioribus ante apicem parum excavatis. *Maxillae* in labium parum inclinatae, apice oblique truncato, angulo apicali exteriore valde obtu so. *Palporum* pars patellaris aeque fere longa ac crassa; tibialis apicem versus paullulum incrassata, latitudine apicali circiter duplo longior; tarsalis ambabus praecedentibus simul sumptis parum longior, apicem versus attenuata. *Pedes* sat longi et tenues; tibia cum patella 1-mi paris 1·1 mm., 4-ti paris 1·2 longa; femora 1-mi paris aculeo 1 in latere antico pone medium ornata, cetera inermia; tibiae 1-mi paris instructae aculeis 1.1 supra, ante apicem in latere utroque 1, 2-di paris 1·1 supra, 1 ante apicem in latere postico, 3-tii et 4-ti paris 1.1 supra; metatarsi 6 anteriores ornati aculeo 1, postici nullo. *Abdomen* ovatum, convexum, nigrum. *Vulva* (fig. 5 *a*, *b*) rufa, magna; pars eius antica efformatur e lamina transverse convexa,‎ margine postico paullo excavato; postice praeter partes laterales, corneas, pellucidas adest in medio taenia („clavus" MENGE) lata, antice paullo angustata, basi tantum et apice cum ceteris vulvae partibus coniuncta, ceterum libera, ita ut vulva a latere aspecta (fig. 5 *b*) late perforata appareat; taenia illa primo deorsum et retro directa est, mox oblique sursum adscendit, denique sursum et anteriora versus curvatur et cum ceteris vulvae partibus coniungitur; in vulvae angulo apicali superiore adest processus deorsum directus, qui taeniae illius denuo flexae apex esse videtur. Latus vulvae superius aut ventri adpressum est aut liberum.

Mas adultus ignotus.

Żyje w Karpatach. Pomiędzy okazami zebranémi w miesiącach Lipcu i Sierpniu znalazły się tylko samice dorosłe, samce zaś same młode; tych opisu nie podaję, nie mając bowiem głaszczków wykształconych nie przedstawiają one prawie żadnych cech, pu którychby je od podobnie ubarwionych innych gatunków można było odróżnić. Przebywa w miejscach niezbyt wilgotnych a nawet wcale suchych, pod kamieniami, w mchu i między porostami i t. d. w krainie regli na Babiéj Górze od północy, pod Tatrami koło Zakopanego i w Tatrach; mianowicie znalazłem ten gatunek w dolinie Chochołowskiéj, Kościeliskiéj i Małołąckiéj, tudzież w reglach na południowym stoku Krywania.

Linyphia torrentum (n. sp.) (tab. I, fig. 6) cephalothorace luteo fusco, pedibus fusco luteɪs, abdomine fusco nigro, dorso ornato maculis fusco luteis in series duas dispositis, posterioribus in arcus transversos confusis; femoribus 1-mi paris ornatis aculeis 3, ceteris aculeo 1, metatarsis inermibus; clava palporum maris mediocri, paracymbio semicirculato, apicem versus sensim angustato, bulbo processibus quatuor porrectis ornato, interioribus acutis, exterioribus obtusis; vulva parum prominenti, apice in foveam transversam excavato.

Femina. Cephalothorax 1·2 mm. longus, 1·0 latus, cum mandibulis, maxillis, labio luteo fuscus, marginibus obscurioribus, subtiliter — in clypeo indistincte — transverse reticulatus, parum nitens; lateribus rotundatis, antice angustatus, vix sinuatus. Clypeus aeque altus ac $^2/_5$ partes seriei oculorum anticae latae, sub oculis‎ impressus, inferius declivis. Dorsum in declivitate postica vix arcuatum, inter caput et thoracem vix impressum, a declivitate postica usque ad oculos medios posticos, qui prominentes sunt, fere aequaliter arcuatum; vertex partis cephalicae parum altius situs quam summum oculorum mediorum posticorum. Fovea in declivitate dorsi postica rotundata; impressiones cephalicae parum, laterales in thorace satis profundae. Caput superne pilis procurvis, in series tres dispositis, clypeus pilis paucis ornatus; secundum impressiones laterales thorax ornatus etiam pilis brevissimis, adpressis. Oculi magni, prominentes, aream occupant circiter duplo quam thorax angustiorem; series antica subrecta, postica paullulum procurva; area oculorum mediorum aeque fere longa ac‎ postice lata; oculi medii antici ceteris multo minores, prominentes tamen, spatio diametrum fere aequante remoti, a lateralibus anticis spatio maiore distantes; postici medii inter se spatio quam radius minore, a lateralibus posticis quam radius paullo maiore, a mediis anticis diametrum suam fere aequante remoti; nonnunquam oculi postici medii paullo minores, spatia igitur, quibus ab aliis distant, paullo maiora sunt. *Sternum* quam cephalothorax supra magis nitidum, nigro fuscum, subtiliter reticulatum, punctis paucis pilos gerentibus, paullulum elevatis ornatum. *Mandibulae* subtilissime transverse reticulatae, clypeo triplo longiores, parum longiores quam ambae basi latae, paullo crassiores quam femora antica, subcylindratae, lateribus exterioribus basi convexiusculis, ante apicem paullo sinuatis, interioribus in $^1/_3$ parte apicali rotundatis, discendentibus, ad sulcum unguicularem antice dentibus 2 aut 3 fortibus ornatis. *Maxillae·* marginibus exterioribus subparallelis, apice paullo oblique truncato, angulis rotundatis, exteriore obtuso. *Palporum* pars patellaris brevis; tibialis latitudine circiter $2^1/_2$ longior, subcylindrata; tarsalis ambabus praecedentibus simul sumptis parum longior, apicem versus sensim angustata. *Pedes* longi, valde tenues, fusco lutei, femorum, patellarum, tibiarum summo apice nigro, tibiarum basi pellucida; aculei breves, tenues, in femoribus anticis 3, 1 supra in medio, 2 in latere antico pone medium siti, in femoribus 6 posterioribus singuli, in tibiis omnibus supra 1.1, praeterea in tibiis 1-mi paris ante apicem utrimque 1, in 2-di paris 1 ante apicem in latere postico (in antico aculeum in exemplari unico inter multa perlustrata vidi); metatarsi inermes; tibia cum patella 1-mi paris 1·6 mm. longa, metatarsus 1·2, tarsus 0·8, tibia cum patella 4-ti paris 1·5 longa. *Abdomen* ovis distentum magnŭm, late ovatum, convexum, fusco atrum; dorsum maculis parvis fusco lutescentibus ornatum, 8 anticis per paria dispositis; par primum puncta sunt, nonnunquam omnino evanescentia; maculae paris 2-di ceteris sensim minoribus maiores, semilunares, antice concavae, inter se fere contingentes, tertii paris forma eadem; par quartum plus minusve inter se confusum, arcum recurvum, plerumque in medio angulatum et coarctatum efformat; sequuntur arcus 3 aut 4 recurvi. *Vulva* (fig. 6 *c*) processum efformat latum, brevem, cuius apex a fovea occupatur transversa, fundo flavescenti, antice profundâ et distincte limitatâ margine postico — prominenti, late emarginato — parietis, qui inferiorem partem totius processus occupat; posteriora versus fovea sensim minus profunda fit et usque ad ipsum totius processus marginem posticum, in medio paullulum productum, extenditur; fundus foveae paullo ante marginem posticum in medio foveola parva profunda (foramine?) ornatur.

Mas feminâ multo minor, abdomine parvo, colore plerumque multo pallidiore, primo aspectu valde a femina differre videtur; cephalothoracis forma tamen eadem est, mandibulae tantum parum longiores (quam clypeus circa $3^1/_2$) et tenuiores ($^1/_4$ longiores quam ambae basi latae), ad sulcum unguicularem antice dentibus item duobus aut tribus armatae; abdominis pictura eadem. *Palporum* (fig. 6 *a, b*) pars patellaris aeque fere longa ac lata, subcylindrata, tibialis supra parum longior, apicem versus supra et intus dilatata; paracymbium semilunare, apicem versus sensim angustatum, nusquam incisum; bulbus parum complicatus. Cephalothorax 0·9 mm. longus, tibia cum patella 1-mi paris 1·5, 4-ti paris 1·25 longa.

Znaleziona dotychczas w Karpatach szlązkich (na Baraniéj), na Babiéj Górze i w Tatrach. Dość częsta w krainie regli, rzadsza w krainie kosodrzewu, a bardzo rzadka w halach. Żyje wyłącznie w miejscach mocno wilgotnych, nad potokami i źródłami, a nawet nie rzadko pod kamieniami ze wszech stron wodą otoczonémi lub w części zanurzonémi. W Tatrach zbierałem ją w następujących miejscach: w dolinach Kościeliskiéj, Małołąckiéj, za Bramą i w Strążyskach, na Boczaniu — wszędzie w krainie regli, w krainie kosodrzewu między Morskiém Okiem i Rybiém, w krainie grzbietu wreszcie w dolinach Goryczkowéj i Hlińskiéj. Na Babiéj Górze znalazłem ją na stokach północnych w krainie kosodrzewu.

Linyphia microphthalma (CAMBR.? *) (tab. I, fig. 7) cephalothorace rufo flavo aut fusco rufo, pedibus pallidioribus, abdomine cinereo albo; oculis minimis; femoribus 1-mi paris ornatis aculeis 2, 2-di paris 1, ceteris et metatarsis inermibus; clava palporum maris sat magna, paracymbio semilunari, bulbi apice in parte exteriore apiculo pallido, in interiore carina nigra semicirculata, in spinam brevem desinenti ornato, vulva parum prominenti, e fovea transversa, pallida, marginibus fuscis circumdata constanti.

Femina. Cephalothorax 1·0 mm. longus, 0·7 latus, aut paullo maior, lateribus rotundatis, antice sinuato angustatus, fronte lata, late rotundata, totus (cum clypeo) subtilissime reticulatus,

---

*) CAMBRIDGE, Descriptions of some British Spiders new to science. (Transact. of the Linn. Soc. vol. XXVII, p. 434, f. 25).

nitidus, rufo flavus aut fusco rufus; dorsum inter caput et thoracem vix impressum, in capite convexum; oculi medii postici demissius quam summum cephalothoracis siti; area oculorum mediorum convexa cum dorso et clypeo, qui sub oculis non impressus sed totus declivis est, arcum aequabilem efformat; clypeus parum brevior quam intervallum oculorum lateralium anticorum, duplo fere longior quam area oculorum mediorum, pilis longis ornatus. Fovea in declivitate dorsi postica oblonga, modice profunda, impressiones cephalicae distinctae, quamquam non profundae; thoracis latera utrimque ornata lineis binis impressis, satis distinctis. Oculi cingulis nigris circumdati, plani, minimi (oculorum mediorum posticorum diameter 0·03—0.04 mm. longa), situ ac magnitudine mutabili; series antica paullo procurva aut fere recta, postica subrecta, trapezium mediorum aeque fere longum ac latum; oculi medii antici ceteris minores, inter se proximi aut fere diametro sua disiuncti; laterales antici oblongi, mediis parum aut multo maiores, ab eis spatio remoti, quod diametro maiore lateralium $1\frac{1}{2}$ aut plus duplo longius est; oculi medii postici inter se spatio saltem duplam diametrum aequante, a lateralibus posticis spatio plerumque multo maiore remoti; omnes postici rotundati, aut inter se subaequales et lateralibus anticis paullo minores, aut medii minores quam laterales antici, hi autem modo minores quam laterales postici, modo eis subaequales. *Sternum* colore cephalothoracis, subtiliter reticulatum, mediocriter nitens. *Mandibulae* quam cephalothorax parum obscurius coloratae, clypeo plus duplo longiores, aeque longae atque ambae basi latae, latere exteriore basi perparum convexo, ceterum paullo excavato, interiore in $^3/_5$ superioribus recto, in $^2/_5$ inferioribus rotundato, dentibus 3 ab apice remotis, fortibus ad sulci unguicularis marginem anticum ornato, dorso transverse ruguloso, basi convexiusculo. *Maxillae* in labium inclinatae, apice oblique truncato, angulo exteriore obtuso, simul cum labio colore cephalothoracis. *Palpi* cephalothorace paullo pallidiores; pars tibialis crassitudine apicali fere $2\frac{1}{2}$ longior, apicem versus paullulum incrassata, pars tarsalis longior quam tibialis et patellaris simul sumptae, sensim angustata. *Pedes* quam cephalothorax paullo pallidiores, tibiarum summa basi pellucida, aculeis tenuibus, modice longis ornati; femora 1-mi paris ornata aculeis binis, 1 supra, 1 in latere antico, 2-di paris 1-o supra, cetera inermia; tibiae omnes instructae supra aculeis 1.1, praeterea ad apicem habent tibiae 1-mi paris aculeum 1 in utroque latere, 2-di paris 1 in latere postico; metatarsi inermes; tibia cum patella 1-mi paris 1·1 mm., 4-ti paris 1·2 longa. *Abdomen* ovatum, pallidum, cinereo albidum. *Vulva* (fig. 7 c) parum prominens constat e laminis transversis duabus; lamina parietem vulvae anticum et inferiorem efformans antice ventri adnata est, pallide rufo flava, plus minusve infuscata, convexa, marginem posticum liberum habet, in medio sinuatum, in lateribus arcuatum; lamina superior (ventri adpressa) pallida est, margine postico, praesertim medio infuscato, cum priore in lateribus connata eâque plus minusve occulta, ita ut in vulva a ventre aspecta modo pars eius tantum postica, quam lamina inferior duplo fere angustior, fere semicirculata, excavata conspiciatur, modo etiam partes eius laterales cum lamina inferiore connatae videri possint. Laminae ambae in medio inter se non contingunt itaque foveam includunt transversam, cuius formam parum mutat varius situs laminarum.

Mas differt a femina fronte paullo angustiore, capite magis convexo, clypeo perparum altiore, vix breviore quam intervallum oculorum lateralium anticorum et quam dupla longitudo areae oculorum mediorum, mandibulis paullo longioribus quam ambae basi latae, lateribus exterioribus paullo fortius sinuatis. Seriem anticam oculorum in mare uno paullulum recurvam vidi, quod certo etiam in feminis inveniatur, si plures examinentur. *Palpi* (fig. 7 a, b) colore pedum, clava infuscata; partes patellaris et tibialis breves, pilis, qui ceteris multo crassiores sint, carentes; tibialis ad marginem apicalem ornata serie pilorum longorum; patellaris supra fere duplo longior quam subtus, modice convexa, lateribus parallelis; tibialis latior, crasior, parum longior, supra et intus subaequalis, lateribus exteriore et inferiore angulatis, apicem versus dilatata, margine apicali superiore obliquo, latere exteriore breviore quam interius; clava brevis, femore antico multo crassior, quam intervallum oculorum lateralium anticorum non multo angustior; paracymbium sat magnum, fere planum, semilunatum; in bulbi apice pars exterior rotundata in apiculum porrectum producta est, interior carinâ ornatur in bulbi apice sitâ, semicirculari, in spinulam desinenti.

Varietas? Praecedenti formâ, magnitudine, colore simillima, differt ab ea colore paullo obscuriore et oculis maioribus (diameter oculorum mediorum posticorum 0·05—0·06 mm. longa), prominentibus.

Femina. Oculi antici seriem formant paullo recurvam, margines eorum inferiores in lineam fere rectam dispositi; oculi medii lateralibus, qui oblongi sunt, minores, inter se spatio radium fere aequante remoti, a lateralibus distant spatio paullo minore quam horum diameter minor; series postica paullulum procurva, oculi medii remoti inter se spatio $^3/_4$ diametri, a lateralibus spatio diametrum fere totam aequante; trapezium mediorum aeque fere longum ac latum; oculi postici inter se subaequales, lateralibus anticis paullo minores.

Mas. In specimine uno oculorum situs et magnitudo eadem fere atque in femina, oculi tantum medii antici distant inter se spatio quam radius minore, a lateralibus autem spatio diametrum minorem eorum saltem aequante; medii postici a lateralibus posticis remoti spatio aeque longo ac $^5/_4$ diametri oculi medii; in alio exemplari, quod vidi, oculi omnes minores erant, intervalla eorum igitur cum oculorum diametris comparata maiora, praeterea maiora etiam erant spatia interiecta oculis anticis medio et laterali et posticis medio et laterali cum intervallis ceteris comparata.

Gatunek ten, prawdopodobnie nie różny od *L. microphthalma Cambr.*, chociaż ma tułogłowie niegładkie ale bardzo delikatnie siatkowane, znalazłem w okolicach Krakowa i w Tatrach. Okazy krakowskie (z Czerny) tudzież Tatrzańskie z krainy regli w dolinie Strążyskiéj mają oczy dość duże, zresztą nie mogłem pomimo bardzo dokładnego porównania znaleźć żadnéj innéj różnicy między niémi a okazami zebranémi w krainie kosodrzewu tudzież w krainie hal w Tatrach, na Kopie Wielkiéj, na Czerwonych Wierchach, powyżéj Zmarzłego pod Zawratem, za Mnichem i w dolinie Młynicy. Ponieważ nadto u obydwóch tych form wielkość oczu jest nieco zmienna, nie mogę ich uważać za gatunki osobne ale tylko za odmiany, chociaż obecnie uchodzą wielkość i ustawienie oczu za cechy bardzo ważne i stałe u pająków.

Erigone Sav. et Aud.

Erigone cacuminum (n. sp.) (tab. I, fig. 8) cephalothorace et pedibus rufo flavis, abdomine fusco cinereo; parte cephalica leviter arcuata, parte patellari palporum maris tibialem longitudine aequante, quam patella 1-mi paris pedum evidenter breviore, ambabus inermibus, clava sat magna, paracymbio magno, fere angulato curvato, bulbo subtus pone medium spinula brevi adpressa ornato; vulva sat magna, e lamina semicirculata, convexa constanti, in pariete superiore processu obtuso, parum prominenti ornata.

Mas. Cephalothorax (fig. 8 c) 1·2 mm. longus, 0·95 latus, aut minor (1·0 mm. longus, 0·8 latus), ut mandibulae, maxillae, pedes rufo flavus, cum clypeo subtilissime reticulatus, nitidus, supra in capite pilis erectis, procurvis, in series 3 dispositis ornatus; ovatus, antice angustatus, vix sinuatus, fronte parum rotundata, in extrema $^2/_3$ parte latissimus. Dorsum in tertia parte postica secundum rectam fere lineam adscendens, deinde arcu levissimo abiens in partem insequentem, primo vix excavatam, deinde convexiusculam, parum lenius quam praecedens acclivem usque ad punctum, quod ab oculis mediis posticis circiter 1$^1/_2$ eorum diametro distat, denique ad oculos hos paullo descendens; area oculorum mediorum multo magis declivis quam dorsi pars adiacens; clypeus secundum rectam fere lineam descendens, parum procurrens, aeque fere longus ac spatium oculis lateralibus anticis interiectum. Impressiones cephalicae profundae; in thoracis lateribus adsunt puncta utrimque bina, impressa, plus minusve distincta; fovea in declivitate dorsi postica oblonga, profunda, iuxta eam utrimque punctum impressum obsoletum. Oculi mediocres, cingulis nigris circumdati, medii postici separatis, ceteri per paria coniunctis; area oculorum quam cephalothorax $2\frac{1}{3}$ angustior; series postica subrecta, antica paullo recurva (oculorum marginibus inferioribus lineam fere rectam efformantibus); oculi medii postici vix aut paullo longius a lateralibus quam inter se distant, intervallis circiter oculi medii diametrum aequantibus, a mediis anticis remoti spatio circiter $\frac{5}{4}$ eiusdem diametri aequante; medii antici ceteris, qui parum inaequales sunt, multo minores, inter se proximi; laterales paullo oblongi, a mediis distant spatio diametrum suam minorem fere aequante. *Sternum* subtilissime reticulatum, mediocriter nitens, cum labio paullo magis quam cephalothorax supra infuscatum. *Mandibulae* clypeo circa 2-plo longiores, paullo breviores quam ambae basi latae, lateribus exterioribus prope basin convexiusculis, deinde usque ad apicem haud profunde excavatis, lateribus interioribus usque paullo pone medium subrectis, deinde usque ad apicem, qui angustus est, secundum rectam fere lineam discedentibus et secundum totam longitudinem antice ad sulcum unguicularem dentibus fortibus plerumque 5 ornatis, praeter primum, qui ceteris brevior est, apicem versus gradatim minoribus. *Maxillae* rectae, in labium inclinatae, angulo apicali exteriore obtuso, interiore subrecto. *Palpi* (fig. 8 *a*, *b*) rufo flavi, paracymbio et bulbi partibus nonnullis obscurioribus; pars patellaris aeque longa ac $\frac{2}{3}$ patellae pedum anticorum, subcylindrata; tibialis aequali fere longitudine, paullo crassior, apicem versus paullo dilatata, apicis margine exteriore paullulum angulato producto; clava mandibulis paullo crassior, paracymbium magnum, fortiter, fere angulato curvatum, sed neque usquam evidenter incisum, neque in dentem productum videtur, ubique subaequali latitudine, oblique truncatum, angulo antico acuto, sed ipso apice rotundato. Bulbus complicatus, subtus paullo pone medium spinula brevi, curvata, adpressa ornatus, quae plerisque aliis bulbi partibus obscurior est, ideoque non difficile sub lente satis acuta observari potest. *Pedes* pilis, qui ceteris longiores et paullo crassiores sunt, singulis in patellis, binis in tibiis supra ornati; tibia cum patella 1-mi paris (in exemplari cephalothorace 1·2 mm. longo) 1·4 mm. longa (tibia $3\frac{1}{2}$ longior quam patella), metatarsus 1·05 longus, tarsus 0·65, eidem articuli pedum 2-di paris 1·35, 1·00, 0·65, 3-tii paris 1·15, 0·90, 0·55, 4-ti paris 1·55, 1·25, 0·70. *Abdomen* ovatum, fusco cinereum.

Femina. Cephalothorax 1·23 mm. longus, 0·94 latus, oculorum areâ 0·41 lata, magnitudine paullo varians, paullulum magis quam in mare elongatus, antice distinctius sinuatus, capitis lateribus magis parallelis. Ceterum cephalothoracis, mandibularum, maxillarum forma eadem atque in mare, sed ad sulcum unguicularem antice dentes saepius 6 quam 5 adesse videntur. *Palporum* pars patellaris brevis, tibialis latitudine sua circa $2\frac{1}{2}$ longior, tarsalis aeque fere longa atque ambae praecedentes, sensim attenuata, apice ipso obtuso. *Abdomen* ovatum. *Vulva* (fig. 8 *d*) processum efformat rufum aut rufo fuscum, in medio et in lateribus plerumque obscurius coloratum, transverse et in longitudine convexum, qui a ventre aspectus semicircularis, a latere aspectus retro et parum deorsum directus, apice rotundato apparet. In vulvae pariete superiore adest processus, aeque fere longus, tenuis, obtusus, colore eodem, cuius apex in vulva tantum a ventre et a posteriore parte simul aspici potest. *Color* corporis ut in mare, occurrunt tamen specimina modo magis pallida modo obscurius colorata; in illis sternum et labium non obscuriora sunt quam cephalothorax supra, abdomen cinereo albicans, in his abdomen cinereo fuscum. Pedum longitudo: tibia cum patella 1-mi paris 1·44 mm. (tibia circa $3\frac{1}{2}$ longior quam patella), metatarsus 1·02, tarsus 0·61, eidem articuli 2-di paris 1·37, 0·97, 0·57, 3-tii 1·18, 0·86, 0·50, 4-ti 1·57, 1·20, 0·62.

Żyje w Tatrach. Należy do gatunków zamieszkujących najwyżéj położone miejsca, nie widziałem go bowiem nie tylko w saméj krainie kosodrzewu, ale nawet nigdzie blizko téj krainy. Przebywa pod kamieniami w miejscach wilgotnych, często w towarzystwie gatunku *Linyphia varians* i *Erigone adipata* L. KOCH. Pospolicie natrafia się go w znacznéj ilości okazów. Zbierałem go nad Zmarzłém pod Zawratem, na Miedzianém (od zachodu), między stawami Teryjańskiémi i przełęczą Lorenza, za Mnichem, na Mięguszowieckim Wierchu i na Wysokiéj (koło szczytu), między Lodowym Stawem i Luką, w dolinie Świstowéj pod Polską Przełęczą.

Erigone myrmicarum (n. sp.) (tab. I, fig. 9) cephalothorace et pedibus pallide flavis, abdomine flavo cinereo; oculis magnis, parum prominentibus, posticis seriem sat fortiter procurvam efformantibus; vulva magna, a latere aspecta in gibberes duos, anticum fere acutum et posticum rotundatum elevata.

Femina. Cephalothorax 0·70 mm. longus, 0·57 latus, lateribus rotundatis, antice sinuato angustatus, parte cephalica angusta, sub oculis mediis posticis quam pars thoracica duplo angustiore, fronte parum rotundata; subtilissime reticulatus, nitidus, pallide flavus cum mandibulis, maxillis, palpis pedibusque. Dorsi pars $1/3$ postica sat fortiter declivis, subrecta, angulum parum rotundatum efformat cum parte adiacenti, fere omnino libratâ, inter caput et thoracem et pone oculos posticos vix impressâ. Clypeus humilis, quam oculorum series antica circiter $2^1/2$ brevior, parum procurrens. Impressiones cephalicae distinctae. Oculi solito maiores, sed parum prominentes, medii postici ceteris maiores, medii antici ceteris minores, non minimi tamen; omnes circumdati cingulis nigris, cinguli mediorum anticorum contingentes, mediorum posticorum uterque in vittam productus cingulum medii antici attingentem; area oculorum 0·23 mm. lata, series postica sat fortiter procurva, antica procurva (oculorum marginibus superioribus rectam fere lineam efformantibus); oculi medii postici inter se spatio diametro minore, a lateralibus posticis radio minore remoti, a mediis anticis longius quam inter se distant, quod tamen intervallum diametro oculi medii postici etiam paullo minus videtur; oculi seriei anticae spatiis subaequalibus, radium mediorum circiter aequantibus distant; area mediorum plus quam diametro oculi postici latior postice quam antice. *Sternum* ut cephalothorax supra reticulatum. *Mandibulae* clypeo circa 3-plo longiores, paullo breviores quam ambae basi latae, subcylindratae, apice intus rotundato truncato. *Maxillae* marginibus exterioribus subrectis, anteriora versus inter se haud multum appropinquantibus, angulo apicali exteriore valde obtuso, interiore subrecto. *Palporum* pars tibialis circa duplo longior quam lata, tarsalis patellari et tibiali simul sumptis sat insigniter longior, sensim attenuata. *Pedes* longi, tenues; femur 1-mi paris 0·73 mm. longum, patella cum tibia 0·83 (haec illâ fere triplo longior), metatarsus 0·57, tarsus 0·45; eidem articuli 2-di paris: 0·67, 0·81, 0·54, 0·44, 3-tii paris: 0·63, 0·73, 0·52, 0·39, 4-ti paris 0·82, 1·02, 0·65, 0·44. In patellis et tibiis (ut videtur, omnibus) adsunt supra pili ceteris longiores et crassiores, singuli in illis, bini in his circa medium et ante apicem. *Abdomen* ovatum, pallidum, flavescenti cinereum. *Vulva* (fig. 9) magna; paries eius anticus inferior e lamina constat lata, quam vulva tota tamen insigniter angustiore, marginibus lateralibus et postico subrectis, posteriora versus paullo angustata, ventri antico tantum margine adnata; laminae, quae vulvae parietem ventri adpressum efformat, partes tantum laterales, postice late rotundatae, in vulva a ventre aspecta videri possunt, mediae autem partes obteguntur processu e vulvae media parte exeunti, postice et in lateribus rotundato, paullo ultra laminae illius marginem posticum prominenti, ita ut vulva postice non profunde bis emarginata appareat. A latere aspecta vulva bigibba apparet, gibber anticus (laminae anticae margo posticus) fere acutus, posticus (processus medius) parum humilior, rotundatus. Lamina antica rufo flava, in margine postico maculis duabus ornata pallidis, semicirculatis, seiunctis a ceteris laminae partibus arcubus rufo fuscis recurvis; processus medius rufo flavus, linea fere M-formi obscuriore notatus; lamina ventri adpressa colore eodem aut magis lurida.

Z tego gatunku, prawdopodobnie jeszcze nieopisanego, mam tylko dwa okazy, znalezione w Zawoi pod Babią Górą w wysokości około 650 m. Jestto prawdopodobnie stały, ale rzadki, mieszkaniec gniazd mrówek z rodzaju *Myrmica.* Gniazd takich przeszukałem dosyć dużo, ale w jedném tylko znalazłem na spodniéj stronie kamienia, którym gniazdo owe było przykryte, kilka okazów z tego gatunku. Byłyto same samice, strzegące właśnie swych oprzędów z jajami przytwierdzonych włóknami pajęczyny do kamienia. Odwróceniem kamienia spłoszone uciekały wszystkie okazy do głębi gniazda, z czego właśnie wnoszę, że gniazdo to było ich właściwém mieszkaniem. — Nie znalazłem dotychczas nigdzie pewnéj wiadomości o przebywaniu pająków w mrówczych gniazdach, tylko Westring podaje *(w Araneae Suecicae* str. 283 i 319), że znalazł *Erigone parasitica* Westr. koło mrowiska, a *Cryphoeca arietina* Thor. *(Hahnia pratensis* Westr.) w mrowisku, przypuszcza jednak, że ta ostatnia przypadkiem do mrowiska się dostała. Że jednak niektóre pająki (z rodzajów *Cicurina* Menge i *Erigone* Sav. et Aud.) są stałémi mieszkańcami mrowisk, podobnie jak liczne gatunki owadów, o tém przekonałem się z poszukiwań zrobionych w ostatnich dwóch latach, tak że pobyt opisanego tutaj gatunku pomiędzy mrówkami nie należy do wyjątków.

Erigone carpatica (n. sp.) (tab. II, fig. 10) maris cephalothorace alto, dorso a margine postico fere usque ad oculos posticos aequaliter adscendenti, area oculorum mediorum convexa; parte femorali palporum parum breviore quam femur, patellari multo longiore quam patella 1-mi paris pedum, tibiali brevissima, intus processu breviore, sensim angustato, supra processu longo, bulbi laminae adpresso ornata; paracymbio parvo, bulbi apice ornato lamina folio simili, obscura et spina longa, forti, primo deorsum, denique retro flexa.

Mas. Cephalothorax 0·78 mm. longus, 0·60 latus, late ovatus, in lateribus modice rotundatus, antice parum angustatus, fronte aeque circiter lata ac ²/₃ thoracis, parum rotundata. Dorsum a latere aspectum inter caput et thoracem prorsus non impressum, a margine postico primo secundum rectam fere lineam, deinde arcuato adscendens, ad oculos posticos tantum sublibratum; area oculorum mediorum convexa; clypeus sub oculis ad perpendiculum fere directus, inferius parum procurrens, circa triplo longior quam spatium oculis mediis posticis et anticis interiectum, altitudo eius quam latitudo seriei oculorum anticae diametro oculi lateralis minor, sive mandibulae crassitudini aequalis. Impressiones cephalicae ad cephalothoracis margines tantum distinctae esse, laterales in thorace et fovea media prorsus deesse videntur. Thoracis superficies rugulosa, pars cephalica subtilissime reticulata. Oculi parvi, parum prominentes; series postica recta, antica recurva (etiam marginibus oculorum inferioribus lineam paullo recurvam efformantibus), trapezium mediorum parum longius quam latum; oculi laterales contingentes; postici omnes fere aequales, medii depressi, spatio disiuncti quam diameter circa 1¹/₂ maiore, a lateralibus spatio maiore quam hoc intervallum remoti; medii antici minimi, valde approximati, laterales a fronte aspecti a mediis spatio quam sua diametre maiore distare videntur. *Sternum* latum, reticulatum. *Mandibulae* quam clypeus dimidio longiores, breviores quam ambae basi latae, latere exteriore ad basin convexiusculo, ad apicem perparum sinuato, apice intus rotundato truncato. *Maxillae* fortiter in labium inclinatae, lateribus exterioribus pone palporum insertionem celeriter inter se appropinquantibus, angulo apicali exteriore valde obtuso, interiore subrecto. *Labium* breve, lateribus fere parallelis, apice paullo emarginato. *Palporum* (fig. 10 *a, b*) pars femoralis quam femur anticum paullo brevior, patellaris quam patella 1-mi paris pedum circa 1¹/₂ longior, apicem versus paullo incrassata; tibialis brevissima, apice in processus duos producto, quorum interior basi lata, sensim angustatus, subacutus, brevior, superior multo longior, quam bulbi lamina circiter dimidio tantum brevior, paullo — ut videtur — foras arcuatus, apice obtuso, latere interiore in lobum rotundatum dilatato; paracymbium breve, satis aequabiliter arcuatum, apice obtuso. In bulbi apice adest spina longa, fortis, nigricans, primo deorsum, deinde posteriora versus flexa, praeterea in latere exteriore ad apicem lamina magna, folio similis, apice acuto, colore obscuro. *Pedes* ornati pilis crassioribus, brevibus, erectis, horum singuli in patellis, bini in tibiis adesse videntur; tibia cum patella 1-mi paris 0·63 mm. longa, 4-ti paris 0·72. *Abdomen* ovatum. — In exemplari, quod pellem nuper exuerat, cephalothorax cum pedibus, mandibulis, maxillis, palpisque pallidus, ornatus macula quadrangula in occipite, lineis tribus ab ea ad oculos ductis, thoracis marginibus fuscis; oculi cingulis nigris circumdati, spatium circa medios anticos infuscatum; labium et sternum infuscatum; abdomen lurido nigricans.

Species haec omnibus fere partibus cum *E. aestiva* a Dre L. Koch descripta*) congruere videtur; secundum descriptionem distant tamen in *E. aestiva* oculi postici spatiis aequalibus, palporum pars tibialis processibus tribus ornatur. In *E. carpatica* oculi medii postici distant quidem a lateralibus spatio maiore quam inter se, intervalla tamen haec omnia subaequalia videntur, quum series tota, in capite convexo sita, desuper aspiciatur. Processus interior et superior partis tibialis palporum eandem formam habere videntur in *E. aestiva* atque in *E. carpatica*; in illa describitur tamen praeterea processus tertius in apice partis tibialis exterius situs „interiore brevior, sursum curvatus, apice rotundato,“ quo species haec ab *E. longimana* C. L. Koch differre dicitur. In *E. carpatica* adest ad basin laminae bulbi in latere exteriore paracymbium, quod formam eandem habere videtur ac processus ille in *E. aestiva*, sed mobile est et re vera partem articuli tarsalis non tibialis efficit. Paracymbium adest etiam in *E. longimana*, eodem modo atque in *E. carpatica* cum palpo coniunctum, sed multo longius, non tam regulariter arcuatum, ad basin subtus dente parvo, retro directo, acuto ornatum, apicem versus paullo dilatatum, apice ipso adeo oblique truncato, ut margo apicalis palporum axi parallelus evadat.

Jedyny okaz powyżéj opisany znalazłem pod szczytem Krywania w Tatrach w krainie hal. Jestto samiec, który niedawno przedtém ostatni raz się wylinił, tak że pokrycie ciała miał jeszcze niewybarwione i miękkie; po śmierci pająka pofałdowało się ono w części na tułogłowiu, w skutek czego opis téj części wypadł niezupełnie dokładny. Rysunek przedstawiający głaszczek (fig. 10 *a* i *b*) podaje tylko kontury tegoż; robić go musiałem według głaszczka zanurzonego w wodzie, gdyż przy wysychaniu zmieniały jego części położenie swe i kształty.

Erigone aries (n. sp.) (tab. II, fig. 11) cephalothorace flavo fusco, pedibus pallidioribus, abdomine nigro; capite maris elevato, dorso cephalothoracis medio sublibrato, deinde anteriora versus usque ad oculos medios posticos arcuato, area oculorum mediorum ornata processibus duobus parvis, porrectis, curvatis, divaricantibus; feminae dorso parum inaequali, oculis mediis posticis demissius quam summum cephalothoracis sitis, palpis maris mediocribus, parte patellari quam patella 1-mi paris multo longiore, tibiali brevissima, supra ad basin pilo craso, obtuso, erecto ornata, margine apicali in processum sensim angustatum, in apice dente brevi, nigro ornatum producto, bulbo seta longissima et in apice lamina transversa, tenui, suborbiculata instructo; vulva sulcis duobus semicircularibus, posteriora versus discedentibus in tres divisa partes.

Mas. Cephalothorax (fig. 11 *c*) 0·75 mm. longus, 0·60 latus, ovatus, antice sensim angustatus, lateribus non sinuatis, fronte rotundata, nitidus, levis, flavo fuscus, marginibus, macula in occipite sita, lineis ab ea anteriora versus ductis, lateralibus oculos laterales posticos attingentibus, fuscis. Dorsum in $^2/_5$ posticis secundum rectam fere lineam adscendens, deinde fere libratum, denique a loco paullo ante medium sito usque ad oculos medios anticos, qui prominentes sunt, arcuatum; arcus hic postice non multo magis declivis est, quam dorsi pars postica; paullulum ante summam eius partem in declivitate antica positi sunt oculi medii postici, non prominentes. Clypeus sub oculis mediis impressus, paullo inferius sat fortiter procurrens et arcuatus, in quarta circiter parte totius altitudinis facialis fere ad perpendiculum directus aut potius paullo retrorsum ad os decurrens, tota altitudine circa $^6/_5$ latitudinis seriei anticae oculorum aequans. In dorsi declivitate postica proxime a parte librata adest foveola parum definita, non profunda, in thoracis lateribus impressiones nullae; capitis pars elevata in lateribus postice tantum im-

---

*) Beitrag zur Kenntniss der Arachnidenfauna Tirols. 2-te Abhandl., p. 271.

pressione perparum profunda a ceteris cephalothoracis partibus distincta; in capitis lateribus
fovea nulla. In area oculorum mediorum adsunt processus duo, qui si desuper aspiciantur
(fig. 11 *d*) parum ultra oculos medios anticos prominere, clypei marginem non attingere videntur,
inter se proximi, anteriora versus paullo divaricantes, tenues, deplanati, (0·08 mm. longi, 0·008
lati), leviter arcuati, anteriora versus et primo paullo sursum, deinde paullo deorsum directi,
apice desuper aspecto obtuso, a latere viso acutiusculo. Oculorum area vix angustior dimidia
cephalothoracis latitudine; oculi posteriores seriem paullo recurvam efformare et spatiis subaequalibus, diametro oculi medii maioribus distare videntur (in specimine unico, quod vidi, oculi
laterales postici situ ac magnitudine paullo inter se discrepant); series antica procurva, oculi
medii ceteris evidenter quidem sed non multo minores, approximati, non contingentes, laterales
oblongi, ceteris maiores, a mediis spatio diametrum horum aequante remoti; medii postici a
mediis anticis parum longius quam inter se distant, cum eis trapezium formant postice non tota
diametro oculi postici latius quam antice. *Sternum* leve, nitidum, paullo obscurius quam cephalothorax supra coloratum. *Mandibulae* colore cephalothoracis, aeque circiter longae, ac clypeus
altus, apicem versus praesertim a medio angustatae, lateribus exterioribus subrectis, interioribus
a medio rotundatis, ad sulcum unguicularem antice ornatae dentibus quatuor, spatiis subaequalibus distantibus, apicem versus gradatim minoribus. *Maxillae* colore sterni, in labium inclinatae,
rectae, angulo apicali exteriore valde obtuso, interiore fere recto. *Palpi* (fig. 11 *a*, *b*) colore pedum,
clava infuscata; pars patellaris 1¹/₂ fere longior quam patellae anticae, basi tantum arcuata,
ceterum recta et subcylindrata; tibialis brevissima, supra ad basin ornata pilo crasso, obtuso,
paullulum recurvato; apex partis tibialis supra elongatus in processum fere sursum directum,
basi latum, sensim angustatum, margine interiore modice convexo, exteriore excavato, apice ipso
antice dente ornato nigro, brevi, subacuto, angulum fere acutum cum processu efformante. Bulbi
lamina desuper aspecta subtriangularis, margine interiore ceteris longiore, apicali ceteris breviore, a latere visa ad basin in angulum elevata apparet, dentem, quem supra dixi, in processu
partis tibialis situm attingentem. Paracymbium parvum, semilunatum. In bulbo genitali ad apicem
adest pilus tenuis, longissimus, curvatus, bulbi apicem autem occupat lamina pellucida, transversa, plana, ambitu plus quam in semicirculum flexa, apicibus liberis, qui rotundati sunt, a
bulbi lamina aversa. *Pedes* paullo pallidiores quam cephalothorax, patellis et summa basi tibiarum
pallidis; patella cum tibia 1-mi paris 0·73 mm. longa, quam ea circa 3¹/₂ brevior; patellae omnes
supra pilo ceteris crassiore et longiore, tibiae 6 anteriores supra pilis binis, posticae, ut videtur,
singulis supra paullo ante medium sitis ornatae. *Abdomen* ovatum, nigrum.

    Femina. Cephalothorax 0·85 mm. longus, 0·6 latus, cum palpis et mandibulis flavo fuscus,
oculorum area, margine, macula in occipite fere quadrangula, lineis ab ea ad oculos posticos
laterales ductis aliaque media anteriora versus directa, tenuissimis, saturatius fuscis; lateribus
parum rotundatis, antice fere sinuato angustatus, fronte lata, quam thorax circa ¹/₃ angustiore,
parum rotundata. Dorsi ¹/₃ postica secundum rectam lineam adscendens, ¹/₃ media primo vix,
deinde paullo tantum celerius adscendens (itaque paullulum excavata), ¹/₃ antica usque ad oculos
medios anticos, qui aeque fere alte siti sunt atque angulus e dorsi partibus postica et media
efformatus, parum descendens, perparum convexa; capitis summa pars parum altior quam angulus ille; oculi medii postici paullo prominentes. Clypeus sub oculis mediis vix impressus,
parum procurrens, supra marginem convexiusculus, aeque circiter altus atque spatium latum,
quod ab oculis tribus seriei anticae occupatur. Impressiones cephalicae haud profundae, distinctae
tamen, laterales in thorace indistinctae, fovea in declivitate postica sita ut in mare. In linea
media totius partis cephalicae supra pili 4 procurvi, anteriora versus sensim maiores. In area
oculorum mediorum loco processuum, quibus mas ornatur, adsunt pili simili modo curvati, ce-

teris pilis tamen non crassiores. Oculi, quorum magnitudo paullulum variat, aream occupant vix angustiorem quam dimidia cephalothoracis latitudo; series postica subrecta, antica paullo procurva, trapezium mediorum circiter diametro oculi postici antice angustior quam postice; oculi medii postici spatio diametrum aequante aut paullo maiore inter se distant, a lateralibus remoti sunt spatio aut diametrum illam aequante aut saltem tertia parte minore, spatium mediis posticis et anticis interiectum $1^1/_4$ aut $1^1/_3$ diametri oculi postici aequat; medii antici ceteris minores, approximati, a lateralibus, qui oblongi ceterisque maiores sunt, spatio diametrum suam saltem aequante disiuncti. *Mandibulae* $1^3/_4$ fere clypeo longiores. *Sternum, labium, maxillae* fusco nigricantia. *Palporum* pars patellaris brevis, fere $1^1/_2$ longior quam lata; tibialis latitudine apicali circa 2-plo longior, apicem versus paullulum incrassata; tarsalis aeque fere longa atque ambae praecedentes simul sumptae, sensim attenuata, apice ipso obtuso. *Pedes* quam cephalothorax magis rufuscentes, patellis et tibiarum basi pallidis; tibia cum patella 1-mi paris 0·76 mm., 2-di 0·68, 3-tii 0·61, 4-ti 0·86 longa, metatarsus 1-mi paris 0·47, tarsus 0·39 longus. *Abdomen* nigrum. *Vulva* (fig. 11 *e*) sat magna, sterno circa $^1/_3$ angustior, e laminis duabus lateralibus nigris, pilosis et e parte media glabra, fusco rufa constat; partes hae separantur sulcis profundis, in semicirculum flexis, anteriora versus parum, posteriora versus celeriter discedentibus, pars media igitur postice valde dilatata maximam partem marginis vulvae postici subrecti occupat.

Żyje w Tatrach i na Babiéj górze. Zbierałem ją tylko w krainie kosodrzewu i hal pod kamieniami: na Raconiu, na Czerwonych Wierchach, koło pośredniéj Turni, na Krywaniu, w dolinach Wiercichéj, Hlińskiéj i Ciemnych Smreczynach; na Babiéj Górze znalazłem ją w krainie hal. Samca mam tylko jednego (z Raconia). — Jakkolwiek gatunek ten dochodzi w Tatrach miejscami do 2000 m. wysokości, przecież właściwém jego miejscem pobytu wydaje mi się pas kosodrzewu i tylko niższa część właściwych hal; w halach bowiem wyższych napotyka go się tylko w miejscach otwartych, z których śnieg dawno ustąpił, mniéj lub więcéj suchych, oddalonych od pól śniegowych, pokrytych gęstą murawą.

Erigone longa (n. sp.) (tab. II, fig. 12) cephalothorace fusco, pedibus pallidioribus, abdomine nigro fusco; capite maris elevato, supra pilis longissimis tecto, facie fere quadrata, aequali, oculis lateralibus ad angulos superiores, mediis posticis in margine superiore faciei sitis, capite pone hos fortiter declivi; dorso cephalothoracis feminae a margine postico usque ad oculos parum inaequali; palpis maris mediocribus, parte patellari aeque longa ac patellae anticae, tibiali eâ duplo breviore, supra dente et lamella porrecta, brevibus ornata; bulbi latere exteriore gibboso; vulva postice sulcis duobus subparallelis in partes tres divisa, quarum media sulco transverso iterum in duas dividitur partes.

Mas. Cephalothorax (fig. 12 *f*) 1·15 mm. longus, 0·9 latus, flavido fuscus, marginibus fuscis, macula pone capitis partem elevatam sita parva, antice latiore quam postice, lineaque ab ea posteriora versus ducta fuscis; subtilissime reticulatus, nitidus, late ovatus, fere in extrema $^2/_3$ parte latissimus, antice angustatus, vix sinuatus, fronte late rotundata, excepto capite valde humilis. Dorsum a margine postico usque paullo ultra medium perparum declive est, deinde adscendit secundum rectam fere lineam fortiter acclivem, a summo denique capite descendit subito usque ad clypei marginem iterum secundum lineam ubique fere rectam; caput igitur a latere aspectum conum efformat sat latum, summo tantum apice rotundato, latere antico parum fortius quam posticum declivi. Facies (fig. 12 *e*) fere quadrata, supra aeque lata atque mandibulae ambae, lateribus praeruptis, inferius convexiusculis; margo superior faciei recte fere truncatus, inter oculos medios posticos elevatus videtur in conum latum, obtusum, humilem, qui propter pilos longos et densos difficilius conspici potest. Fovea in declivitate dorsi postica rotundata aut oblonga, profunda, impressiones in thoracis lateribus utrimque binae distinctae; capitis pars elevata postice tantum sed non in lateribus limitata impressionibus parum profundis, obliquis, antice abruptis neque sensim evanescentibus, supra et in declivitatis posticae parte superiore ornata pilis longissimis, arcuatis, implexis, quoquoversus flexis, supra oculos medios anticos pilis brevibus, densis, adscendentibus tecta. Oculorum area 0·47 mm. lata, series postica procurva, ocŭli medii supra in capite siti, inter se multo magis quam a lateralibus remoti, laterales in exteriore parte angulorum capitis superiorum siti, paullo oblongi, cum lateralibus anticis contingentes et cingulo communi nigro circumdati; series antica fortiter recurva, oculi medii parvi, non prominentes, circiter diametro sua inter se distare vɩdentur, circa in ³/₅ clypei altitudinis in macula communi fusca siti; spatium lateralibus et mediis interiectum multo maius quam illorum diameter. *Sternum* subtilissime reticulatum, nitidum, cum *labio* fuscum. *Mandibulae* colore cephalothoracis, transverse reticulatae, aeque fere longae atque ambae basi latae, quam facies parum breviores, lateribus exterioribus fere parallelis, ante apicem tantum paullulum discedentibus, interioribus fere a medio ad apicem usque rotundatis, ad sulcum unguicularem ornatis antice dentibus 5 ´sensim minoribus, anguste conicis, et praeterea 1-o minore altius — fortasse in sulci illius margine posteriore — sito. *Maxillae* sterno pallidiores, fortiter in labium inclinatae, marginibus exterioribus subrectis, apice oblique truncato, angulo exteriore valde obtuso, interiore subrecto. *Palpi* (fig. 12 *a*, *b*) cephalothorace pallidiores, clava infuscata; pars patellaris aeque fere longa ac patellae anticae, subcylindrata, latitudine circa 2¹/₂ longior; tibialis (fig. 12 *c*, *d*) saltem duplo brevior, margine apicali supra producto in processus duos parvos: exterius in dentem rectum, acutum, articulo saltem duplo breviorem, intus in lamellam dente eo saltem non longiorem, bulbi laminae incumbentem, margine exteriore excavato, interiore et apicali arcuatis, angulo apicali exteriore in denticulum acutum, minimum elongato, praeterea plerumque etiam in margine exteriore denticulo alio minore ornatam. Paracymbium minimum, semilunatum, apicem versus, qui rotundatus est, paullo dilatatum. In bulbi genitalis latere exteriore adest corpus intus excavatum, extrinsecus convexum, quod in bulbo a latere viso lobum rotundatum, magis minusve prominentem efformat; bulbi apex ornatus aculeo curvato et processu alio, cuius apex niger nonnunquam haud profunde furcatus apparet; ambo sub lente valde acuta tantum cerni possunt. *Pedes* cephalothorace pallidiores, colore rufescenti suffusi, patellis pallidis; tibia cum patella 1-mi paris 1·02 mm. longa, metatarsus 0·75 longus, tarsus 0·52, eidem articuli 2-di paris 0·96, 0·74, 0·52, 3-tii paris 0·94, 0·70, 0·44, 4-ti paris 1·28, 0·97, 0·57. *Abdomen* nigro fuscum, in adultis primo ovatum, postea elongatum, latitudine sua plus duplo longius, lateribus ubique fere parallelis, antice transverse et ad perpendiculum truncatum, dorso antice et postice transverse plicato. Occurrunt specimina descriptis minora, cephalothorace nonnunquam 0·9 mm. longo; color etiam paullo variat.

Femina colore mari similis. *Cephalothorax* 1·1 mm. longus, 0·82 latus, humilis, lateribus modice rotundatis, in extrema ²/₃ parte latissimus, antice sinuato angustatus, fronte ad angulos tantum rotundata. Dorsum a latere aspectum a margine postico usque ad oculos medios posticos parum inaequale, postice secundum rectam fere lineam adscendens, arcu levissimo in partem anteriorem abiens, inter caput et thoracem levissime impressam, in capite perparum convexam. Oculorum mediorum area sub oculis posticis convexiuscula, inferius plana et aeque fere ac clypeus declivis, qui sat fortiter proiectus, sub oculis mediis perparum impressus, aeque altus est atque oculorum seriei anticae dimidia latitudo. Fovea in declivitate dorsi postica sita rotundata, sat profunda; impressiones cephalicae distinctae; pars thoracica ornata impressionibus distinctis binis utrimque in lateribus et postice utrimque una. Oculorum area paullo latior quam ²/₅ thoracis, series postica procurva, antica fortiter recurva; oculi medii postici inter se spatio quam diameter duplo maiore, a lateralibus quam ea fere minore, a mediis anticis spatio paullo maiore quam inter se remoti; oculi medii antici ceteris, qui parum inaequales et paullo oblongi sunt, multo minores, distant inter se spatio quam radius modo maiore modo minore, a lateralibus anticis spatio fere diametrum horum minorem aequante. *Mandibulae* clypeo triplo longiores, aeque fere longae atque ambae basi latae, lateribus exterioribus parallelis, ante apicem paullulum excavatis, a medio fere angustatae, dentibus ut in mare ornatae. *Palporum* pars patellaris brevis; tibialis latitudine apicali vix duplo longior, apicem versus paullulum dilatata; tarsalis apicem versus angustata, apice ipso obtuso, quam patellaris cum tibiali paullo brevior. *Pedum* longitudo: tibia cum patella 1-mi paris 1·05 mm., metatarsus 0·65, tarsus 0·47, eidem articuli 2-di paris 0·97, 0·61, 0·45, 3·tii paris 0·86, 0·59, 0·39, 4-ti paris 1·20, 0·84, 0·49. *Abdomen* oblongum. *Vulva* (fig. 12 *g*) multo latior quam longa, antice et in lateribus sulco arcuato, indistincto circumdata, postice recte fere truncata, sulcis duobus e margine postico exeuntibus, anteriora versus et paullulum introrsum directis, mediam fere vulvae aream attingentibus, antice in foveolas minutas dilatatis, in tres divisa partes, quarum laterales fuscae sunt, media flavida autem sulco tenui, sat fortiter arcuato, procurvo in duas iterum dividitur partes. Sulci omnes in vulva humefacta nigricantes in fundo fusco flavescenti apparent.

Mas capitis a latere aspecti formâ *Erigonae monodonti* CAMBR. et *E. scurrili* ID. *) similis est, facie tamen plana, supra fere recte truncata et aeque fere atque mandibulae ambae lata, processibus partis tibialis palporum maris parvis, facillime ab eis distinguitur.

Żyje w najwyższych miejscach Tatr, w wysokości przynajmniéj 2000 m. Przebywa pod kamieniami, miejsc suchych unika, należy do rzadkich gatunków. Zbiérałem ją nad Zmarzłém koło Zawratu, na stokach północnych Mięguszowieckiego Wierchu, pod szczytem Wysokiéj, powyżéj stawu Lodowego ku Luce i w dolinie Świstowéj pod Polską Przełęczą.

Erigone gibbifera (n. sp.) (tab. II, fig. 13) cephalothorace rufo fusco aut fusco nigricanti, pedibus rufo flavis, abdomine nigro; cephalothorace maris pone oculos elevato in gibberem latum, sulco transverso perparum profundo in duas divisum partes, postice sensim abeuntem in dorsi declivitatem posticam, in lateribus fovea profunda ornatum; oculis mediis posticis feminae demissius quam summum cephalothoracis, in plano anteriora versus usque ad oculos medios anticos aequaliter descendenti sitis; parte patellari palporum maris aeque longa ac patellae anticae, tibiali eâ duplo breviore, margine apicali supra sinuato et spina brevi, intus directa ornato, clava parva, bulbo simplici; vulva ad marginem posticum sulcis duobus anteriora versus parum inter se appropinquantibus in partes tres divisa.

Mas. Cephalothorax (fig. 13 *d, e*) 1·04—1·12 mm. longus, 0·80—0·88 latus, ovatus, fere in extrema ²/₃ parte latissimus, lateribus rotundatis, antice sat fortiter angustatus, vix sinuatus, fronte late rotundata, longitudine sua circa duplo humilior; dorsum a margine postico sat celeriter, primo secundum rectam fere lineam, deinde arcuato adscendens usque ad partem summam cephalothoracis, quae paullo ante medium sita est; latus anticum partis cephalothoracis altissimae, quae sulco transverso perparum profundo in duas dividitur partes (posteriorem multo longiorem quam antica, vix tamen altiorem), multo fortius declive est quam area oculorum mediorum et a clypei margine quinta parte longitudinis totius cephalothoracis distat; caput inter partem illam et oculos medios posticos sublibratum, oculorum mediorum area fere plana; clypeus sub oculis fere ad perpendiculum directus, inferius paullulum procurrens, aeque altus ac spatium longum, quod ab oculis tribus seriei anticae occupatur. Tumor occipitalis (sive illa cephalothoracis pars altissima) desuper aspectus paullo angustior quam oculorum area, ubique fere aequaliter latus, latitudine sua paullo longior, latera eius subrecta, margines anticus et posticus arcuati, sulcus

---

*) CAMBRIDGE, Descriptions of Twenty-four new Species of Erigone, (Proc. Zool. Soc. 1872) p. 759, 760; tab. LXVI, f. 16, 17.

transversus subrectus apparent; tumoris latera occupantur a fovea magna, profunda, paullo oblonga, a qua deorsum descendit sulcus parum profundus, infra cum impressione cephalica, postice parum distincta, in capitis lateribus sat profunda coniunctus; dorsum tumoris in parte posteriore planum est, in anteriore — supra et in lateribus pilis paucis brevibus ornata — transverse convexum, quam ob rem pars haec desuper inspicienti paullo angustior videtur quam illa. In declivitate postica cephalothoracis adest fovea oblonga, modice profunda, impressiones laterales thoracis indistinctae sunt. Cephalothorax reticulatus, nitidus, capite levi, rufo fuscus aut fusco nigricans, tumore occipitali pallidiore; humefactus maculis lineolisque paullo pallidioribus conspersus apparet, oculorum area et spatium oculis mediis posticis et tumori occipitali interiectum fusca, lineae ab oculis posticis medio et laterali super foveam occipitis lateralem ducta et ibi paullo dilatata, quae etiam in cephalothorace desuper aspecto videri potest, in tumoris declivitate postica lineae duae spatio angusto, lineolâ aliâ tenuiore dimidiato disiunctae, posteriora versus discedentes, fuscae; omnes in speciminibus obscure coloratis magis minusve obliteratae. Oculorum area aeque lata ac $^4/_9$ cephalothoracis; series ambae subrectae; oculi laterales contingentes, medii postici inter se et a mediis anticis spatiis fere aequalibus remoti, diametrum suam aut aequantibus aut paullo maioribus, a lateralibus posticis distant spatio diametro illa aut minore aut eam fere aequante; oculi medii antici ceteris minores, laterales antici ceteris maiores, medii inter se spatio paullo minore quam a lateralibus remoti, intervalla aut omnia diametro mediorum evidenter minora sunt, aut lateralia eam fere aequant. *Sternum* cum *labio* colore cephalothoracis, ad margines reticulatum, medio nitidissimum est sed sub microscopio subtilissime reticulatum apparet. *Mandibulae* cephalothorace pallidiores, quam clypeus $^2/_3$ longiores, aeque fere longae atque ambae basi latae, lateribus exterioribus basi paullulum convexis, ante apicem paullo sinuatis, interioribus a medio fere rotundatis et discedentibus, dentibus ad sulcum unguicularem antice angustis, conicis 5 ornatae, 1-o parvo, insequentibus maioribus, apicem mandibulae versus gradatim minoribus. *Maxillae* cephalothorace pallidiores, forma eadem atque in *E. longa*. *Palpi* (fig. 13 *a*, *b*) quam pedes pallidiores, bulbi lamina non infuscata; pars patellaris longitudine patellas anticas aequans, subcylindrata; tibialis (fig. 13 *c*) duplo fere brevior, apicem versus paullo dilatata, aeque fere longa atque apice lata; margo eius apicalis supra exteriora versus satis profunde sinuatus et in sinus parte exteriore spina nigra, gracili, acuta, articulo duplo breviore, anteriora versus et paullo intus et deorsum directa ornatus; bulbus genitalis satis simplex, parum crassior quam femora antica, laminae eius margo exterior inaequabiliter arcuatus, interior paullo concavus, apicalis rotundatus. *Pedes* rufescenti flavi, tibiae basi annulo pallido, angusto, parum distincto ornatae; pili erecti, tenues, breves adsunt singuli in patellis et in tibiis supra prope basin, ad tibiarum apicem deesse videntur; tibia cum patella 1-mi paris (in specimine, cuius cephalothorax 1·12 mm. longus est) 1·05 mm. longa, metatarsus 0·73, tarsus 0·53; eidem articuli pedum 2-di paris aeque longi, 3-tii paris 0·91, 0·65, 0·44, 4-ti paris 1·22, 0·89, 0·57. *Abdomen* ovatum, fusco nigrum aut nigrum.

Femina colore mari similis; in occipite habet tamen maculam postice rotundatam, antice et in lateribus recte truncatam, cum oculorum area coniunctam lineis fuscis 5, mediâ antice dilatata, intermediis nonnunquam indistinctis; tota haec pictura in nonnulis indistincta. *Cephalothorax* 1·3 mm. longus, 1·05 latus, antice angustatus, parum sinuatus, fronte in lateribus rotundata, in medio recta, dorso in $^2/_5$ posticis fere recte adscendenti, summum reliquae partis, quae inter caput et thoracem vix sinuata est, a clypei margine $^2/_7$ longitudinis cephalothoracis remotum; pars haec postice paullo adscendens, antice aeque fere atque area oculorum mediorum proclivis, spatium pone oculos medios posticos situm, diametro eorum duplo fere longius, rectum; oculi medii postici fere diametro oculi lateralis demissius siti quam summum cephalothoracis. Impressiones cephalicae distinctae, laterales in thorace plus minusve obsoletae, fovea in declivitate dorsi postica oblonga, modice profunda. Clypeus paullo brevior quam spatium ab oculis tribus seriei anticae occupatum, sub oculis mediis fere ad perpendiculum directus, deinde paullo procurrens, supra ipsum marginem convexiusculus. Caput supra ornatum serie pilorum sat longorum, procurvorum, area oculorum etiam pilosa. Oculorum area aeque lata ac $^4/_9$ thoracis, series ambae subrectae; oculi laterales antici ceteris paullo maiores, oblongi, medii antici ceteris minores; medii postici inter se spatio diametrum fere aequante, a lateralibus, qui paullo maiores sunt, quam illa circiter $^1/_4$ minore, a mediis anticis spatio diametro eâdem paullo maiore remoti; medii antici inter se spatio diametrum aequante, a lateralibus minore disiuncti; trapezium oculorum mediorum postice diametro oculi postici latius quam antice, (magnitudo oculorum mediorum posticorum et intervallum mediorum anticorum paullo variant). *Mandibulae* basi in dorso et in lateribus exterioribus convexiusculae, ceterum subrectae, lateribus interioribus a medio fere discedentibus, fortiter rotundatis, ut in mare armatis, clypeo circa duplo longiores, paullulum breviores quam ambae basi latae. *Palporum* pars tibialis circa $2^1/_2$ longior quam lata, subcylindrata, tarsalis ambabus praecedentibus simul sumptis vix longior, sensim attenuata, apice obtuso. Pili in *pedum* patellis longiores quam in mare, in tibiis anterioribus bini, singuli, ut videtur, in posterioribus (prope basin). Tibia cum patella 1-mi paris 1·26 mm. longa, metatarsus 0·81, tarsus 0·54, eidem articuli 2-di paris 1·21, 0·78, 0·52, 3-tii paris 1·09, 0·78, 0·45, 4-ti paris 1·43, 1·02 0·56; tibia antica $2^1/_2$ longior quam patella. *Abdomen* ovatum; vulva (fig. 13 *f*) humefacta fusca, in medio pallida, postice lineis ornata duabus e margine postico, qui vix rotundatus est, exeuntibus, nigris, antice in maculam parvam rotundatam, magis pallidam dilatatis, aream includentibus antice paullo angustiorem quam postice, paullo latiorem quam longam; lineae hae sulci sunt antice in foveolam parvam dilatati, quod in vulva desiccata videri potest.

Mas cephalothoracis forma simillimus est *E. retusae* WESTR.; pars tibialis palporum tamen quum a latere aspiciatur, subcylindrata, non in angulum acutum supra elevata apparet. *Erigone tarsalis* THOR. *) partem eam etiam fortiter dilatatam, subtriangularem habere dicitur, certo igitur ab *Er. gibbifera* diversa est.

Żyje w Tatrach. Dotychczas znalazłem ją tylko po stronie galicyjskiéj, nie brakuje jéj jednak bez wątpienia i po węgierskiéj stronie, gdzie niższych części regli dotąd nie miałem sposobności dokładniéj przeszukać. Przebywa najczęściéj na świerkach, podczas gdy nadzwyczaj do niéj w płci samiczéj podobną *Er. agrestis* (BLACKW.) prawie tylko pod kamieniami znajdowałem. Zamieszkuje krainęfregli, w których ją zbierałem w dolinach Kościeliskiéj, Małołąckiéj i Strążyskach, tudzież na Boczaniu; w krainie kosodrzewu raz ją tylko znalazłem w dolinie Miętusiéj. Zdaje się być jednym z rzadszych gatunków, gdyż okazów posiadam niewiele, chociaż pająków na drzewach żyjących zebrałem w Tatrach bardzo dużo.

Erigone excavata (n. sp.) (tab. II, fig. 14) maris cephalothorace fere rotundato, luteo fusco, pedibus flavidis, abdomine nigricanti; capite parum altiore quam pars thoracica, area oculorum mediorum aeque fere proclivi ac spatium pone eam situm declive; parte patellari et tibiali palporum brevibus, illius apice pilo sat longo ornato, clava femore antico plus duplo crassiore, lamina prope basin in cristam magnam, apice rotundatam elevata.

Mas. Cephalothorax (fig. 14 *c*) 0·88 mm. longus, 0·78 latus, fere rotundatus, postice truncatus, antice fortiter angustatus, vix sinuatus, oculorum area thorace triplo angustiore, fronte angusta, rotundata; cum clypeo reticulatus, luteo fuscus, colore rufo suffusus, thoracis marginibus, macula in occipite sita, lineis tribus cum oculorum area coniuncta, oculorum area — excepto

---

*) THORELL, Descriptions of several European and North-African Spiders; p. 43.

spatio oculis mediis posticis interiecto — fuscis; oculi cingulis nigris circumdati. Dorsum in $^3/_7$ posticis leniter adscendit, deinde sensim abit in partem sublibratam aut potius perparum adscendentem, cum declivitate postica $^2/_3$ cephalothoracis occupantem, denique usque ad oculos medios posticos iterum paullo adscendit et convexiusculum est; oculorum mediorum area aeque fere proclivis atque spatium pone eam situm declive. Clypeus sub oculis mediis prominentibus paullo impressus, deinde usque ad marginem declivis, margine desuper adspecto parum ultra oculos medios anticos prominenti, paullo longior quam spatium ab oculis tribus seriei anticae occupatum, longior quam area oculorum mediorum. In declivitate dorsi postica adest fovea oblonga, iuxta eam utrimque foveola rotundata, in thoracis lateribus utrimque impressiones binae, omnes ut etiam impressiones cephalicae parum expressae; in dorsi parte librata linea impressa, brevis. Oculi exceptis mediis anticis magni, medii postici lateralibus anticis subaequales, lateralibus posticis maiores, medii antici ceteris multo minores, non minimi tamen; series postica procurva, antica paullulum procurva, area mediorum aeque fere longa ac postice lata; oculi medii postici inter se spatio radium fere aequante, a lateralibus circa duplo minore remoti; medii antici inter se spatio quam radius maiore, a lateralibus quam ille minore distare videntur, quum series tota a fronte aspiciatur. *Sternum* luteo fuscum, vix longius quam latum, antice late truncatum, subtilissime reticulatum, magis quam cephalothorax supra nitens. *Mandibulae* sterno pallidiores, clypeo fere $^1/_4$ longiores, paullo breviores quam ambae basi latae, lateribus exterioribus subrectis, infra medium perparum sinuatis, interioribus a basi ad medium rectis, contingentibus, a medio subito discedentibus et fortiter excavatis, ut videtur inermibus, dorso infra medium impresso. *Maxillae* sterno pallidiores, fortiter in labium inclinatae, marginibus exterioribus a palporum insertione, interioribus a labio usque ad ipsum apicem subrectis. *Palporum* (fig. 14 *a*, *b*) pars patellaris desuper aspecta latitudine vix $1^1/_2$ longior, lateribus parallelis; supra arcuata, in apice pilo sat longo et forti ornata, subtus saltem 4-plo brevior quam supra; tibialis supra aeque longa ac patellaris, subrecta, subtus duplo fere brevior, convexa, desuper aspecta apicem versus sensim dilatata, apice $1^1/_2$ latior quam pars patellaris, margine apicali exteriora versus paullo producto et levissime sinuato, clava femore antico plus duplo crassior, bulbi lamina margine exteriore ad medium profunde inciso, prope basin in cristam magnam elevata, intus convexam, exteriora versus concavam, quae quum a latere adspiciatur, subtriangularis, apice late rotundato apparet; paracymbium magnum, bulbus complicatus, bulbo *Bathyphantarum* (MENGE) similis; pars tibialis et tarsalis infuscatae, ceterae colore pedum. *Pedes* sat longi, tenues, pilis singulis in patellis, binis in tibiis, brevibus, erectis, ornati videntur; flavidi, parum rubescentes; tibia cum patella 1-mi paris 1·10 mm. longa (haec illâ circa $3^1/_2$ brevior), metatarsus 0·78, tarsus 0·52; eidem articuli 2-di paris 0·99, 0·71, 0·47, 3-tii paris 0·81, 0·62, 0·41, 4-ti paris 1·21, 0·94, 0·49. *Abdomen* oblongo ovatum, nigricans.

Femina ignota.

W jednym okazie znaleziona pod kamieniem u wejścia do doliny Małołąckiéj w Tatrach w wysokości 930 m. Gatunek ten na piérwszy rzut oka podobny do wielu innych, przedstawia przy bliższém rozpatrzeniu tyle cech wybitnych, że zasługiwałby może na umieszczenie w osobnym rodzaju. Rodzaj jednak *Erigone* składa się obecnie z tylu różnorodnych form, że i ten gatunek da się w nim pomieścić, przynajmniéj na tymczasem.

Erigone decipiens (n. sp.) (tab. II, fig. 15) maris cephalothorace et pedibus rufo testaceis, capite infuscato, tibiis 4 anterioribus fuscis, abdomine fusco; capite in gibberem oblongum elevato oculos medios posticos gerentem, capiti tota basi adnatum; parte patellari palporum aeque longa ac patellae anticae, tibiali eâ breviore, processibus duobus ornata, superiore fere erecto, apice paullo procurvo, interiore bulbi laminae adpresso, apice oblique acuminato.

Mas. Cephalothorax (fig. 15 c) 1·1 mm. longus, 0·8 latus, ovatus, fere in medio latissimus, antice fortiter angustatus, vix sinuatus, fronte angusta, fortiter rotundata, dorso in ¹/₃ postica fere recte, celeriter adscendenti, deinde arcuato abeunti in partem mediam, cum priore ⁴/₇ cephalothoracis occupantem, anteriora versus evidenter descendentem, serie pilorum paucorum, procurvorum ornatam; capitis pars praeiacens in gibberem elevata longitudine ²/₇ cephalothoracis aequantem, circa duplo humiliorem, supra subplanum et pilis brevibus, subtilibus, procurvis in series tres, ut videtur, dispositis ornatum, postice arcu levi declivi, antice ad perpendiculum descendentem, capiti tota basi adnatum, ab eo tamen antice et postice bene discretum; gibber ille desuper aspectus longior apparet quam latus, posteriora versus paullo angustatus, latitudine spatium oculis lateralibus posticis interiectum aequat; margo eius anticus rotundatus est, latera postice sensim abeunt in marginem posticum fortius quam anticus rotundatum; a fronte aspectus gibber fere exacte semicircularis apparet; in lateribus a capite seiungitur foveâ paullo pone et supra oculos laterales posticos sitâ et sulco multo minus profundo, ab ea posteriora versus ducto, fere librato, postice ante gibberis latus posticum finito. Caput a gibbere modice descendens usque ad oculos medios anticos, qui a gibberis basi aequo intervallo sunt remoti atque medii postici, qui in gibbere ipso iacent. Clypeus sub oculis mediis primo ad perpendiculum directus, paullo inferius procurrens et arcuatus usque ad marginem, a quo oculi medii antici desuper aspecti aeque distare videntur atque a mediis posticis; altitudo clypei vix maior quam altitudo (non longitudo) areae oculorum mediorum. Impressiones cephalicae profundae, laterales in thorace sat numerosae, partim breves, lineares, partim rotundatae; fovea in declivitate dorsi postica sita oblonga, profunda; in ipso angulo inter dorsi partem posticam et mediam stria brevis, subtilis; a fovea capitis laterali extenditur deorsum et posteriora versus sulcus latus, satis profundus. Cephalothorax levis, nitidus, clypeo subtilissime rugoso, rufo testaceus, marginibus et parte cephalica — excepto gibbere summo — infuscatis. Oculorum area 0·32 mm. lata; series postica desuper aspecta modice procurva, antica subrecta; oculi medii postici ad gibberis occipitalis angulos anticos siti, spatio quam diameter circa 1¹/₂ longiore disiuncti; laterales a fronte difficilius discernuntur, contingentes, in capitis lateribus siti, antici ovati; medii antici ceteris minores, in macula communi nigra siti, spatio quam radius minore disiuncti, a lateralibus intervallo paullo minore quam horum diameter minor remoti. *Sternum* leve, nitidum, cum labio rufo fuscum. *Mandibulae* colore partis cephalicae, aeque longae ac tota altitudo facialis, evidenter longiores quam ambae basi latae, in ²/₃ superioribus parum angustatae, subcylindratae, ¹/₃ partis apicalis latus exterius supra paullulum excavatum, interius usque ad apicem excavato truncatum, antice ad sulcum unguicularem ornatum dentibus 4, quorum 2 intermedii reliquis maiores sunt. *Maxillae* mandibulis pallidiores, fortiter in labium inclinatae, angulo apicali exteriore vix cernendo, interiore subrecto. *Palpi* (fig. 15 a, b) pedum femoribus paullo pallidiores, parte tibiali et tarsali infuscatis, processibus illius et partibus nonnullis bulbi genitalis fuscis; pars patellaris aeque longa ac patellae anticae, apice quam basi paullo latior, tibialis latere exteriore eâ duplo breviore, subtus fortiter convexa, margine apicali supra in processus duos sinu lato, rotundato seiunctos elongato, quorum superior longus, fere ad perpendiculum directus, apice paullo procurvo, acuto, interior bulbi laminae incumbens, paullulum sinuatus, apice subito oblique acuminato. Bulbi lamina desuper aspecta subovata, margo eius exterior ante apicem haud profunde excisus; in bulbi apice intus adest spina sursum, deinde exteriora versus flexa; apex spinae porrectus, in bulbi parte exteriore situs obvolvitur lamina oblonga, pellucida, apice subtilissime dentata, parti exteriori bulbi apicis infra inserta. *Pedes* pilis robustioribus carentes, femoribus rufo testaceis, anticis quam cetera paullo magis infuscatis, patellis pallidis, tibiis quatuor anterioribus fuscis, posterioribus cum metatarsis et tarsis omnibus quam femora paullo pallidioribus; femur 1-mi paris

0·94 mm. longum, tibia cum patella 1·03 (haec illâ 2¹/₂ brevior), metatarsus 0·66, tarsus 0·45, eidem articuli 2-di paris: 0·84, 0·95, 0·64, 0·41, 3-tii paris: 0·73, 0·79, 0·57, 0·39, 4-ti paris: 0·97, 1·15, 0·83, 0·47. *Abdomen* ovatum, supra fuscum, subtus pallidius.

Cephalothoracis forma et palporum structura similis *Er. cucullatae* (C. L. Koch) Menge; differt ab ea tibiis anterioribus fuscis, capitis spatio ante gibberem occipitalem sito proclivi, non ut in ea elevato, processu partis tibialis palporum exteriore potius in superiore quam in exteriore latere articuli sito, minus curvato, processu interiore multo tenuiore, neque apicem versus dilatato neque dentato cet.

Z tego gatunku znalazłem jeden tylko okaz w dolinie Strążyskiéj w Tatrach, w wysokości mniéj więcéj 900 m. n. p. m. *)

Erigone suspecta (n. sp.) (tab. III, fig. 16) cephalothorace rufo fusco, pedibus rufescentibus, abdomine fusco; capite maris elevato in gibberem oculos medios posticos gerentem, oblongo rotundatum, quam series oculorum antica latiorem, ante eum ornato processu parvo, erecto, appendices duas minutas divaricantes gerente; capite feminae multo altiore quam pars thoracica, postice fortiter declivi, serie oculorum postica fortiter procurva; parte patellari palporum maris paullo breviore quam patellae anticae, tibiali dilatata, supra processibus duobus ornata, interiore longo, bulbi laminae adpresso, exteriore fere quadrangulo, transverso, convexo; vulva constanti e lamina convexa, latere postico sulcis duobus in partes tres diviso.

Mas (pelle nuper exuta). *Cephalothorax* (fig. 16 *c*) 1·09 mm. longus, 0·81 latus, subovatus, fere in extrema ²/₃ parte latissimus, antice angustatus, paullo sinuatus, fronte quam thorax duplo angustiore, sat fortiter rotundata, postice et in lateribus subtilissime reticulatus, nitidus, cum mandibulis, maxillis, labio flavo fuscus, macula pone gibberem occipitalem sita, marginibus thoracis, radiis in eius lateribus utrimque binis fuscis. Dorsi ¹/₃ postica secundum rectam fere lineam adscendens, arcuato coniuncta cum ¹/₃ media, postice sublibratâ, antice paullulum adscendenti usque ad gibberem occipiti impositum; hic a latere visus fere ellipticus, axe posteriora versus paullo descendenti, longitudine sesquiplicem altitudinem suam aequans, 2¹/₂ longior quam tibiae anticae crassae, ultra basin adnatam, quae ¹/₇ brevior est quam axis, postice paullo, antice perparum prominens, desuper aspectus vix longior quam latus, fere rotundatus, antice paullo angustior quam postice; ante gibbum hunc, ab eo sinu rotundato seiunctus iacet processus alius, multoties minor, erectus, antice ad apicem ornatus appendicibus duabus ut in *Er. antica* conformatis, a latere visus apice rotundatus, aeque altus ac longus, latere antico directo abeunti in clypeum ad perpendiculum fere directum et rectum; desuper aspectus gibbo occipitali saltem triplo angustior, circa 1¹/₂ latior quam longus apparet. A fronte aspectus gibbus occipitalis (fig. 16 *d*) evidenter latior quam oculorum series antica (non eâ angustior, ut in *E. antica*), fere transverse ovatus, basi adnata duplo fere angustiore quam gibbus ipse latus; a capite seiungitur foveâ profunda, pone oculum posticum lateralem sita et sulco ab ea posteriora versus ducto, sensim abeunti in sinum, qui gibbum postice limitat. Impressiones cephalicae parum expressae, laterales thoracis utrimque binae distinctae, declivitatis dorsi posticae pars superior ornata fovea oblonga, sat parva; thoracis margines paullulum elevati limbum efformant parum distinctum. Clypeus aeque fere altus atque intervallum oculorum lateralium anticorum longum. Oculorum series

---

postica quam antica saltem non latior, antica paullulum recurva, oculorum marginibus inferioribus in lineam fere rectam dispositis, oculi medii in macula diffusa nigra siti, lateralibus minores, plani, pilis brevibus sat multis circumdati, spatio remoti, quod radio minus esse videtur, laterales rotundi, a mediis fere diametro sua distantes; medii postici in gibbi occipitalis declivitate antica exteriore siti, spatio quam diameter circa 3-plo longiore remoti, plani, pallidi, cingulis angustis nigris circumdati; laterales antici et postici contigentes, cingulo communi nigro circumdati. *Sternum* quam cephalothorax supra magis infuscatum, leve, nitidum. *Mandibulae* clypeo circa duplo longiores, paullulum breviores quam ambae basi latae, dorso et lateribus exterioribus subrectis, interioribus in $^2/_3$ superioribus rectis, in $^1/_3$ apicali oblique truncatis et antice ad sulcum unguicularem dentibus haud longis 5, ut videtur, ornatis. *Maxillae* fortiter in labium inclinatae, angulo apicali exteriore valde obtuso, interiore subrecto. *Palporum* (fig 16 *a, b*) pars patellaris patellâ 1-mi paris brevior, apicem versus paullo incrassata, crassitudine apicali saltem $2^1/_2$ longior; tibialis brevior, a basi ipsa subito dilatata, subtus convexa, margine apicali in lobum brevem, obtusum producto, supra ornata processibus duobus contingentibus, quorum interior saltem aeque longus est atque pars patellaris, bulbi laminae adpressus, paullo sinuatus et oblique foras directus, ante apicem paullo gibbosus, apice fere acuto; exterior multo brevior quam interior, paullo latior quam longus, convexus, bulbi laminae parallelus, fere quadrangulus, angulo exteriore rotundato, interiore elongato in appendicem flexuosam, sub processum ipsum inflexam, fere usque ad eius angulum exteriorem extensam; paracymbium parvum, parum arcuatum, apice obtuso; bulbus femore antico saltem duplo crassior, in apice spina in circulum flexa ornatus. *Pedes* pilis robustioribus carentes, toti flavidi; eorum longitudo: 1-mi paris femur 1·09 mm., patella 0·31, tibia 0·97, metatarsus 0·86, tarsus 0·50, 2-di paris: 1·04, 0·32, 0·91, 0·83, 0·49, 3-tii paris 0·91, 0·29, 0·78, 0·78, 0·47, 4-ti paris 1·15, 0·31, 1·17, 1·12, 0·60. *Abdomen* supra fuscum, subtus pallidius.

Femina. Cephalothorax 1·22 mm. longus, 0·84 latus, in extrema $^2/_3$ parte latissimus, lateribus in $^2/_3$ posticis parum rotundatis, in $^1/_3$ antica angustatus, non sinuatus, fronte aeque lata ac $^2/_5$ thoracis; dorsi pars postica et media ut in mare conformatae, antica anteriora versus subito adscendens usque ad summum capitis, a quo usque ad oculos medios posticos paullulum descendit secundum rectam fere lineam, longitudine partem dorsi mediam aequantem; area oculorum mediorum multo magis declivis quam spatium pone oculos posticos situm; clypeus sub oculis mediis fere ad perpendiculum directus, inferius paullo procurrens, aeque altus ac spatium longum, quod ab oculis tribus seriei anticae occupatur, parum brevior quam area oculorum mediorum. Caput a fronte aspectum angustum et valde convexum, series oculorum postica fortiter deorsum curvata, videntur. Cephalothorax supra totus, etiam in clypeo et in capite supra subtilissime reticulatus, nitidus, cum mandibulis, maxillis, labio, sterno rufo fuscus, macula in occipite sita et lineis ab ea ad oculos laterales posticos ductis magis infuscatis. Impressiones in parte thoracica sitae similes atque in mare, cephalicae autem distinctae et profundae, praesertim in lateribus; thorax paullo distinctius limbatus videtur quam in mare. Oculorum area aeque lata atque $^2/_5$ thoracis, series postica fortiter procurva, antica paullo recurva; oculi postici spatiis subaequalibus remoti, diametrum mediorum fere aequantibus, medii ab anticis mediis spatio diametro sua duplo fere maiore remoti; medii antici ceteris minores, non minimi tamen, inter se proximi, non contingentes, a lateralibus anticis oblique ovatis spatio quam horum diameter minor paullo minore disiuncti. *Mandibulae* parum longiores quam tota facies alta, sive duplam clypei altitudinem parum superantes, lateribus exterioribus subrectis, interioribus in $^1/_3$ apicali rotundato truncatis et ad sulcum unguicularem antice dentibus 5 ornatis, 1-o a ceteris remoto, minimo, ceteris apicem versus gradatim minoribus. *Palpi* quam pedes paullo pallidiores; pars tibialis dupla crassitudine apicali parum longior, apicem versus sensim paullo incrassata, tarsalis supra parum longior quam ambae praecedentes, apicem versus angustata. *Pedes* rufescentes, posteriores anterioribus parum pallidiores; femur 1-mi paris 1·11 mm. longum, patella (3-plo fere brevior quam tibia) cum tibia 1·30 longa, metatarsus 0·88, tarsus 0·49; eidem articuli 2-di paris: 1·10, 1·25, 0·84, 0·49, 3-tii paris 0·96, 1·14, 0·83, 0·45, 4-ti paris 1·22, 1·53, 1·15, 0·55. *Abdomen* supra fuscum, subtus pallidum. *Vulva* e lamina constat convexa, antice subtiliter transverse rugosa, latere postico sulcis, quorum in vulva a ventre aspecta pars tantum cerni potest, in partes tres diviso, quarum media glabra est, lateralibus latior, margine postico a ventre aspecto in medio paullulum producto. Sulci in vulva humefacta a ventre et paullo a posterioribus aspecta (fig. 16 *e*) lineas fere semicirculares, fuscas efformant, cum margine postico partis mediae ventri adiacenti coniunctas in arcum fuscum, procurvum, fere semicircularem, apicibus inflexis in puncta dilatatis.

Simillima est *Erigonae anticae* WIDER, palpi maris etiam eandem habent formam atque illius; differt tamen ab ea tibiis anterioribus non infuscatis et gibbo occipitali in lateribus magis convexo.

Przebywa w wyższéj części krainy hal w Tatrach, poniżéj górnéj granicy kosodrzewu nie znalazłem jéj. Jestto prawdopodobnie gatunek bardzo rzadki, zebrałem bowiem tylko 5 okazów, między niémi jednego samca dorosłego, na Czerwonych Wierchach, w dolinie Pięciu Stawów i nad Zmarzłém ku Zawratowi. — Nadzwyczajne podobieństwo zachodzące pomiędzy tą formą a gatunkiem *Erigone antica*, pospolitym w równinach, wskazywałoby, że *Er. suspecta* jest formą tego gatunku powstałą z biegiem czasu z okazów, które się kiedyś do Tatr dostały; takie wyrodzenie się mogło tém łatwiéj się odbyć, że okazy owe i ich potomstwo były dosyć dobrze ochronione przed krzyżowaniem się z okazami typowémi, tych bowiem, przynajmniéj ile mi wiadomo, w Tatrach nie ma.

Erigone tatrica (n. sp.) (tab. III, fig. 17) cephalothorace levi, flavo fusco, pedibus pallidioribus, abdomine nigricanti; cephalothorace maris alto, capite elevato in gibberem oculos medios posticos gerentem, cuius latus posticum fortiter declive, anticum fere ad perpendiculum directum est, oculorum mediorum area aeque alta ac clypeus; dorso cephalothoracis feminae supra parum inaequali, oculis mediis posticis paullo demissius quam summum cephalothoracis sitis; parte patellari palporum maris aeque fere longa ac patellae anticae, tibiali brevissima, supra producta in laminam totam fere partem tarsalem obtegentem, apicem versus dilatatam, marginis apicalis parte interiore sinuata, exteriore rotundata; bulbo in apice producto in processum longum, angustum, deplanatum, exteriora versus et retro, denique introrsum flexum, in medio calcari introrsum directo ornato; vulva e rima constanti in longitudinem directa, nusquam dilatata.

Mas. Cephalothorax (fig. 17 *c, d*) 0·9 mm. longus, 0·7 latus, in ²/₃ anticis angustatus, paullulum sinuatus, fronte rotundata, levis, nitidus, flavo fuscus, marginibus et fovea in lateribus capitis sita et linea ab ea retrorsum ducta fuscis; dorsum a margine postico fere usque ad medium cephalothoracem secundum rectam fere lineam adscendens, deinde elevatum in gibbum cephalothorace toto circa triplo breviorem, longitudine sua parum humiliorem, non multo angustiorem; gibbus a latere aspectus postice fortiter declivis et ut supra arcuatus, latus eius anticum fere rectum et ad perpendiculum fere directum, desuper aspectus anteriora versus paullo angustatus apparet; parietes laterales fere ad perpendiculum directi. Capitis pars inter gibbum et oculos medios anticos sita minus declivis quam clypeus sub eis oculis, qui inferius arcuatus et supra marginem ipsum ad perpendiculum directus est. In declivitate dorsi postica adest fovea parva, angusta, in gibbi occipitalis latere utroque fovea profunda, a qua deorsum descendit sulcus latus, parum definitus; impressiones cephalicae et laterales in thorace indistinctae. Oculi cingulis nigris circumdati, medii postici in angulis anticis superioribus gibbi occipitalis siti, spatio quam diameter duplo fere maiore remoti; laterales postici cum anticis contingentes; series antica recurva, oculi medii minimi, fere contingentes, laterales ovati a mediis spatio diametrum minorem fere aequante remoti. In facie directo a fronte aspecta clypeus quam series oculorum antica diametro oculi lateralis humilior esse, oculi medii antici spatiis aequalibus a clypei margine et ab oculis mediis posticis distare videntur. Facies, praesertim sub oculis mediis posticis, pilosa, pilis mediocribus, fere in series duas in longitudinem dispositis, foras directis; sub oculis mediis anticis pili pauci. *Sternum* leve, nitidum, cum labio nigricans. *Mandibulae* colore cephalothoracis, aeque longae ac facies gibbo excepto alta, parum breviores quam ambae basi latae, lateribus exterioribus subrectis, apice intus oblique rotundato truncato, ad sulcum unguicularem antice dentibus tribus, apicem versus sensim minoribus ornatae. *Maxillae* fuscae, in labium inclinatae, apice transverse truncato, angulo exteriore obtuso, interiore subrecto. *Palpi* (fig. 17 *a*, *b*) cephalothorace paullo pallidiores; pars patellaris aeque fere longa ac patellae anticae, apicem versus paullo dilatata; pars tibialis brevissima, margine apicali exteriore paullo producto et rotundato, paracymbii basin occultante, supra autem elongata in processum totam fere bulbi laminam obtegentem, subtriangularem, apicem versus dilatatum, marginibus lateralibus sinuatis, apicali medio ornato denticulo acuto, inter hunc et angulum apicalem interiorem sinuato, angulo apicali exteriore oblique late rotundato, interiore sub processum inflexo ibique (inter processum et bulbi laminam) usque fere ad denticulum illum in arcum producto. Bulbi apex processu longo, deplanato ornatus, primo anteriora versus directo, deinde foras et retro arcuato, denique subito introrsum flexo, bulbum medium fere attingente; praeterea adest fere in medio bulbo, intus calcar nigrum, arcuatum, introrsum directum, aliusque processus bulbi apici paullo propior, apice furcatus. *Pedes* paullo quam cephalothorax pallidiores, mediocres, femoribus basi parum incrassatis, ornati pilis singulis in patellis, binis in tibiis, crassioribus in pedibus posterioribus quam in anterioribus et ceteris longioribus; tibia cum patella 1-mi paris 0·8 mm. longa, metatarsus 0·54, tarsus 0·40, eidem articuli 4-ti paris 0·82, 0·57, 0·44 longi. *Abdomen* nigricans.

Femina (verisimiliter huius speciei). *Cephalothorax* supra subtusque levis, nitidus, fuscus, colore rufo plus minusve suffusus, marginibus fuscis, lineis in capite tribus, postice coniunctis, in thoracis lateribus utrimque binis parum obscurioribus ornatus, 0·8—0·9 mm. longus, 0·6—0·7 latus, in ³/₅ anterioribus angustatus, parum sinuatus, fronte parum rotundata, aeque lata atque ²/₃ thoracis; dorsum a declivitate postica subrecta, circiter ¹/₃ cephalothoracis partem occupante, anteriora versus paullo adscendens, parum inaequale, inter caput et thoracem parum, evidenter tamen, impressum; caput convexiusculum usque ad oculos medios posticos prominentes, quorum summum aeque alte situm est atque partis cephalicae vertex; area oculorum mediorum sat fortiter declivis, clypeus sub ipsis oculis mediis, qui prominent, impressus, inferius paullulum procurrens, supra ipsum marginem convexiusculus, aeque fere altus atque intervallum oculorum lateralium anticorum aut spatium interiectum oculis mediis anticis et posticis longum. In declivitate dorsi postica adest fovea oblonga, parum profunda; impressiones thoracis laterales utrimque binae, parvae, satis distinctae, cephalicae distinctae. Oculi magni, prominentes, series posticorum fortiter procurva, medii lateralibus minores, inter se spatio diametro paullo minore, a lateralibus ²/₃ eius aequante remoti; series antica recurva, oculorum marginibus inferioribus in lineam fere rectam dispositis; oculi laterales antici ceteris maiores, oblongi; medii ceteris minores, inter se spatio quam radius paullo minore disiuncti, a lateralibus remoti spatio paullo minore quam diameter mediorum sive dimidiam fere lateralium diametrum minorem aequante; medii postici a mediis anticis intervallo remoti paullo minore quam dupla sua diameter. *Sternum* rufo aut nigro fuscum. *Mandibulae* colore cephalothoracis, clypeo plus duplo longiores, paullo breviores quam ambae basi latae, subtilissime transverse reticulatae, lateribus exterioribus subrectis, intus fere a medio usque ad apicem rotundatae et ad sulcum unguicularem dentibus ornatae 5, quorum medii ceteris maiores sunt. *Palpi* colore pedum; pars tibialis supra duplo longior quam lata, tarsalis sensim attenuata, aeque longa atque ambae praecedentes simul sumptae. *Pedes* colore cephalothoracis aut pallidiores, tibiarum summa basi albida; tibia cum patella 1-mi paris 0·86 mm. longa, metatarsus 0·58, tarsus 0·42, eidem articuli 4-ti paris 0·97, 0·62, 0·39 (in exemplari, cuius cephalothorax 0·9 longus est). *Abdomen* ovatum, pilosum, nigrum. *Vulva* (fig. 17 e) laminis duabus pilosis tecta, quae totum fere spatium interiectum operculis pulmonalibus occupant, margines posticos et interiores paullo elevatos, rectos habent; margines interiores earum ubique inter se contingunt et rimam efformant longam, rectam, postice non dilatatam.

Cephalothoracis forma, praesertim a latere aspecti mas simillimus est *Er. cirrifronti* CAMBR. *), a qua differt parte tibiali palporum longe alia; processus partis eius similis est atque in *Er. eborodunensi* CAMBR. **), quae tamen cephalothoracem humiliorem, processum illum profunde sinuatum et spina longa ornatum habet. Palporum maris et vulvae forma similis esse videtur etiam *Er. Helleri* L. KOCH ***), sed certo non est eadem.

Żyje w Tatrach i na Babiéj Górze. Okazów dosyć dużo znalazłem w krainie kosodrzewu i hal w Tatrach, mianowicie na Raconiu, w dolinie Wierciché, w Ciemnych Smreczynach, nad Żabiémi Stawami pod Wagą i powyżéj Rybiego ku Mnichowi; w mniejszéj liczbie zbiérałem je w krainie regli na Boczaniu i u wejścia do doliny Mało-łąckiéj; parę samic znalazłem w kosodrzewinie na północnych stokach Babiéj Góry. Jak inne gatunki zamieszkujące krainę kosodrzewu i hal przebywa pod kamieniami, niekiedy w bardzo wilgotnych miejscach.

Hahnia (C. L. KOCH).

Hahnia parva (n. sp.) (tab. III, fig. 18) parte femorali palporum maris inermi, patellari unco armata, bulbo seta longissima instructo.

Mas. Cephalothorax 0·73 mm. longus, 0·60 latus, lateribus fortiter rotundatis, antice sinuatus, fortiter angustatus, fronte rotundata, desuper aspecta quam oculorum area vix latiore, cum sterno et labio pallide fuscus, margine sat lato nigricanti; ornatus macula in occipite magna, lineis 5 ab ea ad capitis partem anticam ductis, ex parte interruptis et reticulatis, lineis duabus in thoracis declivitate postica, posteriora versus discedentibus, in thoracis lateribus radiis utrimque ternis cuneatis, marginem nigrum non attingentibus, in capite ad impressionem cephalicam maculâ oblongâ, lineis denique nonnullis confluentibus in capitis lateribus et in fronte — omnibus paullo quam cephalothoracis margines pallidioribus, paullo virescentibus. Dorsum a margine postico sat praerupte secundum rectam fere lineam adscendens, supra sublibratum, pone oculos posticos aeque fere atque area oculorum mediorum declive. Clypeus sub oculis mediis fere ad perpendiculum directus, inferius sat fortiter procurrens, sub oculis lateralibus sesquiplam eorum diametrum breviorem altitudine aequans. Impressiones cephalicae et laterales in thorace sat profundae videntur. Oculorum area aeque lata atque ⁷/₁₉ thoracis; series postica fortiter procurva, oculi medii inter se spatio quam diameter paullo maiore, a lateralibus spatio multo minore remoti; series antica procurva, marginibus oculorum superioribus lineam rectam aut potius paullulum procurvam efformantibus; oculi medii lateralibus, qui oblongi sunt, multo minores, quum series tota a fronte aspiciatur, inter se spatio radium aequante, a lateralibus intervallo minore distare videntur. *Sternum* aeque longum ac latum, margine antico recte truncato, medio — ut videtur — paullo impresso, inter pedum par 2-dum latissimum, anteriora

---

*) CAMBRIDGE, Descriptions of some British Spiders new to science. (Trans. Linn. Soc. Vol. XXVII), p. 458, t. 57, f. 43.

**) ID., On some new Species of Erigone. P. I. (Proc. Zool. Soc. 1875) p. 204, t. 28, f. 13.

***) L. KOCH, Beitrag zur Kenntniss der Arachnidenfauna Tirols. (Zeitschr. d. Ferdinandeums 1869) p. 195.

versus parum, posteriora versus fortiter angustatum, subtilissime—medio in longitudinem—striatum. *Mandibulae* cephalothorace pallidiores, paullo longiores quam oculorum area lata, aeque fere longae atque ambae basi latae, apice intus oblique truncato, lateribus exterioribus a basi usque ultra medium paullo inter se appropinquantibus, deinde usque ad apicem parallelis. *Maxillae* fortiter in labium inclinatae, angulo apicali exteriore valde obtuso, interiore subrecto, rotundato, cephalothorace paullo pallidiores. *Labium* fere semicirculare. *Palpi* (fig. 18 *a*) colore maxillarum; pars femoralis inermis, patellaris (fig. 18 *b*) supra arcuata, multo longior quam subtus, supra ad apicem ornata pilo longo, crasso, ad basin autem subtus unco brevi, foras directo, apice sursum curvato; tibialis (fig. 18 *b*) multo brevior quam patellaris supra, in latere exteriore infra processu longo, primo deorsum directo, deinde foras et sursum curvato, supra autem in medio pilo longo, crasso ornata; bulbus parte femorali saltem triplo latior, aeque fere longus ac latus, deplanatus, lamina a parte exteriore tectus, ad apicem spina longissima, tenui, curvata ornatus. *Pedes* cephalothorace pallidiores, patellis pallidis, aculeati et longe pilosi; aculei plerique adpressi, non multo pilis crassiores, ideoque — ut in *Hahniis* plerisque — vix ab eis distinguendi; pedum longitudo (exceptis coxis et trochanteribus): 1-mi paris 2·13 mm., 2-di 1·98, 3-tii 1·83, 4-ti 2·38, tibia cum patella 1-mi paris 0·71, 4-ti paris 0·78 longa. *Abdomen* nigricans, mamillae pallidae, externae quam tarsus 4-ti paris breviores.

Aranea haec ab *Hahnia muscicola* Sim. *) unco tantum, quo pars patellaris palporum ornatur, differre videtur.

Żyje w Tatrach. Jeden tylko okaz znalazłem w dolinie Stawów Gąsienicowych pośród kosodrzewu we mchu w wysokości 1500 m. n. p. m.

Agroeca Westr.

Agroeca striata (n. sp.) (tab. III, fig. 19) cephalothorace rufescenti flavo, abdominis dorso pallido, lineis duabus parallelis et in lateribus vitta interrupta fuscis ornato, serie oculorum postica modice procurva, patella 4-ti paris aculeo 1 in latere postico, tibia 1-mi paris subtus aculeis 2.2 instructa; parte tibiali palporum maris processu recto ornata, vulva e fovea angusta, rimam genitalem non attingente constanti.

Femina. Cephalothorax 2·6 mm. longus, 2·0 latus, lateribus rotundatis, ad coxas anticas fortiter sinuatis, fronte quam thorax duplo angustiore; humilis, parte postica declivi brevi, ceterum dorso subrecto, rufescenti flavus, sulco ordinario et impressionibus lateralibus thoracis in cephalothorace humefacto fuscis, pilis flavo albidis et intermixtis fuscis tectus, circa et inter oculos et praesertim in clypeo setis sat robustis ornatus. Impressiones cephalicae distinctae; in parte thoracica adsunt in lateribus utrimque lineae impressae binae et pone sulcum ordinarium lineae aliae pedes posticos versus ductae. Clypeus sub oculis lateralibus multo diametro horum angustior. Oculi omnes fere rotundi, modice convexi, laterales antici ceteris maiores, laterales postici mediis anticis subaequales, mediis posticis maiores; series antica procurva — oculorum mediorum margines inferiores fere aeque alte siti atque centra lateralium —, series postica modice procurva; oculi medii postici inter se spatio quam diameter circa ¹/₃ maiore, a lateralibus spatio minore remoti, medii antici spatio radium fere aequante disiuncti, laterales antici ab eis et a lateralibus posticis spatiis subaequalibus, mediorum anticorum intervallo minoribus remoti. *Sternum* ut cephalothorax supra pilosum, pilis fuscis praesertim in lateribus numerosis, flave-

---

*) Simon, Les Arachnides de France. T. II, p. 144.

scens, parum longius quam latum, impressionibus carens. *Mandibulae* patellis anticis ¹/₄ breviores, aeque fere crassae ac femora antica, paullulum breviores quam ambae basi latae, latere exteriore parum, dorso praesertim prope basin sat fortiter convexis, lateribus interioribus ad maximam partem rectis, contingentibus, paullo ante apicem tantum rotundatis, transverse reticulatae, pilosae, cephalothorace parum pallidiores. *Maxillae* flavescentes, in labium modice inclinatae, basi latae (partibus exterioribus coxis anticis obtectis), marginibus a palporum insertione subparallelis, exteriore, qui ante apicem in angulum valde obtusum flexus, et interiore, qui ante labium leviter, ad apicem fortius arcuatus est, circiter in media maxillae latitudine concurrentibus, angulum fere rectum efformantibus. *Labium* fuscum, longitudine sua vix latius, a basi paullo dilatatum, deinde apicem versus, qui recte truncatus aut potius levissime sinuatus est, paullo angustatum, maxillis duplo brevius. *Palpi* ut *pedes* cephalothorace parum pallidiores, aculeis in parte femorali 1-o pone medium, 2 ad apicem, 1 in patella intus, pluribus in parte tibiali et tarsali ornati; pars tibialis latitudine duplo longior, tarsalis aeque ac tibialis cum patellari longa, subcylindrata, apice obtuso. Pedes aculeati; aculei in femore 1-mi paris supra 1.1, antice ante apicem 1, in tibia subtus 2 prope basin, 2 circa medium, in metatarso subtus 2.2, in femore 2-di paris 1.1 supra, 1 antice, in tibia antice ante apicem 1, subtus 2 (anterior minimus), 2 (anterior posteriore minor), 1 (in ipso apice), in metatarso subtus 2.2, antice 1; in femore 3-tii paris supra 1.1.1, in utroque latere 1.1, in tibia supra 1, in utroque latere 1.1, subtus 2.2.2, in femore 4-ti paris supra 1.1.1, in utroque latere 1, in patellae 4-ti paris latere postico 1; metatarsus 3-tii paris, tibia et metatarsus 4-ti paris aculeis numerosis armata; pedum longitudo (exclusis coxis et trochanteribus): 1-mi paris 7·3 mm. (tibia cum patella 2·7, metatarsus 1·4, tarsus 1·1), 2-di paris 6·7, 3-tii 6·5, 4-ti 9·9 (tib. c. pat. 3·24, met. 2·7, tars. 1·4). *Abdomen* ovatum, sat longum, flavescenti albo pubescens, supra subtusque pallidum, mamillis subrubicundis; pallide fusco maculatum et lineatum: lateribus maculatis, maculis in vittam inaequalem, interruptam confusis; dorso ornato lineis parallelis duabus, antice tenuioribus, marginem anticum abdominis non attingentibus, posteriora versus inter se paullo appropinquantibus, et utrimque vittâ a lineis eis spatio aeque lato atque earum intervallum remota, vittae laterali simili, margine exteriore magis quam interior inaequali; spatium vittis dorsali et laterali interiectum maculis fuscis paucis adspersum; lineae mediae in dorsi parte postica inter se et cum vittis adiacentibus lineis paucis transversis fuscis coniunctae. *Vulva* (fig. 19 a) e lamina constat longiore quam lata, pallida, partibus nonnullis translucentibus subrubicundis; secundum mediam laminam extenditur fovea angusta, circumdata marginibus elevatis, antico rotundato, lateralibus subparallelis, non attingens laminae marginem posticum, in quo iacent lineae impressae duae, quae quasi partem postremam vadosam, parum distinctam foveae illius interruptae efformant.

    Maris, qui pellem nuper exuerat, pictura eadem fere atque feminae, pallidior tamen; lineae mediae in abdominis dorso antice et postice contingentes, inter se lineolis transversis nullis, cum vitta adiacenti autem distinctioribus quam in femina coniunctae; abdominis vitta dorsalis cum laterali fere secundum totam longitudinem confusa. *Cephalothoracis*, qui 1·8 mm. longus, 1·4 latus est, forma, oculorum situs atque magnitudo ut videtur eadem atque in femina (in specimine unico, quod vidi, frons paullo contusa est). *Mandibulae* patellis anticis ¹/₇ breviores, paullo longiores quam ambae basi latae, latere exteriore subrecto, ceterum ut in femina conformatae. *Maxillae* margine interiore potius angulato flexo quam arcuato, apice magis obtuso. *Palporum* (fig. 19 b) pars femoralis ut in femina aculeata, patellaris ornata aculeo 1 supra in apice, 1 intus prope basin, tibialis supra 1, intus aculeis 4 in series duas dispositis, bulbi lamina etiam aculeis ornata 4 prope basin et prope marginem interiorem; aculei omnes, exceptis femoralibus, longi, graciles, setarum crassarum instar; pars tibialis patellari paullo brevior, subcylindrata, margine apicali exteriore ornato processu porrecto, quam pars ipsa breviore, angusto, a basi paullo angustato, deinde paullo dilatato, denique oblique acuminato. Pars tarsalis fere aeque longa atque ambae praecedentes simul sumptae, lamina desuper visa anguste ovata; bulbus simplex. *Pedum* aculei eidem, desunt tantum in tibia 2-di paris aculei anticus, anterior basalis et apicalis (fortasse defracti); pedum longitudo (exceptis coxis et trochanteribus): 1-mi paris 5·70 mm. (tib. cum pat. 2·12, metat. 1·17, tars. 0·88), 2-di paris 5·31, 3-tii 5·17, 4-ti 7·42 (tib. c. pat. 2·43, met. 2·11, tars. 1·02).

Species haec colore, oculorum situ, pedum aculeis, cet. congruere videtur cum *Agroeca lineata* Sim.*), cuius partes genitales nondum notae sunt.

Gatunek nadzwyczaj rzadki. Samca dorosłego znalazłem w początku Maja 1875 r. w okolicach Krakowa na Krzemionkach, samicę dorosłą w połowie Sierpnia 1876 r. we wsi Zawoi pod Babią Górą, dwa bardzo młode okazy w krainie regli w Tatrach, w dolinach Chochołowskiéj i Małołąckiéj. Wszystkie te okazy żyły pod kamieniami, pierwszy w miejscu całkiem suchém, pozostałe niedaleko wody, ale także w niezbyt wilgotnych miejscach. — Może się okaże, że opisana prawdopodobnie podług jednego niedorosłego okazu *Agr. lineata* z Korsyki nie jest odmienną od *Agr. striata*; w takim razie byłżeby gatunek mający bardzo wielki obszar rozmieszczenia.

Clubiona (Latr.).

Clubiona alpicola (n. sp.) (tab. III. fig. 20) cephalothorace fusco flavescenti, marginibus concoloribus, abdominis dorso fusco rufo, oculis seriei anticae subaequalibus et spatiis fere aequalibus, diametro mediorum minoribus remotis, mediis posticis inter se spatio maiore quam a lateralibus disiunctis; parte tibiali palporum maris processu ornata sinu lato in ramos duos diviso, superiorem longiorem, subrectum, apice rotundatum et inferiorem tenuem, latum, margine superiore recto, inferiore arcuato; vulva efformata e lamina convexiuscula, ad marginem posticum, qui subrectus est, foveolis duabus ornata.

Mas. Cephalothorax 3 mm. longus, 2·4 latus, aut paullo minor, lateribus rotundatis, antice sinuato angustatus, fronte parum angustiore quam dimidia pars thoracica, dorso a declivitate postica usque ad oculos posticos subrecto, antice parum magis quam postice declivi, pube cinereo albida, sericeo nitenti tectus, humefactus pallide fusco flavescens, capite parum aut vix infuscato, sulco ordinario, qui parum longior est quam intervallum oculorum mediorum posticorum, rufofusco, radiis in thoracis lateribus parum infuscatis, oculis cingulis nigris circumdatis. Oculi medii omnes subaequales et rotundi sunt, laterales antici mediis maiores, ovati, laterales postici etiam paullo ovati videntur; series ambae paullulum procurvae; oculi anteriores inter se spatiis subaequalibus, diametro mediorum minoribus remoti, medii a posticis mediis spatio diametrum fere aequante, hi inter se intervallo quam diameter duplo fere maiore, a lateralibus spatio minore disiuncti; spatium lateralibus postico et antico interiectum dimidiae diametro postici subaequale. *Sternum* pilosum, pilis in punctis sat crebris, impressis insistentibus, marginibus inter pedum insertiones impressis, flavum, fusco marginatum. *Mandibulae* colore cephalothoracis, aeque fere longae ac patellae anticae, femora antica crassitudine fere aequantes, parum aut vix proiectae, carinis carentes, lateribus et dorso fere rectis, dorso pilis longis, sat multis ornato. *Maxillae* mandibulis pallidiores, basi convexae, apicem versus paullo dilatatae, labio 1²/₃ longiores, margine apicali exteriora versus rotundato, cum margine exteriore angulum valde obtusum formante, intus oblique truncato. *Labium* infuscatum. *Palpi* (fig. 20 *a*) pallide flavi; pars femoralis supra aculeo 1, ad apicem 3 ornata, patellaris et tibialis aequali fere longitudine, illa in apice supra seta tenui ornata, haec (fig. 20 *b*) intus setis

---

*) Simon, Les Arachnides de France, t. IV, p. 308.

nonnullis sat longis, in latere exteriore apicis processu instructa rufo fusco, sinu lato, rotundato secundum totam longitudinem in ramos duos diviso; ramus superior aeque longus ac pars ipsa, inferiore crassior et paullo longior, convexus praesertim apicem versus, intus concavus, apice nonnihil obliquo, rotundato; inferior latus, tenuis, planus, a basi usque ad medium dilatatus, deinde oblique rotundato truncatus, margo eius superior margini inferiori rami superioris fere parallelus, inferior arcuatus, cum superiore angulum efformans acutum, ipso apice parum rotundato. Bulbi lamina parum infuscata, desuper visa lateribus parallelis, margo eius exterior subrectus, ante apicem paullulum sinuatus, interior flexuosus, basi convexus, apicem versus sinuatus; bulbus fuscus, in apice spina ornatus, ut in *Cl. frutetorum* curvata, a basi usque ad apicem sensim attenuata, carinâ obliquâ, parum distinctâ in duas divisa partes. *Pedes* 1-mi paris (exceptis coxis) 9 mm. longi, 2-di paris 9·4, 3-tii 8·1, 4-ti 11·2; tibia cum patella 4-ti paris 3·85, metatarsus 1-mi paris 1·7, 4-ti paris 3·25 longus; color pedum pallide flavus, apicem versus subrubicundus; femora omnia ornata aculeis 1.1.1 supra, 1 postice, 1 antice, sed femora 3-tii paris aculeos 1.1 in latere antico habent; patellae 3-tii et 4-ti paris aculeo 1 in latere postico instructae, tibiae 1-mi et 2-di paris subtus 2.2, 3-tii et 4-ti paris antice 1.1, postice 1.1, subtus 2.1.1; in metatarsis 1-mi et 2-di paris aculei 2 subtus ad basin, in metatarsis 3-tii et 4-ti paris plures; scopula adest in tarso, metatarso, apice tibiae pedum anteriorum, in tarso et metatarsi apice pedum posteriorum. *Abdomen* cephalothorace angustius, supra fusco rufum, punctis lineolisque pallidioribus adspersum, subtus parum aut non pallidius quam supra et utrimque linea ab operculo pulmonali usque ad mamillas extensa pallida, nonnunquam indistincta notatum, pube cinereo albida, sericeo nitenti, nonnunquam paullulum flavescenti tectum.

Occurrunt specimina minora, tibia cum patella 4-ti paris 3·5 mm. longa.

Femina. Cephalothorax 3·9 mm. longus, 2·8 latus, aut minor (3·3 mm. longus), lateribus minus rotundatis quam in mare, fronte aeque lata ac ^{2}/$_3$ cephalothoracis, sulco ordinario breviore quam intervallum oculorum mediorum posticorum. Oculorum series postica subrecta, latior quam in mare, intervallo mediorum paullo maiore quam eorum 2^1/$_2$ diameter, et quam spatium medio et laterali postico interiectum; oculi laterales posticus et anticus spatio remoti parum quam diameter postici minore; series antica perparum procurva, ceterum ut in mare. *Mandibulae* fere aeque longae ac metatarsi antici, patellis anticis longiores, dorso fortiter, lateribus levius arcuato convexis, crassiores quam femora antica. *Pedum* aculei et scopulae ut in mare; pedes 1-mi paris 9·0 mm. longi, 2-di paris 9·5, 3-tii 8·8, 4-ti 12·5, tibia cum patella 1-mi paris 3·7, 4-ti paris 4·3, metatarsus 1-mi p. 1·6, 4-ti p. 3·6. *Vulva* (fig. 20 c) e lamina constat convexiuscula, cuius margo posticus fere rectus et foveolis duabus interruptus est, quae spatio maiore inter se, quam a laminae lateribus distant. *Color* plerumque paullo obscurior quam in mare: cephalothorax colore rubro plus minusve suffusus, pars cephalica magis infuscata, mandibulae fusco rubicundae, sternum pallide flavum, paullo infuscatum, quam pedum tarsi aut metatarsi tamen non obscurius, fusco marginatum. Cephalothorax supra, abdomen supra subtusque pube cinerea tecta.

Mas a *Cl. frutetorum* L. Koch (fig. 21 *a*, *b*), cui palporum structura simillimus est, differt mandibulis brevioribus, processus inferioris, quo pars tibialis palporum instructa est, forma paullo alia, carina obliqua, qua stylus bulbi in duas dividitur partes, parum distincta, stylo toto a basi usque ad apicem sensim angustato, non ut in *Cl. frutetorum* (fig. 20 *b*) pone carinam subito attenuato.

Żyje w Tatrach i na Babiéj Górze. W Lipcu i Sierpniu napotykałem prawie zawsze obok dorosłych okazów także młode różnego wieku. Miejscami pojawia się ten gatunek w bardzo wielkiéj ilości okazów, tak n. p. na szczycie Babiéj Góry. W Tatrach zbiérałem go w następujących miejscach: na Hrubym Wierchu nad doliną Chochołowską, na Wołowcu, Starorobociańskim Wierchu, w dolinie Kościeliskiéj pod Kominami i w hali Pysznéj, w dolinach Miętusiéj i Małołąckiéj, na Giewoncie pod szczytem od południa, na Małéj Świnnicy, Lilijowém, Pośredniéj Turni, w dolinie Pięciu Stawów, na Krzyżném, na Wielkiéj Koszystéj, na Miedzianém, koło Roztoki, na Mięguszowieckim Wierchu, Rysach, w Ciemnych Smreczynach, w Niekcerce, w dolinie Mięguszowieckiéj, na Krywaniu i w Świstowéj pod Polską Przełęczą. — Podczas gdy gatunki tego rodzaju przebywające w równinach przeważnie trzymają się lasów i zarośli, a nawet w znacznéj części przebywają na drzewach lub krzewach, żyje *Cl. alpicola* pod kamieniami; przebywa ona w krainie kosodrzewu i hal, w miejscach suchych, w krainę regli schodzi tylko w miejsca nie zarosłe drzewami, kamieniste, jeżeli się do nich dostać może wprost z krain wyższych. Wynika z tego, że brak krzewów albo drzew nie jest jedynym powodem jéj przebywania pod kamieniami. Podobnie zachowują się gatunki rodzaju *Clubiona*, żyjące w Alpach tyrolskich podług Dra L. KOCHA. *)

Micaria WESTR.

Micaria hospes (n. sp.) (tab. III, fig. 22) cephalothorace rugoso, toto squamis concoloribus tecto, mandibulis pilosis, sterno squamis paucis ornato, oculis mediis anticis inter se spatio maiore quam a lateralibus, quibus parum minores sunt, remotis, cum eis seriem fortiter procurvam formantibus, tibiis et metatarsis anticis subtus aculeis minutis armatis, praeterea aculeis carentibus, vulva foveolis quatuor, posterioribus longius quam anticae inter se distantibus ornata.

Femina. Cephalothorax 1·6 mm. longus, 1·1 latus, lateribus modice rotundatis, ante coxas anticas sinuato angustatus et aeque latus atque ²/₃ partis thoracicae, lateribus capitis subparallelis, sat longis, fronte parum rotundata, impressionibus et sulco ordinario carens, humilis, rugosus, rubicundo fuscus, margine, oculorum area, lineis nonnullis in thorace et in capite fuscis, ubique squamis cinereis, parum metallico micantibus tectus; dorsum a declivitate postica anteriora versus fere libratum et subrectum, vix impressum, deinde a loco, qui supra coxas anticas situs est, usque ad oculos medios anticos arcu levi descendens. Oculorum series posterior parum procurva, oculi medii parvi, deplanati, oblique positi, posteriora versus discedentes, inter se spatio maiore remoti quam a lateralibus, qui maiores et convexi sunt; series antica fortiter procurva, oculi medii quam laterales, qui ovati sunt, parum minores, ab eis spatio quam radius minore, inter se spatio diametrum fere aequante remoti; oculi laterales inter se remoti spatio parum minore quam intervallum oculorum mediorum antici et postici; medii antici a clypeo et a mediis posticis spatiis fere aequalibus remoti; clypeus sub oculis lateralibus circa 1¹/₂ eorum diametrum minorem latitudine aequat. *Sternum* fuscum, squamis paucis, angustis, albis, parum micantibus tectum, latitudine sua ¹/₃ longius, a coxis 2-di paris anteriora versus parum, posteriora versus fortius angustatum, reticulatum, parum nitens. *Mandibulae* colore cephalothoracis, pilosae, squamis carentes, parum longiores quam ambae basi latae; dorsum prope basin convexiusculum et a lateribus carina obtusa, ante mandibulae medium sensim evanescenti disiunctum; latera pone carinam eam etiam convexiuscula. *Maxillae* fuscae, apice pallidae, oblique impressae, angulo apicali interiore rotundato, exteriore fere recto. *Labium* nigro fuscum, ipso apice pallido, apicem versus, qui rotundatus est, angustatum. *Palpi* flavo fusci, parte femorali nigro fusca. *Pedes* squamis tecti cinereis micantibus et albis; squamae albae congregatae efformant lineam albam in patellis, tibiis, metatarsis 4-ti paris distinctam, in eisdem articulis 3-tii paris obsoletam; pedum 4 anteriorum femora rufo fusca aut fere nigra, ceterae partes flavae, exceptis patellis et tarsorum apicibus colore rufo fusco suffusae, praesertim metatarsi; pedes posteriores flavo fusci, femoribus et metatarsis quam ceteri articuli obscurioribus, tarsis flavis; femur 1-mi paris ornatum aculeo 1

---

*) Verzeichniss der in Tirol bis jetzt beobachteten Arachniden, p. 255.

supra pone basin, 1 in latere antico ante apicem, subtus serie duplici pilorum brevium, erecto-
rum, tibia instructa subtus aculeis minimis, brevibus, acutis et ad latera loco scopulae aculeis
clavatis; in series inconditas dispositis, metatarsus ut tibia aculeis et scopula ornatus, aculei
tamen minores, vix cernendi, scopulae magis condensatae, in tarso scopulae solae adesse videntur,
pedes 2-di paris aculeis in latere antico femoris carent, in tibiis scopulas in apice tantum habent,
ceterum eodem modo ac pedes 1-mi paris armati; aculei pedum 3-tii paris hi sunt: in femore
supra 1.1, antice ante apicem 1, in tibia subtus 2.2.2, antice 1.1, postice 1, in metatarso subtus
2.2.2, in utroque latere 1; in pedibus 4-ti paris: in femore supra 1, in tibia subtus 1.2.2, postice
1, in metatarso subtus 2.2.2, in utroque latere 1; tarsi 3-tii et 4-ti paris scopulati, 4-ti paris
ad apicem incurvati (fortasse non semper). Pedes 1-mi paris (exclusa coxa) 3·8 mm. longi, 2-di
3·7, 3-tii 3·3, 4-ti 4·9, tibia cum patella 4-ti paris 1·6 mm. longa. *Abdomen* non evidenter constrictum, squamis tectum supra obscuris, parum aeneo et viridi micantibus, subtus pallidioribus,
laete micantibus; latera vittis transversis, albis, in dorso sat late disiunctis ornata, anticis opercula
pulmonalia attingentibus, posticis in medio abdomine sitis ad ventrem latis, sursum angustioribus;
dorsum paullo ante vittas posticas puncto aut lineola alba notatum. *Vulva* (fig. 22) fusco rufa,
nitidissima, constat e lamina antica transversa, quae in medio postice producta marginem anticum efformat duarum fovearum, paullo transversarum, antice tantum profundarum, postice cir-
cumdatarum costis transversis; harum partes interiores aut distinctae sunt et paullo procurvatae
partem procurrentem laminae anticae attingunt, aut cum illa in spatium elevatum, planum, mediam fere vulvam occupans confunduntur; pone costas illas vulvae area media posteriora versus
sensim descendit usque ad marginem posticum, in medio paullo sinuatum, in lateribus autem
costae illae recurvantur et ante quam evanescunt, margines efformant anticos et exteriores fovearum quam anticae minorum et spatio maiore disiunctarum; harum margines posticus et interior
indistincti sunt.

In nonnullis speciminibus vulva atra est.

Znaleziona w kilku okazach na górze Goduli na Szlązku w końcu Lipca. Żyje ona tam pod kępami wrzosiku
(*Calluna*). W reglach tatrzańskich (pod Krywaniem) znalazłem jeden okaz, różniący się od szlązkich okazów czarną
barwą części rozrodczych, który z tego powodu uważałem początkowo za gatunek odmienny; obecnie jednak, nie
znalazłszy żadnéj innéj różnicy, uważać muszę owe czarne zabarwienie za rzecz przypadkową. Z Galicyi nie mam
okazów, którebym bez wahania do tego mógł zaliczyć gatunku, prawdopodobnie należą jednak tutaj dwa młode
okazy znalezione w piérwszéj połowie Sierpnia w Zawoi pod Babią Górą.

Xysticus (C. L. Koch).

Xysticus alpicola (n. sp.) (tab. III, fig. 23) bulbo genitali maris ornato processibus duobus approximatis, exteriore fere malleiformi, manubrio brevi, ramo partis apicalis longiore retro et introrsum directo;
processu interiore longiore, oblique anteriora versus et deorsum directo, ubique aequali latitudine, apice
oblique truncato.

Mas. Cephalothorax 2·8 mm. longus, vix longior quam latus, fronte parum arcuata, dorso
a margine postico usque ad oculos posticos arcuato; summo margine nigro, lateribus rufo
fuscis, punctis et lineis pallidioribus adspersis et vittâ sat lata coloris eiusdem postice distincta,
antice sensim evanescenti in longitudinem persectis; dorsum a vitta alba occupatur, posteriora
versus vix angustata, antice — ut in *Xysticis* plerisque — maculam amplectente triangularem,
lateribus sinuatis, linea albida dimidiatam; clypeus infuscatus, frons inter oculos laterales anticos
albida. Oculorum mediorum area fere quadrata, antice vix angustior quam postice, vix latior
quam longa; series oculorum posticorum fortiter recurva, medii inter se spatio minore quam a

lateralibus remoti; series antica recurva, oculi medii intervallo duplo fere maiore disiuncti quam spatium, quo a lateralibus distant. *Mandibulae* fusco flavescentes, dorso macula alba notato. *Maxillae, labium, sternum* fusco flavescentia, sternum fusco punctatum. *Palpi* (fig. 23 *a, b*) in apice partis femoralis et in partibus patellari et tibiali aculeati; partes hae omnes fusco testaceae, supra linea alba ornatae, bulbi lamina pallide fusco testacea, fusco punctata; pars patellaris parum longior quam lata, tibialis eâ brevior, supra et intus convexa, in latere exteriore processibus duobus ornata, quorum superior bulbi laminae adpressus, basi convexus, apicem versus sensim angustatus et compressus est, primum anteriora versus, tum foras et deorsum arcuatus, apice ipso paullulum sursum et anteriora versus curvato, sat acuto. Processus inferior superiore brevior, anteriora versus, deorsum et foras directus, fere triqueter; desuper aspectus ubique aequali crassitudine, margine autem apicali profunde excavato, palporum axi fere parallelo; latus exterius in longitudinem excavatum, inferius convexum, apex oblique truncatus et excavatus, ita ut margo superior ceteris longior, inferiorum interior ceteris brevior evadat. Laminae bulbi margo exterior ad apicem superioris processus partis tibialis productus in dentem triangularem, deorsum directum; bulbus processibus duobus instructus, quorum exterior fere mallei formam habet, manubrio crasso, brevi, pallido, sensim abeunti in partem apicalem obliquam, nigram, cuius ramus brevior et angustior foras, anteriora versus et sursum, alter maior et latior posteriora versus, introrsum et deorsum directus est; processus interior longior, manubrio exterioris fere parallelus, anteriora versus, introrsum et deorsum directus, latus, subtus convexus, supra concavus, parum flexuosus, fere rectus, latitudine ubique aequali, apice oblique truncato, angulo interiore acuto. *Pedes* 4 anteriores fusco testacei, femoribus, patellis, tibiis fusco punctatis, supra linea alba et iuxta eam utrimque vitta fusca notatis, metatarsis et tarsis etiam albo lineatis; pedes 4 posteriores cinereo flavi, ut anteriores punctati et lineati. Aculeorum numerus mutabilis; in femoribus 1-mi paris supra circa 7, antice circa 12, in posterioribus supra 5—9, in tibiis et in metatarsis 1-mi et 2-di paris in utroque latere 3, subtus series binae, in tibiis anterior e 6—7, posterior e 5 aculeis, in metatarsis utraque e 5 aculeis constantes. Patella cum tibia 1-mi paris 3·6 mm. longa, metatarsus 2·4, tarsus 1·2, eidem articuli 4-ti paris: 2·4, 1·4, 0·8 longi. *Abdominis* dorsum linea alba circumdatum, rufo fuscum, in medio paullo pallidius quam in lateribus, ornatum linea media angusta, marginem anticum non attingente, ultra dorsi medium extensa, et pone eam lineis duabus transversis, non multo quam fundus pallidioribus; linea media in lateribus, lineae transversae antice vittis diffusis fuscis limbatae; latera et venter pallide fusca, punctis fuscis adspersa; mamillae linea alba interrupta circumdatae.

Palporum structura similis *X. luctatori* L. Koch, hic tamen habet marginem superiorem processus inferioris, quo pars tibialis ornatur, profunde excavatum, processus ambos in bulbo genitali sitos multo tenuiores, exteriorem prope apicem recurvatum, prope basin in latere antico dente — nonnunquam vix cernendo — ornatum, interiorem non longiorem quam exterior.

Żyje w Tatrach. Dwa samce dorosłe znalazłem w drugiéj połowie Lipca na szczycie Hrubego Wierchu (2065 m.) nad doliną Chochołowską, w krainie hal. W ich towarzystwie znajdowało się kilka samic dorosłych, zupełnie podobnych do samic gatunku *Xysticus cristatus* (Clerck); nie znalazłszy żadnych określonych różnic. nie mogę samic owych ani uznać bezwarunkowo za należące do opisanego powyżéj samca, ani téż zaliczyć do gatunku *X. cristatus*, z jednéj bowiem strony *X. cristatus* żyje w Tatrach w tych samych wysokościach, jak *X. alpicola*, i jest nawet o wiele od niego częstszy, z drugiéj zaś strony są cechy gatunkowe u samic do tego rodzaju należących o wiele mniéj wybitne niż u samców.

Oxyptila SIM.

Oxyptila obsoleta (n. sp.) (tab. III, fig. 24) corpore aculeis clavatis, obtusis, maioribus minoribusque tecto, oculis mediis anticis vix longius quam medii postici distantibus, femoribus 1-mi paris aculeis 2 obtusis, metatarsis 1-mi paris subtus aculeis 2.2 et in utroque latere 1.1 armatis; maris tibia cum patella 1-mi paris pedum parum breviore quam cephalothorax, parte patellari palporum inermi, partis tibialis latere exteriore producto in processus duos: superiorem brevem, acutum, bulbi laminae adpressum, inferiorem arcuatum, compressum, obtusum, oblique anteriora versus directum; partis eiusdem latere interiore ornato infra processu longo, flexuoso, exteriora versus directo, apice anteriora versus curvato, oblique truncato.

Mas. Cephalothorax 1·7 mm. longus, 1·6 latus, fronte quam pars thoracica fere duplo angustiore, desuper aspecta recta, area oculorum mediorum anticorum tamen paullo prominenti, dorso versus frontem descendenti, parum arcuato, excepta declivitate postica confertim granulatus, ut totum corpus supra pilis tectus crassis, clavatis, pilosulis, fuscis, maioribus et minoribus, inter et circa oculos nonnullis multo robustioribus, sat brevibus, in clypei margine longioribus et minus incrassatis; in lateribus fuscus, summo margine thoracis albo, maculis cinereo flavescentibus adspersus, vitta coloris eiusdem, interrupta, arcuata, a declivitate postica ad oculos laterales posticos ducta ornatus; vitta media cinereo flavescens, antice aeque lata atque intervallum oculorum lateralium posticorum, posteriora versus paullo angustata, lateribus inaequalibus, in declivitate postica supra albida, inferius subito usque ad marginem posticum dilatata et flavescens, in dorso supra plerumque linea media fusca, tenui et iuxta eam maculis paucis fuscis notata; tubercula ocularia fusca, circa oculos ipsos albida; ceterum facies cinereo flavescens, indistincte fusco maculata. Oculi posteriores in seriem fortiter recurvam dispositi, medii lateralibus multo minores, ab eis remoti intervallo 1½ maiore quam spatium, quo inter se distant; antici seriem fortiter recurvam efformant; medii antici quam medii postici paullulum maiores et spatio perparum maiore remoti; area oculorum mediorum parum longior quam antice lata; spatium oculo medio et laterali antico interiectum fere 1½ longius quam intervallum mediorum. Tubercula oculorum lateralium posticorum postice sulco optime ab adiacentibus capitis partibus discreta. *Sternum* nitidum, vix granulatum, cinereo flavescens, fusco maculatum. *Mandibulae* fuscae, macula magna in medio fere sita et apice flavo albidis. *Palpi* (fig. 24 *a, b, c*) cinereo flavescentes, parte femorali et patellari fusco maculatis; in partis femoralis apice et in partibus patellari et tibiali adsunt aculei complures clavati in seriem dispositi, et alii multo longiores, obtusi; pars patellaris processibus caret, tibialis multo brevior, processus tres habet: in latere exteriore duos, superiorem brevem, acutum, bulbi laminae adpressum et inferiorem multo longiorem, bulbum non attingentem, compressum, paullo arcuatum, anteriora versus et paullo foras et deorsum directum, apice obtuso; in angulo interiore marginis apicalis inferioris adest processus tertius, deplanatus, ubique aequali latitudine, primo anteriora versus et deorsum directus, non procul a basi foras flexus, usque ad laminae bulbi marginem exteriorem extensus, subito anteriora versus curvatus, apice oblique truncato, angulo interiore acuto. Bulbus ab maximam partem pallidus, nigro marginatus, in medio fere ornatus lamella fusca, fere in lineam transverse ovatam flexa; ad latus exterius lamellae eius, quod interruptum est, adest lamella alia contorta, quae a latere aspecta formam processus habet deorsum et paullo retro directi, apice oblique truncati, angulis paullo productis, acutis. *Pedes* pilis tecti nigricantibus, depressis, lanceolatis, pilosulis, et praesertim in metatarsis et tarsis setis non longis, quae glabrae esse videntur; tibiarum pars inferior praeterea instructa pilis tenuissimis, albidis; femora 6 anteriora et tibiae omnes ornata supra, femora antica etiam in latere antico pone medium, aculeis singulis obtusis, ceteri pedum aculei acuti sunt, 2.2 in tibiis 4 anterioribus subtus, in metatarsis 4 anterioribus subtus 2.2

et 1.1 in latere antico, in latere postico metatarsi 1-mi paris 1.1, in eodem latere metatarsi 2-di paris 1 (in apice); ceterae pedum partes inermes; femora cinereo albida, fusco maculata, patellae pallido rufo fuscae, albo et fusco maculatae, tibiae colore patellarum, anticae fere unicolores, 6 posteriores plus minusve albo et fusco maculatae, metatarsi et tarsi colore tibiarum, immaculati; tibia cum patella 1-mi paris 1·6 mm. longa, metatarsus 0·9, tarsus 0·6, eidem articuli 4-ti paris 1·2, 0·6, 0·5 mm. longi. *Abdomen* aeque fere longum ac latum, supra ut cephalothorax pilosum, subtus pilis sat acutis, crassiusculis, pilosulis tectum; flavo cinereum, albo et fusco punctatum, dorso praeterea maculis fuscis ornato, in parte posteriore lineas transversas, plus minusve interruptas efformantibus.

Occurrunt mares multo obscurius colorati: cephalothorace nigro fusco, maculis solito paucioribus et ut tota fere vitta media, quae nigro fusco maculata est, fusco rufis, mandibulis nigro fuscis, rufo fusco maculatis, sterno fusco, pallidius maculato, palpis fusco rufis, parte patellari pallidiore, pedum femoribus nigro fuscis, patellis et tibiis rufo fuscis, illarum apice albido, his — praesertim anterioribus — praeter maculas paucas albidas supra, fere maculis carentibus, metatarsis et tarsis quam tibiae pallidioribus, abdomine supra nigro fusco, rufo fusco punctato, in lateribus rufo fusco, lineis albis, nigro punctatis ornato, subtus pallide fusco, fusco punctato.

Femina cephalothoracis et abdominis forma, magnitudine, colore mari similis; abdomine paullo maiore, pedibus brevioribus, tibia cum patella 1-mi paris 1·4 mm. longa, metatarso 0·75, tarso 0·5, eisdem articulis 4-ti paris 1·0, 0·55, 0·4 mm. longis. *Vulva* (fig. 24 *d*) flavo rufa, immaculata; e fovea constat transversa, ovata; fundus eius transverse plicatus est, margines incrassati, paullo crenati, anticus in medio procurrit in foveam instar dentis lati, transverse truncati, aeque fere longi ac lati, foveae fundo adpressi.

Żyje w Tatrach i na Babiéj Górze. Przebywa w miejscach suchych, kamienistych. Zbiérałem ją na Groniku we wsi Kościeliskach, w dolinie Chochołowskiéj, Kościeliskiéj (tutaj znalazłem pod Kominami 13·go Sierpnia samice strzegące oprzędów z jajami, ukrytych pomiędzy gałązkami mchu), Małołąckiéj i za Bramą; od Prof. B. KOTULI otrzymałem jeden okaz z doliny zwanéj Tiefer Grund. Wszystkie te miejscowości leżą w krainie regli i ta téż kraina zdaje się być właściwém miejscem pobytu tego gatunku. Znalazłem wprawdzie jeden okaz na samym szczycie Giewontu (1900 m.), ale byłto samiec dorosły, a te prowadząc przynajmniéj przez pewien czas życie koczownicze oddalają się czasem znacznie od swych właściwych miejsc pobytu.

Harpactes Templ.

Harpactes carpaticus (n. sp.) (tab. III, fig. 25) maris cephalothorace rufo fusco, parum breviore quam tibia cum patella 4-ti paris, reticulato et punctato, sterno saltem in parte posteriore crebre punctato; oculis anticis spatio minore quam radius disiunctis, mandibulis aeque longis ac patellae 2-di paris, pedibus fusco flavis, femoribus anterioribus fusco rufescentibus; femoribus omnibus aculeatis, patellis 3-tii paris aculeo 1 armatis; bulbo genitali constanti e corpore rotundato et e scapo longissimo, ter curvato, itaque in partes quatuor subrectas diviso, ubique subaequali latitudine, in partis secundae margine antico ornato unco aeque longo aut breviore, quam scapus latus.

Mas. Cephalothorax 3·7 mm. longus, 2·9 latus, lateribus rotundatis, antice sinuato angustatus, fronte 1·5 mm. lata, dorso a margine postico usque ad oculos parum inaequali, in parte thoracica evidentius, in cephalica parum arcuato, impressionibus cephalicis sat distinctis, radiantibus in thoracis lateribus utrimque binis parum distinctis, praesertim posterioribus; sulco ordinario profundo, sat longo, inter pedum paria 2-dum et 3-tium sito; excepta oculorum area et spatio circa oculos sito reticulatus et punctatus, punctis umbilicatis, parvis, pilos gerentibus, parum nitens, cum mandibulis rufescenti fuscus, marginibus et oculorum area infuscatis. Oculi antici ceteris maiores, postici lateralibus minores; antici subrotundi, ceteri oblongi; antici a lateralibus et postici inter se intervallis minimis distant, postici ab anticis spatio diametrum posticorum minorem fere aequante, a lateralibus eâ quadruplo minore, antici inter se et a clypei margine spatiis subaequalibus, radio evidenter minoribus remoti. *Sternum* oblongum, inter coxas posticas aeque fere ac labium latum, aut totum aut in parte posteriore tantum crebre punctatum, punctis confluentibus, cum labio et maxillis fusco rubicundum, ad margines infuscatum. *Mandibulae* proiectae, dorso in longitudinem excavato, lateribus exterioribus subrectis, apice intus oblique truncato, ceterum ubique aequali fere latitudine, crassitudinem basis tibiarum anticarum fere aequantes, aeque fere longae ac patellae 2-di paris pedum, dorso transverse reticulato, praesertim in lateribus pilis, qui in punctis elevatis insistunt, ornatae. *Labium* duplo longius quam postice latum, apice paullulum excavato. *Maxillae* labio 1 1/2 longiores, latere interiore ad apicem oblique truncato, exteriore a palporum insertione usque ad apicem rotundato. *Palpi* (fig. 25 *a*) colore pedum; pars femoralis colore fusco rufo suffusa, dorso subrecto, basi tantum et apice convexo, subtus arcuato excavata; patellaris a latere visa subtus sat fortiter excavata, supra convexa, a basi usque ad medium incrassata, desuper aspecta ubique fere aequali latitudine, tibialis et tarsalis levius curvatae, illa subcylindrata, patellari 1/5 parte, latitudine sua autem circiter duplo longior; tarsalis apicem versus attenuata, apice obtuso, subtus nuda, ceterum pilosa, aeque longa ac 2/3 partis tibialis. Corpus bulbi genitalis (fig. 25 *b*) basi partis tarsalis adnatum, rotundatum, latere superiore antico paullo deplanato, postico interiore ceteris magis convexo, rufo flavum; scapus marginibus et apice nigricantibus, longissimus, ter curvatus, e partibus igitur quatuor subrectis constans, quarum quarta secundae subparallela est, secunda cum tertia angulum acutum, prima cum secunda et tertia cum quarta angulos obtusos, omnes apicibus rotundatis efformant; secunda ceteris longior, aeque fere longa ac corpus bulbi, prima et quarta subaequales, ceteris breviores; pars basalis parum compressa, ceterae apicem scapi versus magis magisque deplanatae; secunda intus, paullo deorsum et anteriora versus directa, a basi primo paullo angustata, deinde dilatata, latere postico in longitudinem excavato, antico producto in medio in processum deflexum, subacutum, aeque longum aut breviorem quam scapus latus, in apice autem in dentem latum, acutum; pars tertia paullo latior quam secunda, lateribus subparallelis, quarta aeque lata ac tertia, apice bis inciso, in dentes tres breves producto, quorum duo anteriores nigri, posticus paullo ab eis remotus et pellucidus est. *Pedes* posteriores toti, anteriores femoribus fusco rufescentibus exceptis, fusco flavi; pedes 1-mi paris 12·5 mm., 2-di 11·5, 3-tii 9, 4-ti 12 mm. longi, tibia cum patella 4-ti paris cephalothorace parum longior; femora praesertim anteriora basi abrupte incrassata, antica latere antico apicem versus tumido; coxae 3-tii paris in latere postico aculeo 1, 4-ti paris binis armatae; femora 1-mi paris antice prope apicem aculeis plerumque 4, 2-di paris antice serie aculeorum 3 aut 4 et ante apicem nonnunquam aculeo 1 armata; ceteri articuli 1-mi et 2-di paris inermes; patellae 3-tii paris antice aculeo 1 ornatae, 4-ti paris inermes; in femoribus, tibiis, metatarsis 3-tii et 4-ti paris aculei numero ac situ paullo variantes. *Abdomen* oblongum, subcylindratum, flavescenti cinereum.

Femina ignota.

Z tego gatunku mam tylko trzy okazy, dwa dorosłe samce i jednego bardzo młodego. Wszystkie trzy znalezione zostały mniéj więcéj w wysokości 500—600 m., mianowicie dwa na Szlązku: na Czantoryi i na Baraniéj w dolinie Czarnéj Wisły, trzeci w Galicyi koło Lipowéj.

Additional material from *Collected Papers on Spiders of Wladyslaw Kulczyński,*

ISBN 978-94-017-5824-6 (978-94-017-5824-6_OSFO1),

is available at http://extras.springer.com

Wyjaśnienie rysunków.

~~~~~~~

TABLICA I.

1. *Linyphia annulata*, ♂ *a—c*, ♀ *d, e*: *a* głaszczek od zewnątrz, *b* od wewnątrz widziany, *c* członek tegoż piszczelowy i odrostek łuski pokrywającéj narzędzia rozrodcze; *d* części rozrodcze z boku, *e* od dołu widziane.
2. *Linyphia pulchra*, ♂ *a— c*, ♀ *d*: *a* głaszczek widziany od zewnątrz, *b* od dołu, *c* od wewnątrz; *d* części rozrodcze od dołu.
3. *Linyphia varians*, ♂ *a, b*, ♀ *c*: *a* głaszczek od zewnątrz, *b* od wewnątrz, *c* części rozrodcze od dołu.
4. *Linyphia monticola*, ♂ *a, b*, ♀ *c, d*: *a* głaszczek od zewnątrz, *b* od spodu; *c* części rozrodcze od dołu, *d* z boku widziane.
5. *Linyphia arcigera* ♀: *a* części rozrodcze widziane od spodu i nieco od tyłu, *b* z boku.
6. *Linyphia torrentum*, ♂ *a, b*, ♀ *c*: *a* głaszczek od zewnątrz, *b* od dołu; *c* części rozrodcze od dołu.
7. *Linyphia microphthalma*, ♂ *a, b*, ♀ *d*: *a* głaszczek od zewnątrz, *b* od spodu; *d* części rozrodcze od dołu.
8. *Erigone cacuminum*, ♂ *a—c*, ♀ *d*: *a* głaszczek samca od zewnątrz, *b* od spodu i nieco od wewnątrz, *c* tułogłowie, *d* części rozrodcze od dołu.
9. *Erigone myrmicarum* ♀, części rozrodcze od dołu.

TABLICA II.

10. *Erigone carpatica* ♂, *a* głaszczek od spodu, *b* od wewnątrz.
11. *Erigone aries*, ♂ *a—d*, ♀ *e*: *a* głaszczek od wewnątrz, *b* od zewnątrz, *c* tułogłowie, *d* oczy widziane z góry, *e* części rozrodcze od dołu.
12. *Erigone longa*, ♂ *a—f*, ♀ *g*: *a* głaszczek od zewnątrz, *b* od wewnątrz i od spodu, *c* jego członek piszczelowy od strony zewnętrznéj, *d* od góry, *e* twarz ze szczękami górnemi, *f* tułogłowie, *g* części rozrodcze od dołu.
13. *Erigone gibbifera*, ♂ *a—e*, ♀ *f*: *a* głaszczek od wewnątrz i od spodu, *b* od zewnątrz widziany, *c* jego członek piszczelowy od góry, *d* tułogłowie, *e* twarz z przodu i nieco z góry widziana, *f* części rozrodcze od spodu.
14. *Erigone excavata* ♂: *a* głaszczek od spodu, *b* od zewnątrz, *c* tułogłowie.
15. *Erigone decipiens (melanocephala* CAMBR.?) ♂: *a* głaszczek od zewnętrznéj, *b* od wewnętrznéj strony, *c* tułogłowie, *d* twarz.

TABLICA III.

16. *Erigone suspecta*, ♂ *a—d*, ♀ *e*: *a* głaszczek od wewnątrz, *b* od zewnątrz i nieco od przodu widziany (po opuszczeniu włosów), *c* tułogłowie, *d* twarz, *e* części rozrodcze od spodu i nieco od tyłu.

17. *Erigone tatrica*, ♂ *a—d*, ♀ *e*: *a* głaszczek od spodu, *b* od-góry, *c* tułogłowie, *d* twarz, *e* części rozrodcze od dołu.

18. *Hahnia parva* ♂: *a* głaszczek od wewnątrz, *b* jego członek rzepkowy i piszczelowy od zewnątrz.

19. *Agroeca striata*: ♀ *a* części rozrodcze; ♂ *b* głaszczek od zewnątrz.

20. *Clubiona alpicola*, ♂ *a*, *b*, ♀ *c*: *a* głaszczek od spodu, *b* jego część piszczelowa, *c* części rozrodcze.

21. *Clubiona frutetorum* ♂: *a* kolec z końca części rozrodczych, *b* członek piszczelowy głaszczka.

22. *Micaria hospes* ♀: części rozrodcze.

23. *Xysticus alpicola* ♂: *a* głaszczek od zewnątrz, *b* od spodu.

24. *Oxyptila obsoleta*, ♂ *a—c*, ♀ *d*: *a* głaszczek od zewnątrz, *b* od spodu, *c* jego część rzepkowa i piszczelowa od góry, *d* części rozrodcze.

25. *Harpactes carpaticus* ♂: *a* głaszczek od zewnątrz, *b* części rozrodcze od przodu i nieco od zewnątrz.

————∿∿∿∿∿————

Summary

This paper contains the descriptions of 23 new species of spiders from the mountain area in southern Poland dealt with in the preceding paper. The descriptions are in Latin, the summary in German. The Polish introduction connects the paper with the previous one and moreover contains information on collecting methods, the meaning of some terms, and Kulczyński's views on the importance of adding figures of the copulatory organs when describing a species. The Polish remarks at the end of each Latin description contain information on the habitat, collecting sites, and distribution.

J. Prószyński

5

Seit dem Jahre 1870 beschäftige ich mich mit Studien über die Spinnenfauna Westgaliziens. Nach einer verhältnissmässig genauen Durchforschung der Umgebung von Krakau erweiterte ich (seit 1875) meine Untersuchungen auch auf das benachbarte Karpathen-Gebiet, nicht so sehr um die Anzahl der aus Galizien bekannten Arten zu bereichern, als vielmehr um für die gefundenen Arten Höhengrenzen und Verbreitungsgebiete kennen zu lernen. Hauptsächlich wendete ich der galizischen Tatra meine Aufmerksamkeit zu, machte indessen auch mehrere Ausflüge auf die Babia Góra und in die schlesischen Beskiden, um die in der Waldregion des Tatragebirges gesammelten, einer Erweiterung bedürftig erscheinenden Beobachtungen zu vervollständigen.

Ohne mich auf genaue Höhenmessungen einzulassen, deren Werth mir problematisch erschien, suchte ich vor Allem durch fleissiges Sammeln den wahren Werth der Beobachtungen kennen zu lernen, um die auf zufälligen Vorkommnissen beruhenden ausscheiden zu können und dadurch einer unnatürlichen Ausdehnung der Verbreitungsbezirke der Arten auf Grund von einzeln angetroffenen, manchmal offenbar verirrten Exemplaren möglichst aus dem Wege zu gehen. In dem vorliegenden Verzeichnisse sind zwar alle Fundorte berücksichtigt, überall aber, wo es sich um eine möglicher Weise zufällige Erscheinung handelt, ist dies — meist durch die Angabe der Anzahl der gesammelten Exemplare — angedeutet.

Eine Zusammenstellung zahlreicher an verschiedenen Orten gemachter Beobachtungen ergab, wie es nicht anders zu erwarten war, dass bei vielen Arten die Verbreitung in der Angabe absoluter Höhengrenzen nicht ihren richtigen Ausdruck findet, indem die letzteren stellenweise in Folge wechselnder Vegetationsverhältnisse bedeutenden Schwankungen unterliegen. Neben den beobachteten, in Metern ausgedrückten Höhengrenzen der einzelnen Arten habe ich daher auch die von ihnen bewohnten pflanzengeographischen Regionen [1]) angegeben.

Die geringe Ausdehnung des bisher untersuchten Gebietes erlaubte es nicht überall, den Einfluss lokaler die Verbreitung einzelner Arten einschränkender Umstände gehörig zu würdigen und die betreffenden Beobachtungen zu eliminiren. Unterschiede, welche sich bei einer Vergleichung der von mir in den Karpathen über die vertikale Verbreitung der Arten gemachten Beobachtungen mit den aus anderen Ländern bekannten Angaben ergeben, sind wohl meistens auf lokale Eigenthümlichkeiten des Gebietes zurückzuführen.

In Bezug auf den am genauesten von mir durchsuchten Antheil der Tatra verdient hervorgehoben zu werden, dass in dem im Norden angrenzenden Thale von Zakopane neben bebautem Lande fast nur Fichtenwälder auftreten, obwohl dieses Thal seiner Höhe gemäss der montanen Region angehört. Die meist steil abfallenden Nordabhänge der Tatra werden ebenfalls von einem beinahe zusammenhängenden, dichten Fichtenwalde bedeckt, der in seinem unteren Theile nur an wenigen Stellen von kleinen Buchenbeständen unterbrochen wird, obwohl er stellenweise ziemlich tief in die montane Region hineingreift [2].

Es ermöglicht aber das Tatragebirge in Folge seiner geringen horizontalen Ausdehnung leichter beweglichen Thieren zu sehr ein

---

[1]) Die Bezeichnungen der Höhenregionen beziehen sich auf folgende Eintheilung des Gebietes: 1) Ebene bis ca 280 M., 2) colline Region bis ca 480 M, 3) montane R., vorwiegend Tannen- und Buchenwälder, bis ca 1000 M., 4) subalpine R., Fichtenwälder, obere Grenze 1300—1500 M., 5) alpine R., Krummholz, bis 1675 M., 6) supraalpine R., Alpenmatten, bis an die teoretische Schneegrenze, 2100 M., 7) subnivale R., bis 2663 M., nur an einigen geschützten Stellen mit ewigem Schnee bedeckt. — Bei der Begrenzung der Regionen wurde jede derselben selbstverständlich nicht als eine zwischen zwei überall in gleicher Höhe verlaufenden Linien eingeschlossene Zone aufgefasst, sondern stets den bestehenden Vegetationsverhältnissen Rechnung getragen. Übrigens bietet auch dieses Verfahren mancherlei Schwierigkeiten, es wollte mir aber nicht gelingen, für die Abhängigkeit der Spinnenfauna von der Vegetation einen anderen, entsprechenderen Ausdruck zu finden.

[2]) Auf lokale, die Verbreitung einzelner Arten in dem angegebenen Gebiete der Karpathen einschränkende Hindernisse scheint der Umstand hinzuweisen, dass während in Tirol von den in der Ebene lebenden Arten ca 74 auch in der Alpenregion (oberhalb 5500') vorkommen (nach Dr. L. Koch, Verzeichn. d. bis jetzt in Tirol beobachteten Arachniden), in West-Galizien bei nahezu gleicher Gesammtzahl (432 gegen 434) oberhalb der Waldgrenze nur 38 auch in der Ebene vorkommende Arten von mir angetroffen wurden.

Ueberschreiten der angemessenen Höhengrenzen; insbesondere gelangen in Folge der Steilheit der Abhänge manche Arten öfters so tief
herab, dass man sie in gleicher Höhe anderwärts (z. B. bereits auf der
Babia Góra) vergeblich suchen würde. In den eigenthümlichen Verhältnissen der teoretischen Schneeregion ist wohl die Ursache davon zu
suchen, dass oberhalb der Krummholzgrenze die Verbreitung der Arten in hohem Grade von der mehr oder weniger geschützten Lage der
Orte beeinflusst wird, so dass es kaum möglich erscheint, für die supraalpine und die subnivale Region irgend eine Höhenlinie als Grenze
zu wählen, die auch nur einen angenäherten Werth für die Verbreitung der Thiere hätte.

Beschreibungen der in dieser Arbeit aufgeführten neuen Arten
sind in den Denkschriften der Akademie d. Wissensch. in Krakau Bd.
VIII [1]) enthalten. Ein Verzeichniss der bis 1880 gesammelten Spinnen
habe ich bereits in dem XV. Bande der Berichte der physiographischen
Commission d. Akad. d. Wissensch. [2]) veröffentlicht; daselbst ist auch
eine spezielle Aufzählung der Fundorte aller Arten zu finden, während
ich mich in der vorliegenden Arbeit auf allgemeinere Angaben über
die verticale Verbreitung derselben beschränke und nur bei den neuen
Arten über das Vorkommen derselben genauer berichte.

Das von mir durchsuchte Gebiet der Karpathen erstreckt sich auf
folgende Gegenden: 1) in Schlesien auf die Umgebung von Ellgoth
(Gnojnik, Godula, Kiczera, Ropica, Ropicznik), die Berge Tuł, die
Kleine und die Grosse Czantoryja, das Dorf Weichsel und die westlichen Abhänge des Barania-Berges, 2) die Nordabhänge der Babia
Góra, 3) den galizischen Antheil der Tatra von dem Dorf Zakopane
aufwärts, nebst Theilen der Liptauer und Zipser Centralkarpathen vom
Krivan bis an den Polnischen Kamm. Ausserdem stand mir ein ziemlich reichhaltiges von den HH. Prof. B. KOTULA (in der Tatra),
J. KRUPA (in den Beskiden und bei Seybusch) und St. STOBIECKI (auf
der Babia Góra) gesammeltes Materiale zur Verfügung, welches mir

---

[1]) Opisy nowych gatunków pająków z Tatr, Babiéj Góry i Karpat szlązkich, S. 1—42, Taf. I—III, (die Diagnosen und Beschreibungen in latei-
nischer Sprache).
[2]) Wykaz pająków z Tatr etc. (Aufzählung der in der Tatra etc. gefundenen Spinnen unter Berücksichtigung der verticalen Verbreitung der
in West-Galizien vorkommenden Arten).

von den genannten Herren zur Bestimmung und Bearbeitung überlassen wurde, wofür ich Ihnen hiermit meinen herzlichsten Dank ausdrücke.

In den bisher veröffentlichten Arbeiten finde ich über die Spinnenfauna der Babia Góra keine Angaben. Das für die schlesischen Beskiden Bekannte ist in Dr. C. FICKERT's: Verzeichniss der schlesischen Spinnen (Zeitschr. f. Entomol. 1876) enthalten. In der Tatra wurden nach den unten angegebenen, meist in polnischer Sprache erschienenen Abhandlungen [1]), bis 1880 folgende Arten gesammelt:

Cyclosa conica Pall. *N 5, K 1*; Epeira diademata Cl. *N 1, 3, 4, W 1, K 1, H*; stellata C. L. Koch (Fick.?) *N 4, K 1*; marmorea Cl. *N 3, H*; pyramidata Cl. *N 3*; *quadrata Cl. *H*; cucurbitina Cl. *N 1, W 1, K 1, H*; alpica L. Koch *H*; ceropegia Wlck. *N 1, W 1, K 1, H*; umbratica Cl. *N 1*; sclopetaria Cl. *N 3, 4, K 1, Kl*; patagiata Cl. *N 1, W 1, H*; Zilla montana C. L. Koch *N 1, 4, W 1, K 1, H*; *Meta segmentata Cl.? *N 1, W 1*; Mengei Bl. *N 4, K 1*; Merianae Sc. *H*; Tetragnatha extensa L. *N 1?, W 1?, N 4, K 1, H?*; Pachygnatha De Geerii Sund. *N 1*;

Linyphia triangularis Cl. *N 1, 2, 4, W 2, K 1, H*; phrygiana C. L. Koch *N 4, K 1, H*; peltata Wid. *N 4, K 1*; thoracica Wid. *N 4, K 1*; alacris Bl. *N 3*; leprosa Ohl. *H*; alticeps Sund *H*; *alpina Herm. *H*; Erigone nigra Bl. *N 5*; herbigrada Bl. *N 5*; isabellina C. L. Koch *H*; Theridium lineatum Cl. *N 4, K 1*; instabile Cambr. *Kl*; sisyphium Cl. *N 4, K 1, H*; pictum Walck. *H*; *tinctum Walck. *N 2, W 2*; *Teutana castanea Cl. *N 1*; Steatoda bipunctata L. *N 1, 4, K 1, H*;

*Dictyna arundinacea L.? *N 1*; Amaurobius claustrarius H. *N 3, 4, K 1, Kl, H*; fenestralis Stroem *N 3, 4, K 1, H*; Cicurina cicurea

---

[1]) Dr. M. NOWICKI: in „Sprawozdanie Komisyi fizyjogr." 1) Bd. I. 1867. p. 197, 2) Bd. II. 1868. p. 90, 3) Bd. III. 1869. p. 150—151, 4) Bd. IV. 1870. p. 15—19, 5) Bd. VIII. 1874. p. 1—11 (im obigen Verzeichnisse mit *N 1. 2, 3, 4, 5* angegeben).

L. WAJGIEL, ibid. 1) Bd. I. p. 130—141, 2) Bd. II. p. 153—155 (= *W 1, 2*).

Dr. L. KOCH, 1) Beitr. z. Kenntn. d. Arachn.-Fauna Galiziens, 1870, 2) Verzeichn. d. in Tirol b. j. beob. Arachn. (= *K 1, 2*).

W. KULCZYŃSKI, Spraw. Kom. fiz. Bd. X. 1876. p. 41—67 (= *Kl 1*).

O. HERMAN, Ungarns Spinnen-Fauna, 1876—79 (= *H*).

Die Angaben in N 2, 3, 4, 5, W 2 beruhen auf Bestimmungen von Dr. L. KOCH.

Fabr. *K1*, *N4;* Cybaeus angustiarum L. Koch *N3, 4, K1;* Coelotes atropos Walck. *N1, 2, 4, W2, K1, Kl, H;* solitarius L. Koch *K1, N4, Kl, H;* inermis L. Koch *K1, N4;* Cryphoeca carpatica Herm. *H;* silvicola C. L. Koch *K1, N4;* Tegenaria domestica Cl. *N1;* * campestris C. L. Koch *K1, N4, H;* Agalena labyrinthica Cl. *N3;* *Chiracanthium lapidicolens Sim. *N1;* *Clubiona phragmitis C. L. Koch *N1, 4, K1;* *frutetorum L. Koch *K1, N4;* lutescens Westr. *N3;* pallidula Cl. *N3, 4, K1, H;* trivialis C. L. Koch *H;* Gnaphosa montana L. Koch *H;* Drassus lapidicola Walck. *N2, 4, W2, K1;* * quadripunctatus L. *N2, W2;* Prosthesima clivicola L. Koch *K1, N4;* subterranea C. L. Koch *N2, 4, W2, K1;*

Xysticus cristatus Cl. *N3, 4, K1;* Diaea dorsata Fabr. *N1, W1;* Misumena vatia Cl. *N1, 3, 4, W1, K1;* Philodromus alpestris L. Koch *K2;* collinus C. L. Koch *K2;* auronitens Auss. *N2, W2;* aureolus Cl. *N3;* *dispar Walck. *K1, N4;* Micrommata virescens Cl. *N1, W1, H;*

Pardosa agricola Thor. *K1, N4;* monticola Cl. *N3, 4, K1, H;* albata L. Koch *K1, N4;* saltuaria L. Koch *N3, 4, K1;* palustris L. *K1, N4;* pullata Cl. *N3, 4, K1;* lugubris Walck. *K1, N4;* morosa L. Koch *K1, N4;* amentata Cl. *N3, 4, K1;* ferruginea L. Koch *K1, N4;* *lignaria Cl.? *H;* nigra C. L. Koch *W1, N3, 4, K1;* Wagleri Hahn *N2, W2;* *poecila Herm. *H;* Pirata Knorrii Sc. *K1, N4;* piraticus Cl. *H;* Lycosa fabrilis Cl. *N3;* *accentuata Latr. *N1, W1;* aculeata Cl. *N2, W2;* *trabalis Cl. *N3;* pulverulenta Cl. *N3, H;* cuneata Cl. *N2, 4, W2, K1;* nemoralis Westr. *N1, 4, W1, K1;* Dolomedes fimbriatus Cl. *H;*

Hasarius falcatus Cl. *K1, N4, H;* *Attus floricola C. L. Koch *N2, 4, W2, K1;* rupicola C. L. Koch *H;* *Dzieduszyckii L. Koch *H;*

Segestria senoculata L. *K1, N4.*

Die mit * bezeichneten Arten habe ich bisher in der Tatra nicht gefunden; darunter sind *Meta segmentata* und *Dictyna arundinacea* zweifelhafte Arten (vielleicht = *M. Mengei* Bl. und *D. pusilla* oder *uncinata* Thor.), die von O. Herman als *lignaria* (?) angegebene *Pardosa* ist *P. nigra*. *Epeira quadrata, Teutana castanea, Tegenaria campestris* (in *H*), *Chiracanthium lapidicolens. Pardosa poecila* wurden nur in der montanen Region (zum Theil auf der Südseite) gesammelt und fehlen vielleicht in dem mir bekannten oberen Theile derselben; nur in der montanen Region leben wohl auch *Clubiona phragmitis* und *Philodromus dispar.* Das Vorkommen von *Theridium* *tinctum*, *Drassus quadripunctatus* und *Lycosa accentuata*, in der Alpenregion (nach *N 2*) bedarf noch der Bestätigung (dasselbe gilt auch für die von mir nur in tieferen Regionen gesammelten *Drassus lapidicola*, *Linyphia triangularis* und *Lycosa cuneata*). *Lycosa trabalis* fand ich subalpin auf der Babia Góra, sie fehlt also wohl auch in der Tatra nicht. *Linyphia alpina* HERMAN konnte ich aus der zu knapp gehaltenen Beschreibung nicht erkennen. *Attus Dzieduszyckii* erreicht die subalpine Region vielleicht nur auf der Südseite der Tatra. *Tegenaria campestris* (in *K 1* und *N 4*, 1870), *Attus floricola* und *Clubiona frutetorum* habe ich in der Tatra vergeblich gesucht, wohl aber daselbst drei andere, bis 1879 nicht angegebene Arten: *Tegenaria silvestris* L. KÓCH (1872), *Attus rupicola* und *Clubiona alpicola* m. in grosser Anzahl gesammelt.

*　　　*

*

Angewendete Abkürzungen: Schl. = Schlesische Beskiden, Seyb. = Galizische Beskiden in der Umgebung von Seybusch, BG. = Babia Góra, T. = Tatra; Eb. = Ebene, coll. R. = colline Region, .mont. = montane R., subalp. = subalpine R., alp. = alpine R., supraalp. = supraalpine R., subniv. = subnivale Region.

Arten, welche auch in der Ebene vorkommen, sind in dem Verzeichnisse mit * bezeichnet. Diejenigen Arten aber, welche ich in West-Galizien nur in der Ebene oder in der collinen Region sammelte, finden sich am Schlusse jeder Familie namentlich angeführt.

Epeiroidae.

Cyclosa Menge.

* 1. *C. conica* (Pall.) — Schl., BG., T. — Noch im unteren Theile der subalp. R. häufig (bis 1100 M.).

Epeira Walck.

1. *E. Nordmannii* Thor. — T: subalp. R., 960—1000 M., sehr selten.

*? 2. *E. Zimmermannii* Thor.? — Schl: 360 M., nur ein junges Exemplar.

3. *E. omoeda* Thor. — Schl., Seyb., T. — In der mont. und subalp. R. selten (ca 500—1050 M. auf der Nordseite der Tatra).

* 4. *E. diademata* (Clerck) — Schl., BG., T. — Häufig bis in die subalp. R., in der alpinen (1700 M.) selten.

Von der Form *E. stellata* (C. L. Koch) Fick.[1]) wurden einige Männchen in Schl. und in der Tatra (mont. und subalp.) gesammelt.

* 5. *E. marmorea* (Clerck) α. f. *principalis* Thor. — Schl., BG., T. — In subalp. Wäldern häufig, bis 1500 M. auf der Süd-, 1000 M. auf der Nordseite der Tatra.

* γ. *pyramidata* (Clerck) — Schl., BG., T. (bis 1100 M. auf der Nordseite); im Gebirge seltener als die Vorige.

* 6. *E. alsine* (Walck.) — T: subalpin (950 M.), nur ein junges Ex.

* 7. *E. cucurbitina* (Clerck) — Schl., BG., T. — Kommt einzeln noch in der alp. R. vor, ist aber schon im unteren Theile der subalp. R. viel seltener als die Folgende.

8. *E. alpica* L. Koch — Schl., BG., T. — In der mont. R. nicht selten, häufig in der subalpinen, selten und vielleicht nur zufällig in der alp. R.; 1 Stück fand ich in der subnivalen R. (2200 M.).

* 9. *E. Sturmii* Hahn[2]) — BG. (mont.), T. (subalp., 940 M.); im Gebirge viel seltener als in der Ebene.

* 10. *E. Redii* (Scop.) — BG: 530 M., ein einziges Stück; sonst im Gebirge nicht beobachtet.

* 11. *E. ceropegia* (Walck.) — Schl., BG., T. —·In der coll., mont. und subalp. R., überall selten; in der Eb. vielleicht nur zufällig, in der alp. R. nicht beobachtet; 1 Stück (erwachsenes ♂) wurde in der Tatra 1870 M. hoch gefunden.

* 12. *E. umbratica* (Clerck) — Schl., Seyb., T., bis in die mont. R.

---

[1]) Den Uebertäger (Menge) finde ich bei beiden Formen, *E. diademata* und *stellata* Fick., etwas veränderlich; die zweite Spitze desselben kommt beiden Formen zu, ist aber manchmal sehr undeutlich, der einzige Unterschied würde demnach im Bau des Eindringers liegen.

[2]) Den von E. Simon (Arachn. de France, t. I) angegebenen Unterschied zwischen *E. Sturmii* und *E. triguttata*, dass bei der ersteren der Nagel an der Epigyne zuerst nach links, bei der letzteren nach rechts gerichtet ist, kann ich nicht bestätigen, finde vielmehr die Lage des Nagels bei beiden, sonst an der Färbung und an der Gestalt der Epigyne leicht zu unterscheidenden Arten veränderlich.

13. *E. sclopetaria* (Clerck) — Schl., BG., T. Von etwa 400 M. aufwärts bis an die obere Grenze der mont. R. (940 M., Tatra) häufig; wird in tiefer gelegenen Gegenden durch *E. ixobola* Thor. vertreten.

* 14. *E. patagiata* (Clerck) — Schl., BG., T. — In der Eb. gemein, in der subalp. R. (bis 1500 M. auf Süd-, 1000 auf der Nordseite der Tatra) selten.

* 15. *E. acalypha* (Walck.) — Schl., Seyb., BG.; bis in die mont. R.

Singa C. L. Koch.

* 1. *S. nitidula* C. L. Koch — in der Eb. gemein, der höchste Fundort: Neumarkt (580 M.), sonst im Gebirge nicht beobachtet.

Zilla C. L. Koch.

* 1. *Z. atrica* (C. L. Koch) — BG: 650 M.

2. *Z. montana* C. L. Koch — Schl., BG., T. — Am häufigsten in subalp. Wäldern, auch alpin (bis 1700 M.) nicht selten, sonst nur noch im oberen Theile der mont. Reg. (nicht unter 850 M.).

* 3. *Z. Stroemii* Thor. — Schl., T.; in der Eb. nicht selten, wurde noch im oberen Theile der mont. R. (930 M.) gesammelt, wo sie aber nur an Häusern und anderen Gebäuden vorkommt.

Meta C. L. Koch.

* 1. *M. Mengei* (Blackw.) — Schl., BG., T. Alle erwachsenen Exemplare, die ich im Gebirge sammelte, gehören zu dieser Form, welche noch in der subalp. R. häufig ist, in der alp. R. (ca 1500 M.) aber nur sehr vereinzelt vorkommt.

* 2. *M. segmentata* (Clerck)? — Ich sah nur ein einziges erwachsenes ♀, welches ich eher für *M. segmentata* als für *M. Mengei* halten würde; es wurde auf der Babia Góra (1300 M.) gefunden.

* 3. *M. Merianae* (Scop.) — Schl., BG., T. — In mont. und subalp. Wäldern ziemlich häufig (bis 1100 M.).

* 4. *M. Menardi* (Latr.) — T: an einer einzigen Stelle (1100 M., subalp.), aber in mehreren Exemplaren.

Tetragnatha Latr.

* 1. *T. extensa* (L.) *vera* Thor. — Schl., BG., T.; in der mont. und subalp. R. häufiger als *T. Solandrii*, während sich in der

Eb. das umgekehrte Verhältniss findet. In der alp. R. fand ich nur junge Exemplare, die wenigstens theilweise auch zu *T. pinicola* gehören könnten.

* 2. *T. extensa f. Solandrii* (Scop.) — BG., T., bis in die subalp. R.

3. *T. extensa f. obtusa* C. L. Koch — Schl., BG., T.; fehlt in der Eb.; in der coll., mont. und in dem unteren Theile der subalp. R. (900 M.) selten.

* 4. *T. pinicola* L. Koch — T: am unteren Rande subalp. Wälder (900 M.) selten.

Pachygnatha Sund.

* 1. *P. Clerckii* Sund. — T: 930 M. (unterer Rand der subalp. R.), 1 Stück; in der Eb. und der coll. R. sehr häufig.

* 2. *P. De Geerii* Sund. — Schl., BG., T.; an der oberen Grenze der mont. R. (930 M.) noch ziemlich häufig, fehlt in der subalp. Region.

Arten der Ebene und der collinen Region:
Cyclosa oculata (Walck.),
Epeira angulata (Clerck), *E. dromedaria* (Walck.), *E. gibbosa* (Walck.), *E. quadrata* (Clerck), *E. Westringii* Thor., *E. triguttata* (Fabr.), *E. ixobola* Thor., *E. cornuta* (Clerck), *E. adianta* (Walck.), *E. diodia* (Walck.),
Singa hamata (Clerck), *S. albovittata* Westr., *S. pygmaea* (Sund.), *S. sanguinea* C. L. Koch,
Cercidia prominens (Westr.),
Zilla x-notata (Clerck),
Pachygnatha Listeri Sund.

Theridioidae.

Ero C. L. Koch.

* 1. *E. furcata* (Vill.) — Schl., Seyb., T: bis 1200 M.; selten.

Episinus Walck.

* 1. *E. truncatus* Walck. — T: im unteren Theile der subalp. R. (ca 900 M.).

Theridium Walck.

* 1. *Th. lineatum* (Clerck) — Schl., Seyb., BG., T., bis in die subalp. R. (1000 M.), hier nicht häufig.

2. *Th. lepidum* (Walck.), Sm., (*instabile* Cambr.) — BG., T.; diese Art wurde in Galizien nur an der oberen Grenze subalp. Wälder, in der alpinen und der supraalp. R. (1200—1725 M.) an trockenen Stellen unter lose auf einander liegenden Steinen gesammelt. Das Weibchen trägt, wenn es beunruhigt wird, seinen Cocon in den Kiefern (und wohl auch an die Spinnwarzen befestigt) weg.

* 3. *Th. formosum* (Clerck) — Schl., T: bis in die mont. R., hier sehr selten.

* 4. *Th. riparium* Blackw. — BG., T.; noch in subalp. Wäldern (bis 1000 M.).

5. *Th. umbraticum* L. Koch — T: 900—1500 M.; in der subalp. und alp. R. selten, in der mont. R. vielleicht nur zufällig.

* 6. *Th. sisyphium* (Clerck) — Schl., Seyb., BG., T.; in subalp. Wäldern (bis 1300 M.) neben *Th. varians* die häufigste Art der Gattung. In der alp. R. fand ich nur 1 Stück (erwachsenes ♂, 1600 M.).

* 7. *Th. impressum* L. Koch — Schl., Seyb., BG., T.; in der Eb. meist häufiger, in der subalp. R. viel seltener als *Th. sisyphium*.

* 8. *Th. pictum* Walck. — Seyb., T: bis 850 M.

* 9. *Th. pinastri* L. Koch — Schl: 360 M., recht selten.

* 10. *Th. varians* Hahn — Schl., Seyb., BG., T.; von der Eb. bis in die subalp. R., überall nahezu gleich häufig.

* 11. *Th. denticulatum* Walck. — Schl., T: bis 850 M.

* 12. *Th. tinctum* Walck. — Schl., BG., bis 600 M.

* 13. *Th. bimaculatum* (L.) — Schl., T.; in der mont. R. sehr selten.

Steatoda Sund.

* 1. *St. bipunctata* (L.) — Schl., Seyb., BG., T: bis 1000 M. auf der Nord-, 1300 M. auf der Südseite.

Crustulina Menge.

* 1. *Cr. guttata* (Wider) — Schl.; fehlt wahrscheinlich schon im oberen Theile der mont. R.

Teutana Sim.

* 1. *T. castanea* (Clerck) — Schl., Seyb.; in der Eb. und der coll. R.

Asagena Sund.

* 1. *A. phalerata* (Panz.) — BG: mont. R., nur an einer Stelle.

Tapinopa Westr.

* 1. *T. longidens* (Wid.) — T: subalp. R. bis 1050 M.

Linyphia Latr.

* 1. *L. montana* (Clerck) — Schl., Seyb., T.; in der mont. R. (bis 850 M.) selten, fehlt in der subalp. R.

* 2. *L. triangularis* (Clerck) — Schl., BG., T., bis in den unteren Theil der subalp. R., hier seltener als *L. phrygiana*.

3. *L. phrygiana* C. L. Koch — Schl., BG., T.; fehlt in der Eb., häufig von der coll. bis in die subalp. R.

* 4. *L. pusilla* Sund. — Schl., T.; bis in die subalp. R. (1000 M.).

* 5. *L. peltata* Wid. — Schl., Seyb., BG., T.; bis in die subalp. R. (1200 M.), hier viel häufiger als in der Eb.

* 6. *L. emphana* Walck. — Schl.; in der Eb. und in der coll. R.

* 7. *L. marginata* C. L. Koch — Schl., Seyb., BG.; geht höher als die Vorige, fehlt aber im oberen Theile der mont. R.

* 8. *L. thoracica* Wid. — Schl., Seyb., BG., T.; bis an die obere Grenze subalp. Wälder.

* 9. *L. nebulosa* Sund. — Schl: collin (360 M.).

* 10. *L. leprosa* Ohl. — T: 930 M., mont. R.

* 11. *L. dorsalis* Wid. — T: bis an die obere Grenze der mont. R.

12. *L. luteola* Blackw. — T: 1400—1800 M., ziemlich häufig in der alp. R., sehr selten in der subalpinen.

13. *L. alticeps* Sund. — Schl., T.; 1000 (in der T. 850) — 1500 M., in subalp. Wäldern nicht sehr selten.

* 14. *L. alacris* Blackw. — Schl., BG., T.; in der Eb. sehr selten, am häufigsten in subalp. Wäldern, kommt aber stellenweise noch bei 2000 M. Höhe vor.

15. *L. obscura* Blackw. — T.; von der coll. bis in die subalp. R., selten.

* 16. *L. crucifera* (Menge) — Schl: collin, sehr selten.

17. *L. expuncta* Cambr. — Schl., BG., T.; mit der Folgenden, selten.

18. *L. mughi* Fick. — Schl., BG., T., 900—1700 M., gemein in subalp. Wäldern, viel seltener in der alp. R.

* 19. *L. cristata* (Menge) — T.; in der Eb. häufiger als die Folgende, erreicht nur den unteren Rand der subalp. R.

* 20. *L. tenebricola* Wid. — Schl., BG., T.; wurde noch bei 2200 M. H. gesammelt; die alpinen Exemplare sind zwar etwas grösser und etwas anders gefärbt als die in der Eb. vorkommenden, stimmen aber in ihren Geschlechtstheilen vollkommen mit diesen überein.

21. *L. variegata* (Blackw.) — T.; von der coll. R. bis 2170 M. H., in Wäldern auf Fichten, in höheren Gegenden unter Steinen; selten.

22. *L. pulchra* m. — T: von dieser seltenen Art fand ich nur wenige Exemplare in subalp. Wäldern (in den Thälern: Kościeliska, Mała Łąka, Strążyska), in der alp. R. im Hlinska-Thal, und in der supraalp. R. in dem Fünf-Seen- und Mlinica-Thal, an den nördlichen Abhängen der Mengsdorfer Spitze; sie lebt unter Steinen an mässig feuchten Stellen (1000—2000 M.).

23. *L. varians* m. — T. — Eine in der Färbung sehr veränderliche und durch die beim ♂ und ♀ verschiedene Bestachelung der Metatarsen auffallende Art. Oberhalb des Krummholzes ist sie recht häufig; sie bewohnt daselbst feuchte, besonders an Schneefeldern gelegene Stellen; in subalp. Wäldern sah ich sie niemals, auch in der alp. R. ist sie selten. — Wołowiec, Miętusia- und Mała-Łąka-Thal, Czerwony Wierch, Giewont, Świnnica, Zawrat (oberhalb des Sees Zmarzłe), Miedziane, Hlinska-Th., Neftzer-Th. bis nahe an das Lorenz-Joch, Świstowa-Th. bis an den Polnischen Kamm, 1400 bis ca 2400 M.

24. *L. monticola* m. — T. — Meist mit der Vorigen und nahezu ebenso häufig. Hruby Wierch, Kominy Tylkowe, Czerwone Wierchy, Strążyska-Th., Świnnica, Zawrat, Velka Kopa, Krivan, Neftzer-, Smrečiner-, Mlinica-Th., Miedziane, Mengsdorfer Sp., zwischen dem Grossen Fisch-See und dem Meerauge, oberhalb der Frosch-Seen, Mengsdorfer Trümmer-Th., Eis-See (gegen Luka), Sucha-, Świstowa-Th. — Ein Ex., welches vielleicht zu dieser Art gehört, wegen verdreheter Geschlechtstheile aber schwer zu bestimmen ist, wurde in Schlesien etwas unterhalb der Spitze des Barania-Berges gefunden (subalp.,

ca 1200 M.). — Die Art ist im Bau der männl. Palpen, noch mehr aber in dem der Epigyne der *L. angulipalpis* Menge [1]) ähnlich.

* 25. *L. pallida* Cambr. (*L. pallens* m. olim) — T.; bisher in der Eb., in der coll. R. und von Prof. B. Kotula im Mengsdorfer-Th. oberhalb der Waldgrenze gefunden; sehr selten.

26. *L. microphthalma* Cambr? — T. — In der Umgebung von Krakau (ca 300 M.) und in der Tatra fand ich einige Ex. einer *Linyphia*-Art, die wahrscheinlich mit *L. microphthalma* Cambr. identisch ist, obwohl sie einen sehr fein gerunzelten Cephalothorax hat. Die Grösse der Augen ist bei dieser Art sehr veränderlich, während nämlich die Augen bei den oberhalb der Waldgrenze (Velka Kopa, Czerwony Wierch, Zawrat, Mnich, Mlinica-Th.; alpin bis subnival) gesammelten Ex. sehr klein sind, unterscheiden sich die von tiefer gelegenen Regionen (collin: Czerna bei Krakau, subalp.: Strążyska-Th.) stammenden Stücke in dieser Hinsicht nur wenig von anderen Arten der Gattung. Bei beiden Formen ist die Grösse der Augen veränderlich, die Geschlechtsorgane aber vollkommen übereinstimmend.

27. *L. arcigera* m. — BG., T. — Im oberen Theile der mont. R. und in subalp. Wäldern, unter Steinen und im Moose. In der Tatra wurde diese Art um das Dorf Zakopane, in den Thälern Chochołowska, Kościeliska, Mała-Łąka und am Krivan gesammelt.

* 28. *L. concolor* Wid. — Schl. (collin), T.? (subalpin, 1 junges ♂); in der Eb. gemein.

* 29. *L. bicolor* (Blackw.) — Seyb., T. — In der Eb. gemein, noch im unteren Theile subalp. Wälder (900 M.) stellenweise häufig.

30. *L. annulata* m. — T. — Eine sehr seltene Art; sie bewohnt trockene, steinige Stellen der supraalp., seltener der subnivalen R., während alle anderen in dieser Höhe vorkommenden *Linyphia*-Arten nasse Stellen bevorzugen. Hruby Wierch, Wołowiec, Starorobociański W., Czerwony W., Krivan, Fünf-Seen-Th. unter dem Zawrat, Hlinska-Th., Mengsdorfer Sp. gegen das Meerauge, Blumengarten im Velka-Th. (1700 bis ca 2200 M.).

* 31. *L. bucculenta* (Clerck) — Neumarkt (580 M.); in der Eb. gemein.

32. *L. torrentum* m. — Schl., BG., T.; bewohnt ganz nasse Orte an Quellen und Bächen; in der subalp. R. häufig (Schl.: Barania,

---

[1]) Nach der von Prof. T. Thorell in Remarks on Synon. gegebenen Beschreibung der Epigyne ist *L. angulipalpis* (Westr.) Thor. offenbar von *Bathyphantes angulipalpis* Menge verschieden.

T.: Kościeliska-, Mała-Łąka-, Strążyska-Th., Boczań), in der alp. (oberhalb des Grossen Fisch-Sees) und supraalp. R. (Zawrat, Goryczkowa- und Hlinska-Th.) viel seltener.

* 33. *L. socialis* Sund. — Seyb., BG., T.; von der Eb. bis in die subalp. R. (1300 M.).

Erigone Sav. et Aud.

* 1. *E. atra* (Blackw.) — BG., T.; nahezu ebenso häufig wie die Folgende, doch nur bis 1900 M. beobachtet.

* 2. *E. dentipalpis* (Wid.) — Schl., BG., T.; noch in der supraalp. R. häufig; 1 erwachsenes ♂ wurde auf der Krivanspitze (2496 M.) gefunden.

3. *E. tirolensis* L. Koch — T: nur einmal in mehreren Ex. gefunden (Tatra-Sp., ca 2500 M.). Ich zweifle nicht, dass die Spinne zu dieser im Norden weit verbreiteten Art gehört, obwohl zur vollkommenen Sicherheit der Bestimmung eine genaue Abbildung der männl. Taster sehr erwünscht wäre.

* 4. *E. nigra* (Blackw.) — Seyb., T.; von der Eb. bis an die obere Grenze der mont. R.; vielleicht auch in der subalp. R., die hier gesammelten ♀ kann ich aber von *E. tibialis* nicht unterscheiden.

* 5. *E. tibialis* (Blackw.) — T: subalp., nur ein ♂; in der Eb. und der coll. R. häufig.

6. *E. aries* m. — BG., T.; unter Steinen in der alp. und supraalp. R.: Racoń, Czerwony Wierch, Pośrednia Turnia, Krivan, Tycha-, Hlinska-, Smrečiner-Thal.

7. *E. carpatica* m. — T: Krivan, etwa 2000 M., nur ein erwachsenes ♂. Vielleicht von *E. aestiva* L. Koch nicht verschieden.

* 8. *E. isabellina* (C. L. Koch) — Schl., T.; in der subalp. R. auf Fichten ebenso häufig wie in der Eb.; in der alp. R. nur einmal.

9. *E. cacuminum* m. — T: Zawrat, Miedziane, Neftzer-Th. (oberhalb der Teriansko-Seen), Mnich, Mengsdorfer Sp., Tatra-Sp., zwischen dem Eissee und Luka, Świstowa Th. unter dem Polnischen Kamm; unter Steinen meist in der Nähe von Schneefeldern in der subniv. und supraalp. R. (nicht unter 1800 M.).

* 10. *E. herbigrada* (Blackw.) — T., in der Eb. häufig, erreicht die supraalp. R. (1800 M.), ist aber hier selten.

* 11. *E. Huthwaitii* (Cambr.) — Schl., BG., T.; verticale Verbreitung wie bei der Vorigen, jedoch am häufigsten in subalp. Wäldern; in der Eb. selten.

* 12. *E. agrestis* (Blackw.) (s. CAMBR., Spid. of Dorset p. 486) —
Schl., BG., T.; von der Eb. bis in die subalp. R., hier an bewaldeten Bachufern sehr häufig; 1 Ex. (♀) fand ich noch 1800 M. hoch.

13. *E. gibbifera* m. — T.; subalpin: Kościeliska-, Mała-Łąka-, Strążyska-Th., Boczań, alpin: Miętusia-Th.; 1000—1500 M., die meisten Exemplare fand ich auf Fichten.

* 14. *E. apicata* (Blackw.) — Schl. (collin), T. (alpin), nur je 1 Ex. (erwachsenes ♂); in der Eb. selten.

15. *E. truncorum* L. Koch — BG., T.; von der subalp. bis in die supraalp. R. (900—1900 M.) ziemlich häufig.

* 16. *E. livida* (Blackw.) — Schl.; häufig in der Eb. und der coll. R.; sonst nur einmal in der mont. R. (600 M.) gefunden.

17. *E. adipata* L. Koch — T: von 1800 M. aufwärts, meist an Schneefeldern.

* 18. *E. Sundevallii* Westr. — T.; von der Eb. bis in die subalp. R. (1000 M.).

* 19. *E. rufa* Wid. — T: subalp. (1100 M.), selten; in der Eb. häufig.

* 20. *E. silvatica* (Blackw.) [1] — T.; von der Eb. bis in die subniv. R.

21. *E. pabulatrix* Cambr. [2] — BG. (alpin), T. (subalpin bis subnival, 930 bis 2200 M.); häufig in der Tatra, in Wäldern im Moose, in höheren Regionen unter Steinen.

22. *E. longa* m. — T: Zawrat, Mengsdorfer Sp, Tatra-Sp., Abhänge der Luka gegen den Eissee, Świstowa-Th. unter dem Polnischen Kamm; sehr selten. Ich fand nur wenige Ex. unter Steinen an feuchten Orten in der Höhe von 2000 bis ca 2500 M., nur ausnahmsweise tiefer.

* 23. *E. fuscipalpis* (C. L. Koch) — Schl., BG., T.; von der Eb. bis wenigstens 2400 M., überall häufig.

---

[1] Die Abbildung in MENGE's Preuss. Sp. (Tab. 48) stellt die Epigyne dieser Art dar, während *Neriene silvatica* ♀ Cambr. in Trans. Linn. Soc. XXVIII, t. 34. f. 11*g.* vielleicht = *E. (Linyphia) experta* Cambr. ist.

[2] Die Palpen der von mir gesammelten Männchen stimmen vollkommen mit der Abbildung in Proc. Zool. Soc. 1875 t. 44. überein, der Epigyne meiner Ex. fehlen jedoch die Einschnitte am Seiten- und an dem Hinterrande der unteren Platte. Die Tibien I sind wie bei *E. silvatica* und *E. experta* mit einem schwachen Stachel in der Mitte der Vorderseite bewaffnet.

* 24. *E. excavata* m. — T. — Das ♀ kenne ich nicht, ein ♂ wurde in der Tatra (Mała-Łąka-Thal, 930 M., subalp.), ein anderes bei Krakau in der Eb. gefunden.

25. *E. myrmicarum* m. — BG. — In Zawoja (650 M.) fand ich in einem *Myrmica*-Neste mehrere Weibchen, die in den Vertiefungen der unteren Fläche eines das Nest bedeckenden Steines ihre dort befestigten Cocons bewachten. Aufgescheucht eilten sie in das Innere des Nestes, so dass ich nur zwei Ex. fangen konnte. Ich wäre geneigt, diesen Aufenthalt der Spinne nicht für zufällig zu halten, obwohl ich bei der Untersuchung anderer *Myrmica*-Bauten keine Spinnen mehr finden konnte. Uebrigens steht dieser Fall nicht vereinzelt da; in *Formica*-Nestern kommen öfters Exemplare von *Erigone biovata* (Cambr.?), *Cicurina arietina* (Thor.) und *C. cicurea* (Fabr.) vor.

* 26. *E. brevis* (Wider) — T: subalpin (1000 M.).

* 27. *E. brevipes* Westr. — T: subalpin (1000 M.), nur 1 Ex.

28. *E. cuspidata* (Blackw.) — T: supraalp. und subnival, sehr selten.

* 29. *E. cristata* (Blackw.) — BG., T.; noch in der subniv. R. nicht selten.

30. *E. melanocephala* (Cambr.), (*decipiens* m.) — T: Strążyska-Thal, subalp. (900 M.), nur 1 Exemplar.

31. *E. suspecta* m. — T: Fünf-Seen-Thal, Czerwony Wierch, ca 2000 M., sehr selten. Eine zweifelhafte Art, die vielleicht als eine der Tatra eigenthümliche Varietät zu *E. antica* (Wid.) gezogen werden könnte.

* 32. *E. obscura* (Blackw.) — T: subalp., wie in der Eb. sehr selten.

* 33. *E. latifrons* (Cambr.) — BG., T.; in der Eb. sehr selten, am häufigsten in der alp. und supraalp. R. bis ca 2000 M.

* 34. *E. erythropus* Westr. — Schl., BG., T., bis in die subalp. R. (1000 M.).

* 35. *E. elongata* (Wider) — T.; in der Eb. und der coll. R. sehr häufig, sonst nur einmal auf der Südseite der T. (subalp., 1300 M.) gefunden (♂ und ♀).

36. *E. tatrica* m. — BG. (alp.); T: subalp. Mała-Łąka-, Miętusia-Th., Boczań; alp. und supraalp. bis über 2000 M.: Racoń, Tycha-, Smrečiner-Th., Tatra-Sp. oberhalb der Frosch-Seen, Mönch. Diese Art wurde im Winter 1881/2 auch in Czerna (21 KM. NW von Krakau, ca 330 M.) und in Bieńkowice (15 KM. SO von Krakau, ca

350 M.) gefunden. Sie lebt an ganz nassen Orten an Quellen und Bächen, öfters unter Steinen, die zum Theil im Wasser liegen.

Arten der Ebene und der collinen Region:

Ero aphana (Walck.),

Nesticus cellulanus (Clerck),

Theridium tepidariorum C. L. Koch, *Th. simile* C. L. Koch, *Th. vittatum* C. L. Koch,

Dipoena melanogaster (C. L. Koch),

Euryopis flavomaculata (C. L. Koch),

Pholcomma gibbum (Westr.),

Lasaeola tristis (Hahn), *L. braccata* (C. L. Koch), *L. prona* (Menge),

Teutana grossa (C. L. Koch) Sim.,

Lithyphantes corollatus (L.),

Linyphia clathrata Sund., *L. frutetorum* C. L. Koch, *L. frenata* Wider, *L. insignis* Blackw., *L. minuta* Blackw., *L. nigrina* Westr., *L. zebrina* (Menge), *L. circumspecta* Blackw.?, *L. approximata* Cambr., *L. Keyserlingii* Auss., *L. angulipalpis* (Westr.?) Menge, *L. concinna* Thor., *L. decens* Cambr.?,

Erigone acuminata (Blackw.), *E. altifrons* (Cambr.), *E. anomala* (Cambr.)?, *E. antica* (Wider), *E. bifrons* (Blackw.), *E. biovata* Cambr.?, *E. bituberculata* (Wider), *E. cirrifrons* (Cambr.), *E. Clarkii* (Cambr.), *E. corallipes* Cambr., *E. cornuta* (Blackw.), *E. cucullata* (C. L. Koch), *E. dentata* (Wider), *E. diceros* (Cambr.), *E. elevata* (C. L. Koch), *E. experta* (Cambr.), *E. furcillata* (Menge), *E. fusca* (Blackw.), *E. gibbosa* (Blackw.), *E. graminicola* (Sund.), *E. hiemalis* (Blackw.), *E. hirsuta* (Menge), *E. humilis* (Blackw.), *E. ignobilis* (Cambr.), *E. insecta* L. Koch?, *E. Kochii* Cambr., *E. latebricola* (Cambr.), *E. longimana* C. L. Koch, *E. mitrata* (Menge), *E. neglecta* (Cambr.), *E. nudipalpis* Westr., *E. obscura* (Menge: Drepanodus), *E. obtusa* (Blackw.), *E. parallela* (Wider), *E. penicillata* Westr., *E. perforata* Thor., *E. picina* (Blackw.), *E. pumila* (Blackw.), *E. pusilla* (Wider), *E. retusa* Westr., *E. rufipes* (Linn.), *E. saltuensis* Cambr., *E. sarcinata* Cambr., *E. scabricula* Westr., *E. speciosa* Thor., *E. thoracata* Cambr.?, *E. tuberosa* (Blackw.), *E. unicornis* (Cambr.), *E. viaria* (Blackw.), *E. vigilax* (Blackw.), *E. Wideri* Thor.?

Pholcoidae.

Pholcus Walck.

* 1. *Ph. opilionoides* (Schranck) — Schl., BG.; bis 650 M.

Enyoidae.

Die einzige in Galizien vorkommende Art: *Enyo germanica* C. L. Koch, lebt in der Ebene.

Agalenoidae.

Amaurobiinae.

Dictyna Sund.

* 1. *D. pusilla* Thor.? [1] — BG., T.; von der Eb. bis in die subalp. R. (1200 M. auf der Süd-, 1000 M. auf der Nordseite der Tatra).
* 2. *D. uncinata* Thor. — Schl., T. (bis 1000 M., subalp.).

Titanoeca Thor.

* 1. *T. quadriguttata* (Hahn) — Schl., bis ca 600 M.

Amaurobius C. L. Koch.

1. *A. claustrarius* (Hahn) -- Schl., Seyb., BG., T.; von 400 bis 1800 M., am häufigsten in der mont. und subalp. R., sehr selten in der supraalp. Region.
* 2. *A. fenestralis* (Stroem) — Schl., Seyb., BG., T.; von der Eb. bis in die subalp. R. (1100 M.) nicht selten.

Arten der Ebene und der collinen Region:
Dictyna arundinacea (L.), *D. flavescens* (Walck.),

---

[1] Im Gebirge fand ich von dieser und der folgenden Art nur ♀, obige Angaben sind daher etwas zweifelhaft.

Lethia humilis (Blackw.),
Amaurobius ferox (Walck.).

Agaleninae.

Cybaeus L. Koch.

* 1. *C. angustiarum* L. Koch — Schl., Seyb., BG., T., bis in die supraalp. R. (1800 M.), am häufigsten in mont. und subalp. Wäldern.

Cicurina Menge.

* 1. *C. cicurea* (Fabr.) — BG., T. (bis 1100 M., subalp.), sehr selten.

Coelotes Blackw.

1. *C. atropos* (Walck.) — Schl., Seyb., BG., T.
2. *C. solitarius* L. Koch — Schl , BG., T.
* 3. *C. inermis* L. Koch — Schl., Seyb., BG., T.

In der Eb. lebt nur *C. inermis*, welcher in der subalp. R. seine obere Grenze erreicht (1200 M.); von der coll. R. angefangen findet man die beiden anderen Arten, in der subalp. R. ist *C. atropos* häufiger als *C. solitarius*, in der supraalp. ist jener selten (bis 1800 M.), während der letztere hier und noch bis wenigstens 2200 M. manche Stellen überaus zahlreich bewohnt.

Cryphoeca Thor.

1. *Cr. carpatica* Herm. — T: von der Waldgrenze bis wenigstens 2300 M. überall, stellenweise in grosser Menge; in der subalp. R. höchst selten (bis 1000 M.), wohl nur zufällig.
* 2. *Cr. silvicola* (C. L. Koch) — Schl., T., noch in der subalp. R. häufig, in der alpinen (1500 M.) selten.

Tegenaria Latr.

* 1. *T. domestica* (Clerck) — Schl., T: 1000 M. auf der Südseite; auf der Nordseite sah ich diese Art nicht.
* 2. *T. silvestris* L. Koch — Schl., BG., T. (bis 1100 M.); am häufigsten in der mont. und subalp. R., in der Eb. selten.
* 3. *T. Derhamii* (Scop.) — Schl., BG., T.; bis an die obere Grenze der mont. R. (930 M.).

Histopona Thor.

* 1. *H. torpida* (C. L. Koch) — Schl., BG., T. (bis 1200 M.); häufiger in mont. und subalp. Wäldern als in der Eb.

Agalena Walck.

* 1. *A. labyrinthica* (Clerck) — Schl., Seyb., BG., T.; in der Tatra bis 1300 M. auf der Südseite, auf der Nordseite bis 1100 M., hier nur in Holzschlägen, die mit der tieferen entwaldeten Umgebung in unmittelbarer Verbindung stehen.

* 2. *A. similis* Keys. — Séyb.; BG: im Skawica-Thal (ca 400 M.) stellenweise in grosser Menge; in der Eb. selten.

Hahnia C. L. Koch.

* 1. *H. pusilla* C. L. Koch — Schl.: ca 360 M.; in der Eb. nicht häufig.

2. *H. parva* m. — T: nur 1 Ex. (erwachsenes ♂) wurde im Moose in der alp. Region unterhalb der Seen Gąsienicowe Stawy (1500 M.) gefunden.

Arten der Ebene und der collinen Region:
Cicurina arietina Thor.,
Hahnia elegans (Blackw.), *H. helveola* Sim., *H. nava* (Blackw.).

Argyronetinae.

Die einzige Art: *Argyroneta aquatica* (Clerck) nur in der Ebene.

Drassoidae.

Zora C. L. Koch.

* 1. *Z. maculata* (Blackw.) — Schl.; T: bis 1000 M. auf der Nord-, 1300 M. auf der Südseite; in der Eb. sehr häufig, im Gebirge sehr selten.

Apostenus Westr.

* 1. *A. fuscus* Westr. — Schl.; T: 1100 M.; ziemlich häufig in der Eb., sehr selten im Gebirge.

Agroeca Westr.

* 1. A. striata m. — Diese Art ist vielleicht nicht verschieden
von der in Corsica entdeckten A. lineata Sim., deren Fortpflanzungs-
organe noch nicht bekannt sind; da nun die Identität beider Arten
nicht festgestellt werden kann, so glaubte ich der von mir gefundenen Spinne einen neuen Namen geben zu müssen. — Bisher wurden
nur 4 Ex. gesammelt: ein reifes ♂ fand ich im Mai 1875 bei Krakau an einer trockenen, sonnigen Stelle unter Steinen, ein reifes ♀
im August 1876 in Zawoja (mont. Region, BG.), 2 junge Exemplare
in der Tatra, am Eingange in das Mała-Łąka-Thal und in dem Chochołowska-Thal (900—930 M., Fichtenwald).

Phrurolithus C. L. Koch.

* 1. Ph. festivus C. L. Koch — Schl., BG., T.; von der Eb.
bis in die subalp. Region (1100 M.).

Anyphaena Sund.

* 1. A. accentuata (Walek.) — Schl: bis 550 M.; in der Eb.
gemein, fehlt schon im oberen Theile der mont. Region.

Chiracanthium C. L. Koch.

* 1. Ch. lapidicolens Sim. (Ch. nutrix Thor.) — Schl.: 500 M.
(nur 1 junges Ex., daher die Bestimmung zweifelhaft).

Clubiona Latr.

* 1. Cl. germanica Thor. — BG: bis 850 M.; fehlt in subalp. Wäldern.

2. Cl. alpicola m. — BG: alpin und supraalp.; T., sehr
verbreitet: Hruby Wierch, Wołowiec, Starorobociański W., Kościeliska-
Thal unter den Kominy Tylkowe (subalpin), Pyszna, Miętusia-Th.,
Mała-Łąka-Th., Giewont, Mała Świnnica, Lilijowe, Świnnica, Fünf-Seen-
Thal, Krzyżne, Wielka Koszysta, Miedziane, Roztoka-Thal, zwischen
dem Rybie und Morskie Oko, Smrečiner-, Neftzer-Thal, Krivan, Mengs-
dorfer Thal, Abhänge der Mengsdorfer Spitze und der Tatra-Sp. oberhalb
der Frosch-Seen, Mengsdorfer-Trümmerthal, Świstowa unter dem Polnischen
Kamm. — Diese Spinne bewohnt trockene, steinige Stellen oberhalb der
Waldgrenze manchmal in sehr grosser Anzahl; in der subalp. Region fand

ich sie nur nahe an der oberen Grenze derselben und nur an baumlosen, steinigen Orten; im Ganzen von 1100—2300 M. Höhe.

* 3. *Cl. lutescens* Westr. — T: mont. R., 850 M. (1 Ex.); in der Eb. häufig.

4. *Cl. neglecta* Cambr. — Schl., BG.; sehr selten, bisher nur in subalpinen Wäldern (1000—1200 M.).

* 5. *Cl. pallidula* (Clerck) — Schl., Seyb., BG., T.; von der Eb. bis 1000 M. in der Tatra, hier aber nur an Stellen mit vorwiegender Buche (mont. Region).

* 6. *Cl. reclusa* Cambr. — T: 1900 M., 1 Ex. (erwachsenes ♂), offenbar zufällig; in der Eb. selten.

* 7. *Cl. trivialis* C. L. Koch — Schl., BG., T.; neben *Cl. subsultans* die einzige in Nadelwäldern der Ebene lebende häufige Art, bewohnt mit ihr auch subalpine Wälder (bis 1200, auf der Südseite der Tatra bis 1300 M.); wurde einmal in der supraalp. Region angetroffen.

* 8. *Cl. subsultans* Thor. — Schl.; T: bis an die obere Grenze subalpiner Wälder (1500 M.); viel seltener als die Vorige.

9. *Cl. corticalis* (Walck.) — Schl.; in der coll. und mont. Region (400—800 M.), sehr selten.

* 10. *Cl. compta* C. L. Koch — Schl: 360 M., wie in der Eb. selten.

Callilepis Westr.

1. *C. nocturna* (L.) — Schl., BG.; mont. R., 500—900 M., sehr selten.

Gnaphosa Latr.

* 1. *G. bicolor* (Hahn) — Schl: ca 500 M.; in der Eb. selten.

2. *G. montana* L. Koch — Schl., BG., T.; in der mont. und subalp. Region in trockenen sonnigen Holzschlägen unter loser trockener Rinde der Baumstrünke (750—1300 M.). Ein junges, wahrscheinlich zu dieser Art gehörendes Ex. fand ich in der Tatra 1600 M. hoch (Krummholz).

Von zwei anderen Arten wurde je ein junges Exemplar gefunden (BG., T.).

Drassus Walck.

* 1. *D. lapidicola* (Walck.) — Schl. (bis 900 M.); BG. (840 M.); T. (montane Region); in der Alpenregion fand ich diese Art noch nie.

2. *D. pubescens* Thor. — Schl., T.; von der montanen bis in die alp. Region (ca 500—1800 M.), selten.

* 3. *D. troglodytes* C. L. Koch — BG., T.; von der Eb. bis ca 2200 M. Bei einem von den in der Tatra gesammelten Weibchen, welches sonst vollkommen mit anderen Exemplaren übereinstimmt, ist der Metatarsus I unten mit 2 Stacheln versehen.

* 4. *D. scutulatus* L. Koch? — Zu dieser Art scheinen zwei in Schlesien (300 M.) gesammelte junge Exemplare zu gehören.

Prosthesima L. Koch.

* 1. *P. subterranea* (C. L. Koch) — Schl., BG., T.; in der Eb. nach *P. petrensis* die häufigste Art, in der Tatra bis 2200 M. nicht selten.

2. *P. clivicola* (L. Koch) — T: subalp., 900—1300 M., nicht selten.

* 3. *P. petrensis* (C. L. Koch) — Schl., BG.; von der Eb. bis in die mont. Region (840 M.).

* 4. *P. Latreillei* Sim. — Schl., BG., T.; bis in die supra-alp. Region (1800 M.), überall selten.

* 5. *P. pusilla* (C. L. Koch) — T: mont. R., ca 900 M., sehr selten.

Micaria Westr.

* 1. *M. fulgens* (Walck.) — Schl. (ca 500 M.), sonst in der Eb., selten.

* 2. *M. pulicaria* (Sund.) — T: subalp. (bis 1000 M.) sehr selten, in der Eb. häufig.

3. *M. hospes* m. — Schl., BG.?, T. — Von dieser Art wurden Ende Juli 1876 einige erwachsene Weibchen in Gesellschaft von *Tetramorium* am Godula-Berge (500 M. und höher) in Schlesien angetroffen; im August 1880 fand ich am Krivan (montan, 1300 M.) ein ♀ mit schwarz gefärbter Epigyne, welches ich in meinem Verzeichnisse als eine besondere Art, *M. montana* m., anführte, nach genauer Vergleichung aber gegenwärtig mit *M. hospes* verbinden muss. Zu derselben Art scheint noch ein junges in Zawoja (BG., 650 M.) gefundenes Ex. zu gehören.

Arten der Ebene und der collinen Region:

Zora nemoralis (Blackw.),

Agroeca cuprea Menge?, *A. Haglundii* Thor.,

Liocranum rupicola (Walck.),

Phrurolithus minimus C. L. Koch,

Chiracanthium erraticum (Walck.), *Ch. oncognathum* Thor.,

Clubiona phragmitis C. L. Koch, *Cl. terrestris* Westr., *Cl. frutetorum* L. Koch, *Cl. coerulescens* L. Koch, *Cl. marmorata* L. Koch, *Cl. subtilis* L. Koch,

Poecilochroa conspicua (L. Koch), *P. variana* (C. L. Koch),

Drassus macer Thor., *Dr. loricatus* L. Koch, *Dr. infuscatus* Westr., *Dr. cognatus* Westr., *Dr. quadripunctatus* (L.),

Prosthesima pedestris (C. L. Koch), *Pr. serotina* (L. Koch), *Pr. longipes* (L. Koch), *Pr. electa* (C. L. Koch),

Micaria formicaria (Sund.).

Thomisoidae.

Thomisinae.

Xysticus C. L. Koch.

1. *X. alpicola* m. — T. — Zwei erwachsene Männchen wurden am Gipfel des Hruby Wierch über dem Chochołowska-Thal (2065 M.) gefunden. Weibchen, die ich an derselben Stelle sammelte, kann ich von *X. cristatus* nicht unterscheiden.

* 2. *X. cristatus* (Clerck) — Schl., BG., T.; in der subalp. Region fast nur an baumlosen, steinigen Orten und seltener als oberhalb der Waldgrenze (bis 2200 M.).

* 3. *X. pini* (Hahn) — T: subalpin, 1000 M., selten.

* 4. *X. lateralis* (Hahn)? -- In der Eb. nicht selten, in der Tatra fand ich nur junge Exemplare (subalp., 1000 M.).

Oxyptila Sim.

* 1. *O. praticola* (C. L. Koch) — Seyb: ca 500 M.; in der Eb. gemein, scheint aber schon im oberen Theile der mont. Region zu fehlen.

* 2. *O. trux* (Blackw.) — Schl.; BG: subalp. (1000 M.); überall selten.

3. *O. obsoleta* m. — BG: Bielasów Groń 840 M.; T: mont.
R.: Kościelisko, subalpin. in den Thälern Chochołowska, Kościeliska,
Mała-Łąka, Za Bramą, Tiefer Grund, in der supraalp. R.: Giewont
1900 M. (1 Ex., erwachsenes ♂). Diese Art lebt meist an trockenen,
baumlosen Stellen; in der supraalpinen Region kommt sie wahrscheinlich nur zufällig vor. Mitte Juli 1878 fand ich in der Tatra (etwa
1100 M.) Weibchen bei ihren Cocons.

Misumena Latr.

* 1. *M. vatia* (Clerck) — Schl., Seyb., BG., T: bis 1000 M.
auf der Nord-, 1200 M. auf der Südseite.

Diaea Thor.

* 1. *D. dorsata* (Fabr.) — Schl., BG., T.; von der Eb. bis
an die obere Grenze der mont. Region (1000 M., hier aber nur an
mit Buchen bewachsenen Stellen).

Philodrominae.

Philodromus Walck.

* 1. *Ph. margaritatus* (Clerck) *var. ieiunus* (Panz.) — Schl.
(360 M.); in der Eb. äusserst selten.
* 2. *Ph. emarginatus* (Schranck) — Schl., BG., T., von der
Eb. bis in den untersten Theil subalp. Wälder (900 M.).
Den von Dr. C. Fickert im Thal der Schwarzen Weichsel entdeckten *Ph. beskida* (Zeitschr. f. Entom. 1876) habe ich nicht gefunden.
* 3. *Ph. aureolus* (Clerck) — Schl., BG., T., bis in die subalp.
R. (1000 M. auf der Nord-, 1300 M. auf der Südseite der Tatra).
4. *Ph. collinus* C. L. Koch — Schl., Seyb., T., 300—1300
M.; wurde einmal auch in der alp. R. (1500 M.) gefunden; scheint
in der Eb. zu fehlen.
* 5. *Ph. auronitens* Auss. — Seyb., T.; von der Eb. (sehr
selten) bis in die subalp. R.; in der alp. und supraalp. Region wohl
nur zufällig.
6. *Ph. alpestris* L. Koch — BG., T.; lebt am häufigsten in
der alp. und supraalp. R. (bis 1800 M. und höher?), kommt zwar
auch in der subalpinen vor, doch meist nur an baumlosen, steinigen
Stellen. Das Weibchen befestigt die Eier in einer Vertiefung an der
unteren Fläche eines Steines oder eines überhängenden Felsens, füllt

die ganze Vertiefung mit von einem Rande derselben zum anderen gezogenen Fäden und sitzt dann gewöhnlich auf dem Gespinnste mit ausgestreckten Füssen. Auf Fichten fand ich nur junge Exemplare.

Thanatus C. L. Koch.

* 1. *Th. formicinus* (Clerck) — BG. — Ich sah nur ein, wahrscheinlich in der mont. R. gefundenes Exemplar. In der Eb. und der coll. R. ist die Spinne ziemlich häufig.

Arten der Ebene und der collinen Region:

Xysticus luctator L. Koch, *X. Kochii* Thor., *X. Ulmi* (Hahn), *X. bifasciatus* C. L. Koch, *X. luctuosus* (Blackw.), *X. acerbus* Thor., *X. striatipes* L. Koch, *X. sabulosus* (Hahn), *X. robustus* (Hahn),

Oxyptila horticola (C. L. Koch), *O. scabricula* (Westr.), *O. Blackwallii* Sim., *O. nigrita* (Thor.),

Synaema globosum (Fabr.),

Coriarachne depressa (C. L. Koch),

Misumena tricuspidata (Fabr.),

Pistius truncatus (Pall.),

Tmarus piger (Walck.),

Philodromus margaritatus (Clerck), *Ph. poecilus* (Thor.), *Ph. fuscomarginatus* (de Geer), *Ph. dispar* Walck.,

Tibellus oblongus (Walck.).

Heteropodoidae.

Micrommata Latr.

* 1. *M. virescens* (Clerck) — BG: subalpin; T: 1 Ex. (erwachsenes ♂) wurde an der Krivanspitze (2496 M.!) gefunden, wohin es nur zufällig gelangen konnte.

In der Ebene: *M. ornata* (Walck.).

Lycosoidae.

Pardosa C. L. Koch.

* 1. *P. agricola* (Thor.) — Schl.; T: bis in die subalp. R.

* 2. *P. agrestis* (Westr.) — Schl., BG., T: bis 1000 M., subalpin; in der alp. R. vielleicht nur zufällig.

* 3. *P. monticola* (Clerck) — Schl., BG., T: subalp., bis 1100 M.

4. *P. albata* (L. Koch) — T: 1100—2100 M. Die meisten Exemplare sammelte ich auf Kalk oberhalb der Waldgrenze; in der subalp. Region sah ich diese Art nur an baumlosen, steinigen Stellen.

5. *P. saltuaria* (L. Koch) — BG., T.; oberhalb der Waldgrenze bis wenigstens 2300 M. gemein, einzeln noch in der mont. R.

* 6. *P. palustris* (Linn.) — Schl., BG., T: bis 1200 M.; sehr selten und vereinzelt in der alp. und supraalp. Reg.

* 7. *P. pullata* (Clerck) — Schl., BG., T., bis in die supraalp. R. (1800 M.) nicht selten.

8. *P. riparia* (C. L. Koch) — Schl., BG., T., mont. und subalp. (bis 1100 M. auf der Nord-, 1300 M. auf der Südseite der Tatra); fehlt in der Eb. und der coll. Reg.

* 9. *P. lugubris* (Walck.) — Schl., BG., T. (bis 1200 M.). Alle im Gebirge gesammelten Ex. haben deutlich geringelte Tibien, scheinen aber von der in der Eb. vorkommenden Form mit fast einfarbigen Tibien nicht spezifisch verschieden zu sein.

* 10. *P. morosa* (L. Koch) — BG., T. (bis 1000 M.); in der mont. und subalp. R. ziemlich häufig, in der Eb. selten.

* 11. *P. amentata* (Clerck) — Schl., Seyb., BG., T.; von der Eb. bis in die subalp. R. gemein, in der alp. R. sehr selten, in der supraalp. nur einmal angetroffen.

* 12. *P. paludicola* (Clerck) — Schl.; in der Eb. gemein, scheint kaum die Höhe von 500 M. zu erreichen.

13. *P. sordidata* (Thor.) — T: nur in wenigen Exemplaren an einer Stelle (Ścienki unter der Goryczkowa, alp. R., ca 1600 M.) gesammelt.

14. *P. ferruginea* (L. Koch) [1]) — T: oberhalb der Waldgrenze bis 1800 M. nicht selten; kommt zwar in der Tatra vereinzelt auch in der subalp. R. (bis 1000 M.) vor, fehlt aber in dieser Höhe auf der Babia Góra und in Schlesien.

---

[1]) Als ich in meinem Verzeichnisse (p. 74) zu beweisen versuchte, dass *P. ferruginea* L. Koch weder mit *P. ferruginea* Thor. und Sim. noch mit *P. Giebelii* Pav. identisch sein kann, vielleicht aber von *P. blanda* (C. Koch?) Sim. nicht verschieden ist, war mir unbekannt, dass Dr. L. Koch schon im J. 1879 die Sache aufgeklärt hatte. (S. Arachniden aus Sibirien und Novaja Semlja, p. 102).

15. *P. lignaria* (Clerck). — Ein einziges Ex. wurde vom H. J. KRUPA bei Seybusch (in der coll. oder mont. Region) gefunden.

16. *P. nigra* (C. L. Koch) — T: oberhalb der Waldgrenze (1400 bis wenigstens 2300 M.) gemein.

17. *P. Wagleri* (Hahn) — Schl., BG., T., von 400 bis 1000 M., nicht häufig; in der coll. Reg. vielleicht nur zufällig.

Pirata Sund.

1. *P. Knorrii* (Scop.) — Schl., Seyb., BG., T.; von 400 bis 1300 M. nicht selten.

* 2. *P. hygrophilus* Thor. — Schl., BG., T.; bis in die subalp. R. (1000 M.).

* 3. *P. piraticus* (Clerck) — BG: subalp. (1 Ex.); T: alpin, 1600 M. (1 Ex.).

* 4. *P. latitans* (Blackw.). — Ich fand nur 1 Ex. in der alp. R. auf der Südseite der Tatra.

Lycosa Latr.

* 1. *L. fabrilis* (Clerck) — T: nur an einer Stelle (subalp., 1300 M., Südseite).

* 2. *L. inquilina* (Clerck) — Schl., BG: bis 650 M.

* 3. *L. accentuata* (Latr.) — Schl. — Diese Art, die in der Alpenregion der Tiroler Alpen und des Riesengebirges vorkommt und auch aus der Tatra angegeben wurde, habe ich auffallender Weise nirgends oberhalb der coll. Region gesehen.

* 4. *L. trabalis* (Clerck) — Schl., BG.; von der Eb. bis in die subalp. Reg.

* 5. *L. aculeata* (Clerck) [1]) — Schl., BG., T., von der Eb. bis in die supraalp. R. (1700 M.) ziemlich häufig.

* 6. *L. pulverulenta* (Clerck) — Schl., BG., T., noch in der subalp. R. häufig, in der alpinen selten (bis 1600 M.).

* 7. *L. cuneata* (Clerck) — T: bis an die obere Grenze der mont. R.

* 8. *L. nemoralis* Westr. — Schl., Seyb., BG., T.; bis 1800 M., doch oberhalb der Waldgrenze selten.

---

[1]) Die von mir im Gebirge gesammelten und — öfters nicht ohne Bedenken — theils als *L. aculeata*, theils als *L. pulverulenta* bestimmten Exemplare zeigen meist alle die für *L. gasteinensis* C. L. Koch angegebene Färbung des Hinterleibes.

* 9. *L. cinerea* (Fabr.) — Schl., BG., Neumarkt (ca 600 M.); in der Eb. häufiger als die Folgende.

* 10. *L. amylacea* (C. L. Koch) — Schl., BG., T., in der Eb. sehr selten, in höheren Gegenden häufig, in der alp. R. aber nur einmal gefunden.

* 11. *L. leopardus* Sund. — Schl., T: montan, 900 M.

* 12. *L. terricola* (Thor.) — Schl., BG., T.; erreicht die subalp. Reg. (1000 M.).

* 13. *L. ruricola* (De Geer) — Schl., BG., T. (1000 M. auf der Nord-, 1300 M. auf der Südseite); häufiger als die Vorige.

* 14. *L. sabulonum* L. Koch? (*Trochosa trabalis var.* C. L. Koch, Die Arachn. Bd. XIV. f. 1374) — Schl: ca 500 M., sonst in der Eb., sehr selten.

* 15. *L. lucorum* L. Koch — Schl.; wie die Vorige.

Dolomedes.

* 1. *D. fimbriatus* (Clerck) — T; von der Eb. bis in die subalp. R.

Arten der Ebene und der collinen Region:

Aulonia albimana (Walck.),

Pardosa bifasciata C. L. Koch, *P. nigriceps* (Thor.), *P. prativaga* (L. Koch), *P. hortensis* (Thor.),

Pirata piscatorius (Clerck),

Lycosa miniata C. L. Koch, *L. perita* (Latr.), *L. robusta* Sim., *L. rubrofasciata* (Ohl.),

Dolomedes plantarius (Clerck),

Ocyale mirabilis (Clerck).

Oxyopoidae.

Oxyopes ramosus (Panz.) lebt in der Eb. und in der coll. Reg.

Attoidae.

Dendryphantes C. L. Koch.

* 1. *D. hastatus* (Clerck) — BG: 650 M.; in der Eb. selten.

* 2. *D. rudis* (Sund.) — Schl., T.; kommt noch am unteren Rande subalpiner Wälder vor.

Epiblemum Hentz.

* 1. *E. cingulatum* (Panz.) Thor. — Schl., T., von der Eb. bis in die subalp. R. (1100 M.).

* 2. *E. scenicum* (Clerck) — Schl., BG., T.; der höchste Fundort 930 M. (mont. R.).

Hasarius Sim.

* 1. *H. arcuatus* (Clerck) — Schl: ca 900 M. (1 Ex.): BG: 550 M. (1 Ex.).

* 2. *H. falcatus* (Clerck) — Schl., Seyb., BG., T., von der Eb. bis in die subalp. R. (1100 M.).

Attus Walck.

* 1. *A. pubescens* (Fabr.) — Schl: 600 M.; wird in höheren Gegenden von *A. terebratus* vertreten.

2. *A. terebratus* (Clerck) — Schl., Seyb., T., montan: 830—930 M.

3. *A. rupicola* (C. L. Koch) — Schl., Seyb., BG., T.; 500— 1500 M. (Tatra), auf der Babia Góra einmal noch 1700 M. hoch angetroffen; in der montanen und subalpinen Region unter Steinen gemein.

* 4. *A. saxicola* (C. L. Koch) — Schl., BG., T.; in der Eb. äusserst selten, in der subalp. Region (unter Fichtenrinde) ziemlich häufig, oberhalb der Waldgrenze (1500 M.) nur einmal gefunden.

5. *A. sp.?* (mit *A. Dzieduszyckii* L. Koch verwandt) — Schl., T.

Aelurops Thor.

* 1. *Ae. V-insignita* (Clerck) — Schl: bis 1000 M.; in Galizien sammelte ich diese Art nur in der Ebene.

Heliophanus C. L. Koch.

* 1. *H. cupreus* (Walck.) — Schl., BG., bis 650 M.

2. *H. patagiatus* Thor. — Schl: colline Region.

Euophrys C. L. Koch.

* 1. *Eu. erratica* (Walck.) — Schl., T: bis 1300 M. auf der Nordseite.

* 2. *Eu. frontalis* (Walck.) — Schl., BG., T., erreicht die subalp. R. (900 M.).

* 3. *Eu. petrensis* C. L. Koch — BG., T.; in der Eb. sehr
selten, häufiger im Gebirge bis in die alp. Region (1800 M. auf der
Südseite der Tatra).

Ballus C. L. Koch.

* 1. *B. depressus* (Wider) — Schl., BG.; nur bis 550 M.

Neon Sim.

* 1. *N. reticulatus* (Blackw.) — Schl., T.; von der Eb. bis in
die subalp. Region (1100 M.).

Arten der Ebene und der collinen Region:
Salticus formicarius (de Geer),
Synageles venator (Luc.),
Marpissa muscosa (Clerck),
Dendryphantes encarpatus (Walck.),
Philaeus bicolor (Walck.),
Epiblemum tenerum (C. L. Koch),
Pellenes tripunctatus (Walck.),
Attus floricola (C. L. Koch), *A. Dzieduszyckii* L. Koch, *A.
saltator* Sim.,
Phlegra fasciata (Hahn),
Yllenus arenarius Sim.,
Aelurops festiva (C. L. Koch),
Heliophanus dubius (Hahn), *H. aeneus* (Hahn), *H. auratus*
C. L. Koch,
Ballus aenescens (Sim.).

Dysderoidae.

Segestria Latr.

* 1. *S. senoculata* (Linn.) — Schl., BG., T., noch in der subalp. Region ziemlich häufig (1100 M.).

Harpactes Templ.

* 1. *H. Hombergii* (Scop.) — Schl: ca 500 M. (nur 1 Ex.).

2. *H. carpaticus* m. — Von dieser wahrscheinlich noch nicht beschriebenen Art fand ich ein Männchen im Thale der Schwarzen Weichsel, ein junges Ex. am Czantoryja-Berge (500—600 M.), ein anderes ♂ erhielt ich vom H. J. KRUPA aus der Umgebung von Lipowa (Seyb.).

In der Ebene: *H. rubicundus* (C. L. Koch).

Theraphosoidae.

In der Ebene: *Atypus piceus* (Sulz.).

6

PRZEGLĄD KRYTYCZNY
pająków z rodziny Attoidae,
żyjących w Galicyi.

Podał

WŁ. KULCZYŃSKI.
(Tablica VII i VIII.)

W niniejszym przeglądzie uwzględniłem oprócz materyjału znajdującego się w moim zbiorze wszystko to, co dotychczas o tym dziale fauny krajowéj napisano. Prawie
wszystkie odnośne wiadomości zamieszczone były w Sprawozdaniach Komisyi fizyjograficznéj i w Tomie XLII Roczników b. c. k. Towarzystwa naukowego krakowskiego;
w literaturze obcéj, którą zebrałem prawie zupełną, o ile
odnosi się do pająków europejskich, znalazłem tylko w Si-
mona *Les Arachnides de France* (Tom III) parę oryginalnych podań o galicyjskich pająkach téj rodziny.

Zestawienie podań dawniejszych bez znajomości odno
śnych zbiorów jest, jak wiadomo każdemu, kto się tego
rodzaju pracami zajmował, rzeczą nie zawsze łatwą; wykonane bez dostatecznéj znajomości przedmiotu skończyć się
może na wywołaniu zamieszania, zamiast żeby prace dawniejszych autorów zmienione odpowiednio do postępu nauki przedstawiło w formie, któraby dozwoliła późniejszym swobodnie
z nich korzystać. W krajowéj literaturze arachnologicznéj

jest jedna praca, która za wymowny tego dowód może służyć. Na nieszczęście nie dozwoliły stosunki b. Towarzystwa
naukowego i jego Komisyi fizyjograficznéj na zgromadzenie
i przechowanie dawniejszych zbiorów entomologicznych, na
których opierały się prace drukowane w Sprawozdaniach Komisyi; co się tém przykrzéj obecnie uczuć daje, że prace te
są po największéj części spisami nazw gatunków i miejscowości, i brak w nich zbyt często nawet wskazówek, z jakie-
mi środkami autor do pracy swéj przystępował.

W pająkach ma się jednak rzecz nieco lepiéj niż w wielu
innych działach. Nie miałem wprawdzie sposobności widzieć
zbiorów p. L. Wajgla i Dra Jachny, których spisy znajdują
się w I i VI tomie Sprawozdań Kom. fiz., największą jednak
część pająków znalezionych zresztą w Galicyi oznaczał Dr.
L. Koch w Norymberdze, a z prac tego autora, tudzież innych, którzy otrzymywali okazy przez niego oznaczane, prawie
zawsze dojść można, co przez nazwy w spisach swych uży-
wane autor ten rozumiał. Nadto posiada Gabinet zoologiczny Uniwersytetu Jagiellońskiego oznaczony przez Dra L.
Kocha zbiór pająków, który przed kilku laty przejrzeć mi
pozwolił Dr. M. Nowicki. W ten sposób doszedłem do wiadomości o niektórych oznaczeniach Dra L. Kocha, co do których brak wszelkich wskazówek w literaturze. Co się wreszcie tyczy wiadomości podanych w moich dawniejszych pracach, to wykaz niniejszy nie jest ich powtórzeniem prostém,
ale potwierdzeniem ze sprostowaniami tam, gdzie się tego
okazała potrzeba.

Nie uwzględniłem jednéj tylko znanéj mi pracy, mianowicie „Pajęczaków galicyjskich" L. Wajgla (Kołomyja 1874),
a to z powodu, że jest ona w zasadzie kompilacyją spisów
dawniejszych, przeciążoną błędami, tak że o podaniach, które
się w niéj wydają nowemi, nie można wiedzieć, czy nie polegają na pomyłkach.

W sposób podobny, jak obecnie rodzinę *Attoidae*, mam zamiar opracować i pozostałe rodziny pajączków krajowych w miarę, jak zdołam uprzątnąć się z materyjałem nagromadzonym w moim zbiorze.

~~~~~~~~

Największa część pajączków krajowych bywała już opisywana po razy kilka, nie widziałem przeto potrzeby opisywać je jeszcze raz, ale uważałem za dostateczne wyliczyć ze znanych mi opisów i rysunków te, które do oznaczenia gatunku wystarczają; przy tych gatunkach jednak, których opisy dotychczasowe albo są błędne albo niedokładne, podaję w drugiéj części niniejszéj pracy albo opisy dokładne albo tylko sprostowania, przyczém staram się głównie uzupełnić braki dzieła Simona *Les Arachnides de France*, a to z powodu, że książka ta z istniejących podaje najwięcéj opisów europejskich gatunków pajączków, jest przytém wygodną w użyciu i znaleźć się dlatego musi w rękach każdego, ktoby się tym działem fauny krajowéj zająć chciał. W tém dziele i w Prof. Thorella *Remarks on Synonyms* znaleźć można zestawienia dawniejszych opisów albo przynajmniéj synonimów; z niewielu książek tam nie uwzględnionych zwrócić uwagę na jedną uważam za potrzebne, mianowicie: Mengego *Preussische Spinnen*; książka ta, zawiérająca mnóstwo szczegółów dotyczących drobnéj budowy tudzież sposobu życia, jest przecież z powodu grubych niekiedy błędów zupełnie niestósowną do oznaczania.

Przy każdym gatunku podałem obszar jego rozsiedlenia poza Galicyją; opierałem się przytém na wiadomościach z piérwszéj ręki, a wykazy podobne Pavesego *(Ragn. Cant. Ticino)*, Dra Bertkaua *(Beiträge... Spinnenfauna d. Rheinprovinz)*, Beckera *(Les Arachnides de Belgique)*, wreszcie Simona (tu i ówdzie w *Arachnides de France*) służyły mi tylko do kontroli. Wprawdzie mogły się w ten sposób wcisnąć w mój wykaz drobne niedokładności, gdyż dotąd nie mogłem dostać niektórych spisów pająków, przecież sądzę, że one mniéj zaważą, niż możebne powtarzanie za innymi podań mylnych. Nie dążyłem do wyliczenia wszystkich krajów lub okolic, w których dany gatunek znaleziono, ale raczéj chodziło mi o wyznaczenie znanych obecnie granic obszaru jego rozsiedlenia.

Co się tyczy miejsc pobytu, to o ile starczyły moje własne wiadomości, na nich się opierałem; przy gatunkach, których sam nie zbiérałem wcale albo tylko bardzo rzadko, posłużyć się musiałem pracami innych autorów, jak Dra BERTKAUA, O. HERMANA, Dra L. KOCHA, E. SIMONA i i.

Materyjał, na którym oparte są wiadomości podane po raz piérwszy przeze mnie w tym spisie o rozsiedleniu gatunków w Galicyi, zebrany został w różnych jéj stronach, częścią tylko przeze mnie samego [1]), zresztą przez przyjaciół moich i kilku uczniów, którym za to niniejszém składam podziękowanie.

Ponieważ miejscowości wspominane w niniejszym spisie są rozrzucone niejednostajnie po różnych częściach Galicyi, a niektóre z nich mało znane, podaję je więc tut ij grupami, wymieniając przytém tych Panów, którzy w tych miejscach dla mnie pająki zbiérali; miejscowości wciągnięte wyłącznie na podstawie dawniejszych spisów ujęte są w nawias.

W. X. Krakowskie wraz z bliższą okolicą Krakowa po prawéj stronie Wisły:

Chełmek, Lipowiec, Regulice, Alwernia, Czernichów, Tenczynek, Wola Filipowska, Czatkowice, Czerna, Paczołtowice, Radwanowice, Kobylany, Bolechowice, Nielepice, Sowiarka, Mników,

---

[1]) W okolicach Krakowa, Niepołomic, na Babiéj Górze i w Tatrach.

Balice, Zabierzów, dolina pod skałą Kmity, Szczyglice, Rząska, Bielany, Chełm, Olszanica, Panieńskie skały, Przegorzały, Wola Justowska, Sikornik, Kępa, Zwierzyniec, Czarna wieś, (Prądnik), Rakowice, Olsza, Czyżyny, Grzegórzki, Dąbie,—Dębniki (=Rybaki), Podgórze, Krzemionki, Tyniec, Wola Duchacka, Borek Falęcki, Kobierzyn, las krzyszkowicki, Libiertów. Zbiérali pp. Prof. F. Bie-niasz, S. Burzyński, J. Cieślik, S. Stobiecki, A. Ulanowski,, Dr. S. Zaręczny.

Okolice Niepołomic:

Puszcza Niepołomska, Niepołomice, Wola Batorska, Kłaj. Zbiérali pp. S. Burzyński, J. Cieślik, J. Krupa, A. Ulanowski.

Okolice Wieliczki, Dobczyc, Mogilan:

Wieliczka, Pawlikowice, Raciborsko, Dobranowice, Jankówka; Bieńkowice, Czechówka, Nowa Wieś, Sieraków, Stojowice, Dziekanowice, Dobczyce, Targoszyna, Droginia, Zakliczyn, Borzęta, Banowice, Kornatka. Zbiérali pp. S. Burzyński, J. Cie-ślik, J. Krupa (w Dziekanowicach).

Okolice Wadowic:

Wielkie Drogi (16 Km. na Pn. W. od Wadowic, zbiérał p. Stróżecki), (Wadowice), Turoń i Leskowiec (góry na Pd. Z. od Wadowic, zbiérał p. J. Karliński).

Okolice Żywca:

Lipowa, Żywiec, Glinka (Ujsoły), Racza hala (na południowo zachodnim krańcu Galicyi). Zbiérał p. J. Krupa.

Okolice Babiéj Góry:

Nad Stryszawą na północ od Jałowca, Zawoja: Bielasów Groń, Markowa, Babia Góra. Zbiérali p. Stobiecki i Dr. Za-ręczny.

Tatry:

Chocz (na zachodnim końcu Tatr na Węgrzech), Podhale: Kościeliska (wieś), Zakopane: Skibówka, Krupówki, Młyniczna (potok ze Strążysk płynący), Koziniec, Poronin, Gubałówka; doliny i szczyty Tatr galicyjskich: dol. Chochołowska, Kominy Tylkowe, dol. Kościeliska, dol. Miętusia, Hruby Regiel, Łysanki, dol. za Bramą, dol. Strążyska, Mała Świnnica, dol. Białe, Toporowe stawy, dolina stawów Gąsienicowych, Kopkj, Roztoka.

Tatry węgierskie: Jaworzyna (wieś), Zar (wieś), dolina Reglanego potoku, dolina potoku Uryn, dolina potoku Babiny, Goły Wierch, Tokareńka, Suchy potok (*Rothbaumgrund*), Stirnberg, Kolbach, dol. Staroleśna, Krywań, dol. Koprowa, dol. Wiercicha. Zbiérał Prof. B. KOTULA.

Góry Myślenickie:

Kotoń (na Pd. ku Z. od Myślenic), Kamienik i Łysina (na Pd. W. od Myślenic). Zbiérali pp. S. BURZYŃKI i J. CIEŚLIK.

Okolica na północ i północny wschód od Nowego Targu:

Klikuszowa, Ponice: Olszowskie itd., Poremba wielka (zbiérał p. A. ULANOWSKI) ; góry: Niedźwica, Turbaczyk, Mostownica, Kudłoń, Przysłóp (zbiérał p. J. CIEŚLIK).

Pieniny i okolica:

Czorsztyn, Niedzica, (na Węgrzech), Pieniny: Sokolica, 3 Korony; Krościenko, Szczawnice, Jaworki. Zbiérali pp. Prof. F. BIENIASZ, J. CIEŚLIK, Dr. ZARĘCZNY.

Okolica Sącza. Zbiérał Dr. ZARĘCZNY.

Okolice Tylicza:

Słotwiny, Jaworzyna, Łackowa. Zbiérał p. J. KRUPA.

(Biecz).—(Brzostek).—(Korczyna pod Krosnem).—(Rzeszów).

Okolice Łańcuta: Głuchów, Sietesz. Zbiérał Prof. F. BIENIASZ.

Przemyśl i okolica: Wapowce, Lipowice itd. Zbiérał Prof. B. KOTULA.

Radycz, góra koło Dobromila. Zbiérał Prof. B. KOTULA.

Dorzecze górnego Strwiąża: Starzawa, Ustrzyki dolne i i. Zbiérał Prof. B. KOTULA.

(Strzelbice w Samborskiém).

Halicz, góra nad górnym Strwiążem. Zbiérał Prof. B. KOTULA.

Nahaczów na Pn. Z. od Jaworowa. Zbiérał p. STENGEL.

(Lubaczów).—(Rawa ruska, Kornie).—(Janów).

Lwów i okolica: (Dublany), (Hołosko), Czartowska skała, Ruskie doły. Zbiérali: pp. BARTL, Prof. B. KOTULA, Prof. S. ZARĘCZNY.

(Bóbrka). — Brzeżany. Zbiérali p. Prof. BIENIASZ, Prof. MROCZKOWSKI.

Trembowla. Zbiérał Prof. BIENIASZ.

Bukówna, Piotrów, Harasymów — nad Dniestrem — i Bilcze nad Seretem. Zbiérał Prof. BIENIASZ.

Stryj, Zawadka. Zbiérali pp. BARTL i CHŁOPECKI. (Kołomyja).

Dodatkowo w, iągnąłem w spis niniejszy pająki zebrane na Szlązku w Karpatach częścią przeze mnie, częścią przez p. HECZKĘ w Ligotce, tudzież zebrane w Królestwie Polskiém w Ojcowie, Sonspowie i Jerzmanowicach przez pp. Dra. ZARĘCZNEGO i F. BIENIASZA, daléj gatunki podane z Bukowiny w dawniejszych spisach, tudzież zebrane tamże przez Dra. A. WIERZEJSKIEGO i Prof. F. BIENIASZA (w Repuszeńcach), gatunki zebrane dla mnie przez p. J. BOGUSZA albo za jego staraniem na Wołyniu w Humiennikach (między Klewaniem, Równem i Dubnem) i w Uszomierzu (w okolicach Żytomierza), wreszcie gatunki z Inflant polskich (gub. Witebska) zebrane przez p. A. ULANOWSKIEGO w Hieronimowie koło Dynaburga, Nowym Rykowie między Rzerzycą a Wielonami, Uzułmujży na W. od Rzerzycy.

Rodzina *Attoidae* ma przedstawicieli we wszystkich częściach ziemi, a najwięcéj w okolicach gorących. Ona to wraz z rodziną *Epeiroidae* przeważa znacznie nad innemi w faunach krajów gorących. Wprawdzie przypuszczać można, że przewaga ta okaże się z czasem mniejszą, niżby się wydawała podług dzisiejszych wiadomości o tych faunach, gdyż dla swego sposobu życia łatwiéj wpadają w oczy pająki z wymienionych rodzin niż inne bardziéj skrycie żyjące, ale nie jest prawdopodobném, żeby była zupełnie pozorną. W Europie téż znajdujemy na południu znacznie większe bogactwo form niż na północy.

Ogólem znanych jest z Europy 245 gatunków Attidów—
nie licząc bardzo wątpliwych — a 27 rodzajów (podług Simona): *Salticus (2), Leptorchestes (5), Synageles (4), Hyctia
(2), Marptusa (7), Menemerus (2), Dendryphantes (8), Philaeus (10)* [1]), *Thya (1), Icius (5), Maevia (1), Epiblemum (18),
Hasarius (12), Pellenes (18), Attus (30), Phlegra (13), Yllenus (3), Habrocestum (3), Ictidops (10), Heliophanus (39),
Cyrba (1), Saitis (1), Euophrys (31), Eris (2), Neera (2),
Ballus (11), Neon (4).*

Z zamieszkujących Europę południową nad brzegami
morza Śródziemnego nie posuwa się do Europy środkowéj
poza Francyję południową (wyjątkowo po brzegi zachodnie
Francyi środkowéj), Alpy, południowe Węgry i południową
Rosyję, 124 gatunków i 8 rodzajów (*Menemerus, Thya, Maevia, Habrocestum, Cyrba, Saitis, Eris, Neera*) t. j. połowa
gatunków i prawie $\frac{1}{3}$ rodzajów europejskich. 17 gatunków
żyje tylko w Europie południowo-wschodniéj, posuwając się
tylko w bardzo małéj ilości po Węgry [2]).

13 gatunków rozszérzonych mniéj lub więcéj po południowéj Europie lub gorących krajach innych części świata,
posuwa się wzdłuż oceanu atlantyckiego po Francyję północ-
cną, częścią po Belgiję, prowincyję nadreńską lub Anglię [3]).

---

[1]) Pomijając gatunek *Ph. superciliosus* Bertk. zawleczony
raz jedyny do Akwisgranu prawdopodobnie z Brazylii.

[2]) *Leptorchestes 1, Jcius 1, Pellenes* 3, *Attus* 6, *Phlegra 1,
Yllenus 1, Jctidops 1, Heliophanus* 3.

[3]) *Synageles venator* (Luc.) Franc., Belg.; *Hyctia Nivoyi*
(Luc.) Fr., Belg., W. Bryt.; *Marptusa pomatia* (Walck.)
Fr., Belg., W. Bryt.; *M. dissimilis* (C. L. Koch) kosmo-
polita, znaleziony w Auglii; *Epiblemum mutabile* (Luc.)
Fr., Anglia; *E. infimum* (Sim.) Fr., prow. nadreń., Nassau;
Dendryphantes nidicolens (Walck.) Fr., Belg.; *Hasarius
Adansonii* (Aud.) Afryka, Azyja płd., Europ. płd., Franc.,
Angl.; *H. Paykullii* (Aud.) kosmopolita, Franc.; *Phlegra
Bresnieri* (Luc.) Franc.; *Heliophanus Cambridgei* (Sim.)
Franc., Belg., Angl., prow. nadreńsk.; *Euophrys finitima*
(Sim.) Franc.; *Ballus tantulus* (Sim.) Franc.

Prawdopodobnie wyłącznie w południowéj Europie żyją: *Philaeus varicus* (Sim.), (Hiszpanija i Włochy północne), *Ph. haemorrhoicus* (C. L. Koch) i *Phlegra lineata* (C. L. Koch), chociaż obydwa piérwsze podane zostały ze Szlązka, trzeci ze Styryi i Tyrolu (tu pobyt jego uważa Dr. L. Koch za wątpliwy). Południowym téż gatunkiem, ale posuwającym się aż po Wiédeń jest *Ballus biimpressus* (Dol.). Tylko z gór południowéj Europy znane są wreszcie: *Epiblemum uncigerum* (Sim.), *Attus inaequipes* Sim., *Phlegra nobilis* (L. Koch), *Ballus obscuroides* (Can. et Pav.) z Tyrolu, *Attus longipes* Can., *frigidus* Sim., *cingulatus* Sim., *Heliophanus recurvus* Sim., *hecticus* Sim., *viriatus* Sim., *inornatus* Sim., *uncinatus* Sim. z Alp zachodnich.

Ogółem więc otrzymujemy 170 gatunków i 9 rodzajów (prócz wyżéj wymienionych jeszcze *Icius*) częścią wyłącznie właściwych Europie południowéj, częścią posuwających się w Europę środkową tylko miejscami, najdaléj wzdłuż oceanu atlantyckiego, podobnie jak niektóre rośliny południowo-europejskie, którym pobyt w tych stronach umożliwia klimat morski.

Cała Europa środkowa i północna ma tylko 75 gatunków [1]), do których doliczając wspomnionych 14 gatunków południowych posuwających się niezbyt daleko w Europę środkową, otrzymamy 89.

Z owych 75 gatunków żyje jeszcze na półwyspach lub wyspach Europy południowéj gatunków 20 [2]), a nawet wido-

---

[1]) *Salticus 1, Leptorchestes 1, Synageles 2, Marptusa 4, Dendryphantes 3, Philaeus 3, Epiblemum 4, Hasarius 5, Pellenes 5, Attus 15, Phlegra 4, Yllenus 2, Ictidops 3, Heliophanus 9, Euophrys 8, Ballus 4, Neon 2.*

[2]) *Salticus formicarius* (DG.), *Marptusa muscosa* (Cl.)?, *Dendryphantes encarpatus* (Walck.), *Philaeus chrysops* (Poda), *bicolor* (Walck.), *Epiblemum scenicum* (Cl.), *tenerum* (C. L. Koch), *Hasarius arcuatus* (Cl.), *Attus pubescens* (F.), *terebratus* (Cl.)?, *floricola* (C. L. Koch), *Ictidops V-insignitus* (Cl.), *Heliophanus aeneus* (Hahn), *cu-*

cznie są kraje śródziemnomorskie właściwą ojczyzną dla gat. *Philaeus chrysops* i może *Ictidops V-insignitus*. Innych 25 gatunków [1]) nie posuwa się tak daleko, dochodząc tylko po Pireneje, do północnych prowincyj Włoch i do Węgier lub wreszcie do Rosyi południowéj, częścią aż po morze Czarne (we wschodniéj Europie z powodu braku gór trudniéj o granice wyraźne niż w zachodniéj). Pozostaje tylko 30 gatunków [2]), dla których Alpy tworzą granicę południową; gatunki te nie dosięgają Francyi południowéj, nie schodzą w równiny północnych Włoch, częścią jednak żyją w Węgrzech lub posuwają się na południe Rosyi.

---

preus (Walck.), *flavipes* C. L. Koch, *auratus* C. L. Koch, *H.? atratus* Thor., *Euophrys erratica* (Walck.), *frontalis* (Walck.), *Ballus depressus* (Walck.).

[1]) *Leptorchestes berolinensis* (C. L. Koch), *Synageles hilarulus* (C. L. Koch)?, *Dendryphantes rudis* (Sund.), *Philaeus bilineatus* (Walck.), *Epiblemum cingulatum* (Panz.), *Hasarius falcatus* (Cl.)?, *laetabundus* (C. L. Koch)?, *Pellenes crucigerus* (Walck.), *lapponicus* (Sund.) (tylko w Lapponii, Alpach i Pirenejach?), *Bedelii* (Sim.), *brevis* Sim., *Attus rupicola* (C. L. Koch)?, *saxicola* (C. L. Koch), *Dzieduszyckii* L. Koch, *saltator* Sim., *cinereus* Westr.?, *Phlegra fasciata* (Hahn)?, *cinereo-fasciata* (Sim.), *Yllenus univittatus* (Sim.), *Ictidops festivus* (C. L. Koch), *Heliophanus pagatiatus* Thor., *Euophrys petrensis* (C. L. Koch); *Ballus aenescens* (Sim.), *Neon reticulatus* (Bl.), *Rayi* (Sim.).

[2]) *Synageles confusus* n., *Marptusa radiata* (Grube), *longiuscula* (Sim.), *Jenynsii* (Bl.), *Dendryphantes hastatus* (Cl.), *Epiblemum ambiguum* (C. L. Koch)?, *Hasarius Taczanowskii* (Sim.)?, *notatus* (Bl.), *Pellenes nigrociliatus* (L. Koch), *Attus caricis* Westr., *distinguendus* Sim.?, *niger* Walck., *rapax* Thor.?, *montigenus* Thor., *Zimmermannii* Sim., *?striatus* (Cl.), *Phlegra loripes* Sim., *Rogenhoferi* (Sim.), *Yllenus arenarius* Sim., *Ictidops simplex* (Herm.)?, *Heliophanus dubius* C. L. Koch, *varians* Sim., *expers* Sim., *Euophrys aequipes* (Cambr.), *monticola* n., *alpicola* L. Koch, *poecilopus* Thor., *?gracilis* (Bl.), *Ballus? vulpinus* (Sund.), *?Wańkowiczii* (Sim.).

W Europie północnéj i środkowéj aż po Pireneje, Alpy (włącznie), południowe Węgry i po morze Czarne znaleziono razem 163 gatunków (*Salticus 2, Leptorchestes 3, Synageles 3, Hyctia 2, Marptusa 6, Menemerus 2, Dendryphantes 5, Philaeus 3, Icius 4, Maevia 1, Epiblemum 10, Hasarius 8, Pellenes 12, Attus 27, Phlegra 7, Yllenus 3, Habrocestum 1, Ictidops 4, Heliophanus 26, Cyrba 1, Saitis 1, Euophrys 20, Neera 1, Ballus 8, Neon 3*), których rozprzestrzenienie w kierunku długości geograficznéj jest bardzo rozmaite.

Podzieliwszy tę część Europy na 3 pasy, obejmujące:

1) Francyję, Belgiję, Holandyję, Wielką Brytaniję,

2) Szwajcaryję, zachodnie prowincyje austryjackie, cesarstwo niemieckie, Daniję, Skandynawiję,

3) Węgry, Galicyję, państwo rosyjskie,

otrzymamy dla 1-go 109, dla 2-go 88, dla 3-go 81 gatunków. Rodzaje zaś przeważnie rozszérzone są po wszystkich trzech pasach, brakuje jednak w 1-ym rodz. *Maevia*, w 2-im *Hyctia, Icius, Cyrba*, w 3-im *Neera*, a *Habrocestum* w 2 i 3-im.

Wspólnych wszystkim 3 pasom jest tylko gatunków 46: *Salticus formicarius* (DG.), *Leptorchestes berolinensis* (C. L. Koch), *Synageles hilarulus* (C. L. Koch), *Marptusa muscosa* (Cl.), *radiata* (Grube), *Menemerus semilimbatus* (Hahn), *Dendryphantes rudis* (Sund.), *hastatus* (Cl.), *encarpatus* (Walck.), *Philaeus chrysops* (Poda), *bilineatus* (Walck.), *bicolor* (Walck.), *Epiblemum scenicum* (Cl.), *cingulatum* (Panz.), *tenerum* (C. L. Koch), *Hasarius arcuatus* (Cl.), *falcatus* (Cl.), *laetabundus* (C. L. Koch), *Pellenes crucigerus* (Walck.), *Bedelii* (Sim.), (jeżeli *P. Brassai* Herm. jest = *P. Bedelii*), *Attus pubescens* (Fabr.), *terebratus* (Cl.), *floricola* (C. L. Koch), *rupicola* (C. L. Koch), *caricis* Westr., *saltator* Sim., *Phlegra fasciata* (Hahn), *Bresnieri* (Luc.), *Yllenus arenarius* Sim., *Ictidops festivus* (C. L. Koch), *V-insignitus* (Cl.), *Heliophanus cupreus* (Walck.), *aeneus* (Hahn), *patagiatus* Thor., *dubius* C. L. Koch, *auratus* C. L. Koch, *Kochii* Sim., *flavipes* C. L.

Koch, *Saitis barbipes* (Sim.), *Euophrys erratica* (Walck.), *frontalis* (Walck.), *petrënsis* (C. L. Koch), *aequipes* (Cambr.), *Ballus depressus* (Walck.), *aenescens* (Sim.), *Neon reticulatus* Bl.).

Wspólne tylko piérwszéj i drugiéj części są:

Salticus tyrolensis (C. L. Koch), *Leptorchestes mutilloides* (Luc.), *Menemerus falsificus* Sim., *Epiblemum infimum* (Sim.), *Pellenes lapponicus* (Sund.), *Attus cinereus* Westr. (?), *cingulatus* Sim., *Heliophanus hecticus* Sim., *Cambridgei* Sim., *Euophrys rufibarbis* (Sim.), *terrestris* (Sim.), *finitima* (Sim.), *misera* (Sim.), *Neera membrosa* (Sim.) — razem 14;

tylko drugiéj i trzeciéj:

Synageles confusus n., *Maevia multipunctata* (Sim.), *Attus saxicola* (C. L. Koch), *distinguendus* Sim., *Dzieduszyckii* L. Koch, *Heliophanus exultans* Sim. — 6 gatunków;

piérwszéj i trzeciéj:

Hyctia Nivoyi (Luc.), *Marptusa pomatia* (Walck.), *Dendryphantes nidicolens* (Walck.), *Epiblemum mutabile* (Luc.), *Cyrba algerina* (Luc.), — 5 gatunków, dla których połączenia tych rozrzuconych miejsc pobytu leżą na południe od krain wyżéj ograniczonych.

Przewaga zachodniéj części nad pozostałemi polega prawie wyłącznie na wielkiém bogactwie Francyi, gdyż z resztą przyczynia się do niéj tylko W. Brytanija pięcioma gatunkami, z których nadto 3 są wątpliwe, czwarty kosmopolita *Marptusa dissimilis* (C. L. Koch), a piąty *Heliophanus expers* Sim. wspólny Anglii i Francyi. W saméj Francyi znaleziono 104 gatunków [1]). Ta ogromna obfitość pochodzi ztąd,

---

[1]) Z tego żyje we Francyi północnéj po 46° pn. szér. 56, w południowéj 92. Dla porównania przytaczam liczby odpowiednie dla niektórych innych krajów: W. Brytanija ma 33 gat., Belgija 33, prowincyja nadreńska 29, Szwajcaryja 45 (nie licząc trzech opisanych przez LEBERTA gatunków), Tyrol 46, Bawaryja 35, Szlązk 40, Skandynawija 33, Galicyja 45 (46?), Węgry 30, Rosyja południowa 46.

że: 1) z gatunków zamieszkujących mniejszą lub większą część wybrzeży moŕza śródziemnego, po północnéj czy téż po obydwóch jego stronach, nigdzie nie wkracza tyle gatunków w części Europy, któremi się zajmujemy, jak we Francyję [1]; 2) Francyja posiada więcéj gatunków sobie właściwych, niż którykolwiek inny kraj [2]; 3) w granice Francyi wkraczają téż 3 gatunki właściwe półwyspowi iberyjskiemu, 4) Alpy francuskie mają 4 gatunki, których nie ma w Alpach pasu środkowego. W pasie zachodnim znaleziono oprócz wspomnianego gat. *Marptusa (?) dissimilis*, jeszcze drugiego kosmopolitę: *Hasarius Paykullii* (Aud.).

Środkowy pas posiada oprócz 60 gatunków wspólnych z pasem zachodnim jeszcze 28 innych. Z tych jest 5 gatunków południowych; Alpy téj części mają oprócz 3 gatunków żyjących także w Alpach francuskich jeszcze 7 innych, zresztą nigdzie się nie pojawiających, a 1, który prawdopodobnie ztąd rozszedł się w góry inne tego pasu i pasu wschodniego (*Attus saxicola* (C. L. Koch)). Dwa gatunki Europy południowo-wschodniéj, *Attus distinguendus* Sim. i *A. Dzieduszyckii* L. Koch, wkraczają w granice wschodnie pasu środkowego. 11 gatunków właściwych temu pasowi ma obszary rozsiedlenia bardzo ograniczone, sąto: *Epiblemum uncigerum* (Sim.) i *Phlegra nobilis* (L. Koch) z Tyrolu, *Epiblemum ambiguum* (C. L. Koch) z Bawaryi [3], *Phlegra Rogenhoferi* (Sim.) i *Attus rapax* Thor. z Austryi, *Attus Zimmermannii* Sim., *A. montigenus* Thor. i *Pellenes nigrociliatus* (L. Koch) ze Szlązka, *Attus striatus* (Cl.), *Euophrys poecilopus* Thor. i *Bal-*

---

[1] Takich gatunków jest w pasie zachodnim 28, z tych tylko 5 pojawia się także w pasach dwóch drugich, 5 tylko jeszcze w pasie wschodnim, a 8 innych w pasie środkowym.

[2] 15 Francyja południowa, 2 północna, cała Francyja 4, z których 1 może do poprzedniéj grupy należy.

[3] Podług Dra L. Kocha (*Verzeichn. d. bish. b. Nürnbg. beob. Arachn.*) ma to być gatunek południowy, w znanéj mi literaturze brak jednak wszelkiéj o nim wiadomości.

lus (?) vulpinus (Westr.) ze Szwecyi. Jeden gatunek, *Synageles confusus* n. żyje może także w pasie zachodnim, a nie bywał tylko odróżniany od *S. venator* (Luc.). O *Heliophanus (?) atratus* Thor. znanym z Nassau i z Liguryi, trudno wiedzieć, gdzie jego właściwa ojczyzna.

Pas wschodni uboższy jest w gatunki od obydwóch innych. Zamiast 28 w pas zachodni, 18 w pas środkowy wkraczających gatunków śródziemnomorskich jest ich tu tylko 13: *Hyctia Nivoyi* (Luc.), *Canestrinii* (Can. et Pav.), *Menemerus semilimbatus* (Hahn), *Marptusa pomatia* (Walck.), *Dendryphantes nidicolens* (Walck.), *Epiblemum mutabile* (Luc.), *Maevia multipunctata* (Sim.), *Pellenes Bedelii* (Sim.), o którym tylko przypuszczam, że do téj kategoryi należy, *Phlegra Bresnierii* (Luc.), *Heliophanus exultans* Sim., *Kochii* Sim., *Cyrba algerina* (Luc.), *Saitis barbipes* (Sim.); nie ma między niemi ani jednego, któregoby nie było także przynajmniéj w jednym z pozostałych pasów.

Zresztą składają się na liczbę 81 gatunki:

1) wspólne wszysfkim trzem pasom, a które albo swą piérwotną ojczyznę mają w równinach ich, albo téż pochodząc z południa széroko się po nich rozeszły; jest ich 41 [1]),

2) również wspólny wszystkim trzem pasom, ale pochodzenia zapewne alpejskiego *Attus rupicola* (C. L. Koch),

3) tego samego prawdopodobnie pochodzenia, ale nie znaleziony w pasie zachodnim *Attus saxicola* (C. L. Koch),

4) gatunki południowego wschodu Europy: *Leptorchestes cingulatus* Sim., *Marptusa longiuscula* (Sim.), *Icius cervinus* Sim., *Pellenes seriatus* (Thor.), *campylophorus* (Thor.), *tauricus* (Thor.), *Attus distinguendus* Sim., *Dzieduszyckii* L. Koch, *illibatus* Sim., *psammodes* Thor., *ammophilus* Thor., *decorus*

---

[1]) Wymienione pomiędzy 46 gatunkami na str. 146, odjąć od tych trzeba: *Menemerus semilimbatus*, *Pellenes Bedelii*, *Attus rupicola*, *Phlegra Bresnieri*, *Heliophanus Kochii*, *Saitis barbipes*, a dodać *Synageles confusus*.

Thor., *guttatus* Thor., *lectus* Thor., *Phlegra subfasciata* (Sim.), *Yllenus vittatus* Thor., *Ictidops gilvus* (Sim.), *Heliophanus minutissimus* Sim., *miles* Sim., *H.? nigritus* Thor.—razem 20;

5) cztéry gatunki z różnemi a ograniczonemi obszarami rozsiedlenia: *Hasarius Taczanowskii* (Sim.) z Litwy i Królestwa polskiego, *Yllenus (?) simplex* Herm. z Węgier, *Euophrys monticola* n. z Karpat, *Ballus (?) Wańkowiczii* (Sim.) z Litwy,

wreszcie *Heliophanus varians* Sim. podany z Królestwa polskiego, Galicyi i Węgier, gatunek wymagający jeszcze wyjaśnienia, może uważany u nas za *H. flavipes* C. L. Koch.

Galicyjska fauna téj rodziny składa się przeważnie z gatunków rozszérzonych po równinach środkowéj i północnéj Europy; ze wspomnionych powyżéj pod 1) 41 gatunków brakuje dotąd tylko jednego: *Philaeus bilineatus* (Walck.); gatunek ten — a podług Prof. THORELLA może tylko odmiana gatunku *Philaeus chrysops* (Poda) — znany z Francyi, Szlązka, Królestwa polskiego, Węgier, okolic Jekaterynosławia i Sarepty, znajdzie się bez wątpienia i w Galicyi. Dwa gatunki żyjące w Galicyi: *Attus saxicola* (C. L. Koch) i *A. rupicola* (C. L. Koch) pochodzą prawdopodobnie z Alp. Ze wschodnio europejskich gatunków posiada Galicyja tylko *Attus Dzieduszyckii* L. Koch i *A. distinguendus* Sim., te same dwa, które jeszcze na Szlązku żyją; trzecim takim gatunkiem mógłby być *Heliophanus varians* Sim. Właściwy Galicyi, albo raczéj Karpatom, jest tylko jeden: *Euophrys monticola* n., jednakże nie jestem zupełnie pewny, czy to jest rzeczywiście gatunek jeszcze nie opisany.

Trudno powiedzieć, o ile jeszcze zwiększy się z czasem liczba galicyjskich Attidów; wielce prawdopodobną jest rzeczą, ponieważ Podole galicyjskie i Karpaty wschodnie są jeszcze pod względem fauny pajęczéj krainami prawie nieznanemi, że po ich przeszukaniu należytém przybędą jeszcze do fauny naszéj przynajmniéj niektóre gatunki znane dotąd tylko ze stron więcéj ku wschodowi posuniętych, a może téż i właściwe wschodniéj części Karpat.

WYKAZ PRAC
zawiérających wiadomości o galicyjskich Attidach.

1867. L. WAJGIEL, Spis pająków. (Sprawozd. Komis. fizyjogr.
c. k. Towarz. nauk. krak., Tom. I, str. (138)—(141).).
Wymienionych gatunków 4.

1868. Dr. M. NOWICKI, Zapiski z fauny tatrzańskiéj. (Tamże,
Tom II, str. (77)—(91).
1 gatunek, nowy dla fauny galicyjskiéj, ale pod mylném podany nazwiskiem.

„ L. WAJGIEL, Spis pająków. (Tamże II, str. (153—(155)).
6 gatunków, 1 pod dwiema nazwami; nowych dla
fauny 3, nadto 1 wątpliwy.

1870. Dr. L. KOCH, *Beiträge zur Kenntniss der Arachniden-
Fauna Galiziens. (Sonderabdruck aus dem XLI Jahr-
buche d. k. k. Gelehrt. Gesellsch. in Krakau)* [1]).

„ Dr. M. NOWICKI, Zapiski faunicze. (Spraw. Kom. fizyjogr.,
Tom IV, str. (1)—(30) [2]).
W obydwóch tych pracach podanych jest gatunków
galicyjskich 12, nowych dla fauny 5.

1871. Dr. L. KOCH, Dodatki do fauny pajęczéj Galicyi. (Ro-
cznik c. k. Towarz. nauk. krakow. Poczet 3-ci, Tom XIX,
ogólnego zbioru Tom XLII, str. 184—219).

1872. Wł. KULCZYŃSKI, Dodatek do fauny pajęczéj. (Spraw. Kom.
fiz., Tom VI, str. (1)—(3).
Gatunków 7, nowych dla fauny 5.

„ Dr. J. JACHNO, Przyczynek do pajęczéj fauny. (Tamże,
str. (4)—(6).
Gatunków 5, 2 nowe dla fauny.

---

[1]) To „osobne odbicie“ pojawiło się przed pracą zamieszczoną
nie w XLI ale XLII Roczników Tow. nauk., i więcéj niż
ona zawiéra. Mianowicie opuszczono w Roczniku opisy
kształtów, a zamieszczono tylko opisy barwy i uwagi.

[2]) Opiéra się na tym samym materyjale, co „*Beiträge*“ Dra
L. KOCHA.

1874. Dr. M. Nowicki, Dodatek do fauny pajęczaków Galicyi.
(Tamże, Tom VIII, str. (1)—(11)).

Między 18 gatunkami nowych dla fauny 4.

1874. L. Wajgiel, Pajęczaki galicyjskie. (*Arachnoidea Haliciae*).
Kołomyja 1874.

1875. E. Simon, *Les Arachnides de France*. Tom III. Paryż 1876.
Jako galicyjski podany *Heliophanus varians* Sim.

1876. Wł. Kulczyński, Dodatek do fauny pajęczaków Galicyi.
(Spraw. Kom. fiz. akad., Tom. X, str. (41)—(67).

Gatunków 29, z tych nowych dla fauny 9.

1881. Wł. Kulczyński, Wykaz pająków z Tatr, Babiéj Góry
i Karpat szląskich, z uwzględnieniem pionowego rozsiedlenia pająków żyjących w Galicyi zachodniéj. (Tamże,
Tom XV, str. (248)—(322)).

36 gatunków, nowych dla fauny 5, z tych 1 bez nazwy.

1882. Wł. Kulczyński, *Spinnen aus der Tatrą und den
westlichen Beskiden*. Kraków 1882.

Zawiéra to samo, co „Wykaz pająków".

Obecna praca podaje gatunków galicyjskich 46, z tych
1 wątpliwy, nowych dla fauny 8.

Attoidae.

Salticus (Latr.) Thor.

1. S. formicarius (De Geer).

C. L. Koch, *Die Arachn.* XIII, str. 26, fig. 1094, „*Pyrophorus helveticus*"; Thorell, *Remarks on Synon.* 357 ; Simon,
Les Arachn. de France, III, str. 7.

1876. *Salticus formicarius*. Kulcz., Dod. do fauny paj. Gal.,
str. (63).

1881. *Salticus formicarius*. Kulcz., Wykaz paj. z Tatr., str. (312).

1882.   „   „   „   *Spinnen aus d. Tatra*, str. 33.

Gatunek ten, według Simona (*l. c.*) pospolity w całéj
Europie, nie jest takim bynajmniéj, owszem należy w północnéj Europie do wielkich rzadkości i dochodzi według do-

tychczasowych wiadomości tylko mniéj więcéj do 60° półn. szér. (wyspy Fegelen, Gottland, Aland); bardzo rzadki w Szkocyi i w Anglii, rzadki w północnéj Francyi, pospolity w południowéj, z Niemiec podany z niewielu miejscowości (koło Bonn częsty), najdaléj na wschód, ile wiadomo, znaleziony koło Radomyśla na Ukrainie. Żyje jeszcze w Portugalii, Hiszpanii, na Korsyce, we Włoszech, Sycylii, w Węgrzech południowych i w Turcyi. W Afryce ani w Azyi nie znaleziony.

Przebywa pod krzewami i drzewami na brzegach łąk lub lasów w miejscach wilgotnawych, ale także w miejscach świetlistych i dość suchych. W Maju znalazłem dorosłą samicę; okazy zbiérane w Sierpniu i Wrześniu są młode.

W Galicyi znaleziony w wysokości 200—300 m. (koło Krakowa) i koło 400 m. (?) (koło Lwowa); w Szwajcaryi podług PAVESEGO w wys. 400 m.

Zabierzów (Kulcz. 76), Sikornik, Borek Falęcki.— Lwów (Kulcz. 76): Czartowska skała i i.

Z Bukowiny otrzymałem 1 okaz od Dra A. WIERZEJSKIEGO.

Leptorchestes (Thor.) Sim.
1 L. berolinensis (C. L. Koch).

C. L. KOCH, *Die Arachn.* XIII, 34, f. 1103—4 *„Salticus berolinensis“;* SIMON, *Ar. d. Fr.* III, 12.

1876. *Leptorchestes berolinensis.* KULCZ., Dodatek. (64).

Gatunek ten zajmuje stosunkowo dość wązki pas stałego lądu Europy. Znaleziony w Belgii, koło Paryża, Berlina, Wrocławia i prawdopodobnie Warszawy (SIMON, *Monogr.* i *Arachn. d. Fr.*), a ku południowi we Francyi południowéj, północnych prowincyjach Włoch, we Węgrzech aż po Orsowę i w Rosyi południowéj. Na półwyspach i wyspach Europy południowéj nie znaleziony, z wyjątkiem Włoch po Florencyję.

Przebywa najczęściéj w ogrodach pod korą na płotach lub na parkanach.

Wysokość: prawdopodobnie koło 300 m.

Lwów (Kulcz. 76), zbiérany przez Prof. KOTULĘ i p. BARTLA.

Synageles Sim.

1. S. hilarulus (C. L. Koch).

C. L. KOCH, *Arachn.* XIII, 31, f. 1099, „*Salticus hilarulus*"; SIMON, *Ar. d. Fr.* III, 15 „*S. ludibundus*"; MENGE, *Preuss. Sp.* 460, tab. 259, „*Salticus hilarulus*".

1876. *Leptorchestes hilarulus.* KULCZ., Dodatek (63) *ad part.*

1881. *Synageles venator.* KULCZ., Wykaz. (313) *ad part.*

Miejsce znajdowania się najdaléj na północ wysunięte: Gdańsk, na południe prawdopodobnie Francyja północna (48° pn. szér.) i Niemcy południowe, a może północne Włochy, ku wschodowi może Samarkanda w Turkiestanie. Wiadomości te wymagają sprawdzenia, gdyż gatunek ten bywał miészany z następującym i ze- *S. venator* (Luc.), który uważam za gatunek osobny (patrz uwagi).

Przebywa na brzegach lasów i w zaroślach; w końcu Maja zbiérane dorosłe samce i samice, w Lutým, Kwietniu i Wrześniu młode.

Jedyna miejscowość galicyjska ma wysokości 200—300 m. Bielany (KULCZ. 76).

2. S. confusus n.

C. L. KOCH, *Arachn.* XIII. 31, f. 1100 „*Salticus hilarulus var*"; opis dokładny podaję niżéj.

1872. *Salticus hilarulus.* KULCZ., Przyczynek. (3).

1881. *Synageles venator.* KULCZ., Wykaz. (312) *ad part.*

1882.   „   „   „ . *Spinnen.* 33.

Gatunek ten, widocznie rzadki, został już w r. 1846 opisany przez C. L. KOCHA jako odmiana gatunku „Salticus hilarulus" (l. c.)— Znaleziony 1871 koło Krakowa okaz oznaczyłem piérwotnie jako „Salticus hilarulus". Okaz młody poprzedniego gatunku znaleziony późniéj na Bielanach nie przedstawiał różnic wystarczających do gatunkowego oddzielenia go od okazu piérwszego. Dopiéro na okazach dorosłych zebranych przez J. CIEŚLIKA przekonałem się, że mniemana odmiana nie jest nią, ale gatunkiem osobnym.

S. confusus znaleziony dotąd został w Bawaryi nad Dunajem i w Galicyi.

Wysok.: około 250 m.

Skały panieńskie, w niskopiennym lesie, w Czerwcu samica dorosła (KULCZ. 72).

Epiblemum (Hentz).

E. SIMON nażywa jeszcze zawsze ten rodzaj Calliethera. Ponieważ jednak typem rodzaju Epiblemum przez samego HENTZA w r. 1832 przyjętym jest E. faustum Hentz (=E. scenicum Cl.) a nie E. palmarum Hentz, jak to SIMON w Révis. d. Attid. europ. na str. (109) na podstawie opisu Hentzowskiego z r. 1846 twierdzi, więc nie ulega wątpliwości, że się temu rodzajowi należy nazwa Epiblemum jako starsza, a nie Calliethera utworzona przez C. L. KOCHA w r. 1837.

1. E. scenicum (Clerck).

C. L. KOCH, Arachn. XIII, 37, f. 1106-7 „Calliethera scenica" i 42, f. 1110-11 „Calliethera histrionica"; WESTR., Aran. suec. 545 „Attus histrionicus"; BLACKW., Spid. Gr. Brit. 47, f. 24 „Salticus scenicus"; THOR., Rem. on Syn. 360; SIM., Ar. d. Fr. III. 64 „Calliethera scenica".

1867. *Calliethera histrionica.* Wajgiel, Spis paj. (140).

1870.   „   „   Nowicki, Zapiski (16), (17),
(18) i Dr. L. Koch, *Beiträge* 9.

1872. *Calliethera scenica.* Jachno, Przyczynek. (6).

1874. *Epiblemum histrionicum.* Nowicki, Dodatek. (11) [1]).

1876.   „   *scenicum.* Kulcz., Dodatek. (64).

1881.   „   „   Kulcz., Wykaz. (312), (314).

1882.   „   „   „   *Spinnen.* 32.

E. scenicum zamieszkuje Europę od Lapponii począwszy, północną Afrykę (Algier, Tunis, Maderę) i część Ameryki północnéj (Grenlandyję, Kanadę, północno-wschodnie Stany zjednoczone). Podług dotychczasowych wiadomości na wschód nie daleko się posuwa (ostatni punkt Krym).

Bardzo pospolity gatunek; przebywa w miastach, po wsiach, w lasach i miejscach suchych bezleśnych, na ścianach domów, parkanach, płotach, drzewach i skałach. W Maju i Czerwcu a nawet niekiedy już w Kwietniu trafia się samce dorosłe, samice zaś od Maja przynajmniéj do Września.

Wysokość: 190—1000 m.; w Alpach jeszcze znacznie wyżéj, w Tyrolu do 2200, w Szwajcaryi do 1200, we Francyi powyżéj 2000, a w Lombardyi nawet do 2500 m.

Kraków (Now. 70, Kulcz. 76) i okolice: Radwanowice, Zabierzów, Mników, Bielany, Przegorzały, Skały panieńskie (Now. 74! [2]), Rząska, Olsza (Jachno), Rybaki (Jachno.!),

---

[1]) Uwagę Prof. Dra Nowickiego, że Prof. Thorell uważa *E. histrionicum* za *E. scenicum* Cl., a Dr. L. Koch za gatunek odrębny, o tyle uzupełnić należy, że Prof. Thorell w r. 1872 wykazał w *Rem. on Syn.* 361, że *Calliethera scenica* i *histrionica* C. L. Kocha (ale nie L. Kocha) są jednym gatunkiem i = *E scenicum* (Cl.), Dr. L. Koch zaś przedtém i potém dawał gatunkowi *E. scenicum* (Cl) nazwę *È. histrionicum,* a gatunkowi *E. cingulatum* (Panz.) nazwę *E. scenicum.*

[2]) Znak ! przy miejscach podanych na podstawie cudzych spisów oznacza, że sam posiadam okazy z tego miejsca.

Krzemionki. — Wola Batorska. — Bieńkowice, Dobczyce, Stojowice. — Wadowice (Now. 74). — Zawoja i Bielasów groń (Kulcz. 81). — Tatry: Kościeliska i Zakopane (Kulcz. 81), Jaworzyna. — Sącz (L. Koch 70). — Rzeszów (Now 70). — Przemyśl (Now. 70). — Radycz. — Strzelbice (Now. 70). — Okolice Stryja. — Lwów (Wajg. 67.!), Dublany (Now. 70). — Kołomyja (Now. 74).

Karpaty szlązkie: Barania (Kulcz. 81), Ligotka. — Wołyń: Humienniki.

2. E. cingulatum (Panz.) Thor.

Thor., *Rem. on. Syn.* 367; Sim., *Ar. d. Fr.* III, 68 „*Calliethera cingulata*".

1868. *Calliethera scenica.* Wajgiel, Spis paj. (154).

1870.   „   *scenica.* Nowicki, Zapiski (16), (17), (18) i L. Koch, *Beiträge* 9.

?1872. *Calliethera tenera.* Jachno, Przyczynek (6).

1874. *Epiblemum scenicum.* Nowicki, Dodatek (11).

1876.   „   *cingulatum.* Kulczyński, Dodatek (64)

1881.   „   „   Kulcz., Wykaz (312), (313).

1882.   „   „   „   *Spinnen.* 32.

E. cingulatum zamieszkuje Europę od Szkocyi i przynajmniéj 65° półn. szér. w Norwegii aż po Pireneje, północne Włochy, południowe Węgry i Krym. Z Lapponii podał Nordmann „*Calliethera scenica* Koch = *Attus scenicus* Westr." (ostatni = w części *Ep. cingulatum*), może jednak miał na myśli rzeczywistą *Cull. scenica* Kocha t. j. *Ep. scenicum* (Cl.). Podług *Arachnides de Belgique* Beckera żyje *E. cingulatum* w Syberyi zachodniéj aż po ujście rzéki Ob, zatém aż po koło biegunowe; wiadomość może zaczerpnięta z nieznauego mi spisu pająków sybirskich Bergrotha.

Niewiele rzadszy od poprzedniego, przebywa w miejscach podobnych, ale zdaje się więcéj unikać miejsc zamieszkanych. Czas pojawu jak u poprzedniego.

W Galicyi posuwa się po 1000 m. wysok., w Alpach tyrolskich żyje jeszcze w krainie hal.

Kraków (Kulcz. 76) i okolice: Tenczynek, Kobylany, Zabierzów, Rząska, Bielany, Skały panieńskie, Wola Justowska, Sikornik (Jachno!), Tyniec, Wola Duchacka (Now. 74!).— Borek Falęcki, las Krzyszkowicki. — Niepołomice, Wola Batorska, puszcza Niepołomska (Now. 74!).—Tatry: Podhale, Kościeliska, Hruby Regiel (Kulcz. 81), wejście do Małéj Łąki, ujście doliny za Bramą (Kulcz. 81). — Sącz (Now. 70), Jaworzyna.—Biecz (Now. 74).— Brzostek (Now. 70).— Głuchów.— Przemyśl. — Radycz. — Lubaczów (Wajg. 68). — Kornie (Now. 70). — Janów (Now. 70), Lwów. — Bóbrka (Now. 74). — Harasymów. — Kołomyja (Now. 74). —

Szląsk: Barania (Kulcz. 81). —Inflanty polskie: Hieronimów.

3. E. tenerum (C. L. Koch?) Thor.

THOR. *Rem. on Syn.* 365; SIM., *Ar. de Fr.* III, 72; „*Calliethera zebranea*".

Idąc za Prof. THORELLEM przyjmuję powyższe nazwisko dla gatunku nazywanego przez SIMONA *Calliethera zebranea* C. L. Koch, chociaż w tym przypadku SIMON może ma słuszność za sobą. Za odniesieniem samicy *Call. zebranea* C. L. Kocha (*Arachn.* fig. 1109) do poprzedniego, a samicy *Call. tenera* (fig. 1113) do tego gatunku przemawia wprawdzie wielkość ale nie koniecznie barwa; owszem fig. 1113 KOCHA przedstawiaćby mogła, zdaniem mojém, bardzo dobrze samicę gatunku *Ep. cingulatum* (Panz.) Thor.

1874. *Epiblemum zebraneum.* NOWICKI, Dodatek (11).
1876.   „   *tenerum.* KULCZYŃSKI, Dodatek (64).
1881.   „   „   „   Wykaz (312).
1882.   „   „   „   *Spinnen* (33).

Gatunek ten ma prawdopodobnie mniejszy obszar rozsiedlenia niż poprzedni. W Szwecyi dochodzi tylko do 58°

półn. szér., w W. Brytanii go niema; rozszérzony po Pireneje, Korsykę, północne Włochy, Dalmacyją i dolny Dunaj (Galacz).

Znacznie rzadszy od poprzednich; na pniach drzew w lasach, przy drogach i t. d. W Maju dorosłe samce i samice, te także w Czerwcu, Sierpniu a nawet w Lutym.

Wysok.: Przeważnie zbiérany w okolicach niskich, p. HECZKO znalazł go jednak w Ligotce przynajmniéj w wysokości 400 m., a od Prof. KOTULI mam okaz z Halicza, znaleziony w wysokości przynajmniéj 800 m. a może znacznie wyżéj.

Tenczynek, Bielany, Wola Justowska, Czarna wieś, (Kulcz. 76), Rakowice, Rybaki (Now. 74), Borek Falęcki, las Krzyszkowicki. — Puszcza Niepołomska, Wola Batorska. — Bieńkowice. — Przemyśl. — Halicz.

Szląsk: Ligotka. — Wołyń: Humienniki.

Heliophanus C. L. Koch.

Cechy, po których odróżniałem gatunki tego rodzaju, podaję niżéj w uwagach.

1. H. patagiatus Thor.

THOR., *Verzeichn. südruss. Spinnen,* 74; SIM., *Ar. d. Fr.* III, 148 „*H. metallicus*".

E. SIMON uważa ten gatunek za *H. metallicus* C. L. Koch, trudno jednak znaleźć cokolwiek na uzasadnienie tego zapatrywania.

1881. *Heliophanus patagiatus.* KULCZYŃSKI, Wykaz (313), (315).
1882. „ „ „ *Spinn.* 32.

Rozszérzony przez całą długość stałego lądu Europy aż po Sareptę nad Wołgą, ale tylko w wązkim pasie obejmującym Pireneje, Alpy francuskie i szwajcarskie, południowe Niemcy, Szląsk, Galicyję, Węgry i Rosyję południową.

Żyje u nas w okolicach górskich, w dolinach rzék. Rzadki.

Wysok.: 300—400 m.

Nowy Sącz (zbiérał Dr. ZARĘCZNY).

Szlązk: Wisła (Kulcz. 81).

2. H. aeneus (Hahn) Sim.

C. L. KOCH, *Arachn.* XIV, 51, f. 1309—10 „*H. trunco-rum*"; SIM., *Ar. d. Fr.* III, 147.

1870. *Heliophanus truncorum.* NOWICKI, Zapiski (17), (19)
　　　i L. KOCH, *Beiträge* 9.

1874. *Heliophanus muscorum.* NOWICKI, Dodatek (11).

1881. 　　　„　　　aeneus. KULCZYŃSKI, Wykaz (313).

1882. 　　　„　　　　　„　　　　　„　　*Spinnen* 33.

Obszar rozsiedlenia, szérszy niż poprzedniego, obejmuje Belgiję, Francyję, Niemcy środkowe i południowe, Szwajca ryję, Włochy ze Sycyliją, Galicyję, Królestwo polskie, Rosyję południową. Według CRONEBERGA żyje *H. aeneus* jeszcze w Turkiestanie.

Sam zbiérałem ten gatunek tylko bardzo rzadko i nie mogę z własnego doświadczenia nic powiedzieć o jego sposobie życia. Jest on w okolicach górzystych częstszy niż w równinach; podług Dra L. KOCHA przebywa pod kamieniami, pod korą drzew i na drzewach. Samce i samice dorosłe zbiérane w Sądeckiém w Lipcu i Siérpniu, koło Krakowa raz w Maju dorosła samica, również raz we Wrześniu dorosły samiec.

Znaleziony jeszcze w wysokości 900 m., ale prawdopodobnie leżą właściwe jego miejsca pobytu niżéj; w Tyrolu dochodzi do 5000′, w Szwajcaryi aż do 2287 m.(?).

Kobylany, Zabierzów, Bielany, Skały panieńskie, las Krzyszkowski (Now. 74).—Puszcza Niepołomska (Now. 74).— Sokolica w Pieninach. — Słotwiny, Jaworzyna. — Janów (Now. 70). — Bóbrka (Now. 74).

Szląsk: Ligotka. — Bukowina (Now. 70).

3. H. dubius C. L. Koch.

C. L. Koch, *Arachn.* XIV, 61, f. 1317—18; Sim., *Ar. d. Fr.* III, 146.

1874. *Heliophanus dubius.* Nowicki, Dodatek (11).

1881. „ „ Kulczyński, Wykaz (313).

„ „ *cupreus.* „ Wykaz (313), *ad part.*

1882. „ *dubius.* „ *Spinnen* 33.

„ „ *cupreus.* „ *Spinnen* 33, *ad part.*

Gatunek widocznie wschodniego pochodzenia, we Francyi, Belgii, Holandyi rzadki, znaleziony w Szwajcaryi, północnym Tyrolu, Bawaryi, na Szląsku; żyje w Królestwie polskiém, Galicyi, na Ukrainie.

U nas równie częsty jak *Hel. cupreus* i w tych samych miejscach. W końcu Kwietnia, w Maju, początku Czerwca dorosłe samce i samice, te także jeszcze we Wrześniu, tamte zaś tylko do początku Lipca.

W równinach pospolity, najwyżéj znaleziony w Zawoi w wysokości 650 m. (1 okaz, który mylnie oznaczyłem jako *H. cupreus*); w Szwajcaryi w wys. 933 m.

Czerna, Kobylany, Zabierzów, Bielany, Przegorzały, Panieńskie skały, Sikornik, Rząska, Dąbie, Tyniec, Borek Falęcki, Wola Duchacka, las Krzyszkowicki. — Niepołomice, Wola Batorska, puszcza Niepołomska. — Wieliczka, Nowa wieś, Pawlikowice, Bieńkowice, Droginia. — Zawoja. — Przemyśl. — Nahaczów.

Szlązk: Ligotka. — Bukowina: Stanestje (Now. 74).

4. H. cupreus (Walck.).

C. L. Koch, *Arachn.* XIV, 56, f. 1313—15; Westr., *Aran. suec.* 584; Blackw., *Spid. Gr. Brit.,* f. 31; Thor., *Rem. on Syn.* 399 (♀ *ad part.?*); Sim., *Ar. d. Fr.* III, 144.

1870. *Heliophanus cupreus.* Nowicki, Zapiski (19) i L. Koch,
Beiträge 9.

1872. *Heliophanus cupreus.* JACHNO, Przyczynek (6).
1874.   „   „   NOWICKI, Dodatek (11).
1876.   „   „   KULCZYŃSKI, Dodatek (64).
1881. *Heliophanus cupreus.* KULCZ., Wykaz, (313), (315), *ad part.*
1882.   „   „   „   *Spinnen 32, ad part.*

H. cupreus zamieszkuje całą Europę z W. Brytaniją,
z wyjątkiem może najbardziéj północnéj części; znaleziony
jeszcze w Finlandyi, w Szwecyi po 60°, w Norwegii po 63°
półn. szér., na południu zaś w Hiszpanii, na Korsyce, Sardynii i w południowych Włoszech, ku wschodowi koło Sarepty nád Wołgą, (ale tę miejscowość podaje THORELL ze
znakiem zapytania). Czy rzeczywiście żyje w Algjerze, zkąd
go podał LUCAS, i we wschodniéj Syberyi (podług GRUBEGO),
to jeszcze wymaga sprawdzenia, gdyż podania te są bardzo
dawne, a dopiéro w nowszych czasach wykazał SIMON, że
rodzaj *Heliophanus* obfituje w gatunki, niekiedy trudne do
odróżnienia.

Pospolity po brzegach lasów, porębach i zaroślach.

Czas pojawu jak u poprzedniego; wyjątkowo trafiają
się samce dorosłe jeszcze w drugiéj połowie Lipca.

W równinach pospolity, rzadki w niskich górach do
500 m. mniéj więcéj. W Szwajcaryi ma dochodzić do 2000 m.(?).

Czerna, Kobylany, Mników, Zabierzów (Kulcz. 76),
Bielany (Kulcz. 76), Kępa — Przegorzały, Panieńskie skały
(Jachno, Now. 74!), Wola Justowska, Sikornik, Krakowski
ogród botaniczny (Jachno), Wola Duchacka (Now. 74), Libiertów, las Krzyszkowicki (Now. 74!).— Wieliczka, Bieńkowice, Banowice, Dziekanowice. — Kamienik. — Krościenko
(same okazy młode, ale dość pewne). -- Przemyśl, łąki nad
Sanem parę mil poniżéj Przemyśla. — Lwów. — Kołomyja
(Now. 74). —

Szlązk: Ligotka, Godula (Kulcz. 81). — Bukowina (Now.
70). — Wołyń: Humienniki.

5. H. auratus C. L. Koch.

C. L. KOCH, *Arachn.* XIV, 54, f. 1311—12; SIM., *Ar.
d. Fr.* III, 155.

1810. *Heliophanus auratus.* NOWICKI, Zapiski (17), (19) i L.
    KOCH, *Beiträge*, 9.

1876. *Heliophanus auratus.* KULCZYŃSKI, Dodatek (64).

1881.   „   „   „   Wykaz (313).

1882.   „   „   „   *Spinnen*, 33.

Od zachodnich granic Europy, Anglii (podług SIMONA,
Collect. Keyserl., chociaż go tam ani BLACKWALL ani CAM-
BRIGDE nie znaleźli), Francyi, Hiszpanii, żyje ten gatunek
aż po środkową Syberyję (Krasnojarsk). Na północ nie daleko się posuwa w zachodniéj Europie, nie ma go w Skandynawii, jest jednak w Inflantach polskich, gdzie go zbiérał
p. A. ULANOWSKI. Połuduiowa granica ciągnie przez Francyję południową, północny Tyrol, Tryjest, południową granicę Węgier, Nikopol, Sareptę. We Włoszech nie znaleziony,
zamieszczany wprawdzie w spisach autorów włoskich, ale ci
liczą nawet Dalmacyję do Włoch!

Rzadszy niż *H. cupreus* i *dubius*, znacznie częstszy niż
flavipes; w zaroślach, na brzegach lasów i w ogrodach, na
drzewach. Dorosłe okazy samców i samic w Maju, Czerwcu
aż do Września, samice także w Kwietniu.

W okolicach Krakowa nie przekracza prawdopodobnie
wysok. 400 m., wyżéj nieco leżą może miejscowości niektóre
Galicyi środkowéj.

Chełmek, Kobylany, Sikornik (Kulcz. 76), Kępa, Czarna
wieś (Kulcz. 76), Czyżyny, Borek Falęcki, las Krzyszkowicki.— Wola Batorska.— Bieńkowice, Zakliczyn, Kornatka.—
Sącz. — Sietesz. — Przemyśl.— Radycz, Ustrzyki dolne i i.
nad górnym Strwiążem. — Janów (Now. 70).

Bukowina (Now. 70). — Inflanty: Nowy Ryków. — Wołyń: Humienniki.

6. H. flavipes (Hahn)?

?C. L. Koch, *Arachn.* XIV, 64, f. 1320—22.
1874. *Heliophanus flavipes.* Nowicki, Dodatek (11).

Z powodu prawdopodobnego pomieszania pod nazwą
H. flavipes dwóch różnych gatunków, o czém niżéj w uwagach, nie można obecnie nic pewnego powiedzieć o rozsiedleniu tego z nich, który żyje w Galicyi. „*H. flavipes*" podawany bywał z tych mniéj więcéj miejsc co i *H. cupreus*,
przynajmniéj co się tyczy granic północnéj i zachodniéj, na
południu ma żyć jeszcze na Sycylii ale w Afryce nie, ku
wschodowi zaś jeszcze w Samarkandzie w Azyi.

Znacznie rzadszy niż *H. cupreus* lub *dubius*, w miejscach podobnych. W końcu Maja, Czerwcu, w początkach
Lipca dorosłe samce i samice, te jeszcze do połowy Sierpnia.

Granice pionowego zasiągu leżą może jeszcze niżéj niż
dla *H. auratus.*

Chełmek, Zabierzów, Panieńskie skały, las Krzyszkowicki.—Kłaj, puszcza Niepołomska (Now. 74). — Wieliczka,
Bieńkowice, Czechówka. — Przemyśl.

Szląsk: Ligotka. — Bukowina: Stanestje (Now. 74).

H. varians Sim.

Sim., *Monogr. d. Attid.* 216 i *Révis d. Attid.* 121.
1876. *Heliophanus varians.* Sim. *Les Arachn. d. France,* III,
165.

Podług Simona żyje ten gatunek w Królestwie polskiém
Galicyi, podług Hermana także na Węgrzech.

Marptusa (Thor.).

Nazwę *Marpissa* C. L. Kocha poprawioną przez siebie
na *Marpessa* zastąpił Prof. Thorell nową *Marptusa* w *Studi
sui ragni malesi e papuani* w r. 1877 z powodu, że już w r.

1821 użył tamtéj GRAY na oznaczenie jednego rodzaju mięczaków. W nawias ujmuję nazwę autora, gdyż biorę ten rodzaj w znaczeniu tém samém jak *Marpessa* Sim., który odpowiada tylko części rodzaju Thorellowskiego *Marptusa*.

1. M. muscosa (Clerck).

C. L. KOCH, *Die Arachn.* XIII, 63, f. 1129—36; WESTR., *Aran. suec.* 549; SIM., *Ar. d. Fr.* III, 25.
1867. *Dendryphantes tardigradus.* WAJGIEL, Spis paj. (140).
1868. *Attus muscosus.* WAJGIEL, Spis paj. (151).
1872. „ „ KULCZYŃSKI, Przyczynek (3).
1876. *Marpessa muscosa.* „ Dodatek (64).
1881. *Marpissa muscosa.* „ Wykaz (312).
1882. „ „ „ *Spinnen* 33.

M. muscosa zamieszkuje Europę od Anglii i Szwecyi (po 60° półn. szér.) aż po Francyję południową, Włochy (po Neapol), Węgry; na wschód rozszérzona po Jekaterynosław i Sarep ę.

Przebywa w lasach pod odstającą korą drzew, także pod korą starych kołków w płotach. Dorosłe samce zbiérane w końcu Kwietnia i we Wrześniu, samice w Kwietniu i Czerwcu.

Wysok.: Przynajmniéj do 400 m., wyżéj może na Radyczu, góra ta jednak także florą swoją należy podług Prof. KOTULI do okolic niższych. W Szwajcaryi zbiérał PAVESI ten gatunek w wys. 275—400 m.

Radwanowice (Kulcz. 72), Kobylany, Mników, Rząska (Kulcz. 72 i 76), Przegorzały, Panieńskie skały. — Zakliczyn. — Sietesz. — Przemyśl. — Radycz. — Lwów (Wajg. 67, Kulcz. 76). — Podole (Wajg. 68): Bukówna.
Szląsk: Ligotka.

2. M. radiata (Grube).

GRUBE, *Ar. Liv- Cur- u. Ehstl.* 57; WESTR., *Aran. suec.* 551; THOR., *Rem. on. Syn.* 368; SIM., *Ar. d. Fr.* III, 28.

Od Szwecyi południowéj (Skanii), wyspy Ösel i Inflant (około 59° półn. szér.) rozszérzona po Francyję środkową (48° płu. szér.) i Węgry. Na wschód sięga daleko w Azyję, aż po Krasnojarsk. Simon podaje w *Monographie* i *Arachn. d. France* jako ojczyznę tego gatunku także Włochy, ale prawdopodobnie niesłusznie: *Marpissa hamata* C. L. Koch z Neapolu, którą Simon uważał początkowo za = *M. radiata*, jest całkiem innym gatunkiem W spisach pająków włoskich Canestriniego i Pavesego nie ma gat. *M. radiata*.

Według autorów, którzy ten gatunek sami mieli sposobność zbiérać, żyje on w nizinach, na roślinach po brzegach wód stojących.

Lwów, gdzie kilka okazów zebrał Prof. B. Kotula.

Dendryphantes (C. L. Koch).

1. D. hastatus (Clerck).

C. L. Koch, *Arachn.* XIII, 81, f. 1145—6; Westr., *Aran. suec.* 556; Thor., *Rem. on Syn.* 375; Sim., *Ar. d. Fr.* III, 39.

1868. *Attus hastatus.* Wajgiel, Spis paj. (154).

　　„　　*Dendryphantes hastatus.* Wajgiel, tamże (154).

?1872.　　„　　　　„　　　Jachno, Przyczynek (6).

1876.　　„　　　　„　　　Kulczyński, Dodatek (64).

1881.　　„　　　　„　　　„　Wykaz (313) *ad part.*

1882.　　„　　　　„　　　„　*Spinnen* 31, *ad part.*

Od Anglii (gdzie bardzo rzadki być musi, gdyż nie podają go ztamtąd ani Blackwall ani Cambrigde, ale tylko Simon na podstawie zbiorów hr. E. Keyserlinga), Laponii i Finlandyi rozszérzony po Szwajcaryję, Niemcy południowe. Wątpliwe jest jego znajdowanie się we Francyi; według Simona żyje on we Włoszech, coby jednak wymagało sprawdzenia; jako mieszkaniec Włoch podany on jest w *Monograph. d. Attid.* Simona i w *Catalogo sistem. d. araneidi italiani* Canestriniego, ostatnie jednak podanie opiera się zapewne tylko na piérwszém (w *Monographie*). Z Węgier nie podaje go HERMAN, ale go tam z pewnością nie brakuje.

D. hastatus żyje w lasach sosnowych, w lecie na gałęziach, a w zimie na ziemi lub blisko niéj pod odstającą korą. Samce dorosłe w Maju, samice zaś przynajmniéj do Sierpnia.

Wysok.: 190—400 m. (z krainy górskiéj mylnie przezemnie podany). W Szwajcaryi znalazł go LEBERT w wys. 375 m.

Okolice Krakowa (Wajg. 68): Czerna, Krzeszowice (Jachno), Tenczynek (Jachno), Panieńskie skały, Prądnik (Jachno)?, Wola Duchacka (Kulcz. 76), Borek Falęcki, las Krzyszkowicki. — Puszcza Niepołomska, Kłaj. — Bieńkowice. — Lwów (Wajg. 68).

Z Babiéj Góry mylnie podany (Kulcz. 81 i 82).

Inflanty: Hieronimów, Uzułmujże.

2. D. rudis (Sund.).

C. L. KOCH, *Arachn.* XIII, 77, f. 1141—3; WESTR., *Aran. suec.* 558; THOR., *Rem. on Syn.* 376; SIM., *Ar. d. Fr.* III, 40.

1874. *Dendryphantes rudis.* NOWICKI, Dodatek (11).

1876. „ „ KULCZYŃSKI, Dodatek (64).

1881. „ „ Wykaz (312), (313).

„ „ *hastatus.* KULCZ. Wykaz (312), (313) *ad part.*

1882. *Dendryphantes rudis.* KULCZ. *Spinnen* 32.

„ „ *hastatus.* „ *Spinnen* 31, ad part.

D. rudis znany jest z Europy od Laponii i Finlandyi począwszy aż po Pireneje, Alpy francuzkie i południowotyrolskie i Mołdawiję. Z Hiszpanii i Włoch dotąd nie podany, tak samo z Węgier; posiadam jednak okazy zebrane po węgierskiéj stronie Tatr. SIMON wymienia także Grecyję pomiędzy krajami zamieszkanémi przez ten gatunek, na podstawie okazu ze Syry otrzymanego od Dra L. KOCHA, sam jednak wspomina, że okaz ten różni się nieco od innych.

Przebywa w lasach sosnowych i świérkowych, sposób życia prowadzi podobny jak poprzedni, o wiele od niego częstszy. Samice dorosłe znaleźć można przez cały rok, samce najczęściéj w Kwietniu i w Maju, ale także jeszcze we Wrześniu.

Od równin po dolną część regli tatrzańskich (koło 900 m.). W Tyrolu i na Szląsku również znaleziony w lasach górskich.

Regulice, Czerna, Czatkowice, Tenczynek, Radwanowice, Kobylany, Zabierzów, Bielany, Rząska (Kulcz. 76), Panieńskie skały (Kulcz. 76), Przegorzały, Tyniec, Wola Duchacka (Now. 74, Kulcz. 76), Borek Falęcki (Kulcz. 76), las Krzyszkowicki (Kulcz. 76). — Wola Batorska, puszcza Niepołomska (Now. 74). — Mogilany (Now. 74), Raciborsko, Bieńkowice, Nowa wieś, Zakliczyn, Stojowice, Borzęta.—Kotoń.— Lipowa. — Zawoja (Kulcz. 81: *D. hastatus*). — Tatry: Podhale (Kulcz. 81), młaka powyżéj Krupówek, Chocz, regle od wschodniéj strony po 700 m., Szarpaniec. — Przemyśl. — Dorzecze górnego Strwiąża: Ustrzyki dolne i i. — Lwów: Ruskie doły i i. — Bóbrka (Now. 74).

Szląsk: Ligotka, las Gnojnicki (Kulcz. 81). — Jerzmanowice w Król. polsk.

3. D. encarpatus (Walck.).

C. L. Koch, *Arachn.* XIII, 47, f. 1115 „*Calliethera pulchella*"; Sim., *Ar. d. Fr.* III, 42.
1876. *Marpessa encarpata.* Kulczyński, Dodatek (64).
1881. *Dendryphantes encarpatus.* Kulcz., Wykaz (312).
1882.   „   „   „   *Spinnen* 33.

Bardzo rzadki w Szwecyi (koło 60° pn. szér.), znany zresztą z Belgii i Królestwa polskiego. Na granicy południowéj obszaru rozsiedlenia leżą Korsyka, północne Włochy, Dalmacyja, południowe Węgry, Odessa, Nikopol, Jekaterynosław; ostatnia miejscowość jest zarazem najdaléj na wschód posuniętą.

W lasach liściastych i szpilkowych, w ogrodach, u korzeni drzew lub pod odstającą korą. Rzadki. Samce dorosłe zbiérane w Kwietniu i Październiku.

Przebywa tylko w niskich okolicach, od 190—3C0 m. mniéj więcéj.

Chełmek, Panieńskie skały (Kulcz. 76), Czarna wieś, Borek Falęcki. — Wola Batorska, puszcza Niepołomska. — Przemyśl. — Lwów (Kulcz. 76).

Philaeus Thor.
1. Ph. chrysops (Poda).

C. L. Koch, *Arachn.* XIII, 56, f. 1124 „*Philia sanguinolenta*", 84, f. 1147 „*Dendryphantes dorsatus*", 85, f. 1148 „*D. xanthomelas*", 88, f. 1150 „*D. leucomelas*"; Westr., *Ar. suec.* 569 „*Attus sanguinolentus*"; Thor., *Rem. on Syn.* 388; Simon, *Ar. d. Fr.* III, 47.

Philaeus chrysops jest gatunkiem południowym, posuwającym się przecież miejscami daleko na północ. Niepewną jest rzeczą, czy rzeczywiście został znaleziony w Skandynawii i W. Brytanii. Grube znalazł go w Inflantach koło 57° pn. szér., Zimmermann w Łużycach, L. Koch w Bawaryi [1]). W północnéj Francyi jest rzadki. Zamieszkuje całą południową Europę, południowe i wschodnie brzegi morza śródziemnego (Algier, Syryję, Palestynę) i półwysep Synajski. Ku wschodowi posuwa się po Sareptę nad Wołgą i brzegi morza Kasp·jskiego (Lenkoran), z Turkiestanu jednak podaje Croneberg tylko drugi podobny gatunek: *Philaeus haemorrhoicus* (C. L. Koch).

---

[1]) Mengego *Philaeus chrysops* z okolic Gdańska (*Preussische Spinn.* p. 477, t. 270) jest mylnie oznaczony i = *Dendryphantes rudis* (Sund.)!

W Europie środkowéj zbiérany najczęściéj na suchych kamienistych zboczach gór.

W Tyrolu posuwa się do 3000', w Szwajcaryi do 1000 m. wysokości.

Dotychczas w jednym tylko okazie znaleziony przez p. CIEŚLIKA w Pieninach na brzegu Dunajca (σ dorosły w połowie Lipca 1883).

2. Ph. (?) bicolor (Walck.).

SIM., *Ar. d. Fr.* III, 49.

1870. *Attus varicus.* NOWICKI, Zapiski (19) i L. KOCH, *Beiträge* 9.

1876. *Philaeus varicus.* KULCZYŃSKI, Dodatek (64).

1881. „ *bicolor.* „ Wykaz (312).

1882. „ „ „ *Spinnen* 33.

Powody, dla których uważam *Attus varicus* L. KOCHA za *Philaeus bicolor* Sim., podane są niżéj w uwagach.

Ph. bicolor jest gatunkiem Europy środkowéj széroko rozprzestrzenionym; dochodzi do 49° pn. szér. (we Francyi), 50 (Kraków), a może nawet 51 (Wrocław?), ku południowi znany z Korsyki, Szwajcaryi, Dalmacyi, Czarnogóry, południowych Węgier, Krymu; na wschód posuwa się aż po Sareptę.

Żyje w lasach i zaroślach; rzadki. Okazy dorosłe w Maju i Czerwcu.

Galicyjskie miejscowości leżą w wysok. 200—400 m. W Szwajcaryi znaleziony w wys. 350 m.

Czerna, Kobylany, Bielany, Przegorzały, Sikornik (Kulcz. 76), las przed Tyńcem, las Krzyszkowicki. — Przemyśl. — Lwów. — Bilcze.

Bukowina (Now. 70!), zkąd otrzymałem 1 okaz od Dra WIERZEJSKIEGO.

Hasarius Sim.

1. H. arcuatus (Clerck).

Wykaz opisów i figur podany jest niżéj w uwagach.

1867. *Attus grossipes.* WAJGIEL, Spis paj. (140).

1870. „ *arcuatus.* NOWICKI, Zapiski (19) i L. KOCH, *Bei-träge* 9.

1874. *Attus arcuatus.* NOWICKI, Dodatek (11).

1876. „ „ KULCZYŃSKI, Dodatek (65).

1881. *Hasarius arcuatus.* KULCZ., Wykaz (312), (314), *ad part.*

1882. „ „ „ *Spinnen*, 32, *ad part.*

Z powodu zamieszania panującego dotychczas, nie łatwo jest podać obszary rozsiedlenia tego i następnego gatunku.

H. arcuatus żyje w Laponii, w W. Brytanii znaleziony tylko w południowéj Anglii, znajduje się w całéj Europie środkowéj, w południowéj zaś w Pirenejach, na Korsyce, w północnych Włoszech, Dalmacyi, południowych Węgrzech, Krymie; najdaléj ku południowemu wschodowi posuniętemi miejscowościami są Sarepta nad Wołgą i kraj zakaukazki, gdzie go zbiérał także p. A. ULANOWSKI.

W lasach, zaroślach, zwłaszcza w miejscach wilgotna-wych, pospolity. Dorosłe samce i samice znaleźć można od Marca do Grudnia.

Pospolity w równinach, dochodzi prawdopodobnie tylko do dolnéj części krainy górskiej; najwyższa dotąd miejscowość: Zawoja 550 m. Ze Szwajcaryi podany przez PAVESEGO z wysokości 290—400, przez LEBERTA 1270 m.

Chełmek, Czatkowice, Czerna, Tenczynek, Kobylany, Bolechowice, Nielepice, Sowiarka, Zabierzów, Bielany, Przegorzały, Panieńskie skały (Now. 74!), Sikornik, Rząska, cmentarz krakowski, Dąbie, Tyniec, Kobierzyn, Borek Fałęcki (Kulcz. 76), Wola Duchacka (Now. 74!), Libiertów, las Krzyszkowicki (Kulcz. 76). — Wola Batorska, Niepołomice, puszcza Niepołomska (Now. 74!). — Dobranowice, Jankówka,

Bieńkowice, Czechówka, Nowa wieś, Sieraków, Stojowice, Dobczyce, Zakliczyn, Mogilany (Now. 74!).— Zawoja (Kulcz. 81).— Przemyśl.— Radycz? (same młode okazy).— Lubaczów (Wajg. 67). — Okolice Lwowa: Ruskie doły i i. — Piotrów.

Szlązk: Ligotka (z Baraniéj mylnie podany w Kulcz. 81 i 82). — Bukowina (Now. 70): Repuszeńce (zbiér. p. F. BIENIASZ). — Wołyń: Humienniki. — Inflanty polskie: Hieronimów, Uzułmujża.

2. H. falcatus (Clerck).

Opisy i rysunki podane w uwagach.

1867. *Euophrys coronata.* WAJGIEL, Spis paj. (140).

1870. *Attus falcatus.* NOWICKI, Zapiski (15, 16, 17, 19) i L. KOCH, *Beiträge* 9.

1874. *Attus falcatus.* NOWICKI, Dodatek (11).

1876. „ „ KULCZYŃSKI, Dodatek (65).

1881. *Hasarius falcatus.* KULCZYŃSKI, Wykaz (312), (314).

„ „ *arcuatus.* „ Wykaz (312), (314), *ad part.*

1882. *Hasarius falcatus.* KULCZ., *Spinnen* 32.

„ „ *arcuatus.* „ *Spinnen* 32, *ad part.*

Północne granice tego gatunku leżą przynajmniéj miejscami nieco daléj na północ niż poprzedniego: znany on jest także ze Szkocyi. Ku południowi być może, że *H. falcatus* nie zachodzi tak daleko jak *H. arcuatus*, ma go mianowicie brakować na Korsyce, a najdaléj na południowy wschód wysuniętą miejscowością jest Jekaterynosław nad Dnieprem. Z Krymu przez THORELLA nie podany, przez SIMONA podany z Sarepty i Kaukazu (*Collect. Keyserl.*), ale może się to odnosi do *H. arcuatus*. Na wschód posuwa się aż po ocean Spokojny (Nikołajewsk).

Bardzo pospolity w lasach i zaroślach. Samce dorosłe posiadam ze wszystkich miesięcy, samice tylko z Kwietnia do Września.

Posuwa się u nas do wysokości 1100 m., podobnie w Tyrolu i Szwajcaryi (4000′ i 1100 m.).

Okolice Krakowa (Now. 70.): Chełmek, Lipowiec, Czernichów, Paczołtowice, Czerna, Czatkowice, Radwanowice, Kobylany, Bolechowice, Sowiarka, Mników, Zabierzów, Szczyglice (Kulcz. 76), Rząska, Bielany, Przegorzały, Skały panieńskie (Now. 74, Kulcz. 76), Sikornik, Podgórze, Tyniec, Borek Falęcki (Kulcz. 76), Libiertów, las Krzyszkowicki (Now. 74!). — Niepołomice (Kulcz. 76), Wola Batorska, Kłaj, puszcza Niepołomska (Now. 74!). — Mogilany (Now. 74!), Wieliczka, Pawlikowice, Raciborsko, Bieńkowice, Dziekanowice, Nowa wieś, Zakliczyn, Stojowice, Dobczyce, Targoszyna, Kornatka, Banowice, las Myślenicki. — Wielkie Drogi. — Lipowa (Kulcz. 81), Żywiec. — Nad Stryszawą na północ od Jałowca (Kulcz. 81), Zawoja (Kulcz. 81), Bielasów Groń (Kulcz. 81), Rówienki na Markowéj (Kulcz. 81), regle Babiéj góry (Kulcz. 81). — Kotoń. — Ponice, Poremba wielka, dolina między Mostownicą a Turbaczykiem, Niedźwica, Kudłoń, Przysłóp. — Krościenko, Pieniny: pod 3ma Koronami od Krościenka, Sokolica; (Niedzica po węgierskiéj stronie). — Tatry (Now. 70): Chocz od północy i od wschodu, regle po 1100 m., dolina Chochołowska (Kulcz. 81), Hruby Regiel (Kulcz. 81), dol. Małołącka (Kulcz. 81), za Bramą (Kulcz. 81), Strążyska (Kulcz. 81), młaka w lesie powyżéj Krupówek, las pod Kozińcem, nad Toporowym stawem, Goły Wierch — Tokareńka, Wiercicha. — Rzeszów (Now. 70). — Przemyśl. — Dorzecze górnego Strwiąża: Ustrzyki dolne i i. — Zawadka w stryjskich górach. — Lwów (Kulcz. 76), Janów, Hołosko (Wajg. 67), Ruskie doły. — Bóbrka (Now. 74). — Brzeżany. — Bukówna.

Szląsk: Ligotka (zbiér. p. Heczko), Godula, Kiczera, Ropica — Ropicznik i Tuł (Kulcz. 81), Barania około 900 m. (podany w Kulcz. 81 jako *H. arcuatus*). — Ojców i Sonspów w Król. polskiém. — Bukowina (Now. 70). — Inflanty polskie: Nowy Ryków.

3. H. laetabundus (C. L. Koch).

C. L. Koch, *Arachn.* XIV, 21, f. 1287—9; Thor., *Rem. on Syn.* 395; Sim., *Ar. d. Fr.* III, 86.

Gatunek rzadki, znany z Belgii, Francyi, Niemiec południowych i środkowych (Łużyce), Węgier i Syberyi środkowéj. Z Hiszpanii podany przez Beckera, z Korsyki przez Simona w *Révision* ale nie w *Arach. de France*. Podług L. Kocha przebywa na suchych porębach i miejscach piaszczystych, na wrzosach i innych niskich roślinach.

Z tego gatunku mam 1 okaz galicyjski bez bliżéj oznaczonéj miejscowości.

Pellenes Sim.
1. P. crucigerus (Walck.).

C. L. Koch, *Arachn.* XIII, 226, f. 1270—1 „*Euophrys crucifera*“; Westr., *Aran. suec.* 571; Thor., *Rem. on Syn.* 391; Sim., *Ar. d. Fr.* III, 94 „*P. tripunctatus*“.
1872. *Attus crucigerus.* Kulczyński, Przyczynek (3).
1876.   „   „   „   Dodatek (65).
1881. *Pellenes tripunctatus.* Kulcz. Wykaz (312).
1882.   „   „   „   *Spinnen* 33.

Nazwa *tripunctatus* (Walck.) jest wprawdzie znacznie starsza niż *crucigerus*, ale wydaje mi się wielce wątpliwém, czy do tego gatunku się odnosi; dla tego powracam do nazwy drugiéj przyjętéj prawie ogólnie.

Od Szwecyi (około 60° półn. szér.) i nadbałtyckich prowincyj rozszérzony po stałym lądzie Europy (w W. Brytanii go nie ma) po Pireneje, Alpy, gdzie jeszcze w krainie hal się trafia, i Węgry środkowe. Wschodnia granica nieznana bliżéj; Simon podaje go w *Monographie* z Rosyi, bez bliższego okréśleria.

Rzadki gatunek, przebywa najczęściéj na zboczach świetlistych, kamienistych, tak bezleśnych jak i zarosłych. W końcu Maja, w Czerwcu i na początku Lipca dorosłe samce, samice jeszcze w Sierpniu.

U nas nie znaleziono go powyżéj 400 m., w Alpach, jak wspomniano, żyje jeszcze w halach.

Czerna, Bolechowice, Bielany (Kulcz. 76), Przegorzały, Krzemionki (Kulcz. 76). — Bieńkowice. — Kłaj. — Lwów (Kulcz. 76).

Ojców w Król. polskiém (Kulcz. 72).

Attus (Walck.).
1. A. pubescens (Fabr.).

C. L. Koch, *Arachn.* XIV, 9, f. 1278—9; Westr., *Aran. suec.* 561; Thor., *Rem. on Syn.* 581; Sim., *Ar. d. Fr.* III, 107. 1868. *Attus pubescens.* Wajgiel, Spis paj. (154).
1870. „ „ Nowicki, Zapiski (16), (17) i L. Koch. *Beiträge* 9.
1874. *Attus pubescens.* Nowicki, Dodatek (11).
1876. „ „ Kulczyński, Dodatek (65).
1881. „ „ „ Wykaz (312), (314).
1882. „ „ „ *Spinnen* 32.

Przebywa w Europie, łącznie z Angliją, od 60° półn. szér. w Skandynawii i prowincyjach nadbaltyckich po Hiszpaniję, północne Włochy, Węgry. Z Korsyki niepodany. Wschodnia granica wątpliwa. Grube podał go ze Syberyi wschodniéj, gdy jednak autor ten uważał *A. rupicola* za odmianę tego gatunku, wymaga więc to podanie koniecznie sprawdzenia, zwłaszcza, że gatunku *A. pubescens* nie ma ani w spisie południowo-rosyjskich pająków Thorella, ani w L. Kocha *Arachn. aus Sibirien u. Nowaja Semlja*, a za to, podług ostatniego, w środkowéj Syberyi żyje rzetelny *A. rupicola.*

Pospolity w miastach, po wsiach, w lasach i po brzegach lasów, na zboczach świetlistych. U nas dosięga przynajmniéj 600 m. wys., a we Francyi żyje jeszcze w krainie
hal. Samce i samice dorosłe od Kwietnia do Września.

Kobylany, Szczyglice (Kulcz. 76), Panieńskie skały,
Sikornik, Zwierzyniec, Błonia krakowskie, Kraków, Czyżyny,
Rybaki, Krzemionki, Wola Duchacka, Borek Falęcki (Kulcz.
76), Libiertów. — Wola Batorska, Niepołomice. — Dobczyce,
Droginia. — Wadowice (Now. 74). — Żywiec. — Olszowskie. —
Czorsztyn. — Sącz (Now. 70), Słotwiny. — Rzeszów (Now. 70). —
Przemyśl. — Ustrzyki dolne — Rawa (Wajg. 68). — Lwów
(Kulcz. 76). — Kołomyja (Now. 74).

Karpaty szląskie: dolina Czarnéj Wisły (Kulcz. 81). —
Bukowina: Kimpolung (Now. 74). — Wołyń: Humienniki.

2. A. terebratus (Clerck).

C. L. Koch, *Arachn.* XIV, 12, f. 120—81; Westr.,
Aran. suec. 564; Thor., *Rem. on Syn.* 383; Sim. *Ar. d. Fr.*
III, 109.
1881. *Attus terebratus.* Kulczyński, Wykaz (312), (314).
1882.　　 „　　　 „　　　 „　　 *Spinnen.* 32.

Rozmieszczenie tego gatunku jest wielce osobliwe, jeżeli
dotychczasowe o nim wiadomości nie polegają w części na
mylnych oznaczeniach. *A. terebratus* zamieszkuje Europę północną, Lapponiję, Skandynawiję, Finlandyję, daléj Prusy
i Królestwo Polskie (prawdopodobnie tylko północne części),
w środkowéj Europie żyje w górach (Alpy tyrolskie, salcburskie, Karpaty), ale we wschodniéj Europie znajduje się
znów w równinach (Wołyń, Krym). Nadto podaje go Dr.
L. Koch z okolic Norymbergi, Simon z okolic Paryża jako
bardzo rzadki gatunek. Wreszcie mają się znajdować w zbiorze hr. E. Keyserlinga okazy z Anglii, w któréj go jednak
ani Blackwall ani Cambridge nie znaleźli. Podług Black-

WALLA miałby *A. terebratus* żyć we Włoszech, o czém jednak autorowie włoscy nie wspominają.

Gatunek ten zbiérałem w górach na ścianach chat. W Lipcu i Sierpniu okazy dorosłe.

W Galicyi dochodzi do 950 m. n. p. m., w salcburskich Alpach 3—4000', w Tyrolu żyje jeszcze w halach.

Racza hala (Kulcz. 81).—Klikuszowa.—Zakopane i Kościeliska (Kulcz. 81). — Ustrzyki dolne - Starzawa.

Karpaty szląskie: Barania (Kulcz. 81). — Wołyń: Uszomierz.

3. A. floricola (C. L. Koch).

C. L. KOCH, *Arachn.* XIV, 39, f. 1301; WESTR., *Aran. suec.* 573; THOR., *Rem. on Syn.* 392; SIM., *Ar. d. Fr.* III, 111.
1868. *Attus floricola.* WAJGIEL, Spis paj. (154) *ad part.*
1870. „ „ NOWICKI, Zapiski (15) *ad part.*
„ „ „ L. KOCH, *Beiträge* 9, *ad part.*
1874. „ „ NOWICKI, Dodatek (11).
1876. „ „ KULCZYŃSKI, Dodatek (65).
1881. „ „ „ Wykaz (312).
1882. „ „ „ *Spinnen,* 33.

Széroko rozsiedlony gatunek w Europie łącznie z Anglią od Lapponii po Pireneje, Włochy (aż po Neapol), Dalmacyję, Węgry, Rosyję południową (Jekaterynosław); żyje jeszcze w Azyi w Samarkandzie.

Nie rzadki w zaroślach, na brzegach wód lub w miejscach bagnistych, na niskich roślinach, w lasach rzadki. Robi często oprzędy wśród włosów owocowych wełnianki *(Eriophorum).* Samce i samice dorosłe od Maja do Września, samce nawet jeszcze w Grudniu.

Wysok.: od 190—300 m. lub niewiele wyżéj. Ze Szląska i Szwajcaryi podany z krainy hal, ale prawdopodobnie mylnie.

Okolice Krakowa (Now. 70): Chełmek, Kobylany, Zabierzów, Bielany (Kulcz. 76), Panieńskie skały, Wola Du-

chacka, Borek Fałęcki (Kulcz. 76), las Krzyszkowicki. —
Niepołomice (Kulcz. 76), puszcza Niepołomska. — Bieńkowice,
Sieraków. — Kamienik. — Przemyśl, łąki nad Sanem parę
mil poniżéj Przemyśla. — Rawa (Wajgiel 68).

Bukowina: Kimpolung (Now. 74). — Inflanty polskie:
Hieronimów, Uzułmujża.

4. A. rupicola (C. L. Koch).

C. L. Koch, *Arachn.* XIV, 19, f. 1286; Thor., *Rem. on
Syn.* 392; Sim., *Ar. d. Fr.* III, 113 ($\male$, *non* $\female$?); zresztą
patrz uwagi.

1868. *Attus floricola.* Nowicki, Zapiski (90).

"   "   "   Wajgiel, Spis paj. (154) *ad part.*

1870.   "   "   Nowicki, Zapiski (15) *ad part.*

"   "   "   L. Koch, *Beiträge* 9, *ad part.*

1881. *Attus rupicola.* Kulczyński, Wykaz (312), (314).

1882.   "   "   "   *Spinnen* 32.

Gatunek odkryty w Alpach salcburskich, zamieszkuje
Alpy (francuskie, szwajcarskie, tyrolskie, salcburskie), Karpaty i Norwegiję (59° 20′). Ku wschodowi posuwa się bardzo daleko: aż po Krasnojarsk w środkowéj Syberyi. Z Pirenejów i gór Auwergnii podał go Simon w *Révision*, ale
w *Arachn. de France* żadnéj nie przytoczył miejscowości.
A. rupicola? Nordmanna z Finlandyi może jest = *A. floricola*,
gdy przeciwnie podany przez Dra Fickerta *A. floricola*
z Karkonoszów prawdopodobnie jest = *A. rupicola.*

Żyje w górach pod kamieniami, na brzegach wód,
w porębach, w ogóle na miejscach niezbyt cienistych, najczęstszy w reglach, rzadszy w krainie kosodrzewu i hal
(do 1700 m.), w dół prawdopodobnie nie schodzi poniżéj
500 m. Jako granice zasiągu pionowego podano ze Szwajcaryi 1200—2110 m., z Salcburga górną granicę 5000′.

Glinka (Kulcz. 81), Racza hala (Kulcz. 81). — Zawoja
(Kulcz. 81), Bielasów Groń (Kulcz. 81), regle i hale Babiéj

góry (Kulcz. 81). — Łysina. — Kotoń. — Ponice, Olszowskie, dolina między Mostownicą a Turbaczykiem, Niedźwica, Kudłoń. — Tatry, prócz miejsc podanych w Kulcz. 81: Gronik w Kościeliskach, regle w dolinach Chochołowskiéj, Kościeliskiéj, Miętusiéj, na Hrubym Reglu, w dolinie Małołąckiéj za Bramą, Strążyskiéj, na Małéj Świnnicy, między Ryciém i Roztoką, w dolinie Koprowéj, na Krywaniu, kosodrzew w dolinie Stawów Gąsienicowych, jeszcze regle na Choczu (700—1000 m.), Kominach Tylkowych, na Łysankach, w Białém, na Kopkach, kosodrzew w dolinie Reglanego potoku, regle w dolinach potoków Uryn i Babina i od Żaru po Suchy potok (*Rothbaumgrund*), kosodrzew w Kolbachu i Staroleśnéj, wreszcie Gubałówka i Zakopane — Poronin. — Szczawnice. — Jawórki nad Ruską rzéką, Słotwiny, Jaworzyna. — Ustrzyki dolne. — Starzawa? (młody ♂, może *A. floricola?*), góra Halicz.

Karpaty szląskie: Wisła, doliny Czarnéj i Białéj Wisły.

5. A. saxicola (C. L. Koch).

C. L. Koch, *Arachn.* XIV, 17, f. 1284—85; zresztą patrz niżéj.

1872. *Attus saxicolus.* Kulczyński, Przyczynek (3).

1876. „ *saxicola.* „ Dodatek 65 [1]).

1881. „ „ „ Wykaz (312), (315).

1882. „ „ „ *Spinnen* 32.

Gatunek znany z Czeskiego lasu w Bawaryi i z Alp tyrolskich. Okaz z Pirenejów wspomniony przez Simona w *Révision* zapewne do innego należał gatunku; nie ma o nim wzmianki w *Arachnides de France.*

W górach na świetlistych zboczach lub pod odstającą korą świerków na brzegach lasów. W niższych okolicach

---

[1]) Okaz, o którym w tém miejscu mowa, widział Dr. L. Koch i postawiony przy nim znak zapytania pozostawił, poró, wnanie jednak tego okazu z dorosłémi przekonało mnie że moje piérwsze oznaczenie było słuszne.

(do 250 m.) nadzwyczaj rzadki, wyżéj częstszy aż do krainy regli, w kosodrzewie znowu bardzo rzadki (do 1500 m.). Dorosłe okazy w górach w Lipcu i Sierpniu.

Tenczynek, Panieńskie skały (Kulcz. 72).— Kornatka. — Łysina. — Ponice, Przysłóp. — Nad Stryszawą na północ od Jałowca (Kulcz. 81).—Tatry: Chocz od północy po 800 m., regle w dolinie Miętusiéj (Kulcz. 81), na Hrubym Reglu (Kulcz. 81), w dolinie Małołąckiéj (Kulcz. 81), za Bramą (Kulcz. 81), na Kopkach i od Żaru po Suchy potok, kosodrzew w dolinie Stawów Gąsienicowych (Kulcz. 81). — Pieniny.—Słotwiny, Łackowa. — Przemyśl. — Ustrzyki dolne — Starzawa.

6. A. Caricis Westr.

Westr., *Aran. suec.* 576; Thor., *Rem. on Syn.* 394; Sim., *Ar. d. Fr.* III, 114 „*A. atellanus*".

E. Simon uważa *Euophrys atellana* C. L. Koch za = *A. Caricis* Westr.; z tém nie zgadza się Prof. Thorell, również Dr. Bertkau uznaje opis Kocha za zanadto niezgodny z okazami *A. Caricis* zebranémi koło Bonn a oznaczonémi przez samego Simona, wreszcie angielskie okazy uważa Cambridge (*Spiders of Dorset, 564*) za = *A. Curicis* Westr., a za odmienne od *A. atellanus* Sim.

A. Caricis żyje od Szwecyi po 60° półn. szér. i Anglii środkowéj po Francyję (46° półn. szér.), Niemcy zachodnie i południowe. Okolice Krakowa są najdaléj na wschód posuniętém miejscem pobytu.

Przebywa w miejscach podobnych jak *A. floricola*, ale o wiele od niego rzadszy. Dorosłe samce mam z Marca, Czerwca i Sierpnia, samice z Czerwca, Lipca i Listopada.

Zdaje się właściwym równinom, galicyjskie miejscowości leżą między 190 a 250 m. wysokości, miejscowość szląska leży może koło 400 m.

Łąka Podgórska, Wola Duchacka, Borek Falęcki, las Krzyszkowicki. — Puszcza Niepołomska.

Szląsk: Ligotka (zbiérał p. Heczko).

7. A. Dzieduszyckii L. Koch.

L. Koch, *Beitr. z. Kenntn. d. Arachn.-Faun. Galiz. 50.*

1870. *Attus Dzieduszyckii.* L. Koch, *Beiträge* 9, 50.

„ „ „ Nowicki, Zapiski (17), (19).

1871. „ *Wagae.* Sim., *Révision des Attidae européens* 148 (24).

1871. *Attus Dzieduszyckii.* L. Koch, Dodatki do fauny paj. Gal. 214.

1874. *Attus Dzieduszyckii.* Nowicki, Dodatek (11).

1876. „ „ Kulczyński, Dodatek (65).

1881. „ *Wagae.* „ Wykaz (312).

1882. „ „ „ *Spinnen* 33.

Gatunek właściwy Europie wschodniéj, znany z Krymu, okolic Kijowa, Galicyi, Tatr węgierskich podług Hermana; najdaléj na zachód posuwa się po Łużyce.

Żyje na miejscach piaszczystych, słabo porosłych roślinami. Rzadki. Z krakowskiego mam samce dorosłe z Czerwca, samice z Czerwca i następnych miesięcy aż do początku Października. We Lwowie zbiérał Prof. Kotula już w końcu Kwietnia samce i samice dorosłe.

Właściwy okolicom niższym (200—360 m. w krakowskiém, w Galicyi wschodniéj może nieco wyżéj się posuwa).

Lipowiecka góra, Kępa za Zwierzyńcem, Olsza, wały fortyfikacyjne Krakowa (Kulcz. 76), Borek Falęcki, Kobierzyn. — Biecz (Now. 74). — Janów (Now. 70), Lwów: Zamkowa góra (Kulcz. 76). — Trembowla.

Ojców w Królestwie polskiém. — Búkowina (Now. 70).

8. A. distinguendus Sim.?

Sim., *Monogr. d. Attid.* 74 i *Révis.* 37; zresztą patrz niżéj.

1881. *Attus sp.?* KULCZYŃSKI, Wykaz (315).

1882. „ „ „ *Spinnen* 32.

Oznaczenia tego gatunku nie jestem pewny, dla tego podaję niżej opis jego dokładny.

Rozsiedlenie podobne jak gatunku poprzedniego; znany jest mianowicie *A. distinguendus* ze Sarepty, Półtawy, Kijowa i Łużyc.

Gatunek ten zbiérałem sam raz tylko na brzegu potoku górskiego; miejscowości, z których okazy posiadam, leżą w wysokości 250—400 m.

Dorosłe samce zbiérane w Lipcu, samice w Lipcu i Wrześniu.

Bielany.—Sącz.—Jeden z moich okazów pochodzi prawdopodobnie z Tatr (podany w Kulcz. 81), ale, że rzecz nie jest zupełnie pewna, więc miejscowości téj nie podaję.

Karpaty szląskie: Wisła (Kulcz. 81).

9. A. saltator Sim.

SIM, *Monogr. d. Attid.* 145; THOR., *Rem. on Syn.* 422; SIM., *Ar. d. Fr* III, 115.

1881. *Attus sultator.* KULCZYŃSKI, Wykaz (312).

1882. „ „ „ *Spinnen* 33.

Galicyja jest w obszarze rozsiedlenia tego gatunku krajem najwięcéj ku wschodowi posuniętym (podług BECKERA, *Arachn. de Belgique*, także Węgry); odkryty w Anglii, znaleziony późniéj został we Francyi (aż po morze śródziemne) i w Niemczech (prow. nadreńska, Westfalija, Bawaryja, Szlązk).

A. saltator jest zwiérzęciem właściwém miejscom piaszczystym, prawie nagim lub mało porośniętym. Okazy dorosłe od Czerwca do Września, niektóre już w Kwietniu.

W okolicach niskich (190—250 m.) miejscami liczny.

Krzemionki, Borek Falęcki. — Kłaj. — Dobczyce. — Przemyśl.

Phlegra Sim.
1. Ph. fasciata (Hahn).

C. L. Koch, *Arachn.* XIV, 4, f. 1274 „*Euophrys aprica*"; Westr., *Aran. suec.* 566; Thor., *Rem. on Syn.* 384; Sim., *Ar. d. Fr.* III, 123.

1870. *Attus fasciatus.* Nowicki, Zapiski (17) i L. Koch, *Beitr.* 9.
1876. *Aelurops fasciatus.* Kulczyński, Dodatek (65).
1881. *Phlegra fasciata.* „ Wykaz (312).
1882. „ „ „ *Spinnen* 33.

Znany z Europy od Szwecyi (po 60° płn. szér.) i południowéj Anglii po Pireneje i Włochy, ku wschodowi po Królestwo polskie, Galicyję (podany przez Beckera ogólnie także z Rosyi), w Węgrzech nie znaleziony; być jednak może, że znacznie daléj jest rozszérzony, gdyż w Palestynie znalazł Cambridge okazy może do tego gatunku należące, a może nawet *Attus leopardus* Hentza ze Stanów zjednoczonych jest, jak przypuszcza Dr. Bertkau, tym samym gatunkiem.

Rzadki; najczęściéj zbiérany na kamienistych świetlistych stokach pagórków zarosłych krzakami lub tylko ziołami, rzadko na brzegach lasów i na murach. Dorosłe okazy w różnych zbiérane porach, od Kwietnia do Września.

Wysokość: 200—350 m.

Chełmek, Bielany, Sikornik, Rybaki, Krzemionki (Kulcz. 76), las Krzyszkowicki. — Kłaj. — Nowa wieś, Dobczyce, Czerwona góra nad Droginią. — Korczyna (Now. 70). — Przemyśl.

Ictidops Fickert.
1. I. V-insignitus (Clerck).

C. L. Koch, *Arachn.* XIV, 27, f. 1296 (♂, *non* ♀); „*Euophrys quinquepartita*"; Westr., *Ar. suec.* 559; Thor., *Rem. on Syn.* 377; Sim., *Ar. d. Fr.* III, 136.

1872. *Attus quinqueinsignitus.* Kulczyński. Przyczynek (3.).
1874. *Yllenus V-insignitus.* Nowicki, Dodatek (11).
1876.   „   „   Kulcz., Dodatek (65).
1881. *Aelurops V-insignita.*   „   Wykaz (313), (315).
1882.   „   „   „   *Spinnen* 32.

Obszar rozsiedlenia tego gatunku jest rozległy, rozciąga się bowiem od Anglii południowéj, Norwegii (63°), Szwecyi (60° pn. szér.), Finlandyi, po brzegi morza śródziemnego południowe (Algier) i wschodnie (Syryja); zajmuje téż prawdopodobnie całą Rosyję południową, z Krymu podał ten gatunek Prof. Thorell, a z kraju zakaukazkiego mam okazy zebrane przez p. A. Ulanowskiego.

Dość rzadki gatunek, chociaż różne miejsca zamieszkuje, zawsze dobrze oświetlone, górzyste lub płaskie, porosłe tylko ziołami, albo także krzewami. Dorosłe okazy w Maju i późniéj.

Wysok.: od 190 m. do 1000, w Galicyi jednak dotąd tylko do 400 m.

Czerna, Bolechowice, Panieńskie skały (Kulcz. 72), Krzemionki, Borek Falęcki (Kulcz. 76).— Niepołomice (Kulcz. 72), Kłaj, puszcza Niepołomska (Now. 74). — Przemyśl. — Lwów (Kulcz. 76).

Szląsk: (podług Kulcz. 81) Godula, Ropica, Ropicznik, pod szczytem Baraniéj.

2. I. festivus (C. L. Koch).

C. L. Koch, *Arachn.* XIV, 1, f. 1272—3 „*Euophrys striata*“; Sim., *Ar. d. Fr.* III, 137.
1872. *Euophrys striata.* Jáchno, Przyczynek (6).
1874. *Yllenus festivus.* Nowicki, Dodatek (11).
1876.   „   „   Kulczyński, Dodatek (65).
1881. *Aelurops festiva.* Kulcz., Wykaz (312).
1882.   „   „   „   *Spinnen* 33.

Gatunek wschodni, nie dochodzi do Anglii ani do Skandynawii, bardzo rzadki we Francyi, znany zresztą ze Szwajcaryi, południowego Tyrolu, północnych Włoch, Bawaryi,

Salcburga, Szląska, Królestwa polskiego, Galicyi, Węgier, Ukrainy.

Po suchych, świetlistych zboczach kamienistych pagórków pospolity, rzadszy na miejscach piaszczystych. Lasów i gęstych zarośli unika. Dorosłe okazy od Marca do Września. Wysok.: od 190 m. przynajmniej do 350.

Lipowiecka góra, Zabierzów (Jachno, Kulcz. 76), Bielany (Kulcz. 76), Krzemionki, Borek Falęcki. — Wola Batorska, Kłaj.—Bieńkowice, Dobczyce.—Przemyśl.—Lwów: Zamkowa góra (Kulcz. 76).

Ojców i Jerzmanowice w Królestwie polskiém.—Bukowina: Zuczka (Now. 74).

Yllenus Sim.
1. Y. arenarius Sim.

SIM., *Ar. de Fr.* III, 129; MENGE, *Preuss. Spinn.*, 472, t. 265 „*Marpesia arenicola.*"
1876. *Yllenus arenarius.* KULCZYŃSKI, Dodatek (65).
1881. „   „   „   Wykaz. (312).
1882. „   „   „   *Spinnen* 33.

We wschodniéj Europie miejscami nie rzadki, znaleziony w okolicach Gdańska [1]), w Królestwie polskiém, Galicyi, Siedmiogrodzie, Rosyi południowéj aż po Wołgę (Sarepta); w zachodniéj Europie w jedném tylko miejscu we Francyi znaleziony (*Pyrenées-orientales*).

Na jałowych rozległych piaskach, mało co zarosłych, lub prawie nagich. Dorosłe w końcu Kwietnia i w Maju, samce jeszcze także we Wrześniu.

Wysok.: około 250 m. koło Krakowa, zapewne wyżéj w okolicach Lwowa.

Borek Falęcki (Kulcz. 76).—Lwów (Kulcz. 76).

---

[1]) *Marpesia arenicola* Menge (*Preuss. Spinn.*) = *Yllenus arenarius* Sim.

Euophrys (C. L. Koch).
1. Eu. erratica (Walck.).

C. L. Koch, *Arachn.* XIV, 6, f. 1275—77 „*Euophrys tigrina*"; Westr., *Aran. suec.* 580 „*Attus tigrinus*"; Sim., *Ar. d. Fr.* III, 174.

1874. *Attus erraticus.* Nowicki, Dodatek. (11).
1876   „   „   Kulczyński, Dodatek. (65).
1881. *Euophrys erratica.* Kulcz., Wykaz. (313), (315).
1882.   „   „   „   *Spinnen.* 32.

Eu. erratica zamieszkuje Europę od Lapponii przynajmniéj po Korsykę, północne Włochy, południowe Węgry i Krym.

Nie rzadki w różnych miejscach, ale nigdy w wielkiéj ilości okazów; w lasach, ogrodach, pod korą pni, w zaroślach, na suchych stokach, w górach także ponad górną granicą lasów w suchych, kamienistych miejscach (na wapieniach). Dorosle okazy w Maju i Czerwcu.

Wysok.: od 190 m. do 1800. Żyje na halach także w Alpach tyrolskich, szwajcarskich, tu do 2174 m.

Tenczynek, Balice, Zabierzów, Szczyglice (Kulcz 76), Rząska (Kulcz. 76), Panieńskie skały, Zwierzyniec, (Kulcz. 76), Czarna wieś (Kulcz. 76), Wola Duchacka (Now. 74), las Krzyszkowicki (Kulcz. 76).—Wola Batorska, Niepołomice. — Bieńkowice, Nowa wieś, Zakliczyn, Stojowice, Droginia, Kornatka. — Tatry: Chocz od północy, dolina Kościeliska pod Kominami (Kulcz. 81), Mała Świnnica (Kulcz. 81), Goły Wierch-Tokareńka (regle), Stirnberg od południa (hale). — Czorsztyn. — Przemyśl. — Radycz. — Ustrzyki dolne - Starzawa.—Kołomyja (Now. 74).

Szląsk: (podług Kulcz. 81) Godula, Kiczera, Ropica-Ropicznik, Czantoryja. — Bukowina (Now. 74). — Wołyń: Humienniki.

2. Eu. frontalis (Walck.).

C. L. Koch, *Arachn.* XIV, 44, f. 1304—5; Westr., *Aran. suec.* 587 „*Attus frontalis*" (♂, non ♀) et 591 „*Attus striolatus*"; Blackw., *Spid. Gr. Brit.* 52, f. 27; Thor., *Rem. on. Syn.* 404; Sim., *Av. de Fr.* III, 183.

1872. *Attus frontalis.* Kulczyński, Przyczynek. (3).

1874. *Euophrys frontalis.* Nowicki, Dodatek. (11).

1876. „ „ Kulczyński, Dodatek. (64).

1881. „ „ „ Wykaz. (313), (315).

1882. „ „ „ *Spinnen.* 33.

Ojczyzną tego gatunku jest Europa z W. Brytaniją, prawdopodobnie z wyjątkiem części północnych i najwięcéj ku południowi wysuniętych, od Szwecyi (58° pn. szér.) po Francyję południową, północne i środkowe Włochy, Dalmacyję, południowe Węgry, Krym(?).

Pospolity, przebywa w różnych miejscach, w bezleśnych, w zaroślach, a nawet głęboko w lasach, we mchu i pod kamieniami. Dorosłe samce najczęstsze w Maju, rzadsze w Czerwcu i Lipcu, samice od drugiéj połowy Kwietnia do Grudnia.

Od równin (190 m.) do krainy regli; w Tatrach jeszcze powyżéj 1100 m. W Tyrolu dochodzi do wysokości 5000′, w Szwajcaryi do 900 m.

Chełmek, Alwernia, Paczołtowice, Czerna, Czatkowice, Mników, Kobylany, Zabierzów, Rząska (Now. 74!), Bielany (Kulcz. 76), Panieńskie skały (Kulcz. 72), Wola Justowska, Sikornik (Kulcz. 76), Kępa (Kulcz. 76), Czarna wieś (Kulcz. 76), Dąbie, Rybaki, Krzemionki, Borek Falęcki (Kulcz. 76), Libiertów, las Krzyszkowicki.—Niepołomice, Wola Batorska, Kłaj, puszcza Niepołomska. — Mogilany (Now. 74!), Bieńkowice, Czechówka, Nowa wieś, Raciborsko, Dobczyce, Droginia. — Turoń - Leskowiec. — Kotoń.—Zawoja (Kulcz. 81) — Tatry: Chocz od wschodu między wys. 1100 m. a górną granicą regli, las na Skibówce, Strążyska (Kulcz. 81), nad Młyniczną (Kulcz. 81), Zakopane - Poronin. — Krościen-

ko. — Słotwiny. — Głuchów. — Przemyśl, las Lipowicki i i.—
Czartowska skała pod Lwowem.

Szląsk: Ligotka, Godula (Kulcz. 81). — Wołyń: Humienniki.

3. Eu. petrensis (C. L. Koch).

C. L. KOCH, *Arachn.* XIV, 49, f. 1307 „*Attus petrensis*";
WESTR., *Aran. suec.* 555 „*Attus petrensis*"; THOR., *Rem. on
Syn.* 374; SIM., *Ar. d. Fr.* III, 193.
1876. *Euophrys petrensis.* KULCZYŃSKI, Dodatek (64).

Od Szwecyi (60° pn. szér.) i południowéj Anglii rozszérzony po Francyję południową i północne Włochy; najdaléj ku wschodowi posunięte miejsca znajdowania się znane
w Galicyi.

Bardzo rzadki, po suchych świetlistych stokach.

W Tyrolu ma żyć jeszcze w halach, w Galicyi znaleziony w równinach w wysok. 230 m.

Koło skały Kmity (w Czerwcu 1 ♀ dorosła) (Kulcz. 76).—
Z Przemyśla 1 okaz trochę wątpliwy (młody samiec).

Z gór mylnie podany.

4. Eu. monticola n.

1881. *Euophrys petrensis.* KULCZYŃSKI, Wykaz. (313), (315),
     ad part.
1882. *Euophrys petrensis.* KULCZYŃSKI, *Spinnen,* 33, *ad part.*

Gatunek ten uważałem dotąd za odmianę poprzedniego.

Znaleziony dotąd tylko w krainie regli, kosodrzewu
i hal w Karpatach, w wysokości 1100—1800 m.

Zachodni szczyt Babiéj Góry (Żubróbławski Wierch)
(Kulcz. 81). — Regle między Rybiém i Roztoką (Kulcz 81),
Krywania regle i kosodrzew (Kulcz. 81).

5. Eu. aequipes (Cambr.).

CAMBR., *Descript. of some British Spid. new to science
(Trans. Linn. Soc. XXVII)* 399, f. 4 „*Salticus aequipes*"; SIM.,
Révis. d. Att. 75 „*Attus aequipes*"; SIM., *Ar. d. Fr.* III, 195.

1881. *Euophrys petrensis.* KULCZYŃSKI, Wykaz (313), (315) *ad part.*

Gatunek z niewielu dotąd miejsc znany w Szkocyi, Anglii, Belgii, Francyi na północ od 47° pn. szér., Niemczech zachodnich i Tyrolu. Miejscowości galicyjskie rozszérzają znany obszar rozsiedlenia znacznie ku wschodowi.

Bardzo rzadki pod darniami Chrobotków *(Cladonia)* w lasach sosnowych, na wrzosowiskach i na suchych pastwiskach. Samca dorosłego znalazłem w końcu Maja, samicę w górach w Lipcu; w tym téż czasie jest ona dorosła i w okolicach niższych.

Wysok.: 190—930 m.

Borek Falęcki. — Puszcza Niepołomska. — Czarny las w Zakliczynie.— Tatry: Gronik w Kościeliskach (Kulcz. 81).

Neon Sim.
1. N. reticulatus (Blackw.).

BLACKW., *Spid. Gr. Brit.* 60, f. 33 „*Salticus reticulatus*"; WESTR., *Aran. suec.* 587 „*Attus frontalis*" (♀, non ♂); THOR., *Rem. on Synon.* 404 „*Euophrys reticulata*"; SIMON., *Ar. d. Fr.* III, 210.

1876. *Euophrys reticulata.* KULCZYŃSKI, Dodatek (64).

1881. *Neon reticulatus.* KULCZ., Wykaz (313), (316).

1882. „ „ „ *Spinnen* 33.

Obszar rozsiedlenia obejmuje Anglię ze Szkocyją i stały ląd Europy od 60° pn. szér. w Skandynawii po Francyję południową, Szwajcaryję i Tyrol południowy; Galicyja jest w nim krajem najdaléj na wschód wysuniętym.

N. reticulatus jest prawie tak pospolity jak *Euophrys frontalis*, często żyje w tych samych miejscach, ale zawsze trzyma się lasów i zarośli Dorosłe samice przez cały rok, samce w niższych okolicach w drugiéj połowie Kwietnia i w Maju, w górach w Lipcu.

Od równin (190 m.) posuwa się po regle w górach (do 1200 m.).

Regulice, Paczołtowice, Czerna, Kobylany, Zabierzów, Bielany (Kulcz. 76), Panieńskie skały (Kulcz. 76), Borek Falęcki, Libiertów, las Krzyszkowicki (Kulcz. 76). — Niepołomice, puszcza Niepołomska. — Jankówka, Bieńkowice, Sieraków, Nowa wieś, Dziekanowice, Zakliczyn, Stojowice, Droginia, Borzęta, Kornatka. — Kamienik. — Poremba wielka, dolina między Mostownicą a Turbaczykiem. -- Tatry: Chocz od wschodu, regle; dolina Kościeliska pod Kominami (Kulcz. 81), wejście do doliny Małéj Łąki, las na Skibówce, Strążyska (Kulcz. 81), Białe, Goły Wierch-Tokareńka, Żar-Suchy potok. — Krościenko, Pieniny: Sokolica i i. — Słotwiny. — Przemyśl: lasy wapowickie i i.

Szląsk: Ropica-Ropicznik (Kulcz. 81).

Ballus C. L. Koch.
1. B. depressus (Walck.).

C. L. KOCH; *Arachn.* XIII, 58, f. 1126 „*Marpissa brevipes*" et XIV, 50, f. 1308 „*Attus heterophthalmus*"; WESTR., *Aran. suec.* 552 „*Attus brevipes*"; THOR., *Rem. on Syn.* 370; SIM., *Ar. d. Fr.* III, 203.
1872. *Attus heterophthalmus.* KULCZYŃSKI, Przyczynek (3).
1874. *Ballus depressus.* NOWICKI, Dodatek (11).
1876.   „   „   KULCZ., Dodatek (64).
1881.   „   „   „   Wykaz (313), (316).
1882.   „   „   „   *Spinnen* 33.

B. depressus zamieszkuje Europę w całéj długości od Anglii po Sareptę, ale nie w całéj szérokości: ku pólnocy po 60° pn. szér. w Norwegii, 58° w Szwecyi i po zatokę Fińską, ku południowi po Francyję południową, Sycyliję, Czarnogórę, południowe Węgry i Krym.

Pospolity, ale tylko w lasach i zaroślach. Dorosłe okazy od Kwietnia, samce do Lipca, samice do Września.

Od równin (190 m.) do 550 m.; w Tyrolu do 3300′, w Szwajcaryi do 400 m.

Wola Filipowska, Czerna, Mników, Balice, Kobylany, Zabierzów, Rząska, Bielany (Kulcz. 76), Chełm - Olszanica, Panieńskie skały (Kulcz. 72 i 76, Now. 74), Sikornik (Kulcz. 76), Kępa, Podgórze, Borek Falęcki, las Krzyszkowicki (Kulcz. 76). — Puszcza Niepołomska. — Wieliczka, Pawlikowice, Jankówka, Bieńkowice, Nowa wieś, Zakliczyn. — Zawoja (Kulcz. 81). — Przemyśl. — Nahaczów. — Lwów (Kulcz. 76): Czartowska skała i i.

Szląsk: Tuł (Kulcz. 81), Ligotka. — Bukowina: Zuczka (Now. 74).

2. B. aenescens (Sim.).

WESTR., *Aran. suec.* 590 „*Attus heterophthalmus*"; SIMON, *Monogr. d. Attid.* 162 „*Attus aenescens*"; THOR., *Rem. on Syn.* 405; SIM., *Ar. d. Fr.* III, 206.

1876. *Ballus aenescens.* KULCZYŃSKI, Dodatek (64).

„   „   „   SIMON, *Les Arachn. d. France* III, 206.
1881. „   „   KULCZ., Wykaz (313).
1882. „   „   „   *Spinnen* 33.

Obszar rozsiedlenia mniejszy niż poprzedniego; *B. aenescens* znany jest z Norwegii po 60°, ze Szwecyi po 58° pn. szér., Francyi, Niemiec północnych i południowych, północnego Tyrolu, Królestwa polskiego i Galicyi.

Bardzo rzadki; po brzegach lasów lub zarośli, na krzakach albo pomiędzy ziołami na ziemi. Dorosłe okazy od Kwietnia, samice do Grudnia, samce do Września.

Wysok.: od 190 do 400 m.

Paczołtowice, koło skały Kmity (Kulcz. 76), Bielany, Sikornik, Wola Duchacka, Borek Falęcki. — Kłaj. — Bieńkowice, Sieraków, Czechówka, Nowa wieś, Czerwona góra nad Droginią. — Przemyśl.

Z Galicyi podany także przez SIMONA *(l. c.)*.

~~~~~~~~

W „Spisie pająków" Wajgla (1868) str. 154 znajduje się jeszcze gatunek:

Euophrys nimbata L. Koch ze Stanisławowa, może ten sam, co

Attus limbatus Walck. w „Pajęczakach galicyjskich" str. 30 również ze Stanisławowa.

Ile mi wiadomo, nie opisał Dr. Ł. KOCH pod powyż-szém nazwiskiem żadnego gatunku; opis zaś gatunku *Attus limbatus* u WALCKENAERA jest odpisany z HAHNA *Monographie d. Arachn.; Attus limbatus* Hahn pomieścił SIMON pomiędzy synonimami gatunku *Hasarius arcuatus*, Prof. THO-RELL zaś pomiędzy synonimami gat. *Has. falcatus*. W ka-żdym razie, czy obydwa powyższe podania są identyczne, czy nie, są one bez wartości.

Opisy gatunków nowych lub mało znanych i uwagi.

Synageles confusus n.

Femina abdomine cute molli tecto, antice flavo-fusco, postice fusco, ornato supra paullo ante medium linea transversa alba albo-pilosa et paullo pone eam lineis transversis brevioribus fusco flavis duabus, posteriore albo-pilosa, tibiis I subtus aculeis 2.2 armatis, metatarsis II nigro-lineatis, lamina vulvae postice leviter arcuata, medio incisa; cephal. 1·5 *longo*.

Syn.: 1846. *Salticus hilarulus*, var. C. L. KOCH, *Die Arachnid.* XIII, pag. 31, tab. CCCCXXXVIII, fig. 1100.

Cephalothorax duplo longior quam latus, fronte levissime rotundata, a margine antico usque ad $^2/_5$ longitudinis paullo dilatatus, deinde lateribus usque ad $^4/_5$ longitudinis parallelis, in $^1/_5$ postrema subito et sinuato fere angustatus, postice truncatus, angulis rotundatis, margine postico aeque fere lato atque spatium, quo oculi seriei 3-ae inter se distant. Dorsum ante marginem posticum sublibratum, deinde usque fere ad $^1/_4$ longitudinis (a margine postico) celeriter adscendens, supra usque ad oculorum seriem 2-am perparum arcuatum, quadrangulus oculorum a dorsi parte posteriore impressione levi seiunctus, spatium oculis seriei 2-ae et anticis interiectum proclive et arcuatum. *Oculorum* anticorum margines superiores lineam fere rectam designant, mediorum diameter circiter $2^1/_2$ longior quam lateralium; oculi antici omnes inter se proximi, laterales a mediis spatio paullo maiore quam hi inter se distantes. Clypeus humilis, vix $^1/_4$ diametri oculi medii aequans. Quadrangulus oculorum reliqua cephalothoracis parte $^1/_4$ longior, $^1/_8$ longior quam latus, oculi seriei 2-ae spatio $1^1/_2$ longiore a posticis quam a lateralibus anticis disiuncti. *Mandibulae* diametro oculi medii antici paullo longiores, paullo reclinatae; *labium* non longius quam latum. Coxae I labii latitudine inter se distant, itaque *maxillarum* basim totam occultant. *Palporum* pars tibialis basi aeque lata atque patellaris, apicem versus sensim dilatata, tarsalis basi aeque lata atque tibialis apice, cum ea clavam efformans elongato-ellipticam, quum desuper aspiciatur. *Sternum* quam coxae II insigniter latius. *Pedes* I caeteris insigniter crassiores, femoribus supra aequaliter et fortiter arcuatis, paullo compressis, tibiis patellas longitudine aequantibus, tarsis cum metatarsis quam tibiae circiter $^1/_3$ longioribus. In tibia et in metatarso I subtus aculei quaterni adsunt per paria dispositi, tibia II subtus paullo pone basim aculeo 1, metatarsus in latere antico aculeo 1 ante medium, paullo pone eum (etiam ante medium) subtus altero longissimo,

apicem metatarsi attingente, in apice ipso antice aculeo tertio
armatus. Femora saltem I et II supra etiam aculeata, aculei
tamen tenues difficile a pilis distinguuntur. Ceterum pedes
inermes videntur. *Abdomen* paullo ante mamillas latissimum,
lateribus anteriora versus paullo inter se appropinquantibus,
antice subito attenuatum, postice rotundatum; dorso antice
valde proclivi fere ad perpendiculum directo. Lamina *vulvae*
humefacta (fig. 1) fere semicircularis videtur, totum fere spatium
operculis pulmonalibus interiectum occupat, corneo-flavescens
est margine postico fusco, leviter arcuato, medio instar trianguli parvi subeaquilateri exciso, ornata arcubus fuscis oppo-
sitis duobus inter se paullo magis quam a margine postico
laminae remotis, subsemicircularibus, quorum partes anteriores
paullo exteriora versus directae et tenues sunt, posteriores
vero, exteriora versus directae, in maculam nigricantem
diffunduntur. Lamina desiccata incisuram posticam optime
ostendit, ceterum subplana videtur, linea tantum media longitudinali paullulum elevata ornatur, cui utrimque adiacet
fovea indefinita perparum profunda.

Cephalothorax supra fusco-rufescens, quadrangulo oculorum fusco, marginibus praesertim in parte posteriore infuscatis. Mandibulae fuscae, dimidio apicali pallidiore. Sternum cum labio et maxillis fuscum, maxillarum margines
interiores flavidi; palpi flavidi; coxae pedum flavidae; pedum
anticorum femora patellae tibiae metatarsi flavo-rufescentia,
tarsi flavi, patellae tibiae metatarsi antice linea nigra ornata,
lata in tibiis, angusta in patellis et metatarsis; pedes II
eodem colore picti atque antici, patellae tamen pallidae sunt,
tibiae et metatarsi ornantur etiam in latere postico linea fusca,
angusta in tibiis, lata in metatarsis; pedum III femur rufo-
flavum, ceterae partes flavidae, femur cum patella tibia metat-
tarso in latere antico ornatum linea nigra angusta, evanescenti in femoris dimidio basali; pedum IV trochanter apice
postice infuscato, femur flavo-rufum, ornatum in latere antico

in apice ipso linea nigra, in postico secundum totam longitudinem linea obscuriore, quae parum distincta est, in apice
femoris tantum distincta et nigra, patella pallida, tibiae et
metatarsi color idem fere atque femoris, tarsus pallidus, partes tres ultimae et patellae apex ornata in latere postico linea
obscura, lata atque nigerrima in tibia, angusta et pallidiore
in metatarso, tenuissima in tarso. Abdomen paullulum ante
medium linea alba, supra recta, in lateribus recurva et dilatata ornatum; dorsi pars anterior flavo-fusca, posteriora versus paullo infuscata, pars posterior cum abdominis lateribus
fusca, fasciis angustis transversis fusco-flavis ornata, quarum
anterior, quam linea alba paullo latior et ab ea spatio quam
linea ipsa angustiore seiuncta, ex arcubus duobus constat
supra in medio inter se coniunctis, in abdominis lateribus
autem cum linea alba confusis; fascia posterior aeque fere
lata atque anterior, brevior, supra subrecta, in dorsi lateribus
anteriora versus flexa et cum anteriore coniuncta, itaque cum
ea includens maculam fuscam transversam angustam, in medio
antice in angulum acutum productam. Abdominis latera ante
lineam albam flavo-fusca; opercula pulmonalia fusca, venter
antice fusco-flavidus, posteriora versus magis magisque infuscatus. Mamillae pallidae.

Corpus pube tectum ad maximam partem pallida, non
densa, ornatumque lineis et maculis e squamulis albis efformatis: quadrangulus oculcrum postice linea alba cinctus,
abdomen macula antica subtriangulari et lineis transversis
duabus ornatum, quarum anterior, in linea abdominis antica
sita, in lateribus sensim angustior fit, posterior fasciam
fusco-luteam posteriorem exceptis apicibus procurvis tegit, in
abdominis latera non prolongatur.

Cephalothorax 1·5 mm. longus, 0·8 latus, tibia cum
patella I 0·9, patella IV 0·45, tibia 0·75, metatarsus 0·6,
tarsus 0·3, abdomen 2·4 longum, 1·3 latum.

Patria: Bavaria, Galicia.

A *Syn. hilarulo* (C. L. Koch), quo maior est, differt colore, praesertim autem forma vulvae, quae in *S. hilarulo* marginem posticum medio in processum sat magnum subtriangularem, apice rotundato, productum habet. *S. hilarulus* thoracem habet capite non pallidiorem, abdomen supra subtusque nigrum, linea alba una ante medium sita ornatum, pedes uberius nigro lineatos. A *S. venatore* (Luc.) Sim. differt *S. confusus* pictura abdominis, palporum, pedum (conf. descriptionem in: *Les Arachnides de France* t. III, p. 16). *Salticus hilarulus* C. L. KOCHII eadem mihi species videtur atque *Synageles ludibundus* SIMONII et *Salticus hilarulus* MENGEI. In illo enim abdomen nigrum esse dicitur, paullulum tantum ante et pone lineam albam transversam rubicundum, *Syn. venator* abdomen habet antice fusco-rubrum, postice nigrum metatarsi pedum paris 2-i secundum fig. 1101 in „*Die Arachniden*" saltem ad partem nigri sunt, in *venatore* albo-flavidi describuntur. Vulva in *venatore* secundum figuram a Cel. BECKERIO in *Les Arachnides de Belgique* datam similis esse videtur atque in *confuso*, saltem processu postico caret.

Synageles hilarulus (C. L. Koch).

Jak z uwagi powyższéj wynika, uważam ten gatunek za odmienny od *Syn. venator* (Luc.), z którym go SIMON łączy. Jeżeli się w tém nie mylę, a *Syn. ludibundus* Sim. jest rzeczywiście = *Syn. hilarulus* (C. L. Koch), to mielibyśmy w Europie cztery gatunki tego rodzaju, mianowicie:

1. *S. venator* (Luc.) 1833.

Syn.: *1833. Salticus venator.* LUCAS, *Magas. d. Zoolog.*
    1869.   „   „   SIMON, *Monogr. d. Attid.*, p. 711.
    1876. *Synageles venator.*   „ *Arachn. d. France*, III p. 16.
    1882.   „   „   BECKER, *Arachn. d. Belgique*,
        p. 11, t. 1, f. 5.

2. *S. hilarulus* (C. L. Koch) 1846.

Syn.: 1846. *Salticus hilarulus.* C. L. KOCH, *Die Arachn.* XIII.
        p. 31., fig. 1101, (*non* 1102).

*1875. *Leptorchestes ludibundus.* SIMON (*Bull. Soc. Ent. de France?*).

1876. *Synageles ludibundus.* SIMON, *Les Arachn. d. France*, III, p. 15.

1877. *Salticus hilarulus.* MENGE, *Preuss. Spinn.* p. 460, tab. 259.

3. *S. confusus* Kulcz. 1884.

Syn.: † 1846. *Salticus hilarulus*, var. C. L. KOCH, l. c. fig. 1102.

4. *S. dalmatensis* (Keyserl.) 1863.

Syn.: 1863. *Salticus dalmatensis.* KEYSERLING, *Beschreib. neuer Spinnen* (*Verhandl. Zool.-botan. Gesellsch.* XIII), p. 371, f. 17—19.

1869. *Salticus todillus.* SIMON, *Monogr.* p. 712.

1876. *Synageles* „ ID., *Arachn. d. Fr.*, III, p. 17.

1878. „ *dalmatensis.* ID., *Liste... collect.... Keyserling.* (*Annal. Soc. Entom. de France*, 1878), p. 202.

Epiblemum.

Samice trzech krajowych gatunków łatwo można odróżnić podług następujących cech (porówn. SIMONA, *Les Arachn. de France*, III, str. 64):

1. Foveae ante rimam genitalem sitae margines omnes acuti (fig. 2) . . . . *E. cingulatum.*

— — — — — — saltem postici valde obtusi; fovea ipsa igitur postice parum profunda, fere evanescens: . . 2

2. Foveae margo anticus acutus (fig. 3) . . . . . *E. scenicum.*

— — totus obtusus (fig. 4). . . . . *E. tenerum.*

Heliophanus.

Oznaczając galicyjskie gatunki tego rodzaju podług analitycznych tablic SIMONA w *Arachn. de France*, nadaremnie usiłowałem dopatrzeć się różnic, jakie podług tego autora zachodzić mają w długości i grubości piszczeli nóg przednich pomiędzy samcami niektórych gatunków, tudzież w za-

ciśnięciach na tułogłowiu pomiędzy samicami Przypuszczam,
że na tych tablicach się opiérając nie podobna uniknąć
pomyłek; sam oznaczyłem okaz gatunku *Hel. dubius* z Babiéj
Góry mylnie na *Hel. cupreus.* Jeżeli nasz *Hel. flavipes* nie
jest = *Hel flavipes* Sim., to także ze względu na ten gatunek
wymagają wspomnione tablice uzupełnienia.

Dorosłe okazy naszych sześciu gatunków można odróżnić według niżéj zestawionych cech; oznaczanie młodych
okazów wydaje mi się rzeczą bardzo trudną, a w niektórych
przypadkach nawet niemożebną.

Mares.

1. Apophysis partis femoralis palporum simplex 2
   — bifida 5
2. Bulbus genitalis apice rotundato, in lateribus non incisus. Pars tibialis palporum ornata processibus duobus,
   quorum superior S-formis, exteriora versus directus.

   H. cupreus.

   — — in latere exteriore ante apicem profunde impressus et emarginatus 3
3. Palporum pars tibialis processibus duobus ornata, bulbi
   stylus longus 4

   — — — processum unum (fig. 5) habet, apicem versus paullo dilatatum, apice oblique truncato, angulo eius
   inferiore subacuto, superiore elongato in uncum brevem
   deflexum; bulbus genitalis ornatus stylo brevi; laminae
   pars apicalis bulbo non tecta eo saltem 6-plo brevior.

   H. patagiatus.
4. Apophysis femoralis aequaliter arcuata. Processus superior partis tibialis a bulbi lamina remotus (fig. 6).

   H. aeneus.

   — — apice fortiter inflexo. Processus superior partis
   tibialis basi laminae proximus et ei parallelus (fig. 7).

   H. dubius.

5. Bulbus genitalis (fig. 8) irregulariter trapezoideus, latere exteriore paullo pone medium in sinum profundum exciso, e quo sinu exit sulcus oblique intus et posteriora versus directus; bulbus igitur a parte interiore aspectus medio plus minusve profunde impressus videtur. *H. auratus.*

— — (fig. 9a) e parte basali fere transverse semilunari convexa et ex apicali multo angustiore compositus; stylus angulo apicali interiori partis apicalis impositus. Bulbus a parte interiore aspectus aequaliter convexus (basi excepta), medio non impressus videtur (fig. 9b). Pars tibialis ornata processibus duobus, eorum forma fere eadem atque in praecedente . . . *H. flavipes?*

Feminae.

1. Lamina vulvae ornata fovea profunda, latitudine sua longiore, subtrapezoidea, antice rotundata, posteriora versus plus minusve dilatata (fig. 10), saepissime repleta materia rufa, itaque indistincta. Palporum pars femoralis flavida; pedes antici plerumque nigro lineati. Rarissime palporum partes omnes apicibus exceptis nigrae. *H. cupreus.*

— — — — transversa 2

2. Fovea profunda, margine antico acuto; postico tenui, medio non incrassato, carina media nulla (fig. 11); palpi toti pallidi . . . . *H. flavipes?*

— sat profunda, margine antico obtuso, postico medio incrassato, carina media nulla (fig. 12); palporum pars femoralis nigra. . . . . *H. auratus.*

— aut carina media ornata aut perparum profunda . 3

3. Foveae dimidium anterius repletum lamina elevata transversa semilunari, dimidium posterius divisum carina media aeque fere longa ac lata, cum lamina ea coniuncta, ab ea sulco tantum transverso distincta (fig. 13); palporum pars femoralis nigra, cephalothoracis latera rufa. . . . . *H. patagiatus.*

E foveae margine postico exit carina media lata, quae in foveae dimidio anteriore adeo dilatatur, ut totam eius latitudinem occupet; foveae margo anticus indistinctus. Lamina vulvae foveis duabus irregulariter rotundatis, carina lata disiunctis, margini postico laminae proximis ornata etiam dici possit (fig. 14). Palpi pallidi, cephalothorax niger. . . . . *H. dubius.* Fovea perparum profunda, marginibus antico et lateralibus rotundatis distinctis, marginibus posticis prope medium anteriora versus inflexis et sensim in foveae fundo evanescentibus (fig. 15). Palporum pars femoralis nigra, cephalothorax niger. . . . . *H. aeneus.*

Okazy samic *Hel. cupreus* bez istoty czerwonéj wypełniającéj opisany dołek części rozrodczych są rzadkie. Dołek sam zawsze ma kształt taki, jak go przedstawia fig. 10, miewa tylko boki mniéj lub więcéj ku tyłowi rozbieżne. Okazu z całkiem inaczéj ukształconemi częściami rodnemi, o jakich wspomina Prof. THORELL w *Remarks on Synon.* str. 402, nie widziałem nigdy, i przypuszczałbym raczéj, że okazy, o których mówi Prof. THORELL, należały do innego gatunku, może do *H. dubius*?

Hel. flavipes i varians.

Galicyjski *Hel. flavipes* jest prawdopodobnie odmienny od gatunku żyjącego we Francyi i w Belgii i nazwanego przez SIMONA *Hel. flavipes* Hahn. Części rodne samicy są u niego zupełnie odmienne niż u owego zachodniego gatunku podług opisu SIMONA i rysunku BECKERA w *Arachn. de Belgique.* Widziałem okaz galicyjski oznaczony przez Dra L. KOCHA jako *Hel. flavipes* i podług niego oznaczyłem moje okazy. Trudno powiedzieć, czy *H. flavipes* niemiecki równa się naszemu czy francuskiemu, skoro jednak Dr. L. KOCH, któremu niemiecki gatunek był znany, galicyjskiego od niego nie odróżnił, więc przypuszczam, że u nas żyje rzetelny *H. fla-*

vipes HAHNA, a we Francyi zastąpiony jest gatunkiem innym.
Byćby mogło, że nasz *flavipes* opisany został przez SIMONA
pod nazwą *Hel. varians* jako gatunek pospolity w Polsce.
W takim razie mielibyśmy w Galicyi znanych gatunków
Attidów tylko 45.

Marptusa.

Przyjęte przez SIMONA jako cecha tego rodzaju ustawienie przednich bioder tak blisko siebie, że się prawie sty-
kają, właściwe jest tylko okazom dorosłym, albo przynajmniéj dobrze już podrosłym. U młodych biodra te są więcéj
od siebie oddalone, niekiedy — u całkiem młodych — o całą
szérokość wargi. Rzecz ta utrudnić może oznaczenie młodych
okazów, a zarazem budzi pewne wątpliwości co do wartości
owéj cechy rodzajowéj.

Dendryphantes.

Dendryphantes hastatus i *bombycius* Sim. są z pewnością jednym gatunkiem. Różnica pomiędzy niemi ma polegać :
1) na barwie włosów otaczających oczy przednie *(cils)* i pokrywających brzeg twarzy *(barbes)*, pierwsze mają być u *bombycius* żółte, drugie białe, u *hastatus* jedne i drugie biało
żółtawe, 2) na barwie włosów pokrywających brzuch, jasno
żółtych u *bombycius*, białych u *hastatus*. Według opisów ma
nadto *bombycius* nogi płowo-czerwone, żółto owłosione, tylne
często ze śladami brunatnych obrączek, *hastatus* brunatno-
czarne, z niewyraźnémi pierścieniami płowémi, biało włosiste.
Moje okazy mają barwę brzucha różną, od złocisto-
żółtéj do żółtawo-białéj, czysto białéj nie ma żaden; należałoby więc wszystkie zaliczyć do *D. bombycius*. Obwódki
jednak ócz i włosy na brzegu twarzy są u nich prawie
jednakowéj barwy, białawo-żółte, a jakkolwiek ostatnie
bywają zwykle bielsze od piérwszych, to przecież pomiędzy
takiémi okazami a innémi, u których żadnéj prawie nie ma ró-

żnicy w barwie tych włosów, granicy żadnéj zna'eźć nie jestem
w stanie. Barwa nóg u jednych okazów jasna, u drugich
ciemniejsza; ale to nie idzie bynajmniéj w parze z różną
barwą wymienionych włosów, owszem mój okaz z najbiel-
szym brzuchem ma nogi jasne, a włosy na nich znowu przeważnie białe.

W opisach SIMONA możnaby jeszcze dopatrzeć się różnic
w barwie kałduna, ale ta jest zmienna; przednia plama
czasem całkiem znika, plamy na tyle grzbietu złożone właściwie z kilku łuków równoległych, od wewnątrz wklęsłych,
to zlewających się z sobą w jednę plamę, to oddzielnych
i całych, to poprzerywanych, zbliżają się raz więcéj do opisanych dla *D. hastatus*, to znowu dla *D. bombycius*. Kształt
wreszcie części rozrodczych u samicy również nieco zmienny,
a zresztą z różnych stron różnie się przedstawia i jeszcze
rozmaiciéj może być pojęty i opisany, o czém najlepiéj prze-
kona porównanie opisów u SIMONA (*Arachn. d. Fr.*, str. 39)
i u THORELLA (*Rem. on Syn.*, str. 377).

Według *Arachn. d. Fr.* miałby *D. hastatus* być gatunkiem północnym, zamieszkującym Laponiję, Szwecyję, Prusy
wschodnie, Polskę, gdy tymczasem *D. bombycius* żyćby miał
w Niemczech, w Bawaryi, w Czechach, w górnych Włoszech;
ale sam SIMON mógł się przekonać, że w Bawaryi koło Mo-
nachijum żyje *D. hastatus* (*Liste des espèces... Attid... compos.
la collect. de M. le Comte E. Keyserling*).

Ze względu na to wszystko sądzę, że Prof. THORELL
słusznie zamieścił już w r. 1873 w *Rem. on Synon.* str. 375
pomiędzy synonimami gatunku *D. hastatus* (Clerck) nietylko
D. bombycius Sim. *Monogr.* t. j. *D. hastatus* Sim. *Révis. d.
Attid.* i *Arachn. de France*, ale także i *D. hastatus* Sim.
Monogr. t. j. *D. bombycius* Sim. *Révis.* i *Arachn. d. Fr.*,
chociaż SIMON jeszcze w r. 1876 te formy dwie opisał jako
gatunki osobne w *Arachn. de France*.

Opisane przez siebie samego jako dwa gatunki: *Dendryph. ravidus* i *sexpunctatus* ściągnął SIMON w *Révis d. Attid.* w jeden: *D. ravidus*. Prof. THORELL ·(*Rem. on Synon.*) znalazł opis tego gatunku tak zgodnym z nieuaruszonémi okazami *D. rudis*, że od włączenia nazwy *D. ravidus* w synonimy gatunku *D. rudis* powstrzymało go jedynie oznajmienie SIMONA, któremu przesłał takie okazy, że one należą do *D. medius* (czyli *rudis*) i stanowczo różnią się od *D. ravidus*. Nie wątpię wcale, że *D. ravidus* jest = *D. rudis*, a to z powodu, że porównanie opisu *D. ravidus* w *Monogr.* z opisem *D. rudis* w *Arachn. d. Fr.* str. 40 (nie w Monografii!) wykazuje tylko jedną różnicę w barwie pomiędzy niémi: *rudis* ma mieć na tyle grzbietu kałduna 2 pary kropek białych, *ravidus* zaś 3, ale u okazów swoich *D. rudis* znalazł Prof. THORELL takich kropek 3 do 4 par!; różnica w barwie jest zatém właściwie tak jak żadna. Pozostawałaby według SIMONA *Révision* (str. 188) jeszcze tylko różnica jedyna w kształcie twarzy, która u *ravidus* ma być szérsza, z brzegiem dolnym (*clypeus*) mniéj cofniętym niż u *rudis*. Na téj jednak podstawie zdaje mi się rzeczą niepodobną formom tym przyznać prawa gatunków.

Wreszcie i zoogeograficzne względy nie przemawiają bynajmniéj za przypuszczeniem, żeby w Polsce obok *D. rudis* rozszérzonego od Laponii przynajmniéj po Węgry (według SIMONA nawet po Grecyję), żył drugi tak wielce podobny gatunek.

Zdaniem mojém listy synonimów podane przez Prof. THORELLA w *Remarks on Syn.* i przez SIMONA w *Arachn. de France* w następujący sposób należy częścią uzupełnić częścią zmienić:

Dendryphantes hastatus (Clerck) 1757.

Syn.: 1837. *Dendryphantes minor.* C. L. KOCH, *Uebers. d. Arachn.-Syst.* I, p. 32, (*conf. descript. iuniorum in Die Arachn.* XIII, p. 83).

1869. *Attus hastatus.* SIMON, *Monogr. d. Attid.*, p. 576 (110).

1869. *Attus bombycius.* SIMON, *l. c.*, p. 577 (110).

1872. „ „ ID., *Révis. d. Attid.*, p. 188 (64).

„ „ *hastatus.* ID., *l. c.*, p. 188 (64).

1876. *Dendryphantes hastatus.* SIM., *Arachn. de Fr.*, III, p. 39.

1876. *Dendryphantes bombycius.* ID., *l. c.* p. 37.

1877. „ *hastatus.* MENGE, *Preuss. Spinn.*, p. 479, tab. 271.

Dendryphantes rudis (Sund.) 1833.

Syn. : 1869. *Attus lemniscus.* SIMON, *Monogr. d. Attid.*, p. 549 (83).

„ „ *ravidus.* ID., *l. c.*, p. 571 (105).

„ „ *medius.* ID., *l. c.*, p. 578 (112).

„ „ *sexpunctatus.* ID., *l. c.*, p. 579 (113).

1872. „ *lemniscus.* ID., *Révis. d. Attid.*, p. 166 (42).

„ „ *ravidus.* ID., *l. c.*, p. 188 (64).

1876. „ *rudis.* ID., *Arachn. d. Fr.* III, p. 40.

„ „ *ravidus.* ID., *l. c.*, p. 45.

1877. *Philaeus chrysops.* MENGE, *Preuss. Spinn.*, p. 477, tab. 170.

Powodem, że w „Wykazie pająków z Tatr" dorosłego samca *D. rudis* z Babiéj Góry podałem jako *D. hastatus*, była niedokładność analitycznéj tablicy SIMONA w *Les Arachn. de France*. Podług niéj ma być u *D. bombycius* w czwartéj parze nóg piszczel o trzecią część dłuższy od rzepki, u *D. rudis* zaś obydwa członki prawie równo długie.

Za pomocą mikrometru znalazłem następujące wymiary:

Dendr. hastatus ♂.   *Dendr. rudis* ♂ (z Bab. Góry)

Piszczel (*tibia*) IV. . 1·22 mm.   Piszczel IV. . . 0·94 mm.

Rzepka (*patella*) IV. 0·94 „   Rzepka IV. . . 0·66 „

Różnica 0·28   Różnica 0·28

$$0·28 : 0·94 = 0·29.... < \tfrac{1}{3} \qquad 0·28 : 0·66 = 0·42... > \tfrac{1}{3}$$

Gdyby nawet *D. bombycius* nie był = *D. hastatus*, to przecież cecha podana przez Simona dla *D. rudis* przynajmniéj nie jest rzetelna.

Nieobtarte okazy *D. hastatus* i *rudis* łatwo odróżnić po barwie kałduna, a nawet nie trudno odróżnić okazy, u których przynajmniéj tylna część kałduna nie jest ogołocona z włosów. Gdy kałdun całkiem włosy stracił, rzecz jest trudniejsza; samce najlepiéj wtedy odróżniać po barwie przednich ud, które u *hastatus* mają na przedniéj stronie tylko rozrzucone białe łuski, a u *rudis* linię białą podłużną ze zbitych białych łusek utworzoną; różnicę tę można jeszcze zwykle znaleźć nawet u okazów zresztą mocno uszkodzonych.

Philaeus.

Podawane między cechami tego rodzaju mocne skrzywienie przedniego szeregu oczu musi być z pomiędzy cech tych wykréślone, nawet gdyby się z rodzaju tego wydzieliło gatunek *Ph. bicolor* (Sim.). U typowego gatunku, *Ph. chrysops*, tylko samiec ma tak mocno skrzywiony wspomniony szereg oczu, jak to Simon w *Arachn. d. Fr.* III na str. 5 opisuje, skrzywienie jego u samicy zaś jest o wiele mniejsze, górne brzegi oczu bocznych leżą prawie w tej wysokości co średnich. W ogóle podstawy, na których ten rodzaj się opiéra, dość mi się wydają niepewne.

U *Ph.* (?) *bicolor* (Sim.) przedni szereg oczu nie tylko u samicy ale i u samca tak mało jest skrzywiony, że mi się wielce niepewném wydaje, czy gatunek ten stósowne znalazł pomieszczenie w rodzaju *Philaeus*. Dodać do tego jeszcze należy, że u samców, zwłaszcza małych, piszczel z rzepką 3-éj nogi ledwie cokolwiek jest krótszy od tychże członków nogi 4-éj pary, a i u samic różnica jest niewielka. Z tych powodów nic łatwiejszego, jak pomylić się w oznaczeniu, jeżeli się Simonowskiéj tablicy analitycznéj używa; doprowadzi ona jeżeli nie do rodzaju *Pellenes* (przy niedokładném ocenieniu długości wspomnionych członków nóg) to do rodzaju *Menemerus*. Możeby też było lepiéj zaliczyć gatunek, o którym mowa, do rodzaju *Menemerus*; przynajmniéj to, co Prof. THORELL przytacza w *Studi sui ragni malesi e papuani* II, str. 237 w celu wykazania, że *Salticus culicivorus* Dol. do rodzaju *Menemerus* należy, można słowo w słowo powiedzieć i o „*Attus bicolor*" Sim.

Ph. bicolor.

Okazu „*Attus varicus* Sim." oznaczonego przez Dra L. KOCHA nie podobna mi odróżnić od okazów *Ph. bicolor* zbiéranych koło Krakowa. Wprawdzie okazy te nie zgadzają się z opisem SIMONA w tém, że nie mają kréski na wrędze dzielącéj wpozdłuż części rozrodcze samicy, mimo to uważam je za należące do gatunku *Ph. bicolor* a nie *varicus*, ponieważ samce zbiérane w tych samych miejscach zupełnie odpowiadają opisowi *Ph. bicolor* a nie *varicus*, i ponieważ samice zgadzają się z okazem *Ph. bicolor*, który otrzymałem od hr. E. KEYSERLINGA, a oznaczonym bez wątpienia przez samego SIMONA.

Hasarius.

Rodzaju tego nie uznaje, jak i kilku innych, Prof. THORELL, ale łączy go z rodzajem *Plexippus* a to z powodów, które wyłuszcza w *Studi sui ragni mal. e papuan.* II, str. 247.

H. arcuatus i falcatus.

Te dwa prawie najpospolitsze krajowe gatunki z Attoidów dały powód do dziwnego zamieszania, utrzymującego się w literaturze dotychczas.

C. L. KOCH opisał w *Die Arachniden* XIV, str. 30, fig. 1292, tylko samca *H. arcuatus*, samicy zaś, jak sam twierdzi, nie widział; również WESTRING znał tylko samca (*Aran. suec.* str. 570). W r. 1869 opisał SIMON w *Monogr. d. Attid.* samca i samicę tego gatunku, opis jednak samicy (str. 36): „*Diffère peu du mâle. Pattes antérieurs plus courtes, abdomen plus volumineux*", zbyt jest krótki i ogólnikowy, i mógłby raczéj odnosić się do młodego samca niż do dorosłéj samicy. Prócz tego podał tenże autor (*l. c.*, str. 36) opis nowego gatunku *Attus albociliatus* z Polski, Litwy i Ukrainy, jednak już w r. 1872 uznał go sam za odmianę *H. arcuatus* (*Révis d. Attid.*, str. 143).

Samica *H. arcuatus* nie była jednak, jakby się zdawać mogło, nieznaną C. L. KOCHOWI, owszem opisał on ją jako *Euophrys farinosa* w *Die Arachn.* XIII, str. 223, fig. 1268; również SIMON opisał ją w *Monograph.* na str. 59 jako *Attus farinosus*. W *Révision* uzupełnił SIMON opis tego mniemanego osobnego gatunku opisem samca (str. 144), przyczém zaliczył do tego gatunku pająka opisanego przez C. L. KOCHA (*l. c.* XIV, str. 36, fig. 1300) pod nazwą *Euophrys paludicola*. Jako ojczyznę *A. farinosus* podaje SIMON (*l. c.* 146) Alpy i Pireneje, tudzież Korsykę, mówiąc przytém, że na Korsyce zastąpiony jest *H. falcatus* zupełnie przez *H. farinosus*. W zestawieniu cech różniących samice gatunków *falcatus, farinosus* i *laetabundus* (str. 145) nie wspomina SIMON wcale o *H. arcuatus*.

W *Les Arachn. d. France* opisał SIMON ponownie trzy wspomnione gatunki: *arcuatus, falcatus* i *laetabundus*, podając jako ojczyznę dla *arcuatus* całą Francyję i Korsykę, dla *falcatus* całą Francyję. Widocznie jednak zmienił autor tymczasem zdanie swoje o tych gatunkach, gdyż opis części rodnych u ♀ *arcuatus* w *Arachn. d. Fr.* odpowiada opisowi tych części u *falcatus* w *Révision*, opis zaś ♀ *falcatus* w *Ar. d. Fr.* zgadza się z opisem *H. farinosus* w *Révision;* nadto w uwadze na str. 90 w *Ar. d. Fr.* mówi autor o *H. farinosus*: *De plusieurs parties des Alpes. Cette espèce a été citée a tort comme appartenant à notre faune.*

W dziele Prof. THORELLA *Remarks on Synon.* znajduje się na str. 390 opis ezęści rodnych u ♀ *H. arcuatus*, na str. 395 wzmianka, że te części u *falcatus* zupełnie podobnéj są budowy jak u *arcuatus*, a na str. 396 opis tychże części u *H. farinosus*, taki sam jak u SIMONA w *Révision*, obok wiadomości, że ten gatunek znaleziony piérwotnie na południowéj stronie Alp, żyje w Austryi a nawet w Skandynawii.

W r. 1880 wyraził Dr. F. BERTKAU (*Verzeichn. d. bish. bei Bonn beob. Spinnen*) powątpiewanie, czy Simonowskie *H. falcatus* ♀ i *H. arcuatus* ♀ rzeczywiście należą do tych gatunków, do których je SIMON zaliczył; powodem tego powątpiewania było dla Dra BERTKAUA znalezienie ♂ *H. falcatus in copula* ze samicą, któraby do *H. arcuatus* podług SIMONA należeć musiała. Jednakże w uwadze (na str. 232 *l. c.*) uznał tenże autor, na podstawie dalszych spostrzeżeń, opisy SIMONA za odpowiadające rzeczywistości. W sprawie téj udałem się do Dra BERTKAUA z zapytaniem, czy nie poczynił jakich nowszych spostrzeżeń w tym względzie, otrzymałem jednak odpowiedź, że Dr. B. uważał tę sprawę za załatwioną przez wyżéj wspomnioną uwagę.

Na podstawie bardzo obfitego materyjału zebranego w różnych miejscach, a przedewszystkiém w górach, gdzie zbiérałem tylko ♂ *H. falcatus* i ♀ *H. arcuatus* (podług SIMONA) przyszedłem do przekonania, że rzetelna samica *H. arcuatus* opisana została naprzód przez C. L. KOCHA jako *Euophrys farinosa*, późniéj pod tą samą nazwą przez SIMONA i THORELLA, wreszcie przez SIMONA jako ♀ *H. falcatus*; samica zaś *H. falcatus* policzoną została przez ostatniego autora do *H. arcuatus*. Za tém przemawia i ta okoliczność, że rysunek MENGEGO, który opisał tylko *H. falcatus*, zgadza się z Simonowską ♀ *H. arcuatus* a nie *falcatus*, wreszcie i to, że w zakaukazkim kraju zbiérał p. A. ULANOWSKI razem ze samcami *H. arcuatus* samice, które ja uważam za należące do tego gatunku, a nie znalazł ani samców ani samic *H. falcatus*.

Jako rezultat powyższego przedstawienia rzeczy podaję następujące spisy synonimów obydwu gatunków:

1. Hasarius arcuatus (Clerck) 1757.

Syn.: 1846. *Euophrys farinosa.* C. L. KOCH, *Arachn.* XIII,
p. 223, fig. 1268 (♀).

1848. *Euophrys arcuata.* ID., *l. c.*, XIV, p. 30, fig. 1298
(♂ ad.).

1848. *Euophrys paludicola.* ID., *l. c.*, XIV, p. 36, fig.
1300 („♀“ = ♂ iuv. ?).

1861. *Attus arcuatus.* WESTRING, *Aran. suec.*, p. 570.

1868. „ „ SIMON, *Monogr. d. Attid.*, p. 35 (25).

„ „ *albociliatus.* ID., *l. c.*, p. 36 (26).

„ „ *farinosus.* ID., *l. c.*, p. 59 (43) (♀).

1871. „ „ ID., *Révis. d. Attid.*, p. 144 (20)
(♂ et ♀).

1873. *Attus farinosus.* THORELL, *Rem. on Synon.*, p. 396
(♀ ad.).

1876. *Hasarius arcuatus.* SIMON, *Arachn. de France*,
III, p. 83 (♂, non ♀).

1876. *Hasarius falcatus.* ID., *l. c.*, p. 85, tab. IX, fig 18
(♀, non ♂).

2. Hasarius falcatus (Clerck) 1757.

Syn.: 1848. *Euophrys falcata.* C. L. KOCH, *Arachn.* XIV, p. 24,
fig. 1290—1295.

1861. *Attus falcatus.* WESTRING, *Aran. suec.*, p. 578.

1868. „ „ SIMON, *Monogr. d. Attid.*, p. 54 (44).

1871. „ „ ID., *Révis. d. Attid.*, p. 145 (21)
(♀).

1873. *Attus falcatus.* THORELL, *Rem. on Synon.*, p. 394
(♂ et ♀).

1873. *Attus arcuatus.* ID., *l. c.*, p. 390 (♀, non ♂).

1876. *Hasarius arcuatus.* SIMON, *Arachn. d. France*, III,
p. 83, tab. IX, fig. 22 (♀, non ♂).

1876. *Hasarius falcatus.* SIMON, *l. c.*, p. 85, tab. IX, fig. 19
(♂, non ♀).

1877. *Attus falcatus.* MENGE, *Preuss. Spinn.*, p. 489,
tab. 277.

Attus.

Attus floricola i rupicola.

Attus rupicola jest do *A. floricola* nadzwyczaj podobny; samce dorosłe dadzą się jednak zawsze z łatwością od siebie odróżnić. Samice dorosłe świéżo wylinione również przedstawiają pewne różnice w barwie, które jednak z wiekiem tak się zaciérają, że wreszcie wypłowiałych okazów odróżnić nie podobna. Również okazy niedorosłe nie okazują różnic wystarczających do oznaczenia.

Podług Simona mają być części rodne samic *A. rupicola* innego kształtu niż u *floricola*. Różnica taka nie istnieje, o czém się przekonałem na okazach samic zbiéranych w różnych stronach razem ze samcami; dla tego sądzę, że samica *A. rupicola* Simona do innego należy gatunku.

Cechy, po których można odróżnić wymienione gatunki, są następujące:

A. floricola. ♂.	*A. rupicola.* ♂.
Palporum partes patellaris et tibialis supra pilis albis tectae, nonnunquam pilis rufis paucis immixtis.	Palporum pars patellaris supra albo-pilosa, tibialis supra rufo- et fusco-pilosa, in utroque latere pilis longis, plerumque pallidis ornata.

Bulbus genitalis, qui oblique positus est, axi a posterioribus et exterioribus anteriora versus et intus directa:

longior quam stylo incluso latus (fig. 16).	non longior quam stylo incluso latus (fig. 17).
Facies fasciis tribus albis ornata: una in clypei margine, altera sub oculis ipsis, oculos medios attingente, tertia per oculorum margines	Clypei margo albido-pilosus; spatia oculis mediis et lateralibus interiecta pilis rufis, intervallum oculorum mediorum autem pilis albidis

superiores ducta; oculorum anticorum intervalla omnia rufo pilosa.

tectum. Cinguli oculorum anticorum mediorum infra e pilis rufis compositi.

A. floricola. ♀.

A. rupicola. ♀.

In adultis pelle nuper exuta:

clypeus sub oculis mediis a margine usque ad oculos ipsos pilis densis albis aut vix flavescentibus tectus;

clypeus sub oculis mediis tectus pilis rufis, flavidis, albidis, margo eius colorem album plerumque non tam purum habet atque in A. floricola · et a ceteris clypei partibus linea subnuda plus minusve distincta seiungitur;

oculorum anticorum intervalla omnia rufo-pilosa;

pilorum faciei color rufus sensim pallescit, flavidus, denique albidus fit, ita ut specimina ovis depositis nonnulla (quae faciem sub oculis mediis non dilutius coloratam habeant, quam oculorum mediorum intervallum) ab A. rupicola distingui non possint.

oculorum mediorum intervallum pilis albidis tectum;

pilorum faciei ruforum color sensim pallescit, pars tamen inferior cingulorum oculorum mediorum diu obscurius colorata manet quam intervallum horum oculorum; denique pili faciei omnes plus minusve sordide albi fiunt, itaque specimina feminis Atti floricolae decoloribus ut ovum ovo similia evadunt.

Vulva foveam habet proxime a rima genitali sitam, rotundatam, cuius margines postice et in lateribus distincti, in foveae parte antica prope medium posteriora versus inflectuntur et in fovea sensim evanescunt (fig. 18 i 19).

Attus saxicola.

Ponieważ dotąd nie ma innych opisów tego gatunku jak tylko w *Die Arachniden* C. L. KOCHA i w *Monograph. des Attid.* SIMONA, i gatunek ten w ogólności mało jest znany, nie będzie więc zbyteczném opisanie jego dokładne:

Attus saxicola (C. L. KOCH) *parte cephalica dimidio longiore quam quadrangulus oculorum, qui in mare paullo, in femina perparum angustior est postice quam antice, oculorum anticorum serie fortiter recurva, cephalothorace albo marginato, supra plus minusve rufescenti, inter oculos posticos ornato macula plerumque semilunata nigerrima, lineola alba persecta; abdominis dorso ornato paullo pone medium utrimque macula transversa albida, praeterea in parte anteriore punctis albidis quatuor, in postica arcubus recurvis tribus aut quatuor, ceterum in mare ad maximam partem nigro, in femina nigro et albido rufo; palporum maris parte tarsali multo latiore quam partes praecedentes, ut hae supra ad maximam partem tecta pube albo-lutea; vulva feminae e lamina constanti postice in medio leviter emarginata, subaequali, paullo pone medium ornata tumore fere semilunato nitido indistincto.*

Mas. Cephalothorax paullo pone par pedum 2-um, circiter in $^2/_3$ longitudinis latissimus, anteriora versus paullo angustatus, ad oculorum seriem posticam eâ saltem diametro oculi utrimque latior, fronte late rotundata. Quadrangulus oculorum antice latior quam postice, circiter $^1/_3$ latior quam longus, a parte thoracica, quae eô (non tamen tota parte cephalica) circiter $^1/_2$ longior est, depressione transversa et foveola media indistinctis discretus. In capite desuper aspecto oculi medii antici insigniter quidem ultra frontis marginem prominent, pilis tamen densis, quibus margo ille ornatur, ad maximam partem occultantur. In cephalothorace a latere aspecto dorsum supra inter oculos seriei tertiae et partem posticam, quae praerupta est et cephalothoracis fere $^1/_4$ oc-

cupat, sublibratum videtur, pars dorsi antica paullulum arcuata et fortiter proclivis, oculi postici margo inferior aeque
fere alte situs atque margo superior oculi lateralis antici.
Oculi intermedii spatio maiore a lateralibus anticis quam
a posticis remoti. Linea per margines superiores oculorum
mediorum anticorum ducta tertiam fere partem desecat lateralium, qui a mediis paullo maioribus spatiis quam hi inter
se, $^1/_8$ fere diametri oculi lateralis aequanti, distant. Clypeus
sub oculis mediis aeque saltem altus atque $^2/_8$ diametri eorum
longae, sub oculis lateralibus fortiter reclinatus. *Mandibulae*
paullo reclinatae, aeque fere longae atque facies a clypei
margine medio usque ad marginem superiorem oculorum mediorum alta, a basi ad apicem paullo et aequaliter angustatae, subleves, pilis paucis ornatae. *Maxillae* subparallelae
apice transverse truncato, vix rotundato. *Labium* aeque fere
longum ac latum videtur, apice rotundato. *Sternum* ovatum,
inter pedum paria 2-um et 3-um latissimum, antice aeque
saltem atque labium latum, profundum, subtiliter non dense
punctatum, pilis longis non densis ornatum. *Palporum* pars
femoralis dorso et latere inferiore rectis, ubique fere aequaliter crassa, apicem versus paullo incurva et dilatata; pars
patellaris aeque fere longa ac lata; pars tibialis, cuius latus
exterius duplo fere brevius est quam pars patellaris, supra
prope a latere interiore in angulum acutum producta, cuius
latus exterius rectum est et marginem format apicalem partis
tibialis obliquum, interius autem paullulum excavatum sensim
abit in partis eiusdem latus interius (fig. 20a); angulus hic
pilis longis, quibus tibia ornatur, plus minusve occultus. Latus exterius partis eiusdem productum supra in processum
neque bulbum neque laminam partis tarsalis attingentem,
exteriora et anteriora versus et deorsum directum, aeque
longum ac partis tibialis latus exterius, conicum, apice ipso
subacuto intus et paullo sursum curvato. Lamina bulbi parte
femorali longior, aeque longa ac pars patellaris et tibialis

cum processu superiore simul sumptae, eis multo latior, irregulariter ovata, apice obtuso, pars eius apicalis bulbo non
tecta non longior quam $\frac{1}{4}$ bulbi; bulbus (fig. 20b) fere quadrangularis angulis rotundatis, marginibus lateralibus subparallelis, exteriore longiore quam interior, postico subtransverso,
antico obliquo, stylo ornatus ex angulo postico interiore
exeunti, primo intus, mox anteriora versus directo, bulbi lateri
interiori adpresso, denique apicem laminae (angulum e latere
exteriore et margine apicali efformatum) versus directo et
libere desineuti. *Coxae* pedum anticorum parum longiores et
crassiores quam coxae II et III, coxae IV aeque longae atque
anticae, angustiores tamen, trochanteres IV aeque longi ac
lati, non insigniter elongati. *Pedes* I ceteris parum crassiores,
tibia ca $\frac{1}{4}$ longior quam patella, fere 3-plo longior quam
lata, apice paullo angustata, ceterum subcylindrata, metatarsus
et tarsus subcylindrati, simul sumpti tibiam cum dimidia patella longitudine aequantes; tibia cum patella III aeque longa
atque tibia IV, patella III multo brevior quam patella IV;
tibia III sybcylindrata, multo crassior quam basis tibiae IV,
quae a basi ad apicem paullo dilatata et insigniter incrassata
est; metatarsus IV apicem versus attenuatus, basi quam tibiae
apex parum angustior, multo tenuior; tarsus tenuis, elongato
inverse conicus, longitudine fere $\frac{3}{4}$ metatarsi aequans, cum
eo aeque longus atque tibia cum $\frac{2}{3}$ patellae. Pedes aculeis
armati: femora omnia aculeata, tibia I subtus ornata aculeis
1.1 longis postice, 2 in apice, in latere antico 1 paullo pone
medium inferius, 1 prope basim et 1 ante apicem altius
sitis; metatarsus I antice 1 prope basim, 1 prope apicem,
subtus 2.2; tibia II subtus: postice 1.1.1, antice aut 1 in
apice aut etiam alio paullo pone medium sito, in latere antico
1.1.1; metatarsus II series habet tres ex aculeis binis, duas
subtus, antice unam, saepe etiam postice aculeum 1 aut 1.1;
patellae III et IV antice et postice aculeis singulis armatae,
tibiae et metatarsi in omnibus lateribus aculeata. *Abdomen*

late ovatum, antice late rotundatum, postice breviter acuminatum, mamillis prominentibus, omnibus fere aeque longis,
superioribus fere clavatis, infimis elongato conicis.

Cephalothorax niger, pube laete rufa et nigra et albo-
flava aut albida tectus, in marginibus—excepto postico et clypeo
medio—ornatus fascia alba sat angusta. Declivitas postica cum
laterum parte posteriore nigricans, supra ornata linea brevi
albido-rufa aut albida; laterum partes anteriores rufo-pube-
scentes, pilis paucis albidis immixtis; dorsum albido- et rufo-,
in oculorum area etiam fusco-pubescens; oculi postici praesertim intus pube albida circumdati; macula inter oculos hos
sita transversa semilunaris aut anguli crassi instar, cuius
apex anteriora versus directus est, nigerrima, linea media
angusta alba persecta. Facies tota tecta pube rufescenti et
albida, haec nullam picturam evidentiorem efformat. Mandibulae obscure fuscae, apicem versus pallidiores; sternum,
labium — excepto apice pallido—, maxillae — excepto margine
apicali interiore pallido — fusco nigra. Palporum pars femoralis
supra subtusque nigro-fusca, lateribus pallidis, supra nigro-
pilosa et aculeata, ceterum tecta pube obscure colorata, apice
ipso supra et in lateribus flavido-albo pubescenti; pars patellaris et tibialis, cuius processus infuscati sunt, et lamina
bulbi rufo-flavae, pube albo-lutea, in tibiae lateribus longissima, in laminae margine interiore et in apice fusca tectae;
bulbus fusco-niger. Pedes pallide rufo fusci; coxae pallidae,
anteriores paullo obscuriores quam posteriores; trochanteres
pallidi; femur I supra et antice nigro-fuscum, patella supra
in medio infuscata, subtus ad latus anticum macula plerumque nigerrima ornata; tibia et metatarsus subtus nigerrima,
metatarsus supra fascia transversa media obscura ornatus,
tarsus flavidus. Ceterorum pedum femora supra et apicem
versus infuscata, tibiae basi apiceque indistincte fusco-annu-
latae, metatarsi II et III supra in medio, IV basi late infuscati; nonnunquam tota haec pictura fusca valde indistincta.

Pedes pube tecti nigra rubra albida, hac in pedibus I et II fascias transversas efformanti supra in basi et in apice patellarum et metatarsorum et paullo ante apicem tibiarum. Abdominis paries anticus nigerrimus; dorsum ab area occupatur marginibus paullo inaequalibus, mamillas fere attingenti, antice rubicunda ceterum nigra; antice cinctum est arcu recurvo e pube rufa et albida efformato, ornatur praeterea: linea media e pube rufa efformata, ex arcu antico exeunti, aut mediam aream tantum aut apicem fere attingenti, — iuxta eam in parte anteriore punctis quatuor rubicundis, albido-rufo aut albido pubescentibus, — maculis transversis paullo pone medium dorsi sitis semilunaribus albidis, pube albo-flava aut albida tectis, — pone eas arcu tenui recurvo rubicundo alborufo pubescenti, marginem areae non attingenti, nonnunquam cum maculis eis confuso, denique arcubus tribus coloris eiusdem, sensim minoribus, plerumque cum lateribus abdominis pallide coloratis coniunctis. Pictura hac excepta area dorsualis aut tota pube nigerrima tecta, aut pube nigerrima in margine antico macularum mediarum et ad latera lineae mediae et in margine antico arcus postici secundi, ceterum rubicunda. Abdominis latera et venter pallida, albido pubescentia, illa superius lineis obliquis, subtus fascia longitudinali ornata e punctis obscuris rufo et nigro pubescentibus efformatis; venter vittas tres habet longitudinales latas diffusas, paullo infuscatas, pube albida et rufa et fusca tectas, parum distinctas, et maculas duas pallide rufas paullo ante mamillas, utrimque unam; mamillae supremae fuscae, ceterae pallidae.

Cephalothorax 2·5 mm. longus, 1·9 latus (aut minor, 2·25 longus), pedum longitudo: I 5·25, II 4·25, III 4, IV 6·5, tibia cum patella I 2 mm. longa, abdomen 3 longum, 2 latum.

Femina. Cephalothoracis, qui parum brevior est quam patella cum tibia metatarso tarso I, forma similis atque in mare, frons tamen paullo latior, oculorum quadrangulus postice perparum angustior quam antice, plus dimidio latior quam longus. Tibia I longitudine patellam fere aequans, ne duplo quidem longior quam lata, tarsus aeque fere longus ac metatarsus, cum eo paullo brevior quam patella cum tibia. *Pedes* I paullo crassiores quam II, hi autem quam III. Pedum III et IV forma ut in mare. Pedes omnes ut in mare aculeati. *Abdomen* breviter inverse ovatum, antice recte truncatum, postice paullo acuminatum. *Vulvae* lamina (humefacta) aeque fere longa ac lata, margine postico leviter emarginato, infuscato, lineis fuscis duabus e margine eo exeuntibus, parallelis, mediam fere laminam attingentibus ornata. Sicca (fig. 20c) subplana videtur, aegre tantum conspici potest tumor semilunaris paullo ante marginem posticum situs, procurvus nitens obscurus, e quo anteriora versus exeunt costae parvae tres parallelae, in laminae parte anteriore paullulum impressa evanescentes.

Color similis atque in mare; cephalothorax pube albida uberius tectus, praesertim in quadranguli oculorum margine antico et lateribus et in thorace supra; macula in occipite sita late hastata est, linea alba media apicem eius non attingit; caput praeterea ornatur macula nigricanti utrimque non procul ab oculo seriei 2 sita, quae nonnunquam cum macula media fere in literam W coniungitur. Oculorum anticorum cinguli rubicundi, pube albida circumdati, itaque melius quam in mare distincti. Palpi pallidi, parte femorali supra infuscata, albido— in apice partis tarsalis fusco—pubescentes. Pedes pallide flavorufescentes, fusco maculati; femora antica supra ad maximam partem fusca, II dorso fere toto fusco, III supra apice et annulo basali indistincto, IV supra apice solo fusco, omnia subtus prope basim et in apice fusco-annulata; patellae omnes supra in medio, tibiae basi apiceque, metatarsi anteriores in medio, posteriores basi apiceque vix infuscata, tibiae anticae subtus ad latus anticum linea fusca notatae. Color pubis, qua pedes tecti sunt, similis atque in mare. Abdominis color etiam similis, pars tamen antica areae dorsualis squamulis albidis et rufis tecta non obscurior quam abdominis latera, area ceterum tecta pube rufa aut fusco rufa squamulis albidis paucis immixtis, pubes nigra in margine antico tantum macularum mediarum, ad utrumque latus lineae mediae, in lateribus areae ante arcum posticum secundum invenitur.

Cephalothorax 2·5 mm. longus, 2 latus, tibia + patella IV 2¼, pedes I 4·2, II 4·0, III 4·1, IV 7·2 mm. longi, abdomen 3 longum, 2·4 latum.

Patria: Bavaria, Tirolia, Silesia, Galicia.

Attus Dzieduszyckii.

Gatunek ten opisany został naprzód przez Dra L. Kocha, potém zaś dopiéro przez Simona p. n. *A. Wagae*, należy mu się przeto nazwa: *Attus Dzieduszyckii* L. Koch (1870).

W rodzinie Attoidów samce mają przednie nogi często silniéj rozwinięte niż samice. Nie trudno przekonać się, że w jednym i tym samym gatunku grubość i długość tych nóg jest zmienna, a mianowicie bywają one stósunkowo większe u wielkich okazów niż u małych; nadto zmienny jest téż stósunek długości poszczególnych członków nóg. Wynika z tego, że cechy gatunkowe brane czyto ze stósunku długości tych nóg do tułogłowia, czy np. ze stósunku piszczela do rzepki, bardzo wątpliwą mają wartość, a gatunki oparte na takich wyłącznie cechach nie zasługują na uznanie.

U trzech okazów *A. Dzieduszyckii* pomierzyłem dokładnie wszystkie nogi i znalazłem następujące wartości:

Te same długości, przyjąwszy: Tib.+Pat. IV = 100.

	Cephaloth.	I Fem.	I Pat.	I Tib.	I Met.	I Tars.	II Fem.	II Pat.	II Tib.	II Met.	II Tars.	III Fem.	III Pat.	III Tib.	III Met.	III Tars.	IV Fem.	IV Pat.	IV Tib.	IV Met.	IV Tars.
	3·4	3·2	1·7	2·5	2·0	1·1	2·4	1·5	1·9	1·5	1·0	1·5	1·0	1·0	1·1	0·9	2·5	1·2	1·8	1·5	1·0
	2·9	1·9	1·4	1·5	1·4	1·0	1·6	1·0	1·3	1·1	0·8	1·4	0·8	0·9	0·9	0·7	2·0	1·0	1·5	1·3	0·9
	2·3	1·5	0·9	2·0	1·0	0·7	1·4	0·9	0·9	0·9	0·8	1·1	0·6	0·6	0·6	0·6	1·7	0·7	1·1	1·0	0·7
	113	107	57	83	67	37	80	50	63	50	33	50	33	33	37	30	83	40	60	50	33
	116	76	56	60	56	40	64	40	52	44	32	56	32	36	36	28	80	40	60	52	36
	128	83	50	61	55	39	78	50	50	50	44	61	33	33	39	33	94	39	61	55	39

Długości bezwzględne nóg:

	I	II	III	IV
1)	10·5	8·3	5·5	8·0
2)	7·2	5·8	4·7	6·7
3)	5·2	4·9	3·6	5·2

Stósunek długości nóg do długości tułogłowia (Cephaloth. = 1).

	I	II	III	IV
1)	3·1	2·4	1·6	2·4
2)	2·5	2·0	1·6	2·3
3)	2·3	2·1	1·6	2·3

Attus distinguendus Sim.?

Nie będąc pewnym, czy gatunek ten dobrze oznaczyłem, podaję jego opis, tém potrzebniejszy, że SIMON opisał tylko samca młodego dość dokładnie, a samicę dorosłą bardzo niedokładnie.

A. distinguendus (SIM.?) *parte thoracica in cephalo-thorace desuper aspecto* $\frac{1}{2}$ *longiore quam pars cephalica, quadrangulo oculorum postice parum angustiore quam antice, linea per margines superiores oculorum anticorum ducta in mare sat fortiter, in femina vix sursum curvata, corpore supra pube cinerea tecto, macula parva occipitali alba, abdomine punctis 6 albidis parum distinctis ornato; maris parte tarsali palporum fere non latiore quam pars patellaris, paullo breviore quam partes tibialis et patellaris simul sumptae, parte tibiali processu ornata acuto, neque bulbum neque laminam attin-genti; vulvae lamina postice emarginata, medio foveolis dua-bus parum distinctis ornata; cephalothorace 2--2.5 mm. longo.*

Syn.: ?1869. *Attus distinguendus.* SIMON, *Monogr. d. Attid.,* p. 540 (74).

Mas. Cephalothorax prope par pedum II latissimus, anteriora versus paullo, posteriora versus fortius angustatus, fronte late rotundata, margine postico late emarginato, ad oculorum seriem 3-am eâ saltem $1\frac{1}{2}$ diametro oculi utrimque latior. Oculorum quadrangulus postice perparum angustior quam antice, longitudine $\frac{3}{5}$ latitudinis aequanti; in cephalo-thorace desuper aspecto area oculorum $\frac{2}{5}$ longitudinis eius occupare, quadrangulus oculorum fere duplo latior quam lon-gus esse videtur. Pars thoracica a cephalica impressione pro-curva levissima seiuncta et lineâ media sat longa, perparum impressa, cum impressione ea coniuncta, ornata. Dorsum quartam fere partem posticam declivem sat praeruptam habet, deinde usque ad oculos seriei 3-ae paullo adscendit, denique usque ad frontis marginem sat fortiter proclive est. *Oculorum,* quum a latere aspiciuntur, situs idem videtur atque in *Atto saxicola*, intermedii tantum a posticis et a lateralibus anticis spatiis subaequalibus distant. Oculi postici lateralibus anticis minores, antici in capite desuper aspecto non parum ultra frontis marginem prominent. Series oculorum anticorum recurva, linea per margines superiores mediorum ducta saltem $\frac{1}{8}$ lateralium desecat, horum diameter duplo fere minor quam mediorum, qui inter se spatio parvo, a lateralibus spatiis duplo fere maioribus, saltem dimidiam lateralium diametrum aequantibus, distant. Clypei sub oculis mediis altitudo saltem dimidiam eorum diametrum aequat. *Mandibulae* directae, aeque longae atque facies a clypei margine medio usque ad margines superiores oculorum lateralium alta, antice subtiliter transverse plicatae; *maxillarum* partes coxis anticis non occultae parallelae et subrectangulae videntur, margine apicali paullo rotundato; *labium* paullo longius quam latum, apice rotundato; *sternum* sat profundum; coxae I spatio aeque lato inter se distantes atque coxae II, quam labium latiore; coxae IV subcontingentes. *Palporum* (fig. 21, a, b) pars femoralis apicem versus sensim paullo dilatata, latere interiore paullo concavo; pars patellaris fere $1\frac{1}{2}$ longior quam lata, longior et paullo latior quam pars tibialis, quae paullo longior est quam lata et in latere exteriore subtus processu ornata acuto, anteriora et paullo exteriora versus directo, paullo sinuato, qui a parte inferiore adspectus rectus et fere aeque longus atque tibiae latus exterius, a latere visus supra rectus, subtus sinuatus esse, apicem paullo deorsum directum habere videtur, neque bulbum neque laminam partis tarsalis attingit. Lamina partis tarsalis anguste ovata, quam pars patellaris fere non latior, paullo brevior quam pars patellaris cum tibiali; bulbus genitalis basi late rotundatus, apicem versus paullo angustatus, apice rotundato, ornatus stylo ex angulo interiore postico exeunti, primo exteriora versus directo, mox anteriora versus flexo, ad maximam partem bulbi lateri parallelo, in apice eius desinenti sub laminae parte apicali a bulbo non occupata, quae quam bulbus ipse triplo fere brevior est et fovea profunda ornatur. *Coxae* I—III sensim breviores, IV 1½ longiores quam III, trochanteres IV elongati, aeque fere longi atque coxae III. *Pedes* antici non incrassati; tibia III subcylindrata, paullo latior quam IV, haec apicem versus paullo dilatata et incrassata, basi vix angustior quam patella, metatarsus IV a basi attenuatus et angustatus, basi angustior quam tibiae apex, tarsus elongato inverse conicus. Femora omnia supra aculeata, patella I armata antice aculeo 1 adpresso tenui, tibia antice 1.1, subtus 2.2.2 (in apice), in latere postico 1 fere in medio, metatarsus armatus subtus aculeis 2.2 (in apice); patella II inermis, tibia aculeos habet: in latere antico 1 ante apicem, subtus ad latus anticum 1 pone medium parvum aut nullum, 1 in apice, ad latus posticum 1.1.1; metatarsus II ut I aculeatus; patellae III et IV armatae aculeis singulis in utroque latere, tibiae et metatarsi aculeata in utroque latere et subtus, tibia IV etiam supra prope basim aculeum 1 habet. *Abdomen* inverse ovatum, antice truncatum, postice acuminatum, mamillae prominentes.

Cephalothorax nigro-fuscus, lateribus vix pallidioribus, facie mandibulis maxillis coxis fusco-luteis; sternum fuscum, labium fuscum apice pallidum. Palporum pars femoralis fusco-flava, latere antico inferiore saltem apicem versus fusco, pars patellaris fusco-flava, in latere eodem nigra, pars tibialis eâ obscurior, apicem versus subtus et intus nigro-fusca, pars tarsalis nigro-fusca. Pedes fusco-lutei, femoris I latus utrumque nigrum, dorsum linea tenui fusca ornatum, patella in latere antico macula fusca ornata, tibia apice nigro-fusco, basi late obsoletius infuscata; cetera femora apice nigro-annulata, prope basim subtus aut subtus et in lateribus nigro-maculata, patellarum color idem atque in pedibus 1-mi paris, praeterea patellae posticae supra in medio infuscatae, tibiae basi et apice nigro-annulatae, annulis basalibus subtus inter-

ruptis. Abdomen supra fuscum, lateribus pallidis fusco maculatis, venter pallidus, macula media lata diffusa, mamillas non
attingenti, obscuriore notatus; mamillae superiores fuscae,
inferiores fusco luteae.

Corpus totum fere pube pure alba et flavo-albida et
fusca tectum et pilis nigris ornatum, longis erectis sat densis
in cephalothorace, sparsis in abdomine, tenuibus et sat densis
in pedibus; pubes in sterno et in pedibus subtus alba sub-
villosa, ceterum adpressa. Cephalothorax in lateribus et postice
albido-pubescens, linea marginali purius alba parum distincta,
supra fusco-cinereus, maculis albis notatus: in media fronte
diffusâ, inter oculos posticos linea brevi, in margine eorum
antico macula parva, pone eos medium versus alia rotundata,
in parte dorsi postica declivi linea media parum distincta.
Oculorum anticorum cinguli albidi, mediorum supra flavidi,
clypei pubes albida, in margine eius longa, picturam nullam
evidentiorem efformans. Palpi albido et nigro pubescentes,
pubes albida lineam format in dorso partis femoralis, totam
fere partem patellarem et tibialem supra tegit, in hac sat
longa est praesertim in latere exteriore; perpaucae squamulae
pallidae in lamina bulbi supra ad basim inveniuntur, ceterum
lamina haec pilis nigro-fuscis tecta. Abdomen supra ornatum
folio flavicanti-cinereo, mamillas non attingenti, cuius latera
antice subaequalia, posterius sinuata sunt; paries anticus
abdominis et latera et venter cinereo-albida, latera cinereo-
maculata. Folium dorsuale ornatur paribus punctorum albidorum tribus, postremo fere in $^3/_5$ longitudinis abdominis sito,
omnibus inter se et a margine abdominis antico aequaliter
distantibus; paris 1-mi latitudo duplo tantum minor quam
latitudo quadranguli oculorum, posteriorum paullo maior;
postica pars folii interrupta arcubus albidis tribus recurvis;
mamillae albido pubescentes.

Cephalothorax 2·5 mm. longus, 1·9 latus; pedum longitudo: I femur 2·0, patella 1·?, tibia 1·5, metatarsus 1·4,

tarsus 0·8, II: 1·5, 0·8, 0·9, 0·8, 0·5, III: 1·2, 0·6, 0·7, 0·65, 0·65, IV: 1·6, 0·8, 1·3, 0·9, 0·7. Abdomen 2·5 long., 1·8 latum. In alio specimine, minore, cephalothorax 2·0 mm. longus erat, pedum I femur 1·5, pat. 0·95, tib. 1·1, met. 0·95, tars. 0·6, IV: 1·5, 0·7, 1·1, 0·8, 0·6.

Femina. Cephalothorax desuper aspectus paullo latior quam in mare videtur, ceterum formam habet eandem; quadranguli oculorum longitudo vera paullo minor est quam $^3/_5$ latitudinis. Dorsi pars postica declivis minus praerupta quam in mare, $^1/_3$ longitudinis totius cephalothoracis occupat, pars dorsi media sublibrata, vix oculos versus adscendens. In capite directo a fronte aspecto margines superiores *oculorum* lineam formant vix recurvam, fere rectam. Clypei altitudo eadem atque in mare, *mandibulae* paullo breviores, aeque longae atque facies a clypei margine usque ad margines superiores oculorum mediorum alta. *Coxae* I coxis II non longiores, breviores quam in mare. *Pedum* posticorum forma eadem atque in mare; tibia I vix duplo longior quam lata. Pedum aculei eidem, tibia I tamen subtus habet aculeos 2.2.2, quorum anteriores basalis et medius fere in latere antico iacent, in latere antico 1 (pone aculeum inferum medium situm), in postico nullum. *Abdomen* (ovis nondum depositis) inverse ovatum, antice rotundatum. *Vulvae* lamina (fig. 21c) antice et in lateribus rotundata, postice rotundata et medio in angulum rotundatum incisa, subplana, paullo pone medium ornata lineola paullo elevata transversa brevi, ante quam iacent foramina duo inter se proxima, costa tantum angusta separata; pars laminae lineolae illi et margini postico interiecta — triangularis, postice angustior — subglabra, ceterum lamina rugulosa et pilis tecta.

Corporis color et pubes similia atque in mare; palpi pallidi, parte femorali supra ad apicem fusca, fere toti pube tecti albida, in apice partis tarsalis autem fusca. In cephalothorace macula occipitalis media sola distincta, ceterae indistinctae, praesertim linea media postica et maculae in utroque latere maculae occipitalis sitae; oculorum anticorum omnium cinguli supra flavidi. Pedum color eo differt, quod femora omnia apice sat late nigro-fusca sunt, anteriora in latere postico tantum prope basim punctum fuscum obsoletum habent, patellae omnes supra in medio infuscatae, annuli basales in tibiis 3 anterioribus angusti sunt. Abdominis pictura minus distincta, macularum albarum par primum spatio minore a margine antico quam a pari secundo, maculae paris unius cuiusque inter se spatiis maioribus quam in mare distant, posticae in margine antico puncto fusco impresso ornantur. Ovis depositis cinguli oculorum anticorum toti albidi, maculae abdominis et cephalothoracis — exeepta occipitali — indistinctae fiunt.

Cephalothorax 2·5 mm. longus, 2·0 latus, abdomen 3·5 long., 2·5 latum. Pedum longitudo: I femur 1·5, patella 0·85, tibia 0·85, metatarsus 0·7, tarsus 0·58, II: 1·2, 0·74, 0·7, 0·65, 0·55, III: 1·2, 0·7, 0·7, 0·58, 0·58, IV: 2·1, 0·84, 1·56, 1·0, 0·7.

Patria: Rossia meridionalis [1]), Galicia, Silesia [2]).

Species *Atto cinereo* Westr. haud dubie simillima, ab eo fortasse oculorum serie antica saltem in mare fortius curvata tantum distincta. E speciebus a Cel. E. SIMONIO descriptis *A. distinguendus* et *A. illibatus* soli sunt, cum quibus coniungi possit. Ab *A. illibato* — cuius series oculorum antica saltem in *Arachn. de France* leviter curvata (in „*Monographie des Attides*" recta) describitur — diversam eam esse censeo, quum pedes maculatos neque pallide rufo-flavos habeat. Utrum eam ad *A. distinguendum* recte retulerim an non, scire non possum, quum huius speciei mas tantum iunior accuratius, femina autem paucis verbis a Cel. SIMONIO descripta sint.

---

[1]) SIMON, *Monogr. d. Attid.*, p. 540 (75): Kijów, Połtawa; ID., *Liste... colect. Keyserl.* p. 205: Sarepta.

[2]) L. KOCH, *Beschreib. einiger von Dr.* ZIMMERMANN *bei Niesky... entdeckt. Spinn.* p. 20.

Ictidops.

Nazwy rodzajowéj *Ictidops* utworzonéj przez Dra FI-
CKERTA w r. 1876 używam jako równoznacznéj z *Aelurops*
Sim., chociaż do rodzaju *Ictidops* zaliczył Dr. FICKERT tylko
gatunek *„fasciatus* Hahn*“*, należący u SIMONA do rodzaju
Phlegra, a gatunki Simonowskiego *Aeluropsa* pomieścił
w rodzaju *Yllenus*. Rodzaj *Yllenus* utworzył SIMON w r. 1868
dla gatunku *arenarius;* rodzaj ten przyjął także Prof. THO-
RELL w r. 1870, a utworzył równocześnie rodzaj *Aelurops*
z typem *V-insignitus,* do którego téż zaliczył gatunek *Salticus fasciatus* Hahn. Późniéj w r. 1872 odniósł Prof. THO-
RELL ów typowy gatunek do rodzaju *Yllenus*, a w rodzaju
Aelurops pozostawił tylko gatunek *fasciatus* i podobne. W r.
1876 oddzielił SIMON znowu rodzaj *Aelurops* od *Yllenus,*
biorąc ostatni w takiém znaczeniu, jak go utworzył sam w r.
1868, piérwszy zaś w znaczeniu ściślejszém niż u THORELLA,
t. j. nie łącząc z nim gatunku *fasciatus* i t. p., dla których
utworzył osobny rodzaj *Phlegra.* Przyjmując wszystkie trzy
wspomnione przez SIMONA okréślone rodzaje — jak to tutaj
czynię, nie wchodząc w to, czy one rzeczywiście utrzymać
się dadzą — i szukając ich najstarszych nazw, znajdziemy, że
obecny rodzaj *Aelurops* SIMONA odpowiada typowym formom
rodzaju tak nazwanego przez THORELLA, a rodzaj *Phlegra*
gatunkom przez THORELLA tylko do rodzaju *Aelurops* do-
łączonym.

Dr. FICKERT utworzył nazwę *Ictidops* tylko dla tego,
że nazwa *Aelurops* już dawniéj zużytą została na oznaczenie
pewnego rodzaju ssawców, nie podał dyjagnozy tego rodzaju,
ale uważając go za równoznaczny z rodz. *Aelurops*, zaliczył
do niego gatunek *fasciatus,* ponieważ ten należał u THORELLA
do rodzaju *Aelurops.* Sądzę więc, że nazwy *Ictidops* używać
można tylko w tém znaczeniu, co *Aelurops* Thor. z r. 1870,
a zatém i *Aelurops* Sim. z r. 1876.

Euophrys monticola.

Gatunek ten pomięszany przezemnie z *Eu. petrensis* i *aequipes* zdaje się być właściwym Karpatom i jeszcze nieopisanym. Nie znając samca, podaję tylko opis dorosłéj samicy.

Euophrys monticola (n.) *cephalothorace fusco-luteo aut fusco, parte cephalica nigra, palpis pallidis, pedibus fusco-annulatis, abdomine fusco, postice angulis 3 et arcubus 2 pallidis ornato; clypeo pilis paucis ornato, tibiis II subtus armatis aculeis (1).1.1*; ♀ ad. *cephalothorace 1·2 mm. longo.*

Femina. Cephalothorax paullo pone medium latissimus, anteriora et posteriora versus fere aequaliter leviter angustatus, ad seriem oculorum 3-am eâ paullo latior, fronte late rotundata, margine postico late truncato angulis rotundatis. Quadrangulus oculorum postice aeque latus atque antice, fere 1¹/₃ latior quam longus, ²/₃ partis thoracicae longitudine aequans tota pars cephalica (oculis mediis anticis inclusis) aeque longa atque ³/₄ partis thoracicae. Dorsum, cuius pars postica declivis fere ¹/₄ longitudinis occupat, supra sublibratum, ab oculis seriei 3-ae usque ad frontis marginem arcuatum et sat fortiter proclive. *Oculi* postici lateralibus anticis subaequales, intermedii ab his spatio parum maiore quam ab illis distantes; linea per margines superiores oculorum anticorum ducta recta; oculi antici inter se spatiis parvis, saltem 4-plo minoribus quam lateralium diameter, distantes, lateralium diameter fere duplo minor quam mediorum. Clypei sub oculis mediis' altitudo triplo minor quam eorum diameter. *Mandibulae* breves, faciei altitudinem a clypei margine usque ad oculorum margines superiores longitudine non aequantes. *Labium* breve. *Sternum* 1¹/₂ longius quam latum, spatium coxis II interiectum parum maius quam quo coxae I inter se distant. *Palporum* pars tibialis supra aeque longa atque patellaris. eâ parum latior, insigniter crassior, pars tarsalis aeque longa atque ambae praecedentes simul sumptae, aeque lata et crassa atque pars tibialis, desuper aspecta apicem versus parum angustata, a latere visa fere non attenuata, apice rotundato. *Coxae* IV ceteris paullo longiores, *pedes* anteriores ceteris robustiores, femoribus crassis, supra et in latere exteriore convexis, intus concavis; patella III aeque circiter longa atque patella IV, tibia III parum crassior quam IV, haec subcylindrata. Pedes armantur aculeis his: nonnullis tenuibus arcuatis in femorum parte apicali, 2.2.2 subtus in tibiis I, antico basali ceteris multo tenuiore et brevi aut nullo, 2.2 in metatarso I et II subtus longissimis, basalibus saltem tarsum medium, apicalibus fere apicem eius attingentibus, 1.1.1 subtus ad latus posticum tibiae II, medio ceteris multo maiore, basali parvo, saepius nullo, in tibia III 1 antice pone medium, 1 subtus, 1.1 in latere postico, in metatarsis III et IV prope basim postice 1, subtus 1, circa apicem pluribus, in tibia IV subtus 1, postice 1. *Abdominis* forma ordinaria. *Vulvae* lamina margine postico recto, postice medio impressa, ceterum sat convexa, in parte anteriore ornata granulis nitidis duobus; humefacta (fig. 22) pallida est, circulis duobus sat magnis rufescentibus fusco marginatis ornatur inter se et a margine postico spatiis minimis distantibus, et punctis fuscis — granulis, quae supra dixi — duobus, nonnumquam indistinctis, inter se et a circulis eis spatiis saltem non maioribus quam est circuli radius disiunctis.

Cephalothorax et abdomen tecta pube non densa flavido-cinefea, albida in cephalothoracis lateribus et parte postica; oculorum anticorum cinguli albidi, clypeus pilis paucis flavido-cinereis ornatus.

Cephalothorax fusco-luteus aut luteo-fuscus, summis marginibus lateralibus nigris; latera supra margines pallidiora, pars thoracica lineolis nonnullis fuscis radiantibus ornata; capitis pars superior cum oculis omnibus ab area occupatur nigra, quae paullo ultra oculos posticos producta in dorso partis thoracicae linea ex arcubus duobus procurvis compositis definitur. Partium oris et sterni color idem ac cephalothoracis, mandibularum et maxillarum nonnumquam pallidior. Palpi pallide flavi, parte tarsali nonnumquam paullo obscuriore. Pedes cephalothorace pallidiores, flavidi, obsoletius fusco-maculati: femur II semiannulo sub apice in latere postico ornatum, femur III et IV prope basim macula subtus, sub apice annulo; patellae apicibus infuscatis, latius et distinctius posteriores quam anteriores; tibiae omnes annulum prope apicem situm habent, metatarsi posteriores basi et apice infuscati. Abdomen supra fuscum punctis et lineolis fusco-luteis dense maculatum, in dimidio posteriore ornatum lineis transversis fusco-luteis, tribus anterioribus in angulum, duabus posterioribus in arcum recurvum flexis; dimidium anterius saltem in exemplis obscurius coloratis ornatur punctis pallidis duobus fere in quarta parte abdominis sitis, pone ea autem lineolis obliquis posteriora et exteriora versus directis duabus, utrimque una. Abdominis latera fusco-lutea, fusco-lineata et punctata, in quem colorem color dorsi sensim abit; venter lutescens, fasciis tribus fuscis ornatus, media breviore et angustiore quam laterales, mamillae annulo fusco, praesertim in lateribus distincto, circumdatae, supremae fuscae, infimae pallidae.

Patria: Galicia, Hungaria. Pauca specimina inveni in regione alpina et subalpina montium Tatricorum et Babia Góra (1100—1800 m.).

Eu. aequipes (CAMBR.), cui *Eu. monticola* similis est, pedes habet multo distinctius nigro annulatos, abdominis dorsum limbo pallido circumdatum, palporum partem femoralem saepe puncto basali et apicali nigris in latere exteriore ornatam, vulvae puncta fusca duo spatio multo maiore, saltem diametrum circuli postici aequanti, inter se remota (fig. 23)

Eu. petrensis (C. L. Koch), cuius specimen unum tantum vidi, differt ab *Eu. monticola* palporum parte femorali nigra. *Eu. alpicola* L. Koch [1]), quae etiam *Eu. monticolae* affinis videtur, pedes immaculatos, cephalothoracem nigrum habet.

---

[1]) *Verzeichniss der in Tirol bis jetzt beobachteten Arachniden*, pag. 346.

Wyjaśnienie rysunków.

(Tablica VII i VIII).

~~~~~~

1. *Synageles confusus* n., części rodne samicy.
2. *Epiblemum cingulatum* (PANZ.), części rodne samicy.
3.   „   *scenicum* (CLERCK), części rodne samicy.
4.   „   *tenerum* (C. L. KOCH), części rodne samicy.
5. *Heliophanus patagiatus* THOR., *a)* głaszczek samca widziany z góry i nieco od zewnątrz, *b)* część piszczelowa (*pars tibialis*) głaszczka widziana od zewnątrz i nieco od tyłu, *c)* dwie ostatnie części głaszczka od spodu.
6. *Heliophanus aeneus* (HAHN), *a)* głaszczek samca widziany z góry i nieco od zewnątrz, *b)* widziany od zewnątrz, *c)* ostatnie dwa członki widziane z dołu.
7. *Heliophanus dubius* C. L. KOCH, *a)* ostatnie członki głaszczka samczego widziane z dołu, *b)* widziane z góry.
8. *Heliophanus auratus* C. L. KOCH, *a)* ostatnie członki głaszczka samczego widziane z dołu, *b)* widziane od wewnątrz.
9. *Heliophanus flavipes* (HAHN?), *a)* ostatnie członki głaszczka samczego widziane z dołu, *b)* widziane od wewnętrznéj strony.
10. *Heliophanus cupreus* (WALCK.), części rodne samicy.
11.   „   *flavipes* (HAHN?), tak samo.
12.   „   *auratus* C. L. KOCH, tak samo.
13.   „   *patagiatus* THOR., tak samo.
14.   „   *dubius* C. L. KOCH, tak samo.
15.   „   *aeneus* (HAHN), tak samo.

16. *Attus floricola* (C. L. KOCH), głaszczek samca widziany z dołu.

17. *Attus rupicola* (C. L. KOCH), tak samo.

18. „ *floricola* (C. L. KOCH), części rodne samicy (powiększone 32 razy).

19. *Attus rupicola* (C. L. KOCH), te same (pow. 32 r.).

20. „ *saxicola* (C. L. KOCH), *a*) głaszczek samczy widziany z góry, *b*) z dołu, *c*) części rodne samicy.

21. *Attus distinguendus* SIM.?, *a*) głaszczek samczy widziany z dołu, *b*) od zewnątrz, *c*) części rodne samicy.

22. *Euophrys monticola* n., części rodne samicy, zwilżone.

23. „ *aequipes* (CAMBR.), to samo.

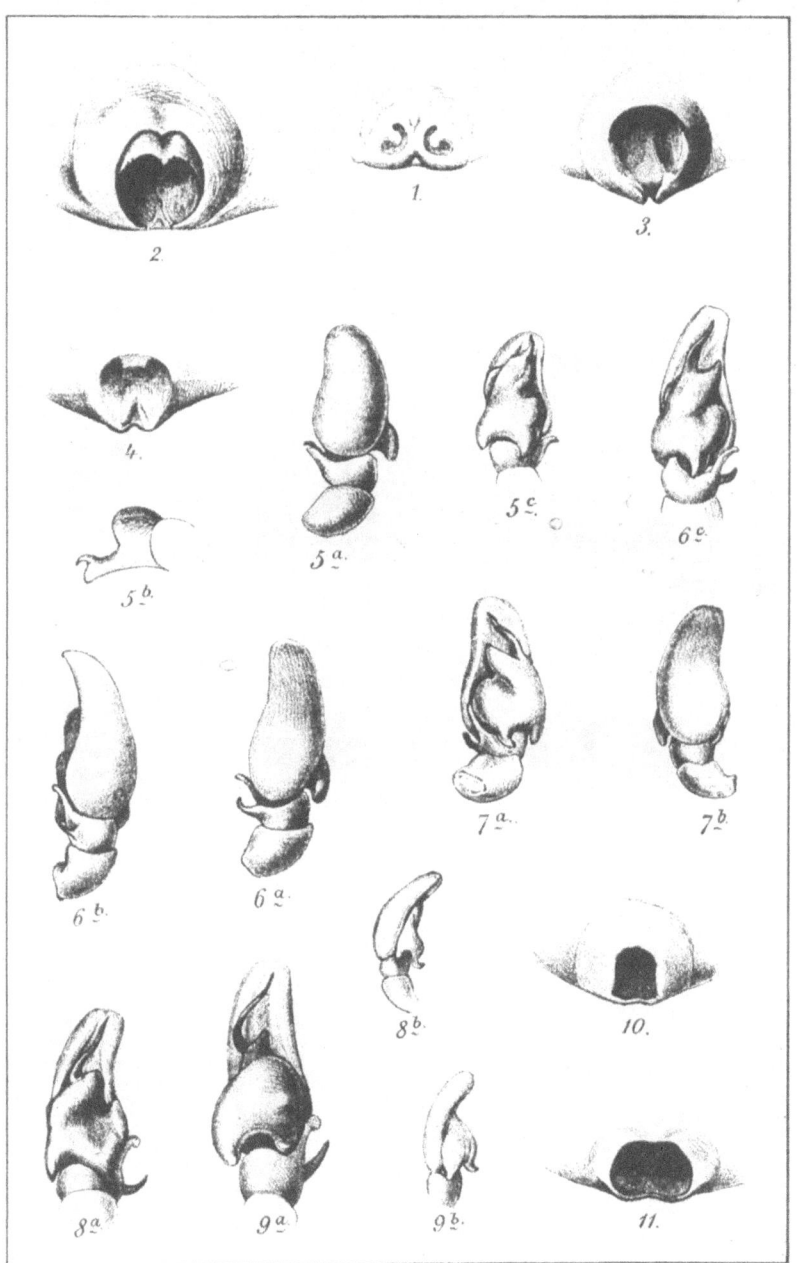

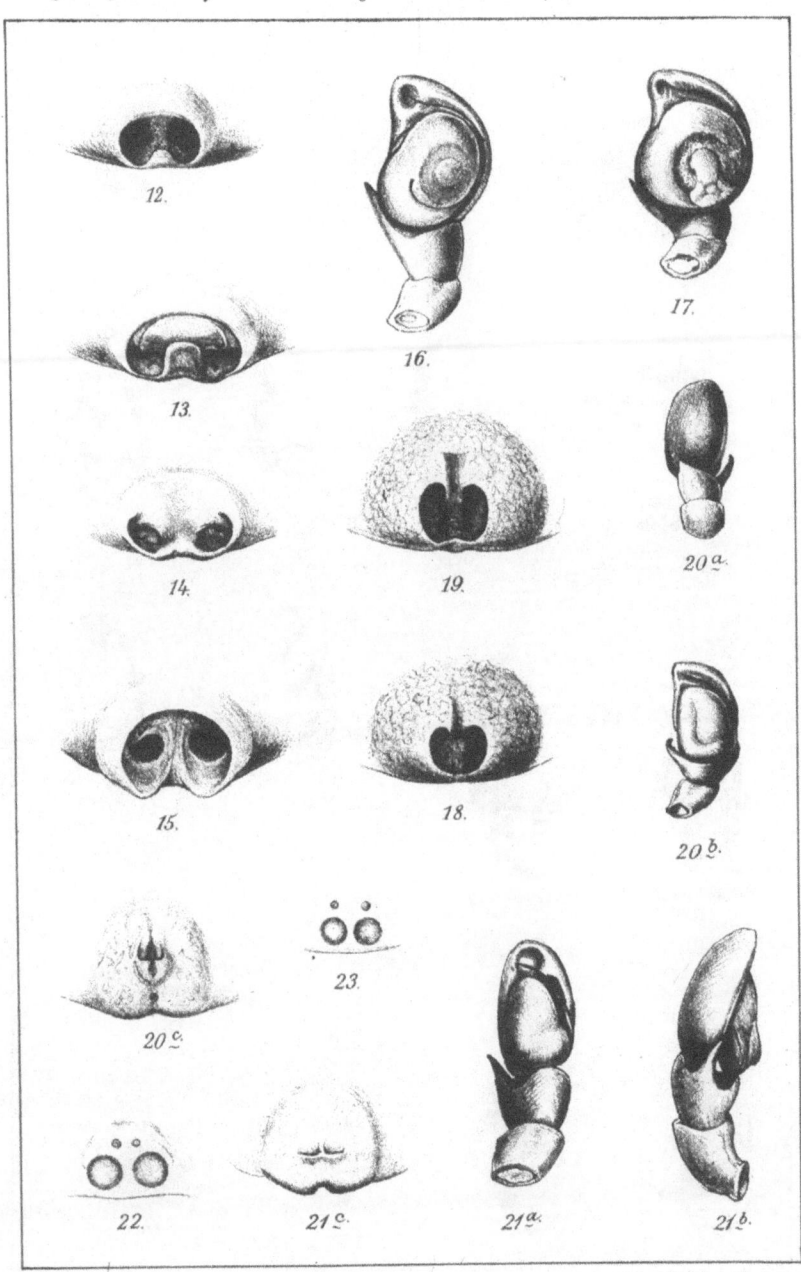

Summary

The paper summarizes all previous information on Salticidae described and recorded from Galicya in various papers. Additional material from the author's collection was added. The Latin descriptions of new or poorly known species are interspersed with Polish remarks. The Polish sections consist of remarks on collecting sites, collectors, and literature, on the value of taxonomic characters, and on the habitat and biology of certain species.

An interesting part is formed by the zoogeographical analysis of the Salticid fauna of Europe on pages 7-16. To Kulczyński's knowledge there were 27 genera of Salticidae with 245 species. He has divided Europe into parallel latitudinal belts and statistically compared the Salticidae of the different belts. The Southern European belt is the richest, containing 124 species in eight genera, none of these penetrating into the central and northern belts. A small group of 46 southern species penetrates the next northward belt in two places, viz., along the Atlantic coast in France, and in Hungary (in its 19th century sense, including parts of present Yugoslavia, Rumania and Czechoslovakia). Eighty-nine species mainly occur in Central and Northern Europe, including 14 southern species that appeared to penetrate locally into various areas of Central Europe, some of these showing very restricted distributions. On the other hand, 20 of the species he considered typically Central or Northern European penetrate into "peninsulas and islands of Southern Europe". Many species do not cross the Pyrenees, for others the coast of the Black Sea or the Alps form the southern border.

Dividing Europe longitudinally into three belts, Kulczyński found the following pattern:
1. France, Belgium, Netherlands, and the British Isles contain 109 species;
2. Switzerland, Austria, Germany, and Scandinavia: 88 species;
3. Hungary, present Czechoslovakia, Poland, at least part of Rumania, and the European part of the U.S.S.R.: 81 species.

The three belts have only 46 species in common. [A comparable analysis on the basis of our present knowledge would be very interesting!]

J. Prószyński

7

W. Kulczyński, Uebersicht galizischer Attoiden. Auszug.

Vorliegende „Uebersicht galizischer Attoiden" enthält eine Zusammenstellung aller bisher veröffentlichten Nachrichten über das Vorkommen und die Verbreitung der Attoiden in Galizien, neben zahlreichen neuen Beiträgen. Für die erstere konnten leider beinahe nur die betreffenden Schriften, nicht aber die Sammlungen selbst benutzt werden; eine Ausnahme bilden mehrere von Dr. L. Koch bestimmte Arten, die ich in der zoologischen Sammlung der Krakauer Universität zu sehen Gelegenheit hatte.

Eine Vergleichung der galizischen Fauna mit jener der übrigen mittel- und nordeuropäischen Länder (pag. 142—150 (7—16) bietet Nichts, was besonders hervorzuheben wäre. Die in Galizien aufgefundenen Arten sind grösstentheils in den ebeneren Gegenden Mittel-Europas weit verbreitet; *Attus rupicola* (C. L. Koch) und *A. saxicola* (Id.) sind Alpenthiere und mögen sich auch wirklich aus den Alpen hierher verbreitet haben, zwei andere: *Attus Dzieduszyckii* L. Koch und *Attus distinguendus* Sim., sind dem Osten Europas eigenthümlich, leben aber noch in Schlesien; den Karpathen eigenthümlich scheint nur *Euophrys monticola* n. zu sein. Für die Feststellung der Grenzen der Verbreitungsbezirke von *Heliophanus varians* Sim. und *H. flavipes* (Hahn) dürften noch weitere Forschungen zu erwarten sein.

Unsere gegenwärtige Kenntniss der horizontalen Verbreitung der Arten in Galizien ist noch in dem Grade lückenhaft, dass eine Specialisirung der Fundorte nur für die lokale

1

Bearbeitung ein Interesse bietet. Desshalb findet man auch in
dem vorliegenden Auszuge nur eine Namensliste galizischer Arten,
einige Beiträge zur Kenntniss ihrer vertikalen Verbreitung und
Bemerkungen theils synonymischen theils systematischen Inhaltes.
Die letzteren beziehen sich grösstentheils auf die *„Arachnides de France"* von E. Simon. Wenn ich in diesen Bemerkungen vielleicht auch nicht immer das Richtige getroffen habe,
so mögen dieselben wenigstens mittelbar zur Aufklärung der
angeregten Zweifel beitragen.

*　　*

*

In Galizien wurden bisher folgende Arten von Attoiden
gesammelt:

Salticus (Latr.) Thor.
　formicarius (De Geer).
Leptorchestes (Thor.) Sim.
　berolinensis (C. L. Koch).
Synageles Sim.
　hilarulus (C. L. Koch).
　confusus n.
Epiblemum Hentz.
　scenicum (Clerck).
　cingulatum (Panz.).
　tenerum (C. L. Koch).
Heliophanus C. L. Koch.
　patagiatus Thor.
　aeneus (Hahn).
　dubius C. L. Koch.
　cupreus (Walck.).
　auratus C. L. Koch.
　flavipes (Hahn)?
　varians Sim.
Marptusa Thor.
　muscosa (Clerck).

radiata (Grube).
Dendryphantes C. L. Koch.
　hastatus (Clerck).
　rudis (Sund.).
　encarpatus (Walck.).
Philaeus Thor.
　chrysops (Poda).
　? bicolor (Walck.).
Hasarius Sim.
　arcuatus (Clerck).
　falcatus (Clerck).
　laetabundus (C. L. Koch).
Pellenes Sim.
　crucigerus (Walck.).
Attus Walck.
　pubescens (Fabr).
　terebratus (Clerck).
　floricola (C. L. Koch).
　rupicola (C. L. Koch).
　saxicola (C. L. Koch).
Caricis Westr.

Dzieduszyckii L. Koch.

distinguendus Sim.?

saltator Sim.

Phlegra Sim.

fasciata (Hahn).

Ictidops Fick.

V-insignitus (Clerck).

festivus (C. L. Koch).

Yllenus Sim.

arenarius Sim.

Euophrys C. L. Koch.

erratica (Walck.).

frontalis. (Walck.).

petrensis (C. L. Koch).

monticola n.

aequipes (Cambr.).

Neon Sim.

reticulatus (Blackw.).

Ballus C. L. Koch.

depressus (Walck.).

aenescens (Sim.).

Synageles confusus n., *Heliophanus patagiatus* Thor., *Marptusa radiata* (Grube), *Philaeus chrysops* (Poda), *Hasarius laetabundus* (C. L. Koch), *Attus Caricis* Westr., *Euophrys aequipes* (Cambr.), *Eu. monticola* n. sind in diesem Verzeichnisse zum ersten Male als in Galizien vorkommend angeführt; die übrigen Arten finden sich schon in verschiedenen auf pag. 151 (17) aufgezählten Schriften angegeben.

Ueber die vertikale Verbreitung der Arten in West-Galizien findet man einige Angaben in meinen „Spinnen aus der Tatra"; nach durchgeführter Revision des gesammten Materiales meiner Sammlung erscheinen für jene Zusammenstellung folgende Zusätze und Berichtigungen nöthig:

Leptorchestes berolinensis (C. L. Koch) wurde bisher nur in Ost-Galizien, angeblich in einer Höhe von 300 M., gefunden.

In der Ebene West-Galiziens leben zwei *Synageles*-Arten: *S. hilarulus* (C. L. Koch) und *S. confusus* n.

Epiblemum tenerum (C. L. Koch) Thor. wurde in Mittel-Galizien in der montanen Region gefunden.

Heliophanus patagiatus Thor. lebt in der collinen Region auch in West-Galizien (Neu-Sandec).

Heliophanus aeneus (HAHN) wurde in der Umgebung von Neu-Sandec (Pieniny) noch 900 M. hoch gesammelt.

Mein *Heliophanus cupreus* (WALCK.) von der Babia Góra (650 M.) ist *H. dubius* C. L. KOCH, der in dieser Höhe nur einmal gefunden wurde, während *H. cupreus* nur die Höhe von 500 M. zu erreichen scheint.

In der Ebene lebt auch *Heliophanus flavipes* (HAHN?) (vielleicht *H. varians* SIM.).

Eine Art der Ebene ist *Marptusa radiata* (GRUBE) (bisher nur bei Lemberg beobachtet).

Dendryphantes hastatus (CLERCK) geht nicht über die colline Region hinaus; mein *D. hastatus* von der Babia Góra ist ein *D. rudis* (SUND.).

Philaeus chrysops (PODA) wurde ein einziges Mal, ca 500 M. hoch, im Pieninen-Gebirge gefunden.

Die Angabe, das *Hasarius arcuatus* (CLERCK) in Schlesien 900 M. hoch gefunden wurde, ist zu streichen; diese Art erreicht höchstens den unteren Rand der montanen Region, während es ausschliesslich *H. falcatus* (CLERCK) ist, der die Gebirgswälder bis zu einer Höhe von 1100 M. bewohnt.

In der west-galizischen Ebene lebt neben anderen *Attus*-Arten auch *A. Caricis* WESTR.

Die von mir (*l. c.*, pag. 32) als *Attus sp.?* angegebene, an Gebirgsbächen vorkommende Art scheint *A. distinguendus* SIM. zu sein.

Euophrys frontalis (WALCK.) lebt in der Tatra noch oberhalb der Höhenlinie von 1100 M.

Meine Angaben über *Euophrys petrensis* (C. L. KOCH) beruhen auf unrichtiger Bestimmung: *Eu. petrensis* wurde nur in einer Höhe von 230 M. gefunden, während das Gebirge von zwei anderen Arten bewohnt wird, nämlich von *Eu. aequipes* (CAMBR.) (190 — 930 M.) und *Eu. monticola* n. (1100 — 1800 M.).

Neon reticulatus (BLACKW.) wurde in der Tatra noch 1200 M. hoch gefunden.

Ueber das Vorkommen von *Hasarius laetabundus* (C. L. KOCH) weiss ich nichts anzugeben, indem ich von dieser Art nur ein einziges galizisches Exemplar, ohne genauer angegebenen Fundort, besitze.

~~~~~~~~~

Synageles hilarulus und confusus.

Salticus hilarulus von C. L. Koch [1]) enthält sicherlich zwei verschiedene Arten. Die eine (Fig. 1099) scheint mit *Synageles ludibundus* Sim., nicht aber mit *S. venator* (Luc.) Sim. identisch zu sein, und zwar aus Gründen, die sich auf Seite 196 (62) angeführt finden. Die in der Fig. 1100 dargestellte „Varietät“ halte ich für eine eigene Form, welche möglicherweise als Farbenvarietät zu *Synageles venator* Sim. gehört, wahrscheinlich aber als eigene Art, *S. confusus* n., zu betrachten ist. Eine Beschreibung des einzigen Exemplares, welches ich von dieser Form gefunden habe, findet sich auf S. 192—196 (58—62).

Wenn meine Vermuthungen über den Koch'schen *Salticus hilarulus* richtig sind, so würden sich die Synonymen-Listen der europäischen *Synageles*-Arten so gestalten, wie ich dieselben auf S. 196—197 (62—63) angegeben habe.

Heliophanus.

Eine sichere Bestimmung der galizischen *Heliophanus*-Arten wollte mir mit den von E. Simon in *Arachn. de France*, Bd. III gegebenen Tabellen nich gelingen. Insbesondere war ich nicht im Stande die dort angegebenen Unterschiede in der Stärke und Länge der vorderen Tibien bei Männchen, sowie auch die Eindrücke auf dem Cephalothorax der Weibchen mit Sicherheit zu erkennen. Ich habe desshalb auf S. 198 — 200 (64 — 66) die Unterscheidungsmerkmale der wenigen galizischen Arten zusammengestellt, wobei jedoch zu bemerken wäre, dass der dort angeführte *Heliophanus flavipes* von *H. flavipes* Sim. si-

---

[1]) Die Arachniden, Bd. XIII, p. 31, fig. 1099, 1100.

cherlich verschieden ist, wie dies die anders gestalteten weiblichen Geschlechtsorgane beweisen.

Die galizische Art wurde auch von Dr. L. Koch als *Heliophanus flavipes* (Hahn) bestimmt; nach der von C. L. Koch
gegebenen Beschreibung[1] des deutschen *H. flavipes* ist es mir
aber unmöglich zu entscheiden, ob die deutsche Art mit der in
Frankreich lebenden oder mit der galizischen identisch ist. —
Wahrscheinlich ist es, dass *H. flavipes* Sim. = *H. flavipes*
Hahn und C. L. Koch ist, während der galizische „*H. flavipes*"
vielleicht als *H. varians* von E. Simon beschrieben wurde. In
diesem Falle wäre aus der Liste galizischer Arten *H. flavipes*
zu streichen.

Marptusa.

Die eigenthümliche Lage der vorderen Hüften, welche von
E. Simon als Kennzeichen der Gattung *Marptusa* (Thor.) angegeben wurde, finde ich nur bei ziemlich ausgewachsenen Exemplaren von *Marptusa muscosa* (Clerck) meiner Sammlung, während bei jungen Stücken diese Hüften von einander weiter entfernt sind, bei ganz jungen um die ganze Breite der Unterlippe.

Dendryphantes hastatus.

Vergeblich habe ich nach Kennzeichen gesucht, an denen
zu erkennen wäre, ob die in meiner Sammlung befindlichen,
theils in Galizien, theils in polnisch Livland gesammelten Exemplare von *Dendryphantes hastatus* zu *D. hastatus* Sim. oder
D. bombycius Sim. gehören.

Nach der analytischen Tabelle in *Arachn. de France*,
III, p. 37, sollen die Augenringe bei *D. hastatus* ♀ gelblichweiss, bei *D. bombycius* gelb, die Haare des Clypeus (*barbes*)
beim ersteren ebenfalls gelblichweiss, beim letzteren weiss, die
Behaarung des Bauches bei *D. hastatus* weisslich, bei *bomby-*

---

[1] Die Arachniden, Bd. XIV, p. 64, f. 1320—22.

cius gelb sein. Nach den Beschreibungen (l. c., p. 38 u. 39) hat ausserdem *D. bombycius* fahlrothe, gelb behaarte Beine, die hinteren oft mit Spuren von braunen Ringen, während die Beine beim *hastatus* braunschwarz, mit unbestimmten fahlen Ringen und weisser Behaarung sind.

Bei meinen Exemplaren ist die Farbe des Bauches verschieden, goldgelb bis gelblichweiss, weiss ist sie bei keinem. Darnach wären sie alle = *D. bombycius*. Allein die Farbe der Augenringe ist bei ihnen weisslich gelb, und weisslich gelb sind auch die den Clypeus bedeckenden Haare, und wenn auch die letzteren öfters eine hellere Farbe haben als die Augenringe, so bin ich doch nicht im Stande irgend eine Grenze zu finden zwischen solchen Exemplaren und denjenigen, bei welchen die erwähnten Haare vollkommen gleich gefärbt sind. Die Beine sind bei einigen Exemplaren hell, bei anderen dunkel, dies richtet sich aber durchaus nicht nach anderen Farbenunterschieden, im Gegentheil sind bei meinem Exemplar, dessen Bauch die reinste weissliche Farbe hat, die Beine hell, ihre Behaarung aber wieder vorwiegend weiss.

In den von E. SIMON gegebenen Beschreibungen fände sich noch ein Unterschied in der Färbung des Hinterleibsrückens. Dieselbe ist aber veränderlich: der vordere Flecken verschwindet manchmal gänzlich, die beiden hinteren weissen, — eigentlich aus mehreren parallelen, aussen convexen Bogen zusammengesetzt, die mehr oder weniger mit einander zusammenfliessen, — nähern sich bald den für die eine, bald den für die andere Art beschriebenen Verhältnissen. Die Gestalt der Epigyne endlich ist ebenfalls etwas veränderlich und kann sonst — von verschiedenen Seiten gesehen — verschieden aufgefasst und beschrieben werden, wie dies eine Vergleichung der Beschreibungen in den *Arachn. de France* und in *Remarks on Synonyms* von Prof. Dr. THORELL beweist.

Nach den *Arachn. de France* wäre *Dendryphantes hastatus* eine nordische Art, nach der *Liste d. espèces Attid.... collect. Keyserling* kommt er aber doch auch in Bayern bei München vor.

Nach allem dem glaube ich — so lange es nicht gelingt deutlichere und beständigere Unterschiede zwischen den erwähnten Arten aufzufinden — dieselben für Formen einer Art halten zu müssen. (S. Seite 203—204 (69 — 70)).

Dendryphantes rudis.

In die Synonymen - Liste des *Dendr. rudis* (Seite 204 (70) habe ich auch *Dendr.* (*Attus*) *ravidus* Sim aufgenommen, wozu ich mich durch Folgendes genöthigt sehe:

Eine Vergleichung der Beschreibungen von *D. ravidus* in der *Monograph. d. Attid.* und von *D. rudis* in *Arachn. de France* (nicht in der *Monographie*) weist nur einen Farbenunterschied zwischen beiden Arten auf, nämlich das Vorhandensein von zwei Paaren weisser Punkte am Hinterleibsrücken beim *D. rudis*, während *D. ravidus* drei Paare besitzt; nach Prof. Thorell (*Rem. on Synon.*) hat aber *D. rudis* deren drei bis vier. E. Simon hat noch in der *Révis. d. Attid.* einen anderen Unterschied angegeben: das Gesicht soll nämlich beim *ravidus* breiter, der Clypeus weniger zurückweichend sein als beim *rudis*. Dieser relative Unterschied dürfte aber sehr schwer zu constatiren sein, besonders wenn man nur über eine der genannten Formen verfügt. Auch erscheint aus zoogeographischen Rücksichten die Annahme unwahrscheinlich, dass in Polen neben dem von Lappland bis nach Ungarn (oder sogar Griechenland) verbreiteten *D. rudis* eine andere so nahe verwandte und doch specifisch verschiedene Form leben sollte.

In meinen „Spinnen aus der Tatra" habe ich ein abgeriebenes Exemplar ♂ von *Dendryphantes rudis* aus der Babia Góra als *D. hastatus* aufgeführt. Nach der analytischen Tabelle in *Arachn. de France* III, p. 37, soll die Tibia IV beim *D. rudis* kaum länger, beim *D. bombycius* um $1/_3$ länger als Patella IV sein. Die betreffenden Maasse findet man auf Seite 204 (70) zusammengestellt; eine Vergleichung derselben ergiebt jedoch, dass bei dem erwähnten, zweifellos zu *D. rudis* gehörigen Exemplare der genannte Unterschied grösser ist als beim *D. hastatus.*

Die Unterscheidung unversehrter Exemplare von *D. rudis*
♂ und *hastatus* bietet keine Schwierigkeiten, auch gelingt sie
leicht, wenn nur der hintere Theil des Hinterleibes seine Behaarung nicht verloren hat. Stark abgeriebene Exemplare dürften
aber noch am leichtesten darnach zu unterscheiden sein, dass
an der Innenseite des Femur I beim *D. hastatus* nur zerstreute
weisse Schuppen zu finden sind, während sich beim *D. rudis*
daselbst eine aus dicht gedrängten weissen Schuppen gebildete
Längslinie findet.

Philaeus.

Unter den Kennzeichen dieser Gattung wird meistens die
starke Krümmung der vorderen Augenreihe angeführt, obwohl
diese Krümmung selbst bei der typischen Art, *Ph. chrysops*
(Poda), nur dem Männchen eigen ist, bei dem Weibchen aber
die oberen Ränder der genannten Augen beinahe in einer geraden Linie liegen.

Bei *Ph. bicolor* (Walck.) ist die Krümmung dieser Augenreihe nicht nur beim Weibchen, sondern auch beim Männchen
so gering, dass die Stellung dieser Art in dem Genus *Philaeus*
kaum gesichert erscheint. Erwähnenswerth ist auch, dass Tibia +
Patella III, besonders bei kleinen männlichen Exemplaren, kaum
kürzer sind als Tibia + Patella IV, und auch bei Weibchen der
Unterschied nicht gross ist. Es ist daher sehr leicht beim Gebrauch der analytischen Tabelle in *Arachn. de France* III, p.
3—5, das Genus zu verfehlen: bei ungenauem Abschätzen der
Länge der genannten Glieder glaubt man einen *Pellenes* vor
sich zu haben, sonst aber einen *Menemerus*. Ich weiss nicht,
ob diese Art in der letzteren Gattung, die mir aus eigener An-
schauung nicht bekannt ist, Platz finden könnte; jedenfalls kann
aber Alles, was Prof. Dr. Thorell in den *Studi sui ragn. malesi e papuani* II, pag. 237, für die Unterbringung des *Salticus culicivorus* Dol. in dem Genus *Menemerus* anführt, auch
von *Attus bicolor* gesagt werden.

Philaeus (?) bicolor (Walck.).

Ein von Dr. L. Koch als *Attus varicus* Sim. bestimmtes Exemplar, ein Weibchen, kann ich von galizischen Stücken des *Ph. bicolor* nich unterscheiden. Der Epigyne der letzteren fehlt zwar der von E. Simon angegebene tiefe Strich auf dem Mittelkiele; doch stimmen die mit denselben gesammelten Männchen ganz gut mit *Ph. bicolor*, und den erwähnten Strich finde ich auch bei einem Weibchen nicht, das ich von Herrn Grafen E. von Keyserling als *Ph. bicolor* erhielt.

Hasarius arcuatus (Clerck) und H. falcatus (Id.).

Euophrys farinosa C. L. Koch halte ich für das Weibchen des in Galizien sehr häufigen *Hasarius arcuatus*; wenigstens würde ich nichts anzugeben im Stande sein, was in der Beschreibung oder der Abbildung dieser Art [1]) dagegen sprechen würde. Ohne Zweifel sind mit dieser Art identisch: *Attus farinosus* Simon (*Monogr. d. Attid.*) und Thorell (*Remarks on Synon.*). Die Weibchen, welche von Prof. Dr. Thorell als *Attus arcuatus* beschrieben wurden, kann ich nur für dunkel gefärbte Weibchen des *H. falcatus* halten. Die Beschreibung des *Attus arcuatus* ♀ in der *Monogr. d. Attid.* ist jedenfalls zu kurz gefasst; sie passt auf galizische Exemplare nicht gut, kann aber für südliche Exemplare zutreffend sein; während nämlich die in Galizien gesammelten Weibchen den Männchen recht wenig ähnlich sind, scheinen südliche Exemplare bedeutend dunkler gefärbt und den Männchen ähnlicher zu sein, wie ich mich wenigstens an transkaukasischen von Hrn A. Ulanowski gesammelten Exemplaren überzeugen konnte.

In der *Révision d. Attid.* blieb *Hasarius arcuatus* auf Seite 145 (21), wo die Unterschiede zwischen *A. falcatus, fa-*

---

[1]) Die Arachniden XIII, p. 223, f. 1268.

rinosus, laetabundus angegeben wurden, unerwähnt. Eine Vergleichung dieser Stelle mit den betreffenden in den *Arachn. de France* lässt mich vermuthen, dass *H. arcuatus* ♀ der *Ar. de France* = *A. falcatus* Révis., *H. falcatus* ♀ *Arachn. de France* = *A. farinosus* Révis. ist.

Für die Annahme, dass *H. arcuatus* ♀ der *Arachn. de France* zu *H. falcatus* ♂ gehört, kann folgendes angeführt werden: 1) nur unter diesen Weibchen findet man häufig die verschiedenen Farbenvarietäten, welche von C. L. Koch für *H. falcatus* abgebildet werden, 2) die Abbildung der Epigyne von *H. falcatus* in Menge's „Preussischen Spinnen" passt gerade auf diese Art, nicht aber auf *H. falcatus Ar. de France*, 3) diese Form wurde von Dr. Ph. Bertkau in Copula mit *H. falcatus* ♂ gefunden [1]), 4) abgesehen davon, dass diese Weibchen in der Ebene Galiziens öfters mit *H. falcatus* ♂ und ohne *H. arcuatus* ♂ gesammelt wurden, ist es ausschliesslich diese Form, die die höheren Gebirgswälder bewohnt — neben *H. falcatus* ♂ —, während daselbst *H. arcuatus* ♂ fehlt, 5) aus Transkaukasien erhielt ich von H. A. Ulanowski einige Exemplare eines *Hasarius*, dessen Männchen nach den *Arachn. de France* = *H. arcuatus*, dessen Weibchen aber = *H. falcatus* wäre.

Attus floricola (C. L. Koch) und A. rupicola (Id.).

Nach den *Arachn. de France* würde sich *Attus rupicola* ♀ von *A. floricola* durch die Gestalt der Epigyne unterscheiden. Diesen Unterschied konnte ich nicht finden. Die Weibchen dieser Arten sind überhaupt sehr schwer — in abgefärbten Exemplaren gar nicht — zu unterscheiden. Die wenigen Unterschiede die ich nach Durchsicht meines aus mehreren Hunderten von Exemplaren bestehenden Materiales anzugeben im Stande bin, findet man auf Seite 211 (77).

——————

[1]) Verzeichn. d. bisher bei Bonn beobachteten Spinnen.

Attus saxicola (C. L. Koch).

Eine Beschreibung dieser Art, die noch immer wenig bekannt zu sein scheint, findet man auf S. 212—218 (78—84).

Attus Dzieduszyckii L. Koch.

Der Name *A. Dzieduszyckii* L. Koch (1870) ist älter als *A. Wagae* Sim. (1871).

Bei drei männlichen Exemplaren von verschiedener Grösse habe ich die Beine genau gemessen: auf pag. 219 (85) findet man: 1) die absolute Länge des Cephalothorax und der einzelnen Glieder der Beine, 2) dieselben Grössen berechnet für Tibia + Patella IV = 100, 3) die absolute Länge der Beine, 4) ihr Verhältniss zur Länge des Cephalothorax. Aus diesen Zahlen ersieht man, dass die Total-Länge der Beine veränderlich ist und dies durch eine weder gleichmässige noch der Grösse des Thieres proportionale Verlängerung der einzelnen Glieder hervorgerufen wird.

Auch in vielen anderen Arten ist eine ähnliche, obwohl meistens geringere Veränderlichkeit zu finden, wesshalb den erwähnten Längenverhältnissen als Artenkennzeichen nur ein geringer Werth zuerkannt werden kann.

Attus distinguendus Sim.?

Für diese Art, deren Beschreibung sich auf pag. 220—225 (86—91) findet, erscheint eine nähere Vergleichung mit dem mir unbekannten *A. cinereus* Westr. nöthig, indem zwar die Männchen nach der Gestalt der vorderen Augenreihe leicht zu unterscheiden sind, für die Weibchen aber in den Beschreibungen kein einziger Unterschied aufzufinden ist.

Ictidops Fickert.

Der Name *Ictidops* Fickert 1876 ist wohl als gleichbedeutend mit *Aelurops* Sim. zu betrachten, obwohl Dr. Fickert in diesem Genus nur den *Salticus fasciatus* Hahn, also eine *Phlegra* Sim. unterbracht hatte. Denn Dr. Fickert hat nur den schon vergebenen Namen *Aelurops* durch einen neuen „*Ictidops*" ersetzt, ohne eine Charakteristik der Gattung zu geben. Ursprünglich wurde aber die Gattung *Aelurops* von Prof. Dr. Thorell für *Attus V-insignitus* (Clerck) gebildet, und entsprach in ihren typischen Arten dem *Aelurops* Sim. 1876, während *Phlegra* Sim. 1876 Arten enthält, auf welche Prof. Thorell zwar im J. 1872 die Gattung *Aelurops* beschränkte, die aber bei der Gründung der genannten Gattung nur einen von dem Typus ziemlich abweichenden Bestandtheil derselben bildeten.

Euophrys monticola n.

Diese wohl noch unbeschriebene Art scheint den Karpathen eigenthümlich zu sein. In den „Spinnen aus der Tatra" habe ich sie von *Eu. petrensis* noch nicht unterschieden.

*   *

*

In den auf pag. 151—152 (17—18) angeführten Verzeichnissen wurden aus der Bukowina folgende Arten angegeben:

Heliophanus aeneus (Hahn),
— dubius C. L. Koch,
— cupreus (Walck.),
— auratus C. L. Koch,
— flavipes (Hahn) ?
Philaeus bicolor (Walck.)! als Attus varicus,
Hasarius arcuatus (Clerck)!,
— falcatus (Clerck),
Attus pubescens (Fabr.),
— floricola (C. L. Koch),
— Dzieduszyckii L. Koch,
Ictidops festivus (C. L. Koch),
Euophrys erratica (Walck.),
Ballus depressus (Walck.).

In meiner Sammlung befindet sich ausser den zwei mit!
bezeichneten Arten, noch

Salticus formicarius (DE GEER), gesammelt von Dr. A.
WIERZEJSKI.

~~~~~~~

Aus Volhynien erhielt ich von H. J. BOGUSZ:

Epiblemum scenicum (CLERCK),
— tenerum (C. L. KOCH),
Heliophanus cupreus (WALCK.),
— auratus C. L. KOCH,
Hasarius arcuatus (C. L. KOCH),
Attus pubescens (FABR.),
— terebratus (CLERCK),
Euophrys erratica (WALCK.),
— frontalis (WALCK.).

~~~~~~~

In polnisch Livland (Gouvernem. Witebsk) sammelte H.
A. ULANOWSKI:

Epiblemum cingulatum (PANZ.),
Heliophanus auratus C. L. KOCH,
Dendryphantes hastatus (CLERCK),
Hasarius arcuatus (CLERCK),
— falcatus (CLERCK),
Attus floricola (C. L. KOCH).

8

PAJĄKI

zebrane na Kamczatce

przez Dra B. Dybowskiego

podał

WŁADYSŁAW KULCZYŃSKI.

Wykazane w spisie niniejszym pająki zebrał Dr. B. DYBOWSKI na Kamczatce.

Ile mi wiadomo, nie pisano dotychczas nic o faunie pajęczéj Kamczatki. Zbiorek oddany mi do opracowania przez Dra DYBOWSKIEGO zawiéra 64 gatunków, zatém może nie więcéj jak piątą część tego, czegoby się można spodziewać po dokładném przeszukaniu całego obszaru, w przypuszczeniu, że Kamczatka nie będzie o wiele uboższą w tym względzie od krajów pół-nocnéj Europy; jest on jednak dostatecznie obfity, ażeby dać wyobrażenie o ogólnym charakte-rze tego działu fauny kamczackiéj.

Kamczatka należy, jak wiadomo, z Europą do jednéj wielkiéj krainy zoogeograficznéj; zebrane przez Dra DYBOWSKIEGO gatunki możnaby téż po powiérzchowném obejrzeniu wziąć za pochodzące z Europy i to z Europy środkowéj lub północnéj. Dokładniejsze ich zbadanie wy-kazało wprawdzie, że jest pomiędzy niémi gatunków obcych Europie więcéj, niżby po piérw-szém wrażeniu spodziewać się można, nie ma jednak między niémi przedstawicieli ani jednego nieeuropejskiego rodzaju; wyjątek tworzyćby mógł gatunek *Erigone aliena n. sp.*, jeżeli rze-czywiście należy, jakby przypuścić można, do amerykańskiego rodzaju *Ceratinopsis* EM., jestto jednak rzeczą niepewną, a nawet gdyby pewném było, nie uprawniałoby do daleko sięgających wniosków dla tego, że rodzaj *Ceratinopsis*, jak téż przeważna część rodzajów przyjętych w osta-tnich czasach przez SIMONA w rodzinie *Theridioidae*, bynajmniéj równać się nie może co do zna-czenia systematycznego z rodzajami przyjętémi ogólnie w innych rodzinach.

Do porównań fauny kamczackiéj z fauną krajów okolicznych brak materyjałów. Zbiéra-no wprawdzie pająki w Japonii, w Syberyi wschodniéj i środkowéj, ale na nieszczęście z ze-branych nie wiele dotychczas opracowano należycie. Tak n. p. uznał ED. GRUBE [1]) za stósowne ze 135 gatunków zebranych nad Amurem i w Syberyi wschodniéj podać do wiadomości ogól-

---

[1]) GRUBE. *Beschreibungen neuer... im Amurlande und in Ostsibirien gesammelter Araneiden.*

néj same niemal gatunki nowe, wspominając tylko, że $^3/_4$ ze wszystkich znalezionych żyje téż w Europie; jak gdyby wiadomość o rozsiedleniu gatunku znanego zkąd inąd mniéj była ważna dla nauki niż opisanie téj lub owéj formy przedtém nieznanéj. Z pająków zebranych nad jeziorem Bajkalskiém przez Dra Dybowskiego kilkanaście tylko gatunków zostało opisanych; również urywkowe są wiadomości o faunie japońskiéj.

Pająki zebrane w Syberyi środkowéj w r. 1875 przez szwedzką wyprawę, tudzież przez Streblowa w Krasnojarsku zostały gruntownie opracowane przez Dra L. Kocha w Norymberdze. Z gatunków wyliczonych w pracy Dra L. Kocha p. t. *Arachniden aus Sibirien und Novaja Semlja* znalezionych zostało po 60° pn. szér. 81, z tych 54 (66.7°/₀) żyje w Europie zachodniéj, 2 (2·5°/₀) we wschodniéj, 1 (1·2°/₀) znany był ze Syberyi wschodniéj, 24 (29·6°/₀) przedtém nieznanych. Zbiór kamczacki Prof. Dra Dybowskiego zawiéra 64 gatunków [1]), z tych 35 (54·7°/₀) zachodnio europejskich, 1 (1·6°/₀) prawdopodobnie żyjący w Europie północnéj, nowych 28 (43.7°/₀). Liczby te, na niezbyt zresztą szérokiéj podstawie oparte, zgadzają się dobrze z przypuszczeniem, że między Europą a Kamczatką nie ma wybitnéj granicy zoogeograficznéj, a znaczna stosunkowo liczba gatunków właściwych obecnie Kamczatce jest objawem powolnego zmieniania się fauny w miarę rosnącéj odległości od Europy. Przeciwko ostatniemu przypuszczeniu a raczéj za przyznaniem Kamczatce jakiegoś odrębnego stanowiska przemawiałoby to, że między wyliczonémi w niniejszym spisie gatunkami nie ma ani jednego, któryby żył w Syberyi a nie był znany z Europy. Ale prawdopodobnie rzecz ta inaczéj się przedstawi po dokładniejszém poznaniu fauny kamczackiéj i sybirskiéj. Nie w czém inném, jak w niedostatkach wiadomości obecnych, szukać téż trzeba prawdopodobnie wyjaśnienia téj osobliwości, że na Kamczatce żyje parę gatunków europejskich, o których obecnie nie ma wiadomości, że są mieszkańcami Syberyi.

*

*   *

W wykazie niniejszym podałem przy każdym ze znanych już gatunków jego obszar rozsiedlenia, a to w celu wykazania, jakie znaczenie dla wiadomości o geograficzném rozsiedleniu gatunków ma zbiorek zgromadzony przez Dra Dybowskiego. Unikać wypadło przytém zbytnich uogólnień urywkowych dotąd wiadomości i ich uzupełnień, które wprawdzie mogłyby się z czasem okazać w części słusznemi, ale w niektórych może przypadkach, zacierając ślady zaniedbania, w jakiém ten dział zoologii dotąd leży, zacierałyby téż szczegóły mające pod względem zoogeograficznym rzetelną wartość.

Mając do czynienia z materyjałem, w którym spodziewać się można było na każdym kroku form bardzo bliskich gatunkom europejskim ale przecież odmiennych, poświęcono oznaczaniu gatunków już opisanych i porównaniu okazów z europejskiémi całą uwagę. Ztąd téż spodziewać się można, że wiadomości podane w pracy niniejszéj bez zastrzeżeń nie będą potrzebowały zmian i poprawek; gdzie brak okazów do porównania lub stan okazów kamczackich do pewnych wypadków dojść nie dozwolił, tam rzecz ta w wykazie poniższym naznaczona się znajdzie. Pomiędzy okazami dostarczonémi przez Prof. Dybowskiego dość było uszkodzonych przez tarcie i trzęsienie, bądź téż w inny sposób, a tak pozbawionych kolców na nogach i t.p., w kilku przypadkach braki te udaremniły usiłowania zmierzające do dokładnego wyznaczenia miejsca dla gatunków w systemie opisanych jako nowe; mimo to sądzę, że opisy wystarczą do ich poznania.

---

[1]) Licząc formy *Tetragnatha extensa* tudzież *Tarentula pulverulenta* i *aculeata* za jeden gatunek, nie licząc nieoznaczonéj bliżéj *Gnaphosa sp.*

W koncu wspomnieć wypada co do opisów form nowych, że przy podawaniu kierunków części tułogłowia za poziom brano wszędzie płaszczyznę wyznaczoną przez boczne brzegi tułogłowia. Wszystkie pomiary rzeczy drobniejszych, n. p. wielkości i ustawienia oczu, wykonywano mikrometrem przy słabém powiększeniu pod mikroskopem. Nie pominięto szczegółów niektórych, jak rzeźby tułogłowia lub mostka, widocznych dopiéro przy znaczniejszém powiększeniu; części wymienione choćby przy zwykle używanych powiększeniach wydawały się gładkiemi, opisano jako „*subtilissime reticulatus*" itp., jeżeli rzeźby takiéj dopatrzeć się można było przy powiększeniu 60-krotném.

Epeiroidae.

Epeira (Walck.).

1. Epeira diademata (Clerck).

Kilka okazów z Petropawłowska, między niémi jeden tylko dorosły, samiec. Samiec ten należy do rzetelnéj *E. diademata* (Clerck), a nie do formy *E. stellata* oddzielonéj przez Dra C. Fickerta [1]), któréj zresztą trudno uważać za osobny gatunek [2]).

E. diademata żyje w całéj środkowéj i północnéj Europie (po Nord-Cap); być może, że nie posuwa się wszędzie po jéj południowe granice, przynajmniéj nie podano jéj dotąd z Hiszpanii ani z półwyspu bałkańskiego, żyje jednak jeszcze w południowych Włoszech. Wiadomości o jéj rozszerzeniu poza granicami Europy wymagają w części sprawdzenia; pewném zdaje się tylko, że żyje w Egipcie, uzasadnioną okaże się prawdopodobnie wiadomość podana przez Fabriciusa, że żyje w Grenlandyi; wielce wątpliwéj wartości jest jednak podanie Nicoleta, jakoby znajdowała się w Ameryce południowéj, w Chili. Najwięcéj ku wschodowi posuniętą miejscowością dla tego gatunku jest, ile mi wiadomo, Sarepta. Pavesi [3]) wymienia wprawdzie pomiędzy krajami zamieszkałémi przez ten gatunek Syberyją wschodnią, odwołując się do Grubego, ale jestto tylko pomyłka [4]). Ani w wykazie pająków z Syberyi zachodniéj Dra L. Kocha, ani w spisie pająków z Turkiestanu Croneberga nie ma tego gatunku.

2. Epeira marmorea (Clerck).

Parę okazów z nad rzeki Kamczatki i z okolic Petropawłowska, między niemi 1 ♂ dorosły i ♀ dorosła.

---

[1]) Dr. C. Fickert. *Verzeichniss d. schlesischen Spinnen w Zeitschr. f. Entomologie*, 1876. 5ty zeszyt.

[2]) Wł. Kulczyński. Wykaz pająków z Tatr, Babiéj Góry i Karpat ślązkich.

[3]) P. Pavesi, *Catalogo sistematico dei Ragni del Cantone Ticino.*

[4]) W *Beschreibungen neuer... im Amurlande und in Ostsibirien gesammelter Arachniden (Bullet. de l'Acad. impér. des Sc. de St. Pétersbourg*, tom IV) pisze Grube: *Dagegen vermisste ich einige ganz, die in Europa zu den verbreitetsten gehören, vor allen: Epeira diadema, Linyphia montana Cl., Theridium redimitum, Tegenaria civilis und domestica, Hahnia montana* Blackw. (= *silvicola Sund.), Segestria senoculata und Heliophanus cupreus.* Z tych gatunków podał Prof. Pavesi w *Catal. sist.* wszystkie te, o których mówić mu wypadło (*Ep. diademata, Theridium redimitum, Tegenaria domestica, Segestria senoculata, Heliophanus cupreus*) ze Syberyi wschodniéj, odwołując się do Grubego.

Ep. marmorea wraz z odmianą *pyramidata* żyje w Europie północnéj po Laponiją i w Europie środkowéj. Z półwyspów Europy południowéj zamieszkuje przynajmniéj appeniński, z pirenejskiego i bałkańskiego niepodana. Odmiana *pyramidata* miejscami sięga poza granice formy typowéj, miejscami zaś do nich prawdopodobnie nie dochodzi; tak znaleziono w Anglii tylko formę typową, we Włoszech zaś żyje *E. pyramidata* jeszcze na Sycylii, podczas gdy *E. marmorea* nie posuwa się poza Lombardyję i Wenecyję.

O tym gatunku wiadomém już było, że żyje na Syberyi: obydwie formy znalazł koło Krasnojarska STEEBLOW, z nad Amuru otrzymał je GRUBE, a nad Jenisejem pod 65°45′ pn. sz. znaleziona została forma typowa.

E. marmorea var. pyramidata (CLERCK).

1 młoda samica z nad rzéki Kamczatki.

3. Epeira quadrata (CLERCK).

Kilka okazów z okolic Petropawłowska i z nad rzéki Kamczatki, między piérwszémi 1 samica dorosła, reszta młode.

Podług dotychczasowych wiadomości zamieszkuje ten gatunek Europę północną i środkową i Azyję północną od Laponii po Pireneje i Piemont, od Anglii i Szkocyi po wschodnią Syberyję.

4. Epeira proxima n. sp.

Z okolic Petropawłowska jeden okaz dorosły, samiec, i jeden młody prawdopodobnie do tego gatunku należący.

Ep. proxima zastępuje może na Kamczatce Krzyżaka *Ep. cucurbitina* (CLERCK) rozszérzonego po Europie od Laponii po Portugaliję południową, Sardyniję, Sycyliję, Krym, podanego także z Algeryi, Palestyny, Turkiestanu, okolic Nikołajewska i Japonii, chociaż te wiadomości wymagają jeszcze sprawdzenia, częścią bowiem opierają się na okazach młodych (CAMBRIDGE: Palestyna, KARSCH: Japonia), częścią pochodzą z czasów dawniejszych (LUCAS: Algeryja, GRUBE: Nikołajewsk) i mogłyby polegać na pomieszaniu z innémi bardzo podobnémi gatunkami. W obec tego, że na Kamczatce żyje *Ep. proxima*, i że tam zatém rzetelnéj *Ep. cucurbitina* prawdopodobnie nie ma, nie można bez zastrzeżenia przyjąć przedewszystkiém podań GRUBEGO i KARSCHA.

Dr. BERTKAU podaje [1] także Amerykę północną jako ojczyznę *Ep. cucurbitina*, zapewne na podstawie jakiegoś wykazu mnie nieznanego.

5. Epeira ceropegia (WALCK.)?

Z okolic Petropawłowska trzy okazy, wszystkie bardzo młode. O pewne oznaczenie w tym przypadku bardzo trudno.

---

[1] Dr. Ph. BERTKAU, *Beiträge z. Kenntniss der Spinnenfauna der Rheinprovinz.*

Dotychczas znana jest *Ep. ceropegia* tylko z Europy od Anglii po Sareptę i od Laponii po Pireneje, Lombardyję, Krym; znaleziono ją nawet na Sycylii. Ze Syberyi niepodana ani przez GRUBEGO, ani przez Dra L. KOCHA. Dla braku dorosłych okazów nie można obecnie zaliczyć na pewno Kamczatki do krajów przez nią zamieszkałych, zwłaszcza że w Ameryce północnéj żyją inne bardzo podobne gatunki (*Ep. Packardii* THOR., *Ep. aculeata* EMERT.).

6. Epeira vicaria n. sp.

Kilka okazów z nad rzéki Kamczatki, między niémi dorosłe samice.

Ep. vicaria zastępuje może na Kamczatce gatunek pospolity u nas *Ep. cornuta* (CLERCK), rozszérzony od północnéj Skandynawii po Francyję południową, Krym, Kaukaz, Turkiestan, a w kierunku długości geograf. od Irlandyi po Syberyję środkową (L. KOCH), a nawet podług Dra KARSCHA po Japoniję. Podawano ten gatunek nawet z południowych brzegów Morza Śródziemnego (PAVESI z Tunisu), ale przynajmniéj w części niesłusznie. Może nawet powyżéj zakréślony obszar rozsiedlenia okaże się za wielkim; w obec tego, że w nowszych jeszcze czasach uważali niektórzy autorowie *Ep. patagiata* za *Ep. cornuta*, można przypuścić, że inni nie dostrzegli tak drobnych różnic, jakie przedstawiają np. *Ep. cornuta* i *Ep. vicaria*.

7. Epeira patagiata (CLERCK).

Samiec i samica dorosłe z okolic Petropawłowska.

Jeden z gatunków zamieszkujących północne części nie tylko starego ale i nowego świata, znany z Europy, Afryki, Azyi i Ameryki; ku południowi posuwa się po Tunis i Turkiestan.

Singa (C. L. KOCH).

8. Singa atra n. sp.

Dwie dorosłe samice z nad rzéki Kamczatki.

Gatunek podobny do europejskiéj *S. sanguinea* SIM. (C. L. KOCH?), może nawet od niéj nieróżny, czego jednak dla braku okazów do porównania dojść nie można.

Zilla (C. L. KOCH).

9. Zilla dispar n. sp.

Dwa okazy dorosłe z nad rzéki Kamczatki.

Budową narzędzi rozrodczych i rozłożeniem kolców na nogach różném podług płci odpowiada *Z. dispar* zupełnie gatunkowi *Z. montana* C. L. KOCH żyjącemu w górach Europy środkowéj a prawdopodobnie i w Azyi (CRONEBERG podaje go z Syr-Daryi).

Tetragnatha LATR.

10. Tetragnatha extensa (LINN.) vera + forma brachygnatha THOR.? + f. pinicola L. KOCH?

Nad rzéką Kamczatką i koło Petropawłowska zebrał Prof. DYBOWSKI dość dużo okazów z rodzaju *Tetragnatha*, które mimo różnic w postaci i wielkości szczękorożów u samców uważać muszę za należące do jednego gatunku, *T. extensa* (LINN.).

Gatunki z rodzaju *Tetragnatha*, rozszérzonego po wszystkich częściach ziemi, trudne są do odróżnienia z powodu wielkiego podobieństwa a obok tego zmienności niektórych gatunków. Z dokładnego porównania okazów kamczackich z galicyjskiémi wypadło, że ich od europej-skiéj *T. extensa* (LINN.) oddzielić nie można, w części należą one jednak, albo przynajmniéj tworzą przejście do formy odróżnionéj przez Prof. THORELLA p. n. *T. brachygnatha*, odznacza-jącéj się tém, że duży ząb na górnéj stronie szczękorożów przed ich końcem leżący nie jest rozwidlony, ale ucięty. Kamczackie okazy nie dorastają wielkości u nas żyjących okazów *T. extensa*, niektóre z nich są ledwie trochę większe od naszéj *T. pinicola*, a gdy przytém okazuje się na nich, że kształt wspomnionego wyżéj zęba jest zmienny, sądzę więc, że *T. pinicola*, opi-sana przez Dra L. KOCHA jako osobny gatunek i za taki uznana także przez Prof. THORELLA, nie zasługuje więcéj na oddzielenie od *T. extensa*, niż *T. obtusa* lub *T. Solandrii*, ściągnięte przez Prof. THORELLA z *T. extensa* w jeden gatunek.

Ponieważ główne różnice pomiędzy *T. extensa*, *T. brachygnatha* i *T. pinicola* mają leżeć w wielkości ciała, tudzież w wielkości i kształcie szczękorożów, podaję tutaj wymiary tułogło-wia i szczękorożów, oraz kształt wspominanego już zęba na szczękorożach:

Ząb szczękorożów rozwidlony, ku końcowi rozszérzony, tj. jego gałęzie rozbieżne:

1) gałęzie prawie równo długie; 1 okaz, tułogłowie 2·1 mm., szczękoroże 1·7.

2) gałąź dolna znacznie większa od górnéj; 4 okazy: 1) tułogł. 2·3, szczękor. 2·0, 2) t. 2·2, szcz. 1·6, 3) t. 2·4, szcz. 2·1, 4) t. 2·0, szcz. 1·5; u dwóch ostatnich górna gałąź mniej-sza niż u dwóch piérwszych.

Ząb prawie nierozszérzony, prawie w poprzek ucięty i nieco wycięty, z kątem dolnym ledwie że większym od górnego: 1 okaz, tułogł. 2·1, szczękor. 1·7.

Z dorosłych samic jedna ma szpon szczękorożów opatrzony u nasady z tyłu guzem, kto-rego ma brakować u *T. extensa*, jéj tułogłowie długie na 2·8 mm., szczękoroże na 2·2; u in-nych samic szpon gładki, tułogłowia długości: 2·5, 2·3, 2·0, 2·0, szczękorożów długości: 1·8, 1·2, 1·2, 1·0, ostatniéj nogi cieńsze niż pozostałych.

Trudno wyznaczyć na podstawie dotychczasowych podań granice rozsiedlenia różnych form gatunku *T. extensa*, nie tylko bowiem nie można oprzéć się w tym względzie na pismach dawniejszych, ale nawet w nowszych napotyka się podania odnoszące się do *T. extensa* w ogóle, bez uwzględnienia form odróżnionych przez Dra L. KOCHA i Prof. THORELLA. Podług pism tych dwóch autorów żyje *T. extensa vera* nietylko w Europie i Syberyi ale i w Ameryce północnéj (Labrador); *brachygnatha* znana jest dotąd tylko ze Skandynawii, *pinicola* zaś z Europy i Syberyi (po Krasnojarsk). Co do granic południowych są wiadomości pewne, że *T. pinicola* żyje jeszcze na półwyspach pirenejskim i appenińskim; o *T. extensa vera* nie można nawet wiedzieć, czy równie daleko na południe się posuwa.

10 b. Tetragnatha extensa (LINN.) forma punctipes WESTR.?

Dwa okazy, dorosła samica i młody samiec, zebrane nad rzéką Kamczatką należą praw-dopodobnie do formy opisanéj przez Dra L. KOCHA p. n. *T. borealis*, która może nie okaże się różną od *T. punctipes* WESTR. Stanowczo orzéc tego jednak nie można, ponieważ Dr. L. KOCH opisał tylko młodego samca, a WESTRING podał tylko krótką wzmiankę o swoim gatunku.

T. punctipes pochodzi z Lapponii, *T. borealis* ze wschodniéj Syberyi (63°50′ pn. szér.), może więc ojczyzną téj formy jest cała północ Europy i Azyi.

Theridioidae.

Theridiinae.

Theridium (WALCK.).

11. Theridium impressum L. Koch var. intermedium n.

Po jednéj dorosłéj samicy z nad Kamczatki i z Petropawłowska i 1 bardzo młody okaz z nad Kamczatki.

W Europie żyją dwa nadzwyczaj podobne gatunki: *Th. sisyphium* (CLERCK) i *Th. impressum* L. KOCH; ostatni opisany dopiéro w r. 1881 nie bywał z pewnością przez większą część autorów odróżniany od piérwszego [1]), a nawet dotąd nie ma opisu samicy. O *Th. impressum* wiadomo tylko, że żyje w Łużycach, na Śląsku i w Galicyi, ale z pewnością jest ono daleko szérzéj rozsiedlone. *Th. sisyphium* żyć ma nie tylko w całéj Europie ale także w Algieryi, Syberyi (Krasnojarsk) i Turkiestanie. Kamczackie okazy podobniejsze są do *Th. impressum* niż do *Th. sisyphium*, różnią się jednak od niego w niektórych szczegółach, nie pozostawało więc nic innego, jak tylko opisać je tymczasem jako nową odmianę, chociaż prawdopodobnie po odkryciu samca okaże się, że jestto osobny gatunek.

Theridium sp.?

Jeden okaz młody z Petropawłowska, bardzo zniszczony, tak że go nawet w przybliżeniu oznaczyć nie można.

Euryopis (MENGE).

12. Euryopis flavomaculata (C. L. KOCH).

Dorosły samiec z nad rzéki Kamczatki.

Gatunek rzadki, znany dotąd tylko z Europy od Inflant, południowéj Szwecyi, Anglii, po południowe Alpy. Na granicy wschodniéj znanego obszaru rozsiedlenia leżały dotąd Inflanty i Galicyja.

Steatoda (SUND.).

13. Steatoda bipunctata (LINN.).

Z nad Kamczatki parę okazów dorosłych, samic i samców.

---

[1]) MENGEGO *Steatoda sisyphia* jest = *Th. impressum* (*Preuss. Spin.* 161, tab. 69.), BLACKWALLA rysunki 116 ♀ i ♂ w *Spid. of Great Britain* tab. XIII odniósłbym raczéj do *Th. impressum* niż do *Th. sisyphium*, WESTRINGA *Th. sisyphium* może również = *Th. impressum* L. KOCH, skoro autor waha się z zaliczeniem do tego gatunku okazu z jednobarwném tułogłowiem (Uwaga na str. 171 w *Arqn. suecicae*). Byćby nawet mogło, że nazwa *Th. sisyphium* (CLERCK) należy się nie temu gatunkowi, któremu ją Dr. L. KOCH pozostawił, ale właśnie opisanemu przez tego autora p. n. *Th. impressum.*

Steatoda bipunctata zamieszkuje Europę od Laponii może po południowe granice — przynajmniéj znaleziona w Apulii, — tudzież Syberyję (Krasnojarsk). Podano ją także z Grenlandyi i Kanady, ale rzecz wymaga sprawdzenia, gdyż podług EMERTONA północno amerykańska *St. borealis* (HENTZ) jest odmienną od europejskiéj *St. bipunctata.* Do miast niektórych Ameryki południowéj (Caracas, Cayenne) dostał się ten gatunek może z Europy.

Enoplognatha PAV.

14. Enoplognatha camtschadalica n. sp.

3 samice dorosłe, ciemno ubarwione, znacznie uszkodzone z Petropawłowska, jedna ze znacznie wyraźniejszym rysunkiem z nad Kamczatki.

Z ubarwienia podobny do gatunków żyjących w większéj liczbie nad Morzem Sródziemném, a znacznie rzadszych w Europie środkowéj i północnéj (jeżeli *Steatoda oelandica* THOR. należy do tego rodzaju), w Syberyi (*Enoplognatha serratosignata* L. KOCH) i w Ameryce północnéj (*Steatoda marmorata* HENTZ).

Erigoninae.

Linyphiini.

Stemonyphantes MENGE.

15. Stemonyphantes bucculentus (CLERCK).

1 dorosły samiec z nad Kamczatki.

Gatunek rozszérzony po Europie, północnéj Afryce (podług SIMONA), Azyi (Krasnojarsk) i Ameryce północnéj, prawdopodobnie jednak nieposuwający się daleko poza 60° pn. szér. (w Europie).

Lephthyphantes (MENGE).

16. Lephthyphantes nebulosus (SUND.).

Jedna dorosła samica z nad Kamczatki.

Obszar rozsiedlenia podobny jak poprzedniego gatunku, ale *L. nebulosus* nie posuwa się prawdopodobnie tak daleko ku południowi (ostatnie miejscowości: Tyrol północny, Krym). W Azyi znaleziony w Jenisejsku i Samarkandzie.

17. Lephthyphantes leprosus (OHL.).

Dwa dorosłe samce z nad Kamczatki.

L. leprosus żyje prawdopodobnie w całéj Europie, może z wyjątkiem samych północnych części (znany z Finlandyi, Szwecyi, Wielkiéj Brytanii), chociaż z południowéj Europy nie wiele jest o nim wiadomości (Francyja południowa, północne Włochy, Rosyja południowa wraz jest o nim wiadomości (Francyja południowa, północne Włochy, Rosyja południowa wraz z Krymem); poza Europą znaleziono go na wyspie Ś. Heleny i w Syryi.

18. Lephthyphantes bipilis n. sp.

1 samiec dorosły z nad Kamczatki.

Gatunek podobny do europejskich *L. angulipalpis* (Westr.), *L. nodifer* Sim., *L. culminicola* Sim., *L. angulatus* (Cambr.), *L. monticola* (Kulcz.) i syberyjskich *L. Karpińskii* (Cambr.) i *L. Dybowskii* (Cambr.).

Bathyphantes (Menge).

19. Bathyphantes maior n. sp.

Kilka dorosłych okazów z nad Kamczatki.

Z wejrzenia podobny do kilku gatunków zamieszczonych przez Simona w tym rodzaju, ale odmienny od nich członkami piętowémi nóg opatrzonémi kolcami. Chociaż kolce te uważa Simon za cechę różniącą rodzaj *Lephthyphantes* od rodz. *Bathyphantes*, liczę przecież ten gatunek do rodzaju ostatniego w tém przekonaniu, że jestto cecha nienaturalna i zastąpiona być musi innemi.

20. Bathyphantes pogonias n. sp.

Z nad Kamczatki kilka dorosłych okazów.

Od podobnych gatunków różni się *B. pogonias* osobliwie włosistą podoczną częścią twarzy.

21. Bathyphantes anceps n. sp.?

2 dorosłe okazy, samiec i samica, z nad Kamczatki.

Może nieróżny od *B. pullatus* (Cambr.) żyjącego w Anglii i Francyi; dotychczasowe opisy i rysunki nie wystarczają jednak do rozstrzygnięcia sprawy.

Porrhomma Sim.

22. Porrhomma errans (Blackw.)?

1 samica z nad Kamczatki.

Gatunek znany dotąd z Anglii, Francyi, ze Szwajcaryi (jeżeli *Bathyphantes Charpentierii* Leberta należy do tego gatunku, jak przypuszcza Simon) i z Galicyi (*Linyphia microphthalma* Kulcz.). Oznaczenie Kamczackiego okazu jest niepewne, chociaż różnicy pomiędzy nim a galicyjskiémi okazami dopatrzeć się nie można. W téj grupie samce nawet nie łatwo odróżniać, a na pewne oznaczanie samic obecnie próżno się silić.

Lophocarenini.

Gongylidium (Menge).

23. Gongylidium dentatum (Wider).

Z nad Kamczatki i z Petropawłowska kilka okazów dorosłych, których od galicyjskich odróżnić nie można. Są one jednak częścią większe od naszych, mają bowiem długości 3·5 mm. (♀), 2·8 i 3·1 (♂), częścią znowu małe (♂ 2·0 mm.); z Galicyi nie posiadam samicy, którejby długość przenosiła 3 mm.

Znajdowanie się tego gatunku na Kamczatce jest rzeczą osobliwą. Dotąd znany obszar jego rozsiedlenia obejmuje Europę, z wyjątkiem może stron najwięcéj ku północy wysuniętych (ostatnia miejscowość Goetheborg), i brzegi Morza Śródziemnego, Algieryję, Egipt, Syryję. W północnéj Azyi, nad jeziorem Bajkalskiém i w Syberyi zachodniéj żyje inny podobny gatunek, *G. Taczanowskii* (Cambr.), o którymby przypuścić należało, że zastępuje na wschodzie europejskie *G. dentatum*; tymczasem na Kamczatce zamiast spodziewanego *G. Taczanowskii* żyje *G. dentatum*. Byćby mogło, że *G. Taczanowskii* jest gatunkiem północnym, posuwającym się tylko miejscami tak daleko na południe, jak właśnie nad Bajkałem, a *G. dentatum* może się jeszcze znajdzie w okolicach Azyi położonych na południe od miejsc zajętych przez *G. Taczanowskii*.

Za przypuszczeniem, że *G. Taczanowskii* i *G. dentatum* nawzajem się zastępują i wykluczają, przemawia wielkie ich podobieństwo; piérwszego samiec zdaje się tém tylko różnić od drugiego, że ma wyrostek części piszczelowéj głaszczka jednostajnie zakrzywiony i opatrzony mniéj wydatnym zębem blisko środka długości, podczas gdy u drugiego wyrostek ten jest prawie pod kątem zgięty, a ząb ma wydatny, czarny, blisko saméj nasady.

24. Gongylidium suppositum n. sp.

Po ednéj samicy dorosłéj z Petropawłowska i z nad Kamczatki.

Gatunek w wysokim stopniu do poprzedniego podobny, któryby można uważać za wspomnione wyżéj *G. Taczanowskii*, gdyby nie to, że kształt narzędzi rozrodczych samicy nie da się pogodzić ani z piérwotnym rysunkiem Cambridgea [1]), ani z późniejszym — mało do tamtego podobnym — Dra L. Kocha [2]).

25. Gongylidium vile n. sp.

Jedna dorosła samica z Petropawłowska.

Podług budowy narzędzi rozrodczych samicy należy ten gatunek do grupy *G. fuscum* (Blackw.), *agreste* (Blackw.) i t. p., w któréj samice bardzo trudne są do odróżnienia. Uważałem za potrzebne opisać go jako gatunek nowy, gdyż nie zgadza się z żadnym ze znanych mi gatunków galicyjskich; czyby nie było można zaliczyć go do którego z obcych gatunków, trudno wiedzieć.

---

[1]) *On some New Species of Araneidea, chiefly from Oriental Siberia,* fig. 10 e.
[2]) *Arachniden aus Sibirien und Novaja Semlja,* tab. II, fig. 5.

Gonatium (Menge).

26. Gonatium convexum n. sp.

Jedna dorosła samica z Petropawłowska.

Po garbatém tułogłowiu samicy spodziewać się należy, że tułogłowie samca będzie miało znaczną wyniosłość poza oczami, może podobną jak u *G. bituberculatum* (Wider).

Dismodicus Sim.

27. Dismodicus elevatus (C. L. Koch).

Z nad Kamczatki jedna dorosła samica.

D. elevatus znany jest dotąd na pewne tylko z Europy i to przeważnie ze środkowéj; w zachodniéj ma być rzadki i nie posuwa się do Francyi południowéj, Alp prawdopodobnie nie przekracza, w Szwecyi znaleziono go tylko po 60° pn. szér. Ostatnie ku wschodowi miejsca pobytu leżą w Galicyi środkowéj; Croneberg podał ten gatunek z Turkiestanu, jednak ze znakiem zapytania.

Diplocephalus (Bertkau).

28. Diplocephalus cristatus (Blackw.).

Po jednéj samicy dorosłéj z nad Kamczatki i z Petropawłowska.

D. cristatus zamieszkuje bardzo wielki obszar, mianowicie Europę, prawdopodobnie z wyjątkiem najwięcéj ku północy wysuniętych części, Afrykę północną i Amerykę północną, a nawet Nową Zelandyję. Z Azyi jednak, ile mi wiadomo, dotąd nie został podany.

Entelecara Sim.

29. Entelecara trifrons (Cambr.).

Z nad Kamczatki 2 samce dorosłe i 2 samice, które prawdopodobnie do tego samego należą gatunku.

Gatunek znaleziony dotąd tylko w Szkocyi, Anglii, Belgii i północnéj Francyi. Oznaczenie kamczackich okazów nie zupełnie jest pewne. Piérwotnego opisu tego gatunku nie miałem sposobności widzieć; z rysunkiem Cambridgea w *On British Spiders*, wykonanym w formacie trochę za małym, zgadza się tak profil tułogłowia jak i głaszczki okazów kamczackich lepiéj niż z rysunkami Simona w *Les Arachnides de France*, z tym wyjątkiem, że na wyrostku zewnętrznym części piszczelowéj znajduje się gałązka odrysowana i wspomniana w opisie przez Simona, a w rysunku Cambridgea nieuwidoczniona, chociaż wspomniana przez tego autora w *Spiders of Dorset*. W tém dziele mówi Cambridge o wyrostku wewnętrznym, że jest na końcu pozornie dwudzielny, czego na okazach kamczackich nie widzę. W ogóle różnice wspomniane nie wystarczają do oddzielenia formy kamczackiej jako osobnego gatunku, gdyż mogą polegać na drobnych niedokładnościach rysunków. Z drugiéj strony możebne przecież jest, że przy porównaniu z okazami europejskiémi dałyby się wykryć jakieś różnice gatunkowe.

WŁ. KULCZYŃSKI.

Zaliczając do tego gatunku, choć nie bez wahania, dwie samice zebrane razem ze samcami, kierowałem się tylko ich podobieństwem do samców, a nie opisem podanym przez Simona (*l. c.*), podług którego narzędzia rozrodcze inaczéj wyglądaćby powinne.

Walckenaërini.

Cornicularia Menge.

30. Cornicularia cuspidata (Blackw.).

Z nad Kamczatki jedna dorosła samica.
Gatunek znany dotąd ze Szkocyi, Anglii, Belgii, Francyi, Niemiec, Szwajcaryi i Galicyi.

31. Cornicularia lepida n. sp.

Dorosły samiec z Petropawłowska.
Najwięcéj zbliżona do *C. Karpiński* (Cambr.), odkrytéj przez Dra Dybowskiego nad jeziorem Bajkałskiém.

Gatunki, których miejsce w systemie niepewne.

32. Bathyphantes? fucatus n. sp.

Z nad Kamczatki jedna dorosła samica.

33. Erigone (Ceratinopsis?) aliena n. sp.

Z Petropawłowska samiec dorosły, świéżo wyliniony, z okryciem ciała jeszcze miękkiém i niewybarwioném, nieco uszkodzony.

34. Erigone (?) camtschadalica n. sp.

Dorosła samica z nad Kamczatki.

Amaurobioidae.

Dictyna Sund.

35. Dictyna arundinacea (Linn.).

Po jednéj samicy dorosłéj z nad Kamczatki i z Petropawłowska.
D. arundinacea zamieszkuje Europę od Laponii, prawdopodobnie po południowe granice (znaleziona w Hiszpanii, Sycylii, Krymie); z Azyi podana ze Syryi, z Turkiestanu i z okolic Krasnojarska.

36. Dictyna uncinata THOR.?

Z nad Kamczatki 1 samiec, młody, dla tego oznaczenie niepewne.

Obszar rozsiedlenia podług obecnych wiadomości mniejszy niż poprzedniego gatunku, mianowicie nie przekracza *D. uncinata* 60° pn. szér. w Skandynawii, a najdaléj ku południowi posuniętemi miejscowościami są Francyja południowa, Tyrol południowy, Buda-Peszt, Jekaterynosław. W Azyi znaleziona w Krasnojarsku.

Drassoidae.

Micaria WESTR.

37. Micaria pulicaria (SUND.).

Dorosły samiec z Petropawłowska, dość znacznie uszkodzony, mianowicie obtarty tak, że nie można być całkiem pewnym oznaczenia.

M. pulicaria może nie dochodzi do północnych granic Europy, w Skandynawii nie znaleziona poza 63° pn. szér.; na granicy południowéj leżą Pireneje, Włochy północne, Krym. W Azyi znaleziona w Turkiestanie.

38. Micaria humilis n. sp.

Petropawłowsk. Jedyna samica dorosła, dość znacznie uszkodzona.

39. Micaria centrocnemis n. sp.

Z nad Kamczatki 1 dorosła samica.

Prosthesima L. KOCH.

40. Prosthesima subterranea (C. L. KOCH).

2 samce, jeden dorosły, drugi młody, z nad Kamczatki.

Do *Pr. subterranea* podobnych jest dużo gatunków, ztąd wiadomości o jéj rozsiedleniu dość są niepewne. Z nowszych, a zatém pewniejszych, podań wynika, że zamieszkuje nietylko Europę i Azyję (Turkiestan), ale także Amerykę północną. Ku północy daleko się posuwa, ma bowiem żyć jeszcze na Nowéj Ziemi; granica południowa mniéj pewna; podano ten gatunek z Algieryi, ale rzecz wymagałaby sprawdzenia.

Drassus (WALCK.).

41. Drassus lapidicola (WALCK.).

Z nad Kamczatki młoda samica, z Petropawłowska dorosły samiec, zgodny z opisem odmiany: *var. bidens* SIM., z tą jedynie różnicą, że ząb koło szpona szczękorożów położony nie jest lekko nabrzmiały, ale od nasady przynajmniéj do ²/₃ długości równo gruby, a daléj bardzo szybko zwężony.

    Dr. lapidicola przebywa w Europie z wyjątkiem stron najwięcéj ku północy posuniętych (w Skandynawii tylko południowéj znaleziony), w Afryce północnéj i w Azyi (Syryja, Chiny).

Gnaphosa (Latr.).

42. Gnaphosa sp.?

    Z Petropawłowska jeden okaz młody, którego z powodu nierozwiniętych jeszcze narzędzi rozrodczych oznaczyć nie można. Tém mniéj może on służyć za podstawę do opisania gatunku nowego. Może należy ten okaz do gatunku *Gn. borealis* Thor., zdaje się jednak, że ma nogi trochę za długie.

Clubiona (Latr.).

43. Clubiona picta n. sp.

    Z nad Kamczatki kilka okazów młodych i dorosłe samice.
    Z ubarwienia podobna do *Cl. subsultans* Thor., *Cl. ornata* Thor. i *Cl. corticalis* (Walck.).

44. Clubiona borealis Thor.

    Dwa okazy dorosłe, samice, z nad Kamczatki. — Ponieważ samice rodzaju *Clubiona* trudne są do odróżnienia, oznaczenie przeto oparte tylko na opisach a nie na porównaniu okazów nie jest całkiem pewne. Dla tego podaję rysunek narzędzi rozrodczych samicy (Tab. XI, fig. 24) dotąd nieodrysowanych, który posłuży może innym do potwierdzenia albo do poprawienia oznaczenia.
    Cl. borealis jest gatunkiem rzadkim; znaleziono ją dotąd tylko w 4 okazach w Szwecyi dołudniowéj, Finlandyi i fińskiéj Laponii.

Chiracanthium C. L. Koch.

45. Chiracanthium orientale n. sp.

    4 okazy dorosłe i kilka młodych z Petropawłowska i z nad Kamczatki.
    Gatunek podobny do wielu innych, a nawet może równy któremu z opisanych, coby się jednak tylko przez porównanie okazów sprawdzić dało; w dotychczasowych bowiem opisach uważa się rozłożenie kolców na nogach za cechę ważną, tymczasem jest ono zmienne.

Thomisoidae.

Xysticus (C. L. Koch).

46. Xysticus excellens n. sp.

    Z nad Kamczatki dorosły samiec i dwie samice, z Petropawłowska młody samiec i samica dorosła. Byćby mogło, że samice nie wszystkie należą do tego gatunku, różnią się bowiem dość znacznie narzędziami rozrodczemi; ale prawdopodobnie różnice te pochodzą tylko ztąd, że okazy nie są jednego wieku.

X. excellens podobny jest do paru europejskich gatunków: *X. luctator* L. Koch, *X. bifasciatus* C. L. Koch, *X. tatricus* Kulcz.; najwięcéj zbliża się do ostatniego, znanego dotąd tylko z Tatr. Z nad Jeniseju opisał Dr. L. Koch gat. *X. austerus*, wielce podobny do *X. excellens*, a może nawet ten sam; nie odważyłbym się jednak ściągnąć obydwu gatunków w jeden, gdyż Dr. L. Koch opisał tylko samicę, a te bywają w tym rodzaju trudne do odróżnienia.

47. Xysticus luctuosus (Blackw.).

Dorosły samiec i 2 młode samice z nad Kamczatki, z Petropawłowska 1 młoda samica.

Gatunek znany dotąd z zachodnich części Europy północnéj i środkowéj (od Laponii i Szkocyi po północną Francyję, Tyrol północny, Galicyję) i ze Samarkandy w Azyi.

Philodromus (Walck.).

48. Philodromus aureolus (Clerck)?

2 młode okazy z Petropawłowska. Oznaczenie ze względu na to, że jest dużo gatunków podobnie ubarwionych, wcale niepewne, ale o tyle prawdopodobne, że *Ph. aureolus* żyje nietylko w Europie i Azyi, ale i w Ameryce północnéj w Stanach Zjednoczonych, a zatém nie brakuje go z pewnością i na Kamczatce.

Europę zamieszkuje *Ph. aureolus* prawdopodobnie całą, jest bowiem jeszcze w Laponii, a na południu w Portugalii i na Sycylii; w Azyi znaleziony w Turkiestanie i w Syberyi środkowéj.

49. Philodromus poecilus (Thor.).

Z nad Kamczatki jedna dorosła samica.

Ph. poecilus żyje w Europie nie dochodząc prawdopodobnie ani do jéj północnych am do południowych granic; w Skandynawii znaleziony najdaléj ku północy koło Sztokholmu, w Europie południowéj we Francyi południowéj, Włoszech północnych, Rosyi południowéj. W Azyi znaleziony w Samarkandzie.

Tibellus Sim.

50. Tibellus oblongus (Walck.).

Parę okazów dorosłych z nad Kamczatki i z Petropawłowska. Młodych nie umiem odróżnić od następującego gatunku.

T. oblongus jest nadzwyczaj podobny do *T. parallelus* (C. L. Koch), i nie ulega wątpliwości, że nie jedno z podań o piérwszym należy odnieść do drugiego gatunku. Obydwa gatunki zamieszkują prawdopodobnie nietylko Europę i Azyję ale i Amerykę. W Stanach Zjednoczonych żyje podług hr. Keyserlinga *T. oblongus*, a podług Beckera *T. parallelus* (*propinquus* Sim.), z Azyi podano dotychczas tylko piérwszy gatunek, ale ze zbioru Dra Dybowskiego okazuje się, że na Kamczatce żyje *T. parallelus* i jest tam może nawet pospolitszy niż *T. oblongus*.

51. Tibellus parallelus (C. L. Koch).

Dorosłe samce i samice z Petropawłowska i z nad Kamczatki.

Thanatus (C. L. Koch).

52. Thanatus nigromaculatus n. sp.

Dorosła samica z nad Kamczatki.

Wielce podobny do gatunku *Th. formicinus* (Clerck), rozszérzonego prawdopodobnie po całéj Europie i podawanego także z Afryki północnéj.

Lycosoidae.

Lycosa (Latr.).

53. Lycosa palustris (Linn.).

Z nad rzéki Kamczatki i z okolic Petropawłowska okazów kilkanaście, między niémi dorosłe samce i samice. Z okazów zebranych nad Kamczatką wyróżniają się niektóre znaczną wielkością, jakiéj prawdopodobnie europejskie, a przynajmniéj nasze, nie dochodzą nigdy. Gatunki podobne do *L. palustris*, tworzące grupę *L. monticola*, są do siebie bardzo podobne, a w części nawet trudne do odróżnienia, dla tego porównywałem dokładnie owe wyjątkowo wielkie okazy kamczackie z innémi tamtejszémi i z naszémi, ale nie znalazłem zresztą żadnych różnic, muszę je więc uważać za miejscową odmianę, chociaż może przy zestawieniu większéj liczby okazów okażą się kiedyś gatunkiem osobnym.

Długości tułogłowią i rzepki wraz z piszczelem nogi 4-éj pary dorosłych okazów są następujące:

1) u okazów większych, samic: 3·4, 4·0; 3·5, 4·4; 3·5, 4·5; 3·5, 4·5, u samców: 3·5, 4·4; 3·5, 4·5; 3·6, 4·4 mm.

2) u okazów mniejszych, samic: 2·8, 3·5; 2·9, 4·0; 3·1, 3·8; u samca 2·9, 4·0.

L. palustris żyje w Europie północnéj (od Laponii i Nowéj Ziemi?) i środkowéj, i może nie przekracza Pirenejów ani Alp, chociaż bywa podawana z Włoch; w kierunku długości geogr. rozszérzona od Szkocyi i Anglii, a może nawet Islandyi, po Turkiestan i środkową Syberyję (Krasnojarsk).

54. Lycosa riparia C. L. Koch.

Dorosłe samce i samice przeważnie z nad Kamczatki, w części z Petropawłowska.

L. riparia należy do gatunków rzadkich w Skandynawii, znaleziono ją tam tylko raz, w południowéj Norwegii koło 60° pn. szér. (Collet); częstszą od niéj jest w tamtych stronach *L. pernix* Thor., któréj samice bardzo trudno odróżnić od samic *L. riparia*. Zresztą żyje *L. riparia* także w Anglii i w Europie środkowéj, tu przeważnie a może nawet wyłącznie w górach

(Alpy, Jura frankoński, Karkonosze, Karpaty). Odkrycie tego gatunku na Kamczatce rozszérza znany jego obszar rozsiedlenia bardzo znacznie.

55. Lycosa latisepta n. sp.

1 okaz, dorosła samica, z nad rzéki Kamczatki.

Gatunek ten, kształtem i barwą podobny do wielu innych, różni się narzędziami rozrodczemi samiczemi od wszystkich znanych mi gatunków.

56. Lycosa camtschadalica n. sp.

Dość dużo okazów, przeważnie z nad rzéki Kamczatki, w części téż z Petropawłowska.

Zbliżona do *L. Wagleri* Hahn, ale łatwa do odróżnienia już po saméj smudze bocznéj tułogłowia jasnéj, jaskrawo odbijającéj od ciemnego tła; najwięcéj podobnym gatunkiem do *L. camtschadalica* zdaje się być *L. atrata* Thor. ze Szwecyi i Laponii.

Tarentula (Sund.).

57. Tarentula nemoralis (Westr.).

Parę okazów dorosłych z nad Kamczatki, 1 młody z Petropawłowska.

Obszar rozsiedlenia obejmował dotąd tylko ląd stały Europy z wyjątkiem części najwięcéj ku północy i ku południowi wysuniętych; w Skandynawii nie znaleziono tego gatunku poza 63° pn. szér., a na południu poza Francyją południową i Włochami północnemi; na wschodzie ostatnia miejscowość Sarepta.

58. Tarentula aculeata (Clerck).

Parę okazów dorosłych i młodych z nad Kamczatki.

59. Tarentula pulverulenta (Clerck).

Z nad rzéki Kamczatki i z okolic Petropawłowska kilka okazów, dorosłych samców i samic. Jeden okaz młody z Petropawłowska ma kałdun ubarwiony jak u odmiany *gasteinensis* C. L. Koch.

T. aculeata i *pulverulenta* bywają uważane przez niektórych autorów — prawdopodobnie słusznie — za jeden gatunek; ztąd nie można wiedzieć o wielu podaniach, czy się odnoszą do jednéj czy do drugiéj formy. Obydwie żyją jeszcze w północnéj Skandynawii i w Wielkiéj Brytanii; z południowych stron są wiadomości, że również obydwie znajdują się w północnych Włoszech (Emilia), *pulverulenta* w południowych Włoszech i w Krymie, *aculeata* koło Kijowa; która zaś forma żyje w Hiszpanii, na Sardynii, Sycylii, wiedzieć nie można. Jeżeli *L. trucidatoria* Lucasa i Cambridgea są rzeczywiście, jak przypuszczają, = *L. aculeata*, to ten gatunek żyje jeszcze w Algeryi i w Palestynie.

Trochosa (C. L. Koch).

60. Trochosa Dybowskii n. sp.

Po jednym dorosłym samcu z nad Kamczatki i z Petropawłowska.

Bardzo podobna do europejskich *Tr. terricola* (Thor.), *ruricola* (De Geer), *robusta* (Sim.), być nawet może, że samicę będzie bardzo trudno odróżnić od samicy *Tr. ruricola*. Najbliższémi Kamczatki krajami, w których znaleziono dotąd gatunki *Tr. ruricola* i *terricola*, są Turkiestan (*ruricola* i *terricola*) i zachodnia Syberyja (*ruricola* nad Obem).

Pirata Sund.

61. Pirata raptor n. sp.

Jedna dorosła samica z Petropawłowska.

Gatunek zbliżony najwięcéj do europejskiego *P. piscatorius* (Clerck).

62. Pirata praedo n. sp.

Dość dużo okazów młodych i dorosłych z okolic Petropawłowska, z nad Kamczatki i z nad źródeł „Naczyki".

Podobny do europejskich gatunków *P. hygrophilus* Thor. i *P. piraticus* (Clerck), ale łatwy do odróżnienia.

Dolomedes Latr.

63. Dolomedes fimbriatus (Clerck)?

Jeden młody okaz z Petropawłowska niedający się oznaczyć z pewnością. Mógłby on należeć także do gatunku *D. limbatus* Hahn, różniącego się od *D. fimbriatus* barwą ud ciemnych od spodu, ale tylko w dojrzałym stanie; młodych okazów tego gatunku, które zbiérałem w Tatrach razem z dorosłémi, nie jestem w stanie odróżnić od młodych *D. fimbriatus*. Kamczacki okaz ma na udach niewyraźne ciemne linije podłużne, czego ślady napotyka się także u młodych okazów naszych gatunków.

D. fimbriatus żyje prawdopodobnie w całéj Europie z W. Brytaniją (z Hiszpanii niepodany) i w znacznéj części Azyi (podany z Syberyi północno zachodniéj, środkowéj, wschodniéj, i z Turkiestanu).

Attoidae.

Heliophanus C. L. Koch.

64. Heliophanus camtschadalicus n. sp.

Z okolic Petropawłowska jeden okaz, dorosła samica.

Ergane L. Koch.

65. Ergane falcata (Clerck).

Jeden samiec młody z nad Kamczatki. Chociaż oznaczenie nie jest zupełnie pewne, podaję przecież ten gatunek bez znaku pytania; dokładne porównanie okazu kamczackiego z europejskiémi nie wykazało żadnych różnic, a w obec znanego dzisiaj obszaru rozsiedlenia jest téż rzeczą zupełnie prawdopodobną, że tego gatunku nie brak na Kamczatce.

E. falcata żyje w północnéj i środkowéj Europie; granice południowe nie dadzą się wyznaczyć ściśle z powodu zamieszania, które starałem się przedstawić i usunąć w „Przeglądzie krytycznym pająków z rodziny *Attoidae* żyjących w Galicyi". Z Syberyi podano ten gatunek z dwóch miejsc: w nowszych czasach z Krasnojarska (Dr. L. Koch), a dawniéj z Nikołajewska (Grube).

Attus (Walck.).

66. Attus Caricis Westr.

Dorosła samica z nad Kamczatki. Do zupełnego upewnienia się w oznaczeniu potrzebny byłby dorosły samiec, chociaż po zgodności okazu z galicyjskiémi we wszystkich istotnych cechach tylko potwierdzenia jego spodziewać się można.

Znany dotąd obszar rozsiedlenia tego gatunku leży cały w zachodniéj połowie Europy między 46 a 60° pn. szér., nie rozciągając się ku wschodowi poza Kraków.

OPISY GATUNKÓW NOWYCH.

Epeira (Walck.).

Epeira proxima n. sp. simillima *Ep. cucurbitinae* (Clerck), a qua differt palporum maris forma paullo alia; oculorum mediorum area subrectangula, longiore quam lata, oculis mediis anticis longius a lateralibus quam inter se distantibus, abdomine ovato paullo depresso, virescenti dorso limbo albido cincto, postice utrimque puncto singulo (?) nigro ornato; maris tibiis II non incrassatis, bulbo genitali ornato antice tubere parvo obtuso, subtus medio autem aculeo intus et paullo anteriora versus directo, sensim acuminato, arcuato, non sinuato; ♂ ad. cephalothorace 2·6 mm. longo.

Mas adult. *Cephalothorax* lateribus subcircularibus; partis cephalicae latera anteriora versus sat fortiter inter se appropinquant, postice cum lateribus partis thoracicae in lineam paullo sinuatam coniunguntur. Frons desuper adspecta arcum format latum, medio interruptum areâ oculorum mediorum instar quadranguli c:a duplo latioris quam longum prominenti; oculi laterales antici parum prominent. Pars cephalica supra leviter arcuata usque ad oculos medios anticos, in lateribus supra nulla linea impressa a parte thoracica discreta. Fovea inter partem cephalicam et thoracicam sita parum profunda, diffusa, paullo transversa, postice in sulcum latum longitudinalem producta. *Oculorum* series postica paullo recurva, antica paullulum recurva; oculorum mediorum area subrectangula, antice vix latior quam postice, c:a diametro oculi posterioris longior quam lata, oculi antici posticis paullulum minores, hi inter se spatio diametro vix maiore, illi spatio quam diameter maiore distantes. Oculi laterales tuberculo communi impositi, contingentes, antici posticis paullulum maiores, ab oculis anticis mediis spatio disiuncti, quod latitudine par oculorum mediorum anticorum fere aequat. Oculi medii postici cum lateralibus anticis desuper adspecti lineam fere rectam formant; clypei reclinati sub òculis mediis altitudo spatio oculo medio antico et medio postico interiecto fere aequalis; oculorum area tota dimidia cephalothoracis latitudine paullo angustior. *Mandibulae* paullo reclinatae, fere rectae, aeque circiter crassae atque tibiae I, paullo longiores quam ambae simul sumptae latae, latere exteriore in longitudinem paullo excavato praesertim prope apicem. *Sternum* elevationibus ad coxas sitis carens. *Palpi* (Tab. IX, fig. 1) breves, apice bulbi medium femur anticum attingentes; pars patellaris desuper visa aeque saltem longa ac lata, ornata supra setis tribus, duabus longioribus in apice, tertia breviore prope basim; pars tibialis brevis, in processum dilatata transversum foras et deorsum directum, cum quo duplo fere latior videtur quam longa, quum a parte inferiore et interiore adspiciatur; processus ipse tum subtrapezoideus videtur, angulis rotundatis, latere antico longiore quam posticum; margo apicalis partis tibialis subtus ad latus interius nigricans in sinum parvum excisus. Lamina partis tarsalis in palpo porrecto partem bulbi inferiorem et interiorem tegit, a qua parte adspecta triangularis videtur, c:a 1¹/₂ longior quam lata, anteriora versus angustata, latere exteriore caeteris longiore excavato, interiore convexo, postico caeteris breviore medio paullo emarginato; postice ornatur lamina sulco brevi et ad eum exterius carina brevı. Angulus posticus superior laminae in processum exit sursum directum, partis tibialis dorso impositum, apice incrassato subito anteriora versus flexo; qui processus a latere visus latus posticum rectum, superius convexum, anticum profunde angulatim emarginatum habere, a parte posteriore adspectus e parte basali angustiore et ex api̇cali constare videtur, quae ultra illam utrimque prominet et transverse elliptica est, supra intus recte truncata. Bulbi „pars basalis" supra iacet, subhemisphaerica est, prope laminae marginem medium macula nigra ornatur, caeterum ad maximam partem flavo fusca. Stema a parte inferiore adspectum subcirculare est; in parte eius antica invenitur lamina fere semicircularis nigra margini partis basalis parallela, elevata in bulbi parte antica in tuber obtusum fere ovatum, deinde oblique plicata, carinata, in bulbi parte exteriore in apicem acutum desinens. Embolus aculeum format ab angulo apicali laminae exteriora versus et paullo retro extensum, nigrum, elongato conicum, paullulum sinuatum, coniunctum in parte anteriore cum processu parallelo, paullo latiore, aeque longo, plano, ubique fere aequali latitudine, apice acuminato, basi pallido, caeterum nigricanti. Apices emboli et processus huius circumdati lamina e medio fere laminae nigrae supra descriptae exeunti, concava, cuius apex a parte inferiore interiore adspectus tribus aut quatuor dentibus minutis ornatus videtur; lamina haec basim tegit aculei gracilis nigri, oblique intus et anteriora versus directi, itaque embolo fere paralleli, basi tantum subito, caeterum parum curvati. *Coxae* I subtus in apice dente non magno armatae; femora omnia subtus aculeis in seriem dispositis armata, intervallum aculei ultimi et penultimi in femoribus I et II caeteris non multo maius, femur III aculeos duo in dimidio basali, tertium prope apicem habet, in femore IV series aculeorum ³/₄ longitudinis occupare, apex inermis esse videtur; tibia II quam I non crassior, recta, subtus aculeis 8 per paria dispositis, in latere antico aculeis 3 armata; caeterum femora patellae tibiae metatarsi aculeis sat multis ornata. *Abdomen* tuberculis carens ovatum paullo depressum, pilis longis albis ornatum supra et in lateribus.

Cephalothorax supra pallide luteo-fuscus, areâ oculorum clypeo margine summo partis thoracicae pallidioribus, vitta submarginali fusca in parte thoracica ornatus, oculi medii in maculis nigris siti, postici in contingentibus, antici in late disiunctis; palporum partes femoralis patellaris tibialis pallidae, bulbi lamina apice pallida, caeterum magis rubicunda, marginibus, carina basali, processu basali fuscis. Mandibulae maxillae labium pallida, sternum cum coxis pallide fuscescenti-flavum, femora omnia ut patellae et tibiae anteriores flavo rufa, femora anteriora caeteris partibus obscuriora, patellarum I II IV apices infuscati, tibiae I II IV apicem versus paullo infuscatae, caeterae pedum partes pallidae. Abdomen sordide virescens, dorsum limbo albido cinctum postice tantum interrupto et utrimque puncto nigro 1 (?) ornato, area limbo circumdata medio secundum totam longitudinem albida, ornata praeterea punctis 8 impressis fuscis per paria dispositis, puncta paris 3-tii et 4-ti coniuncta inter se lineolis transversis fuscis recurvis.

Cephalothorax 2·6 mm. longus, 2·2 latus, abdomen 2·7 long., 2·0 latum; pedum longitudo: femur I 2·3, II 2·0, III 1·5, IV 2·0, patellae: 1·1, 1·0, 0·6, 0·9, tibiae: 1·7, 1·5, 1·0, 2·0, metatarsi: 1·5, 1·6, 1·2, 1·6, tarsi: 0·9, 0·9, 0·7, 0·8.

Femina ignota.

Species simillima *Epeirae cucurbitinae* (CLERCK), ab ea palporum forma distincta; in *Ep. cucurbitina* (Tab. IX, fig. 2) lamina stematis antica loco tuberis dentem habet minutum non prominentem, processus embolo parallelus totus membranaceus flavescens non nigricans; aculeus medius fortius curvatus, apice paullo sinuato, cum embolo angulum sat magnum format neque ei parallelus est; membrana, qua apex emboli circumdatur, etiam paullo alia, in palpo a parte inferiore interiore adspecto minus prominet.

Epeira alpica (L. KOCH) (Tab. IX, fig. 3) etiam similis est *Ep. proximae*, palporum forma tamen optime distincta; processus inferior partis tibialis a basi paullo dilatatus, laminae tarsalis processus posticus apicem parum dilatatum habere videtur, quum a parte posteriore adspiciatur; stematis lamina antica tubere antico caret, multo maior est quam in *Ep. proxima* et *Ep. cucurbitina*, posteriora versus longius producta in apicem desinit non acutum sed retusum et dilatatum, ita ut apex hic locum membranae, qua emboli apex circumdetur, teneat; aculeus stematis medius omnino aliam habet formam, multo longior est et latus, prope medium dilatatus in dentem magnum obtusum, apicem habet emarginatum, lamina tarsali occultum; processus embolo parallelus basi multo latior, totus membranaceus.

Ep. Westringii THOR., cuius marem non vidi, ab *Epeira proxima* differre videtur cephalothorace fasciis nigris carente et processu postico laminae tarsalis, qui formam aliam atque in *Ep. cucurbitina* habere dicitur [1]). *Ep. inconspicuae* SIM. et *Ep. silesiacae* FICK., quarum feminae similes sunt feminis *Ep. cucurbitinae*, mares ignoti. *Ep. displicata* HENTZ similis etiam videtur *Ep. proximae*, sed secundum figuram a Cel. EMERTONIO [2]) datam palpi maris tubere obtuso in bulbi parte antica carent, aculeum medium sat fortiter curvatum apice sinuato habent, itaque similiores sunt palpis *Ep. cucurbitinae* quam *Ep. proximae*.

Epeira vicaria n. sp. simillima *Ep. cornutae* (CLERCK), ab ea forma partium genitalium distincta; area oculorum mediorum trapezoidea antice latiore, oculis anticis quam postici maioribus, pedibus fusco annulatis, aculeis tibiarum anteriorum nigricantibus, abdomine ovato paullo longiore quam lato, aeque alto atque lato aut paullo humiliore, ornato supra folio fusco lato lateribus undulatis, lineis pallidis transversis persecto et fascia longitudinali ornato pallida inaequali interrupta, anterius maculas fuscas includenti, posterius sensim angustata, vulva e gibbere postico transverso fusco-luteo et e parte anteriore varianti composita, cuius anguli postici laterales lamellas formant inter se subparallelas, deorsum et retro aut deorsum directas; ♀ adult. cephaloth. 3·6 mm. longo.

F e m i n a. Partis cephalicae latera postice subparallela, caeterum anteriora versus arcuato inter se appropinquant; pars thoracica duplo latior quam oculorum area, lateribus rotundatis, postice emarginata; pars cephalica in lateribus sulco lato et profundo a parte thoracica distincta, supra leviter arcuata; area oculorum mediorum cum occipite angulum format obtusum, non in arcum aequalem cum eo coniuncta. Frons desuper adspecta late rotundata videtur, area oculorum mediorum parum, fere non magis quam tuberculum oculorum lateralium prominenti. Clypeus sub oculis mediis humilis, diametrum eorum altitudine non aut vix aequans. *Oculorum* series ambae desuper visae recurvae, a fronte adspectae anterior paullo recurva, posterior procurva. Oculi medii postici anticis minores, spatio quam diameter minore inter se remoti, antici inter se et ab oculis posticis spatiis subaequalibus, circiter aeque longis atque sua diametre distantes. Area oculorum medio..n

---

[1]) THORELL, Remarks on Synonyms, p. 548.
[2]) The Spiders of the United States, tab. 21, fig. 5.

non tota diametro oculi postici latior antice quam postice.   Oculi laterales antici a mediis anticis spatio remoti, quod paullo maius est quam oculi medii diameter una cum spatio oculis mediis interiecto.   Oculi laterales tuberculo communi impositi, antici posticis maiores, ab eis distincte disiuncti, tuberculi partem inferiorem occupantes, itaque in capite desuper adspecto perparum prominentes.   *Mandibulae* femorum I crassitudine, aeque fere longae atque patellae II, paullo plus 1 $\frac{1}{2}$, longiores quam latae, sub clypeo convexae, dorso caeterum et latere exteriore subrectis, in $\frac{1}{3}$ infima intus angustatae, sulco unguiculari postice dentibus 3, antice 4 (rarius 5) ornato.   *Sternum* longius quam latum, ovatum, antice late truncatum et emarginatum, ad coxas impressionibus ornatum.   Tibiae *pedum* anteriorum armatae aculeis nigricantibus, anticae subtus 10—12, secundae 8—10 per paria dispositis.   *Abdomen* ovatum, antice parum latius quam postice, aeque altum ac latum, ovis depositis humilius, dorso postice supra mamillas directo. *Vulvae* (Tab. IX, fig. 4 a. b.) pars posterior fusco-lutea transversa convexa, antice in medio in longitudinem leviter carinata; pars antica fere pentagona, anterius rufa, posterius nigra; margo eius anticus in scapum elongatus rufum brevem tenuem, partem posticam vulvae non attingentem, anguli laterales postici in lamellas breves producti inter se subparallelas, deorsum et retro directas.   In alio exemplo (ovis depositis) pars vulvae (fig. 4 c) antica situm alium habere videtur, tamquam sit pars antica triangularis rufescens abdomini impressa itaque cum scapo occulta, pars autem nigra deorsum pendeat lamellis fere ad perpendiculum directis.

Cephalothorax flavo-rufescens aut flavo-fuscus, mandibulae maxillae labium sternum nigro fusca, maxillarum margo interior, labii margo apicalis pallidi. Pedes et palpi quam cephalothorax supra multo pallidiores, in his partes patellaris et tibialis marginem apicalem fuscum, pars tarsalis apicem subtus latius quam supra fuscum habet.   Coxae pallidae, trochanteres pallide fusci, femora I et II annulo apicali lato inaequali, III et IV angusto, in femore III supra interrupto, ornata; patellae I et II infra pallide fuscae, ad apicem fascia fusca transversa ornatae, III et IV ad apicem infra et in lateribus annulo fusco angusto ornatae; tibiae I et II subter et antice semiannulis tribus ornatae, metatarsi I II medio et apice, tarsi apice infuscati, tibiae metatarsi tarsi III IV apicibus fuscis.   Abdominis dorsum folio ornatum fusco aut fusco-nigro, lato, mamillas fere attingenti, in lateribus in sinus utrimque 4 aut 5 exciso, ornato maculis pallidis maculas fuscas similes minores includentibus his: antice macula hastata, in utroque latere semel dentata, marginem folii anticum attingenti, posterius rhombo longitudinali, posteriora versus in striam elongato plus minusve interruptam, variae longitudinis.   Praeterea folium divisum est lineis transversis pallidis marginem lateralem folii fere attingentibus, quarum prima caeteris multo latior ex angulis rhombi lateralibus exit et inter sinum 1-um et 2-dum iacet, 2-da et 3-ia inter sinum 2-um et 3-um, 3-um et 4-tum sitae tenues, distinctae, posteriores plus minusve obliteratae.   Pars folii inter lineam 1-am et sinum primum sita nonnunquam pallide punctata aut tota pallida est. Folium limbo circumdatum sinuato pallido, nonnunquam fusco maculato, latiore aut angustiore, latera abdominis fusca plus minusve pallide punctata et maculata, venter fusco niger ornatus fasciis albido flavis duabus, posteriora versus paullo dilatatis et inter se appropinquantibus.   Mamillae nigricantes.

Cephalothorax excepto limbo marginali pilosus, pilis pallidis longis et densis praesertim in capite et in thoracis lateribus; in capite supra lineae duae tenues inter se proximae subnudae.   Mandibularum pars superior sat dense pallide pilosa, inferior pilis paucis nigris ornata.   Sternum dense albido pilosum.   Abdomen pilis densis brevibus subadpressis tectum, qui tamen colorem parum mutant.

Cephalothorax 3·6 mm. longus, 3·0 latus, abdomen 7·5 long., 6·9 latum; pedum longitudo: femur I 3·1, II 3·0, III 2·1, IV 2·7, patellae: 1·8, 1·7, 1·1, 1·4, tibiae 2·6, 2·3, 1·4, 2·2, metatarsi 2·7, 2·4, 1·2, 1·0, tarsi 1·5, 1·3, 1·0, 1·1.

Mas ignotus.

Species simillima *Ep. cornutae* (CLERCK), a qua differt partibus genitalibus feminae. Pars postica in *Ep. cornuta* (Tab. IX, fig. 5 a, b) maior est, laetius rufa, pars antica e lamina efformatur nigricanti, sinu valde profundo divisa in lobos duo obtusos, parti posticae incumbentes, processibus divaricantibus carentes, inter quos situs est scapus tenuis rufescens, modo sat longus, modo brevis, modo nullus.

Singa (C. L. Koch).

Singa atra n. sp. area oculorum mediorum rectangula, clypeo ea non humiliore, oculis anticis mediis minoribus et spatio paullo maiore disiunctis quam oculi medii postici, cephalothorace flavo-rufo aut rufo-fusco, oculorum area obscuriore, femoribus 6 posterioribus inermibus, anticis aculeatis, abdomine nigro; ♀ ad. cephaloth. 1·8 mm. longo.

Femina. *Cephalothorax* lateribus sat fortiter rotundatis, antice profunde sinuatus et angustatus; latera partis cephalicae postice, ubi pars haec aeque lata est atque ³/₃ partis thoracicae, parallela, anterius arcuata, in arcum unum cum fronte coniuncta. Pars cephalica transverse fortiter convexa, impressionibus profundis a parte thoracica distincta, in longitudinem leviter convexa, pars eius summa pone oculos sita parum altior quam pars postica; impressiones partis thoracicae radiantes parum definitae, fovea postica profunda rotundata, lineâ fortius impressâ transversâ procurvâ ornata. Pars cephalica supra et antice pilis modice longis ornata, caeterum cephalothorax glaber laevis nitidus. *Oculorum* area duplo angustior quam cephalothorax, clypeus fere ad perpendiculum directus, excavatus, aeque altus atque oculorum mediorum area longa, haec paullo elevata, angulos fere aequales cum occipite et cum clypeo formans, oculi laterales tuberculo communi non alto imposití. Series oculorum postica modice recurva, oculi medii inter se spatio diametrum circiter aequanti, a lateralibus spatiis c:a 1¹/₂ maioribus remoti; series antica subrecta; in capite desuper adspecto oculi laterales ultra clypei marginem parum, medii sat longe prominent, intervallum mediorum paullo minus videtur quam spatium, quo a lateralibus distant; area oculorum mediorum fere quadrata, spatium oculo antico et postico interiectum paullulum maius quam intervallum posticorum, paullulum minus, quam intervallum anticorum, oculi antici posticis minores, spatio maiore remoti. *Mandibulae* crassae, parum longiores quam ambae basi latae, dorso fortiter, latere exteriore levissime in longitudinem convexo, apicem versus parum angustatae, apice intus oblique truncatae, sulco unguiculari ornato antice dentibus 4, postice 3, quorum primus sequentibus minor, laeves, parce pilosae. *Sternum* laeve nitidum, ad coxas costis elevatis distinctis ornatum. *Pedum* anticorum femora ornata antice prope apicem aculeo 1, paullo inferius alio minore, caetera inermia, patellae omnes supra in apice aculeum 1 habent, tibiae omnes supra prope basim 1, anticae praeterea in latere antico prope basim 1, metatarsi inermes; pedes et palpi pilis tecti rigidis, modice densis, quorum nonnulli praesertim in tibiarum latere inferiore caeteris crassiores aculei appellari possint. *Abdomen* ellipticum, paullo depressum, nitidum, pilis brevibus non densis tectum. *Vulva* (Tabl. IX, fig. 6) rufo-flava, transversa, in lateribus fortiter, postice perparum rotundata, antice bis emarginata, ornata foveis duabus rotundatis, antice apertis, septo lato disiunctis.

Cephalothorax cum mandibulis flavido-rufus colore fusco suffusus, margine paullo obscuriore, oculorum area nigricanti; mandibulae antice indistincte fusco maculatae; sternum labium maxillae rufo-fusca, maxillarum margo interior, labii margo apicalis pallidiores. Pedes et palpi cephalothorace pallidiores, rufo-flavidi, femora anteriora caeteris partibus obscuriora, subter et in latere postico lineis fuscis diffusis parum distinctis ornata, posteriora in latere postico prope apicem infuscata, colore eodem pictae tibiae posticae subter prope apicem et metatarsi postici subter. Abdomen supra subtusque nigrum, ornatum in dorsi lateribus vestigiis linearum transversarum pallidarum valde indistinctis; scuta pulmonalia rufo-fusca.

Color speciminis alius multo obscurior; cephalothorax cum mandibulis obscure rufo-fuscus, area oculorum nigricans, mandibularum margo interior et apicalis latus multo pallidiores; palpi multo obscuriores, pallide fusci, fusco maculati; pedum anteriorum femora nigra basi apiceque exceptis, femora posteriora in utroque latere lineis latis fuscis diffusis notata, III secundum totam fere longitudinem, IV in dimidio apicali; tibiae et metatarsi IV etiam obscuriora quam in priore; abdominis color idem.

Cephalothorax 1·8 mm. longus, 1·4 latus, abdomen 3·2 long., 2·5 latum; pedum longitudo: femur I 1·36, II 1·33, III 0·97, IV 1·50, patellae: 0·58, 0·55, 0·42, 0·53, tibiae: 1·13, 1·00, 0·65, 1·07, metatarsi: 1·05, 0·97, 0·65, 1·04, tarsi: 0·58, 0·58, 0·49, 0·53.

Mas ignotus.

Species a *S. sanguinea* Sim. (C. L. Koch?) fortasse non diversa; exempla descripta *S. sanguineae* adiungere quidem non ausus sum, quum oculi huius speciei medii antici posticis aequales, inter se spatio minore quam illi remoti, pedes fulvo-rufi (immaculati?) describantur, magnitudo tamen et situs oculorum in area nigra sitorum difficilius observantur, et propterea fortasse a me supra non recte sunt descripta.

Zilla (C. L. Koch).

Zilla dispar n. sp. affinis *Z. montanae*, oculis mediis posticis longius inter se distantibus quam medii antici, area oculorum mediorum fere quadrata, parte cephalica tota infuscata, sterno fusco, antice macula flavida ornato, abdomine elliptico; feminae femoribus IV non aculeatis, vulva callum formanti transversum, postice ornatum fovea media; maris palpis brevibus, parte tarsali femore antico crassiore, bulbo ornato posterius dentibus duobus brevibus, paracymbii angulo antico superiore obtuso; ♀ ad. cephaloth. 2·3mm., ♂ ad. 2·5 longo.

Femina. *Cephalothorax* lateribus inter partem thoracicam et cephalicam non profunde sinuatis, partis cephalicae lateribus arcuatis, anteriora versus inter se appropinquantibus, area oculorum aeque fere lata atque ½ pars thoracica, partis cephalicae basi ⁸/₅ latitudinis partis thoracicae aequanti, fronte sat late rotundata, oculis lateralibus perparum, mediis anterioribus insigniter prominentibus. Pars cephalica postice altior, anteriora versus arcuato descendens usque ad oculos medios anticos, impressiones cephalicae distinctae; fovea postica profunda rotundata, lineâ procurvâ fortius impressâ ornata. Cephalothoracis partes abdomine non tectae sat dense pilosae, pilis in parte cephalica procurvis erectis. *Oculorum* series posterior paullo recurva, oculi subaequales, spatiis fere aequalibus, diametrum aequantibus inter se remoti; series anterior paullo recurva, oculi medii caeteris omnibus maiores, nigri, omnes spatiis subaequalibus, minoribus quam mediorum diameter inter se remoti. Oculi medii aream fere quadratam occupant, antice paullulum latiorem quam postice, fere non longiorem quam latam, postici inter se et ab anticis spatiis aequalibus, maioribus quam anticorum intervallum remoti. Oculi laterales subcontingentes. Clypei altitudo diametro oculi medii antici aequalis. *Mandibulae* femore antico paullo tenuiores, aeque longae atque ambae simul sumptae latae, dorso supra in longitudinem convexo. *Labium* fere semicirculare. *Sternum* longius quam latum, a medio posteriora versus aequaliter angustatum, ad coxas ornatum costis elevatis sat prominentibus. *Pedum*, qui longe pilosi sunt, praesertim in femoribus subter, femora antica tantum ornata aculeis: 1 pone medium antice, 1 aut nullo prope apicem, patellae inermes, tibia I antice aculeos habet 1. 1. 1, subtus 2 in ipso apice, postice 1 prope apicem, supra nullum, metatarsus I in latere antico superiore 1. 1, in postico 1. 1, tibia II antice 1. 1. 1, postice 1 aut 1. 1, metatarsus II ut I aculeatus, tibia et metatarsus III aculeata, tibia IV 2 tantum aculeis subter in apice ornata, metatarsus IV 1 in latere antico, 1 aut 1. 1 in postico. *Abdomen* ellipticum, paullo depressum (latius quam altum), pilis tectum non densis, parum adpressis. *Vulva* (Tabl. IX, fig. 7 d) callum fórmat transversum, non altum, transverse rugosum, fuscum, cuius declivitatem posticam mediam occupat fovea non latior quam longa, parum profunda, subtrapezoidea angulis rotundatis, postice paullo angustior, rufescens; margo foveae anticus elevatus elongatur utrimque in costam parum distinctam.

Cephalothorax pallide rufo-flavus; marginibus nigricantibus, capite supra toto infuscato, colore fusco praesertim in angulo capitis postico et pone oculos laterales posticos distincto; lineae duae in capite supra inter se proximae fuscae parum distinctae. Mandibulae quam cephalothorax paullo magis rufescentes. Maxillae labium sternum fusca, maxillarum margo interior, labii margo anticus pallidi, sternum ornatum antice macula triangula rufescenti. Pedum color idem fere atque thoracis, coxarum et palporum pallidior, horum partes tibialis et tarsalis apice infuscatae; pedum femora ómnia supra in dimidió apicali infuscata, caeterum ornata subtus semiannulo fusco in basi, macula media, anteriora etiam macula fusca prope apicem sita; pedum anteriorum patellae apice antice inferius, tibiae apice infra infuscatae; in pedibus posterioribus margines apicales patellarum et tibiarum et macula in tibiis infra sita fusca. Abdomen albidum subtiliter fusco reticulatum, ornatum supra folio nigro-marginato, caeterum vix obscuriore quam laterum pars adiecta, quam abdómen insigniter angustiore, apicem abdominis desuper adspecti non attingenti, utrimque obtuse quadrilobato, postice truncato. Folii pars antica ornatur macula alba x-formi, ante quam iacent lineolae nigrae breves 5, in parietem abdominis anticum paullo productae, quarum media sinum anticum maculae x-formis replet, laterales posteriora versus paullo discedentes inter se confusae margines laterales maculae illius cingunt. Praeterea orna- tur folium linea media nigra, interrupta, cuius apex inter par punctorum impressorum dorsi primum et secundum iacet, postice ultra marginem folii producta et lineolis transversis nigricantibus tribus (prima parum distincta) persecta, mamillas attingenti. Latera abdominis ornata fascia longitudinali e punctis nigricantibus composita. Ventris pars media nigra; area hoc colore tincta mamillas cingulo angusto circumcludit, paullo ante eas coarctata, in lateribus utrimque fasciâ cingitur flavo-albâ, in utroque mamillarum latere in puncta duo dissolutâ. Scuta pulmonalia pallida, mamillae fuscae.

Cephalothorax 2·3 mm. longus, 1·8 latus, abdomen 4·2 longum, 3·2 latum; pedum longitudo: femur I 2·5, II 2·0, III 1·4, IV 1·8, patellae 1·0, 0·9, 0·7, 0·8, tibiae 2·0, 1·5, 0·8, 1·4, metatarsi 2·2, 1·6, 1·0, 1·5, tarsi 0·9, 0·8, 0·6, 0·8.

M a s. Cephalothorax latior quam in femina, antice fortius angustatus, lateribus partis thoracicae fere circularibus, antice fortiter angustatus, fere non sinuatus, parte cephalica postice aeque lata atque ¹/₇ partis thoracicae, quae 2¹/₂ latior est quam oculorum area. In fronte desuper adspecta oculi antici omnes insigniter prominent. Partis cephalicae dorsum ut in femina arcuatum, impressiones cephalicae perparum profundae, fovea postica profunda longitudinalis; margo partis thoracicae pilis sat longis ciliatus, caeterum cephalothorax ut in femina pilosus. *Oculorum* series postica subrecta, oculi subaequales, medii inter se spatio ninore, a lateralibus paullulum maiore quam diameter disiuncti; series antica paullo recurva, oculi medii caeteris omnibus maiores, inter se et a lateralibus spatiis c:a dimidiae diametro aequalibus remoti. Oculorum mediorum area quadrata, oculi postici ab anticis et inter se aequaliter remoti, antici inter se spatio minore distantes. Clypeus aeque altus atque in femina. *Mandibulae* tenues, aeque circiter crassae ac tibiae I, fere aeque longae atque ambae simul sumptae crassae, dorso et latere exteriore subrectis. *Sternum* et *labium* similia atque in femina. *Palpi* cephalothorace breviores, pars patellaris desuper adspecta paullo longior quam lata, pars tibialis aeque fere longa, latior, apicem versus paullo dilatata, subter paullo brevior quam supra, supra ut pars patellaris pilis nonnullis longis ornata; pars tarsalis (Tab. IX, fig. 7 a, b) femore I crassior, lamina subovata, apice extus paullo oblique truncata, sat regulariter convexa, et carinis et impressionibus carens, ornata in angulo postico exteriore appendice paracymbio) (Tab. IX, fig. 7 c) non magna, anteriora versus et deorsum directa, paullo longiore quam lata, cuius pars apicalis e lamellis duabus constat, tamquam sit paries exterior ab interiore distractus et sulco profundo ab eo seiunctus; angulus anticus superior appendicis obtusus. Bulbi pars basalis ornata postice dente nigro acuto deorsum et intus directo, ante quam iacet lamina longitudinalis fere semicircularis nigricans, quae in palpo a latere exteriore adspecto non humilior videtur quam dens ille, cui in parte bulbi interiore oppositus est processus alius lamelliformis transversus, intus humilior quam in parte exteriore, maximam partem pallidus, margine apicali subtilissime crenulato, disiunctus a dente supra dicto spatio ubique fere aeque lato. Bulbi partem apicalem exteriorem occupat processus fere in semicirculum flexus, apice retro directo, extus niger, intus membranaceus; in parte interiore autem invenitur spina tenuissima nigra, processui priori subparallela, sed potius in angulum flexa. *Pedum* femora omnia in dorso aculeis 1. 1, antice ad apicem 1 aut 1. 1, postice ad apicem 1 aut 1. 1 armata, patellae I, II, IV in utroque latere aculeum 1, patellae III in antico tantum habent; tibiae omnes in omnibus partibus aculeatae, metatarsi etiam uberius aculeati quam in femina. *Abdomen* subellipticum, antice parum latius quam postice, pilis sat longis erectis tectum.

Cephalothorax paullo magis rubicundus quam in femina, caeterum colore eodem. Pedum color similis quoque, sed femora supra immaculata, antica tantum linea parum distincta secundum totam longitudinem ornata, maculae in patellis anterioribus et maculae mediae in tibiis posterioribus subter indistinctae. Palporum femur patella tibia pedibus paullo pallidiora. Abdomen paullo obscurius, folium punctis fuscis nonnullis adspersum, quae in femina desunt, e lineolis anticis nigris media tantum distincta, fasciae flavo-albae in ventris lateribus sitae postice (in utroque latere mamillarum) non interruptae.

Cephalothorax 2·5 mm. longus, 2·2 latus, abdomen 3·2 long., 2·0 latum; pedum longitudo: femur I 2·7, II 2·4, III 1·9, IV 2·0, patellae 1·0, 1·0, 0·6, 0·9, tibiae 2·9, 2·0, 1·1, 1·5, metatarsi 3·1, 2·3, 1·3, 1·8, tarsi 1·1, 1·0, 0·6, 0·8.

Species valde affinis *Zillae montanae* C. L. Koch, haec tamen maior est, sternum immaculatum habet, caput supra non totum infuscatum, sed linea tantum media et duabus lateralibus pone oculos laterales pallidioribus ornatum, oculorum mediorum aream longiorem quam latam, oculos posticos inter se spatio minore quam ab anticis distantes, vulvae foveam evidenter latiorem quam longam, transverse ellipticam. Maris palpi (Tab. IX, fig. 8 a, b) etiam simillimi sunt, paracymbii (fig. 8 c) tamen angulus anticus superior valde acutus est, procurvus; dens quo ornatur pars bulbi basalis, in latere antico denticulo humili auctus; loco laminae ante dentem sitae adest pars fusca parva, quae in palpo a latere adspecto fere non altior videtur quam denticulus ille.

Tetragnatha LATR.

Tetragnatha extensa (LINN.) forma **punctipes** WESTR.?

Syn.:?1874. *Tetragnatha punctipes*. WESTR., *Bemerkungen über die arachnologischen Abhandlungen von Dr. T. THORELL*, p. 25.
?1879. *Tetragnatha borealis*. L. KOCH, *Arachniden aus Sibirien und Novaja Semlja*, p. 5.

F e m i n a a d. *Cephalothorax* ovatus, antice sinuato angustatus, parte cephalica ad oculorum seriem posticam fere non latiore quam dimidia pars thoracica, dorso toto sublibrato et fere aequali, impressionibuscephalicis distinctis, fovea postica semilunari procurva; subopacus, pilis brevibus sat densis albidis tectus. *Oculorum* series ambae desuper adspectae recurvae subparallelae, anterior a fronte visa subrecta. Area oculorum mediorum antice angustior, oculi antici posticis minores, intervallum anticorum diametro subaequale videtur, spatium, quo a posticis distant, parum maius quam intervallum posticorum, paullo minus quam spatium oculis posticis medio et laterali interiectum. Oculi laterales inter se spatio minore distant quam oculus medius anticus a postico. *Mandibulae* breves directae, sulco unguiculari dentibus parvis antice 5, postice 4 ornato, unguiculo tuberculo carenti. *Maxillae* apicem mandibularum fere attingunt, parum divaricatae, a labio anteriora versus fere non dilatatae, latus exterius subrectum habent, marginem apicalem rotundatum angulis rotundatis, ad latus interius ante labium carina longitudinali ornantur ante apicem evanescenti. *Labium* latius quam longum, marginatum. *Sternum* opacum, ut cephalothorax supra pilosum. *Pedes* sat tenues, tarsis ubique aequali crassitudine, tibiis anterioribus ornatis aculeis sat multis tenuibus, parum longioribus quam articuli diameter. *Abdomen* $2^{1}/_{2}$ longius quam latum, in $^{3}/_{5}$ longitudinis latissimum, anteriora et posteriora versus aequaliter angustatum, antice paulló emarginatum, postice rotundatum, dorso in $^{3}/_{5}$ longitudinis altissimo, paullo gibbóso.

Cephalóthorax fusco-luteus, marginibus fuscis, linea a fovea posteriora versus ducta, lineis radiantibus in parte thoracica anterius utrimque binis tenuibus, lateribus partis cephalicae secundum impressiones cephalicas usque ad foveam fuscis; pars thoracica ornata maculis parvis laete flavis utrimque binis, anteriore ante lineam fuscam 2-am, posteriore ad marginem posticum sita. Mandibulae colore cephalothoracis, subtilissime fusco reticulatae, supra sub oculis lateralibus anticis ornatae lineis duabus fuscis parum distinctis. Maxillae colore cephalothoracis, labium nigricans margine pallido, sternum fuscum. Palpi pallidi pallide fusco maculati. Pedes fusco-flavi, supra et in lateribus adspersi punctis fuscis maioribus minoribusque, articulorum apicibus infuscatis. Abdomen supra ornatum folio pallide fusco (flavido, fusco reticulato) marginibus fuscis, inaequalibus; latera fusco reticulata, pars eorum superior argentata a parte inferiore paullo obscuriore disiuncta praesertim anterius fascia fusca in maculas utrimque binas nigricantes dilatata, quarum anterior usque ad folii dorsualis marginem extenditur. Ventris pars media fusca, latera albida fusco reticulata; ad mamillas utrimque maculae parvae albidae parum distinctae.

Cephalothorax 2·4 mm. longus, 1·5 latus, mandibulae 1 mm. longae, abdomen 5 mm. longum, pedum longitudo: I 13·2, II 9·3, III 5·3, IV 8·5 mm.

Mas iunior (pelle nuper exuta?) colorem habet pallidiorem, fasciam abdominis lateralem fuscam paullo undulatam, in maculas tamen non dilatatam.

Do rodziny Theridioidae.

Gatunki z téj grupy podano w spisie w porządku i ile można było pod nazwami rodzajowemi przyjętemi w ostatnich czasach przez E. SIMONA w *Les Arachnides de France*, tom V.;

rodzaj *Enoplognatha* włączono jednak w podrodzinę *Theridiinae*, gdyż tam ma on bez wątpienia stósowniejsze miejsce, niż w podrodzinie *Erigoninae*.

Rozłożenie tego działu, mianowicie rodzajów *Linyphia* i *Erigone*, obfitszego niż inne w gatunki w Europie i Azyi umiarkowanéj i północnéj, uznawali już różni autorowie za koniecznie potrzebne. Przeprowadzenie téj pracy przez SIMONA ma, ile sądzić mogę po dłuższém zajmowaniu się tym działem, przerwaném niestety bez doprowadzenia do określonych wypadków, te dwie zasadnicze zalety, że 1) rozbija ono całą grupę na znaczną ilość drobnych skupień, nie kusząc się np. o określenie jakiegoś jednego rodzaju pośredniego pomiędzy dawnémi rodzajami *Linyphia* i *Erigone*, 2) że opiera się na wyraźnie wypowiedzianéj myśli, że kształt głowy u samców w rodzaju *Erigone* nie jest bynajmniéj jedyną miarą większego lub mniejszego powinowactwa, — myśli, która że teraz dopiéro wypowiedzianą została, tego przyczyny szukać należy tylko w zaniedbaniu porównawczych badań samic tych zwiérząt. W obec tych zalet byłoby bez wątpienia cofnięciem się w téj sprawie nieuwzględnianie pracy SIMONA z powodu niedostateczności lub nawet nieprawdziwości niektórych cech użytych do określania grup i rodzajów. Jedyną do celu prowadzącą drogą zdaje się praca skierowana ku uchylaniu tych braków i wyszukiwaniu cech nowych, gdzie dotychczas znalezione nie wystarczają, jak np. dla grup *Lophocarenini* i *Walckenaërini*, do których odróżnienia podane przez SIMONA względne wymiary mostku służyć nie mogą [1]).

Theridium (WALCK.).

Theridium impressum L. KOCH var. intermedium n.

Femina *Theridio impresso* simillima, pictura dorsi abdominis paullo alia, simili atque in *Th. sisyphio* (CLERCK), distincta.

Femina *Theridii impressi* simillima est *Theridio sisyphio*, ab eo his rebus distincta: Area oculorum mediorum in *Th. sisyphio* postice aut omnino aeque lata est atque antice aut vix angustior, oculi postici convexi rotundi, *Ther. impressum* aream hanc postice evidenter angustiorem habet quam antice, oculos posticos plus minusve depressos, rotundos aut paullulum oblongos. Exempla inveniuntur, ad quae internoscenda nota haec paullo varians non sufficit. Cephalothorax *Th. sisyphii* supra flavidus colore fusco-rufo suffusus est, marginibus et fascia media plerumque parum obscurioribus, nonnunquam quidem multo obscurioribus, constanter tamen plus minusve diffusis, colore fusco-rufo plus minusve obscuro tinctis, nec nigricantibus nec pure fuscis; sterni summus margo obscurior quam media non niger sed fusco-rufus, tamquam color obscurior e maiore tantum crassitudine cuticulae pendeat; *Theridii impressi* pleraque exempla cephalothoracem supra pallide flavidum habent, colore fusco-rufo aut non aut perparum suffusum, fascia eius media fusca vix colorem rufum sentit, in partes pallidas non diffunditur, margo obscurus plus minusve latus, saltem summus niger; sterni margo niger. Abdominis pictura in utraque specie variat; dorsum fasciis obscuris duabus pictum vittam mediam albidam includentibus, lineis obliquis tribus in maculas 3 subrhomboideas et vittam supraanalem longam divisis; macula 2-a et 3-ia in *Th. sisyphio* plerumque colore rufo-fusco ubique aequali tinctae; in exemplis pallidius coloratis color fuscus inaequalis, pallidior in macularum parte interiore, obscurior in marginibus antico et exteriore et postico, rarius margo anticus pallidior quam posticus, rarissime maculae hae stria pallidiore transversa in partes binas parallelas, anticam et posticam dividuntur; in *Th. impresso* macularum partes posticae plerumque obscuriores sunt quam anticae, illac saepe nigrae, hae fuscae aut pallide fuscae, in multis pars maculae unius alteriusve anterior a posteriore linea seiungitur albida aut se-

---

[1]) Z opisanych niżéj gatunków ma *Gongylidium suppositum* dłuższy mostek niż *Cornicularia lepida*, gdy tymczasem, gdyby cecha przez SIMONA podana była rzetelna, rzeczby się powinna mieć przeciwnie.

cundum totam maculae latitudinem aut in parte exteriore; non raro pars maculae anterior omnino fere evanescit, maculae tum, e quibus fascia constat, angustae sunt lineis nigris antice et postice albo limbatis inter
se disiunctae. *Theridii sisyphii* area dorsualis e maculis composita posteriora versus aequabilius angustata
est quam in *Th. impresso*, margo exterior maculae 3-ae cum marginibus vittae supraanalis et maculae 2-ae
lineam aequaliter sinuatam format, maculae 3-ae simul sumptae paullo latiores sunt quam ambae vittae
supraanales, angustiores quam maculae 2-ae; in *Th. impresso* maculae 2-ae non latiores quam vittae supraanales, margo exterior cum adiacentibus lineam fractam format. Abdominis latera in plerisque exemplis *Th.
impressi* arcu obscuro antice ornantur, qui in *Th. sisyphio* saepissime deest, in exemplis obscure coloratis tantum invenitur.

Specimina duo in Camtschadalia inventa oculorum situ atque cephalothoracis colore cum
Th. impresso conveniunt, latera abdominis arcu obscuro picta habent, areae dorsualis color tamen et forma eadem sunt atque in *Th. sisyphio*: partes fuscae colorem habent ubique aequalem,
maculae 3-ae simul sumptae latiores sunt quam vitta supraanalis, margo exterior areae posterius aequabiliter sinuatus. Quam ob rem necesse putavi, araneam hanc saltem ut varietatem
a forma typica distinguere; mas adultus, si notus esset, fortasse notas speciei propriae praeberet.

Enoplognatha Pav.

Enoplognatha camtschadalica n. sp. cephalothorace fusco-flavescenti fusco marginato, sterno
fusco, abdomine ornato supra folio pallide fusco, fusco marginato, antice linea longitudinali diviso, nonnunquam indistincto, area oculorum mediorum rectangula, fere quadrata, oculis anticis
mediis quam laterales paullulum minoribus, inter se et ab eis spatiis diametro circiter aequalibus
remotis, oculis mediis posticis caeteris paullo minoribus, a lateralibus spatio $1\frac{1}{2}$ maiore quam
inter se et a mediis anticis distantibus, vulvae lamina ornata postice tuberculo transverso antice arcu recurvo impresso circumdato; ♀ ad. cephaloth. 3—3.6 mm. longo.

Femina. *Cephalothorax* ovatus, antice sinuato angustatus, fronte cum lateribus partis cephalicae
fere semicirculum formanti, parte cephalica postice fere ³/₃, area oculorum circiter ¹/₈ latitudinis partis thoracicae aequantibus; dorsum paullo ante medium altissimum anteriora versus arcu paullo inaequali descendit
usque ad oculos medios anticos. Fovea ordinaria profunda rotundata, lineâ impressâ transversâ ornata; impressiones cephalicae in lateribus distinctae et profundae; partis thoracicae latera utrimque foveolis binis
anterius, tertia posterius, parum profundis ornata, crasse marginata; pars postica thoracis transverse subtiliter plicata, caeterum cephalothorax laevis, totus nitidus, pilis praesertim in capite supra pone oculos et in
clypeo sub oculis mediis ornatus. Clypeus sub tota oculorum serie antica levissime impressus, caeterum perparum convexus et fere ad perpendiculum directus, quam area oculorum mediorum dimidia diametro oculi humilior. Series *oculorum* posterior paullulum procurva, anterior subrecta, paullulum procurva; oculi omnes parum inaequales, postici medii caeteris paullo minores, laterales inter se subaequales et paullulum maiores
videntur quam medii antici; area mediorum rectangula, fere quadrata, vix longior quam lata; oculi medii
omnes inter se et medii antici a lateralibus anticis spatiis subaequalibus remoti diametrum oculi lateralis
antici aequantibus, medii postici a lateralibus posticis spatiis $1\frac{1}{2}$ maioribus, duplam suam diametrum attingentibus distantes. Oculi laterales subcontingentes, tuberculo communi innati. *Mandibulae* longitudine metatarsum III aequantes, basi ambae aeque fere latae, dorso sub clypeo convexo, caeterum fere recto, lateribus
paene rectis supra convexiusculis, apicem versus parum angustatae, apice fere transverse truncato, margine
apicali ornato dentibus duobus: uno in angulo mandibulae interiore sat forti et in latere exteriore denticulo
parvo aucto, altero minore prope priorem sito. Unguiculus basi subtus tuberculo parvo ornatus, crassus, subito
attenuatus. *Maxillae* parte coxis anticis non tecta saltem $1\frac{1}{2}$ longiore quam apice lata, lateribus interioribus
et exterioribus omnibus inter se subparallelis, apice paullo oblique truncatae et late rotundatae, angulo exteriore obtuso, interiore fere recto. *Labium* maxillas medias non attingens, trapezoideum, latius antice quam
longum, apice levissime sinuato, non marginato. *Sternum* subtriangulare, lateribus et margine antico convexis,
postice productum fere usque ad marginem posticum coxarum IV in processum angustissimum, processu hoc

excluso vix longius quam latum', nitidum, medio laeve et glabrum, in lateribus pilis non densis erectis tectum. *Pedes* modice longi et modice crassi, aculeis certo carentes, pilis tecti ut videtur densis erectis, praesertim in femoribus subter. *Abdomen* desuper adspectum ellipticum, $^1/_4$ longius quam latum, paullo humilius quam latum, pilis tectum sat densis et longis, suberectis. *Vulva* (Tab. IX, fig. 9) ornata in margine postico tuberculo transverso obtuso, circiter 4-tam partem spatii scutis pulmonalibus interiecti occupanti, circumdato antice arcu profunde impresso recurvo, marginem posticum non attingenti.

Cephalothorax cum mandibulis, quarum dentes nigri, unguiculus fuscus est, palpis pedibus pallide fusco-flavescens, fusco marginatus, oculi cingulis nigris circumdati, medii postici angustissimis, laterales bini communibus, medii antici in macula nigra transversa siti, pars cephalica ornata supra linea longitudinali pallide fusca parum distincta aliisque valde indistinctis ab oculis lateralibus posteriora versus ductis, praeterea in parte thoracica lineae radiantes utrimque quatuor, — earum anticae in impressionibus cephalicis sitae, — fuscae valde indistinctae. Palporum partes tibialis et tarsalis apice infuscatae. Pedum articuli apicibus, patellae lateribus et parte inferiore infuscatis, tibiarum basis pallida. Sternum fuscum, maxillae fuscae angulo apicali interiore pallido, labium nigro-fuscum margine apicali angusto albido. Abdominis pars inferior fusca, in lateribus punctis pallide fuscis adspersa et ornata antice fascia brevi pallida, supra scuta pulmonalia sita, ad partem luteo-albo punctatâ; venter utrimque maculas pallidas parum distinctas binas habet, anteriorem fere in media longitudine sitam, posteriorem prope mamillas anteriora et exteriora versus. Pars superior laterum abdominis fuscescenti-albida fusco reticulata et praesertim inferius fusco punctata, dorsum folio ornatum apicem fere abdominis desuper adspecti attingenti, paullo angustiore quam abdomen, postice leviter emarginato, in utroque latere in sinus tres exciso, pallide fusco, fusco marginato, subtiliter fusco reticulato, antice diviso linea albida longitudinali e pariete antico abdominis, qui supra albidus est, exeunti, saltem medium folium attingenti; $^2/_3$ posteriores lineae huius paullo dilatatae lineam continent nigro-fuscam, antice et postice paullulum dilatatam. Scuta pulmonalia intus pallidiora, mamillae parum pallidiores, pars posterior vulvae obscurior quam venter, tuberculum nigrum.

Cephalothorax 3 mm. longus, 2·5 latus, mandibulae 1·5 longae, abdomen 5 long., 4 latum. Pedum longitudo: femur I 3·1, II 2·5, III 2·1, IV 3·0, patellae: 1·1, 1·0, 1·0, 1·2, tibiae: 2·7, 1·8, 1·5, 2·3, metatarsi 2·5, 2·0, 1·5, 2·1, tarsi 1·2, 1·2, 1·1, 1·2.

Tria alia exempla probabiliter eiusdem speciei maiora sunt, multo obscurius colorata, cephalothorace 3·3—3·6, tibia cum patella IV 4·0—4·2 mm. longa; abdomen (in omnibus contusum) fuscum, folium non distinctum, e tota pictura restant pars anterior lineae mediae anticae postice breviter furcata et loco partis eius posticae puncta duo alba.

Mas ignotus.

Lephthyphantes (MENGE).

Lephthyphantes bipilis n. sp. cephalothorace cum pedibus flavido, abdomine fusco, metatarsis saltem posticis aculeis singulis armatis, palporum maris parte patellari in procursum elevata truncatum, in angulo inferiore seta maiore in superiore seta minore ornatum, lamina tarsali prope basim intus angulata; ♂ adult. cephaloth. 1·1 mm. longo.

Mas. *Cephalothorax* subtilissime reticulatus nitidus, lateribus fortiter rotundatis, antice vix sinuatus, fortiter et fere aequaliter angustatus usque ad frontem, quae rotundata et arcu lato cum utroque latere coniuncta est. Pars cephalica supra leviter in longitudinem arcuata, area oculorum mediorum fortius proclivis quam capitis pars pone oculos sita; impressiones cephalicae modice profundae, ad ipsos margines cephalothoracis parum distinctae, impressiones laterales partis thoracicae parum expressae, fovea postica modice profunda, diffusa. *Oculorum* area $2^1/_2$ angustior quam cephalothorax; oculi prominentes; series posterior recta, intervallum medium radium vix aequans, intervallis lateralibus radio maioribus paullo minus; series anterior paullulum recurva, oculorum marginibus inferioribus lineam fere rectam designantibus, oculi medii lateralibus minores, inter se spatio parvo, a lateralibus spatiis diametrum mediorum fere aequantibus remoti; area oculorum mediorum postice diametro oculi fere latior quam antice, aeque longa ac lata, spatium oculo postico et antico interiectum diametrum oculi postici saltem aequans. Clypeus aeque altus atque tota oculorum mediorum area longa, a latere adspectus sat fortiter excavatus, paullulum proiectus. *Mandibulae* clypeo 3-plo longiores, aeque longae atque ambae basi latae, dorso recto, sublaeves, lateribus exterioribus paullo excavatis, supra directis, in $\frac{1}{3}$ infima paullo discedentibus, apice intus in $\frac{2}{3}$ angustatae, margine paullo angulato ornato antice, ut videtur, dentibus 3, uno supra parvo, altero prope medium multo maiore, ab illo remoto, tertio paullo inferius minore. *Maxillae* lateribus exterioribus anteriora versus fortiter inter se appropinquantibus, apice oblique truncatae, angulo exteriore valde obtuso. *Sternum* aeque latum atque longum cum processu postico marginem posticum coxarum IV attingenti, coxis angustiore, antice truncatum, sublaeve, nitidum. *Palporum* (Tab. IX, fig. 10a b, c) pars patellaris brevis, supra paullo longior quam lata, leviter convexa, apice supra partem tibialem in procursum producto, qui a latere adspectus subrhomboideus videtur, apicem oblique truncatum habet, angulum inferiorem pilo longo paullulum sinuato, angulum superiorem pilo illi subparallelo, breviore, tenuiore ornatum. Pars tibialis basi multo angustior, apice paullo latior quam pars patellaris, apicem versus subito dilatata praesertim subter et in lateribus, margo apicalis exterior in dentem productus latum, ita ut dorsum a latere et paullo desuper adspectum ante apicem paullo retusum appareat. Lamina tarsalis desuper visa a basi medium versus insigniter dilatata, latere interiore parum, exteriore fortiter curvato, apice irregulariter rotundato, prope basim intus in angulum parvum elevata, ad marginem exteriorem carinula margini subparallela interrupta ornata. Paracymbium (Tab. IX, fig. 10 d.) sat magnum, a basi deorsum directum, deinde sursum replicatum et angustatum, prope apicem contortum, ita ut a latere adspectum infra carinatum, prope apicem fortiter coarctatum, apice dilatato subtriangulari diaphano videatur. Bulbus processu ornatus e parte postica exeunti flexuoso, anteriora et paullo exteriora versus directo, bulbi apicem attingenti, apice leviter inflexo nigro, in dentes duo tenues maiores et duo minimos desinenti. *Pedes* modice longi et tenues (aculei plerique defracti; metatarsi saltem postici aculeis singulis armati, femora antica tantum aculeata, caetera inermia videntur). *(Abdomen* corrugatum supra modice convexum).

Cephalothorax cum mandibulis maxillis palpis pedibus flavidus, oculi cingulis nigris cincti, medii antici in macula communi nigra siti, coxae margine apicali infra anguste nigricanti, palporum pars tarsalis infuscata, labium sternum fusca, abdomen fuscum scutis pulmonalibus et mamillis pallidis.

Cephalothorax 1·1 mm. longus, 0·9 latus, pedum I patella 0·32 longa, tibia 1·07, metatarsus 1·01, tarsus 0·81, pedum II patella 0·31, tibia 0·97, metatarsus 0 94, tarsus 0·71.

Femina ignota.

Bathyphantes (MENGE).

Bathyphantes maior n. sp. abdomine fusco, area dorsuali fusco albida ornata linea media et fasciis transversis plerisque marginem areae attingentibus nigro-fuscis, femoribus omnibus aculeatis, metatarsis saltem posticis aculeis pluribus ornatis; lamina partis tarsalis palporum maris subtriangulari apicem versus angustata, ad paracymbium in processum parvum erectum obtusum producta, paracymbio plano semicirculari, bulbo apice ornato spina nigra curvata in longitudinem directa; vulva gibberem transversum formanti postice fovea transversa ornatum, a parte inferiore visa postice sinuata, sinu repleto lamina pallida postice in processum producta tenuem sublibratum aeque longum atque sinus latus; ♂ ad. cephaloth. 1·8 — 1·9 mm., ♀ ad. cephal. 2·2 mm. longo.

Mas. Cephalothorax $\frac{1}{7}$ longior quam latus, antice vix sinuatus, angustatus, fronte media recte truncata, fere emarginata, angulis late rotundatis; fovea ordinaria sat longa et modice profunda, impressiones cephalicae distinctae, sat profundae; pars thoracica utrimque foveolis binis rotundatis parum distinctis ornata. Dorsi pars summa paullo pone oculos medios posticos sita non altior quam summum horum oculorum; dorsum inde anteriora versus arcuato, posteriora versus secundum lineam fere rectam descendens, ad marginem posticum tantum modice convexum; area oculorum mediorum a latere adspecta fere recta videtur, magis proclivis quam pars occipitis pone oculos sita, clypeus aeque altus atque haec area, paullo proiectus, ab oculis anticis usque fere ad marginem aequaliter sat fortiter excavatus. Cephalothorax cum clypeo subtilissime reticulatus, nitidus. *Oculorum* area cephalothorace 2 $\frac{1}{3}$ angustior; oculi prominentes convexi, series posterior recta, oculi subaequales, medii inter se spatio circiter radium aequanti, a lateralibus spatio diametrum superanti remoti; series anterior paullulum procurva, marginibus superioribus oculorum lineam fere rectam, vix recurvam designantibus; oculi medii caeteris minores, laterales caeteris maiores, illi inter se spatio radio aequali, a mediis posticis et a lateralibus anticis spatiis subaequalibus, diametro posticorum paullo minoribus remoti; oculi laterales contingentes, tuberculo communi innati. *Mandibulae* subtilissime reticulatae, granulis minutis sparsis ornatae, duplo longiores quam tota facies alta, c:a 3-plo longiores quam basi latae, paullulum reclinatae, dorso fere recto, lateribus exterioribus a basi ad apicem paullo discedentibus subrectis, paullo infra medium parum concavis, superius et inferius convexiusculis; lateribus interioribus a basi ad medium inter se contingentibus, inde apicem versus subito discedentibus et paullulum concavis; pars haec discedens parum longior quam margo apicalis obliquus in parte anteriore ornatus dentibus tribus gradatim minoribus, quorum maximus in angulo ipso situs. *Maxillae* parallelae, duplo fere longiores quam apice latae, margine exteriore paullulum concavo, apicali parum obliquo cum exteriore angulum obtusum, quam rectum non multo maiorem formanti. *Labium* breve, plus duplo latius quam longum, in longitudinem fortiter excavatum. *Sternum* subtiliter reticulatum, granulis elevatis non multis adspersum, antice truncatum, saltem aeque latum atque longum processu excepto, quo coxae IV inter se sat late disiunctae sunt. *Palpi* (Tab. IX, fig. 11 a, b, c) breves; pars femoralis paullulum incurva, apicem versus paullo dilatata et incrassata; pars patellaris desuper visa longior quam lata, lateribus parallelis; pars tibialis ea paullo longior, insigniter latior, dorso recto, intus in longitudinem parum, subter et extus fortius convexa, apice oblique a parte interiore superiore exteriora versus et deorsum truncata; pars tarsalis aeque longa atque femoralis, femore antico multo crassior; lamina ubique fere quam bulbus angustior, apicem versus angustata, subtriangularis, apice oblique rotundato, margine exteriore prope basim producto in processum erectum rotundatum, paullo pone medium non profunde exciso; paracymbium (Tab. IX, fig. 11 d.) fere planum, pars eius libera in arcum inaequalem plus quam semicirculum efformantem flexa, angusta, apicem versus angustata, apice ipso intus paullo dilatato. Bulbi „partis basalis" anfractus primus parvus, partem bulbi posticam exteriorem formans, nitidus, fuscus; anfractus secundus pallidior rugosus opacus apicem bulbi fere attingit, partem eius exteriorem occupat; pars bulbi interior postica lamina tecta subquadrangulari angulo postico interiore acuto, nitida, levissime oblique plicata, e cuius parte aversa exit spina paullo curvata; embolus membranaceus marginibus corneis, complicatus, margo eius exterior in palpo a parte interiore adspecto formam habet spinae nigrae plus quam in semicirculum flexae, a basi sursum, inde anteriora versus, apice paullo retro directae; apex emboli membrana hyalina pilosa circumdatus. *Pedes* longi et tenues (aculeis in exemplis examinatis plerisque defractis).

Cephalothorax fusco-luteus, marginibus late diffuse infuscatis, fusco reticulatus, plerumque ornatus in parte thoracica lineis radiantibus fuscis utrimque ternis, in impressionibus cephalicis utrimque una, in parte cephalica linea media antice in ramos tres divisa, medium lateralibus latiorem, laterales oculorum mediorum posticorum latera attingentes. Mandibulae maxillae colore cephalothoracis, labium sternum fusca, pedes cephalothorace paullo pallidiores, non annulati, palporum partes femoralis patellaris tibialis pallide flavae, lamina partis tarsalis flavo-fusca, paracymbium rufo-fuscum, bulbus fuscus ad partem niger. Abdominis latera fusca, plus minusve colore pallidiore maculata, praesertim postice, venter lateribus plerumque pallidior, scuta pulmonalia pallida; dorsum fuscescenti-albidum, ornatum in $^3/_4$ anterioribus linea media et secundum totam longitudinem fasciis transversis 6, nigro-fuscis; linea media antice latior quam femora antica, posteriora versus sensim angustata persecta fasciis transversis 4; e fasciis prima brevis recurva, marginem areae non attingens, nonnunquam evanescens, caeterae marginem areae attingunt, gradatim angustiores, secunda et tertia ex arcubus binis procurvis compositae, sequentes paullo recurvae.

Cephalothorax 1·9 mm. longus; pedum longitudo: femur I 4·5, II 3·8, III 2·3, IV 2·9, patellae: 0·7, 0·7, 0·6, 0·6, tibiae: 4·3, 3·6, 2·0, 2·7, metatarsi: 4·5, 4·0, 2·2, 2·8, tarsi: 1·9, 1·5, 1·2, 1·4.

F e m i n a. *Cephalothoracis* forma eadem atque in mare. *Oculi* medii postici paullo longius inter se distant, eorum intervallum radio maius, spatium eis et lateralibus posticis interiectum diametro fortasse non maius. Clypeus formam aliam habet, a latere adspectus sub oculis tantum concavus videtur, inferius paullulum covexus. *Mandibulae* facie 2-plo longiores, $2/_{1_2}$ longiores quam basi latae, subparallelae, dorso et latere exteriore parum curvatis, supra paullum convexis, infra paullo excavatis, latere interiore a medio fere usque ad basim unguiculi arcum subaequalem formanti, ornato in sulci ungularis margine antico dentibus 4, primo a caeteris paullo remoto, 2-do caeteris maiore, 3-o eo parum, 4-to insigniter minore. *Maxillae* sternum labium similia atque in mare. *Palpi* tenues longi, pars patellaris supra $1^1/_2$ longior quam lata, tibialis ea duplo longior, apicem versus paullulum dilatata, tarsalis ambabus praecedentibus $^1/_5$ longior, subcylindrata, apice aeqnaliter angustato. *Pedes* breviores quam in mare; femora omnia supra aculeo 1 ornata, tibiae anteriores saltem aculeos 1.1 supra et in utroque latere 1 habent, posticae etiam aculeum 1 in latere antico ante medium, metatarsi saltem posteriores aculeati, postici aculeos prope basim plures quam 1 habent; praeterea pedes pilis sat longis non densis tecti; aculei tibiarum diametro earum 1 $^1/_2$—2 longiores. *Abdomen* desuper visum ovatum, postice latius, apice acuminato, $^1/_3$ longius quam latum; aeque altum atque latum, dorso a margine antico usque ad mamillas aequaliter arcuato. *Vulvae* lamina posteriora versus elevata et transverse convexa, a latere adspecta conum format latere antico longiore quam posticum, apice rotundato; a parte inferiore adspecta (Tab. X, fig. 11 e) postice in sinum latum et sat profundum excisa videtur, repletum lamina membranacea albida, in clavum (fig. 11 g) productâ tenuem pellucidum, apice fusco, ante apicem impressum, aeque circiter longum atque sinus latus. Paries posticus vulvae excavatus est, ad apicem foveam ostendit profundam transversam, a parte basali clavi disiunctam trabe transversa, medio angustata, obscure fusca (Tab. X, fig. 11 f).

Color feminae idem atque maris, abdominis latera tantum inferius postice pallidiora sunt plerumque quam superius. Palpi pallidi, parte tibiali parum, tarsali fortius infuscata.

Cephalothorax 2·2 mm. longus, abdomen 3·5 (corpus totum 5 mm.); pedum longitudo: femur I 3·8, II 3·4, III 2·5, IV 3·0, patellae 0·7, 0·7, 0·6, 0·6, tibiae 3·6, 3·1, 2·0, 2·5, metatarsi 3·6, 3·0, 2·1, 2·7, tarsi 1·8, 1·3, 1·2, 1·4.

Species haec habitu, pedum aculeis brevioribus, mandibularum maris, partium genitalium maris et feminae forma, pictura abdominis, melius cum *Bathyphantis* Simonii convenit quam cum *Lephthyphantis*, quamquam metatarsos saltem posteriores aculeatos habet. Genera *Lephthyphantes* et *Bathyphantes* naturalia quidem, metatarsorum armatura sola tamen non recte determinata videntur.

Bathyphantes pogonias n. sp. cephalothorace flavo-rufo, abdomine nigro, clypeo maris geniculato, feminae directo, in media altitudine ornato serie transversa setarum porrectarum c:a 20 in femina, c:a 30 in mare, femoribus omnibus aculeatis, metatarsis inermibus, palporum maris lamina tarsali apice truncata, paracymbio plano fortiter curvato, bulbi apice ornato spina nigra in circulum flexa; vulvae lamina convexiuscula, postice in medio rotundata, clavo parum prominenti; cephaloth. 1·3—1·5 mm. longo.

Mas. Cephalothorax fere 1 $^1/_3$ longior quam latus; pars cephalica magna, in lateribus circiter $^2/_5$ totius longitudinis cephalothoracis occupans, a parte thoracica sinu levi discreta eâque postice $^1/_6$ angustior, anteriora versus rotundato angustata, fronte cum lateribus in arcum unum confluenti; palpi desuper adspecti duplo tantum longius a cephalothoracis margine postico quam ab antico remoti videntur. Dorsi pars postica declivis ornata superius fovea oblonga parum profunda, caetera pars dorsi modice convexa, fere in medio altissima, oculorum mediorum posticorum pars summa demissius sita quam pars summa dorsi, area oculorum mediorum a latere adspecta angulos fere aequales cum clypeo et cum dorsi parte pone oculos sita formare videtur. Impressiones cephalicae satis, radiantes partis thoracicae parum distinctae; pars thoracica subtilissime reticulata, cephalica sublaevis. Area *oculorum* in transversum fere plana; series posterior recta, oculi medii lateralibus paullo minores, inter se spatio quam diameter minore et saltem 1 $^1/_2$ minore quam spatium oculo medio et laterali interiectum, quod diametro oculi medii maius est, remoti. Series anterior paullo procurva, marginibus superioribus oculorum lineam fere rectam designantibus, mediorum diameter saltem $^1/_3$ minor quam mediorum posticorum, laterales antici posticis paullo maiores, spatium oculis mediis interiectum diametro minus, duplo fere minus quam intervallum oculi medii et lateralis. Area oculorum mediorum diametro oculi antici fere longior quam postice lata, spatium oculo antico et postico interiectum intervallo oculi medii antici et lateralis antici subaequale. Oculi laterales bini tuberculo communi innati. Clypeus (Tab. X. fig. 12 d), cuius altitudo sub oculis mediis dimidiam latitudinem seriei oculorum anticae a fronte visae aequat, geniculatus, sub oculis ad perpendiculum directus, inferius reclinatus, in angulo sub tota oculorum area ornatus setis c:a 30 porrectis, paullo deflexis, clypei altitudine c:a duplo brevioribus. *Mandibulae* 2 $^1/_2$ longiores quam clypeus altus, apicem versus paullo discedentes, lateribus exterioribus sinuatis, dorso sub clypeo geniculato-convexo, paullo inferius concavo, marginibus interioribus fere a media mandibularum longitudine discedentibus et ad ipsum marginem apicalem, qui obliquus et paullo emarginatus est, ornatis dentibus binis; unguiculus longus, aequaliter arcuatus. *Maxillae* marginibus exterioribus anteriora versus sat fortiter inter se appropinquantibus, cum margine apicali tamen, qui paullo obliquus est, angulum manifestum formantibus. *Labium* breve, in longitudinem fortiter excavatum. *Sternum* subtriangulare, antice truncatum, lateribus rotundatis, inter coxas posticas in processum sat latum et longum deflexum productum, subtiliter reticulatum, pilis longis non densis ornatum. *Palporum* (Tab. X, fig. 12 a, b) pars patellaris ⅕ longior quam lata, tibialis aeque longa, latior, latere interiore subrecto, exteriore arcuato, a latere visa apicem versus dilatata, apice oblique truncato. Lamina bulbi quadrangularis, apice late paullo oblique truncato, marginibus lateralibus basi convexis, caeterum excavatis, in longitudinem basi tantum convexa. Paracymbium (Tab. X, fig. 12 c) subplanum, irregulariter semicirculare, apicem versus angustatum, apice ipso paullulum inflexo, paullo dilatato, oblique truncato, pilis aliquot sat longis ornatum. Bulbus simplex; atus exterius „parte basali" occupatum, cuius anfractus primus sat magnus, secundus a latere adspectus antice recte truncatus videtur; latus interius fere totum lamina tectum subquadrangula, angulo postico interiore acuto, latere superiore sinuato; embolus spinam nigram format in apice bulbi transverse sitam, in circulum curvatam. *Pedes* tenues, femora omnia aculeis singulis, tibiae supra aculeis 1.1, in utroque latere prope apicem aculeo 1 armatae videntur, metatarsi inermes. *Abdomen* anguste ellipticum, duplo fere longius quam latum.

Cephalothorax laete flavo-rufus, aut colore fusco plus minusve tinctus, summo margine infuscato, pars cephalica aut tota aut pars eius tantum ante palpos sita plus minusve fusca aut fusco-nigra; mandibulae maxillae sternum rufo-fusca, labium nigricans; palpi flavidi, clava fusca; pedes cephalothorace pallidiores; abdomen nigerrimum.

Cephalothorax 1·5 mm. longus, abdomen 1·8 longum, 1·0 latum; pedum longitudo: femur I 1·9, II 1·8, III 1·3, IV 1·7, patellae: 0·4, 0·4, 0·35, 0·3, tibiae: 2·0, 1·7, 1·1, 1·5, metatarsi 2·0, 1·7, 1·1, 1·5, tarsi 1·1, 1·0, 0·7, 0·9.

F e m i n a. *Cephalothorax* ⅕ longior quam latus (1·27 mm: 0·97), parte cephalica non elongata, lateribus antice vix sinuatis, oculorum area paullo angustiore quam dimidia pars thoracica. *Oculorum* series postica recta, oculi subaequales, convexi, intervallum mediorum dimidiam diametrum vix aequat, spatium oculo medio et laterali interiectum diametro paullo minus est; series anterior ut in mare curvata, mediorum intervallum diametro c:a duplo minus, spatium oculo medio et laterali interiectum duplo maius; area oculorum mediorum trapezoidea paullo longior quam lata postice, oculi medii postici ab anticis diametro sua remoti. *Clypeus* ad perpendiculum directus, in media fere altitudine setis ornatus saltem 20 in seriem inordinatam dispositis, paullo humilior quam dimidia series oculorum antica lata. *Mandibulae* clypeo c:a triplo longiores, paullo longiores quam ambae basi latae, parallelae, dorso sub clypeo convexiusculo, margine apicali vix emarginato, cum latere interiore in angulum parum distinctum coniuncto, ornatum in parte antica dentibus duobus. *Maxillae labium sternum* similia atque in mare. *Palporum* pars patellaris supra 1½ longior quam lata, tibialis ea c:a 1½ longior subcylindrata, apicem versus vix incrassata, tarsalis ambabus praecedentibus paullo longior, a basi apicem versus sensim parum angustata. *Abdomen* desuper adspectum fere ellipticum, postice parum latius, fere 1½ longius quam latum, dorso aequaliter arcuato. *Vulva* (Tab. X, fig. 12 e) parum prominens, lamina convexiuscula, postice in medio producta in procursum 'planum brevem latum rotundatum, ad cuius latus utrumque vulva lamella parva subtriangulari ornatur; clavi pars prominens brevissima rotundata subtus foveola ornata.

Cephalothorax cum mandibulis laete flavo-rufus, oculi cingulis nigris circumdati, oculorum area infuscata, maxillae sternum rufo-fusca, labium nigro-fuscum, palpi et pedes cephalothorace pallidiores flavidi, palporum pars tarsalis infuscata, abdomen nigerrimum.

Cephalothorax 1·3 mm. longus, abdomen 1·9 longum, 1.2 latum; pedum longitudo: femur I 1·6, II 1·5, III 1·1, IV 1·5, patellae: 0·4, 0·4, 0·3, 0·3, tibiae: 1·5, 1·3, 0·9, 1·2, metatarsi 1·5, 1·3, 0·9, 1·2, tarsi: 1·0, 0·9, 0·6, 0·7.

Bathyphantes anceps n. sp. cephalothorace cum pedibus flavido, fusco marginato, abdomine nigro, femoribus I et II aculeatis, palporum maris lamina tarsali apicem versus angustata, apice rotundata, tuberculis carenti, bulbo intus processibus tribus parallelis tenuibus aeque longis ornato, feminae vulva fovea profunda longiore quam lata, antice rotundata et clavo crasso subcylindrato, medium ventrem fere attingenti ornata; ♂ et ♀ adult. cephaloth. c:a 1·0 mm. longo.

Mas. *Cephalothorax* $^1/_4$ longior quam latus, lateribus sat fortiter rotundatis, antice sat fortiter angustatus, parum sinuatus, fronte late rotundata utrimque arcu lato cum lateribus partis cephalicae coniuncta. In capite desuper adspecto oculi laterales antici marginem eius fere attingere, laterales postici ab eo spatio quam diameter non minore remoti esse videntur, clypei margo paullulum ultra oculos medios anticos prominet. Oculorum area parum angustior quam dimidia pars thoracica (6:13). Dorsi totius cephalothoracis pars 3 : a antica usque ad oculos medios anticos anteriora versus arcuato descendit, $^1/_3$ media paullo declivis non excavata, $^1/_3$ postica fortius declivis cum ea arcu latissimo coniuncta; vertex partis cephalicae (ab oculis mediis posticis spatio aeque fere longo atque oculorum mediorum area remotus) parum altior quam summum oculorum mediorum posticorum. Clypeus aeque altus atque dimidia oculorum series antica longa, a latere adspectus totus fere aequaliter et sat fortiter excavatus. Declivitas dorsi postica superius fovea vadosa parum definita ornata, impressiones cephalicae distinctae, radiantes partis thoracicae indistinctae; cephalothorax subtilissime reticulatus. *Oculorum* series posterior paullo procurva, oculi subaequales, intervalla lateralia diametro mediorum aequalia, medium eâ paullo minus; series anterior paullulum procurva, oculi medii mediis posticis non multo minores, ab eis spatio quam eorum diameter paullo maiore, inter se spatio quam diameter sua minore, a lateralibus spatio eadem diametro paullo maiore remoti. Oculorum mediorum area paullo longior quam lata, postice dimidia oculi diametro latior quam antice. *Mandibulae* clypeo c:a 3-plo longiores, $^1/_5$ longiores quam ambae basi latae, subtilissime transverse reticulatae, pilis sparsis ornatae, dorso subrecto, lateribus exterioribus paullo sinuatis, superius convexis, ínferius concavis, interioribus usque fere ad medium rectis contingentibus, inferius discedentibus, apice insigniter oblique truncatae, in angulo ornatae dente brevi, paullo superius dente brevi quoque; margo interior mandibulae inter dentes ambos excavatus, mandibulae dimidium inferius intus deplanatum pro parte excavatum, quam ob rem marginis interioris forma melius paullo a latere quam directo a fronte videri potest; dentes ambo difficilius observantur. *Maxillarum* margines exteriores anteriora versus inter se paullo appropinquant, apex oblique truncatus cum margine exteriore angulum obtusum fortiter rotundatum format. *Labium* breve, fortiter marginatum. *Sternum* subtilissime, fortius tamen quam cephalothorax supra reticulatum, aeque fere latum atque cum procursu postico longum, antice fere recte truncatum, inter coxas I vix angustius quam inter II, a margine antico coxarum II posteriora versus fortiter angustatum, marginem posticum coxarum IV attingens, inter eas aeque saltem latum atque pedum tibiae et modice deflexum. *Palporum* (Tab. X, fig. 13 a, b, c, d.) pars patellaris brevis, parum longior quam lata, supra convexa, ornata ad apicem seta gracili duplo quam pars ipsa longiore, pars tibialis parum longior, insigniter latior et crassior, subter magis convexa quam supra, ornata supra setis paucis sat longis. Bulbi lamina a parte superiore interiore adspecta marginem interiorem leviter convexum, exteriorem basi fortius convexum, apicem versus excavatum habere, itaque apicem versus, qui rotundatus est, subito irregulariter angustata esse videtur. Bulbi „pars basalis" latus occupat exterius, oblonga est, apice rotundato; partem interiorem et mediam bulbi „stema" format; lamina eius, quae partem posticam interiorem occupare solet, angulum anticum exteriorem, qui denticulatus est, usque ad apicem bulbi extensum habet, angulus posticus interior acutus; ad latus interius processus tres iacent paralleli longi tenues, intimus corneus linearis apice acuminato, medius membranaceus, externus contortus, apicem versus angustatus, corneus. *Pedum* aculei plerique defracti, femora I et II aculeata (aculeis singulis?), tibiae saltem anteriores non solum supra aculeatae, sed etiam in latere postico ante apicem aculeis singulis ornatae; metatarsi sex anteriores aculeis singulis ornati videntur (?); tibiarum aculei c:a 1$^1/_2$ longiores quam diameter. (*Abdomen* corrugatum).

Cephalothorax cum mandibulis maxillis palpis pedibusque flavidus, fusco marginatus, oculi medii antici in macula communi nigra siti, caeteri cingulis nigris cincti, palporum pars tarsalis fusca, pedes apicem versus colore rufo suffusi, labium sternum cephalothorace obscuriora, abdomen nigrum.

Cephalothorax 1·0 mm. longus, 0·8 latus, patella I 0·29 longa, II 0·27, tibia I 1·10, II 0·97, metatarsus I 1·13, II 0·99, tarsus II 0·70.

Femina. *Cephalothoracis* forma similis atque in mare, clypei margo tantum in capite desuper adspecto non evidenter ultra oculos anticos prominet. *Oculorum* series postica recta, oculi medii lateralibus paullulum maiores videntur, intervallum medium diametro paullo minus, lateralia diametro eidem subaequalia; oculorum mediorum area aeque longa ac lata postice, ubi $^3/_4$ diametri oculi latior est quam antice. *Mandibulae* clypeo 2$^1/_2$ longiores, aeque longae atque ambae basi latae, dorso fere recto, in latere exteriore in longitudinem paullulum excavatae, a fronte adspectae intus fere a basi discedere et usque ad apicem fere aequaliter rotundatae videntur, paullo a latere visae angulum e latere interiore et e margine apicali efformatum distinctum quamquam obtusum ostendunt, in angulo eo dente minore, apicem versus dentibus duobus paullo maioribus et inter se spatio paullo minore quam a dente primo remotis ornantur; dorsum subtilissime reticulatum, setis paucis ornatum. *Maxillae sternum labium* similia atque in mare. *Palporum* pars patellaris brevis, tarsalis quam patellaris cum tibiali ¹/₃ longior, basi cylindrata, apicem versus paullo angustata. (*Abdomen* paullo corrugatum dorsum sat aequaliter convexum habet, supra mamillas fortius convexum, paullo latius est quam longum). *Vulva* (Tab. X, fig. 13e) e lamina nigra constat ornata fovea profunda, marginibus antico et lateralibus acutis, ¹/₂ longiore quam lata, aeque fere lata atque pedum tibiae, antice rotundata, lateribus subparallelis, paullulum sinuatis, e qua exit clavus flavidus, apice nigricans, aeque fere longus atque fovea ipsa, medium fere abdominis (paullo corrugati) attingens, subcylindratus, ad apicem subter foveola rotundata ornatus.

Color similis atque in mare, palpi apicem versus colore rufo suffusi.

Cephalothorax 0·9 mm. longus, 0·75 latus, (abdomen 1·1 longum). Patella I 0·27 longa, II 0·26, tibia I 0·97, II 0·87, III 0·48, IV 0·78, metatarsus I 1·07, II 0·94, III 0·63, IV 0·86, tarsus I 0·78, II 0·68, III 0·47, IV 0·58.

Species simillima *B. pullato* (CAMBR.), a quo fortasse partium genitalium forma et abdomine unicolore differt.

Bathyphantes (?) fucatus n. sp. cephalothorace fusco, abdomine nigro, clypeo oculorum mediorum area humiliore, vulvae lamina plana postice in processus tres producta, medium duplo longiorem quam latum, rugosum, laterales breviores triangulares nitidos; ♀ ad. cephalothorace 0·85 mm. longo.

Femina. *Cephalothorax* lateribus modice rotundatis, antice levissime sinuatus, parte cephalica ad palporum insertionem ³/₄ partis thoracicae latitudine aequanti, anteriora versus angustata, ad oculorum seriem posticam eâ utrimque circiter oculi diametro latiore, frontis angulis rotundatis, nitidus, in parte thoracica subtiliter, in cephalica parum distincte reticulatus, impressionibus cephalicis profundis, radiantibus partis thoracicae indistinctis, fovea postica parva, parum profunda, diffusa, fere cordata. Dorsum a latere adspectum inter partem cephalicam et thoracicam vix impressum, in parte cephalica aequaliter, modice convexum videtur, area oculorum mediorum dorsi parti pone oculos sitae declivi subparallela, cum ea tamen non in arcum aequabilem coniuncta, paullo elevata, summum oculorum mediorum posticorum fere non demissius situm quam pars summa occipitis. *Oculorum* area aeque lata atque ⁴/₉ cephalothoracis, oculi magni, series postica paullulum procurva, oculi medii lateralibus paullo maiores videntur, inter se circiter radio, a lateralibus spatio remoti, quod fere ³/₄ diametri aequat; series antica subrecta, oculi medii lateralibus minores, eorum intervallum minus quam spatium, quo a lateralibus distant, radio circiter aequale; area oculorum mediorum aeque longa ac postice lata, spatium oculo antico et postico interiectum diametrum oculi postici saltem aequat. Tuberculum oculorum lateralium sat prominens. *Clypeus* humilis, ¹/₃ latitudinis oculorum seriei anticae altitudine aequans, areâ oculorum mediorum humilior, non multo altior quam spatium, quo oculus anticus a postico distat, sub oculis sat fortiter impressus. *Mandibulae* quam clypeus saltem 4-plo, quam oculorum series antica c:a ¹/₄ longiores, paullo longiores quam ambae latae, pallulum reclinatae, parallelae, latere exteriore leviter sinuato, intus apice saltem in ²/₅ aequaliter rotundato angustatae, ornatae ad sulcum unguicularem antice dentibus 4 sat fortibus, inter se remotis, subtilissime transverse reticulatae, parce pilosae. *Maxillarum* latera exteriora anteriora versus inter se modice appropinquant, apex oblique truncatus, angulus exterior obtusus rotundatus. *Labium* breve, transversum, in longitudinem excavatum. *Sternum* subtiliter reticulatum, punctis elevatis sparsis ornatum, modice nitidum, aeque circiter longum ac latum, usque ad marginem posticum coxarum IV productum in processum coxis non multo angustiorem, subplanum, apice truncato. *Palporum* pars patellaris brevis, tibialis eâ fere 2-plo longior, tarsalis paullo longior quam patellaris cum tibiali, subcylindrata. *Pedes* longi tenues (aculeis omnibus defractis?). (*Abdomen* corrugatum). *Vulvae* (Tab. X, fig. 14) lamina externa rugosa, subplana, nigra, postice triloba, lobi laterales breves nitidi, medius eis multo longior, duplo circiter longior quam latus, ubique latitudine aequali, apice rotundato; e partibus interioribus in vulva a parte inferiore adspecta pone apicem processus medii conspicitur apiculum rotundatum, fulvum.

Cephalothorax fuscus, paullulum colore rufo suffusus, marginibus et oculorum area obscurioribus, mandibulae pallidiores, sternum labium maxillae fusca, pedes palpi flavidi colore fusco paullo suffusi, summo margine coxarum femorum patellarum tibiarum nigricanti, abdomen nigrum.

Cephalothorax 0·85 mm. longus, 0·73 latus, (abdomen c:a 1·5 longum); patella I 0·28, II 0·27, III 0·22, IV 0·25, tibia I 1·07, II 0·94, III 0·53, IV 0·84, metatarsus I 0·97, II 0·86, III 0·60, IV 0·81, tarsus I 0·68, II 0·62, III 0·44, IV 0·55.

WŁ. KULCZYŃSKI.

Gongylidium (Menge).

Gongylidium suppositum n. sp. cephalothorace fusco, reticulato, partis cephalicae dorso aequabiliter arcuato, oculis posticis mediis a lateralibus spatio minore quam inter se remotis, sterno reticulato modice nitido, mandibulis reticulatis et granulatis, abdomino nigro, vulvae lamina modice convexa, ante marginem posticum sulco non profundo leviter recurvo, postice fovea transversa semicirculari ornata; ♀ ad. cephal. 1·3 mm. longo.

Femina. *Cephalothorax* partis thoracicae lateribus modice rotundatis, parte cephalica ambitu fere semicirculari, ad palporum insertionem aeque lata atque ²/₃ partis thoracicae, oculorum area parum latiore quam ¹/₃ partis thoracicae, oculis anticis desuper adspectis mediis et lateralibus paullo ultra clypei marginem prominentibus, dorsi parte 3-tia postica declivi arcu levissimo cum parte anteriore coniuncta, hac paullo ante medium (supra palporum insertionem) non parum altiore quam summum oculorum mediorum posticorum, anteriora versus usque ad oculos medios anticos arcu aequali descendenti, posteriora versus declivi et paullulum impressa, impressionibus cephalicis sat profundis, radiantibus partis thoracicae subnullis, sulco medio nullo, in parte postica declivi superius fovea oblonga perparum profunda ornati, excepta parte cephalica subtiliter reticulatus, totus modice nitidus. *Oculorum* series postica paullulum procurva, oculi subaequales, medii inter se spatio diametrum fere aequanti, a lateralibus spatiis circiter duplo minoribus remoti; series antica procurva, oculorum marginibus superioribus in lineam fere rectam dispositis, oculi medii lateralibus multo minores, intervalla omnia subaequalia, dimidiam diametrum mediorum circiter aequantia. Oculorum mediorum area aeque circiter longa ac lata, postice diametro oculi fere latior quam antice. *Clypeus* sub oculis mediis aeque altus atque spatium latum, quod ab oculis tribus seriei anticae occupatur, a latere visus rectus, ad perpendiculum directus. *Mandibulae* clypeo paullo plus duplo longiores, latitudine ³/₅ longitudinis aequantes, dorso supra in longitudinem paullo convexo, inferius recto, latere exteriore superius convexiusculo, inferius paullo excavato, apice intus rotundato-angustatae, subtilissime reticulatae, ornatae granulis minoribus sparsis praesertim in latere exteriore et in interiore superius et in dorso intus granulis maioribus tribus in seriem longitudinalem dispositis, pilos longos gerentibus; dentes in sulci unguicularis parte antica 5 aut 6, primus a caeteris paullo remotus, 3 sequentes subaequales, reliquis maiores, in sulci eiusdem parte postica prope apicem mandibulae dentes 4 minores inter se approximati. *Maxillae* marginibus exterioribus anteriora versus inter se appropinquantibus, angulo apicali exteriore valde obtuso, granulis paucis parum prominentibus pilos gerentibus ornatae. *Labium* breve latum in longitudinem excavatum. *Sternum* subtiliter reticulatum, modice nitidum, ¹/₆ longius quam latum, antice recte truncatum et paullulum angustius quam inter coxas II, pone eas rotundato-angustatum, usque ad marginem posticum coxarum IV productum in procursum coxis circiter duplo angustiorem, triangularem, apice obtuso. *Palporum* pars patellaris brevis, tibialis eâ c : a 1¹/₂ longior subcylindrata, apicem versus paullulum incrassata, tarsalis ambas praecedentes longitudine aequans, apice paullo angustato, caeterum subcylindrata. *Pedum* anteriorum femora supra basim leviter sensim incrassata, subter omnia pilis sat longis erectis, caeterae pedum partes pilis non longis subadpressis tectae, aculeis carentes (?). *Abdomen* ovatum, postice latius; *vulvae* (Tab. X, fig. 15 b) lamina modice convexa, ornata ante marginem posticum sulco non profundo, margini parallelo, leviter recurvo, postice autem fovea transversa, fere semicirculari, cuius margo superior fere rectus, medio incisus, paullo ultra marginem inferiorem recurvum in vulva a parte inferiore adspecta prominet.

Cephalothorax rufus colore fusco paullo suffusus, marginibus infuscatis, parte cephalica lineis fuscis tribus ornata, mediâ antice dilatatâ, lateralibus arcuatis, omnibus parum distinctis; mandibulae maxillae colore cephalothoracis, labium fuscum apice pallido, sternum rufo-fuscum fusco marginatum, palpi pedes rufescentiflavi, pedum femora colore rufo suffusa, patellae et annuli in tibiarum basi saltem anteriorum pallida; abdomen nigrum, scutis pulmonalibus pallidis, partibus genitalibus (Tab. X, fig. 15 a) pallide fuscis, colore nigrofusco pictis, fovea pallida.

Cephalothorax 1·3 mm. longus, 1·0 latus, abdomen 2·0 long., 1·5 lat. Patella I 0·34, II 0·34, III 0·32, IV 0·33 longa, tibia I 0·86, II 0·79, III 0·65, IV 1·00, metatarsus I 0·76, II 0·73, III 0·66, IV 0·92, tarsus I 0·58, II 0·56, III 0·49, IV 0·58.

Mas ignotus.

Species affinis *G. dentato* (Wider), ab eo forma vulvae optime distincta.

Gyngylidium vile n. sp. cephalothorace laete flavido-rufo, oculis posticis inter se longius quam a lateralibus remotis, parte cephalica paullo elevata, in longitudinem leviter convexa, sterno laevi nitido, vulva postice lineolis fuscis duabus ornata, leviter arcuatis, anteriora versus inter se appropinquantibus, antice late disiunctis, aream pallidam latiorem quam longam includentibus; ♀ ad. cephaloth. 1·3 mm. longo.

Femina. *Cephalothorax* lateribus leviter rotundatis, antice perparum sinuatus, partis cephalicae lateribus anteriora versus inter se sat fortiter appropinquantibus, modice arcuatis, frontis angulis omnino rotundatis, parte cephalica ad oculorum seriem posticam hac saltem $\frac{1}{2}$ latiore; dorsum a margine postico leviter et fere aequabiliter arcuatum usque ad partem summam occipitis, inter partem thoracicam et cephalicam non impressum, in parte cephalica anteriora versus paullo tantum adscendens; dorsi pars antica longitudine aream oculorum mediorum non aequans paullo descendens, aeque proclivis atque haec area, quae tamen a latere adspecta paullulum elevata esse, non in arcum aequabilem cum ea confluere videtur; pars summa oculorum mediorum posticorum parum demissius sita quam summum occiput. Clypeus rectus, valde praeruptus, sub oculis mediis parum altior quam seriei oculorum anticorum dimidia longitudo, parum humilior quam area oculorum mediorum. Impressiones cephalicae sat profundae; pars thoracica subtilissime reticulata, ut pars cephalica nitida, ornata in lateribus impressionibus parum distinctis, postice fovea sat lata, parum definita. *Oculorum* area cephalothorace saltem $2\frac{1}{2}$ angustior; series postica paullulum procurva, oculi medii inter se longius — non tota diametro — quam a lateralibus remoti; series antica leviter procurva, oculorum marginibus superioribus lineam subrectam designantibus, oculi medii lateralibus multo minores, non minimi tamen, inter se circiter radio, a lateralibus spatio saltem duplo minore remoti; area oculorum mediorum postice diametro oculi fere latior quam antice, aeque longa ac lata, spatium oculo antico et postico interiectum huius diametro vix latius. *Mandibulae* robustae, clypeo c:a 3-plo longiores, fere $\frac{1}{3}$ breviores quam ambae simul sumptae latae, sub clypeo angustiores quam inferius, dorso et latere exteriore superius convexis, inferius subrectis, intus fere a medio rotundato angustatae, ornatae ad sulcum unguicularem antice dentibus 5, quorum supremus caeteris minor, sequentes gradatim maiores, ultimus rursus minor, postice dentibus 4 minutis approximatis. *Maxillae* marginibus exterioribus anteriora versus inter se modice appropinquantibus, apice oblique truncatae, angulo exteriore valde obtuso. *Labium* breve, ante apicem paullo excavatum. *Sternum* laeve nitidum, antice levissime rotundatum, aeque latum atque longum cum procursu postico, qui coxis insigniter angustior est, triangularis, apice obtuso, a basi ipsa deflexus marginem posticum coxarum IV non attingit. *Palporum* pars patellaris duplo fere brevior quam pars tibialis, tarsalis parum brevior quam patellaris cum tibiali, paullo arcuata, apice ipso angustato. (*Pedum* aculei defracti?). *Abdomen* late ovatum, postice latius, paullo depressum. *Vulvae* (Tab. X, fig. 16 a, b) lamina pallida, modice convexa, margine postico paullo rotundato, postice ornata sulcis duobus nigris, e margine postico exeuntibus, leviter incurvis, antice spatio sat lato disiunctis, trapezium includentibus postice duplo latius quam latum antice et quam longum.

Cephalothorax cum mandibulis et sterno laete rufo-flavus, area oculorum tota nigricanti, caeterum fere unicolor, macula tantum obscuriore indistincta in occipite ornatus, maxillae cephalothorace paullo obscuriores, labium fuscum apice pallido, palpi pedes cephalothorace pallidiores flavidi, abdomen fusco nigrum, subtus pallidius, epigastrio et scutis pulmonalibus flavidis.

Cephalothorax 1·3 mm. longus, 1·05 latus, abdomen 2·0 long., 1·7 lat., patella I 0·39 longa, II 0·37, III 0·36, tibia I 1·00, II 0·93, III 0·75, metatarsus I 0·94, II 0·88, III 0·81, tarsus II 0·62, III 0·55.

Mas ignotus.

Species affinis *G. retuso* (Westr.), *G. fusco* (Blackw.) caet., differt a *G. tuberoso* (Blackw.) et *G. gibboso* (Blackw.) parte cephalica supra arcuata, a *G. agresti* (Blackw.) et *G. fusco* (Blackw.) lineis fuscis vulvae non parallelis, a *G. retuso* (Westr.) et *G. apicato* (Blackw.) area lineis eis inclusa latiore quam longa, lineis ipsis antice latius inter se remotis, a *G. gibbifero* (Kulcz.) magnitudine minore, cephalothorace laete flavo-rufo caet.

Gonatium (Menge).

Gonatium convexum n. sp. cephalothorace laete flavo-rufo, abdomine fusco, subter pallidio-re, oculis posticis mediis inter se spatio minore quam a lateralibus remotis, dorso partis cepha-licae in longitudinem fortiter convexo, pone oculos posticos depresso, vulva in transversum et in longitudinem modice convexa, postice late rotundata et sulco ornata aream transverse ellipti-cam includenti; ♀ ad. cephal. 1·1 mm. longo.

F e m i n a. *Cephalothorax* brevis latus, ¹/₅ longior quam latus, lateribus sat fortiter rotundatis, antice angustatus, levissime sinuatus, parte cephalica anteriora versus fortiter angustata, ad oculorum seriem secun-dam eâ insigniter latiore, fronte leviter arcuata angulis late rotundatis, oculis mediis anticis desuper adspectis perparum ultra clypei marginem prominentibus. Dorsum a margine postico usque ad summam occipitis partem, quae fere in ¹/₃ a margine cephalothoracis antico sita est, cito et paullo inaequaliter adscendens, inter partem cephalicam et thoracicam paullulum impressum; partis cephalicae dorsum fortiter convexum, cum oculorum mediorum area, quae aeque declivis est atque pars dorsi pone eam sita, non in arcum unum coniunctum, ab ea impressione brevi distinctum. Clypeus fere ad perpendiculum directus, leviter et aequaliter excavatus. Im-pressiones cephalicae profundae, in dorso inter se coniunctae, radiantes in parte thoracica indistinctae, fovea media in declivitate postica oblonga sat profunda; secundum marginem partis thoracicae series paullo incon-dita impressionum invenitur limbum parum distinctum secernens; cephalothorax laevis nitidus, pars cephalica in clypeo et inter oculos et pone eos breviter sparse pilosa. *Oculorum* area aeque lata atque ⁸/₆ partis thoraci-cae; series postica leviter procurva, oculi subaequales, medii a lateralibus spatiis diametro fere aequalibus, inter se spatio c:a ¹/₄ minore remoti, series antica procurva, oculorum marginibus superioribus lineam rectam designantibus, oculi medii lateralibus non parum quidem minores, prominentes tamen, non minimi, diametro fortasse ⁸/₄ diametri oculi medii postici aequanti, inter se ne radio quidem, a lateralibus spatio quam sua diameter minore remoti; oculorum mediorum area aeque longa ac lata, postice saltem dimidia diametro oculi latior quam antice. Clypeus aeque altus atque area oculorum mediorum, paullulum altior quam dimidia series oculorum antica longa. *Mandibulae* crassae, clypeo paullo plus duplo longiores, crassitudine ⁸/₅ longitudinis aequantes, latere exteriore supra convexo, inferius concavo, dorso superius in longitudinem convexiusculo, apice intus rotundato angustatae, sulco unguiculari ornato antice dentibus 3 (?), sublaeves, parce pilosae. *Maxillae* fortiter conniventes, apice oblique truncatae, angulo exteriore valde obtuso. *Labium* breve, transversum, in longitudinem excavatum. *Sternum* paullulum longius quam latum, antice levissime rotundatum, a margine an-tico usque ad coxas III aequali fere latitudine, inde fortiter angustatum, inter coxas IV usque ad earum mar-ginem posticum in procursum productum sat latum, coxis evidenter angustiorem, deflexum; laeve, nitidum. *Palporum* partes tibialis et tarsalis breves, tarsalis quam tibialis, haec quam patellaris ¹/₄ longior, tibialis api-cem versus levissime incrassata, tarsalis apice angustata. *Pedum* femora supra basim parum incrassata, pili sat longi, in tibiis, saltem anticis, subter diametro non evidenter breviores, aculei in tibiis II et III singuli prope medium supra (caeteri defracti). *Abdomen* late ovatum; *vulvae* (Tab. X, fig. 17 b) lamina mediocris, in transversum et in longitudinem modice convexa, margine postico rotundato, ornata postice sulco recurvo, are-am transversam ellipticam includenti.

Cephalothorax cum mandibulis maxillis sterno pedibus laete pallide flavo-rufus, summo margine parum obscuriore, oculi medii cingulis nigris circumdati, antici inter se confusis, oculorum lateralium tuberculum supra et inter oculos nigrum, palpi coxae flavida, pedes apicem versus flavidi, maxillarum margo apicalis an-gustus nigricans, labium nigricans apice pallido, sternum margine angusto nigro; abdomen fuscum, subter cum mamillis pallidius, scuta pulmonalia et partes genitales flavida, harum (Tab. X, fig. 17 a) pars postica fuscescens, antice linea fusca recurva (sulco) circumdata, ante quam bursae seminales in utroque latere ma-culas formant fuscas in vulva humefacta.

Cephalothorax 1·1 mm. longus, 0·95 latus, abdomen 2·0 longum, 1·5 latum, patella I 0·32, II 0·31, III 0·29, IV 0·31 longa, tibia I 0·68, II 0·63, III 0·50, IV 0·78, metatarsus I 0·62, II 0·62, III 0·52, IV 0·73, tarsus I 0·47, II 0·45, III 0·37, (IV ?)

M a s ignotus.

Cornicularia MENGE.

Cornicularia lepida n. sp. cephalothorace laete flavo-rufo, abdomine nigro, maris area oculorum mediorum ornata processu erecto, apice dilatato et sulco longitudinali ornato, palporum parte tibiali brevi, supra in processus duo longos producta, interiorem porrectum leviter incurvum, exteriorem in semicirculum flexum apice exteriora versus directum; ♂ ad. cephalothorace 1·1 mm. longo.

Mas. *Cephalothorax* paullo pone medium, ad par pedum II latissimus, lateribus partis thoracicae leviter et aequaliter rotundatis, antice vix sinuatis; in parte cephalica desuper adspecta oculorum series anterior totam eius latitudinem occupat, oculi laterales postici a margine eius spatio parvo distare videntur, clypei margo ultra oculos anticos non prominet, hi seriem insigniter recurvam formant. Dorsum a margine postico usque ad oculos medios posticos leviter arcuatum et leviter adscendens, inter partem thoracicam et cephalicam fere non impressum, oculi medii postici non demissius siti quam ulla pars dorsi. Oculorum mediorum area a latere visa angulos fere aequales format cum clypeo, qui rectus et fere ad perpendiculum directus est, et cum dorso, processu (Tab. X, fig. 18 a, b) ornatur erecto, a latere adspecto aeque circiter alto ac lato, antice et supra (ubi aeque est proclivis atque oculorum area) leviter arcuato, postice fere ad perpendiculum directo et leviter excavato; supra processus in latera dilatatus est, sulco longitudinali ornatus, paullo longior quam latus, late ovatus, postice latior, latitudine diametrum oculi medii postici una cum spatio, quo oculus hic ab altero distat, aequans; latus anticum processus pilis brevissimis curvatis ornatur, caeterae partes glabrae videntur. Impressiones cephalicae in lateribus sat profundae sed parum definitae, supra inter se sulco subtilissimo procurvo coniunctae, radiantes partis thoracicae parum distinctae, sulcus ordinarius nullus loco foveae in declivitate postica spatium deplanatum, non impressum; cephalothorax nitidus, sublaevis, supra margines rugulosus, praesertim postice. *Oculorum* series postica fortiter procurva, marginibus posticis oculorum lateralium cum marginibus anterioribus mediorum lineam subrectam formantibus, oculi subaequales, medii deplanati, intervallum medium diametro insigniter minus, lateralia eâ c:a 1½ maiora; series antica paullo recurva, oculi medii (nigri, in macula nigra siti) convexi caeteris parum minores esse, inter se spatio radium non aequanti, a lateralibus diametro sua distare videntur; area oculorum mediorum longa, angusta, postice dimidia oculi diametro latior quam antice, 1¼ fere longior quam lata. *Clypeus* altus, altitudine spatium, quod ab oculis tribus seriei anticae a fronte adspectae occupatur, aequat. *Mandibulae* clypeo ⅔ longiores, aeque fere longae atque facies cum processu interoculari alta, basi ambae aeque latae ac longae, sublaeves, sparse pilosae, dorso subrecto, latere exteriore supra parum convexo, infra evidentius concavo, intus in ⅔ superioribus rectae, in ⅓ infima oblique rotundato truncatae et in sulci unguicularis margine antico ornatae dentibus 3 spatiis aequalibus remotis, supremo caeteris paullo maiore. *Maxillarum* latera exteriora inter se fortiter appropinquant, angulus exterior valde obtusus est. *Labium* subtriangulare, late marginatum. *Sternum* vix ⅟₇ longius quam latum, antice recte truncatum, inter coxas I vix angustius quam inter II, inde posteriora versus fortiter angustatum, marginem posticum coxarum IV attingens, inter eas aeque fere latum atque pedum tibiae et fortiter deflexum; sat fortiter convexum, subtiliter parce impresso-punctatum, caeterum laeve, parce pilosum. *Palporum* (Tab. X, fig. 18 c, d) pars patellaris c:a 1½ longior quam lata, subcylindrata, tibialis brevis, a basi subito in omnes partes dilatata, margine inferiore in procursum producto brevem planum obtusum, superiore intus in laminam latam elongato antice in ramos duo divisam, cum his laminae tarsali incumbentem; ramus interior longior quam lamina una cum corpore partis tibialis, ambo ubique aequali fere latitudine, a basi usque ad medium inter se proximi, interior inde levissime intus curvatus, apice obtuso, in dimidio basali intus in dentem brevem nigrum dilatatus, mediam saltem laminam tarsalem attingens; exterior fortiter exteriora versus curvatus non procul a laminae tarsalis margine exteriore in apicem obtusum desinit, in margine exteriore secundum totam longitudinem ciliis ornatur. Lamina tarsalis subtrapezoidea, in longitudinem subrecta, in transversum fortiter convexa, margine interiore caeteris longiore leviter excavato, apicali obliquo, exteriore ab apice processus tibialis, prope quem impressionibus et carinis ornatur, usque ad apicem recto. Paracymbium mediocre, planum, aequabiliter arcuatum. Clava magna, latitudine saltem oculorum aream aequat. Bulbus similis atque in *Walckenaërinis* plerisque; „partis basalis" anfractus primus, membranaceus, parallele plicatus, bulbi basim occupat, in latus eius exterius non multo longius extenditur quam in interius, anfractus secundus ante eum situs, bulbi lateri interiori paullo propior quam exteriori, subter et intus convexus, apice rotundato membrana oblonga „emboli" apicem obvolvente ornato; „pars terminalis" apicem bulbi format, in bulbi latere interiore in processum primo intus deinde retro directum, inaequaliter angustatum, corneum, anfractum basalem primum attingentem producta, in bulbi latere exteriore in spinam (embolum) elongata nigram, in circulum flexam, intus membrana. limbatam, prope basim subtus dente elongato. ornatam, oblique positam. *Pedes* sat graciles, femoribus anterioribus basi subito quidem, sed modice tantum incrassatis, aculeis aut pilis potius brevibus erectis paucis ornati, singulis in patellis, in tibiis, forsitan posticis tantum, etiam singulis supra non procul a basi. *Abdominis* (paullo corrugati) forma ordinaria.

Cephalothorax laete flavo-rufus, margine et oculorum area paullo infuscatis, processus interocularis marginibus apicalibus lateralibus nigris; oculi cingulis nigris circumdati, medii antici in macula communi nigra siti; mandibulae colore cephalothoracis, maxillae cephalothorace paullo pallidiores, apice pallidae, labium infuscatum apice pallido, sternum colore cephalothoracis margine angusto nigro-fusco, palporum partes femoralis et patellaris pallidae flavidae, pars tibialis infuscata marginibus nigro-fuscis, pars tarsalis fusca; pedes flavidi, femoribus I II IV colore rufo suffusis, patellis et tibiarum basi non multo pallidioribus quam tibiarum partes caeterae. Abdomen nigrum, subter parum pallidius quam supra, scutis pulmonalibus fusco-flavidis.

Cephalothorax 1·1 mm. longus, 0·8, latus, abdomen 1·6 long., 1·1 lat., pedum longitudo; femur I 1·0, II 0·9, III 0·75, IV 0·95, patellae: 0·30, 0·30, 0·25, 0·25, tibiae: 0·90, 0·85, 0·65, 0·90, metatarsi 0·75, 0·75, 0·65, 0·85, tarsi: 0·50, 0·50, 0·40, 0·50.

Femina ignota.

〰〰〰〰〰〰

Erigone (Ceratinopsis?) aliena n. sp. maris adulti capite paullo elevato, supra aequaliter arcuato, oculis posticis in seriem subrectam, anticis in seriem valde recurvam dispositis, posticis spatiis subaequalibus, diametro c:a dupló maioribus inter se remotis, mediis anticis minimis, inter se proximis, oculorum mediorum area longiore quam lata, sterno aeque longo ac lato, pedum anticorum tarsis paullo brevioribus quam metatarsis, levissime fusiformibus, femoribus supra basim parum incrassatis, palporum parte patellari oblonga, partis tibialis margine apicali supra in dentem deflexum producto, lamina tarsali subtriangulari, apicem versus dilatata, parte terminali bulbi e trunco contorto oblique retro directo et ex embolo in circulum flexo, in apice bulbi transverse posito, composita, abdomine cute molli tecto; cephaloth. 0·9 mm. longo.

Mas. *Cephalothorax* lateribus parum rotundatis, anteriora versus aequaliter angustatus, non sinuatus, fronte lata, angulis omnino rotundatis, oculorum area dimidia parte thoracica paullulum latiore. Scutum dorsuale cephalothoracis a latere visum duplo longius quam altum, pars cephalica modice elevata, supra aequaliter modice convexa, a parte thoracica impressione distincta; pars dorsi media brevis, inter partem cephalicam convexam et declivitatem posticam saltem ²/₅ longitudinis totius cephalothoracis occupantem sita, leviter declivis (posteriora versus); area oculorum mediorum fortiter proclivis; clypeus fere directus, altitudine c:a ⅓ areae oculorum mediorum aequans. Impressiones cephalicae distinctae, laterales partis thoracicae paene nullae, fovea postica indistincta. Caput a fronte adspectum latera sub oculis fere directa habere, supra eos convexum, fere semiculare esse videtur. *Oculi* deplanati parvi, series postica paene recta, oculi medii lateralibus minores, intervalla omnia subaequalia, diametro mediorum duplo maiora; series antica valde recurva, oculi medii minimi, valde approximati, a lateralibus longe remoti; oculorum mediorum area fere 1¼ longior quam postice lata. *Mandibulae* paullo plus duplo longiores quam crassae, paullo divaricantes, latere exteriore leviter sinuato, interiore in ⅗ superioribus subrecto, in ²/₅ inferioribus intus oblique truncatae et ornatae in sulci unguicularis margine antico dentibus 5, primo a caeteris paullo remoto, his gradatim minoribus, in sulci unguicularis margine postico granulis 3 (?) minimis. *Maxillae* lateribus exterioribus anteriora versus inter se fortiter appropinquantibus, apice oblique truncatae, angulo apicali exteriore valde obtusó. *Labium* in longitudinem excavatum. *Sternum* aeque latum ac longum cum processu postico, qui sat latus et modice deflexus est; sublaeve, nitidum. *Palporum* (Tab. X, fig. 19 a, b, c) pars patellaris supra circiter 2-plo longior quam lata, lateribus subparallelis, tibialis aeque fere longa, apicem versus dilatata, margine apicali producto supra in dentem paullulum deflexum, brevem, obtusum, nigrum, et prope eum ad latus interius in laminam tenuem obtusam, quam dens breviorem; pars tarsalis femore antico duplo crassior, paracymbium planum fortiter curvatum, lamina desuper adspecta subtriangularis, apicem versus dilatata, apice fere transverse truncato videtur, latus exterius profunde excavatum habet. „Partis basalis" bulbi anfractus primus in bulbi latere exteriore tantum cernitur, latus bulbi interius anfractus secundus format, qui in parte anteriore et interiore anfractus primi in tuber elevatur prominens, extus convexum, intus excavatum; bulbi pars terminalis fere in longitudinem directa, parum obliqua, corpus eius (retro directum) fortiter contortum in apiculum parvum desinens, embolus in circulum flexus in apice bulbi fere transverse positum. *Abdomen* late ovatum, cute molli tectum.

Exempli, quod pellem nuper exuerat, cephalothorax cum mandibulis maxillis palpis pedibus pallidus, macula fuscescenti subpentagona in lineam mediam fuscam antice et postice producta in occipite ornatus, palporum pars tarsalis infuscata, labium et sternum fusca, abdomen fuscum subter pallidius quam supra.

Cephalothorax 0·9 mm. longus, 0·7 latus, abdomen 1·2 long. Pedum longitudo: femur I 0·85, II 0·81, III 0·72, IV 0·85, patellae: 0·23, 0·23, 0·21, 0·18, tibiae: 0·81, 0·70, 0·59, 0·62, metatarsi: 0·68, 0·65, 0·59, 0·57, tarsi: 0·59, 0·54, 0·49, 0·47.

Femina ignota.

Erigone (?) camtschadalica n. sp. [1]).

Femina. *Cephalothorax* paullo pone medium inter par pedum 1-um et 2-um latissimus, posteriora versus parum, anteriora versus fortius angustatus et parum sinuatus; pars cephalica ad oculorum seriem posticam hac utrimque diametro oculi fere latior, frontis anguli omnino rotundati, clypeus desuper adspectus paullulum ultra oculos anticos prominens. Clypeus a latere visus sub oculis paullo impressus, caeterum rectus, parum oblique ad os descendens, oculorum mediorum area aeque fere proclivis atque dorsi pars pone eam sita et eam longitudine fere aequans; pars dorsi insequens paullo descendens, perparum excavata, arcu lato coniuncta cum parte postica paullo magis declivi, ¹/₃ fere totius longitudinis cephalothoracis occupanti; oculorum mediorum posticorum pars summa paullo demissius sita quam pars summa occipitis. Impressiones cephalicae in lateribus modice profundae, posteriora versus fere evanescentes, inter se impressione arcuata procurva, in cephalothoracis dorso perparum distincta coniunctae; impressiones radiantes partis thoracicae utrimque binae valde indistinctae, sulcus ordinarius subnullus, fovea, qua dorsi pars postica declivis supra ornatur, sat magna, parum profunda, parum definita. Cephalothorax laevis nitidus. *Oculorum* area dimidia parte thoracica paullo angustior (34:75), series postica procurva, marginibus anticis oculorum mediorum cum punctis mediis lateralium lineam fere rectam formantibus, oculi subaequales, intervallum mediorum diametro minus, spatium oculo medio et laterali interiectum diametro subaequale; series antica paullo procurva, margines superiores oculorum lineam subrectam designant, oculi medii caeteris omnibus minores sunt, laterales paullo maiores videntur quam laterales postici, intervalla omnia diametro mediorum minora, medium lateralibus minus; oculorum mediorum area postice diametro oculi fere latior quam antice, paullo longior quam lata, spatium oculo postico et antico interiectum diametro illius paullo maius. *Clypeus* paullo humilior quam dimidia series oculorum antica lata. *Mandibulae* clypeo c : a 2¹/₂ longiores, 1¹/₄ longiores quam crassae, latere exteriore paullo sinuato, interiore in ³/₄ superioribus fere recto et ad perpendiculum directo, inferius rotundato truncatae et ad sulcum unguicularem ornatae dentibus 5 (?), 2-do et 3-io caeteris longiore. *Maxillae* breves, lateribus exterioribus anteriora versus inter se appropinquantibus, angulo exteriore obtuso. *Labium* breve, transversum, in longitudinem fortiter excavatum. *Sternum* aeque longum ac latum, antice latissime le-

---

[1]) Dyjagnozy tego gatunku, opisanego na podstawie jednego okazu uszkodzonego, nie podaję, wypadłaby bowiem nie o wiele krótsza od opisu. Czy gatunek ten należy do Simonowskiéj grupy *Linyphiini* czy *Lophocarenini*, tego nie można dojść wprost z powodu braku wszelkich śladów kolców na nogach; nie jest on też o tyle podobny do jakiegokolwiek ze znanych mi gatunków, żebym przynajmniej na téj podstawie w przybliżeniu mógł wyznaczyć jego miejsce w systemie. Tylko z budowy narzędzi rozrodczych prawdopodobném mi się wydaje, że najwięcéj z nim spokrewnione będą niektóre gatunki zaliczone przez Simona do rodz. *Tmeticus*.

viter emarginatum et parum angustius quam pone coxas I, posteriora versus rotundato angustatum, usque ad marginem posticum coxarum IV productum, inter eas aeque latum atque pedum tibiae, subito sursum flexum, truncatum; nitidum, laeve, ad margines subtilissime reticulatum, punctis paucis paullulum elevatis, pilos gerentibus, ornatum. *Palporum* pars patellaris brevis, tibialis ea duplo fere longior, subcylindrata, tarsalis apicem versus paene aequaliter angustata, aeque longa atque pars patellaris cum tibiali, ungue, ut videtur, carens. *Pedum* anteriorum femora supra basim evidenter quamquam modice et aequaliter tantum incrassata, tarsi subcylindracei, non fusiformes; (aculei defracti), pili, quibus pedes ornantur, sat longi et crassi, non densi. *Abdomen* ovatum, postice latius, paullo plus 1¹/₂ longius quam latum, aeque altum ac latum, cute molli tectum. *Vulva* (Tab. XI, fig. 20) paullo prominens, a latere adspecta processum format brevem retro et deorsum directum, apice truncatum, a parte inferiore visa formam habet processus brevis, late triangularis apice obtuso et rotundato, basi non multo angustioris quam spatium scutis pulmonalibus interiectum; parietes laterales processus fere ad perpendiculum directi, paries inferior fovea occupatur rotundata, perparum profunda, margine antico indistincto.

Cephalothorax cum mandibulis luteo-fuscus, marginibus paullo obscurioribus, oculorum area infuscata, in parte thoracica utrimque lineis 3 fuscis radiantibus, in occipite macula subtrapezoidea postice angustiore, et lineis 3 ab ea oculos versus ductis fuscis ornatus; oculi cingulis nigris circumdati. Maxillae et sternum fusca, labium nigricans. Pedes et palpi fusco-flavidi, illorum tibiae metatarsi tarsi paullo rubicunda, coxae subter in apice anguste nigro marginatae. Abdomen nigrum.

Cephalothorax 0·95 mm. longus, 0·75 latus, abdomen 1·4 longum, patella I 0·28 longa, II 0·28, III 0·26, IV 0·28, tibia I 0·70, II 0·65, III 0·57, IV 0·86, metatarsus I 0·65, II 0·62, III 0·57, IV 0·75, tarsus I 0·49, II 0·44, III 0·42, IV 0·50.

Mas ignotus.

Micaria Westr.

Micaria centrocnemis n. sp. oculorum serie antica fortiter procurva, oculis subaequalibus, mediis inter se longius quam a lateralibus remotis, clypeo sub oculis lateralibus eorum diametro duplo altiore, mandibulis squamis carentibus, sterno squamulis albidis ornato, tibiis I et II subter aculeis 2.2 armatis, metatarsis anterioribus inermibus, pedibus fusco-flavidis, femoribus 6 anterioribus obscuris, abdomine supra nigro-viridi ornato antice utrimque puncto albo, in medio fascia alba transversa; vulvae fovea repleta septo e margine antico exeunti, oblongo, medio paullo dilatato; ♀ ad. cephaloth. 2 mm. longo.

Femina. *Cephalothorax* lateribus sat fortiter rotundatis, antice fortiter sinuato angustatus, parte cephalica paullulum latiore quam dimidia pars thoracica, fronte media parum rotundata, angulis sat late rotundatis. Dorsi pars postica leviter declivis sat longa, caeterum dorsum inter partem cephalicam et thoracicam levissime excavatum, in capite modice convexum, in eius parte anteriore usque ad oculos medios anticos aequaliter arcuato descendens; clypeus a latere visus fere ad perpendiculum directus. Impressiones cephalicae parum distinctae, radiantes in parte thoracica fere nullae; *dorsum ornatum* posterius (inter coxas III et IV) *sulco brevi modice profundo.* Cephalothorax, ubi detritus est, parum nitens, subtiliter reticulatus. Areae *oculorum* latitudo dimidiam latitudinem partis cephalicae parum superat. Series oculorum posterior leviter procurva, oculi medii oblongi, posteriora versus discedentes, laterales rotundati maiores a mediis spatiis multo minoribus quam hi inter se distant; series antica sat fortiter procurva, marginibus inferioribus oculorum mediorum tamen demissius sitis quam margines superiores lateralium, oculi subaequales, medii inter se spatio diametrum non aequanti, a lateralibus spatiis saltem duplo minoribus, valde angustis, distinctis tamen remoti; clypei sub oculis lateralibus altitudo dupla eorum diametro non minor. *Mandibulae* directae, aeque circiter longae atque ambae basi latae, apicem versus paullo angustatae, dorso in transversum convexo, parum deplanato, ornatae ad basim in latere exteriore tuberculo parum definito oblongo, subtilissime transverse reticulatae, pilis sat multis ornatae. *Sternum* parum nitidum, subtilissime reticulatum, sparse punctatum. *Palpi* tenues, aculeati; aculeus in parte tibiali intus prope basim situs longus, aculeus alius in eadem parte prope basim supra situs eo minor, maior tamen quam aculeus, quo basis partis tarsalis intus ornatur. *Pedum* femora omnia aculeos supra binos habent,

1 supra basim, 1 ante apicem, femora antica etiam aculeo 1 ante apicem in latere antico ornantur; aculei omnes adpressi difficilius observantur. Tibia I armata subter aculeis 2 prope basim, 2 paullo pone medium, tibia II subter anterius 1 prope basim et 1 pone medium tenuibus parvis, posterius 1.1 maioribus, tibia III subter 2. 2. 2 (in apice), in latere antico 1.1, in postico 1.1; tibia IV ut III aculeata; metatarsi 4 anteriores inermes, posteriores aculeati. Tarsi metatarsi tibiae I II, tarsi III IV ornata subter pilis brevibus clavatis crassis, in tarsis et metatarsis confertis, in tibiis praesertim II sparsis. *Abdomen* medio non constrictum videtur. *Vulvae* (Tab. XI, fig. 21) fovea ad maximam partem repleta septo lato, latitudine sua longiore, e margine antico foveae exeunti, posteriora versus primo leviter dilatato, tum angustato, apice rotundato - truncato, parum nitido, marginibus paullulum elevatis, caeterum levissime excavato. In utroque latere septi anterius tantum foveae pars conspicitur fere semiovata, posterius autem cum eo contingunt foveae margines in tubera elevati oblonga nitida; pone apicem septi epigastrium, quod angustum est, leviter impressum.

Cephalothorax nigro-fuscus, colore rufo paullo suffusus, subtus pallidior quam supra, mandibulae pallidiores, praesertim apicem versus, distinctius rufescentes, unguiculo rufo, maxillae labium colore sterni, marginibus apicalibus pallidis, maxillarum pars basalis convexa rufescens. Abdomen fusco nigrum, subter pallidius, mamillae et partes genitales colore ventris, hae tantum paullo rufescentes; partes abdominis squamis albis tectae caeteris pallidiores. Palporum pars femoralis, femora pedum I II nigro-fusca, femora III pallidiora; caeterum palpi et pedes fusco-flavidi, colore .rufo paullo suffusi, praesertim pedes III et IV.

Cephalothorax (ad partem detritus) supra squamulis tectus modice metallico-nitentibus, mandibulae squamulis carent, sternum squamulis non multis albidis ornatum, abdomen supra squamulis viridi-nigris tectum splendentibus, ornatum in dorso antice utrimque puncto albo, paullo ante medium fascia transversa alba continua (?), supra mamillas non maculatum; ventris squamulae pallidae, minus nitidae; pedum femora saltem III et IV ornata supra linea alba e squamulis efformata.

Cephalothorax 2·0 mm. longus, 1·4 latus, abdomen 3·5 longum. Pedum longitudo: femur I 1·53, II 1·50, III 1·36, IV 2·04, patellae: 0·68, 0·66, 0·66, 0·75, tibiae: 1·17, 1·10, 1·04, 1·59, metatarsi 1·04, 1·04, 1·04, 1·79, tarsi 1·20, 1·17, 1·04, 1·40.

Mas ignotus.

Micaria humilis n. sp. fronte duplo angustiore quam pars thoracica, oculorum serie antica modice procurva, oculis mediis quam laterales maioribus, ab eis spatio multo minore quam inter se remotis, clypeo sub oculis lateralibus non multo altiore quam eorum diameter, sterno et mandibulis squamis carentibus (?), abdomine supra obscure viridi fascia media transversa alba ornato, vulvae fovea oblonga; ♀ ad. cephaloth. 1·1 mm. longo.

Femina. *Cephalothorax* lateribus sat fortiter rotundatis, antice sinuato angustatus, fronte duplo angustiore quam pars thoracica, paullo rotundata, pube detrita excepta capitis parte superiore parum nitidus, totus subtiliter — in capite supra subtilissime — rugulosus. Dorsum sublibratum, fere rectum, pars cephalica tantum levissime et usque ad oculos medios anticos aequaliter convexa, clypeus medio fere ad perpendiculum directus, parum proiectus. Impressiones cephalicae supra palporum insertionem tantum distinctae, pars thoracica impressionibus lateralibus et sulco ordinario carens. *Oculorum* series posterior subrecta (paullulum recurva?), oculi medii lateralibus paullo minores, inter se spatio maiore quam ab eis remoti; series anterior modice procurva, marginibus inferioribus oculorum mediorum non altius sitis quam centra lateralium, oculi medii nigri rotundi lateralibus deplanatis pallidis paullo transversis maiores, inter se spatio diametrum non aequanti, a lateralibus spatio multo minore distantes. Clypeus sub oculis lateralibus diametro eorum non multo altior. *Mandibulae* aeque longae atque ambae basi latae, apicem versus sensim modice angustatae, dorso in transversum convexo, ornatae ad basim in latere antico exteriore tuberculo oblongo brevi, transverse reticulatae. *Sternum* nitidum, levissime parce punctatum. *Palpi* armati aculeo in parte tibiali intus prope basim, in tarsali etiam intus prope basim aculeo minore. *Pedum* femora omnium supra basim ornata supra aculeis singulis, anticorum praeterea aculeo 1 antice pone medium; praeterea in specimine detrito, quod vidi, aculeum tantum 1 in tibiis III subter prope medium, 1 in apice tibiarum IV, 2 in apice metatarsorum IV inveni; pedum pars inferior ornatur pilis brevibus crassis obtusis sat multis, in tarsis I II III, in metatarsis I II, in tibiis I fere a basi usque ad apicem, in tibiis II prope apicem. *Abdomen* non evidenter constrictum. *Vulva* (Tab. XI, fig. 22 b) fovea ornata pallida marginibus fuscis angustis acutis circumdata, paullo longiore quam lata, antice latissima, margine antico leviter recurvo, posteriora versus inaequaliter, primo fortius tum levius angustata, postice rotundata. Spatium foveae in lateribus et postice circumiectum depressum, ita ut fovea latera subparallela, marginem posticum et laterales obtusos habere videatur, margines eius veri indistincti evadant. In vulva humefacta (Tab. XI, fig. 22 a) ad utrumque foveae latus bursae seminales elongatae rufescentes ultra eius apicem productae inveniuntur.

Cephalothorax cum mandibulis maxillis labio rufo-fuscus, marginibus et macula occipitali paullo obscurioribus, sternum pedes palpi rufo-flavida, colore fusco paullo suffusa, palporum pars femoralis, femora pedum 6 anteriorum infuscata, abdomen supra fusco nigrum, ante medium linea pallida transversa angusta in latera producta ornatum, venter antice pallide fusco-flavidus, posterius infuscatus; in lateribus color dorsi in colorem ventris sensim abit; mamillae fuscae.

Cephalothorax supra detritus, squamulae paucae, quae restant in dorsi parte posteriore, pallidae; sternum et mandibulae pilosa, squamis carere videntur; abdomen supra squamulis obscure viridibus splendentibus tectum, in lateribus pallidioribus, dorsum paullo ante medium ornatum fascia transversa angusta alba, supra mamillas uon maculatum; venter squamulis pallidis metallico micantibus tectus; pedum color squamulis pallidis parum mutatur.

Cephalothorax 1·1 mm. longus, 0·9 latus, abdomen 2·0 longum. Pedum longitudo: femur I 0·8, II 0·8, III 0·7, IV 0·85, patellae 0·45, 0·42, 0·36, 0·39, tibiae 0·68, 0·68, 0·55, 0·70, metatarsi 0·58, 0·58, 0·52, 0·65, tarsi 0·52, 0·49, 0·42, 0·49.

Mas ignotus.

Clubiona (LATR.).

Clubiona picta n. sp. cephalothorace quam tibia cum patella IV vix aut paullulum breviore, fusco-lutescenti, oculis anticis subaequalibus, mediis a lateralibus longius quam inter se distantibus, mediis posticis inter se spatio maiore quam a lateralibus disiunctis, mandibulis quam femora antica crassioribus, tibia III subter aculeis duobus armata, abdomine supra rufo-fusco ornato linea media fusca mamillas fere attingenti, ad eam utrimque pallido; ♀ ad. cephaloth. 3—3·4 mm. longo.

Femina. Cephalothorax aeque fere longus atque tibia cum patella IV aut paullulum brevior, lateribus leviter rotundatis, antice sinuato angustatus, fronte ⁵/₇ latitudinis partis thoracicae aequanti; sulcus ordinarius dimidio tarso antico circiter aequalis. Oculi antici subaequales, medii spatio minore inter se quam a lateralibus remoti, medii postici inter se longius quam a lateralibus distantes. Mandibulae longitudine fere metatarsum I aequantes, aeque longae atque ambae basi latae, femore antico paullo crassiores, lateribus parum, dorso superius sat fortiter convexo, inferius recto, sublaeves, parce pubescentes, in dorso et intus pilis longis non densis ornatae, in margine apicali armatae ad latus interius in sulci unguicularis parte antica dente uno forti et pone eum granulis nonnullis, in sulci eiusdem parte posteriore dentibus duobus parum inaequalibus, praeterea supra dentem anticum (in mandibulae latere interiore) dente alio multo minore. Tibiae III subter aculeis 1.1, IV supra nullo armatae; scopulae in tibiarum I apice saltem adsunt. Vulvae (Tab. XI, fig. 23) lamina margine postico leviter rotundato, in parte postica ornata fovea profunda, posteriora versus angustata, antice sinu acuto profundo in partes duas divisa, postice aut aperta (ovis depositis), aut a margine postico parte laminae elevata medio tantum interrupta disiuncta (ovis nondum depositis).

Corpus supra pube flavida tectum. Cephalothorax fusco lutescens, mandibulae luteo-fuscae, maxillae labium cephalothorace paullo obscuriora apicibus albido marginatis, sternum colore cephalothoracis fusco marginatum, pedes palpi cephalothorace paullo pallidiores. Abdomen supra et in lateribus rufo-fuscum, punctis pallidis adspersum, ornatum supra fascia media rufo-fusca, mamillas fere attingenti, a margine antico usque ad medium dorsum sensim angustata, in dimidio posteriore angusta et in maculas parvas 4 aut 5 plus minusve distincte dilatata. Ad fasciam hanc dorsum utrimque pallidum est secundum totam longitudinem; areae pallidae forma paullo varians (pars eius utraque aut parum latior quam fascia media antice, ubique fere aequali latitudine aut posteriora versus paullo angustata, aut fasciâ eâ insigniter latior, postice latior quam antice), margines aut parum inaequales aut praesertim postice plus minusve dentati, pars areae posterior persecta lineolis recurvis fuscis, plus minusve distinctis, e maculis exeuntibus, in quas dilatatur fascia media. Latera abdominis subter pallidiora quam supra; pars eorum posterior ornata arcu pallido obliquo ex area pallida dorsuali paullo pone medium dorsi exeunti, mamillas versus directo, eas fere attingenti, saepe parum distincto aut fere omnino deleto. Venter medio pallidus, ornatus utrimque fascia fusco-rufa, saltem aeque lata atque pedum tibiae, inter scutum pulmonale et mamillas extensa; fasciae hae posteriora versus inter se paullo appropinquantes ad mamillas plus minusve inter se coniunguntur.

Color descriptus, in iunioribus distinctus, ovis depositis obscurior fit; sternum tum coxis obscurius, ventris area media parum, area dorsualis pallida paullo tantum pallidiores sunt quam abdominis latera, arcus obliquus in abdominis lateribus omnino evanescit.

Cephalothorax 3·4 mm. longus, 2·5 latus, abdomen ovis depositis 4·7 longum; pedum longitudo: 9·3, 9·2, 7·5, 11·2, metatarsus I 1·7, IV 2·8, tibia cum patella IV 3·6 mm. longa. Alius exempli adulti cephalothorax 3·05 mm., tibia cum patella IV 3·15 mm. longa.

Mas ignotus.

Chiracanthium C. L. Koch.

Chiracanthium orientale n. sp. maris cephalothorace breviore quam tibia cum patella IV, abdominis dorso secundum totam longitudinem fascia fusco rufa, antice continua, postice ex angulis confusis composita ornato, mandibulis basi intus convexis non angulatis, a medio apicem versus aequaliter angustatis, in sulci unguicularis margine postico ornatis denticulis c: a 6 subaequalibus, parte tibiali palporum processu uno ornata, lamina tarsali apice inaequaliter angustata, parte apicali a latere adspecta bulbo saltem 3-plo breviore, fortiter impressa, postice angulum acutum formanti, processu basali dimidia parte tibiali longiore aequaliter arcuato acuto, femoribus pedum I et III aculeatis, II et IV inermibus, cephalothorace 3·2 mm. longo.

Mas. *Cephalothorax* latitudine ⁹/₄ longitudinis aequans, lateribus leviter rotundatis, antice parum sinuatis, parte cephalica aeque lata atque ⁹/₃ partis thoracicae, supra sat fortiter convexa, a latere adspecta a dorsi parte postica, quae secundum rectam lineam descendit, non distincta; impressiones cephalicae saltem in lateribus et impressiones radiantes partis thoracicae utrimque binae distinctae, loco sulci ordinarii impressio oblonga parum profunda; clypeus dimidiae diametro oculorum anticorum subaequalis. *Oculi* antici medii caeteris maiores, series ambae subrectae, oculi medii antici inter se spatio paullo minore quam diameter, a lateralibus anticis spatio non multo maiore remoti; oculorum posticorum intervalla subaequalia (lateralia medio paullulum maiora), trapezium oculorum mediorum etiam antice latius quam longum. *Mandibulae* paullo proiectae, aeque longae atque ⁹/₅ cephalothoracis, leviter divaricantes, latus exterius levissime sinuatum habent, latera interiora in dimidio superiore recta et contingentia, in dimidio inferiore discedentia et leviter sinuata et ornata denticulis c: a 6 in sulci unguicularis margine postico; denticulus ad angulum mandibulae medium situs caeteris maior, supra eum denticulus 1 minutus, caeteri paullo inferius siti, pars ¹/₄ mandibulae infima laevis; denticuli omnes pilis densis, quibus sulcus unguicularis ornatur, occulti; unguiculi leviter curvati, vix sinuati, dimidium basale leviter incrassatum; summa basis mandibularum intus sat fortiter convexa, non angulata, ad latus exterius antice ornata tuberculo oblongo, dorsum a latere visum superius modice convexum, inferius levissime concavum. *Sternum* nitidum, subtilissime punctatum. *Palporum* pars patellaris 1¹/₃ longior quam lata, tibialis ea angustior, c: a 1¹/₂ longior, saltem 2¹/₂ longior quam lata, subcylindrata, fere recta, paullulum tantum deflexa, in latere exteriore ornata pilis longis erectis densis, in interiore parcius pilosa, processus apicalis (Tab.XI, fig. 25 c.) quam pars ipsa c: a 2¹/₂ brevior, leviter incurvus, ubique aequali fere crassitudine, apice levissime inciso. Pars tarsalis ¹/₄ longior quam patellaris cum tibiali, 2¹/₂ latior quam pars tibialis, laminae desuper adspectae (fig. 25 a) apex inaequaliter sinuato angustatus, latera caeterum obliqua inter se subparallela, calcar basale dimidia parte tibiali longius, oblique retro et deorsum directum, aequabiliter arcuatum et attenuatum, acutum, subter pallidum, supra obscure coloratum; rostrum laminae a latere adspectum (fig. 25 b) postice angulum format acutum prominentem, bulbo saltem 3-plo brevius videtur; bulbus similis

; pilis tenuibus sat longis tecti, aculeis armati: 1 in femore I in latere antico ante apicem, in femoribus III ante apicem in utroque latere 1, in tibiis I subter pone medium 2, in III in utroque latere pone medium 1, in IV 1 pone medium in latere postico, in metatarsis omnibus subter ad basim 2, praeterea in I et II 1 in apice subtus; metatarsi III et IV etiam in utroque latere aculeati; patellae omnes inermes, femora II et IV inermia, in tibia II nonnunquam in latere antico ante apicem, in tibia IV subter in medio aculei singuli inveniuntur.

Cephalothorax cum mandibulis rufo-flavidus, summo margine partis cephalicae obscuriore, caeterum subunicolor aut in impressionibus cephalicis paullo infuscatus et in capite supra linea duplici fusca ornatus; mandibularum summus apex et sulci unguicularis margines nigricantes, unguiculi dimidium basale nigrum, apicale rubrum; maxillae paullo, labium fortius infuscatum, sternum cephalothorace parum obscurius, marginibus fuscis; pedes et palpi cephalothorace pallidiores, horum processus tibialis et tarsalis nigro-fusci, lamina tarsalis marginibus infuscatis, bulbus genitalis fuscus. Abdominis dorsum laete albido-flavum, subtilissime fusco reticulatum, secundum totam longitudinem ornatum fascia media rubro-fusca, paullo inaequali, circiter aeque lata atque mandibulae, e macula antica lanceolata et e lineis c:a 7 transversis in angulum fractis, posteriora versus gradatim brevioribus, inter se confusis composita; abdominis latera sordide flavida (in vivis fortasse virescentia), venter colore eodem pictus, in utroque latere fascia albo-flavida ornatus, ante mamillas, quarum superiores pallide rufo-fuscae, inferiores flavidae sunt, colore fusco-rufo tinctus, epigastrium cum scutis pulmonalibus flavidum.

Cephalothorax 3·2 mm. longus, 2·5 latus, abdomen 4·5 long., 2·5 lat., pedes I 18 mm. longi, II 11·8, III 8·5, IV 12·2, tibia cum patella IV 4·0.

Femina (probabiliter huius speciei). Cephalothoracis forma eadem, impressiones cephalicae tamen parum expressae, radiantes partis thoracicae et sulcus ordinarius subnulla; oculi antici medii inter se, ut in mare, spatio quam diameter paullo minore, a lateralibus spatio circiter 1¹/₂ maiore remoti. Mandibulae paullulum breviores quam tarsi I, cephalothoracis ⁴/₇ aequantes, directae, apicem versus sensim angustatae, in ¹/₂ infima emarginato truncatae, sulco unguiculari antice pilis densis curvatis ornato, dentibus carenti (?), dorso glabro, laevi, inferius tantum valde indistincte transverse plicato. Pedes tenues, pilis sat longis et modice densis ornati; femur I aculeo 1 antice pone medium, III aculeo 1 prope apicem in latere postico ornatum, femora II et IV inermia, aut IV ut III aculeatum, caeterum pedes ut in mare aculeati. (Abdomen contusum). Vulvae (Tab. XI, fig. 25 d) fovea parva rotundata, marginibus antico et lateralibus acutis, postico depresso.

Cephalothorax pallide fusco virescens, marginibus et parte cephalica supra flavidis, hac fascia media fusco-viridi sat lata ornata; mandibulae fuscae, apicem versus paullo obscuriores, unguiculo basi nigro, caeterum sanguineo; maxillae fuscae apice intus pallidae, labium fuscum apice pallido; sternum nigro-fuscum; pedes et palpi pallide flavi, colore viridi paullulum suffusi, palporum pars tarsalis apicem versus infuscata; abdomen fascia media rufa ornatum videtur.

Cephalothorax 3·5 mm. longus, 2·7 latus, pedes I 17 mm. longi, II 11, III 9, IV 13, tibia cum patella IV 3·9.

(Alius speciminis feminei, cum priore et cum maribus descriptis capti, pedibus anticis deperditis, forma eadem, femora 6 posteriora inermia, cephalothorax 3·5 mm. longus, pedes II 11 mm. longi, III 8·5, IV 12, tibia cum patella IV 3·8, abdomen 6·5 longum, 4 altum, 4 latum, flavo-cinereum (flavum, subtiliter fusco-cinereo reticulatum), supra ornatum fascia media fusco-rufa lanceolata, medium dorsum non attingenti, in media longitudine utrimque dentata, dorsi pars media posterior usque ad mamillas angulis c:a 7 paullo pallidioribus quam fascia antica, inter se plus minusve confusis, ornata; in utroque latere fasciae e linea media et ex angulis his efformata dorsum flavum est; venter utrimque linea flavida inter scutum pulmonale et mamillas extensa ornatus).

Chiracanthium orientale fortasse cum Ch. carnifice (FABR.) THOR. (erratico WALCK., SIM.) coniungendum est, saltem exemplis Ch. carnificis in Galicia lectis simillimum. Maris Ch. carnificis femora a DRE L. KOCHIO [1]) I aculeata, caetera inermia, ab E. SIMONIO [2]) I et IV aculeata, II

---

[1]) L. KOCH, Die Arachniden-Familie der Drassiden, pag. 261.

[2]) E. SIMON, Les Arachnides de France, IV, p. 255.

et III inermia describuntur; mares duo supra descripti aculeos in femoribus I e\ III tantum habent; pedum armatura in *Chiracanthiis* tamen sine dubio non constans est (cfr. „Die Arachniden-Familie der Drassiden" pag. 251), notas, quae ad species distinguendas sufficiant, certo non praebet.

Xysticus (C. L. KOCH).

Xysticus excellens n. sp. cephalothorace fascia media pallida ornato, oculorum mediorum area quadrata, oculis mediis posticis paullo longius a lateralibus quam inter se distantibus maris bulbo genitali ornato processibus duobus approximatis supparallelis intus directis, anteriore ad basim dente ornato, longe acuminato, posteriore ubique fere aeque lato, paullo contorto, longo, ultra bulbi marginem longe prominenti; feminae vulva ornata fovea rotundata a margine epigastrii spatio angusto remota, septo carenti, marginibus anterius acutis, posterius in tubercula abeuntibus nitida, quibus pars foveae postica repletur; ♂ ad. cephaloth. 3·7 mm., ♀ ad. cephal. 4 mm. longo.

M a s. *Cephalothorax* supra leviter in longitudinem arcuatus, fronte levissime rotundata. *Oculorum* mediorum area fere quadrata, postice perparum latior quam longa; oculi medii postici a lateralibus spatiis paullo maioribus quam inter se remoti; medii antici a lateralibus spatio $1\frac{1}{2}$ fere maiore quam horum diameter, inter se spatio non maiore quam a mediis posticis distant; series oculorum antica recurva; oculi laterales postici anticis minores. *Palporum* (Tab. XI, fig. 26 a, b) pars patellaris fere $1\frac{1}{2}$ longior quam lata, tibialis ea paullo latior, angulo superiore externo in processum producto aeque longum atque pars ipsa lata, supra convexum, in latere exteriore carinatum, bulbi laminae adpressum, apice tamen paullo procurvo eam non attingenti; processus inferior partis tibialis fere rectus, aeque fere longus ac latus, subtriqueter, latere exteriore excavato, inferiore convexo, apice impresso et oblique truncato, ita ut margo processus inferior interior brevior quam inferior exterior, hic autem brevior quam margo superior evadat. Lamina partis tarsalis ad apicem processus superioris partis tibialis in angulum producta, qui etiam in lamina desuper adspecta videri potest. Bulbus ornatus processibus duobus, quorum posterior adeo longus est, ut in palpo desuper adspecto ultra laminae marginem interiorem non parum promineat; a basi, quam occultat processus inferior tibialis, subito interiora versus inflexus, interiora et paullo anteriora versus directus, ubique fere aeque latus, apice oblique truncato, subtus in transversum et in longitudinem convexus, prope apicem ita contortus, ut a parte inferiore adspectus apicem longe attenuatum habere videatur. Processus anterior illi proximus, prope basim in latere antico exteriore dente ornatus, deinde paullo latior, apicem versus sensim attenuatus, intus et parum retro directus, apice processui priori incumbenti, apicem eius non attingenti. *Pedum* anticorum femora in latere antico aculeis c:a 8, supra in dimidio apicali tantum (?) c:a 5 armata, femora II supra fere a basi usque ad apicem aculeis pluribus, III IV supra aculeis 4 aut 5 ornata. Tibiae I antice et postice aculeis 1. 1. 1, subtus anterius 7, posterius 5, tibiae II in utroque latere 1. 1. 1, subtus series binas ex aculeis 5 aut 6 formatas habent, metatarsi I et II subter 2.2.2.2.2, antice 1.1.1 (in ipso apice), postice 1.1 (nullum in apice), patellae omnes in utroque latere 1; pedum posteriorum tibiae et metatarsi aculeis pluribus armata (tibiae III subter c:a 10). *Abdomen* ovatum, postice latius.

Cephalothorax fuscus summo margine laterali nigro, punctis et lineolis pallide fuscis crebre variegatus, area oculorum ad maximam partem pallide fusca, tubercula oculorum lateralium eâ fere non pallidiora; vittae mediae pars posterior (abdomine occulta) parum pallidior est quam cephalothoracis latera, anterior e macula efformatur albo-flavida, posteriora versus paullulum dilatata, denique subito angustata et breviter acuminata, maculam fuscam includente aeque longam, antice parum, posterius insigniter angustiorem, punctis et lineolis albo-flavidis anterius adspersam. Mandibulae fuscae, antice medio fascia transversa, superius punctis pallidis ornatae, labium maxillae fusca, apicem versus pallidiora, sternum in lateribus fuscum, medio pallidius, fusco punctatum. Palpi pallide fusci, supra punctis pallidioribus et obscurioribus ornati, processus partis tibialis nigro-fusci, bulbi pars maxima nigricans. Coxae omnes fuscae, subter indistincte pallidius lineatae; pedum anteriorum femora et patellae et tibiarum basis fusca, crebre pallidius punctata, supra obscuriora quam subtus, supra linea albida ornata; caeterae tibiarum partes metatarsi tarsi flavida, tibiae supra ornatae lineis fuscis parallelis binis et linea albida inter eas. Pedum posteriorum color similis pallidior, femora etiam subter linea albida ornata. Abdomen subtus et in lateribus fuscum, scuta pulmonalia pallida, ventris latera pallide fusca, mamillae cingulo angusto interrupto albido circumdatae; dorsum violaceo-fuscum limbo albo subtilissime rare fusco-punctato cinctum, ornatum fascia albida lata, punctulis fuscis adspersa, utrimque tridentata, dentibus in lineas limbum album attingentes elongatis, earum prima in dimidia dorsi longitudine sita; limbus albus ad marginem anticum lineae cuiusque persectus linea fusca.

Cephalothorax 3·7 mm. longus, 3·5 latus, abdomen 4·5 long., 3·5 lat., corpus totum 7 mm. longum. Pedum longitudo: femur cum coxa I 4·5, II 4·5, III 3·0, IV 3·2, tibiae cum patellis 4·5, 4·5, 3·1, 3·1, metatarsi 2·8, 2·8, 1·9, 2·0, tarsi 1·5, 1·5, 1·0, 1·2.

Femina ovis depositis (probabiliter huius speciei). *Cephalothoracis* forma, *oculorum* situs similes atque in mare. Femora *pedum* anticorum in latere antico aculeis 3 aut 4 in seriem paullo obliquam dispositis armata, supra inermia, femora II et III supra aculeum 1, IV aculeos 1.1 habent; tibia I subtus serie duplici ex aculeis 5 constanti armata, series anterior aculeis minoribus 2 aut 3 interpositis aucta, metatarsus I subter omnino ut tibia aculeatus, in latere antico aculeo 1 prope basim, 1 pone medium, 1 in apice, in latere postico 1 prope basim, 1 pone medium, nullo in apice armatus; tibia II ut tibia I aculeata, aculeis accessoriis tamen carens, metatarsus II subter aculeis 2.2.2.2.2. ornatus, in latere antico et in postico ut I aculeatus; tibiae et metatarsi posteriores aculeis pluribus ornata, tibiae III subter 5 aut 6 tantum, patellae non aculeatae. *Abdomen* late ovatum. *Vulva* (Tab. XI, fig. 26 c) fovea ornatur sat magna, fusca, rotundata, pars foveae anterior margines habet elevatos acutos, posterior obtusos et posteriora versus sensim humiliores; septum nullum, pars foveae posterior repleta tuberibus duobus nitentibus glabris, antice et intus rotundatis, caeterum cum foveae marginibus confusis; epigastrii pars pone foveam sita angusta non impressa.

Cephalothorax summo margine nigricanti, ornatus supra fascia media flavida, postice albida, in declivitate postica angustiore, in dorso supra marginibus paullo rotundatis, inter oculos posticos angustiore quam eorum intervallum, latiore tamen quam par oculorum mediorum posticorum; pars fasciae anterior tota colore fusco pallidiore et obscuriore variegata, macula cuneata, qua fascia haec in *Xysticis* plerisque ornatur, parum distincta. Latera cephalothoracis rufo-fusca, postice ad fasciam mediam ornata maculâ albidâ, persecta vittâ obliquâ, irregulari, interruptâ, e maculâ eâ exeunti, quam fascia dorsualis non obscuriore. Facies pallide fuscorufescens, oculi cingulis albidis valde angustis circumdati, fascia transversa inter oculos laterales anticos sita flavida parum definita. Mandibulae pallide rufo-fuscae, colore flavido ita variegatae, ut paullo supra medium macula fuscescenti ornatae videantur. Maxillae et sternum pallidius, labium obscurius fuscum, sternum fusco punctatum. Palpi pallide rufo-fusci, parte tarsali infuscata, indistincte flavido et fusco maculati. Pedes pallide fusco-flavidi, fusco et flavido variegati, pedum anteriorum tibiae metatarsi tarsi caeteris partibus obscuriora; femora patellae tibiae ornata supra linea albida utrimque colore fusco cincta, magis distincta in pedibus anterioribus quam in posterioribus. Abdominis dorsum pallide fuscum, parce fusco punctatum, ornatum fascia media fusco albida lata, utrimque in ramos tres transversos elongata, quorum primus paullo ante medium dorsum situs; fascia ante ramum 2-um et 3-um linea tenui fusca interrupta; folium fuscum latera habet paullo inaequalia, postice late emarginatum est; abdominis latera et venter albida, subtilissime fusco punctata, cutis plicatae sulcis fuscis, latera lineis obliquis utrimque binis e folio dorsuali exeuntibus tenuibus fuscis plus minusve distinctis ornata, venter quam laterum pars superior paullo obscurior; mamillae pallide fuscae.

Cephalothorax 4 mm. longus, 3·8 latus, abdomen 5·5 long., 4·5 lat. Pedum longitudo: femur cum coxa I 3·8, II 4·0, III 2·8, IV 3·0, tibiae cum patellis 4·2, 4·4, 2·8, 3·1, metatarsi 2·4, 2·4, 1·5, 1·7, tarsi 1·3, 1·3, 1·0, 1·1.

Feminae alius, fortasse iunioris, forma, aculei prioris, color pallidior, pictura tamen eadem; in cephalothorace macula cuneata paullo melius distincta, pedes anteriores apicem versus non insigniter infuscati, abdominis dorsum fusco-cinereum non multo obscurius quam fascia media, cuius ramus anticus paullulum póne medium dorsum situs est, quod certo e forma abdominis minus corrugati pendet; vulva paullo alia, fovea non obscurius colorata quam venter, margines minus elevati, fundus tuberculis caret, postice sulcis tantum duobus subparallelis ornatur, foveae margo posticus marginem epigastrii attingit.

Ut exemplum nondum adultum fortasse ad hanc speciem referenda est femina paullo minor (cephalothorace 3·5 mm. longo), colore praecedenti similis sed paullo magis rufescens, tibiis aculeis accessoriis carentibus, metatarsis I et II in latere postico aculeis singulis tantum (prope medium) armatis (nota non **magni** momenti, nam metatarsus I sinister etiam aculeum 1 prope basim in eodem latere habet); vulvae fovea multo minus profunda quam praecedentis, caeterum similis; fasciae abdominalis ramus primus ante medium dorsum abdominis non corrugati situs.

Mas affinis est *Xystico luctatori* L. KOCH, X. *bifasciato* C. L. KOCH, praesertim autem X. *tatrico* KULCZ., a quo differt magnitudine et processibus bulbi insigniter maioribus; processus posterior X. *tatrici* basi excepta fere rectus est, oblique deorsum directus, non apice arcuato-adscendens, apicem oblique truncatum habet angulo postico acuto, antico valde obtuso; processus hic in X. *excellenti* a parte inferiore adspectus longe attenuatus quidem videtur, re vera tamen paullo contortus est, apicem posterius oblique truncatum habet angulis obtusis, quod optime in palpo a fronte adspecto videri potest.

Thanatus (C. L. KOCH).

Thanatus nigromaculatus n. sp. oculis mediis anticis minoribus quam postici, oculorum posticorum intervallis omnibus aequalibus, mediorum anticorum marginibus superioribus cum marginibus inferioribus lateralium lineam rectam designantibus, pedibus fusco-flavis fusco lineatis, dorso abdominis ornato macula nigerrima lanceolata paullo ultra medium dorsum extensa et in lateribus maculis 4—5 nigerrimis obliquis; vulvae fovea lata, antice dilatata, repleta septo. cuius pars posterior lateribus parallelis paullo latior est quam longa; ♀ ad. cephaloth. 3·6 mm. longo.

Femina. *Cephalothorax* parum longior quam latus, lateribus fortiter rotundatis, antice sinuato angustatus, partis cephalicae lateribus fere rectis anteriora versus paullo inter se appropinquantibus, fronte fere recte truncata, latitudine saltem ¹/₇ partis thoracicae aequanti. Dorsum a parte postica declivi brevi praerupta, supra impressione levissima longitudinali ornata, anteriora versus perparum descendit et fere rectum est; pars dorsi antica citius descendens cum clypeo recto et praerupto arcu aequali coniungitur. Impressiones cephalicae et lineae impressae partis thoracicae utrimque binae parum profundae. *Oculorum* series posterior fortiter recurva, oculi spatiis aequalibus inter se remoti, laterales mediis maiores; series anterior recurva, margines superiores oculorum mediorum aeque alte siti atque margines inferiores lateralium. Oculi medii antici posticis minores; oculi laterales antici paullo maiores quam postici videntur. Oculi medii antici inter se spatio paullo maiore quam a lateralibus remoti, laterales antici a mediis anticis spatio diametro suae subaequali, a mediis posticis spatio duplo fere maiore, a lateralibus posticis longius quam hi a mediis posticis distant; trapezium oculorum mediorum postice paullo latius quam longum. Magnitudo et situs oculorum, cingulis nigris inaequalibus, in margine postico oculorum lateralium dilatatis, cinctorum, difficilius observantur. *Mandibulae* patellis I paullo breviores, ambae simul sumptae basi paullo latiores quam longae, dorso et lateribus rectis, apicem versus aequaliter angustatae, in angulo apicali interiore antice ornatae dente uno et supra eum dente alio minore. *Pedum* I et III femora, pedum omnium tibiae et metatarsi aculeati; scopulae tarsos et metatarsorum anteriorum partem maiorem et metatarsorum posteriorum apicem occupant. (*Abdomen* contusum). *Vulva* (Tab. XI, fig. 29) fovea ornatur magna, in lateribus et postice marginibus circumdata acutis, quorum posticus levissime arcuatus, laterales sinuati sunt, medio angustatâ, marginem posticum epigastrii non attingenti; fovea septo repletur latissimo, antice cum margine toto antico foveae confuso, posteriora versus primo angustato, deinde lateribus parallelis; apex septi margine postico foveae occultus, pars eius, quae latera parallela habet, paullo latior quam longa.

Cephalothorax fusco-flavus, utrimque ornatus fascia fusca, a margine partis thoracicae laterali et a postico limbo pallido disiuncta, latera partis cephalicae tota occupanti, maculis pallidioribus interrupta praesertim inferius et in parte cephalica; clypei latera fusca, pars media trapezoidea supra angustior fusco-flava. Dorsi pars pallida ubique aeque fere lata atque oculorum area, albido-flava, maculam cuneatam includit, postice (in parte dorsi declivi) fuscam, anterius fusco-flavam et ornatam lineis fuscis quatuor, quarum interiores tenues inter se proximae ab oculis posticis usque ad medium fere cephalothoracem ductae, exteriores multo latiores et breviores in ipso margine maculae cuneatae sitae. Oculi cingulis nigris circumdati. Mandibulae fuscae, apicem versus paullo pallidiores. Maxillae fusco-flavae, apice intus albidae, labium fusco-flavum, basi obscurius, sternum fusco-flavum, linea media parum pallidiore anterius ornatum. Palpi et pedes fusco-flavi, pars tarsalis palporum infuscata, pedes supra ornati lineis fuscis binis tenuibus, saltem in femoribus omnibus et in patellis et tibiis anterioribus distinctis. Abdomen rubicundo-cinereum, dorsum ornatum antice macula nigerrima lanceolata, paullo ultra medium dorsum producta, in lateribus punctis nigerrimis, qui saltem in dorsi parte posteriore in maculas obliquas 4 aut 5 paullo in latera abdominis descendentes coniunguntur. Venter cum mamillis et vulvae lamina parum pallidior quam dorsum, scuta pulmonalia parum quam venter pallidiora.

Corpus totum squamis tectum angustis confertis, suberectis in mandibulis et in cephalothoracis parte inferiore, adpressis in eius parte superiore, in pedibus, in abdomine, albidis flavidis rubicundis, in maculis nigris abdominis nigris. Clypeus, mandibulae, sterni latera et pars posterior, pedes, abdomen nigro pilosa.

Cephalothorax 3·6 mm. longus, 3·5 latus, abdomen 5·5 long. Pedum longitudo: femur I 3·3, II 3·6, III 3·1, IV 3·5, patellae: 1·5, 1·7, 1·5, 1·5, tibiae 2·4, 2·8, 2·4, 2·7, metatarsi 2·0, 2·3, 2·0, 2·3, tarsi 1·7, 1·8, 1·6, 1·4.

Mas ignotus.

Species simillima *Thanato formicino* (CLERCK), a quo differt dorso abdominis in lateribus nigro maculato et vulvae forma paullo alia; septum vulvae in *Th. formicino* angustius est, pars eius posterior, quae latera parallela habet, longior quam lata, latera foveae fortius sinuata.

Tibellus Sim.

Tibellus oblongus (WALCK.) i T. parallelus (C. L. KOCH?) L. KOCH.

Kamczackie okazy gatunku *Tibellus parallelus* zgadzają się w zupełności z okazami ze Sarepty, które otrzymałem od hr. E. KEYSERLINGA pod nazwą *T. propinquus* SIM. Gatunkowi temu dałem nazwę *T. parallelus*, gdyż zdaje mi się niewątpliwą rzeczą, że to jest ten sam gatunek, o którym jako o *T. (Thanatus) parallelus* mówi Dr. L. KOCH w *Verzeichniss d. in Tirol bis jetzt beobacht. Arachniden.*

C. L. KOCHA *Thanatus parallelus* bywał uważany za odmianę gatunku *T. oblongus*, mianowicie przez Prof. THORELLA w *Remarks on Synonyms* 1872 i przez Prof. PAVESEGO w *Nuovi risultati aracnologici delle crociere del Violante* 1878, przeciwko czemu oświadczył się E. SIMON w *Les Arachnides de France*, t. II, 1875 uznając go za gatunek odmienny od wszystkich gatunków tego rodzaju żyjących we Francyi, między którémi znajdują się *T. oblongus* i *T. propinquus*. W r. 1876 podał Dr. L. KOCH (l. c.) cechy, któremi różnić się mają *T. oblongus* i *parallelus*; podług tego autora trudno znaleźć inne różnice jak w narzędziach rozrodczych. Przypuścić trzeba, że Dr. L. KOCH posiadał oryginalne okazy C. L. KOCHA z Grecyi i na nich oparł swoje wywody; podług rysunku C. L. KOCHA bowiem *T. parallelus* różnićby się musiał także barwą od *T. oblongus*.

Pomiędzy miejscowościami, w których żyje *T. parallelus*, przytacza Dr. L. KOCH Sareptę, a że moje okazy *T. propinquus* pochodzą również ze Sarepty, dało mi to powód do bliższego zajęcia się témi dwoma gatunkami i im podobnémi; przytém okazało się, że galicyjski „*Thanatus oblongus*" jest = *Tibellus propinquus* SIM. *Tibellus propinquus* SIM. jest widocznie = *T. parallelus* (L. KOCH), MENGEGO *Thanatus maritimus* = *T. oblongus*, a *Th. oblongus* = *T. propinquus*. Jeżeli te przypuszczenia, do których sprawdzenia potrzebne byłoby porównanie okazów, są słuszne, to należałyby do gatunku:

Tibellus oblongus (Walck.).

synonimy:

1875. *Tibellus oblongus*. Simon, Arachn. de France II, p. 311.
— *Thanatus maritimus*. Menge, Preussische Spinnen, p. 396, tab. 225.
1876. „ *oblongus*. L. Koch, Verzeichn. d. in Tirol bis jetzt beobacht. Arachniden p. 286.

a do gatunku:

Tibellus parallelus (C. L. Koch?, L. Koch).

? 1838. *Thanatus parallelus*. C. L. Koch, Die Arachniden, IV, p. 87, f. 307.
1875. *Tibellus propinquus*. Simon, l. c., p. 309.
— *Thanatus oblongus*. Menge, l. c., p. 396, tab. 224.
1876. „ *parallelus*. L. Koch, l. c., p. 286.
— „ *oblongus*. Kulczyński, Dodatek do fauny pajęczaków Galicyi, p.
59 (19).
? 1880. *Tibellus oblongus*. Bertkau, Verzeichn. d. bisher bei Bonn beob. Spinnen, p. 251.
1881—2. „ „ Kulcz., Wykaz pająków z Tatr. p. 300 (53) i Spinnen
aus d. Tatra, p. 28.

Samce tych dwóch gatunków wyraźnie różnią się głaszczkami. Trudniéj o wybitne różnice pomiędzy samicami; drobne różnice w postaci narzędzi rozrodczych podane przez Dra L. Kocha i Simona zdają mi się niepewne, gdyż prawdopodobnie zmieniają się te części z wiekiem. Różnic, których dopatrzeć się można w opisach Mengego, z których jednak przy jego zamazanych rysunkach trudno zdać sobie sprawę, nie łatwo sprawdzić nie zrobiwszy preparatów mikroskopowych. Z tych powodów podaję parę rysunków (Tab. XI, fig. 27 i 28) częścią z okazów kamczackich, częścią z galicyjskich. Kamczacka samica *T. oblongus* wprawdzie nie zgadza się należycie z opisem żadnego z wymienionych autorów, różnice są może jednak tylko indywidualne, nie gatunkowe.

Lycosa (Latr.), Thor.

Lycosa latisepta n. sp. cephalothoracis paullo brevioris quam tibia cum patella IV, rufofusci, vitta media fulva lata inaequali, vittis lateralibus parum distinctis, pedibus fulvis fusco maculatis, tibiis I subter aculeis 2.2.2 armatis, vulvae fovea latiore quam longa, marginibus anterius tantum distinctis, repleta septo aeque lato ac longo, posteriora versus paullo angustato, et postice utrimque tuberculo oblongo obliquo; ♀ ad. cephal. 3·3 mm. longo.

Femina. *Cephalothoracis* dorsum a declivitate postica usque ad oculos posticos sublibratum, paullulum tantum adscendens, fere rectum, inter oculos posticos et intermedios convexum et descendens; impressiones cephalicae parum definitae, radiantes in parte thoracica utrimque binae parum distinctae. *Oculorum* series antica leviter procurva, oculi medii lateralibus parum maiores; laterales tuberculorum, quibus innati sunt, partem inferiorem occupant, medii inter se spatio diametro subaequali, a lateralibus spatiis saltem duplo minoribus distant; clypeus sub oculis mediis altitudine c:a 1¼, eorum diametrum aequat; oculi medii antici ab intermediis spatio diametrum suam fere aequanti remoti. Intervallum oculorum intermediorum diametro parum minus, spatium oculo intermedio et postico interiectum diametri intermedii paullo maius; intervallum oculorum posticorum parum minus quam seriei anticae latitudo. *Mandibulae* paullo breviores quam tarsus I, ornatae ad sulcum unguicularem postice in margine mandibulae apicali dentibus 3 parum inaequalibus, antice in angulo mandibulae apicali interiore dente 1, supra eum dente 1 parvo; unguiculus aequaliter angustatus. *Palporum* pars tibialis evidenter longior quam patellaris supra, tarsalis tibiali angustior, longitudine saltem tibialem cum ¹/₂ patellari aequans. *Pedum* I et II patellae inermes, III et IV in utroque latere aculeo 1, tibiae I subter aculeis 2.2.2 (in apice), in latere postico et in antico pone medium 1, tibia II subtus 2.2.2, antice 1.1, postice 1.1 ornata; metatarsus I et II in utroque latere aculeo 1 pone medium, subtus 2.2.2 armatus; tibiae posteriores in omnibus partibus, metatarsi subter et in utroque latere aculeata. *Abdominis* forma vulgaris. *Vulvae* (Tab. XI, fig. 30) fovea latior quam longa, repleta ex parte lamina aeque circiter longa ac lata, posteriora versus paullo angustata, apice obtuso, plicatula, flavo-rufa, marginibus lateralibus sat latis paullulum elevatis, fuscis; margines foveae anterius tantum distincti, in eius parte media antica inflexi et cum lamina media coniuncti; partes foveae posteriores laterales utrimque tuberculo repletae flavo-rufo oblongo obliquo, margini laminae mediae subparallelo.

Cephalothorax rufo-fuscus vitta media pallide fusco-rufa ornatus, postice aeque lata atque pedum tibiae, ad sulcum ordinarium dilatata, ante eum fortiter coarctata, pone oculos posticos, quos non attingit, latiore et obscuriore quam ad sulcum ordinarium et ornata punctis fuscis duobus; supra marginem lateralem postice tantum invenitur vitta colore pallidiore picta angusta parum distincta; partis cephalicae latera, clypei pars inferior, mandibulae fusco-rufa; sternum fuscum coxis multo obscurius, labium fuscum, maxillae coxae palpi pedes rufo-flavida colore fusco suffusa, palpi et pedes fusco maculati; palporum partes femoralis patellaris tibialis in lateribus distinctius quam subter maculatae, femoralis praeterea linea in dorso ornata; pedum femora supra nigro lineata, 6 anteriora distinctius quam postica, et maculis fuscis in annulos plures interruptos confluentibus ornata; patellae lateribus et parte inferiore infuscatis, posteriores fortius quam anteriores, posticae supra fusco lineatae; tibiae annulis binis, metatarsi ternis ornati, annuli tibiarum plus minusve interrupti, subtus indistincti; tarsi apicem versus paullo infuscati. Abdomen supra rufo-fuscum, subter cum mamillis pallidius, pictura distincta carens; vulva flavo-rufa, V nigro ornata.

Cephalothorax fusco, in lateribus etiam rufo pubescens, vittâ media postice pube alba, caeterum pube pallide ochracea tectâ, marginibus albido et flavido pubescentibus, supra eos praesertim posterius maculis nonnullis parvis albidis ornatus. Pars cephalica supra et in clypeo pilis nigris longis non densis ornata. Mandibulae pallido pilosae, cephalothorax et pedes, qui longe pilosi sunt, subter pube tecti albida. Abdomen supra pube flavida paullo nitenti et pube fusca immixta tectum, posterius punctis albis parum distinctis utrimque ornatum; laterum pubes fusca, pube flavida immixta, venter albido pubescens, posterius paullo infuscatus.

Cephalothorax 3·3 mm. longus, 2·6 latus, abdomen 3·5 longum. Pedum longitudo: 10, 9·7, 9·5, 13 mm.; femur I 2·6, II 2·5, III 2·5, IV 3·2, patellae 1·1, 1·1, 1·1, 1·2, tibiae 2·0, 1·9, 1·8, 2·5, metatarsi 1·9, 1·9, 2·3, 3·6, tarsi 1·5, 1·4, 1·3, 1·8.

Mas ignotus.

Lycosa camtschadalica n. sp. cephalothorace insigniter breviore quam tibia cum patella IV, latitudine tibiam IV non aequanti, nigro-fusco, ornato fascia media rufo-fusca angusta paullo inaequali, oculos non attingenti, et fasciis lateralibus pallide flavis angustis continuis aut lineolis utrimque binis interruptis, pedibus maculatis, tibiis anticis subter aculeis 2.2.2 armatis, vulvae fovea magna subhexagona latere antico et postico caeteris brevioribus, posterioribus convexis, septo ornata anterius angusto, posterius in angulum acutum utrimque dilatato, bulbo genitali maris basi convexo ornato processu brevi subsemicirculari exteriora versus directo bulbi laminam non attingenti et prope eum in parte exteriore dente minuto anteriora versus et deorsum directo; ♂ et ♀ cephal. 3·6—3·7 mm. longo.

Femina. *Cephalothorax* lateribus partis thoracicae sat fortiter rotundatis, partis cephalicae a palporum insertione subparallelis, dorso a declivitate postica usque ad oculos posticos paullo adscendenti, fere recto, perparum excavato, inter oculos posticos et intermedios sat fortiter arcuato et descendenti. Impressiones cephalicae parum profundae, radiantes in parte thoracica utrimque binae magis distinctae. *Oculorum* series antica leviter procurva, quam series 2-da utrimque fere dimidia diametro oculi eius seriei brevior, oculi medii paullo maiores quam laterales, qui tamen una cum tuberculis, quorum parti inferiori exteriori innati sunt, mediis subaequales videntur; oculi medii inter se spatio saltem diametrum aequant, a lateralibus spatio radio subaequali, a clypei margine et ab oculis intermediis spatiis subaequalibus, duplam fere diametrum aequantibus remoti. Oculorum intermediorum intervallum diametro paullo maius, spatium, quo ab oculis posticis distant, eo paullo maius, intervallum oculorum posticorum parum aut non latius quam series oculorum intermedia. *Mandibulae* multo longiores quam facies alta, longitudine tarsos I aequant, ad sulcum unguicularem antice ornantur in angulo mandibulae apicali interiore dentibus 2 aut 3, quorum medius reliquis multo maior, postice dentibus 3, primo quam reliqui duplo minore; unguiculus aequaliter angustatus. *Palporum* pars tibialis paullo longior quam patellaris supra, insigniter crassior quam pars tarsalis; haec longitudine partem tibialem cum ¹/₂ patellari aequat, subcylindrata, paullulum deorsum curvata est. *Pedum* I patellae inermes, tibiae subter aculeis 2.2 longis et 2 in apice, in latere antico 1.1 parvis, in postico pone medium 1 ornatae, metatarsi subter ut tibiae aculeati, caeterum in latere antico aculeum 1 habent; patellae II in latere antico aculeo 1, tibiae subter 1 (posterius) 2.2 (in apice), antice (1).1, postice (1), metatarsus subter 2.2.2, antice 1, postice 1 armatus; patellae posteriores in utroque latere aculeo 1 ornatae, tibiae im omnibus partibus, metatarsi in utroque latere et subtus aculeati. *Vulvae* (Tab. XI, fig. 31 a) fovea magna, aeque fere lata ac longa, subhexagona, marginibus antico et postico caeteris brevioribus, lateralibus anterioribus caeteris longioribus, posterioribus fortiter arcuatis tubercula obliqua nigro-fusca nitida formantibus; septum rufo-fuscum nitens laeve, pars eius anterior angusta paullo inaequalis, posterior in laminam quadrangulam dilatata foveae margines attingens.

Cephalothorax nigro-fuscus colore rufo suffusus, ornatus posterius fascia media rufo-fusca angusta, ad sulcum ordinarium paullo dilatata et non latiore quam pedum tibiae, ante sulcum ordinarium evanescenti, ad margines autem fascia pallide flava, angusta, metatarsos latitudine plus minusve aequanti, a marginibus limbo nigro eiusdem latitudinis disiuncta, plus minusve inaequali et dentata, continua aut lineolis fuscis transversis utrimque binis interrupta, in parte cephalica, quae sub oculis, excepto clypeo medio, fusco-rufa est, evanescenti. Mandibulae, maxillae, labii margo apicalis, pedum coxae subtus rufo-fusca, coxae praesertim posteriores basi pallidius maculatae, sternum et labium nigro-fusca; palpi rufo-fusci apicem versus paullo pallidiores, parte femorali supra linea obscuriore ornata, in lateribus ut pars patellaris nigro maculata. Pedum femora supra rufo-fusca linea media nigra ornata, subter et in lateribus pallidiora, maiore ex parte maculis tecta nigricantibus plus minusve inter se confusis; patellae colore fusco-rufo et fusco pictae, tibiae fuscae, pallidius in longitudinem lineatae, metatarsi tarsi colore tibiarum aut paullo pallidiores. Abdomen supra nigro-fuscum ornatum antice linea media pallidiore parum distincta, subter et in lateribus pallidius.

Cephalothoracis dorsum praesertim anterius, facies, mandibulae, pedes pro parte, praesertim in femoribus subtus, abdomen supra et in lateribus pilis plus minusve longis tecta. Partes inferiores corporis cinereo pubescentes; cephalothoracis et pedum partes superiores pube fusca, cephalothoracis vittae laterales pube flavida tectae; in abdominis dorso et lateribus pubi fuscae flavida et rufa immixta, flavida praesertim in linea media antica; quae pubes pallidior nullam tamen picturam distinctam formare videtur.

Cephalothorax 3·6 mm. longus, 2·6 latus. Pedum longitudo: femur I 2·8, II 2·7, III 2·6, IV 3·5, patellae 1·3, 1·2, 1·2, 1·4, tibiae 2·1, 1·9, 1·9, 3·0, metatarsi 2·0, 1·9, 2·3, 4·1, tarsi 1·4, 1·4, 1·9, 1·9.

Mas. *Cephalothoracis* forma similis atque in femina; oculorum mediorum anticorum et oculorum intermediorum intervalla diametris non evidenter maiora, imo eis saepius paullo minora, partis cephalicae latera a palporum insertione anteriora versus paullo inter se appropinquantia, *mandibulae* tenuiores, aeque longae atque tarsi I, ut in ♀ dentatae. *Palporum* (fig. 31 b, c) pars tibialis paullo brevior quam patellaris supra, câ parum latior, lateribus subparallelis, aeque circiter longa ac lata; lamina partis tarsalis paullo longior quam pars patellaris cum tibiali, quam haec circiter ¹/₂ latior, nitida, pars eius apicalis bulbo non tecta c:a ¹/₅ totius longitudinis occupans. Bulbi pars basalis prominens, margine medio profunde in semicirculum exciso, sinu hoc ex parte repleto processu corneo lato brevi fortiter foras curvato, apice obtuso, bulbi marginem non attingenti, ad basim ornato dente parvo acuto deorsum directo, in bulbo a latere adspecto non prominenti; processus a parte interiore adspectus sursum curvatus, apice obtuso videtur; prope eius apicem bulbus ad latus exterius ornatur dente nigricanti recto acuto anteriora versus et deorsum directo. *Pedes* ut in femina aculeati, tibiae II tamen aculeum etiam subter ad basim antice parvum habent, metatarsi II antice aculeos 1.1.

Color similis atque in femina, fasciae laterales cephalothoracis saepe obscuriores minus quam in ea distinctae, clypeus etiam sub oculis nonnunquam fusco-rufus; palpi fusco-rufi, partes femoralis et patellaris supra nigro lineatae, in lateribus ut pars tibialis nigro maculatae, lamina tarsalis rufo-fusca aut nigro-fusca apicem versus pallidior; nonnunquam palpi excepta parte tarsali subunicolores fusco-rufi. Pedes pallidiores, fusco - rufi, femoribus plus minusve maculatis supra colore fusco, subter et in lateribus colore rufo - flavo; caeterae pedum partes maculis distinctis carent. Abdominis dorsum ornatum posterius utrimque serie macularum nigricantium parum distinctarum.

Corpus similiter atque in femina pubescens et pilosum; cephalothorax tamen pubem pallidam in fasciae dorsualis parte posteriore tantum habere videtur, caeterum obscuram; pedum pubes pallidior, supra plus minusve nitens; abdominis dorsum obscure flavidum aut cinereum, antice linea lanceolata albida, nigro cincta, postice in lateribus lineis nigricantibus, posteriora versus inter se appropinquantibus, punctis albidis plus minusve interruptis, ornatum; tota haec pictura parum distincta.

Cephalothorax 3·7 mm. longus, 2·8 latus. Pedum longitudo: femur I 2·8, II 2·8, III 2·8, IV 3·5, patellae 1·3, 1·3, 1·3, 1·4, tibiae 2·2, 2·1, 2·0, 2·9, metatarsi 2·4, 2·3, 2·6, 4·0, tarsi 1·6, 1·6, 1·6, 2·2.

Lycosa camtschadalica simillima videtur *Lycosae atratae* Thor. [1]), ab ea fortasse vitta cephalothoracis dorsuali obscuriore et partium genitalium saltem maris forma paullo alia distincta.

Trochosa (C. L. Koch).

Trochosa Dybowskii n. sp. oculorum serie antica aeque lata atque series 2-da, oculis mediis quam laterales maioribus, cephalothoracis vitta media pallida lineis fuscis duabus parallelis ornata, maris unguiculo mandibulari laevi, pedum anticorum nulla parte incrassata, tibiis metatarsis tarsis gradatim tenuioribus, tibia cum patella cephalothoracem longitudine aequanti, tarso metatarso insigniter breviore, metatarso IV breviore quam tibia cum patella, abdomine fuscorufo, antice linea alba media notato, subtus pallidiore; ♂ ad. cephal. 4 mm. longo.

Mas. *Cephalothoracis* dorsum supra posterius levissime excavatum, anterius levissime arcuatum et paullulum descendens. *Oculorum* series antica (ut in *Tr. ruricola* De Geer) aeque longa atque 2-da, paullo procurva, marginibus oculorum inferioribus lineam paullulum procurvam designantibus, oculi medii lateralibus multo maiores, inter se spatio radium saltem aequanti, a lateralibus spatiis duplo minoribus remoti; oculorum posticorum intervallum paullo brevius quam oculorum series media, spatium oculo postico et medio interiectum paullo maius quam intervallum oculorum mediorum. *Mandibulae* tarsos anticos longitudine aequant, ad sulcum unguicularem postice dentibus 2 subaequalibus ornantur, antice dentibus 3 in angulo mandibulae apicali interiore sitis, medio lateralibus multo maiore; unguiculus apicem versus aequaliter angustatus, tuberculis carens. *Palporum* (Tab. XI, fig. 32 a, b) pars patellaris supra paullo longior quam tibialis, haec prope 1¼ longior quam lata, tarsalis aeque fere longa atque tibialis cum patellari; bulbus in latere exteriore paullo ante medium processu ornatus, qui in palpo a parte exteriore et paullo desuper adspecto dentem format parvum acutum, ad perpendiculum directum, paullulum procurvum. *Pedum* I et II patellae inermes, III et IV in utroque latere aculeo 1 armatae, tibiae I antice 1, subtus aculeis 2.2.2, II antice 1.1, subter 2.2.2, basali et medio anterioribus paullo minoribus quam posteriores, tibiae III supra 1.1, antice 1.1, subtus 2.2.2, postice 1.1, tibiae IV ut III aculeatae; metatarsi I et II aculeos habent 2.2.2 subter, 1 antice, II praeterea 1 in latere postico parvum, metatarsi III et IV in utroque latere et subter aculeati. Pedes antici non incrassati, tibia parum tenuior quam patella, subcylindrata, a basi apicem versus paullulum angustata, metatarsus ea tenuior, forma eadem, tarso crassior, tarsus paullulum deorsum curvatus, subcylindratus.

Cephalothorax luteo - fuscus, colore rufo suffusus, margine nigricanti, vitta laterali pallidiore carens, in lateribus utrimque lineis radiantibus 3 parum distinctis, supra fascia pallida ornatus, colore rufo paullo suffusa, in parte thoracica anteriora versus sensim paullo dilatata, in parte cephalica areâ oculorum parum angustiore, lineis fuscis duabus parallelis inter se non coniunctis in partes tres divisa, quarum media lateralibus paullo latior; paullo pone has lineas vitta utrimque in sinum parvum excisa. Mandibulae cephalothorace paullo obscuriores, sternum eo paullo pallidius, obscurius quam coxae pedum et maxillae et apex labii, quod caeterum

---

[1]) Thorell. *Remarks on Synonyms*, p. 576.

nigrum est. Palpi pallide fusco-flavidi, parte tarsali infuscata; pedes fusco-flavidi, colore rufo plus minusve suffusi, annulis valde indistinctis ornati, apicem versus paullo obscuriores; pedum anticorum tibiae metatarsi tarsi pallide rufo-fusca, non multo obscuriora quam eaedem partes pedum posteriorum, tarsi metatarsis parum aut non pallidiores. Abdomen rufescenti-fuscum, dorsum ornatum antice linea lata albida parum definita, et in utroque latere serie macularum obscurarum parum distinctarum; latera et venter dorso pallidiora, mamillae pallide flavo-fuscae.

Cephalothorax cum pedibus pube tectus pallide flavido-fusca, non densa, supra paullo pallidiore quam in lateribus; dorsum abdominis fusco pubescens pube pallide fusco-rufa immixta, linea media antica pube alba tecta, praeterea dorsum utrimque punctis 5 aut 6 e pube cinereo-albida efformatis, parum distinctis ornatum laterum pubes pallidior quam dorsi, venter flavido-cinereo pubescens.

Cephalothorax 4 mm. longus, 3 latus; femur I 2·7 longum, II 2·5, III 2·4, IV 3·2, patellae 1·6, 1·5, 1·4, 1·5, tibiae 2·5, 1·9, 1·6, 2·3 (tibiae cum patellis 4·0, 3·3, 2·9, 3·7), metatarsi 2·5, 2·0, 2·4, 3·3, tarsi 1·5, 1·2, 1·1, 1·5.

Femina ignota.

Species simillima *Trochosae ruricolae* (DE GEER), *terricolae* THOR., *robustae* (SIM.); differt a *Tr. terricola* et a *robusta* pedum anticorum non incrassatorum forma, a *Tr. ruricola* unguiculo mandibulari tuberculo carenti et tibiis anticis longioribus, ita ut cum patellis simul sumptae longitudine cephalothoracem totum aequent, in *Tr. ruricola* tibia cum patella I aeque longa est atque spatium, quo oculi postici a margine postico cephalothoracis distant.

Pirata SUND.

Pirata raptor n. sp. cephalothorace aeque circiter longo atque tibia cum patella IV, marginibus pube cinereo-albida (in vivis nivea?) tectis, oculorum serie antica serie secunda latiore, oculis mediis lateralibus minoribus, sterno rufo-fusco, abdominis lateribus saltem anterius albido pubescentibus, vulva foveolis duabus nitidis ornata, spatio eis et margini postico interiecto ⎣-formi plano; ♀ ad. cephal. 6 mm. longo.

Femina. *Cephalothoracis* dorsum fere libratum et fere rectum, perparum convexum, antice proclive; clypeus a latere adspectus ad perpendiculum directus videtur (re vera sub oculis paullulum reclinatus est), spatium oculis anticis et intermediis interiectum valde praeruptum. Facies infra multo latior quam supra, genis declivibus, inferius convexis. Sulcus ordinarius profundus, in angulo e parte dorsi librata et e postica declivi efformato situs; ante eum dorsum lineis duabus brevibus obliquis profunde impressis ornatur, anteriora versus divaricantibus. Impressiones cephalicae latae, parum profundae, pars thoracica utrimque lineis impressis radiantibus binis ornata. *Oculorum* series antica paullo latior quam secunda, procurva, oculi medii a clypei margine spatiis parum maioribus, oculi laterales spatiis minoribus quam ab oculis seriei secundae remoti, medii lateralibus minores, inter se et ab his spatiis subaequalibus, diametro circiter aequalibus remoti, tubercula, quorum parti exteriori et inferiori oculi laterales innati sunt, ab oculis mediis spatiis angustis tantum remota. Oculorum seriei 2-ae intervallum diametro subaequale, paullo maius quam spatium, quo oculi hi ab oculis lateralibus anticis distant; oculi postici intermediis non multo minores, ab eis spatio paullo maiore quam hi inter se remoti, eorum intervallum aeque latum atque series oculorum antica. *Mandibulae* multo longiores quam facies alta, metatarsos anticos longitudine fere aequant, latus exterius parum, dorsum in ³/₅ superioribus modice convexum habent, apicem oblique truncatum, ornatum in sulci unguicularis parte postica dentibus 3, in antico 1 maiore et supra eum 1 minuto (in angulo mandibulae apicali interiore sitis). *Palporum* pars tibialis patellari paullo longior, ambae simul sumptae fere 1¹/₂ longiores quam pars tarsalis. *Pedum* anticorum patellae inermes, II aculeum 1 in latere antico habere videntur; tibiae I in latere antico aculeis 1.1 ornatae, subter in apice 2, 2 in medio, ad basim ipsam anterius 1 parvo, metatarsi aculeis 2.2.2 armati, ut tarsi dense scopulati; tibiae et metatarsi II ut I aculeata, praeterea tibiae aculeum 1 parvum prope apicem in latere postico, metatarsi 1 prope medium in latere antico habent, scopula in basi metatarsorum minus densa; patellae III et IV in utroque latere aculeatae, tibiae III supra aculeo 1, antice 1.1, postice 1, subter (praeter aculeos apicales) anterius 1.1, posterius 1 circa medium ornatae, tibiae IV in latere postico aculeum 1 (prope medium) habent, caeterum ut III aculeatae; pedum III et et IV tarsi soli scopulati. *Vulvae* (Tab. XI, fig. 33) lamina rugosa, subplana, foveolis. ornata duabus rotundatis, inter se et a margine postico aequaliter distantibus, tuberculis laevibus nitentibus repletis; lamina in foveolarum parte exteriore infuscata, caeterum fusco-rufa, foveolae pallidiores. *Mamillae* superiores distincte 2-articulatae, articulo apicali brevi.

Cephalothorax cum palpis et pedibus rufescenti-fuscus, marginibus nigricantibus, parte cephalica antice fortius infuscata, mandibulae nigricantes, labium maxillae basi obscuriora quam apice, sternum coxis parum obscurius; abdomen supra fuscum, subter et in lateribus pallidius, venter medio pallidior quam in lateribus; dorsum antice fascia pallida lanceolata ornatum, medium abdomen fere attingenti, posteriora versus angustata.

Cephalothorax pube tectus in laterum parte superiore fusca, ad margines pube cinereo-albida, limbum sat latum, parum distinctum formanti, supra quem maculae coloris eiusdem inveniuntur; partis cephalicae latera cinereo-albido pubescentia (dorsum detritum). Mandibulae pilis sparsis fulvis et longioribus nigricantibus tectae. Sternum fusco-cinereo pubescens. Pedes pubescentes et pilis erectis, sat densis, tibiarum diametro non multo brevioribus tecti praesertim in femorum tibiarumque omnium parte inferiore et in metatarsis posterioribus subtus. Abdomen supra pube densa tectum fusca, in linea dorsuali albida, posterius in medio dorso pro parte fulva, quo colore picta pubes etiam in lateribus dorsi posterius invenitur; abdominis latera saltem anterius albida, ventris pubes albido-cinerea, in lateribus colore fulvo suffusa.

Cephalothorax 6 mm. longus, 4·3 latus, abdomen (ovis depositis, corrugatum) 5·5 long., 4 lat. Femur I 4 longum, II 3·9, III 3·8, IV 4·8, patellae: 2, 2, 2, 2·1, tibiae 3, 3, 2·6, 3·9, metatarsi 2·7, 2·7, 2·9, 5, tarsi 1·8, 1·8, 1·8, 2·3; tibia cum patella IV 5·9 mm. longa. (Pedes paullo contusi).

M a s ignotus.

Exemplum unum vidi abdomine ovis depositis corrugato, cephalothorace pro parte detrito, pedibus contusis, pubis colore ut videtur commutato. Exempla iuniora certo colorem pallidiorem habent, cephalothoracem fortasse limbo niveo cinctum.

Pirata praedo n. sp. oculorum serie antica aeque fere lata atque 2-da, oculis mediis lateralibus paullo maioribus, cephalothoracis fascia media pallida ornata antice lineolis fuscis duabus postice coniunctis, margine nigricanti pube nivea tecto duplo angustiore quam fascia lateralis pallida, sterno pallido immaculato, pedibus subunicoloribus, abdominis dorso linea nivea cincto, supra lineis niveis posteriora versus inter se appropinquantibus ornato; vulvae lamina postice paullo producta et utrimque tuberculo nitido ornata; palporum maris parte tibiali longiore quam pars patellaris, tarsali longiore et crassiore quam tibialis, bulbo leviter convexo; ♀ ad. cephal. 3·6 mm., ♂ ad. 2·8 longo.

F e m i n a. *Cephalothoracis* dorsum a declivitate postica usque ad oculos posticos fere rectum (posterius paullulum excavatum, anterius convexiusculum), sublibratum, area oculorum posteriorum modice proclivis, frons supra oculos medios anticos leviter impressa, clypeus medius paullo reclinatus. Impressiones cephalicae distinctae, modice profundae, pars thoracica utrimque impressionibus binis radiantibus ornata. Capitis latera sat praerupta. *Oculorum* series antica aeque fere longa atque 2-da, procurva, oculi medii lateralibus paullo maiores, inter se et a clypei margine spatiis quam diameter paullo minoribus, a tuberculis, quorum parti inferiori exteriori oculi laterales innati sunt, spatiis pluries minoribus remoti; ab oculis seriei secundae oculi laterales antici (non eorum tubercula) spatio remoti paullo maiore quam spatium oculo medio antico et oculo seriei 2·ae interiectum, clypei altitudinem sub oculis lateralibus anticis aequanti. Oculi seriei secundae inter se spatio diametro minore, ab oculis posticis spatiis eâ maiore remoti, oculorum posticorum intervallum latitudine totam seriem oculorum anticam aequans. *Mandibulae* multo longiores quam facies alta, aeque circiter longae atque tibiae II, dorso modice convexo, ad sulcum unguicularem ornatae postice in margine mandibulae apicali dentibus tribus subaequalibus, antice in angulo mandibulae apicali interiore dentibus 3, medio lateralibus, qui minimi sunt, multo maiore; sublaeves. *Palporum* pars tibialis ¹⁄₄ longior quam patellaris supra, tarsalis ¹⁄₈ longior quam pars tibialis. *Pedum* I patellae inermes, tibiae aculeis ornatae 2.2 tenuibus subter, nullo in apice, metatarsi subter 2.2.2 (in apice), pedum II patellae aculeo 1 in latere antico, tibiae subter posterius 1.1, anterius 1.1 (tenuibus) 1 in apice, in latere antico 1.1, metatarsi II ut I aculeati et aculeo 1 in latere antico ornati; patellae III et IV in utroque latere aculeatae, tibiae III et IV supra aculeis 1.1, in latere antico 1.1, in postico 1.1, subter 1.2.2 (in apice) armatae, metatarsi subter aculeis 2.2.2, praeterea in utroque latere aculeati. *Vulvae* (Tab. XI, fig. 34 a) lamina rugulosa opaca, pars eius postica rotundato-producta ad basim tuberculis duobus ornata nitentibus, convexis, fere semicircularibus, postice rotundatis, inter se spatio minore quam diameter remotis, et pone tuberculum utrumque carina margini tuberculi postico parallela, parva. *Mamillae* superiores articulo apicali modice prominenti.

Cephalothorax luteo-fuscus, margine partis thoracicae obscuriore, area oculorum saltem pro parte nigricans, pars thoracica supra marginem fasciâ pallidâ ornata c:a duplo latiore quam limbus nigro-fuscus, duplo angustiore quam laterum pars caetera fusca, supra sinuatâ; dorsum fascia pallida ornatum, cuius pars posterior, sulcum ordinarium nigro-fuscum includens, ubique aeque fere lata est atque fasciae pallidae laterales, pars anterior autem latior, aeque lata atque series oculorum postica, lineis fuscis duabus, postice cum sulco ordinario coniunctis in ramos tres divisa, quorum medius mediam aream oculorum posteriorum attingit, laterales ad oculos posticos inflexi et acuminati paullo breviores; in parte cephalica saepe linea pallida obliqua invenitur paullo ante impressionem cephalicam sita, postice nonnunquam cum fascia dorsuali coniuncta; area oculorum utrimque linea sat lata pallida, plus minusve distincta, cincta; clypei color varians. Mandibulae cephalothorace pallidiores, supra paullo infuscatae, labium infuscatum, apice pallido; maxillae pallide fusco-flavidae. Sternum ut coxae pallidum, fusco marginatum. Pedes et palpi colore fasciarum cephalothoracis aut parum obscuriores, subunicolores, apicem versus plus minusve infuscati. Abdomen supra rufo-fuscum, punctis minutis pallidioribus adspersum, ante linea pallida lanceolata, medium dorsum non attingenti, quam pedum tibiae non latiore ornatum; venter cum lateribus aut pallide rufo-fuscus, ab eis utrimque linea parum distincta pallida discretus, aut fusco flavidus colore rufo paullo suffusus, sterno parum obscurior, lineis fuscis duabus a scutis pulmonalibus mamillas versus ductis ornatus; mamillae fusco-flavidae.

Cephalothoracis dorsum pilis longis erectis obscuris non densis ornatum, area oculorum et clypeus densius pilosa, praeterea pili ad utrumque latus areae oculorum posteriorum sat multi in seriem inordinatam dispositi, ab area oculorum spatio glabro pallide colorato seiunctam; mandibulae sat longe et sat dense pilosae, pili in parte superiore erecti, in inferiore magis adpressi. Pedes pilis erectis praesertim in femorum parte inferiore, in patellis tibiis metatarsis ornati. Cephalothorax subtus cum coxis sat dense pilosus; in abdomine pili erecti praesertim in pariete antico inveniuntur. Praeterea corpus cum pedibus pube adpressa tectum, fusco-flavida in cephalothorace supra, niveo-alba in margine partis thoracicae, pallidiore in cephalothorace subtus quam supra, rufo-fulva in abdominis dorso et lateribus, in ventre simili atque in sterno, sed colore fulvo suffusa; in abdominis lateribus pubes niveo-alba lineam format angustam dorsum a lateribus separantem, dorsum lineae duae ornant antice latius inter se distantes et lineam anticam pallidam includentes, posteriora versus inter se appropinquantes et ut videtur magis mnusve interruptae, inter lineas has et lineas laterales dorsum posterius albo-punctatum videtur.

Cephalothorax 3·6 mm. longus, 2·6 latus, abdomen (ovis depositis) 4 long., 2·8 latum, pedum II femur 2·6 longum, patella 1·2, tibia 1·8, metatarsus 1·8, tarsus 1·0, pedum IV fem. 3·0, pat. 1·4, tib. 2·5, met. 3·4, tars. 1·3.

Feminae subadultae, cephalothorace 3·2 mm. longo, femur I 2·1 long., pat. 1·0, tib. 1·5, met. 1·6, tars. 0·9, pedum II partes: 1·9, 1·0, 1·3, 1·4, 0·9, III: 1·8, 0·9, 1·2, 1·5, 0·8, IV: 2·5, 1·1, 1·8, 2·3, 1·1.

Mas adultus feminae similis, spatium tantum oculis seriei 2-ae et seriei 3-ae interiectum diametro oculi intermedii non evidenter maius videtur, mandibularum dorsum superius paullo convexum, caeterum rectum, patellae I in utroque latere aculeatae, tibiae I et II subter aculeis 2.2.2, in latere antico 1.1, in postico 1.1 metatarsus I subter 2.2.2, in latere antico 1 aut 1.1, in postico 1, metatarsus II subter 2.2.2, antice 1.1.1' postice 1.1 armata, aculeus tibiae II in parte inferiore prope medium ad latus posterius situs caeteris maior, aculei, quibus tibia III subter ornatur, anteriores posterioribus maiores, tibia IV subter aculeis 2.2.2 armata. *Palpi* (Tab. XI, fig. 34 b) pallidi, parte tarsali infuscata, pars tibialis $^1/_4$ longior quam patellaris, tarsalis longitudine partem tibialem cum dimidia parte patellari aequans, partes tibialis et patellaris aequali fere latitudine, illa leviter exteriora versus arcuata, in latere interiore pilis longis erectis et aculeis duobus tenuibus ornata, supra in longitudinem levissime arcuata, apice fortius deflexo, pars tarsalis parte tibiali latior et crassior, lamina dupla sua latitudine non multo brevior, aequabiliter acuminata, subtus partem bulbi exteriorem sat magnam tegens, pars eius apicalis (rostrum) $^1/_4$ totius longitudinis occupans. Bulbus parum prominens, leviter convexus, in apice medio ornatus processu parvo, qui a parte inferiore adspectus triangularis videtur, lateribus subaequalibus, apice acuto, a parte exteriore visus (Tab. XI, fig. 34 c) sursum in angulum rectum fractus, apice truncato, angulo apicali superiore acuto, inferiore recto.

Cephalothorax 2·8 mm. longus, 2·0 latus, abdomen 3 longum, 1·6 latum; pedum longitudo: femur I 2·0, II 1·8, III 1·7, IV 2·4, patellae: 0·95, 0·91, 0·75, 0·88, tibiae 1·5, 1·2, 1·1, 1·8, metatarsi 1·8, 1·6, 1·6, 2·5, tarsi 0·95, 0·80, 0·70, 1·0.

Heliophanus C. L. Koch.

Heliophanus camtschadalicus n. sp. feminae cephalothorace nigro, impressionibus distinctioribus carenti, palpis pedibusque flavidis, femoribus posterioribus nigro-lineatis, vulvae fovea modice profunda rotundata, paullo latiore quam longa, marginibus circumdata anterius acutis, posterius obtusis, postice margine elevato carenti; cephal. 1·8 mm. longo.

Femina. *Cephalothorax* supra a declivitate postica usque ad oculos anticos sat fortiter, fere aequaliter arcuatus, ante declivitatem posticam ad sulcum ordinarium, brevem, parum distinctum, levissime solum deplanatus, parte cephalica a parte thoracica non discreta; pars dorsi postica declivis impressionibus carens, rugulosa; dorsum caeterum sparse punctatum, inter oculos etiam reticulatum, latera cephalothoracis postice rugulosa, antice subtiliter confertim punctata, prope a margine ornata linea elevata, postice subtilissima, antice distinctiore, in lineam abeunte, qua clypeus in partem superiorem valde angustam corneam pilosam et in inferiorem membranaceam nudam dividitur. *Oculorum* area postice paullulum latior quam antice, in cephalothorace directo desuper adspecto ¹⁄₄ latior quam longa, oculorum quadrangulus ¹⁄₃ latior quam longus. Oculi intermedii spatiis aequalibus a lateralibus anticis et a posticis distant, oculi antici medii inter se spatio valde angusto, a lateralibus spatiis paullo maioribus remoti, margines superiores oculorum anticorum lineam rectam designant. *Mandibulae* aeque longae atque facies (clypei parte membranacea inclusa) alta, saltem 1¹⁄₂ longiores quam crassae, apicem versus paullo angustatae, dorso parum distincte transverse plicato. *Sternum* laeve, parce pilosum. *Pedum* anteriorum tibiae subter ad latus posticum aculeis 1.1, in latere antico prope apicem aculeo 1, metatarsi anteriores subter aculeis 2.2 armati. *Vulva* (Tab. XI, fig. 35) fovea modice profunda ornata, paullo latiore quam longa, marginibus antico et laterali anteriore prominentibus acutis, posteriore magis obtuso; pars foveae media postica margine elevato caret.

Corpus nigrum, maxillae labium pallidius marginata, epigastrium circa foveam genitalem pallidum, foveae latera et pars posterior fusca, mamillae inferiores et puncta duo ante eas in ventre sita fusca, palpi et pedes pallidi, tibiis (saltem anterioribus) metatarsis tarsis paullo rubicundis, femoribus 4 posterioribus in latere antico linea nigricanti ornatis, angusta in femoribus III, lata in IV.

Squamulae albidae in margine antico abdominis arcum in latera productum formant, (caeterae partes exempli, quod vidi, detritae).

Cephalothorax 1·8 mm. longus, 1·1 latus, abdomen 2 long., 1·5 latum, pedum I femur 0·75 longum, patella 0·42, tibia 0·48, metatarsus 0·40, tarsus 0·27, femur II 0·73, pat. 0·43, tib. 0·40, met. 0·39, tars. 0·27, fem. III 0·81, pat. 0·40, tib. 0·44, met. 0·54, tars. 0·29, fem. IV 1·05, pat. 0·47, tib. 0·68, met. 0·81, tars. 0·36.

Mas ignotus.

Objaśnienie rysunków.

~~~

Tablica IX.

1. *Epeira proxima* n. sp., *a* głaszczek samca widziany z dołu, *b* z przodu.
2. *Epeira cucurbitina* (CLERCK), głaszczek samca.
3. *Epeira alpica* L. KOCH, głaszczek samca.
4. *Epeira vicaria* n. sp., *a* części rodne samicy przed zniesieniem jaj widziane trochę z boku, *b* widziane z dołu, *c* też same części po zniesieniu jaj.
5. *Epeira cornuta* (CLERCK), *a* części rodne samicy przed zniesieniem jaj, *b* po zniesieniu.
6. *Singa atra* n. sp., części rodne samicy.
7. *Zilla dispar* n. sp., *a* część stopowa głaszczka samca widziana z dołu, *b* z boku, *c* „paracymbium", *d* części rodne samicy.
8. *Zilla montana* C. L. KOCH, *a, b, c* jak wyżéj.
9. *Enoplognatha camtschadalica* n. sp., części rodne samicy.
10. *Lephthyphantes bipilis* n. sp., *a, b, c* głaszczek samca w trzech różnych położeniach, *d* „paracymbium".
11. *Bathyphantes maior* n. sp., *a, b, c, d* jak wyżéj.

Tablica X.

11. *Bathyphantes maior* n. sp., *e* i *f* części rodne samicy widziane z dołu i widziane od tyłu, *g* koniec wyrostka zwanego *clavus* widziany z boku.
12. *Bathyphantes pogonias* n. sp., *a* i *b* głaszczek samca, *c* jego „paracymbium", *d* przednia część tułogłowia samca widziana z boku, *e* części rodne samicy.
13. *Bathyphantes anceps* n. sp., *a, b, c* głaszczek samca w różnych położeniach, *d* paracymbium, *e* części rodne samicy.
14. *Bathyphantes* (?) *fucatus* n. sp., części rodne samicy.
15. *Gongylidium suppositum* n. sp., części rodne samicy *a* widziane w cieczy, *b* osuszone.
16. *Gongylidium vile* n. sp., jak wyżéj.
17. *Gonatium convexum* n. sp., jak wyżéj.
18. *Cornicularia lepida* n. sp., *a, b* przednia część tułogłowia samca widziana z przodu i widziana z boku, *c* głaszczek samca widziany od wewnątrz, *d* widziany od strony zewnętrznéj i nieco od tyłu.
19. *Erigone aliena* n. sp., *a, b, c* głaszczek samca w trzech różnych położeniach.

Tablica XI.

20. *Erigone camtschadalica* n. sp., części rodne samicy.
21. *Micaria centrocnemis* n. sp., jak wyżéj.
22. *Micaria humilis* n. sp., części rodne samicy, *a* widziane w cieczy, *b* osuszone.

23. *Clubiona picta* n. sp., części rodne samicy.
24. *Clubiona borealis* THOR.?, jak wyżéj.
25. *Chiracanthium orientale* n. sp., *a* i *b* głaszczek samca widziany z góry i widziany z boku, *c* koniec części piszczelowéj głaszczka widziany z dołu (T część piszczelówa, L *„lamina bulbi"* z ostrogą P, B *„bulbus"*); *d* części rodne samicy.
26. *Xysticus excellens* n. sp., *a* głaszczek samca widziany od zewnątrz, *b* od dołu, *c* części rodne samicy.
27. *Tibellus oblongus* (WALCK.), części rodne samicy.
28. *Tibellus parallelus* C. L. KOCH, *a, b, c* części rodne samic różnego wieku (?).
29. *Thanatus nigromaculatus* n. sp., części rodne samicy.
30. *Lycosa latisepta* n. sp., jak wyżéj.
31. *Lycosa camtschadalica* n. sp., *a* jak wyżéj, *b* i *c* głaszczek samca widziany z dołu i widziany z boku.
32. *Trochosa Dybowskii* n. sp., *a* głaszczek widziany z dołu, *b* od zewnątrz.
33. *Pirata raptor* n. sp., części rodne samicy.
34. *Pirata praedo* n. sp., *a* części rodne samicy, *b* głaszczek samca widziany z dołu, *c* tegoż część widziana z boku.
35. *Heliophanus camtschadalicus* n. sp., części rodne samicy.

Omyłka druku.

Wiersz ostatni na str. 8 opuścić należy.

Summary

Kulczyński's 1885 paper contains an annotated list of 64 species of spiders collected by B. Dybowski in Kamtchatka, mainly in Petropavlowsk and along the Kamtchatka River. The descriptions of the new species are in Latin. In the Polish introduction the author reflects on the zoogeographical aspects of this fauna and its possible relationships with that of Europe, and on the insufficient knowledge of the Siberian fauna. It also treats his methods of describing animals. The systematic part gives collecting localities for each species and critical remarks on their contributions, as well as comments on some of the taxonomic characters used.

J. Prószyński

9

POTWOREK OBOJNAKOWY PAJĄKA

Erigone fusca (Blackw.).

(Tablica IV).

PODAŁ

Wł. Kulczyński.

Opisany niżéj potworny okaz pająka *Erigone (Gongy-lidium) fusca* (BLACKW.) znaleziony został w Grudniu 1880 r. w Bieńkowicach, wsi leżącéj o 7 km. na południe od Wieliczki przez p. JANA CIEŚLIKA. Przechowany w spirytusie trochę zanadto rozwodnionym, przerzucany kilka razy przy sortowaniu zebranego razem z nim materyjału, doznał lekkich uszkodzeń, mianowicie utracił nieco włosów, a co gorsza, stał się nieprzydatnym do rozbioru anatomicznego, o czém się na okazach razem z nim zebranych i przechowanych przekonać można było. Z tego powodu, nie podzielając wcale zapatrywań tych, którzy wolą cieszyć się posiadaniem w zbiorze jakiéjś osobliwości, aniżeli zużyć ją z pewną korzyścią dla nauki, poprzestać przecież muszę na opisaniu powiérzchowném okazu.

Potworek ten jest w swoim rodzaju prawdopodobnie piérwszym, jaki dotychczas między pająkami został znale-

1

ziony. Przynajmniéj do r. 1866 podług Dr. A. GERSTÄCKERA [1]) na znaczną stosunkowo liczbę podobnych potworności u owadów nie było znanego ani jednego odpowiedniego przypadku dla pajęczaków, a jeden tylko dla skorupiaków. W późniejszych téż pismach nie zdarzyło mi się spotkać wzmianki o obojnakowym potworku pająka.

Po lewéj stronie okaz ma rozwinięte narzędzia płciowe samcze, po prawéj samicze, należy więc do obojnaków t. z. bocznych (*Hermaphroditae laterales*). Nieprawidłowe rozwinięcie jego okazuje się nie tylko w nierównéj wielkości obu połówek ciała, ale –– pominąwszy inne drobne niesymetryczności — przedewszystkiém w tém, że głaszczki różnią się pomiędzy sobą bardzo znacznie; lewy przekształcony jest jak zawsze u samców pająków w pomocnicze narzędzie rozrodcze, prawy, samiczy, żadnych śladów podobnego przystósowania nie okazuje i z budowy podobny jest do nóg, od których różni się przedewszystkiem liczbą członków mniejszą o jeden. Drugą w wysokim stopniu niesymetryczną częścią jest dolna strona nasady kałduna, zawierająca w prawéj połowie dodatkowe narzędzia rozrodcze samicze, w lewéj zaś odpowiadająca budową téj części ciała u samców.

* * *

Tułogłowie jest niesymetryczne, dłuższe i szérsze po stronie prawéj niż po lewéj. Licząc od kréski ciemnéj leżą-

---

[1]) *Die Klassen und Ordnungen des Thierreichs*, tomu V część 1a, str. 203.

céj w linii środkowéj tułogłowia, wynosi szérokość połowy lewéj 0·35 mm., prawéj 0·38; długość od przodu oka przedniego środkowego do najdaléj w tył wysuniętéj części tylnego brzegu tułogłowia po prawéj stronie = 0·97, po lewéj 0·91, przyczém różnica w długości głównie polega na nieforemności tylnego brzegu, który mniéj więcéj o 0·06 wystaje daléj po stronie prawéj niż po lewéj, podczas gdy oko przednie środkowe prawe bardzo mało tylko jest wysunięte po za lewe. Obwód tułogłowia widzianego z góry podobny jest po obydwóch stronach; boki części tułowiowéj zaokrąglone, przechodząc w boki węższéj części głowowéj, tworzą bardzo płytką zatokę, któréj położenie i kształt trudno dokładnie wyznaczyć; zdaje się, że najgłębsze miejsca zatoki prawéj i lewéj leżą na téj saméj linii poprzecznéj, a różnica polega tylko na tém, że zatoka lewa jest trochę płytsza od prawéj. Brózdy oddzielające głowę od tułowia są prawie jednakowe; grzbiet tułogłowia nie przedstawia zresztą innych zagłębień jak tylko słabe zaciśnięcie wzdłuż brzegów części tułowiowéj i dołek podłużny na tylnéj pochyłości; ani te zagłębienia ani téż spłaszczenia leżące na tylnéj części tułogłowia niedaleko linii środkowéj ciała nie okazują się niesymetrycznemi. (Kréska ciemna zaznaczona przed dołkiem w fig. 1 nie jest zagłębieniem, jakie się u wielu pająków w tém miejscu znajduje; odpowiada ona tylko zgrubieniu oskórka chitynowego zfałdowanego w tém miejscu w listewkę znajdującą się wewnątrz tułogłowia i służącą za miejsce uczepienia mięśni).

Nieforemność w ustawieniu oczu niebardzo jest widoczna; przy słabszém powiększeniu, pozwalającém widzieć całe naraz tułogłowie, niebardzo ona uderza, gdyż polega na małém przesunięciu prawych oczu ku przodowi; przy silniejszych powiększeniach, któreby to przesunięcie dostatecznie uwydatniły, nie widać całego tułogłowia, nie ma się przeto miary do jego ocenienia. Jeżeli jednak ustawi się

tułogłowie podług położenia ciemnéj linii środkowéj i stylika
łączącego tułogłowie z kałdunem tak, żeby oś jego leżała
w linii od patrzącego wprost ku przodowi skierowanéj, a następnie — utrzymując oś ową w położeniu równoległém —
przesunie się tułogłowie aż do pojawienia się oczu w środku
pola widzenia, wtedy poznaje się niesymetryję po tém, że
patrzącemu na ukośne nieco pole oczu wydaje się koniecznie,
jak gdyby przy przesunięciu tułogłowia kierunek jego zmie-
niono. Różnice w wielkości oczu, tudzież w odległościach
tychże od siebie nie są uderzające; może przez bardzo dokładne pomiary dałyby się wykazać, te jednak są wielce
utrudnione przez to, że wypukłość oczu jest nieznaczna i łączy się nieznacznie z płaskiém otoczeniem.

Twarz widziana prosto od przodu nie okazuje się znacznie niesymetryczną, tylko zdaje się, że się ją widzi trochę
z boku; oko przednie środkowe lewe leży bardzo mało co
wyżéj niż prawe, boczne przednie prawe wydaje się większe
od lewego, tworzy bowiem z osią podłużną ciała kąt nieco
większy niż ostatnie. Podoczna część twarzy (clypeus)
słabo zaklęsła, ile widzieć można jednako po obydwóch
stronach; boki głowy okazują się widziane z przodu po
stronie samczéj nieco bardziéj spadzistémi aniżeli po stronie
drugiéj.

Szczękoroża (szczęki górne) są prawie równodługie,
na 0·33, prawa zdaje się o bardzo mało dłuższa od lewéj,
ale za to jest od niéj wyraźnie grubsza; największa jéj
grubość wynosi 0·19, lewéj 0·17; kształt obydwóch prawie
jednakowy, brzeg zewnętrzny słabo wypukły w górze, wklę-
sły w dole, brzegi wewnętrzne od nasady prawie do ²/₃
mało zakrzywione i słabo rozbieżne, niżéj mocno zaokrąglone przechodzą bez wyraźnéj granicy w brzeg szczękoroża
końcowy. Zęby umieszczone koło końca szczękorożów na
przednim brzegu bróździy szponowéj różnią się liczbą i usta-
wieniem; na lewém szczękorożu jest ich pięć, 3 więk-

sze, 2, t. j. piérwszy i ostatni, małe, wszystkie blisko siebie ustawione; na prawém zaś są tylko 4, szérzéj rozsta-
wione, mianowicie najszérszy ustęp leży między 2 i 3.

Liczba ząbków zdobiących przedni brzeg brózdy
szponowéj prawego szczękoroża jest prawdopodobnie nie-
prawidłową, powinno bowiem być ich 5; byćby jednak
mogło, żem się tylko dopatrzeć nie mógł jednego z nich;
zęby te bowiem są małe, oglądać je trzeba pod mikroskopem w świetle padającém z góry, a przytém szczeciny po
nad niémi wyrastające niemałą są przeszkodą, a może
téż środkowy ząbek został przypadkiem jakimś wyłamany.
W każdym razie różnice pomiędzy szczękorożami nie są do
tego stopnia wydatne, żeby po nich samych poznać było
można, że prawe szczękoroże jest samicze, lewe samcze.

Spód tułogłowia mniéj niesymetrycznie się przedstawia
niż górna strona. Prawa połowa mostka jest o niewiele szérsza od lewéj i trochę od niéj dłuższa, tak że brzeg tylny
i przedni są nieco ukośne. Szczęki dolne nie różnią się widocznie kształtem ani wielkością, lewa jednakże widziana
prosto od dołu zdaje się być mniéj wyciągniętą u nasady
na bok, co prawdopodobnie pochodzi ztąd, że jest ona silniéj wygięta w kierunku poprzecznym aniżeli szczęka prawa.
Bardzo wyraźnie przedstawia się w tułogłowiu widzianém od
dołu nierówność szczękorożów, lewe z nich jest trochę mniejsze i trochę więcéj w tyle położone.

Głaszczek lewy odpowiada kształtem głaszczkom prawidłowych okazów samczych; odpowiednio przeznaczeniu
swojemu ma on dwa ostatnie członki znacznie przekształco-
ne: przedostatni (piszczelowy) rozszérzony jest ku końcowi
niezbyt mocno i prawie jednostajnie i opatrzony na końcu
po górnéj stronie dwoma wyrostkami, członek stopowy (ostatni)
przeznaczony do czasowego przechowania nasienia i przeniesienia go w narzędzia rozrodcze samicy, nie przedstawia
żadnych nieprawidłowości ani w samych częściach do tego

celu służących ani téż w łusce te części okrywającéj. Prawy głaszczek ma budowę prawidłowego głaszczka samiczego. Jego trzy ostatnie członki prawie równéj grubości, a coraz dłuższe, im bliżéj końca głaszczka, niczém osobliwém się nie odznaczają. Koniec członka ostatniego opatrzony tylko włosami, nie ma pazurka, znajdującego się u przeważnéj liczby pająków, ale nie w rodzaju *Erigone*.

Wymiary członków nóg są następujące:

1) nogi lewe.

1éj pary: udo 0·66, rzepka 0·26, piszczel 0·58, czł. piętowy 0·56, stopa 0·49.

2éj pary: udo 0·66, rzepka 0·26, piszczel 0·55, czł. piętowy 0·54, stopa 0·47.

3éj pary: udo 0·60, rzepka 0·24, piszczel 0·47, czł. piętowy 0·50, stopa 0·39.

4éj pary: udo 0·78, rzepka 0·25, piszczel 0·72, czł. piętowy 0·70, stopa 0·49.

2) nogi prawe:

1éj pary: udo 0·66, rzepka 0·26, piszczel 0·58, czł. piętowy 0·54, stopa 0·44.

2éj pary: udo 0·66, rzepka 0·26, piszczel 0·52, czł. piętowy 0·52, stopa 0·43.

3éj pary: udo 0·60, rzepka 0·24, piszczel 0·47, czł. piętowy 0·49, stopa 0·39.

4éj pary: udo 0·76, rzepka 0·26, piszczel 0·73, czł. piętowy 0·67, stopa 0·49.

Długość nóg po prawéj i po lewéj stronie jest więc prawie jednakowa; drobne różnice w znalezionych liczbach pochodzić mogą z niedokładności pomiaru, członki bowiem nóg po największéj części nie mają końców równo obciętych ale przeważnie ukośne. bądź na górnéj bądź na dolnéj stronie wydłużone, ztąd otrzymuje się różne wartości nawet dla tego samego członka mierząc go w różnych położeniach.

Najmniejszą wartość mają liczby podane dla rzepek, te są
bowiem mocno wypukłe na górnéj stronie, która téż jest
znacznie dłuższá od dolnéj. Osobliwą jest rzeczą ta równość
prawie wszystkich członków nóg samczych i samiczych wobec nierówności innych części ciała; trudno jednak odważyć
się na wysnuwanie z tégo jakichkolwiek daléj sięgających
wniosków.

Wyraźne i niedające się sprowadzić do błędów po-
miarowych różnice zachodzą w długości członków stopowych
dwóch piérwszych par nóg. Stopy samcze są dłuższe od samiczych, a nadto mają kształt odmienny, mianowicie są stopy samicze prawie równo grube od nasady blisko do końca,
ledwie że zwężone, włosy na nich rzadsze i dłuższe, piérwsza stopa samcza jest lekko zgrubiała od nasady ku końcowi, w końcu znowu zwężona, włosy na niéj gęstsze i krótsze. Podczas gdy stopa samcza w najgrubszém miejscu ma
w średnicy 0·07 mm., jest stopa samicza w miejscu odpowiedniém tylko na 0·055 gruba; u nasady są obydwie równo
grube (0·055). Rzecz ta ma pewną doniosłość dla systematyki. W ostatnich czasach zajmując się systematyką nadzwyczaj obfitych w gatunki rodzajów *Erigone* i *Linyphia* wpro-
wadził E. SIMON w naukę kształt przednich stóp jako cechę
rodzajową w grupie *Lophocarenini*, do któréj należy *Gongylidium fuscum*. Pobudzony znalezioną na opisywanym potworku różnicą stóp samczych i samiczych, porównywałem
okazy prawidłowo rozwinięte pod tym względem i znalazłem,
że różnica, o któréj mowa, istnieje także u nich. Prawdopodobnie okaże się, że i u innych gatunków rzecz się ma tak
samo, a wtedy będzie trzeba maczugowatą postać przednich
stóp — jako właściwość jednéj tylko płci — wykréślić z pomiędzy cech rodzajowych.

Kałdun, széroki na 0·88 mm., długi na 1·27, dość znacznie jest niesymetryczny. Prawa jego połowa jest większa
od lewéj, tak że linija prosta poprowadzona od stylika łą-

czącego kałdun z tułogłowiem do kądzielników dzieli kałdun na dwie nierówne części, z których prawa tam, gdzie
jest najszérsza, ma szérokości 0·47, lewa tylko 0·51; prowadząc zaś liniję od owego stylika ku tyłowi tak, żeby leżała
symetrycznie tylko względem boków przedniéj części kałduna, dosięgnie się tylnego jego brzegu w miejscu, od którego
ze wszystkiém na lewo leżą kądzielniki.

W rozkładzie rysunku, mało zresztą wyraźnego, tyle
tylko jest niesymetryczności, że odpowiednio skrzywionéj osi
podłużnéj kałduna leżą środki linij jasnych zdobiących grzbiet
w tył wygiętych, przednich przerwanych w środku, tylnych
całych, na linii krzywéj. Na brzusznéj stronie kałduna cią-
gną się od przetchlinki przed kądzielnikami położonéj dwie
linije jasne poprzerywane, ku przodowi rozbieżne, a na zewnątrz od nich dwie inne silniéj rozbieżne, mniéj wyraźne;
położenie ich wszystkich odpowiada domniemanéj osi podłużnéj kałduna.

Z kądzielników dolne różnią się pomiędzy sobą znacznie, przynajmniéj grubością; prawy ma długości mniéj
więcéj 0·138, lewy 0.130, piérwszy u nasady grubości 0·095,
drugi 0·080. Górne kądzielniki tak są położone i zasłonięte
od dołu kądzielnikami dolnémi, od góry wyrostkiem nazy-
wanym przez MENGEGO *uropygium*, że ich nie podobna dokładnie zmierzyć.

Przetchlinka położona przed kądzielnikami, mniéj więcéj na 0·15 széroka, mocno zgięta, obydwie połowy ma mniéj
więcéj równe.

Przednia część kałduna mieści w sobie na spodniéj
stronie po bokach płucotchawki, których wieczka uderzających różnic nie przedstawiają, a w środku narzędzia rozrodcze. Prawa strona ostatnich jest samicza, lewa według wszelkiego prawdopodobieństwa samcza, przynajmniéj nie ma
w niéj części właściwych tylko samicom, położonych w małéj głębokości pod skórą i dla tego przez nią przeświecają-

cych. Za polem, przykrywającém u samic torebki nasienne, ciągnie się wzdłuż jego tylnego brzegu fałd skóry poprzeczny, dość széroki i wyraźny u samic, mało znaczny u samców. W okazie, o którym mowa, fałd ten prawidłowéj szérokości po prawéj stronie, zwęża się przeszedłszy na lewą połowę ciała i niknie w niewielkiéj odległości od środka. Samo pole płciowe ma oskórek chitynowy grubszy w prawéj połowie niż w lewéj; tak przynajmniéj wnosić trzeba z barwy ciemniejszéj tam niż tu. Granica grubszéj warstwy chityny leży w osi podłużnéj ciała, przynajmniéj brzeg tylny pola jest ciemno ubarwiony od prawego końca aż do środka, odtąd zaś jasny. Na prawéj połowie pola ciągnie się szczelina ciemno ubarwiona, w któréj leży ujście przewodu prowadzącego do torebki nasiennéj. Szczelina ta ma nieco nieprawidłowy kształt, przebiega mianowicie ku przodowi łukiem kierując się ku środkowi ciała, podczas gdy u prawidłowych samic tego gatunku biegnie ona prosto ku przodowi. Na zewnątrz od przedniéj części szczeliny widać ciemne dwie plamy; jedna bezpośrednio zetknięta ze szczeliną, czarniawa, odpowiada położonemu pod skórą przewodowi prowadzącemu do torebki nasiennéj, idącemu naprzód ku przodowi, następnie zwracającemu się ku tyłowi, gdzie wchodzi w tę torebkę; torebka nasienna przeświéca przez skórę jako plama czerwonawa okrągła, położona w pewnéj odległości od szczeliny.

Na prawéj połowie pola nie ma z tych rzeczy ani śladu; jest ona blada, bez znacznych zagłębień, tylko wzdłuż samego tylnego brzegu ciągnie się na niéj nieznaczna brózdka, łącząca się w połowie szérokości pola z jego brzegiem i ginąca. Prawdopodobnie brózda ta jest tylko płytkiém zfałdowaniem oskórka.

Po odgięciu pola płciowego okazuje się wejście do narzędzi rodnych wewnętrznych niesymetryczném, a tak prawdopodobną jest rzeczą, że rozbiór anatomiczny, gdyby był

możebny, wykazałby, że głębsze części tych narzędzi po prawéj stronie są samicze, po lewéj samcze. Ujście narzędzi
rozrodczych nie leży w szparze odgraniczającéj od tyłu pole
płciowe, ale w ścianie górnéj samego pola, tak że odgiąwszy
pole, ile się da, widać ża niém przewód prowadzący wgłąb,
odgraniczony od brózdy owéj nowym fałdem skóry przyro-
słym w obydwóch końcach bocznych od pola. Przewód rozciąga się znacznie daléj po stronie prawéj niż po lewéj, czyli
fałd tworzący jego tylną i górną ścianę po lewéj stronie do
pola płciowego znacznie bliżéj środka jest przyrosły niż po
prawéj.

Tułogłowie w znacznéj części ogołocone z włosów;
brzegi części tułowiowéj orzęsione są bardzo drobnémi wło-
skami, ile widzieć można jednakowémi po prawéj i po lewéj
stronie. Na części głowowéj utrzymały się tylko dwie pary
szczecin: nad oczami przedniémi środkowémi leżą 2 szczeciny trochę bardziéj między sobą zbliżone niż środki tych
oczu, znacznie bliższe tych oczu niż tylnych środkowych, prawie równe; druga para leży na podocznéj części twarzy (clypeus), bliżéj oczu niż brzegu twarzy, blisko siebie, bliżéj niż
środki oczu przednich środkowych, lewa z nich (samcza)
zdaje się nieco wyżéj osadzona niż prawa i znacznie jest od
niéj dłuższa. Szczękoroża (w części obtarte) mają długie
szczeciny koło brzegu wewnętrznego, rozłożone odmiennie na
jedném szczękorożu niż na drugiém. Pokrycie dolnych szczęk
i mostka zdaje się jednakowe po obydwóch stronach. Uwło-
sienie nóg i kolce, o ile zachowane, mniéj więcéj jednakie
po prawéj i lewéj stronie, z wyjątkiem stóp przednich, o których była mowa wyżéj. Włosy na nogach dość długie, niezbyt gęste; umieszczone na spodniéj stronie ud odznaczają
się od innych — mianowicie znajdujące się koło końca ud —
długością i tém, że są odstające. Na przednich rzepkach
górny końcowy włos grubszy od innych, ale nieróżniący się
od nich tyle, co odpowiednie kolce na nogach dalszych par,

mianowicie 3éj i 4éj. Piszczele od drugiego do czwartego mają tylko po jednym kolcu w piérwszéj połowie długości, niezbyt wielkim na piszczelach 2ich, długim i dość grubym na piszczelach 3 i 4ch. Na przednim piszczelu prawym znajdują się dwa kolce, na lewym widocznie oderwane. Głaszczek samczy, pokryty włosami różnéj długości, wydatnych szczecin nie posiada; na samiczym głaszczku dłuższy jest od wielu innych ale cienki włos umieszczony na końcu części rzepkowéj od góry, najwięcéj zaś uderzają wielkością dwie szczeciny na końcu części piszczelowéj, jedna na górnéj stronie, druga większa na wewnętrznéj, tudzież szczecina w połowie prawie długości na wewnętrznéj stronie części stopowéj umieszczona. Włosy prawéj i lewéj połowy kałduna nie przedstawiają różnic wydatnych, tylko na polu płciowém znajdują się w prawéj połowie 3 czarne szczeciny tworzące szereg podłużny, ukośny, krzywy, na przodzie pola tuż koło linii środkowéj ciała położony; odpowiednich szczecin na lewéj połowie nié ma.

Objaśnienie rysunków.

(Powiększenia podane w przybliżeniu.)

Tablica IV.

1. Tułogłowie i kałdun widziane z góry (powiększone 32).

2. Twarz widziana prosto z przodu (pow. 60). W rysunku wypadła wyniosłość na przedniéj stronie prawego szczękoroża, ozdobiona szczeciną, zbyt wielka; na lewém szczękorożu nie zaznaczono ostatniego ząbka, bardzo drobnego, znajdującego się w téjsaméj odległości od 4go ząbka, jak ten od 3go.

3. Tułogłowie od spodu (pow. 30).

4. Kałdun od spodu (pow. 27).

5. Głaszczka prawego trzy ostatnie członki widziane od wewnątrz (pow. 60).

6. Ostatuie dwa członki głaszczka lewego widziane z góry (pow. 77).

7. Ostatni członek tegoż głaszczka od dołu (pow. 77).

8. Stopy nóg piérwszéj pary, *a* lewa, *b* prawa (pow. 60).

9. Koniec kałduna widziany od dołu: dwa dolne kądzielniki, między niémi t. zw. *hypopygium*, przed niémi przetchlinka (pow. 60).

10. Pole płciowe w naturalném położeniu (pow. 60).

11. Ta sama okolica kałduna po odgięciu pola płciowego (pow. 60). Strzałka odpowiada linii środkowéj ciała.

Ein Zwitter der Erigone fusca (BLACKW.).

Das beschriebene monströse Exemplar von *Erigone fusca* (BLACKW.) wurde im Winter 1880 von Herrn J. CIEŚLIK in Bieńkowice (7 Km. südlich von Wieliczka) gefunden. Es ist ein seitlicher Zwitter, und zwar ist die linke Hälfte männlich, die rechte weiblich.

Die rechte Hälfte des Cephalothorax ist länger und breiter als die linke (Breite: rechts 0·38 mm., links 0·35; Länge vom V M Auge zum Hinterrande: rechts 0·97, links 0·91), der Unterschied beruht vorwiegend auf der Unsymmetrie des Hinterrandes; die Gestalt desselben ist in Fig. 1 ersichtlich. Das Augenfeld ist schwach unsymmetrisch, die rechten Augen etwas mehr nach vorne gerückt als die linken; Unterschiede in der Grösse der Augen der einzelnen Paare sind kaum nachzuweisen. Der gerade von vorne gesehene Cephalothorax erscheint etwas schief, da die vordere Augenreihe in ihrer linken Hälfte einen nach hinten etwas stärker gekrümmten Bogen bildet und die Kopfseiten in der linken Hälfte etwas steiler abfallen als in der rechten.

Beide Mandibeln sind beinahe gleich lang (0·33), die rechte aber etwas breiter (0·19) als die linke (0·17); auch ihre Borsten — soweit dieselben erhalten — sind etwas anders vertheilt als die der linken [1]. Der vordere Klauenfalzrand trägt an der rechten Mandibel 4, an der linken 5 Zähnchen; die ersteren sind etwas grösser und stehen in etwas ungleichen Entfernungen von einander; die letzteren sind alle von einander gleichweit entfernt, der erste und der letzte Zahn bedeutend kleiner als die 3 mittleren. Das Sternum ist unsymmetrisch (Fig. 3); die linke Maxille erscheint von unten gesehen kürzer als die rechte. Der linke Taster ist ein vollkommen normal entwickelter männlicher Taster (Fig. 6 und 7); an dem rechten, weiblichen, sind ebenfalls keine Anomalien nachzuweisen.

---

[1] In der Fig. 2 wurde das borstentragende Körnchen an der rechten Mandibel etwas zu gross gezeichnet; auf der linken Mandibel ist das letzte Zähnchen aus Versehen weggelassen.

Die Glieder der Beine haben folgende Längen:

rechts, I: Femur 0·66, Patella 0·26, Tibia 0·58, Metatarsus 0·54, Tarsus 0·44, II: 0·66, 0·26, 0·52, 0·52, 0·43, III: 0·60, 0.24, 0·47, 0·49, 0·39, IV: 0·76, 0·26, 0·73, 0·67, 0·49,

links, I: 0·66, 0·26, 0·58, 0·54, 0·44, II: 0·66, 0·26, 0·52, 0·52, 0·43, III: 0·60, 0·24, 0·47, 0·49, 0·39, IV: 0·76, 0·26, 70·3, 0·67, 0·49.

Bemerkenswerth ist es, dass trotz der sonstigen Ungleichheit der beiden Körperhälften die einander entsprechenden Beinglieder gleiche Länge haben; ein deutlicher Unterschied besteht nur zwischen den Metatarsen und vor allem zwischen den Tarsen der beiden Vorderpaare. Auch in der Gestalt und der Behaarung weichen die letzteren von einander ab. Der linke Vordertarsus ist schwach keulenförmig, an der Basis 0·055, vor der Spitze 0·07 breit, der rechte dagegen mit Ausnahme der Spitze überall gleich dick (0·055); die Behaarung des männlichen Vordertarsus ist viel dichter und feiner als die des weiblichen. In Uebereinstimmung damit fand ich auch bei normal entwickelten Exemplaren der *Erigone fusca*, dass die Vordertarsen bei Männchen und Weibchen sich von einander in der eben angegebenen Weise unterscheiden; es wird durch weitere Untersuchungen festzustellen sein, ob die von Herrn E. SIMON neulich als Gattungsmerkmal in Anwendung gebrachte keulenförmige Gestalt der Vordertarsen [1]) nicht auch bei anderen Arten nur eine Eigenthümlichkeit des einen Geschlechtes bildet.

Die Asymmetrie des — 1·27 langen, 0·88 breiten — Hinterleibes ist ziemlich bedeutend, die rechte Hälfte breiter und seitlich stärker gerundet als die linke; eine von dem Hinterleibsstiel ausgehende und den vorderen Theil des Hinterleibes in der Rückenansicht halbirende Linie lässt alle Spinnwarzen auf der linken Seite. Die rechte untere Spinnwarze ist 0·138 lang, die linke 0·130, die erstere an der Basis 0·095, die letztere 0·080 breit. Die Lage der übrigen Spinnwarzen lässt eine genaue Messung nicht zu. Die Deckel der Lungentracheen zeigen keine besonders auffallende Ungleichheit.

Recht anffällig ist dagegen die Asymmetrie des Geschlechtsfeldes. Die rechte Hälfte ist stärker chitinisirt, der Hinterrand von der Mitte an rechts dunkel, links hell; die auf der linken Hälfte liegende Spalte, in welcher der Eingang zu der Samentasche liegt, ist anomal nach innen gebogen, während sie bei normalen Weibchen gerade nach vorne verläuft; an der Aussenseite dieser Spalte sind zwei Flecke sichtbar: vorne ein läng-

---

[1]) Les Arachnides de France, V, 3, pag. 458.

licher, schwärzlicher, bis an die Spalte reichender, — hinten ein runder, röthlicher, welcher von der Spalte etwas entfernt ist. Der letztere wird durch die unter der Haut liegende Samentasche, der erstere durch ihren Ausführungsgang gebildet. Die linke Hälfte des Geschlechtsfeldes zeigt von dem Allem keine Spur. Die hinter dem Geschlechtsfelde liegende Hautfalte ist in der rechten Hälfte breit, übergeht dann auf die linke Seite, wird hier schmäler und verschwindet. Wenn man das Geschlechtsfeld etwas aufhebt, kommt die Geschlechtsöffnung in dessen oberer Wand zum Vorschein (Fig. 11); diese ist ebenfalls unsymmetrisch, nämlich auf der rechten Seite viel breiter als auf der linken. (In der Figur giebt der Pfeil die Lage der Körpermittellinie an).

Die Farbenzeichnung des Hinterleibes entspricht in ihrer Vertheilung der muthmasslichen Lage der bogenförmig gekrümmten Längsachse desselben (Fig. 1).

In Bezug auf die — theilweise abgeriebene — Behaarung dürfte hervorzuheben sein, dass von den beiden unter den V M-Augen stehenden Haaren das rechte doppelt so lang ist als das linke, und dass auf der rechten Hälfte des Geschlechtsfeldes 3 schwarze Borsten in einer krummen Reihe ganz nahe an der Mittellinie liegen, dergleichen Borsten aber auf der linken Seite fehlen.

W. Kulczyński.

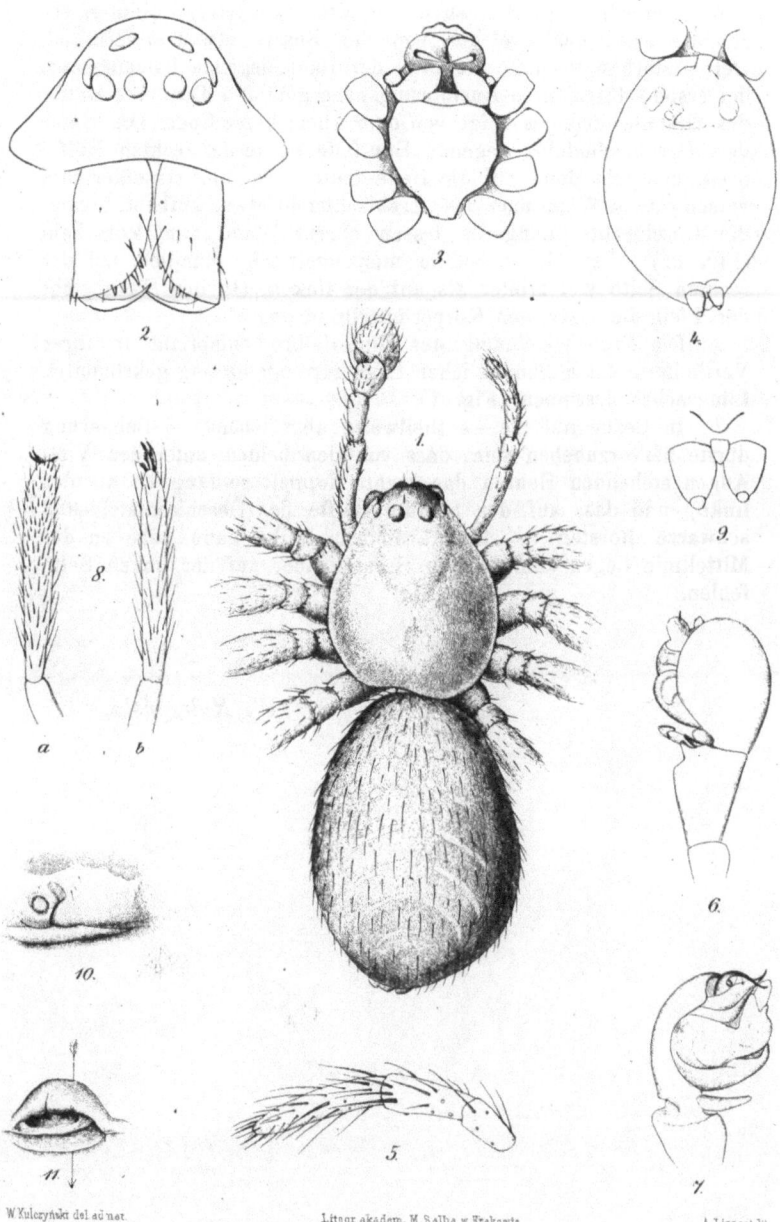

10

PRZYCZYNEK
do tyrolskiej fauny pajęczaków.

PODAŁ

WŁ. KULCZYŃSKI.

(Z 4-ma tablicami.)

Tyrol, którego fauną zajmował się przez czas dłuższy Dr. L Koch, pierwszorzędna powaga na polu arachnologii, pozostanie na długo krajem, na który oglądać się muszą wszyscy zajmujący się pajęczakami w górach Europy środkowej i wschodniej. Autor niniejszéj pracy pochwycił też skwapliwie projekt udania się w Alpy tyrolskie, podany przez Prof. B. Kotulę, któremu myśl taka nasunęła się w ciągu pracy nad florą Tatr.

Nie mogło być celem arachnologicznej wycieczki w Alpy tyrolskie robienie nowych odkryć; spodziewałem się tylko, że uda się znaleźć przynajmniej pewną część odkrytych w Tyrolu przez Dra L. Kocha i Prof. Ausserera, a przez pierwszego opisanych gatunków, a tak wyjaśnić pewne wątpliwości i uzupełnić pewne braki w dotychczasowych wiadomościach o faunie Tatr i Karpat zachodnich, do czego nie wystarczało samo wyzyskanie literatury. Stało się jednak

w części inaczej. Obrana za główny cel wycieczki grupa
Ortleru była dotąd pobieżnie tylko badana pod względem
arachnologicznym i okazało się, że nawet niektóre pająki żyjące w wielkiej liczbie w halach tamtejszych nie były dotąd
znane z Tyrolu. Z drugiej strony góry te, jak na swoję
wysokość, są suche i trudno w nich o miejsca podobne, jakie
n. p. w Tatrach a zapewne i w Tyrolu północnym, gdzie
głównie zbierał Dr. L. KOCH, żywią drobne gatunki z dawnych rodzajów *Linyphia* i *Erigone* w obfitości często prze-
chodzącej oczekiwanie. W dolinie Trafojskiej udało się po
dłuższem szukaniu jeden taki próg, trochę nieprzystępny, znaleźć, a i tego wyzyskanie w czasie zamieci śnieżnej nie mogło być dokładne. Ostatecznie pomiędzy dwustu kilkudzie-
sięciu gatunkami zebranemi w czasie 10-dniowego pobytu
pod Ortlerem, na dwudniowej wycieczce na Schlern w Đo-
lomitach i trzech krótkich wycieczkach w okolice miasta Bozen, brakło wprawdzie wielu ze spodziewanych gatunków,
ale znalazło się zato do 60 niespodziewanych, dotychczas
nieznanych z Tyrolu. Opracowanie tego materyjału nie będzie bez znaczenia dla fauny tyrolskiej, którą wzbogaca nowemi gatunkami i wieloma nowemi stanowiskami, nie będzie też obojętnem dla fauny Galicyi, ze względu na zawarte
w niem szczegóły synonimiczne, systematyczne i zoogeograficzne tyczące się niektórych gatunków krajowych.

Niektóre oznaczenia podane w pracy niniejszej wypadło
uznać za mniej lub więcej wątpliwe. Z wielu gatunków znaleźć można było tylko okazy młode; w tych przypadkach
powodem wątpliwości były zwykle niedostatki zebranego
materyjału. Częściej jednak braki literatury nie dozwoliły
dojść do stanowczego rezultatu.

Opisywanie zwierząt nie zupełnie łatwą jest rzeczą; na
to dostarcza literatura arachnologiczna aż nadto wiele dowodów.

Bywają opisy usprawiedliwiające zdanie wypowiedziane przez Prof. THORELLA [1]), że jest zbyt wielu takich, którzy piszą, zdaje się, dla tego tylko, że ich to bawi, a nie troszczą się o trud i stratę czasu, jakie pociąga za sobą studyjowanie ich dzieł. Te pomijając znajdzie się wiele innych, obszernych i wypracowanych z mozołem, które mimo to nie są doskonałe, gdyż pomijają szczegóły pierwszorzędnego w systematyce znaczenia, dla tego że opisywanie tych szczegółów bywa rzeczą trudną, niekiedy bardzo trudną i prawie tylko rysunkiem zastąpić się dającą. W pająkach do szczegółów takich należą narzędzia rozrodcze samcze i samicze, dostarczające cech pewnych i wygodnych.

Po doświadczeniu zebranem przy studyjach nad pająkami galicyjskiemi, tyrolskiemi, węgierskiemi i północno-azyjatyckiemi, nie waham się wypowiedzieć zdania, że w opisach wspomnionych części arachnografija powinna dochodzić dalej, niż się to często dzieje. Inaczej naraża się tych, którzy nie posiadają zbioru pewnie oznaczonego, a zajmują się pająkami w krajach pod tym względem jeszcze mało znanych, na błądzenie mimo sumiennej pracy. Zyskałaby na tem nauka, nawet, gdyby się to odbyło kosztem doskonałości w podaniach wymiarów oczu i ich ustawienia, długości nóg i ich części i t. p.

Co się tyczy oczu, to jak wiadomo, arachnologowie od dawnego czasu z upodobaniem w nich doszukują się cech gatunkowych, bez wątpienia w tem przypuszczeniu, że wielkość oczu i ich ustawienie jest rzeczą stałą. Tymczasem nie brak już w literaturze dowodów na to, że zapatrywanie takie nie jest słuszne. W r. 1882 wykazałem to na gatunku „Linyphia microphthalma" = Porrhomma errans (BLACKW.), chociaż, jako rzecz nową dla mnie naówczas — w formie może

---

[1]) *Remarks on Synonyms*, str. 356.

nażbyt ostrożnej [1]); to samo spostrzeżenie podał w rok później F. M. CAMPBELL [2]). Nie ogranicza się jednak ta zmienność do wyjątków; owszem, w jakimkolwiek gatunku wypadło mi zwrócić szczególniejszą uwagę na oczy u znacznej liczby okazów, tam zmienność ową znalazłem, wprawdzie w daleko mniejszym stopniu niż u wspomnionego gatunku, ale zawsze w takim, że stracić musiałem wiarę w różnice gatunkowe widoczne dopiero przy ś c i s ł e m porównywaniu wielkości i odległości oczu. Jeżeli się doda do tego trudności mechaniczne w robieniu odpowiednich pomiarów mikrometrycznych — któreto pomiary wydają mi się niezbędne, oceniając bowiem na oko wymiary powierzchni o niejednakowej wypukłości, barwie i niejednakowym kierunku, ulega się bez wątpienia licznym złudzeniom — to nietrudno będzie uznać za słuszne wyrażone wyżej zapatrywanie na wartość systematyczną wielkości i ustawienia oczu w porównaniu z narzędziami rozrodczemi.

Że i w narzędziach rozrodczych natrafia się na różnice indywidualne, rozwojowe, przypadkowe wreszcie, niekiedy znaczne nawet [3]), to nie zmienia rzeczy, chyba o tyle, że opisu tych części nie można uważać za skończony, jeżeli się w nim uwzględniło jeden tylko, pierwszy lepszy okaz.

Z przytoczonych powodów, gdzie w ciągu pracy niniejszej wypadło postarać się o sposoby pewnego odróżniania gatunków niedokładnie znanych — pomiędzy któremi są i bardzo pospolite — tam przedewszystkiem na narzędzia rozrodcze

---

[1]) Opisy nowych gatunków pająków z Tatr i t. d. Podaną poprawkę oznaczenia zawdzięczam Panu O. P. CAMBRIDGEOWI, któremu okazy moje przesłałem.

[2]) *The Spiders of the neighbourhood of Hoddesdon.*

[3]) Np. u samic z rodzajów *Gnaphosa*, *Callilepis*, *Epeira*. Porówn. „Pająki zebrane na Kamczatce" tab. IX, fig. 4 b i 4 c, 5 a i 5 b.

zwracałem uwagę, opisując oczy gatunków nowych starałem się o stopień dokładności niewkraczający w zakres zmian indywidualnych.

———

W spisie, który tworzy część pierwszą obecnej pracy, oznaczono znakiem * gatunki znalezione w krainie hal, t. j. powyżej regli, znakiem † zaś gatunki nowe dla fauny tyrolskiej. Po nazwisku gatunkowem podano, na podstawie jakich okazów gatunek oznaczono, mianowicie znaczy m. (*mąs*) samca dorosłego, f. (*femina*) samicę dorosłą, i. (*iuvenis*) okaz młody, p. (*pullus*) bardzo młody; rzecz będzie użyteczna, może bowiem posłużyć do ocenienia, o ile każde oznaczenie jest pewnem.

Nazwy miejscowości trudne do spolszczenia podano w brzmieniu niemieckiem, *Trafoier Thal* wraz z odnogą oznaczoną jako *Stilfserjochthal* na karcie p. t. *Specialkarte der Ortler-Alpen* Meurera i Freytaga nazwano doliną Trafojską, *Stilfser-Joch* przełęczą Stelwijską, *Suldenthal* doliną Suldeńską.

Uzupełnienia i zmiany wynikające z pracy niniejszej częścią dla fauny tyrolskiej, częścią dla tatrzańskiej, zestawione są na końcu każdego większego działu systematycznego.

Opisy gatunków nowych i mało znanych, tudzież obszerniejsze uwagi systematyczne i synonimiczne tworzą część drugą pracy.

———

Araneae.
Attoidae.
Marptusa Thor.
M. muscosa (Clerck), m., p. — Eggenthal. Guntschnaer Berg.

Pseudicius Sim.
† *P. encarpatus* (Walck.), m. — Eggenthal.

Dendryphantes C. L. Koch.

D. rudis (Sund.)?, p. — Dolina Suldeńska, regle.

Epiblemum Hentz.

E. scenicum (Clerck), m., f. — Dolina Trafojska: Prad — Trafoi. Dolina Suldeńska.

E. cingulatum (Panz.), f. — Dolina Suldeńska.

Heliophanus C. L. Koch.

* *H. aeneus* (Hahn), m., f. — Eggenthal. Dolina Trafojska: Franzenshöhe. Dolina Suldeńska. W reglach i niższej części hal.

H. cupreus (Walck.), f. — Sigmundskron — St. Pauls. Schlern, u górnej granicy regli. Dolina Trafojska: Prad—Trafoi.

H. Kochii Sim.?, f. — Guntschnaer Berg. Schlanders.

H. auratus C. L. Koch, f. — Atzwang-Völs; Sigmundskron — St. Pauls.

† *H. Cambridgei* Sim.,?, f. — Guntschnaer Berg.

Oznaczenie gatunków: *H. Kochii* i *H. Cambridgei* dość jest wątpliwe; samców nie udało się znaleźć a opisom dotycnczasowym samic dużo brakuje do doskonałości.

Philaeus Thor.

Ph. chrysops (Poda), m., f. — Eggenthal. Między Steg i Blumau samiec tułający się na drodze. Guntschnaer Berg, Mendelgebirge.

Ergane L. Koch.

E. falcata (Clerck), m., i. — Atzwang — Völs Schlern, w dolnej części regli.

Attus Walck.

†* *A. longipes* Can., m., f. — Dolina Suldeńska. Stok od przełęczy Stelwijskiej ku t. zw. Cantonierze IV. Korspitze.

Gatunek ten, odznaczający się wielce ubarwieniem, u samca podobnem jak u niektórych gatunków z rodzaju *Phlegra*, żyje w kamienistych wyższych częściach hal.

† *A. distinguendus* SIM.?, KULCZ.'¹), m., i. — Dolina Suldeńska, w reglach poniżej St. Gertraud.

A. rupicola (C. L. KOCH), m., i. —Prad—Trafoi. Dolina Suldeńska. Tylko w reglach; w halach zastępuje go gatunek: *A. alpicola*, z barwy i sposobu życia podobny:

†* *A. alpicola* n. sp., m., f. — Schlern, na górnej granicy regli. Dolina Trafojska: Franzenshöhe i stoki od Franzenshöhe ku Korspitze. Pod kamieniami niezbyt rzadki, chociaż w niewielu okazach zebrany.

A. pubescens (FABR.), m., i. — Eggenthal. Prad—Trafoi.

Phlegra SIM.

* *Ph. fasciata* (HAHN)?, i. — Korspitze. Jedyny okaz, znaleziony przez Prof. KOTULĘ, jest niestety młody, a tak sprawdzić nie można, czy rzeczywiście do tego należy gatunku.

Aelurillus SIM.

*? *Ae. V-insignitus* (CLERCK), i., p. — Schlern, u górnej granicy regli. Guntschnaer Berg. Dolina Suldeńska, poniżej St. Gertraud. Korspitze? (bardzo młody okaz, w skutek czego nie ma pewności, że ten gatunek posuwa się wysoko w hale).

Euophrys C. L. KOCH.

Eu. erratica (WALCK.), i. — Atzwang—Völs. Schlern i dolina Suldeńska, w dolnym reglu.

Eu. finitima (SIM.), f., p. — Guntschnaer Berg. Sigmundskron — St. Pauls.

---

¹) *Conspectus Attoidarum Galiciae*, str. 220.

Eu. rufibarbis (Sim.), m., i. — Guntschnaer Berg.

Jedyny okaz dorosły nie zgadza się z opisem SIMONA w *Les Arachnides de France* w tem, że przednie uda ma czarne a tylne nogi wyraziście obrączkowane, mimo to nie sądzę, żeby do innego gatunku należał.

* *Eu petrensis* (C. L. KOCH), f. — Dolina Trafojska: około Franzenshöhe, stoki południowe pod Korspitze [1]).

Chalcoscirtus BERTK.

† *Ch. infimus* (SIM.), f. — Gunstchnaer Berg.

Jedyny okaz oznaczyłem przez porównanie z okazami otrzymanemi od Dra BERTKAUA z nad Renu; z opisem SIMONA (*Arachn. de France*) nie zgadza on się wcale.

Neon SIM.

† *N. Rayi* (SIM.), f. — Mendelgebirge.

Ballus C. L. KOCH.

B. depressus (WALCK.), i. — Guntschnaer Berg.

———

Z gatunków zaznaczonych powyżej jako nowe dla Tyrolu, *Pseudicius encarpatus*, *Attus longipes*, *Chalcoscirtus infimus*, *Neon Rayi* zostały obecnie według wszelkiego prawdopodobieństwa po raz pierwszy znalezione w Tyrolu, przynajmniej trudno przypuścić, żeby autorowie prac dawniejszych znalazłszy je uważali je za inne gatunki i pod innemi po-

———

[1]) Prof. Dr. F. BERTKAU przysłał mi łaskawie samca dorosłego i młodą samicę *Eu. petrensis* z okolicy Bonn do obejrzenia. Z porównania tych okazów z tyrolskiemi i galicyjskiemi wypadło, że pierwsze można prawie na pewno uznać za *Eu. petrensis*, drugie zaś należą do gatunku innego, może dotąd nieopisanego. Z fauny galicyjskiej wykreślić więc trzeba gatunek *Eu. petrensis* (C. L. KOCH).

dali nazwami. Zupełnie prawdopodobnie ma się rzecz tak samo z gat. *Attus alpicola*, chociaż można by też przypuścić, że bywał mieszany z gat. *Attus rupicola*. Czy *Attus distinguendus* nie jest tym samym gatunkiem, który Prof. AUSSERER podał z północnego Tyrolu pod nazwą *A. cinereus* WESTR., tego bez porównania okazów dojść nie można; takie porównanie byłoby też potrzebne do rozstrzygnięcia, czy gatunek opisany przeze mnie jako *A. distinguendus* rzeczywiście różni się gatunkowo od Westringowskiego *A. cinereus*.

Do gatunków żyjących w halach tyrolskich przybywają: *Heliophanus aeneus, Attus longipes, A. alpicola,* (*Phlegra fasciata, Aelurillus V-insignitus*). Pierwszy podano dotychczas tylko z niższych okolic Tyrolu (do 5000′), dwa następne są nowym nabytkiem dla fauny Tyrolu w ogóle. Podczas gdy Tyrol południowy posiada dwa gatunki wyłącznie halom właściwe, nie ma w halach tatrzańskich żadnego gatunku, któryby przynajmniej w regle nie schodził, chociaż hale te są może właściwem miejscem pobytu gatunku *Euophrys monticola* KULCZ.

Lycosoidae.

Pisaura SIM.

P. *mirabilis* (CLERCK), f. — Schlern, dolny regiel.

Trochosa C. L. KOCH.

T. *personata* (L. KOCH), f. — Guntschnaer Berg.

T. *ruricola* (de GEER), i. — Guntschnaer Berg, Schlanders. Prad — Trafoi. Dolina Suldeńska, poniżej St. Gertraud.

* T. *terricola* THOR., f. — Franzenshöhe.

* T. *insignita* THOR., m., f. — Dolina Trafojska: koło lodowca Madatschferner, Franzenshöhe, stoki pod Monte Livrio, Korspitze. Stok od przełęczy Stelwijskiej ku Cantonierze IV.

Tarentula Sund.

T. inquilina (Clerck), i. — Dolina Trafojska: poniżej Franzenshöhe. Dolina Suldeńska, poniżej St. Gertraud.

* *T. pinetorum* Thor., f. — Schlern, w krainie kosodrzewu.

* *T. accentuata* (Latr.), f., i. — Sigmundskron—St. Pauls. Dolina Trafojska: poniżej Franzenshöhe, stoki pod Korspitze.

* *T. pulverulenta* (Clerck) forma: *aculeata* (Clerck), f., i. — Schlern, kosodrzew i hale. Dolina Trafojska: Trafoi — Franzenshöhe. Dolina Suldeńska, poniżej St. Gertraud.

T. pulverulenta (Clerck) *vera*, f. — Prad — Trafoi.

T. cuneata (Clerck), f. — Dolina Suldeńska, poniżej St. Gertraud.

* *T. nemoralis* (Westr.), m., f. — Eggenthal, Atzwang — Völs, Sigmundskron — St. Pauls, Mendelgebirge. Schlern, aż po kosodrzew. Prad—Trafoi—Franzenshöhe, tylko w reglach.

Lycosa Latr.

† *L. subita* (Sim.)?, m., f. — Steg — Blumau, Eggenthal. Schlern, w dolnym reglu.

Znalazłszy samca dorosłego, nieznanego dotąd, podaję niżej jego opis wraz z niektóremi szczegółami dotyczącemi samicy, niezgadzającej się w niektórych drobnych rzeczach z opisem Prof. Thorella.

* *L. Wagleri* Hahn, m., f., i. — Eyrs. Dolina Trafojska: powyżej i poniżej Franzenshöhe. Dolina Suldeńska, hale.

* *L. nigra* C. L. Koch, f., i. — Schlern. Dolina Trafojska: stoki pod Monte Livrio.

Okazy zebrane w Tyrolu są nieco mniejsze od tatrzańskich.

* *L. Giebelii* Pav., m., f., i. — Dolina Trafojska: koło Franzenshöhe i wyżej aż po przełęcz Stelwijską. Korspitze. Dolina Suldeńska. Piz Umbrail. Wszędzie tylko w krainie hâl.

* *L. ferruginea* L. Koch, f. — Schlern, u górnej granicy regli. Dolina Suldeńska, poniżej St. Gertraud.

† * *L. cincta* n. sp., f. — Schlern, szczyt.

Kilka szczegółów o trzech ostatnich gatunkach znajduje się w uwagach zamieszczonych na końcu niniejszej pracy.

L. amentata (Clerck), m., f. — Trafoi—Franzenshöhe. Dolina Suldeńska. Tylko w reglach.

† *L. annulata* Thor., m., f. — Guntschnaer Berg. Sigmundskron — St. Pauls?

Dorosłego samca znalazłem tylko w pierwszej z wymienionych miejscowości; kolec zwykły w tym rodzaju na środkowej części narzędzi rozrodczych jest u niego nadzwyczaj krótki, dla tego uważam tego samca za *L. annulata.* Cech wystarczających do odróżnienia samic *L. annulata* i *L. hortensis* Thor. dotąd nie znaleziono, nie ma więc pewności, że okaz znaleziony w drugiej z powyższych miejscowości należy do gat. *L. annulata*, a nie do *L. hortensis.* — Niektóre szczegóły z literatury dotyczące gat. *Lycosa annulata, L. hortensis* i *L. proxima* C. L. Koch zestawione są niżej w uwagach.

† * *L. mixta* n. sp., m., f. — Schlern. Dolina Trafojska: Madatschferner — Franzenshöhe, stoki południowe nad Franzenshöhe. Od granicy regli w górę.

L. palustris (Linn.), m., f. — Schlern. Prad-Trafoi. Dolina Suldeńska. Tylko w reglach.

L. monticola (Clerck), f.—Sigmundskron — Mendelgebirge.

* *L. saltuaria* L. Koch, *m.*, f. —Schlern. Doliny Trafojska i Suldeńska. Piz Umbrail. Pospolita od granicy regli w górę.

* *L. cursoria* C. L. Koch, m., f. — Schlern. Dolina Trafojska, od Trafoi w górę. Dolina Suldeńska. Pospolita w halach, schodzi nisko w regle, n. p. w dolinie Suldeńskiej poniżej Št. Gertraud i na Schlernie.

L. bifasciata C. L. KOCH, f. — Mendelgebirge.

L. riparia C. L. KOCH, f. — Schlern. Dolina Suldeńska. W niższej części regli.

L. lugubris (WALCK.), f. — Eggenthal. Guntschnaer Berg; Dolina Suldeńska poniżej St. Gertraud.

† *L. torrentum* (SIM.), m., f. — Sigmundskron — St. Pauls.

Aulonia C. L. KOCH.

Au. albimana (WALCK.), m., f. — Sigmundskron — Mendelgebirge.

Z powyższych gatunków rodziny *Lycosoidae* brakuje w dotychczasowych spisach pająków tyrolskich gatunków: *Lycosa subita, L. cincta, L. annulata* i *L. torrentum*. Pierwszą znano dotąd tylko z Włoch; jestto w każdym razie nowy nabytek dla fauny tyrolskiej, chociaż jego oznaczenie nie zupełnie pewne. *Lycosa cincta* jest może tym samym gatunkiem, który Dr. L. KOCH podał pod nazwą *L. blanda* C. L. KOCH. Że *Lycosa annulata* mogłaby być przynajmniej w części = *L. hortensis*, znanej już z Tyrolu, o tem wspomniano wyżej. *Lycosa mixta* jest gatunkiem bardzo trudnym do poznania, samce mianowicie są podobne do samców *Lycosa palustris*, samice do *L. monticola*; na gatunek ten zwróciłem dopiero uwagę, gdym spostrzegł, że z hal tyrolskich posiadam tylko samce „*L. palustris*" i tylko samice „*L. monticola*". Mozolne porównywanie doprowadziło do wykrycia różnic pewnych między samcami *L. mixta* i *palustris*; cechy różniące samice *L. mixta* i *monticola* są tak mało znaczne, że nie o każdym okazie na pewno powiedzieć można, do którego z tych gatunków należy. Rzecz ta musi wywołać pewną nieufność do wiadomości dotychczasowych o pobycie w halach Alp tyrolskich gatunków *L. palustris* i *monticola*. — *Lycosa torrentum* została obecnie po raz zapewne pierwszy znaleziona w Tyrolu.

Do porównania halnej fauny Alp tyrolskich z fauną tatrzańską w „Wykazie pająków z Tatr" dodać należy, że północny gatunek *Tarentula pinetorum* żyje także w Tatrach, gdzie go na Choczu w jednym okazie znalazłem. *Lycosa ferruginea* może nie wychodzi wysoko ponad regle w Alpach tyrolskich [1]), podczas gdy w Tatrach żyje jeszcze powyżej kosodrzewu. Gatunków: *Lycosa Giebelii, cincta, mixta,* zamieszkujących hale alpejskie, nie ma w Tatrach; z nich dwa ostatnie zdają się wyłącznie właściwemi Alpom, *Lycosa Giebelii* znaleziona została podług Dra L. Kocha także w Syberyi.

Thomisoidae.

Xysticus C. L. Koch.

† * *X. lateralis* (Hahn) *var. alpinus* n., m., f., i. — Dolina Trafojska: koło Franzenshöhe, koło lodowca Madatschferner, Ferdinandshöhe. Dolina Suldeńska. Wszedzie tylko w halach.

X. Kochii Thor., f. — Dolina Suldeńska, poniżej St. Gertraud. Poniżej Franzenshöhe, na górnej granicy lasów.

* *X. glacialis* L. Koch, m., f. — Dolina Trafojska: od górnej granicy regli blisko po śniegi, najobficiej na stokach od Korspitze ku Franzenshöhe. Dolina Suldeńska, hale. Piz Umbrail.

X. cristatus (Clerck), f. — Dolina Suldeńska, poniżej St. Gertraud.

---

[1]) Prof. Heller i Dalla Torre podają w pracy p. t. *Ueber die Verbreitung der Thierwelt im Tiroler Hochgebirge*, że *Lycosa Giebelii* nie wychodzi ponad regle, *L. ferruginea* zaś sięga śniegów wiecznych. Podług moich spostrzeżeń rzecz się ma wręcz odwrotnie.

X. *pini* (Hahn), m., f., i. — Atzwang — Völs. Schlern, dolny regiel. Dolina Trafojska: od Trafoi blisko po Franzens-höhe, w reglu. Dolina Suldeńska, regle.

X. *robustus* (HAHN), i. — Guntschnaer Berg, Mendel-gebirge.

Heriaeus SIM.

† H. *Savignyi* SIM. (?), i. — Guntschnaer Berg.

Po porównaniu okazów zebranych w Tyrolu z dorosłemi okazami H. *hirsutus* (WALCK.) ze zbioru Dra CHYZERA z Wę-gier i okazami H. S*avignyi* otrzymanemi z Lombardyi od X. CATTANEO sądzę, że one należą do ostatniego gatunku. Z po-łudniowego Tyrolu podano dotychczas tylko gatunek pierwszy.

Oxyptila SIM.

* O. *horticola* (C. L. KOCH), f. — Sigmundskron — St. Pauls, Mendelgebirge. Dolina Trafojska: poniżej Franzenshöhe.

* O. *rauda* SIM., m., f., i. — Dolina Trafojska: Trafoi — Franzenshöhe. Dolina Suldeńska, regle poniżej i powyżej St. Gertraud.

Misumena LATR.

M. *vatia* (CLERCK), i. — Eggenthal. Mendelgebirge.

Tmarus SIM.

T. *piger* (WALCK.), i. — Eggenthal.

Philodromus WALCK.

* Ph. *alpestris* L. KOCH, f. — Dolina Trafojska: Tra-foi — Franzenshöhe, w reglach i w halach.

Ph. *rufus* WALCK.?, i. — Guntschnaer Berg.

Ph. *aureolus* (CLERCK), f., i. — Atzwang — Völs, Eggen-thal. Schlern. Trafoi — Franzenshöhe. Po górną granicę regli.

Ph. auronitens Auss. ?, i. — Atzwang — Völs, Eggen-thal. Dolina Suldeńska, poniżej St. Gertraud.

Ph. collinus L. Koch ?, i. — Trafoi — Franzenshöhe. Dolina Suldeńska, poniżej St. Gertraud.

Oznaczenie czterech ostatnich gatunków, zebranych — z wyjątkiem jednej dorosłej samicy *Ph. aureolus* — w samych młodych okazach, jest niepewne, zwłaszcza gatunków *rufus* i *collinus*.

Ph. dispar Walck., i. — Guntschnaer Berg.

Ph. emarginatus (Schranck), p. — Atzwang — Völs.

Ph. margaritatus (Clerck), i. — Schlern, regiel niższy.

Thanatus C. L. Koch.

† * *Th. alpinus* n. sp., f. — Dolina Trafojska: koło Franzenshöhe, koło lodowca „Madatschferner", na stokach południowych pod Korspitze. Dolina Suldeńska, hale. Może ten sam gatunek żyje na szczycie Schlernu, gdzie jednak tylko młode okazy udało się znaleźć.

Drugi gatunek tego rodzaju znaleziono między Cantonierą IV a Piz - Umbrailem. Jedyny okaz jest jednak tak lichy, że nie zasługuje na opisanie.

———

Obydwa gatunki oznaczone jako nowe dla Tyrolu bywały bez wątpienia już znajdowane w tym kraju. Prawdopodobnie jest mianowicie *Heriaeus Savignyi* tym samym gatunkiem, który Prof. Ausserer podał z okolic Bozen pod nazwą *Thomisus villosus* Walck. (tę datę pominął Dr. L. Koch w swym wykazie), *Thanatus alpinus* zaś uważany bywał, przynajmniej przez Prof. Dalla Torre, za *Th. formicinus* (Clerck) — Odmiana alpejska gatunku *Xysticus lateralis* różni się powierzchownie od okazów typowych do tego stopnia, że tylko na podstawie dokładnego porównania można ją było uznać za odmianę a nie za gatunek osobny. Obecnie. może po raz pierwszy znalezioną została w Tyrolu.

W gatunku *Thanatus alpinus* przybywa Alpom nowy gatunek właściwy halom. Z uważanych dawniej za właściwe Karpatom odpada gatunek: *Oxyptila obsoleta* KULCZ., który — jak to już dawniej poznał E. SIMON — nie różni się od *O. rauda*, a prawdopodobnie także od sybirskiej *O. septentrionalium* L. KOCH.

Epeiroidae.

Cyclosa MENGE.

C. conica (PALL.), f., i. — Schlern. Franzenshöhe —Trafoi.

Epeira WALCK.

E. Circe SAV. et AUD., f. — Bozen, w samem mieście na murze.

E. grossa C. L. KOCH, i. — Guntschnaer Berg.

E. omoeda THOR., i., p. — Schlern. Dolina Suldeńska. W niższej części regli.

† *E. Nordmannii* THOR.?, p. — Doliną Suldeńska, poniżej St. Gertraud.

* *E. diademata* (CLERCK) *incl. Ep. stellata* FICKERT.— Atzwang — Völs (i.); Schlern, u górnej granicy regli (f., p., ciemno ubarwione, szaro brunatne); dolina Trafojska: Prad — Trafoi (m. = *E. stellata*), Trafoi—Franzenshöhe (f., m = *E. diademata vera*), Heilige 3 Brunnen (i.); dolina Suldeńska, poniżej St. Gertraud (m. = *E. stellata*).

E. marmorea (CLERCK) γ. *pyramidata* (CLERCK), i. — Dolina Suldeńska, poniżej St. Gertraud.

E. umbratica (CLERCK), f. — Schlanders.

* *E. patagiata* (CLERCK), f. — Dolina Trafojska: powyżej Franzenshöhe; może wyjątkowo w halach (jeden okaz!).

E. Sturmii HAHN, i., p. — Atzwang — Völs. Schlern, dolny regiel.

E. cucurbitina (CLERCK), f. — Guntschnaer Berg.

E. alpica L. KOCH, f., i. — Schlern, po górną granicę regli. Trafoi — Franzenshöhe. Dolina Suldeńska, poniżej St. Gertraud.

E. adianta (WALCK.), f. — Atzwang — Völs.

* *E. ceropegia* (WALCK.), m., f. — Dolina Trafojska: przy Franzenshöhe, koło lodowca „Madatschferner“, stoki pod Korspitze i Korspitze.

Okazy z okolicy lodowca „Madatschferner“ i z pod szczytu „Korspitze“ mają barwę czerwono brunatną i wyglądają na pierwszy rzut oka odmiennie od zwykłej *E. ceropegia*, jednak dokładne porównanie dorosłych okazów tej formy z normalnemi nie doprowadziło do wykrycia żadnych różnic gatunkowych. Może to jest ta sama forma, którą wspomniał Dr. L. KOCH w *Verzeichn. d. in Tirol b. j. beob. Arachn.* (str. 283), uważając ją za odmienną od *E. ceropegia* i od *E. carbonaria*, której jednak nie opisał, mając tylko okazy młode i jeden dorosły z zeschłym odwłokiem.

* *E. carbonaria* L. KOCH, f., i. — Dolina Suldeńska, w halach, na siatkach rozpiętych między głazami. Nie znalazłszy starego samca uważam oznaczenie za nieco niepewne.

E. diodia (WALCK.), f. — Guntschnaer Berg.

Singa C. L. KOCH.

† * *S. scabristernis* n. sp., f. — Jedyny okaz znalazł Prof. KOTULA pod szczytem „Korspitze“, a zatem bardzo wysoko (koło 2900 m.).

Zilla C. L. KOCH.

* *Z. montana* C. L. KOCH, m., f., i. — Schlern. Trafoi — Franzenshöhe. Dolina Suldeńska. W reglach i nieco wyżej.

Meta C. L. Koch.

M. Merianae (Scop.), i. — Eggenthal.

M. segmentata (Clerck) *incl. M. Mengei* (Bl.), f., i. — Eggenthal, Guntschnaer Berg. Prad — Trafoi, Trafoi — Franzenshöhe.

Epeira Nordmannii jest wątpliwym nabytkiem dla fauny tyrolskiej.

Gatunku *Epeira patagiata* nie znaleziono dotąd w halach tyrolskich. Jestto właściwie mieszkaniec okolic niższych, a na podstawie jedynego okazu znalezionego w halach Ortleru trudno zaliczyć go do zwierząt stale zamieszkujących krainy tej wysokości

Tetragnathoidae.

Tetragnatha Latr.

† *T. obtusa* C. L. Koch. m., i. — Atzwang — Völs. Schlern, niższy regiel.

Pachygnatha Sund.

P. De Geerii Sund., m., i. — Schlanders. Prad — Trafoi.

Uloboroidae.

Uloborus Latr.

U. Walckenaërii Latr., i. — Eggenthal.

Hyptiotes Walck.

H. paradoxus (C. L. Koch), i. — Guntschnaer Berg. Schlern, niższy regiel.

Theridioidae

Episinus LATR.

† *E. lugubris* SIM., m., f. — Eggenthal. Guntschnaer Berg. Gatunek prawdopodobnie na pozór tylko nowy dla Tyrolu, o czem zresztą niżej.

Theridium WALCK.

* *Th. lepidum* (WALCK.), m., f. — Dolina Suldeńska, nisko w reglach i jeszcze w dolnej części hal.

Th. formosum (CLERCK), i. — Eggenthal.

Th. umbraticum L. KOCH, f., i. — Schlern, u górnej granicy regli. Trafoi — Franzenshöhe. Dolina Suldeńska, poniżej St. Gertraud.

Th. sisyphium (CLERCK), f. — Eggenthal. Trafoi — Franzenshöhe. Dolina Suldeńska, poniżej St. Gertraud.

† *Th. impressum* L. KOCH, f. — Atzwang — Völs. Guntschnaer Berg. Mendelgebirge.

Th. denticulatum (WALCK.), i. — Eggenthal. Guntschnaer Berg. Dolina Suldeńska, poniżej St. Gertraud.

Th. pinastri L. KOCH, i. — Schlern, niższe regle.

* *Th. petraeum* L. KOCH, f., i. — Franzenshöhe. Dolina Suldeńska. Tylko w krainie hal, pod kamieniami.

Th. varians HAHN, i. — Atzwang — Völs. Schlern, niższe regle.

Th. tinctum (WALCK.), f., i. — Schlern. Dolina Suldeńska. Niższa część regli.

† *Th. lapidicola* n. sp., f. — Eggenthal.

Dipoena THOR.

D. melanogaster (C. L. KOCH), p. — Eggenthal.

Lasaeola SIM.

† *L. braccata* (C. L. KOCH), f. — Eggenthal.

† *L. prona* (Menge)?, i. — Sigmundskron — Mendelgebirge. Oznaczenie młodego okazu nieco wątpliwe.

Steatoda Sund.

St. bipunctata (L.), m. — Eggenthal.

Crustulina Menge.

Cr. guttata (Wider), f. — Eggenthal.

Teutana Sim.

T. triangulosa (Walck.), i. — Guntschnaer Berg. Sigmundskron — St. Pauls.

Lithyphantes Thor.

L. corollatus (L.), i. — Sigmundskron — St. Pauls.

Asagena Sund.

A. phalerata (Panz.), f., i. — Sigmundskron — Mendelgebirge. Dolina Suldeńska, poniżej St. Gertraud.

Pedanostethus Sim.

* *P. lividus* (Blackw.), f. — Franzenshöhe.
P. truncorum (L. Koch), f. — Trafoi — Franzenshöhe.
Kilka szczegółów o tym gatunku podanych jest w drugiej części tej pracy.

Tapinopa Westr.

T. longidens (Wider), m.; i. — Schlern. Dolina Suldeńska. W niższej części regli.

Drapetisca Menge.

Dr. socialis (Sund.), i. — Schlern, w reglu aż po górną granicę.

Linyphia LATR.

L. triangularis (CLERCK), m., f. — Eggenthal, Guntsch-naer Berg. Schlern, dolina Suldeńska; w niższym reglu.

L. phrygiana C. L. KOCH, f., i. — Trafoi — Franzens-höhe. Dolina Suldeńska, poniżej St. Gertraud.

L. marginata C. L. KOCH, f., i. — Sigmundskron — St. Pauls. Schlern. Dolina Suldeńska, poniżej St. Gertraud.

L. hortensis SUND., m., f. — Trafoi — Franzenshöhe.

L. frutetorum C. L. KOCH, i. — Eggenthal, Guntschnaer Berg.

L. peltata WIDER, f., i. — Schlern, aż po kosodrzew. Trafoi — Franzenshöhe. Dolina Suldeńska, poniżej St. Gertraud.

Bolyphantes C. L. KOCH.

B. alticeps (SUND.), i. — Dolina Suldeńska, poniżej St. Gertraud.

* *B. luteolus* (BLACKW.), m., f. — Dolina Suldeńska, w halach niewiele wyżej nad granicę lasów.

B. index (THOR.)?, m., f. — Schlern. Trafoi — Fran-zenshöhe. Dolina Suldeńska.

Powody dla których oznaczenie wydaje się wątpliwem, podane są w drugiej części.

Labulla SIM.

L. thoracica (WIDER), f., i. — Eggenthal. Dolina Sul-deńska, poniżej St. Gertraud.

Lephthyphantes MENGE.

L. alacris (BLACKW.), f. — Dolina Suldeńska, poniżej St. Gertraud.

† * *L. monticola* (KULCZ.), f., i. — Schlern, hale. Dolina Trafojska: Ferdinandshöhe. Dolina Suldeńska, niższe hale.

Z gatunku tego znalazłem samice tylko dorosłe, a te przy bardzo wielkiem podobieństwie zachodzącem pomiędzy wieloma gatunkami tego rodzaju nie wystarczyłyby z pewnością do niewątpliwego oznaczenia. Na szczęście znalazł się pomiędzy niedorosłemi samcami jeden tak bliski ostatniego linienia, że przez odstający już w części oskórek można było zobaczyć w głaszczkach prawie wszystkie części rozwijających się narzędzi rozrodczych i sprawdzić ich zgodność z odpowiedniemi narzędziami opisanego z Tatr gatunku: *L. monticola*. — Do rysunku podanego przeze mnie w „Opisach nowych gatunków pająków z Tatr i t. d." tablica I, fig. 4 a, wypada dodać, że z powodu nieco nieszczęśliwego położenia głaszczka wypadł w nim ząb u nasady t. zw. *paracymbium* za mały, w esowato wygiętej blaszce zaś, równoległej z początku do *paracymbium*, dalej naprzód a wreszcie na zewnątrz skierowanej, część ostatnia wypadła za krótka; część ta może mieć ząbki w całej swej długości, liczba ich dochodzi wtedy do 8.

† *L. expunctus* (CAMBR.), m., f. — Schlern, u górnej granicy regli. Trafoi — Franzenshöhe. Dolina Suldeńska, poniżej St. Gertraud.

† *L. mughi* (FICKERT), m., f. — Trafoi — Franzenshöhe. Dolina Suldeńska, poniżej St. Gertraud.

† *L. pulcher* (KULCZ.), m., f. — Schlern, u górnej granicy regli. Trafoi — Franzenshöhe.

L. obscurus (BLACKW.), f. — Trafoi — Franzenshöhe. Dolina Suldeńska, poniżej St. Gertraud.

† * *L. annulatus* (KULCZ.) (?), i. — Dolina Suldeńska, wyższe hale.

Okazy zebrane, młode samce i samice, zgadzają się wprawdzie dobrze z tatrzańskiemi, nawet w głaszczkach bliskiego dojrzałości samca nie mogłem znaleźć różnicy, jednakże zupełnej pewności w oznaczeniu nie ma, gdyż różnice mogłyby się znaleźć w tych częściach głaszczków, które na okazie tym jeszcze nie są dostatecznie wykształcone. Wielce prawdopodobnem jest, że *L. frigidus* E. SIMONA jest tym samym gatunkiem, ale rysunek w *Les Arachnides de France* nie jest dość dokładny. Nazwa *annulatus*, jako starsza, miałaby pierwszeństwo.

† * *L. fragilis* (Thor.), m., f. — Schlern, hale. Dolina Trafojska: Frazenshöhe, Ferdinandshöhe i stoki południowe pod Korspitze. Dolina Suldeńska, hale niższe i wyższe.

W opisie tego gatunku podaje E. Simon, że u samca znajduje się na części rzepkowej głaszczka kilka grubych włosów zakrzywionych, i tak też rzecz jest przedstawiona w rysunku na str. 297 w *Les Arachn. de France*. Prof. Thorell, który pierwszy ten gatunek opisał [1]), mówi o jednej tylko w tem miejscu szczecinie i jednym lub paru włosach. Mój jedyny dorosły samiec zgadza się z opisem Prof. Thorella. O samicy podał Prof. Thorell tylko słów kilka, E. Simon nie opisał jej wcale, mimo że gatunek ten ma być jednym z najpospolitszych we mchach po lasach alpejskich. Zebrane ze samcem samice zgadzają się z tem, co o nich podaje Prof. Thorell. Ponieważ ich narzędzia rozrodcze nie zostały dotąd odrysowane, dołączam rysunek: fig. 32 i 33. Rysunek 38-my w Simona *Les Arachn. de France*, przedstawiający narzędzia rozrodcze samicy *L. culminicola* Sim., mógłby bardzo dobrze odnosić się do *L. fragilis*; drugi rysunek, fig. 37, przedstawia pewne różnice. Nie uważałbym za rzecz nieprawdopodobną, że pomiędzy okazami zaliczonemi przez E. Simona do *L. culminicola* były i samice gatunku *L. fragilis*.

* *L. tenebricola* (Wider), m., f. — Dolina Suldeńska, od niższej części regli aż wysoko w hale.

† *L. Mengei* m. (*Bathyphantes pygmaeus* Menge), m., f. — Eggenthal. Guntschnaer Berg. Sigmundskron — St. Pauls. Dolina Suldeńska poniżej St. Gertraud (oznaczenie tu zebranych okazów, samych młodych, nieco wątpliwe).

---

[1]) *Descriptions of several European and North-African Spiders.*

Kilka uwag o dwu ostatnich gatunkach, pospolitych także w Galicyi a przecież nie dość znanych, mieści się w drugiej części niniejszej pracy.

† * *L. variabilis* n. sp., m., f.— Schlern, pod szczytem. Dolina Trafojska: Franzenshöhe, Ferdinandshöhe. Przełęcz Stelwijska — Cantoniera IV. Dolina Suldeńska. Od górnej granicy regli wysoko w hale. Ze sposobu życia, kształtu i barwy gatunek bardzo podobny do tatrzańskiego *L. varians* (KULCZ.), ale od niego odmienny.

† *L. notabilis* n. sp., f. — Eggenthal.

Bathyphantes MENGE.

* *B. concolor* (WIDER), m. — Poniżej Franzenshöhe (jeden okaz).

† * *B. variegatus* (BLACKW.), f. — Schlern, niższy regiel. Dolina Suldeńska, hale.

† *B.? cyaneo-nitens* n. sp., f. — Guntschnaer Berg.

Porrhomma SIM.

* *P. glaciale* (L. KOCH) (*Erigone cacuminum* KULCZ.), m., f. — Korspitze. Przełęcz Stelwijska i stoki od niej ku IV Cantonierze.

Z porównania okazów tyrolskich z tatrzańską *Erigone cacuminum* wypadło, że do jednego gatunku należą. Opisując *Erigone cacuminum* nie zwróciłem dostatecznej uwagi na opis „*Linyphia glacialis*" podany przez Dra L. KOCHA, nie spodziewałem się bowiem, żeby autor gatunek ten pomieścił był w rodzaju *Linyphia*, gdy w tej samej pracy [1]) zaliczył „*Porrhomma adipatum*" do rodzaju *Erigone*.

* *P. montigenum* (L. KOCH), m., f. — Schlern, szczyt. Korspitze. Dolina Suldeńska, hale niższe.

---

[1]) *Beitrag z. Kenntn. d. Arachnidenfauna Tirols. 2-te Abhandl.*

Zupełnie podobny gatunek, jeszcze nienazwany, żyje w Tatrach. Różnice tak są małe, że do ich wykrycia nie wystarczyłby nietylko pierwotny opis Dra L. KOCHA, ale i późniejszy podany przez E. SIMONA i nawet uzupełniony rysunkiem.

* *P. adipatum* (L. KOCH), f. — Ferdinandshöhe. Dolina Suldeńska, hale.

Tmeticus MENGE.

† * *Tm. Huthwaitii* (CAMBR.), m., f. — Przełęcz Stelwijska — IV Cantoniera. Miejsce to leży już po włoskiej stronie.

† * *Tm. pabulator* (CAMBR.), f. — Schlern, koło górnej granicy lasu.

O synonimice tego gatunku w drugiej części niniejszej pracy

† *Tm. silvicola* n. sp., f. — Schlern; w dolnej części regli w jednym okazie znaleziony.

Microneta MENGE.

* *M. gulosa* (L. KOCH) (*M. Grouvellii* CAMBR., SIM.), m., (f.). — Schlern, szczyt. Dolina Trafojska: Franzenshöhe, stoki poniżej Korspitze, przełęcz Stelwijska. Dolina Suldeńska Od górnej granicy regli wysoko w hale.

Sprostowanie jednego szczegółu w opisach CAMBRIDGEA i SIMONA podaję niżej.

† * *M. nigripes* SIM., f. — Korspitze. Przełęcz Stelwijska i stoki od niej ku IV Cantonierze.

* *M. rurestris* (C. L. KOCH), m., (f.) — Stoki południowe pod szczytem „Korspitze“.

Scotinotylus SIM.

† * *Sc. ? aries* (KULCZ.) ?, f. — Dolina Suldeńska, hale. Trzy znalezione okazy są bardzo podobne do tatrzańskich, ale przód tułogłowia wydaje mi się nieco więcej zwężony; ztąd oznaczenie uważam za wątpliwe.

Gatunek opisany przeze mnie p. n. *Erigone aries* uważa E. Simon za *Scotinotylus antennatus* (Cambr.), czego nie mogę uznać za słuszne. U *E. aries* ♂ nie ma na głowie poza oczami bruzdy, jaka znajduje się u *Scotinotylus antennatus*, wyrostki między oczami środkowemi są u niej o wiele krótsze niż w tym gatunku podług rysunków E. Simona i Cambridgea. Mostek samicy jest gładki i lśniący, u *Scot. antennatus* ma być ćmy i pomarszczony. Cambridge widział moje okazy *E. aries* i oznajmił, że tego gatunku nie zna; samo to oświadczenie nie rozstrzyga jednak sprawy, gdyż Cambridge wziął obydwa wyrostki zdobiące głowę samca *Erigone antennata* — przypadkiem zapewne spojone — za jeden [1]) i może nie miał później sposobności dowiedzieć się o pomyłce.

Tiso Sim.

* *T. aestivus* (L. Koch) (*Erigone carpatica* Kulcz.), m., f. — Schlern. Dolina Suldeńska. W krainie hal.

Tatrzańska *Erigone carpatica* nie różni się od opisanej z Tyrolu przez Dra L. Kocha *Erigone aestiva*. Jedyne dwie różnice, jakie na podstawie opisu Dra L. Kocha podałem w „Opisach nowych gat. pająków z Tatr i t. d." nie istnieją wcale. Widocznie wziął autor t. zw. *paracymbium* za wyrostek części piszczelowej głaszczka i w tem wymaga jego opis bezwarunkowo sprostowania. Także ustawienie oczu znajduję takiem u tyrolskich okazów, jak je opisałem na podstawie jedynego w Tatrach znalezionego samca. Prawdopodobnie jest jednak to ustawienie zmienne; tylne środkowe oczy robią z powodu małej wypukłości swojej prawie wrażenie zanikających a ztąd do zmienności skłonnych narzędzi.

Erigone Aud.

* *E. dentipalpis* (Wider) m., f. — Trafoi — Franzenshöhe, w reglach i w halach.

---

[1]) *On some new Species of Erigone. Part. I. (Proc. Zool. Soc. 1875).*

* *E. tirolensis* L. KOCH, m., f. — Korspitze. Piz-Umbrail.

Gatunek ten żyje także w Tatrach, gdzie go znalazłem już w r. 1881; z podaniem tej wiadomości wstrzymałem się nie ufając oznaczeniu niepopartemu porównaniem z okazami niewątpliwie do tego gatunku należącemi.

* *E. remota* L. KOCH, m., f. — Schlern, hale. Dolina Trafojska: Ferdinandshöhe, stoki pod szczytem Korspitze ku Franzenshöhe. Stoki od przełęczy Stelwijskiej ku Sta. Maria (Cantoniera IV). Piz-Umbrail.

Gonatium MENGE.

† * *G. rubens* (BLACKW.), m., f. — Dolina Trafojska: Franzenshöhe i stoki pod Korspitze.

Typhochrestus SIM.

* *T. paetulus* (CAMBR.) (?), m. — Stoki południowe od Korspitze ku [Franzenshöhe. — Zupełnej pewności w oznaczeniu nie ma, gdyż dotąd nie podano należytego opisu głaszczków tego gatunku.

Caracladus SIM.

* *C. aviculus* (L. KOCH), m. — Poniżej Franzenshöhe.

Entelecara SIM.

† * *E. media* n. sp., m., f. — Dolina Trafojska: Ferdinandshöhe. Dolina Suldeńska, niższe hale.

Plaesiocraerus SIM.

* *Pl. Helleri* (L. KOCH) (*Erigone tatrica* KULCZ.), m. f. — Schlern, hale. Dolina Trafojska: Ferdinandshöhe, Korspitze. Przełęcz Stelwijska — Cantoniera IV. Dolina Suldeńska, hale.

* *Pl. alpinus* (CAMBR.) ?, f. — Dolina Trafojska: stoki pod Korspitze. Dla braku samca oznaczenie wątpliwe.

Prosopotheca Sim.

† * *Pr. corniculans* (Cambr.) ?, f. — Dolina Trafojska: koło lodowca „Madatschferner," koło Franzenshöhe i wyżej na dnie doliny i na stokach południowych.

Pr. monoceros (Wider), m. — Dolina Suldeńska, poniżej St. Gertraud.

Cornicularia Menge.

† * *C. cuspidata* (Blackw.), f. — Schlern, hale.

† * *C. vigilax* (Blackw.), m., f. — Stoki południowe pod Korspitze nad Franzenshöhe. Przełęcz Stelwijska i stoki od niej ku Sta. Maria. Piz-Umbrail.

Ceratinella Emert.

* *C. brevis* (Wider), f. — Eggenthal. Schlern, u górnej granicy regli. Franzenshöhe. Do zupełnej pewności oznaczenia potrzebne byłyby samce dorosłe, których nie udało się znaleźć.

† * *C. brevipes* (Westr.), m. — Schlern, hale.

Kilkanaście gatunków z dawnego rodzaju *Erigone*, z których tylko samice znaleziono, pominięto w spisie powyższym. Piąty tom dzieła E. Simona „*Les Arachnides de France*" posunął wprawdzie znajomość tych zwierząt znacznie naprzód, a z czasem bez wątpienia nie będzie się napotykało na większe trudności przy oznaczaniu samic *Erigon*, niż dziś n. p. przy odróżnianiu gatunków z grupy *Lycosa monticola* lub samic z rodzaju *Xysticus*; dziś jednak jesteśmy jeszcze daleko od tego stanu rzeczy, nie mamy bowiem opisów dokładnych.

Z 27 gatunków rodziny *Theridioidae* oznaczonych wyżej znakiem † *Episinus lugubris* jest z pewnością równy gatunkowi *E. truncatus* dotychczasowych wykazów, a *Theridium impressum* bywało mieszane z *Th. sisyphium*. Przypuścićby też można, że *Linyphia angulipalpis* podana przez Dra L. Kocha z hal północnego Tyrolu nie jest tym gatunkiem, którego nazwisko nosi, ale=*Lephthyphantes monticola*. Z pozostałych gatunków nie mało zapewne leży w zbiorze Dra L. Kocha, który jednak, zniszczywszy wzrok długoletnią pracą nad pajęczakami, studyjum ich ze szkodą dla nauki porzucić musiał.

W żadnej innej rodzinie nie przyczyniła się wycieczka do Tyrolu do uzupełnienia wiadomości o wzajemnym stosunku fauny karpackich i tyrolskich gór w tym stopniu, jak w rodzinie *Theridioidae*, fauna bowiem hal składa się przeważnie z gatunków tej rodziny. Okazało się, że *Porrhomma glaciale, Erigone tirolensis, Tiso aestivus, Plaesiocraerus Helleri*, które uchodziły za właściwe Alpom, żyją także w Tatrach, zkąd trzy z nich opisane zostały przeze mnie pod nazwami: *Erigone cacuminum, E. carpatica, E. tatrica*. Z liczby gatunków właściwych Karpatom odpadły: *Lephthyphantes monticola, L. pulcher, L. annulatus* i *Scotinotylus aries* (?). Do gatunków znanych dawniej nie tylko z Tatr ale i z innych okolic, ale w Alpach tyrolskich teraz dopiero odkrytych, należą: *Lephthyphantes expunctus, L. mughi, Bathyphantes variegatus, Tmeticus Huthwaitii, Tm. pabulator, Cornicularia cuspidata, Ceratinella brevipes. Lephthyphantes variabilis. Tmeticus silvicola, Entelecara media* są nowemi nabytkami dla Tyrolu, podług obecnych wiadomości właściwemi tylko Alpom.

Pholcoidae.

Pholcus WALCK.

Ph. opilionoides (SCHRANCK), m., f. — Eggenthal. Guntschnaer Berg.

Scytodoidae.

Scytodes LATR.

Sc. thoracica LATR., f. — Guntschnaer Berg.

Dictynoidae.

Dictyna SUND.

† *D. viridissima* (WALCK.), i. — Gunschnaer Berg.

D. arundinacea (L.), f. — Guntschnaer Berg.

† *D. latens* (FABR.) ?, f. — Eggenthal. Oznaczenie wątpliwe dla braku samca dorosłego.

Titanoeca THOR.

T. quadriguttata (HAHN), i. — Eggenthal. Guntschnaer Berg.

Amaurobius C. L. KOCH.

A. claustrarius (HAHN), m., f. — Dolina Suldeńska, regle aż po górną granicę.

A. fenestralis (STROEM), m., f., i. — Eggenthal. Dolina Trafojska: poniżej Franzenshöhe. Dolina Suldeńska, poniżej St. Gertraud.

A. iugorum L. KOCH (?), f., i. — Eggenthal, Guntschnaer Berg, Sigmundskron — St. Pauls.

A. obustus L. KOCH (?), t., i. — Schlern. Guntschnaer Berg. Dolina Suldeńska, poniżej St. Gertraud.

Oznaczenie dwóch ostatnich gatunków jest nieco wątpliwe, głównie z powodu złego stanu okazów.

Agalenoidae.

Coelotes BLACKW.

† *C. mediocris* n. sp., m., f. — Dolina Suldeńska, poniżej St. Gertraud.

† * *C. pastor* SIM. ?, m., f. — Dolina Trafojska: począwszy od Franzenshöhe aż po przełęcz Stelwijską; Korspitze.

Dolina Suldeńska od granicy regli wysoko w hale. Piz-Umbrail.

Cryphoeca THOR.

† * *Cr. carpatica* HERM. ?, f. — Dolina Trafojska: Ferdinandshöhe. Jedyny okaz znaleziony na progu pod przewieszoną skałą, jakiego długo szukałem — nauczony doświadczeniem w Tatrach, — oczy ma nienormalne, odwłok bez rysunku jasnego, co się tylko wyjątkowo u okazów tatrzańskich zdarza, wreszcie w narzędziach rozrodczych różni się od tatrzańskiéj *Cr. carpatica* wprawdzie drobnostką tylko, różnica ta mogłaby się jednak okazać stałą przy porównaniu większej liczby okazów. W obec tego oznaczenie musi pozostać nieco wątpliwem.

Tegenaria LATR.

T. domestica (CLERCK), THOR., f., i. — Eggenthal, Guntschnaer Berg.

T. silvestris L. KOCH, m., f. — Eggenthal. Dolina Suldeńska, poniżej St. Gertraud.

T. agrestis (WALCK.) (?), f., i. – Sigmundskron — St. Pauls; Mendelgebirge. U jedynej dorosłej samicy, którą znalazłem, wynosi długość tułogłowia tylko 5·2 mm., piszczel IV jest równy I, tylny brzeg zagłębienia w płycie pokrywającej narzędzia rozrodcze nie ma rozszerzenia; mimo to zdaje się, że okaz ten do tego należy gatunku, gdyż zresztą zgadza się z opisem SIMONA. W fig. 61 podaję nierysowane dotąd narzędzia rozrodcze samicy.

Agalena WALCK.

A. labyrinthica (CLERCK), f. — Guntschnaer Berg.

A. similis KEYS., i. — Guntschnaer Berg.

Textrix SUND.

T. denticulata (OLIV.), i. — Eggenthal. Guntschnaer Berg.

T. caudata L. Koch, f., i. — Guntschnaer Berg. Sigmundskron — St. Pauls. Mendelgebirge.

Drassoidae.
Micaria Westr.

† * *M. scenica* Sim., f., i. — Dolina Trafojska: od granicy regli w górę, Franzenshöhe, Ferdinandshöhe. ? Dolina
Suldeńska, hale.

Oprócz samic zgodnych z opisem Simona znalazłem dwa
samce dorosłe (w dolinie Trafojskiej pod przełęczą Stelwijską i w halach doliny Suldeńskiej), które się z tym opisem
nie zgadzają. Byćby mogło, że samce te do innego gatunku
należą; zgadzają się one dość dobrze z opisem *M. alpina*
L. Koch podanym przez E. Simona w *Les Arachn. de France*
w tomie IV. (Dr. L. Koch opisał tylko samicę tego gatunku).

Prosthesima L. Koch.

† *Pr. sarda* Can. (?), m. — Sigmundskron — St. Pauls.
Oznaczenie o tyle tylko wątpliwe, że członek piętowy (metatarsus) II nie ma prócz pary kolców u nasady żadnego innego kolca. Rysunek, fig. 62 i 63, przedstawiający głaszczek
tego gatunku nie będzie zbytecznym, w dotychczasowej bowiem literaturze nie ma takiego rysunku.

Pr. subterranea (C. L. Koch), f. — Dolina Suldeńska,
poniżej St. Getraud.

† *Pr. similis* n. sp., f. — Schlern, w dolnej części regli.
Poniżej Franzenshöhe znalezione dwa samce może także należą do tego gatunku, rzecz to jednak wielce wątpliwa.

* *Pr. clivicola* (L. Koch), f. — Schlern, u górnej granicy lasu. Okazy zgodne z zebranemi w Tatrach, zkąd miał
okazy Dr. L. Koch przy pierwotnym opisie tego gatunku.
Nie mogąc nabrać pewności, że E. Simona „*Prosthesima clivicola*" jest tym samym gatunkiem, podaję w fig. 65. kształt
narzędzi rozrodczych samicy.

Pr. oblonga (C. L. Koch), f. — Eggenthal, Guntschnaer Berg.

* *Pr. talpina* L. Koch, m., f. — Dolina Trafojska: Trafoi — Franzenshöhe, w reglach i wyżej.

Pr. apricorum L. Koch (?), f. — Eggenthal.

Drassus Walck.

Dr. lapidicola (Walck.), f. — Sigmundskron — St. Pauls. Mendelgebirge.

† *Dr. lapidicola var. macer* Thor., f. — Mendelgebirge. Do tej odmiany liczę okazy samic mniejsze od typowych i z oczami przedniemi tak ułożonemi jak u samców opisanych przez Prof. Thorella, t. j. środkowemi więcej od siebie niż od bocznych oddalonemi.

* *Dr. pubescens* Thor., f. — Sigmundskron — Mendelgebirge. Dolina Trafojska: Trafoi — Franzenshöhe, stoki pod Korspitze; w reglach i halach.

† * *Dr. Heerii* Pav., m., f. — Dolina Trafojska: poniżej Franzenshöhe, między Franzenshöhe a lodowcem Madatschferner i wyżej na dnie doliny i po stokach południowych aż po Korspitze. Dolina Suldeńska, hale wyższe i niższe.

Jeden z gatunków, którego nieobfita wprawdzie ale zamieszana synonimija wymaga pewnych wyjaśnień; o czem w drugiej części niniejszej pracy.

* *Dr. troglodytes* C. L. Koch, f., i. — Schlern, koło szczytu. Dolina Trafojska: koło Franzenshöhe i wyżej na dnie doliny i po stokach południowych. Dolina Suldeńska, poniżej St. Gertraud i jeszcze wysoko w halach.

Dr. scutulatus L. Koch, f., i. — Bozen, Schlanders. Okaz znaleziony w Schlanders, młody, jest nieco wątpliwy; ma on kolce na końcu piszczela II a nie posiada ich na członku piętowym II, w czem nie zgadza się z opisem E. Simona. Podług Dra L. Kocha są jednak kolce na przednich nogach bardzo zmienne (*Die Arachn. Famil. der Drassiden*).

Gnaphosa LATR.

* *Gn. muscorum* (L. KOCH), f. — Stoki południowe nad Franzenshöhe.

Gn. lugubris (C. L. KOCH), f. — Mendelgebirge. Z dwóch dorosłych okazów ma jeden tułogłowie długie na 6 mm., drugi tylko na 4·4 mm. Okaz mniejszy nie zgadza się z opisami w tem, że na jednym piszczelu I i na obydwóch piszczelach II ma po jednym kolcu osadzonym w połowie długości członka. Liczba kolców jest jednak z pewnością w pewnych granicach zmienna; tak n. p. u jednego z okazów tego gatunku otrzymanych od Prof. BERTKAUA znajdują się także kolce środkowe na piszczelach II.

* *Gn. badia* (L. KOCH), f. — Dolina Trafojska: Trafoi — Franzenshöhe, w reglu, między Franzenshöhe a lodowcem „Madatschferner". Dolina Suldeńska: w dolnej części hal.

* *Gn. petrobia* (L. KOCH)?, f. — Dolina Trafojska: powyżej Franzenshöhe na dnie doliny i po stokach ku Monte Livrio i ku Korspitze, przełęcz Stelwijska. Dolina Suldeńska, hale.

Oznaczanie samic tego rodzaju należy do najprzykrzejszych zajęć, nie ma bowiem cech, na któreby liczyć można. Kolce na nogach są niestałe, narzędzia rozrodcze — dostarczające zwykłe cech po największej części bardzo dobrych — zmieniają się z wiekiem prawie nie do poznania, nawet co do brzegu tułogłowia zostaje się często w wątpliwości, czy go uznać za wąski, czy za szeroki, przynajmniej u okazów, które nie bardzo dawno wyliniły się po raz ostatni. Z tych powodów nie można nazwisk powyższych uważać za zupełnie pewne. Jeden gatunek, znaleziony na szczycie Schlernu, podobny wielce do *Gn. petrobia*, ale prawdopodobnie odmienny, wypadło pominąć zupełnie.

Callilepis WESTR.

C. Aussereri (L. KOCH), i. — Mendelgebirge.

C. exornata (C. L. KOCH), f. — Guntschnaer Berg.

* *C. nocturna* (L.), f., i. — Eggenthal. Mendelgebirge. Dolina Trafojska: poniżej Franzenshöhe i wyżej po stokach pod Korspitze. Dolina Suldeńska, poniżej St. Gertraud.

Clubiona LATR.

Cl. subsultans THOR., i. — Schleŕn, u górnej granicy regli.

Cl. trivialis C. L. KOCH, f. — Schlern. Dolina Suldeńska, poniżej St. Gertraud.

Dwóch gatunków, z których znaleziono tylko samice, nie można było zaliczyć na pewno do żadnego z opisanych gatunków. Nieodpowiednią jednak zdawało się rzeczą opisywać je — przy braku samców — jako nowe.

Chiracanthium C. L. KOCH.

Ch. Mildei L. KOCH, f., i. — Eggenthal. Sigmundskron — St. Pauls.

Ch. erraticum (WALCK.), ?, i. — Eggenthal.

Phrurolithus C. L. KOCH.

Phr. festivus (C. L. KOCH), i. — Eggenthal. Sigmundskron — St. Pauls. Dolina Suldeńska, poniżej St. Gertraud.

Sagana THOR.

S. rutilans THOR., i. — Eggenthal. Guntschnaer Berg.

Liocranum L. KOCH.

L. rupicola (WALCK.), i. — Guntschnaer Berg.

Zora C. L. KOCH.

Z. spinimana (SUND.), i. — Guntschnaer Berg.

† * *Z. manicata* SIM., f. — Dolina Trafojska: stoki południowe nad Franzenhöhe. Jedyny okaz różni się nieco w barwie nóg od opisanych przez E. SIMONA, ale prawdopodobnie należy do tego gatunku.

† * *Z. nemoralis* (Blackw.), f.— Eggenthal. Schlern, w regiu aż po górną granicę. Dolina Trafojska: poniżej Franzenshöhe nad granicą regli.

† *Z. parallela* Sim., f. — Mendelgebirge.

Z grupy zwanej *Tubitelariae* przybywa do fauny tyrolskiej gatunków 12 i 1 odmiana, z tych cztery pod wątpliwemi jeszcze [nazwiskami. Może bez wyjątku sąto gatunki znalezione obecnie po raz pierwszy w Tyrolu, przynajmniej przy żadnym z nich nie nasuwa się podejrzenie, żeby się w spisach dawniejszych znajdował pod innem nazwiskiem, niż w wykazie obecnym.

Nowemi nabytkami dla fauny hal tyrolskich są: *Coelotes pastor*, *Cryphoeca carpatica*, *Micaria scenica*, *Drassus Heerii*, *Callilepis nocturna*, *Zora manicata*, same gatunki nie podane z Tyrolu, z wyjątkiem *Callilepis nocturna*, zbieranej przedtem w Tyrolu północnym do wysokości 4000′, pojawiającej się jednak w grupie Ortleru z pewnością nie przypadkowo tylko. Co do gatunków *Cryphoeca carpatica* i *Zora manicata*, znalezionych każdy tylko w jednym okazie, to dopiero późniejsze badania będą mogły wykazać, jakie jest ich rozsiedlenie w Alpach tyrolskich. Pozostałe trzy gatunki: *Coelotes pastor*, *Micaria scenica* i *Drassus Heerii*, są pospolite w halach Ortleru, tak że zwierzęta te trzeba — w obecnym stanie wiadomości — uznać za bardzo charakterystyczne dla tej grupy gór w przeciwieństwie do reszty Alp tyrolskich. Żałować trzeba, że w skutek wątpliwego oznaczenia nie można gatunku *Cryphoeca carpatica* uznać stanowczo za mieszkańca Alp, a tak w zawieszeniu pozostać musi kwestyja, czy zwierzę to pojawiające się obficie w halach tatrzańskich słusznie uważano dotąd za wyłącznie właściwe Tatrom.

Dysderoidae.

Segestria Latr.

S. senoculata (L.), f. — Schlern, niższa część regli. Dolina Trafojska: Trafoi — Franzenshöhe.

Dysdera Latr.

D. Ninnii Can. (*D. alpina* L. Koch. *in litt.*), f. — Sigmundskron — St. Pauls. Schlern, u górnej granicy regli. Gatunek ten oznaczyłem przez porównanie z okazami otrzymanemi od hr. E. Keyserlinga pod nazwą *D. alpina* L. Koch; Canestriniego opis gatunku *D. Ninnii* jest dość niedokładny.

Dasumia Thor.

D. Canestrinii (L. Koch.), f. — Guntschnaer Berg. Nie wątpię o rzetelności oznaczenia, jakkolwiek Dr. L. Koch zaliczył ten gatunek do rodzaju *Harpactes*.

Filistatoidae.

Filistata Latr.

F. testacea Latr., i. — Bozen, w murach domów.

Opiliones.

Phalangioidae.

Astrobunus Thor.

A. Helleri (Auss.) — Eggenthal. Sigmundskron — St. Pauls. Dolina Trafojska: Prad — Trafoi. Dolina Suldeńska, aż po górną granicę regli.

Liobunum C. L. Koch.

L. limbatum L. Koch. — Eggenthal. Guntschnaer Berg. Schlern, aż po górną granicę regli. Prad — Trafoi. Dolina Suldeńska, poniżej St. Gertraud.

Prosalpia L. Koch.

* *Pr. bibrachiata* (L. Koch). — Dolina Trafojska: Ferdinandshöhe. Dolina Suldeńska, hale.

Phalangium L.

Ph. opilio L. — Sigmundskron — St. Pauls. Mendelgebirge.

Platybunus C. L. Koch.

Pl. rufipes (C. L. Koch). — Atzwang — Völs.

Pl. pinetorum (C. L. Koch) *var. alpestris* (C. L. Koch). — Schlern, u górnej granicy regli. Trafoi — Franzenshöhe. Dolina Suldeńska, poniżej St. Gertraud.

† * *Pl. armatus* n. sp. — Schlern, pod szczytem, jeden okaz.

Oligolophus C. Koch.

* *O. glacialis* (C. L. Koch). — Schlern, hale. Dolina Trafojska: jeszcze w reglach koło górnej granicy, po wieczne śniegi. Dolina Suldeńska, hale. Od przełęczy Stelwijskiej po Sta Maria, Piz-Umbrail.

* *O. morio* (Fabr.). — Schlern, w reglach i kosodrzewinie. Dolina Trafojska: od Pradu po Franzenshöhe.

* *O. alpinus* (Herbst). — Atzwang — Völs (m., f.). Schlern, w reglu i kosodrzewinie (m., f.). Dolina Trafojska: Prad — Trafoi (f.), Trafoi — Franzenshöhe (m., f.), koło Franzenshöhe (m., f., między Franzenshöhe a lodowcem „Madatschferner" (f.), stoki południowe nad Franzenshöhe (f.). Dolina Suldeńska, hale niższe i wyższe (m., f.). Piz-Umbrail. (f.).

Rzecz wiadoma, że nie ma cech, po którychby można na pewno odróżnić samice dwu ostatnich gatunków. Samce odróżnia się zwykle łatwo, jednakże w Austryi niższej na Raxalpe zebrał Prof. Kotula parę samców pośrednich pomiędzy obydwoma gatunkami, tak, że prawa gatunkowe tychże wydają mi się wielce wątpliwe. U okazów tych członek piętowy III jest słabo tylko zgrubiały, bardzo mało skrzywiony, piszczel I ma na spodzie z jednego boku dość dużo kolców, z drugiego bardzo mało, członek piętowy I opatrzony jest licznemi kolcami.

* *O. cinerascens* (C. L. KOCH). — Schlern, jeszcze nisko w reglach i na szczycie. Dolina Trafojska: Trafoi — Franzenshöhe, w reglu i wyżej po obydwu stronach doliny aż po Korspitze. Dolina Suldeńska, poniżej St. Gertraud i jeszcze wysoko w halach. Między przełęczą Stelwijską i Sta Maria. Piz-Umbrail.

Acantholophus C. L. KOCH.

A. horridus (PANZ.). — Eggenthal.

Nemastomatoidae.

Nemastoma C. L. KOCH.

N. quadripunctatum. (PERTY). — Dolina Suldeńska, poniżej St. Gertraud.

* *N. dentipalpe* AUSS. — Eggenthal. Schlern, nisko w reglach. Dolina Trafojska: poniżej Franzenshöhe i na stokach południowych nad Franzenshöhe. Dolina Suldeńska, poniżej St. Gertraud.

* *N. chrysomelas* (HERM.). — Sigmundskron — St. Pauls. Eggenthal. Schlern, w reglach i halach. Dolina Suldeńska, w niższej części hal.

Z podaniem zebranych (dwóch?) gatunków z rodzaju *Trogulus* wstrzymuję się nie ająć zupełnie ich oznaczeniu.

Chelonethi.

Cheliferoidae.

Chelifer GEOFFR.

Ch. lampropsalis L. KOCH. — Guntschnaer Berg. Mendelgebirge.

† * *Ch. montigenus* Sim. — Dolina Trafojska: stoki południowe nad Franzensböhe.

Obisium Leach.

O. muscorum Leach (?). - — Sigmundskron — St. Pauls. Okaz trochę odmienny od galicyjskich.

* *O. iugorum* L. Koch. — Schlern, szczyt. Dolina Trafojska: Ferdinandshöhe, Korspitze.

† *O. fuscimanum* C. L. Koch. — Eggenthal.

O. alpinum (L. Koch). — Guntschnaer Berg.

Chthonius C. L. Koch.

Chth. tetrachelatus (Preyssl.). — Sigmundskron — St. Pauls.

Chth. Rayi L. Koch. -— Eggenthal. Guntschnaer Berg.

Scorpiones.

Euscorpius Thor.

Eu. italicus (Herbst). — Guntschnaer Berg.

Eu. sicanus (C. L. Koch) ? — Guntschnaer Berg.

Nazwisko „*sicanus*" pozostawiam temu gatunkowi tylko dla tego, że pod niem widocznie jest podany w spisie Dra L. Kocha. E. Simon uważa gatunek *Scorpius sicanus* C. L. Kocha za = *Euscorpius carpathicus* L.; może słusznie. Tyrolski *Scorpio sicanus* jest jednak gatunkiem odmiennym, którego do żadnego z opisanych w nowszych czasach — w literaturze mnie przystępnej — zaliczyć nie mogę. Z tego powodu podaję niżej opis tej formy.

Eu. germanicus (Herbst). — Eggenthal. Schlern, w niższej części regli.

Z roztoczów (*Acari*), których nie zbierałem w Tyrolu, jeden zwrócił przecież uwagę moję na siebie, mianowicie:

Caeculus echinipes Duf.. Żyje on w halach dolin Trafojskiej i Suldeńskiej w sposób podobny, jak w Tatrach pewien
gatunek jeszcze nieopisany z rodzaju *Cepheus* (*Oribatoidae*).

Opisy gatunków mało znanych lub nowych i uwagi.

Attus alpicola, n. sp. *parte thoracica* $\frac{1}{8}$ *longiore quam
area oculorum, cuius latus anticum aeque fere longum est atque posticum; mas palporum parte tarsali longiore quam partes tibialis et patellaris simul sumptae, his albo pilosis, parte
tibiali processu ornata compresso, parum acuto, laminae tarsali adpresso, abdomine supra nigro, ad marginem anticum
linea alba medium abdomen non attingenti, pone medium maculis duabus oblongis albis ornato, metatarso I non incrassato;
femina vulvae lamina postice emarginata, in longitudinem
paullo excavata, ad marginem posticum fovea profunda obcordata ornata.*

Mas. *Cephalothorax* fere in dimidia parte thoracica latissimus, lateribus leviter, posteriora versus paullo fortius quam
anteriora versus rotundatis, ad oculorum seriem tertiam eâ c:a
dimidia oculi diametro utrimque latior; pars thoracica quam
oculorum area c:a $\frac{1}{8}$ longior, quadrangulus oculorum $\frac{3}{5}$ latior quam longus, latere antico et postico fere aequalibus,
postico perparum longiore. Dorsum a declivitate postica usque ad oculos posticos sublibratum, ab oculis his ad anticos
arcu levi sat fortiter descendens. *Oculi* postici lateralibus
anticis paullo minores esse, intermedii spatiis aequalibus ab
his et ab illis distare videntur; oculorum anticorum margines
superiores lineam subrectam designant, spatia mediis et lateralibus interiecta horum radio minora; clypei sub oculis mediis altitudo (parte membranacea excepta) radium eorum non
aequat. *Mandibulae* directae, forma vulgari, sat fortiter sed

non dense in transversum rugosae, margine apicali oblique truncato; sulci unguicularis margo posticus ad unguem in cristam humilem, c:a dimidium marginem apicalem mandibulae occupantem, elevatus, margo anticus in angulo mandibulae interiore dentibus 4 inter se proximis armatus, quorum supremus minimus, caeteri inter se parum inaequales sunt. *Palporum* (fig. 1, 2) pars femoralis leviter compressa, apicem versus levissime dilatata et incurva, pars patellaris supra aeque circiter longa ac lata, tibialis eâ ut et latitudine sua c:a duplo brevior, apicis latere exteriore in spinam producto anteriora et paullo exteriora versus directam, parti tarsali fere adpressam, quae spina a parte inferiore visa aeque fere longa atque pars tibialis lata, apicem versus aequaliter angustata, apice acuto, a latere adspecta levissime sursum curvata, minus aequaliter et minus fortiter angustata videtur. Pars tarsalis ambabus praecedentibus non parum longior et latior, bulbus irregulariter rotundatus, parum inaequalis, aeque fere longus ac latus, stylum emittit e parte exteriore postica, marginem bulbi posticum, interiorem, anticum cingentem, sub apice laminae desinentem. Metatarsus *pedum* I tibia multo tenuior, parum crassior quam tarsus, tibia vix longior quam patella; tibia cum patella III aeque fere longa atque tibia IV, tibia III evidenter crassior quam tibia IV.

Corpus supra nigrum, mandibulae nigro fuscae, apicem versus pallidiores, sternum labium nigra, maxillae fuscae, margine apicali pallido, coxae et trochanteres subter fusca, anteriora paullo nigricantia, posteriora gradatim pallidiora, pedum femora ad maximam partem nigricantia, dorso linea duplici fusca ornato, subter indistincte fusco maculata, patellae obscure fusco-rufae, plus minusve fusco maculatae praesertim in lateribus, tibiae I fere totae nigrae, metatarsi colore eodem, basi fusco rufâ, tarsi fusco-rufi, apice obscuriore; caeterae pedum partes fusco-rufae aut rufo-fuscae, plus minusve nigro annulatae et maculatae, maculis et annulis parum ex-

pressis. Palporum pars femoralis supra fusco rufa, in lateribus et subter colore nigro picta, pars patellaris fusco flavida,
margine apicali subter fusco, tibialis eâ obscurior, processu
ut pars tarsalis fusco-nigro. Abdomen subter pallidius quam
supra.

Cephalothorax supra nigro pilosus, pube nigra tectus,
squamis paucis flavo-rufis immixtis, lineis albis duabus ornatus, quarum media antice longe attenuata mediam fere oculorum aream attingit, in declivitatem posticam non descendit,
altera planum dorsuale cingit, in partem dorsi posticam declivem plus minusve producta, oculorum posticorum marginem inferiorem, oculorum anticorum margines superiores attingit, oculos intermedios plus minusve circumfundit; laterum
pars antica et facies squamis et pilis pallidis, cinereis aut
flavidis aut rufo-flavis tecta, cinguli oculorum anticorum e squamis coloris eiusdem efformantur, quibus immixtae sunt nigrae;
tota facies nullam picturam evidentiorem ostendit. *Sternum*
cum coxis subter pilis albidis non densis tectum. *Palporum*
pars femoralis supra secundum totam longitudinem et partes
patellaris et tibialis albo pilosae, pili in partis tibialis lateribus sat longi, nonnunquam flavidi; lamina bulbi nigro pilosa,
prope basim pilis albis et rufis immixtis. *Pedes* nigro et rufo
pubescentes, lineolis et annulis e pube alba efformatis ornati.
Abdominis dorsum nigerrimum, pilis paucis rufis immixtis;
area nigra latera habet anterius aequalia, posterius leviter
sinuata et in lineas obliquas deorsum descendentes producta,
lineâ albâ circumdatur, posterius plus minusve interruptâ, lineâ albâ media brevi non latâ antice cum limbo albo coniunctâ, medium dorsum non attingenti et maculis duabus albis
paullo oblongis, paullo pone medium dorsum sitis ornatur.
Ad ipsum marginem anticum areae, prope a linea media,
punctum utrimque unum rufescens, parum distinctum, plerumque invenitur; apicem areae posticum arcus aut anguli duo
aut tres occupant, parvi, plus minusve interrupti, anteriores

plerumque rufescentes, posteriores albidi. Paries abdominis
anticus nigro et rufo pubescens, latera pube albida tecta, supra praesertim posterius lineis obscuris ex area dorsuali exeuntibus, plus minusve inter se coniunctis, rufis et nigris picta;
venter cinereo-albidus, mamillae nigrae.

Cephalothorax 2·2 mm. long., 1·6 lat.; patella + tibia
I 1·6, femur IV 1·6, tibia + patella IV 1·6 long.; abdomen
c:a 2·8 long., 1·9 latum.

Femina. *Cephalothoracis* forma similis atque in mare,
quadrangulus *oculorum* tantum desuper adspectus $^4/_5$ latior
videtur quam longus. *Mandibularum* dentes nonnunquam tres
tantum. Lamina *vulvae* (fig. 3) flavo-rufa, pilosa et rugosa,
marginem posticum in lateribus rotundatum, medio sinuatum
habet, ad ipsum marginem posticum fovea ornatur profunda
obcordata, marginibus lateralibus et postico modice elevatis
distinctis, postico iu medio in foveam paullo producto; antice
fovea haec in impressionem abit minus profundam, marginibus obsoletis, quae fere usque ad marginem anticum laminae
extenditur.

Color corporis idem atque maris; palpi rufo·flavidi, apice
partis tarsalis infuscato; pedes rufo-flavi, quam palpi obscuriores, fusco annulati: femora apice fusca, infra medium fusco
annulata, annulis praesertim in femoribus pedum anteriorum
in lineas obliquas, in utroque latere sitas, cum fuscedine
apicali plus minusve coniunctas, divulsis; tibiae annulis binis
ornatae, metatarsi singulis in apice; annuli praesertim pedum
anteriorum plus minusve obsoleti.

Feminarum, quae ova deposuerant, *cephalothorax* supra
pube fusca, albida, rufo-flavida tectus, in lateribus pube albida,
cui praesertim superius pubes fusca et rufo-flavida immixta
est; dorsum praeter lineam in quadranguli oculorum dimidio
posteriore sitam, albam, immaculatum videtur. Clypeus a margine usque ad oculos dense albido pilosus, spatia oculis anticis interiecta pilis aut albidis aut pallide rufo-flavidis repleta.

In *abdomine* folium dorsuale fusco, albo, flavo-rufo pubescens, margines laterales parum distinctos habet, mamillas non attingit, postice enim in angulum excisum est, qui sinus pube alba tectus angulis 2 aut 3 fuscis parvis pro parte repletur. Ad sinum utrimque folium colorem purum fuscum aut nigerrimum habet, praeterea maculis tantum duabus albidis, paullo pone medium dorsum sitis, inter se late distantibus, paullo oblongis ornatur. Partes corporis inferiores, palpi, pedes albido pubescentia.

Cephalothorax 2·4 mm. long., 1·8 lat., tib. + pat. I. 1·5 (patella paullulum longior quam tibia), tib. + pat. IV 1·8 longa.

Mares iuniores colorem similem habent atque adulti.

Feminarum nondum adultarum, quas vidi, folium dorsuale abdominis valde indistinctum, maculis ornatum quatuor, aut omnibus nigerrimis, aut anterioribus, quae in dimidia fere longitudine dorsi iacent, fuscis, posterioribus — ad folii marginem posticum sitis — nigris; maculae albae valde indistinctae; nonnunquam pars folii postica vestigijs angulorum albidorum ornatur.

Patria: Tirolia meridionalis. Plura legi specimina sub lapidibus in monte Schlern et in valle „Trafoier Thal". Regionis alpinae incola. — Ab *Atto floricola* (C. L. Koch) et ab *A. rupicola* (Id.) mas differt — praeter colorem — spina partis tibialis palporum non acutissima sed fere obtusa, femina autem lamina vulvae profunde sinuata et fovea obcordata ornata.

Lycosa subita (Sim.)?

? 1872. Lycosa strenua. Thorell, *Remarks on Synonyms of European Spiders*, pag. 302.

? 1876. Pardosa subita. Simon, *Les Arachnides de France*, III, pag. 356.

Femina. *Abdominis* color valde variare videtur, in speciminibus pallide coloratis similis est atque ex. gr. in *Trochosa*

7

amylacea (C. L. KOCH), flavido-cinereus maculis nigro-fuscis sparsus. Macula dorsualis antica lanceolata pallida est, margines nigro-fuscos habet; pone eam dorsum arcubus recurvis vel angulis ornatur, paullo brevioribus quam est oculorum area lata, nonnunquam per paria inter se approximatis, saltem nonnullis in lateribus varium in modum inter se coniunctis. In utroque latere maculae lanceolatae maculae binae nigro-fuscae, irregulares, plus minusve cum ea coniunctae inveniuntur; macula similis utrimque saltem una etiam in lateribus areae posticae, arcubus fuscis occupatae, adest. Latera abdominis fusco maculata, maculis in series obliquas plus minusve congestis. Venter pallidus, secundum medium et in utroque latere plus minusve fusco maculatus.

Cephalothoracis exsiccati pictura minus distincta quam humefacti; vitta media pube tecta cinerea, latera autem superius pube ad maximam partem fusco-cinerea, inferius fuscocinerea et cinerea, maculis submarginalibus indistinctis. *Abdomen* supra maxima ex parte pube cinerea, praeterea pube flavo-cinerea et nigro-fusca tectum; in dorso pubes nigro-fusca in lineas congesta est, quae aream mediam includunt antice aeque latam atque $^1/_2$ cephalothoracis, posterius angustatam; lineae hae irregulares, curvatae, in latere exteriore in maculas c:a 3 transversas dilatatae, apicem abdominis non attingunt; macula lanceolata valde indistincta, area dorsualis arcubus nonnullis recurvis nigro-fuscis persecta; latera abdominis albido et fulvo et fusco pubescentia, venter pube albida tectus. — Ovis depositis pubes abdominis fulva fit, pictura fere tota evanescit.

Vulva (fig. 4) fere parva dici potest. Carina media antice valde angusta posteriora versus sensim dilatatur; pars eius postica, deflexa, in transversum aut aequabiliter convexa est aut sulcis duobus parvis, posteriora versus discedentibus in tres dividitur partes; margo posticus arcum format procurvum aut aequabilem aut bis sinuatum; paullulum ante apicem costa in angulum acutum producta est utrimque, nonnunquam leviter procurvum. Fovea vulvae in dimidio anteriore, quod duplo circiter longius est quam latum, margines habet parallelos, sublibratos, aeque circiter elevatos atque est costa media; margines hi, ubi costam attingunt, subito exteriora versus et sursum (erga ventrem) se flectunt, foveae igitur pars posterior margines habet humiliores quam costa media et latior est quam pars anterior; margines eius laterales arcus formant incurvos, denique sub apice costae mediae occultantur.

Occurrunt exempla maiora minoraque, cephalothorace 3·6 — 4·1 mm., tibia cum patella IV 4·8 — 5·7 mm. longis.

Caeterum confer descriptionem a Cel. THORELLIO datam.

Mas. *Cephalothorax* antice fortius angustatus quam in femina, fronte c:a 2¹/₂ (non 2 tantum) angustiore quam pars thoracica; quam tibia IV fere non longior, aeque circiter latus atque tibia cum ¹/₃ patellae III. Dorsi a latere visi forma, oculorum anticorum magnitudo et intervalla eadem atque in femina. *Palporum* pars tibialis paullo longior quam patellaris, apicem versus parum dilatata, saltem 1¹/₂ longior quam apice lata; pars tarsalis paullo brevior quam patellaris cum tibiali, hac c:a ¹/₈ latior, laminae tarsalis pars apicalis libera longitudine c:a ³/₇ totius partis tarsalis aequat. Bulbus (fig. 5) modice prominens, parum inaequalis; pars basalis ad latus exterius sat profunde sinuata, spina ordinaria in bulbo a latere viso perparum prominens, valde brevis, aeque fere lata atque longa, in angulo exteriore postico denticulo brevissimo deorsum directo ornata; e bulb. parte interiore exit spina tenuis longa, margini partis basalis parallela, ex parte apice spinae ordinariae occulta, deinde sursum flexa, in apiculum deorsum directum non procul a bulbi margine exteriore desinens (pars haec difficilius cernitur); prope apicem eius e bulbi partibus profundis spinula emergit, apice fortasse incisa, margine laminae tarsalis in bulbo a latere visò occulta. Caetera pars bulbi paullo irregulariter rotundata sulco ex apice

exeunti, oblique retro et intus directo, non perfecte in duas
dividitur partes, quarum exterior in dentem producitur nigrum,
fortiter curvatum, apice deorsum et retro directo, paullulum
ultra laminae tarsalis marginem prominenti.

Maris adulti *color* similis atque feminae pallide coloratae, pedum annuli tamen in femoribus tantum distincti, in tibiis posterioribus obsoleti, in anterioribus et in caeteris pedum partibus indistincti; palpi nigro-fusci, apex partis femoralis et dorsum partis patellaris fusco-flavida, lamina tarsalis
apicem versus paullo pallidior quam basi.

Cephalothorax desiccatus maculas laterales melius distinctas habere videtur quam in femina, albidas. Abdomen
supra pube ad maximam partem cinereo-albida tectum, pictura
nulla evidentiori. Palpi nigro et fusco pilosi, apex partis
femoralis et dorsum partis patellaris pilos nonnullos albos
habent.

Cephalothorax 3·4 mm. long., 2·6 lat., tibia cum patella
IV 4·7 long., metatarsi IV longitudo fere eadem.

Lycosa ferruginea L. Koch, L. Giebelii Pav., L. cincta n. sp.

W r. 1881 przedstawiłem w „Wykazie pająków z Tatr
i t. d." niezgodności widoczne przy porównaniu opisów gatunku *Lycosa ferruginea* podanych przez różnych autorów.
Nie wiedziałem wówczas, że w pracy p. t. *Arachniden aus
Sibirien und Novaja Semlja*, wydanej w r. 1879, Dr. L. Koch
usunął już najważniejszy szkopuł w tej sprawie, przyznając,
„że przez niepojętą pomyłkę uważał gat. *Lycosa Giebelii* za
opisaną przez siebie *L. ferruginea*". Prof. Thorell i E. Simon otrzymali od Dra L. Kocha okazy „*L. ferruginea*",
pierwszy przed r. 1872, drugi przed 1876; rzecz niewątpliwa
otrzymali nie rzetelną *L. ferruginea*, ale *L. Giebelii*, ztąd
różnica pomiędzy ich opisami a pierwotnym opisem Dra L.
Kocha.

Dr. L. Koch opisał w *Verzeichn. der bis jetzt in Tirol beobacht. Arachniden* (1876) mniemanego samca „*Lycosa ferruginea*". Z opisu głaszczków wynika bezwarunkowo, że ten samiec należy nie do *L. ferruginea* ale do *L. Giebelii*. Samca *L. ferruginea* znalazłem w Tatrach i niżej uzupełniam opis tego gatunku.

Obecnie jest rzeczą pewną, że gatunkowi żyjącemu w Tatrach należy się nazwa *L. ferruginea* L. Koch. Dotychczasowe wiadomości o rozsiedleniu tego gatunku w Tyrolu wymagają zato rewizyi i to opartej nie na literaturze, ale na zbiorach, przez nazwę „*L. ferruginea*" rozumiano bowiem w jednych pracach rzetelną *L. ferruginea*, w innych *L. Giebelii*. Gdy tak gatunek *L. Giebelii* nosił nie swoje nazwisko „*ferruginea*," ukrywała się prawdziwa *ferruginea* z pewnością także pod cudzą nazwą: *Lycosa blanda*. Ten domysł dawniejszy podaję dzisiaj w tej formie stanowczej, że E. Simona *Lycosa blanda* ♀, opisana w *Les Arachnides de France*, nie jest prawdziwą *L. blanda*, ale = *L. ferruginea*. W opisie samca znajduję pewne niezgodności; czy one są tylko pozorne, czy też pająk ten nie jest samcem gatunku *L ferruginea*, tego bez porównania okazów trudno dojść.

Lycosa blanda C. L. Kocha nie należy do gatunków dokładnie znanych; przypuścićby nawet można, że sam C. L. Koch w dziele „*Die Arachniden*" (tom XV) pomieszał pod tem nazwiskiem dwa gatunki, jeden zamieszkujący górskie lasy do wysokości 5000′ w Alpach, drugi żyjący po brzegach lasów w bagnistych okolicach. Pomimo tego uważam szczegóły, których się o tym gatunku dowiedzieć można z dzieła C. L. Kocha i z Prof. Thorella *Remarks on Synonyms*, za dostateczne do uznania, że Simona *Pardosa blanda* ♀ nie jest = *L. blanda* C. L. Kocha.

Na szczycie Schlernu znaleźliśmy dwa okazy z rodzaju *Lycosa*, które może nie różnią się od *L. blanda* C. L. Kocha; podług Dra L. Kocha żyje nawet rzeczywiście *L. blanda*

na Schlernie; gdy jednak wszystko nawoływa do ostrożności
w postępowaniu z tą grupą Lycos, najlepiej będzie dać temu
gatunkowi nazwę nową (*Lycosa cincta*), którą za synonim
nazwy *L. blanda* ten dopiero będzie mógł uznać, kto rozporządzając okazami *L. blanda*, zebranemi nie gdzie indziej jak
w lasach alpejskich Salcburga, wykaże, że one nie różnią się
niczem od okazów *L. cincta* z wysokich hal Alp południowych.

Dla gatunków *Lycosa ferruginea* i *L. blanda* ułożyć
można następujące listy synonimów:

Lycosa ferruginea.

1870. Lycosa ferruginea. L. Koch, *Beiträge z. Kenntn. d. Arachnidenfauna Galiziens*, p. 46.

1876. Pardosa blanda. Simon, *Les Arachn. de France* III, p. 349
(♀, non ♂?)

1881. Pardosa ferruginea. Kulcz., Wykaz pająków z Tatr, p. 62, 64.

1882. „　　　„　　　„　*Spinnen aus der Tatra*, p. 29.

Lycosa Giebelii.

1872. Lycosa ferruginea. Thorell, *Remarks on Synonyms*, p. 303.

1873. Lycosa Giebelii. Pavesi, *Catal. sist. dei ragni del Cantone
Ticino*, p. 164.

1876. Pardosa ferruginea Simon, l. c., p. 350.

„　　　„　　　„　L. Koch, *Verzeichn. d. in Tirol bis
jetzt beob. Arachn.*, p. 267 (part. ?), p. 341.

1879. „　Giebelii. L. Koch, *Arachn aus Sibirien und Novaja
Semlja*, p. 101.

Lycosa ferruginea L. Koch.

Mas. *Cephalothorax* quam tibia IV parum longior, latior
quam tibia III longa. Frons c : a $2\frac{1}{2}$ angustior quam pars
thoracica, dorsum a latere visum a parte postica declivi praerupta usque ad oculos intermedios lineam format sigmoideam,
anterius convexam, posterius concavam, pars cephalica tamen
parte thoracica non altior est. *Oculorum* series antica procurva, oculi medii lateralibus paullo minores esse videntur,
inter se spatio fere duplo maiore quam ab his distant. *Pal-*

porum pars tibialis supra aeque fere longa atque patellaris,
apicem versus parum dilatata, pars tarsalis aeque circiter
longa atque patellaris cum tibiali, hac 1½ latior, laminae
pars apicalis libera ⅓ totius longitudinis partis tarsalis occupat; bulbi pars basalis et spina ordinaria a latere adspectae
(fig. 6) insigniter prominent. Pars basalis (fig. 7) in bulbi
latere interiore saltem ⅔ eius longitudinis occupat, in exteriore multo brevior, marginis apicalis eius pars exterior valde
obliqua. Spina ordinaria medio bulbo inserta, a basi fere
curvata, exteriora et paullo anteriora versus directa, paullo
sursum curvata, leviter contorta, apice obtusa, subtilissime
striata, in baseos parte exteriore dente forti, deorsum curvato,
acuto ornata, qui tamen in bulbo a latere viso „parte basali"
omnino occultatur. Prope apicem spinae transversae e bulbi
parte interiore exeuntis, eius latus exterius fere attingentis,
iacet spina nigra, bulbi parti anteriori inserta, retro directa,
exteriora versus curvata, apice leviter bifida. *Tibiae* I subter
3 paribus aculeorum instructae.

Corporis humefacti aut detriti *color* similis atque in femina, obscurior; pedum annuli in femoribus solis distincti,
caeterum valde obsoleti aut nulli. Palpi rufo-fusci, pars femoralis supra linea nigro-fusca ornata, in lateribus plus minusve nigricans; partes patellaris et tibialis caeteris non multo
pallidiores, lamina tarsalis basi obscurior quam apice. —
Exempla, quae vidi, detrita sunt, quam ob rem corporis illaesi
colorem describere non possum.

Cephalothorax 3·2 mm. longus, 2·5 latus, tibia cum patella IV 4·0, metatarsus IV 4·3 longus.

Lycosa cincta n. sp. *cephalothorace nigro-fusco vittis*
tribus ornato, media inaequali oculos non attingenti, laterali-
bus continuis pallide flavis, tibiis I aculeis subter 2. 2. 2 in-
structis, vulvae fovea magna profunda, antice angusta, medio
subito et fortiter rotundato dilatata, costa media posteriora

versus leviter dilatata, in dimidio posteriore nonnunquam levissime coarctata.

Femina. *Cephalothorax* aeque circiter longus atque tibia cum $\frac{1}{2}$ patella IV, aeque latus atque tibia IV longa Dorsum a declivitate postica usque ad oculos posticos levissime adscendens, rectum. Series *oculorum* anticorum leviter procurva, oculi subaequales, medii inter se spatio maiore quam a lateralibus distant. *Tibiae* I subter praeter aculeos apicales aculeis 2.2 longis armatae, par tertium non parum altius, n lateribus situm; aculei paris 2-di ante medium inserti fere apicem tibiae attingunt. *Vulvae* (fig. 8) fovea forma paullo variat, magis minusve dilatata, magna, profunda, marginibus elevatis, insigniter quam foveae fundus obscurioribus circumdatur; pars eius antica angusta, posteriora versus parum aut leviter tantum dilatata; pars media multo latior quam antica, rotundato dilatata; margines foveae usque ad eius partem latissimam valde praerupti sunt et fere acuti, posteriora versus autem declives, itaque pars foveae postrema fundum proprium non habet, marginibus enim oblique usque ad costam mediam descendentibus repletur; marginum autem partes summae a foveae parte latissima posteriora versus primo leviter tantum inter se appropinquant, deinde fortius incurvantur, humiliores fiunt, ipsum fere costae mediae apicem deflexum attingunt. Fundus foveae aeque fere latus atque longus. Secundum totam longitudinem fovea in duas dividitur partes costa media laevi, non striata, marginibus non elevatis, antice e foveae fundo exeunti, posteriora versus leviter elevata et aut fere aequabiliter usque ad apicem dilatata, aut in dimidia parte posteriore leviter coarctata; apex costae posticus subito ventrem versus deflexus a parte postica adspectus aeque saltem altus videtur atque latus.

Cephalothorax nigro-fuscus, vittis tribus ornatus; vitta dorsualis in declivitate postica, ubi angusta est, flava, caeterum rufo-flava, circa sulcum ordinarium, qui niger est, modice dilatata, marginibus subaequalibus, ante eum paullo coarctata, denique in ramulos tres desinens, quorum neque medius, neque laterales — coniunctim semicirculum efformantes — oculos posticos attingunt; vittae laterales optime distinctae, flavidae, continuae, marginibus leviter dentatis, margo cephalothoracis obscurus eis c:a duplo angustior. *Clypeus* rufo-flavus, qui color in capitis lateribus cum vittis lateralibus coniungitur. *Mandibulae* fuscae, margine apicali et vitta longitudinali diffusa, ab earum parte suprema interiore oblique deorsum descendenti, pallidioribus. *Sternum* fuscum, *labium* nigricans apice pallido, *maxillae* pallide rufo-fuscae, basi fortius infuscatae; *palpi* colore pedum, parte femorali fusco maculata, patellari puncto fusco utrimque notata, tibiali basi plus minusve infuscata; *coxae* subter flavidae, parum infuscatae; *pedes* flavo-fusci, colore rufo suffusi, obscuriores aut pallidiores, femora supra annulis quatuor nigro-fuscis interruptis, inter se plus minusve coniunctis ornata, in lateribus aut etiam subter fusco maculata; caeterae pedum partes paullo quam femora obscuriores annulis parum distinctis ornatae. *Abdominis* dorsum area lanceolata, lateribus inaequalibus, fusco-rufa, plus minusve quam dorsi partes adiacentes pallidiore ornatum; cuius areae pars anterior maculam ordinariam includit lanceolatam, latitudine fere pedum femora aequantem, medium dorsum attingentem, fusco-rufam, summis marginibus nigris. Posterior pars areae arcubus recurvis obscuris, plus minusve distinctis ornata. Caetera pars dorsi obscure rufo-fusca, maculis nigris sparsa, quarum maximae per paria ad ipsos margines areae dorsualis et pone arcus supra dictos dispositae. Latera abdominis inferiora versus pallidiora fiunt, venter rufo-cinereus, colore fusco suffusus. *Mamillae* infimae nigerrimae, supremae pallidae, dorso nigricanti.

Cephalothoracis partes obscure coloratae pube fulva parce tectae, quae colorem cutis parum mutat; vittae laterales et pars posterior vittae mediae dense albo pubescentes, pars huius anterior pube flavo-albida tecta; spatium oculis posticis et ramulis anticis vittae mediae interiectum et area oculorum posteriorum et capitis latera superius pubem flavo-rufam habent. *Abdominis* macula lanceolata fulvo-albida, marginibus nigris et fuscis, area dorsualis maxima ex parte albo pubescens, in lateribus anterius pube fulvo-rufa immixta; area haec in utroque latere maculis nigris et punctis albis interiectis, quam maculae minoribus, circumdatur, praesertim posterius. Laterum pars superior fulvo et nigro pilosa, albo punctata, pars inferior ut venter et sternum albo pilosa. *Pedum* et *palporum* pubes pallide fulva alba fusca; annuli in pedibus desiccatis minus distincti quam in humefactis.

Cephalothorax 2·9 mm. longus, 2·2 latus, patella + tibia I 2·6, metatarsus 1·6, tarsus 1·3, pat. + tib. IV 3·5 (patella sola 1·1), metat. 3·3, tars. 1·8 longus.

Patria: Tirolia meridionalis. — Duo vidi exempla in cacumine montis Schlern capta.

Species affinis *Lycosis* nonnullis Europae et Asiae septentrionalis: *L. septentrionali* WESTR., *Lapponicae* THOR., *atratae* THOR., *Camtschadalicae* KULCZ.; differre videtur a *L. Lapponica* septi vulvae forma alia, a *septentrionali* septo eo non sulcato, ab *atrata* et *Camtschadalica* foveae forma et colore corporis et pedum pallidiore. Num *L. blanda* L. KOCHII?

Lycosa annulata THOR., hortensis THOR., proxima C. L. KOCH.

O wszystkich powyższych gatunkach wspomniał Prof. THORELL w *Remarks on Synonyms*, przyczem zwrócił uwagę na wielkie podobieństwo pomiędzy *L. annulata* i *hortensis*, gatunek zaś *L. proxima* porównał z powodu podobieństwa w barwie i wielkości z gat. *L. monticola* (CLERCK). W *Les Arachnides de France* opisał E. SIMON *L. proxima* i *hortensis*, a gat. *L. annulata* uznał za = *L. proxima*, odwołując się do zdania wypowiedzianego przez Dra L. KOCHA o okazach paryzkich

„podobnych do tych, które posłużyły Prof. Thorellowi do utworzenia gatunku *L. annulata*“. (Prof. Thorell miał z tego gatunku okazy zebrane przez siebie koło Nicei i Rzymu, i paryskie otrzymane od E. Simona). Rzecz ta zastanawia o tyle, że gdyby *L. annulata* była tylko formą gat. *L. pro-xima*, podobieństwa pomiędzy niemi nie byłby zapewne Prof. Thorell pominął milczeniem. W r. 1881 uznał O. P. Cam-bridge w *The Spiders of Dorset* Simonowską *L. hortensis* za równą nie *L. hortensis* Thorella ale *L. annulata*; przez to jednak sprawa nie została jeszcze wyjaśniona

Nie rozporządzając odpowiednim materyjałem w niczem nie mogę się przyczynić do rozwiązania poruszonej kwestyi, może jednak nie będzie bez pożytku samo zwrócenie uwagi na to, że i w tej grupie gatunków nie wszystko jest jeszcze jasnem.

Lycosa mixta n. sp. *affinis* Lycosae monticolae (Clerck)*, vitta media cephalothoracis antice aequabiliter angustata, vittis lateralibus continuis, maris metatarsis et tarsis anticis leviter incrassatis et pilis longis flaccidis ornatis, vulvae lamina an-gulis posticis subrectis, late plus minusve profunde sulcata.

Femina. *Cephalothorax* aeque saltem longus atque tibia cum ¹/₂ patella IV. Series *oculorum* antica paullulum procurva, oculi medii lateralibus paullulum maiores, inter se spatio paullo maiore quam ab his remoti. *Vulvae* fovea la-minâ repletur trapezoideâ, paullo longiore quam lata postice, posteriora versus aut aequabiliter dilatata aut lateribus leviter bis sinuatis, margine postico leviter procurvo aut medio fere recto, angulis posticis subrectis; lamina haec sulco lato, ple-rumque profundo ornatur, qui aut marginem posticum attingit aut prope eum evanescit.

Cephalothorax nigro-fuscus; vitta media angusta, antice fere aequabiliter angustata, oculorum aream saltem attingens, vittae laterales continuae, marginibus parum inaequalibus, aeque circiter atque vitta media latae, tibiis pedum paullo angustiores; ad ipsos margines cephalothoracis, qui fusco-nigri sunt, linea invenitur pallida, angustissima, plus minusque interrupta. *Clypeus* pallide coloratus. *Mandibulae* pallidae, in exemplis obscurius coloratis ad basim antice macula fusca parum distincta, in latere exteriore autem macula nigro-fusca ornatae, praeterea secundum marginem interiorem et sulcum unguicularem linea nigro-fusca pictae, quae in mandibulae latere exteriore in maculam dilatatur. *Maxillae* pallidae, *labium* fuscum apice pallido, *sternum* nigro-fuscum, linea media flavida, saltem antice distincta, ornatum. *Palpi* fusco-flavidi, plus minusve nigro-fusco maculati. *Pedum* coxae subter pallidae, immaculatae, femora quam partes caeterae pallidiora, caeterum pedum pictura non constans; in exemplis pallide coloratis femora sola supra fusco maculata sunt, in obscurius coloratis etiam in femorum lateribus maculae nigro-fuscae inveniuntur, patellae colore eodem maculatae sunt, tibiae et metatarsi saltem pedum posteriorum annulis ornantur, quorum praesertim tres in metatarso IV siti, basalis et medius et apicalis, distincti sunt. *Abdominis* humefacti pictura varia, a pictura *Lycosae monticolae* caet. notis distinctis non differt. *Mamillae* pallidae, supremae dorso nigro-fusco.

Cephalothoracis partes pallidae pube alba tectae, linea media nonnunquam usque ad oculos intermedios producta, linea submarginalis saepe melius quam in cephalothorace humefacto expressa; partes obscurae pube fusca et — praesertim circa oculos et inter eos — fulva tectae. *Mandibulae* nigro pilosae et disperse albo pubescentes. *Sternum* cum coxis et venter pube albida tecta. *Pedum* et *palporum* pubes supra maxima ex parte pallide fulva, subter albida. *Abdominis* area dorsualis cum maculae lanceolatae partibus interioribus pallide fulva, margines maculae lanceolatae nigro-fusci, ad utrumque latus eius punctum album; areae dorsualis pars posterior maculis nigro-fuscis cincta, arcubus tenuibus recurvis albis, inter maculas eas productis, in plures divisa partes. Latera abdominis supra pallide fulva, maculis nigro-fuscis in series obliquas inconditas dispositis sparsa, inferius albida, fusco punctata. Pictura abdominis, praesertim quae e pilis albis efformatur, magis constans quam pictura cutis ipsius.

Cephalothorax 3·5 mm. longus, 2·5 latus, patella cum tibia IV 4·1, metatarsus IV 4·1 mm. longus.

Mas. *Cephalothoracis* cum patella et tibia IV comparati longitudo, oculorum anticorum magnitudo et situs eadem atque in femina. *Palporum* pars patellaris latitudine sua paullo longior, tibialis eâ paullo latior et longior, apicem versus modice dilatata, dense nigro pilosa; pars tarsalis 1 ½ latior quam tibialis, longior quam patellaris cum tibiali. Bulbus genitalis valde similis bulbo *L. palustris*, differt ab eo praesertim processu in latere exteriore ante marginem anticum partis basalis sito et laminae corneae obscurae forma, quae in bulbi parte apicali ante spinam ordinariam iacet. Processus ille in *L. palustri* (fig. 9, 10) non multo minor quam spina ordinaria, crassus, prominens, levissime plicatus, in *L. mixta* (fig. 11, 12) minor est, difficile cernitur, non prominet; lamina supra dicta a parte inferiore adspecta in *L. palustri* quadrangularis angulo postico interiore elongato, a spina ordinaria spatio pallide colorato disiuncta esse videtur, inaequalis est, rugosa; in *L. mixta* subaequalis est, sulcis tantum paucis obliquis perparum profundis ornatur, pars eius postica spinâ ordinariâ occultatur. *Metatarsi* et *tarsi* antici leviter incrassati, tarsi paullo fusiformes; partes hae in lateribus pilis instructae longis tenuibus, parum rigidis ita, ut spiritu vini humefacti et desiccati non erigantur sed adpressi maneant.

Maris *pictura* nonnunquam eadem fere atque feminae, sed pedum femora tantum colore fusco-nigro in dorso picta sunt, caeterae partes pallidae; *palporum* pars femoralis pallida, supra et in latere exteriore nigro-fusco picta, pars patellaris supra pallida, lateribus plus minusve infuscatis, pars tibialis flavo-fusca, lamina tarsalis nigro-fusca. Aliorum color obscurior, vittae *cephalothoracis* parum distinctae, *mandibulae* dense nigro-fusco reticulatae aut nigro-fuscae pallide maculatae, *maxillae* et *labium* nigra, apice pallida, *sterni* linea pallida deleta, *pedum* coxae aut anteriores nigro-fusco maculatae, posteriores pallidae, aut anteriores nigro-fuscae pallide maculatae, posteriores pallidae fusco maculatae, femora saepe etiam subter basi nigricant, *palporum* pars femoralis nigra est, rufofusco maculata.

Pubis color similis atque feminae, saepe minus laetus; palpi nigro pilosi, apex partis femoralis et pars patellaris pilos nonnullos albos habent. Lamina tarsalis opaca.

Cephalothorax 3·0 mm. longus, 2·2 latus, tibia cum patella IV 3·6, metatarsus 3·3 mm. longus.

Patria: Tirolia meridionalis. In pratis alpinis montis Schlern et vallis „Trafoier Thal" non rara.

Mas facile cum *Lycosa palustri* (LINN.), femina cum *L. monticola* (CLERCK) confundi possunt. Ille a *L. palustri* pilis metatarsorum et tarsorum anticorum non rigidis et bulbi genitalis forma paullo alia certo distinguitur, haec a feminis *L. monticolae* non nisi statura paullo maiore et vulvae lamina excavata differre videtur, quae notae — paullo mutabiles — minores sunt, quam quae ad species has discernendas semper sufficiant.

Xysticus lateralis (HAHN) **var. alpinus** n. — *Differt a forma typica statura maiore, colore partium obscuriorum neque laete fusco-rufo neque flavo-rufo, sed pure fusco aut fusco-cinereo, vitta abdominis media dentata valde obsoleta.*

Exempla iuniora latera cephalothoracis pure fusca habent, maculis flavo-cinereis adspersa, pedes flavido-cinereos, in femoribus patellis tibiis supra lineis binis fuscis notatos, abdomen cinereum, colore fusco plus minusve suffusum, supra aut non obscurius quam in lateribus, aut area dorsuali quam latera paullo magis fuscescenti et punctis nigro-fuscis non multis in marginibus notata; fascia dorsualis ordinaria dentata aut omnino obsoleta est aut parum distincta, dentibus exteriora versus sensim evanescentibus, margines areae dorsualis non attingentibus.

Feminae adultae color obscurior; area dorsualis abdominis aut fusca, paullulum colore rufo suffusa, aut pallide cinereo-fusca, a lateribus abdominis melius distincta quam in exemplis iunioribus, punctis obsoletis obscuris adspersa; fascia media perparum distincta.

Ovis depositis vittae mediae cephalothoracis pars antica, pedes, palpi rufo-fusca fiunt, pars vittae mediae posterior flavo-albida est, latera cephalothoracis obscure fusca, maculis parvis pallidioribus adspersa, abdomen supra obscure fuscum, pallide fusco maculatum, limbo areae dorsualis albido saltem in margine antico et in laterum parte anteriore distincto, fascia media fere nulla.

Maris adulti cephalothorax ut in feminis, quae ova deposuerant, pictus, palporum pars femoralis fusca, patellaris et tibialis fusco-flavidae, lamina tarsalis flavo-fusca, pedum anticorum femora et patellae fusca, colore rufo suffusa, plus minusve distincte pallide lineata, partes eaedem pedum posteriorum colorem similem habent, sed pallidiores sunt, caeterae pedum partes flavidae, tibiae nonnunquam obsolete fusco lineatae. Area dorsualis abdominis obscure fusca, colore rufo suffusa, limbo albo circumdata, pars eius postrema nonnunquam arcubus recurvis 2 — 3, cum limbo coniunctis, albidis persecta; pars media areae, quae vitta pallida dentata plerumque occupatur, paullulum pallidior quam partes laterales areae. Latera abdominis et venter fusca, colore rufoflavo suffusa.

Feminae cephalothorax 4 mm. longus, tibia + patella II 4·6 mm., maris cephaloth. 3 mm., tib. + pat. II 3·7 mm. longa.

Patria: Tirolia meridionalis. In alpinis vallium „Trafoier-Thal" et „Sulden-Thal" sub lapidibus pauca legi exempla.

Aranea haec faciem speciei propriae praebet, ad formam tamen cum *X. laterali* (HAHN) omnino congruere videtur.

Thanatus alpinus n. sp. *cephalothorace flavido, utrimque vitta fusca modice lata, in dorso macula elongato-cuneata obscura ornato, pedibus fusco-rufis plus minusve distincte fusco lineatis; abdomine macula rhomboidea nigerrima, medium dorsum attingenti, posterius utrimque linea flexuosa nigra ornato; oculorum serie antica leviter recurva; vulvae fovea paullo variabili, septo repleta ubique aequalis latitudinis, multo longiore quam lato; feminae adultae cephalothorace saltem 4 mm. longo.*

F e m i n a. Corporis *forma* similis atque in *Thanato formicino* (CLERCK). *Cephalothorax* aeque longus atque tibia cum patella III. *Oculorum* series antica directo a fronte visa ita curvata, ut linea per margines superiores mediorum et per inferiores lateralium ducta modice deorsum curvata videatur; oculi medii lateralibus minores, inter se spatio paullo maiore quam ab his remoti, duplam suam diametrum fortasse non aequanti; oculorum posticorum intervalla inter se subaequalia, oculi medii postici mediis anticis paullo maiores videntur. *Abdomen* duplo fere longius quam latum. *Vulva* similis atque in *Thanato formicino*; area eius parum latior quam longa, fovea marginem posticum areae non attingit, formâ paullo variat, aut ubique fere aequali est latitudine, postice tantum leviter dilatata (fig. 13), aut latera habet leviter sinuata et antice angustior est quam postice (fig. 14). Fovea saltem duplo longior est quam antice lata, fundus eius fere

totus septo occupatur lateribus parallelis, saltem duplo longiore quam lato.

Cephalothorax flavidus colore rufo suffusus, summo margine aut concolore aut plus minusve infuscato, utrimque vitta
fusca ornatus non multo latiore quam laterum pars pallida;
pars cephalica macula ornatur cuneata, inter oculos et dorsi
partem posticam declivem extensa, aut tota fusca, aut posterius fusca, anterius autem fusco-rufa et aut concolore aut lineolis fuscis brevibus, ab oculis mediis posticis posteriora
versus ductis picta; partis cephalicae latera, *clypeus, mandi-*
bulae fusco-rufa, nonnunquam fusco maculata (supra palporum insertionem, sub oculis anticis lateralibus, in mandibularum basi antice, in earum latere exteriore postico). *Maxillae*
mandibulis pallidiores, *labium* fuscum, *sternum* fusco-rufum.
Palpi et *pedes* fusco-rufi, illorum pars femoralis apice intus,
pars patellaris apice, pars tibialis basi plus minusve infuscatae, pars tarsalis tota fusca; pedum coxae subter plus minusve pallidé lineatae, femora patellae tibiae lineis fuscis binis, saepe parum distinctis, supra ornata. *Abdominis* area
dorsualis limbo fusco diffuso circumdata, fusco-cinerea, colore
flavo suffusa, antice macula ornata nigerrima rhomboidea,
medium abdomen attingenti, medio utrimque leviter dentata,
postice acuta; pone hanc maculam abdomen lineis pictum est
duabus nigerrimis undulatis, mamillas non attingentibus. Pars
areae lineis his inclusa et postice pone eas producta obscurius colorata est quam partes adiacentes, sensim angustior fit,
mamillas attingit, linea e maculae nigrae anticae apice exeunti, pallida, plus minusve distincta, in duas dividitur partes.
Abdominis latera, quorum color idem est atque dorsi, infra
vitta longitudinali fusca ornantur; venter pallidior, lineis notatus duabus fuscis, a scutis pulmonalibus posteriora versus ductis,
inter se paullo appropinquantibus, non coniunctis, mamillas
non attingentibus. *Mamillae* colore ventris.

9

Cephalothoracis vitta media et partes pallidae laterales pube alba tectae, vitta media lineis duabus ornata ab oculis mediis posticis usque fere ad dorsi partem posticam declivem pertinentibus, inter se paullo appropinquantibus, pube fulva, posterius pro parte pube nigra tectis; laterum partes obscurae fulvo pubescentes, ad vittam mediam nigro maculatae, clypei pubes non densa fulva, summus margo eius squamis albis densissimis ciliatus. Pars cephalica pilis non multis nigris instructa. *Mandibulae* pube fulva sparsae *Palpi* et *pedes* pallide fulvo et albido pubescentes; femorum 6 anteriorum dimidium basale in latere antico inferiore pube albida carere videtur. *Sternum* albido pubescens, nigro pilosum. *Abdomen* pilis dispersis erectis, obscuris et albis, ornatum; dorsum dense albo pubescens, pube fulva immixta, macula lanceolata et lineae sinuatae pube nigerrima tectae; laterum abdominis pubes fulva fusca alba; venter pube non densa albida aut pallide fulva tectus, lineae obscurae fusco pubescentes.

Cephalothorax 4·2 mm. longus, 3·6 latus, abdomen 6 long., tibia cum patella IV 4·6 mm. longa.

Patria: Tirolia meridionalis. Regionis alpinae vallium „Trafoier-Thal" et „Sulden-Thal" incola non rarus. Exempla adulta tria tantum vidi (feminas, quae ova deposuerant). — Species simillima *Thanato formicino* (CLERCK), a quo differt vulvae forma. Exempla nondum adulta a *Th. formicino* distinguere non possum, dorsum abdominis enim etiam in *Th. formicino* nonnunquam lineis nigris ornatur. Utrum *Thanatus*, cuius specimina pauca non adulta in vertice montis Schlern lecta sunt, verus *formicinus* sit, an *alpinus*, decerni non potest.

Singa scabristernis n. sp. *cephalothorace macula alba notato, sterno opaco, reticulato, profunde punctato.*

F e m i n a. *Oculorum* mediorum, nigrorum et in area nigra sitorum, magnitudo et situs difficilius perspiciuntur; area

eorum rectangula, paullo longior quam lata, oculi anteriores
posterioribus paullulum minores, eorum intervallum diametro
aequale et maius est quam spatium oculo anteriori .et posteriori
interiectum; intervallum oculorum posteriorum diametro paullo
minus. Spatium, quo oculus anticus lateralis ab antico medio
distat, minus quam latitudo paris oculorum mediorum. *Clypeus*
sub oculis mediis altitudine diametrum oculi paullo superat. *Sternum* opacum, rugosum, profunde impresso-punctatum. *Femora*
I aculeo 1 prope apicem in latere antico instructa, caetera
inermia; patellae supra in apice aculeo 1, tibiae I in latere
antico paullo ante medium aculeo 1 instructae, caeterum in
tibiis omnibus subter prope medium, in tibiis I et II prope
basim supra ad latus posterius, in tibiis III et IV supra prope
basim aculei singuli inveniuntur, pilis, quibus pedes ornantur,
longis et crassis, non multo maiores; metatarsi inermes. *Abdomen* (ovis depositis) late inverse-ovatum, $^1/_5$ longius quam
latum. Corpus *vulvae* (fig. 15) paullo transversum, rotundatum, in utroque latere fovea semilunari ornatum; carina, qua
foveae disiunguntur, elevata, lata, profunde sulcata, sulco apicem suum non attingenti. Partes hae probabiliter — saltem
quodam tempore — ut in *Singa albovittata* (WESTR.) lamellis
occultantur duabus latis tenuibus pellucidis, in utroque vulvae
latere cuti abdominis, ut videtur, adnatis, super vulvam quasi
tectum elevatum formantibus. Lamellae hae fortasse non in
omnibus exemplis *S. albovittatae* adsunt (an ovis depositis
evanescunt?); in specimine *S. scabristernis* unico, quod vidi,
partes tantum lamellarum in utroque vulvae latere inveni.

Cephalothorax obscure fuscus, in parte cephalica macula
magna lutea ornatus, e fovea ordinaria exeunti, antëriora
versus primo parum tum fortius dilatata, oculos laterales attingenti, usque ad clypei marginem producta; trianguli huius
partem posticam angustam macula occupat alba, longior quam
lata, lateribus et margine postico rectis, margine antico in
angulum producto; area oculorum mediorum, quae nigra est,

cum macula illa alba lineolis fuscis duabus parallelis coniungitur. *Mandibulae* fuscae, *maxillae* et *labium* nigra, apice fusca, *sternum* nigrum. *Palpi* et *pedes* cum coxis flavidi, colore fusco paullulum suffusi, trochanteres pedum subter rufofusco maculati, anteriores in latere posteriore, posteriores in latere anteriore; femora 4 anteriora subter umbra fusca notata, 4 posteriora in latere inferiore antico obsolete infuscata, basi omnium excepta; caeterae pedum partes femoribus paullo obscuriores sunt, nonnullae apices infuscatos habent, omnes annulis distinctis carent. *Adominis* area dorsualis fusca, colore rufo suffusa, limbo albo antice interrupto circumdata, in lateribus leviter rotundata, postice truncata, apicem abdominis desuper adspecti non attingens. Pars media areae vitta occupatur alba, e pariete abdominis antico exeunti, marginem posticum areae non attingenti, aeque circiter lata atque $\frac{1}{3}$ areae, marginibus sinuatis et dentatis, quasi e maculis c:a 6 inter se coniunctis composita, quarum 2 postremae parum distinctae sunt. Venter niger, limbo flavescenti-albo cinctus, cuius pars utraque e pariete abdominis antico exit, scuti pulmonalis latus exterius attingit, cum parte altera pone mamillas coniungitur. Inter limbum album dorsualem et ventralem latera abdominis antice nigro-fusca, posteriora versus pallidiora fiunt, supra mamillas fusco-albida sunt. *Mamillae* fusco-nigrae.

Cephalothorax 1·6 mm. longus, abdomen 3 long., 2·5 latum, tibia cum patella I 1·5 mm. longa.

Patria: Tirolia meridionalis. Unum vidi exemplum a Prof. B. KOTULA in monte „Korspitze" captum. — *S. scabristernis* a *S. albovittata* (WESTR.) sterni sculptura tantum differre videtur.

Episinus truncatus LATR. i E. lugubris SIM.

W Austryi niższej koło Badenu znaleźliśmy z Prof. KOTULĄ na skałach w lesie gatunek z rodzaju *Episinus* z wejrzenia znacznie odmienny od zyjącego w Galicyi i podawanego dotąd pod nazwą *E. truncatus*. Podług opisu E. Simoňa w *Les Arachnides de France* ten gatunek jest rzetelnym *E. truncatus* Latr., u nas zaś żyjący zaliczyć trzeba do gatunku *E. lugubris* Sim.

Episinus lugubris uchodzi dotąd za gatunek rzadki; podano go dotąd tylko z Francyi z kilku miejsc, z Korsyki, Włoch i Grecyi. *Episinus truncatus* ma być daleko szerzej rozsiedlonym. Jednakże po przejrzeniu różnych opisów tego drugiego gatunku sądzę, że pod nazwą *E. truncatus* ukrywa się u wielu autorów forma, którą E. Simon opisał w r. 1873 jako gatunek nowy p. n. *E. lugubris*, i że ta forma o wiele jest częstsza niż rzetelny (podług Simona) *E. truncatus* Latr., podczas gdy we Francyi rzecz się ma odwrotnie. Rozwikłanie synonimów tych dwóch gatunków nie będzie rzeczą łatwą, jakby się zdawać mogło po różnicach, które można wyczytać z opisów Simona, młode bowiem okazy *E. lugubris* odmiennie bywają ubarwione niż dorosłe i barwą zbliżone do *E. truncatus*.

Theridium lapidicola n. sp. *oculorum mediorum area subquadrata, oculis anticis mediis a lateralibus ne radio quidem distantibus, cephalothorace fusco, margines versus obscuriore, sterno fusco, pedibus flavidis fusco annulatis et maculatis, abdomine paullulum latiore quam longo, paullo depresso, albido, fusco-reticulato, supra serie duplici macularum fuscarum notato, vulva clavo carenti, fovea parva hemielliptica ornata; cephalothorace feminae adultae 0·7 mm. longo.*

Femina. *Cephalothorax* aeque fere latus ac longus, obcordatus, fronte (oculorum area) dimidiam partis thoracicae latitudinem aequanti, sublaevis, modice nitidus, fovea postica oblonga, ut impressiones cephalicae sat profunda, parum definita. In cephalothorace desuper adspecto oculi laterales postici ultra marginem paullo prominent. *Oculorum* posteriorum series subrecta, oculi subaequales, medii lateralibus parum maiores, omnes convexi, intervallum mediorum circiter radium aequans, lateralia paullo maiora. Series anterior procurva, oculi medii caeteris omnibus, qui pallide colorati sunt, paullulum maiores videntur, nigri sunt, inter se spatio saltem radium aequanti, a mediis posticis spatiis paullo minoribus, a lateralibus anticis spatiis saltem duplo minoribus quam inter se distant. Oculorum mediorum area perparum latior antice quam postice, paullulum latior quam longa. *Clypeus* sub oculis leviter impressus, inferius leviter convexus et in tubera 2 humillima elevatus, altitudine circiter aream oculorum mediorum aequat. *Mandibulae* clypeo fere duplo longiores, directae, parallelae. *Sternum* sublaeve, subtilissime reticulatum, modice nitidum. *Pedes* tenues, patellae in apice, tibiae pone basim et ante apicem pilis singulis suberectis, longis, caeteris pilis crassioribus, instructae. *Abdomen* paullulum latius quam longum, paullo humilius quam longum, desuper adspectum rotundatum, margine antico levissime sinuato, a latere visum dorso usque ad mamillas subaequaliter arcuato. *Vulvae* (fig 16) lamina leviter convexa, ultra ventrem paullo prominens, a latere visa conum format humilem, latere anteriore leviter convexo, posteriore directo et recto; fovea ornatur parva, proxime a margine postico, qui rectus est, sita, transverse hemielliptica, postice truncata. In alio specimine (pallidius colorato) *vulvae* lamina a latere visa non prominet, fovea ornatur transversa, margine antico et postico sinuatis; margo posticus laminae ipsius angulum format latum apice retro directo.

Cephalothorax pallide flavo-fuscus, margines versus obscurius coloratus, marginibus nigricantibus, fovea ordinaria infuscata. *Mandibulae* colore cephalothoracis, *palpi* pallidi, apice partis tarsalis infuscato, *sternum* flavido-fuscum, marginibus et linea media parum distinctis obscurioribus, *labium* colore sterni, *maxillae* pallidiores; *pedes* pallide flavidi, nigro-fusco annulati et maculati, femora I et II subter semiannulis binis, medio et subapicali, et inter ambos annulo latiore ornata, patellae infra in apice fuscae, tibiae metatarsi annulis binis, tarsi singulis ornati; pedum posteriorum pictura similis, sed femora apicem tantum fuscum et paullo pone medium in parte superiore semiannulum nigro-fuscum habent, patellae pallidae sunt, tarsi non annulati, eorum apices infuscati. *Abdomen* pallide fusco-flavidum, dense albido maculatum, maculis non magnis nigro-fuscis ornatum: supra secundum longitudinem utrimque serie macularum 5, quarum 4 anteriores posteriora versus gradatim minores fiunt, postrema supra ipsas mamillas sita maior, illae rotundatae aut forma irregulari, haec subquadrangularis. Spatium inter ambas series situm latitudine circiter dimidium cephalothoracem aequat. Laterum pars anterior arcu ornatur fusco, ut in multis aliis *Theridiis*, dorsi partes laterales punctis maioribus minoribusque non multis adspersae. *Mamillae* colore abdominis, cingulo irregulari fusco circumdatae. *Ventris* pars media transversa rectangularis, inter cingulum hunc et vulvam et arcus abdominis laterales sita, colorem pallide fuscum habet et in utroque latere punctis albidis ornatur, quae maculas coloris eiusdem, interruptas formant. *Vulvae* lamina rufo-fusca, fovea obscuriore.

Cephalothorax 0·7 mm. longus, tibia cum patella I 1·14 metatarsus 0·91, tarsus 0·52, tibia cum patella IV 0·90, abdomen 1·4 mm. longum.

Exempli alius color pallidior, in cephalothorace paullo rubicundus, femora III semiannulo medio carent, pedum annuli rufo-fusci, abdominis maculae minores, pallidiores, magis diffusae, arcus lateralis parum distinctus.

Patria: Tirolia meridionalis. Duo legi exempla sub saxo impendenti in valle „Eggenthal“.

Pedanostethus lividus (BLACKW.) i **P. truncorum** (L. KOCH).

Erigone truncorum opisał Dr. L. KOCH w r. 1872 [1] podług okazów tyrolskich, podając zarazem, czem się ona różni od bardzo podobnych *E. Clarkii* CAMBR. i *E. livida* BLACKW. Znalazł ją następnie Dr. FICKERT w Karkonoszach [2]), w r. 1876 podał ją Dr. L. KOCH powtórnie z Tyrolu, w r. 1881 zamieściłem ją w „Wykazie pająków z Tatr itd." na podstawie okazów zebranych na Babiej Górze i w Tatrach. Rzeczywistych trudności w odróżnieniu jej od *Pedanostethus lividus* nie napotykałem. Niespodziewaną więc dla mnie była wiadomość zamieszczona przez E. SIMONA w *Les Arachn. de France* V, 198, że podług prywatnej informacyi sam Dr. L. KOCH uznał swój gatunek *truncorum* za równy *livida*; wobec tego przypuścić trzeba było albo, że galicyjska *E. truncorum* nie jest tym samym gatunkiem, co tyrolska, albo że się Dr. L. KOCH tym razem pomylił.

Nadzieja, że wycieczka w Alpy tyrolskie dostarczy środków do usunięcia wątpliwości, nie zawiodła. Wprawdzie udało się znaleźć tylko samice obydwóch gatunków, ale i te wystarczają do udowodnienia, że Dr. L. KOCH nie miał słuszności, gdy ściągnął opisany przez siebie gatunek ze znanym już dawniej: *E. livida* (BLACKW.)

Podaję tu cechy, po których obydwa gatunki można odróżnić, wzięte z narzędzi rozrodczych.

Pedanostethus lividus.

Epigastrii humefacti (fig. 17.) margo posticus fusco-niger, cum fovea ante eum sita, nigra, saltem aeque lata atque utraque bursa seminalis translucens, spatio obscure rufo-fusco in

---

[1]) *Beitrag zur Kenntniss d. Arachnidenfauna Tirols. 2-te Abhandl.*

[2]) *Myriopoden und Arachniden vom Kamme des Riesengebirges* i *Verzeichn. d. schlesischen Spinnen.*

maculam coniunctus subrectangulam, marginibus antico et lateralibus saepe plus minusve diffusis. — *Sculptura vulvae* paullo mutabilis. Ante marginem posticum, leviter elevatum, fovea iacet rotundata, nonnunquam valde vadosa et indistincta, cuius fundus impressione ornatur profunda cordata aut trianguli instar, angulis productis, eorum anticis anteriora et exteriora versus directis.

M a r i s pars tarsalis *palporum* similis atque in *P. truncorum*, differt ab ea multis quidem rebus, quarum tamen pars difficile perspicitur, pars in palpo compresso tantum videri potest. — Processus, quo margo laminae tarsalis prope apicem ornatur, margini ei subparallelus est (fig. 19). „Partis basalis" bulbi anfractus primus (a, fig. 26) marginem apicalem transversum habet. In bulbo a parte inferiore adspecto ante anfractum primum in bulbi latere interiore pars anfractus secundi (b, fig. 26) cernitur, minima, fere linearis; qui anfractus in lineam spiralem curvatus, bulbi lamina magna ex parte occultus, denique in bulbi latere exteriore emergit ibique laminam (c, fig. 19, 22) format anteriora versus et deorsum directam, latam, lateribus parallelis, apice in angulum exciso, cuius latus anterius membranaceum et reflexum est, latus posterius corneum, obscure coloratum, in apicem acutum desinit. Lamina haec in latere interiore in longitudinem excavata embolum continet. „Pars apicalis" partem bulbi anticam interiorem format, e lamina constat in angulum flexa (e, fig. 26), laminae tarsalis marginem et marginem apicalem „partis basalis" attingenti, parum inaequali, cornea, in apice anteriora versus directo, qui impressione oblonga ornatur, membranacea. Parti exteriori eius laminae lamella alia affixa est (f, fig. 24), forma irregulari, quae mediam fere partem bulbi non distorti occupans et profundius sita difficiliús cernitur. Praeterea „pars apicalis" duo emittit processus, alterum corneum (g, fig. 19), tranverse positum, qui in bulbi latere exteriore (paullo ante marginem „partis basalis") facile videri potest, alterum

10

oblique anteriora et exteriora versus directum, qui embolus est (h, fig. 22, 24). Embolus fasciam sat latam membranaceam format, apice levissime emarginato, in palpo distórto tantum apparet.

Partes, quibus sub lente satis acuta palpus *P. lividi* a palpo *P. truncorum* distinguitur, hae sunt: processus laminae tarsalis margini parallelus, anfractus secundus „partis basalis“ bulbi valde angustus, praesertim autem lamina partem bulbi exteriorem anticam formans, quae a latere adspecta semper in angulum excisa videtur.

Pedanostethus truncorum.

Epigastrii margo posticus saepissime pallidus, raro leviter infuscatus, cum macula praeiacenti nigro-fusca, rotundata, bursis seminalibus insigniter minore, rarissime coniunctus (fig 18). — *Vulvae sculptura* parum distincta et paullo mutabilis. Marginis postici pars media in tuberculum elevata minimum, nitidum, ante quod foveola iacet profunda, minuta, tamquam acu impressa, in sulcos duo producta anteriora versus directos, inter se proximos, plus minusve parallelos, carinula humili, lineari disiunctos, parum profundos, saepe parum distinctos.

Mas. Processus laminae tarsalis fortius quam in *P. livido* interiora versus curvatus, cum laminae margine angulum sat magnum format (fig. 20). Bulbi „pars basalis“: anfractus primus (a, fig. 25) marginem apicalem obliquum habet, a bulbi latere exteriore interiora versus et paullo retro directum; anfractus secundi pars in bulbi latere interiore sita (b, fig. 25) sat magna, triangularis; pars apicalis anfractus secundi in bulbi latere exteriore antico laminam (c, fig. 20, 21) format similem atque in *P. livido*; laminae eius — intus in longitudinem excavatae — margo apicalis, anterius membranaceus et reflexus, posterius corneus et obscurus, a latere exteriore simulque a parte inferiore adspectus (ut in fig. 20) rotundato excisus quidem videtur, attamen directo a latere exteriore visus rectus est, angulis in latera productis, quare palpus *P. truncorum* a palpo *P. lividi* optime distinguitur. Pars alia bulbi a parte respondenti *P. lividi* forma optime distincta embolus est: valde angustus, non latior quam pro latitudine canalis, quem continet, necesse est (h, fig. 21, 23). Embolus tamen in palpo distorto tantum videri potest.

Bolyphantes index (THOR.)?

W wielu rzeczach zgadzają się okazy zebrane w Tyrolu z opisami tego gatunku, których dotąd jest trzy, Prof. THO-RELLA w *Recitatio critica*, WESTRINGA w *Araneae Suecicae* i E. SIMONA w *Les Arachnides de France*. Jednakże oznaczenie mimo to jest wątpliwe. Prof. THORELL i WESTRING opisali tylko samca, o samicy zrobił Prof. THORELL tylko krótką wzmiankę w *Remarks on Synonyms*. Niezgodność okazów z temi opisami w drobnych niektórych rzeczach jest może tylko przypadkowa, ale też może wynika z odrębności gatunkowej, co rozstrzygnąć trudno, gdy w opisach owych brak dokładniejszych wiadomości o budowie głaszczków, tak samo, jak w opisie E. SIMONA. Nie przyczynia się też do wyjaśnienia wątpliwości opis samicy zamieszczony w *Les Arachnides de France*, zaczynający się od szczegółu, że tułogłowie jest takie, jak u samca, podczas gdy u tyrolskich okazów różnice w tej części ciała pomiędzy obydwoma rodzajami sa uderzające.

Wątpliwą też jest rzeczą, czy gatunek ten stosowne znalazł pomieszczenie w rodzaju *Bolyphantes*. Byłoby może lepiej, zwłaszcza ze względu na samicę, zaliczyć go do rodzaju *Lephthyphantes*. Gdy nadto w literaturze nie ma żadnego rysunku do tego gatunku się odnoszącego, uważam za stosowne uzupełnić ten brak i dołączyć opis, chociaż niezupełny, rozporządzam bowiem tylko kilkoma samicami i dwoma świeżo wylinionemi samcami.

Bolyphantes index (THOR)?

Femina. *Cephalothorax* 1·2 mm. longus, 0·98 latus, lateribus leviter rotundatis, antice leviter sinuatus; oculorum area desuper adspecta margines cephalothoracis non attingit, dimidiam eius latitudinem aequat. Dorsum a margine postico usque ad oculos leviter et subaequaliter arcuatum. Impressiones cephalicae distinctae, sat profundae, laterales in parte thoracica sitae indistinctae, fovea ordinaria sat profunda, rotundata, diffusa. Cephalothorax subtilissime reticulatus est, modice nitidus, in parte cephalica setis modice longis procurvis, in series 3 dispositis, inter oculos pilis paucis, supra clypei marginem pilis brevissimis ornatur. *Oculorum* series posterior leviter recurva, oculi medii lateralibus paullo maiores videntur, intervallum medium c:a radium, lateralia c:a diametrum oculorum mediorum aequant. Series anterior leviter recurva, oculorum margines inferiores lineam fere rectam formant; oculi medii lateralibus insigniter minores, inter se c:a radio, a lateralibus horum diametro distant. Area oculorum mediorum aeque longa atque lata, antice non tota diametro oculi posterioris angustior quam postice. *Clypeus* sub oculis mediis aeque fere altus atque area oculorum mediorum longa. *Mandibulae* clypeo c:a 2¹/₂ longiores, aeque fere longae atque ambae basi latae, forma vulgari, sublaeves, sat dense brevissime pilosae et ad latus interius et supra sulcum unguicularem setis paucis instructae; sulcus unguicularis in margine antico dentibus 3, primo caeteris minore, in margine postico denticulis minutis 5, inter se valde approximatis armatus. *Maxillae* marginibus exterioribus inter se subparallelis, apice parum oblique rotundato-truncatae. *Sternum* dense subtiliter reticulatum, parum nitens, punctis elevatis adspersum, parce et longe pilosum. *Pedum* aculi sat longi, eorum diametro 1¹/₂ aut 2 longiores. Femur I aculeo 1 paullo pone medium in latere antico instructum, caetera femora inermia; patellae omnes in apice aculeis singulis armatae; tibiae omnes supra aculeos 1. 1 habent, praeterea tibiae I armantur aculeis 3, subter pone medium 1, in utroque latere ante apicem 1, tibiae II subter pone medium aculeo 1, in latere póstico ante apicem 1, tibiae III subter pone medium 1, in utroque latere fere in apice ipso aculeo singulo brevi, tibiae IV ut I armatae, praeterea in apice utrimque aculeo singulo brevi instructae; metatarsi omnes aculeis singulis ornati. *Abdominis* forma vulgaris. *Vulva* (fig. 27, 28) prominens, a latere visa, formam processus habet retro et deorsum directi, aeque circiter longi ac lati, apicem versus paullo angustati apice rotundato-truncati, foramine magno triangulari pertusi; e laminis duabus constat in vulvae apice tantum inter se contingentibus; earum inferior aeque fere longa ac lata, in longitudinem convexa, in transversum fere plana, sulcis parum profundis longitudinalibus tribus ornata, apicem versus paullo angustata, apice sinu acuto in lobos duo rotundatos diviso; laminae superioris in vulva a parte inferiore adspecta apex tantum transversus, vulvae partem postremam formans conspicitur. Nonnunquam lamina superior retro directa est et laminam inferiorem non attingit.

Cephalothorax fusco-flavidus, colore rufo suffusus, marginibus et linea media diffusis nigro-fuscis; oculi cingulis nigris circumdati, cinguli mediorum posticorum antice et postice angulato dilatati, mediorum anticorum parum distincti. *Palpi* et *pedes* cephalothorace paullo pallidiores, *mandibulae* et *maxillae* colore cephalothoracis, *sternum* et *labium* infuscata. *Abdomen* flavido-fuscum, supra et in lateribus dense albido punctatum; dorsi pictura nigro-fusca e linea media et e macularum rotundatarum paribus 3 et ex arcubus c:a 3-bus pone maculas sitis composita: maculae et arcus aream occupant posteriora versus sensim angustatam, latitudine c:a dimidium abdomen aequantem; lineae mediae pars anterior medium dorsum fere attingens latior, latitudine pedum femora aut tibias aequat, pars posterior tenuissima mamillas versus sensim evanescit; pars latior, ad dorsi marginem anticum arcu brevi tenui recurvo, ante mediam longitudinem arcu simili plerumque maiore persecta, ante apicem et ex apice ipso lineolas emittit oblique retro directas, utrimque binas, lineolis his cum paribus macularum primo et secundo coniungitur, quorum primum ante, secundum pone apicem ipsius iacet. Ramulis similibus coniungitur etiam lineae mediae pars posterior angusta cum macularum pari tertio. Latera abdominis ornantur fasciis fuscis 3 aut 4 obliquis, inter se rarius coniunctis. Pictura dorsi parum constans; occurrunt exempla pallida, quorum maculae fere non obscuriores sunt caeteris dorsi partibus, in aliis, obscurius coloratis, inter lineolas et puncta fusca accessoria pictura, quae supra describitur, vix agnosci potest. Venter in lateribus fuscus, medio flavido-fuscus, plerumque punctis albidis adspersus, quae plagam indistinctam spatio immaculato in longitudinem persectam formant.

Cephalothorax 1·2 mm. longus, tibia cum patella I 1·8, (tibia 1·45), metatarsus 1·4, tarsus 0·94, tibia cum patella IV 1·56, metatarsus 1·28, tarsus 0·78 longus.

Mas. *Cephalothorax* brevis, latus (1·2 mm. longus, 1·05 latus, oculorum serie postica 0·44 lata), lateribus fortiter rotundatis, antice fortiter angustatus, vix sinuatus; dorsum a latere visum inter partem cephalicam et thoracicam levissime impressum, saltem deplanatum, non ut in femina totum arcum aequabilem formans. *Clypeus*, qui in longitudinem fortiter excavatus est, a fronte adspectus non altior videtur quam est area oculorum mediorum longa. Pars cephalica, praeter pilos in dorso et supra clypei marginem sitos, inter oculos et circa eos setis ornatur nigris longis rigidis incurvis, quarum maximae in lateribus areae oculorum mediorum sitae sunt. *Oculorum* mediorum areae forma similis atque in femina. Oculorum series posterior leviter recurva, oculi minores quam feminae, intervallum mediorum radio maius videtur,

spatia mediis et lateralibus interiecta diametro mediorum maiora; series anterior directo a fronte visa sat fortiter recurva,
marginibus oculorum etiam inferioribus lineam modice recurvam formantibus, intervalla oculorum eadem atque in femina.
Mandibularum forma, dentium saltem in sulci unguicularis
margine antico numerus similia atque in femina. *Palporum*
pars femoralis desuper adspecta leviter claviformis, latus eius
interius non ut plerumque excavatum, sed in longitudinem
leviter convexum est. Partes patellaris et tibialis aequalis
fere longitudinis (fig. 29), illa in apice aculeo ornatur nigro
longo crasso, apicem versus, qui truncatus et inaequalis est,
non attenuato, haec supra et in lateribus parum, subter fortiter convexa. Lamina partis tarsalis desuper adspecta latus
interius prope basim sinuatum, caeterum usque ad apicem
modice convexum, latus exterius in angulum flexum habere
videtur, ad basim in latere exteriore carinula obliqua ornatur,
quae a latere visa supra parum inaequalis et utrimque rectis
angulis truncata videtur; alia carinula minima, paullo ante
angulum lateris exterioris laminae sita, in palpo a latere viso
non prominet. Paracymbium (fig. 30, 31) maximum, forma
valde peculiari; pars eius libera in palpo a parte inferiore
adspecto angulis fere rectis bis fracta videtur, primo anteriora, tum exteriora versus, denique retro directa; cruris retro directi apex paullo dilatatus et subtilissime denticulatus
est; cruris eiusdem latus superius processu ornatur, qui a latere exteriore tantum cerni potest, oblongus est, apicem obtusum habet, laminae marginem fere attingit. Bulbi latus exterius „parte basali" occupatur, cuius anfractus ambo oblique
positi sunt, anterior tubere magno ornatur. Caeterum bulbus
adeo complicatus est, ut constructionem eius bene cognoscere
non potuerim. Ante partem transversam paracymbii lamella
iacet complicata, a basi exteriora versus dilatata, in apiculum
nigrum desinens, quae fortasse pars tantum est laminae alius,
apici propius sitae, nigricantis, mirum in modum complicatae

et sinuatae. In media fere parte apicali lamella invenitur tenuissima pellucida ciliata. Inter alias partes in apice bulbi facile aculei duo nigri conspiciuntur, quorum inferior subrectus transversus, alter fortiter curvatus sub ipsa lamina tarsali situs. *Pedes* ut in femina armati, aculeus femoris I tantum apici propior.

Colore mas a femina non differre videtur.

Cephalothorax 1·2 mm. longus, tibia I 1·69, cum patella 1·98, metatarsus 1·59, tarsus 1·01, tibia cum patella IV 1·66, metatarsus 1·4, tarsus 0·81 mm. longus.

Lephthyphantes tenebricola (WIDER) i L. Mengei m.

O. P. CAMBRIDGE, który był łaskaw sprawdzić oznaczenia wielu moich gatunków z rodzajów dawnych *Erigone* i *Linyphia*, uważa gatunek, który podano wyżej pod nowem nazwiskiem *L. Mengei* za rzetelnego *L. tenebricola*, gatunek zaś nazywany przeze mnie *L. tenebricola* za *L. zebrinus* (MENGE). Z tem zapatrywaniem jednak zgodzić mi się trudno.

Prof. THORELL zauważył, że t. zw. *paracymbium* ma u *L. tenebricola* jeden ząb u nasady, drugi bliżej wierzchołka, [1] którychto zębów nie ma w rysunku MENGEGO [2] odnoszącym się do „*Bathyphantes pygmaeus*", czyli, jak przyjmuje Prof. THORELL, *Lephth. tenebricola*. Rysunek MENGEGO nie jest jednak błędny, ale przedstawia odrębny gatunek, pospolity koło Krakowa, nierzadki i w Tyrolu, a tak podobny do *L. tenebricola*, że go sam przez dłuższy czas od tegoż nie odróżniałem. Ponieważ nie mogę w całej literaturze — oprócz MENGEGO *Preussische Spinnen* — znaleźć opisu, któryby do tego gatunku niewątpliwie się odnosił, a gatunek ten

---

[1] *Remarks on Synonyms*, pag. 67.
[2] *Preussische Spinnen*, Tab. 40, fig. C.

z pewnością nie jest rzetelnym *L. tenebricola*, daję mu nazwisko nowe *L. Mengei*, gdyż nazwa *„pygmaeus"* nadana przez SUNDEVALLA należy się całkiem innemu gatunkowi z rodzaju *Singa*.

Podanego powyżej *Lephthyphantes tenebricola* nie mogę uważać za *L. zebrinus*; sprzeciwia się temu stanowczo rysunek MENGEGO tab. 39, fig. D, przedstawiający t. zw. *cymbium* wraz z *paracymbium* gatunku *L. zebrinus*. Rysunek ten wprawdzie nie jest dobry, przynajmniej w gatunku znalezionym koło Krakowa w Borku falęckim, który uważam za *L. zebrinus*, daremnie szukanoby tej formy *paracymbium*, jaką MENGE wyrysował; przypuścić jednak trzeba, że jak w innych tak i w tym rysunku rzecz jest przedstawiona nie w położeniu naturalnem, ale zgnieciona, a wtedy rysunek ten mniej więcej odpowiada rzeczywistości. Ponieważ zresztą nie napotkałem niczego, coby wskazywało, że galicyjski *L. tenebricola* różni się od niemieckiego opisanego przez WIDERA, a przynajmniej od szwedzkiego, o którym mówi Prof. THORELL, pozostawiam mu zatem nazwę *L. tenebricola* (WIDER).

Dla usunięcia dalszego zamieszania dołączam rysunki przedstawiające narzędzia rozrodcze obydwóch gatunków, które po następujących cechach najłatwiej odróżnić:

L. tenebricola.

♂. Paracymbium dentibus nigris acutis duobus ornatum, altero in margine postico partis a lamina tarsali deorsum ·descendentis, altero in sinu e parte paracymbii librata cum parte adscendenti efformato; pars paracymbii extrema angusta sursum directa basi in angulum obtusum dilatata (fig. 34, 35).

♀. Clavus vulvae saepissime flavo-rufus, apicem versus sinuato dilatatus, tuberibus et impressionibus caret (fig. 36).

11

L. Mengei.

♂. Paracymbium dente in sinu sito carens; pars eius extrema a basi usque ad apicem ubique subaequali latitudine fig. 37, 38).

♀. Clavus vulvae plerumque pallide flavus, apicem versus inaequaliter dilatatus, prope medium in utroque latere tubere oblongo ornatus, parte apicali lata leviter impressa, marginibus paullo elevatis (fig. 39).

Lephthyphantes variabilis n. sp. *femoribus I aculeatis, caeteris inermibus, tibiis supra et in utroque latere et subter aculeatis, metatarsis supra aculeis binis instructis, abdomine nigro-fusco, area dorsuali pallida vitta media angusta lineisque transversis c:a 6 inter se plus minusve confusis in macularum series longitudinales quatuor divisa, palporum maris parte patellari supra aequabiliter arcuata et seta longa gracili ornata, parte tibiali supra aequali, lamina tarsali basi truncata, prope basim in latere exteriore carinula parum prominenti ornata, bulbo prope latus exterius lamina oblonga semielliptica, in margine exteriore et in apice dentata instructo, feminae vulva parum prominenti, fovea eius clavo late cordiformi et tuberculo utrimque posterius sito repleta; cephalothorace 1·2—1·3 mm. longo.*

Femina. *Cephalothorax* subtilissime reticulatus, modice nitidus, 1·3 mm. longus, 0·95 latus, oculorum area 0·42 lata, lateribus leviter rotundatis, antice modice angustatus et leviter sinuatus; desuper adspecti oculi laterales postici a cephalothoracis margine laterali c:a diametro sua distare videntur, laterales antici paullulum ultra clypei marginem prominent. Dorsum in parte cephalica et in thoracica leviter in longitudinem convexum, inter ambas paullo impressum. Impressiones cephalicae profundae, radiantes in parte thoracica utrimque binae distinctae breves, fovea ordinaria cordata vadosa parum definita. *Clypeus* aeque circiter altus atque oculorum mediorum area longa, sub oculis leviter impressus, inferius rectus paullulum procurrens. Pars cephalica supra pilis non multis procurvis ornata est, clypeus pilis maioribus caret. *Oculi* magni, prominentes, posteriores seriem levissime recurvam formant, subaequales sunt, medii inter se ne radio quidem, a lateralibus intervallo quam diameter minore distant; series anterior paullulum recurva, marginibus oculorum inferioribus lineam fere rectam designantibus, oculi medii caeteris omnibus minores, prominentes tamen, inter se fortasse dimidio radio tantum, a lateralibus diametro sua remoti. Oculorum mediorum area trapezoidea, paullo longior quam lata, latere postico diametro oculi longiore quam latus anticum. *Mandibulae* clypeo paullo plus duplo longiores, forma ordinaria, apice intus late rotundatae, subtilissime reticulatae, in latere exteriore transverse plicatae, pilis sat multis longis praesertim in latere interiore et ad marginem apicalem instructae, in sulci unguicularis margine antico dentibus 3 remotis (eorum primus in latere interiore situs), in postico denticulis minimis 4 aut 5 inter se approximatis armatae. *Maxillae* lateribus exterioribus subparallelis, apice parum oblique rotundatotruncatae. *Sternum* punctis exceptis, quibus pili innati sunt, laeve nitidum. *Palporum* pars patellaris brevis, tibialis ea saltem duplo longior, tarsalis longior quam patellaris cum tibiali, apicem versus parum angustata. *Pedes* longi tenues, aculeis longis instructi; femur I in latere antico aculeo 1 pone medium et pilo caeteris longiore et crassiore ante apicem ornatum, caetera femora carent aculeis; tibiae omnes non solum supra et in utroque latere sed etiam subter aculeatae, metatarsi omnes supra ante medium aculeo singulo et pone medium aculo tenui breviore instructi. *Abdomen* forma vulgari. *Vulva* (fig. 40) parum prominet, a latere visa formam tuberculi habet humilis rotundati; fovea eius fere tota clavo repletur obcordato, aequabiliter convexo, ad cuius latus utrumque posterius tuberculum conspicitur oblongum nitidum; partem postremam vulvae a parte inferiore visae apiculum format breve, transversum, clavo angustius.

Cephalothorax flavido-fuscus, marginibus nigricantibus diffusis; oculi cingulis nigris circumdati, medii antici iuter se confusis, medii postici antice et postice angulato-productis. *Mandibulae* colore cephalothoracis aut pallidiores, *maxillae* obscuriores, *labium sternum* nigro-fusca, *pedes palpi* fuscescenti flavi colore rufo plus minusve suffusi, summo margine coxarum fusco, caeterum immaculati. *Abdomen* colore varians: venter et latera nigro-fusca, haec linea alba longitudinali ornata, partem anticam abdominis non attingenti, postice sursum curvata, plus minusve interrupta et deleta; area dorsualis pallide fusca, albo punctata, lateribus — praesertim posterius — dentatis, vittâ media augusta, antice latiore, posteriora versus angustata, in duas dividitur partes, praeterea arcu antico fortiter recurvato et pone eum angulis 5 aut 6 ornatur; arcus apices cum angulo proximo plus minusve coniunguntur, angulorum partes laterales dilatatae utrimque seriem margini areae dorsualis parallelam macularum plus minusve inter se confusarum formant, itaque area dorsualis pallida in series macularum quatuor longitudinales dividitur; in exemplis obscure coloratis dorsum nigro-fuscum colore a lateribus non differt, macularum e punctis albis compositarum series incompletae sunt.

Exempli cephalothorace 1·3 mm. longo tibia cum patella I 2·1 mm., metatarsus 1·7, tarsus 0·97, tibia cum patella IV 1·8, metatarsus 1·6, tarsus 0·85 mm. longus.

Mas feminae similis, minor, pedibus longioribus, *cephalothoracem* 1·2 mm. longum, 0·85 latum, aream oculorum 0·39 latam habet, partem thoracicam et partem cephalicam paullo fortius convexas, pilos in parte cephalica maiores, impressiones partis thoracicae laterales indistinctas, oculorum series ambas subrectas. *Clypeus* paullo altior quam oculorum mediorum area, pilosus. *Mandibulae* apice oblique truncatae,

margine apicali leviter excavato, sulci unguicularis margo
posticus inermis, anticus in angulo mandibulae dentibus duobus armatus. *Palporum* pars femoralis forma ordinaria, patellaris brevis, supra aequabiliter arcuata, prope apicem seta
longa gracili instructa, pars tibialis aeque saltem longa atque
patellaris, desuper visa eâ vix latior, pilis insignibus carens,
supra et in lateribus recta, subter inaequalis, a basi medium versus fortiter dilatata, inde latere inferiore lateri superiori parallelo. Laminae tarsalis desuper adspectae basis truncata, apex
rotundatus, latus interius subrectum, leviter tantum convexum,
latus exterius in angulum obtusum et rotundatum flexum videtur; prope basim in latere exteriore lamina haec carinula
sive tuberculo oblongo, obliquo, humillimo, parum prominenti
ornatur. Paracymbium (fig. 41) sat magnum, a lamina tarsali primo deorsum descendens, tum oblique anteriora versus
curvatum et complicatum, denique sursum directum; lamina
eius reflexa in sinum latum excisa est inter dentes duo situm,
quorum alter — brevis latus niger -- in angulo paracymbii
postico inferiore, alter oblique sursum et retro directus in paracymbii parte sursum directa iacet. Bulbi (fig. 41, 42, 43)
constructio similis atque in Lephthyphantis plerisque; „partis
basalis" anfractus ambo in bulbi latere exteriore conspiciuntur, in latere interiore et subter „parte apicali" occultantur.
Totum fere latus interius bulbi lamina occupat cornea, flavo-
rufa, oblonga, basi apiceque rotundata; cum eius margine inferiore connatae sunt partes aliae corneae aut membranaceae,
inter quas praesertim dentes duo nigri mediam fere bulbi
partem occupantes, exteriora versus et deorsum directi, acuti,
conspicui sunt. E laminae illius parte postica exit ramus
oblique anteriora et exteriora versus directus, basi angustus,
caeterum in laminam dilatatus oblongam, hemiellipticam, leviter in longitudinem plicatam, margine exteriore et apicali infuscato, illo dente uno, hoc dentibus quatuor nigris ornato.

Color maris idem atque feminae, palpi — partibus nonnullis bulbi exceptis — colore pedum.

Cephalothorax 1·2 mm. longus, tibia cum patella I 2·9,
metatarsus 2·4, tarsus 1·15, tibia cum patella IV 2·1, metatarsus 2·0, tarsus 0·9 mm. longus.

Patria: Tirolia meridionalis. Exempla complura lecta
sunt sub lapidibus praesertim locis humidis et inumbratis sub
vertice montis Schlern, in regione alpina et in subnivali vallium „Trafoier Thal", „Suldenthal", „Val di Braulio". — Species similis Lephthyphanthae varianti (KULCZ.); femina differt
ab eo metatarsorum armatura et vulvae forma paullo alia,
mas bulbi genitalis forma, praesertim lamina eius media dentata, marginibus nigricantibus. Lephthyphantes mughi (FICK.),
cuius palpi lamina simili ornantur, a L. variabili pictura abdominis caet. facile distinguitur.

Lephthyphantes notabilis n. sp. *cephalothorace flavido
marginibus nigricantibus, pedibus rufo-flavidis, abdomine flavo-
fusco, femoribus I et metatarsis 6 anterioribus aculeis singulis armatis, tibiis subter non aculeatis, vulvae processu medium fere ventrem attingenti, deplanato, marginibus acutis,
apice tridentato.*

F e m i n a. *Cephalothorax* subtilissime reticulatus, nitidus,
0·7 mm. longus, 0·57 latus, lateribus sat fortiter rotundatis, antice perparum sinuatus, sat fortiter angustatus, oculorum area
0·26 mm. lata; oculi laterales postici desuper adspecti a cephalothoracis marginibus lateralibus c:a diametro sua distare,
laterales antici clypei marginem attingere videntur. Dorsum
inter partem cephalicam et thoracicam leviter impressum; impressiones cephalicae profundae. *Oculi* magni, prominentes;
series posterior leviter recurva, oculi subaequales, medii inter
se spatio quam radius minore, a lateralibus spatiis radio paullo
maioribus remoti; series anterior procurva, marginibus ocu-

lorum superioribus in lineam subrectam dispositis; oculi medii lateralibus insigniter minores, inter se ne radio quidem, a lateralibus intervallis maioribus, diametrum suam tamen non aequantibus distare videntur. Area oculorum mediorum aeque fere lata ac longa; clypeus — sub oculis impressus, inferius paullo procurrens — a fronte paullo humilior videtur, quam area ea longa est. *Mandibulae* clypeo c:a duplo longiores, apice oblique rotundato. *Sternum* laeve nitidum. *Pedum* aculei longi; femur I in latere antico paullo pone medium aculeo 1 instructum, caetera inermia, tibiae omnes supra aculeis 1. 1 ornantur, praeterea tibiae I in utroque latere aculeo 1 ante apicem, tibiae II aculeo 1 in latere posteriore, metatarsi 6 anteriores aculeis singulis instructi sunt, postici inermes videntur. *Abdominis* forma vulgaris. *Vulva* (fig. 44, 45) processum longum format ventri adpressum, eius medium fere attingentem, corneum, nitidum, flavo-rufum, lateribus a basi adnata, quae angustata est, usque ad apicem parallelis, apice bis sinuato itaque dentes tres formanti, quorum medius lateralibus acutis multo longior est. Processus margines laterales deplanati sunt et acuti, pars media in transversum leviter convexa et tuberculis humillimis parum definitis ornata.

Cephalothorax fusco-flavus, macula occipitali indistincta, marginibus latiusculis nigricantibus; oculorum area — excepto intervallo oculorum mediorum posticorum — et punctum sub oculis mediis anticis nigra. *Mandibulae* colore cephalothoracis, *maxillae* paullo obscuriores, *labium* nigrum apice pallido, *sternum* fuscum, *palpi* et *pedes* flavidi, colore rufo paullo suffusi, pedum trochanteres femora tibiae summis marginibus apicalibus nigricantibus, trochanteres subter puncto fusco obsoleto notati. *Abdomen* pallide flavo-fuscum, subter cum *mamillis* obscurius.

Cephalothorax 0·7 mm. longus, tibia I 0·86, cum patella 1·05, metatarsus 0·80, tarsus 0·58, tibia cum patella IV 0·97, metatarsus 0·78, tarsus 0·49 mm. longus.

Patria: Tirolia meridionalis. Unicum legi exemplum in valle „Eggenthal".

Bathyphantes (?) cyaneo-nitens n. sp. *cephalothorace flavo-fusco marginibus obscurioribus, abdomine supra cinereo-fusco, sterno et ventre nigro-fuscis cyaneo et violaceo nitentibus, vulva tuberculum transversum fortiter convexum formanti, fovea clavo rectangulari et utrimque tuberculo repleta.*

Femina. *Cephalothorax* supra subterque laevis nitidus, 0·6 mm. longus, 0·5 latus, oculorum areâ 0·24 lata, lateribus modice rotundatis, antice sat fortiter angustatus, vix sinuatus; oculi laterales postici desuper adspecti a cephalothoracis margine laterali spatio quam diameter minore distare, laterales antici clypei marginem attingere videntur. Impressiones cephalicae profundae, laterales partis thoracicae indistinctae. *Clypei* sub oculis impressi, inferius procurrentis, altitudo minor quam longitudo areae oculorum mediorum. *Oculi* mediocres, modice convexi; series posterior recta, oculi medii inter se spatio quam diameter paullo minore, a lateralibus spatiis quam diameter paullo maioribus distant; series anterior levissime procurva, oculi medii lateralibus minores, eorum intervallum radio minus, spatium oculo medio et laterali interiectum saltem duplo maius, diametrum illius fere aequare videtur. Area oculorum mediorum aeque longa ac lata, latere postico saltem diametro oculi longiore quam latus anticum. *Mandibulae* aeque longae atque series oculorum antica lata, apice oblique rotundato, sulco unguiculari in margine antico, ut videtur, dentibus 5 ornato, subtilissime transverse reticulatae. *Pedes* longi tenues; aculei exempli unici, quod vidi, plerique defracti sunt, femora antica tantum aculeata, caetera ut metatarsi omnes·inermia videntur, tibiae saltem I non solum supra sed etiam in utroque latere ante apicem aculeis ornantur. *Abdominis* forma vulgaris. *Vulva* (fig. 46) modice prominet, tuberculum format fortiter in longitudinem et in transversum convexum; partem eius anticam maiorem lamina occupat fusco-rufa, e cuius margine medio postico clavus exit quadrangularis, a parte inferiore visus non longior quam latus, postice recte truncatus, ultra vulvae marginem posticum non prominens. Sinus uterque clavo et margine laminae inclusus tuberculo flavo-rufo repletur; partem vulvae postremam lamella transversa format, fortasse clavi pars replicata.

Cephalothorax supra cum *palpis* et *mandibulis* flavo-fuscus, marginibus obscurioribus, oculi cingulis nigris angustissimis circumdati. *Maxillae* et *labium* fusca, *sternum* nigro-fuscum, cyaneo et violaceo nitens. *Coxae* subter flavo-fuscae, *pedes* flavidi, femoribus colore rufo suffusis. *Abdomen* supra et in lateribus cinereo-fuscum, venter fusco-niger, cyaneo nitens.

Cephalothorax 0·6 mm. longus, tibia cum patella I 0·80, metatarsus 0·52, tarsus 0·43 mm. longus.

Patria: Tirolia meridionalis. Specimem unicum, quod vidi, in monte „Guntschnaer Berg“ prope Bolsanum (Bozen) captum, ita laesum est, ut speciem subtilius describere non possim.

Tmeticus pabulator (CAMBR.).

Jako synonim tego gatunku podaje E. SIMON w *Les Arachnides de France* V opisaną przez Dra L. KOCHA *Linyphia incilium*; ta jednak jest gatunkiem odmiennym. Zato uszedł uwagi SIMONA inny synonim nieulegający wątpliwości, mianowicie *Linyphia sudetica* FICKERT [1]), pomieszczony w *Les Arachnides de France* pomiędzy nieznanemi autorowi gatunkami rodzaju *Linyphia* (s. str.). Nazwy *sudetica* i *pu-*

---

[1]) *Myriopoden und Araneiden vom Kamme des Riesengebirges.* Wrocław 1875.

12

bulatrix są prawie równoczesne, zdaje się jednak, że pierwsza jest późniejsza o kilka miesięcy; przynajmniej na moim egzemplarzu pracy Dra Fickerta jest dopisana — może ręką autora — data: 3 Listopada, a do owego czasu była już zapewne wydana praca Cambridgea przedłożona Towarzystwu zoolog. londyńskiemu 31 Marca 1875.

Okazy tatrzańskie gatunku *Tmeticus pabulator* widział W. O. P. Cambridge i uznał oznaczenie za dobre. Co się zaś tyczy gatunku *Linyphia sudetica*, to na dowód, że on jest równy tatrzańskiemu *T. pabulator*, wystarcza w zupełności rysunek podany przez Dra Fickerta (l. c., fig. 4.).

Tmeticus silvicola n. sp. *femoribus I solis aculeatis, tibiis supra tantum aculeis instructis, vulva magna, laete rufa, rugosa, fovea eius transversa, processu cum margine anteriore coniuncto transverso subrectangulari, processu posteriore subtriangulari ultra foveae marginem posteriorem prominenti.*

Femina: *Oculorum* series posterior levissime procurva, oculi subaequales, eorum intervalla diametro minora, medium lateralibus paullo maius; series anterior procurva, marginibus oculorum superioribus lineam subrectam designantibus, oculi medii multo minores quam laterales, hi oculis posterioribus paullo maiores; intervallum oculorum mediorum anticorum radio fortasse duplo minus, spatium eis et oculis lateralibus interiectum circiter radium mediorum aequat; tubercula, quorum parti inferiori oculi laterales antici innati sunt, supra optime definita et convexa. Oculorum mediorum area aeque longa ac lata, latus eius posticum multo longius quam anticùm. *Cephalothorax* supra modice nitidus, sublaevis; impressiones cephalicae modice profundae, laterales partis thoracicae indistinctae. *Clypeus* sub oculis non evidenter impressus, oblique ad os descendens, pilis paucis brevissimis instructus, quam oculorum mediorum area humilior. *Mandibulae* quam

clypeus c : a triplo, quam oculorum series antica c : a $^1/_4$ longiores, apice oblique rotundatae, sulco unguiculari in margine
antico dentibus 3, in postico denticulis minimis, inter se approximatis, 4 aut 5 armato.   *Maxillae* lateribus exterioribus
anteriora versus inter se appropinquantibus, apice oblique
truncatae, angulo apicali exteriore valde obtuso.   *Sternum*
nitidum, sublaeve.   *Pedum* anticorum femora aculeo brevi tenui in latere antico prope apicem instructa, caetera inermia;
patellae aculeis singulis, tibiae, ut videtur, omnes supra aculeis binis sat longis et crassis ornatae, caeterum inermes;
metatarsi supra ante medium pilo caeteris longiore instructi.
Abdomen forma vulgari, sat longe pilosum.   *Vulva* (fig. 47)
magna, parum prominens, laete rufa, rugosa, foveam format
transversam, cum cuius margine antico recurvo clavus coniunctus est libratus, planus, subquadrangularis, latior quam longus, basim occultans processus alius (fortasse partis tantum
clavi replicati) oblongi, apice sinuato-angustati, paullo exca-
vati, paullo ultra foveae marginem posticum prominentis.

 Cephalothorax cum *mandibulis palpis pedibusque* flavidus, colore rufo suffusus, marginibus infuscatis, oculorum area
— excepto spatio oculis mediis posticis interiecto — nigra;
maxillae fusco-flavidae, *labium* fuscum apice pallido, *sternum*
fuscum, *abdomen* fusco-cinereum, *mamillis* pallidioribus.

 Cephalothorax 0·8 mm. longus, tibia I 0·6, cum patella
0·85 longa, metatarsus 0·52, tarsus 0·45, tibia cum patella
IV 0·96, metatarsus 0·6, tarsus 0·40 mm. longus.

 Patria: Tirolia meridionalis.   Unicum legi specimen in
silvis montis Schlern, quod paullo ante pellem exuerat, molle
est, exsiccari non potest, quin corrugetur, quam ob rem cephalothoracis forma et sculptura accuratius describi non possunt.

Microneta gulosa (L. Koch).

 Niewątpliwie jest *Erigone gulosa* Dra L. Kocha tym samym gatunkiem, co *Erigone Grouvellii* Cambridgea i *Micro-*

neta Grouvellii SIMONA. Opisy nie zgadzają się w tem, że podług L. KOCHA zakrzywiony wyrostek u nasady części stopowej głaszczka po stronie wewnętrznej należy do t. zw. *lamina bulbi*, CAMBRIDGE zaś i SIMON opisują go jako część samych narzędzi rozrodczych. Dr. L. KOCH ma słuszność; pomyłkę dwóch drugich autorów łatwo usprawiedliwić, gdyż wyrostek ów jest blady, bez włosów i tak ułożony, że zupełnej pewności co do jego początku prawie tylko na głaszczku odciętym i nieco rozgniecionym pod mikroskopem nabrać można.

Entelecara media n. sp. *maris capite in tuber non altum elevato, ab oculis mediis posticis ad medios anticos linea recta descendens, palporum parte tibiali supra processibus duobus ornata, exteriora versus curvatis, aeque longe productis, sinu quam processus uterque angustiore seiunctis, apice obtusis; feminae serie oculorum posteriore recta, clypeo humiliore quam area oculorum mediorum longa, vulva tuber formanti transversum, pallidum, linea nigra dimidiatum, dimidio utroque e partibus elevatis oblongis duabus composito, anteriore antice exteriora versus curvata, posteriore apicem posticum prioris arcu incurvo circumdanti.*

M a s. *Cephalothorax* 0·65 mm. longus, 0·57 latus, oculorum areâ 0·20 lata, lateribus fortiter rotundatis, antice subito angustatus, vix sinuatus, fronte desuper visa rotundata cum cephalothoracis lateribus arcu aequabili coniuncta. Pars cephalica a fronte visa supra, inter oculos medios posticos, recte truncata, oculis his vix prominentibus, inter eos et oculos laterales posticos sat fortiter declivis et leviter excavata; ab oculis lateralibus usque ad cephalothoracis marginem latera fortius declivia sunt et fere recta. Dorsum cephalothoracis a margine postico primo fortius, tum perparum adscendens usque ad tuber cephalicum, quod a parte dorsi subli-

brata usque ad oculos medios anticos duplo fere longius est
quam altum; partem tuberis summam oculi medii postici occupant, a quibus tuber anteriora versus recta linea descendit
usque ad oculos medios anticos; declivitas tuberis posterior
paullo longior quam anterior arcum format inaequalem parum
convexum aut potius angulum valde obtusum, tuber enim posterius sulco vadoso parum definito, procurvo, anteriora versus evanescenti, a caeteris capitis partibus seiungitur. Latera
tuberis fovea occupantur profunda, nitida, fere rotundata, paullo
sub oculis mediis posticis sita, oculos laterales posticos attingenti. Impressiones cephalicae parum definitae, neque dorsum neque cephalothoracis marginem attingunt; fovea ordinaria in dorsi parte postica declivi sita vadosa, rotundata,
posteriora versus in sulcum parum distinctum producta; impressiones laterales partis thoracicae parum distinctae. Caeterum cephalothorax sublaevis est, nitidus. *Clypeus* rectus
fere et ad perpendiculum directus, aeque circiter altus atque
area oculorum mediorum longa, altitudine longitudinem seriei oculorum anteriorum non aequans. *Oculorum* series posterior recta, mediorum intervallum diametro minus, spatium
oculo medio et laterali interiectum eâ maius; series anterior
leviter recurva, oculorum marginibus inferioribus lineam subrectam designantibus, oculi medii lateralibus non multo minores, intervalla omnia subaequalia, diametro mediorum non
aequalia. Oculorum mediorum area c:a $1\frac{1}{2}$ longior quam
lata, non multo latior postice quam antice, setis sat multis
in latera directis ornata. *Mandibulae* clypeo paullo longiores, apice oblique rotundatae, sulci unguicularis margine antico dentibus 5, primo sequente minore, 2-do — 5um gradatim minoribus, margine postico denticulis parvis 3 approximatis ornato. *Maxillae* fortiter in labium inclinatae, basi
fortiter dilatatae; *labium* breve, transversum, in longitudinem
excavatum. *Sternum* aeque longum ac latum, antice recte
truncatum, inter coxas posticas saltem eas latitudine aequans

et deflexum, laeve nitidum. *Palporum* (fig. 48 — 50) pars
femoralis subcylindrata, pars patellaris brevis, paullo longior
quam lata, supra convexa, subter concava; partis tibialis corpus aeque circiter longum atque pars patellaris, a basi ipsa
dilatatum, fortius in latere exteriore quam in interiore, margo
apicalis superior in processus duo productus basi coniunctos,
spatio quam processus uterque angustiore disiunctos, subpa-
rallelos, exteriorem a basi exteriora versus et primo deorsum,
denique sursum curvatum, interiorem primo oblique anteriora,
tum exteriora versus directum; processus exterior ubique aequali fere est latitudine, apicem oblique truncatum angulis
rotundatis habet, processus interioris pars exteriora versus
directa desuper adspecta a basi leviter dilatata esse, apicem
oblique acnminatum habere videtur, re vera marginem anticum deorsum inflexum habet, quod in palpo a latere exteriore
adspecto videri potest. Lamina tarsalis desuper visa trapezoidea, latere interiore caeteris longiore subrecto, apicali paullo
obliquo, leviter excavato, aeque longo atque latus exterius,
quod inaequaliter convexum est. Paracymbii et bulbi constructio eadem fere atque *Entelecarae erythropodis* (WESTR.);
pars bulbi postrema anfractu primo „partis basalis" occupatur, in utroque bulbi latere longius anteriora versus producto
quam in medio, itaque sinum latum profundum formanti lateri interiori bulbi propiorem; quem sinum anfractus secundus replet, margine apicali in bulbi parte exteriore fere transverso, in parte interiore autem profunde et late impresso;
anfractus secundus in processum productus est corneum, obscure coloratum, cuius pars basalis fasciam obliquam nigram
formans in bulbi latere interiore cernitur, pars insequens lamina tarsali occultatur, pars extrema laminam format corneam
transversam lateribus parallelis, apice truncato, angulis rotundatis, interiora versus directam et sursum curvatam, in bulbi
parte interiore non procul ab apice sitam. „Pars apicalis"
— cum „parte basali" collo membranaceo, quod in palpo distorto

tantum videri potest, coniuncta, — e trabe constat fere transversa, in apice bulbi in tuber corneum rotundatum incrassata,
in latere interiore (in sinu anfractus secundi „partis basalis")
autem sat angusta, contorta, in uncum tenuem recurrentem
producta; cum trabe hac coniuncta est membrana pellucida,
anteriora versus curvata (quae in bulbo a latere adspecto in
eius apice inferius conspicitur) et embolus sive spina nigra
a basi interiora versus directa, tum ita curvata, ut circulum
formet in bulbi apice fere ad libellam positum; planum circuli huius membrana pellucida format, embolo secundum totam longitudinem adnata. *Pedes* tenues. longi, femoribus supra basim parum incrassatis, tarsis anticis non clavatis; setae,
quibus patellae et tibiae supra ornantur, brevissimae. *Abdomen* oblongum, cute molli tectum.

Cephalothorax obscure fuscus, marginibus nigricantibus
sat latis diffusis, macula occipitali oblonga nigra, linea ex an
gulis anticis exeuntibus anteriora versus discedentibus cum
foveis in lateribus tuberis cephalici sitis coniuncta, area oculorum nigricans, pars thoracica lineis paucis radiantibus nigricantibus obsoletis ornata; *mandibulae* cephalothorace paullo
pallidiores, *maxillae* fuscae, *labium* nigrum apice pallido, *sternum* nigrum; *palpi* flavidi, colore fusco paullo suffusi, processus partis tibialis nigri, lamina tarsalis infuscata; *pedum* coxae flavidae, summo margine apicali nigricanti, caeterum pedes rufo-flavidi, tibiae basi pallidae; *abdomen* nigrum.

Cephalothorax 0·65 mm. longus,. tibia I 0·53, cum patella 0·71, metatarsus 0·49, tarsus 0·33, tibia cum patella IV
0·71, metatarsus 0·52, tarsus 0·31 mm. longus. Occurrunt
exempla paullo maiora.

Femina. *Cephalothorax* 0·7 mm. longus, 0·6 latus, oculorum areâ 0·24 lata, formâ (desuper adspectus) simili atque
in mare, sed latera minus fortiter arcuata antice fortius sinuata habet, frontem latiorem; oculi desuper adspecti laterales
postici fere diametro sua a margine cephalothoracis distare,

antici neque laterales neque medii clypei marginem attingere videntur. Dorsum postice sat fortiter declive, caeterum usque ad oculos medios posticos sublibratum, paullo inaequale, posterius leviter impressum, anterius leviter convexum; oculorum mediorum area a latere visa recta, sat fortiter proclivis, clypeus sub oculis impressus, inferius leviter convexus et paullo procurrens. Impressiones cephalicae sat profundae, quamquam diffusae et parum definitae, laterales partis thoracicae indistinctae; summi margines partis thoracicae limbum formant elevatum angustissimum sat distinctum, praeterea pars thoracica supra margines sulco marginibus parallelo parum distincto ornatur. Cephalothorax laevis nitidus. *Oculi* sat magni, modice tantum convexi. Series oculorum posterior recta, oculi subaequales, intervallis quam diameter minoribus, medio lateralibus fortasse paullulum maiore, inter se disiuncti. Series anterior leviter procurva, marginibus oculorum superioribus lineam paullulum procurvam formantibus, oculi medii lateralibus non multo minores, intervalla omnia parum inaequalia, radio mediorum non aut parum maiora. Oculorum mediorum area vix latior postice quam longa, paullo longior quam *clypei* a fronte adspecti altitudo. *Mandibulae* aeque circiter longae atque series oculorum anterior lata, clypéi sub oculis mediis altitudine c:a duplo longiores, apice intus oblique rotundatae, sulco unguiculari ornato in margine anteriore dentibus 4 (5?), in posteriore denticulis minutis inter se approximatis 4. *Maxillae* basi minus dilatatae quam in mare, caeterum *maxillae labium sternum* similia. Setae in pedum patellis et in tibiis supra sitae breves, quamquam longiores quam in mare. *Abdomen* late inverse ovatum, cute molli tectum. *Vulva* (fig. 51) tuber format, cuius sculptura non facile perspicitur, transversum, pallide flavum, nitidum, inaequale; tuber e partibus quatuor constare videtur elevatis oblongis curvatis, quarum anteriores inter se contingentes (sulco angusto aut fortasse linea tantum nigra disiunctae) exteriora versus curvatae sunt, posterior utraque arcum format, qui e sinu partis anterioris exit, apicem eius posteriorem circumdat, denique — interiora versus curvata et angustata — cum parte opposita concurrit.

Color similis atque color maris, macula occipitalis transversa, parum distincta, lineis cum oculis lateralibus posticis coniuncta; palpi pedibus paullo pallidiores; abdomen fuscum, subter paullo obscurius quam supra.

Cephalothorax 0·7 mm. longus, tibia I 0·63, cum patella 0·81, metatarsus 0·56, tarsus 0·34, tibia cum patella IV 0·87, metatarsus 0·58, tarsus 0·34 mm. longus.

Patria: Tirolia meridionalis. Mares duo et femina una lecta sunt in regione alpina vallium „Trafoier Thal" et „Suldenthal". — *Entelecara media* fortasse varietas tantum est *E. erythropodis* (WESTR.), a qua mas palporum parte tibiali tantum differre videtur. Processus posterior *E. erythropodis* paullo longius productus est quam anterior, ab eo sinu latiore disiunctus (aeque circiter lato atque processus uterque), fortius sinuatus, apicem habet acutum oblique sursum directum, quod in palpo a latere aut a parte posteriore videri potest.

Coelotes mediocris n. sp. *oculis anticis mediis quam laterales minoribus, maris palporum parte patellari processu crasso, apice (desuper adspecto) acuto ornata, tarso IV quam metatarsus duplo breviore; vulvae fovea posteriora versus dilatata, lamina a margine foveae antico sulco tantum disiuncta repleta.*

Femina. *Cephalothorax* 4·8 mm. longus, 3·4 latus, parte cephalica — ubi latera parallela habet — 2·5 mm. lata, dorso a declivitate postica usque ad oculos leviter et paullo inaequaliter, antice paullo fortius quam postice convexo, stria media c:a ¹/₂ mm. longa. *Oculorum* series posterior levissime procurva aut subrecta, oculi subaequales, eorum intervallum

13

medium duplo circiter minus quam lateralia, haec c:a 1½ diametrum mediorum aequantia, illud radio mediorum parum minus aut parum maius. Series anterior leviter procurva, oculorum (directo a fronte adspectorum) marginibus superioribus lineam levissime procurvam designantibus, oculi medii mediis posticis non multo minores, laterales caeteris omnibus paullo maiores, obliqui, intervalla subaequalia, diametro mediorum minora. Oculorum mediorum area paullulum longior aut aeque longa atque lata postice, spatium oculo posteriori et anteriori interiectum circiter diametro illius aequale. *Clypei* sub oculis lateralibus altitudo eorum diametrum minorem aequat. Pars thoracica subtilissime reticulata, mediocriter nitens, pars cephalica sublaevis, nitida. *Mandibulae* paullulum longiores quam tibia IV, in sulci unguicularis margine utroque dentibus 3 armatae. *Sternum* sublaeve, sparse pilosum, modice nitens. *Pedes* IV caeteris longiores, I longiores quam II, III caeteris breviores. *Vulvae* (fig. 52) fovea posteriora versus paullo dilatata, margine antico bis sinuato, cum lamina, qua fovea repletur, connato, sensim abeunti in margines laterales, qui lineas leviter flexuosas formant. Lamina, qua fovea repletur, trapezoidea, angulis rotundatis, antice angustior quam postice, subplana, sulco antico medio longitudinali et posterius ad latus utrumque puncto impresso, ut sulcus parum distincto ornata.

Cephalothorax flavo-fuscus, colore rufo suffusus, parte cephalica antice et ad margines laterales et ad impressiones cephalicas fortius infuscata; pars thoracica utrimque lineis radiantibus 3 aut 4 fuscis, marginem non attingentibus ornata. *Mandibulae* et *maxillae* rufo-fuscae, *labium* nigro-fuscum apice pallido, *sternum* colore cephalothoracis. *Palpi* fusco-flavidi, parte tibiali colore rufo-fusco suffusa, parte tarsali fusca. *Pedes* paullo aut parum pallidiores quam cephalothorax, apicem versus obscuriores quam basi. *Abdomen* in lateribus et subter flavo-cinereum fusco punctatum, dorsum obscurius, vitta media fusca, posteriora versus angustata et plus minusve interrupta, mamillas fere attingenti et ad eam utrimque maculis flavo-cinereis ornatum: par primum puncta sunt fere in $\frac{1}{4}$ dorsi sita, 2-um maculae obliquae oblongae, caetera c : a 6 angulos aut (posterius) arcus formant recurvos, medio saepe interruptos, posteriora versus gradatim minores, .postremos parum distinctos. Venter lineis pallidis duabus, late disiunctis, parum distinctis ornatus. *Mamillae* pallide rufo-flavae.

Cephalothorax 4·8 mm. longus, patella I 1·5, tibia 2·2, metatarsus 2·2, tarsus 1·2, patella IV 1·5, tibia 2·4, metatarsus 2·9, tarsus 1·4 mm. longus

Mas. *Cephalothorax* 3·5 mm. longus, 2·4 latus, parte cephalica 1·5 lata; dorsi forma similis atque in femina. *Oculorum* series posterior recta, oculi subaequales, intervallum mediorum radio paullo maius, aeque circiter latum atque $\frac{2}{3}$ spatii oculo medio et laterali interiecti; series anterior sat fortiter procurva, marginibus oculorum superioribus lineam evidenter procurvam designantibus, oculi medii lateralibus insigniter minores, diametro fortasse $\frac{3}{4}$ diametri oculorum mediorum posticorum aequanti, intervallum medium lateralibus paullulum maius, haec radium oculorum mediorum circiter aequantia; area oculorum mediorum aeque circiter longa ac lata, spatium oculo anteriori et posteriori interiectum diametro illius subaequale. *Clypei* sub oculis lateralibus altitudo paullo minor quam diameter minor eorum. *Mandibulae* 1·6 mm. longae. *Palporum* (fig. 53, 54) pars patellaris apice paullo oblique truncata in latere interiore aeque circiter longa est atque apice lata, in exteriore saltem $\frac{1}{4}$ longior, a basi apicem versus leviter dilatata, prope apicem in processum producta, qui aeque fere longus est atque pars ipsa, desuper adspectus rectus, apicem versus paullo inaequabiliter angustatus, apice acuto, a parte tibiali spatio latitudine sua paullo angustiore seiunctus videtur, intus leviter inaequaliter exca-

vatus, caeterum convexus est, supra prope apicem carinula
brevi humili longitudinali nigra ornatur, ita ut a latere marginem inferiorem leviter sursum curvatum, superiorem fere
rectum, ante apicem tantum in tuber humile elevatum habere
videatur. Pars tibialis supra basi apiceque oblique truncata
latus interius latitudine apicali saltem $1\frac{1}{2}$ longius, latus exterius ea vix longius habet, subter ad latus exterius carina
nigra, leviter foras curvata, antice in apiculum obtusum producta ornatur. Lamina tarsalis saltem $1\frac{1}{2}$ longior quam pars
patellaris cum tibiali, duplo fere longior quam lata, basi oblique truncata, medio fere latissima, apicem versus angustata
et levissime sinuata. Bulbus, similis atque in *Coelotis* aliis,
(fig. 55) ita contortus est, ut axis eius deorsum et paullo foras spectet; in bulbo a parte inferiore adspecto latus interius
anfractus „partis basalis“ formant, caeterum non prominentes,
pars media et latus exterius „parte apicali“ occupantur; haec
e lamina media constat cornea oblonga, lateribus parallelis,
apice oblique truncata; margo posticus laminae huius transversus cum lamina alia cornea transversa connatus est, quae
in latere exteriore in arcum corneum elongatur fere semicircularem, marginem bulbi exteriorem formantem, in latere
interiore autem embolum emittit: spinam longam gracilem,
cum laminae tarsalis margine contingentem, apice in bulbi
parte antica occulto. Pars bulbi antica (fig. 56), in fronte
laminae mediae sita, processus est in sulcum complicatus,
emboli apicem continentem; qui processus a parte inferiore
adspectus e partibus duabus constare videtur: inferiore (in
palpo porrecto) et superiore; pars inferior tuber est corneum,
anteriora versus et foras directum, leviter foras curvatum,
subtrapezoideum, apicem versus leviter angustatum, aeque
circiter longum ac latum, apice ita inaequali, ut in palpo a
parte interiore et posteriore adspecto denticulis 3 ornatus videatur; pars superior laminam corneam formare videtur transversam, foras et paullulum retro directam, leviter curvatam,

apicem versus leviter angustatam, margine antico paullo excavato, apice in angulum exciso; lamina haec parte inferiore
supra dicta ita occultatur, ut ad latus partis huius interius
basis tantum adnata, ad latus autem exterius pars apicalis
libera conspici possit. Spatium subsemicirculare, lamina media et arcu corneo externo et parte bulbi antica circumdatum,
membranaceum est, tubere parvo et carinula in semicirculum
flexa, corneis ornatur. *Pedes* longitudine ut in femina se ex-
cipiunt.

Color exempli, quod pellem nuper exuerat, similis atque
feminae, pallidior.

Cephalothorax 3·5 mm. longus, patella I 1·1, tibia 2·1,
metatarsus 2·2, tarsus 1·3, patella IV 1·1, tibia 2·2, metatarsus 2·8, tarsus 1·4 mm. longus.

Patria: Tirolia meridionalis. Feminas duas et marem
unum legi in silvis vallis „Suldenthal".

Znalazłszy w narzędziach rozrodczych u samców tych
pięciu gatunków z rodzaju *Coelotes*, które dotychczas poznałem, pewne różnice dotychczas w opisach nieuwzględniane,
podaję je tutaj wraz z cechami, po których można odróżnić
samice tych gatunków.

Mares.

1. In palpo a parte inferiore adspecto pars bulbi antica (conf.
   descriptionem *C. mediocris*) falcem format corneam, pluries longam quam latam, foras curvatam, apicem versus
   fere aequabiliter angustatam (fig. 57)   . *C. inermis* L. Koch.
   — — e laminis duabus composita videtur 2
2. Lamina inferior subtriangularis, latere antico caeteris longiore convexo, angulo apicali sulcis c:a 4 inter se parallelis ornato (fig. 58) . . . . . *C. solitarius* L. Koch.
   — — apicem versus leviter angustata, leviter foras arcuata, margine antico subrecto, postico paullo excavato, api-

cali in angulum subrectum producto (fig. 59)

C. atropos (WALCK.)

— — apicem versus leviter angustata, leviter foras curvata, margine antico subrecto, postico paullo excavato,
apicali obliquo, levissime emarginato, angulo apicali anteriore acuto, posteriore obtuso (fig. 60) . C. pastor SIM.?

— — brevis, apicem versus sat fortiter angustata, apice
irregulariter in denticulos tres minutos, medium lateralibus
paullo maiorem, exciso (fig. 56) . . .C. mediocris n. sp.

Feminae.

1. Vulvae fovea antice in foramen profundum rotundatum
transversum excavata. (In vulva humefacta margines laterales laminae, qua fovea ex parte repletur, obscuri, foveae
marginem anticum non attingunt) . C. inermis L. KOCH.
Fovea saltem a parte inferiore (non a parte posteriore)
adspecta laminâ repleta videtur. (Margines laminae laterales obscuri in vulva humefacta a parte inferiore adspecta
usque ad foveae marginem anticum producti videntur) . 2

2. Lamina subplana, pars eius anterior sublibrata . . . 3
— — in longitudinem in angulum obtusum fracta, pars
eius anterior anteriora versus in foveam oblique descendit,
itaque foveae pars anterior profundius est impressa, quam
posterior . . . . C. pastor SIM.?

3. Laminae margo anticus a foveae margine antico rima profunda seiunctus . . . . C. atropos (WALCK.)
— — — sulco tantum seiunctus, cuius fundus facile conspici potest 4

4. Fovea et lamina, qua fovea repletur, posteriora versus sat
fortiter dilatatae, dens, quo margo foveae utrimque ornatur, non procul a margine antico foveae situs

C. mediocris n. sp.

— — parum aut non dilatatae, dens lateralis fere in media foveae longitudine situs . . C. solitarius L. KOCH.

Prosthesima similis n. sp. *nigra, cephalothorace paullulum breviore quam tibia cum patella IV, oculorum posteriorum intervallis subaequalibus, oculis mediis anterioribus minoribus quam laterales, tibiis I non incrassatis, aculeatis, tibiis II inermibus, metatarsis I et II aculeatis, vulvae area longiore quam lata, sulcis ornata spatium inverse cordiforme includentibus, antice apertum, dimidio angustius quam intervallum margini eius postico et margini areae antico interiectum, cephalothorace 3·9 mm. longo.*

Femina. *Oculorum* series posterior paullo latior quam series anterior, subrecta, oculi medii lateralibus paullo minores, rotundati, intervalla subaequalia, diametro mediorum circiter aequalia. Oculi anteriores medii lateralibus minores, inter se fere diametro sua, a lateralibus ne radio quidem distare videntur. *Clypeus* sub oculis lateralibus aeque circiter latus, atque oculorum horum diameter maior longa. *Cephalothorax* praesertim in lateribus subtiliter reticulatus et punctatus, modice nitidus, sparse pilosus, limbo marginali valde angusto; impressionibus cephalicis indistinctis, impressionibus radiantibus in parte thoracica anterius sitis utrimque binis distinctis, sulco ordinario brevi, dorso in parte thoracica supra subrecto, in parte cephalica levissime in longitudinem convexo. *Mandibulae* patellis I breviores, indistincte transversim rugosae, non dense pilosae. *Sternum* levissime sparse punctatum, nitidum. *Tibiae* I et II subter paullo pone medium aculeis singulis armatae, apicem versus aequabiliter angustatae, metatarsi I et II prope basim aculeis 2, prope medium 1 (aut 2) instructi, tarsi inermes; scopulae pedum anteriorum sat densae, basim fere metatarsorum attingunt. *Abdominis* forma ordinaria. *Vulvae* (fig. 64) area pallida, evidenter longior quam lata, subrectangula, angulis anticis profunde impressis, inter eos et sulcos, quibus posterius ornatur, dense levissime oblique sulcata; area haec posterius sulcis duobus ornatur, in dimidium areae anterius parum productis, antice inter se circiter $\frac{1}{3}$ latitudinis areae distantibus, foras et retro directis, tum intus curvatis, denique in angulum parvum apice retro directo inter se unitis, spatium subplanum includentibus, inverse cordatum, antice late apertum, margine medio postico in angulum parvum producto; cuius spatii latitudo non maior est, quam $\frac{2}{3}$ intervalli margini eius postico et margini areae antico interiecti.

Cephalothorax supra fusco-niger, *mandibulae* obscure rufo-fuscae, apicem versus pallidiores, *sternum* cum *maxillis* et *labio* nigro-fuscum, margo apicalis maxillarum pallidus, *coxae* anteriores subter fuscae, posteriores fusco-flavidae, colore rufo suffusae, *palpi* obscure rufo-fusci, apicem versus fortius infuscati; *pedes* anteriores fusco-nigri, femora I macula pallida ornata, metatarsi I et II obscure rufo-fusci, tarsi paullo pallidiores, pedes posteriores anterioribus vix pallidiores, tarsis parum pallidioribus quam partes caeterae. *Abdomen* nigrum.

Cephalothorax 3·9 mm. longus, 3·0 latus, tibia cum patella IV 3·7 mm. longa. Pedes I 9·5, II 8·5, III 7·5, IV 11·5, metatarsus I 1·4, tarsus 1·2, metatarsus IV 3·7, tarsus 1·5 mm. longus.

Patria: Tirolia meridionalis. Duo exempla feminea legi in silvis montis Schlern. — *Pr. similis* a *Pr. subterranea* (C. L. Koch) differre videtur statura maiore, tibiarum anticarum armatura, vulvae forma; *Pr. subterraneae* vulva brevior et latior est, spatii medii margo posticus ab areae margine antico intervallo distat, quod spatii eius latitudine non aut parum maius est.

Prosthesima apricorum L. Koch?

W opisie tego gatunku pominął Dr. L. Koch uzbrojenie nóg przednich; nieco niejasny jest też opis narzędzi rozrodczych. W skutek tego oznaczenie nie całkiem jest pewne.

U jedynej samicy, którą znalazłem w dolinie Eggenthal, mają piszczele I po jednym kolcu na stronie dolnej mniej więcej w połowie długości, na piszczelach II nie ma kolców; członki piętowe obydwóch pierwszych par nóg mają po 2 kolce u nasady, a jeden koło środka, wszystkie, jak zwykle, na stronie spodniej. Szczoteczki (*scopulae*) nóg 1-szej i 2-ej pary niezbyt gęste i z krótkich włosów złożone nie sięgają nasady członków piętowych, kończąc się mniej więcej w połowie ich długości. Kształt narzędzi rozrodczych przedstawia figura 66.

Drassus Heerii Pav.

W r. 1866 opisał Dr. L. Koch gatunek *Dr. hispanus* na podstawie jednego okazu znalezionego w Hiszpanii. Powtórny opis tego gatunku podał E. Simon w r. 1878, przyczem uznał za jego synonim gatunek *Dr. Heerii*, opisany w r. 1873 przez Prof. Pavesego, a żyjący wysoko (2200—2300 m.) w Alpach. Później, w r. 1880, podał Dr. Bertkau wiadomość, że *Dr. hispanus* E. Simona jest wprawdzie = *Dr. Heerii* Pav., ale odmienny od gatunku opisanego przez Dra L. Kocha.

Drassus żyjący w halach Ortleru zgadza się zupełnie z opisem i rysunkami Prof. Pavesego; ze względów zoogeograficznych jest też całkiem prawdopodobne, że Alpy kantonu tessyńskiego i grupa Ortleru są zamieszkane przez jeden i ten sam gatunek. Z opisem E. Simona nie zgadzają się okazy tyrolskie. Rzecz ta zastanawia o tyle, że autor ten zbierał okazy *Dr. hispanus* nie tylko w niskich okolicach Francyi ale i wysoko w Alpach francuskich. Z tego zamieszania trudno wyjść inaczej, jak przez przypuszczenie, że pod nazwą *Dr. hispanus* kryją się u E. Simona dwa różne gatunki, jeden właściwy wysokim Alpom, któremu należy się nazwa *Dr. Heerii* Pav., drugi żyjący w niższych okolicach; czy ten ostatni jest = *Dr. hispanus* L. Koch, to rozstrzygnąć trudno, zwłaszcza że Dr. L. Koch opisał tylko samicę, a różnice pomiędzy samicami będą w tej grupie bez wątpienia bardzo nieznaczne. Dokładne porównanie tyrolskich samic *Dr. Heerii* z opisem gatunku *Dr. hispanus* u Dra L. Kocha nie doprowadziło do wykrycia żadnych istotnych różnic.

Platybunus armatus n. sp. *margine frontali spina erecta, tuberculo oculorum spinis utrimque c: a 13 armato, cephalothorace albido, nigro maculato, abdomine pallide cinereo, ephippio non multo obscuriore, palpis albidis fusco lineatis, pedibus tenuibus albidis fusco-nigro punctatis et annulatis.*

Truncus 5 mm. longus, abdomen 3 mm. latum. *Cephalothoracis* margo anticus leviter excavatus, latera leviter rotundata, postice inter se subparallela; abdomen lateribus leviter rotundatis, paullulum latius quam cephalothorax, postice breviter acuminatum. Margo frontalis cephalothoracis spina suberecta ornatus, anguli antici spinis 2 aut 3, margines laterales ad foramen supracoxale spina 1 aut etiam supra coxas III spina minore ornati; praeterea denticuli utrimque quatuor, paribus fere intervallis inter se remoti, cum spina frontali seriem formant aequabiliter recurvatam, inter coxas II et III finitam; in utroque latere tuberculi oculiferi posterius cephalothorax denticulis 2 — 4 ornatur. Spinae omnes et denticuli sub apice seta brevi instructa sunt. *Tuberculum oculorum* a margine cephalothoracis antico ne dimidia quidem longitudine sua remotum, maximum, posteriora versus leviter dilatatum, aeque saltem latum postice atque longum, paullo longius quam altum, a latere visum basi paullo angustius quam supra, latere antico subrecto, postico arcuato; supra tuberculum late sulcatum est et in utroque latere spinis c: a 13 ornatum, seriem inconditam formantibus, aliis oblique foras, aliis sursum directis, sub apice pilo ornatis. Praeter sulcum lateralem anticum, arcuatum, margini subparallelum, cephalothorax posterius, proxime tuberculo oculorum sulcos duo transversos et ante eos impressionem irregularem oblique anteriora versus directam ostendit; sulcus posterior recurvus usque ad marginem cephalothoracis productus est, anterior mediam laterum latitudinem tantum attingit. Sulcus inter cephalothoracem et abdomen situs distinctus. *Abdomen* supra ut cephalothorax subtilissime punctatum (?) sublaeve, modice nitidum. *Spatium supramandibulare* inerme. *Mandibularum* articulus 1-us desuper visus aeque fere longus ac latus, ut 2-dus disperse pilosus. *Palpi* trunco breviores; pars trochanterica subter spinis longis duabus instructa; pars femoralis apice intus in tuberculum apice pilis crassis brevibus erectis ornatum elevata, spinis longis c:a 8 et 1 aut 2 brevissimis in latere exteriore subter instructa, disperse pilosa, in margine apicali supra aculeo nigro brevi, in latere interiore supra aculeis pluribus parvis, nigris, paullo curvatis, seriem inconditam formantibus, ornata; pars patellaris apice intus in processum producta rectum, quam pars ipsa c:a $\frac{1}{2}$ breviorem, apicem versus, qui obtusus est, aequabiliter angustatum; margo apicalis partis huius obliquus, latus exterius leviter concavum, latus interius fere a basi usque ad processus apicalis apicem rectum et dense nigro pilosum, caeterum pars haec pilis dispersis et subter ad latus exterius aculeis parvis nigris curvatis c:a 5 ornatur, dorsum ante apicem in sulcum brevem non profundum obliquum impressum habet; pars tibialis paullo brevior quam pars patellaris, duplo circiter longa quam lata, subcylindrata, lateris interioris parte apicali in tuberculum obliquum, paullo brevius quam articuli diameter, elevata; tuberculum dense nigro pilosum, caeterum pars ipsa disperse pilosa est et subter ad latus exterius spinis inaequalibus 5 aut 6 ornata; pars tarsalis tibiali c:a $1\frac{1}{2}$ longior, paullo tenuior, leviter arcuata, apicem versus leviter attenuata, latere interiore dense breviter nigro piloso, subter ad latus exterius spinis c:a 6 inaequalibus armata, caeterum disperse pilosa. *Loborum maxillarium* forma eadem atque ex. gr. in *Platybuno pinetorum* (C. L. KOCH). *Coxae* I subter spinis albis instructae paucis longis et sat multis brevibus, caeterae pilosae; supra coxae inermes videntur; *pedes* tenues, crassitudine parum inaequali, modice longi, non evidenter angulati; femora supra et in lateribus dentibus brevibus nigris armata, subter ut caeterae pedum partes pilosa aut etiam (praesertim in pedibus IV) denticulis minutis dispersis instructa; margo apicalis superior femorum et patellarum dentibus brevibus latis albidis, apice nigricantibus ornatus.

Cephalothorax albidus, nigro maculatus: ad marginem anticum macula media oblonga et utrimque linea margini ei parallela, supra margines laterales utrimque maculis parvis oblongis 3, in utroque latere tuberculi oculorum maculis irregularibus notatus; *tuberculum oculorum* supra fuscum, linea media indistincta et spinis pallidioribus, his apice nigricantibus. *Abdomen* albo-cinereum; ephippium parum distinctum, obscure cinereum, pallidius maculatum, in cephalothorace trunci latitudine duplo angustius, in sulco inter cephalothoracem et abdomen sito subito angustatum, in abdominis segmentis 2-bus anticis posteriora versus dilatatum, tum iterum subito angustatum et tuberculo oculorum non latius, ultra segmentum 5-um non productum; partes abdominis laterales fusco et nigro punctatae, punctis nigris prope ephippium in lineas transversas coniunctis; sulci, quibus segmenta 3 postrema distinguuntur, lineas nigras formant. *Venter* cinereo-albidus, foveis processus sternalis et sulcis transversis nigro punctatis; *coxae* subter basi et in latere posteriore nigro punctatae et maculatae, summo margine nigricanti; supra coxae albae sunt, nigro punctatae et lineatae, summo margine etiam nigricanti; *trochanteres* albi, fusco maculati; *pedes* caeterum fusco-albidi, femoribus et tibiis supra nigro punctatis, patellis maxima ex parte fusco-nigris, tibiis summo apice nigris, annulo

subapicali lato nigro ornatis, metatarsorum apicibus infuscatis. *Mandibulae* albidae, articulo primo supra nigro punctato,
articulo 2-o basi in utroque latere macula sat magna nigra
ornato, macula interior interrupta. *Palpi* albidi, parte femorali et patellari et tibiali supra linea nigro-fusca, plus minusve
interrupta ornatis, parte tibiali etiam in latere exteriore fusco
punctata, partis tarsalis apice nigricanti.

Pedes I 10·3 mm., II 16·5, III 11·5, IV 15 mm. longi.

Patria: Tirolia meridionalis. Unam legi feminam sub
vertice montis Schlern. — Speciem hanc generi *Platybuno*
(neque *Megabuno*) adnumerandam censeo, ab aliis enim huius generis speciebus frontis armatura sola differre videtur.

Euscorpius sicanus (C. L. Koch)?

Cephalothorax paullo longior quam latus, margine antico
recto, duplo breviore quam posticus, hoc levissime rotundato
lateribus in $^2/_3$ posterioribus anteriora versus leviter, in $^1/_3$ antica sat fortiter inter se appropinquantibus, angulis posticis
parum quam recti maioribus, sat late rotundatis; sulcus medius anticus, postice sensim evanescens, saltem $^2/_3$ spatii margini antico et oculis interiecti occupat; ad marginem posticum cephalothorax sulco transverso, in angulum valde obtusum fracto, $^1/_3$ latitudinis non occupanti ornatur; sulcus medius posticus dimidio spatio margini et oculis interiecto aequalis ($\female$) aut eo paullo brevior ($\male$); sulcus lateralis posticus, modice curvatus, non procul a margine ramum emittit
foras et paullo retro directum, quam sulcus ipse non multo
minus profundum; ante sulcum eum latera cephalothoracis
alia impressione sulco subparallela, eo breviore ornantur; caeterae impressiones laterales parum definitae. Oculi principales inter se spatio quam diameter non multo maiore remoti;
oculus lateralis anterior posteriore multo maior, eorum inter-

vallum circiter diametro oculi minoris aequale, spatium oculo maiori et cephalothoracis margini interiećtum diametro minus, parum distincte sulcatum. Cephalothoracis pars inter sulcum anticum et oculos laterales sita levissime disperse granulata, sublaevis, nitida; caeterum cephalothorax fere totus sat dense subtiliter granulatus est, in impressionibus tantum laevis, modice nitens, granulis maioribus praesertim in lateribus adspersus; granula omnium maxima pone oculos laterales sita sunt.

Segmenta abdominalia sat dense subtiliter granulata, impressionibus parum distinctis non granulatis ornata: foveis binis oblongis prope medium in segmenti parte anteriore sitis et lineis transversis binis in dimidia segmenti longitudine a foveis eis ad laterum partem mediam ductis; impresiones hae melius distinctae in segmentis posterioribus quam in anticis, melius in mare quam in femina; segmenti 7-mi dimidium posterius medio fovea parum definita subrectangula, in lateribus autem granulis maioribus dispersis ornatur. Ventris segmenta sublaevia, utrimque impressione longitudinali ornata, sat magna in segmentis anterioribus, parva, prope marginem anticum sita in postremo.

Cauda mediocris, a basi usque ad segmentum 4-um levissime angustata, segmento 5-to non angustiore quam 4-um; segmenta 4 anteriora supra late sulcata, 5-tum sulco non lato, parum profundo, circiter $^2/_3$ ($\female$) aut $^1/_2$ ($\male$) longitudinis occupanti ornatum, posterius planum; carinae dorsuales segmentorum 1 — 4 sat fortiter granulatae, carina lateralis segmenti 1-mi saltem in dimidio anteriore distincte granulata, in segmentis 3-bus sequentibus glabra, usque ad segmenti cuiusque apicem producta, quamquam valde humilis; carinae ventrales segmentorum 4 anticorum glabrae, parum manifestae, praesertim carina media segmenti 1-mi et 2-di; segmenti 5-ti carinae dorsuales granulis parvis ornatae, laterales indistinctae, ventrales paullo ante apicem segmenti finitae, mediocriter granulatae. Dorsum segmentorum 1 — 5 granulis mini-

mis dispersis ornatum, pars apicalis segm. 5-ti glabra; in
segmento 1-mo et 2-do etiam granula nonnulla maiora inveniuntur; segmentum 1-um in lateribus posterius distincte irregulariter granulatum est, caeterum ut segm. 2 — 4 et latera
segmenti 5-ti sublaeve, granulis, quae vix cerni possunt, spar-
sum; segmenti 5-ti pars inferior granulis paucis maioribus
minoribusque adspersa. Desuper adspectum caudae segmentum 1-um latera modice rotundata habet, apicem versus paullo
angustatum est, segmenti 2-di et 3-tii latera antice levissime
sinuata, caeterum levissime convexa, segmenti 4-ti antice levissime sinuata, caeterum subrecta; segmentum 2-um et 4-um
basi apiceque aequali fere latitudine, 3-um apicem versus levissime dilatatum, segmenti 5-ti latera ante apicem leviter
sinuata, caeterum leviter arcuata aut medio recta, segmentum
ipsum a basi medium versus levissime dilatatum, apice parum angustatum. In segmentis 4 anterioribus a latere visae
carinae dorsuales ad marginem posticum arcu inaequali aut
linea recta (in segmento 4-to) descendunt, dentes distinctos
non formant, segmentum 5-um paullo pone $\frac{1}{3}$ longitudinis
altissimum basim versus fortius quam apicem versus attenuatum, latus eius inferius fere aequabiliter arcuatum, latus superius in parte posteriore levissime sinuatum. Vesica feminae sublaevis, desuper adspecta elongato ovata, a latere subhemisphaerica latere superiore subrecto videtur, dorsum anterius sulco medio levi, latera prope marginem superiorem sulco
parum distincto ornantur; nonnunquam pars inferior non procul a basi in tuberculum humile latum elevatur. Aculeus mediocris gracilis sat fortiter curvatus. Maris vesica maior,
crassior, latior.

Palporum humerus lateribus subrectis, ut in *Eu. italico*
(HERBST) carinatus, inter carinas in omnibus partibus granulis
minimis maioribusque ornatus; haec supra parum inaequalia
et paene aequabiliter distributa sunt, antice non multa sub
carina superiore inveniuntur, infra medium alia lineam paullo

irregularem, apicem articuli fere attingentem formant; pars
humeri inferior granulis maioribus praesertim prope marginem anticum et in linea elevata, leviter sinuata, basim cum
apice oblique coniungenti ornatur; in linea hac granula basim versus maiora sunt quam prope apicem; pars postica
pauca tantum granula maiora ostendit. Brachium latere postico modice arcuato, antico inter basim et apophysim in sinum rotundatum exciso, inter apophysim et apicem subrecto;
carinis superioribus et inferioribus acutis, regulariter granulatis, granulis in carinis anticis maioribus quam in posticis;
carina postica obtusa, irregulariter granulata; pars brachii
superior granulis inaequalibus et inaequabiliter digestis ornata,
pars antica prope apophysim granulis non multis (in mare
perpaucis) instructa, caeterum subtiliter, paene aequabiliter
granulata; partis inferioris, quae secundum marginem posticum punctis piliferis 8 aut 9 ornatur, granula in lineas parum
distinctas reticulatas congesta, prope marginem anticum sita
caeteris maiora; latus posticum, carina excepta, sublaeve;
apophysis antica apicem versus inaequaliter angustata, latere
interiore recto, exteriore excavato. Manus carinae posteriores subtiliter, regulariter tamen crenulatae, antica superior obtusa (in mare parum distincta), granulis inaequalibus et sat
late inter se distantibus ornata, carina antica inferior granulis parvis, in latera diffusis adspersa. Pars manus superior
subplana, granulis minutis in lineas congestis parum distincte
reticulata, latus anticum supra in transversum convexum, infra leviter excavatum, granulis inaequalibus non dense adspersum; pars inferior sublaevis, subtilissime modo granulata,
punctis piliferis 3 ornata; pars posterior basi excepta in longitudinem obtuse carinata, in carina granulis maioribus adspersa, caeterum parum distincte elevato-reticulata, inaequaliter granulata, punctis piliferis nonnullis ornata. Digiti leviter incurvi, acie ut in *Eu. italico* sinuata.

Pectinum dentes 7 (♀), 8 aut 9 (♂).

Pedum femora supra subterque granulata, tibiae supra laeves, subter granulatae, granulis in tibiis IV parum distinctis.

Color luteo-fuscus, cephalothorax abdomine plus minusve obscurior, palpi colore rufo suffusi, carinis fuscis aut nigricantibus, digitis rubicundis, abdomen subter flavidum, vesica flavida, aculeus apicem versus infuscatus, pedes flavidi, femoribus tibiisque supra subterque linea fusca aut rufo-fusca ornatis.

Femina. Longitudo corporis, mandibulis et caudae segmento VI exceptis, 33 mm., cephalothoracis longitudo 5·8, latitudo maxima 5·3, marginis antici longitudo 2·5; spatium oculis dorsualibus et cephalothoracis margini antico interiectum 2·1, spatium oculis eisdem et margini postico interiectum 3·5 mm. longum; cauda — segmento VI excepto — 14 mm. longa, eius segmentum I 1·7 longum, 1·8 latum, 1·5 altum, segment. II: 2·0 lg., 1·6 lat., 1·5 alt., III 2·2 lg., 1·5 lat., 1·4 alt., IV 2·7 lg., 1·4 lat., 1·4 alt., V 4·9 lg., 1·5 lat., 1·5 alt., VI 4·2 lg., 1·6 lat., 1·65 alt. (vesica 3·2 mm., aculeus 1·3 mm. longus); palpus 21 mm. longus, humeri longitudo maxima (supra) 5·5, latitudo 1·8, brachii longitudo maxima (supra) 5·0, latitudo (processu excepto) 1·9, manus cum digitis 10·7 mm., digito immobili excluso 6·0 mm. longa, desuper visa 3·4 lata, digitus immobilis 4·8 mm. longus, digiti mobilis longitudo maxima 6·2 mm.; pedum longitudo: I 10, II 12·5, III 14·3, IV 15·6 mm.

Mas. Long. corp. 35, cephaloth. long. 6·3, lat. 5·5, eius margo anticus 2·6; spatia oculis dors. et cephaloth. marginibus interiecta 2·2, 3·9; cauda (segm. VI excluso) 16·5 long., segm. I 1·9 lg., 1·9 lat., 1·5 alt., II 2·4 lg., 1·7 lat., 1·5 alt., III 2·6 lg., 1·6 lat., 1·5 alt., IV 3·1 lg., 1·5 lat., 1·5 alt., V 5·3 lg., 1·6 lat., 1·7 alt., VI 5·5 lg., 2·2 lat., 3·4 alt. (vesica 4·3, aculeus 1·4 lg.); palpus 22·3 lg., humerus 5·6 lg.,

15

1·8 lat., brachium 5·3 lg., 2·0 lat., manus cum digitis 11·2 lg., digito immobili excluso 6·2 lg., 3·8 lat.; digitus immob. 5·2, mobilis 6·7 lg.; pedes: 10·5, 13·2, 15·0, 17 mm. longi.

Tria vidi exempla (2 ♀ et 1 ♂) in monte Guntschnaer Berg prope Bolzanum cum *Euscorpio italico* (HERBST) capta.

Euscorpius sicanus (?) praesertim *Eu. flavicaudi* (De GEER) affinis videtur; differt ab eo carinis lateralibus caudae in segmentis 2 — 4 non granulatis, punctis piliferis in manus parte inferiore sitis 3-bus, palporum humero subter apicem versus subtilius granulato quam basi.

Objaśnienie rysunków.

1 — 3. *Attus alpicola* n. sp. Głaszczek samca z dołu 1, od zewnątrz 2, narzędzia rozrodcze samicy 3.

4, 5. *Lycosa subita* (Sɪᴍ.)? Narzędzia rozrodcze samicze 4, samcze 5.

6, 7. *L. ferruginea* L. Koᴄʜ. Narzędzia rozrodcze samcze : od zewnątrz 6, z dołu 7.

8. *L. cincta* n. sp. Narzędzia rozrodcze samcze.

9, 10. *L. palustris* (L.). Narzędzia rozrodcze samcze: z dołu 9, od zewnątrz 10.

11, 12. *L. mixta* n. sp. Jak fig. 9 i 10.

13, 14. *Thanatus alpinus* n. sp. Narzędzia rozrodcze samicy.

15. *Singa scabristernis* n. sp. Jak fig. 13.

16. *Theridium lapidicola* n. sp. Jak fig. 13

17. *Pedanostethus lividus* (Bʟᴀᴄᴋᴡ.). Narzędzia rozrodcze samicy, widziane w cieczy.

18. *P. truncorum* (L. Koᴄʜ). Jak fig. 17.

-19, 22, 24, 26. *Pedanostethus lividus* (Bʟᴀᴄᴋᴡ.). Narzędzia rozrodcze samcze: od zewnątrz 19, od spodu 26, wytrawione ługiem sodowym widziane od zewnątrz 22, od wewnątrz 24.

20, 21, 23, 25. *Pedanostethus truncorum* (L. Koᴄʜ). Jak wyżej, odpowiadają sobie : fig. 20 i 19, 21 i 22, 23 i 24, 25 i 26.

27 — 31. *Bolyphantes index* (Tʜᴏʀ.)? Narzędzia rozrodcze samcze z dołu widziane 27, z boku 28, samcze od wewnątrz 29, od zewnątrz 30, od spodu 31.

32, 33. *Lephthyphantes fragilis* (Tʜᴏʀ.). Narzędzia rozrodcze samcze od spodu 32, z boku 33.

34 — 36. *Lephthyphantes tenebricola* (Wɪᴅᴇʀ). Narzędzia rozrodcze samcze od zewnątrz 34, *paracymbium* 35, narzędzia rozrodcze samicze 36.

37 — 39. *Lephthyphantes Mengei* Kuʟᴄz. Jak wyżej; fig. 37 odpowiada 34-ej, 38 35-ej, 39 36-ej.

40 — 43. *Lephthyphantes variabilis* n. sp. Narzędzia rozrodcze samicze 40, samcze od zewnątrz 41, od spodu 42, od wewnątrz 43.

44, 45. *Lephthyphantes notabilis* n. sp. Narzędzia rozrodcze samicze z dołu 44, z boku 45.

46. *Bathyphantes cyaneo-nitens* n. sp. Narzędzia rozrodcze samicze.

47. *Tmeticus silvicola* n. sp. Narzędzia rozrodcze samicze.

48 — 51. *Entelecara media* n. sp. Narzędzia rozrodcze samcze: z góry 48, od zewnątrz 49, od wewnątrz 50, samicze 51.

52 — 56. *Coelotes mediocris* n. sp. Narzędzia rozrodcze samicze 52, część rzepkowa i piszczelowa głaszczka samczego od zewnątrz 53, z dołu 54, narzędzia rozrodcze samcze z dołu 55, ich część końcowa widziana z dołu 56.

57 — 60. Końcowa część narzędzi rozrodczych samczych gatunków: *Coelotes inermis* L. Koch 57, *C. solitarius* L. Koch 58, *C. atropos* (Walck.) 59, *C. pastor* Sim. ? 60.

61. *Tegenaria agrestis* (Walck.) ? Narzędzia rozrodcze samicy.

62, 63. *Prosthesima sarda* Can. ? Głaszczek samca od zewnątrz 62, narzędzia rozrodcze od spodu 63.

64. *Prosthesima similis* n. sp. Narzędzia rozrodcze samicy.

65. „ *clivicola* (L. Koch). Tak samo.

66. „ *apricorum* L. Koch. Tak samo.

OMYŁKI.

Str. 273	w. 25	za	*variabilis.*	ma być	*variabilis,*	
„ 300	w. 4	„	minusque	„	minusve	
„ 315	w. 1	„	quare	„	qua re	
„ 316	w. 31	„	aculi	„	aculei	

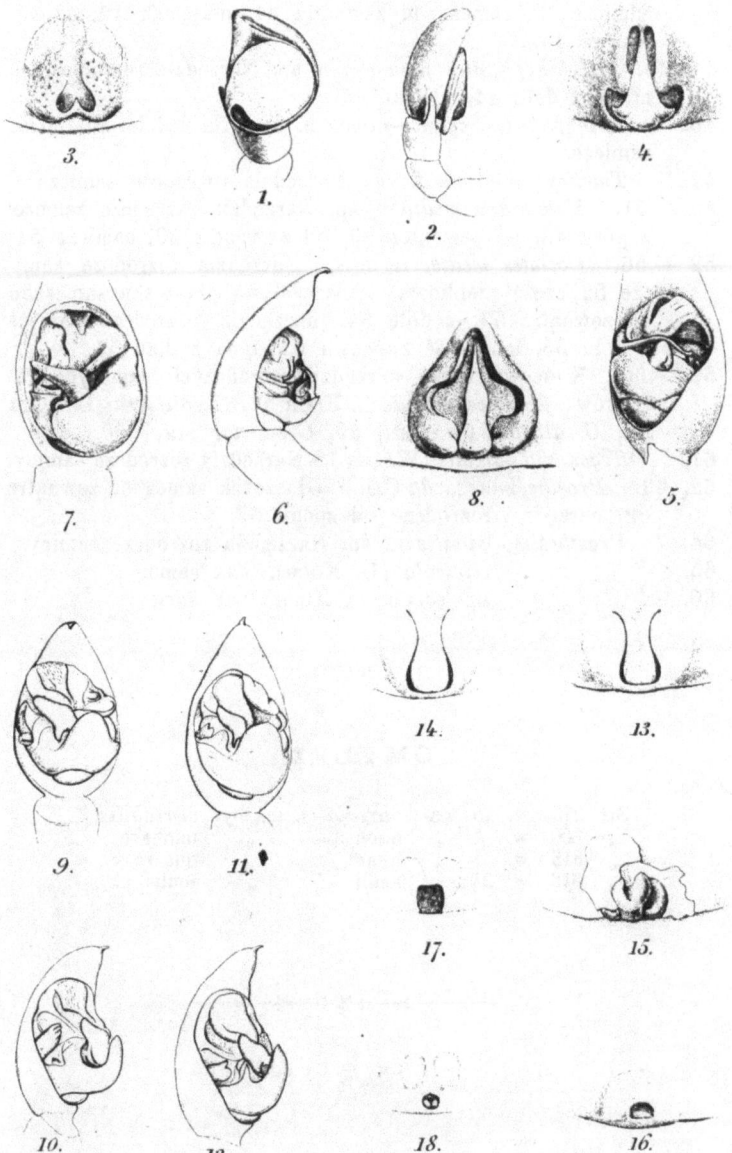

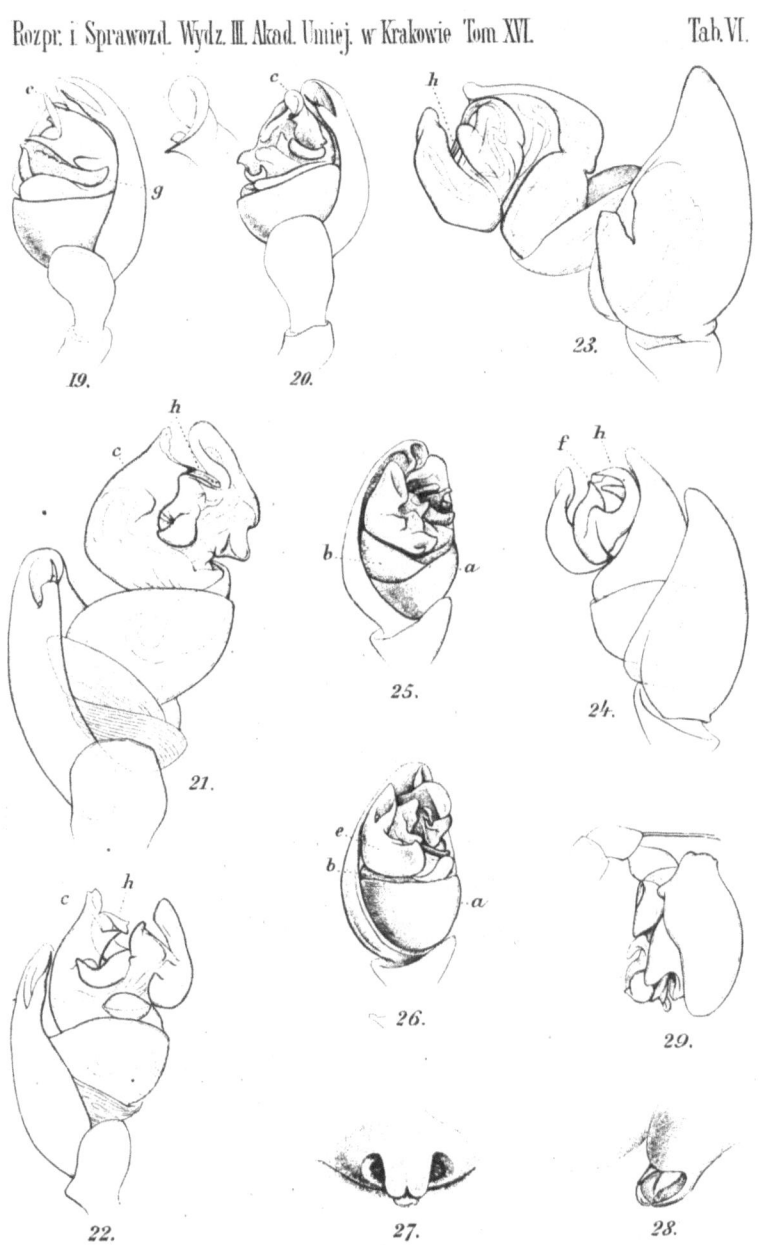

W. Kulczyński. del. Litogr. akad. M. Salba w Krakowie. A. Lippert. lit.

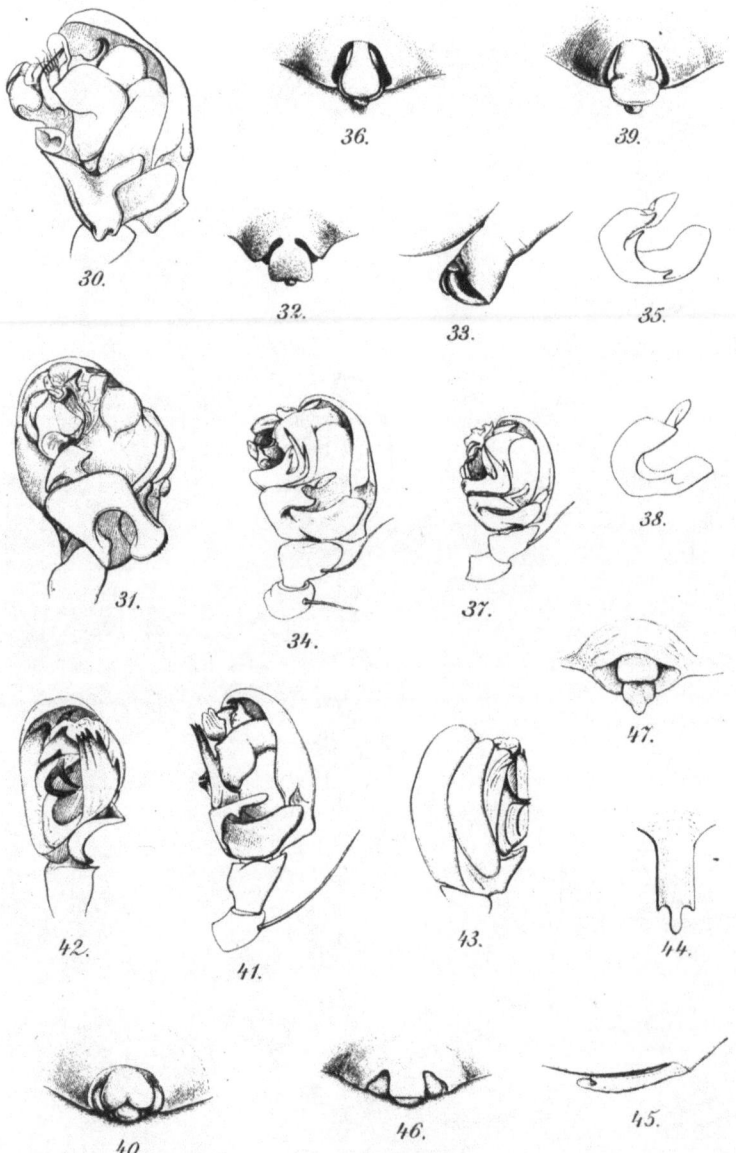

W.Kulczyński del. Litogr. akad. M.Salbe w Krakowie. A.Lippert lit.

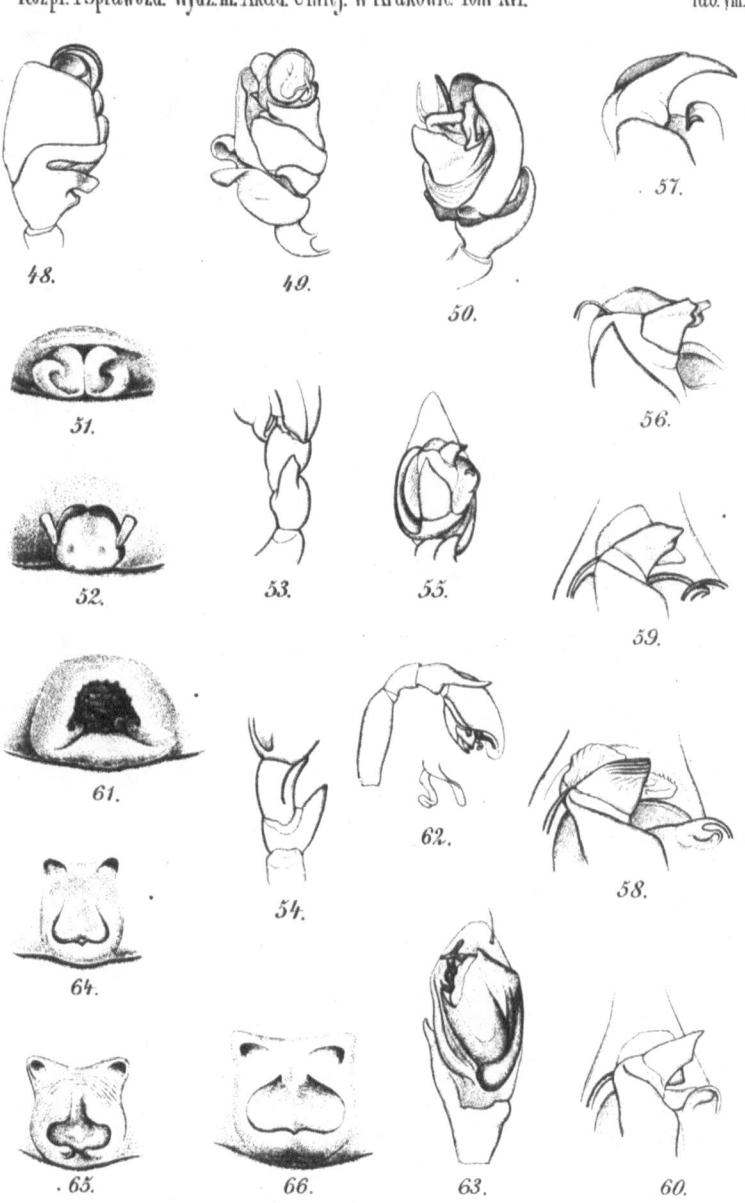

48.

49.

50.

57.

31.

32.

53.

55.

56.

59.

61.

54.

62.

58.

64.

65.

66.

63.

60.

M.Kulczyński del.　　Lit. i dr. M. Salba w Krakowie.　　A.Lippert lit.

11

W. KULCZYŃSKI.

Beitrag zur Kenntnis der Arachnidenfauna Tirols.

Auszug aus der im XVI. Bde der Abhandl. u. Berichte der math.-naturw. Cl. der Akad. d. Wiss. in Krakau enthaltenen Abhandlung.

Im Sommer d. J. 1886. machte ich mit Prof. B. Kotula einen Ausflug in die Alpen Südtirols, hauptsächlich in der Hoffnung, daselbst ein ausreichendes Vergleichsmateriale zu finden, ohne welches mir die endgültige Lösung einiger in der Tatraer Arachnofauna noch übriggebliebenen Zweifel nicht angezeigt erschien. Der Ausflug dauerte vom 28. Juli bis zum 14. August und umfasste die Umgebung von Bozen (Guntschnaer Berg, Sigmundskron — St. Pauls — Fuss des Mendelgebirges, Eggenthal), den Schlern und die Ortler-Gruppe, wo vorzüglich der obere Theil des Trafoier Thales (Stilfser-Joch-Thal [1]) und das Suldenthal abgesucht wurden. Die Wahl des Hauptstandquartiers — inmitten einer augenscheinlich noch wenig erforschten Gebirgsgruppe — brachte es mit sich, dass das gesammelte Vergleichsmateriale ziemlich lückenhaft aus-

---

[1] In dem polnischen Verzeichnisse wurde das Trafoier Thal sammt dem Stilfser-Joch-Thale mit „dolina Trafojska" bezeichnet. Dolina Suldeńska heisst daselbs das Suldenthal, przełęcz Stelwijska das Stilfser-Joch.

fiel. Dagegen fand sich — unverhofft genug — manche für
Tirol neue Art und für die bekannten mancher neue Fund-
ort, so dass das vorliegende Verzeichnis für die Kenntnis der
Fauna Tirols nicht ganz ohne Interesse sein dürfte.

Die für Tirol neuen Arten sind in dem Verzeichnisse
mit † bezeichnet, ein * steht vor dem Namen oberhalb der
Waldgrenze gefundener Arten; bei jeder Art bedeutet m. ein
erwachsenes ♂, f. ein erwachsenes ♀, i. ein junges, p. ein
sehr junges Exemplar.

Erfahrungen, welche ich bei der Bearbeitung des gesammelten Materiales zu machen Gelegenheit hatte, mögen
folgende zwei, die Arachnographie im Allgemeinen betreffenden Bemerkungen rechtfertigen.

In den Beschreibungen werden die Geschlechtstheile nur
zu häufig nicht in dem Grade berücksichtigt, welcher der
Wichtigkeit dieser Organe entsprechen und der Leichtigkeit,
mit welcher dieselben als Artunterschiede gebraucht werden
können, hinreichend Rechnung tragen würde. Freilich ist
eine Beschreibung dieser Organe derzeit noch in vielen Fällen schwierig und muss deshalb meist durch Zeichnungen
ergänzt, beziehentlich erklärt werden. Eine wesentliche Er-
leichterung derselben ist aber nur von einer gründlichen Bearbeitung der schon beschriebenen Arten zu erwarten, welche vor Allem eine spezielle Terminologie für eng begrenzte
systematische Gruppen zu schaffen hätte [1]).

---

[1]) Durch die Veränderlichkeit der Geschlechtsorgane, z. B.
bei den Weibchen von *Gnaphosa. Callilepis*, manchen *Epei-
ren* u. A. wird der diagnostische Werth dieser Theile wenig
herabgesetzt; nur kann deswegen eine Beschreibung dieser
Theile im Allgemeinen noch nicht als vollendet betrachtet
werden, wenn bei derselben ein einziges Exemplar berücksichtigt wurde.

Ein anderes Kennzeichen, welches im Gegensatz zu dem vorigen sicherlich zu ausgiebig ausgenutzt wird, ist die Stellung und Grösse der Augen. Es sind schon Arten bekannt, z. B. *Porrhomma errans* (BLACKW.), (meine *Linyphia microphthalma* [1])), bei welchen die Augen in ihrer Lage und Grösse ausserordentlich variiren; weniger bekannt scheint zu sein, dass dieselbe Erscheinung — in viel geringerem Grade — auch bei sehr vielen anderen Arten vorkommt. Jedenfalls halte ich die Veränderlichkeit der Augen für gross genug, um gegen Artunterschiede, welche auf Bruchtheile eines Augenhalbmessers gegründet sind, ein gewisses Misstrauen zu rechtfertigen. Übrigens sind derlei Angaben, insoferne sie nicht durch mikrometrische Messung erzielt wurden, schon aus dem Grunde wenig verlässlich, weil das Auge, wenn es auf unebenem, öfters verschieden gefärbtem Grunde Strecken nach verschiedenen Richtungen abzuschätzen hat, recht erheblichen Täuschungen ausgesetzt ist.

In der vorliegenden Arbeit wurden für die Unterscheidung nahe verwandter Arten vor Allem die Geschlechtstheile verwerthet; ob es aber auch immer gelang, bei der Beschreibung der neuen Arten die ihre Augen betreffenden Angaben ausserhalb der Grenzen individueller Veränderlichkeit zu halten, dürfte bei einzelnen Arten erst durch Vergleichung eines reichhaltigeren Materiales festzustellen sein.

———————

Die als *Attus distinguendus* SIM. (pag. 251) aufgeführte Art ist vielleicht mit dem von Prof. AUSSERER aus Nord-Tirol angegebenen *A. cinereus* WESTR. identisch und für Tirol nicht neu. Die Artrechte des *A. distinguendus* (wenigstens des in

———————

[1]) S. *Aran. nov. in mont. Tatricis caet. collectae* und F. M. CAMPBELL, *The Spid. of the neighbourh. of Hoddesdon.*

Galizien und in Tirol vorkommenden) sind überhaupt ohne eine Vergleichung von Original-Exemplaren nicht festzustellen.

Die Identität der hochalpinen *Euophrys petrensis* (C. L. Koch) mit der in tieferen Gegenden vorkommenden Art ist zwar sehr wahrscheinlich, aber noch nicht über jeden Zweifel erhaben, da die gesammelten Exemplare: junge ♂ und erwachsene ♀, nur mit jungen Weibchen und erwachsenen Männchen aus der Umgebung von Bonn — von Dr. Bertkau zur Ansicht gefälligst mitgetheilt — verglichen werden konnten. Die galizische „*petrensis*" ist eine andere, wohl noch nicht beschriebene Art.

Das einzige Exemplar von *Chalcoscirtus infimus* (Sim.) (pag. 252) wurde durch Vergleichung mit Exemplaren aus Dr. Bertkau's Hand bestimmt. Es hat ganz hell gefärbte Beine, die vorderen mit Stacheln bewehrt, stimmt also weder zu der Gattungsdiagnose (von *Calliethera*) noch zu der Artbeschreibung in E. Simon's *Arachn. de France*.

Die Bestimmung der *Lycosa subita* (Sim.) (pag. 254) ist nicht sicher, es werden daher die auf S. 289 enthaltenen Angaben über die in Tirol gesammelten Exemplare nicht überflüssig sein.

Bekanntlich wurde *Lycosa ferruginea* von Dr. L. Koch mit *L. Giebelii* verwechselt. Es ist zu bemerken, dass das von Dr. L. Koch 1876 beschriebene Männchen nicht zu *ferruginea* sondern zu *Giebelii* gehört. Eine Revision der Angaben über das Vorkommen der beiden Arten in Tirol ist sehr erwünscht; während nach den letzten Arbeiten von Prof Heller und Dalla Torre *L. Giebelii* nur die Gebirgswälder bewohnt, oberhalb derselben aber nur die *L. ferruginea* vorkommt, verhält sich die Sache am Ortler nach meinen Beobachtungen gerade umgekehrt. Für ein sicheres Synonym der *ferruginea* halte ich Simon's *L. blanda* ♀, wenigstens bietet die Beschreibung Nichts, was dagegen sprechen würde; anderseits beweisen aber die Angaben über die Farbe des

Cephalothorax, dass dieses Weibchen nicht die echte *blanda*
C. L. Koch's sein kann. Das Männchen der *L. blanda* Sim.
dürfte kaum zu *ferruginea* gehören; man vergleiche in dieser
Beziehung die Beschreibung in *Les Arachn. de France* mit
dem oben auf S. 294 Gesagten und mit der Fig. 7.

Am Gipfel des Schlern, wo nach Dr. L. Koch *Lycosa
blanda* vorkommt, wurde eine *Lycosa* gefunden, offenbar der
nordischen *atrata* Thor. — also auch der *blanda* Thor. —
verwandt; dieselbe wird auf S. 295 als *L. cincta* n. sp. beschrieben. Mit *L. blanda* C. L. Koch, einer Bewohnerinn
von Gebirgswäldern der nördlichen Alpen (und von Waldrän-
dern sumpfiger Gegenden, wenn C. L. Koch hier nicht zwei
verschiedene Arten verwechselt hat), wage ich diese Art nicht
zu verbinden vor einer genauen Vergleichung mit Exemplaren aus den Salzburger Gebirgswäldern; eher dürfte hier an
eine nordische, auch in den Alpen vorkommende Art - ähnlich der ebenfalls am Schlern lebenden *Tarentula pinetorum*
Thor. — gedacht werden.

Eine andere Gruppe von *Lycosa*-Arten, in der ebenfalls
noch nicht Alles in Ordnung ist, wird von *L. hortensis* Thor.,
proxima C. L. Koch und *annulata* Thor. gebildet. Es sei
hier blos hervorgehoben, dass während Prof. Thorell die
annulata nur mit *L. hortensis* verglichen, bei *L. proxima* aber
auf die Aehnlichkeit mit *L. monticola* (Cl.) hingewiesen hat,
E. Simon *L. annulata* für gleich *L. proxima* hält. Durch die
von Rev. O. P. Cambridge gemachte Annahme, dass *L. hortensis* Sim. nicht der *hortensis* Thor., sondern der *annulata*
Thor. gleich ist, wird die Sache noch nicht erklärt.

Die Unterscheidungsmerkmale der *Lycosa mixta* (pag.
299) sind so subtil, bei dem ♀ selbst so unsicher, dass ich
anfänglich die Männchen für *L. palustris*, die Weibchen für
L. monticola hielt. Erst das Fehlen der anderen Geschlechter dieser Arten in der alpinen Region hat mich darauf aufmerksam gemacht, dass es sich hier um eine neue Art — oder

vielleicht um eine alpine Form der *L. monticola* — handelt. Könnten die Angaben über das alpine Vorkommen in Tirol von *L. monticola* und *L. palustris* nicht theilweise auf Verwechslung mit dieser neuen Form beruhen?

Vielleicht ist der auf S. 258 aufgeführte *Heriaeus Savignyi* SIM.? gleich dem von Dr. AUSSERER aus Bozen angegebenen *Thomisus villosus* WALCK. Leider sind alle gesammelten Exemplare jung; sie wurden mit erwachsenen Stücken des *H. Savignyi* aus der Lombardei und des *H. hirsutus* WALCK. aus Ungarn verglichen, doch bleibt die Bestimmung etwas zweifelhaft.

Junge Exemplare des *Thanatus alpinus* n. sp. (pag. 304) sind von *Th. formicinus* (CL.) nicht mit Sicherheit zu unterscheiden; deshalb konnte nicht ermittelt werden, welche von diesen Arten den Schlerngipfel bewohnt.

Von *Epeira ceropegia* (WALCK.) wurden am Madatschferner und an der Korspitze Exemplare von rothbrauner Farbe gesammelt, darunter auch erwachsene ♂ und ♀. Vielleicht ist das dieselbe Form, welche von Dr. L. KOCH in dem Fünsterthale entdeckt wurde. Formunterschiede zwischen derselben und der *E. ceropegia* konnte ich nicht auffinden.

Singa scabristernis n. sp. (pag. 306) ist der *S. albovittata* WESTR. in dem Grade ähnlich, dass ich beinahe geneigt wäre, das einzige gefundene ♀ für ein abnormes Exemplar der letzteren Art zu halten.

In Baden bei Wien fanden wir einen *Episinus*, der von dem galizischen *E. truncatus* sich in der Farbe auffallend unterscheidet und zweifellos = *E. truncatus* SIM. ist, während die galizische Art zu *lugubris* SIM. gehört. Wahrscheinlich ist *E. lugubris* in Mittel-und Ost-Europa viel häufiger als der echte *truncatus*, während in Frankreich das entgegengesetzte Verhältnis stattfindet; in Tirol fanden wir nur den *lugubris*. Die Eintheilung der von verschiedenen Autoren als *E. truncatus* beschriebenen Arten in den echten *truncatus* LATR. und den *lugubris* SIM. wird leider nicht in allen Fällen leicht sein, denn junge Exemplare von *lugubris* sind heller gefärbt als die erwachsenen und ihr Cephalothorax zeigt die dem erwachsenen *E. truncatus* eigenthümliche Zeichnung mehr oder weniger deutlich.

Theridium impressum L. KOCH ist in Tirol vielleicht ebenso häufig wie *Th. sisyphium* (CL.). Die Arten können zwar leicht verwechselt werden, doch sind die Unterschiede gross genug, um selbst junge Exemplare sicher bestimmen zu können. (Ueber das ♂ s. die Beschreibung von Dr. L. KOCH, über das ♀ meine: *Aran. in Camtschadalia a Dre* DYBOWSKI *coll.*, pag. 27).

Auf Grund einer Mittheilung von Dr. L. KOCH selbst hat E. SIMON *Erigone truncorum* L. KOCH unter die Synonyme des *Pedanostethus lividus* (BL.) aufgenommen. Die beiden Arten sind aber doch verschieden. Ueber ihre Unterschiede s. pag. 312. Die Weibchen sind — besonders nach der Zeichnung der angefeuchteten Epigyne — leichter zu unterscheiden als die Männchen, bei welchen recht starke Loupen-Vergrösserungen zu verwenden sind.

Die als *Bolyphantes index* (THOR.) aufgeführte Art ist vielleicht nicht richtig bestimmt. Es schien deshalb angezeigt eine Beschreibung dieser Art zu geben, um so mehr, als genauere Angaben über die Palpen des ♂ bisher fehlen. Das ♀ zeigt die von E. SIMON in der Tabelle pag. 201 (*Arachn. de France*) angegebenen Kennzeichen der Gattung *Bolyphantes* nicht; es wird überhaupt nicht leicht sein, dasselbe von *Lephthyphantes* zu trennen.

Lephthyphantes monticola KULCZ. Von dieser Art wurden nur erwachsene ♀ und junge ♂ gesammelt. Glücklicherweise lassen sich aber bei einem Exemplare die Theile des entwickelten Bulbus durch die schon abstehende Cuticula ganz gut erkennen. Die Identität der Tiroler Art mit *L. monticola* unterliegt keinem Zweifel. — Zu meiner Zeichnung Fig. 4 *a* in *Aran. nov. in mont. Tatricis caet. coll.* ist zu bemerken, dass in der gewählten Lage des Tasters der am Grunde des Paracymbium befindliche Zahn viel kleiner und der nach aussen gebogene Theil der S-förmigen Lamelle am Bulbus viel kürzer erscheint, als sie es wirklich sind. Der letztere Theil ist zuweilen in seiner ganzen Länge mit Sägezähnen (bis 8) besetzt. Könnte die in Nordtirol hochalpin vorkommende *Linyphia angulipalpis* nicht zu dieser Art gehören?

Lephthyphantes annulatus KULCZ. wurde nur in 3 jungen Exemplaren gesammelt. An den Palpen des einzigen ♂ konnte konstatiert werden, dass die Art mit dem *annulatus* aus der Tatra entweder identisch, oder wenigstens mit demselben überaus nahe verwandt ist. — Wahrscheinlich gehört zu dieser Art auch *L. frigidus* SIM.

Lephthyphantes fragilis (THOR.). An dem Patellartheil der männlichen Palpen finde ich nur 1 Borste und einige wenige Haare. Nach E. SIMON wäre dieser Theil mit mehreren Borsten bewaffnet. Auffallender Weise wird von E. SIMON das Weibchen dieser Art, welche doch in den Alpen sehr häufig sein soll, nicht beschrieben. Die Epigyne der von mir zu *L. fragilis* gezogenen Weibchen stimmt in der Seitenansicht vollkommen zu der in *Les Arachn. de France* für *L. culminicola* SIM. gegebenen Zeichnung Fig. 38; die Fig. 37 zeigt einige geringe Unterschiede. Könnte das ♀ des *L. culminicola* SIM. nicht theilweise = *L. fragilis* (THOR.) sein?

Lephthyphantes tenebricola (WID.) und *L. Mengei* m. Rev. O. P. CAMBRIDGE, der die Güte hatte viele meiner *Erigonen* und *Linyphien* zu revidieren, hält die als *L. Mengei* aufgeführte Art für den wahren *tenebricola*, den *tenebricola* m. aber für = *L. zebrinus* MGE. Doch ist *L. zebrinus* MGE. eine andere Art, welche auch bei Krakau vorkommt; das Paracymbium derselben ist eigenthümlich zusammengebogen und zeigt die von MENGE in Tab. 39 D dargestellte Form nur

unter starker Pressung. Die Identität des *L. Mengei* m. mit
Bathyphantes pygmaeus MGE. dürfte keinem Zweifel unterliegen. Dieser Art, welche bisher unter den Synonymen des *L.
tenebricola* aufgeführt wurde, habe ich einen neuen Namen
gegeben, denn es ist eine eigene, von der in den *Remarks
on Synon.* erwähnten *Linyphia tenebricola* leicht zu unterscheidende Art; in Galizien ist dieselbe in der Ebene und
in der Hügelregion häufiger als *L. tenebricola*. (Ueber die
Unterschiede beider Arten s. pag. 321).

Von *Porrhomma glaciale* (L. KOCH) unterscheidet sich
meine *Erigone cacuminum* nicht. In der „*Linyphia*" *glacialis* des Dr. L. KOCH konnte eine *Linyphia* im Sinne THORELL's
um so eher vermuthet werden, als in derselben Arbeit ein anderes *Porrhomma* (*adipatum*) der Gattung *Erigone* zugezählt
erscheint.

Eine dem *Porrhomma montigenum* (L. KOCH) überaus
ähnliche Art, von demselben nur in den Geschlechtstheilen
etwas verschieden, kommt in der Tatra vor.

E. SIMON hält die *Linyphia incilium* L. KOCH für =
Tmeticus pabulator (CAMBR.). Es sind dies aber zwei recht
verschiedene Arten; die erstere lebt — in Galizien — nur
in der Ebene, die letztere ist ein Gebirgsthier. Ein sicheres
Synonym des *pabulator* ist dafür die *Linyphia sudetica* FICK
Meine Exemplare des *Tm. pabulator* wurden von Rev. O. P.
CAMBRIDGE revidiert. — Der Name *pabulator* scheint um
einige Monate älter zu sein als *L. sudetica*.

Zweifellos ist *Microneta Grouvellii* (CAMBR.) SIM. = *Erigone gulosa* L. KOCH. — An schwach gepressten Palpen über-
zeugt man sich leicht, dass der nach hinten und innen gekrümmte Fortsatz an dem Tarsaltheil nicht dem Bulbus selbst,
wie es Rev. O. P. CAMBRIDGE und E. SIMON beschreiben, sondern der Lamina bulbi angehört (so auch nach Dr. L. KOCH's
Beschreibung).

Die als *Scotinotylus aries* aufgeführte Art (pag. 269) ist vielleicht weder *aries* noch *Scotinotylus*. Die gesammelten Weibchen sind zwar den Weibchen der *Erigone aries* m. aus der Tatra äusserst ähnlich, ihr Cephalothorax scheint aber vorne etwas stärker verschmälert zu sein.

Meine *Erigone aries* kann ich nicht für synonym mit *Scotinotylus antennatus* (CAMBR.) halten. Das Männchen hat keine Furchen hinter den Augen, seine hornartigen Fortsätze zwischen den Mittelaugen scheinen viel kleiner zu sein als bei der letzteren Art. Das Sternum des Weibchens ist glatt und glänzend, bei der anderen Art nach E. SIMON matt und gerunzelt. Rev. O. P. CAMBRIDGE, der die *Erigone aries* gesehen hat, erklärte, dass ihm die Art unbekannt ist.

Erigone carpatica KULCZ. ist = *Tiso aestivus* (L. KOCH) Die in *Aran. n. in mont. Tatr. caet. coll.* auf S. 17. angegebenen Unterschiede existieren nicht. Dr. L. KOCH hat offenbar das Paracymbium für einen Fortsatz des Tibialgliedes gehalten. Auch finde ich die Augenstellung bei den Tiroler Exemplaren so, wie ich dieselbe nach dem einzigen in der Tatra gefundenen Männchen beschrieben habe. Doch werden die hinteren Mittelaugen, wie bei vielen anderen Arten, in ihrer Grösse und Lage wohl veränderlich sein.

Erigone tirolensis L. KOCH lebt auch in der Tatra.

Keine von den beiden in Tirol gefundenen *Coelotes*-Arten stimmt mit den in Galizien vorkommenden, von Dr. L. KOCH einst als *C. atropos* (WALCK.), *inermis* (L. KOCH) und *solitarius* L. KOCH bestimmten überein. Die eine, in den Alpen der Ortler-Gruppe gemeine Art ist vielleicht = *C. pastor* SIM.; die andere musste als neu beschrieben werden. Die bisher nicht berücksichtigten Unterschiede in den männlichen Palpen der mir bekannten Arten sind S. 341 angegeben.

Von der fraglichen *Cryphoeca carpatica* HERM. wurde leider nur ein Exemplar gefunden, ein ♀ mit abnormen linken Augen und einfärbigem Hinterleibe; auch unterscheidet sich die Epigyne desselben von jener der Tatraer Exemplare; der Unterschied ist zwar gering und vielleicht nur individuell, jedenfalls muss aber die Bestimmung des Exemplares fraglich bleiben.

Bei dem einzigen erwachsenen Weibchen der *Tegenaria agrestis* (WALCK.) ist der Cephalothorax nur 5·2 mm. lang Tibia IV = I, die hintere Begrenzung der Vertiefung an der Epigyne ist nicht erweitert. Trotzdem dürfte das Exemplar doch zu dieser Art gehören. Die noch nicht abgebildete Epigyne findet man in der Fig. 61.

Micaria scenica SIM. Neben Weibchen, die mit der von E. SIMON gegebenen Beschreibung dieser Art übereinstimmen, fand ich zwei Männchen (unter dem Stilfser-Joch im Trafoier-Thale und im Suldenthale), die nach derselben Beschreibung nicht zu dieser Art gehören können. Vielleicht ist es die *M. alpina* L. KOCH; die Exemplare passen ziemlich gut zu der Beschreibung in *Les Arachn. de France.*

Prosthesima sarda (CAN.). Die Bestimmung ist insofern unsicher, als an dem Metatarsus II nur an der Basis Stacheln vorhanden sind. Die Fig. 62 u. 63 stellt die bisher noch nicht abgebildeten männlichen Palpen dar.

Pr. clivicola (L. KOCH). In der Fig. 65 ist die Epigyne dieser Art abgebildet. Die Identität der *Pr. clivicola* SIM. mit *Melanophora clivicola* L. KOCH scheint mir nicht über allen, Zweifel erhaben zu sein.

Pr. apricorum L. KOCH. Die Fig. 66 stellt die Epigyne dieser Art dar (wenn meine Bestimmung richtig ist).

Drassus lapidicola (WALCK.) *var. macer* THOR. Zu dieser Varietät wurde ein kleines Weibchen gezählt, dessen vordere Augen die von Prof. THORELL für das Männchen beschriebene Lage haben.

Dr. Heerii PAV. Die Art, am Ortler recht häufig und neben *Micaria scenica* und *Coelotes pastor* für diese Gebirgsgruppe im Gegensatz zu den übrigen Tiroler Alpen — we-

nigstens nach den bisherigen Nachrichten über die Tiroler
Fauna — sehr charakteristisch, kann dem von E SIMON beschriebenen *Dr. hispanus* höchstens *pro parte* gleich sein.
Vielleicht enthält *Dr. hispanus* SIM. zwei verschiedene Arten,
wovon die eine den Alpen eigenthümlich ist, die andere aber
in niedrigeren Gegenden vorkommt.

 Oligolophus alpinus (HERBST) und *morio* (FABR.). Auf der
Raxalpe in Nieder-Oesterreich sammelte Prof. B. KOTULA
mehrere Männchen einer *Oligolophus*-Form, bei denen der Metatarsus III nur schwach verdickt und ganz schwach ge-
krümmt, die Tibia I unten auf der einen Seite mit ziemlich
vielen, auf der anderen mit ganz wenigen Stacheln bewehrt
ist, der Metatarsus I unten zahlreiche Stacheln besitzt. Diese
Form steht zwischen den beiden Arten: *morio* und *alpinus*
so in der Mitte, dass ich geneigt wäre, die Artrechte der
letzteren zu bezweifeln.

 Euscorpius sicanus (C. L. KOCH). Dieser Name wurde
der betreffenden Art nur deshalb gelassen, weil sie offenbar
unter demselben in dem Verzeichnisse von Dr. L. KOCH aufgeführt wurde. Die Beschreibung dieser Form (S. 349) wird
wohl als Beweis dienen können, dass dieselbe mit keiner der
genauer bekannten *Euscorpius*-Arten verbunden werden kann.

KRAKAU, 1887.
Verlag des Verfassers.

Universitäts-Buchdruckerei, unter der Leitung des A. M. Kosterkiewicz.

12

Galicyjskie pająki z rodziny Salticoidae.

Podał

Władysław Kulczyński.

W r. 1884 podałem wykaz galicyjskich pająków, należących do wymienionej w napisie rodziny [1]). Przez pracę tę chciałem przyszłym pracownikom na polu naszéj arachnologii rzecz uprościć i ułatwić, wskazując w literaturze arachnologicznéj źródła użyteczne i niezbędne, uzupełniając tę literaturę pod względem synonimicznym czy opisowym wszędzie, gdzie zauważyłem pewne braki lub błędy, wreszcie zbiérając krytycznie w jedną całość wszystko to, co znaleść można w pismach naszych i obcych o naszéj faunie pajęczéj. Zamierzoną i rozpoczętą w ten sposób rewizyą całéj arachnofauny galicyjskiéj przerwać musiałem z powodu innych zajęć, o których jednak nie wątpię, że nadarzając mi sposobność poznania w naturze bardzo wielu obcych gatunków, znanych mi dawniéj jedynie z opisów — mniéj lub więcéj niedokładnych — wyjdą témsamém na korzyść zamierzonéj rewizyi, chociaż ją trochę opóźnią.

---

[1]) Przegląd krytyczny pająków z rodziny *Attoidae* żyjących w Galicyi. (Rozprawy i Sprawozd. Wydź. matem.-przyr. Akad. umiej. w Krakowie, tom XII). — Nazwę rodziny *Attoidae* zmienił Prof. T. Thorell na *Salticoidae* w r. 1887 (*Primo saggio sui ragni Birmani)* z powodu, że *Attoides* jest nazwą pewnego rodzaju pająków, a dlatego forma „*Attoidae*" nie może być używaną jako nazwa rodziny. Zmiana ta byłaby niepotrzebną, gdyby ogólnie przyjęto uchwalone w roku przeszłym przez międzynarodowy kongres zoologiczny w Paryżu prawidła nomenklatury — co jednak nie wydaje mi się prawdopodobném.

Przed przystąpieniem do dalszego ciągu owéj rewizyi chciałbym obecnie pierwszą jéj część, odnoszącą się do *Salticoidów*, uzupełnić, uwzględniając nietylko zmiany zaszłe w tym dziale arachnologii od r. 1884, ale także usterki prac dawniejszych, które przedtém uszły méj uwagi. Na wstępie podaję kilka uwag nad arachnologiczną literaturą wogóle, które może nie będą całkiem bez użytku.

Niedostatki dotychczasowéj arachnologicznéj literatury poznałem dokładniéj niż przed rokiem 1884, układając tablice analityczne do oznaczania pająków węgierskich, przeznaczone do pracy rozpoczętéj przez Dra K. CHYZERA w Satoralja Ujhely. Inaczéj ocenia się cudzą pracę, korzystając z niéj praktycznie i nie mając czasu na dochodzenia, czy autor dzieła, czy téż posługujący się tém dziełem winien, że trudno pogodzić rzeczy widziane z pisanymi, — inaczéj znowu, kiedy chcąc pracować na danych w nauce podstawach, jest się zmuszonym krok za krokiem sprawdzać te dane, zanim się je wcieli we własną pracę, jako uznaną i ogólną własność nauki.

Ktokolwiek miał do czynienia z zoologią opisową, choćby tylko w zamiarze oznaczenia (czy „określenia", jak się mówi w Warszawie) jakiegoś okazu, przyzna, że z trudnościami spotykał się na każdym kroku. Trudności takie przypisuje się n. p. niedostatkowi zebranego materyału, brakowi książek, „lepszych niż te, którymi się rozporządza", czasem przypuszcza się, że przedmiot jest trudny i głębszych wymaga studyów. Do tych rozmaitych, w naszych zwłaszcza stosunkach zbyt często rzeczywistych powodów dodać można jeszcze jeden: niski stan zoologii opisowéj wogóle.

Nie tu miejsce rozpisywać się nad tym stanem, jego przyczynami i skutkami; rozrosła się zresztą systematyka zoologiczna do tego stopnia, że o jéj niedostatkach mówiąc, nie pokusiłby się zapewne nikt o uwzględnienie całego przedmiotu, chybaby chciał wykazać w kilku ogólnikach, że jak jednostronnym był niezbyt dawny kierunek zoologii prawie wyłącznie opisowy, tak téż pomiatanie tym kierunkiem, z jakiém dziś zbyt często spotkać się można u powołanych i niepowołanych anatomów porównawczych, znowu do celu nie prowadzi, a ustąpić powinno harmonijnemu rozwojowi wszystkich gałęzi zoologii.

Pająki nie cieszą się szczególną sympatyą zoologów, choć na nię zasługiwałyby z wielu względów. Niezupełnie łatwe do zbiérania, trudniéj się przechowują niż n. p. owady, a w zbiorach przedstawiają się tak, że ich nawet porównywać nie można z chrząszczami czy motylami. Dla tych, wprawdzie całkiem nie naukowych, ale — nie wątpię — rzetelnych powodów, liczba arachnologów czy arachnografów, rozrzuconych po wszystkich częściach świata, dochodzi zaledwie paru dziesiątek i długo zapewne jeszcze mierzyć się nie będzie mogła z zastępami zbiérających i piszących koleoptero- lepidopterologów i t. d. Ubogą też stosunkowo okaże się literatura arachnologiczna, jeżeli ją oceniać będziemy nie podług liczby tytułów mniejszych i większych prac [1]), ale podług treści.

Dotkliwie daje się uczuć brak dzieł szerszego zakroju (monografij czy opisowych faun całych krajów), w którychby można znaleść zestawione wiadomości dawniejsze, w dany zakres wchodzące, a przynajmniéj w miarę możności krytycznie przerobione i do chwilowego stanu nauki dostosowane. Pod tym względem uczynili zadość słusznym wymaganiom czasu tylko szwedzi [2]) i anglicy [3]). Wskutek tego trzeba prawie przy każdéj pracy oglądać się niemal na c a ł ą literaturę dawniejszą, przyczém kierować się tytułami rozpraw byłoby rzeczą nieporadną, w obecnym bowiem stanie literatury nie można być pewnym, czy n. p. w jakiéj pracy o pająkach zebranych na Sumatrze nie znajdzie się wiadomości, że galicyjskie gatunki *Hasarius arcuatus*, *falcatus* i t. d. nie należą do rodzaju *Hasarius* ale *Eryane*. Utrudnia to rzecz bardzo, zwłaszcza, jeżeli nie ma się sposobności korzystania z bibliotek przynajmniéj miernie zaopatrzonych w peryodyczne i zbiorowe pisma zoologiczne.

---

[1]) Spis prac z zakresu systematyki pająków podał Prof. Dr. T. THORELL w dziełach: *On European Spiders*, Upsala 1869-70, str. I-XXII i 234—235, i *Remarks on Synonyms of european Spiders*, 1870-73, str. 584—589. Prace z lat 1861-80 zestawione są w Dra O. TASCHENBERGA *Bibliotheca zoologica II*: tytuły prac z ostatnich lat, od r. 1878, podaje lipski *Zoologischer Anzeiger*.

[2]) T. THORELL, *Recensio critica aranearum, quas descripserunt Clerckius, Linnaeus, De Geerus*. Upsala 1855-56.

Id., *Om Clercks original-spindelsamling*. 1858.

Id., *Remarks on Synonyms &c*.

[3]) O. P. CAMBRIDGE, *The Spiders of Dorset, with an Appendix containing short descriptions of those British species not yet found in Dorsetshire*. Sherborne 1879-81.

1*

4

Pracujący nad systematyką czy geografią pająków naraża się, nie uwzględniając całéj dawnéj literatury do ostatnich możliwych granic, na „odkrywanie" dawno opisanych gatunków i dawno zapisanych faktów z geografii zwierząt. Z drugiéj strony t. zw. korzystanie z téj dawnéj literatury zbyt często nazwaćby należało nie korzystaniem, ale ciężkim mozołem, który dobrze jeszcze, jeżeli nie wyjdzie na prostą stratę czasu.

W przeciwieństwie do niektórych gałęzi zoologii, mozolących się — często bez należytego skutku — nad wyszukaniem i odpowiedniém wyzyskaniem cech t. zw. gatunkowych, arachnologia ma zadanie ograniczania gatunków stosunkowo nadzwyczaj ułatwione: łatwo jest jéj poznać się na podrzędnych zmianach barw, kształtów, wielkości, gdy znajduje cechy pierwszorzędnego znaczenia w narzędziach rozrodczych nieskończenie urozmaiconych, a przecież w obrębie każdego gatunku stałych, jeżeli nie bezwzględnie, to przynajmniéj w jasnych granicach. Po tych cechach odróżnia dziś arachnologia całe szeregi gatunków niepozornych, n. p. w rodzaju *Erigone*, o których obfitości dawniejsi pisarze pojęcia nawet nie mieli; w tych cechach znajdą się — zdaniem mojém, opartém na dość gruntownych, choć niedokończonych poszukiwaniach — znakomite skazówki co do rzeczywistego powinowactwa gatunków, rodzajów i t. d., chociaż to dzisiaj niektórym arachnologom wydaje się nieprawdopodobném. Nieuwzględnianie tych cech było głównym błędem dawnéj arachnografii, niedostateczne ich uwzględnianie uważam stanowczo za najważniejszy niedostatek dzisiejszych prac [1]).

Tak pod tym, jak i pod każdym innym względem w arachnologii za granicę pomiędzy czasami dawnymi a dzisiejszymi uważać trzeba lata 1869—1873, w których wydał Prof. Tamerlan Thorell swoje: *On European Spiders* i *Remarks on Synonyms of European Spiders*. Nie chcę tymi słowami ubliżać autorom, którzy przed owym czasem pisali, są bowiem pomiędzy nimi pierwszorzędne znakomitości i z zasług i z poświęcenia; lekceważenie wszystkich dzieł zprzed roku 1869, dlatego tylko, że dawniejszą na sobie noszą datę, byłoby chyba dowodem nieznajomości rzeczy. Ale dowód na

---

[1]) Porówn: Przyczynek do tyrolskiéj fauny pajęczaków, tom XVI Rozpraw i Sprawozd. Wydź. mat.-przyr. Akad. um., str. 216-9 i wyciągu niemieckiego str. 2—3.

to, że od wymienionych pism Thorella zaczęły się dla arachnologii nowe czasy, znajdzie każdy w pracach różnych arachnologów, nawet i takich, którzy poprawiając Thorella w drobnostkach, radziby światu okazali, że sobie, nie komu, postęp zawdzięczają.

Bałamutna nomenklatura, opisy gatunków nieraz trudnych do odróżnienia, a przecież także, że z nich czasem niewiele więcéj dowiedzieć się można, jak, że autor miał przed sobą rzeczywiście pająka a nie roztocza n. p., rodzaje tak rozległe i nieokreślone, że od nich krok tylko jeden do zmięszania tysięcy gatunków w jednę stajnię Augiaszową pod nazwą *Aranea* L. czy *Araneus* Cl., to znowu drobne grupy gatunków łączonych w jeden rodzaj dlatego tylko, że autorowi wydawały się podobne, choć w rzeczywistości nic ze sobą wspólnego nie mają, i t. d. — oto szkopuły, o które rozbijają się zbyt często nietylko zamiary tego, kto bierze dawniejsze prace arachnologiczne w rękę w celu ich „wyzyskania", ale i najlepsze chęci człowieka sięgającego do tych źródeł na to, aby uznać i uczcić pracę innych, ocenioną podług miary ich czasów i ich środków.

Od lat dwudziestu w arachnologii zaczęły się w ogólności nowe czasy; w ogólności tylko, bo nie brakło i późniéj anatomów, którzy nie uważali za rzecz koniecznie potrzebną dowiedzieć się pierwéj dokładnie nazwy zwierzęcia, zanim je rozebrali, ani nie brakło kompilatorów, zestawiających tablice analityczne dla szerszego użytku na podstawie prac dawniejszych, z pomiędzy których starannie wydzielili wszystko to, co właśnie zasługiwało na uwzględnienie. Komu zatém trzeba byłoby dowiedzieć się nazwy pająka jakiegoś, ten gdy weźmie za podstawę dzieła z ostatnich lat dwudziestu a dojdzie do zamierzonego celu, mniéj więcéj może przypuścić, że w błąd nie popadł, używając w razie potrzeby pism dawniejszych, pamiętać winien o wspomnianym wyżéj przełomie w arachnologii. Że jednak pomiędzy przyrodnikami bywają zdolniejsi i mniéj zdolni, lepsi i gorsi obserwatorowie, pilniejsi i mniéj pilni, że daléj trafiają się bogate zbiory i muzea przystępne tylko miernym pracownikom i naodwrót znakomici pracownicy z ubogimi zbiorami, — nic dziwnego, że nie wszystko, co po roku 1870 wydrukowano, jest prawdziwém i dobrém.

* * *

Znakomicie postąpiła arachnologia ostatnimi czasy, między innymi, w rozdziale gatunków na rodzaje, to rozbijając zbyt obszerne dawne rodzaje złożone z form nadto różnorodnych, to określając ściślej inne, o których często powiedzieć można, że dawniejsi autorowie tworząc je, kierowali się chyba tylko przeczuciem. W rodzinie *Salticoidae*, złożonéj z gatunków żyjących mniéj skrycie niż wiele innych, stąd więcéj w oko wpadających i zastąpionych w zbiorach podróżników stosunkowo najobficiéj, zrzucali dawniejsi pisarze prawie wszystko w jeden rodzaj „*Attus*" lub „*Salticus*". C. L. KOCH podzielił tę rodzinę na dość znaczną liczbę rodzajów, ale nie doszedł do ich ścisłego określenia. Chociaż późniejsi mnóstwo tych „*Attusów*" dokładniéj zbadali i rozrzucili w rodzaje ściślej określone, cięży jeszcze na arachnologii pozostała czereda w liczbie 220 — podług mojego katalogu, niezupełnego, bo dotąd nie udało mi się jeszcze ani zakupić ani pożyczyć kilku dzieł większych, jak NICOLETA fauny chilijskiéj i rozmaitych prac drobniejszych, n. p. BLACKWALLA, utopionych w nieprzystępnych dla mnie pismach zbiorowych.

W r. 1867 napisał EUG. SIMON w Paryżu monografią europejskich gatunków téj rodziny, a już w r. 1869 jéj rewizyą. Skazówki do ocenienia téj pracy znajdzie czytelnik rozrzucone tu i ówdzie w pismach Prof. THORELLA; w każdym razie zaliczyć ją wypada do dawniejszego okresu arachnologii.

Prof. THORELL podał w *On European Spiders* podział *Salticoidów* europejskich na rodzaje, oświadczając wyraźnie, że wyniki swéj pracy, oparte na niedostatecznym materyale, uważa tylko za tymczasowe. Nie pozostała bez skutku ta praca, która zresztą najsurowszego sędziego znalazła niewątpliwie w autorze samym.

Wspomniony wyżéj monograf *Salticoidów* wystąpił w r. 1876 z nowym podziałem rodzajowym téj rodziny w III tomie dzieła *Les Arachnides de France*, któremu po Thorellowych pracach w nowszéj arachnologii — w zakresie fauny europejskiéj — bąć co bąć piérwsze trzeba przyznać miejsce. Podług autora (porówn. uwagę na str. 3, *l. c.*) należałoby pracę tę uważać niemal za powtórzenie tego, co znajdujemy w „Monografii" i „Rewizyi", ze zmianami pod względem formy tylko znacznymi, w treści drobnymi. Sądzę, że o téj sprawie znacznie odmienne zdanie wyrobi sobie każdy, kto nie cofnie się przed mozolném śledzeniem wewnętrznego rozwoju arachnologii w latach ostatnich. — Drobne zmiany i dodatki do wymienionego systemu E. Simona znaleść można w innych pismach tegoż autora, który w przeciągu 26 lat wzbogacił literaturę arachnologiczną bardzo znaczną liczbą prac (znacznie ponad 100), odnoszących się do wszystkich prawie działów systematycznych i do fauny najrozmaitszych krajów.

Na długo zapewne pozostaną *Les Arachnides de France* najważniejszym podręcznikiem dla każdego zbierającego i oznaczającego pająki w Europie. Po tém dziele pojawiły się tylko jeszcze dwie ważniéjsze prace, do których uciécby się można w sprawie rodzajowego oznaczenia europejskich *Salticoidów:* hr. Eug. Kayserlinga zestawienie analityczne australskich rodzajów téj rodziny w *Die Arachniden Australiens* [1] i *On the Genera of the Family Attidae* G. W. i E. G. Peckhamów (Milwaukee 1885).

Niewiele miałem sposobności do sprawdzenia, o ile praca hr. Keyserlinga odpowiada wymaganiom, jakie do tego rodzaju zestawień mieć można pod praktycznym względem; australskich pająków bowiem wogóle widziałem niewiele, a między nimi *Salticoidów* stosunkowo bardzo mało. Nie wątpię przecież, że system *Salticoidów* — choćby tylko australskich — okaże się w naturze za-wilszym, aniżeli przedstawia się w tablicy hr. Keyserlinga: rozcinając tę rodzinę zwierząt na 2, 4, 8 i t. d. części, a zawsze tylko na podstawie jednéj cechy, niepodobna chyba dojść do naturalnych rodzajów. Pomiędzy cechami użytymi w owéj tablicy są téż i takie, które — zmienne nietylko w obrębie jednego rodzaju, ale nawet w obrębie niektórych europejskich gatunków (t. j. inaczéj przedstawiające się u samców, inaczéj u samic) — nie mogą same przez się, bez poparcia czy ograniczenia innymi cechami, służyć za stanowcze drogoskazy w powikłanym i krętym systemie *Salticoidów.* Zresztą dla galicyjskich Salticoidów tablica hr. Keyserlinga małe tylko może mieć praktyczne znaczenie: z 46 rodzajów, które

---

[1] Dzieło to pozostało niedokończone. Rozpoczął je w r. 1871 Dr. L. Koch w Norymberdze, pomiędzy niemieckimi arachnologami w zakresie szczegółowéj systematyki piérwsza powaga; jego rozległéj wiedzy i rzadkiéj uczynności zawdzięcza także Galicya, że w zakresie jéj fauny pajęczéj dyletantyzm i dobre chęci nie zagłuszyły rzetelnéj wiedzy. Po Drze L. Kochu, gdy podobnie jak jego ojciec C. L. Koch, autor dzieł *Die Arachniden* i *Deutschlands Crustaceen, Myriopoden und Arachniden,* oślepł prawie nad pająkami, podjął pracę w r. 1831 hr. Keyserling, znakomity znawca fauny amerykańskiéj. Ostatni zeszyt wymienionego dzieła wyszedł w r. 1887. Hr. Keyserling zmarł w roku przeszłym.

zawiera, 7 tylko żyje w Galicyi; brak w niéj 12-tu naszych rodzajów, a pomiędzy nimi najobfitszych w gatunki.

PECKHAMÓW praca jest przedewszystkiém kompilacyą, sumienną i dokładną, dlatego użyteczną, ale jak kompilacya, w ogóle nie lepszą od pism, z których czerpie. Podaje ona tylko podział rodziny na rodzaje i dyagnozy rodzajów, gatunków nie uwzględnia; dla oznaczeń gatunkowych znajdzie się więc w téj pracy tylko skazówki, mniéj lub więcéj ogólne, ułatwiające w rozmaitym stopniu używanie pism dawniejszych, o które jednak ostatecznie oprzeć się trzeba.

––––––––

Posługując się wyżéj wymienioną pracą E. SIMONA, można w wielu przypadkach wyszukać prawdziwą nazwę gatunku, zwłaszcza, jeżeli skądinąd zna się już pewną ilość form. Początkującego jednak sprowadzi ta praca często na bezdroża, równie jak i tego, któryby znając już przedmiot mniéj więcéj, brał rzeczy ściśle tak, jak są napisane. Przypuszczam, że autor rozporządzający kolosalnymi zbiorami, bez trudu może wykrywać prawdziwe stósunki powinowactwa systematycznego tam, gdzie inny, mający do czynienia z materyałem niedostatecznym, nawet przy usilnéj pracy żadnego wyjścia znaleść nie może. Inna jednakże jest rzecz dostrzéc, że pewna grupa gatunków należy do jednego naturalnego rodzaju, a inna rodzaj ten dokładnie określić i na wszystkich jego gatunkach sprawdzić, czy się stosują do napisanéj dyagnozy rodzajowéj. Z analitycznych tablic SIMONA odnosi się czasem takie wrażenie, jak żeby autor podzieliwszy gatunki na rodzaje, z każdego rodzaju wziął do ułożenia tablicy po jednym tylko gatunku. Niesłychane ułatwienie sobie pracy w ten sposób prowadziłoby jednak tak oczywiście do niedokładności i błędów, że nie mogę posądzać autora o podobną metodę. Przypuszczam raczéj, że źródła błędów są inne, więcéj przypadkowe, trudniejsze do przewidzenia [1]). Niejedno dałoby się

––––––––

[1]) W „Arachnides recueillis par M. Weyers à Sumatra", str. 5, podał E. SIMON, że u gatunków *Ergane arcuata, falcata, laetabunda, iucunda,* i i. uzbrojony jest piszczel 4téj pary nóg na grzbiecie u nasady kolcem. Tak jest rzeczywiście u samców wszystkich znanych mi gatunków w rodzaju *Ergane,* t. j. u wymienionych cztérech i jeszcze jednego, nieopisanego, z Syberyi wschodniéj; ale kolca tego brak samicom wszystkich tych gatunków. Widoczuie rozszerzył E. SIMON spostrzeżenie zrobione na samcach, także na samice, nie przypuszczając, żeby obie płci mogły się różnić w ubrojeniu tylnych nóg.

wytłumaczyć złudzeniem czy podmiotowymi błędami w zmysłowych spostrzeżeniach. Błędów takich często trudniéj uniknąć, niżby się zdawało. Oceniając „na oko" wymiary pola ocznego u *Salticoidów* otrzymywałem często wypadki niezgodne z podaniami SIMONA; gdym następnie zajął się tą rzeczą gruntowniéj, przekonałem się zapomocą pomiarów mikrometrycznych, że własnym oczom dowierzać nie mogę; dla uniknienia błędów obmyśléć trzeba było osobne środki. Ostatecznie okazało się jednak, że spostrzeżenia SIMONA w ogóle są jeszcze więcéj błędne, niż były moje robione „na oko", bez użycia owych środków ostrożności.

Zresztą błędy, choćby z najrozmaitszych źródeł płynące, na wartość pracy wpływają jednakowo. Błędów nie brak w *Les Arachnides de France*, przedewszystkiém w tablicach analitycznych do oznaczania rodzajów i gatunków, a zatém właśnie w tych częściach, w których błędy może najdotkliwiéj dają się uczuć. Tablice takie nie wchodzą właściwie w zakres systematyki, w ścisłém znaczeniu słowa; zato téż wolno im posługiwać się cechami całkiem dowolnymi, nawet nie mającymi dla systematyki prawie żadnego znaczenia. Ich celem jedynym: temu, kto zwierzę jakieś chce oznaczyć, oszczędzić straty czasu połączonéj z przeglądaniem setek czy tysięcy opisów gatunkowych, rodzajowych itd. Są tedy tablice analityczne jakby systemem sztucznym, któremu pozwala się chodzić drogami choćby najbardziéj krzywymi, byle zawsze doprowadził do należytego punktu w systemie naturalnym. Każdy błąd w tablicy takiéj wywołuje stratę czasu, w ogólności tém większą, im wyższe są kategorye systematyczne, do których tablica się odnosi: szkodliwsze są złe tablice do oznaczania rodzajów, niż mylne tablice do oznaczania gatunków itd. Niewdzięczném dlatego w wysokim stopniu jest układanie tablic analitycznych: każdy wyjątek, każda nieprawidłowość — o któréj w systematyce dość jest wspomnieć mimochodem — przedstawia tu osobną przeszkodę, często więcéj trudności sprawiającą, aniżeli wyzyskanie dla tablicy zasadniczych wyników danych przez systematykę. Wobec tego niesprawiedliwością byłoby zapewne oceniać zasługi systematyków podług wartości tablic przez nich zestawionych.

Galicyjskie rodzaje Salticoidów.

Ponieważ wydaje mi się prawdopodobném, że w dotychczasowéj literaturze arachnologicznéj nie ma dzieła, podług którego możuaby rodzaje galicyjskich *Salticoidów* oznaczać dość pewnie a przytém nie z większymi trudnościami, niż tego wymaga sama natura przedmiotu, podaję tutaj przegląd tych rodzajów, uwzględniający — z niewielu wyjątkami — tylko galicyjskie gatunki [1]).

1. Rodzaj *Salticus* odróżnia się od wszystkich innych naszych Salticoidów głową wyniesioną ponad tułów.

2. Z pozostałych 18-tu rodzajów dwa: *Leptorchestes* i *Synageles*, do poprzedniego podobne z powodu szczupłego ciała, nóg — przynajmniéj z wyjątkiem 1-éj pary — cienkich, odwłoku mniéj lub więcéj przewężonego (sąto formy określane zwykle, jako „podobne do mrówek"), różnią się od 16-tu innych rodzajów czworobokiem oczu dłuższym niż szerokim. U reszty jest ten czworobok, t. j. pole ograniczone stycznymi zewnętrznymi poprowadzonymi do widzianych z góry oczu przednich bocznych i oczu tylnych, — szerszy niż długi. W ten sposób, zdaje mi się, lepiéj jest zacząć rozdział Salticoidów na rodzaje, aniżeli to zrobił E. Simon. Zwłaszcza do cech wziętych przez tego autora z kształtu mostku (*sternum, plastron*) mało mam zaufania; przypuszczam nawet, że one okażą się często błędnymi, chociaż stanowczo tego powiedzieć nie mogę, a wnoszę tak tylko z licznych zawodów, jakie mnie spotkały w innych grupach przy sprawdzaniu opisywanych wymiarów mostku. Dla odróżnienia rodzajów: *Leptorchestes* i *Synageles* lepiéj będzie w każdym razie oprzéć się — w dodatku do odmiennego kształtu

---

[1]) W przeglądzie tym, mającym na celu jedynie praktyczne rozpoznawanie rodzajów, grupują się te rodzaje w następujący sposób:

1. *Salticus.*
1:2. *Leptorchestes, Synageles.*
2:3. *Neon, Ballus, Oedipus.*
3:4. *Aelurillus, Ergane, Pellenes.*
4:5. *Epiblemum.*
5:6. *Marptusa.*
6:7. *Dendryphantes, Pseudicius.*
7:8. *Phlegra.*
8:9. *Philaeus.*
9:10. *Heliophanus,*
10:11. *Yllenus.*
11: *Attus, Euophrys.*

wargi dolnéj — o kształt czworoboku ocznego (wyraźnie szerszego z tyłu niż na przedzie w rodzaju *Leptorchestes*, nie szerszego albo ledwie że szerszego w rodz. *Synageles*), aniżeli o szerokość mostku i bioder nóg średnich, które bez mikrometru i mikroskopu oceni się zapewne najczęściéj mylnie.

3. Dzieląc — za Simonem — dalszych 16 naszych rodzajów na dwie grupy podług długości głowy i tułowiu, nie napotyka się pospolicie na wątpliwości. Ale już dla węgierskich rodzajów dobrze jest określić rzecz wyraźniéj: porównywać nie nieokreśloną „część głowową" z „częścią tułowiową", lecz długość czworoboku ocznego z długością dalszéj części tułowia, obojga widziauych prosto z góry (pierwszy nie jest krótszy od drugiéj w rodzaju *Ballus* itp., wyraźnie krótszy w rodz. *Attus* itp.), a nadto obwarować tę cechę, na przypadki wątpliwości, inną: w pierwszéj grupie, piszczel III[1]) wraz z rzepką krótszy jest od odpowiednich członków IV-éj pary nóg, członek piętowy IV kolców wyraźnych nie posiada, chyba na końcu; w wątpliwych formach drugiéj grupy albo wymienione członki III dłuższe są od IV, albo członek piętowy IV kolcami opatrzony jest nietylko na końcu. Z grupy pierwszéj (*Ballus* itd.) znam z opisanych przez Simona tylko rodzaje *Ballus* i *Neon*, nie znam: *Eris* (obecnie *Ericulus*) i *Neera (Neaetha)*. Mylna jest cecha służyć mająca podług Simona do odróżnienia tych dwu skupień *(Ballus-Neon* i *Eris-Neera)*, przynajmniéj o tyle, że w pierwszém z nich nie zawsze są nogi III całkiem bezbronne.

Neon, z którego znam 3 gatunki, różni się od rodzaju *Ballus*, jak Simon podaje, czworobokiem oczu „nie rozszerzonym" ku tyłowi; dla tych, którzy nie mieliby dosyć form do porównania, nie będzie zbytecznóm dodać, że w rodzaju *Neon* bywa wprawdzie tylny szereg oczu nieco szerszy od przedniego, ale różnica jest tak mała, że odległość zewnętrznych brzegów oczu przednich bocznych jest większa (w rodzaju *Ballus* mniejsza), aniżeli odległość wewnętrznych brzegów oczu tylnych. Podanych tutaj w *Les Arachn. de France* cech wziętych z szerokości mostku, nie tykam. — Rodzaj *Ballus* nieźle może będzie, za przykładem Mengego, rozbić na dwa: *Ballus* i *Ocdipus*; piszczel III bowiem jest u ostatniego na przedniéj stronie koło środka długości uzbrojony kolcem (podo-

---

[1]) Liczbami I—IV oznaczam za przykładem Simona pary nóg od 1-éj do 4-éj.

bnie, jak bywa, a może i jest zawsze, w rodzaju *Neon*), u pierwszego bezbronny; oczy drugiego szeregu leżą u ostatniego ledwie o $\frac{1}{3}$ bliżéj, u pierwszego zaś 2 razy bliżéj oczu przednich bocznych aniżeli oczu tylnych. Mniejsze znaczenie ma obecność na ciele w rodzaju *Oedipus* łusek mieniących się, a brak ich w rodz *Ballus*. Czy rozdział ten da się utrzymać dla form egzotycznych, nie wiem, znam bowiem z obydwu rodzajów tylko po jednym gatunku *(Ball. depressus* i *Oed. aenescens).*

4. Z trzynastu dalszych rodzajów oddziela E. Simon od reszty drobną grupę (*Marptusa* i *Hyctia*, któréj u nas nie ma) na na téj podstawie, że u niéj biodra przednie są do siebie całkiem zbliżone, u reszty zaś oddalone o szerokość wargi. W „Przeglądzie krytycznym" (str. 67) zwróciłem uwagę na to, że z cechą tą trzeba być ostrożnym, ważną ona bowiem jest tylko dla okazów całkiem dorosłych; z niedorosłymi zajdzie się podług tablicy w *Les Arachn. de Fr.* na bezdroża. Późniéj spostrzegłem, że w błąd popaść można także z rodzajem *Yllenus*, u którego biodra wspomnione są także więcéj do siebie zbliżone, niż bywa zwykle, choć nie w takim stopniu, jak w rodzaju *Marptusa*. Porzuciwszy tę cechę, albo raczéj przyznając jéj tylko znaczenie mniejsze, zgodne prawdopodobnie z jéj rzeczywistą systematyczną wartością, staje się przed czeredą gatunków dość liczną, którą, chcąc daléj rozbić, trudno wiedzieć jak zaczepić. Może jeszcze najlepiéj oprzeć się, za wzorem Simona, o zmienną długość piszczela z rzepką III i IV pary nóg. Czyby się nie dał znaleść lepszy punkt wyjścia, powiedzieć nie mogę; że ten najlepszym nie jest, dowiedziałem się w ciągu pracy nad węgierskimi pająkami, kiedy użyszy téj cechy za Simonem w dobréj wierze, musiałem następnie przegląd rodzajów z trudem zbudowany, a rozpadający się ku mojemu zmartwieniu, ratować dodatkowo cechami innymi.

W rodzajach *Aelurillus, Ergane, Pellenes*, mieszczą się między innymi gatunki, u których piszczel z rzepką w III-éj parze nóg jest widocznie dłuższy aniżeli w IV-éj parze. Przeciwnie, wymienione członki są widocznie krótsze w III-éj parze aniżeli w IV-éj u przeważnéj liczby gatunków z rodzajów: *Epiblemum, Marptusa, Pseudicius, Dendryphantes, Phlegra, Philaeus, Heliophanus, Yllenus, Attus, Euophrys.* Ale trafiają się formy — w rodzajach *Aelurillus, Philaeus, Ergane, Euophrys*, — z którymi zawsze pobłądzić można, czy się owe długości oceniać będzie mniéj dokładnie czy nawet bardzo dokładnie. Przyjmując w zasadzie rzeczoną cechę — ściśle przeprowadzić podziału na jéj podstawie nie można, bez zmian systemu Simona dość znacznych, a niewątpliwie nieuzasadnionych — wydzielić trzeba owe dwuznaczne formy i zająć się nimi osobno. Ta drobna grupa, o ile ją znam, dałaby się rozdzielić pomiędzy rodzaje dwu innych oddziałów, wyraźnie różniących się pomiędzy sobą (piszczelami z rzepką III wyraźnie krótszymi, albo wyraźnie dłuższymi niż IV), w następujący sposób:

A) Członek piętowy I kolcami uzbrojony nietylko na dolnéj stronie, ale także na boku przednim niedaleko od podstawy:

Piszczel IV na grzbietnéj stronie z kolcami . . . *Aelurillus*

—   — bez kolców na grzbiecie . . . . *Philaeus*

B) Członek piętowy I bez kolca na przednim boku niedaleko od nasady:

a) Piszczel IV z jednym kolcem na grzbiecie niedaleko nasady: . . . . *Ergane* (♂)

—   — bez kolca na grzbiecie niedaleko nasady:

α) Rzepki nóg tylnych (III i IV) z kolcem po obydwu stronach: . . . . *Ergane* (♀)

Rzepki nóg tylnych przynajmniéj na przodzie bez kolca [1]):

Euophrys.

W ten sposób nie przeskoczywszy, ale podszedłszy pod napotkaną przeszkodę, możemy w grupie: *Aelurillus, Ergane, Pellenes* (z piszczelem i rzepką III dłuższymi niż IV) za Simonem oddzielić rodzaj pierwszy od dwu drugich na podstawie odmiennego ustawienia oczu przednich: w nim styczna do górnego brzegu oczu średnich przecina oczy boczne w środku, albo trochę niżéj. (Tułogłowie oglądać trzeba prosto z przodu, ustawiwszy jego boczne brzegi ściśle do poziomu; podług *Les Arachn de. Fr.* padałaby wspomniona styczna na podstawę oczu bocznych; może autor podaje rzecz tak, jak się przedstawia patrzącemu na twarz, t. j. przednią ścianę tułogłowia, tutaj nieco cofniętą, prostopadle do jéj powierzchni, a zatém nieco od dołu.). Wskutek takiego obniżenia oczu średnich nie widać ich albo wcale, albo tylko mało, w tułogłowiu oglądaném prosto z góry. — Znacznie mniéj obniżone są

---

[1]) Podług *Les Arachn. de Fr.*, str. 5, rzepki w rodzaju *Euophrys* mają być zawsze bezbronne; bywają jednak kolce na nich u niektórych gatunków.

oczy środkowe i więcéj wystają poza brzeg tułogłowia widzianego z góry w rodzajach *Pellenes* i *Ergane*.

Jakkolwiek znam tylko dwa europejskie gatunki z rodzaju *Pellenes*, nie wątpię, że różnicy pomiędzy tym rodzajem a *Ergane* — tj. *Hasarius* w *Les Arachn. de Fr.* w części — nie można szukać w długości członków nóg IV, wbrew bowiem podaniu w *Les Ar. de Fr.* bywa tu członek stopowy wraz z piętowym nietylko nie krótszy, ale nawet wyraźnie dłuższy, aniżeli piszczel z rzepką. Galicyjskie gatunki z téj grupy rozróżni się po czworoboku ocznym z tyłu nie szerszym, albo bardzo nieznacznie szerszym, niż z przodu w rodzaju *Ergane*, widocznie szerszym w rodzaju *Pellenes*. Nadto bywa w pierwszym rodzaju piszczel z rzepką III często mało co dłuższy albo i nie dłuższy niż IV, znacznie · dłuższy w rodzaju drugim.

5. Zostaje nam rodzajów 10. *Les Ar. de Fr.* odróżniają w téj grupie rodzaj *Yllenus* od innych po krętarzach *(trochanter)* czwartéj pary nóg bardzo długich i widzialnych z góry. Cecha to w niektórych przypadkach wprawdzie uderzająca, ale formami pośrednimi — z rodzaju *Attus* — zupełnie zatarta. Dowodzi tego i ta okoliczność, że Simon z biegiem czasu zmieniał zapatrywanie na granicę pomiędzy dwoma wymienionymi rodzajami. Tę cechę biorąc za podstawę, gdyby się nawet udało znaleść jakąś wyraźną granicę pomiędzy krętarzami równymi $\frac{1}{2}$, $\frac{1}{3}$, $\frac{1}{4}$ itd. biodra, oderwaćby trzeba pewną część gatunków z rodzaju *Attus* i połączyć w nienaturalną grupę z rodzajem *Yllenus*.

Pewniejsza będzie droga następująca: rodzaj *Epiblemum* różni się od 9 innych piszczelami I na dolnéj stronie bezbronnymi, członkiem piętowym I albo bezbronnym (u ♂), albo uzbrojonym tylko jednym kolcem na końcu z przedniéj strony. Inne rodzaje mają kolce na dolnéj stronie piszczela I, niekiedy wprawdzie bardzo krótkie; w tych niewielu przypadkach, gdy kolców tutaj wcale nie ma, członek piętowy I opatrzony jest dwiema parami kolców na dolnéj stronie.

6. Teraz, oparszy się o wyżéj wspomnioną cechę z ustawienia przednich bioder wziętą, rozdzielić możemy pozostałą grupę z 9-ciu rodzajów złożoną na dwie części: 1) *Marptusa*, 2) 8 rodzajów innych. Że cecha ta ważną jest tylko dla okazów dorosłych, nie znosi to jéj wartości systematycznéj. Praktycznie ważną będzie uwaga, ze względu na rodzaj *Yllenus*, że ciało w rodzaju *Marptusa*

jest zawsze wydłużone, zwłaszcza odwłok, nogi tylne niewielu tylko kolcami opatrzone, że wreszcie nogi III-éj pary wyprostowane i ukośnie wtył wyciągnięte dosięgają końca piszczeli IV-éj pary. Na to zwracając uwagę, nikt nie pomięsza z *Marptusami* jedynego naszego gatunku z rodzaju *Yllenus*, u którego ciało jest krępe, nogi III-éj pary nie sięgają końca piszczeli IV, a nogi tylne posiadają kolców dużo i wielkich.

7. Na ważność systematyczną uzbrojenia członków piętowych IV zwrócił uwagę Prof. THORELL *(On Eur. Spid.)*, a przed nim WESTRING *(Araneae suecicae)*. Tą cechą posługując się przy podziale pozostających nam jeszcze rodzajów, zastrzegł się E. SIMON, że cecha ta nie jest ścisłą, gdyż wielkie okazy z rodzaju *Icius* i gatunek *Maevia Pavesii* miewają na owych członkach nietylko na końcu kolce, ale nadto także koło środka kolec 1 lub 2. Zastrzeżenie w zasadzie słuszne, ale w szczegółach nie przeprowadzone należycie. O rodzaju *Icius* niewiele mogę powiedzieć, znam bowiem tylko jeden gatunek dalmacki z kilku okazów: we w s z y s t k i c h okazach gatunku *Maevia multipunctata (M. Pavesii)*, jakie widziałem — wprawdzie niewielu, ale przecież kilkunastu — członki wymienione mają kolców, nielicząc wierzchołkowych, więcéj niż jeden; dlatego zaliczam rodzaj *Maevia* do grupy, w któréj członek piętowy IV z reguły jest opatrzony kolcami nietylko na końcu. Ale i z innych powodów nie można wymienionéj cechy użyć do odróżniania rodzajów bez zastrzeżeń: zastrzeżenia te wyrazić można w następujący sposób:

1) Członek piętowy IV tylko na końcu opatrzony kolcami; czasem znajdzie się także kolec jeden na krawędzi dolnéj zewnętrznéj, wówczas członek piętowy III uzbrojony jest kolcami tylko na końcu albo nadto jednym jeszcze tylko kolcem na dolnéj stronie niedaleko nasady (rodzaje: *Pseudicius, Dendryphantes* i obcy *Icius*).

2) Członek piętowy IV między nasadą a końcem zwykle więcéj niż jednym kolcem opatrzony; jeżeli zaś tylko jednym, wówczas członek piętowy III ma na dolnéj stronie niedaleko podstawy 2 kolce (rodzaje: *Phlegra, Philaeus, Heliophanus, Yllenus, Attus, Euophrys* i obce: *Cyrba, Maevia, Menemerus*).

Czy te ostrożności, — do których doszedłem wyzyskując materyał, jakim rozporządzam, do ostatnich możebnych granic, — okażą się dostatecznymi, trudno powiedzieć: mozolną budowę wywrócić może pierwszy lepszy gatunek, którego widzieć nie miałem dotąd sposobności. Dla galicyjskich gatunków jednak będą te ostrożności może nawet bez znaczenia, nie ma u nas bowiem rodzajów *Icius*, *Maevia*, *Menemerus*, dla których te zastrzeżenia są przedewszystkiém, jeżeli nie wyłącznie, potrzebne.

7. Rodzaje *Dendryphantes* i *Pseudicius* — w *Les Ar. de Fr.* od tamtego jeszcze nie oddzielony — odróżnić, u nas, łatwo po tém, że piszczel I opatrzony jest na dolnéj stronie po obu brzegach kolcami u pierwszego, bezbronny zaś albo tylko na przednim brzegu kolcami uzbrojony u drugiego.

8. Dla odróżnienia pozostałych jeszcze sześciu rodzajów naszych, powiedziałbym, że wszystko, co podają *Les Ar. de Fr.* (na str. 5, Nr 21—26), jest albo mylne, albo niedokładne, albo wreszcie trudne do sprawdzenia. Np. przedni szereg oczu jest w rodzaju *Philaeus* — u samic — mniéj w górę wygięty, niż w niektórych gatunkach rodzaju *Attus*; kształt piszczeli IV nie może bynajmniéj służyć do odróżnienia rodzaju *Menemerus* od rodzaju *Euophrys* itp., owszem, wbrew twierdzeniu autora, członek ów jest wyraźniéj rozszerzony ku końcowi w rodzaju *Menemerus*, niż np. w niektórych gatunkach rodz. *Euophrys*; rzepki w rodz. *Euophrys* nie są bynajmniéj zawsze bezbronne itd. Zresztą przyznać trzeba, że łatwiéj jest odróżniać te rodzaje z wejrzenia, aniżeli zestawić dokładnie ich cechy w ścisłą tablicę analityczną.

Ograniczając się do galicyjskich gatunków, może jeszcze najłatwiéj będzie oddzielić od reszty jedyną naszą *Phlegrę (fasciata)*. Dość będzie, prawdopodobnie, w tym celu zwrócić uwagę na to, że w jéj tułogłowiu, widzianém z boku, z powodu niezwykłego wydłużenia części tułowiowéj wydaje się pole oczne (mierzone od p r z e d n i e g o brzegu oczu średnich przednich po t y l n y brzeg oczu tylnych) wyraźnie krótszém, aniżeli leżąca za niém część grzbietu prawie pozioma. Granica pomiędzy tą częścią grzbietu a ścianą tułogłowia tylną, mocno pochyłą, jest wprawdzie dość nieokreślona: obie widziane z boku łączą się nie w kąt o wyraźnym wierzchołku ale w krótki łuk; aby znaleść tylną granicę owéj „prawie pozioméj" części grzbietu, trzeba w tym łuku wyszukać punkt oddzielający część grzbietu więcéj zbliżoną do poziomu od części więcéj zbliżonéj do pionu. Trudności zwiększają się już przy uwzględnieniu dwu innych gatunków *Phlegry*, które znam; i znowu okazuje się potrzeba podparcia podanéj cechy różnymi innymi, z uzbrojenia nóg kolcami, znacznéj wysokości twarzy itd., które jednak tu pomijam, bo dla naszéj fauny są prawdopodobnie bez znaczenia. — Tak długiéj części pozioméj grzbietu poza oczami leżącéj, jak nasza *Phlegra*, nie ma żaden z pozostałych rodzajów.

9. Z grupy rodzajów: *Philaeus, Heliophanus, Yllenus, Attus* i *Euophrys*, możemy znowu oderwać jeden, pierwszy mianowicie, u którego nogi III-éj pary mało co krótsze od nóg IV-éj pary, wyciągnięte ukośnie w tył sięgają końcem przynajmniéj po koniec piszczeli IV albo i daléj. Cecha ta jednak nie wystarcza. Zwrócić uwagę trzeba jeszcze na to, że w tym rodzaju brzeg dolny oczu tylnych leży znacznie wyżéj aniżeli górny brzeg oczu przednich bocznych (tułogłowie ustawić należy brzegami bocznymi dokładnie do poziomu a oglądać je najlepiéj z boku); a nadto, że członek piętowy I oprócz kolców na dolnéj stronie ma jeszcze przynajmniéj na przednim boku po jednym kolcu niedaleko od podstawy i na końcu. Gatunki z krótszymi nogami III nie do tego rodzaju należą, równie jak i formy o nogach III téj wprawdzie długości, jak w rodzaju *Philaeus*, ale bąć z oczami tylnymi niżéj umieszczonymi, tj. tak, że ich brzeg dolny leży albo równo z górnym brzegiem oczu bocznych przednich, albo ledwie nieznacznie wyżéj, — bąć z członkiem piętowym I na przedzie koło podstawy bezbronnym.

10. Z pozostałéj reszty nietrudno wydzielić rodzaj *Heliophanus*. U tego podoczna część twarzy *(clypeus)* jest bardzo niska; jéj wysokość dochodzi co najwięcéj szóstéj części średnicy oczu przednich środkowych. Pamiętać trzeba przytém, że chodzi tu o wysokość twarzy pod oczami średnimi — nie pod bocznymi, — a nadto, że do twarzy nie liczy się błony ciągnącéj się od jéj właściwego brzegu po nasadę szczękoroży, którato błona, ruchoma, w okazach zabitych alkoholem to wcale spostrzéc się nie daje, to znowu widoczna na mniéj lub więcéj znacznéj przestrzeni, tworzy pozorne przedłużenie twarzy ku dołowi. Właściwa twarz, twarda, pokryta bywa zwykle włosami lub łuskami, błona zaś, o któréj mowa, jest naga. W rodzaju *Heliophanus* sama ta różnica nie zawsze wystarczy do odgraniczenia twardéj i błoniastéj części twarzy, włosów bowiem na tamtéj bywa mało. Granicę znajdzie się jednak zawsze w cienkiéj, choć ostréj wrędze *(carina)*, przechodzącéj także na boki tułogłowia. Gatunki do tego rodzaju należące poznać zresztą łatwiéj na oko, niż przez uwzględnianie cech systematycznych: samice, zwilżone np. alkoholem, ciało mają czarne, — tylko *Hel.*

patagiatus ma boki tułogłowia czerwone, — nogi żółte, mniéj lub więcéj czarno kréskowane w podłuż, czasem czarna barwa przeważa nad żółtą; na suchych okazach widać, że są pokryte łuskami metalicznie połyskującymi, a ozdobione niewielu krésami lub plamami utworzonymi z łusek białych lub żółtych. Samce odznaczają się udowym członkiem głaszczków ściśnionym i ku dołowi, w połowie długości lub ku wierzchołkowi, wyciągniętym w wielki wyrostek, to pojedynczy, to na szczycie rozwidlony.

11. Z rodzajów: *Yllenus*, *Attus*, *Euophrys*, różniących się od poprzedniego wyższą twarzą, dwa piérwsze zachodzą jeden w drugi tak, że trudno o granicę, któraby ściśle opisać się dała a zarazem odpowiadała rzeczywistym stosunkom powinowactwa. W roku przeszłym oderwał E. SIMON pewną ilość gatunków od rodzaju *Attus* i połączył z częścią rodzaju *Yllenus* w osobny rodzaj: *Attulus* [1]). Jakkolwiek z tego nowego rodzaju znam tylko niewiele gatunków, sądzę, że jest on jeszcze mniéj naturalny, niż był dawny „*Attus*" SIMONA, i dlatego zostaję przy dawniejszym podziale. Zresztą jedyny nasz gatunek z rodzaju *Yllenus* dobrze się odznacza pewném połączeniem cech: w przednim szeregu oczu, mocno w górę wygiętym, leżą środki oczu bocznych przynajmniéj tak wysoko, jak górne brzegi oczu średnich, czworobok oczny szerszy jest z tyłu niż na przedzie, tułogłowie widziane z góry szersze jest w linii poprzecznéj, na któréj leżą tylne oczy, aniżeli przedni szereg oczu, grzbiet jego spada od oczu tylnych po sam tylny brzeg tak szybko, że widziany z boku tworzy łuk bardzo płaski, albo kąt bardzo rozwarty, z wierzchółkiem zaokrąglonym, nie bardzo różny od linii prostéj, w nogach IV-éj pary członek piętowy wraz ze stopowym nie jest dłuższy aniżeli piszczel sam (bez rzepki), nogi III-éj pary o wiele krótsze od nóg IV, wyciągnięte ukośnie w tył nie sięgają bynajmniéj końca ich piszczeli, wreszcie u samca część udowa głaszczka zgrubiała tworzy na spodzie u nasady wydatny guz.

11. Każda prawie z tych cech z osobna zualeść się może w rodzajach *Attus* i *Euophrys*, ale wszystkie razem nie schodzą się nigdy, przynajmniéj, ile mi wiadomo. Pomiędzy sobą różnią się

---

[1]) *Arachnidae transcaspicae ab il. Dr. G. Radde, Dr. A. Walter et A. Conchin inventae annis* 1886—1877, w *Verhandl. d. k. k. Zoolog.-botan. Gesellsch. in Wien*, tom XXXIX.

te dwa ostatnie rodzaje długością nóg III-éj pary, nie sięgających poza koniec piszczeli IV w rodzaju *Attus*, znacznie dłuższych w rodzaju *Euophrys*.

———

Nie jest celem powyższych uwag zaprowadzenie zmian czy ulepszeń w systemie *Salticoidów* przez Simona utworzonym. Aby nowe ustanawiać rodzaje lub ściągać dawniéj utworzone, na to trzeba przedewszystkiém mieć zbiory o wiele bogatsze, niż jest mój. Na niedostatecznym materyale budując, łatwo uléc złudzeniom. Pojęcie rodzaju *(genus)* jest o wiele mniéj określone niż pojęcie gatunku. W praktyce kierować się można dwojakiém zapatrywaniem: albo wyszukuje się z pomiędzy znanych gatunków takie, które — podług osobistego zapatrywania systematyka — uważać można za typy udzielnych rodzajów, i gromadzi się koło tych typów wszystkie pozostałe gatunki podług przeważającego podobieństwa, a nie zważając na to, czy granice pomiędzy tak utworzonymi grupami są na pierwszy rzut oka jasne, czy téż do opisania a nawet do znalezienia trudne, — albo przeciwnie, zwraca się uwagę przedewszystkiém na te granice, odstępując od dzielenia nawet obszernych i różnorodnych grup na działy drobniejsze, jeżeli do tego braknie wyraźnych i łatwo w praktyce zastosować się dających środków. Jeden i drugi sposób postępowania ma swoje zalety i wady; do rzetelnego postępu systematyki obydwa równie dobrze przyczynić się mogą, choć teoretycznie rzecz rozważając, sądzićby trzeba, że jedynie pierwszy zgadza się z dążeniem do systemu naturalnego, drugi prowadzi do systemów sztucznych. Do lichych wyników dojdzie systematyk postępujący czy w jednym czy w drugim kierunku, jeżeli radując się własnymi pomysłami, pozostawi ich wszechstronne zbadanie i uzasadnienie pracowitości innych.

W każdym zaś razie, jakąkolwiek drogę się obierze, nie można się spodziewać po własnéj pracy — choćby sumiennéj i rozważnéj — że ona doprowadzi do wypadków trwałego znaczenia dla nauki, jeżeli ze setek żyjących gatunków danéj rodziny zna się zaledwie dziesiątki. Ciemne bowiem poczucie tego, co za typ rodzajowy uważać można, a czego nie, przechodzi tylko zwolna, w miarę, jak się poznaje coraz więcéj gatunków, w ową „wprawę", przy któréj często na pierwszy rzut oka lepszego nabiera się wyobrażenia o systematyczném stanowisku gatunku, niż kiedy indziéj **przez** mozolne i szczegółowe zestawianie i porównywanie jego cech z cechami innych gatunków, znanych przeważnie tylko z opisów. Kto znowu dzieląc jakąś grupę zwierząt, wyzyskuje w tym celu przedewszystkiém granice dostrzeżone, jasne i proste, ten może z całą pewnością liczyć na to, że każdy nowy gatunek, który mu się dostanie w ręce, przyczyni się nie do ustalenia owych granic, ale owszem do ich zawikłania, jeżeli nie do zupełnego ich zatarcia.

O tém wszystkiém wiedząc tak dobrze, jak każdy, komu systematyka zoologiczna znana jest nietylko z czytania rzeczy drukowanych, nie kuszę się o poprawki w podziale *Salticoidów* na rodzaje, przyjętym przez E. SIMONA, chociaż i w tym kierunku będzie zapewne jeszcze nie jedno do zrobienia. Nie wdając się w krytykę planu sporządzonego przez tego autora, wskazuję tylko na to, że przeprowadzenie tego planu wypadło nie dość ściśle. Wykaz niedokładności, czy błędów byłby prawdopodobnie o wiele dłuższy, gdybym mógł zbadać w naturze przynajmniéj tyle gatunków europejskich, ile ich opisał E. SIMON. I przy obecném ograniczeniu swojém uwagi powyższe posłużyć mogą za dowód, że nam tu i ówdzie w zoologii opisowéj jeszcze dość daleko do doskonałości.

Gatunki galicyjskie Salticoidów.

Z 46 gatunków Salticoidów, podanych w „Przeglądzie krytycznym", jeden trzeba wykreślić, mianowicie: *Heliophanus flavipes*. Podałem tam ten gatunek z zastrzeżeniem, wyjaśniając zarazem, dlaczego oznaczenie uważam za wątpliwe. W ciągu pracy nad arachnofauną węgierską otrzymałem za pośrednictwem Dra CHYZERA do rewizyi dość znaczną ilość gatunków zgromadzonych przez O. HERMANA, autora dzieła *Magyarország pok-faunája*, a przechowanych w węgierskiém Muzeum narodowém i i. Między tymi gatunkami znalazły się także okazy gatunku *Heliophanus varians*, oznaczone przez E. SIMONA. Okazy te zgadzają się zupełnie z moim galicyjskim *Hel. flavipes*. Gdy więc w katalogu naszéj fauny pomieszczony już został, na podstawie prac SIMONA, *Hel. varians* Sim., wykreślić z niego musimy gatunek *Hel. flavipes*, jako synonim. Nie można jednak jeszcze wiedzieć, czy nie wypadnie kiedy zastąpić w naszéj faunie pajęczéj nazwy „*Hel. varians* Sim." nazwą „*Hel. flavipes* Hahn", nie ma bowiem dotychczas żadnych pewnych skazówek, po którychby dojść można, czy nazwa ostatnia należy się temu gatunkowi, któremu ją przypisał Simon, czy téż temu, który pod tą nazwą przytaczany bywał — za przykładem Dra L. Kocha — w naszéj faunie.

W ogóle *Heliophanus* jest właśnie tym rodzajem, z którym w europejskiéj faunie najwięcéj jeszcze zostaje do zrobienia dla ostatecznego odróżnienia gatunków. Tak n. p. podejrzenie moje, że samice opisane przez Simona jako *Hel. cupreus*, nie do tego należą gatunku — podejrzenia tego przypadkiem nie zanotowałem w „Przeglądzie“ — jest według wszelkiego prawdopodobieństwa słuszne. Przynajmniéj widziałem pomiędzy pająkami, które na moją prośbę przysłał mi Prof. Thorell do obejrzenia, szwedzkie okazy gatunku *Hel. dubius*, oznaczone przez E. Simona — zgodnie z tém, co znajdujemy w *Les Ar. de Fr.*, ale zdaniem mojém mylnie — jako *Hel. cupreus*. Błędnie nazwane okazy z tego rodzaju napotkałem także pomiędzy pająkami otrzymanymi od hr. E. Keyserlinga, a oznaczonymi przez E. Simona.

Przybyły do fauny naszéj od r. 1884 dwa nowe gatunki: *Attus penicillatus* Sim.? i *Euophrys n. sp.* (∼erraticae), obydwa odkryte — niestety — nie w polu, ale w moim zbiorze, gdzie były pomięszane z gatunkami *Attus saltator* Sim. i *Euophrys erratica* (Walck.). Ponieważ niepodobieństwem jest w zbiorach pająków zaopatrzéć każdy okaz notatką, gdzie został znaleziony, jak się to dzieje w porządnych zbiorach owadów czy roślin, mogę o wymienionych dwu gatunkach tylko tyle powiedziéć, że pochodzą z bliskich okolic Krakowa.

Jeden gatunek podałem w „Przeglądzie“ pod mylném nazwiskiem, mianowicie *Euophrys petrensis*. O tém, co w Galicyi nazywało się *Euophrys petrensis*, możnaby całą powieść napisać; że jednak cały materyał do téj powieści znajdzie się w moich dawniéjszych pismach o arachnofaunie galicyjskiéj, poprzestaję tu na podaniu do wiadomości, że w Galicyi nie znaleziono dotychczas okazu, któryby na pewno do tego gatunku można zaliczyć. Do pomyłek przyznaję się bez wyrzutów sumienia, dowodzą one bowiem jedynie, że dzisiejsza arachnografia może jeszcze w wielu przypadkach zaprowadzić na bezdroża nawet człowieka dość oględnego i pamiętającego o tém, że poprawianie własnych pomyłek nie należy do przyjemności.

Mamy tedy Salticoidów znalezionych w Galicyi, podług dotychczasowych wiadomości, gatunków 47, mianowicie:

Salticus formicarius (DE GEER).
Leptorchestes berolinensis (C. L. KOCH).
Synageles hilarulus (C. L. KOCH).
— *confusus* (KULCZ.).
Epiblemum scenicum (CLERCK).
— *cingulatum* (PANZ).
— *tenerum* (C. L. KOCH).
Heliophanus patagiatus (THOR.).
— *aeneus* (HAHN).
— *dubius* (C. L. KOCH).
— *cupreus* (WALCK.).
— *auratus* (C. L. KOCH).
— *varians* (E. SIM.). *(flavipes?* KULCZ. 1884).
Marptusa muscosa (CLERCK).
— *radiata* (GRUBE).
Dendryphantes hastatus (CLERCK).
— *rudis* (SUND.).
Pseudicius encarpatus (WALCK.). *(Dendryphantes enc.* KULCZ. 1884).
Philaeus chrysops (PODA).
— *bicolor* (WALCK.).
Ergane arcuata (CLERCK). *(Hasarius arcuatus* KULCZ. 1884).
— *falcata* (CLERCK). *(Hasarius falcatus* KULCZ. 1884).
— *laetabunda* (C. L. KOCH). *(Hasarius laetabundus* KULCZ. 1884).
Pellenes crucigerus (WALCK.).
Attus pubescens (FABR.).
— *terebratus* (CLERCK).
— *floricola* (C. L. KOCH).
— *rupicola* (C. L. KOCH).
— *saxicola* (C. L. KOCH).
— *Caricis* WESTR.
— *Dzieduszyckii* L. KOCH.
— *distinguendus* E. SIM.?
— *saltator* E. SIM.
— *penicillatus* E. SIM ?
Phlegra fasciata (HAHN).
Aelurillus V-insignitus (CLERCK). *(Ictidops V-insignitus* KULCZ. 1884).
— *festivus* (C. L. KOCH). *(Ictidops festivus* KULCZ. 1884).

Yllenus arenarius E. Sim.

Euophrys erratica (Walck.).

— *n. sp.* ∾ *erraticae.*[1])

— *frontalis* (Walck.).

— *n. sp.* ∾ *petrensi.* (*Eu. petrensis* Kulcz. 1884).

— *monticola* Kulcz.

— *aequipes* (Cambr.).

Neon reticulatus (Blackw.).

Ballus depressus (Walck.).

Oedipus aenescens (E. Sim.). (*Ballus aenescens* Kulcz. 1884).

Niektóre z tych gatunków mają obecnie nie tę samę nazwę rodzajową, co w „Przeglądzie krytycznym".

„*Dendryphantes encarpatus*" należy obecnie do rodzaju *Pseudicius*, utworzonego w r. 1885 przez E. Simona[2]) dla tego właśnie gatunku i kilku pokrewnych: *badius* E. Sim., *picaceus* E. Sim., *icioides* E. Sim. — Z ogólnego wejrzenia *(habitus)* sądząc, zasługuje ta grupa gatunków na rodzajowe odosobnienie od bliskich: *Dendryphantes, Icius, Epiblemum.* Że jednak sprawa nie będzie łatwa, że mianowicie kłopotliwe będzie wyznaczenie granic pomiędzy tą grupą a rodzajem *Icius,* o tém nie wątpię, chociaż znam tylko jeden gatunek z rodzaju *Icius* i cztéry z rodzaju *Pseudicius.* Trudności napotyka się zwłaszcza z okazami samiczymi; samce różnią się kształtem szczękoroży dostatecznie.

Wszystkie galicyjskie gatunki z rodzaju *Hasarius* przeniósł E. Simon *(l. c.)* do rodzaju *Ergane,* odróżnionego od pokrewnych w r. 1881 przez hr. E. Keyserlinga (*Die Arachnid. Australiens,* str. 1260). Z ośmiu gatunków rodzaju *Hasarius* opisanych w *Les Ar. de Fr.* mieści się w tym rodzaju obecnie tylko jeszcze jeden: *H. Adansonii* Sav. & Aud. Czy nasze *Erganae* rzeczywiście należą do jednego rodzaju z australskimi gatunkami, opisanymi przez hr. Keyserlinga, powiedzieć nie mogę ; jeżeli jedyny

---

[1]) Ponieważ do wykrycia tego gatunku, jak i do przekonania, że dawna galicyjska „*Euophrys petrensis*" jest gatunkiem nieopisanym jeszcze, doszedłem przy pomocy zbiorów Dra Chyzera, wypada mi odłożyć opisanie tych dwu gatunków do czasu wydania pracy o pająkach węgierskich.

[2]) *Matériaux pour servir à la faune arachnologique de l' Asie méridionale,* str. 28.

znany mi australski gatunek, który wypadałoby zaliczyć do tego rodzaju, istotnie do niego należy, to nasze gatunki jeszcze raz zmienić będą musiały swą nazwę rodzajową.

Dla zastąpienia nazwy *Aelurops*, użytéj przez Prof. THORELLA w r. 1869, a zajętéj już dawno, bo w r. 1830, na oznaczenie pewnego rodzaju ssawców, utworzył Dr FICKERT w r. 1875 nową nazwę *Ictidops*. Tę zmienił E. SIMON 1885 r.[1]) na *Aelurillus*, ponieważ się okazało, że już i ona zajęta jest od r. 1868.

O powodach przeniesienia gatunku *aenescens* z rodzaju *Ballus* do rodzaju *Ocdipus* (MENGE 1877) wspomniałem już wyżéj (str. 11).

Do wyrażonych w „Przeglądzie" niewielu domysłów z zakresu synonimii dodać można następujące uwagi :

Heliophanus cupreus wspomniony przez Prof. THORELLA w *Remarks on Synon.* na str. 402 (porówn. Przegląd str. 66) jest w części rzeczywiście, jak przypuszczałem, = *Hel. dubius* C. L. KOCH. Na skandynawskich okazach gatunku *Hel. cupreus*, przysłanych uprzejmie przez Prof. THORELLA, przekonałem się: 1) że samice, które w „Przeglądzie" podałem jako należące do gatunku *Hel. cupreus*, zgadzają się z okazami zaliczonymi do tego gatunku przez Prof. THORELLA, 2) że — jak już wyżéj wspomniałem — opisana w *Les Ar. de Fr.* samica gatunku *Hel. cupreus* nie do tego należy gatunku, lecz do *H. dubius*[2]), 3) że czarna barwa głaszczków u samicy, pojawiająca się u nas nadzwyczaj rzadko, należy do całkiem pospolitych zjawisk w Szwecyi. Na setki okazów galicyjskich z blado-żółtymi głaszczkami, widziałem tylko jeden okaz, znaleziony przez Prof. B. KOTULĘ koło Przemyśla, z głaszczkami czarnymi; podług okazów szwedzkich w zbiorze Prof. THORELLA trzebaby przeciwnie czarną barwę uważać za prawidłową! — Być by mogło, że co do samic gatunków *Hel. cupreus* i *dubius* pomylił się Prof. THORELL, a za nim i ja, słuszność zaś by-

---

[1]) *Matériaux pour servir à la faune des arachnides de la Grèce.*

[2]) W zbiorze Prof. THORELLA oprócz okazów oznaczonych przez niego samego są téż egzemplarze (♀) przez E. SIMONA oznaczone jako *H. cupreus*, od galicyjskiego *H. cupreus* całkiem odmienne i równe naszemu *H. dubius*; do tych właśnie okazów odnosi się ustęp w *Remarks on Syn.* zaczynający się od słów: „*In other specimens, in which the above mentioned single or double protuberance is absent...*"

łaby po stronie E. Simona; to przypuszczenie uważać jednak muszę z rozmaitych powodów za zupełnie nieprawdopodobne.

O jedyném w swoim rodzaju zamieszaniu w gatunkach *Ergane (Hasarius) arcuata* i *falcata*, które wyjaśniłem w Przeglądzie (str. 72—75), milczą dotychczas arachnologowie. Prywatną wiadomość w téj sprawie otrzymałem od Prof. Thorella; ta przemawia za mojém zapatrywaniem. Nie sądzę, żebym potrzebował tutaj pocieszać się zdaniem: *qui tacet...*; owszem uważam rzecz za załatwioną stanowczo przez zacytowany ustęp w Przeglądzie.

Sprawdzając na wszystkich okazach, jakie się w moje ręce dostały od r. 1884, cechy podane w Przeglądzie dla gatunków *Attus rupicola* i *A. floricola* (str. 76—77), przekonałem się, że trafiają się przecież — wprawdzie nadzwyczaj rzadko — okazy nie wypłowiałe, których nawet podług owych cech na pewno oznaczyć nie można. Czy takie wyjątkowe okazy są rzeczywistymi formami przejściowymi pomiędzy *A. rupicola* i *A. floricola* — w takim razie wypadałoby uważać gatunek *A. rupicola* za odmiauę górską gatunku *A. floricola*, od téj typowéj formy nie odgraniczoną ściśle — czy może wchodzi tu w grę jeszcze jaki trzeci gatunek, n. p. *A. Zimmermannii* E. Sim., czy wreszcie mamy może do czynienia z mieszańcami, co się najmniéj prawdopodobném wydaje, ale niemożebne nie jest, — na to trudno dziś odpowiedzieć.

Attus distinguendus galicyjski wymaga zawsze jeszcze porównania z okazami szwedzkiego *A. cinereus* Westr.; bez tego niepodobieństwem jest wykryć, podług opisów, czém miałyby się różnić samice tych dwu form.

———

Z zanotowanych od r. 1884 nowych stanowisk dla wymienionych wyżéj galicyjskich Salticoidów wspomnę tu tylko dwa ważniejsze. Z gatunku *Ergane laetabunda* miałem przed r. 1884 tylko jeden okaz, wprawdzie niewątpliwie galicyjski, ale zresztą niewiadomego pochodzenia; od Prof. Dra St. Zaręcznego otrzymałem parę okazów dorosłych tego gatunku zebranych koło Chrzanowa. Nieodżałowany ś. p. Jan Cieślik odkrył w Witkowicach pod Krakowem gatunek *Leptorchestes berolinensis*, o którym przypuścić było dawniéj można, że w Galicyi pojawia się tylko we wschodniéj części kraju, podobnie jak dość dużo innych gatunków zwierząt i roślin, o których z rozsiedlenia w Galicyi wnosząc, sądzićby można, że są wschodnimi, podczas gdy w rzeczywistości należą do gatunków południowych.

*   *   *

Przypuszczam, że kto oznaczając Salticoidy galicyjskie, dojdzie podług podanych wyżéj uwag (str. 10-19), do jakiego rodzaju należy oznaczany okaz, ten nie napotka już z oznaczeniem gatunku na wielkie trudności.

Z rodzajów: *Salticus, Leptorchestes, Pseudicius, Pellenes, Phlegra, Yllenus, Neon, Ballus, Oedipus*, mamy w kraju tylko po jednym gatunku — ile dotąd wiadomo.

Dla odróżnienia dwu naszych gatunków z rodzaju *Synageles* podaje Przegl. kryt. dostateczne różnice, przynajmniéj co do samic; samiec gatunku *S. confusus* nie jest dotychczas znany.

Samce trzech galicyjskich gatunków z rodzaju *Epiblemum* odróżnić łatwo podług charakterystycznego wyrostka na piszczelowéj części głaszczka. Dla samic podałem *l. c.* str. 63 cechy, które z dołączonymi tam rysunkami zapewne zawsze do celu doprowadzą.

Dla rodzaju *Heliophanus* znajduje się również w Przeglądzie kryt. tablica analityczna, do któréj dodałbym obecnie tylko tyle, że samce gat. *H. auratus* i *varians* (w tablicy owéj nazwany „*flavipes?*") różnią się pomiędzy sobą także pokryciem odwłoku: łuski na grzbiecie odwłoku są u piérwszego bardzo błyszczące, dość szérokie, a leżą tak gęsto, że pomiędzy nimi prawie dopatrzéć się trudno saméj skóry (na okazach nieobdartych), u drugiego łuski z mdłym połyskiem, a bardzo wąskie, nie są zbyt gęsto ustawione, tak, że pomiędzy nimi wszędzie czarna skóra przegląda. Cechy tych dwu gatunków wzięte z budowy głaszczków, choć wybitne, wymagają, jeżeli się nie ma uléc złudzeniu, i silnego powiększenia i dokładnego ułożenia głaszczka, co zwłaszcza w tym rodzaju nie zawsze bywa łatwe.

Obydwa gatunki z rodzaju *Marptusa* różnią się już barwą znacznie; obawy o ich pomięszanie nie ma wcale. Warto jednak uwagę zwrócić na to, że może znajdzie się w Galicyi także trzeci gatunek, żyjący już w północnych Węgrzech: *M. pomatia* (WALCK.);

tego nawet dorosłe okazy łatwo wziąć za *M. radiata*, odróżnienie zaś młodych okazów jest prawie niemożebne.

Co do gatunków *Dendryphantes hastatus* i *rudis* powołuję się na „Przegląd".

Okazy dorosłe gatunków *Philaeus chrysops* i *bicolor* odróżnia się łatwo, zwłaszcza samce. Cecha podana dla samic w tablicy w *Les Ar. de Fr.* (wzięta z barwy włosów otaczających oczy i pokrywających niższą część twarzy) nie jest pewna; lepiéj bez porównania jest zwrócić uwagę na kształt pola położonego między płucotchawkami *(epigyne)*: u *Ph. bicolor* mieszczą się na niém dwa głębokie okrągławe małe dołki, między sobą i od tylnego brzegu pola mniéj niż o własną średnicę odległe; u *Ph. chrysops* ciągnie się wzdłuż tego pola wypukłość rogowa, ku przodowi wyraźniéjsza, zwężona i ograniczona po każdéj stronie dołkiem wąskim, ku tyłowi zaś rozlewająca się na płaszczyznę pola bez wyraźnych granic; dołki wspomnione są ku tyłowi rozbieżne.

Dla gatunków rodzaju *Ergane* wystarczy tablica w *Les Ar. de Fr.* (z zastrzeżeniem, że samica nazwana w téj tablicy *Hasarius falcatus* należy do *Erg. arcuata*, samica zaś nazwana *H. arcuatus* jest właściwie *E. falcata*).

Samce gatunków z rodzaju *Aelurillus* odróżnia się łatwo podług głaszczków, jak podają *Les Ar. de Fr.* Dla samic cecha wzięta tamże z kształtu stóp 4téj pary nóg wydaje mi się trudną do sprawdzenia; zastąpić ją można znowu cechami wziętymi z kształtu pola zwanego *epigyne*: tylna środkowa część tego pola jest w gat. *Ael. festivus* wzniesiona, granicę przednią wzniesionéj części tworzą dwa doły płytkie, o brzegach niewyraźnych, ukośnie położone, ku tyłowi rozbieżne. W drugim gatunku *(V-insignitus)* nie tworzy część tylna środkowa wyraźnego wzniesienia; natomiast ozdobione jest to pole dwiema ostro wyciętymi brózdami, schodzącymi się na przodzie w kąt ostry, a ku tyłowi mniéj lub więcéj szybko od siebie się oddalającymi i łukowato wygiętymi.

Trudności napotyka się przy oznaczaniu gatunków z rodzaju *Attus*. Zwłaszcza tablica w *Les Ar. de Fr.* do oznaczania samic prawdopodobnie nie na wiele się przyda. Może mniéj wygodnie, ale zato pewniéj, aniżeli przy pomocy tego dzieła, rozpozna się nasze gatunki w następujący sposób:

A) **Samce**. *Attus pubescens* różni się od wszystkich innych wielkim wyrostkiem piszczelowym głaszczka, łuskowatym, na końcu

zaokrąglonym, czarnym. U innych wyrostek ten jest mały, co najwięcéj średniéj wielkości, zwykle mniéj więcéj stożkowaty, ostro zakoń-
czony; czasem trudno go się dopatrzéć między włosami pokrywa-
jącymi głaszczek.

lttus saltator i *saxicola* mają piszczel i członek piętowy I
przynajmniéj na dolnéj stronie czarne, członek stopowy I zaś blado
żółty. Pomiędzy sobą różnią się te dwa gatunki wielkością: tułogłowie piérwszego nie dochodzi nigdy dwu mm. długości, u drugiego jest ono zawsze przeszło na 2 mm. długie — częścią stopową
głaszczka nie szerszą aniżeli część piszczelowa lub rzepkowa u *A.
saltator*, znacznie szerszą u *A. saxicola*, wyrostkiem piszczelowym
głaszczka przylegającym do części stopowéj u piérwszego, u drugiego odstającym (w głaszczku wyprostowanym. Porów. rysunek
w Przeglądzie).

Z gatunków, u których członek piętowy I nie jest ciemniej-
szy, albo tylko mało co, od członka stopowego, odznacza się *A. penicillatus (?)* od innych zgrubiałą częścią piszczelową głaszczka,
wzdłuż grzbietu nie krótszą przynajmniéj od części rzepkowéj, z boku
widzianą przynajmniéj tak grubą, jak część stopowa; osobliwa téż
jest barwa głaszczków: blado żółta z ukośną czarną krésą, zajmu-
jącą niecały koniec części rzepkowéj, grzbiet części piszczelowéj
i nasadę części stopowéj. (Samca tego gatunku w Galicyi znalezionego nie widziałem dotychczas).

U pozostałyeh gatunków zwykle wydaje się wyrostek piszczelowy głaszczka, widziany z dołu, prostym lub lekko i jednostajnie
w całéj długości wygiętym, od nasady do wierzchołka jednostajnie
zwężonym, i przylega mniéj więcéj do części stopowéj głaszczka
prawie w całéj długości, t. j. koniec jego dlatego tylko nie styka się
z brzegiem téj części, że wyrostek jest prosty lub prawie prosty,
a brzeg części stopowéj łukowaty. Tak się rzecz ma u gatunków
A. Caricis, distinguendus, floricola, rupicola. — U dwu gatunków
zaś: *A. terebratus* i *Dzieduszyckii*, wyrostek ów, w nasadowéj części gruby, wycięty jest w drugiéj połowie po wewnętrznéj stronie
i tworzy hak zakrzywiony ku brzegowi części stopowéj a od niéj
przestrzenią dość znaczną oddzielony. Cecha ta jest bardzo wyraźna
w gat. *A. terebratus*; mniéj wyraźna, z powodu, że cały wyrostek
piszczelowy jest krótki, w gat. *A. Dzieduszyckii.* Na przypadek,
gdyby kto ten ostatni gatunek miał zaliczyć do grupy poprzednich

gatunków (*A. Caricis* i t. d.), podaję niżćj, czćm się on od tych gatunków różni.

Gatunki *A. terebratus* i *A. Dzieduszyckii* łatwo odróżnić, pominąwszy barwę i t. d., po kształcie głaszczków: u pierwszego sięga koniec wyrostka piszczelowego prawie do połowy części stopowćj, ta część jest gruba, znacznie szersza od dwu poprzednich członków, jćj brzeg zewnętrzny złamany jest w bardzo wyraźny kąt, włosy pokrywające grzbietną jćj stronę, jasne u jćj nasady, zresztą ciemne, nie tworzą wyraźnego rysunku; u drugiego (*A. Dzieduszyckii*) wyrostek piszczelowy krótki, bardzo mało sięga poza podstawę części stopowćj, część stopowa jest wąska, prawie nie szersza od poprzednich członków, brzeg zewnętrzny ma jednostajnie łukowaty, a na grzbiecie ozdobiona jest linią podłużną żółtawo białą na ciemnćm tle, z włosów utworzoną, sięgającą od nasady prawie po wierzchołek.

W grupie *A. Caricis* i t. d. bywa grzbiet tułogłowia albo prawie jednobarwny, bez wyraźnych białych smug (*A. Caricis* i *distinguendus*), albo ciemno zabarwiony z jaskrawymi białymi lub żółtawymi liniami (*A. floricola* i *rupicola*).

A. Caricis ma część stopową głaszczka znacznie szerszą, *A. distinguendus* zaś nie szerszą, od piszczelowćj. Także narzędziami rozrodczymi różnią się te dwa gatunki; u pierwszego są one prawie tego samego kształtu, jak w gat. *A. rupicola;* opis i rysunek tych części w gat. *A. distinguendus* podałem w Przeglądzie (str. 87. i fig. 21 a).

Co do gatunków *A. rupicola* i *floricola* powołuję się znowu na Przegląd. — Do tych dwu gatunków podobny jest *A. Dzieduszyckii* z barwy tułogłowia, różni się zaś od nich wąską częścią stopową głaszczka i jćj ubarwieniem wyżćj wspomnianćm.

B) Samice rodzaju *Attus* podzielić można podług kształtu tarczki między płucotchawkami (*epigyne*) na cztćry grupy:

Tarczka ta jest cała rogowata i opatrzona tuż przy tylnćj krawędzi dołkiem głębokim, okrągławym lub sercowatym, z brzegami ostrymi a przynajmnićj zupełnie wyraźnymi (tylko na przodzie w środku brzeg jest niewyraźny). Tu należą *A. floricola, rupicola, Caricis,* wszystkie z dołkiem zaokrąglonym, i *A. penicillatus (?),* u którego dolek jest z tyłu głęboko sercowato wycięty, odpowiednio wycičtćj tylnćj krawędzi samćj tarczki.

Attus Caricis jest barwy brunatno-rdzawćj albo brunatno-szarćj, prawie bez rysunku; najłatwićj jeszcze dostrzćc się dadzą cztéry kropki na przedniéj części odwłoku ustawione w czworobok, a za nimi dwie większe plamy, wszystkie białawe, tylko u okazów świeżo wylinionych jako tako wyraźne. *A. rupicola* i *floricola* ozdobione są wyraźnymi plamami białymi lub białawymi na tle brunatném lub w części czarném; zresztą porówn. „Przegląd".

2. Tarczka rogowa, czerwonawa, opatrzona dołkiem albo bardzo oddalonym od tylnéj krawędzi, małym, głębokim, poprzecznym, jakby z dwu połączonych okrągłych dołków utworzonym (*A. terebratus*), albo też dołek zajmuje mniéj więcéj środek tarczki, jest dość wielki, płytki, a brzegi ma tak rozlane i płaskie, że trudno określić jego granice (*A. pubescens*). Część tarczki między dołkiem a tylną krawędzią tworzy u pierwszego gatunku słabą, mniéj lub więcéj wyraźną podłużną wyniosłość, mocno połyskującą, przedzieloną zwykle w pozdłuż bardzo wąską bruzdką, u drugiego zaś tworzy zagłębienie mniéj więcéj nieokreślone.

3. Tarczka bez dołka, blada, na tylnym brzegu w środku dość głęboko a wąsko wycięta, koło wycięcia po każdéj stronie opatrzona wyniosłością rogową, rozlaną, krótką, poprzeczną. Tu należy tylko *A. Dzieduszyckii*.

4. Tarczka ozdobiona dwoma dołeczkami oddzielonymi od siebie wąską wręgą. Tu należący *A. saltator* dołki ma bardzo małe, tak, że łatwo możnaby go zaliczyć do 3-éj grupy; od jedynego tam należącego gatunku odróżnić go jednak można bez trudności po bardzo nierównych nogach III i IV-éj pary: udo III wzniesione prosto do góry wydaje się u niego przynajmniéj dwa razy krótszém od ustawionego równolegle uda IV, w gatunku zaś *A. Dzieduszyckii* sięga ono daleko poza połowę uda IV.

W téj grupie odznacza się *A. saxicola* barwą tułogłowia: na tle bladém leży pomiędzy oczami tylnymi całkiem czarna plama trójkątna lub strzałkowata, przecięta białą kréską wpozdłuż. Plamy takiéj nie mają *A. penicillatus, distinguendus, saltator*. Dołki wyżej wspomnione, leżą u pierwszego z nich blisko tylnéj krawędzi tarczki, tak, że odległość ich od téj krawędzi mniéj wynosi, aniżeli szerokość obu dołków razem wziętych; każdy dołek, po bokach i z tyłu dobrze ograniczony ostrymi brzegami, przechodzi ku przodowi w długie rynienkowate zagłębienie; możnaby także opisać to tak, że na tarczce znajduje się jedno zagłębienie podłużne, tylko po bokach i z tyłu ostrymi brzegami ograniczone, a podzielone w całéj długości wręgą wąską, z tylnego brzegu wychodzącą, na przodzie nieznacznie znikającą. — U dwu ostatnich gatunków (*distinguendus* i *saltator*) dołki bardzo małe mieszczą się koło środka tarczki, której część leżąca za nimi jest rogowata, część zaś przednia blada i mniej więcej błoniasta.

A. distinguendus jest większy (tułogłowia długość około 2·5 mm.), czworobok oczny ma z przodu i z tyłu równo szeroki; ubarwienie ciała z kolorów szarych i białych złożone nie przedstawia wyraźnych rysunków. *A. saltator*, mniejszy (długość tułogłowia około 1³/₄ mm.), czworobok oczny z tyłu ma nieco szerszy niż na przedzie, a rysunek na ciele zwykle wyraźny, czarny i biały.

Na sześć galicyjskich gatunków z rodzaju *Euophrys* z dwóch znane są tylko samice (*Eu. monticola* i *Eu. n. sp. ∾ petrensi*).

Z samców łatwy jest do poznania *Eu. frontalis* po kiści włosów świetnie białych na częściach głaszczka rzepkowej, piszczelowej i stopowej. *Eu. aequipes* nie ma na części piszczelowej wyraźnego wyrostka, przeciwnie u *Eu. erratica* i *Eu n. sp. ∾ erraticae* z łatwością można dostrzec taki wyrostek w głaszczku oglądanym czy z góry czy z dołu. Pomiędzy sobą różnią się te dwa ostatnie gatunki prawie tylko budową głaszczków. Część stopowa z góry widziana zwęża się u pierwszego mniej więcej od połowy po wierzchołek szybko i dość jednostajnie, u drugiego zwęża się tylko bardzo mało a szczyt ma raczej skośnie ucięty niż zaokrąglony. W głaszczku oglądanym od strony wewnętrznej widać u pierwszego narzędzia rozrodcze od nasady do połowy części stopowej grube, dalej szybko zwężone, tak, że tworzą z t. zw. dzióbem części stopowej (*rostrum*) — niewiele w dół zgiętym — zatokę dość szeroką, zaokrągloną. U drugiego sięgają narzędzia rozrodcze przynajmniej do ¹/₅ długości części stopowej, szczyt mają zaokrąglony i od dzióba części stopowej, wdół zgiętego, ledwie wąską szparą oddzielony.

Samice podzielić można na dwie grupy podług uzbrojenia piszczeli II pary nóg. U trzech naszych najdrobniejszych gatunków: *Eu. aequipes, monticola* i *Eu. n. sp. ∾ petrensi*, stoją na dolnej stronie tego członka 2 lub 3 kolce w szeregu podłużnym, prawie równo odległym od tylnego i od przedniego brzegu piszczela; na krawędzi dolnej przedniej piszczela kolców całkiem brak; u większych gatunków (*erratica, n. sp. ∾ erraticae, frontalis*) stoją wzdłuż dolnéj tylnéj krawędzi 3 kolce, a wzdłuż przedniej dolnéj często dwa: koło połowy członka i na jego końcu, — albo téż tylko jeden: na końcu.

W pierwszéj grupie tarczka zwana *epigyne* opatrzona jest na przodzie dołkiem głębokim, poprzecznym, ku tyłowi przechodzącym w szeroką nieokreśloną bruzdę, ciągnącą się aż do tylnego brzegu tarczki *(Euophrys n. sp.⁓petrensi)*, albo téż jest prawie równa, bez wyraźnych zagłębień (*Eu. monticola* i *aequipes*, których różnice podaje Przegląd).

W drugiéj grupie tarczka wspomniana ma dwa głębokie podłużne dołki, rozdzielone bardzo wąską przegrodą w gat. *Eu. n. sp.⁓erraticae*, płaska zaś jest, bez dołków, u *Eu. erratica* i *frontalis*. *Eu. frontalis* ma mostek *(sternum)* żółtawy, téj prawie barwy co i biodra nóg, odwłok blady z czarnymi kreseczkami; u *Eu. erratica* mostek brunatny różni się barwą znacznie od bladych biodeŕ, odwłoku tło jest brunatne, rysunek na niém złożony z bladych linij.

Kończę ten drobny przyczynek do naszéj fauny złożeniem podziękowania wszystkim, których przyjaźni, życzliwości czy uczynności zawdzięczam, że pracować mogę w obranym szczupłym zakresie, mając i materyałów i książek dosyć, chociaż na gromadzenie jednych i drugich brakłoby samemu i czasu i środków. Nie poważam się wiązać z niniejszą urywkową pracą imion tych wszystkich naszych i obcych przyrodników, którym do wdzięczności jestem obowiązany. Wspomnę tylko jednego: Prof. T. Thorella, jako tego, który od lat ośmiu wspiera mnie światłą radą, przedmiotowém a życzliwém ocenianiem moich zapędów arachnologicznych, użyczaniem książek i okazów ze swego zbioru, a do tego wszystkiego znajduje chęć i czas, chociaż go od lat wielu nęka ciężka choroba, przy jakiéj inny znalazłby może dość siły ducha do pracy w nauce, nie byłby jednak chyba w stanie z równém zaparciem się siebie samego nie tylko spełniać prośby ale nawet przewidywać cudze życzenia.

Alfabetyczny spis nazw rodzajowych, gatunkowych i synonimów.

Summary

Six years after publication of his previous paper on the same topic (Kulczyński, 1884) and with nearly 18 years of experience in arachnological research, Kulczyński gives vent to his feelings on the subject. He begins with general remarks on contemporaneous arachnological literature, which in his opinion is weak and insufficient. The main weakness lies in the lack of papers summarizing previous literature (he mentions papers by Thorell and O.P.-Cambridge as exceptions), which circumstances force a student of this group to work through all previous literature. Many publications he found inaccessible and the work in general very time-consuming. It thus results in a growing number of synonyms.

Arachnology is much less popular than entomology. This is caused by the rather difficult method of collecting, the method of preserving of the animals, and, as a result, the uninteresting appearance of spider collections in comparison with displays of butterflies or beetles. The superiority of arachnology, however, lies in the use of characters of primary taxonomic value, i.e. the copulatory organs of males and females. Disregard of these organs he considers a major fault of previous and contemporaneous arachnological literature. The new era began with Thorell's papers, but not all arachnologists have followed his example.

Remarks on Simon's papers are full of 19th century tact and courtesy, but very critical at the same time. "Les Arachnides de France" is a most important work for anyone studying spiders in Europe. In many instances it can help to correctly identify a spider, especially if one has already got some experience. However, the beginner, taking Simon's diagnoses too literally, is bound to make mistakes. As an example he quotes the diagnostic character given for five *Ergane (= Evarcha)* species, which in fact holds true for males only. Various comments on characters used by Simon and his taxonomic decisions are scattered throughout the paper. He also comments on papers of C.L. Koch, L. Koch, Keyserling, and Peckham.

In a chapter "Galicyjskie rodzaje Salticoidów" he comments upon the characters used to separate 19 genera. Again he criticizes taxonomic decisions of other authors, e.g. the creation of the genus *Attulus* by Simon for the former *Yllenus* and part of *Attus* —" ... even less natural than the previous *Attus* of Simon" — an opinion entirely confirmed some 90 years later. He also points to two different approaches to delimitate genera: one can either search for resemblances with the type-species, or stress the differences among groups of species. There are also some remarks on the various attitudes of arachnologists to general arachnological problems. Reading this after 85 years one is struck by the "moderness" of Kulczyński's opinions. Many are still valid and important. It is a pity that these opinions were entirely inaccessible for arachnologists outside Poland.

The next chapter, "Gatunki galicyjskich Salticoidów", contains a list of 47 species known from Galicya. Taxonomic and nomenclatorial problems are dealt with. Characters used in the author's 1884 paper are confirmed, sometimes corrected.

J. Prószyński

13

Separatabdruck aus dem XII. Bande der Math.
und Naturw. Berichte aus Ungarn. 1894.

22.

ÜBER DIE THERIDIOIDEN DER SPINNENFAUNA UNGARNS.

Von Professor LADISLAUS KULCZYŃSKI,

C. M. DER KRAKKAUER AKADEMIE.

Gelesen in der Sitzung der Akademie vom 22. April 1895 vom c. M. Cornel *Chyzer.*

Als Fortsetzung der im J. 1891 begonnenen Enumeration
der ungarischen Spinnen, unter dem Titel: Araneæ Hungariæ, secundum collectiones a LEONE BECKER pro parte perscrutatas conscriptæ a CORNELIO CHYZER et LADISLAO KULCZYŃSKI,* ist im Juni
1894 die erste Hälfte des 2. Bandes erschienen. Dieselbe behan-
delt die artenreiche und schwierige Familie der Theridioiden.

Im Jahre 1879 betrug die Zahl der aus Ungarn bekannten
Theridioiden — nach «Ungars Spinnenfauna» von O. HERMAN —
50 Arten; in dem vorliegenden Werke werden deren 240 aufgeführt!
Nur vier Arten** wurden in dieses Verzeichnis auf Grund fremder Angaben aufgenommen; von allen übrigen Arten finden sich
Belegexemplare in den Sammlungen der beiden Verfasser des
Werkes. Trotz des sehr grossen Zuwachses, welchen diese Familie,
im Vergleiche mit den Angaben vom J. 1879, aufzuweisen hat,
unterliegt es doch keinem Zweifel, dass auch das vorliegende Verzeichnis noch ziemlich weit davon entfernt ist, den wirklichen
Reichtum der ungarischen Fauna zu erschöpfen: eine nicht ganz
unbedeutende Anzahl von Arten des alten Genus «*Erigone*», von
denen nur Weibchen gesammelt wurden, konnte in dem Werke
nicht berücksichtigt werden, denn die Identificierung der weibli-

---

* Siehe auch diese Berichte Band X, pp. 108—118, 1893.
** *Lasaeola torva* (THOR.), *Enoplognatha crucifera* (THOR.), *Comaroma Simonii* BERTK., *Porrhomma Rosenhaueri* (L. KOCH).

chen Exemplare aus dieser Gruppe unterliegt stellenweise noch
immer bedeutenden, ja sogar unüberwindlichen Schwierigkeiten.
Dass aber anderseits, wenn der bisherige Sammeleifer andauern
sollte, noch fernerhin auf eine nicht unwesentliche Bereicherung
der ungarischen Fauna in dieser Familie gerechnet werden kann,
dafür bietet einen Beweis die interessante, von L. Bıró im Juli
vorigen Jahres in Fiume gemachte Entdeckung des bizarr gestalteten *Oroodes paradoxus* (Lucas).

Wie der erste Band, enthält auch das vorliegende Heft neben
einem Verzeichnisse der Arten und ihrer ungarischen Fundorte,
auch eine Bestimmungstabelle der Genera und Arten. Die letztere
wird durch 350 Figuren illustrirt.

Der ausschliessliche Zweck der Bestimmungstabellen ist, wie
im ersten Bande, die sichere Bestimmung der aus Ungarn bekannten Arten zu ermöglichen und, nach Umständen, zu erleichtern.
Dem entsprechend berücksichtigt z. B. die Tabelle zur Bestimmung der Genera, im Bereiche jedes einzelnen Genus, nur die
ungarischen Arten und macht von Kennzeichen Gebrauch, welche
in einem Werke allgemeinen Inhaltes sich eventuell als nicht
stichhaltig erweisen können. Ein anderes Verfahren schien, bei
dem gegenwärtigen Zustande der Spinnensystematik, weder angezeigt, noch auch möglich.

In dem schwierigen Probleme, die grosse Abteilung der
Spinnen, welche früher mit den Namen *Linyphia* und *Erigone*
(*Neriene, Walckenaëra*) bezeichnet wurden, natürlich einzutei-
len, scheint der von E. Simon eingeschlagene Weg: diese Abteilung in sehr zahlreiche Gruppen von ganz nahe verwandten Arten
zu zerlegen, allein zweckentsprechend zu sein; während die Hoff-
nungen, dass dem Uebelstande auch durch Aufstellung von einem
einzigen oder von einigen wenigen neuen Genera abgeholfen werden könnte, als nicht gerechtfertigt zu bezeichnen sind. Dem-
entsprechend wurden in dem vorliegenden Werke die zahlreichen
von E. Simon aufgestellten Genera grundsätzlich angenommen;
volle Berücksichtigung fand auch die wertvolle Arbeit von
Dr. F. Dahl: Monographie der Erigone-Arten im Thorell'schen
Sinne. Ausserdem wurden folgende neue Gruppen aufgestellt und
mit besonderen Namen versehen:

Poeciloneta, für die Art: *Neriene variegata* BLACKW. Diese Art, von WESTRING dem Genus *Linyphia*, von E. SIMON dem *Bathyphantes* zugezählt, unterscheidet sich von diesen beiden Gattungen durch die fehlenden Seitenstacheln an den vorderen Tibien.

Oreoneta, für: *Tmeticus niger* F. O. P. CAMBR. und *Erigone montigena* L. KOCH *(Porrhomma montigenum* E. SIM.). Die beiden Arten: *O. nigra* und *O. montigena*, sind mit einander sehr nahe verwandt. Die erstere wurde von Rev. F. O. P. CAMBRIDGE als neue Art beschrieben (1891) und dem Genus *Tmeticus* zugezählt; später hat sich dieser Autor veranlasst gesehen, einen Zweifel an der Selbstständigkeit dieser Art auszudrücken, und er hat dieselbe als fragliches Synonym mit der Art: *Porrhomma montigenum* (L. KOCH) E. SIM. verbunden. Darin liegt ein mittelbarer Beweis dafür, dass die beiden Arten sowohl in dem Genus *Porrhomma* E. SIM., als auch *Tmeticus* E. SIM. eine fremdartige Beimischung bilden, und auf generische Selbstständigkeit — nach Maassgabe der neuen Spinnensystematik — Ansprüche machen können.

Leptorrhoptrum, mit der einzigen Art: *L. Huthwaithii* (O. P. CAMBR.), *(Tmeticus Huthwaithii* E. SIM.). Es schien angezeigt, diese Art aus dem im Allgemeinen recht homogenen Verbande der Arten, welche das Genus *Tmeticus* E. SIM. (*Centromerus* DAHL) bilden, auszuschliessen. Zu diesem Zwecke wurde praktisch, in der Bestimmungstabelle, von der abweichenden Bestachelung der Beine Gebrauch gemacht.

Trachygnatha, für *Theridium* (*Gongylidium* E. SIM.) *dentatum* WIDER. Diese so ziemlich isolirt dastehende Art, unterscheidet sich recht auffallend von der Mehrzahl der *Gongylidien* E. SIMONS (*Neriene* DAHL) im Bau der Copulationsorgane. Wie der Name *Trachygnatha* andeutet, kann diese Art von vielen anderen verwandten Arten durch die granulierten Mandibeln unterschieden werden.

Trichopterna. Die einzige Art: *Tr.* (*Lophocarenum* E. SIM.) *Blackwallii* (O. P. CAMBR.). Von *Lophocarenum* E. SIM. (s. str.), (*Brachycentrum*), wohl ausschliesslich in dem Vorhandensein des s. g. Hörhaares an den Metatarsen des 4. Beinpaares verschieden. Die bisher in Ungarn gefundenen «*Erigonen*» bieten nicht ein hinreichendes Materiale, um darnach über den Wert des eben

21*

erwähnten, von Dr. Dahl entdeckten und angewendeten Kennzeichens für die Systematik zu entscheiden; immerhin berechtigen die bei der Bearbeitung der «Araneæ Hungariæ» gemachten Erfahrungen zu der Aussage, dass die Hörhaare der Metatarsen bei der Unterscheidung der Arten zwar jedesmal wesentliche Dienste leisten, anderseits aber eine consequente Anwendung derselben zur Trennung der «Genera» bedenklich erscheint.

Mecynargus. Der systematische Wert dieser Gruppe ist ebenso problematisch wie derjenige der vorhergehenden; sie steht zu *Acartauchenius* in demselben Verhältnisse, wie *Trichopterna* zu *Brachycentrum* und umfasst die einzige Art: *M. longus* (Kulcz.).

Troxochrota. Die einzige Art: *scabra* n. sp., scheint mit keiner von den bisher beschriebenen ganz nahe verwandt zu sein, ist aber auch, wegen Mangel an hervorragenden Merkmalen, schwer zu charakterisieren.

Lasiargus für den seltenen und wenig bekannten *Micryphantes hirsutus* Menge, welcher durch die struppige Behaarung an die *Heriaeus*-Arten unter den Misumenoiden erinnert.

In der von E. Simon in «Les Arachnides de France» Bd. V. angenommenen Gruppierung wurden sonst noch folgende Aenderungen vorgenommen:

Die Genera: *Enoplognatha* und *Pedanostethus*, welche l. c. eine Gruppe der Section: *Erigonini* bilden, wurden zwischen die «Theridiinen» *Lithyphantes* und *Lathrodectus* gestellt. Es sind zweifellose Theridiinen, und erinnern an die Erigoninen nur durch die kräftig (öfters auch auffallend) ausgebildeten Mandibeln.

Die *Linyphia bucculenta* (Clerck) Westr. (*Lin. lineata* E. Sim.) bildet ein besonderes Genus: *Stemonyphantes*, welches schon 1866 von Menge aufgestellt wurde und wohl verdient, aufrechterhalten zu werden.

Linyphia Keyserlingii Auss., von E. Simon dem Genus *Microneta* zugezählt, wurde dem Gen. *Lephthyphantes* einverleibt. Als eines von Hauptmerkmalen für die generische Eintheilung Linyphiini wurde von E. Simon (l. c.) die Gestalt der Maxillen verwendet. Von diesem Merkmale machen die Tabellen in «Araneæ Hungariæ» keinen Gebrauch. Gelegentlich (pag. 83, 104) wird darauf aufmerksam gemacht, dass in der Gruppe: *Linyphia-Eri-*

gone sehr häufig (ob immer?) Unterschiede in der Gestalt der Maxillen bei den beiden Geschlechtern ein und derselben Art nachzuweisen sind. Diese Unterschiede sind öfters bedeutend genug, um den von E. Simon gemachten systematischen Gebrauch der Maxillengestalt wesentlich zu erschweren.

Theridium rufum Wid. (*Tmeticus* E. Sim.) und *Linyphia adipata* L. Koch (*Porrhomma* E. Sim.) gehören in das von Dr. Dahl (l. c.) aufgestellte Genus: *Macrargus*.

Die Gattung *Microneta* E. Sim. wurde (nach Ausscheidung der oben erwähnten *M. Keyserlingii* Auss.) nach Dahl in zwei Genera zerlegt: *Micryphantes* (C. L. Koch) Dahl und *Microneta* (Menge) Dahl. Dem letzteren wurde auch die *Linyphia glacialis* L. Koch zugezählt, welche bei E. Simon unter den *Porrhommen* platzgefunden hat, dem ersteren aber die *Neriene cornigera* Blackw. (*Sintula* E. Sim.).

Die ungarischen Arten des *Gongylidium* E. Simon bilden vier Genera: *Gongylidium* Menge, Dahl, mit der einzigen Art: *rufipes* (L.), *Neriene* (Blackw.) Dahl, die Mehrzahl der von E. Simon dem *Gongylidium* zugezählten Arten enthaltend, *Trematocephalus* Dahl (*cristatus* Wid.) und *Trachygnatha* Kulcz.

Für die Art: *Erigone penicillata* Westr. (bei E. Simon: *Styloctetor*) wird das von Dr. Dahl aufgestellte Genus: *Moebelia* angenommen, dahin aber abgeändert, dass die *Walckenaëra picina* Blackw. davon ausgeschlossen bleibt. (Das richtige Weibchen dieser Art scheint übrigens sowohl von *Plaesiocraerus picinus* E. Sim. als auch von *Moebelia picina* Dahl verschieden zu sein).

Von den *Gonatien* E. Simons wurden zwei Arten besonderen Gattungen zugewiesen: *Hypomma* (Dahl p. p.: *bituberculatum* (Wid.)) und *Dicyphus* (Dahl p. p.: *cornutus* (Blackw.)).

Tigellinus E. Sim., in «Les Arachnides de France» der Gruppe der Walckenaërinen zugezählt, enthält zwei recht verschiedene Arten, wovon nur die eine (*furcillatus* Menge, in Ungarn bisher nicht gefunden) wirklich ein Walckenaërine ist, während die andere: *saxicola* (O. P. Cambr.) in das Lophocareninen-Genus *Trichoncus* E. Sim. gehört.

In dem Genus *Diplocephalus* (Bertkau 1883) wurden Arten vereinigt, welche l. c. unter drei Genera verteilt erscheinen: *Pro-*

soponcus E. SIM. (= *Diplocephalus* BERTK.), *Araeoncus* E. SIM.
und *Plaesiocraerus* E. SIM. Das erste von diesen Genera bildet
einen Theil der *Gonatiini*, die zwei letzteren gehören in die Unter-
Gruppe der *Lophocarenini*. Dass aber diese Untergruppen, ausschliesslich durch die Gestalt der hinteren Augenreihe von einander unterschieden, nicht aufrechterhalten werden können, beweist der in Orehovicza entdeckte *Diplocephalus connectens* KULCZ.,
indem derselbe nach der Gestalt der Copulationsorgane in die
nächste Nähe von *Diplocephalus cristatus* (BLACKW.) gestellt werden muss, während die stark gekrümmte hintere Augenreihe ihn
unter die Lophocareninen s. str. verweisen würde.

Nach Dr. DAHL wurde *Walckenaëra obscura* BLACKW. von
den übrigen *Cnephalocotes*-Arten getrennt und mit *Nematogmus
sanguinolentus* (WALCK.) E. SIM. in ein Genus verbunden. (Der
neue, von Dr. DAHL für dieses Genus gebildete Name : *Eustichothrix* scheint entbehrlich zu sein, da es sich nur um eine Erweiterung des «*Nematogmus*» handelt, für welchen der *sanguinolentus*
als Typus zu betrachten ist).

Zwei *Plaesiocraerus*-Arten E. SIMONS : *Beckii* (O. P. CAMBR.)
und *insectus* (L. KOCH) wurden mit *Erigone pallens* O. P. CAMBR.
unter dem Namen *Tapinocyba* (E. SIM.) vereinigt.

Sämmtliche sowohl von E. SIMON als von Dr. DAHL in der
Gruppe der Walckenaërini vorgeschlagenen Genera (*Wideria,
Walckenaëra, Prosopotheca, Tigellinus, Cornicularia* E. SIM.
Lophomma, Trachynotus, Phalops DAHL) wurden zusammengezo-
gen, da dieselben z. T. zu wenig homogen, z. T. nicht leicht von
einander zu unterscheiden sind.

Das Genus *Ceratinella*, welches bei E. SIMON (mit *Cineta*
E. SIM.) eine besondere Gruppe : *Cinetini* der Section : *Erigonini*
bildet, wurde vor die *Walckenaërini* gestellt, wodurch angedeutet
werden sollte, dass demselben wohl nicht jene isolierte Stellung
gehört, welche ihm von dem genannten Autor zuerkannt wurde :
eines der Hauptmerkmale der Cinetinen, die an der Basis eingedrückte Mandibularklaue, kommt lange nicht allen Arten des
sonst leicht kenntlichen Genus *Ceratinella* zu.

Als neu wurden folgende 23 Arten und Varietäten beschrieben

Nesticus affinis KULCZ. aus den Schemnitzer Bergwerken; mit *N. cellulanus* (CLERCK) ganz nahe verwandt, kleiner, blass gefärbt, ohne dunkle Zeichnung. Leider fehlt bisher das Männchen, und es ist die Möglichkeit nicht ausgeschlossen, dass es sich nur um eine Varietät des *N. cellulanus* handelt.

Nesticus fodinarum KULCZ. Cephalothorax und Beine einfärbig, Hinterleib mit schwärzlicher, sehr veränderlicher Zeichnung. Gewöhnlich etwas grösser als *N. cellulanus*. Die wichtigsten Unterschiede liegen in den Copulationsorganen. Der grosse Fortsatz, in welchen der äussere hintere Winkel der Tasterschuppe beim Männchen sich verlängert, ist in seinem nach vorne umgebogenen Teile plötzlich verschmälert und in eine lange feine Spitze ausgezogen; auch der Bulbus genitalis ist wesentlich anders als beim *N. cellulanus* gestaltet. Beim Weibchen ist das blass gefärbte Mittelstück der Epigyne von scharfen, einwärts gekrümmten Furchen begrenzt, viel breiter als lang (bei *N. cellulanus* und *affinis:* nach hinten stark verbreitert und in den Seiten undeutlich begrenzt), die Furchen selbst sind vorne in tiefe, quer liegende Grübchen verbreitert. In den Bergwerken von Rézbánya gefunden. Es scheint, dass diese neue Art in den an Rézbánya nahe gelegenen Grotten genug häufig vorkomme, da L. BIRÓ dieselbe bei der Durchforschung der Grotten des Bihar-Gebirges im October 1894 in der Fonaczaer-, Szegyesteler-, Erzherzog Josef-Grotte, sowie in der von ihm entdeckten Semsey-Grotte, in mancher sogar in sehr vielen Exemplaren sammelte.

Nesticus puteorum KULCZ. Nur das Weibchen bekannt. Cephalothorax und Beine ohne, Hinterleib mit oder ohne schwarze Zeichnung. Kleiner als *N. cellulanus*. Das Mittelstück der Epigyne wie bei voriger Art begrenzt, etwas breiter als lang, die erwähnten Furchen vorne in längliche Grübchen erweitert. Nagyág.

Nesticus Hungaricus CHYZER. Cephalothorax mit schwarzem Rande und dunkel gefärbtem Mittelstreifen, Beine mit schwach angedeuteten dunklen Ringen. Das Mittelstück der Epigyne etwa so lang als breit, nach hinten verschmälert, beinahe dreieckig, von tiefen und scharfen Furchen begrenzt. In der Grösse zwischen *N. cellulanus* und *N. puteorum* stehend. Nur das Weibchen bekannt. Petrozsény.

Nach dem Erscheinen unserer Arbeit erhielten wir abermals eine neue *Nesticus*-Art, die L. Bıró im October 1894 in der Grotte von Fericse des Bihar-Gebirges entdeckte, und die ich Ihm zu Ehren, der die Spinnenfauna Ungarns mit vielen interessanten Daten und neuen Arten bereicherte, *Nesticus Birói* benenne und im Folgenden beschreibe:

Nesticus Birói n. sp.

Femina 4·5—5·5 mill. longa, cephalothorace rufescenti-flavo, pedibus flavido-rufis, abdomine flavido-cinereo aut sordide violaceo, plerumque nigro-maculato; epigyne sulcis duobus, posteriora versus inter se appropinquantibus, antice foras curvatis, in partes tres divisa, harum media subtriangularis, paullo latior quam longa, basi parum coarctata; partes laterales tubera bina formant, quorum anteriora minora, sulcorum commemoratorum partibus anticis foras flexis circumdantur, posteriora obscurius colorata, transverse posita sunt. Species epigynes forma præsertim *Nestico fodinarum* Kulcz. similis, differt ab eo epigynes parte media angustiore, basi parum coarctata, sulcis antice in arcus recurvatos productis, neque in foveas profundas dilatatis; a *N. Hungarico* Chyz. differt *N. Birói* sulcis epigynes antice foras curvatis, postice acutis quidem, angustis tamen et parum profundis, tuberculis, quæ epigynes partes laterales posticas formant, transverse, neque oblique positis cæt.

In antro Fericse (Comit. Bihar).

Diese Art lebt in der Tiefe der genannten Grotte, wo sie mittels ihres zwischen den Tropfsteinen ausgespannten Netzes auf den der Grotte ganz eigenen blinden Käfer *Drimeotus (Fericeus) Kraatzii Friv.* jagt.

Euryopis orsovensis Kulcz. In der Färbung an die *Eu. laeta* (Westr.) erinnernd; Beine schwarz geringelt, Hinterleib schwarz mit 7 Paaren von silberweissen Punkten und kleinen Flecken und einem unpaaren Punkte über den Spinnwarzen. Der hintere grössere Teil der Epigyne wenig gewölbt, der vordere bildet eine quer liegende nierenförmige Grube, welche in dem einzigen gefundenen Exemplare von einem harzartigen Stoffe erfüllt ist.* Ende Juni 1889 am Allion-Berge bei Orsova gefunden.

---

* Dieser harzige Stoff ist wohl als ein «Begattungszeichen» zu deuten. Analoge Bildungen wurden bei mehreren anderen Arten beobachtet,

Lasaeola Croatica CHYZER. Von einigen anderen *Lasaeola*-Arten mit einfärbigem Hinterleibe, rötlichem oder braunem Cephalothorax und vorwiegend gelbroten Beinen, nicht ganz leicht zu unterscheiden. Ein constantes, wenn auch wenig auffälliges Merkmal scheint in einem schwärzlichen Ringe an der Basis der Hintertibien zu bestehen; sonst sind die Beine einfärbig und nur die Tibien an der Spitze ganz schmal schwarz gerandet. In Buccari und Crkvenica in mehreren Exemplaren gesammelt.

Asagena meridionalis KULCZ. Diese Form kann leicht mit *A. phalerata* (PANZ.) verwechselt werden; sie unterscheidet sich von derselben durch etwas abweichende Färbung der Beine und durch die Gestalt der männlichen Taster. Es ist aber nicht zu verkennen, dass die Unterschiede in den Copulationsorganen eigentlich nur auf verschieden starker Ausbildung der einzelnen Teile beruhen; und da bei genauer Beobachtung eine Veränderlichkeit in dieser Richtung bei der neuen Form sich nachweisen lässt, so ist die Möglichkeit nicht ausgeschlossen, dass es sich nicht um eine «gute Art», sondern um eine Varietät handelt. *A. meridionalis* wurde in Ungarn (Oedenburg) und in Norditalien beobachtet. Das Weibchen fehlt bisher.

Enoplognatha ambigua KULCZ. Eine etwas rätselhafte Art. Auf dem Adlerberge bei Budapest wurden einige *Enoplognatha*-Weibchen und ein einziges Männchen gefunden; das letztere ist von *E. corollata* (BERTK.) nicht zu unterscheiden und wird als solches in «Araneæ Hungariæ» aufgeführt. Die Weibchen erwiesen sich dagegen als von der *En. corollata* verschieden: die Unterschiede liegen in der abweichenden Bewaffnung der Mandibeln und in der Gestalt der Epigyne, wie dies eine Vergleichung der Adlerberger Exemplare mit mehreren bei Bonn gesammelten und von Prof. Dr. BERTKAU dem Verfasser freundlich mitgetheilten *corollata*-Weibchen erwies. Ob diese *En. ambigua* von allen bisher beschriebenen Enoplognatha-Arten wirklich verschieden ist, bleibt fraglich; denn für die letzteren fehlen z. T. genaue Beschreibungen der Copulationsorgane, und die mit besonderer Vor-

---

z. B. *Euryopis flavomaculata* (C. L. KOCH), *Lasaeola Croatica* CHYZER, *Theridium herbigradum* E. SIM., *Th. pinastri* L. KOCH, *Steatoda bipunctata* (L.).

liebe berücksichtigte Augenlage und Grösse bietet kein zuverlässiges Merkmal. Weibchen dieser neuen (?) Art wurden auch bei Kecskemét gesammelt.

Pedanostethus Frivaldszkyi CHYZER. Die grösste der bisher bekannten *Pedanostethus*-Arten, denselben dem Habitus nach sehr ähnlich, doch an der Gestalt der Copulationsorgane sicher, und in dem weiblichen Geschlechte auch leicht zu unterscheiden: die Epigyne zeigt eine vom Hinterrande ziemlich weit entfernte, bogenförmige, breite Furche; der Hinterrand bildet einen kurzen breiten Vorsprung. Für die Gestalt der männlichen Taster muss auf den Text und die Figuren verwiesen werden. In wenigen Exemplaren in Herkulesbad gefunden. Seither hat diese neue Art auch L. BIRÓ in der von ihm entdeckten neuen Semsey-Grotte des Bihar-Gebirges gesammelt.

Linyphia frutetorum C. L. KOCH *var. punctiventris.* Kleiner als die typische Form, mit zwei weissen Punkten an der Unterseite des Hinterleibes. Scheint besonders im Süden häufig zu sein.

Taranucnus Croaticus CHYZER. Ein einziges Exemplar von Vrata (Fuzine). Die Epigyne bildet einen grossen, viel breiteren als langen Vorsprung; derselbe ist hinten tief ausgeschnitten, und der Ausschnitt durch 5 Stücke ausgefüllt: ein grosses mittleres und je zwei kleine seitliche.

Taranucnus (?) *Herculanus* KULCZ. Für das Genus *Taranucnus* fraglich wegen etwas abweichender Augenstellung. Die Epigyne bildet einen grossen Vorsprung; derselbe erscheint von unten gesehen etwas länger als breit, von beinahe vierseitiger Form, mit nahezu parallelen Seitenrändern; die stark gewölbte Unterseite desselben zeigt weder Furchen noch Spalten. In der Tatarczy-Grotte bei Herkulesbad entdeckt von L. BIRÓ.

Bathyphantes similis KULCZ. Dem Habitus nach dem *B. torrentum* (KULCZ.) sehr ähnlich, doch sind die Schenkel der vier hinteren Beine wehrlos, und die Gestalt der Epigyne ist eine andere: der Hinterrand ihrer oberflächlich gelegenen Lamelle ist nämlich nicht ausgeschnitten, sondern im Gegenteil breit gerundet, das hinten liegende Grübchen ganz klein. Von L. BIRÓ bei Herkulesbad gefunden; das Männchen bisher unbekannt.

Centromerus similis KULCZ. Eine wahrscheinlich nicht seltene Art, gegenwärtig von Szinnaikő, aus Oedenburg, Buccari und auch aus Polen (Krakau und Przemysl) bekannt. Das Weibchen ist in der Gestalt der Epigyne vorzüglich dem *C. silvaticus* (BLACKW.) ähnlich, der Vorderrand der Epigyne-Grube, welcher in dieselbe ziemlich weit vorspringt, ist aber nur ganz fein der Quere nach gestreift, die Grube selbst nach hinten etwas verbreitert, und ihr Hinterrand durch den aus der Grube herausragenden Fortsatz etwa nur in $1/8$ verdeckt. Bei dem Männchen bildet die Basis der Tasterschuppe einen starken, etwa kegelförmigen, an der Spitze nach aussen umgebogenen Höcker; das Nebenschiffchen zeigt keinen gezähnten Kiel (welcher für den *C. silvaticus* und *C. serratus* (O. P. CAMBR.) charakteristisch ist), seine Spitze ist ausgeschnitten und bildet zwei kurze, abgerundete Zipfel.

Trichoncus affinis KULCZ. Dem *Tr. saxicola* (O. P. CAMBR.) sehr nahe verwandt; bei dem Männchen ist aber der innere Tibialfortsatz nur wenig — beim *Tr. saxicola* dagegen beinahe halbkreisförmig — gebogen. Die Tibien sind nicht dunkler gefärbt als die übrigen Teile der Beine. Die Gestalt der Epigyne, derjenigen des *Tr. saxicola* sehr ähnlich, scheint etwas veränderlich zu sein. Es ist die Möglichkeit nicht ausgeschlossen, dass die zu dieser Art gezogenen Weibchen teilweise zu *Tr. saxicola* gehören (?). An ziemlich vielen Orten gefunden, sowohl im Norden als im Süden (von *Tr. saxicola*, dagegen nur ein einziges Männchen bei Szomotor!).

Diplocephalus crassiloba (E. SIM.) var. *hungarica*, von der typischen Form — nach der Abbildung in «Les Arachnides de France» — durch den nach der Spitze zu nur wenig und gleichmässig verdünnten, nicht hinten aufgedunsenen, vorderen Kopffortsatz verschieden. Ein einziges Männchen von Petnik.

Diplocephalus connectens KULCZ. In der Gestalt der Copulationsorgane ist diese Art dem *D. cristatus* (BLACKW.) äusserst ähnlich, unterscheidet sich aber von demselben ganz auffallend durch die Gestalt des Kopfes beim Männchen und durch die sehr starke Krümmung der hinteren Augenreihe beim Weibchen. Der Kopfteil des Männchens bildet zwei ungleiche Erhebungen: die vordere, kleine, nach oben und vorn gerichtet, trägt die vorderen Mittelaugen vorne nahe der Spitze; die hintere stellt einen ab-

gerundeten, etwas längeren als hohen Höcker, trägt die hinteren
Mittelaugen, deren Entfernung von einander etwa $2^1/_2$-mal grösser
ist als der Durchmesser, und ist jederseits mit einem tiefen Grübchen versehen. Diese für das System der «Erigonen» wichtige
Art, wurde in Orehovicza bei Fiume entdeckt.

   Abacoproeces (?) ascitus KULCZ. Habituell dem *A. saltuum*
(L. KOCH) ähnlich. Der Kopfteil des Männchens ist mit einer
ziemlich scharf umgrenzten Erhöhung versehen, welche die hinteren Mittelaugen trägt, in den Seiten mit tiefen Grübchen versehen,
etwas länger als breit und länger als hoch ist. Der Tibialteil der
Taster ist oben über die Tasterschuppe in einen stumpfen Zahn
vorgezogen. Ein im Bereiche der «Erigonen» seltenes Kennzeichen
bildet die schwärzliche Färbung der vier vorderen Schenkel und
Schienen. Leider ist das Weibchen dieser, nur einmal, bei Temesvár gesammelten Art noch unbekannt, ihre Stellung im Systeme
daher zweifelhaft. Gegen die Zugehörigkeit derselben zu dem Genus *Abacoproeces* spricht der Umstand, dass bei der typischen
Art *A. saltuum* das «Hörhaar» der vorderen Metatarsen dicht an
der Spitze derselben liegt, bei *A. ascitus* aber von der Spitze bedeutend entfernt ist. Temesvár.

   Troxochrota scabra KULCZ. Thorax und Sternum stark und
unregelmässig gerunzelt, beinahe glanzlos. Kopfteil des Männchens wenig erhöht, beiderseits mit Furchen versehen. Tibialteil
der männlichen Taster oben mit einem wenig langen, ziemlich
schlanken, fast geraden, zusammengedrückten, nach vorn gerich-
teten Fortsatz versehen. Der Bulbus genitalis zeigt keine auffallende Fortsätze. Epigyne des Weibchens in der Mitte mit zwei
seitlich zusammenstossenden, glänzenden, flachen Beulen versehen. Cephalothorax und Abdomen schwarzbraun, Beine rötlich-
gelb mit blassen Patellen. Länge ungefähr $1^1/_2$ mm. Eine wenig
auffallende und nicht leicht zu charakterisierende Art, nur in
2 Exemplaren von L. BIRÓ bei Tasnád gesammelt.

   Maso (?) carpathicus CHYZER. Die systematische Stellung
dieser Art ist unsicher. Wegen der unten bestachelten vorderen
Tibien wurde dieselbe zu *Maso* gezogen, doch erinnert diese Bestachelung recht auffallend an die beinahe stachelartigen Tibial-
haare, z. B. bei *Pocadicnemis pumila* (BLACKW.) Von den beiden

echten *Maso*-Arten unterscheidet sich die neue Art in der Gestalt
der Epigyne in einem Grade, welche eine wirkliche Verwandschaft
zweifelhaft macht. Leider wurde nur ein einziges, u. zw. weibliches
Exemplar bei Suliguli erbeutet.

Ceratinella maior Kulcz. Mit der gemeinen *C. brevis* (Wid.)
sehr nahe verwandt und mit ihr wahrscheinlich verwechselt. Wie
der Name besagt, ist *C. maior* etwas grösser ; ihr Cephalothorax
zeigt eine abweichende Sculptur : bei *C. brevis* ist dieselbe einfach
netzartig, bei *C. maior* liegen in den Netzaugen, besonders gegen
den Rand des Cephalothorax, eingedrückte Punkte, durch welche
die, bei *C. brevis* scharfe und elegante Reticulierung mehr oder
weniger verwischt wird. Bei beiden Arten ist der Cephalothorax
mit strahlig geordneten Reihen von eingedrückten Punkten versehen ; diese sind bei *C. brevis* recht schwer zu bemerken, bei
C. maior treten sie viel auffallender hervor, weil in ihrer unmit-
telbaren Nähe die netzartige Sculptur kaum angedeutet ist. Auch
in den Copulationsorganen finden sich Unterschiede, auffallender
beim Weibchen als bei dem Männchen. *C. maior* wurde in Ungarn
(Lelesz, Homonna) und in Polen (bei Krakau) gefunden.

Walckenaëra simplex Chyzer. Nach einem einzigen Männchen, von Czéke, beschrieben. Dem Kopfteile fehlen sowohl
scharf umgrenzte Erhebungen als auch Einschnitte. Die Aussenseite des Tibialtheiles der Palpen ist nur schwach erweitert. In
diesen Kennzeichen stimmt die neue Art mit *W. vigilax* (Blackw.(
überein, doch ist die Gestalt des Cephalothorax eine wesentlich
andere, der Kopfteil ist nämlich erhöht, so dass der Rücken zwischen den Augen und dem hinteren abschüssigen Teil im Allgemeinen ausgehöhlt erscheint (bei *W. vigilax* ist derselbe beinahe
in der ganzen Ausdehnung convex). *W. simplex* ist auch grösser
als *W. vigilax* und überhaupt gehören die beiden Arten, unter
den Walckenaëren, nicht zu den nächsten Verwandten.

Walckenaëra cuspidata Blackw. *var. obsoleta.* Ein einziges
Männchen von Nagy-Szeben (Hermanstadt) von der typischen
W. cuspidata nur darin verschieden, dass der Mittelpunkt des
Augenfeldes nur einen niedrigen Höcker bildet, dessen Spitze
zwei ganz kurze, etwas dicke Haare trägt. Vielleicht handelt es
sich nur um eine Monstrosität.

*

Wie in der Vorrede zum 1. Bande erwähnt wurde, glaubten die Verfasser auf eine vollständige Aufzählung der Synonymen der einzelnen Arten verzichten zu können. In einer *Fauna* wären dergleichen Verzeichnisse sicherlich überflüssig. Bei dem Bestreben: von der früheren Literatur diejenigen Beschreibungen namhaft zu machen, welche für die richtige Bestimmung der ungarischen Spinnenarten von wesentlichem Nutzen sein könnten, sind doch einige Fragen von vorwiegend synonymischem Inhalte aufgetaucht, welche im Folgenden erwähnt werden mögen.

Mimetus laevigatus (KEYS.) wird von E. SIMON für identisch mit dem amerikanischen *M. interfector* HENTZ gehalten. Der letztere ist aber, sowohl nach den von I. H. EMERTON gelieferten Abbildungen, als auch nach einem von Dr. GEO. MARX mir mitgeteilten Exemplare, eine andere Art. Der europäische *Mimetus* wird also den Namen *laevigatus* (KEYS.) behalten müssen.

Episinus truncatus C. L. KOCH wurde unter die Synonyme des *E. lugubris* E. SIM. ohne Bedenken aufgenommen. Der echte *E. truncatus* LATR., E. SIM., scheint eine vorzüglich südliche und westliche Art zu sein; mit demselben wird *E. lugubris* sicherlich öfters verwechselt.

Obwohl das Männchen des *Theridium impressum* bereits vor 13 Jahren durch Dr. L. KOCH als selbstständige Art anerkannt und charakterisiert wurde, liegt diese Art — ohne allen Zweifel — in den meisten Sammlungen noch mit *Th. sisyphium* (CLERCK) vermengt.

Das Genus *Teutana* E. SIM. wird vielleicht den Namen *Steatoda* erhalten, und *Steatoda* E. SIM. einen neuen Namen bekommen müssen, wenn nämlich berücksichtigt wird, dass von Prof. T. THORELL im J. 1869. als Typus des enger umgrenzten Genus *Steatoda* (SUND.) die *Steatoda castanea* (CLERCK) bezeichnet wurde.

Erigone globosa (MENGE) KULCZ. 1876, 1881, ist mit *Crustulina guttata* (WID.) identisch; zweifellos ist auch die *Ceratina globosa* MENGE's auf ein Exemplar von *Crustulina guttata* mit einfärbigem Abdomen gegründet.

Enoplognatha corollata (BERTK.), deren Artrechte, der *En. mandibularis* (LUC.) gegenüber, von Prof. Dr. BERTKAU einst bezweifelt wurden, ist eine selbstständige Art.

In Betreff des «*Araneus bucculentus*» CLERCK werden Gründe aufgeführt, welche für die Ansicht der schwedischen Autoren, dass diese Art = *Bolyphantes trilineatus* C. L. KOCH ist, sprechen und die von MENGE und E. SIMON angenommene Synonymie (= *Linyphia frenata* WID.) als nicht genügend begründet erscheinen lassen.

Eine genaue Revision der von verschiedenen Autoren für *Lephthyphantes angulipalpis* (WESTR.) gehaltenen Arten wäre sehr erwünscht. Das von Prof. Dr. THORELL unter diesem Namen aufgeführte Weibchen scheint dem *Centromerus incilium* (L. KOCH) ähnlicher als dem wahren *L. angulipalpis* zu sein; dagegen konnte ich die von Prof. THORELL mir gefälligst mitgeteilte *Linyphia infirma* THOR. (♀) von *L. angulipalpis* nicht unterscheiden. *Lephth. angulipalpis* E. SIM. scheint von dem echten *angulipalpis* WESTR. verschieden zu sein.

Lephthyphantes bidens E. SIM. ist mit *Linyphia mansueta* THOR. identisch; *Lephth. mansuetus* E. SIM. muss also einen neuen Namen erhalten (*L. Simonis* KULCZ.)

Lephthyphantes frigidus E. SIM. ist wohl ein Synonym des *L. annulatus* (KULCZ.)

Linyphia alpina O. HERM. ist vielleicht = *Lephthyphantes mughi* (FICK.).

Die Art, welche von E. SIMON und Fr. O. P. CAMBRIDGE *Lephthyphantes tenebricola* (WIDER) genannt wurde, war WIDER wohl nicht bekannt; ihr richtiger Name ist *Lephth. tenuis* (BLACKW.)

Im J. 1887 habe ich mit *Lephthyphantes Mengei* eine andere, nahe verwandte Art vermengt; nach Exemplaren, welche in der Sammlung des Prof. Dr. THORELL aufbewahrt werden, enthält «*Theridium Henricae*» SIX 1858 dieselben zwei Arten. Die häufigere von diesen Arten wurde nun in «Aran. Hung.» als *Lephth. Henricae* (SIX) bezeichet, während der Name *L. Mengei* bei derjenigen Art geblieben ist, welche ich in «Symbola ad faunam arachn. tirolensem» kurz charakterisiert und abgebildet habe.*

---

* Rev. O. P. CAMBRIDGE hat die Güte gehabt, mir englische Exemplare von *Lephth. terricola* (BLACKW.), *L. tenuis* (BLACKW.) und *L. flavipes* (BLACKW.) mitzuteilen. Durch diese Exemplare wird bewiesen, dass die

Linyphia terricola Blackw., *L. zebrina* O. P. Cambr., kann weder den einen, noch den anderen Namen tragen, denn *L. terricola* C. L. Koch ist sicherlich ein Synonym des *Lephthyphantes alacris* (Blackw.) und *Lephth. zebrinus* Menge ist wiederum eine andere, den englischen Autoren wahrscheinlich unbekannte Art. Für die *L. terricola* Blackw. wurde also ein neuer Name vorgeschlagen : *Lephth. Blackwallii.*

Linyphia Thorellii O. Herm. ist von der grossäugigen Form des *Porrhomma errans* (Blackw.) nicht zu unterscheiden.*

Centromerus incilium (L. Koch), welcher in «Les Arachn. de France» als Synonym des *C. pabulator* (O. P. Cambr.) aufgeführt wurde, ist eine besondere Art.

---

beiden ersteren Arten in «Araneæ Hungariæ» richtig gedeutet wurden — nur ist das Weibchen des «*L. terricola*» nicht identisch mit dem Weibchen, welches ich in der Collection des Prof. Dr. Thorell kennen gelernt habe; es ist dem *L. tenuis* in der Gestalt der Epigyne ähnlicher als dem *L. tenebricola.* «*L. terricola*» Blackw. ist also eine selbstständige, von *L. tenebricola* Wid. sowohl im männlichen als auch im weiblichen Geschlechte mit Sicherheit zu unterscheidende Art ; der neue ihr gegebene Name ist nicht überflüssig. *L flavipes* ist identisch mit jener Art, welche in «Aran. Hung.» als *L. Henricae* (Six) aufgeführt wird ; der richtige Name dieser Art ist also : *Lephthyphantes flavipes* (Blackw.) 1854.

* Während des Druckes des besprochenen Heftes hat Rev. F. O. P. Cambridge eine wertvolle Revision der englischen *Porrhomma*-Arten publiciert (in : New Genera and Species of Spiders. Ann. and Magaz. of. Natur. Hist. Ser. 6, Vol. XIII, Jan. 1894). Die Arten *P. decens* (O. P. Cambr.), *P. incertum* (Id.), *P. microphthalmum* (Id.) wurden daselbst in eine Art (unter dem neuen Namen : *P. Meadii* F. O. P. Cambr.) zusammengezogen und dadurch die Zahl der englischen, von Blackwall und Rev. O. P. Cambridge beschriebenen *Porrhomma*-Arten auf vier reduciert. *Porrh. errans* (Blackw.) und *P. oblongum* (O. P. Cambr.) hält Rev. F. O. P. Cambridge für besondere Arten. Darnach hätten wir in der ungarischen Fauna nicht drei, sondern vier *Porrhomma*-Arten, nämlich : *pygmaeum* (Bl.), *errans* (Bl.), *Rosenhaueri* (L. Koch) und *oblongum* (O. P. Cambr.) ; der letzten Art ist nämlich, nach der Ansicht des Rev. O. P. Cambridge, das *Porrhomma* zuzuzählen, welches ich in der Tátra, sowohl auf der polnischen, als auf der ungarischen Seite gesammelt und i. J. 1882 als *Linyphia microphthalma* (Cambr.) beschrieben habe. In dem Schlusshefte der «Araneæ Hungariæ» werden die Resultate einer Revision der ungarischen *Porrhommen*, auf Grund der erwähnten Arbeit des Rev. F. O. P. Cambridge Platz finden.

Von dem gemeinen *Micryphantes fuscipalpis* C. L. KOCH wurde eine sehr ähnliche, etwas seltenere Art als *M. rurestris* C. L. KOCH unterschieden. Bekanntlich wurden diese zwei Arten von Prof. T. THORELL in Remarks on Synonyms zusammengezogen. Gegen diese Ansicht hat N. WESTRING Bedenken erhoben (Bemerkungen üb. d. arachnolog. Abhandlungen von Dr. T. THORELL . .). Von Dr. L. KOCH wurden auch, später, *rurestris* und *fuscipalpis* als zwei verschiedene Arten erwähnt (Beschreib. neuer von H. Dr. ZIMMERMANN bei Niesky . . . entdeckt. Arachniden). Doch fehlen in der neueren Literatur genauere, auf Autopsie gegründete Angaben über die Unterschiede dieser zwei Formen. Die in «Aran. Hung.» vorgenommene Trennung des *M. rurestris* von *M. fuscipalpis* beruht für die Männchen nur auf schwer zu beobachtenden, für die Weibchen auf recht geringfügigen und wenig zuverlässigen Kennzeichen; doch dürfte durch dieselben die Artverschiedenheit genügend begründet sein. Ob die den beiden Arten zugewiesenen Namen richtig angewendet wurden, darüber werden künftige Untersuchungen zu entscheiden haben, ebenso wie über die im Werke angeführte, auf schwacher Grundlage beruhende Synonymie.

Auf Grund im Velebit von L. BIRÓ gesammelter Exemplare wurde dem *Micryphantes corniger* (BLACKW.) ein Weibchen zugezählt, welches vom *Sintula corniger* E. SIM. ganz verschieden ist. Für diese Aenderung kann angeführt werden, dass nach dem sehr auffälligen Baue der Copulationsorgane des Männchens dieser Art auch bei dem Weibchen eine Epigyne von ungewöhnlicher Form vorauszusetzen wäre, wie sie bei dem Velebiter Weibchen auch wirklich vorkommt, während dieses Organ bei dem von E. SIMON beschriebenen Weibchen von recht einfachem Baue zu sein scheint.

Neriene (Gongylidium) retusa (WESTR.) und *N. fusca* (BLACKW.) wurden von E. SIMON in Les Arachn. de France mit einander verwechselt.

Scotinotylus aries (KULCZ.), von E. SIMON für ein Synonym des *Sc. antennatus* (O. P. CAMBR.) erklärt, dürfte doch, wenigstens nach den Beschreibungen der letztgenannten Form, eine selbstständige Art bilden.

Der Name *Erigone hilaris* THOR. für die betreffende Gona-
tium-Art ist etwas älter als der Name *Erigone nemorivaga* O. P.
CAMBR.

Der von E. SIMON aus Ungarn beschriebene *Diplocephalus
(Plaesiocraerus) opacithorax* dürfte von *D. latifrons* (O. P. CAMBR.)
nicht specifisch verschieden sein.

Das als *Diplocephalus picinus* (BLACKW.) aufgeführte Weibchen ist von dem in Les Arachnides de France unter diesem Namen beschriebenen Weibchen verschieden. Dasselbe wurde zwar
öfters in Gesellschaft von *Diploc. picinus* ♂ gesammelt, doch nur
in Polen, während unter den bisher in Ungarn gesammelten Spinnen das betreffende Männchen noch fehlt. Jedenfalls sind in dieser Richtung weitere Beobachtungen nötig.

Von *Brachycentrum elongatum* (WIDER) kommen männliche
Exemplare vor, welche dem *B. (Lophocarenum) insanum* E. SIM.
vollkommen ähneln. Die Selbstständigkeit der letztgenannten Art
erscheint deswegen nicht ganz sicher.

Cnephalocotes interiectus (O. P. CAMBR.) ist vielleicht keine
eigene Art, sondern nur eine Varietät des *Cn. elegans* (O. P. CAMBR.),
denn die Kopfgestalt und die bei den hinteren Seitenaugen liegenden Grübchen sind bei ihm veränderlich.

Microneta pusilla MENGE wurde von E. SIMON wohl mit Un-
recht für synonym mit *Erigone (Cnephalocotes) sila* O. P. CAMBR.
gehalten.

Es ist kaum daran zu zweifeln, dass der von E. SIMON als
neue Art beschriebene *Maso Westringii* mit *Maso Sundevallii*
(WESTR.) identisch, *Maso Sundevallii* desselben Autors aber eine
Westring unbekannt gewesene Art ist.

14

ARANEÆ A Dre G. HORVÁTH IN BESSARABIA,

CHERSONESO TAURICO, TRANSCAUCASIA ET ARMENIA RUSSICA COLLECTÆ.

A Ladislao Kulczynsky, Professore Cracoviensi, conscriptæ.

Tab. I.

Dominus G. Horváth, director stationis entomologicæ Regni Hungariæ, anno 1893. mensibus Maio et Junio, ex invitatione Gubernaculi, iter ad varias Russiæ meridionalis Caucasiaque regiones suscipiens, Insectis Arachnidisque colligendis sedulo navavit operam, Arachnidasque adlatas benevole mihi commisit lustrandas.

ATTIDÆ.*

1. **Salticus formicarius** (De Geer). *Transcauc.:* Gelati, 28. V. mas adult., Kutais, exemplum non adultum; *Armenia:* Tshubuhli, exempl. non adult., probabiliter huius speciei.

2. **Heliophanus cupreus** (Walck.). *Bessarabia:* Kobilka, 17. V. mas adult. Transcauc.: Kutais, 27. mas et femina ad.; Kvirili 31.V. fem. adult.

Femina a Cel. *E. Simonio* in: Les Arachnides de France III. p. 145 descripta ad aliam quandam speciem pertinet; synonymum, contra, non dubium *Heliophani cuprei* femina ea mihi videtur, quam Auctor celeberrimus *Heliophano flavipedi* adnumeravit, epigynes descriptio saltem non male in *Heliophanum cupreum* nostrum quadrat, «tubercula longa rubicunda», quibus anguli postici foveæ epigynes sæpe ornari dicuntur, certo e materiâ illâ rufâ constant, cuius mentionem feci in opere, quod *Areneae Hungariae* inscribitur (pag. 6).

---

* Nomina familiarum in -*oidae* desinentia, quibus Cel. *T. Thorellii* auctoritatem sequens ad hoc tempus utebar, quamquam sunt melius formata, dimittenda, et eis nomina syllabis -*idae* terminata anteponenda censeo, non quoniam ita placuit zoologorum conventibus — horum enim præcepta arachnologi saltem certo non omnia tenebunt (ex. gr. non præscriptum illud, ex quo nomina trivialia a *Clerckio* a. 1757. araneis imposita reiicienda essent) — sed eo consilio, ut prohibeantur mutationes crebræ nominum familiarum talibus nominibus genericis, ut *Epeiroides, Atypoides,* nescio, quo modo allatæ.

3. **Heliophanus simplex** E. Sim. *Bessar.:* Kobilka, pullus fortasse huius speciei.

4. **Heliophanus equester** L. Koch (Zur Arachniden- und Myriopoden-Fauna Süd-Europas. Verhardl. d. zool.-botan. Gesellsch. in Wien. 1867). *Armen.:* Aralich, 13. VI. mas ad.; Erivan 11. VI. fem. adult. (dubia).

Mas nulla re ab *Heliophano equestri*, a *Dre L. Kochio* secundum exemplum unicum, detritum, in insula Tinos lectum, descripto differre videtur. In exemplum hoc nostrum etiam descriptio *Heliophani lactei* a Cel. *E. Simonio* in «Études arachnologiques. 8-e Mém. XIV: Liste des espèces . . . des Attidæ compos. la collect. de M. le comte Keyserling», prolata adeo bene quadrat, ut nobis *H. lacteus* synonymum non dubium *Heliophani equestris* videatur; denticulus modo ille, quo margo posticus apophyseos femoralis palporum ornatur, in exemplo nostro non solum a parte exteriore posticâ — ut scripsit *Cel. E. Simon* — sed etiam a latere exteriore (quamquam minus bene) conspicitur. Abdomen, ut cephalothorax, pube tectum e squamis constanti elongatis, modice dense congestis, albis, colorem flavum paullulum sentientibus. — Femina, quam non sine dubitatione huic speciei adnumeramus, colore cephalothoracis (nigri, in lateribus rufo-testacei) cum mare convenit; abdomen supra nigrum, subter pallide coloratum; cephalothorax et abdomen supra squamis tecta formâ eâdem atque in mare, dense congestis, colore medio fere inter melleum et citrinum (Saccardo: Chromotaxia), in abdomine paullulum lætius coloratâ quam in cephalothorace; mandibulæ maxillæ pedes palpi pallidius et obscurius rufo-flavida, mandibulæ colore fusco suffusæ, labium nigrum, apicem versus flavidum, sternum nigrum. Epigyne foveis duabus ornata subsemilunaribus, coniunctim spatium duplo fere latius quam longum occupantibus, inter se septo disiunctis quam fovea utraque non angustiore saltem, subplano, æque atque fovearum margines exteriores elevato, antice et præsertim postice paullulum angustato; in medio fere septum sulco valde obsoleto, transverso, leviter angulato, in dimidio posteriore sulco valde obsoleto longitudinali ornatur; latera septi parum prærupta, sensim in foveas descendunt; fovearum partes externæ profundæ, earum margo exterior in dimidio anteriore acutus, in posteriore obtusus, postice crassus; margo epigynes posticus medio in sinum modice profundum excisus. — Femina *H. lactei*, quam Cel. *E. Simon* descripsit (Monographie des espèces européennes de la famille des Attides), differt ab exemplo nostro pubis colore, albæ in cephalothorace et in abdomine, hoc lineolis transversis flavidis ornato. Epigynen *H. lactei* Cel. *E. Simon* non descripsit.

5. **Heliophanus Kochi** E. Sim. *Chersonesus Taur.:* Sebastopol, 24. V. mas adult.

6. **Heliophanus flavipes** (Hahn). (*Helioph. varians* E. Sim., Chyz. & Kulcz.). *Bessarab.:* Kobilka, 17. V. mas ad.; Kishineff, 19. V. mas adult.

Heliophantum variantem E. Sɪm. non diversum ab *Heliophano flavi-pedi* (Hahn) iam credo. Marem illius ab *H. flavipedi* distinguere nescio; feminam *H. flavipedis* a Cel. *E. Simonio* et a *L. Beckerio* descriptam femi-nam *H. cuprei* esse censeo, ut supra dixi.

7. **Heliophanus auratus** C. L. Koch. *Bessar.:* Teleshovo, 16. V. mas adult.

8. **Heliophanus melinus** L. Koch (l. c.) *Transcauc.:* Tiflis, 3. VI. femina ad., exemplum pube magnam partem detritâ, probabiliter huius speciei.

9. **Heliophanus forcipifer** n. sp. *Armen.:* Aralich, 13. VI. mas adult.

Cephalothorax lateribus fusco-rufis; apophysis femoralis palporum maris in ramos duos divisa, posteriorem maiorem, fortiter procurvum, anteriorem levi-ter recurvatum.

Dorsum *partis cephalicae* nigrum, laterum cephalothoracis pars an-terior fusco-rufa, pars posterior ut dorsum partis thoracicæ nigro-fusca, colore rufo suffusa, cephalothoracis margines nigri. *Mandibulae* fusco-rufæ, apicem versus pallidiores, *maxillae* fusco-flavæ, *labium* et *sternum* nigra; *palporum* pars femoralis fusco-flava, apophysi pallidiore, pars patellaris et tibialis flavido-fusca, tarsalis fusca; *pedes* fusco-flavidi, colore rufo parum suffusi, femora antica in latere utroque vittâ latâ, in dorso vittâ angustiore, nigricantibus, tibiæ in utroque latere et supra vittis nigricantibus ornatæ; pedum II. pictura similis, minus expressa; femora pedum posteriorum nigro vittata supra et antice et postice (hic tamen indistincte), tibiæ in utroque latere indistincte nigro lineatæ. *Abdomen* cum mamillis supra subterque nigrum, venter prope mamillas punctis duobus pallidis, parum expressis, ornatus. — In exemplo unico, quod vidi, valde detrito, squamæ quæ restant in cephalothoracis et in abdominis dorso, pellucidæ nitidæ sunt, in cepha-lothoracis margine squamæ albæ opacæ limbum formant angustum. Palpi squamis albis carere videntur.

Cephalothorax supra sat dense et modice fortiter, in lateribus autem admodum dense subtiliter punctatus; dorsum partis thoracicæ foveâ diffusâ vadosâ transversâ ornatum, cæterum lineis impressis evidentioribus caret. *Mandibularum* dorsum obsolete transverse rugosum. *Tibiae I.* patellis cir-citer $1/6$ longiores. *Palporum* (fig. 1) pars femoralis basi subter tuberculo humili ornata, apicem versus modice incrassata, ad apicem apophysi ornata deorsum et retro et paullulum foras directâ, æque circiter longâ atque pars ipsa crassa est; quæ apophysis non procul a basi in ramos duos dividitur, posteriorem procurvum, quam anterior longiorem et crassiorem et fortius curvatum, præsertim apice, qui anteriora versus et intus directus est; ramus anterior modice recurvatus: pars patellaris circiter dimidio longior quam lata; pars tibialis valde brevis, quam tibialis 3-plo saltem brevior, in latere exteriore processu gracili nigro ornata, duplo saltem breviore, quam pars ipsa lata est, foras directo, procurvo, qui processus in palpo desuper adspecto marginem apicalem partis patellaris attingere, a basi laminæ tarsalis autem spatio sat lato distare videtur; subter in angulo apicali exteriore pars hæc processu ornatur gracili, leviter sinuato, parti tarsali adpresso, summo apice intus et deorsum deflexo; lamina tarsalis circiter sescuplo longior quam patellaris cum tibiali, apicem versus pæne æquabiliter angustata, apice obtusa; rostrum laminæ tarsalis circiter æque longum atque ²/₃ bulbi genitalis (embolo excepto). Bulbus genitalis a latere adspectus subter parum inæquabiliter convexus, angulo basali exteriore dentem formanti gracilem acutum, deorsum directum, lateribus nusquam profundius excavatis; embolus eius margini apicali fere medio (lateri exteriori paullo propius) innatus, bulbi parte crassa circiter duplo brevior, anteriora versus directus, e basi sat crassâ et e parte apicali longiore, tenuiore, leviter foras arcuatâ constans.

Cephalothorax 1·7, cum abdomine 3·5 mm. longus.

10. Heliophanus nigriceps n. sp. *Armen.*: Erivan, 10. VI. mas ad.

Cephalothorax cum sterno rufus, arcâ oculorum nigrâ, apophysis femoralis maris bifida.

Cephalothorax læte fusco-rufus, marginibus nigris, parte cephalicâ (usque ad impressionem transversam, quâ dorsum ornatur) supra nigrâ; *mandibulae* fusco-rufæ, apicem versus pallidiores, *maxillae* rufo-flavæ, *labium* rufo-fuscum, *sternum* fusco-rufum, anguste nigro limbatum. *Palporum* pars femoralis nigricans, intus et subter fusco-flavida, partes patellaris et tibialis fuscæ, tarsalis nigricans. *Pedum* coxæ subter rufo-flavæ, cæteræ partes rufo-flavidæ, colore fusco suffusæ, pedum I. femora tota nigricantia, patellæ et tibiæ in utroque latere nigro lineatæ (postice obsolete), cæterorum pedum femora supra et in utroque latere, patellæ et tibiæ in utroque latere plus minusve distincte, nigro lineatæ. *Abdomen* supra cum mamillis supremis nigrum, subter nigro-fuscum, mamillæ infimæ fuscæ. — *Cephalothorax* (in exemplo unico, quod vidi, detrito) squamis tectus luteis nitentibus, secundum marginem squamis albis opacis, vittam submarginalem angustam formantibus; in *abdominis* dorso squamæ pleræque versicolores nitidæ, squamæ albæ opacæ in eius margine antico fasciam formant angustam, in latera non productam, in media dorsi longitudine autem et prope mamillas paria macularum duo, parvarum (quarum anteriores rotundatæ, posteriores transversæ videntur); venter in utroque latere prope mamillas fasciâ minutâ transversâ albâ ornatus, cæterum — ut videtur — squamis decoloribus nitentibus et squamis albis dispersis tectus. *Palpi* supra lineâ albâ e squamis constanti, apicem partis femoralis et partem patellarem (et tibialem?) et laminæ tarsalis totam longitudinem occupanti.

Area oculorum dense sed parum profunde punctata et rugulosa, dorsum pone oculos modice dense et parum profunde, latera *cephalo-*

thoracis densissime subtiliter punctata. Impressio pone oculorum aream sita parum expressa, transversa, lineæ impressæ cæterum nullæ. *Mandibularum* dorsum obsolete transverse plicatum. *Palporum* pars femoralis basi subtus tuberculo parum prominenti ornata, medium versus sat fortiter incrassata, apophysis ordinaria apici quam basi propior, deorsum et retro directa, leviter arcuata, apicem versus etiam paullo intus curvata, paullo brevior, quam pars ipsa lata est a basi primo angustata, tum usque ad apicem ramorum, in quos dividitur, æquali latitudine; ramus posterior anteriore multo brevior; ambo, alter pone alterum siti, in palpo a latere viso optime conspiciuntur. Pars patellaris æque fere lata atque longa; pars tibialis eâ plus duplo brevior, latere exteriore angulato et in processum producto tenuem, duplo fere breviorem quam pars ipsa lata est, foras directum, procurvum, nigrum; in palpo desuper adspecto processus hic paribus intervallis distare videtur ab apice partis patellaris et a basi laminæ tarsalis; processus partis tibialis subter ad latus exterius situs similis atque in priore, summo apice deorsum et foras flexo. Lamina tarsalis duplo fere longior quam pars patellaris cum tibiali, medium versus in latere exteriore sat fortiter angustata, in dimidio apicali parum angustata, lateribus fere parallelis; rostrum laminæ dimidiam bulbi longitudinem (tuberibus basalibus inclusis) fere æquans; * bulbus (fig. 2) basi late et profunde excisus, angulis basalibus ambobus, quum ab imo adspiciuntur, subæquali crassitudine; in latere exteriore paullo pone medium bulbus in sinum profundum excisus est; embolus margini apicali (qui obliquus est) interiori innatus, dimidiam bulbi longitudinem æquans, gracilis, leviter sinuatus. Bulbus directo a latere adspectus (fig. 2*b*) insigniter inæqualis: basi in dentem productus modice gracilem, obtusiusculum, deorsum et retro directum, in dimidio basali convexus, in apicali excavatus. *Pedum* I. tibia circiter $^1/_7$ longior quam patella. — Cephalothorax 1·8, cum abdomine 3·4 mm. longus.

E *Heliophanis* ad hoc tempus descriptis partem thoracicam plus minusve rufam habere dicuntur: *H. rufithorax* E. Sim., *H. eucharis* E. Sim. (Études arachnol. XXVI: Arachnides recueillis à Assinie), *H. niveivestis* E. Sim. (Arachnidæ transcaspicæ). *H. rufithoracis* apophysis femoralis apice subito retro flexa, in ramos duos dividitur transverse alter iuxta alterum positos, *H. eucharitis* «apophysis femoralis ad apicem intus leviter uncata est, pars tibialis apophysibus binis geminatis gracillimis brevibus ornatur»; *H. niveivestis* femina sola nota est; eius cephalothorax et abdomen squamis niveis creberrimis tegitur, parum itaque veri simile videtur, *Heliophanum nigrifrontem* marem esse *Heliophani niveivestis*.

---

* Cfr. fig. 2*b*; fig. 2 partem tarsalem ab imo et a latere postico visam repræsentat, rostrum in ea hanc ob rem bulbo dimidio multo longius videtur.

11. Marptusa pomatia (WALCK.). *Bessar.:* Kishineff, 19. V. femina adulta, staturâ solito minore : 9·5 mm. longa.

12. Dendryphantes nidicolens (WALCK.). *Cherson. Taur.:* Jalta, *Transcauc.:* Tiflis, Usuntali; exempla non adulta, probabiliter huius speciei.

13. Dendryphantes rudis (SUND.). *Transcauc.:* Delishan, 8. VI. pull. et femina adulta; hæc non parum detrita quidem, secundum pubis, quæ restat, colorem, epigynes formam cæt. non dubie huius speciei.

14. Attus vilis n. sp. *Armen.:* Elenovka ad lacum Goktsha, 9. VI. mas et fem. adult.

Femina dorso cephalothoracis cinereo et fusco, inter oculos posticos lineolâ albâ ornato, dorso abdominis folio cinereo-fusco ornato marginibus valde inaequalibus, paribus punctorum albidorum 3-bus et angulis transversis 3-bus picto, quorum anticus totam latitudinem folii occupat, pedibus nigro-maculatis, oculorum areâ antice et postice aequali fere latitudine, marginibus superioribus oculorum anticorum lineam rectam designantibus, epigyne foveolis duabus ornatâ a margine postico longe remotis, inter se appropinquatis. Longit.: 5 mm.

Mas cephalothoracis lateribus albidis, eius dorso vittâ albâ longitudinali ornato, a parte posticâ areae oculorum usque ad partem superiorem declivitatis posticae pertinenti, abdominis dorso cinero-fusco, albido limbato, vittâ ornato mediâ, parum definitâ, marginem anticum non attingenti, in dimidio posteriore utrimque ramulo obliquo cum limbo albido coniunctâ, palporum parte patellari supra, parte tibiali in latere exteriore albo pilosis, laminâ tarsali maculâ albâ ornatâ, metatarso I a tarso colore non distincto, palporum parte tibiali non incrassatâ, processu ornatâ apicem versus aequabiliter angustato, acuto. Long.: 3·2 mm.

Femina. Cephalothorax 2·05 mm. longus, 1·5 latus, circiter in $^7/_{12}$ longitudinis latissimus, lateribus leviter rotundatis, margine antico 1·3 lato, sub oculorum serie tertia 1·45 latus et quam series hæc utrimque circiter radio oculi latior; area oculorum circiter $^4/_9$ cephalothoracis occupat, quadrangulus oculorum eâ fere $^1/_4$ brevior est, postice perparum latior quam antice, $1^8/_9$ latior quam longus. In cephalothorace a latere adspecto pars dorsi media, pone oculos sita, æque circiter atque quadrangulus oculorum longa, sublibrata est; area oculorum sat fortiter declivis, arcuata, margo inferior oculi postici cum margine superiore oculi seriei 2-æ, qui paribus fere intervallis ab oculo postico et a laterali antico distat, lineam leviter anteriora versus descendentem designat, oculi lateralis antici margo superior eius radio fere demissius situs videtur, quam margo inferior oculi seriei 2-æ. *Oculorum* anticorum margines superiores lineam pæne rectam designant, eorum medici inter se proximi, a lateralibus paullulum longius remoti. Oculi laterales antici posticis paullo maiores; clypeus sub oculis mediis æque circiter atque $^2/_5$ eorum diametri altus. *Mandibulae* breves, paullulum reclinatæ, apicem versus parum angustatæ, apice parum oblique truncatæ, sulco unguiculari indistincto, in angulo apicali interiore dentibus instructæ tribus, medio lateralibus insigniter maiore, inter se proximis (dens medius cum dente apici mandibulæ propiori fere dentem unum, profunde divisum format). Coxæ *pedum* anticorum plus quam labii latitudine remotæ. *Sternum* æque fere latum atque coxæ IV. longæ, hæ coxis I. et II. sescuplo fere longiores; trochanter IV. parum brevior quam coxa. *Pedes* antici cæteris parum crassiores. Patellæ anteriores inermes videntur, posteriores in utroque latere aculeo 1 ornantur, aculei in tibiâ I. antice 1.1, subter ad latus posticum 1.1, nullus in apice (?), in tibiâ II. antice 1, subter ad latus posticum 1.1 (in apice nullus?); metatarsi I. et II. subter aculeis 2.2 ornati; tibia IV. apice aculeo 1 ornata videtur, præterea in latere antico aculeis 3, in postico 3, supra prope medium 1, subter ad latus anticum in dimidio basali 1 instructa; metatarsus IV. aculeis, præter apicales, 2.2 supra in dimidio basali armatus. (Pedum aculei plerique adpressi difficilius cernuntur.) Tibia IV. apicem versus leviter dilatata et incrassata. Pedum unguiculi dentibus minutissimis, inter se proximis, armati. Patella I. 0·65, tibia 0·62, metatarsus 0·50, tarsus 0·42, partes eædem pedum II.: 0·58, 0·50, 0·45, 0·39, pedum III: 0·52, 0·49, 0·50, 0·45, pedum IV: 0·68, 1·17, 0·78, 0·52 mm. longæ. *Abdomen* pæne ellipticum, latum, antice rotundato-truncatum, mamillis prominentibus, eis exclusis 2·4 mm. longum, 2·1 latum. *Epigyne* (fig. 4) cornea, rugosa, postice medio in sinum triangularem, angulis rotundatis excisa, in dimidio anteriore foveolis duabus ornata, inter se spatio parvo disiunctis, profundis, antice in sulcos parallelos, sensim coanescentes, abeuntibus.

Cephalothorax humefactus fusco niger, *mandibulae* rufo-fuscæ, *sternum* fusco-nigrum; *palpi* et *pedes* rufo-flavidi, illorum pars tibialis basi supra lineolâ nigricanti ornata, hi nigro maculati et annulati: femora omnia ad apicem annulo plus minusve lato, anteriora in latere postico pone basim maculis parvis binis, transverse positis, femur III. subter pone basim maculâ transversâ, IV. ibidem maculâ oblongâ, in lineolam obsoletam productâ, ornatum; patellæ in utroque latere maculatæ, tibiæ basi latius, apice anguste annulatæ (in tibiis IV. color niger supra a basi usque ad medium pertinet); metatarsi prope basim latius, apice anguste annulati; annuli plus minusve inæquales et interrupti. *Abdominis* humefacti pictura similis atque desiccati, color fusco-niger et flavido-fuscus.

Corpus squamis valde angustis, dense congestis, albis et pallide fulvis et nigris tectum. *Area oculorum* cinereo-umbrina, in margine antico medio et in angulis anticis obsolete colore pallide isabellino maculata, in lateribus colore eodem obsolete marginata, inter oculos posticos lineolâ brevi albidâ ornata; declivitas dorsi postica inferius nuda nigra, color cæteri dorsi albidus, anteriora versus in colorem areæ oculorum sensim abit; latera cephalothoracis postice albida, anterius fusco albida, margo niger, lineâ angustissimâ albâ, e squamis in ipso margine infra sitis constanti ornatus; facies isabellina, medio sub oculis albida, oculorum anticorum cinguli infra albidi, supra pallide isabellini. *Mandibulae* supra pilis longis albis pendentibus, modice densis tectæ, inferius pilis obscure coloratis dispersis instructæ. *Abdominis* dorsum (pro parte detritum) albo-cinereum folio ornatur cinereo-fusco, marginibus in maculas divulsis et valde inæqualibus; in abdomine desuper adspecto color albo-cinereus antice limbum format angustum immaculatum, in lateribus et postice sat latum et maculatum; folium maculis albido-cinereis parvis, parum definitis, his pictum videtur: in dimidio anteriore paribus tribus punctorum, quorum antica inter se et media inter se circiter crassitudine femorum anticorum distant, duo postica autem magis inter se appropinquata sunt, dimidium posterius angulis tribus ornatur, antico totam fere folii latitudinem occupanti, posterioribus multo minoribus; spatium apici folii emarginato et mamillis interiectum angulo cinereo-fusco et pone eum maculâ minore rotundatâ notatum. Abdominis latera et venter cinerascenti-albida, illa supra maculis cinereo-fuscis, plus minusve in series obliquas dispositis picta.

Mas (probabiliter huius speciei). *Cephalothorax* 1·6 mm. longus, latitudine maxima: 1·17 mm., sub oculis seriei 3-æ quam series hæc ne radio oculi quidem utrimque latior, fronte 1·07 latâ. Area oculorum $^8/_7$ cephalothoracis desuper adspecti occupat, quadrangulus oculorum eâ circiter $^1/_6$ brevior, $1^7/_9$ latior antice quam longus. *Oculi* seriei 2-æ margo superior cum margine inferiore oculi postici lineam libratam designat, margo inferior quam oculi lateralis antici margo superior paullulum plus quam radio oculi huius altius situs. Clypeus sub oculis mediis altitudine $^1/_8$ eorum diametri æquat. Cæterum cephalothorax et mandibulæ similia atque in femina. *Palporum* pars femoralis formâ vulgari, non incrassata; pars patellaris paullo longior quam lata, in latere exteriore aculeo 1 instructa; tibialis eâ parum brevior, desuper visa latere interiore leviter convexo, in latere exteriore a basi ipsâ sat fortiter dilatata, latere hoc in processum abeunti anteriora versus et paullo foras directum, levissime foras curvatum, basi exceptâ cum laminâ tarsali non contingentem, latum, apicem versus æquabiliter angustatum, acutum, quam dorsum partis ipsius breviorem; processus hic, re vera lateri exteriori inferiori innatus, a latere adspectus insigniter angustior videtur quam desuper, leviter deorsum curvatus. Pars tarsalis parum longior quam patellaris cum tibiali, parum latior quam pars tibialis processu incluso; rostrum laminæ tarsalis triplo circiter brevius quam bulbus genitalis, hic (fig. 3) oblongus, apice rotundatus, basi oblique rotundatus, in latere exteriore sub partem tibialem paullo productus, parum inæqualis; partem eius posticam callus format transversus, modice definitus, qui in latere interiore in embolum abit anteriora versus directum, apice sub rostrum laminæ curvatum, modice gracilem, longe æquabiliter angustatum. *Pedes* antici non incrassati; tibiæ anteriores apice subter aculeis 2 armatæ videntur, tibia II. in exemplo unico, quod vidi, altera in latere antico aculeo 1, altera aculeis 1.1 armata, cæterum in marem quadrant ea, quæ de pedum feminæ armaturâ diximus. Patella I. 0·52, tibia 0·62, metatarsus 0·50, tarsus 0·39, partes eædem pedum II: 0·42, 0·42, 0·41, 0·29, pedum III: 0·35, 0·40, 0·43, 0·28, pedum IV: 0·49, 0·81, 0·58, 0·39 mm. longæ. *Abdomen* pæne ellipticum, antice rotundato truncatum, mamillis prominentibus, cum eis 1·7, eis exclusis 1·5 mm. longum, 1·1 mm. latum.

Cephalothorax et *abdomen,* humefacta, fusco nigra, *mandibulae* basi fuscæ, apice fusco-rufæ, *sternum* fusco-nigrum, *palpi* fusco-nigri, parte patellari fuscâ, *pedes* pallide ferruginei, abunde nigro maculati: femora I. maximam partem nigra, in dorso lineâ duplici parum definitâ, subter maculis duabus: basi et prope medium, fuscis ornata; cætera femora prope basim et ad apicem nigro annulata, annulis in pedibus II. et III. supra plus minusve interruptis, in lateribus dilatatis et confluentibus, femora hæc præterea in dorso lineâ fusca ornata; femorum IV. annuli supra et in utroque latere lineis nigricantibus coniuncti; patellæ in lateribus apicem versus colore nigro plus minusve suffusæ; tibiæ posteriores basi et apice annulatæ, anticæ supra et in lateribus apice nigræ, basim versus sensim pallidiores, tibiæ II. basi et apice annulatæ, annulis in lateribus plus minusve confluentibus; metatarsi prope basim et apice annulati, annulis in posterioribus melius distinctis quam in anterioribus; tarsi I. apice nigri. *Abdominis* latera fusco-nigra, colore fusco-flavido contaminata; venter fusco-flavidus, indistincte fusco maculatus. Mamillæ flavido-fuscæ.

Color corporis desiccati non parum a colore feminæ differt: *cephalothorax* vittâ mediâ albâ ornatur, declivitatis posticæ partem superiorem occupanti, antice in partem posteriorem areæ oculorum productâ, postice æque circiter atque tibiæ IV. latâ, anteriora versus paullo dilatatâ, in areâ oculorum iterum angustâ (pone aream oculorum vitta hæc fortasse paullo interrupta est; pars hæc in exemplo unico, quod vidi, paullo detrita). Latera cephalothoracis fere tota pube albâ tecta, squamis (quæ, ut in feminâ, valde angustæ sunt) fuscis et fulvis paucis immixtis, præsertim in partibus superioribus, in cephalothorace desuper adspecto vittas formant albas, quam vitta media angustiores; declivitas postica infra nuda, superius, ut dorsi pars librata, fulvo-fusca, oculorum area fusco-cinerea, antice et in lateribus indistincte anguste pallidius limbata. Facies albida, cinguli oculorum mediorum albidi, eorum partes in intervallis oculorum sitæ aurantiacæ. *Palporum* partes femoralis et patellaris supra et in latere exteriore albo pubescentes, partis tibialis pubes alba et obscure colorata, illa latus exterius occupat, supra et in latere interiore autem parum abunda est; pars tarsalis in dimidio basali maculâ albâ mediocri ornatur, cæterum pube obscure coloratâ tecta. *Pedum,* maximam partem pube albidâ tectorum, desiccatorum pictura multo minus distincta, quam humefactorum. Partem maximam dorsi *abdominis* area occupat cinereo-fusca, antice et in lateribus anguste albido cincta, supra mamillas leviter excisa, marginibus lateralibus paullo inæqualibus, parum definitis; secundum medium area hæc vittâ ornatur albidâ, parum definitâ, antice, ubi æque circiter lata est atque femora I., sensim evanescenti, marginem anticum non attingenti; vitta hæc e fasciis transversis albidis, intervallis obscurioribus angustis disiunctis constare videtur; fascia in ²/₃ longitudinis dorsi sita cæteris maior, usque ad margines areæ fuscæ producta; prope marginem anticum area punctis albidis duobus transverse positis ornatur (pars hæc in exemplo nostro paullo detrita est). Laterum et ventris pubes albida, in illis etiam pubes fulva et fusca immixta.

E speciebus mihi notis, *Atto vili* præsertim affinis est *A. distinguendus* E. Sim.; mas eius — præter res alias — differt ab *A. vili* picturâ cephalothoracis, femina marginibus posticis foveolarum, quibus epigyne ornatur, in costam transversam coniunctis. Alia species *Atto vili* adhuc similior *Attus ammophilus* Thor.* videtur; huius cephalothorax maris præter vittam mediam vittis duabus cinerascenti-albis parallelis per oculos laterales ad declivitatem posticam ductis, ornatus describitur abdomen feminæ vittâ mediâ pictus longitudinali latâ, pæne per totum dorsum extensâ, quæ *postice* lineis parvis transversis angulatis obscurïoribus notatur et utrimque *tres* ramos ... eiusdem coloris emittit. — *Attus vilis* fortasse varietas modo *A. ammophili* est.

15. Yllenus albocinctus (Kroneb.**). *Armen.*: Aralich, 13. VI. fem. adult. Exempla hæc paullo differunt a feminis iunioribus, quas solas Al. Kroneberg novit; hanc ob rem ea discribenda censeo.

Femina. Cephalothorax 1·9 mm. longus, in ³/₅ longitudinis, ubi latissimus est, 1·6 latus, margine antico 1·3 lato, sub oculis seriei 3-æ quam series hæc non latior. Area oculorum paullulum longior quam ²/₅ cephalothoracis, latere postico quam anticum circiter ¹/₆ longiore, a latere adspecta insigniter declivis: margo inferior oculi postici cum margine superiore oculi seriei 2-æ lineam sublibratam designat, margo superior oculi lateralis antici eius radio saltem demissius situs quam margo inferior oculi seriei 2-æ. Pars *dorsi* pone aream oculorum sita, quam area hæc multo brevior, anteriora versus paullulum descendit; declivitas postica longa, subrecta, modice prærupta. Margines superiores *oculorum* anticorum lineam rectam designant, oculi hi inter se valde approximati; clypeus sub oculis mediis circiter radium eorum altitudine æquare videtur (margo clypei pilis longis dense

---

* Verzeichniss süd-russischer Spinnen et Descriptions of several european and north-african spiders.

** Puteshestwie w Turkestan A. P. Fedtshenko.

vestiti difficile conspicitur); oculi seriei 2-æ spatiis subæqualibus distant ab oculis posticis et ab anticis lateralibus (ab anticis paullulum longius remoti); oculi antici laterales posticis paullo maiores. *Mandibulae* paullo reclinatæ, apicem versus leviter angustatæ, marginibus exterioribus apicem versus inter se paullulum appropinquantibus, apice parum latiores quam basis unguis, quæ valde crassa est; sulcus unguicularis indistinctus, dentes in apice mandibularum nulli. *Labium* circiter $^3/_4$ maxillarum attingens, apice acuminatum. *Coxae* anticae inter se insigniter approximatæ, ne labii latitudine quidem remotæ. *Sternum* profunde situm ita, ut margines sui difficilius conspiciantur, latitudine circiter $^7/_9$ longitudinis æquat, inter paria pedum 2-um et 3-um, ubi latissimum videtur, paullo latius quam coxæ IV. subter longæ. *Pedes* I. cæteris non parum robustiores, eorum coxæ subter — in latere postico saltem — paullo longiores quam IV., coxæ III. cæteris breviores; trochanter IV. subter longitudine circiter $^5/_6$ coxæ æquat; unguiculi anteriores pedum I. denticulis parvis numerosis, inter se proximis ita, ut difficilius numerentur, unoque maiore paullo ab eis remoto, unguiculi anteriores pedum IV. denticulis 7 minutis confertis unoque maiore, unguiculi posteriores dentibus mediocribus, in pedibus I. 3 (2 ?), in IV. 3-bus armati. Patellæ anteriores inermes, III. in latere antico aculeo 1, IV. in utroque latere aculeo 1 instructæ, tibiæ omnes supra inermes, I. subter modo aculeis 2.2.2, II. subter ad latus anticum 1 in apice, ad posticum 1.1 (nullo in apice), tibiæ III. et IV. in utroque latere aculeis binis, metatarsi anteriores subter modo aculeati (2.2), posteriores in latere utroque ad dorsum aculeis 1.1 (pone basim et ad apicem), præterea in apice inferius in latere antico aculeis 2, in postico 1 armati. Pedes posteriores extensi, retro et foras directi, III-ii paris apicem tibiarum IV. fere attingunt. Pedum I. patella 0·65, tibia 0·62, metatarsus 0·35, tarsus (unguiculis exclusis) 0·42, partes eædem pedum II.: 0·58, 0·45, 0·35, 0·40, femur III. 1·0, pat. 0·52, tib. 0·52, met. 0·49, tars. 0·45, fem. IV. 1·4, pat. 0·68, tib. 0·71, met. 0·66, tars. 0·49 mm. longus. *Abdomen* late ovatum, antice truncatum, mamillis plus minusve prominentibus, eis exclusis 2·4 mm. longum, 1·9 latum. *Epigyne* foveâ ornatur sat magnâ, valde vadosâ et perparum definitâ, antice et in lateribus rotundatâ, fundo posteriora versus sensim adscendenti usque ad marginem posticum, qui modice induratus est, late rotundatus aut medio late levissime sinuatus, libratus fere aut medio paullulum elevatus; in parte anteriore foveæ puncta duo conspiciuntur maiuscula, inter se parum remota (certo foramina bursarum seminalium); humefacta epigyne (fig. 5) maximam partem pallida, margine postico plus minusve infuscato et medio modo angulo modo maculâ triangulâ, æque longâ ac latâ aut multo latiore quam longâ ornato; ad maculam hanc mediam utrimque circuli translucentes (bursæ seminales) conspiciuntur, quæ cum circulis aliis minoribus (punctis supra dictis) in foveæ parte anteriore sitis, vittis coniunguntur primo anteriora versus et intus directis, tum foras curvatis.

Cephalothorax humefactus fusco-niger, maculâ sat magnâ pone oculum posticum utrumque sitâ et vittâ submarginali parum latâ paullo pallidioribus. *Mandibulae* fuscæ, *sternum* flavo-fuscum, marginibus nigricantibus. *Palpi* pallide flavidi, parte tibiali basi supra maculâ nigricanti ornatâ. *Pedum* coxæ et femora cinereo-flavida, cæteræ partes pallide fusco-flavidæ, colore nigro-fusco maculatæ : femora omnia ad apicem annulo ornata, in pedibus anterioribus subter interrupto, in posterioribus subter obsoleto, patellæ in latere utroque maculâ singula pictæ, tibiæ basi et apice (basi latius et distinctius) annulatæ, annulis supra aut subter aut supra et subter plus minusve interruptis, tibiæ anteriores nonnunquam toto latere posteriore colore fusco-nigro picto, metatarsi basi et apice, tarsi basi annulati. Pedum — præsertim femorum — pictura insigniter variare videtur : color nigricans et fuscus nonnunquam totum fere latus posterius femorum anteriorum et latus anterius femorum posteriorum occupat ; partes, quæ restant tum fusco-flavidæ, maculas formant binas oblongas, ad basim et prope apicem femorum, in pedibus anterioribus melius expressas quam in posterioribus. *Abdomen* supra fuscum, cinereo-flavido maculatum (vide infra !), lateribus et ventre flavido-cinereis, illis fusco punctatis, hoc vittis duabus obsoletis pallide fuscis, a scutis pulmonalibus mamillas versus ductis, posteriora versus inter se appropinquantibus, ornato. Mamillæ supremæ nigro-fuscæ, infimæ fuscæ.

Cephalothorax, abdomen, pedes supra et in lateribus squamis confertis, nigris et aurantiacis (dispersis) et modo albis aut cinereo-albis modo albis et ochroleucis tecta ; sternum et pedes subter longe albo villosa ; etiam partes, quæ squamis confertis teguntur, pilis longis obscure coloratis instructæ. Pictura corporis desiccati plus minusve definita, e maculis pæne albis in fundo nigro-fusco, aut cinereo-albis in fundo cinereo-fusco constat. *Cephalothorax* limbo marginali albo parum lato, ad eum vittâ angustâ nigrâ ornatus ; latera cæterum fusca, squamis pallidis numerosis immixtis præsertim in parte anteriore et margines versus ; area oculorum antice albida, posteriora versus sensim obscurior, maculis pallidioribus ornata : in margine antico medio, in angulis anticis, inter oculos seriei 2-æ et 3-æ, denique in dimidio anteriore maculis duabus, medio quam lateri propioribus ; omnes hæ maculæ parum definitæ, inter se plus minusve coniunctæ ; dorsi pars pone oculos sita nigra squamis pallidis paucis immixtis aut murina, pone oculum posticum utrumque maculâ magnâ albâ aut cinereo-albâ ornatur, subtriangulari lateribus fortiter curvatis : antico profunde, interno minus profunde excavato, posteriore externo angulato ; area obscura, his maculis limitata, æque circiter atque maculæ ipsæ lata. Facies tota cum cingulis oculorum alba aut albida ; *mandibulae* basim versus dense squamis albidis latiusculis tectæ, apicem versus pilis albidis instructæ. *Pedum* desiccatorum pictura similis atque humefactorum. *Abdominis* dorsum antice fasciâ ornatum sat latâ inæquali recurvatâ, paullo ante medium fasciâ recurvatâ inæquali, medio angustiore, nonnunquam anguste interruptâ, in lateribus æque fere latâ atque patellæ IV. longæ sunt, aut angustiore, et punctis paucis nigris contaminatâ; pone hanc fasciam dorsum serie mediâ macularum trium ornatur parvarum, formâ variantium (angulatarum aut rotundatarum, nonnunquam valde indistinctarum); partes denique dorsi desuper adspecti posticas laterales maculæ occupant pallidæ, punctis nigris maiusculis paucis contaminatæ, triangulæ, latere antico et interiore excavato, antice usque fere ad fasciam mediam productæ, postice ad mamillas inter se coniunctæ, angulo interno producto et cum maculâ mediâ postremâ plus minusve coniuncto; spatium obscure coloratum, maculis his inclusum, æque circiter longum ac latum, latitudine circiter tibias pedum modo anticorum modo posticorum æquat. Margines areæ obscuræ dorsum abdominis occupantis valde inæquales et indistincti; latera abdominis et venter cinerascenti aut flavido-albida, illa versus dorsum fusco maculata, hic concolor.

16. **Aelurillus festivus** (C. L. Koch). *Bessar.*: Kobilka, 17. V. mas adult.; Teleshovo, pullus; Kishineff, pullus, sine dubio huius speciei.

17. **Ergane arcuata** (Clerck). *Bessar.*: Loganeshti, 15. V. mas ad. et pull. *Transcauc.*: Kutais, pullus detritus, qui huius speciei videtur.

18. **Mævia castriesiana** (Grube *). (*Maevia multipunctata* E. Sim.). *Transcauc.*: Batum, fem. adult.; Tiflis, pullus.

Attus castriesianus Grube synonymum non dubium est *Atti multipunctati* E. Sim. 1869 et *Atti Pavesii* E. Sim. 1875. Vidi exempla huius speciei ad fluvium Ussuri in Asia orientali lecta.

OXYOPIDÆ.

19. **Oxyopes lineatus** (Latr.). *Transcauc.*: Gelati, pull.; Axtafa, pull.; Tiflis, pull.; Kutais, pull.; *Armen.*: Erivan, 10. VI. mas adult. et pull.

Mas ad Erivan lectus ad formam aliqua ex parte mediam inter *Ox. lineatum typicum* et *var. nigripalpem* m. pertinet, quam: *formam intermediam* appello. Eius cephalothorax pallide rufo-testaceus, colore fusco paullulum suffusus, vittis tribus fuscis et nigris ornatus: mediâ in declivi-

---

* «*Attus castriesianus.*» Beschreibungen neuer von den Herren L. von Schrenck, Maack, C. v. Ditmar u. a. im Amurlande und in Ostsibirien gesammelter Arachniden. 1861.

tatis posticæ parte supremâ initium capienti, in dorso partis thoracicæ æque circiter atque pedum tibiæ latâ, in parte cephalicâ fortiter, sinuato dilatatâ et paullo latiore quam spatium ab oculis postremis occupatum; vittæ laterales spatiis fere æqualibus a vittâ mediâ et a marginibus cephalothoracis remotæ, postice paullo longius productæ quam vitta media, eâ paullo latiores, posteriora versus paullo angustatæ et leviter incurvatæ, antice marginem inferiorem oculorum seriei 3-æ attingunt, dilatantur et diffunduntur; facies cum mandibulis fusca, colore rufo suffusa, vittis nigricantibus, quibus *forma typica* ornatur, parum expressis. Sternum rufo-testaceum, marginibus et vittâ mediâ nigris; hæc cum illis utrimque lineis obliquis binis fuscis coniuncta. Palporum pars femoralis subter nigricans, supra et in lateribus fusco-flavida, in latere exteriore apicem versus nigricans; partes patellaris et tibialis supra fusco-flavidæ, in lateribus (præsertim pars tibialis in latere exteriore) nigricantes. Lamina tarsalis nigra, rostro fusco-flavido; palporum forma eadem atque in *forma nigripalpi* (pars tibialis desuper visa in latere exteriore non procul a basi dente parvo ornata, rostrum laminæ tarsalis parum longius quam ²/₃ bulbi genitalis).

20. **Oxyopes heterophthalmus** (Latr.). *Bessar.:* Loganeshti, pull. *Transcauc.:* Tiflis, 3. VI. mas et fem. adult.; Axtafa, 7. VI. fem. adult.

LYCOSIDÆ.

21. **Tarentula tæniopus** n. sp. *Transcauc.:* Kvirili, 31.V. fem. adult. ovis depositis. — Speciei huius pauca exempla, mares et feminas, possideo in Caucaso ad Lagodechi ab A. Ulanowski collecta.

Adeo affinis et similis est *Tarentula taeniopus*, *Tarentulae striatipedi* (Dol.) et *T. striatae* n. sp., ut satis sit notare, quibus rebus ab eis differat.

Lamella characteristica * palporum maris *T. striatae* (fig. 8) ab imo adspecta ambitu pæne deltoidea, margine apicali sive externo paullulum sinuato: anterius convexo, posterius excavato, latere postico leviter concavo, angulo antico exteriore obtuso, exteriore postico acuto (etiam quadrata dici potest, lamella characteristica, angulo antico interiore paullo producto); in latere exteriore sive apicali, prope angulum anticum, dente ornatur nigro deorsum directo, leviter incurvato, acuto, paullo compresso (a latere interiore et paullo a parte posticâ adspectus dens hic late triangularis videtur, apice in latere posteriore leviter, oblique truncato; a fronte adspectus insigniter angustior, leviter incurvatus, apicem versus æquabiliter angustatus, acutus); latus posticum lamellæ replicatum carinam format tenuem angustam, foras et anteriora versus directam, apicem versus foras curvatam, cuius apex externus paullulum ultra aream lamellæ pro-

---

* Cfr. Araneæ Hungariæ. Tom. I. pag. 53.

ductus angulum eius apicalem posticum format; angulus hic a lineâ medianâ bulbi longius remotus est quam dens anterior supra dictus, a dente eo et a margine apicali «partis basalis» bulbi paribus fere intervallis distat. A latere interiore et paullo a parte posticâ adspecti : dens anterior et angulus posticus sinu inter se distant pæne æquabiliter arcuato, duplo saltem latiore quam profundo, angulus posticus paullo minor est et angustior et magis acutus quam dens anterior. Verus apex lamellæ characteristicæ in palpo ab imo adspecto non aut difficilius conspicitur : triangulum format latum humile pellucidum, basi cum toto fere latere externo lamellæ connatum, reflexum sive sursum (bulbum versus) et paullo foras directum.

    T. striatipedis lamella characteristica (fig. 7) ab imo adspecta ambitu trapezoidea, latere exteriore postico cæteris omnibus multo breviore (etiam triangularis dici potest, angulo apicali s. exteriore in latere postico sat late quidem, valde oblique tamen truncato); latus anticum sat fortiter convexum, posticum subrectum (levissime excavatum), apicale subrectum; ipse angulus anticus exterior paullo deflexus dentem format parvum nigrum acutum, insigniter minorem quam in priore ; margo posticus lamellæ sat late supra aream lamellæ replicatus carinam format foras et anteriora versus directam, insigniter altiorem quam in priore ; apex carinæ acutus dentem format a dente anteriore parum remotum et quam ille lineæ medianæ bulbi propiorem. In palpo a latere interiore et paullo a fronte adspecto dentes ambo sinu parvo inter se remoti videntur, æque circiter lato atque profundo et quam dens posterior non latiore; dens posterior anteriore latior, apice late truncatus, angulo antico acuto, postico obtuso, dens anterior pæne triangularis (et dentes et sinus variant paullo formâ). Verum apicem lamellæ char. triangulum format simile atque in priore, sed angustius, ut videtur.

    T. taeniopodis lamella characteristica (fig. 6) ab imo adspecta ambitu quadrangularis, latere apicali sive exteriore in sinum profundum rotundatum exciso, angulo apicali anteriore latius, posteriore anguste rotundato ; latus posticum et anticum leviter rotundata, apicem versus inter se paullo appropinquantia. Angulus apicalis anterior paullo deflexus dentem format oblique positum, brevem, latum, omnino obtusum (quum a latere interiore adspicitur ; in palpo a fronte viso difficilius conspicitur parvus acutus). Latus lamellæ externum (sive apicale) medium deflexum dentem alium format nigrum sat latum, apicem versus non angustatum, apice late paullo oblique truncatum, angulo posteriore acuto (quum a latere interiore adspicitur), a dente anteriore parum remotum, pone eum et lineæ medianæ bulbi propius situm. A parte interiore anticâ adspecti dentes sinum includunt parvum rotundatum, non latiorem quam dentes.

    Differt *T. taeniopus* a *T. striatipedi* et *T. striata* etiam colore sterni fulvi, quam coxæ pedum non multo obscuriore (in exemplis *T. striatipedis* et *T. striatae* omnibus, quæ vidi, sternum fuscum aut nigrum, coxis multo obscurius inveni); sed nota hæc certo non constans est; *femina* enim unica a Cel. Dre HORVÁTH lecta, quæ ova deposuerat, sterni — fusco-nigri — colore ab ambabus reliquis speciebus non differt.*

Feminæ inter se difficilius distinguuntur, imo femina *T. striatae* fortasse non semper a *T. striatipedi* distingui potest.

Ex epigynes areâ corneâ rugosâ pilosâ, parum definitâ sulco varium in modum recurvato pars media postica desecatur, glabra, quam hic areolam appellamus:

T. striatae areola (fig. 12) 0·52—0·54 mm. lata, ca. 0·32 longa, fere pentagona aut fere trapezica: marginibus lateralibus posteriora versus a se discedentibus, latere postico cæteris longiore late rotundato aut in angulum latum fracto. Latus anticum leviter rotundatum aut pæne rectum, medio in dentem *nullum* productum. In angulis lateralibus areola nigra et plus minusve lævis est, partes hæ nonnunquam postice depressione limitantur, aut areola inter eas et apicem posticum utrimque foveâ parum definitâ ornatur; cæterum tota areola rufo-fusca, pæne librata, ubique rugosa. Sulcus, quo areola antice limitatur, arcum format latum recurvum, parum inæquabiliter curvatum, medio nonnunquam levissime sinuatum, utrimque, non procul ab angulis lateralibus anticis areolæ, in foveolam profundiorem dilatatum; foveolæ hæ circiter 0·37—0·44 mm. inter se distant. Cætera pars epigynes, medio plus minusve impressa, in nullum tuberculum evidentius elevata.

T. taeniopodis areola (fig. 9) 0·29—0·32 mm. lata, dente antico (ca. 0·03 mm. longo) incluso 0·23—0·26 longa, in utroque latere rotundata, margine antico medio in dentem producto, margine postico in angulum fracto latum apice rotundatum, cruribus nonnunquam leviter sinuatis. Partes laterales anteriores areolæ tubercula formant nigra nitida lævia, postice solum impressione limitata; quæ impressiones ambæ modo depressione transversâ inter se coniunguntur, apex areolæ posticus tum paullo elevatus apparet, modo disiunctæ sunt, areola tum in lineâ medianâ pæne librata est. Pars areolæ antica, dente incluso, lævis nitidissima, pars posterior plus minusve rugosa. Sulcus, quo areola definitur, non parum inæquabiliter curvatus, medio angulum aut arcum parvum (aperturâ 0·03—0·06 mm.) format pro receptione dentis antici areolæ, ad eum utrimque sinuatus est; area epigynes anterior postice utrimque, ad areolæ marginem anticum, in foveolas impressa est 0·16—0·18 mm. inter se remotas, inter eas, circa

* Similem in modum variat *Tarentula pastoralis* (E. Sm.), cuius sternum a Cel. *E. Simonio* in mare fusco-rufum, coxis non obscurius, in femina nigrum describitur. Pauca exempla huius speciei ab amico meo *J. Bogusz* in monte Vinaigre (Var) collecta mihique dono data, masculina, sternum obscure fuscum, colore rufo paullo suffusum, coxis multo obscurius habent.

dentem anticum areolæ tuberculum format læve nitidissimum, circa 0·14 mm. latum, in lateribus optime definitum; ante tuberculum area foveâ ornatur latâ, sat profundâ, diffusâ.

Epigyne *T. striatipedis* magnopere variat: rarissime eam formam habet, quam in «Araneæ Hungariæ» delineavi (tab. II, fig. 32*a*), areolâ 0·54 mm. latâ, cum dente antico vix 0·16, eo excluso 0·21 mm. longâ, marginibus antico et postico in universum parallelis; exemplum tali epigynes formâ unicum vidi, ad Budatin in Hungaria captum; eodem loco inventum est aliud exemplum epigynes formâ in contrariam partem a formâ vulgari maxime inter omnia, quæ vidi, discedens (fig. 11): areolâ pæne triangulari, sescuplo longiore quam latâ (0·45 mm. latâ, 0·29 longâ), basi sive latere postico in angulum latum fractâ et utrimque leviter sinuatâ, angulis lateralibus late rotundatis, latere antico utroque fortiter curvato concavo, ita ut areola antice in dentem acutum excurrat magnum, basi circiter 0·16 mm. latum, circa 0·13 longum. Plerumqne areola, duplo latior est quam longa, angulis lateralibus et postico rotundatis, lateribus posterioribus plus minusve sinuatis, anterioribus excavatis et dentem includentibus sæpissime acutum. Partes laterales areolæ tubercula similia formant atque in prioribus; postice inter apicem et angulos laterales areola impressione plus minusve distinctâ utrimque ornatur; tuberculis lateralibus exceptis areola tota rugosa est et parum nitet, rarius dens anticus cæteris partibus paullo magis lævis et nitidus, Epigynes area anterior ad marginem posticum utrimque foveolâ ornatur, ab oppositâ circiter 0·32 mm. distanti: eius margo inter foveolas in arcum curvatus est formâ valde variantem et tuberculum format in aliis exemplis in lateribus et antice bene definitum, maximam partem nitidum læve, in aliis nullum. In exemplis 18 exacte dimensis (ad Vindobonam ab amico meo B. Kotula collectis) variat areolæ latitudo inter 0·43 et 0·49 mm., eius longitudo, dente antico incluso, inter 0·16 et 0·26, dente excluso inter 0·13 et 0·18 (dentis longitudo, quæ quidem difficilius æstimatur: 0·03—0·10), intervallum foveolarum: 0·29—0·37, apertura arcus, in quem excisus est margo medius posticus partis anterioris epigynes: 0·10—0·18 mm.

Differunt itaque *T. striatipes* et *T. taeniopus* inter se imprimis latitudine areolæ et latitudine arcus, quo dens areolæ anticus circumdatur; *T. striata* non differt a speciminibus quibusdam *T. striatipedis* nisi areolâ antice rotundatâ, in dentem nullum productâ; dens hic tamen etiam in *T. striatipedi* nonnunquam adeo parum expressus est, ut distinctio harum specierum non parvis difficultatibus sit obstructa. — Utrum *T. striata*, cuius exempla pauca tantum vidi (mares 2 et feminas 3, in Polonia ad Cracoviam lecta), propria sit species, an forma modo *T. striatipedis*, porro inquirendum videtur; esse enim potest, quamquam parum veri simile censeo, ut supra descripta differentia inter lamellas characteristicas *T. stri-*

atipedis et *T. striatae* ex eo solum pendeat, quod lamella illius magis convoluta sit, huius magis explanata.

PISAURIDÆ.

22. Pisauria mirabilis (Clerck). *Bessar.* : Teleshovo, 16. V. fem. pelle nuper exutá et exempla nondum adulta. Feminæ huius epigyne ab apicibus costarum anticarum usque ad marginem posticum 0·48 mm. longa est, in dimidio posteriore 0·36 lata; area in parte posteriore inclusa 0·24 lata, sescuplo fere latior quam in lateribus longa, limbo circumdata lato obtuso, postice duplo latiore quam in lateribus (0·13 et 0·065 lato), in margine postico medio in dentem brevem latum producta, lateribus in dimidio anteriore paullulum sinuatis, angulis anticis apice obtusis, anteriora versus et parum foras directis. Costæ, quibus pars epigynes anterior ornatur, crassæ obtusæ, apice obtuso, parum dilatato, paullo incurvato, antice inter se fere contingentes, foveam includunt æque circiter latam atque costarum apices dilatati, duplo circiter longiorem quam latam, antice breviter, posterius autem longe angustatam. — Differt itaque hæc epigyne non parum ab epigyne exemplorum ætate magis provectâ; ex. gr. in exemplo quodam, quod ova deposuerat, epigynen 0·60 mm. longam, postice 0·52 latam inveni, areâ posticâ 0·44 latâ, 0·26 longâ, in lateris utriusque parte anteriore foveâ profundâ et magnâ ornatâ, quæ fovea in latere interiore et antice costâ circumdatur ex areâ exeunti, anteriora versus directâ, tum foras curvatâ et usque ad latus externum areæ productâ. Limbus areæ in lateribus acutus, postice 0·08 latus. Costæ in epigynes parte anteriore sitæ subacutæ, apicem versus fortiter dilatatæ, apice extrinsecus convexo, intus excavato, itaque acuminatæ; apices earum circiter 0·10 mm. inter se distant, costâ tamen transverse positâ, humili coniunguntur; fovea costis inclusa ca 0·13 lata, circiter sescuplo longior quam lata, antice rotundata, postice acuta. — Nihilominus feminam eam ad Teleshovo captam speciei propriæ adnumerare non audeo, nam epigyne *Pisaurae mirabilis* insigniter mutatur progrediente ætate et in exemplis subadultis, in quibus sub cuticulâ translucens conspici potest, simili est formâ atque in feminâ hac nostra, quæ pellem nuper exuerat.

AGALENIDÆ.

22. Tegenaria inc. spec. *Transcauc.* : Gelati, fem. iuvenis, *T. campestri* C. L. Koch similis, fortasse ab ea non diversa.

CLUBIONIDÆ.

23. **Anyphæna accentuata** (Walck.). *Transcauc.:* Delishan, 8. VI. fem. adulta.

24. **Chiracanthium lapidicolens** E. Sim.? *Bessar.:* Loganeshti, iuven.

25. **Chiracanthium elegans** Thor.? *Bessar.:* Teleshovo, iuven.

26. **Chiracanthium pelasgicum** (C. L. Koch)? *Bessar.:* Teleshovo, iuv.; *Transcauc.:* Delishan, fem. adult.; *Armen.:* Sucho-Fontan, pull. in *Ferula Asa foetida.*

27. **Chiracanthium Pennyi** O. P. Cambr.? *Bessar.:* Teleshovo, iuv.; Loganesthi, iuv.; Kishineff, iuv.; *Armen.:* Aralich, fem. adult.

Omnes hæ species valde dubiæ, mares enim desunt; feminas adultas (quæ in hoc genere plerumque difficile, non raro difficillime agnoscuntur) duas tantum legit Cel. Dr. Horváth earum altera, quam ad *Ch. Pennyi* retuli, staturâ est pro hac specie nimis parvâ (cephal. 2·5 mm. longo), alterius *(Ch. pelasgici?)* color abdominis maximam partem deletus.

Cel. E. Simon *Ch. elegans*, a Cel. T. Thorellio a 1875 descriptum, cuius mandibulæ maris basim versus tuberculo ornantur, non recte pro synonymo *Ch. erronei* O. P. Cambr. habuit (Les Arachn. de France. III. pag. 253); *Ch. elegans* Thor. idem mihi videtur atque *Ch. Letochae* L. Koch 1876.

THOMISIDÆ.

28. **Tibellus parallelus** (C. L. Koch). *Armenia:* Aralich, 13. VI. mas et fem. adult. Præterea exempla non adulta, probabiliter huius speciei: *Bessar.:* Peresetshina, Loganeshti, Kishineff; *Transcauc.:* Kutais.

29. **Tibellus oblongiusculus** (Luc.). *Transcauc.:* Usuntali, exempl. non adultum, paullo dubium; *Armen.:* Aralich, 13. VI. fem. adulta.

30. **Thanatus imbecillus** L. Koch.* *Transcauc.:* Tiflis, 3. VI. fem. adulta.

Cephalothorax paullulum longior est quam tibia IV. (circiter 0·15 mm. = ⅛ patellæ IV.); in *Th. arenario* Thor. cephalothorax tibiam IV. cum dimidia patella æquat. In oculorum anticorum situ differentiam inter *Th. imbecillum* et *Th. arenarium* a Cel. Dre L. Kochio notatam cernere non possum. Epigyne *Th. imbecilli* (fig. 13) differt non parum ab epigyne *Th. arenarii,* nescio tamen, an constanter, quum unicum modo exemplum illius viderim. Fovea epigynes lateribus fortiter rotundatis, duplo fere latior quam longa, marginibus — excepto medio postico, qui depressus

* In: Naturwissenschaftliche Beiträge zur Kenntniss der Kaukasusländer, auf Grund seiner Sammelbeute herausgegeben von Dr. Oscar Schneider. Dresden, 1878.

est — acutis circumdata, profunda; marginis antici medii pars latitudine dimidiam foveam æquans in foveam ingreditur et ligulam format duplo fere latiorem quam longam, triangularem, lateribus leviter rotundatis et paullulum elevatis, libratam et æque atque foveæ margines elevatam; quæ ligula pars antica septi est, cuius pars reliqua in fundo foveæ iacet, supra eum vix elevata, foveæ latitudinem dimidiam paullo superans, lateribus paullulum rotundatis, apicem versus paullulum angustata. In epigyne ab imo adspectâ margines foveæ laterales cum marginibus septi areas includunt latas pæne semicirculares. *Th. arenarii* fovea eâdem fere est latitudine atque septum, hoc totum in foveam impressum, parte anticâ non elevatâ.

31. **Philodromus dispar** (Walck.). *Bessar.:* Kobilka, pull.; *Transcauc.:* Delishan, 3. VI. mas et fem. adult.

32. **Philodromus rufus** Walck. *Chers. Taur.:* Jalta, 20. VI. fem. adult. probabiliter huius speciei, colore abdominis deperdito.

33. **Philodromus lepidus** Blackw. (*Ph. maritimus* E. Sim.). *Armen.:* Aralich, 13. VI. fem. adult. et iuven. — Nescio, an recte ad hanc speciem, mihi ignotam, quæ teste Cel. E. Simonio in Europa meridionali, Africa septentrionali, Transcaspia ocurrit, retulerim exempla pauca *Philodromo fallaci* Sund. in insulâ Norderney invento satis similia. A descriptione Cel. E. Simonii in Les Arachnides de France differre hæc exempla videntur oculis posticis mediis quam laterales non minoribus; dorsum abdominis eorum in dimidio posteriore secundum medium albidum est, versus latera cinereum et fusco punctatum; area hoc colore picta angustior quam abdomen, ovata, postice acuminata, in latere utroque maculis ornatur parvis obliquis alternantibus albis quatuor et fuscis quatuor; maculæ albæ 1-a et 3-a foras paullo productæ; maculæ fuscæ binæ oppositæ lineolis transversis fuscis coniunguntur binis (quarum posterior quæque anteriore melius expressa est), anteriores angulatis, posteriores arcuatis; pars postica areæ angusta, modo satis obsoleta fusca, modo in lineolas fuscas transversas circiter quatuor divulsa, mamillas attingit; tota hæc pictura insigniter varians, nonnunquam, maculis lateralibus et parte posticâ exceptis, valde indistincta. Pedes pallidi sat dense punctis fusco-nigris adspersi, annulis carent aut annulis obsoletis e punctis densius congestis formatis ornantur.

34. **Philodromus aureolus** (Clerck). *Transcauc.:* Delishan, 8. VI. mas et fem. adult., typica. Exempla non adulta, probabiliter huius speciei, collecta sunt in *Bessar.:* Teleshovo, Kishineff, *Transcauc.:* Kutais, Kvirili, *Armen.:* Tshubuhli.

35. **Philodromus aureolus** (Clerck). *Subsp.:* **cæspiticola** (Walck.). *Bessar.:* Loganeshti; *Transcauc.:* Gelati; exempla non adulta, *fortasse* huius subspeciei.

36. **Philodromus collinus** C. L. Koch? *Transcauc.:* Delishan, exempla non adulta.

37. **Philodromus dilutus** Thor.? *Transcauc.:* Tiflis, pullus fortasse huius speciei.

38. **Philodromus iuvencus** n. sp. *Armen.:* Aralich, 13. VI. femina adult.

Femina cephalothorace aeque longo ac lato, oculis anticis paene aequalibus, mediis inter se fere tripla sua diametro remotis, mediis posticis quam antici paullulum minoribus, inter se longius quam ab eis remotis, lateralibus posticis a mediis posticis et a lateralibus anticis paribus fere intervallis distantibus, tibiis anterioribus subter aculeis 2.2.2 armatis, pedibus non annulatis, abdominis dorso similem in modum atque in Ph. aureolo picto, ochroleuco et pallide violaceo-fulvo, epigyne partibus corneis carenti, foveolis duabus oblongis longitudinalibus instructa, humefacta lineis fuscis ornata duabus paene parallelis, antice foras non curvatis. Long. 4·2 mm.

Cephalothorax 1·65 mm. longus et latus. *Oculi* medii postici anticis paullulum minores, cæteri subæquales (fortasse antici medii lateralibus perparum maiores, lateralibus posticis perparum minores); antici medii inter se et ab oculis mediis posticis intervallis pæne æqualibus, diametro suâ fere 3-plo maiore remoti, coniunctim spatium occupant æque latum atque intervallum oculorum mediorum posticorum, qui inter se paullo longius quam ab oculis lateralibus posticis distant; spatium oculis mediis anticis et lateralibus anticis interiectum diametro sescuplo longius; oculi laterales antici a mediis posticis paullulum longius quam a mediis anticis remoti (circa 7 : 6), laterales postici a mediis posticis et a lateralibus anticis paribus fere intervallis distantes. *Pedum* anticorum femora supra aculeis 1.1.1, in latere antico 1.1, pedum II. supra 1 paullo pone medium, 2 ad apicem et 1 in latere antico pone medium, femora III. et IV. supra aculeis 1.1.1 instructa; tibiæ omnes subter aculeis 2.2.2, supra apicem versus aculeo 1, præterea in latere utroque aculeis 1—3 armatæ (aculei 3 in tibiæ I. latere antico, 2 in latere antico cæterarum tibiarum et in postico tibiæ I. et IV., in latere eodem tibiæ II. et III. 1 aut 2); metatarsi omnes, præter aculeos apicales, subter aculeis 2.2 in utroque latere aculeis 1 aut 1.1 instructi. (Aculei pro parte, præsertim in pedum lateribus, parum quam pili maiores et certo parum constantes; in exemplo unico, quod vidi, desunt duo pedes anteriores sinistri.) Femur I. 1·75, patella 0·80, tibia 1·26, metatarsus 1·13, tarsus 0·65, partes eædem pedum II : 2·69, 0·80, 1·56, 1·38, 0·73, pedum III : 1·67, 0·73, 1·09, 1·06, 0·51, pedum IV : 1·63, 0·65, 1·09, 1·13, 0·47 mm. longæ. *Abdomen* 2·5 mm. longum, 1·9 latum, mamillis paullo prominentibus, ovatum, in dimidio posteriore latius, antice rotundato truncatum et medio paullulum incisum et sulcatum, postice acuminatum (mamillis inclusis pæne in angulum rectum contractum). *Epigyne* parva, humefacta pallida est et ad marginem posticum vittis duabus fuscis longitudinalibus ornatur, ca 0·15 mm. longis, coniunctim aream occupantibus antice paullulum latiorem quam postice, circiter sescuplo longiorem quam medio latam, levissime foras curvatis, versus apices paullulum angustatis, ita ut intervallum earum medio leviter constrictum evadat; quibus vittis in epigyne siccatâ (fig. 14) foveolæ respondent paullulum breviores, latiores, antice et intus marginibus limitatæ præruptis, in latere exteriore autem obtusis et diffusis; septum foveis interiectum angustius quam in epigyne humefacta videtur, pilosum, antice paullulum fortius, postice perparum dilatatum.

Cephalothorax (humefactus) pallide incarnatus, colore flavo suffusus, *limbo marginali* * albido, posterius latiore, anterius angusto et paullo inæquali; *vittis lateralibus* in universum pallide umbrinis; earum margines interiores leviter concavi, modice definiti, parum inæquales, postice latitudine areæ oculorum inter se distant, antice oculos laterales posticos attingunt, ab eis pallidiores fiunt et in angulos clypei descendunt; pallide fulvæ sunt hæ vittæ, lineolis albidis angustissimis reticulatæ, punctis adspersæ nigro-umbrinis, versus margines præsertim postice et secundum lineas radiantes binas et ad lineas albidas densius congestis, ita ut vitta utraque maculis tribus albido-umbrinis notata videatur; *macula cephalica angulata* albida, pone oculum lateralem posticum utrumque maculâ oblongâ pallide flavido-incarnatâ ornata, parte mediâ pæne deletâ: colore pallide flavido-incarnato suffusâ et punctis umbrinis adspersa, e quibus punctis quatuor maiora, bina in ipsa maculâ, bina in eius margine postico sita, lineam leviter recurvatam designant: *macula cephalica cuneata* lineâ albidâ mediâ, inter oculos medios initium capienti, paullo ultra medium productâ, picta, ad eam utrimque lineolis binis longitudinalibus, parum expressis, albidis ornata; oculi omnes colore albido cincti, prætera area oculorum inter seriem anteriorem et posteriorem lineâ albidâ recurvatâ ornatur, oculos laterales posticos attingenti, cum cingulis oculorum mediorum posticorum coniunctâ, inter oculos medios anticos in maculam dilatatâ; facies utrimque lineolâ albidâ ornatur ab oculo laterali antico sub oculum lateralem posticum ductâ, libratâ, inter oculos laterales et sub eis et inter oculos anticos medios et clypei angulos umbrino punctata; clypei margo albidus. Pars thoracica *vittae mediae* ad apicem maculæ cephalicæ angulatæ maculâ parvâ pallide umbrinâ picta, utrimque lineolis radiantibus albidis ternis, quarum postremæ ramosæ et reticulatæ, ornata. *Mandibulae* colore cephalothoracis, punctis umbrinis adspersæ. *Sternum* isabellino-album; *maxillae labium palpi pedes* ochroleuca, colore fulvo paullo suffusa; palpi punctis umbrinis adspersi; pedes in apice femorum patellarum tibiarum supra anguste albido marginati, annulis evidentioribus carent;

---

* Cfr.: CHYZER et KULCZYNSKI, Araneæ Hungariæ. I, pag. 109 nota.

basis patellarum, tibiarum basis in utroque latere et dorsum prope apicem in pedibus posterioribus obsolete fulvo maculata; præterea pedes punctis umbrinis adspersi in femoribus patellis tibiis, in femorum præsertim anteriorum latere antico inferiore maioribus quam cæterum. *Abdomen* supra ochroleucum, colore pallide violaceo-fulvo et pallide cinereo maculatum: *macula lanceolata* medium fere dorsum attingens, modice definita, apice subacuto, marginibus parum inæqualibus, pallide cinerea, paullo ante medium in margine utroque puncto umbrino ornata; *vitta media pallida* ochroleuca, in dorsi dimidio anteriore parum definita, in posteriore nusquam evidentius interrupta, marginibus crenatis, paullo pone medium maculæ lanceolatæ puncto umbrino ornata; *vitta dorsualis intermedia* violaceo-fulva, in dimidio posteriore solum distincta, paullo pone apicem maculæ lanceolatæ maculâ parvâ rotundatâ umbrinâ ornata, in dorsi $1/3$ postico utrimque serie punctorum ochroleucorum circa 5 notata et punctis his posterius divulsa; latera dorsi desuper adspecti paullo pone $2/3$ longitudinis utrimque arcu brevi transverso procurvo, latera abdominis obscure colorata attingenti, intus paullo dilatato, plus minusve inæquali aut interrupto, prope mamillas autem in ipso margine maculâ parvâ triangulari umbrinâ ornata, a macula hac usque ad arcum anteriorem in ipso margine anguste umbrino limbata, cæterum ochroleuca, præsertim in $2/3$ anterioribus colore pallide violaceo-fulvo parum expressa ita marmorata, ut formentur utrimque vittæ tres ochroleucæ obliquæ, magis retro quam foras directæ, inter se parallelæ: earum antica partem dorsi anticam lateralem occupat, a margine limbo angusto pallide violaceo-fulvo distincta, secunda a puncto umbrino maculæ lanceolatæ plus minus versus medium latus abdominis ducta; hæ vittæ obscurius marmoratæ; tertia eis brevior, melius expressa, non contaminata, marginem exteriorem maculæ umbrinæ in vittâ intermediâ sitæ cum apice interiore arcus umbrini, supra dicti, coniungit. *Latera abdominis* supra violaceo-fulva anterius, umbrina posterius, maculis ochroleucis contaminata, infra pallide ochroleuca umbrino reticulata; *venter* pallide ochroleucus picturâ evidentiori caret. — *Pubes*, quæ restat in cephalothorace et in abdomine supra exempli nostri unici, nivea opaca.

39. **Tmarus Horváthi** n. sp. *Transcauc.*: Kutais, 27. V. femina adulta.

Femina oculis mediis posticis quam antici insigniter maioribus, inter se et ab eis paribus intervallis remotis, abdomine postice cuneiformi, epigynes foveâ optime definitâ, latiore quam longâ, posteriora versus leviter dilatata.

Tmaro pigro (WALCK.) ut ovum ovo similis, non differre ab eo videtur nisi *epigynes* formâ. Hæc (fig. 15) foveâ ornatur magnâ, trapezicâ, postice paullo latiore quam antice, lateribus omnibus leviter, angulis autem for-

titer rotundatis, circa ¹/₄ latiore quam longâ, marginibus antico et lateralibus acutis, postico etiam bene definito, ab epigynes margine postico circiter ¹/₄ longitudinis foveæ remoto. Fundus foveæ insigniter inæqualis : in
lineâ mediâ in sulcum impressus latum concavum, antice leviter dilatatum
et marginibus limitatum acutis, leviter inflexis, cum foveæ margine antico
coniunctis ; pars lateralis utraque in dimidio posterior insigniter profundior
quam in dimidio anteriore, quod supra illud postice marginis instar cornei
acuti librati, transversi, sinuati (apice exteriore anteriora versus flexo, apice
interiore retro curvato) prominet ; sub margine hoc foramen bursæ seminalis iacet, maiusculum, rotundatum, materiâ quadam resinaceâ repletum
(in exemplo nostro unico).

Color idem atque formæ *Tmari pigri* plerumque occurrentis. *Abdominis* dorsum pallide cinereum, colore flavo paullulum suffusum, margine
antico et vittâ medianâ mediocri latitudine paullo pallidioribus, umbrino
punctatum præsertim versus vittam medianam, lineis tribus recurvatis (anticâ angulatâ potius) ornatum, marginem lateralem non attingentibus,
medio plus minusve late interruptis, umbrinis, postice albido limbatis,
quarum antica paullo ante medium dorsum, secunda circiter in ²/₃ longitudinis iacet ; apex tuberis, in quod elevatum est abdomen supra mamillas,
umbrino maculatus ; abdominis pars postica (mamillis, tuberi dorsuali,
parti abdominis latissimæ interiecta) deltoidea supra albida, inferius cinerea, hic præsertim punctis obscure coloratis adspersa, quæ in margine inferiore in vittam congesta sunt inæqualem ; dorsum inter margines huius
quadranguli et apices linearum recurvatarum, supra dictarum, vittâ obliquâ
inæquali pallide ochroleucâ, punctis nigricantibus paucis adspersâ, ornatum.
Venter albidus colore flavido-cinereo suffusus, punctis minutis nigricantibus adspersus, secundum medium vittâ ornatus pallide atropurpureâ, antice
epigynen amplectenti, postice acuminata mamillas attingenti.

Cephalothorax mandibulis exclusis 1·8 mm., cum eis 2·05 mm. longus, totius corporis longitudo 5·3 mm.

40. **Xysticus Kochii** Thor. *Bessar.:* Kishineff, 19. V. mas et fem.
adulta : *Transcauc.:* Kvirili, 31. V. mas adult., Delishan, 3. VI. mas ad.

41. **Xysticus cristatus** (Clerck). *Bessar.:* Kishineff, 19. V. mas et
fem. adult. ; iuniores fortasse huius speciei lecti in *Bessar.:* Kobilka et in
Transcauc.: Gelati, Kutais.

42. **Xysticus lateralis** (Hahn). *Transcauc.:* Delishan, 8. VI. fem. adult.

43. **Xysticus acerbus** Thor. var.? **obscurior** n. *Bessar.:* Kishineff,
19. V. fem. adulta.

Forma et pictura eadem atque typici *X. acerbi*, statura paullo minor
(cephalothorax 2·7, cum abdomine 6·7 mm. longus), color alius : testaceum
fere non sentiens, nisi in pedum metatarsis et tarsis et in palporum partibus

patellari tibiali tarsali, ita ut partes obscuræ cephalothoracis et pedum non badiæ sed fuligineæ sint, folium dorsuale abdominis non pallide lateritium sed umbrino cinereum, punctis umbrinis maioribus minoribusque adspersum, vittâ mediâ — ut in *X. acerbo* — dentibus lateralibus exceptis, parum expressâ.

Color varietatis huius idem fere atque *X. fratris* O. Herm., epigyne tamen paullo alia (neque foveolas eas in foveæ fundo, quas in «Araneæ Hungariæ» delineavi, neque tubercula oblonga membranacea, quæ loco earum nonnunquam inveniuntur, ostendit).

44. Synæma globosum (Fabr.). *Transcauc.:* Kvirili, 30. V. mas adult., Kutais, 27. V. mas adult.

45. Diæa dorsata (Fabr.). *Transcauc.:* Delishan, pullus certo huius speciei.

46. Heriæus Savignyi E. Sim. *Transcauc.:* Kutais, pullus haud dubie huius speciei.

47. Runcinia lateralis (C. L. Koch). *Transcauc.:* Kutais; *Armen..* Erivan; utroque loco exempla lecta non adulta.

48. Misumena vatia (Clerck). *Transcauc.:* Kvirili, ex. non adult., Tarsatshai, 8. VI. fem. adult., Delishan, 8. VI. mas adult. et pull., Kutais, pull.

49. Misumena tricuspidata (Fabr.). *Transcauc.:* Gelati et Kutais, pulluli probabiliter huius speciei.

50. Misumena (?) *sp.* probabiliter nova. *Armen.:* Novo-Nikolajewka; pullus habitu *Misumenae vatiae,* areâ oculorum insignis utrimque in tuberculum elevatâ simile fere atque in *Thomiso albo* (Gmel.), sed humilius et obtusum.

51. Thomisus albus (Gmelin). *Bessar.:* Kishineff et Kobilka, pulli; *Transcauc.:* Kutais, Tiflis, Axtafa, pulli; *Armen.:* Aralich, 13. VI. mas adult.

ARGIOPIDÆ.

Epeirinae.

52. Epeira dromedaria (Walck.). *Bessar.:* Kobilka, 17. V. mas et fem. adult.

53. Epeira dalmatica Dolesch. *Transcauc.:* Kutais, exempla non adulta, ab exemplis in Croatia lectis nulla re distincta.

54. Epeira diademata (Clerck)? *Cherson.:* Sebastopol; *Transcauc.:* Kutais; pulluli fortasse huius speciei.

55. Epeira cucurbitina (Clerck). *Bessar.:* Kobilka, Teleshovo; *Transcauc.:* Kutais, Tarsatshai, Delishan; hic 8. VI. mas adult. captus, cætera exempla omnia non adulta.

56. **Epeira Victoria** Thor.? *Transcauc.:* Tiflis, exemplum non adultum.

57. **Epeira ceropegia** (Walck.)? *Transcauc.:* Delishan, exempl. non adult.

58. **Epeira cornuta** (Clerck). *Transcauc.:* Batum, pull.; *Armen.*. Tshubuhli, 9. VI. mas ad., Elenovka ad lacum Goktshai, iuv.

59. **Epeira adianta** (Walck.). *Transcauc.:* Kvirili, iuv., Usuntali, 3. VI. fem. adult.

60. **Epeira acalypha** (Walck.). *Bessar.:* Loganeshti, iuv.; *Cherson.:* Sebastopol, iuv.; *Transcauc.:* Kutais, 27. V. fem. adult.; Delishan, iuv.; Gelati, 28. V. mas adult.; *Armen.:* Erivan, 10. VI. fem. adult.

61. **Singa nitidula** C. L. Koch. *Bessar.:* Teleshovo et Loganeshti, iuven.; *Transcauc.:* Batum, fem. adult. primo aspectu a formâ vulgari paullo diversa, a qua tamen re verâ non differt nisi ramulis vittæ mediæ pallidæ fusco-flavidis, punctis albis maximam partem carentibus.

62. **Singa sp.?** (fortasse *sanguinea* C. L. Koch). *Bessar.:* Kobilka, iuven.

Tetragnathinae.

63. **Tetragnatha extensa** (Linné)? *Transcauc.:* Batum; *Armen.*. Tshubuhli; pulluli.

Linyphiinae.

64. **Lephthyphantes tenuis** (Blackw.). *Transcauc.:* Usuntali, 3. VI. fem. adulta.

65. **Micryphantes rurestris** C. L. Koch. *Transcauc.:* Kvirili, 31. V. mas et fem. ad.; *Armen.:* Erivan, 10. VI. fem. adult.

66. **Erigone dentipalpis** (Wider). *Transcauc.:* Kvirili, 31. V. mas adult.

77. **Brachycentrum odontophorum** n. sp. *Transcauc.:* Tiflis, 3. VI. mas adult.

Mas clypeo convexo, parte thoracicâ pone eminentiam cephalicam non impressâ, punctis impressis in lineas radiantes dispositis ornatâ, laminâ tarsali prope basim in dentem acutum elevatâ.

Cephalothorax 0·73 mm. longus, 0·60 latus, desuper visus piriformis, postice late leviter emarginatus, lateribus posterius sat fortiter rotundatis, anterius longe attenuatus lateribus leviter sinuatis, antice breviter rotundatus, lævis nitidus, margines versus obsolete plicatus, sulco ordinario carens, punctis maiusculis impressis ornatus in parte thoracicâ utrimque in series ternas dispositis radiantes, in dorsi partem summam libratam non productas, in laterum parte superiore solâ distinctas, inferius divisas et confusas. Pars cephalica in tuber elevata longitudine circiter

³/₄ tibiarum anticarum æquans; parum longius quam latum (17 : 15), duplo
circiter humilius quam altum, late ovatum, postice latius, supra sat fortiter
deplanatum, infra circumcirca sulco bene definitum, latere antico fortiter
declivi, postico prærupto, pæne impendenti. Pars dorsi pone tuber cephalicum sita, eo multo brevior, sublibrata, antice non impressa, imo breviter
adscendens : pars dorsi postica longa, pæne recta, modice declivis. *Oculi*
medii postici in tuberis cephalici parte anteriore siti, foras et paullo
sursum et anteriora versus spectantes, inter se circiter duplâ suâ
diametro remoti; series oculorum anticorum deorsum curvata : marginibus inferioribus mediorum parum demissius sitis quam margines
superiores lateralium; oculi medii lateralibus non multo minores, inter
se circiter ¹/₈ diametri, a lateralibus pæne tota diametro remoti; oculi
medii antici et postici trapezium formant parum longius quam latum postice et duplo fere longius quam latum antice (12 : 11 : 7). Clypeus
sub oculis mediis dimidiam faciei altitudinem occupat, in longitudinem
fortiter convexus, superius declivis, infra fortiter reclinatus est. *Mandibulae*
clypeo paullo breviores. *Maxillae* valde in labium inclinatæ, palpos in
parte extremâ marginis antici gerunt. *Labium* breve latum. *Sternum* æque
circiter latum ac longum, postice inter coxas IV. productum ibique pæne
æque atque hæ coxæ latum, sursum curvatum, apice late truncato, non carinato, nitidum, punctis impressis maiusculis ornatum, margines versus
magis congestis, medio læve. *Palporum* pars patellaris fere duplo longior
quam lata; pars tibialis (fig. 17) subter valde brevis, supra una cum processu apicali sescuplo longior quam pars patellaris, margine apicali superiore in processum producto lamelliformem, æque circiter atque pars patellaris longum, basi cum toto fere margine dicto connatum, a basi anteriora
versus et paullo sursum et intus directum, in dimidio apicali leviter ita
curvatum; ut anteriora versus et paullo sursum sit directus, prope medium
triplo saltem angustiorem quam longum, apicem versus leviter contortum,
ita ut desuper angustior videatur quam a latere interiore, in tertia parte
apicali intus oblique truncatum, summo apice obtusiusculo (fig. 16). Pars
tarsalis longitudine totam partem tibialem cum ¹/₈ partis patellaris æquat,
desuper adspecta pæne ovata, apice rotundata, prope basim versus latus
exterius in dentem elevata altitudine ¹/₈ crassitudinis partis patellaris saltem æquantem, æque pæne latum, compressum, apice acutiusculum, sursum
directum. Paracymbium falcatum, planum, apice obtusum. Bulbi genitalis
(fig. 18) «pars basalis» ex anfractibus constat duobus, pæne transverse
positis, «pars apicalis» in latere interiore trabeculam format corneam,
paullo contortam, transverse positam, retro curvatam, apice obtuso (qui
apex etiam in palpo desuper viso conspicitur non procul a basi partis tarsalis in latere interiore prominens), in latere exteriore spinâ (embolo)
ornatur gracili nigrâ, paullo pone medium bulbum prope a latere exteriore

emergenti, leviter sigmoideâ, a basi anteriora versus et deorsum directâ, tum anteriora versus et sursum curvatâ, paullulum ultra apicem laminæ tarsalis prominenti; embolus membranâ magnâ, in transversum deorsum, in longitudinem autem sursum curvatâ, parum arcte obvolvitur. *Pedum* I. femur 0·44, patella 0·16, tibia 0·37, metatarsus 0·31, tarsus 0·29, pedum IV. partes: 0·54, 0·18, 0·49, 0·37, 0·26 mm. longæ; aculeus in tibia IV. supra situs parvus. *Abdomen* 1·17 mm. longum, 0·87 latum, pæne ellipticum, sat fortiter deplanatum, dorso scuto duriusculo crasse umbilicato-punctato tecto.

Cephalothorax umbrinus colore rufo paullulum suffusus, lineis radiantibus partis thoracicæ obscurioribus, tubere cephalico et *mandibulis* paullo pallidioribus, *sternum* fuligineum, *pedes* et *palpi* pallide flavidi, illi colore rufo, hi præsertim in parte tibiali et tarsali colore fusco suffusi; *abdominis* scutum dorsuale castaneum, latera et venter flavido-umbrina.

Brachycentrum parallelum (Wɪᴅ.) speciei huic valde affine est et simile, differt ab eâ præsertim tubere cephalico insigniter angustiore, processu tibiali palporum æquabiliter angustato, neque in latere interiore oblique truncato, laminá tarsali prope basim leviter angulatâ neque in dentem elevatâ.

THERIDIIDÆ.

68. **Enoplognatha inc. spec.** *Armen.:* Tshubuhli, iuven.

69. **Lithyphantes Paykullianus** (Wᴀʟᴄᴋ.). *Transcauc.:* Gelati, 28. V. fem. adult.; unius exempli sulcus epigynes clausus est et margine postico elevato in epigyne ab imo adspectâ occultus.

70. **Asagena phalerata** (Pᴀɴᴢ.). *Transcauc.:* Batum, iuv.

71. **Crustulina guttata** (Wɪᴅᴇʀ.). *Bessar.:* Kobilka, 17. V. fem. adult.

72. **Theridium lineatum** (Cʟᴇʀᴄᴋ.). *Transcauc.:* Tarsatshai, iuven.

73. **Theridium impressum** L. Kᴏᴄʜ. *Bessar.:* Loganeshti, iuven.; *Transcauc.:* Kutais, pull., Usuntali, iuven., Axtafa, 7. VI. mas adult.

74. **Theridium denticulatum** (Wᴀʟᴄᴋ.). *Bessar.:* Peresetshina, 16. V. mas adult.

75. **Theridium tinctum** (Wᴀʟᴄᴋ.)? *Transcauc.:* Delishan, iuv.

76. **Theridium vittatum** C. L. Kᴏᴄʜ. *Transcauc.:* Kvirili, exempl. non adultum, probabiliter huius speciei.

77. **Euryopis læta** (Wᴇsᴛʀɪɴɢ). *Bessar.:* Kishineff, 19. V. fem. adulta.

78. **Episinus lugubris** E. Sɪᴍ. *Transcauc.:* Tiflis, 3. VI. mas adult.

DRASSIDÆ.

79. **Drassodes lapidicola** (Wᴀʟᴄᴋ.). *Transcauc.:* Tiflis, 3. VI. mas adult. et femina iuven.

80. **Prosthesima apricorum** L. Koch. *Bessar.:* Teleshovo, 16. V. fem. adult.

81. **Callilepis nocturna** (Linn.). *Transcauc.:* Delishan, 8. VI. fem. adult.

ERESIDÆ.

82. **Eresus niger** (Petagna). *Bessar.:* Kishineff, pullus.

DICTYNIDÆ.

83. **Titanœca Schineri** L. Koch. *Bessar.:* Teleshovo, mas iuven.

84. **Dictyna arundinacea** (Linné). *Bessar.:* Loganeshti, 15. V. mas et fem. adult., Teleshovo, 16. V. mas adult.; *Transcauc.:* Delishan, 8. VI. fem. ad.; *Armen.:* Tshubuhli, 9. VI. mas ad.

85. **Dictyna uncinata** Thor. *Bessar.:* Teleshovo, 16. V. mas et fem. adult., Loganeshti, 15. V. mas ad., Kishineff, 19. V. mas ad.

86. **Dictyna armata** Thor. *Transcauc.:* Gelati, 28. V. mas adult.

87. **Dictyna ignobilis** n. sp. *Armen.:* Elenovka ad lacum Goktsha, 9. VI. (Bessar.: Kobilka, mas iun. fortasse huius speciei).

Femina cephalothorace fusco, abdomine supra pallide fusco, picturâ nigricanti, totam longitudinem occupanti, antice e vittâ latâ constanti, ornato, pedibus flavidis obsolete fusco annulatis, mandibularum marginibus interioribus rectis, oculis posticis paribus intervallis, anticis mediis inter se longius quam a lateralibus remotis, epigyne foveis duabus, septo anguste cuneiformi disiunctis, ad marginem posticum ornatâ. Long. paene 3 mm.

Cephalothorax 1·1 mm: longus, 0·9 latus, nitidus, pæne lævis (omnium subtilissime reticulatus), flavido-fuscus, marginibus nigris, lineis tenuibus fuscis parum expressis 5 in parte cephalicâ, 3-bus radiantibus in parte thoracicâ utrimque ornatus; pars cephalica pilis albis in lineas 5 congestis tecta. *Oculorum* series posterior leviter recurvata, oculi subæquales, paribus intervallis, quam diameter paullulum maioribus remoti; series anterior levissime procurva, oculi medii posticis mediis parum maiores, inter se circiter diametro suâ, a lateralibus spatiis quam radius maioribus remoti; area oculorum mediorum antice paullulum angustior quam postice, paullulum brevior quam lata antice; clypeus sub oculis mediis eorum diametrum altitudine paullo superans. *Mandibulae* flavido-fuscæ, dorso obsolete transverse rugoso, parum nitido, humefactæ apice et prope basim solum inter se contingere, cæterum rimam angustam includere videntur, quæ rima tamen in animali desiccato conspici non potest. *Maxillae* fuscae, *sternum* et *labium* nigro-fusca, illud læve (punctis, quibus pili innati sunt, exceptis), nitidum. *Palpi* fusco-flavidi, parte tarsali pallidiore; *pedes* fusco-flavidi, obsolete fusco annulati in patellis, prope basim et in apice tibiarum, anguste in metatarsorum apice, femora apicem versus infuscata. Tibia cum patella I. 1·1, IV. 0·95 mm. longa. *Abdominis* forma vulgaris; cribellum integrum videtur; *epigyne* formâ eadem atque in *D. arundinacea* (L.) prope marginem posticum foveis ornatur duabus, antice rotundatis, margine antico et interiore acutis, in latere exteriore et postico apertis; septum, quo foveæ inter se distinguuntur, postice angustissimum, anteriora versus leviter dilatatum, a latere adspectum postice in longitudinem arcuatum; foveæ ambæ spatium æque circiter latum occupant, atque coxæ IV. longæ sunt, et duplo saltem latius quam longum. Abdominis dorsum (fig. 19) pallide fuscum, desuper visum anguste fusco-nigro limbatum et colore nigro-fusco secundum medium pictum: antice vitta iacet æque fere atque oculorum area lata, medium dorsum fere attingens, antice leviter angustata, in dimidio posteriore modice constricta; dimidium posterius angulis pictum quatuor, gradatim tenuioribus, melius distinctis, et pone eos fortasse duobus parum perspicuis; angulus anticus, apice cum parte postrema vittæ anticæ coniunctus, angulum pallide fuscum continet, utrimque foras et anteriora versus infractus et cum limbo laterali fusco plus minusve coniunctus est; apex anguli 2-di uterque lateralis rotundatus; abdominis latera nigro-fusca, obsolete et parce pallide fusco maculata, præsertim postice; venter parum pallidior, in latere utroque vittâ longitudinali pallide fuscâ notatus. Mamillæ nigro-fuscæ. (Abdominis pubes maximam partem detrita.)

88. **Dictyna annulata** n. sp. *Bessar.:* Teleshovo, 16. V. fem. adulta.

Femina cephalothorace nigro nitido, abdomine supra fusco-cinereo, picturâ ornato nigricanti totam longitudinem occupanti, antice e vittâ longitudinali mediocri latitudine, postice profunde incisâ, constanti, pedibus flavidis fusco aunulatis, mandibularum marginibus interioribus rectis, oculis mediis et anticis et posticis inter se longius quam a lateralibus remotis, epigyne foveis duabus a margine postico longe distantibus ornatâ. Long. ca 2·6 mm.

Cephalothorax circa 0·9 mm. longus, lævis, nitidus, niger, parte cephalicâ supra paullulum pallidiore. *Oculorum* series posterior paullulum recurva, oculi subaequales, medii a lateralibus diametro suâ, inter se paullo longius remoti; series anterior leviter procurva, oculi medii paullulum maiores videntur quam medii postici, inter se diametro suâ et duplo fere longius quam a lateralibus distant; oculorum mediorum area antice paullulum augustior quam postice et aeque fere lata atque longa; clypeus sub oculis mediis eorum diametro sescuplo fere altior. *Mandibularum* humefactarum margines iuteriores prope basim et apice inter se contingere, caeterum rimam augustam formare, siccatarum secundum totam longitudinem (summâ basi exceptâ) inter se contingere videntur; earum color umbrino-niger, apicem versus umbrinus; *maxillae* et *labium* umbrino-nigra, apice pallidiora; *sternum* umbrino-nigrum, medio paullulum pallidius; *palpi* fusco-flavidi; *pedes* fusco-flavidi, annulis fuscis diffusis ornati: latis pone basim femorum et tibiarum, augustioribus in illorum et harum apice; patellae anteriores fere totae, basi exceptâ, posteriores praesertim in lateribus infuscatae; metatarsi apice auguste infuscati, anteriores etiam pone basim vestigio annuli parum expressi ornati. Tibia cum patella pedum I. 0·88, pedum IV. 0·75 mm. longa. *Abdominis* forma ordinaria; cribellum integrum; *epigynes* (fig. 21) margo posticus niger transverse plicatus, caetera area pallidior, fusca, foveolis ornata duabus paene ovatis, antice latioribus, inter se ne dimidiâ latitudine suâ quidem distantibus, ab epigynes margine postico spatio remotis parum breviore, quam sunt coxae IV. longae, et aeque circiter longo, atque spatium latum est, quod ab eis ambabus occupatur. Dorsum abdominis (fig. 20) umbrino-cinereum (cinereum, pallide umbrino reticulatum), colore nigro-fusco pictum: antice vittâ ornatum inaequali, circiter aeque latâ atque tibia cum patella III. longa est, antice leviter augustatâ, in dimidio posteriore primo augustatâ, tum leviter dilatatâ et in ramos tres divisâ, quorum medius crassior est quam laterales retro et paullo foras directi; haec vitta circiter $^2/_5$ longitudinis occupat; eius ramulus apicalis medius cum angulo coniungitur paene recto, paullo quam ipsa latiore; sequuntur, in dimidio posteriore dorsi, anguli similes circiter 7, quorum anteriores quatuor saltem alternantes crassiores et tenniores, lineâ medianâ tenuissimâ coniuncti; apices laterales angulorum sex anteriorum dilatati et inter se confusi maculas formant utriusque ternas irregulares, quae in vittas coniunguntur longitudinales duas parallelas, valde inaequales, coniunctim spatium paullo latius quam vitta antica occupantes; quae vittae in abdomine desuper adspecto apicem eius attingunt. Latera abdominis fusca, margine superiore inaequali, parce fusco-cinereo punctata; ventris partes laterales fusco-cinereae, pars media cum mamillis fusca. (Exemplum unicum, quod vidi, detritum est; pubes, quae restat passim, alba in parte cephalicâ supra, in clypes, in ventris partibus pallide coloratis, fusco cinerea in partibus obscuris).

Dictyna ignobilis et *D. annulata* a plerisque aliis *Dictynis* differunt pedibus annulatis. Inter *Dictynas* pedibus annulatis ad hoc tempus subtilius descriptas *Dictynae ignobili* D. *pygmaea* Thor,*, *D. annulatae* D. *mitis* Thor.** praesertim similes videntur; ambarum mares soli noti sunt; *D. pygmaea* multominor describitur quam *D. ignobilis*, oculis mediis anticis inter se insigniter magis approximatis caet.; *D. mitis* oculorum situ imprimis differre videtur a *D. annulata* nostra, ex. gr. oculis anticis lateralibus longius a mediis, quam hi inter se, distantibus.

---

* T. Thorell, Descript. of several European a. North-african Spiders. 1875.
** Ibid.

89. Dictyna orientalis n. sp. *Armen:* Erivan. 10. VI. fem. adult., Aralich, 13. VI. fem adult.

Femina cephalothorace flavido, vittis duabus latis fuscis et limbo albo-flavo ornato, abdomine supra flavido-albo, picturâ fuscâ aut nigrâ, non parum varianti, marginem anticum non attingenti ornato. Long. ca. 2·5 mm.

Cephalothorax 0·85 mm. longus, parte cephalicâ modice convexâ pube albida tectâ, caeterum laevis, nitidus. *Oculorum* series posterior modice recurvata, oculis subaequalibus, mediis inter se parum longius quam diametro, a lateralibus circiter sescuplâ diametro remotis, series anterior paene recta, oculi medii lateralibus et posticis mediis minores, a lateralibus circiter diametro suâ, inter se paullo longius remoti; area oculorum mediorum paullulum latior postice quam antice, aeque longa atque antice lata. Clypeus sub oculis lateralibus eorum diametrum altitudine parum superat. *Mandibulae* paullo breviores quam ambae simul sumptae latae sunt, directae, apicem versus paullo angustatae et marginibus interioribus paullulum a se discedentibus, apice parum oblique truncatae, in angulo interióre denticulis 3-bus (?) armatae, dorso obsolete transverse plicato. *Tibia* cum patella I. 0·78, IV.: 0·73 mm. longa. *Abdominis* forma ordinaria; *cribellum* bipartitum; *epigyne* foveolis duabus ornatur oblongis ovatis, postice angustioribus, coniunctim spatium duplo fere augustius quam cribellum occupantibus, margine exteriore acuto fortius quam interior elevato, inter se septo piloso parum lato disiunctis, ab epigynes margine postico circiter longitudine suâ remotis.

Color corporis humefacti modo non modo sat fortiter rufo suffusus. In exemplis colore rufo non suffusis: *cephalothorax* pallide flavus, lateribus partis thoracicae limbo flavido-albo, quam tibiae pedum paullo angustiore ornatis, vittis duabus umbrinis ornatus, longitudinalibus, latis, marginem posticum et antice in partis cephalicae lateribus oculos laterales posticos fere attingentibus, quae vittae in cephalothorace desuper adspecto antice latitudine totius areae oculorum inter se distant, posteriora versus intus paullulum inter se appropinquant, in parte thoracica a margine limbo commemorato solo distiguuntur. *Mandibulae maxillae labium palpi pedes* pallide flava, *sternum* fusco-flavum, in lateribus et postice fusco marginatum. *Abdominis* dorsum (fig. 23) et latera alba, colore luteo paullulum suffusa, fusco subtiliter reliculata, dorsum colore fusco aut nigro maculatum: circiter in ¹/₅ longitudinis puncta duo conspiciuntur, circiter tibiarum crassitudine inter se distantia, modice expressa; prope ea initium capit area e maculis constans, in universum elongato ovata, dimidiam latitudinem abdominis paullo superans, usque ad mamillas producta; partem eius anticam angulus format paene rectus, apice anteriora versus directo, lineolam longitudinalem, cum apice suo coniunctam, parum quam crura sua breviorem, includens; sequuntur anguli lati circa 5, quorum 3 anteriores modo bene expressi, primus antico et sequentibus latior et crassior, cruribus leviter procurvis, sequentes gradatim minores, primus angulum similem atque est ipse, minorem, albidum, fusco reticulatum, continet, secundus et tertius similem in modum sed minus distincte maculati; tota haec area lineâ tenui fuscâ modice expressa dimidiata. Pictura haec insigniter variat (fig. 22) : angulus anticus apice deleto nonnunquam in maculam unam confusus basi late coniunctam cum angulo sequenti, qui crassus est, apicibus lateralibus rotundatis, totus niger ut etiam angulus pone eum situs; anguli posteriores apicibus lateralibus in maculas rotundatas dilatatis, medio angustati aut interrupti. — Laterum pars superior vittâ ornatur fusca aut nigricanti, sat latâ, diffusâ, in dimidio posteriore plus minusve in maculas magnas divulsâ. Venter lateribus ut abdominis latera coloratis, secundum medium cinereo-fuscus, qui color aream aeque fere latam occupat, atque area mamillarum; hae flavido-fuscae, in lateribus et subter annulo inaequali nigro-fusco, utrimque in maculas ternas dilatato, circumdatae. — Abdominis desiccati, in partibus pallidis pube albâ, in obscuris pube fuscâ tecti, pictura satis similis atque humefacti; venter totus pube albidá tectus videtur.

Dictyna orientalis imprimis *D. hortensi* E. Sim* similis videtur, differt tamen ab eâ probabiliter colore saltem (ex. gr. *D. hortensis* pars thoracica — excepto limbo laterali — tota fusca, aldomen supra antice lineis obscuris duabus parallelis postice foras curvatis ornatum, sternum pallide flavum describitur).

DYSDERIDAE.

90. **Dysdera sp.** *Transcauc.*: Tiflis, mas adultus probabiliter novae speciei, adeo laesus, ut descriptione dignus non sit.

91. **Harpactes Caucasius** n. sp. *Transcauc.*: Gelati, 28. V. mas adult.

Mas oculis anticis a clypei margine circiter radio suo remotis, sterno regulariter reticulato, palporum parte tibiali longiore quam patellaris, bulbi genitalis corpore parum longiori quam lato, circiter in ²/₃ longitudinis latissimo, scapo parvo, femoribus anticis prope apicem aculeis 3 armatis. Long. 4·4 mm.

Mas. *Cephalothorax* 2 mm. longus, 1·6 latus, fere in ⁵/₉ longitudinis latissimus, lateribus fortiter rotundatis, antice sinuato-angustatus, fronte circa 0·7 mm. latâ; fere in ²/₃ longitudinis sulcus ordinarius iacet, valde brevis, sed posteriora versus in lineam impressam, parum definitam et valde vadosam productus, cum quâ circiter ¹/₄ patellarum I. longitudine aequat. Dorsum a latere visum fere a margine antico coxarum III. poste-

* E. Simon, Aranéides nouveaux ou peu connus du Midi de l' Europe. (1. Mémoire.)

riora versus sat praerupte descendit, caeterum inaequabiliter (oculos versus fortius) arcuatum; totus fere cephalothorax dense impresso-reticulatus, parte cephalicâ solâ versus oculos paene laevi et nitidâ, caeterum subopacus; maculae reticuli — praesertim in cephalothoracis partibus lateralibus et posticâ — marginibus paullulum elevatis areolas formant maximam partem oblongas; ad marginem cephalothorax carinulâ acutâ ornatur, limbum distinguenti mediocri latitudine, inflexum, ita ut a latere paene non conspiciatur; etiam clypeus carinulâ simili instructus, limbum desecanti corneum, non inflexum. *Oculi* postici oblongi, inter se fere contingentes, lateralibus, qui rotundati sunt, paullo minores (sed non breviores), ab eis paullulum magis quam inter se remoti, cum eis lineam modice procurvam designant; oculi antici rotundi, caeteris maiores, cum lateralibus paene contingentes, a posticis circiter radio, inter se parum plus quam $1/8$ diametri, a clypei margine paullo longius quam radio remoti. *Mandibulae* aeque circiter longae atque $2/5$ cephalothoracis, paullulum proiectae, quoad margines exteriores inter se parallelae, a latere visae prope basim paullo convexae, caeterum usque ad apicem rectae; apice intus oblique truncatae et leviter emarginatae, in angulo ornatae in sulci unguicularis margine antico, dentibus duobus approximatis, primo quam secundus paullo maiore in margine postico autem denticulis duobus apici propius sitis, secundo quam primus maiore; dorsum mandibularum praesertim versus latus exterius granulis dispersis ornatum. *Maxillarum* et *labii* forma ordinaria. *Sternum* paene $1/3$ longius quam latum, dense elevato-reticulatum, modice nitidum, prope coxas laevigatum et granulis dispersis parvis ornatum, caeterum areolis parvis laevibus nitidis adspersum, quarum unaquaeque punctum includit impressum. *Palporum* pars patellaris duplo longior quam medio crassa, subter (basi solâ exceptâ) recta, supra leviter et paene aequabiliter in longitudinem convexa; pars tibialis eâ circiter tertia parte longior, paullulum minus crassa, subter paene recta, supra levius quam patellaris convexa; pars tarsalis patellari longior, tibiali brevior, a latere visa supra paene aequabiliter convexa, subter gibbosa: circiter in $1/3$ longitudinis paullulum crassior quam pars patellaris medio, inde basim versus subito, apicem versus levius attenuata. Bulbus genitalis (fig. 24) prope medium parti tarsali innatus, eius corpus aeque atque pars haec longum, paullo minus latum quam longum, leviter compressum, a latere visum antice — ubi multo fortius convexum est quam postice — circiter in $2/8$, postice circiter in $3/4$ longitudinis latissimum, a basi usque ad partem latissimam paene aequabiliter (antice leviter arcuato-, postice paullulum excavato) dilitatum, inde apicem versus subito, arcuato angustatum. Scapus (fig. 25) parvus, membranâ complicatâ et contortâ instructus et aculeo complanato, in latere antico exteriore innato, in latus posticum curvato, hic deorsum deflexo et leviter sinuato; partes hae a variis adspectae partibus varium præbent aspectum, ex. gr. a latere interiore adspectus bulbus apice tuberculo ornatur latiore quam longo, apice late truncato, ex angulo apicali postico processus duos emittenti breves, anteriorem deorsum et anteriora versus directum, posteriorem primo deorsum et retro directum, tum anteriora versus, curvato et priori parallelo; postice ad basim tuberculi aculeus emergit gracilis, deorsum et retro directus, anteriora versus arcuatus et priorum apicibus parallelus; apices horum processuum trium lineam designant pæne rectam et libratam. *Pedum* omnium femora aculeata, aculei in femoribus I. et II. antice versus apicem 1·2, in III. circa 5, in IV. circa 7; cæteræ partes pedum anteriorum inermes; patellæ III. aculeo 1 instructæ, IV. inermes; tibæ et metatarsi pedum posteriorum abunde aculeata, tarsi inermes aculei in tibiarum IV. dorso probabiliter 3; tarsi omnes unguiculis ternis instructi. Femur I. 1·9, patella 1·1, tibia 1·7, metatarsus 1·5, tarsus 0·5, pedum II. partes: 1·7, 0·95, 1·4, 1·2, 0·45, pedum III.: 1·3, 0·6, 0·9, 1·15, 0·48, pedum IV.: 1·9, 0·8, 1·5, 1·7, 0·6 mm. longæ. *Abdomen* (mamillis exclusis) 2·1 mm. longum, 1·2 latum, elongato ovatum, postice latius.

Cephalothorax cum *mandibulis* badius, *sterum maxillae labium* lateritia, *palpi* et *pedes* testacei, hi paullo colore fusco suffusi præsertim in femoribus et tibiis anterioribus, *abdomen* flavido-cinereum.

TABULÆ I. EXPLICATIO.

1. *Heliophanus forcipifer,* palpus sinister.
2. *Heliophanus nigriceps,* pars tibialis et tarsalis palpi sinistri ab imo visæ.
2b. Eædem a latere interiore visæ.
3. *Attus vilis,* pars patellaris tibialis tarsalis palpi sinistri.
4. Eiusdem epigyne.
5. *Yllenus albocinctus* (KRONEB.), epigyne humefacta.
6. *Tarentula taeniopus,* lamella characteristica palpi dextri, m: margo «partis basalis» bulbi genitalis.
7. *Tarentula striatipes* (DOL.), lamella characteristica palpi dextri.
8. *Tarentula striata,* lamella characteristica palpi dextri.
9. *Tarentula taeniopus,* pars posterior epigynes, amplific.: 38.
10. *Tarentula striatipes,* pars posterior epigynes, amplific.: 38.
11. Eadem alius exempli, amplif.: 38.
12. *Tarentula striata,* pars posterior epigynes, amplif.: 38.
13. *Thanatus imbecillus* L. KOCH, epigyne.
14. *Philodromus iuvencus,* epigyne, amplificat.: 50.
15. *Tmarus Horváthi,* epigyne.
16. *Brachycentrum odontophorum,* pars tibialis et tarsalis palpi sinistri desuper visæ.

17. Eædem a latere exteriore visæ.
18. Eiusdem pars tarsalis sinistra ab imo adspecta.
19. *Dictyna ignobilis*, pictura abdominis.
20. *Dictyna annulata*, pictura abdominis.
21. Eiusdem epigyne.
22. *Dictyna orientalis*, pictura abdominis.
23. Eadem alius exempli.
24. *Harpactes caucasius*, pars tarsalis palpi sinistri.
25. Eiusdem scapus ab imo visus.

W. Kulczyński.

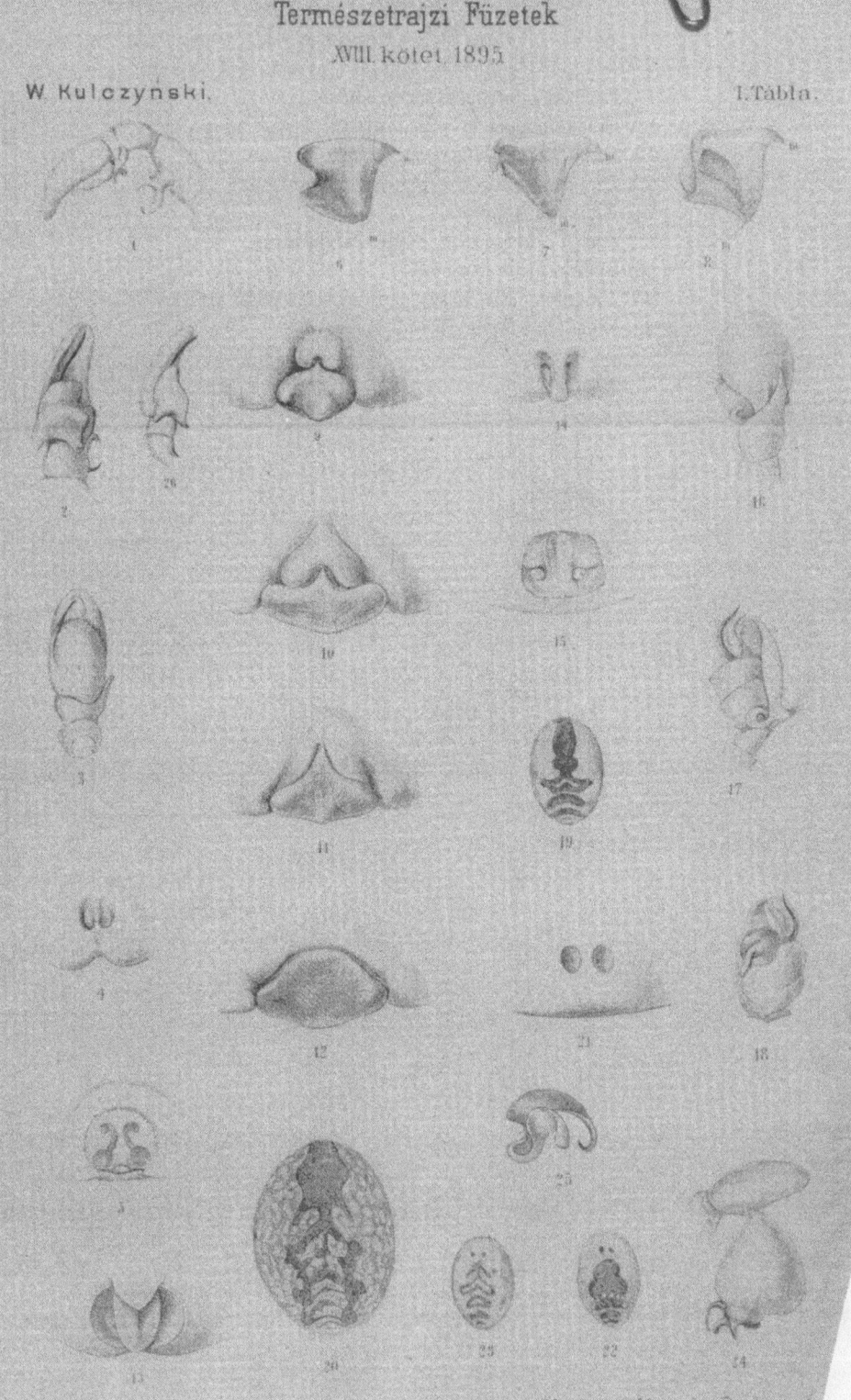

15

A MAGYARORSZÁGI THERIDIOIDA-PÓKOKRÓL.*

Irta KULCZYŃSKI ULÁSZLÓ tanár,

a krakkói akadémia l. tagja.

Az Akadémia kiadásában a múlt év junius havában megjelent a már 1891-ben kiadott I. kötet folytatása gyanánt «Araneae Hungariæ secundum collectiones a Leone Becker pro parte perscrutatas conscriptæ a Cornelio Chyzer et Ladislao Kulczyński» czím alatt a magyar pókok felsorolását és leirását tárgyaló munka II-ik kötetének első fele, mely a *Theridioidáknak* fajokban gazdag és nehéz családját tárgyalja.

A Magyarországból 1879-ben ismert *Theridioidák* száma HERMAN OTTÓ «Magyarország Pókfaunája» szerint, kitett 50 fajt. Ezek száma ezúttal 240-re szaporodott. Idegen adatok alapján csakis négy faj ** szerepel közülök, a többi 236 faj a két szerző kutatásainak eredménye, s a leirások helyességének bizonyítékaként gyüjteményükben van eltéve és megőrizve.

Amaz igen nagy gyarapodás daczára, melyet e család az 1879-ki adatokkal szemben felmutathat, nincs kétség benne, hogy ez a kimutatás is meglehetősen távol van még attól, hogy a magyar fauna valóságos gazdagságát kimerítse. A régi «*Erigone*»-nem fajainak tetemes számát, a melyekből csak nőstények kerültek kézre, e munkában nem lehetett tekintetbe venni, mert az e csoportbeli nősténypókok megkülönböztetése még mindig jelentékeny, sőt legyőzhetetlen akadályokba ütközik. Hogy pedig másfelől számítani lehet arra, hogy ezen pókcsaládból a magyar fauna még tetemesen gazdagodni fog, ha a gyüjtési kedv nem lankad, annak bizonyítéka az is, hogy még egy olyan pókászati tekintetben jól kikutatott környéken is, mint a milyen most már Fiume területe, csak a múlt év nyarán is sikerült BIRÓ LAJOSnak egyik legbizarabb alakú pókunkat, a délnyugat-európai *Oroodes paradoxus* (Lucas) fajt felfedezni.

Valamint az I. kötetben, úgy a jelenlegi füzetben is a fajok névsorán és hazai termőhelyein kívül a nemek és fajok megkülönböztetésére szolgáló

---

* A M. T. Akadémia III-ik osztályának 1895. april hó 22-én bemutatta dr. CHYZER KORNÉL l. tag.

** *Lasaeola torva* (Thor.), *Enoplognatha crucifera* (Thor.), *Comaroma Simonii* Bertk., *Porrhomma Rosenhaueri* (L. Koch).

táblát talál az olvasó. A meghatározó részt 350 ábra teszi könnyebben használhatóvá.

A meghatározó táblák kizárólagos czélja úgy, mint az I. kötetben is, a Magyarországból ismert pókfajok biztos meghatározását lehetővé tenni, illetőleg a körülményekhez képest megkönnyíteni. Ennek megfelelőleg például a nemek meghatározására szolgáló táblákban minden egyes nem keretében csak a magyarországi fajokat kellett tekintetbe venni és sokszor oly ismertető jeleket használni, melyek általános tartalmú munkában esetleg nem állnák meg helyöket. Más eljárás a pókok rendszertanának jelen állapotában nem látszott sem ajánlatosnak, sem pedig lehetségesnek.

Azon nehéz feladat megoldásában, hogy a pókok ezen nagy osztályát, melyet régebben *Linyphia, Erigone (Neriene, Walckenaëra)* néven neveztek, természetesen beosztani lehessen, a SIMON E. útja látszott egyedül czélravezetőnek, hogy t. i. ez az osztály egymással nagyon közeli rokonságban álló fajok igen számos csoportjára felosztassék, míg azok a remények, hogy ezen a bajon egyetlen vagy néhány kevés új nemnek felállításával lehetne segíteni, nem bizonyultak igazoltaknak. Ennek megfelelőleg a jelen munkában a SIMON-tól felállított számos nem vétetett fel szándékosan kiindulási pontúl, de teljesen tekintetbe van véve Dr. DAHL F. «Monographie der Erigone-Arten in Thorell'schen Sinne» czímű becses munkája is. Ezenkívül következő új csoportokat állítottunk fel s láttuk el külön névvel.

Pœciloneta a *Neriene variegata* Blackw. fajra. Ez a faj, melyet WESTRING a *Linyphia*, SIMON a *Bathyphantes* nemhez sorozott, különbözik mind a két nevezett nemtől abban, hogy az első lábszárakon oldaltüskéi nincsenek.

Oreoneta a *Tmeticus niger* F. O. P. Cambr. és *Erigone montigena* L. Koch (*Porrhomma montigenum* E. Sim.) fajokra. Az *Oreonetanak* mindkét faja, az *O. nigra* és *O. montigena,* igen közeli rokonságban van egymással. Az elsőt REV. F. O. P. CAMBRIDGE mint újat irta le (1891.) s a *Tmeticus* nembe sorozta; később maga kétségét fejezte ki e faj önállóságára nézve s azt *Porrhomma montigenum* (L. Koch) E. SIM. kétséges synonymjának állította oda. Már magának CAMBRIDGE-nek ez ingadozása közvetett bizonyíték arra, hogy e két faj úgy a *Porrhomma* E. Sim., mint a *Tmeticus* E. Sim. nemben idegen s nemi önállóságra — az új póksystematica mértéke szerint — jogot formálhatnak.

Leptorrhoptrum az egyetlen *Lept. Huthwaithii* (O. P. Cambr.) (*Tmeticus Huthwaithii* E. Sim.) fajjal. Szükségesnek mutatkozott, hogy ezt a fajt kivonjuk amaz általában véve homogen-kötelékből, melyet a *Tmeticus* E. Sim. (*Centromerus* Dahl) nemnek fajai képeznek. E czélra a lábak eltérő tüskézetét a meghatározó táblákban igen gyakorlatilag lehetett felhasználni.

Trachygnatha a *Theridium* (Gongylidium E. Sim.) *dentatum* Wid. fajra. Ez a meglehetősen elszigetelten álló pókfaj az ivarszervek alkatában feltünőleg különbözik a *Gongylidium* E. Sim. (*Neriene* Dahl) nagy részétől. Mint a *Trachygnatha* név jelzi, e fajt a sok másféle rokon fajtól szemcsés rágóiról lehet megkülönböztetni.

Trichopterna. Egyetlen faja a *Tr.* (*Lophocarenum* E. Sim.) *Blackwallii* (O. P. Cambr.). — A *Lophocarenum* E. Sim. (s. str.) (*Brachycentrum*) nemtől kizárólag a 4. lábpár metatarsusán levő ú. n. hallószőr jelenléte különbözteti meg. A Magyarországban eddig talált «*Erigonék*» nem nyujtanak elegendő anyagot arra, hogy annak alapján a most említett s Dr. DAHL-tól felfedezett és használt ismertető jelnek systematikai értéke fölött dönteni lehessen; mind a mellett az «Araneæ Hungariæ» feldolgozása közben szerzett tapasztalatok feljogosítanak annak kijelentésére, hogy bár a metatarsusok hallószőrei a fajok megkülönböztetésénél mindannyiszor lényeges szolgálatot tesznek, mégis másrészt azok következetes használása a *nemek* szétválasztására megfontolandónak látszik.

Mecynargus. E csoport systematikai értéke ép oly problematikus, mint a megelőző csoportoké; az *Acartauchenius*-hoz ép oly viszonyban van e csoport, mint a *Trichopterna* a *Brachycentrum*-hoz, s egyetlen fajból, a *M. longus* (Kulcz.)-ból áll.

Troxochrota. Az egyedüli faj, a *Tr. scabra* n. sp. egyetlen eddig leirt fajjal sem látszik egészen közeli rokonnak, mind a mellett szembetünő ismertetőjelek hiányában nehéz jellemezni.

Lasiargus nevet használunk a ritka és kevéssé ismert *Micryphantes hirsutus* Menge-faj számára, mely borzas szörözetével a *Misumenoidák*-hoz tartozó *Heriaeus*-fajokra emlékeztet.

*

A SIMON-tól «Les Arachnides de France» czímű munkája V. kötetében felállított csoportosításon még a következő változtatásokat tettük:

Az *Enoplognatha* és *Pedanostethus* nemeket, melyek SIMON-nál az *Erigonini* sectio egyik csoportját képezik, a *Theridiinák Lithyphantes* és *Lathrodectus* nemeihez soroltuk. Ezek kétségtelen *Theridiinák* és csak erősen (sokszor feltünően) kifejlett rágóik emlékeztetnek az *Erigoninákra.*

A *Linyphia bucculenta* (Clerck) Westr. (*Lin. lineata* E. Sim.) különálló nemet képez, a *Stemonyphantes*-t, melyet MENGE már 1866-ban felállított; különben is nagyon érdemes arra, hogy fentartassék.

Linyphia Keyserlingii Auss. fajt, melyet SIMON a *Microneta* nemhez számított, a *Lephthyphantes* nembe kebeleztük.

SIMON a *Linyphiinák* nemeinek beosztására egyik legfontosabb ismertető jelként (i. h.) az állkapcsok alakját használta. Ez ismertető jelt az «Araneae Hungariæ» meghatározó tábláiban nem vettük igénybe. Alkalomadtán (83. és 104. lapon) figyelmeztettünk arra, hogy a *Linyphia-Erigone* csoportban igen gyakran (talán mindig?) különbségeket lehet kimutatni az egy és ugyanazon fajhoz tartozó ivarok állkapcsain. Ezek a különbségek igen gyakran eléggé jelentékenyek arra, hogy a Simon-tól használatba vett állkapocsalkat systematicai használatát lényegesen megnehezítsék.

Theridium rufum Wid. (*Tmeticus* E. Sim.) és *Linyphia adipata* L. Koch (*Porrhomma* E. Sim.) a Dr. Dahl-tól (i h.) felállított *Macrargus* nembe tartoznak.

A *Microneta* E. Sim. nemet Dahl szerint (a föntebb említett *M. Keyserlingii* (Auss.) kizárása után) két nemre tagoltuk, u. m. *Micryphantes* (C. L. Koch) Dahl és *Microneta* (Menge) Dahl. Utóbbi nembe soroztuk a *Linyphia glacialis* L. Koch fajt is, mely Simon-nál a *Porrhommák* közzé van helyezve, ellenben a *Micryphantes*-hez számítottuk a *Neriene cornigera* Blackw. (*Sintula* Sim.) fajt.

A Simon-féle *Gongylidium* magyarországi fajai négy nemet képeznek, u. m. *Gongylidium* Menge, Dahl, az egyetlen *rufipes* (L.) fajjal, *Neriene* (Blackw.) Dahl, melyhez Simon-tól a *Gongylidium* nemhez számított fajok nagyobb részét beosztottuk, *Trematocephalus* Dahl (*cristatus* [Wid.]) és a *Trachygnatha* Kulcz.

Az *Erigone penicillata* Westr. (Simon-nál *Styloctetor*) faj számára a Dr. Dahl-tól felállított *Mœbelia* van igénybe véve, de azzal a változtatással, hogy e nemből kizárva marad a *Walckenaëra picina* Blackw. (E faj valódi nősténye egyébiránt úgy a Simon *Plaesiocraerus picinus*-ától, mint Dahl *Mœbelia picina*-jától különzőnek látszik.

Simon *Gonatium*-jai közül két faj külön nembe lett utalva : *Hypomma* (Dahl p. p.) *bituberculatum* (Wid.) és *Dicyphus* (Dahl p. p. *cornutus* [Blackw.]).

A *Tigellinus* nem, melyet Simon «Les Arachnides de France» munkájában a *Walckenaërinák* csoportjához számít, két egymástól nagyon különböző fajt tartalmaz, melyek közül csak az egyik (*furcillatus* Menge, mely idáig Magyarországban nem találtatott) tartozik valósággal a *Walckenaërinákhoz*, míg a másik : *saxicola* (O. P. Cambr.) a Lophocareninák *Trichoncus* E. Sim. neméhez sorozandó.

A *Diplocephalus* (Bertkau 1883.) nembe oly fajokat egyesítettünk, melyek (i. h.) azelőtt három nembe voltak beosztva, u. m. *Prosoponcus* Sim. (*Diplocephalus* Bertk.), *Araeoncus* Sim. és *Plaesiocraerus* Sim. E nemek közül az első a *Gonatiinák* egy részét képezi, a két utóbbi a *Lophocareninák* alcsoportjába tartozik. Hogy azonban ezek az alcsoportok, melyek kizárólag a hátulsó szemsor alkatában mutatkozó különbségre vannak alapítva, nem lesznek fentarthatók, mutatja a Fiume közelében Orehoviczán felfedezett *Diplocephalus connectens* Kulcz., melyet míg az ivarszervek alkata után a *Diplocephalus cristatus* (Blackw.) közvetlen közelébe kell helyezni, addig erősen görbült hátsó szemsora a *Lophocareninák* (s. str.) közé utalná.

Dr. DAHL szerint a *Walckenaëra obscura* Blackw. fajt a többi *Cnephalocotes*-fajoktól elválasztottuk és a *Nematogmus sanguinolentus* (Walck.) Sim. fajjal egy genusba osztottuk be. (A Dr. DAHL-tól e nemre alkalmazott új név: *Eustichothrix* mellőzhetőnek látszik, mert csak a «*Nematogmus*» nemnek kibővítéséről van szó, mely nemre nézve a *sanguinolentus* typus gyanánt tekinthető.

SIMON két *Plaesiocraerus* faját, a *Beckii* (O. P. Cambr.) és *insectus* (L. Koch) fajokat az *Erigone pallens* O. P. Cambr.-val a *Tapinocyba* (Sim.) név alá egyesítettük.

A *Walckenaërinák* csoportjában úgy a SIMON-tól, mint Dr. DAHL-tól javasolt valamennyi nem (*Wideria, Walckenaëria, Prosopotheca, Tigellinus, Cornicularia* Sim., *Lophomma, Trachynotus, Phalops* Dahl) összevonatott, mert ezek részint igen kevéssé hasonneműek, részint nem könynyen különböztethetők meg egymástól.

A *Ceratinella* nem, mely SIMON-nál (a *Cineta* Sim.-val) az *Erigonini* sectio egyik külön csoportját *(Cinetini)* képezi, a *Walckenaërinák* elébe került, a mivel azt akarjuk jelezni, hogy épen nem illeti meg·őt az az elszigetelt hely, melyre a nevezett szerző érdemesítette, mert a *Cinetinák* fő ismertető jeleinek egyike, a tövön benyomott rágókarmok a különben könynyen felismerhető *Ceratinella* nemnek nem minden fajánál fordúl elő.

*

Új fajok és fajváltozatokként a következő 23-at irtuk le:

Nesticus affinis Kulcz. a *selmeczbányai tárnákból;* a *N. cellulanus* (Clerck) fajhoz közel rokon, kisebb, halványszínű, fekete rajzolat nélkül. Sajnos, hogy eddig a hím nem került meg s épen ezért nem lehetetlen, hogy később csak a *N. cellulanus* fajváltozatának fog bizonyulni.

Nesticus fodinarum Kulcz. Fejtora és lábai egyszinűek, potroha feketés, igen változékony rajzolattal. Rendesen kissé nagyobb, mint a *N. cellulanus.* A legfontosabb különbség az ivarszervekben van. A nagy nyulvány, a mivé a hímnél a tapintólemez külső hátsószöge kinyúlik, előre hajló részén hirtelen elkeskenyedik és hosszú finom hegyben végződik; a gyűjtő (bulbus genitalis) is lényegesen más alakú, mint a *N. cellulanus*-nál. A nősténynél a zár (epigyne) halványszínű középdarabját éles, kétfelől befelé görbült barázdák határolják, maga a lemez sokkal szélesebb, mint a mily hosszú, (a *N. cellulanus* és *affinis*-nél pedig hátrafelé erősen elszélesedő és az oldalakon láthatólag határolt), maguk a barázdák elől mély, haránt fekvő gödröcskében elszélesednek. — Példányaink *Rézbányáról* a tárnákból kerültek meg. Úgy látszik, hogy e faj a Rézbányához közel fekvő barlangokban elég gyakori, mert BIRÓ LAJOS 1894 őszén a biharmegyei-barlangok átkutatása közben, a fonáczai, szegyesteli és József főherczeg barlangban, valamint az általa újonnan felfedezett Semsey-barlangban, némelyikben számos példányban is megtalálta.

Nesticus puteorum Kulcz. Csupán a nőstény ismeretes. Fejtorán és lábain nincs, a potrohán néha megvan, néha nincs fekete rajzolat. Kisebb, mint a *N. cellulanus*. A zár középdarabja úgy van határolva, mint az előbbi fajnál, kissé szélesebb, mint a mily hosszú, az említett barázdák elől hoszszúkás gödröcskévé szélesedettek. *Nagyágról* kaptuk.

Nesticus hungaricus Chyzer. Fejtora feketén szegett és sötét színű középsávval, lábai alig jelzett sötétes gyűrűkkel. A zár középlemeze körülbelől olyan hosszú, mint a mily széles, hátrafelé keskenyedik, majdnem háromszögű, kétfelől mély és éles barázdáktól határolt. Nagyságban a *N. cellulanus* és *N. puteorum* között áll. Csak a nőstény ismeretes *Petrozsényből.*

Munkánk itt ismertetett kötetének megjelenése óta kaptunk ismét egy új *Nesticus*-fajt, melyet Bíró Lajos 1894 október havában a biharmegyei fericsei barlangban gyűjtött s melyet annak elismeréséül, hogy pókfaunánk ismeretét több új faj felfedezésével és számos érdekes adattal gyarapította, nevével jelöltük meg s a következőkben irtuk le:

Nesticus Birói n. sp.

Femina 4·5—5·5 mill. longa, cephalothorace rufescenti-flavo, pedibus flavido-rufis, abdomine flavido-cinereo aut sordide violaceo, plerumque nigro-maculato; epigyne sulcis duobus, posteriora versus inter se appropinquantibus, antice foras curvatis, in partes tres divisa, harum media subtriangularis, paullo latior quam longa, basi parum coarctata; partes laterales tubera bina formant, quorum anteriora minora, sulcorum commemoratorum partibus anticis foras flexis circumdantur, posteriora obscurius colorata, transverse posita sunt.

Species epignes formâ praesertim *Nestico fodinarum* Kulcz. similis, differt ab eo epignes parte mediâ angustiore, basi parum coarctata, sulcis antice in arcus recurvatos productis, neque in foveas profundas dilatatis; a *N. hungarico* Chyz. differt *N. Birói* sulcis epignes antice foras curvatis, postice acutis quidem, angustis tamen et parum profundis, tuberculis, quæ epignes partes laterales posticas formant, transverse, neque oblique positis cæt.

In antro Fericse (Comit. Bihar).

A nőstény 4·5—5·5 mill. hosszú, fejmelle vörösessárga, lábai sárgásvörösek, potroha sárgás hamvasszürke vagy piszkos-violaszínű, többnyire fekete-foltos; a záron két barázda van, melyek hátrafelé egymás felé közelednek, elől kifelé görbülnek, egyébként a zár három részre oszlik, melyek közül a középső majdnem háromszögű, kissé szélesebb, mint a milyen hosszú, tövén kevéssé szűkült; az oldalsó részek két-két dudort képeznek, melyek közül az elül levők kisebbek, körülkerítve az említett barázdák kifelé hajlott első részétől, míg a hátulsók, melyek sötétebb szinűek, haránt vannak elhelyezve.

Ez új faj a zár alakja tekintetében különösen a *Nesticus fodinarum*
Kulcz. fajhoz hasonló, de különbözik abban, hogy a zár középső része
keskenyebb, tövén kissé szűkült és hogy barázdái elől görbe ívbe nyúlnak
ki és nem mély árokká szélesedettek; a *Nesticus hungaricus* Chyzer fajtól
pedig megkülönbözteti a *Nesticus Birói*-t az, hogy a zár barázdái elől kifelé
görbülnek, hátul élesek ugyan, de mégis keskenyek és kevéssé mélyek,
azonkívül azok a dudorodások, melyek a zár hátsó oldalrészeit alkotják,
harántosan, nem pedig ferdén vannak elhelyezve.

A *fericsei barlang* belsejében él, hol a cseppkövek közt kifeszített
hálójába kerülő *Fericeus (Drimeotus) Kraatzii* Friv. vakbogárral táplál-
kozik.

Euryopis orsovensis Kulcz. Színezete az *E. laeta* (Westr.) fajéra
emlékeztet; lábai fekete gyűrűsek, potroha fekete, 7 pár ezüstfehér ponttal
és kis folttal, e egy páratlan ponttal a fonók fölött. A zár hátsó nagyobb része
kevéssé domború, az elülső harántfekvő vesealakú gödröt képez, mely kézre-
került egyetlen példánynál gyantaszerű anyaggal van töltve.* Az *orsovai
Allion-hegyen* 1889. évi junius végén találtatott.

Lasæola croatica Chyzer. Nem könnyen különböztethető meg néhány
más egyszínű potrohú, vörösses vagy barna fejtorú és túlnyomóan sárgás-
vörös lábú *Lasaeola*-fajtól. Egyik állandó, habár kevésbbé feltünő ismertető
jegyének látszik a hátsó lábszárak tövén egy feketés gyűrű; különben lábai
egyszínűek s csak a lábszárak egészen keskenyen fekete segélyűek a végü-
kön. A tengerparton *Buccari* és *Crkvenicánál* több példány került kézre.

Asagena meridionalis Kulcz. Ez az alak könnyen összetéveszthető
az *A. phalerata* (Panz.)-val; különbözik attól a lábak kissé elütő színezeté-
ben s a hím tapogatójának alkatában. De nem tévesztendő el, hogy az ivarszervekben levő különbségek tulajdonképen csak az egyes részek különböző
fokú kiképződésén alapulnak; s mivel e tekintetben emez új alaknál pontos
vizsgálat után némi változóság mutatható ki, nincs kizárva az a lehetőség,
hogy nem u. n. «jó fajnak», hanem csak fajváltozatnak fog bizonyulni.
Az *Asagena meridionalis* Magyarországban *Sopronnál* és *Észak-Olasz-
országban* észleltetett. A nőstény még ismeretlen.

Enoplognatha ambigua Kulcz. Kissé talányszerű faj. A *budapesti
Sas-hegyről* néhány *Enoplognatha*-nőstény és egyetlen hím került meg;
utóbbit az *E. corollata* (Bertk.) fajtól nem lehet megkülönböztetni, s mint
olyat soroljuk fel az «Araneae Hungariæ»-ban. A nőstények ellenben az
E. corollata nőstényeitől különböznek; a különbség a rágók eltérő fegyver-

---

* E gyantaszerű anyag bizonyára a «párzás jele». Analog képződmények más
fajoknál is fordultak elő, péld. *Euryopis flavomaculata* (C. L. Koch), *Lasaeola croatica* Chyzer, *Theridium herbigradum* Sim., *Th. pinastri* L. Koch, *Steatoda bipunctata* (L.).

zetében s a zár alakjában rejlik, a mint ez kitünt a Bonn mellett gyűjtött *E. corollata*-nőstények összehasonlításából, melyeket Dr. BERTKAU tanár volt szíves velem közölni. Hogy vajjon ez az *E. ambigua* valamennyi eddig leírt *Enoplognatha*-fajtól különbözik-e, az kérdéses marad; a leírt fajoknál ugyanis legnagyobb részt hiányzanak az ivarszervek pontos leírásai; a szemek fekvése és nagysága pedig, mikre különös előszeretettel súlyt fektettek, semmiképen sem nyújtanak megbízható ismertető jeleket. Ez új (?) faj nőstényei *Kecskemétről* is megkerültek.

Pedanostethus Frivaldszkyi Chyzer. A legnagyobb az eddig ismert *Pedanostethus*-fajok közt, s azokhoz habitus tekintetében igen hasonló, mindazonáltal az ivarszervek alkatáról biztosan, sőt még a nőstények is könnyen megkülönböztethetők, mert a zár hátsószélén meglehetős távol fekvő, ívalakú széles barázdát mutat; hátsó széle rövid széles kiálló részt képez. A hímek tapogatóinak alkotására nézve a szövegre és ábrákra kell utalnunk. Nehány példányban *Herkules-fürdőnél* gyűjtetett. Azóta BÍRÓ LAJOS *Biharmegyében* az általa újonnan felfedezett *Semsey-barlangban* is feltalálta.

Linyphia frutetorum C. L. Koch *var. punctiventris.* A törzsalaknál kisebb, a potroh alsó oldalán két fehér folttal. Úgy látszik, hogy kivált délen gyakori.

Taranucnus croaticus Chyzer. Egyetlen példány a *karstvidéki Vrata* mellől (Fuzsine közelében). A zár nagy, szélesebb mint hosszú kiálló részt mutat, mely hátul mélyen ki van metszve; a kimetszést öt darab tölti ki: egy nagy középső és oldalt két-két kisebb rész.

Taranucnus (?) Herculanus Kulcz. Hogy épen ebbe a nembe tartozik-e, kérdésessé teszi kissé elütő szemállása. Zárja messze kiáll, alúlról nézve kissé hosszabb, mint a mily széles, majdnem négyszögű, csaknem párhuzamos oldalakkal, erősen domborodott alsó oldalán sem barázda, sem hasadás nincsen. *Herkules-fürdőnél* a *Tatarczy-barlangban* BÍRÓ LAJOS fedezte fel.

Bathyphantes similis Kulcz. Testalkatára a *Bath. torrentum* (Kulcz.)-hoz igen hasonló, azonban a négy hátulsó láb czombja fegyverzetlen s a zár alkata más, nevezetesen felületesen fekvő lemezének hátsó széle nincs kimetszve, hanem ellenkezőleg szélesen kerekített, a hátul fekvő gödröcske egészen kicsiny. Ezt is BÍRÓ LAJOS találta *Herkules-fürdőn;* hímje még ismeretlen.

Centromerus similis Kulcz. Valószínűleg nem ritka faj, mely ezideig a *Szinnaikőről, Sopronból, Buccariból* s *Lengyelországból Krakkó* és *Przemyslből* ismeretes. A nőstény a zár alkatára nézve kivált a *Centr. silvaticus* (Blackw.)-hoz hasonlít; a zárgödör előszéle, mely ebbe meglehetős messze benyúlik, csak egészen finomúl harántcsíkolt, maga a gödör hátrafelé kissé szélesbedik s hátsószélét a gödörből kiálló nyúlvány körülbelől

csak egyharmad részéig fedi. A hímnél a pikkely töve erős, mintegy kúp-
alakú, hegyén kifelé görbült dudorodást képez; a melléksajka semmi foga-
zott bordát nem mutat (a mi a *C. silvaticus* és *serratus* [O. P. Cambr.]-ra
jellemző), hegye kimetszett s két rövid kerek csücsköt képez.

Trichoncus affinis (Kulcz.). A *Trich. saxicola* (O. P. Cambr.)-hoz
igen közel áll; a hímnél azonban a belső lábszárnyúlvány csak kevéssé
görbült, a *Tr. saxicola*-nál ellenben majdnem félköralakú. A lábszárak nem
sötétebb színűek, mint a lábak többi részei. A zár alkata, mely a *Tr. saxicola*-éhoz igen hasonló, kevéssé változónak látszik. A lehetőség nincs kizárva
arra nézve, hogy az ehhez a fajhoz számított nőstények részben a *Tr. saxicola*-hoz tartoznak (?). Meglehetős sok helyen találtatott az országnak úgy
északi, mint déli részében (a *Tr. saxicola*-fajból csak egyetlen hím került
meg a *zemplénmegyei Szomotorról!*).

Diplocephalus crassiloba (Sim.) **var. hungarica** a typicus alaktól
— a «Les Arachnides de France» ábrája szerint — abban különbözik, hogy
első fejnyúlványa hegye felé csak kevéssé és egyenlőn vékonyodik, hátul
nem duzzadt. Egyetlen hím *Mehádia környékén Petnikről.*

Diplocephalus connectens Kulcz. E faj az ivarszervek alkatára nézve
rendkívül hasonlít a *D. cristatus* (Blackw.) fajhoz, melytől azonban igen
feltűnően különbözik a hím fejének alkata s a nőstény hátsó szemsorának
igen erős görbülése által. A hím fejrésze két egyenlőtlen dudorodást visel,
melyek közül az elsőn, — a kicsiny, felfelé és előre irányulón, — ülnek az
első középszemek, elől a csúcsához közel; a hátsó pedig kerekített, kissé
hosszabb, mint magas dudorka, a hátsó középszemeket viseli, melyeknek
egymástól való távolsága mintegy $2\frac{1}{2}$-szer nagyobb, mint átmérőjük és
mindkét oldalt mély gödröcskével van ellátva. Ez az «*Erigone*»-fajok sys-
temájára fontos faj *Fiume mellett Orehovicán* fedeztetett fel.

Abacoprœces(?) ascitus Kulcz. Kinézésére nézve az *A. saltuum*
(L. Koch)-hoz hasonló. A hím fejrésze meglehetős élesen körülhatárolt
emelkedéssel van ellátva, melyen a hátsó középszem ülnek, oldalain mély
gödröcskék vannak, kissé hosszabb, mint széles és hosszabb, mint magas.
A tapogató szára felül a pikkely fölött tompa fogba van kihúzva. Az «*Erigonék*» körében ritka ismertető jelt képez a négy első czomb és lábszárak
feketés színezete. Kár, hogy e csupán egyszer *Temesvárott* gyűjtött fajnak
a nősténye még ismeretlen, s ennélfogva rendszertani helyzete kétséges.
Az *Abacoprœces*-nembe tartozása ellen az a körülmény szól, hogy a typicus *A. saltuum* fajnál az első metatarsusok «hallószőre» épen a hegye mellett foglal helyet, ellenben az *A. ascitus*-nál a hegyétől meglehetősen
távol áll.

Troxochrota scabra Kulcz. A fejtor és mellvért (sternum) erősen és
szabálytalanul ránczos, csaknem fénytelen. A hím fejrésze kevéssé kima-
gasló, kétfelől barázdált. A hím tapogatójának a szára felül kevéssé hosszú,

meglehetősen karcsú, majdnem egyenes, összenyomott, előre irányuló nyúlványnyal van felszerelve. A gyűjtőn semmiféle feltünö nyúlványt nem látni. A nőstény zára közepén oldalt összeérő fényes, lapos két bunkóval van ellátva. Fejtora és potroha barnásfekete, lábai vörösessárgák, térdei halványak. Hossza mintegy 1½ mill. Kevéssé feltünő, nem könnyen jellemezhető faj, melyet Bmó Lajos *Szilágymegyében Tasnádon*, de csak két példányban talált.

Maso (?) carpathicus Chyzer. E faj systematicai helye nem biztos. Alól tüskés első lábszárai folytán a *Maso*-nembe sorozható, ezen tüskézete azonban feltünően emlékeztet azokra a csaknem tüskeszerű lábszárszőrökre, melyek péld. a *Pocadicnemis pumila* (Blackw.)-nál láthatók. A két valódi *Maso*-fajtól ez az új faj a zár alkatában annyira elüt, hogy e nagyfokú különbség a valódi rokonságot kérdésessé teszi. Sajnos, hogy csak egyetlenegy s épen nőstény példányban került meg *(Suliguli)*.

Ceratinella maior Kulcz. A közönséges *C. brevis* (Wider) fajhoz igen közel rokon s valószínűleg eddig nem volt attól megkülönböztetve. Mint neve is mutatja, a *C. maior* valamivel nagyobb; fejmellének vésményei elütők, a mennyiben azok a *C. brevis*-nél egyszerűen hálószerűek, míg a *C. maior*-nál a háló egyes szemeiben kivált a fejmell széle felé, benyomott pontok vannak, miáltal többé-kevésbbé elmosódik az a hálószerűség, mely a *C. brevis*-nél éles és kiváló. Mindkét fajnak a fejmellén benyomott pontok sugarasan rendezett sorai látszanak; ezek a *C. brevis* fejmellén igen nehezen vehetők észre, a *C. maior*-on azonban sokkal szembetünőbbek, mert közvetetlen közelükben a hálószerű vésmény alig van jelezve. Ivarszerveiken szintén vannak különbségek, még pedig feltünőbbek a nőstényeknél, mint a hímeknél. A *C. maior* Kulcz. Magyarországban *Zemplénmegyében* (Lelesz, Homonna) és *Lengyelországban* (Krakkónál) fedeztetett föl.

A **Walckenaëra simplex** Chyzer egyetlen hím példányról van leírva, mely *Zemplénmegyében Czékéről* került meg. Fején hiányzanak úgy az élesen határolt dudorodások, mint a bemetszések. A tapogatók szárának külső oldala csak kevéssé szélesbedett. Ezen ismertető jelek tekintetében ez új faj összevág a *W. vigilax* (Blackw.) fajjal, mind a mellett a fejmell alkata lényegesen más; a fejrész ugyanis kidomborodik, úgy, hogy háta a szemek és a hátsó lejtős rész közt általában kivájtnak látszik (a *W. vigilax* megfelelő része egész kiterjedésében domború). A *W. simplex* egyszersmind nagyobb a *W. vigilax*-nál, s általában e két faj a *Walckenaërák* közt nem a legközelebbi rokonságban áll egymással.

A **Walckenaëra cuspidata** Blackw. var. **obsoleta** *Nagyszebenből* származó egyetlen hímje a typikus *W. cuspidata* alaktól csak abban tér el, hogy a szemek terének középpontja csupán alacsony dudorodást képez,

14

melynek hegyén két egészen rövid, kissé vastag szőr van. Meglehet, hogy csak a *W. cuspidata* monstrosus példánya.

*

Mint az I. kötet előszavában mondtuk, az egyes fajok teljes synonymiájának felsorolását szükségtelennek tartottuk. Faunistikus munkában ilyenféle névsorok bizonyára fölöslegesek is. Azonban, midőn arra törekedtünk, hogy a régibb irodalomból felemlítsük azokat a leírásokat, melyek a magyar pókfajok biztos meghatározására elkerülhetetlenül szükségesek, fölmerült mégis néhány kiválóan synonymiai tartalmú kérdés, melyek a következők :

A **Mimetus lævigatus** (Keys.) fajt Simon ugyanazonosnak tartja a *M. interfector* Hentz. amerikai fajjal. Utóbbi azonban úgy az Emerton J. H.-tól közölt ábrák, mint a Dr. Marx G.-től kapott példány szerint is, más faj. Az európai *Mimetus*-nak tehát a *laevigatus* (Keys.) nevet kell megtartania.

Az **Episinus truncatus**-t C. L. Koch az *E. lugubris* Sim. synonymái közé aggály nélkül vettük fel. Úgy látszik, hogy a valódi *E. truncatus* Latr. és Sim. kiválóan déli és nyugoti faj, a melylyel az *E. lugubris*-t bizonyára gyakrabban felcserélték.

Bár a **Theridium impressum** hímjét Dr. L. Koch már 13 évvel ezelőtt önálló fajnak ismerte fel és jellemezte, mégis e faj — minden kétségen kívül — a legtöbb gyűjteményben még a *Th. sisyphium* (Clerck) közé keverve fordúl elő.

A **Teutana** Sim.-nem talán a *Steatoda* nevet fogja kapni s a *Steatoda* Sim. nemnek új nevet fog kellene adni, ha ugyanis tekintettel leszünk arra, hogy Thorell tanár 1869-ben a szorosabban vett *Steatoda* (Sund.) typusa gyanánt a *Steatoda castanea* (Clerck) fajt vette.

Az **Erigone globosa** (Menge) Kulcz. 1876, 1881. azonos a *Crustulina guttata* (Wid.) fajjal; kétségtelen az is, hogy Menge *Ceratina globosa*-ja a *Crustulina guttata* egyszínű potrohú egyetlen példányára van alapítva.

Az **Enoplognatha corollata** (Bertk.), melynek faji jogosultságát, az *Enopl. mandibularis* (Luc.)-szal szemben, egy ízben maga Bertkau kétségbe vonta, önálló faj.

Az «**Araneus bucculentus**» Clerck (most *Stemonyphantes bucculentus)* tekintetében okokat sorolunk fel, melyek a mellett szólanak, hogy helyes a svéd szerzők nézete, mely szerint e faj nem más, mint a *Bolyphantes trilineatus* C. L. Koch és hogy a Menge-től és Simon-tól felvett synonymia (*Linyphia frenata* Wid.) nem elég alapos.

A különböző szerzőknél **Lephthyphantes angulipalpis** (Westr.) név alatt előforduló fajok pontos revisiója igen kivánatos volna. A Thorelltől e néven leírt nőstény hasonlóbbnak látszik a *Centromerus incilium*

(L. Koch)-hoz, mint a valódi *L. angulipalpis*-hoz; ellenben a THORELL szívességéböl nyert *Linyphia infirma* Thor. (♀) fajt nem voltam képes megkülönböztetni a *L. angulipalpis*-tól. A *Lephthyphantes angulipalpis* Sim. úgy látszik, hogy különbözik a valódi *angulipalpis* Westr. fajtól.

A **Lephthyphantes bidens** Sim. azonos a *Linyphia mansueta* Thor. fajjal; a *Lephthyphantes mansuetus* Sim.-nak ennélfogva más nevet kell kapnia (*L. Simcnis* Kulcz.).

A **Lephthyphantes frigidus** Sim. alkalmasint synonym a *L. annulatus* (Kulcz.)-val.

A **Linyphia alpina** O. Herm. valószinűleg nem egyéb, mint a *Lephthyphantes Mughi* (Fick.).

Azt a fajt, melyet mind SIMON, mind Fr. O. P. CAMBRIDGE a WIDER által elnevezett **Lephthyphantes tenebricola**-nak tartott, WIDER bizonyára nem ismerte; valódi neve *Lephth. tenuis* (Blackw.).

Lephthyphantes Mengei név alatt 1887-ben összetévesztettem egy más, közel rokon fajt, mely THORELL gyűjteményében szintén *L. Mengei*-vel összetévesztve és összekeverve *Theridium Henricae* Six (1858) név alatt fordúl elő. E fajok közül az «Araneae Hungariæ»-ban a gyakoribb a *Lephth. Henricae* (Six) nevet viseli, míg a *Lephth. Mengei* név annak a másik fajnak maradt, melyet «Symbola ad faunam arachn. tirolensem» czímű munkámban röviden jellemeztem és rajzban is feltüntettem.*

A **Linyphia terricola** Blackw., **L. zebrina** O. P. Cambr. sem egyik, sem másik nevet nem viselheti, mert *Linyphia terricola* C. L. Koch kétségtelen synonymiája a *Lephthyphantes alacris* (Blackw.)-nak s a *Lephth. zebrinus* Menge megint más faj, melyet az angol szerzők valószínűleg nem ismertek. A *L. terricola* Blackw. számára ennélfogva új nevet kellett forgalomba hozni: *Lephthyphantes Blackwallii*.

A **Linyphia Thorellii** O. Herm. nem különböztethető meg a *Porrhomma errans* (Blackw.) nagyszemű alakjától.**

---

* Rev. O. P. CAMBRIDGE szíves volt nekem a *Lephth. terricola* (Blackw.), *L. tenuis* (Blackw.) és *L. flavipes* (Blackw.) fajokból angolországi példányokat küldeni. Ezekről megbizonyosodtam, hogy a két első faj az «Araneae Hungariæ»-ban helyesen van jelezve, — csak a *Linyphia terricola* nősténye nem azonos azzal a nősténynyel, melyet THORELL gyűjteményéből ismerni tanultam; ez a zár alkatában jobban hasonlít a *L. tenuis*-hoz, mint a *L. tenebricola*-hoz. A *L. tenebricola* Blackw. tehát önálló faj, a *L. tenebricola* Wid.-től úgy a hímek, mint a nőstények biztosan megkülönböztethetők, ezért a neki adott új név nem fölösleges. A *L. flavipes* ugyanazonos azzal a fajjal, mely az «Araneae Hungariæ»-ban *L. Henricae* (Six) néven van felsorolva; e faj helyes neve ennélfogva: *Lephthyphantes flavipes* (Blackw.) 1854.

** Mialatt az «Araneae Hungariæ» a nyomdából kikerült, Rev. F. O. P. CAMBRIDGE-től egy igen becses munka jelent meg, az Angolországban élő *Porrhomma*-fajok revisiója. (New Genera and Species of Spiders. Ann. and Magaz. of Natur. Hist. Ser. 6, Vol. XIII., Jan. 1894.) Ebben a *Porrhomma decens* (O. P. Cambr.), *P. incer-*

A **Centromerus incilium** (L. Koch), mely «Les Arachn. de France»-ban, mint a *C. pabulator* (O. P. Cambr.) synonymiája van felsorolva, külön faj.

A közönséges **Micryphantes fuscipalpis** C. L. Koch fajtól egy igen hasonló, valamivel ritkább fajt választott el maga C. L. Koch, *M. rurestris* név alatt. Tudvalevőleg e két fajt Thorell «Remarks on Synonyms» czímű munkájában összevonta. E nézet ellen Westring (Bemerkungen üb. d. arachnolog. Abhandlungen von Dr. T. Thorell . . .) aggályát fejezte ki. Dr. Koch később is két különböző faj gyanánt említi a *rurestris* és *fusci-palpis*-t (Beschreib. neuer von H. Dr. Zimmermann bei Niesky . . . entdeckt. Arachniden). Az újabb irodalomban ennek daczára hiányoznak e két alak megkülönböztetésére vonatkozólag pontosabb, autopsián alapuló adatok. Az «Araneae Hungariæ»-ban a *Micryphantes rurestris* és *M. fuscipalpis* különválasztása a hímeket illetőleg csak igen nehezen megfigyelhető ismertető jeleken alapúl, a nőstényekét elég csekély és kevéssé megbízható különbségek jelzik ; azonban ezen ismertető jelek alapján a két faj különböző volta elegendőképen igazolható. Hogy vajjon a két fajra használt nevek helyesen vannak-e alkalmazva, a fölött későbbi vizsgálatok fognak dönteni, épúgy, mint a munkában felsorolt, gyenge alapon nyugvó synonymia fölött.

A Velebiten Biró Lajos által gyűjtött példányok alapján **Micryphantes corniger** (Blackw.)-nek tartunk oly nőstényeket, melyek a Simon-tól leirt *Sintula corniger*-től teljesen elütnek. Ennek alapjáúl feltehető, hogy a hím ivarszervének feltünő alkata után itélve következtetni lehet, hogy e fajnál a nőstények zárjának is szokatlan alakúnak kell lenni, a mi a velebiti nőstényeknél tényleg úgy is van, míg a Simon-nál leírt nőstényeknél e szerv nagyon egyszerű alkatúnak látszik.

A **Neriene (Gongylidium) retusa** (Westr.) és **N. fusca** (Blackw.) Simon-nál a «Les Arach. de France»-ben egymással fel vannak cserélve.

A **Scotinotylus aries** (Kulcz.), melyet Simon a *Scot. antennatus* (O. P. Cambr.) synonymájának nyilvánított, legalább az utóbbi alak leirása után itélve, önálló faj lesz.

---

tum (id.) és *P. microphthalmum* (id.) *egy* fajba vannak összevonva (a *P. Meadii* F. O. P. Cambr. új név alatt) s ez által a Blackwall-tól és Rev. O. P. Cambridge-től leírt angolországi *Porrhomma*-fajok száma négyre száll alá. A *Porrhomma errans* (Blackw.) és *P. oblongum* (O. P. Cambr.) fajokat Rev. F. O. P. Cambridge külön fajoknak tartja. E szerint a magyar faunában nem három, hanem négy *Porrhomma*-fajunk volna, névszerint: *pygmaeum* (Bl.), *errans* (Bl.), *Rosenhaueri* (L. Koch) és *oblongum* (O. P. Cambr.) ; Rev. F. O. P. Cambridge nézete szerint a *Porrhomma oblongum*-hoz sorozandó az a faj is, melyet én a Magas-Tátrában úgy a lengyel részen, mint a magyar oldalon gyűjtöttem és 1882-ben *Linyphia microphthalma* (Cambr.) név alatt leírtam. A magyarországi *Porrhommák* revisiójának az eredményeit, Rev. F. O. P. Cambridge említett munkája alapján, az «Araneae Hungariæ» utolsó füzetében fogom előadni.

Az **Erigone hilaris** Thor. név az illető *Gonatium-*fajra valamivel régibb, mint az *Erigone nemorivaga* O. P. Cambr. név.

A Simon-tól Magyarországból leírt **Diplocephalus (Plæsiocrærus) opacithorax** valószinűleg nem különbözik a *Dipl. latifrons* (O. P. Cambr.)-tól.

A **Diplocephalus picinus** (Blackw.) név alatt leírt nőstény különbözik «Les Arachnides de France»-ban ugyanezen e név alatt leírt nősténytől. Az előbb említett nőstény gyakrabban gyűjtetett ugyan a *Diplocephalus picinus*-hímek társaságában, de csak Lengyelországban; míg az eddig Magyarországban gyűjtött pókok közül az illető hím még hiányzik. Ez irányban mindenesetre még további megfigyelésekre van szükség.

A **Brachycentrum elongatum** (Wid). fajból fordúlnak elő olyan hím példányok, melyek a *B. (Lophocarenum) insanum* Sim. alakhoz tökéletesen hasonlók. Az utóbb említett faj önállósága ezért nem látszik egészen biztosnak.

A **Cnephalocotes interjectus** (O. P. Cambr.) talán nem külön faj, hanem csak a *Cneph. elegans* (O. P. Cambr.) fajváltozata, mert fejalkata és a hátsó oldalszemeknél fekvő gödröcskék nála változók.

A **Microneta pusilla** Menge fajra vonatkozólag aligha van igaza Simon-nak, mikor azt az *Erigone (Cnephalocotes) sila* O. P. Cambr.-val ugyanazonosnak tartja.

Alig lehet kételkedni a fölött, hogy a Simon-tól új fajként leirt **Maso Westringii** ugyanazonos a Westring *Maso Sundevallii* fajával és hogy Simon-nak a *Maso Sundevallii*-ját Westring nem ismerte.

16

ATTIDAE

Musei zoologici Varsoviensis, in Siberia orientali collecti,

conscripti a **Lad. Kulczyński**.

(Accedit tabula II).

(Rzecz przedstawiona na posiedzeniu Wydziału matem.-przyr. z d. 8. lipca 1895 r.).

Attidarum species, quae infra enumerabuntur, una cum araneis aliis non paucis Cel. Dr. B. Dybowski, Victore Godlewski aliisque sociis adiuvantibus, collegit abhinc annis plus quam viginti variis locis Siberiae orientalis: prope Kułtuk ad lacum Baikał, in Dauria (imprimis prope Darasuń), in terra Ussurica: prope fluvios Ussuri, Sungari, ad lacum Chanka. Araneae hae nunc in Museo zoologico Varsoviensi conservantur; perscrutandas eas commisit mihi Lad. Taczanowski, olim Musei illius custos. Quae opera, iam pridem suscepta, multo diutius, quam in animo erat, tardabatur impedimentis, quae tolli usque ad hoc tempus non potuerunt. Tandem conspectum Attidarum saltem, collectione commemoratâ comprehensorum, in lucem profero; sequentur familiae aliae.

Notandum censeo, collectionem istam orientali-sibiricam non nisi partem quandam, fortasse parvam, continere arancarum, quas collegit Cel. B. Dybowski; pars altera pessum data est et doctrinae detracta, id quod sane dolendum. Quod nisi ita factum esset, certo pleraeque, si non omnes, ab A. E. Grube anno 1861. descriptae araneae Sibiricae nunc planius exponi et in genera posteriore tempore instituta distribui possent. Non pauca exempla adeo laesa in manus meas venerunt, ut subtilius describi nequeant; designationes locorum natalium: Kułtuk, Darasuń, prov. Ussurica, aliquatenus non satis accuratae sunt. Nihilominus thesaurus, de quo agitur, quamquam mediocris et vitiatus, non reiiciendus videtur, cum nimis imperfecta sint ea, quae de araneis Siberiam orientalem inhabitantibus scimus.

Salticus Latr.

Salticus lugubris n. sp. (Fig. 1—5).

Cephalothorax niger, abdomen pube cinereâ tectum, fasciâ albâ ornatum, humefactum totum nigrum aut epigastrio et ventris partibus lateralibus anticis pallidioribus, dorso nonnunquam in laterum parte anteriore utrimque lineâ albidâ ornato. Pars cephalica paullulum latior quam thoracica, oculi seriei 2-ae oculis anticis lateralibus propiores quam oculis seriei 3-ae. Tibiae I. subter paribus aculeorum 3-bus instructae. Maris mandibulae cephalothorace breviores, basi et apice angustatae, ceterum ubique aequali latitudine, dorso deplanato cum latere utroque in carinam acutam coëunti, sulco unguiculari utrimque dentibus ca. 7 armato, ungue non dentato; palporum pars tibialis patellari paullo longior, parum longior quam apice lata, processu parvo, a basi deorsum flexo, apicem versus compresso et paene anteriora versus directo et leviter sursum curvato, ornata, lamina tarsalis aeque circiter longa atque pars patellaris cum tibiali, rostrum circiter $1/_3$ eius occupans, embolus longissimus, bis circa bulbum genitalem curvatus. Epigyne foveâ ornata transversâ reniformi, duplo circiter latiore quam longiore, a margine postico circiter longitudine suâ remotâ, septo longitudinali in foveolas duas rotundatas divisâ, postice in longitudinem sulcata.

Mas. Cephalothorax (Fig. 1) similis atque *S. formicarii* (De Geer); pars cephalica paullulum longior et latior quam pars thoracica, lateribus leviter rotundatis, supra partem thoracicam aliquantum elevata; pars thoracica lateribus paene parallelis, postice parum inaequabiliter rotundata; sulcus transversus, quo partes cephalica et thoracica inter se distinguuntur, in dorso et in laterum parte superiore bene expressus, inferius evanescens. Dorsum partis thoracicae anterius libratum, area oculorum anteriora versus leviter descendens; partes dorsi declives: in capite posterius et in thorace posterius, a latere adspectae, inter se paene parallelae. Clypeus valde humilis. Sulco transverso excepto cephalothorax impressionibus caret; summus margo eius — clypei margine excepto — leviter elevatus est et acutus. Opacus est cephalothorax, omnium densissime granulatus, supra in parte cephalicâ et in sulco transverso pilis non multis suberectis, circa oculos anticos et in clypeo pilis sat longis et congestis, ceterum pilis sparsis adpressis, omnibus flavido - cinereis instructus; in sulci transversi parte mediâ et in partibus supra margines sitis cephalothorax pilis albis, in fascias parum definitas congestis, ornatur. *Oculorum* area circiter $^2/_5$ longitudinis totius cephalothoracis occupat, quadrangulus oculorum postice paullo latior est quam antice, longitudine suâ $^1/_3$ latior. Oculi antici inter se proximi, marginibus superioribus lineam subrectam designant, mediorum diameter duplo saltem maior quam lateralium; oculi postici lateralibus anticis subaequales; oculi intermedii paullo longius a posticis quam ab anticis lateralibus remoti. *Mandibulae* porrectae, leviter declinatae, longitudine paullo variant: aeque longae atque $^3/_5$ aut $^3/_4$ cephalothoracis, 3-plo aut $3^1/_2$ longiores quam latae, desuper adspectae latere interiore recto, exteriore leviter arcuato, basim et apicem versus paene aequabiliter et leviter angustatae, ad basim in margine superiore externo sinu parvo, sat profundo tamen ornatae, dorso deplanato, in longitudinem leviter, in transversum paullo fortius convexo, leviter et irregulariter modice dense in transversum sulcato, praeterea subtilissime reticulato et ruguloso, modice nitido, pilis tenuissimis adpressis dispersis instructo; paries interior mandibulae fere planus et ad perpendiculum directus est, ceterae earum partes paene aequabiliter in transversum convexae, densissime subtiliter reticulatae, levissime in transversum sulcatae; a latere adspectae mandibulae fere a basi ipsâ attenuatae sunt, primo levissime, apicem versus fortius; sulcus unguicularis supra dentibus 6 — 7, subter 7 — 8 paullo minoribus instructus; dens superior apicalis in margine antico parietis interni mandibulae iacet, anteriora versus directus (dentium situs paullo variabilis est). Unguis apicem versus aequabiliter angustatus, basi et apice fortiter curvatus, medio leviter sinuatus et subter crenatus. *Maxillae* leviter divaricantes, pars earum ultra labium producta eo paullo brevior, lateribus fere parallelis, margine apicali transverso, leviter rotundato; *labium* longius quam latius, lateribus leviter rotundatis, apice transverse truncato. *Sternum* densissime subtiliter reticulatum, subopacum, longe pilosum, valde angustum. *Palporum* (Fig. 2, 3, 4) pars femoralis apicem versus leviter dilatata, incurvata, paullo compressa, supra subterque paullo obsolete carinata; partes patellaris et tibialis supra deplanatae et in latere utroque carinatae (carinâ exteriore paullo obsoletâ), subter in transversum paene aequabiliter convexae, apicem versus leviter dilatatae, patellaris latitudine suâ apicali paullo longior, tibialis patellari paullo longior, fere non longior quam apice lata, in latere interiore longe pilosa; partis tibialis margo apicalis superior levissime rotundatus, inferior ad latus exterius in sinum parvum profundum impressus; apicis pars exterior in processum parvum producta, ab angulo externo paullo remotum, a basi deorsum flexum, tum leviter sursum curvatum, laminae

tarsali ita adpressum et pilis nonnullis laminae huius — praeter consuetu-
dinem retro directis — occultum, ut difficile conspiciatur. Lamina tarsalis
aeque circiter longa atque partes patellaris et tibialis simul sumptae,
latior, fere ovata, apice leviter depresso et paullo truncato; bulbus genitalis parvus rotundatus subplanus, ca. $^2/_3$ laminae tarsalis tegens, stylo
circumdatus, ut videtur, longissimo et bis in circulum flexo, in bulbi
parte exteriore initium capienti, a basi retro directo; emboli huius dimidium basale fortasse bulbo adnatum est, dimidium apicale liberum,
primo bulbi margini parallelum, deinde (a bulbi parte posticâ interiore)
oblique anteriora versus directum laminae tarsalis apicem fere (qui excavatus est) attingit. *Pedes* tenues, antici non incrassati coxis insigniter
minus quam labii latitudine inter se remotis; trochanter IV. $^2/_3$ coxae
longitudine aequat saltem; femora omnia aculeis singulis brevibus supra
non procul a basi ornata, patellarum latera inermia, tibia I. subter prope
basim aculeis 2, inter medium et apicem aculeis 2.2 instructa; aculei
breves adpressi difficile conspiciuntur; metatarsi I. et II. aculeis 2.2
(prope basim et prope apicem) armati; tibia II. subter ad latus posterius tantum aculeo 1 prope basim et 1 paullo pone medium armata;
ceterum pedes aculeis carere videntur. *Abdomen* elongato ovatum, non
evidenter constrictum, sescuplo saltem longius quam latius; petiolus non
longus (latitudine sua evidenter brevior). *Mamillae* prominentes, modice
longae.

F e m i n a e *cephalothorax* similis atque in mare, eius pars media,
quae in mare sublibrata est, longior et anteriora versus paullulum descendens; pars cephalica paullo minus elevata. *Oculorum* situs idem.
Mandibulae paullulum proiectae, basi geniculatae, ceterum dorso in
longitudinem levissime arcuato, in transversum deplanato, transverse rugoso, ad latus interius carinâ ante apicem evanescenti ornato; apex
mandibulae intus rotundatus, sulcus unguicularis antice dentibus 6, mandibulae apicem versus et basim versus gradatim minoribus, postice
dentibus minoribus ca. 7 armatus; unguis sat brevis, apicem versus
aequabiliter angustatus. *Palporum* pars femoralis compressa, patellaris et
tibialis et tarsalis dilatatae et fortiter deplanatae, in utroque latere acute
carinatae; patellaris apice insigniter latior quam basi, paullo longior
quam apice lata; tibialis formâ simili, sescuplo longior et latior quam
patellaris; tarsalis tibiali vix latior, eâ $^3/_4$ longior, a medio apicem versus angustata, latere interiore fortius quam exterius arcuato. *Pedes* ut
in mare aculeati (tibiae et metatarsi saltem). *Abdominis* paries anticus
ad perpendiculum directus, a latere adspectus cum dorso angulum melius expressum quam in mare format; dorsum paullo pone marginem
anticum leviter impressum. *Epigyne* (Fig. 5) foveâ ornatur late cordatâ,

septo longitudinali in foveolas duas divisâ; pone foveam epigyne medio in longitudinem impressa est.

Cephalothorax supra niger, pars thoracica et latera partis cephalicae colore umbrino suffusa. *Mandibulae* maris adulti fuscae, colore flavo suffusae, supra — ut in femina — nitore metallico tenui ornatae, unguis rufo-flavus, medio plus minusve nigricans, feminae adultae et exemplorum iuniorum mandibulae rufo-flavidae, colore fusco suffusae, unguis fusco-rufus. *Maxillae* et labium fusco-nigra, illarum margo interior, huius apex pallidus. *Sternum* nigrum aut nigro-fuscum. *Palpi* maris fusci, parte patellari et tibiali et laminâ tarsali nigricantibus, hac apicem versus pallidiori; feminae pars femoralis flavido-fusca, partes patellaris tibialis tarsalis obscurius coloratae. Coxae *pedum* I. et II. subter flavo-albidae, illae in apice posterius, hae postice ad basim maculâ nigro-fuscâ, nonnunquam indistinctâ ornatae, trochanteres anteriores aut pallidi, aut in lateribus nigro-fusco maculati. Pedes I. et II. in exemplis pallidius coloratis flavidi, in obscurioribus colore rufo aut fusco-rufo suffusi; pedes I. in utroque latere lineâ fuscâ ornantur secundum totam longitudinem; lineae hae (praesertim anterior) in femoribus nonnunquam ita dilatatae inveniuntur, ut partes hae etiam nigro fuscae supra subterque lineâ pallidâ ornatae dici possint; metatarsus et tarsus plus minusve obscuriores quam tibia; pedum II. femur aut in utroque latere secundum totam longitudinem aut in toto latere antico tantum, aut in eius dimidio apicali tantum lineâ nigrâ ornatur, patella et tibia in utroque latere nigro lineatae (lineâ anteriore saepe tenui et parum distinctâ), metatarsus in latere postico prope basim lineâ brevi nigrâ pictus aut unicolor, cum tarso non obscurior quam tibia. Coxae III. et IV. et trochanteres III. fusco-nigri, trochanteres IV. aut toti pallidi aut in apice posterius maculâ nigrâ ornati, aut nigri subter modo pallidi. Femora III. et IV. fusco-nigra, dorso apicem versus nonnunquam pallidiore, patella III. lateritio- aut testaceo-flavida, ceterum pedes III. apicem versus sensim pallidiores, in utroque latere patellae et tibiae et metatarsi plus minusve distincte nigro lineati. Pedum IV. patella albida, dorsi parte apicali nigrâ, tibia metatarsus tarsus in utroque latere nigro-fusca, supra subterque plus minusve pallidiora. *Abdomen* saepe totum nigrum, nonnunquam epigastrio et mamillis aut etiam ventris partibus anticis lateralibus pallidioribus; nonnunquam in dorsi lateribus paullo pone marginem anticum (in impressione supra dictâ) utrimque lineâ albidâ retro et foras directâ ornatum. In mare adulto pedes nonnunquam multo obscurius colorati sunt quam in exemplis aliis, praesertim coxae et pedes paris I.

Cephalothorax, pilis sparsis cinerascentibus tectus, siccatus eodem fere est colore atque humefactus; faciei pili sat densi cinerascentes; in sulco transverso sitae squamae albae confertae fasciam formant albam supra cephalothoracis margines tantum distinctam. Abdomen, pube magis corfertâ tectum, supra plus minusve cinereum videtur, in impressione transversâ lineâ albâ medio late interruptâ, saepe parum distinctâ, ornatur; pars pone hanc lineam sita praesertim in lateribus nigra esse solet etiam in exemplis integris, pars dorsi posterior saepe angulis nonnullis nigricantibus parum expressis ornatur.

Mas 7·6 — 8 mm. longus, cephalothorace 2·5 — 2·8, mandibulis 1·5—2·4, abdomine (petiolo et mamillis exceptis) 3·1 mm. longo, 2 mm. lato, exempli cephalothorace 2·8 longo femur I. 1·6, patella 0·75, tibia 1·5, metatarsus 1·0, tarsus 0·58, pedum II. partes: 1·3, 0·58, 0·97, 0·78, 0·42, pedum III.: 1·4, 0·58, 1·07, 1·17, 0·45, pedum IV.: 2·1, 0·78, 1·72, 1·69, 0·55 longae.

Femina 6 mm. longa, cephal. 2·8, abdom. 2·7 mm. longo, 1·6 lato; pedum I. femur 1·5, patella 0·58, tibia 1·4, metatarsus 0·84, tarsus 0·52, pedum II. partes: 1·25, 0·58, 0·91, 0·68, 0·42, pedum III.: 1·4, 0·58, 0·97, 1·07, 0·49, pedum IV.: 2·05, 0·81, 1·72, 1·59, 0·58 mm. longae.

Hab. in regione Ussurica.

Species haec fortasse eadem est atque *Salticus japonicus*, cuius marem iuniorem solum descripsit Cel. F. Karsch [1]), color tamen pedum saltem paullo alius videtur: femora I. et II. pallida nigro lineata (in iunioribus saltem), pedum II. non solum tarsi sed etiam metatarsi non distincte lineati, trochanteres IV. pallidi, patellae IV. maiore ex parte pallidae.

Heliophanus C. L. Koch.

Heliophanus dubius C. L. Koch.

Kułtuk, exemplum unicum: femina adulta. Regio Ussurica, mas adultus.

---

[1]) Baustoffe zu einer Spinnenfauna von Japan. (Verh. naturhist. Ver. d. preuss. Rheinl. u. Westfal. 36 Jhg. 1879). p. 82.

Heliophanus ussuricus n. sp. (Fig. 6—9).

Cephalothorax supra subterque niger, palpi et pedes feminae flavidi. Maris pars femoralis palporum subter processu ornata simplici, levissime curvato, pars tibialis processibus duobus instructa, quorum externus cum margine apicali partis patellaris fere contingit et leviter procurvus est; rostrum circiter $^1/_3$ laminae tarsalis occupat; bulbus genitalis aeque circiter latus atque longus (embolo excepto), latere exteriore non inciso, angulo postico interiore modice prominenti obtuso; embolus acutus. Epigyne foveâ ornatur profundâ, fere trapezicâ angulis rotundatis, latiore quam longiore, marginibus acutis circumdatâ, postico medio non incrassato, marginibus antico et lateralibus colore nigricanti ita pictis, ut signo fere M-formi ornetur.

Mas. *Cephalothorax* 1·6 mm. longus, 1·1 latus, fere in $^2/_3$ longitudinis latissimus, sub oculorum serie 3-â eâ utrimque ne radio oculi quidem latior, fronte 0·95 latâ, areâ oculorum desuper adspectâ 0·7 longâ, similem in modum, atque in feminâ infra descriptâ, sculptus. Dorsi pars media sublibrata aeque circiter longa atque area oculorum; haec modice declivis et leviter arcuata; margo inferior oculi seriei 2-ae, qui spatio paullulum maiore ab oculo laterali antico distat quam ab oculo postico, cum margine interiore huius oculi lineam designat sublibratam, circiter sescuplâ diametro oculi autem altius iacet quam margo superior oculi lateralis antici. Pars dorsi librata in medio fere foveâ ornatur paullo oblongâ, fere rotundatâ, parum profundâ, antice paullulum profundiore. Area oculorum paullulum latior postice, sescuplo latior quam longior. *Oculorum* anticorum margines superiores lineam rectam designant, intervalla parva et subaequalia, diameter lateralium diametro posticorum subaequalis, radio anticorum mediorum paullo minor. Clypei sub oculis mediis altitudo eorum diametro ca. sexies minor. *Mandibulae* ca. 0.5 longae, directae, apicem versus leviter angustatae, apice oblique rotundato-truncatae, dorso sublaevi, levissime transverse rugoso, sulco unguiculari antice in angulo mandibulae dente nigro acuto et supra eum denticulo multo minore, postice autem dente uno apici propiore, anticis maiore, instructo. *Maxillae* apicem versus in latere exteriore parum dilatatae et ante angulum, qui rectus est, tuberculo ornatae humili, oblongo, parum prominenti. *Palpi* breves; pars femoralis (Fig. 8) basi subter tuberculum manifestum non format, pone medium processu ornatur non parum breviore, quam ipsa lata est, deorsum et retro et paullo intus directo, simplici, parum acuto, levissime retro et intus curvato; a latere adspecti processus latus anticum cum margine apicali partis femoralis lineam fere aequabilem format; pars patellaris supra sescuplo fere longior quam lata, lateribus paene parallelis; pars tibialis (Fig. 9) eâ triplo brevior, parum angustior, in latere exteriore inferiore processibus duobus ornata, altero cum margine apicali partis patellaris fere contingenti, tenui, deorsum et paullo foras et retro directo, leviter anteriora versus curvato, altero magis infra sito, cum bulbo genitali contingenti, partis ipsius diametro fortasse non breviore, anteriora versus foras et deorsum directo, apice curvato; lamina tarsalis sescuplo longior quam pars patellaris cum tibiali, duplo longior quam latior, apicem versus longe et fortiter angustata; in palpo desuper viso bulbus genitalis ultra marginem interiorem posticum laminae prominet tuberculi instar apice rotundati, latere anteriore obliquo, posteriore transverso. Bulbus irregulariter oblique quadrangularis, angulo postico exteriore in tuberculum producto aeque circiter longum ac latum, retro directum, apice rotundatum, angulo postico interiore autem paullo producto obtuso; anguli anteriores bulbi late rotundati, praesertim exterior, qui valde obtusus et parum manifestus est. Embolus in latere antico bulbi initium capit angulo exteriori paullo propior, a basi anteriora versus et paullo foras et sursum directus, latus, tumidus, deinde intus leviter curvatus et sensim fortiter in aculeum tenuem angustatus. Subter bulbus parum inaequalis est et sat fortiter convexus, a latere exteriore adspectus antice non humilior videtur quam postice. Rostrum circiter $1/_3$ longitudinis totius laminae tarsalis occupat. *Pedum* I. patella 0·48, tibia 0·48, metatarsus 0·44, tarsus 0·32 longus. Abdomen 1·5 longum, 1·1 latum, ovatum.

Cephalothorax niger, mandibulae basi fuligineae, apicem versus fusco-rufae, sternum fuligineo-nigrum, labium et maxillae fuligineo-nigra apice pallidiora, palpi fuliginei colore rufo suffusi; pedum coxae et trochanteres subter flavo-fusca, posteriora anterioribus pallidiora, femora nigra, subter parum pallidiora, supra praesertim apicem versus lineâ duplici latâ fusco-flavâ notata, ceterae pedum partes flavidae, patellae et tibiae I. et II. lineâ fuligineo-nigrâ in latere antico, patellae III. et IV. puncto basali colore eodem, plus minusve distincto, tibia III. in latere antico, tibia IV. lineis in latere utroque et lineâ pallidiore in dorso, metatarsus IV. lineâ fuscâ parum expressâ in latere anteriore ornatus; *abdomen* supra subterque cum mamillis nigrum.

Exemplum unicum, quod vidi, valde detritum est, squamae quae restant in cephalothorace et in abdomine, obscure coloratae sunt, sat fortiter metallico micant; maculis albis cephalothorax et abdomen carere videntur(?); subter corpus pube cinerascenti tegitur; palpi lineâ albâ ornantur partis femoralis apicem saltem, dorsum partis patellaris et tibialis et tarsalis occupanti; pedes in femorum dorso saltem lineâ albâ duplici picti.

Femina (probabiliter huius speciei). *Cephalothorax* 1·75 mm. longus, 1·2 latus, fere in $^2/_3$ longitudinis latissimus, fronte 1·01 latâ, totâ oculorum areâ (desuper visâ) 0·81 longâ, sub serie 3-a oculorum eâ utrimque circiter dimidio radio oculi latior. Dorsi pars sublibrata evidenter brevior quam area oculorum, haec modice declivis et arcuata; margines inferiores oculi seriei 2-ae et 3-ae lineam designant anteriora versus paullulum adscendentem, margo superior oculi lateralis antici fortasse radio oculi demissius iacet quam margo inferior oculi seriei 2-ae. Quadrangulus *oculorum* paullo latior postice quam antice (13:12), dimidio latior quam longus; oculi seriei 2-ae spatiis aequalibus a posticis et a lateralibus anticis remoti. Oculorum anticorum situs idem atque in mare, eorum laterales oculis posticis aequales, duplo circiter minores quam medii antici. Latera cephalothoracis dense subtiliter granulata, dorsum sublaeve; area oculorum obsolete rugulosa, pars thoracica supra punctis impressis obsoletis adspersa; pone oculos dorsum secundum totam latitudinem impressione ornatur perparum distinctâ, arcuatâ, procurvâ. *Mandibulae* similes atque in mare. *Maxillarum* partes, quae coxis anticis non occultantur, lateribus exterioribus paene parallelis, angulo apicali exteriore valde obtuso, interiore fortiter rotundato, margine apicali modice obliquo et leviter rotundato. *Epigyne* (fig. 6) foveâ ornatur parvâ, latiore quam longiore, 0·18 latâ, 0·13 longâ, profundâ, fere trapezicâ, postice latiore, angulis anticis omnino rotundatis; margo anticus foveae aequabiliter arcuatus, medio depressus, laterales leviter arcuati, ut ille acuti; anguli postici fere recti, ipso apice rotundato; margo posticus leviter procurvus, angustissimus, medio non incrassatus. Ante foveam area epigynes secundum lineam mediam late impressa, utrimque eminentiam format obscure coloratam, nitidam, parum definitam. Epigyne humefacta (fig. 7) fusco-flavida, in foveae latere utroque maculâ ornatur fuligineâ rotundatâ, in eius marginibus autem maculâ fuligineâ, fere M-formi; figurae huius crura lateralia margines laterales foveae occupant, posteriora versus sensim aequabiliter angustata, apices autem antici, rotundati, eminentiis supra commemoratis, ante foveam sitis respondent[1]). *Pedum* I. patella 0·5, tibia 0·5, metatarsus 0·44, tarsus 0·34,

---

[1]) Epigyne *Heliophani camtschadalici* Kulcz. (Pamiętnik Wydz. mat.-przyrodn. Akad. Um., Vol. XI) humefacta maximam partem pallide colorata est, margine antico foveae angusto rufo-fusco, maculis ornata piceis duabus, mediocriter (praesertim postice) definitis, fere triangularibus rectangulis, angulis obtusis. Anguli interni macularum, inter se spatio parvo disiuncti, in dimidio posteriore foveae iacent, ab eius medio parum remoti; latera externa paene in longitudinem directa (anteriora versus paullulum a se discedentia), postice margines laterales foveae attingunt, anteriora versus ab eis discedunt; anguli antici cum margine antico foveae lineam paene rectam designant (fig. 10).

partes respondentes pedum IV: 0·52, 0·75, 0·81, 0·40 longae. *Abdomen* 3·2 longum (mamillis exclusis), 2·0 latum.

Cephalothorax cum mandibulis maxillis labio sternoque niger, labii et maxillarum apices fusco-flavidi; palpi toti pallide flavidi, pedes flavidi, colore rufo paullulum suffusi praesertim apicem versus, coxis omnibus supra nigro maculatis, trochanteribus IV. in latere postico lineâ nigrâ ornatis, ceterum lineis nigris carentes; *abdomen* supra nigrum, desiccatum nigrum nitidum versicolor (squamis tectum certo pellucidis, versicoloribus, angustis), albo maculatum: limbo ornatum marginali angusto, paullo pone mediam partem laterum deflexo et abrupto; inter partem hanc deflexam et mamillas utrimque binae lineae albae oblique inveniuntur, anterior posteriore multo maior; praeterea dorsum maculis pictum est transversis 6 (8?), quarum anticae ante mediam partem dorsi, reliquae 4 (6?) in dimidio posteriore iacent. (Pictura haec certo parum constans). Sternum et venter pube albidâ tecta, hic picturâ evidentiori carere videtur.

Alius exempli statura minor: cephalothorax 1·6 longus, 1·0 latus, epigyne paullo alia: parum latior quam longiore (0·16 et 0·14 mm.), ceterum formâ et picturâ simili. (Exemplum hoc, fortuito exsiccatum corrugatum est!).

Reg. Ussurica.

Heliophanus flavipes (Hahn).

Kułtuk; feminae adultae duae: altera femoribus IV. nigro lineatis, altera vix vestigio lineae nigrae ornata, ambae patellis IV. maculâ parvâ nigrâ pictis. — Feminae hae nullâ re differre videntur ab exemplis Polonicis et Hungaricis *Heliophani* illius, quem in „Conspectu Attoidarum Galiciae" [1] non sine dubitatione ad *H. flavipedem* (Hahn) retuli, postea in opere, quod „Araneae Hungariae" inscribitur [2], *H. variantem* E. Sim. appellavi.

Heliophanus baicalensis n. sp. (fig. 11).

Femina 5·8 mm. longa, cephalothorace supra subterque nigro, palpis et pedibus flavidis. Epigynes fovea modice profunda, paullo latior quam longior, margine postico crasso et obtuso, reliquis acutis.

[1] Rozprawy i Sprawozdania Wydz. mat.-przyr. Akad. Umiej., t. XII, 1884.

[2] Chyzer & Kulczyński, Araneae Hungariae secundum collectiones a L. Becker pro parte perscrutatas conscriptae. Budapestini 1891.

F e m i n a. *Cephalothorax* 1·8 mm. longus, 1·3 latus, in ²/₃ longitudinis latissimus, margine frontali 1·04 longo, sub serie 3-a oculorum
eâ utrimque ne radio oculi quidem latior. Area oculorum desuper visa
0·85 longa, a latere adspecta sat fortiter declivis, leviter arcuata;
pars dorsi pone eam sita, paullo brevior, sublibrata, levissime excavata. Paullo pone oculos dorsum impressione transversâ ornatur, quae
ab impressionibus pone utrumque oculum posticum sitis non distincte
seiuncta, cum eis arcum format parum profundum, modice procurvum;
sulcus ordinarius in hac impressione situs brevissimus, acute impressus,
ceterum dorsum impressionibus evidentioribus caret. Latera cephalothoracis dense aequabiliter granulata, dorsum partis cephalicae sat fortiter
transverse rugosum, praesertim in areâ oculorum; dorsum partis thoracicae obsolete sparse impresso-punctatum. *Oculi* seriei 2-ae paribus fere
intervallis a posticis et a lateralibus anticis distant; in cephalothorace
directo a latere adspecto margo inferior eorum cum margine inferiore
oculi postici lineam designat anteriora versus paullulum descendentem,
circiter sescuplâ diametro oculi autem altius iacet quam margo superior
oculi lateralis antici. Quadrangulus oculorum paullo latior postice quam
antice (1·15 et 1·04 mm.), 0·72 longus; oculi antici laterales posticis
subaequales, quam medii duplo circiter minores; margines superiores
oculorum anticorum lineam rectam designant, intervalla parva, medium
lateralibus minus. Clypei sub oculis mediis altitudo eorum diametro
quinquies aut sexies minor. *Mandibulae* ca 0·6 longae, directae, a fronte
visae apicem versus parum angustatae, paullo a latere interiore adspectae apice intus rotundato-angustatae videntur; earum dorsum leviter
non dense transverse rugosum, sulcus unguicularis antice dente uno sat
magno et supra eum denticulo minuto, postice autem dente apici propiore, quam anticus paullo maiore, ornatus. *Maxillarum* latera exteriora
parallela, margo apicalis rotundatus, anguli apicales rotundati. *Sternum*
paullulum latius quam coxae IV. subter longae. *Pedum* I. et II. tibiae
in latere antico pone medium aculeo 1, subter ad latus posticum aculeis 1.1 (nullo in apice), metatarsi subter aculeis 2.2 ornati. Patellae
omnes inermes Pedum I. patella 0·55, tibia 0·57, metatarsus 0·49, tarsus 0·41, partes respondentes pedum IV.: 0·55, 0·80, 0·89, 0·45 mm.
longae. *Abdomen* (ovis distentum) 3·4, cum mamillis 3·6 longum, 2·3 latum, ellipticum postice paullo acuminatum. *Epigyne* (fig. 11) foveâ ornata ca. 0·3 latâ, paullo latiore quam longiore, modice profundâ, reniformi,
marginibus circumcirca corneis fusco-rufis, antico et lateralibus acutis,
postico sat crasso et obtuso, antice et in lateribus paullo inaequabiliter
rotundatâ; margo posticus foveae arcus duos sat fortiter curvatos, pro·
curvos, medio in angulum coniunctos, format; septum nullum.

Cephalothorax supra subterque niger, mandibulae nigrae, colore rufo-fusco praesertim apicem versus suffusae, maxillae ut labium nigrae apice flavo-fuscae, palpi toti pallide flavidi, pedes flavidi paullulum colore rufo suffusi, coxae IV. supra maculâ fuscâ notatae; *abdomen* supra fuligineo-nigrum, in lateribus et subter paullo pallidius.

Cephalothorax ad oculos anticos supra, inter eos et oculos posticos, in laterum parte inferiore posticâ et superiore posticâ, in clypei margine, squamis albis aut albidis ornatus, ad oculos anticos tantum confertis, ceterum dispersis; cinguli oculorum anticorum albi; area oculorum squamis decoloribus (?, fortasse nigris) nitentibus tecta videtur; squamae in parte libratâ dorsi versicolores (cephalothorax non parum detritus est in exemplo unico, quod vidi); squamae, quae restant in dorso *abdominis*, angustae, versicolores, fortiter micantes, et albae, quae lineas et maculas parum definitas has formant: limbum aream dorsualem antice et in lateribus anterius cingentem, lineam in eiusdem areae marginibus posterius utrimque sitam, maculas fortasse quatuor in dorsi parte posticâ.

Kułtuk; femina adulta unica.

Epiblemum Hentz.

Epiblemum latidens n. sp. (Fig. 22—24).

Mas 5·6 mm. longus, processu tibiali palporum anteriora versus et paullo foras directo, non incurvato, lamelliformi, apicem versus dilatato, apice late et paene recte truncato, angulo apicali inferiore acuto.

M a s. *Cephalothorax* 2·4 mm. longus, 1·7 latus, fronte 1·2 latâ, in $^2/_3$ longitudinis latissimus, anteriora versus modice angustatus lateribus paullulum arcuatis, ad oculorum seriem 3-am eâ non totâ diametro oculi utrimque latior. Dorsum a latere visum sublibratum, cum parte posticâ declivi, quae brevis et quam $^1/_3$ partis thoracicae fortasse non longior est, arcu sat lato coniunctum et ab ea usque ad oculos anticos arcum formans valde humilem, parum inaequalem, pone oculos posticos leviter impressum, hic enim cephalothorax impressione ornatur levi, paullo arcuatâ, procurvâ, aeque fortasse longâ atque oculorum area lata est, squamis repletâ et hanc ob rem parum distinctâ. Quadrangulus *oculorum* postice paullulum latior quam antice, longitudine $^2/_3$ latitudinis suae posticae aequans. Oculi postici lateralibus anticis paullo minores videntur, oculi seriei 2-ae ab his et ab illis spatiis subaequalibus remoti. Oculorum anticorum intervalla parva, margines superiores lineam paullulum procurvam designant, lateralium diameter diametro mediorum fortasse duplo minor. Clypeus sub oculis mediis omnium humillimus. *Mandibulae* cephalothorace duplo breviores, modice proiectae et divaricatae, paullo a parte interiore adspectae latus exterius latitudine maximâ duplo longius habere, a medio apicem versus intus sat fortiter angustatae et levissime sinuatae esse videntur; in dorso mandibulae indistincte transverse plicatae sunt, punctis impressis et granulis sparsis (praesertim in dimidio apicali) ornantur; sulci unguicularis margo anticus denticulis tribus instructus, primo paullo ante medium, secundo paullo pone medium mandibulae sito, hoc a dente primo spatio minore quam a tertio remoto; dens tertius maior est et ad ipsam basim unguis iacet; margo posterior non procul ab ungue dente forti oblongo triangulari acuto, anteriora versus et deorsum directo armatus; unguis longus, sinuatus, apicem versus paullo inaequabiliter angustatus. *Maxillae* labio circa duplo longiores, angulo apicali interiore oblique truncato, margine apicali cum latere exteriore in angulum late rotundatam coniuncto. *Labium* parum longius quam latius, fere hemiellipticum. *Sternum* paullo latius quam coxae I. longae. *Palporum* (Fig. 22—24) pars femoralis formâ vulgari, patellaris supra plus duplo longior quam latior, tibialis eâ duplo brevior, paullo longior quam latior, in apicis latere exteriore processu ornata oblique anteriora versus et paullo deorsum directo, laminam tarsalem non attingenti; qui processus ab imo adspectus (Fig. 22) aeque circiter longus videtur, atque pars ipsa lata est, latitudine suâ ca. sescuplo longior, apicem versus perparum angustatus, latere exteriore usque ad apicem recto et cum latere exteriore partis tibialis in lineam paene rectam coniuncto, latere interiore etiam recto, cum margine apicali autem arcuato coniuncto, ita ut angulus apicalis exterior rectus, interior autem rotundatus evadat; re vera processus in longitudinem rectus est, in transversum curvatus (extrinsecus convexus), apicem versus sat fortiter et subter fortius quam supra dilatatus, marginibus omnibus a latere adspectis subrectis, superiore aeque longo atque apicalis, qui obliquus est et cum margine superiore angulum paullo obtusum, cum inferiore angulum acutum format (Fig. 24). Lamina tarsalis aeque longa saltem atque pars patellaris, non duplo longior quam latior. desuper visa ovata, paullo ante medium latissima; bulbus genitalis mediocris, oblongus, non multo longior quam latior, parum inaequalis; pars eius posterior, maior, irregulariter rotundata, a latere exteriore adspecta semicircularis, ultra marginem posticum laminae tarsalis non producta videtur; pars anterior angusta semilunaris, marginem anticum prioris cingit, depressa est et a latere non conspicitur; in partis posterioris margine antico interiore embolus initium capit, sive spina nigra, apicem versus aequabiliter angustata et curvata, a basi anteriora versus, denique foras directa, ultra mediam latitudinem rostri paullo producta (Fig. 23); rostrum bulbo plus duplo brevius. *Pedes* I. paullo incrassati, eorum metatarsus tibiâ tenuior, apicem versus leviter incrassatus, apice non latior quam tarsus. Praeter aculeos in apice metatarsorum III. et IV. (et fortasse in apice tibiarum IV.) sitos pedes aculeis carere videntur. Patella I. 0·9, tibia 1·2, metatarsus 0·9, tarsus 0·5, pedum III. pat. 0·55, tib. 0·65, met. 0·65, tars. 0·4, pedum IV. pat. 0·6, tib. 0·8, met. 0·8, tars. 0·5 mm. longus. *Abdominis* 3·05 longi (mamillis exclusis), 1·6 lati, forma vulgaris, mamillae modice prominentes.

Cephalothorax humefactus badio-niger, oculorum area nigra, mandibulae fuscae colore rufo suffusae, maxillae fuscae, margine apicali pallido, labium sternum fusca, illius apex pallidus; palpi flavidi colore rufo suffusi, parte femorali praesertim basim versus infuscatâ, laminâ tarsali apice albidâ, bulbo et processu partis tibialis parum quam ceterae partes obscurioribus. Coxae anteriores subter fuscae, basi paullo pallidiores, margine apicali albido; coxae posteriores pallide fuscae, basi maculâ fusco-flavidâ ornatae; trochanteres in lateribus colore coxarum, subter pallidiores; pedum femora maxima ex parte fusco-nigra, ceterae partes nigro-fuscae, rufo-fuscae, flavo-fuscae, colore rufo plus minusve suffusae, picturâ distinctiori carent. *Abdomen* supra et in lateribus nigro-fuscum, dorsi partibus eis, quae squamis albis teguntur, paullo pallidioribus, subter cinereo-fuscum, colore rufo paullo suffusum; mamillae nigrae.

Cephalothorax siccatus fusco-niger, in lateribus limbo marginali albo valde angusto, in dorso fasciis transversis albis duabus ornatus: fascia anterior partem anticam areae oculorum occupat, aeque longa est atque spatium ab oculis anticis mediis occupatum, oculis anticis mediis angustior, medio paullo latior quam in lateribus; fascia posterior marginem posticum areae oculorum cingit, in cephalothoracis latera non descendit, quam fascia anterior non evidenter latior est, marginibus paullo inaequalibus (pone hanc fasciam cephalothorax exempli unici, quod vidi, detritus est). Partes inferiores cingulorum oculorum anticorum obscure coloratae videntur, clypeus pilis paucis longis obscuris instructus; mandibulae sat dense breviter pilosae, pilis obscure coloratis; palpi supra in partibus femorali patellari tibiali et in basi laminae tarsalis albo squamosi, ceterum pilis modice longis et modice densis fulvis et fuscis instructi; sternum sat dense albo squamosum; pedes non dense albo squamosi et pilis sat longis modice densis, suberectis, obscure coloratis ornati. *Abdomen* supra nigrum, modice metallico micans, albo maculatum: in dorsi margine antico maculâ semilunari recurvâ, paullulum ante mediam dorsi partem maculâ in in angulum fere rectum fractâ, apice anteriora versus directo, in abdominis latera parum productâ, crassitudine tibias pedum circiter aequanti, in dorsi dimidio posteriore maculâ simili minore ornatum. Pars squamarum, quibus latera abdominis teguntur, paullo metallico-micans, pellucida; ventris squamae complures albae. Mamillae cingulo albo circumdatae, subter angusto, in lateribus latiore, supra sat late interrupto.

F e m i n a ignota.

Kułtuk, exemplum unicum.

Pseudicius E. Sim.

Pseudicius orientalis n. sp. (fig. 12—14).

Femina 6·4 mm. longa, abdominis dorso fusco-albido, vittis obscurius coloratis obliquis, angulos circiter 5 formantibus absolete picto (?); tibiis I. subter aculeis 2.2 instructis; epigyne foveolis duabus rotundatis ornatâ, medio non sulcatâ. — Mas 4·8 mm. longus, parte tibiali palporum processu uno ornatâ, porrecto, recto, aeque circiter atque pars ipsa longo, duplo longiore quam latiore, apice obtuso, marginibus integris; embolo mediocri longitudine, margini apicali bulbi genitalis innato, anteriora versus directo.

F e m i n a. *Cephalothorax* 2·2 mm. longus, 1·5 latus, fere in $^3/_4$ longitudinis latissimus, inde usque ad marginem anticum leviter angustatus lateribus levissime arcuatis, fronte 1·2 latâ, sub serie 3-a oculorum eâ utrimque non totâ diametro oculi latior; area oculorum $^3/_7$ cephalothoracis occupat. Dorsum cephalothoracis a declivitate posticâ usque ad marginem anticum sublibratum, ab oculis posticis posteriora versus perparum descendens et levissime excavatum, anteriora versus arcu inaequabiliter curvato leviter descendens; paullo pone oculos dorsum impressione ornatur levi quidem, distinctâ tamen, transversâ, breviore quam est area oculorum lata. Supra cephalothorax (ubi detritus) subtiliter disperse punctatus et nitidus est, in lateribus autem dense subtiliter punctatus, modice nitens; secundum margines laterales lineâ ornatur impressâ distinctissimâ, posterius a margine circiter latitudine tarsorum pedum distanti, anterius ei magis approximatâ, in angulis lateralibus faciei cum margine confusâ. Clypeus valde humilis. Quadranguli *oculorum* latus posticum fere non longius quam anticum, longitudo $^2/_3$ latitudinis aequalis. Oculi seriei 2-ae spatiis parum inaequalibus ab oculis posticis et a lateralibus anticis distant; anticorum margines superiores lineam paene rectam designant, oculi medii lateralibus circiter duplo maiores, inter se proximi, a lateralibus spatiis paullo maioribus, horum radium, ut videtur, non aequantibus remoti. *Mandibulae* breves, breviores quam ambae basi latae, paullulum proiectae, dorso in longitudinem leviter arcuato (in dimidio superiore declivi et praerupto, in inferiore ad perpendiculum directo et levissime excavato), nitidae, parce pilosae, levissime in transversum irregulariter plicatae, apice oblique rotundatae, sulco unguiculari in margine antico dentibus duobus brevibus, in posteriore uno maiore instructo. *Maxillae* apicem versus dilatatae, latere exteriore ab insertione palporum sat fortiter rotundato et cum margine apicali, qui transversus est, in arcum aequabilem coniuncto, angulo apicali interiore oblique truncato. *Labium* oblongum ovatum, margine apicali recto. *Coxae* anticae inter se spatio non angustiore quam labium disiunctae. *Sternum* punctis impressis dispersis ornatum, sat nitidum, aeque latum saltem atque coxae I. longae. *Pedes* breves, modice crassi, antici leviter incrassati; femora omnia in dorso aculeis 1.1.1 instructa, praeterea prope apicem femora II. in latere antico, III. in latere utroque, IV. in postico aculeis singulis brevibus ornata; patellae inermes; tibiae I. subter aculeis brevibus utrimque binis (in dimidio basali et paullo pone medium), in latere antico non procul ab apice aculeo 1, metatarsus I. et II. subter aculeis 2.2 armatus; tibia II. subter ad latus posticum tantum aculeis 1.1, tibiae III. et IV. subter in apice solum aculeis binis, praeterea illa in utroque latere aculeo 1, haec in posteriore aculeo 1 ornata videtur; metatarsus III. et IV. apice aculeati. Pedum I. metatarsus angustior quam tibia, a basi apicem versus leviter angustatus, apice aeque fere latus atque tarsus. Pedum I. patella 0·65, tibia 0·65, metatarsus 0·55, tarsus 0·40, pedum III. partes respondentes: 0·5, 0·55, 0·65, 0·35, pedum IV.: 0·6, 0·8, 0·8, 0·45 longae. *Abdomen* mamillis exclusis 4·0 mm. longum, elongato-ovatum, leviter deplanatum, latitudine $^3/_5$ longitudinis aequans, margine antico leviter truncato, lateribus fere parallelis, postice rotundatum; mamillae prominentes. Epigyne (Fig. 12) foveolis duabus ornata modice profundis, rotundatis, paullo longioribus quam latis, coniunctim spatium paullo angustius quam coxa IV. occupantibus, ab epigastrii margine postico circiter longitudine suâ distantibus, inter se septo multo angustiore quam fovea utraque, paullo humiliore quam ipsarum margines externi disiunctis.

Humefactus *cephalothorax* fuligineus, limbo et oculorum area nigris, mandibulae, labium, sternum colore cephalothoraxis, labii margo apicalis pallidus, maxillae pallide rufo-fuscae; palpi flavidi, parte femorali leviter infuscatâ; pedes antici pallide rufo-fusci, femoribus, supra et in lateribus, tibiis et patellis subter et in lateribus fortius infuscatis, reliqui pedes pallidiores, femoribus in dimidio apicali, tibiis et metatarsis basi annulis fuscis incompletis diffusis ornatis. *Abdomen* fuligineo-cinereum, venter utrimque lineâ parum pallidiore cinctus, dorsum ornatum maculis fuscis diffusis, inter se plus minusve coniunctis: arcuatâ recurvâ in margine antico sitâ et maculis 5 angulatis, apicibus anteriora versus directis, quarum antica cum maculâ arcuatâ marginali, duae insequentes inter se confusae sunt; anguli posteriores in latera plus minusve producti, eorum partem inferiorem attingunt. Tota haec pictura parum expressa. Mamillae supremae fuligineae, infimae pallide fuscae. Epigyne colore parum a ventre differt.

Cephalothoracis dorsum cum laterum partibus superioribus pilis adpressis albis, modice confertis tectum (area oculorum exempli nostri unici detrita est), pone oculos posticos fortasse maculâ transversâ obscurâ, pube fulvâ tectâ, ornatur; declivitas postica subnuda; laterum limbus marginalis nudus, ad eum latera vittâ ornantur e pilis albis dense congestis compositâ, quam pedum metatarsi aut tarsi non latiore; inter quam vittam et partes supremas, quae, ut dictum est, pube simili ornantur atque dorsum, latera maximam partem nuda videntur, posterius solum pilis fulvis paucis et in parte cephalicâ ad vittam albam (neque superius) pube albâ sat densâ tecta. Summus margo cephalothoracis pilis paucis albis adpressis instructus; facies tota albo pilosa, in oculorum mediorum margine superiore tamen pilis pallide fulvis ornata. Mandibulae supra ad latus interius albo pilosae, ceterum pilis fulvis dispersis ornatae; palpi sat dense et modice longe albo pilosi; pedum color pube modice congestâ, albidâ et fulvâ, parum mutatur. Subter coxae et sternum non dense sed sat longe albo pilosa. *Abdomen* pube adpressâ, non longâ, caducâ, albidâ, tectum, subter nullam picturam evidentiorem ostendit, in dorso vittis obscuris obliquis pictum videtur, utrimque fortasse 5; vittae 6 anteriores arcus obliquos procurvos, inter se per paria in angulos acutos coniunctos formare videntur; 4 posteriores angulos duos subrectos formant.

M a s. *Cephalothorax* 2·2 longus, 1·4 latus, fronte 1·1 latâ, formâ simili atque in feminâ, areâ oculorum tamen paullo longiore, fere $^5/_{12}$ totius longitudinis occupanti; quadrangulus oculorum postice vix latior quam antice, longitudine $^5/_7$ latitudinis aequans. Limbus marginalis cephalothoracis paullo angustior quam in feminâ. *Oculorum* anticorum intervalla minima, medium lateralibus non evidenter minus. *Mandibulae* fere directae, aeque fere longae atque ambae basi latae, dorso subrecto, non carinatae, apice oblique truncatae, sulco unguiculari ut in femina dentato. *Maxillarum* et labii et sterni forma similis. *Palporum* pars femoralis a basi apicem versus levissime dilatata, subter aequabiliter ita

incrassata, ut medio sescuplo saltem altior evadat quam apice; pars patellaris aeque circiter longa ac lata, latitudine partem femoralem aequans,
lateribus fere parallelis; pars tibialis (fig. 14) eâ brevior, apice in latere
exteriore processu ornata porrecto, aeque circiter atque pars ipsa longo,
compresso, duplo circiter longiore quam latiore, lateribus paene parallelis,
apice obtuso. Lamina tarsalis vix latior quam pars tibialis processu incluso, plus duplo longior quam latior, apicem versus modice angustata,
latere interiore (desuper adspecto) subrecto, exteriore leviter sinuato:
prope basim convexo, apicem versus concavo, apice parum deflexo, margine exteriore infra, sub processu tibiali in tuber oblongum nitidum incrassato. Bulbus genitalis (fig. 13, 14) paullo ultra marginem interiorem
laminae tarsalis desuper adspectae prominet, sub partem tibialem productus basim eius fere attingit et leviter sursum curvatus est; prope
a latere exteriore, paullo ante mediam partem laminae tarsalis, bulbus
tubere humili acuto ornatur; a parte inferiore adspectus bulbus oblongus
oblique positus videtur, lateribus plus minus parallelis: exteriore antice
convexo, postice concavo, ita ut pars sua postica processum formet crassum leviter foras curvatum; in margine apicali, inaequali et excavato,
embolus initium capit, sive spina nigra, basi contorta, itaque subter in
tuber parvum elevata, primo oblique foras, tum anteriora versus directa,
apicem versus inaequabiliter angustata, deorsum curvata. Rostrum laminae circiter duplo brevius bulbo. Aculei *pedum* exempli unici, quod vidi
eo differunt ab armaturâ feminae, quod femora I. etiam in latere antico
ad apicem aculeis 2, tibiae II. subter in apice aculeo 1, metatarsi III.
et IV. non solum in apice sed etiam prope medium aculeis ornantur (pedum armatura certo paullo mutabilis est). Pedes antici longiores quam
feminae: patella 0·85, tibia 1·1, metatarsus 0·8, tarsus 0·45 longus; pedum III. partes respondentes: 0·45, 0·65, 0·65, 0·45, pedum IV: 0·6,
0·8, 0·7, 0·4 longae. *Abdomen* 2·4, cum mamillis 1·7 longum, 1·5 latum,
sat fortiter deplanatum, a margine antico, qui fere rectus est, posteriora
versus modice dilatatum, pone medium latissimum, apice acuminatum
parum rotundatum.

　　Cephalothorax humefactus niger, mandibulae maxillae labium sternum fusca colore rufo suffusa. Palpi fulvi, parte femorali supra infuscatâ, processu tibiali et bulbo genitali fuligineis, laminâ tarsali apice
pallidâ. Pedes antici fulvi, femoribus supra et in lateribus fuligineis;
ceteri pedes rufo flavidi colore fusco suffusi, praesertim pedes II., omnium
femora paullo pone medium annulo fusco diffuso, subter interrupto, et
in utroque latere vittâ longitudinali, cum annulo coniunctâ ornata; tibiae
et metatarsi ut in feminâ picta. *Abdomen* subter et in lateribus flavo-
fuscum, ventre paullo ante mamillas maculis duabus pallidis ornato; dor-

sum fuligineum, punctis fusco-flavidis adspersum, vestigia indistincta picturae similis atque feminae ostendit.

Desiccati maris pictura sat similis videtur atque feminae. *Cephalothoracis* latera ut in illâ picta, dorsum tamen maximam partem pube pallide fulvâ tegitur, in parte cephalicâ ad seriem oculorum anticam pubes alba fasciam transversam parum distinctam format, pone oculos posticos dorsum maculis albis sat magnis oblongis ornatur. Oculorum anticorum omnium cinguli supra et in lateribus saltem fulvi, clypeus et mandibulae subnuda (fortasse detrita). Palporum pars femoralis et patellaris supra pube albâ, ceterum palpi pube fulvâ et fuscâ tecti. *Abdomen* exempli nostri unici supra valde detritum est, pubes quae restat, alba et laete fulva; dorsi pictura, ut in feminâ, ex angulis constare videtur, fortasse tamen pars maior dorsi pube obscure coloratâ occupatur et exempla illaesa angulis albis in fundo obscuro ornantur.

Hab. in regione Ussurica.

Marptusa Thorell.

Marptusa pomatia (Walck.)

Kułtuk: mas adultus et pullus. In regione Ussurica, ubi non rara videtur, lecta sunt exempla utriusque sexus adulta et pulli.

Marptusa Dybowskii n. sp. (fig. 36, 41, 42).

Marptusae muscosae (Clerck) valde similis, laminâ tarsali palporum maris aeque latâ atque tibia l. longa, latere exteriore in dimidio apicali in sinum magnum, paene rectangularem exciso, apice fortiter deflexâ; epigyne ad marginem posticum foveâ parvâ, mediocriter definita, triangulari ornata. Mas 8·2, femina 9·0 mm. longa.

F e m i n a e *cephalothorax* formâ eâdem atque *M. muscosae*, a media parte thoracicâ, ubi latissimus est et latitudine ³/₄ longitudinis aequat, leviter anteriora et posteriora versus rotundato-angustatus, sub serie 3-â oculorum eâ utrimque circiter diametro oculi latior, declivitate posticâ brevi et praerupta, dorso sublibrato, pone oculos posticos levissime modo impresso, ab oculis his ad anticos levissime et rectâ fere lineâ descendenti, humilis, altitudine ad oculos posticos dimidiam suam latitudinem maximam non aequat. Area *oculorum* circiter ³/₇ totius longitudinis cephalothoracis occupat. Clypeus sub oculis mediis (pilis longis tectus) altitudine radium horum oculorum non aequare videtur. Quadrangulus oculorum postice paullulum latior quam antice, longitudine ³/₄ latitudinis acquat. Oculi seriei 3-ae anticis lateralibus subaequales, hi anticis mediis duplo fere minores; oculi seriei 2-ae ab anticis lateralibus et a posticis spatiis subaequalibus remoti; oculorum anticorum intervalla minima, margines superiores lineam rectam designant. *Mandibulae* breves, basi geniculatae, dorso ceterum directo, transverse plicato, pilis albis longis sat dense tectae supra et in latere interiore, ceterum pilis flavidis dispersis instructae, sulco unguiculari antice in angulo mandibulae dentibus duobus, postice dente uno forti ornato, ut videtur. *Labii* et *maxillarum* pars magna coxis anticis subcontinguis occulta. *Pedes* antici incrassati, tibia aeque longa atque patella, longitudine metatarsum cum dimidio tarso fere aequans, metatarsus ca. sescuplo longior quam tarsus (unguiculis exceptis); pedes III. extensi circiter apicem metatarsorum IV. attingunt, eorum patella paullo brevior quam tibia, ambae simul sumptae tibiam cum dimidiâ patellâ IV. fere aequant; pedum IV. patella aeque longa atque $^3/_4$ tibiae, haec metatarsum cum $^1/_4$ tarsi longitudine aequat, tarsus dimidio metatarso paullo brevior; tibia III. aeque fere crassa atque tibia IV., ambae paene cylindratae. Femora omnia dorso aculeis 1.1.1 longis procurvis (inferioribus saltem) instructo, praeterea ad apicem femora I. in latere antico aculeis 1.1, II. eodem loco 2, III. 2-bus in latere antico et 1 in postico, IV. aculeo 1 in latere postico instructa (latus anticum femoris III. prope medium aculeo 1 ornatur aut inerme est); patellarum latera inermia; tibia I. subter aculeis 2.2.2 et paullo superius inter aculeum 2-dum et 3-um utrimque aculeo 1, metatarsus I. — ut II. — subter aculeis 2.2, tibia II. subter ad latus anticum aculeis 1.1, ad posticum 1.1.1, in latere antico 1, tibia III. in utroque latere prope medium aculeis singulis, in apice subter aculeis 2, metatarsus III. apice modo aculeis ca. 5, tibia IV. subter inter basim et medium ad latus anticum aculeo 1, in apice subtus 2, metatarsus IV. apice tantum aculeis 3 (?) instructus. *Abdomen* elongato-ovatum deplanatum, $1^2/_3$ longius quam latius, antice fere recte truncatum, mamillis parum prominentibus. Epigyne in lateribus et antice parum definita, subplana, margine postico late rotundato medio levissime sinuato, ad marginem hunc foveâ (fig. 36) ornata parvâ, parum profundâ, triangulari apice anteriora versus directo, duplo fere latiore quam longiore, marginibus anterioribus paullulum elevatis nitidis, leviter arcuatis.

Cephalothorax humefactus fuligineus, areâ oculorum et laterum parte inferiore (praesertim in parte thoracicâ) nigricantibus; mandibulae fusco-rufae, maxillae et labium nigro-fuliginea, apice pallida, sternum fuligineum, medio pallidius, palpi rufo-flavidi, parte femorali basi infuscatâ, parte patellari supra ad latus utrumque maculâ fuligineâ ornatâ, basi partis tibialis et tarsalis supra fuligineo-nigrâ, apice partis tarsalis infuscato. Coxae subter fusco-flavidae, sterno non parum pallidiores, ceterum pedes fusco-flavidi, colore rufo paullo suffusi, femur I. nigro-fuligineum, subter a basi usque fere ad apicem fusco-flavidum, patella et tibia pallide fusco-rufae, in lateribus praesertim apicem versus colore nigro-fuligineo pictae, pedum 6 posteriorum femora patellae tibiae metatarsi annulis ornata singulis in patellis, binis in partibus reliquis, nigro fuligineis et flavido-fuligineis, angustioribus et latioribus, aliis subter aliis supra interruptis, varium in modum praesertim in femoribus inter se coniunctis, ita ut pedes hi etiam fuliginei pallidius maculati dici possint. *Abdominis* dorsum fuligineum, punctis et lineolis flavido-albidis praesertim in lateribus adspersum et maculis colore eodem ita pictum: in dimidiâ fere longitudine maculae iacent duae oblongae, paene parallelae, tibias posticas latitudine non aequantes, inter se circiter latitudine tibiarum I. distantes; inter has maculas et marginem anticum dorsum pari macularum similium ornatur, paullo minorum et inter se paullo minus remotarum; dimidium posterius angulis ornatur quatuor acutis, aream occupantibus non latiorem quam maculae mediae, inter se spatiis sub.aequalibus remotis; anguli antici crura apices versus dilatata sunt, ceteri anguli e lineis ubique valde angustis constant; dorsi pars inter angulum 4-um et mamillas sita pallida, angulis fuscis 2-bus parum definitis ornata; ad margines laterales area dorsualis maculis ornatur utrimque 4; harum 3 anteriores obliquae, prima (paullo ante maculas oblongas anticas sita) parum expressa, secunda paullo ante, tertia paullo pone maculam oblongam posteriorem sita; quarta ceteris maior, semilunaris intus concava, apicem anguli secundi cum angulo 4-to coniungit. Abdominis latera supra fuliginea, ventrem versus pallidiora; ventris pars media ab epigastrio usque ad mamillas cinereo-albida, partes laterales albae, ut illa punctis pallide umbrinis adspersae. Mamillae infimae pallide fuligineae, supremae nigro-fuligineae, omnes apicibus pallidis.

Cephalothoracis partes pallidiores pube pallide rufâ et albidâ, latera pube fuscâ et fusco-rufâ tecta; area oculorum non solum fusco et rufo sed etiam albo pilosa; latera cephalothoracis paullo supra marginem lineâ albidâ angustâ ornata; intervalla oculorum anticorum pube laete flavo-rufâ repleta, clypeus flavido-albo pilosus; *abdominis* desiccati, pube fuscâ albâ laete rufâ (in partibus obscuris supra) tecti, pictura eadem fere atque humefacti.

Cephalothorax 4, abdomen (cum mamillis) 5·3, tibia cum patella I. 2·9, IV. 2·7 mm. longae.

M a s feminae similis, *cephalothorace* paullo angustiore, latitudine $^5/_7$ longitudinis aequanti, paullo altiore (ad oculos posticos altitudine dimi-

diam latitudinem maximam plus minus aequanti), dorso pone oculos posticos non evidenter impresso, areâ oculorum paullo fortius declivi. Qua
drangulus *oculorum* paullo longior, longitudine $^2/_3$ latitudinis posticae
aequat; margines superiores oculorum anticorum lineam designant levissime sursum curvatam. *Mandibulae* basi non geniculatae, directae, dorso
transverse rugoso, leviter deplanato et supra in angulo interiore tuber
formanti obtusum, ita ut a latere adspectae in parte superiore excavatae, inferius rectae videantur; unguis brevis crassus aequabiliter angustatus, sulcus unguicularis ut in feminâ armatus. *Palporum* (Fig. 41, 42)
pars femoralis apice in latere antico inferiore in tuber humile compressum, $^1/_3$ fere longitudinis occupans, ita elevata, ut desuper et a parte
interiore adspecta apice circa dimidio latior quam basi, a basi usque
ad tuber hoc sat fortiter excavata videatur; pars patellaris angustior
quam apex partis femoralis, supra paullo latior quam longior, subter
insigniter brevior quam supra, margine apicali superiore sat fortiter rotundato; pars tibialis brevissima, etiam in latere exteriore, quod interiori
insigniter longius est, duplo fortasse brevior quam dorsum partis patellaris, in latere exteriore inferius in spinam producta incurvatam, quam
dorsum partis patellaris breviorem, in margine antico aculeo ornatum
gracili, qui difficilius conspicitur. Lamina tarsalis maxima, aeque lata
atque tibia I. longa; pars eius basalis deplanata aream format rotundato-
quadrangulam, paullo latiorem quam longiorem, pars apicalis duplo angustior, subito ita deflexa, ut a latere exteriore adspecta cum parte basali
angulum obtusum formet, a parte interiore visa cum eâ in arcum paullo
inaequabilem coniuncta videatur. Margo laminae interior acutus est se-
secundum totam longitudinem, a parte interiore visus fere in semicirculum curvatus, desuper et a fronte adspectus arcum format inaequabilem, basi et apice fortius curvatum quam medio. Margo laminae exterior
deflexus in palpo desuper viso non conspicitur. Pars inferior laminae
valde inaequalis; fovea, in qua bulbus genitalis iacet, rotundata, a margine interiore spatio parvo, a margine exteriore spatio valde lato, quam
fovea ipsa ne duplo quidem angustiore, remota; foveae huius sive alveoli
margo anticus cum apice laminae tarsalis carinâ forti, fortiter foras
curvatâ coniungitur. Spatium bulbo et margini exteriori laminae interiectum postice (ad partem tibialem) dentibus duobus nigris ornatur, altero
ad bulbum ipsum sito, lato triangulari triquetro, deorsum directo, altero
in margine exteriore laminae posito tenui, leviter curvato, oblique retro
et deorsum directo. Bulbus genitalis prominens, a latere parum inaequalis subter videtur, postice sub partem tibialem productus in processum latum, apice obtusum; ab imo adspectus e partibus quinque constare videtur, quarum postica transversa intus angustior, in latere exte-

riore albida in processum magnum obtusum, retro directum producta; pars antica exterior cornea, subtriangularis, lateribus postico et interiore fortiter excavatis, antico convexo, embolum emittit ex angulo antico interiore longissimum tenuem, qui primo anteriora versus directus, tum foras curvatus et laminâ tarsali occultus, ad bulbi marginem posticum intus emergit et secundum marginem interiorem curvatus usque ad apicem laminae tarsalis extenditur; reliquae partes tres bulbum anticum interiorem componunt: prima, sive basi proxima, cornea oblonga transversa, secunda cornea angusta (quum ab imo adspicitur), marginem prioris anticum et interiorem cingens, tertia, sive antica, flavida latior, ut praecedens curvata, subtiliter plicata. *Pedes* antici non fortius quam feminae incrassati, tibiâ paullo longiore quam patella, aeque longâ atque metatarsus cum dimidio tarso; pedes III. apice circiter medium metatarsum IV. attingunt, patella paullo brevior quam tibia, una cum eâ paullo brevior quam tibia cum dimidiâ patella IV., patella IV. paullulum brevior quam $^3/_4$ tibiae, haec metatarsum cum dimidio tarso aequans, tarsus metatarso plus duplo brevior. Pedes ut in feminâ aculeati (aculeorum numerus paullo mutabilis), femora I. tamen in latere antico aculeis 1. 2, III. in utroque latere ad apicem aculeo 1 instructa. *Abdomen* $1^3/_4$ longius quam latius.

Maris *humefacti color* similis atque feminae, pictura dorsi abdominis minus distincta, palporum color rufo-fuscus et fusco-rufus, pars patellaris ceteris paullo pallidior.

Color exemplorum *desiccatorum* similis videtur atque feminae (exempla nostra paullo detrita sunt); palporum pubes in apice partis femoralis et in parte patellari supra alba, ceterum obscure colorata.

Cephalothorax 3·8, abdomen 4·5, pedum I. tibia cum patella 3·1, pedum IV. 2·9 mm. longa.

Hab. in regione Ussurica.

Differt haec species a *Marptusa muscosa* (Clerck) vittâ mediâ abdominis — quae in hac postice distincta esse solet — fere omnino deletâ. *M. muscosae* fovea epigynes oblonga est, profunda, a margine postico longitudine suâ distat saltem; maris apex deflexus laminae tarsalis minor, carina in eius parte inferiore sita multo minus distincta, margo exterior laminae tarsalis leviter modo sinuatus, neque in sinum profundum, fere rectangulum, ut in *M. Dybowskii*, excisus.

Marptusa inc. sp. areâ oculorum nigrâ, parte thoracicâ fuligineâ, palpis maximam partem nigricantibus, sterno nigro-fuligineo, pedum omnium femoribus fuligineis et nigris, supra indistincte pallidius lineatis, patellis et tibiis I. fuligineis, ceteris pedum partibus fusco-flavis et pallide flavis, pedum IV. patellâ apice, tibiâ et metatarso basi apiceque fusco annulatis, abdomine fuligineo, subter lineis pallidis duabus inter se approximatis ornato, dorso limbo circumdato pallido, pube albâ tecto, antice latiore, posterius angusto et interrupto, supra antice ad limbum hunc lineolis ornato duabus brevibus plus minus parallelis, pone eas autem angulis ca. 4 aut 5, e lineolis tenuibus pallidis constantibus, circiter $^{1}/_{3}$ latitudinis et $^{3}/_{4}$ posteriores longitudinis dorsi occupantibus, pube tecto pallide flavâ micanti et laete rufâ opacâ, hac fascias, ut videtur, transversas quatuor formanti.

Unicum exemplum, non adultum, $5^{1}/_{2}$ mm. longum, in regione Ussurica inventum.

Dendryphantes C. L. Koch.

Dendryphantes Thorellii n. sp. (Fig. 30—33).

Abdominis dorsum (feminae saltem) albidum, vittis tribus longitudinalibus pictum, marginem anticum non attingentibus, mediâ orichalcâ, laterali utraque castaneâ, maculâ triangulari et lineolis transversis tribus niveis ornatâ. Epigyne foveâ rotundatâ ornata, maximam partem tubere repletâ nitido, antice angustato, postice medio leviter exciso; foveae margo anticus a margine postico epigynes circiter latitudine foveae remotus; maris bulbus genitalis apice processibus duobus instructus corneis, inter se parallelis, incurvatis, quorum exterior apicem versus aequabiliter attenuatus, femora pedum I. nullâ lineâ albâ e squamis compositâ ornata, mandibulae dorso non carinato. Femina 5·6—8, mas 5—6 mm. longus.

Femina. *Cephalothorax* latitudine ca. $^{3}/_{4}$ longitudinis suae aequans, parte cephalicâ aeque longâ atque $^{2}/_{3}$ partis thoracicae, a mediâ parte, ubi latissimus et oculorum serie anticâ dimidio latior est, anteriora et posteriora versus angustatus, lateribus in parte posteriore fortius quam in anteriore rotundatis, ad oculorum seriem tertiam eâ utrimque fortasse dimidiâ oculi diametro latior. Dorsum ab oculis seriei 3-ae usque ad oculos anticos sat fortiter, arcu parum inaequabili descendens; pars dorsi media, quam oculorum area brevior, sublibrata (posteriora versus paullulum descendens); pars postica declivis brevior videtur quam $^{1}/_{3}$ totius cephalothoracis. Quadrangulus *oculorum* postice latior, longitudine circiter $^{3}/_{5}$ latitudinis suae posticae aequat. Oculi intermedii oculis anticis lateralibus propiores quam posticis. Oculorum anticorum margines superiores lineam modice sursum curvatam designant, intervallum mediorum lateralibus minus esse, haec radium oculorum lateralium non aequare videntur; oculorum lateralium diameter radio mediorum aequalis saltem. *Mandibulae* supra, praesertim in latere interiore sat fortiter convexae, ultra clypei marginem tamen parum prominentes, ceterum directae, basi et in latere interiore supra albo pilosae et squamis albis tectae, inferius pilis dispersis fulvis ornatae, tibiis anticis non multo breviores, transverse plicatae, apice parum oblique truncatae, angulo rotundato, sulco unguiculari antice in angulo mandibulae dentibus 2 (superiore minimo), postice dente 1 forti acuto instructo. *Maxillarum* et *labii* apices rotundati. Coxae anticae ceteris omnibus crassiores, coxis IV. parum longiores; *pedes* I. incrassati, tibiâ quam metatarsus multo crassiore, paullo angustiore quam patella, tarso quam metatarsus parum angustiore, tibiâ longitudine patellam aut metatarsum cum dimidio tarso aequanti, tarso aeque longo atque $^4/_5$ metatarsi; tibia cum patellâ III. paullo brevior quam tibia cum dimidiâ patellâ IV., patella III. brevior quam IV., aeque longa atque tibia III.; metatarsus cum tarso IV. tibiam cum $^2/_3$ patellae longitudine aequat, metatarsus aeque fere longus atque tibia, patella longitudine $^3/_4$ tibiae aequat. Femora omnia in dorso aculeis 1. 1. 1, praeterea ad apicem aculeis binis instructa: I. et II. in latere antico, III. et IV. in latere utroque; patellae inermes; tibiae I. subter aculeis 2. 2. 2 (par 1-um paullo ante medium situm), II. subter in apice 2 et ad latus posticum 1 aut 1. 1 instructae, tibiae III. et IV. plerumque non solum subter sed etiam in latere utroque aculeis paucis, metatarsi I. et II. subter aculeis 2. 2, III. et IV. plerumque in apice tantum, nonnunquam tamen etiam in lateribus aculeis paucis ornata. *Abdomen* late ovatum, leviter deplanatum, antice rotundato-truncatum, ca. $^1/_3$ longius quam latum. *Epigynes* fovea (Fig. 32) aeque circiter lata atque tibia I., rotundata, antice et in lateribus marginibus acutis, (antico medio nonnunquam parum distincto) circumdata, antice magnâ ex parte, postice autem omnino septo repleta nitido laevi lato, posteriora versus dilatato et fere cordiformi, apice impresso et in sinum parvum exciso; margines foveae postice cum septi parte dilatatâ confunduntur et evanescunt; septi pars postrema marginem posticum epigynes format.

Color corporis humefacti: *Cephalothorax* obscure rufo-fuscus, areâ oculorum nigricanti; mandibulae rufo-fuscae, maxillae et labium plus minusve pallidiora, sternum fuscum, palpi flavidi colore rufo-fusco plus minusve suffusi; pedes pallidiores aut obscuriores, fusco-flavidi, fusco-rufi, rufo-fusci, anteriores posterioribus plus minusve obscuriores; omnium coxae sterno plerumque multo pallidiores, femora paene tota colore nigro-fusco suffusa, patellae et tibiae apicem versus plus minusve infuscatae. *Abdominis* dorsum antice et in laterum parte anteriore limbo circumdatur albido sat lato, plus minusve distincto, continuo, posterius autem lineis 2 aut 3, plus minusve obliquis, inter se parallelis, quarum antica posterioribus maior et melius distincta esse solet; in exemplis ovis distentis lineae hae parum oblique positae sunt, nonnunquam in areae dorsualis partes laterales productae vittas nigro-fuscas, quae infra describuntur, fere attingunt. In lateribus et ad marginem anticum dorsum pallide cinereo-fuscum colore rufo suffusum est; caeterum areâ occupatur obscuriore ovatâ, mamillas fere attingenti, e vittis tribus longitudinalibus compositâ; vitta media fere in mediâ dorsi longitudine (itaque ante mediam partem areae ovatae) latissima, ibique vittis lateralibus duplo fere latior, anteriora et posteriora versus angustata, rhombi elongati formam fere habet, partibus lateralibus dorsi plerumque plus minusve obscurior est, antice obscurius colorata quam postice; vittae laterales anteriora et posteriora versus leviter inter se appropinquant, ubique fere aequali sunt latitudine, nigro-fuscae, anteriora versus paullo pallidiores, multo obscuriores quam dorsi partes laterales, quam vitta media nonnunquam parum modo obscuriores; earum utraque maculis albis quatuor, paribus fere intervallis inter se remotis, obliquis, foras et retro directis, in quinque dividitur partes; macula antica caeteris maior, subtriangula, intus dilatata; macula secunda caeteris minor, in allis exemplis lineam format obliquam tenuem, in aliis punctum tantum ad vittae marginem interiorem situm, nonnunqnam omnino evanescit; maculae 3-a et 4-a lineae sunt subrectae, illa quam haec paullo longior (nam in vittae parte latiore sita) et plerumque paullo latior. Dorsi pictura haec in aliis exemplis optime distincta et elegantissima, in aliis plus minusve diffusa et obsoleta. Laterum abdominis et ventris color idem fere atque dorsi partium lateralium; illa supra obscuriora, venter nonnunquam lineâ mediâ obscurâ, parum distinctâ ornatus. Mamillae flavido-fuscae.

Corpus cum pedibus sat longe et dense pilosum; pili in cephalothorace et in abdomine supra siti maximam partem nigri, in illius partibus posterioribus albi, pedum pili plerique albi, pauci nigricantes. *Cephalothorax* modice dense albo aut etiam flavido-albo et fulvo squamosus. Area oculorum cinerea aut flavo-cinerea, ad marginem posticum maculâ mediâ semilunatâ aut triangulari (apice anteriora versus directo) fulvâ aut fuligineâ et inter eam et oculum posticum maculâ colore eodem, oblongâ, obliquâ, anteriora versus et paullo intus directâ ornata; maculae laterales cum oculis mediis anticis lineis anteriora versus inter se appropinquantibus coniunguntur latis obscure coloratis, parum distinctis, ita ut quadrangulus oculorum signo χ-formi, albido ornetur. Pictura haec saepe valde obsoleta. Ad marginem posticum areae oculorum dorsum cephalothoracis maculâ parvâ albidâ, e squamis densius congestis constanti, ornatum videtur. Facies tota pilis albis densis, ad clypei marginem longis, tecta. Mandibulae pilis paucis albis supra et in latere interiore ornatae. Palpi dense et sat longe albo pilosi. Pedes squamis albis, modice confertis, tecti, picturam nullam evidentiorem formantibus. Subter corpus pilis albis sat densis tectum est, venter lineâ mediâ fuscâ angustâ, ab epigastrio ad mamillas ductâ, plus minusve distinctâ ornatur. In *abdomine* desiccato laterum et dorsi pictura melius expressa quam in humefacto, similis (fig. 33). Vitta media pube orichalceâ tecta, vittae ei adiacentes fere nudae, fusco-nigrae, earum maculae niveae (in areâ obscurâ, ad eius marginem anticum saepe puncta nivea duo inveniuntur a limbo dorsuali albo et a maculis sequentibus spatiis subaequalibus, inter se spatio paullo minore quam maculae hae remota). Dorsum inter aream obscure coloratam et limbum pallidum fusco-albidum est, squamis albis modice congestis tectum; limbus ipse, squamis densius congestis tectus, albus, lineâ subnudâ fuscâ circumcirca cinctus, melius plerumque distinctus quam in corpore humefacto. (Exemplum unum vidi, cuius vittae abdominales obscurae desiccatae colorem albido-cyaneum induebant).

Exempli 8 mm. longi cephalothorax 2·9, tibia cum patella I. 2·2, tibia cum patella IV. 2·2, metatarsus cum tarso IV. 2·0, abdomen (mamillis exclusis) 5 mm. longum. Occurrunt exempla maiora, cephalothorace 3·1 mm. longo.

M a s. *Cephalothorax* similis atque in feminâ, paullulum latior, oculorum quadrangulus longitudine $^2/_3$ lateris sui postici aequans. *Mandibulae* directae, circiter aeque longae atque $^2/_3$ tibiae I., dorso subrecto, sub clypeo intus parum convexo, margine apicali oblique truncato et levissime excavato, sulco unguiculari ut in feminâ armato. *Palporum* pars femoralis basi sat fortiter incurvata, apicem versus leviter dilatata et in latere interiore levissime tumida, in dorso aculeis duobus: prope apicem et in mediâ fere longitudine ornata; pars patellaris aequali circiter latitudine, desuper visa parum longior quam latior, subrectangula; pars tibialis duplo circiter brevior, apice in latere exteriore dente acuto, angusto, brevi, deorsum curvato ornato (fig. 30); lamina tarsalis duplo circiter longior quam pars tibialis cum patellari, anguste ovata, duplo fere longior quam latior, apice leviter deflexo. Bulbus genitalis magnus, in palpo desuper viso non parum ultra laminae tarsalis marginem interiorem postice prominet, basim partis tibialis attingere videtur; a latere exteriore visus partem posticam prominentem rotundatam, latus inferius apicem versus leviter excavatum habere videtur; subter bulbus (fig. 31) posterius in transversum convexus est, a margine postico — parum obliquo — anteriora versus leviter dilatatus; in medio fere margine interiore initium capit sulcus latus profundus, leviter curvatus, oblique anteriora versus directus, bulbi marginem anticum attingens, a quo sulco bulbus in latere interiore leviter arcuato angustatus est. Cum parte interiore marginis apicalis paullo obliqui et leviter excisi, processus coniungitur corneus apicem versus sensim angustatus, deplanatus, primo foras directus, tum anteriora versus curvatus, in apicem modice acutum non procul ab apice laminae tarsalis desinens; embolus spinam aliam format similem, profundius (inter spinam supra dictam et laminam tarsalem) sitam, in spinae prioris parte interiore prominentem, sulco obliquo, quo rostrum laminae tarsalis ornatur, impressam. *Pedes* antici minus quam apud feminam incrassati, tibia paullo longior quam patella (septimâ aut octavâ parte), longitudine metatarsum cum $^1/_3$ aut $^1/_4$ tarsi aequat; tarsus aeque longus atque $^2/_3$ aut $^3/_4$ metatarsi; tibia cum patella III. tibiam IV. cum dimidia patella aequat aut paullo brevior est; patella III. paullulum brevior aut aeque longa atque tibia; metatarsus cum tarso IV. tibiam cum $^3/_4$ patellae, metatarsus tibiam fere, patella $^4/_5$ tibiae longitudine aequat. Pedum armatura eadem atque feminae (in uno exemplo tibias II. apice tantum aculeatas inveni), metatarsi postici aculeis apicalibus tantum instructi videntur. *Abdomen* minus, fortius deplanatum, formâ simili atque feminae, sescuplo longius quam latius aut parum angustius.

Marium adultorum, quos vidi, humefactorum *pictura* multo minus distincta quam feminarum, *abdominis* vittae nigricantes valde obsoletae, vitta media in lineâ medianâ nonnunquam obscurior quam in lateribus, posterius in arcus alternantes obscuriores et pallidiores divulsa. *Pedes* rufo-fusci aut fusco-rufi metatarsis et tarsis rufo-flavis, distinctius annulati, tibiae anteriores subter secundum totam longitudinem nigro-fuscae, apicem versus obscuriores, supra rufo-fuscae, metatarsorum I. dimidium apicale, ceterorum apices nigricantes.

Corporis *desiccati pictura* similis videtur atque feminae (exempla omnia, quae vidi, plus minusve detrita sunt), cephalothorax fortasse nonnunquam squamis pellucidis versicoloribus, neque albis, supra saltem tectus, oculorum anticorum cinguli angusti albi, clypeus pilis modice densis non longis fulvis tectus, mandibulae basi fulvo pilosae, abdominis area dorsualis tota (praeter maculas albas) squamis pellucidis, laetius quam in femina nitentibus tecta videtur.

Longitudo 6 mm., cephalothorax 3, abdomen mamillis exceptis 3, tibia cum patella I. 2·7, IV. 1·9, metatarsus IV. 1·2 mm. longus. Occurrunt exempla staturâ minore: cephalothorace 2·6, tibiâ cum patellâ I. 1·9 mm. longâ.

Kułtuk, exempla sat multa, adulta et iuniora; Darasuń, exempla non adulta, fortuito exsiccata et valde corrugata, secundum maculas albas, quae restant passim in abdominis dorso, probabiliter huius speciei.

Philaeus Thorell.

Philaeus bicolor (Walck.).

In regione Ussurica collecta sunt exempla sat multa, adulta et iuniora.

Feminarum dorsum et latera abdominis squamis cinereo- aut flavoalbis tecta, picturâ e squamis nigris et flavo-rufis constanti ornata. Dorsum vittâ mediâ pictum, anterius anguste lanceolatâ, aeque circiter atque tibiae anticae latâ, intus plus minusve squamis albidis repletâ, posterius in maculas divulsâ quinque aut sex, modo rotundatas, modo sagittatas, modo arcuatas recurvas medio incrassatas, modo denique angulatas. — A quâ vittâ mediâ latera versus extenduntur arcus recurvati obliqui quinque aut septem; eorum anticus in latera abdominis non descendit, sequentes duo aut tres, in dimidio anteriore dorsi siti, inter se latius, quam posteriores, distantes, plus minus mediam altitudinem laterum attingunt; arcus in dorsi dimidio posteriore siti, magis mutabiles, inter se plus minusve confunduntur. Nonnunquam apices omnium arcuum, antico excepto, in lateribus abdominis inter se coniunguntur. — Unum exemplum vix vestigiis picturae huius, e squamis flavidis in fundo cinereo constantibus, ornatur.

Mares non parum variant staturâ, 4·6—7 mm. longi. Eorum dorsum abdominis picturâ simili atque feminarum, multo minus quidem expressâ, insigniter tamen evidentiori quam in exemplis europaeis, quae vidi, ornatur. Imprimis distincta vitta media esse solet, in dimidio anteriore latior et squamis pallide coloratis fortasse carens, posterius fere non interrupta, angustata, marginibus dentatis, nigra, in dimidio posteriore saepe rufa aut nigra dentibus rufis. Fasciae laterales constanter minus expressae quam in feminis, nonnunquam omnino deletae, saepius in lateribus solis distinctae et vittam mediam non attingentes, saepissime rufae. — Mares in Polonia lecti, dorso abdominis squamis albis et rufis tecto, plerumque carent picturâ evidentiori.

Occurrit haec species probabiliter etiam prope Kułtuk (exemplum unicum, quod vidi, pullus est pube maximam partem nudatus).

Attus Walck.

Attus terebratus (Clerck).
Regio Ussurica: femina adulta unica.

Attus floricola (C. L. Koch.)
Regio Ussurica: exemplum femininum adultum unicum, nulla re ab exemplis Polonicis distinctum.

Attus Godlewskii n. sp. (fig. 34).
Femina areâ dorsuali abdominis fuligineâ marginibus inaequalibus et parum definitis, colore albo pictâ: in dimidio anteriore paribus 3-bus lineolarum parum obliquarum, prope medium maculis duabus maioribus obliquis, postice angulis quatuor. Epigyne in dimidio posteriore sulco ornata longitudinali lato nitidissimo, antice margine acuto tenui recurvato finito.

Femina. *Cephalothorax* 2·5 mm. longus, 1·8 latus, fere in $^3/_5$ longitudinis latissimus, oculorum serie anticâ fere 1·5 mm. longâ, lateribus inter oculos hos et partem latissimam parum rotundatis, sub oculorum serie 3-a quam series haec utrimque circiter radio oculi latior. Oculorum area desuper adspecta 1 mm. longa videtur, modice proclivis et leviter arcuata; margo inferior oculi seriei 2-ae in cephalothorace directo a latere adspecto fere non demissius quam margo inferior oculi postici et fortasse non totâ diametro oculi (seriei 2-ae) altius situs quam margo superior oculi lateralis antici. Dorsi pars pone oculos sita, parum brevior quam area oculorum, sublibrata est. *Oculorum* area rectangula, longitudine suâ fere sescuplo latior; oculi seriei 2-ae paullo longius a lateralibus anticis quam a posticis remoti; margines superiores oculorum anticorum lineam leviter recurvatam designant, eorum intervalla parum inaequalia, radio lateralium insigniter minora; diameter oculorum lateralium anticorum paullo maior quam posticorum, circiter $^3/_5$ diametri anticorum mediorum aequalis; clypei altitudo sub oculis mediis circiter 3-plo minor quam diameter horum oculorum. *Mandibulae* 0·65 mm. longae, 0·40 latae, fere directae, apicem versus parum angustatae, apice fere transverse truncato, angulo interiore subrecto et antice dentibus 4 armato, 2-do ceteris maiore, omnibus inter se valde approximatis; margo posticus sulci unguicularis inermis; dorsum mandibularum leviter in transversum rugosum. *Maxillae* margine apicali fere transverso, leviter rotundato, angulis rotundatis (margines exteriores earum in exemplo unico, quod vidi, coxis I. ad maximam partem occulti); *labium* aeque circiter longum atque latum videtur, apice rotundato. Coxae I. fere labii latitudine inter se remotae; *pedes* modice longi et crassi, antici parum incrassati; trochanteres IV. coxis duplo saltem breviores, tibia apicem versus leviter dilatata. Pedum I. femur 1·2, patella 0·8, tibia 0·8, metatarsus 0·6, tarsus 0·5, partes pedum II.: 0·8, 0·7, 0·7, 0·55, 0·45, pedum III.: 1·2, 0·6, 0·7, 0·8, 0·4, pedum IV.: 1·8, 0·8, 1·2, 1·1, 0·65 mm. longae. Patellae omnes inermes; tibia I. subter ad latus posterius tantum aculeis 1.1, in latere antico infra aculeo singulo paullo pone medium, in apice subter aculeo 1 in latere antico armata videtur; metatarsus I. subter aculeis 2.2 instructus, longis, paullulum curvatis, basalibus apicem metatarsi saltem, apicalibus tarsum medium saltem attingentibus; tibia II. in latere antico inter medium et apicem aculeo 1, subter ad latus posticum tantum (pone basim et medio) aculeis 1.1 ornatur, aculeis apicalibus carere videtur; metatarsus II. ut I. aculeatus, aculeus apicalis anterior tamen non subter sed in latere antico iacet; tibia III. in latere antico aculeo 1, in postico 1.1, metatarsus in latere postico prope basim 1, in apice aculeis 5 ornatur; tibia IV. in latere utroque superius prope medium 1, inferius 1.1, subter ad latus anterius 1 prope basim, 1 in apice, metatarsus in latere utroque aculeis 1.1 inter basim et medium sitis, in apice aculeis 6 instructus. *Abdomen* (corrugatum) 2·9 mm. longum, 2·0 latum. *Epigyne* (fig. 34) cornea, sat magna, circa 0·5 lata, fere semicircularis, marginibus antico et lateralibus parum definitis, margine postico medio late et parum profunde exciso, in utroque latere rotundato, sulco ornata lato profundo nitidissimo, a margine postico usque paullo ultra mediam aream pertinenti, ubi in rimam abit transversam, aequalis latitudinis, in partes profundiores epigynes descendentem; quae rima non conspicitur nisi in epigyne a tergo visa; margo anticus sulci semicircularis acutus, margines laterales omnino obtusi.

Color corporis humefacti: *cephalothorax* niger; mandibulae rufofuscae, apicem versus pallidiores fusco-rufae; maxillae labium fuliginea, apicibus pallidioribus; sternum fuligineo-nigrum; palporum pars femoralis nigro-fuliginea et fuliginea, ceterae partes testaceae, pars patellaris supra colore fuligineo sat fortiter suffusa, tibialis basi annulo angusto nigro, tarsalis basi supra maculâ transversâ nigrâ ornata, practerea in latere interiore et in apice infuscata; pedum coxae et trochanteres fulva, anteriora posterioribus paullo obscuriora; femur I. nigro-fuligineum, in latere exteriore maculâ basali oblongâ, subter maculâ magnâ et maculâ apicali parvâ, spatio parvo disiunctis, omnibus fulvis, quam ceterae femoris partes non multo pallidioribus ornatum; patella et tibia subter fuligineo-rufae, in lateribus maximam partem fuligineae aut nigro-fuli-

gineae, patella supra rufo-fuliginea, tibia nigro-fuliginea, prope medium
semiannulo rufo-fuligineo ornata; metatarsus et tarsus testacei, colore
fusco suffusi, ille annulo basali latiore et apicali angustiore fuligineis
ornatus, hic basi apiceque infuscatus; pedum II. pictura similis, femora
etiam supra vittâ fulvâ ornata, maculae pallidiores subter et in latere
posteriore sitae maiores et inter se plus minusve coniunctae, tibiae in
lateribus et supra nigro-fuligineae, annulo medio fulvo ornatae; pedes
III. fuligineo-rufescentes, femur annulo inter basim et medium sito fuligineo et apicali nigro-fuligineo ornatum, patella praesertim in lateribus
colore nigro-fuligineo picta, tibia nigro-fuliginea, annulo fuligineo-rufo
prope medium ornata, metatarsus et tarsus colore eodem atque in pedibus II; pedes IV. fere ut III. picti, femoris annulus medius modo parum distinctus. *Abdomen* supra nigricans, subter flavo-fuscum.

Cephalothorax pube albâ nigrâ fuligineâ fulvâ tectus; laterum pubes albida non densa, a summo margine albo lineâ nudâ nigrâ distincta,
in partibus superioribus squamae fuligineae sat multae ei immixtae sunt.
Dorsi pictura parum definita; oculorum area cinerascens vittis duabus
fuligineis diffusis ornatur ab oculis posticis anteriora versus et intus directis, antice inter se non coniunctis; pars dorsi librata vittâ longitudinali albidâ, parum definitâ, in aream oculorum paullo productâ et pone
oculos posticos maculâ albâ ornata videtur (pars haec in exemplo nostro
paullo detrita est). Facies pube modice densâ albidâ tecta, medio pilis
paullo obscurioribus immixtis; cinguli oculorum anticorum subter albi,
supra colore fulvo suffusi. Mandibulae pallide fuligineo pilosae; palpi
supra maximam partem — basi partis tibialis exceptâ — albo pilosi, subter et
in lateribus partis femoralis pallide fuligineo pilosi. Pedes pube albâ et
obscure coloratâ tecti, illâ pro parte saltem in annulos congestâ. *Abdomen* subter album, latera inferius alba, superius maculis fuligineis, plus
minusve in series obliquas congestis, ita contaminata, ut margines arcae
dorsualis obscure coloratae indistincti sint. Area dorsualis pube nigro-
fuligineâ et albidâ et fulvâ tecta, fuliginea est, albido maculata: inter
marginem anticum et medium dorsum paria tria lineolarum iacent; lineolae paris cuiusque inter se anteriora versus paullo appropinquant et circiter latitudine femorum distant; lineolae lateris utriusque, alia pone
aliam sitae, apicibus inter se fere contingunt; spatium lineolis inclusum
ceterâ areâ dorsuali paullo pallidius. Dorsi dimidium posterius maculis
ornatur duabus oblongis obliquis, antice rotundatis, postice acutis, inter
se aeque fere atque series lineolarum anteriorum remotis, spatium latius
quam illae occupantibus. Posterius dorsum angulis pictum quatuor, spatium aeque latum atque lineolae anticae occupantibus, mamillas versus
gradatim minoribus, apicibus anteriora versus directis; angulus anticus

medio interruptus, ex lineolis constat foras dilatatis; anguli secundi apex etiam indistinctus.

Darasuń. Unicum vidi exemplum, pedibus pro parte mutilatum, abdomine corrugato.

Attus albolineatus n. sp. (fig. 35).

Mas cephalothorace nigro, areâ oculorum cinereâ, antice albido limbatâ, dorso pone aream oculorum maculâ albâ in declivitatem posticam non productâ ornato, abdomine in lateribus niveo, dorso nigro, vittâ mediâ antice fulvâ, postice niveâ picto.

Speciei huius unicum vidi exemplum, fortuito exsiccatum et non parum laesum, ita ut abdominis et pedum forma et color subtilius describi non possint.

M a s. *Cephalothorax* 2·0 mm. longus, 1·4 latus, in ³/₅ longitudinis latissimus, fronte 1·25 latâ, areâ oculorum 0·8 longâ, lateribus a fronte usque ad partem latissimam fere parallelis, posterius rotundatis, sub oculorum serie 3-a quam series haec circiter radio oculi latior. Quadrangulus oculorum paene rectangularis, sescuplo latior quam longus. *Oculi* postici lateralibus anticis minores (diametro circiter dimidio breviore). Oculi seriei 2-ae paullo longius ab oculis lateralibus anticis quam a posticis distant; oculorum anticorum margines superiores lineam paene rectam designant, lateralium diameter circiter ³/₄ diametri mediorum aequat; intervalla omnia minima; clypeus sub oculis mediis circiter radium eorum altitudine aequat. A latere visa area oculorum anteriora versus sat fortiter declivis et leviter convexa est; pars dorsi pone eam sita, aequali circiter longitudine, sublibrata; declivitas postica sat praerupta, cum parte praeiacenti arcu sat fortiter curvato coniuncta. *Mandibulae* ca. 0·65 longae, directae, apicem versus parum angustatae, apice parum oblique truncatae, dorso leviter in transversum rugoso. (Maxillarum et labii forma extricari non potest). *Palporum* pars femoralis formâ vulgari; pars patellaris lateribus parallelis, circa dimidio longior quam lata; tibialis (fig. 35) eâ circiter dimidio brevior, basi angustior, a basi apicem versus in utroque latere dilatata et in latere exteriore inferiore in processum producta paullo quam est ipsa lata breviorem, partem tarsalem in palpo porrecto non attingentem, anteriora versus et foras directum; desuper visus processus apicem versus sat fortiter angustatus est, in latere exteriore paullo convexus, in interiore ad apicem leviter excavatus, apice acutus; a latere exteriore angustior videtur, a basi apicem versus primo leviter tantum angustatus, apice acuminato; lamina tarsalis aeque longa atque pars patellaris cum tibiali, aeque lata atque pars tibialis processu incluso, tertia parte latior quam pars patellaris, desuper visa dimidio longior quam lata, paullo irregulariter ovata, in latere exteriore paullo fortius quam in interiore convexa; rostrum bulbo genitali triplo brevius. Bulbus genitalis parum inaequalis, posterius paullo crassior quam anterius, ultra basim laminae tarsalis non evidenter productus, ab imo adspectus irregulariter late ovatus, $1/4$ longior quam latior, fortius in latere interiore quam in exteriore rotundatus, apice paullo acuminatus; embolus initium capit in parte interiore posticâ, basi circiter $1/4$ totius latitudinis bulbi occupat, latus interius bulbi cingit, apicem versus aequabiliter angustatus est, apice ipso leviter curvato parum ultra marginem anticum bulbi prominenti. *Pedes* modice longi, sat tenues, antici non evidenter incrassati, eorum metatarsus tibiâ tenuior, tarso non multo crassior; patellae anteriores inermes, posteriores in utroque latere aculeatae, tibia I. antice aculeis 1. 1 (prope basim et prope apicem), subter 2. 2. 2, metatarsus subter 2. 2 (prope basim et in apice) armatus; pedum II. tibia et metatarsus ut I. armata, metatarsus tamen apice etiam in latere antico aculeo 1 instructus; tibia III. supra aculeo 1, in latere utroque 1 superius prope medium, inferius 1 in dimidio basali et 1 in apicali, subter ad latus anticum in dimidio basali 1, in apice aculeis 2 ornata; metatarsus III. aculeis 10, 5 in apice, 5 in dimidio basali in utroque latere et subter sitis, armatus; tibia IV. supra aculeis 1.1 instructa, ceterum — ut etiam metatarsus — armaturâ simili atque in pedibus III. Pedum I. femur 1·2, patella 0·7, tibia 0·9, metatarsus 0·8, tarsus 0·5, partes pedum II.: 1·05, 0·65, 0·70, 0·6, 0·4, pedum III.: 1·0, 0·5, 0·5, 0·5, 0·5, pedum IV.: 1·5, 0·6, 1·0, 0·8, 0·5 mm. longae. *Abdominis* (corrugati) forma vulgaris videtur.

Cephalothorax humefactus cum mandibulis fuligineo - niger, palpi flavidi, parte tarsali fuliginea, pedes flavo-testacei, colore fusco suffusi, femoribus I. in lateribus et subter, femoribus IV. supra et in lateribus apicem versus fuligineis, tibiis I. et IV. apice saltem infuscatis; *abdomen* supra nigrum (?).

Color corporis *desiccati*: *Cephalothorax* fuligineo-niger; area oculorum flavo-cinerea, margine supra oculos anticos et inter eos et oculos seriei 2-ae albido; pars librata dorsi maculâ ornatur albâ paene rhomboidali, in declivitatem posticam non descendenti, cuius pars anterior posteriore brevior est, apex anticus aream oculorum attingit. Oculorum anticorum cinguli superius saltem testacei (clypei pilis paucis fuligineis tecti pictura indistincta). Palporum partes femoralis patellaris tibialis (haec intus saltem) supra albo pilosae, lamina tarsalis basi albido pilosa, ceterum pilis fuligineis tecta. *Abdomen* in lateribus et subter niveum, supra nigrum pube fulvâ adspersum, vittâ mediâ parum latâ ornatum, marginem anticum et mamillas, quae nigrae sunt, fortasse attingenti, in ¹/₃ anticâ fulvâ, posterius niveâ.

Kułtuk.

Attus albolineatus valde similis est *Atto Damini* Chyz. ¹), a quo differt praesertim palporum forma et colore, ex. gr. partis tibialis latere interiore fortiter curvato, quum desuper adspicitur, neque ut in illo paene recto, processu tibiali ad apicem in latere interiore leviter exciso, neque aequabiliter attenuato, embolo a basi usque ad apicem aequabiliter attenuato, apice leviter sinuato et anteriora versus directo (in *A. Damini* embolus a basi satis subito, ceterum usque ad apicem perparum angustatus est, apice paene foras directus), cet.

Attus viduus n. sp. (Fig. 28, 29).

Mas cephalothorace nigro, areâ oculorum cinereâ, dorso pone eam vittâ mediâ ornato albâ, in declivitatem posticam non productâ, vittis lateralibus carenti, dorso abdominis picturâ parum definitâ et mutabili: fusco aut fusco-fulvo, vittâ mediâ ornato postice angustiori albâ, antice fulvâ et plus minusve dilatatâ et diffusâ, praeterea in dimidio anteriore punctis albis quatuor (nonnunquam in vittâ mediâ dilatatâ inclusis) et pone medium utrimque maculâ fulvâ transversâ. Pedum I. metatarsi tarsis non evidenter obscuriores. Palporum pars tibialis non incrassata, dente gracili acuto, paene recto ornata, lamina tarsalis parum latior quam pars tibialis, fusca, prope basim pilis paucis flavidis immixtis, bulbus genitalis in longitudinem directus.

M a s. *Cephalothorax* 1·9 mm. longus, circiter in ³/₅ longitudinis 1·4 latus, fronte 1·2 latâ, sub oculorum serie 3-â eâ utrimque circiter radio oculi latior. Area oculorum sat fortiter declivis et modice arcuata; oculorum seriei 2-ae margo superior cum margine inferiore posticorum lineam sublibratam designat; margo inferior insigniter altius iacet quam margo superior oculorum lateralium anticorum. Dorsi pars media, aeque circiter atque quadrangulus oculorum longa, sublibrata est, levissime tantum posteriora versus descendit; pars postrema sat fortiter declivis. Quadrangulus *oculorum* postice paullulum angustior quam antice (1·20 et 1·24 mm. latus), dimidio fere latior quam longior; oculi seriei 2-ae sescuplo fere longius ab anticis lateralibus quam a posticis remoti. Oculorum anticorum margines superiores lineam modice recurvam designant: puncta media lateralium demissius iacent quam margines superiores mediorum; lateralium diameter paullulum maior diametro posticorum et

---

¹) Chyzer et Kulczyński, Araneae Hungariae.

maior quam radius oculorum anticorum mediorum; oculi antici medii
a lateralibus spatio quam radius horum minore remoti, inter se magis
approximati; clypeus sub oculis mediis tertiam partem diametri eorum
non superare videtur. *Mandibulae* ca. 0·55 longae, directae, dorso in
transversum levissime plicato, apicem versus parum angustatae, a fronte
et paullo a latere interiore visae apice parum oblique truncatae; sulcus
unguicularis in angulo mandibulae antice denticulis minutis 3-bus valde
approximatis instructus, postice inermis. *Maxillarum* partes coxis anticis
non occultae marginibus exterioribus paene parallelis, leviter rotundatis,
apice late rotundatae, angulis obtusis; *labium* aeque circiter longum
atque latum videtur, apicem versus angustatum, apice leviter emarginato (?). Palporum (Fig. 28, 29) pars femoralis formâ vulgari; pars patellaris paullo longior quam lata, apicem versus leviter dilatata; tibialis
eâ non multo brevior, aeque circiter lata, a basi apicem versus leviter
dilatata, latere interiore (desuper adspecto) leviter rotundato, exteriore
in processum, quo pars haec ornatur, sensim rectâ lineâ abeunti; apex
partis tibialis in latere exteriore inferius in processum productus est
gracilem, paullo breviorem quam pars ipsa, acutum, subrectum, anteriora
versus et paullo foras et deorsum directum, in palpo porrecto laminam
tarsalem non attingentem; pars tarsalis aeque longa atque patellaris cum
tibiali, duplo fere longior quam lata, parum latior quam apex partis
tibialis desuper adspectus, elongato ovata; bulbi genitalis forma eadem
fere atque in priore, embolus tamen angustior, basi fere $1/_9$ tantum latitudinis totius bulbi occupans, apice non inflexus sed oblique foras directus. *Pedes* sat longi et tenues, antici non evidenter incrassati; coxae I.
inter se latius quam labii latitudine remotae, tibia paullulum angustior
quam patella, metatarsus tibiâ insigniter angustior, tarso non multo
crassior, tibia III. aeque circiter lata atque apex tibiae IV., quae basi
angustior quam patella et apicem versus leviter dilatata est; trochanter
IV. subter (parte apicali corneâ, quae in pede porrecto basi femoris
occultatur, inclusâ) parum brevior quam coxa. Aculei pedum, praesertim
anteriorum, difficilius conspiciuntur; patellae anteriores inermes, posteriores in utroque latere aculeo 1 instructae; tibia I. subter aculeis 2. 2. 2,
in latere antico 1. 1, metatarsus I. et II. subter prope basim 2, in apice
2 ornatus, tibia II. subter ut I. aculeata et in latere antico aculeo 1
armata videtur; dorsum tibiae III. inerme, tibiae IV. aculeo 1 prope
medium instructum; metatarsi IV. in dimidio basali in latere utroque
aculeis binis armati, subter inermes (?). Pedum I patella 0·75, tibia
0·95, metatarsus 0·75, tarsus 0·50, partes eaedem pedum II.: 0·55, 0·60,
0·50, 0·45, pedum III.: 0·45, 0·50, 0·50, 0·45, pedum IV.: 0·60, 0·95,
0·70, 0·50 mm. longae. *Abdomen* 2 mm. longum, 1·4 latum, ovatum

postice latius, antice late truncatum, angulis late rotundatis, sat fortiter deplanatum, mamillis modice prominentibus.

Occurrunt exempla staturâ minore, cephalothorace 1·5 mm. longo, pedibus brevioribus, tibia+patellâ I. 1 mm. longâ.

Color corporis *humefacti*. *Cephalothorax* supra fuligineo-niger, lateribus et clypeo parum pallidioribus, mandibulae basi rufo-fuligineae, apicem versus pallidiores, maxillae rufo-fuligineae, labium nigro-fuligineum, apice ut maxillae pallidius, sternum nigro-fuligineum, palporum pars femoralis supra testacea colore fusco suffusa, in lateribus et subter fuliginea, pars patellaris rufo-flava, tibialis flavo-rufa colorem fuscum sentiens, pars tarsalis rufo-fusca; pedum coxae et trochanteres subter rufo-flavida, colore fusco suffusa, praesertim anteriora, aut omnia flavo-fusca; ceterae pedum partes aut rufo-flavae colore fusco suffusae aut fusco-rufae, fusco maculatae: femora fusca, posteriora anterioribus pallidiora, subter pallidiora quam in lateribus, femur IV. etiam in latere postico pallidius, omnia supra lineâ pallidâ, latiore in pedibus posterioribus, ornata; patellae apicem versus praesertim in lateribus aut (patella I.) in latere antico et subter infuscatae; tibia I. tota fusca, ceterae annulo basali lato et apicali angusto ornatae, qui in tibiâ II. in latere antico inferiore saepe vittâ fuscâ inter se coniunguntur; metatarsi omnes apice infuscati, posteriores praeterea annulo basali lato fusco ornati. Tota haec pedum pictura plus minusve indistincta. *Abdomen* supra cum mamillis supremis nigro-fuscum, latera ventrem versus sensim pallidiora, venter cum mamillis infimis flavo-fuscus.

Color corporis *sicci*. *Cephalothorax* fusco-niger, area oculorum fusco-cinerea plus minusve flavescens; in parte dorsi libratâ color areae huius in colorem laterum sensim abit; pars haec vittâ ornatur albâ, latitudine circiter tarsos pedum aequanti, in declivitatem posticam non productâ, antice modo marginem posticum quadranguli oculorum non attingenti, modo usque ad seriem 2-am oculorum productâ; latera cephalothoracis anterius pube albidâ dispersâ ornantur; pube simili etiam facies tecta est picturam nullam evidentiorem formanti; cinguli oculorum anticorum superius fusco-flavidi, inferius albidi. Mandibulae pilis albidis aut cinerascentibus modice densis tectae, praesertim supra. Palporum pars femoralis et patellaris albo pilosae, tibialis in lateribus pilis longis albis, supra pilis brevioribus flavidis ornata, laminae tarsalis pubes fusca, cui prope basim plerumque pili nonnulli flavidi immixti sunt. Pedes pube obscuriore et albidâ (praesertim subter) tecti; pubes alba non solum in tibiis 6 posterioribus sed etiam in anticis semiannulum format supra inter medium et apicem situm. Subter cephalothorax et abdomen pube modice densâ albâ tecta. Dorsum *abdominis* fusco et fulvo et albo pu-

bescens, picturâ parum constanti: areae dorsualis color in colorem pallidiorem laterum sensim abit, margines eius itaque indistincti, color nonnunquam fuscus, dorsum tum vittâ ornatur marginem anticum et mamillas attingenti, angustâ, postice angustiore, anterius fulvâ, posterius
albâ, ad quam vittam in dorsi dimidio anteriore puncta inveniuntur alba
utrimque bina, paullo pone medium dorsum autem maculae punctis his
maiores, fulvae, transversae, dorsi marginem non attingentes; in aliis
exemplis area dorsualis pube fulvâ uberius immixtâ ornatur, vitta media
parum definita est et antice sensim ita dilatata, ut totum marginem
anticum dorsi occupet et puncta alba includat. Nonnunquam area dorsualis maximam partem pube fulvâ tegitur, vittae mediae pars postica
sola, circiter ⅓ longitudinis occupans, distincta est.

Kułtuk.

Aelurillus E. Simon.

Aelurillus festivus (C. L. Koch).

Syn. *Attus melanotarsus*. Grube 1861. Beschreibungen neuer, von
den Herren L. v. Schrenck, Maack, C. v. Ditmar u. a. im Amurlande
und in Ostsibirien gesammelter Arachniden, pag. 24.

Kułtuk; exempla sat multa, adulta et iuniora. Darasuń, pauca
exempla adulta et 1 iunius.—Regio Ussurica; pauca exempla, inter ea
mas et femina adulta.

Pellenes E. Simon.

Pellenes tripunctatus (Walck.) (Fig. 37—40).

Kułtuk, pauca ex. adulta. Darasuń, femina adulta.—Exempla Si-
birica Polonicis, in Galicia collectis, paullo maiora sunt, cephalothorace
in feminis 3·5—4·0 mm. (in Polonicis 3·1 — 3·4) longo; forma partium
genitalium paullo alia: Processus tibialis palporum in mare longior, ita
ut apex suus remotus sit ab apice dentis secundi in laminâ tarsali siti
spatio insigniter maiore quam (nec aeque fere longo ac) spatium apicibus
amborum dentium tarsalium interiectum; epigyne longior: margo anticus
foveae, in quam excavata est pars antica dilatata lamellae corneae mediae, a marginibus posticis lamellarum cornearum lateralium spatio distat
circiter ¼ maiore, quam est epigyne postice lata (in *P. tripunctato* Po-
lonico intervalla haec modo subaequalia sunt, modo illud hoc circiter
⅑ maius).

Pellenes ignifrons (Grube). (Fig. 15—18).

Syn. *Attus ignifrons* Grube 1861. Beschreibungen etc. p. 23.

Speciei huius feminam solam E. Grube paucis verbis notavit.

F e m i n a. *Cephalothorax* 2·9 mm. longus, in $^5/_8$ longitudinis 2·2 latus, parte cephalicâ $^3/_4$ partis thoracicae longitudine aequanti, fronte 1·2 latâ, sub oculorum serie 3-a eâ utrimque circiter diametro oculi latior. In cephalothorace a latere adspecto declivitas postica circiter dimidiam partem thoracicam occupat, pars dorsi pone oculos sita sublibrata, perparum excavata, area oculorum arcu sat fortiter curvato anteriora versus descendit, margines inferiores oculi seriei 2-ae et postici lineam designant fere libratam et non parum altius sitam quam margo superior oculi lateralis antici. Pars dorsi librata impressione ornatur oblongâ, totam fere suam longitudinem occupanti, antice sat profundâ, posterius vadosâ et diffusâ. Limbus cephalothoracis, lineâ impressâ distinctus, tarsis pedum IV. paullo angustior. Quadrangulus *oculorum* paullulum latior postice, longitudine suâ dimidio latior, oculi seriei 2-ae paribus fere intervallis ab oculis posticis et a lateralibus anticis remoti; margines superiores oculorum anticorum lineam leviter sursum curvatam designant, oculi hi inter se spatiis subaequalibus, quartâ parte diametri lateralium fortasse non maioribus remoti, lateralium diameter duplo circiter minor quam mediorum et paullo maior quam posticorum. Clypei sub oculis mediis altitudo circiter radio horum oculorum aequalis. *Mandibulae* directae, aeque fere atque tibiae I. longae, dorso deplanato, in transversum rugoso, apicem versus paullulum angustatae, angulo apicali interiore modice rotundato, sulco unguiculari antice in angulo mandibulae dentibus duobus, primo quam secundus minore, postice dente uno, anterioribus non minore saltem, ornato. *Maxillae* et *labium* similia atque in *P. tripunctato*; illae breves, marginibus exterioribus inter se plus minus parallelis, parum curvatis, margine apicali arcuato aut in angulum obtusum fracto potius, a quo angulo usque ad marginem labii latus maxillae interius arcum format fortiter curvatum, parum inaequabilem. *Labium* parum latius quam longius, lateribus usque ad apicem modice curvatis et in angulum obtusum parum rotundatum coëuntibus. *Pedes* antici parum incrassati; pedum armatura paullo mutabilis; femora omnia supra aculeis longis curvatis, singulis in femoribus III. ut videtur, binis in ceteris, et ad apicem praeterea aculeis brevioribus, subrectis, parum acutis ornata; tibia I. praeter aculeos apicales subter aculeis 2. 2, tibia II. subter ad latus posticum 1. 1, in latere antico aculeo 1 instructae

esse solent; metatarsi anteriores subter aculeis 2. 2 armati; tibiae et
metatarsi pedum III. et IV. non solum in apice sed etiam in ceteris
partibus aculeis nonnullis instructa, supra inermia. Pedum I. tibia perparum angustior quam patella, multo crassior quam metatarsus, hic tarso
parum crassior; tibia IV. fere cylindrata. Pedum I. femur 1·5, patella
1·0, tibia 1·0, metatarsus 0·7, tarsus 0·6, partes pedum II.: 1·2, 0·8,
0·75, 0·6, 0·5, pedum III.: 2·0, 0·95, 1·05, 0·95, 0·6, pedum IV.: 1·7,
0·8, 1·05, 1·05, 0·6 mm. longae. *Abdomen* 4·4 mm. longum, dimidio
longius quam latius, leviter deplanatum, ovatum, antice late rotundatum
aut fere truncatum; mamillae parum prominentes. *Epigyne* (Fig. 15)
foveis ornata duabus, coniunctim spatium occupantibus aeque circiter
atque coxa IV. latum, ¹/₃ brevius, paullo obliquis, posteriora versus a se
discedentibus, septo disiunctis angusto, antice parum, postice autem sat
fortiter dilatato, ab epigastrii margine spatio parvo remotis, formâ paullo
variantibus: plerumque ovatae foveae sunt, marginibus circumcirca modice acutis distinctis, aequabiliter curvatis, nonnunquam pars earum
antica leviter angulata est aut margo posticus exterior interruptus et
indistinctus; in parte exteriore posticâ foveae tuberculo ornantur parvo,
plus minusve elevato, obscure colorato, quod nonnunquam cum margine
foveae coniungitur.

Occurrunt exempla maiora minoraque: cephalothorace 3·6—4·1 mm.
longo.

Color corporis *humefacti*. *Cephalothorax* fuligineo-niger, area oculorum nigra, mandibulae fusco-rufae, maxillae fuligineae apice pallidiores, sternum nigro-fuligineum, palporum pars femoralis fuliginea, basim
versus obscurior, apice flavido, partes patellaris et tibialis flavidae, tarsalis eis paullo obscurior. Pedes cephalothorace non multo pallidiores;
coxae anteriores fuligineae, flavo-fusco maculatae, posteriores flavo-fuscae, colore obscuriore maculatae; femora fuligineo-nigra, patellae eis parum aut non pallidiores, ceterae partes pallidiores fusco-rufae, colore
fusco ex parte pictae, annulis et maculis distinctioribus carent; tarsi
posteriores saepe testacei. *Abdomen* supra nigrum, punctis flavido-fuscis
adspersum, picturâ albâ in exemplis, quae vidi, plus minus distinctâ (in
speciminibus detritis fortasse obsoletâ); latera cinereo-fuliginea, lineolis
irregularibus longitudinalibus, inferius autem punctis fusco · cinereis sat
dense congestis picta; ventris pars media parum pallidior quam latera
abdominis, lineis duabus longitudinalibus e punctis fusco-cinereis constantibus picta. Mamillae supremae nigro-fuscae, infimae pallidiores. Epigynes color idem atque ventris, marginibus fovearum infuscatis, septi
parte angustâ et marginibus partis posticae dilatatae nigris.

Color corporis *desiccati*. *Cephalothorax* lateribus et declivitate posticâ subnudis fuligineo-nigris, limbo marginali angusto albo cinctus in
lateribus et supra eum posterius squamis albis paucis ornatus; supra
pilis sat dense congestis longis procurvis instructus, squamisque valde
angustis flavidis et latioribus albis tectus; squamae flavidae non densae
colorem cutis parum mutant, albae in margine antico areae oculorum
plerumque fasciam transversam plus minusve distinctam formant. Ad
latus exterius oculorum posticorum plerumque squamae albae paucae inveniuntur. Clypeus totus et spatia oculis anticis interiecta ex maiore aut
minore parte pube densâ adpressâ miniatâ tecta. Mandibulae dorso in
latere interiore praesertim superius pilis albis, ceterum pilis pallide luteis
non dense tecto. Palpi pilis sat densis, modice longis, albis instructi.
Pedes sat longe et dense albo- et nigro-pilosi, praeterea praesertim supra
squamis albis modice congestis ornati. Sternum non dense sat longe albo
pilosum. *Abdomen* supra nigrum, saepe punctis fulvis plus minusve distinctis adspersum, albo - maculatum: in margine antico arcu recurvo
tenui, medio plus minusve interrupto, in utroque latere autem prope
medium et in $^3/_4$ longitudinis, lineis leviter recurvatis ornatum paullo
inaequalibus aut interruptis, deorsum et retro descendentibus, in abdominis lateribus evanescentibus, aeque circiter latis atque pedum posticorum tibiae aut tarsi; lineae hae late disiunctae sunt a vittâ mediâ, quae
dorsi dimidium posterius occupat, in dimidium anterius perparum producta; vitta haec e maculis constat ca. 5, quarum antica sagittata, latitudine circiter tibias I. aequat, ceterae gradatim angustiores, postremae
lineares. Ad latus utrumque maculae anticae punctum saepe invenitur
album, quasi vittae in laterum parte mediâ sitae pars avulsa. Latera
abdominis fuligineo-nigra, infra pallidiora, punctis albis in series obliquas
plus minusve congestis ornata; venter pilis cinerascentibus brevibus
paullo nitentibus et sqamis albis tectus, modo totus fuligineo - cinereus
videtur, modo cinereo-fuligineus lineis albidis duabus parum expressis,
a marginibus interioribus scutorum pulmonalium mamillas versus ductis
et inter se paullo appropinquantibus ornatur.

Mas. *Cephalothorax* similis atque feminae, paullo angustior, latitudine $^7/_{10}$ longitudinis aequans, latus posticum quadranguli oculorum fortasse non longius antico. *Mandibulae* paullulum longiores, non breviores
saltem quam sunt ambae simul sumptae latae. *Maxillae* a palporum insertione apicem versus in latere exteriore paullo dilatatae. *Palporum*
pars femoralis formâ ordinariâ, patellaris supra aeque circiter longa ac
lata, tibialis eâ circiter $^1/_4$ brevior, non evidenter angustior; partis huius
desuper adspectae (Fig. 17) margo apicalis in parte exteriore in sinum
modice profundum latum excisus, angulus apicalis exterior paullo pro-

ductus acutus, anteriora versus et foras directus; qui angulus a latere et paullo a tergo visus processum format brevem crassum, apicem versus subito attenuatum et deflexum (Fig. 16); pars tarsalis circiter $^1/_3$ latior quam patellaris, circiter $^2/_3$ longior quam latior, inverse ovata, apice impressione ornata, in latere exteriore ad basim in sinum profundum excisa et impressa, angulo basali exteriore acuto foras directo, parte exteriore marginis basalis arcte adpressâ sinui, quo apex partis tibialis ornatur. Bulbus genitalis in palpo desuper viso parum ultra margines laminae tarsalis prominet in utroque latere (Fig. 17), postice sub partem tibialem productus est, marginem basalem eius tamen non attingit; subter leviter et a margine postico usque ad apicem fere aequabiliter convexus, prope apicem tamen sinu parvo acuto ornatus (quum a latere adspicitur); ab imo adspectus bulbus (Fig. 18) oblongus videtur, plus dimidio longior quam latus, latere interiore fortius quam exterius curvato, basi oblique rotundatus, apice late acuminatus; „pars basalis" bulbi in dimidio exteriore usque ad $^3/_4$ longitudinis pertinet, hic apice paullo oblique rotundata, in dimidio interiore autem in processum abit lamelliformem, adpressum, apicem versus dilatatum, anteriora versus et foras directum; fere in lineâ medianâ „pars basalis" et processus hic sulco ornantur longitudinali, paene recto, circiter $^2/_9$ totius longitudinis bulbi occupanti, sed apicem eius non attingenti; cum margine processus interiore coniunctus est et ei adpressus embolus: spina nigra recta mediocri longitudine, bulbi, quum ab imo adspicitur, marginem anticum interiorem formans; in bulbi latere interiore prope medium tuberculum conspicitur oblongum convexum. *Pedes* antici fortasse non crassiores quam feminae, insigniter longiores, tibiâ paullo angustiori quam patella; pedum armatura similis, tibia II. subter tamen plerumque aculeis 1.2 instructa, quorum primus ad latus posterius iacet. Exempli cephalothorace 2·5 mm. longo femur I. 1·8, patella 1·15, tibia 1·5, metatarsus 1·0, tarsus 0·65, partes pedum II.: 1·25, 0·8, 0·8, 0·65, 0·5, pedum III.: 1·65, 0·95, 0·95, 1·0, 0·65, pedum IV.: 1·55, 0·73, 0·98, 1·1, 0·6 mm., alius exempli, cephalothorace 2·0 mm. longo, patella I. 0·7, tibia 0·75, metatarsus 0·6, tarsus 0·45, partes respondentes pedum III.: 0·65, 0·65, 0·68, 0·45, pedum IV. 0·5, 0·65, 0·75, 0·45 mm. longae; abdomen illius 3·0, huius 2·0 mm. longum.

Maris *humefacti color* similis atque feminae, pars femoralis palporum nigra, apice et subter pallidior, partes patellaris et tibialis fuligineae, colore rufo suffusae, processus tibialis niger, lamina tarsalis rufofusca, apicem versus pallidior flavida, bulbus genitalis parum quam lamina tarsalis obscurior, partibus nonnullis fortius infuscatis; abdomen obscurius coloratum, puncta enim et lineolae, quibus dorsum et latera ornantur, minus expressa sunt; ventris paullo obscurioris pictura eadem.

Color corporis *desiccati* eo tantum differre videtur, quod squamulae fulvae et albae in dorso numerosiores sunt, venter totus cum laterum partibus inferioribus squamulis albis dispersis ornatur; palpi pube obscuriore et pallidiore tecti, apex partis femoralis supra et dorsum partis patellaris squamis albis pro parte saltem tecta, squamae albae paucae plerumque etiam in dorso partis tibialis ad latus interius inveniuntur, pili nonnulli in latere interiore partis patellaris et tibialis albi.

Kułtuk, exempl. adulta et iuniora.

Pellenes limbatus n. sp. (fig. 19—21).

Mas 4·0 mm. longus, dorso abdominis nigro, squamis fulvis tecto, limbo albo ad mamillas solum interrupto cincto, vittâ mediâ albâ, totam longitudinem occupanti ornato. Palporum pars tibialis dente gracili acuto anteriora versus et foras directo instructa, laminae tarsalis angulus basalis exterior in processum foras directum, compressum, sat gracilem, apice obtusum productus.

M a s. *Cephalothorax* 2·0 mm. longus, 1·4 latus, parte cephalicâ 0·96, thoracicâ 1·04 longâ, fere in $^5/_8$ longitudinis latissimus, margine antico 1·1 lato, sub serie 3-â oculorum eâ utrimque oculi radio latior. In cephalothorace a latere adspecto declivitas postica dimidiam partem thoracicam non occupat, dorsum ab eâ usque ad oculos posticos perparum adscendit et levissime convexum est, area oculorum modice declivis et modice convexa; oculorum seriei 2-ae, qui spatiis subaequalibus a posticis et a lateralibus anticis distant, margo superior cum margine inferiore posticorum fere in lineâ libratâ, margo inferior autem evidenter altius quam margo superior lateralium anticorum situs. Pars thoracica ad marginem posticum areae oculorum impressione ornatur oblongâ, parum profundâ, diffusâ, et lineis impressis in ea initium capientibus, utrimque binis, oblique retro directis, foras sat fortiter curvatis, parum expressis, anterioribus longioribus. Limbus marginalis cephalothoracis, lineâ elevatâ a ceteris partibus distinctus, latitudine fortasse basim tarsorum posticorum aequat. Quadrangulus *oculorum* paullo latior postice, dimidio latior postice quam longus. Oculorum anticorum margines superiores lineam leviter sursum curvatam designant, intervalla parum in-aequalia, medium lateralibus, haec radio oculorum lateralium minora videntur; oculi laterales antici oculis posticis subaequales, mediis anticis duplo circiter minores (in diametro). Clypei sub oculis mediis altitudc radio eorum circiter aequalis. *Mandibulae* directae, aeque circiter longae atque ambae basi latae, dorso in transversum deplanato, in longitudinem levissime convexo, transverse rugoso, latere exteriore fere recto, apicem versus parum angustatae, apice fere transverse truncatae, sulco unguiculari ornato antice in angulo mandibulae dentibus duobus parvis, postice dente uno. *Maxillae* in latere exteriore apicem versus leviter dilatatae, margine apicali inaequaliter arcuato, fere in angulum fracto, ab apice anguli huius usque ad marginem labii parum inaequabiliter arcuatae. *Labium* aeque circiter longum atque latum videtur, a basi usque ad apicem arcuato angustatum. *Sternum* latius quam coxae I. longae. *Palporum* pars femoralis formâ ordinariâ, pars patellaris supra aeque circiter longa ac lata, tibialis eâ fortasse non angustior, multo brevior (in latere exteriore fortasse $^1/_3$ illius non aequans), in latere exteriore inferius ornata processu (fig. 20) oblique anteriora versus directo, elongato-triangulari, acuto, quam pars ipsa fortasse non longiore, inter processum laminae tarsalis, qui infra describitur, et marginem exteriorem bulbi sito, ita ut difficilius conspiciatur. Lamina tarsalis duplo longior quam pars tibialis cum patellari, duplo longior quam latior; in palpo desuper adspecto bulbus genitalis ultra marginem interiorem laminae modice prominet; angulus basalis exterior laminae tarsalis in processum productus (fig. 19) foras directum, insigniter longiorem quam latum, longitudine latitudinem partis tibialis non aequantem, apice obtuso et scabro; qui processus marginem posticum sinus profundi format, in quem latus exterius laminae excisum est. Supra sinum lamina in carinam longitudinalem fracta est, mediam laminam non attingentem; pars laminae carinae huic et margini anteriori sinus interiecta leviter impressa est; prope apicem lamina foveâ vadosâ rotundatâ dense pilosâ ornatur. Bulbus genitalis (fig. 21) ab imo adspectus irregulariter rotundatus videtur, non multo longior quam latior, rostrum circiter $^1/_4$ laminae occupat; postice bulbus sub partem tibialem productus, basim eius non attingit, subter modice et parum inaequabiliter convexus est; in parte eius anticâ interiore initium capit processus sub rostro laminae situs, anteriora versus et foras directus, deplanatus, ubique aequali fere latitudine, 4-plo circiter longior quam latior, apice in angulo anteriore denticulo minuto ornato, ceterum rotundato; lateri interiori processus huius adpressus est embolus: spina nigra subrecta. *Pedes* antici modice incrassati, tibiâ non evidenter angustiore quam patella, metatarso quam tibia insigniter angustiore, apicem versus angustato, apice aeque fere atque tarsus lato; patellae anteriores inermes, III. in latere utroque, IV. in postico tantum (?) aculeo 1 instructae, tibiae I. subter sat dense pilosae et ut tibiae II. aculeo 1 tantum (praeter apicales) ad latus posterius ornatae videntur, dorsum tibiarum III. et IV. inerme; metatarsi I. et II. subter aculeis 2.2 instructi. Pedum I. patella 0·75, tibia 0·75, me tatarsus 0·5, tarsus 0·4 mm. longus; pedum III., qui fortasse tarso suo longiores sunt quam pedes IV., patella 0·75, tibia 0·75, metatarsus 0·65, tarsus 0·4, partes respondentes pedum IV.: 0·55, 0·6, 0·7, 0·4 mm. longae. *Abdomen* cum mamillis 2·0 longum, 1·4 latum, fere ellipticum margine antico late truncato, postice paullo acuminatum, dorso leviter deplanato, mamillis modice prominentibus.

Cephalothorax humefactus supra fuligineo-niger, lateribus paullo pallidioribus, mandibulae fuligineae, apicem versus flavo-rufae, maxillae rufo-fuscae, apice pallidae, labium et sternum nigro-fuliginea, illius apex paullo pallidior; palporum pars femoralis nigro-fuliginea, ceterae partes rufo-flavidae, colore fusco suffusae, bulbus genitalis colore fere eodem, processu nigricanti; pedum anteriorum coxae flavo-umbrinae paullo rufescentes, posteriorum fusco-flavidae; pedes I. maximam partem fuligineo-nigri, femoribus basi subter et tibiis subter pallidioribus, metatarsis fusco-rufis, tarsis flavidis; pedes ceteri fuliginei colore rufo suffusi, nigro diffuse maculati, non distincte annulati, femora subter et tarsi flavida. *Abdomen* supra fuligineo-nigrum, punctis minutis et posterius lineis tenuissimis angulatis umbrinis ornatum; in lateribus puncta crebriora praesertim infra et in lineas obliquas parum distinctas congesta; venter umbrinus, lineis flavidis 4 ornatus: harum laterales tenuęs a scutis pulmonalibus mamillas versus ductae, sed eas non attingentes, inter se paullo appropinquant; mediae latiores, paene parallelae, epigastrii marginem attingunt, lateralibus breviores sunt; intervalla linearum harum latitudine parum inter se differunt: medium lateralibus angustius, haec aeque lata atque lineae pallidae mediae. Mamillae supremae nigro-fuligineae, infimae flavo-umbrinae, basi subter obscuriores.

Cephalothoracis area dorsualis cum partibus proximis laterum squamis tecta densis in areâ oculorum, posterius dispersis, albis in parte suâ anticâ et in lateribus suis, ceterum fulvis modice nitentibus; limbus e squamis albis formatus, cum oculis anticis contingens, per oculos seriei 2-ae et 3-ae posteriora versus usque ad partem posticam declivem ductus, parum distinctus. Latera cephalothoracis squamis fulvis non dense tecta, declivitas postica squamis albis adspersa, limbus cephalothoracis squamis albis confertis tectus. Clypeus ab oculis usque ad marginem squamis laete fulvis modice confertis tectus; cinguli oculorum anticorum supra albi, inferius fulvi. Mandibulae pilis obscure coloratis instructae. Sternum et coxae sat longe albo pilosae, illud etiam squamis albis ornatum. Palporum partes femoralis patellaris tibialis in dorso squamis albis tectae, patellaris et tibialis in lateribus albo pilosae, lamina tarsalis parte basali exteriore squamis non multis albis ornatâ, ceterum fulvo-, apice albido-pilosa. Pedes non dense albo squamati, praeterea pilis ornati modice densis et modice longis, in partibus inferioribus albis, in superioribus obscuris. *Abdominis* dorsum limbo albo, ad mamillas solum interrupto, et vittâ mediâ, antice cum limbo coniunctâ, postice mamillas attingenti, ornatum; vitta media ubique aeque circiter lata est atque tibiae pedum, pars eius postica lineis paucis nigris angulatis interrupta videtur. Partes dorsi vittae mediae et limbo marginali interiectae nigrae, squamis fulvis modice nitentibus tectae, duplo saltem latiores quam vitta media; limbus lateralis desuper adspectus aeque circiter latus videtur, atque vitta media, ad mamillas pars eius utraque incurvata a vittâ hac spatio parvo disiungitur. Latera abdominis et venter squamis albis modice confertis tecta; limbus dorsualis posterius tantum a pube albâ laterum lineâ nigrâ (nudâ?) distinctus, ceterum cum eâ confusus.

Kułtuk; mas unicus.

Ergane Keyseri.

Ergane arcuata (Clerck).
Kułtuk: mas adult. unicus. — Regio Ussurica: femina adult. unica.

Ergane falcata (Clerck).
Kułtuk, pauca exempla: feminae adultae et pulluli.

Ergane albifrons n. sp. (fig. 25—27).
Cephalothorax humefactus niger, fasciâ semilunari flavo aut fuscorufâ pictus; maris area oculorum antice fasciâ transversâ niveâ ornata, feminae facies similem in modum atque in *E. arcuata* (Clerck) picta. Abdomen feminae supra albido-fulvum, postice utrimque maculâ oblongâ nigrâ ornatum. Pars tibialis palporum maris processibus tribus instructa. Epigyne parte posticâ non fortius quam anterior induratâ, foveolis ornata duabus rotundatis, inter se late distantibus, antice margine communi limitatis. Mas 5·5—6·5, femina 8 mm. longa aut paullo minor.

M a s. *Cephalothorax* 2·6—3·1 mm. longus, $^2/_5$ longior quam latior, in $^5/_8$ longitudinis latissimus et quam frons circa $^1/_4$ latior, anteriora versus angustatus lateribus leviter arcuatis, sub serie tertiâ oculorum eâ utrimque radio oculi latior; pars thoracica circiter $^1/_4$ longior quam cephalica. Dorsum a latere adspectum a declivitate posticâ usque ad oculos anticos arcum unum format, ad oculos hos fortius convexum quam postice; pars pone oculos sita sublibrata, leviter arcuata, aeque circiter atque oculorum area longa, pone oculos aut perparum aut non impressa; area oculorum modice proclivis; declivitas postica praerupta, desuper visa non longior saltem quam $^2/_3$ partis sublibratae pone oculos sitae. Ad aream oculorum, fere inter oculos posticos, dorsum foveâ ornatur modice profundâ, transversâ aut recurvâ, in latera parum productâ; praeterea dorsum partis thoracicae impressiones utrimque binas ostendit, a foveâ eâ retro et foras ductas, leviter procurvas, nonnunquam valde indistinctas. Limbus marginalis angustus, dimidiâ crassitudine tarsorum posticorum non aut parum latior. Quadrangulus *oculorum* fere rectangularis, sescuplo fere latior quam longior; oculi seriei 2-dae paullo longius a lateralibus anticis quam a posticis remoti, eorum margo inferior cum margine inferiore oculi postici lineam fere libratam designat et evidenter altius iacet quam margo superior oculi lateralis antici. Arcus superciliares oculorum posticorum, qui lateralibus anticis paullo minores sunt, distincti. Oculi antici marginibus superioribus lineam leviter recurvam designant, mediorum radius diametro lateralium paullo minor, intervallum medium lateralibus minus, haec fortasse quam $^1/_3$ diametri oculorum lateralium non maiora. Clypei altitudo sub oculis mediis eorum radio non parum minor videtur. *Mandibulae* paullo breviores quam ambae basi latae, fere directae (paullulum reclinatae), dorso in longitudinem subrecto, in transversum leviter convexo, transverse rugoso, pilis modice longis et modice densis ornatae, apicem versus paullo angustatae, apice fere transverse truncatae; sulcus unguicularis antice in angulo mandibulae dentibus duobus, postice dente uno ornatus; unguis brevis, basi crassus, apicem versus subito attenuatus. *Maxillae* a palporum insertione in latere exteriore apicem versus leviter dilatatae, angulo exteriore paullo prominenti, apice sat fortiter rotundato. *Labii* pars coxis non occulta apicem versus sat fortiter angustata lateribus rotundatis, summo apice truncato. *Palporum* pars femoralis formâ vulgari; patellaris supra aeque circiter longa ac lata, lateribus plus minus parallelis; tibialis (fig. 25, 26) eâ brevior, in latere interiore brevior quam in exteriore, ubi a basi ipsâ apicem versus fortiter dilatata est et in processus tres producta: processus hi inter se longitudine parum differunt, paullo breviores sunt quam latus exterius partis ipsius; supremus foras et paullo sursum directus, compressus oblongus, a tergo visus $1^1/_2$—2-plo longior quam latior, lateribus parallelis, apice obtuso, in pariete antico denticulis minutis paucis ornatus; processus inferior sub priore situs, basi cum eo connatus, eo angustior, foras et paullulum anteriora versus directus, apicem versus angustatus, apice ipso obtuso paullulum procurvo; processus infimus inter bulbum genitalem et marginem laminae tarsalis situs difficilius cernitur, anteriora versus directus, compressus, carinâ flexuosâ ornatus. Lamina tarsalis circa $^1/_3$ longior quam pars patellaris cum tibiali, insigniter latior quam illa, prope basim circiter dimidio angustior quam longior, fere a basi apicem versus angustata, subtriangularis angulis late rotundatis. Bulbus genitalis irregulariter rotundatus, apice fere transverse truncatus, sub partem tibialem productus et sensim in conum elevatus deorsum et retro directum, sursum curvatum; embolus angulo bulbi apicali interiori innatus, maximam partem niger, pluries longior quam latior, deplanatus, leviter foras curvatus, anteriora versus et foras directus, margini laminae tarsalis plus minus parallelus, apice foveam attingenti, quâ rostrum laminae tarsalis subter ornatur. Margo apicalis bulbi praeterea in dentem productus est foras et anteriora versus directum, cum embolo angulum acutum formantem, eo breviorem, oblongo-triangularem, apice obtuso marginem alveoli attingentem. Rostrum circiter $^2/_5$ totius longitudinis laminae tarsalis occupat. *Pedes* antici leviter incrassati, tibia aeque circiter lata atque patella, eâ paullo longior, metatarsus insigniter tenuior quam tibia, tarso non multo crassior, longitudine $^2/_3$ tibiae aequans saltem, tarsus non brevior saltem quam $^2/_3$ metatarsi, pedes III. parum longiores quam IV., patella III. ca. $^1/_3$ longior quam patella IV., tibiae et metetarsi et tarsi amborum parium subaequalia; tibia III. paullo longior quam patella, patella IV. circa dimidio brevior quam tibia; tibiae III. et IV. metatarsis paullo breviores, tarsi dimidiis metatarsis paullo longiores. (Exempli cephalothorace 3 mm. longo patella I. 1·05, tibia 1·24, metatarsus 0·87, tarsus 0·62, partes respondentes pedum III.: 0·98, 1·10, 1·20, 0·66, pedum IV.: 0·78, 1·10, 1·22, 0·65 mm. longae). Coxae pedum parum inaequales. Femora omnia in dorso aculeis binis longis curvatis, ad apicem aculeis brevioribus subrectis instructa; patellae omnes aculeatae, anteriores in latere antico tantum, posteriores in latere utroque; tibia I. praeter apicales aculeis subter ad latus utrumque 1.1 ornata inaequalibus, basali brevi, medio longo, ambobus solito altius, fere in latere antico tibiae sitis; in latere antico tibia aculeis 1.1 instructa est; tibia II. aculeis subter 1. (ad latus posticum) 2, in latere antico 1.1, metatarsus I. et II. subter 2.2 instructus; tibiae et metatarsi III. et IV. non solum subter et in utroque latere aculeata, sed etiam supra prope basim aculeo 1 ornata. *Abdomen* ovatum, antice leviter truncatum, plus minusve deplanatum, circiter $^3/_5$ longius quam latius, mamillis modice prominentibus.

Corporis humefacti *color* multo obscurior quam feminae. Fascia, quâ area nigra partem anticam *cephalothoracis* occupans circumdatur, fusco-rufa, marginibus postico et exterioribus parum distinctis; clypei pars media partibus lateralibus plus minusve obscurior. Mandibulae fuligineo-nigrae, apicem versus pallidiores. Sternum et maxillae et labium fuliginea, hoc apice pallidius, illae angulo apicali exteriore albido. Palporum lamina tarsalis flavescens pallida, partes ceterae fuligineae plus minusve obscurae. Pedum anticorum coxae flavido-fuscae, posteriores gradatim pallidiores. Pedes obscuriores aut pallidiores, maculis definitis carent, I. et II. tarsis rufo-flavidis exceptis fuligineo-nigri, supra subterque colore fusco-rufo plus minusve picti, pedum III. et IV. femora supra fusco-nigra, subter flavido-fusca, patellae et tibiae rufo-fuscae lateribus plus minusve nigricantibus, metatarsi et tarsi rufo- aut fusco-flavi, illi his plus minusve obscuriores. *Abdomen* primo aspectu totum fuligineum, in dorso vestigia tantum picturae similis atque in feminâ ostendit e punctis et lineolis pallidioribus formata; limbus areae dorsualis omnino indistinctus; venter fuscus lineis pallidioribus quatuor ornatur, quarum laterales mamillas fere attingunt, mediae paullo breviores sunt·

Desiccatus *cephalothorax* fuligineo-niger, dorso partis thoracicae rufo-fusco, area oculorum in margine antico toto fasciâ ornata niveâ, latitudine paullo varianti, nonnunquam oculos seriei 2-ae fere attingenti, in aliis exemplis angustiore, postice modo rectâ modo leviter excavatâ; ceterum cephalothorax squamis tegitur confertis in areâ oculorum, minus congestis posterius et in lateribus, modice metallico micantibus, subpellucidis (itaque colorem cutis parum mutantibus) aut prope fasciam albam commemoratam fulvo-albidis; circa oculos posteriores squamae paucae fulvae nonnunquam inveniuntur. Facies pube laete flavo-rufâ tecta, modice densâ supra marginem, ubi pili nigri longi non pauci inveniuntur, densâ sub oculis et inter eos (cinguli oculorum supra albi, ceterum flavo-rufi). Mandibulae sat dense, modice longe pilosae, pilorum color obscurus. Sternum modice dense albo pilosum, squamis carere videtur; coxae subter albido pilosae. Palporum lamina tarsalis supra albo pilosa, ceterae partes pube obscure coloratâ tectae. Pedes modice dense et longe pilosi, pili in eorum partibus superioribus plerique obscure colorati, in inferioribus et in parte anticâ patellarum anteriorum albi; ceterum pedes etiam squamis ornantur, pellucidis nitentibus et fulvis nitentibus et albis opacis (his ex. gr. in femorum apice, in patellis anterioribus inter pilos albos, in tibiis posterioribus, cet.), quae tamen nullam picturam evidentiorem formant. *Abdomen* supra rufo-flavum, pallidius aut laetius coloratum, pilis dispersis nigris erectis sat longis ornatum, in laterum parte inferiore et in ventre pube pallidiori et dispersâ cutis color parum mutatur.

Femina (probabiliter huius speciei). *Cephalothoracis*, qui 2·8—3·4 mm. longus est, forma, oculorum situs similia atque in mare, illius latera tantum anterius paullo fortius arcuata videntur, oculorum area paullulum latior est quam in mare, margines superiores oculorum anticorum lineam designant subrectam. *Mandibulae* sub margine clypei sat fortiter in longitudinem convexae, dorso pilis multis albidis praesertim superius ornato, ceterum similes atque maris. *Maxillae* etiam parum differunt: apicem versus in latere exteriore magis aequabiliter dilatatae sunt. *Pedes* antici leviter incrassati; pedum armatura similis, eo tamen differt, quod dorsum tibiarum III. et IV. et metatarsorum IV. inerme est (dorsum metatarsi III. ut in mare armatum). Exempli cephalothorace 3·4 mm. longo tibia aeque fere atque patella longa, cum ea 2·4, metatarsus 0·9, tarsus 0·65, patella III. 1·1, tibia 1·2, metatarsus 1·2, tarsus 0·8, pedum IV. partes respondentes: 0·9, 1·3, 1·4, 0·8 mm. longae. *Abdomen* maius, formâ simili. *Epigyne* (fig. 27) foveâ ornatur transversâ, aeque circiter atque tibia IV. latâ, e foveolis duabus compositâ rotundatis, inter se coniunctis, a margine postico spatio minore quam diameter remotis; in lateribus fovea rotundata est, antice leviter sinuata; margo eius posticus in septum productus latum, quam margines foveae humilius et modo cum margine antico coniunctum, modo eum non attingens, truncatum. Epigyne cornea est, margine postico sinuato, ad eum medio depressa. In epigyne humefactâ foveolae commemoratae obscurius coloratae sunt quam partes ceterae.

Color corporis humefacti. Pars cephalica nigra; area hoc colore picta paullo pone oculos posticos producta, margine postico sat profunde sinuato, undique limbo circumdatur rufo-flavo plus minusve colore fusco suffuso, clypeum totum et laterum partes superiores et dorsi partem sublibratam occupanti; declivitas postica et partes inferiores laterum fuligineae aut nigro-fuligineae; linea, quâ laterum partes pallidae a partibus obscuris distinguuntur, a clypei angulo posteriora versus et sursum directa, fere recta est. *Mandibulae* rufo-flavae, dorso ad latus exterius vittâ longitudinali fuscâ, inferius evanescenti, ornato. *Maxillae* et *labium* colore mandibularum. *Palporum* pars femoralis flavida, basi et subter plus minusve infuscata, ceterae partes rufo-flavidae, patellaris basi subter nigro maculata, tibialis supra lineâ longitudinali apicem non attingenti nigro-fuligineâ, tarsalis basi subter puncto fuligineo plus minusve distincto ornata. *Sternum* flavidum colore rufo-fusco plus minusve suffusum, marginibus modo fuligineis modo parum quam partes ceterae obscurioribus. *Pedes* rufescenti-flavi, anteriores posterioribus obscuriores; femora in utroque latere umbrâ fuscâ longitudinali, ad apicem annulo fuligineo plus minusve incompleto ornata, basi supra fuligineo aut nigro-fuligineo maculata; patellae in utroque latere apicem versus infuscatae, anteriores multo fortius posterioribus; tibiae basi et apice annulis ornatae fuligineis aut nigro fuligineis, supra subterque plus minusve interruptis, in pedibus posterioribus nonnunquam parum distinctis, tibiarum anteriorum latus utrumque nonnunquam totum infuscatum; metatarsi et tarsi flavidi, ceteris partibus pallidiores, illorum apex plus minusve infuscatus. *Abdominis* area dorsualis, mamillas attingens, fusca, limbo flavido-cinereo, pallidiore aut obscuriore, circumdatur, qui desuper adspectus in dorsi lateribus non latior videtur quam tibiae posticae; area haec secundum medium in dimidio anteriore primo punctis duobus, posterius maculis duabus parvis oblongis obliquis, in dimidio posteriore autem arcubus tenuibus recurvis quatuor, medio plus minusve interruptis, ornatur; maculae hae omnes cinereo-umbrinae et ceteris dorsi partibus non multo pallidiores, coniunctim circiter $1/3$ latitudinis dorsi occupant; praeterea area dorsualis punctis minutis et lineolis fuligineo-cinereis ornatur; partes areae laterales ad arcus postremos sitae maculis talibus fere carent et hanc ob rem ceteris partibus obscuriores, nigro-fuligineae sunt. Limbus pallidus in pariete antico abdominis dense fuligineo punctatus et nonnunquam indistinctus, in laterum parte anteriore punctis et lineolis fuligineis, in fascias obliquas tres plus minusve distinctas congestis, postice autem apice areae dorsualis et mamillis obscure coloratis interruptus. Latera abdominis fuliginea, dorso pallidiora, lineolis obliquis et punctis fusco-flavidis crebre maculata; venter fusco-flavidus, vittis ornatus tribus e maculis fuligineis confusis constantibus, inter epigastrium et mamillas extensis, postice inter se coniunctis, mediâ posteriora versus angustatâ et quam laterales obscuriore; partes pallidae lineas formant angustiores quam vittae fuligineae. Mamillae nigro-fuligineae, infimae apice pallidae.

Color corporis *desiccati*. Faciei pictura similis atque in *Ergane arcuata* (Clerck), clypeus enim lineis ornatur e pube albâ formatis, spatiis subnudis inter se distinctis, duabus longioribus, totam faciei latitudinem occupantibus, alterâ in margine clypei, altera sub oculis mediis sitâ, et utrimque lineâ breviori, in capitis lateribus initium capienti, usque ad oculum medium productâ, oculum lateralem non attingenti. Cinguli oculorum anticorum fulvi. Areae dorsualis nigrae pars maxima squamis cinerascentibus pellucidis tecta, non multo pallidior quam in corpore humefacto; eius margo anticus maculis tribus albis ornatur: mediâ subtriangulari, lateralibus supra oculos laterales sitis oblongis angustis, paullo obliquis, omnibus parum distinctis. Spatium oculis anticis lateralibus et oculis seriei 3-ae interiectum fulvo pilosum. Fascia pallida cephalothoracis dense albo squamata. Ceterum cephalothoracis color pube dispersâ parum mutatur. *Palporum* pili sat densi et modice longi, plerique albi. *Pedum* color squamis albis et fulvis parum mutatus. *Abdomen* supra pube fulvâ et albidâ et fuligineâ tectum, in $1/3$ postremâ utrimque vittâ nigrâ notatur, ceterum pictura evidentiori caret: secundum lineam mediam area dorsualis magis albida, versus latera magis fulva est, in dimidio anteriore lineâ mediâ fuscâ, mediocriter expressâ, et punctis fulvis et fuscis, plus minusve in lineas longitudinales congestis, in dimidio posteriore secundum medium arcubus recurvis fulvis circiter quatuor ornatur; vittae nigrae commemoratae, circiter in $^2/_3$ longitudinis initium capiunt, oblongae sunt, desuper adspectae neque latera abdominis neque mamillas attingunt, inter se circiter duplâ suâ latitudine distant, marginem exteriorem optime, interiorem parum definitum habent; partem postremam dorsi macula occupat parva fuliginea, antice plus minusve excisa, cum apicibus vittarum nigrarum fere contingens. Limbus pallidus areae dorsualis pube albâ tectus (etiam in pariete antico abdominis), in partibus anterioribus laterum fasciis obliquis e punctis nigro - fuligineis constantibus ut in corpore humefacto interruptus. Laterum pictura e pube fuscâ et fulvâ et albidâ formata similis atque in corpore humefacto; ventris pube albidâ tecti vittae fuligineae parum distinctae, praesertim laterales.

Pictura exemplorum non adultorum, humefactorum, similis atque feminae adultae, pallidior, in dorso abdominis melius expressa. Area oculorum saepe maculis pallidis diffusis ornatur; area dorsualis abdominis antice lineis pallidis tenuibus, inter se proximis, a margine antico inter puncta antica usque ad par macularum secundum ductis ornata; maculae 4 pallidae posteriores formâ sunt paullo aliâ: antica e lineolis tenuibus constat, nonnunquam angulum potius quam arcum formantibus, longius in latera producta est quam maculae postremae, hae crassiores et minus curvatae quam in adultis. E lineis fuligineis, quibus venter ornatur, media sola distincta, laterales obsoletae.

Hab. in reg. Ussurica.

Maevia C. L. Koch.

Maevia castriesiana (Grube).

1861. *Attus castriesianus.* Grube, Beschreibungen neuer, von den Herrn L. v. Schrenck . . . im Amurlande und in Ostsibirien gesammelter Arachniden.
1869. *Attus multipunctatus.* E. Simon, Monographie des espèces européennes de la famille des Attides.
1875. *Attus Pavesii.* E. Simon, Annal. Soc. Ent. France, Bullét.

Reg. Ussurica: feminae adultae et mas unus.

Euophrys C. L. Koch.

Euophrys erratica (Walck.)?

Exemplum unicum: mas nondum adultus, in regione Ussurica lectus.

Euophrys frontalis (Walck.) (?).

Reg. Ussurica.—Exempli nostri unici, non adulti, formâ et colore cum exemplis Polonicis congruentis, tibia II. dextra subter aculeis 2, neque 3, armatur (tibia II. sinistra deest).

Neon E. Sim.

Neon reticulatus (Blackw.).

Kułtuk; exemplum unicum, femina iunior, sine dubio huius speciei.

EXPLICATIO TABULAE II.

Fig. 1—5. *Salticus lugubris*: 1. Maris cephalothorax et abdomen. 2. Palpi dextri maris partes patellaris tibialis tarsalis. 3. Pars tarsalis palpi dextri maris. 4. Processus tibialis eiusdem. 5. Epigyne.

Fig. 6—9. *Heliophanus ussuricus*: 6. Epigyne. 7. Eadem humefacta. 8. Pars femoralis palpi dextri maris. 9. Partes tibialis et tarsalis palpi dextri maris.

Fig. 10. *Heliophanus camtschadalicus*: epigyne humefacta.

Fig. 11. *Heliophanus baicalensis*: epigyne.

Fig. 12—14. *Pseudicius orientalis*: 12. Epigyne. 13. Maris partes tibialis et tarsalis palpi sinistri ab imo visae. 14. Eaedem a latere exteriore adspectae.

Fig. 15—18. *Pellenes ignifrons*: 15. Epigyne. 16. Pars tibialis palpi sinistri maris a latere exteriore, 17. eadem desuper visa (*b*: bulbus genit.). 18. Bulbus genitalis sinister.

Fig. 19—21. *Pellenes limbatus*, partes tibialis et tarsalis palpi dextri maris: 19. desuper et paullo a latere interiore, 20. a latere exteriore, 21. ab imo adspectae.

Fig. 22—24. *Epiblemum latidens*: 22. Pars tibialis palpi dextri ab imo visa. 23. Bulbus genitalis dexter. 24. Partes tibialis et tarsalis palpi dextri a latere exteriore visae.

Fig. 25—27. *Ergane albifrons*: 25. et 26. Partes tibialis et tarsalis palpi sinistri maris ab imo et paullo a latere exteriore (25), a latere exteriore (26) visae. 27. Epigyne.

Fig. 28—29. *Attus viduus*, mas: 28. Partes tibialis et tarsalis palpi dextri ab imo. 29. Eiusdem palpi partes patellaris tibialis tarsalis a latere exteriore adspectae.

Fig. 30—33. *Dendryphantes Thorellii*: 30. Partes patellaris tibialis tarsalis palpi dextri maris a latere exteriore visae. 31. Eiusdem palpi partes tibialis et tarsalis. 32. Epigyne. 33. Abdomen feminae.

Fig. 34. *Attus Godlewskii*, epigyne.

Fig. 35. *Attus albolineatus*, pars tibialis et tarsalis palpi sinistri.

Fig. 36. *Marptusa Dybowskii*, epigyne.

Fig. 37—40. *Pellenes tripunctatus*: 37. Epigyne exempli Polonici. 38. Epigyne exempli Sibirici. 39. Partes patellaris tibialis tarsalis palpi sinistri maris prope Kułtuk inventi. 40. Partes respondentes maris in Polonia capti.

Fig. 41, 42. *Marptusa Dybowskii*, mas: partes patellaris tibialis tarsalis palpi sinistri: a latere exteriore (41) et ab imo (42) visae.

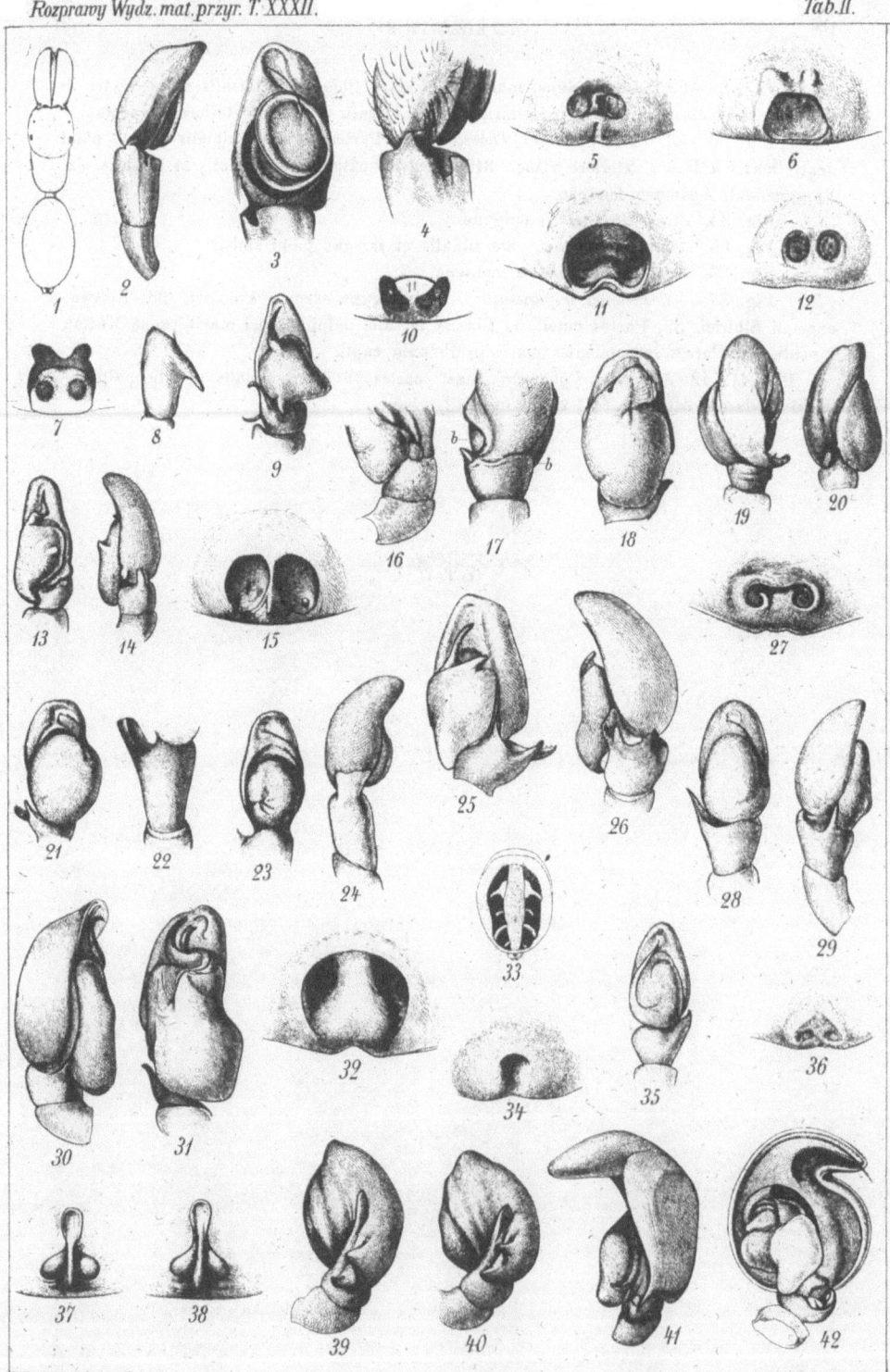

17

Symbola ad faunam

Aranearum Austriae inferioris

cognoscendam.

Scripsit

W. Kulczyński.

(Accedunt tabulae 2).

(Rzecz wniesiona na posiedzeniu Wydziału matem.-przyr. dnia 7 marca 1898).

Etiamsi plus quam centum ante annis fundamenta quaedam arachnographiae Austriacae iacta sunt a Francisco de Paula Schrankio, valde manca et magnâ ex parte dubia sunt ea, quae de fauna Aranearum Austriae inferioris ad hoc tempus novimus. Anno 1852 L. Doleschal in opusculo, quod inscribitur: Systematisches Verzeichniss der im Kaiserthum Österreich vorkommenden Spinnen, 120 species Aranearum ut Austriae inferioris incolas protulit. Post eum auctores nonnulli oblatâ occasione indicia quaedam aranearum in Austria occurrentium fecerunt et species nonnullas novas secundum exempla in Austriâ inventa descripserunt; nemo fuit tamen, qui faunam Aranearum Austriacarum accurate et diligenter explorare in animum induxerit et ad finem sibi propositum quodammodo pervenerit[1].

Schrankii opus, vetustate obsoletum, parum prodest in cognoscendam faunam Aranearum Austriacam. Etiam eo tempore, quo Doleschal

---

[1] Araneas sat multas in Austriâ inferiore collegisse videtur L. v. Kempelen, sed indicem earum in lucem non edidit. Species aliquot novas ab eo inventas descripsit Cel. T. Thorell.

1

indicem suum composuit, arachnologi parum spectabant notas nonnullas
subtiliores, quae ad recte distinguendas species Aranearum prorsus ne-
cessariae sunt. Inter species a Doleschalio enumeratas non paucae itaque
omnino sunt incertae aut aliquâ parte saltem dubiae. Quinque species
prolatae sunt ab eo sub binis, imo una earum fortasse sub tribus nominibus. Species, quas auctores posteriores ut Austriae indigenas com-
memoraverunt aut ut novas descripserunt, pleraeque certo rectis nominibus sunt appellatae et apte descriptae; nihilominus pars quaedam
harum aranearum dubii sunt incolae Austriae inferioris, quoniam nonnunquam extricari non potest, utrum auctor archiducatum aut imperium
Austriacum patriam speciei dicat, de aliis vero nonnullis non constat,
utrum in Austriâ inferiore aut in Hungariâ inventae sint.

Adeo disiecta sunt ex parte indicia aranearum Austriacarum, ut
nesciam, an mihi non contigerit omnia ea expiscari. Consummatis omnibus, quae novi, et reiectis eis, quae certo non recta sunt aut omnino
dubia videntur, species, quae ad hoc tempus in Austriâ inferiore in
lucem prolatae sunt, numerum 147 non excedere censeo [1]. Quem numerum si triplicare nunc possum, id beneficae voluntati et eximiae dex-
teritati carissimi amici mei Prof. Boleslai Kotula debeo. Anno 1887
araneas nonnullas in Alpibus Austriae inferioris collectas benigne mecum communicavit vir clarissimus, anno 1890 araneas sat multas in vicinis Vindobonae captas dono mihi dedit, denique anno 1891, roganti
mihi obsequens, inde ab extremis diebus mensis Aprilis usque ad initium Septembris summâ cum diligentiâ vicina Vindobonae aliasque nonnullas partes Austriae inferioris perquisivit et thesaurum opulentissimum
aranearum congessit, cuius indicem, quantum fieri potest, accuratum
componere mihi proposui. Araneis, quas a B. Kotula accepi, species
aliquot adiungam, a Cel. Prof. A. Nosek Vindobonae et in eius vicinis
(Gersthof, Brigitten-Wald, Franz Joseph Land) collectas et benigne
dono mihi datas, et araneas perpaucas, quas anno 1886 ipse ad Aquas
Pannonias (Baden) legi adiuvante B. Kotula.

Loca, quae Cel. B. Kotula subtilius perscrutatus est, haec sunt:
Marchfeld, prope Unt. Gänserndorf (fruticeta, vallum et fossae
viae ferreae) et prope Zwerndorf (silvae arborum frondescentium ad
fluvium Marchum sitae),
Bisamberg, mons in ripâ sinistrâ Danubii,

---

[1] Inter has 147 species modo 106 incolae Austriae inferioris sunt nulli dubio
subiecti.

Kahlenberg, mons in ripâ dextrâ Danubii (pleraeque araneae collectae sunt hic ad rivum vicinum, *Hyctia Novoyi*, *Xysticus acerbus* nonnullaeque .aliae species vero in declivibus montis aridis et lapidosis),

Leopoldsberg, mons ibidem (latera in septentriones et in meridiem spectantia),

Nussberg prope Kahlenbergdörfel (perquisitae sunt radices montis septentrionales),

Galizinberg in montibus Wiener Wald dictis,

Wiener Berg et Laaer Berg una cum suburbiis hic sitis et cum hortis „Schönbrunner Park" eorumque aedificiis,

Inzersdorf am Wienerberg (pleraeque araneae collectae sunt in muris et saepibus et sub eis et ad rivum),

Donauauen a „Prater" usque ad Langenzersdorf,

Laxenburg,

Gaisberge prope Perchtoldsdorf: declivia septentrionalia, regio vinetorum orientalis, silvae supra eam sitae: Predigerstuhl, Mitterberg cet.,

Anninger (hoc nomine totam turmam montium appellabimus, inter Brühl prope Mödling et Pfaffstetten sitorum, inclusis itaque montibus: Jenny-Berg, Eichkogel cet.),

Lindkogel prope Aquas Pannonias (Baden): partes montis septentrionales usque ad verticem, 250—709 m.,

Neukogel prope Gutenstein: vallis pagi Neusiedl et declivia vicina, 440—870 m.,

Raxalpe: vallis Höllenthal inter Payerbach et ostium vallis Gross Höllenthal, Gross Höllenthal et porro usque ad cacumen Heukuppe,

Oberer Adlitzgraben: vallis et declivia Semmering-Pass versus, inter 710 et 930 m. altid.,

Semmering-Pass: pars septentrionalis pylarum et latera montium Göstritz et Pinkenkogel (cuius declivia meridionalia ad Styriam pertinent), 930—1030 m.,

Leithagebirge: partes septentrionales horum montium, Pirscher Wald et Spital-Berg dictae, cet., pleraeque in Hungariâ sitae.

Plerisque partibus thesauri anno 1891 congesti B. Kotula annotavit, in quâ altitudine collectae sint. Notas has, etiamsi parum exactae sint, non reiiciendas censui, quoniam distributionem aranearum secundum regiones variae altitudinis quodammodo illustrant. Monendum est, ne numeri metrorum, quos brevitati studens infra binos signo — coniunctos apud singulas species proferam, pro veris et certis speciei terminis habeantur; nil aliud hi numeri significant, quam speciem in locis inventam esse, quae inter lineas indicatae altitudinis iacent.

1*

Araneas eas perpaucas, quae secundum auctores in Austriâ occurrunt, quarum exempla Austriaca ipse vero non vidi, in indicem meum
intexam signo * notatas. Apud species alias ab auctoribus ut Austriae
incolae iam prolatas, auctores hos nominabo, et synonyma, quibus usi
sunt, proponam.

Opera, in quibus araneae Austriae inferioris enumerantur, describuntur aut commemorantur, haec sunt, quod sciam:

1. F. Schrank, Enumeratio Insectorum Austriae indigenorum.
Augustae Vindelicorum 1781[1]).

2. Walckenaër et Gervais, Histoire naturelle des Insectes.
Aptères. Paris 1837—1847.

3. Fr. W. Rossi, Neue Arten von Arachniden des k. k. Mu-
seums, beschrieben und mit Bemerkungen über verwandte Formen be-
gleitet von . . . Wien 1846. (Naturwiss. Abhandlungen . . . W. Hai-
dinger, vol. I.).

4. L. Doleschal, Systematisches Verzeichniss der im Kaiserthum Österreich vorkommenden Spinnen. (Sitzungsberichte d. mathem.-
naturw. Classe d. k. Akad. d. Wiss. zu Wien, vol. IX. 1852. p.
622—651).

5. K. Doblika, Beitrag zur Monographie des Spinnengeschlech-
tes Dysdera. (Verhandl. zool.-botan. Gesellsch. Wien, vol. III. 1853,
p. 115—124).

6. E. Simon, Monographie des espèces européennes de la famille
des Attides. (Annales de la Société entomologique de France, 1868—69,
ser. 4. vol. 8, p. 11—72, 529—726, tab. 5—7).

7. L. Koch, Die Arachnidengattungen Amaurobius, Coelotes und
Cybaeus. (Abhandl. naturhist. Gesellsch. Nürnberg. 1868).

8. T. Thorell, Remarks on Synonyms of European Spiders.
Upsala, London, Berlin. 1870—73.

9. A. Ausserer, Neue Radspinnen. (Verhandl. zool.-bot. Gesell.
Wien, 1871, vol. 21, p. 815—832).

10. E. Simon, Révision des Attides européennes. Supplement
à la Monographie des Attides (Attidae Sund.). (Ann. Soc. entom. France,
1871—72, ser. 4. vol. 10, p. 125—230, 329—360).

11. L. Koch, Ueber die Spinnengattung Titanoeca Thor. (Abhandl.
naturhist. Gesellsch. Nürnberg, 1872, vol. 5, p. 153—170).

---

[1]) Inter 22 araneas, quae in opere hoc enumerantur, tres modo in Austriâ inferiore occurrere expresse dicuntur; probabile tamen videtur, eas omnes ab auctore in
Austriâ inferiore observatas esse.

12. P. Pavesi, Catalogo sistematico dei Ragni del Cantone Ticino con la loro distribuzione orizzontale e verticale e cenni sull' araneologia elvetica. Genova 1873. (Annali del Museo Civico di Storia Naturale, vol. IV.).

13. E. Simon, Les Arachnides de France, vol. 1–5. Paris 1874—1884.

14. T. Thorell, Descriptions of several European and North-African Spiders. (K. Svenska Vetensk. Akademiens Handlingar, vol. 13 Nr. 5.) 1875.

15. O. Herman, Magyarország pok-faunaja. Ungarns Spinnenfauna. Vol. 1. Budapest 1876.

16. L. Koch, Verzeichniss der in Tirol bis jetzt beobachteten Arachniden, nebst Beschreibungen einiger neuen oder weniger bekannten Arten. (Zeitschr. des Ferdinandeums für Tirol und Vorarlberg; ser. 3, vol. 20, 1876).

17. H. Lebert, Bau und Leben der Spinnen. Nebst Uebersicht und specieller Beschreibung der Schweizer Spinnen. Berlin 1878.

18. Ph. Bertkau, Verzeichniss der bisher bei Bonn beobachteten Spinnen. (Verhandlungen d. naturhist. Vereins d. preuss. Rheinlande und Westfalens, vol. 37. 1880, p. 215—343).

19. L. Becker, Les Arachnides de Belgique, vol. I, II, III. Bruxelles 1882—1896.

20. A. Förster und Ph. Bertkau, Beiträge 'zur Kenntniss der Spinnenfauna der Rheinprovinz. (Verhandl. naturh. Ver. preuss. Rheinl. u. Westf., vol. 40. 1884, p. 205—278).

21. W. Kulczyński, Przyczynek do tyrolskiej fauny pajęczaków. Symbola ad faunam Arachnoidarum Tirolensem. (Rozprawy i Sprawozdania Wydziału matem.-przyrodn. Akademii Umiejętności w Krakowie, vol. XVI, p. 245—356. 1887).

22. C. Chyzer et L. Kulczyński, Araneae Hungariae secundum collectiones a Leone Becker pro parte perscrutatas conscriptae a ... Budapestini 1891—1897. Vol. 1, 2.

23. A. Nosek, Seznam českých a moravských pavouků. (Věstn. kr. česke společn. nauk. Tř. math.- přirod. 1894).

24. O. P. Cambridge, On new and rare British Spiders. (Proceed. Dorset Nat. Hist. a. Antiqu. Field Club, vol. 16. 1895, p. 92—128).

Quod de araneis Austriacis in operibus: 12, 13, 15, 17, 18, 20, 23 dicitur, repetitum est aut repetitum videtur ex aliis auctoribus aut aliis libris, quam ob rem opera haec fere non citabo.

Familias et genera eo ordine proferam, in quem ea Cel. E. Simon in opere, quod inscribitur: Histoire naturelle des Araignées, edit. 2, digessit, etiamsi cum Cel. T. Thorellio et R. I. Pocockio persuasum habeo, *Cribellatas* partem naturalem ordinis Aranearum non formare.

Indici Aranearum adnotationes quasdam adiungam, in quibus species, quae novae videntur, describam et species eas breviter attingam, quarum in tabulis synopticis pro opere „Araneae Hungariae" conscriptis mentionem non feci. An omnes species, quas novis nominibus ornabo, re verâ nondum descriptae sint, alii viderint. Non desunt ad hoc tempus aranearum descriptiones, non paucae quidem, e quibus species descriptae agnosci non possint. Nil mirum, si species tales ab aliis ut novae describuntur et eis nova nomina imponuntur. Synonymum novum quodque malum est quidem, non magnum tamen, si descriptione prioribus meliori pensatur!

Atypidae.

Atypus Latr.

A. Beckii Cambr. *(A. piceus* Thor., Bertk.). Gaisberge, in silvâ mediocriter densâ inter gramina altiora in altitudine 200—300 m. sat frequens; die 29. VIII. feminae in nidis cum folliculis ovorum. Neukogel, 3. VII. mas. — Austriam ut patriam huius speciei Ph. Bertkau anno 1880 protulit quidem (18, p. 221), a. 1884 tamen tacitam reliquit (20, p. 258). — Chyz. & Kulcz. (22, v. 2, p. 279).

Uloboridae.

Uloborus Latr.

* *U. Walckenaërii* Latr. Occurrit teste Doleschalio prope Vindobonam, sed raro (4, p. 635).

Hyptiotes Walck.

* *H. paradoxus* C. L. Koch. Marem subadultum *H. paradoxi* a Schreberio prope Vindobonam inventum et depictum Walckenaër ut speciem propriam descripsit nomenque ei dedit: *Hyptiotes (Uptiotes) anceps Schreberi* (2, p. 278).

Dictynidae.

Amaurobius C. L. Koch.

A. claustrarius (Hahn). Oberer Adlitzgraben et Semmering-Pass, inter 710 et 1030 m.; 31. V. feminae ad. — Occurrit teste Doleschalio prope Vindobonam (4, p. 626).

A. ferox (Walck.). Frequens: Bisamberg, Kahlenberg, Leopoldsberg, Nussberg, Gersthof, Wiener et Laaer Berg, Inzersdorf, Gaisberge, Anninger, Lindkogel; inter 170 et 400 m.

A. fenestralis (Stroem.). Leopoldsberg, Galizinberg, Gaisberge, Rax-alpe, Oberer Adlitzgraben. — Doleschal (4, p. 626) Austriam ut patriam „*Clubionae atrocis* Walck." profert et testem C. L. Kochium nominat, quod nescio an mendum sit. Teste L. Beckerio (19, v. 3, p. 231) in-colit *A. fenestralis* vicina Vindobonae.

A. Erberii (Keys.). Bisamberg, Leopoldsberg, Anninger; inter 200 et 400 m. Mares mense IV et V, feminae: IV—VIII.

Titanoeca Thor.

T. quadriguttata (Hahn). Frequens: Bisamberg, Leopoldsberg, Nussberg, Gaisberge, Anninger, Lindkogel, Neukogel; inter 170 et 500 m. saltem. Mares: 15. V—26. VI, feminae: 15. V—11. VIII. — Dole-schalii „*Theridion 4-guttatum* Walck." (4, p. 636) fortasse huic speciei subiungendum est. L. Koch (11, p. 35), Becker (19, v. 3, p. 227).

T. Schineri L. Koch. Frequens: Marchfeld, Bisamberg, Kahlen-berg, Galizinberg, Wiener et Laaerberg, Donauauen, Gaisberge, Annin-ger, — Leithagebirge; inter 170 et 400 m. Mares et feminae: 4. VI—29. VI. — Speciem hanc Dr. L. Koch secundum exempla descripsit, quae in vicinis Vindobonae collecta videntur (11, p. 39).

(In „Les Arachnides de France" vol. I, pag. 210 E. Simon ut patriam *Titanoecae flavicomae* L. Koch non recte Austriam protulit; *T. flavicomam* Dr. L. Koch secundum exempla Italica descripsit).

Lathys E. Sim.

L. humilis (Blackw.) Leopoldsberg, 6, VI. femina unica.

L. stigmatisata (Menge)[1]). Gaisberge, in regione vinetorum (250—400 m.) 1. V. mas unicus.

Dictyna Sund.

D. viridissima (Walck.). Vindobona (area castrorum Leopoldi), Wiener et Laaer Berg, Inzersdorf, Donauauen, Franz Joseph Land, Brigittenwald, Jennyberg; inter 160 et 250 m.; 8. IX. mas, 25. VIII. feminae.

D. flavescens (Walck.). Frequens: Kahlenberg, Leopoldsberg, Nuss-berg, Gersthof, Galizinberg, Wiener et Laaer Berg, Donauauen, Franz Joseph Land, Brigittenwald, Anninger, — Leithagebirge; inter 157 et 423 m.; mares 12. V—6. VI, feminae 12. V—11. VIII.

D. mitis Thor. Non frequens: Wiener et Laaer Berg, Donauauen, Gaisberge; inter 170 et 400 m.; mares: 1—18. V, feminae: 18. V—1. VIII. — Feminam huius speciei, adhuc ignotam, infra describam.

---

[1]) Cfr. Notas et descriptiones specierum novarum minusve cognitarum infra.

D. arundinacea (L.). Parum frequens videtur. Bisamberg, Lindkogel, Leithagebirge; inter 157 et 360 m. Mas: 7. V, feminae: 23. et 29. VI. — Doleschalii „*Dictyna benigna* Koch" (4. p. 636), quae prope Vindobonam in agris Solani tuberosi occurrere dicitur, certo ad maximam partem saltem non ad hanc speciem sed ad *D. uncinatam* pertinet. — Becker (19, v. 3, .p. 220).

D. pusilla Thor. Neukogel, 3. VII. femina; Oberer Adlitzgraben, 5. VII adulti utriusque sexus sat frequentes; Semmering-Pass, 31. V mas. Inter 700 et 1030 m.

D. uncinata Thor. Vulgaris. Vindobona (area castrorum Leopoldi), Marchfeld, Kahlenberg, Leopoldsberg, Nussberg, Wiener et Laaer Berg, Inzersdorf, Donauauen, Laxenburg, Anninger, Neukogel, — Leithagebirge; inter 157 et 490 m; mares: 12. V — 3. VII, feminae: 12. V— 25. VIII.

Protadia E. Sim.

P. subnigra (Cambr.) [1]) Marchfeld, 16. VI. mas unicus.

Argenna Thor.

A. lucida (E. Sim.) *). Wiener Wald (Galizinberg — Leopoldsberg), mense Aprili femina unica.

Eresidae.
Eresus Walck.

E. niger (Petagna). Sat rarus: Bisamberg, Leopoldsberg, Anninger, Lindkogel, — Leithagebirge; inter 157 et 600 m. Mares: 13. VIII, feminae inde ab Aprili usque ad finem Augusti. — Exempla feminina a B. Kotula collecta omnia carent pube pallide coloratâ in cephalothorace et in mandibulis (Cfr. Araneae Hungariae, vol. I, pag. 153). — *Eresus Kollarii*, quem Fr. Rossi secundum exempla duo ad Aquas Pannonias (Baden) capta descripsit (3. p. 7), certo femina est *Eresi nigri*, pube dilute coloratâ ornata. Doleschal (4, p. 629) *Eresum nigrum* ut species duas distinctas profert *(E. cinnabarinus* W. et *E. Kollari* Rossi). Mares aliquot Austriacos T. Thorell ante oculos habuit (8, p. 421.). — Chyz. & Kulcz. (22, v. 1, p. 153).

Dysderidae.
Dysdera Latr.

D. Ninnii Can. Modice frequens: Leopoldsberg, Nussberg, Gaisberge, Anninger, Lindkogel, Neukogel, Oberer Adlitzgraben; inter 170

---

[1]) Cfr. **Notas et descriptiones** specierum novarum minusve cognitarum infra.

et 930 m. (usque ad 710 m. saltem). Mares: 20. VI, feminae inde ab Aprili usque ad finem Augusti. — Synonymum huius speciei parum dubium *Dysdera* est e vicinis Vindobonae, cephalothorace fortiter impresso punctato, quam Doblika *D. punctatam* C. L. Koch esse putavit (5. p. 123).

D. Hungarica Kulcz. Rara: Bisamberg, Kahlenberg, Wiener et Laaer Berg, Donauauen; inter 170 et 350 m.; quatuor modo feminae adultae, sub finem Aprilis et 12. V. captae. Exempla haec parva, cephalothorace 2·8—3·0 mm. longo, praeter colorem paullo pallidiorem nullâ re ab exemplis Hungaricis differre videntur. Marem non vidi, quod sane dolendum, quoniam feminae Dysderarum difficilius inter se distinguuntur.

Harpactes Templ.

H. rubicundus (C. L. Koch). Vulgaris: Bisamberg, Kahlenberg, Leopoldsberg, Nussberg, Galizinberg, Wiener et Laaer Berg, Donauauen, Gaisberge, Anninger, Lindkogel. — Leithagebirge; a 170 usque ad 420 m. saltem. Adulti utriusque sexus a fine Aprilis usque ad finem Septembris. — *Dysdera erythrina* Doleschalii (4, p. 626), quae nusquam rara dicitur, certo pro parte saltem ad hanc speciem pertinet. Doblika (5, p. 117) sub *D. erythrina* suâ sine dubio complures species confudit.

H. Hombergii (Scop.). Leopoldsberg, Nussberg, Gaisberge, Anninger, Baden; inter 170 et 400 m. Mares: 1. V—30. IX, feminae: 15. V—11. VIII. — Doleschal (4, p. 626). Doblika (5, p. 120): *Dysdera Hombergii*.

H. lepidus (C. L. Koch). Rarus. Leopoldsberg, Lindkogel, Neukogel; feminae duae (3. VII. et 30. IX) et pullus; marem adultum unicum invenit B. Kotula „in vicinis Vindobonae" anno 1889.

Segestria Latr.

S. bavarica C. L. Koch. Rara: Wiener et Laaer Berg, Gaisberge, Anninger; inter 160 et 380 m. Feminae: 1. V—29. VIII.

S. senoculata (L.). Sat frequens: Leopoldsberg, Wiener et Laaer Berg, Gaisberge, Lindkogel, Neukogel, Oberer Adlitzgraben; inter 160 et 930 m. Mares: 15. V—30. IX, feminae: IV—30. IX. — Doleschal (4, p. 625).

Quod apud cel. E. Simonium in Aranéides nouveaux ou peu connus du Midi de l'Europe, pag. 345, nota, legimus: *Dysderam (Ariadnam) spinipedem* Luc. usque ad Vindobonam diffusam esse, mendum est probabiliter typographicum („Italie jusqu'à Vienne" pro „I. jusqu'à Venise" ?).

Drassidae.

Drassodes Westr.

D. lapidicola (Walck.). Communis. Marchfeld, Bisamberg, Leopoldsberg, Nussberg, Galizinberg, Wiener et Laaer Berg, Gaisberge, Anninger, Neukogel, Raxalpe, Oberer Adlitzgraben, Semmering·Pass,— Leithagebirge. Mares (prope Vindobonam): 7. V—3. VII, feminae: 7. V—29. VIII. — Doleschal (4, p. 627): *Drassus lapidicola*.

·*D. lapidicola var. macer* (Thor.). Rarior quam forma typica: Bisamberg, Leopoldsberg, Nussberg, Wiener et Laaer Berg, Anninger,— Leithagebirge; inter 160 et 400 m. Mares: 7. V—26. VI, feminae: 20. VI—15. VIII. — Exemplorum Austriacorum Rev. O. Pickard Cambridge mentionem fecit (24, p. 100).

D. pubescens (Thor.). Non frequens: Kahlenberg, Anninger, Lindkogel, Neukogel, Semmering-Pass,— Leithagebirge; inter 170 et 1030 m. Mares: 12. V—3. VII, feminae: 23. VI—13. VIII.

D. troglodytes (C. L. Koch). Modice frequens: Kahlenberg, Leopoldsberg, Nussberg, Galizinberg, Laaer Berg, Wiener Berg, Gaisberge, Anninger, Lindkogel, — Leithagebirge; inter 157 et 709 m. Mares: 12. V—9. VI, feminae: 4. VI—29. VI.

D. minusculus (L. Koch). Rarus: Nussberg, Wiener et Laaer Berg; inter 170 et 256 m. Mares: 1. VI—15. VI, feminae: 4. VI—15. VI.

D. silvestris (Blackw.). Leithagebirge, inter 157 et 265 m., 29. VI. mas unicus.

Echemus E. Sim.

E. Rhenanus Bertk. Rarus: Wiener Wald (Galizinberg-Leopoldsberg), Gaisberge, Anninger; inter 200 et 400 m. Femina adulta unica in monte Anninger 9. VI. capta est. — Chyz. & Kulcz. (22, v. 2, p. 209).

Phaeocedus E. Sim.

Ph. braccatus (L. Koch). Rarissimus: Anninger, inter 200 et 280 m., 26. VI. exemplum unicum non adultum.

Scotophaeus E. Sim.

S. loricatus (L. Koch). Wiener et Laaer Berg, Gaisberge, inter 200 et 400 m., 1. V et 13. V exempla duo non adulta.

S. scutulatus (L. Koch). Bisamberg, Donauauen, Wiener et Laaer Berg, Wiener Wald. Mense Aprili et 1. VII feminae adultae.

S. Blackwallii (Thor.). Wiener et Laaer Berg, 1. VII. mas unicus. Donauauen, mense Aprili femina iuvenis probabiliter huius speciei (nescio eam distinguere a *Sc. quadripunctato* (L.)[1].

Drassi a Doleschalio: *fuscus* Sund. *(tibialis* Hahn) et *rubens* Walk. *(montanus* Hahn, *cinereus* Hahn, *murinus* Hahn) nominati (4. p. 627) species sunt omnino dubiae.

Drassus cephalotes Doleschalii, cuius pars cephalica elevatissima, oculi laterales tuberculis innati, mandibulae basi fortiter convexae describuntur, certo non est „*Drassus*" sed species fortasse quaedam generis *Coelotae*(?).

Poecilochroa Westr.

P. conspicua (L. Koch). Non frequens. Anninger, Lindkogel, — Leithagebirge; usque ad 400 m. saltem; 23. VI mares, 9. VI. femina adulta.

Prosthesima L. Koch.

P. subterranea (C. L. Koch). Leopoldsberg, 11. VIII ♀, Neukogel, inter 490 et 870, 13. VII. feminae. Gahns.

P. apricorum (L. Koch)?, Kulcz.: Symb. ad faun. arachn. Tirol. & Araneae Hungariae. Lindkogel, inter 380 et 709 m., 23. VI. ♀.— Leithagebirge (Hungaria), inter 170 et 250 m., 29 VI. ♀.

P. serotina (L. Koch). Leopoldsberg, Anninger; inter 200 et 365 m.; 20. et 26. VI. feminae.

P. petrensis (C. L. Koch). Gaisberge, Anninger, Lindkogel, — Leithagebirge; inter 157 et 709 m.; feminae: 1. V—29. VIII, mares 23. VI—29. VIII.

P. Latreillei E. Sim. Feminae duae: altera prope Vindobonam, altera in montibus Leithagebirge dictis (in Hungaria) capta.

* *P. erebea* (Thor.) Speciem hanc cel. T. Thorell secundum exemplum Austriacum descripsit (8. p. 198).

P. pilipes n. sp. Bisamberg, 7. V. mares adulti tres.

P. collina n. sp. Galizinberg, sub finem Aprilis, infra 400 m. femina unica.

P. electa (C. L. Koch). Bisamberg, Donauauen, Wiener et Laaerberg, Gaisberge, Anninger, Baden: inter 160 et 300 m.; mense Aprili mas adultus, 7. V et sub finem Iulii feminae; non frequens. — Thorell (8. p. 430).

P. praefica (L. Koch). Laaer Berg, Leopoldsberg, Anninger; inter 160 et 423 m.; 4. VI—29. VI. feminae.

---

[1] Cfr Annotationes.

P. pusilla (C. L. Koch). Nussberg, Wiener et Laaer Berg, — Leithagebirge (Hungaria); inter 157 et 265 m.; 3. V et 13. V et 15. V mares.

P. pumila (C. L. Koch).[1] Bisamberg, Anninger (inter 200 et 280 m.), Baden; 7. V, 20. VI, sub finem Iulii feminae.

P. villica Thor.? *(P. accepta* O. Herm.). Leopoldsberg, Galizinberg; inter 180 et 432 m.; mares sub finem Aprilis et 15. V, feminae: 15. V—11. VIII. — *Pr. villica*, quam cel. T. Thorell secundum exemplum verisimiliter in Austria captum descripsit (14, p. 108), eadem esse videtur atque *Pr. accepta* O. Hermanii.

Pr. declinans Kulcz. Leopoldsberg, 20. VI. mas et femina: Anninger, inter 200 et 280 m., 26. VI. femina.

Quamquam ambae a Doleschalio prolatae (4. p. 627) *Prosthesimae* Austriacae: *Melanophora subterranea* Koch et *M. atra* Koch (= *Latreillei* E. Sim.) re vera in vicinis Vindobonae occurrunt, parum verisimile est, eum species has bene distinxisse et rectis nominibus appellasse. „*Melanophora atra*" prope Vindobonam vulgaris certo non est.

Gnaphosa Latr.

G. bicolor (Hahn). Leopoldsberg, Anninger; inter 180 et 423 m.; 6. VI et 9. VI. feminae adultae.

G. badia (L. Koch). Raxalpe.

G. lucifuga (Walck.). Frequens. Bisamberg, Kahlenberg, Leopoldsberg, Nussberg, Wiener et Laaer Berg, Gaisberge, Anninger, — Leithagebirge; inter 170 et 400 m.; mares: 1. V—26. VI, feminae: 15. V— VIII. — Doleschal (4, p. 627): *Drassus lucifugus*.

G. lugubris (C. L. Koch). Sat frequens: Leopoldsberg, Gaisberge, Anninger; inter 200 et 400 m.; mares: sub finem Iunii, feminae: sub finem Aprilis usque ad finem Iunii.

G. opaca O. Herm. Sat frequens: Bisamberg, Leopoldsberg, Anninger; inter 200 et 400 m.; mares et feminae: 7. V—26. VI.

Pythonissa C. L. Koch.

P. cinerea (Menge). Non frequens: Gaisberge, Anninger, Lindkogel, — Leithagebirge; inter 170 et 400 m. saltem; 9. VI. femina adulta.

Callilepis Westr.

C. nocturna (L.). Modice frequens: Bisamberg, Leopoldsberg, Nussberg, Anninger, Baden, Semmering-Pass; inter 170 et 1030 m. (usque ad 920 m. saltem); mares: 7—15. V, feminae: 15. V—5. VII.

---

[1] Cfr. Adnotationes.

C. Schuszteri (O. Herm.). Modice frequens: Leopoldsberg, Anninger, Baden, Lindkogel; usque ad 400 m. saltem ; mares: 15. V—16. VI, feminae: 15. V—13. VIII.

Zodariidae.
Zodarium Walck.

Z. germanicum (C. L. Koch). Leopoldsberg, Gaisberge, Anninger, Lindkogel, — Leithagebirge, inter 157 et 400 m. saltem; mares 6. VI—26. VI, feminae: 6. VI.—29. VIII. — Simon (13, v. 1, p. 246): Austria.

Pholcidae.
Pholcus Walck.

Ph. opilionoides (Schrank). Frequens, Bisamberg, Kahlenberg, Leopoldsberg, Nussberg, Schönbrunn (in tepidariis horti), Inzersdorf, Gaisberge, Anninger, — Leithagebirge; inter 170 et 400 m.; mares: IV—VII, feminae: 3. V—29. VIII. — Schrank (1. p. 530): *Aranea opilionoides.* Doleschalii „*Pholcus phalangioides* W." (4, p. 633), qui in vicinis Vindobonae vulgaris dicitur, certo non est verus *Ph. phalangioides* (Fuessl.) sed *Ph. opilionoides* (Schrank). — Thorell (8, p. 150).

Theridiidae.
Episinus Latr.

E. truncatus Latr. Rarus: Baden, sub finem Iulii 1886 feminae adultae quatuor. (Kulczyński 21, p. 308 & Auszug p. 6).

E. lugubris E. Sim. Modice frequens: Bisamberg, Kahlenberg, Leopoldsberg, Nussberg, Donauauen, Anninger, Baden, Lindkogel, Neukogel; inter 160 et 500 m. saltem; mares: 26. VI—13. VIII, feminae: 18. V—13. VIII. — Doleschalii *Episinus truncatus* (4, p. 635), prope Baden et in monte Bisamberg captus, probabiliter non verus *truncatus* Latr. est sed *E. lugubris* E. Sim.

Euryopis Menge.

E. dentigera E. Sim. Valde rara: Nussberg, 170—180 m., mense Aprili femina subadulta, 15. V. femina adulta. — Non novi, eheu, marem, quem solum cel. E. Simon subtilius descripsit.

E. Zimmermannii L. Koch. Laaerberg, 200—256 m., 4. VI. femina unica.

Theridium Walck.

Th. suaveolens E. Sim. Rarissimum. Lindkogel, supra 400. m., 23. VI. femina unica.

Th. bimaculatum (L.). Modice frequens. Marchfeld, Gaisberge, Anninger, Lindkogel, Neukogel, Oberer Adlitzgraben; inter 157 et 930 m. (usque ad 710 m. saltem); mas. 9. VI, feminae: 16. VI—29. VIII.

Th. lineatum (Clerck). Vulgare: Marchfeld, Donauauen. . . . Oberer Adlitzgraben, Semmering-Pass; — Leithagebirge; 157—1030 m.; mares: 23. VI—13. VIII, feminae: 28. VI—29. VIII. — Doleschal (4. p. 636) speciem hanc ut duas distinctas protulit: *Th. lineatum* Walck. et *redimitum* Koch.

Th. lepidum (Walck.). Oberer Adlitzgraben, inter 710 et 930 m., 5. VII. mares et feminae. — Occurrit teste cel. L. Beckerio (19, v. 2, p. 85) in vicinis Vindobonae.

Th. sisyphium (Clerck). Insigniter rarius quam *Th. impressum*. Anninger, Lindkogel, Neukogel, Oberer Adlitzgraben, Semmering-Pass; inter 210 et 1030 m.; 23. VI—5. VII mares et feminae.

Th. impressum L. Koch. Frequens. Marchfeld, Kahlenberg, Gersthof, Wiener et Laaer Berg, Donauauen, Laxenburg, Gaisberge, Anninger, Lindkogel, Neukogel, — Leithagebirge; inter 157 et 500 m.; mares 26. et 29. VI, feminae: 26. VI—13. VIII. Huius speciei, neque *Theridii sisyphii* (Clerck), synonymum mihi videtur *Theridion nervosum* Hahnii (Die Arachniden, vol. II, fig. 133) non dubium et *Theridion nervosum* Doleschalii (4, p. 636) synonymum probabile saltem.

Th. nigrovariegatum E. Sim. Reliquis fere omnibus *Theridiis* hoc passim saltem frequentius videtur! Kahlenberg, Leopoldsberg, Nussberg, Wiener et Laaer Berg, Donauauen (1 exemplum), Gaisberge, Anninger, Lindkogel, — Leithagebirge; inter 157 et 700 m. (usque ad 400 m. saltem); mares: 4. VI—29. VI, feminae: 6. VI—29. VIII.

Th. pinastri L. Koch. Wiener et Laaer Berg, Donauauen, Jennyberg, Lindkogel, Neukogel; inter 160 et 709 m. (usque ad 500 m. saltem); mas. 23. VI, feminae: 1. VII—13. VIII.

Th. varians Hahn. Marchfeld, Bisamberg, Leopoldsberg, Nussberg, Wiener et Laaer Berg, Inzersdorf, Donauauen, Laxenburg, Gaisberge, Anninger, Lindkogel, Neukogel, Oberer Adlitzgraben, Semmering-Pass, — Leithagebirge; inter 160 et 1030 m. (usque ad 920 m. saltem); mares 18 V—11. VII, feminae: 21. V—25. VIII.

Th. pictum (Walck.). Marchfeld, Donauauen; 170—180 m.; 16. VI mares et feminae, 25. VIII fem. — Doleschal (4, p. 635).

Th. tinctum (Walck.). Frequens; Marchfeld, Bisamberg, Leopoldsberg, Wiener et Laaer Berg, Inzersdorf, Donauauen, Anninger, Lindkogel, Neukogel, Oberer Adlitzgraben, Semmering-Pass; inter 160 et 1030 m.; mares: 31. V—23. VI, feminae: 4. VI—5. VII.

Th. denticulatum (Walck.). Sat frequens. Kahlenberg, Leopoldsberg, Nussberg, Wiener et Laaer Berg, Inzersdorf, Donauauen, Gaisberge, Anninger, Baden, Neukogel; inter 170 et 720 m. (usque ad 500 m. saltem); mares: 15. V—3. VII, feminae: 12. V—11. VIII.

Th. simile C. L. Koch. Anninger, — Leithagebirge; 157—400 m.; 9. VI—26. VI feminae.

Th. umbraticum L. Koch. Semmering-Pass, 915—1030 m., 31. V mares et feminae.

Th. riparium Blackw. Wiener et Laaer Berg, Neukogel; 200—450 m., sub finem Iunii mares, 3. VII feminae.

Th. formosum (Clerck). Valde frequens. Marchfeld, Leopoldsberg, Nussberg, Gersthof, Wiener et Laaer Berg, Inzersdorf, Donauauen, Laxenburg, Gaisberge, Anninger, Lindkogel, — Leithagebirge; inter 160 et 700 m. (usque ad 400 m. saltem); mares: 6. VI—26. VI, feminae: 6. VI—25. VIII. — Doleschal (4, p. 636): *Theridion sisyphum* W.

Th. simulans Thor. Marchfeld, Donauauen; 160—180 m.; 16. VI mas et femina, 11. VII femina.

Th. tepidariorum C. L. Koch. Schönbrunn, in aedificiis horti botanici, initio Iunii mares et feminae.

Th. vittatum C. L. Koch. Rarum. Vindobona (area castrorum Leopoldi). Nussberg, Donauauen, Laxenburg; 170—180 m.; 15. V et 21. V mares, 21. V et 6. VI feminae.

Theridion Kollari, nimis breviter a Doleschalio descriptum, species dubia est (4, p. 636).

Dipoena Thor.

D. melanogaster (C. L. Koch). Sat frequens. Bisamberg, Leopoldsberg, Anninger, Lindkogel, Neukogel, — Leithagebirge; inter 157 et 709 m. (usque ad 500 saltem); mares 23. et 26. VI, feminae: 6. VI—3. VII.

D. braccata (C. L. Koch). Sat frequens. Leopoldsberg, Nussberg, Wiener et Laaer Berg, Anninger, — Leithagebirge; inter 157 et 400 m.; mares et feminae 15. V—26. VI.

D. erythropus (E. Sim.)?, Kulcz. in Aran. Hung. Leopoldsberg, Nussberg, Wiener et Laaer Berg, Anninger; inter 170 et 423 m.; mares et feminae sub finem Iunii. — Chyz. & Kulcz. (22, v. 2, p. 23).

*D. torva (Thor.). Speciem hanc cel. T. Thorell secundum exemplum p r o b a b i l i t e r in Austria captum descripsit (14, p. 58: *Steatoda torva*).

D. nigrina (E. Sim.). Rarissima : Jennyberg, inter 200 et 280 m., 13. VIII mas unicus.

Crustulina Menge.

* *C. rugosa* (Thor.). Exemplum typicum huius speciei in Austria inventum v i d e t u r (14, p. 57. *Steatoda rugosa).*

Steatoda Sund.

S. bipunctata (L.). Vulgaris, Leopoldsberg, Nussberg, Wiener et Laaer Berg (in suburbiis), Inzersdorf, Prater, Gaisberge, Anninger, Lindkogel, Oberer Adlitzgraben; inter 160 et 930 m.; mares 'et feminae sub finem Aprilis · usque ad 9. IX. — Schrank (1, p. 527): *Aranea bipunctata.* ? „*Theridion quadripunctatum* Koch" Doleschal (4, p. 636). Becker (19, v. 2, p. 111).

Teutana E. Sim.

T. castanea (Clerck). Vulgaris videtur. Kahlenberg, Nussberg, Wiener et Laaer Berg, Inzersdorf, Laxenburg, Anninger, — Leithagebirge ; inter 160 et 400 m.; feminae : 12. V—9. IX.

T. grossa (C. L. Koch). Schönbrunn, in aedificiis horti botanici, initio Iunii mares et feminae. — ?? Schrank (1, p. 528): *Aranea nocturna.*

* *T. triangulosa* (Walck.).· Occurrit teste Doleschalio in vicinis Vindobonae (4, p. 636 : *Theridion triangulifer* „Koch").

Lithyphantes Thor.

L. corollatus (L.). Marem unicum a. 1889 in vicinis Vindobonae invenit B. Kotula. — Hanc speciem Doleschal *Th. albomaculatum* Walck.(!) appellavisse videtur (4, p. 636).

Asagena Sund.

A. phalerata (Panz.). Non rara. Marchfeld, Kahlenberg, Leopoldsberg, Galizinberg, Wiener et Laaer Berg, Donauauen, Laxenburg, Gaisberge, Anninger, Neukogel; inter 170 et 700 m. (usque ad 500 m. saltem); mares: 12. V—6. VI, feminae sub finem IV et usque ad 3. VII.

Enoplognatha Pav.

E. corollata (Bertk.). Gaisberge, 250—400 m.; 10. V femina adulta.

E. thoracica (Hahn). Modice frequens. Leopoldsberg, Galizinberg, Wiener et Laaer Berg, Gaisberge, Anninger, — Leithagebirge; inter 170 et 700 m. (usque ad 500 m. saltem); feminae: 4. VI—3. VII.

Pedanostethus E. Sim.

P. lividus (Blackw.). Donauauen, Laxenburg, 21. V. mas et feminae; Raxalpe, mense Iulio, mas.

P. Clarkii (Cambr.). Inzersdorf, ca. 190., 28. VI. mas.

Argiopidae.

Linyphiinae.

Cnephalocotes E. Sim.

C. laesus (L. Koch)[1]). Franz Joseph-Land, Wiener et Laaer Berg, 200—256 m., sub finem Iunii mas adultus (praeterea „in vicinis Vindobonae" locis non indicatis collecta sunt exempla mascula et feminina sat multa).

Troxochrus E. Sim.

T. scabriculus (Westr.). Donauauen, Inzersdorf, Wiener et Laaer Berg; 160—256 m.; mense Aprili et 8. IX mares et feminae.

Diplocephalus Bertk.

D. cristatus (Blackw.). Leopoldsberg, inter 200 et 400 m., 15. V. femina unica.

D. connectens Kulcz. Oberer Adlitzgraben, inter 710 et 930 m., mas et feminae duae, 5. VII.

D. humilis (Blackw.). Leithagebirge, inter 157 et 265 m., 29. VI. femina unica.

D. Helleri (L. Koch). Semmering-Pass, 915—1030 m., 31. V. femina unica.

D. latifrons (Cambr.). Semmering-Pass, 915—1030 m., 31. V. femina una; Raxalpe, ♀.

D. picinus (Blackw.). Laxenburg, ca. 180 m., 21. V. mares et feminae sat multae.

Tapinocyba E. Sim.

T. antepenultima (Cambr.). In vicinis Vindobonae, mas unicus.

---

[1]) Cfr. **Adnotationes.**

2

Caracladus E. Sim.

C. globipes (L. Koch). Wiener et Laaer Berg, 160—200 m., 15. VIII. femina una; mense Aprili in vicinis Vindobonae mas et femina.

Moebelia Dahl.

M. penicillata (Westr.). Wiener Wald inter Galizinberg et Leopoldsberg, mense Aprili mas unus.

Styloctetor E. Sim.

S. romanus (Cambr.). Gaisberge, inter 250 et 400 m., 1. V. mares duo ab exemplo in Hungariâ capto (conf. Aran. Hungar. vol. II, p. 96) nullâ re distincti.

S.? austriacus n. sp. In vicinis Vindobonae, mas et feminae paucae.

Entelecara E. Sim.

E. acuminata (Wider). Frequens: Marchfeld, Leopoldsberg, Wiener et Laaer Berg, Donauauen, Laxenburg, Anninger, Neukogel, Lindkogel, — Leithagebirge; 160—490 m.; mares: 6. VI—16. VI, feminae: 21. V—11. VII.

E. congenera (Cambr.). Semmering-Pass, 915—1030 m., 31. V. mares duo; ? Oberer Adlitzgraben, 710—930 m., 5. VII feminae duae.

? E. erythropus (Westr.). Anninger, Neukogel; inter 200 et 700 m., 26. VI et 3. VII feminae solae, quas a feminis *E. congenerae* certo distinguere nescio!.

Dicymbium Menge.

D. nigrum (Blackw.). Wiener Wald inter Galizinberg et Leopoldsberg, Inzersdorf 8. IX mas. et fem., Donauauen, Oberer Adlitzgraben 5. VII. mas; inter 160 et 930 m. — Femina ad Laxenburg 21. V capta fortasse ad *D. tibiale* (Blackw.) pertinet.

Lophomma Menge.

L. laudatum (Cambr.). Inzersdorf, ca. 190 m., 28. VI. mas unicus.

Walckenaëra Blackw.

W. furcillata (Menge). Wiener Wald inter Galizinberg et Leopoldsberg, mense Aprili femina; Lindkogel, inter 250 et 360 m., 26. VI. mas.

W. capito (Westr.). Galizinberg, Laaer Berg, Gaisberge; inter 200 et 400 m.; feminae ab Aprili usque ad 4. VI.

W. antica (Wider). Wiener Wald inter Galizinberg et Leopoldsberg, Wiener & Laaer Berg; mense Aprili feminae adultae.

W. melanocephala (Cambr.). Wiener et Laaer Berg, Gaisberge; inter 180 et 300 m.; feminae adultae 10. V et initio Iulii.

W. unicornis (Cambr.). Marchfeld, Donauauen; 160—180 m.; feminae sub finem Aprilis et 16. VI.

W. vigilax (Blackw.). Laaer Berg, 200—250 m., 4. VI. femina.

Gonatium Menge.

G. isabellinum (C. L. Koch). Semmering-Pass, 915—1030 m., 31. V. femina.

G. corallipes (Cambr.). Gaisberge, Semmering-Pass, — Leithagebirge; 157—1030 m.; 29. VIII mares; feminae: 31. V—29. VIII.

Hypomma Dahl.

H. bituberculatum (Wider). Marchfeld, Donauauen; 160—180 m.; 18. V et 16. VI. mares, 16. VI. feminae.

Dicyphus Menge.

D. cornutus (Blackw.). Marchfeld, Donauauen, Wiener et Laaer Berg, Kahlenberg, Laxenburg; 180—350 m.; mares: 18. V—8. VI, feminae: 18. V—25. VIII.

Dismodicus E. Sim.

? *D. bifrons* (Blackw.). Marchfeld, Inzersdorf, Neukogel; feminae solae!; 180—490 m; 16. VI—8. IX.

? *D. elevatus* (C. L. Koch). Marchfeld, ca. 180 m.; 16. VI. feminae duae.

Trichoncus E. Sim.

T. scrofa E. Sim. [1]) Gaisberge, Anninger, Lindkogel, Neukogel; inter 210 et 700 m. (usque ad 500 m. saltem); mares: 1. V, feminae: 1. V—29. VIII.

T. saxicola (Cambr.). Gaisberge, 250—400 m., 10. V. femina una.

Gongylidium Menge.

G. rufipes (L.). Frequens. Kahlenberg, Leopoldsberg, Donauauen, Laxenburg, Anninger; inter 160 et 400 m.; mares: 12. V—11. VII, feminae 12. V—25. VIII; mense Aprili capta est femina adulta unica, evidenter aetate confecta.

---

[1]) Cfr. Adnotationes.

Kulczyńskiellum F. Cambr.

K. apicatum (Blackw.). Wiener et Laaer Berg, Inzersdorf; inter 190 et 256 m.; 15. VI. mas, 28. VI. femina.

K. retusum (Westr.). Donauauen, ca. 160 m., 11. VII. femina.

K. agreste (Blackw.). Kahlenberg, Leopoldsberg; 200—400 m.; 12. et 15. V. mares et feminae.

Trematocephalus Dahl.

T. cristatus (Wider). Lindkogel, 250—360 m., 23. VI. femina.

Erigone Sav.

E. dentipalpis (Wider). Vindobona (Castra Leopoldi), Wiener Wald (Galizinberg — Leopoldsberg), Wiener et Laaer Berg, Donauauen, Oberer Adlitzgraben, Semmering-Pass; 160—1030 m.; mares et feminae sub finem Aprilis et usque ad 25. VIII. — Becker (19, v. 3, p. 95).

E. atra (Blackw.). Vindobona (area Castrorum Leopoldi), Donauauen, Inzersdorf, — Leithagebirge; inter 160 et 265 m.; mas mense Aprili, feminae: 29. VI—8. IX.

Micryphantes rubripes C. L. Koch (sive *Erigone graminicola* (Sund.)), quem Doleschal e vicinis Vindobonae profert (4, p. 636), dubia mihi videtur species; ipse saltem exemplum Austriacum *Erigonae graminicolae* non vidi.

Minicia Thor.

M. marginella (Wider). Gaisberge, Lindkogel, — Leithagebirge; inter 157 et 709 m.; feminae: 23. VI—29. VIII.

Maso E. Sim.

M. Sundevallii (Westr.). Leithagebirge, 157—256 m., 29. VI mas et femina.

Nematogmus E. Sim.

N. sanguinolentus (Walck.). Bisamberg, 7. V. femina.

Donacochara E. Sim.

D. speciosa (Thor.). Prater: in culmis *Phragmitis communis* a larvis *Hadenae* cuiusdam abrosis, 25. VIII. mares et feminae sat multae; Inzersdorf, 11. IX. feminae; 170—180 m.

Hylyphantes E. Sim.

H. nigritus (E. Sim.). Lindkogel, — Leithagebirge (pro parte saltem in Hungaria); 157—360 m.; mares 29. VI, feminae: 23 et 29. VI.

Centromerus Dahl.

C. bicolor (Blackw.). Inzersdorf, ca. 180 m., 8. IX. femina.

C. silvaticus (Blackw.). Kahlenberg, Donauauen; 160—350 m.; mense Aprili et 12. V. feminae.

C. silvicola (Kulcz.). Gaisberge, inter 250 et 400 m., 1. V. femina unica.

C. incilium (L. Koch). Semmering-Pass, 915—1030 m., 31. V. feminae duae.

C. vindobonensis n. sp. Wiener Wald (Galizinberg — Leopoldsberg), Laxenburg, mense IV. et 12. V. feminae adultae.

Syedra E. Sim.

S. gracilis (Menge). In vicinis Vindobonae mense Aprili captum est par unum.

Porrhomma E. Sim.

P. pygmaeum (Blackw.). Lindkogel, inter 380 et 709 m., 23. VI. femina.

Microneta Menge.

M. viaria (Blackw.). Galizinberg, Inzersdorf, Donauauen, Gaisberge, Raxalpe; usque ad 600 m. saltem; mense Aprili mares et feminae, 28. VI feminae.

Micryphantes C. L. Koch.

M. equester (L. Koch?)[1] Anninger, 300—365 m., 26. VI. mas unicus.

M. fuscipalpis C. L. Koch?, Kulcz. Frequens: Nussberg, Wiener et Laaer Berg, Donauauen, Gaisberge; inter 160 et 400 m.; mares mense Aprili et usque ad 1. VII, feminae usque ad 25. VIII.

M. rurestris C. L. Koch. Vulgaris. Vindobona (Castra Leopoldi), Marchfeld, Donauauen . . . Semmering-Pass, Raxalpe; inde ab Aprili usque ad finem Septembris adulti mares et feminae.

Sintula E. Sim.

S. aërius (Cambr.).[1] Laaer Berg, 200—256 m., 4. VI. femina una.

S. simplex n. sp. Kahlenberg, Leopoldsberg, Galizinberg, Wiener et Laaer Berg; 180—400 m.; adulti mense Aprili, mares usque ad 12. V, feminae usque ad 11. VIII. Non frequens.

S. affinis n. sp.? Leopoldsberg, Laxenburg; inter 180 et 400 m.; feminae 15. V. et 21. V.

---

[1] Cfr. Adnotationes.

S. montanus n. sp.? Oberer Adlitzgraben, 710—930 m., 5. VII. feminae duae.

Bathyphantes Menge.

B. concolor (Wider). Vulgaris. Kahlenberg, Wiener et Laaer Berg, Inzersdorf, Donauauen, Laxenburg, Semmering-Pass; inter 160 et 1030 m. (usque ad 930 m. saltem); adulti ab Aprili usque ad finem Augusti.

B. dorsalis (Wider). Marchfeld, ca. 180 m., 16. VI. femina.

B. nigrinus (Westr.). Donauauen, Laxenburg (hic sat frequens); ca. 160—180 m.; mares 21. V.—11. VII, feminae 21. V—25. VIII.

B. gracilis (Blackw.). Laaer Berg, 200—256 m., 4. VI. femina.

B. mastodon E. Sim. *(B. cyaneonitens* Kulcz.)[1]). Bisamberg, Anninger; inter 210 et 400 m.; 7. V et 9. VI. mares adulti, 25. IV. femina subadulta.

Lephthyphantes Menge.

L. collinus (L. Koch). Leopoldsberg, Gaisberge; inter 200 et 423 m.; Gahns; 11. VIII—30. IX. mares et feminae.

L. nebulosus (Sund.). Wiener et Laaer Berg, 160—210 m., 1. VII. femina, 15. VIII. mas et feminae.

L. leprosus (Ohl.). Leopoldsberg, Inzersdorf, Gaisberge, Anninger; 180—423 m.; mares: 6. VI—30. IX, feminae: 15. V—30. IX.

L. alacris (Blackw.). Semmering-Pass, 915—1030 m., 31. V femina adulta, mas subadultus.

L. geniculatus n. sp. Mas unicus in vicinis Vindobonae captus est.

L. angulipalpis (Westr.). Gaisberge, 250—400 m., 1. V. femina una.

L. pallidus (Cambr.). Gaisberge, 250—400 m., 1. V. femina una.

L. mansuetus (Thor.) *(L. bidens* E. Sim.). Galizinberg, Leopoldsberg, Gaisberge, Anninger; inter 200 et 400 m.; mas 30. IX, feminae IV—30. IX.

L. arciger (Kulcz.). Semmering-Pass, 915—1030 m., 5. VII. femina.

L. cristatus (Menge). Wiener Wald (Galizinberg — Leopoldsberg), sub finem Aprilis femina; Semmering-Pass, 915—1030 m., 31. V. et 5. VII. feminae.

L. tenebricola (Wider). Oberer Adlitzgraben, Semmering-Pass, 710—1030 m., 31. V. et 5. VII. mares et feminae.

L. tenuis (Blackw.) *(L. tenebricola* E. Sim.). Donauauen, Wiener et Laaer Berg, Inzersdorf; 160—256 m.; mares 28. VI, feminae: IV—8. IX.

---

[1]) Cfr. Adnotationes.

L. Mengei Kulcz. Kahlenberg, Leopoldsberg, Inzersdorf, Laxenburg, Gaisberge, Neukogel, Oberer Adlitzgraben; inter 180 et 930 m.; feminae: IV.—29. VIII, mares: 3. VII—29. VIII.

L. flavipes (Blackw.). Leopoldsberg, Donauauen, Anninger, — Leithagebirge; 157—400 m.; mares et feminae: IV—30. IX.

L. nanus n. sp. Anninger, inter 200 et 280 m., 26. VI. femina unica.

L. obscurus (Blackw.). Oberer Adlitzgraben, Semmering-Pass, 710—1030 m., 5. VII. feminae adult.

L. quadrimaculatus n. sp. Wiener Wald (Galizinberg — Leopoldsberg), mense Aprili mas unicus.

L. montanus n. sp. Semmering-Pass, 915—1030 m., 31. V. mas.

L. Keyserlingii (Auss.). Bisamberg, Leopoldsberg, Anninger, — Leithagebirge; inter 157 et 423 m.; feminae: IV.— 11. VIII, mares: 7. V.

Drapetisca Menge.

D. socialis (Sund.). Gersthof, Raxalpe.

Linyphia Latr.

L. phrygiana C. L. Koch. Oberer Adlitzgraben, Semmering-Pass; 710—1030 m.; 31. V. et 5. VII. feminae.

L. montana (Clerck). Wiener et Laaer Berg, Inzersdorf, Laxenburg; 180—256 m.; mense Maio feminae.

L. triangularis (Clerck). Vulgaris: Marchfeld, Donauauen, ... Semmering-Pass, — Leithagebirge; adulti mares et feminae: 11. VIII— 9. IX. — Doleschal (4, p. 635): *L. montana* Walck.

L. emphana Walck. Lindkogel, inter 380 et 709 m., 23. VI. exempla non adulta.

L. marginata C. L. Koch. Anninger, Lindkogel, Oberer Adlitzgraben, Semmering-Pass; inter 210 et 1030 m. (usque ad 920 m. saltem); mares: 9. VI—5. VII, feminae: 31. V—5. VII. — Doleschal (4, p. 635): *L. triangularis* Walck.

L. peltata Wider. Oberer Adlitzgraben, Semmering-Pass; 710— 1030 m.; 31. V. mares et feminae, 5. VII. feminae.

L. frutetorum C. L. Koch. Leopoldsberg, Anninger, Lindkogel, Neukogel; 200—490 m.; mares 23. VI, feminae 9. VI—3. VII. — Doleschal (4, p. 635).

L. hortensis Sund. Kahlenberg, Leopoldsberg (abunde, 200—400 m.), Galizinberg, Gaisberge, Anninger, Lindkogel; inter 180 et 709 m.; mares 12. V, feminae: 15. V.—23. VI.

L. pusilla Sund. Donauauen, Wiener et Laaer Berg, Gaisberge, Neukogel, Semmering-Pass; 160—1030 m.; 31. V—3. VII. feminae.— Lebert (17, p. 152): Austria (num inferior?).

L. clathrata Sund. Marchfeld, Donauauen, Kahlenberg, Wiener et Laaer Berg, Inzersdorf, Laxenburg, Gaisberge; 160—350 m.; 18. V— 16. VI. feminae, 21. V. mares. — Lebert (17, p. 149): Austria (num inferior ?).

L. furtiva Cambr. Rara: Neukogel, 440—500 (700?) m., 3. VII. mares et feminae.

Stemonyphantes Menge.

S. bucculentus (Clerck). *(Linyphia lineata* E. Sim.). Frequens: Brigitten-Wald, Donauauen, Galizinberg, Wiener et Laaer Berg, Inzersdorf, Gaisberge, Anninger; inter 160 et 400 m.; mares: IV, feminae: IV.—29. VIII. — ? Doleschal (4, p. 636): *Theridion reticulatum* Walck.(!).

Bolyphantes C. L. Koch.

B. alticeps (Sund.). Neukogel, Oberer Adlitzgraben, Semmering-Pass, 700—1030 m., initio Iulii exempla subadulta.

B. index (Thor.). Semmering-Pass, 915—1030 m., 31. V. feminae adultae.

Floronia E. Sim.

F. frenata (Wider). Mas unicus in vicinis Vindobonae captus.

Tapinopa Westr.

T. longidens Westr. Donauauen, Gaisberge, Jenny-Berg, Oberer Adlitzgraben, — Leithagebirge; 157—930 m.; sub finem Augusti mares et feminae.

Tetragnathinae.
Pachygnatha Sund.

P. Clerckii Sund. Donauauen, ca. 160—170 m., feminae: IV— 18. V. et 25. VIII. — Doleschal (4, p. 636): *P. maxillosa* Koch.

P. Listeri Sund. Donauauen, 18. V. feminae, 25. VIII. mares et feminae.

P. De Geerii Sund. Vulgaris: Marchfeld, Donauauen . . . . Oberer Adlitzgraben, — Leithagebirge; 160 usque ad 710 m. saltem; mares et feminae: IV—30. IX. (11. VII. exempla nuper adulta). — Doleschal (4, p. 636): *Pachygnatha vernalis* Koch(!); Becker (19, v. 2, p. 65).

Tetragnatha Latr.

T. extensa (L.). Donauauen, Neukogel, 170—490 m., mares: 3. VII, feminae: 3. VII—25. VIII. — ? Schrank (1. p. 528): *Aranea ex-*

tensa. ? Doleschal (4, p. 635): *T. extensa* Walck.; Becker (19, v. 2, p. 62).

T. pinicola L. Koch. Modice frequens. Marchfeld, Nussberg, Wiener et Laaer Berg, Inzersdorf, Donauauen, Anninger, Lindkogel, Neukogel; inter 180 et 700 m. (usque ad 500 m. saltem); mares: 15. VI—11. VII, feminae: 15. VI—11. IX.

T. nigrita Lendl. Rarissima: Franz Joseph-Land, mas; Wiener & Laaer Berg, exempl. non adultum.

T. Solandrii (Scop.). Bisamberg, Donauauen, Laxenburg, Neukogel; usque ad 500 m. saltem; 21. V. et 3. VII. feminae.

T. obtusa C. L. Koch. Gaisberge, Neukogel, 250—500 m., 3. VII. feminae adultae.

T. obtusa f. intermedia Kulcz. Prater, 18. V. femina. — ? Thorell (8. p. 464): *T. obtusa* C. Koch.

Meta C. L. Koch.

M. segmentata (Clerck). Vulgaris: Marchfeld, Donauauen . . . Semmering-Pass, Raxalpe; exempla adulta nostra pleraque ad formam: *M. Mengei* Blackw. pertinent. — ? Schrank (1. p. 527): *Aranea angulata.* Doleschal (4, p. 634): *Epeira inclinata* Walck.

M. Merianae (Scop.). Bisamberg, Leopoldsberg, Schönbrunn (in aedificiis horti), Baden; 1. VI. mares et feminae, sub finem Iulii feminae. — Becker (19, v. 2, p. 58).

M. Menardi (Latr.). Lindkogel, inter 380 et 700 m. pullus unicus. — Doleschal (4, p. 635): *Epeira fusca* Walck. Becker (19, v. 2, p. 60).

Nesticus Thor.

N. cellulanus (Clerck). Kahlenberg, 12. V. mas et exempla non adulta.

Argiopinae.

Argiopam Bruennichii (Scop.) cel. L. Becker certo ex imperio Austriaco accepisse se dicit (19, v. 2, p. 5).

Cyclosa Menge.

C. conica (Pall.). Frequens: Bisamberg, Donauauen, Kahlenberg, Leopoldsberg, Gersthof, Anninger, Lindkogel, Neukogel, Oberer Adlitzgraben, Semmering-Pass; 160—1030 m.; feminae: 7. V—5. VII, mares: 6. VI. et 23. VI. — Becker (19, v. 2, p. 7).

C. oculata (Walck.). Leopoldsberg, 6. VI. femina unica.

Mangora Cambr.

M. acalypha (Walck.). Marchfeld, Bisamberg, Leopoldsberg, Laaer Berg, Donauauen, Gaisberge, Anninger, Baden, Neukogel, Lindkogel, — Leithagebirge; usque ad 450 m. saltem; feminae: 4. VI — 11. VII, mares: 16. VI — 29. VI. — Doleschal (4, p. 634): *Epeira acalypha* Walck.

Epeira Walck.

E. angulata (Clerck). Marchfeld, Bisamberg, Leopoldsberg, Nussberg, Laaer Berg, Gaisberge, Anninger, — Leithagebirge; 157—400 m.; omnia exempla nostra non adulta. — Doleschal (4, p. 634).

* *E. grossa* C. L. Koch. Occurrit teste Doleschalio prope Vindobonam (4, p. 634).

* *E. Circe* Sav. Huic speciei subiungenda videtur *Epeira affinis* Dol. (4, p. 634) sive *Epeira austriaca* Thor. (8, p. 7), quae teste Doleschalio occurrit in vicinis Vindobonae et frequentius in vallibus Alpium humiliorum.

E. dromedaria (Walck.). Frequens. Bisamberg, Kahlenberg, Leopoldsberg, Nussberg, Wiener et Laaer Berg, Gaisberge, Anninger, Lindkogel; inter 170 et 709 m. (usque ad 400 m. saltem); mares: 25. IV — 6. VI, feminae: 7. V—26. VI.

E. omoeda Thor. Lindkogel, Oberer Adlitzgraben, Semmering-Pass, 700—1030 m., 31. V. et 5. VII. mares adulti.

E. gibbosa (Walck.). Wiener et Laaer Berg, Anninger, 200—280 m., exempla duo non adulta.

E. diademata (Clerck). Vulgaris: Vindobona, Donauauen, ... Raxalpe, Semmering-Pass; mares: 15. VIII—8. IX, feminae: 8. IX — 30. IX. — Schrank (1. p. 526): *Aranea diadema*. Doleschal (4, p. 634): *Epeira diadema* Walck. + *E. cornuta* Walck. (*E. pulchra* Koch)?

E. marmorea (Clerck). Franz Joseph-Land, Donauauen, Gaisberge, Anninger, Semmering-Pass; 160—1030 m.; sub finem Augusti feminae adultae. — Doleschal (4, p. 634).

E. marmorea var. pyramidata (Clerck). Marchfeld, Brigitten-Wald, Franz Joseph-Land, Prater, Anninger, Lindkogel, — Leithagebirge; 160—360 m. Exempla non adulta. — Doleschal (4, p. 635): *E. scalaris* Fabr.

E. alsine (Walck.). Gaisberge, — Leithagebirge; 157—300 m. Exempla non adulta. Anno 1889 marem adultum invenit B. Kotula „in vicinis Vindobonae".

E. quadrata (Clerck). Inzersdorf, 11. IX. feminae multae. Baden.— Cel. Pavesi (12, p. 44) inter terras, quas *E. quadrata* incolit, Austriam commemorat auctore Doleschalio, qui tamen Stiriam solam ut patriam huius speciei profert (4, p. 634).

E. cucurbitina (Clerck). Vulgaris. Marchfeld, Donauauen ... Semmering-Pass, — Leithagebirge; mares et feminae: 18. V—5. VII. — Schrank (1. p. 526): *Aranea cucurbitina*. Doleschal (4, p. 635).

E. alpica L. Koch. Lindkogel, Oberer Adlitzgraben, Semmering-Pass; inter 500 et 1030 m.; exempla non adulta. — Thorell (8, p. 547).

E. Sturmii Hahn. Bisamberg, Prater, Laxenburg, Gaisberge, Anninger, Lindkogel, Neukogel, Oberer Adlitzgraben; 160—930 m.; mares: 7. V—26. VI, feminae: 7. V—13. VIII. — Doleschal (4, p. 634): *E. agalena* Walck. *(E. Sturmii* Hahn).

E. triguttata Fabr. Gaisberge, Anninger, Lindkogel, Gahns; 23. VI. adultae feminae. — ? Doleschal (4, p. 634): *E. bituberculata* Walck. *(E. aurantiaca* Koch). Thorell (14, p. 11). Becker (19, v. 2, p. 27).

E. Redii (Scop.). Gaisberge, Anninger; 200—300 m.; ex. non adulta.

E. ceropegia (Walck.). Raxalpe; femina una. — Doleschal (4, p. 634).

E. umbratica (Clerck). Kahlenberg, Leopoldsberg, Inzersdorf, Prater, Gaisberge, Anninger, Baden, Neukogel, Gahns, — Leithagebirge; inter 160 et 500 m. saltem; mares: 26. VI et 8. IX, feminae: IV, 6. VI—26. VI. — ? Schrank (1. p. 528): *Aranea sexpunctata*. Doleschal (4, p. 635): *E. umbratica* Sav. (ad partem ?).

E. sclopetaria (Clerck). Inzersdorf, Laxenburg, Anninger; 180—400 m.; 21. V. et 8. IX. feminae. — Thorell (8, p. 15).

E. ixobola Thor. Praecedenti insigniter frequentior. Wiener Wald (Galizinberg — Leopoldsberg), Wiener et Laaer Berg, Inzersdorf, Donauauen, Laxenburg, Gaisberge, Anninger; 170—400 m.: 8. IX. feminae adultae. — Speciem hanc cel. T. Thorell secundum exempla Austriaca descripsit (8, p. 545).

E. cornuta (Clerck). Franz Joseph-Land, Prater, Inzersdorf, Laxenburg, Anninger; ca. 170—280 m.; 21. V. feminae adultae.

E. patagiata (Clerck). Brigitten-Wald, Franz Joseph-Land, Prater, Nussberg, Wiener et Laaer Berg, Inzersdorf, Laxenburg, — Leithagebirge; 160—265 m.; mares: 15. V—11. VII, feminae: 15. V—29. VI.— ? Doleschal (4, p. 634): *E. apoclisa* Walck. Doleschal *Epeiras cornutam* et *patagiatam* non distinxisse videtur.

E. adianta (Walck.). Marchfeld, ca. 180 m.; 16. VI. exempla non adulta. — Doleschal (4, p. 633).

E. diodia (Walck.). Anninger, Lindkogel, — Leithagebirge; 160—400 m.; 9. VI—13. VIII. feminae.

E. (Singa) hamata (Clerck). Franz Joseph-Land, Wiener et Laaer Berg, Inzersdorf; ca. 160—256 m.; exempla pleraque non adulta. — Doleschalii *E. tubulosa* Walck., quae ubique non rara dicitur (4, p. 634), certo pro parte saltem non ad hanc speciem sed ad *E. nitidulam* pertinet.

E. (Singa) nitidula (C. L. Koch). Praecedenti multo frequentior. Marchfeld, Franz Joseph-Land, Prater, Nussberg, Laxenburg; ca. 160—180 m.; mares: 15. V—16. VI, feminae: 21. V—25. VIII. — Becker (19, v. 2, p. 45): *Singa nitidula.*

E. (Singa) Herii Hahn. Donauauen, ca. 170 m., pullus unicus 25. VIII.

E. (Singa) pygmaea (Sund.). Wiener et Laaer Berg, 200—256 m., 15. V—15. VI. mares adulti duo. — Becker (19, v. 2, p. 46): *Singa pygmaea.*

Singam rufulam E. Sim., quam eandem esse censeo atque *E. sanguinea* (C. L. Koch), Ph. Bertkau ut Austriae incolam protulit (20, p. 257, 275) auctore, ut opinor, Aussererio (ipse enim nullas araneas Austriacas vidisse videtur); nescio an non recte ita fecerit vir clarissimus. Quod enim apud Aussererium in opusculo „Neue Radspinnen" inscripto, Vindobonae in lucem edito, legimus: *Singam sanguineam* ab eo saepius sub lapidibus inventam esse (quo loco, non dicitur), in observationibus positum videtur non in Austria sed in Tirolia factis (Cfr. Ausserer: Die Arachniden Tirols nach ihrer horizontalen und verticalen Verbreitung, Verh. zool.-bot. Gesellsch. Wien, vol. XVII, pag. 148: *Singa sanguinea* K. Im Höttinger Berg unter Steinen'.

E. (Cercidia) prominens Westr. Galizinberg, Gaisberge; 200—400 m., sub finem Aprilis et 29. VIII. feminae.

E. (Zilla) Thorellii (Auss.). Speciem hanc cel. Ausserer secundum exempla Austriaca („Prater bei Wien") collecta descripsit (9, p. 831).

E. (Zilla) atrica (C. L. Koch). Franz Joseph-Land, exempla duo non adulta. — ? Doleschal (4, p. 635): *E. calophylla* Walck.

E. (Zilla) montana (C. L. Koch). Oberer Adlitzgraben, Semmering-Pass, 710—1030 m., 31. V. temina adulta.

Schrankii *Aranea octopunctata* (1. p. 529) species quaedam *Epeirae* videtur, fortasse *diademata* (??).

Mimetidae.

Ero C. L. Koch.

E. furcata (Vill.). Leopoldsberg, Gaisberge; 200—400 m.; 29. VIII. mas.

E. aphana (Walck.). Bisamberg, Wiener et Laaer Berg, — Leithagebirge; 160—360 m.; sub finem Iunii mares et feminae.

*E. tuberculata (Geer). Occurrit teste Doleschalio in vicinis Vindo-
bonae raro (4, p. 636).

Thomisidae.

Tmarus E. Sim.

T. piger (Walck.). Wiener Wald (Galizinberg — Leopoldsberg),
Gaisberge, Anninger, — Leithagebirge; 160—500 m., 9. VI. et 29. VI.
feminae. — Doleschal (4, p. 632): Thomisus cuneolus Koch.

Coriarachne Thor.

C. depressa (C. L. Koch). Neukogel, inter 490 et 700 m., 3. VII.
exemplum non adultum.

Thomisus Walck.

Th. albus (Gmel.). Bisamberg, Jennyberg, Lindkogel; 200—400
m.; 23. VI. et 13. VIII. mares, 7. V. femina. — Doleschal (4, p. 632):
Th. onustus Walck.

Pistius E. Sim.

P. truncatus (Pall.). Donauauen, Wiener et Laaer Berg, Anninger,
Lindkogel, — Leithagebirge; inter 160 et 709 m. (usque ad 400 m.
saltem); 23. VI. femina. — Doleschal (4, p. 632): Thomisus horridus Koch.

Misumena Latr.

M. vatia (Clerck). Vulgaris. Bisamberg, Leopoldsberg, Laxenburg,
Gaisberge, Anninger, Baden, Lindkogel, — Leithagebirge; inter 160 et
700 m.; feminae: 7. V.—29. VI, mares: 10. V—29. VI. — Schrank
(1. p. 533): Aranea Osbeckii. Doleschal (4, p. 631): Thomisus calycinus
Koch + Th. citreus Walck. + ? Th. viridis Walck. — Becker (19,
v. 1, p. 208).

Heriaeus E. Sim.

H. hirsutus (Walck.). Leopoldsberg, Gaisberge, Anninger; inter
200 et 400 m.; feminae: 15. V.—26. VI, mares: 6. VI. – 13. VIII.
? H. Savignyi E. Sim. Pulli in Marchfeld et Donauauen capti abdominis formâ melius cum H. Savignyi quam cum H. hirsuto conveniunt. — Doleschalii Thomisus graminicola (4, p. 632) certo Heriaeus
quidam est, et nescio an H. Savignyi potius quam H. hirsutus! abdomen saltem rotundatum et similem fere in modum pictum, atque abdomen H. Savignyi a cel. E. Simonio (Arachn. de France, II. pag. 206),
describitur.

Diaea Thor.

D. dorsata (F.) Semmering-Pass, 920—1030 m., 5. VII. exemplum
non adultum. — Nosek (23, p. 40): Austria inferior (nonne mendum?).

Oxyptila E. Sim.

O. horticola (C. L. Koch). Leopoldsberg, Laaer Berg, Baden, Semmering-Pass, — Leithagebirge, 160—1030 m.; 4. VI.—5. VII. feminae. — Doleschal (4, p. 631): *Thomisus horticola* Koch.

O. trux (Blackw.). Franz Joseph-Land, Wiener et Laaer Berg, Oberer Adlitzgraben; 160—930 m.; 30. VI. et 5. VII. mares duo. — Becker (19. v. 1. p. 204): Austria (an inferior?).

O. sanctuaria (Cambr.). Becker (19. v. 1 p. 196): Austria (an inferior?).

O. Kotulai n. sp. Leopoldsberg, Nussberg, Galizinberg, Gaisberge; 170—400 m.; feminae: IV—29. VIII, mares: IV—15. V.

O. scabricula (Westr.). Wiener et Laaerberg, Gaisberge; 160—300 m.; feminae: IV.—29. VIII, mares: 29. VIII.

O. nigrita (Thor.). Leopoldsberg, Anninger, — Leithagebirge; 160—423 m.; 3. V et 6. VI. mares, 26. VI. femina.

O. Blackwallii E. Sim. Wiener Wald (Galizinberg — Leopoldsberg), mense IV. femina. — Becker (19, v. 1, p. 202): Austria (an inferior?).

O. praticola (C. L. Koch) Frequens: Marchfeld, Kahlenberg, Wiener et Laaer, Berg, Inzersdorf, Prater, Laxenburg, Anninger; inter 160 et 365 m.; feminae: 18. V—25. VIII, mares: 12. V—11. VII.— Doleschal (4, p. 632): *Thomisus praticola* Koch.

O. simplex (Cambr.). Wiener et Laaer Berg, Inzersdorf, Laxenburg; 180—256 m.; 21. V. mas et femina, 15. VI et 28. VI. mares.

Thomisus brevipes Doleschalii (4, p. 631) dubia quaedam species est generis *Oxyptilae.*

Xysticus C. L. Koch.

X. bifasciatus C. L. Koch. Neukogel, Semmering-Pass; 500—1030; 31. V et 3. VII mares et feminae. — ? Doleschal (4, p. 631): *Thomisus bifasciatus* Koch.

X. luctator L. Koch. Marem adultum invenit B. Kotula a. 1889 in vicinis Vindobonae.

X. gallicus E. Sim. Lindkogel, Neukogel, Raxalpe; feminae: 23. VI, 3. VII. . . .; mas adultus captus est a. 1889 „in vicinis Vinobonae".

X. Kochii Thor. Frequens: Bisamberg, Kahlenberg, Nussberg, Wiener et Laaer Berg, Prater, Gaisberge, Baden, Neukogel, Oberer Adlitzgraben, Semmering-Pass, Raxalpe (in regione silvarum); mares: 7—10. V, feminae: 4. VI—5. VII.

X. cor Can.[1]) (*X. comptulus* E. Sim.?, Kulcz. in Aran. Hungar. v. II, p 300, 301). Wiener Wald: Galizinberg — Leopoldsberg, mense Aprili mas unicus. — Kulcz. in 22, v. 2, p. 301.

X. cristatus (Clerck). Frequens: Kahlenberg, Wiener Berg, Laaer Berg, Gaisberge, Neukogel, Raxalpe (in silvis); feminae: 10. V—29. VIII, mares 4. VI.—? Schrank (1, p. 533): *Aranea viatica.* —? Doleschal (4, p. 631): *Thomisus cristatus* Walck.

X. pini (Hahn). Bisamberg, Leopoldsberg, Anninger, Lindkogel, Neukogel, Semmering-Pass; 180—1030 m.; 3. V—3. VII mares, 31. V—3. VII. feminae.

X. lateralis (Hahn). Modice frequens. Kahlenberg, Leopoldsberg, Gersthof, Wiener et Laaer Berg, Prater, Gaisberge, Anninger, Lindkogel, Semmering-Pass, — Leithagebirge; 160—1030 m.; 4. VI, 23. VI, 29. VIII. feminae. —? Doleschal (4. p. 631): *Thomisus Lanio* Koch.

X. erraticus (Blackw.). Leopoldsberg, Nussberg, Anninger, Neukogel; 180—490 m.; 6. VI et 26. VI. feminae, 3. VII. mas.

X. Ulmi (Hahn). Marchfeld, Prater; ca. 160—180; 18. V. feminae.

X. Ninnii Thor. Anninger, Lindkogel; 200—500 m.; 23 et 26. VI mares, 26. VI feminae.

X. striatipes L. Koch. Wiener et Laaer Berg, 200—256 m., initio Maii feminae adultae. — Thorell (8. p. 249): *Xysticus perogaster* Thor., Austria.

X. acerbus Thor. Bisamberg, Kahlenberg; 250—360 m., 7. V. femina, 12. V mas.

X. Kempelenii Thor. Donauauen, ca. 160 m., mense Aprili mas et femina. — Speciem hanc cel. T. Thorell secundum exemplum probabiliter in Austria captum descripsit (8. p. 245).

X. viduus n. sp.? Donauauen, ca. 170 m., 25. VIII. femina unica.

X. robustus (Hahn). Kahlenberg, Anninger; 250—400 m.; 12. V. feminae. — ?? Doleschal (4, p. 631): *Thomisus fuccatus* Walck. ? Id. ibid. *Thomisus bufo* Duf. — Maris probabiliter in Austria capti mentionem fecit cel. T. Thorell (8. p. 538): *X. fuscus* C. Koch.

Synaema E. Sim.

S. globosum (F.). Marchfeld, Franz Joseph-Land, Anninger; 180 —365 m.; exempla non adulta. — Doleschal (4, p. 631): *Thomisus rotundatus* Walck.

---

[1]) Cfr. Adnotationes.

Philodromus Walck.

Ph. dispar Walck. Frequentissimus: Marchfeld, Prater. . . . . .
Oberer Adlitzgraben; 160—930 m.; mares: 12. V—26. V, feminae:
15. V—8. IX. — Doleschal (4, p. 632): *Ph. limbatus* C. Koch.

Ph. margaritatus (Clerck). Neukogel, 490—700 m., 3. VII exemplum non adultum. — Cel. P. Pavesi speciem hanc ut Austriae inferioris incolam protulit (12, p. 143: *Artanes magaritatus*) auctore Doleschalio, quod mendum videtur. Eum probabiliter secutus est Lebert (17,
p. 269: *Artanes m.*).

Ph. poecilus (Thor.). Sat frequens. Marchfeld, Franz Joseph-Land,
Wiener et Laaer Berg, Inzersdorf, Gaisberge, Anninger, Lindkogel;
180—400 m.; mares: 10. V, feminae: 10. V—8. IX. —? Schrank
(1, p. 534): *Aranea Wilkii.*? Doleschal (4, p. 632): *Ph. tigrinus* Walck.
Bertkau (18, p. 250): *Artanes poecilus*, Austria.

Ph. emarginatus (Schrank). Modice frequens. Bisamberg, Leopoldsberg, Neukogel, — Leithagebirge; 160—700 m. (usque ad 500 m. saltem); 6. VI—3. VII. feminae. — Doleschal (4, p. 632): *Artamus griseus* Koch; Thorell (8, p. 574).

Ph. rufus Walck. Non frequens. Vindobona: area castrorum Leopoldi, Donauauen, Laxenburg, Gaisberge, Anninger, Lindkogel; 160—
400 m.; 21. V. mas, 23. VI—25. VIII. feminae.

Ph. alpestris L. Koch. Raxalpe.

Ph. collinus C. L. Koch. Neukogel, Semmering-Pass, Oberer
Adlitzgraben; 490—1030 m.; 3. VII et 5. VII. mares et feminae.

Ph. aureolus (Clerck) *forma typica.* Leopoldsberg, Nussberg, Wiener et Laaer Berg, Donauauen, Lindkogel; 15. V—15. VI. mares, 4.
VI—11. VII. feminae. — Thorell (8. p. 265): *Ph. aureolus* (sensu
latiori).

Ph. aureolus caespiticola (Walck.). Vulgaris. Vindobona: area castrorum Leopoldi; Marchfeld, Nussberg, Wiener et Laaer Berg, Inzersdorf, Donauauen, Anninger, Lindkogel, Neukogel; 170—490 m.; mares
18. V—1. VII, feminae 18. V—25. VIII.

Ph. aureolus similis Kulcz. Non frequens. Marchfeld, Donauauen,
Wiener et Laaer Berg; 160—256 m.; pleraque exempla non adulta,
16. VI. mas.

Ph. aureolus rufolimbatus Kulcz. Modice frequens. Bisamberg, Leopoldsberg, Nussberg, Gaisberge, Anninger, Lindkogel; 170—709 (usque
ad 400 m. saltem); 15. V—11. VIII. feminae, 20. VI. mares.

Ph. aureolus marmoratus Kulcz. Rarus. Donauauen, ca. 160 m.,
11. VII. mares tres, 18. V. exempla non adulta.

Praeter has formas *Philodromi aureoli* lecta sunt exempla quaedam discrepantia, nimis pauca tamen, quam quae ad formas proprias describendas et denominandas adigant; ex. gr. mas in monte Lindkogel 23. VI. captus, processu tibiali inferiore apice valde oblique truncato, fere ut in var. *variegata* Kulcz., sed formâ processus tibialis exterioris a typico *Ph. aureolo* non distinctus; mas ad Aquas Pannonias (Baden) anno 1886 sub finem Iulii inventus, processu tibiali inferiore apice insigniter oblique truncato, in dimidio exteriore in longitudinem sulcato et in margine apicali in sinum non profundum, acutum exciso; femina in monte Laaer Berg 4. VI. lecta, cephalothorace 2·9 mm. longo, epigynae formâ cum *Ph. aureolo* typico conveniens, abdominis colore, non vero pedum picturâ, var. *variegatae* similis; femina in monte Neukogel inter 440 et 490 m., 3. VII. capta, staturâ et colore exemplis magnis et obscure coloratis *Ph. aureoli* typici et *Ph. alpestris* similis, sed epigynae formâ a *Ph. caespiticola* non evidenter distincta, cet.

Thanatus C. L. Koch.

Th. formicinus (Clerck). Gaisberge, 250—400 m., 1. V. mares et feminae; praeterea exempla non adulta, probabiliter huius, speciei: Donauauen, ca 160 m.; Lindkogel, supra 400 m. — Doleschalii *Philodromus rhombiferens* Walck. (4, p. 632) fortasse ad speciem insequentem pro parte saltem pertinet.

Th. arenarius Thor. Praecedenti frequentior videtur. Wiener et Laaer Berg, Laxenburg, Anninger, — Leithagebirge; 160—356 m.; feminae 21. V—29. VI, mares 4. VI—29. VI.

Th. sabulosus Menge. Anninger, 400—500 m., 9. VI. mas unicus.

Exempla duo non adulta alius cuiusdam speciei, fortasse *Th. vulgaris* E. Sim., lecta sunt in monte Anninger, 210—400 m., 9. VI et 26. VI.

Tibellus E. Sim.

T. parallelus (C. L. Koch). Wiener et Laaer Berg, 200—256 m., 30. VI. femina adulta; exempla non adulta, nescio utrum huius speciei an *T. oblongi* (Walck.), lecta sunt his locis: Leopoldsberg, Donauauen, Leithagebirge. — L. Koch (16, p. 286). — Doleschalii *Philodromus oblongus* Koch (4, p. 632) dubia est species.

Clubionidae.

Micrommata Latr.

M. virescens (Clerck). Frequens: Bisamberg, Kahlenberg, Leopoldsberg, Gersthof, Gaisberge, Anninger, Lindkogel, Neukogel, Oberer

Adlitzgraben, — Leithagebirge; inter 180 et 930 m. (usque ad 710 saltem); 3. V—3. VII. feminae, 23. et 26. VI. mares. —? Schrank (1, p. 533): *Aranea virescens*. Doleschal (4, p. 633): *Sparassus smaragdinus* Walck.

M. *virescens var. ornata* (Clerck). Rarior: Bisamberg, Galizinberg, Gaisberge, — Leithagebirge; inter 170 et 400 m.; sub finem Aprilis mas adultus, reliqua exempla non adulta. — Doleschal (4, p. 633): *Sparassus ornatus* Walck.

Clubiona Latr.

Cl. caerulescens L. Koch. Gaisberge, Anninger, Lindkogel, Neukogel, Semmering-Pass, — Leithagebirge; inter 170 et 1030 m. (usque ad 920 saltem); mares 31. V et 29. VIII, feminae 9. VI—29. VI.

Cl. saltuum n. sp. Oberer Adlitzgraben, 710—930 m., 5. VII. femina unica.

Cl. subsultans Thor. Semmering-Pass, 920—1030 m., 5. VII. exempla non adulta.

Cl. reclusa Cambr. Laxenburg, 200—256 m., 4. VI. mares duo.

Cl. frutetorum L. Koch. Franz Joseph-Land, Prater; mares et feminae: 11. VII—25. VIII.

Cl. neglecta Cambr. Franz Joseph-Land (femina unica), Nussberg, Gaisberge, Lindkogel; 160—360 m.; mares 23. VI, feminae 6. VI—29. VIII.

Cl. lutescens Westr. Marchfeld, Inzersdorf, Wiener et Laaer Berg, Prater, Laxenburg, Neukogel; frequens; 160—490 m.; 18. V—11. VII. mares, 18. V—8. IX. feminae.

Cl. terrestris Westr. Non frequens; Leopoldsberg, Nussberg, Gaisberge; 170—400 m., mares sub finem Aprilis et 15. V, feminae 15. V—29. VIII.

Cl. germanica Thor. Marchfeld, Franz Joseph-Land; 16. VI. mares.

Cl. phragmitis C. L. Koch. Prater, Inzersdorf, Laxenburg; 160—190 m.; mares 18. V—11. IX, feminae 18. V—25. VIII.

Cl. pallidula (Clerck). Vulgaris. Area castrorum Leopoldi, Marchfeld, Leopoldsberg, Nussberg, Wiener et Laaer Berg, Inzersdorf, Prater, Laxenburg, Gaisberge, Semmering-Pass; 160—1030 m.; 15. V—8. IX feminae, 18 et 21. V. mares. — ? Schrank (1. p. 529): *Aranea holosericea*. ? Doleschal (4, p. 626): *Cl. holosericea* Sund. Thorell (8. p. 216).

Cl. brevipes Blackw. Franz Joseph-Land, Prater, — Leithagebirge; 160—265 m.; 18. V—11. VII. feminae, 29. VI et 11. VII. mares.

Cl. marmorata L. Koch. Leopoldsberg, Anninger; 180—400 m.; 6. VI—11. VIII. feminae.

Cl. compta C. L. Koch. Modice frequens. Kahlenberg, Leopoldsberg, Nussberg, Wiener et Laaerberg, Anninger, Lindkogel, — Leithagebirge; 157—400 m.; mares sub finem Aprilis et 4. VI, feminae 15. V—29. VI.

Cl. decora Blackw. Modice rara. Bisamberg, Leopoldsberg, Nussberg, Gaisberge, Anninger, Lindkogel; 170—400 m. saltem; mares 25. IV et 1. V, feminae 15. V—13. VIII.

Cl. trivialis C. L. Koch. Neukogel, Semmering-Pass; 440—1030 m.; 31. V—3. VII. mares et feminae.

Cl. diversa Cambr. Rarissima: Wiener et Laaer Berg, 180—256 m., initio Iunii mas unicus.

Chiracanthium C. L. Koch.

Ch. elegans Thor. Sat frequens. Leopoldsberg, Wiener et Laaer Berg, Anninger, Lindkogel, — Leithagebirge; a 157 usque ad 400 m. saltem; mares 4. et 15. VI, feminae 4. VI—29. VI. — Doleschalii *Clubiona nutrix* Walck. (4, p. 626), quae in vicinis Vindobonae non rara dicitur, certo ad hanc speciem pertinet, pro parte saltem.

* *Ch. erraticum* (Walck.). Occurrit teste Doleschalio prope Vindobonam (4, p. 626): *Clubiona erratica* Walck.

Ch. montanum L. Koch?, Kulcz. in Aran. Hungar. v. 2. p. 232. Bisamberg, Leopoldsberg, 7. et 13. V. mares adulti duo. Utrum feminae et exempla non adulta, quae B. Kotula in montibus: Bisamberg, Leopoldsberg, Lindkogel collegit, ad hanc „speciem" pertineant, an ad *Ch. erraticum*, extricare non possum.

Ch. lapidicolens E. Sim. Laaerberg, Gaisberge, Anninger, — Leithagebirge; 157—400 m.; 1. V. et 4. VI. mares, 26. VI. femina.

Ch. effossum O. Herm. Franz Joseph-Land, Kahlenberg, Wiener et Laaer Berg, Anninger, — Leithagebirge; 157—350 m.; 12. V. mas, sub finem Iunii feminae adultae duae.

Anyphaena Sund.

A. accentuata (Walck.). Frequens. Marchfeld, Kahlenberg, Laxenburg, Anninger, Lindkogel, Neukogel, — Leithagebirge; 157—700 m. (usque ad 500 m. saltem); mares 9. VI, feminae 9. et 23. VI. — Doleschal (4, p. 626): *Anyphaena punctata* Koch.

Zora C. L. Koch.

Z. spinimana (Sund.). Frequens. Bisamberg, Galizinberg, Gaisberge, Anninger, Neukogel, Oberer Adlitzgraben, — Leithagebirge; 157—930 m.; 3. V—3. VII. mares, 9. VI—29. VIII. feminae. — Doleschal (4, p. 629).

Z. manicata E. Sim. Rara. Leopoldsberg, Anninger, Lindkogel, Neukogel; 200—709 m. (ad 450 saltem); 9. VI—3. VII. feminae. — Kulcz. in 22. v. 2. p. 249.

Z. nemoralis (Blackw.). Modice frequens. Bisamberg, Leopoldsberg, Gaisberge, Anninger, — Leithagebirge; 170—400 m.; 1. V—17. VIII. feminae, 7. V. et 9. VI. mares.

Liocranum L. Koch.

L. rutilans (Thor.). Rarum: Leopoldsberg, 11. VIII. mas adultus, mense Iunio exempla pauca non adulta.

L. rupicola (Walck.). Sat rarum. Leopoldsberg, Nussberg, Wiener et Laaer Berg, Gahns; mense Aprili femina, 13. V. et 1. VI. mares adulti.

Apostenus Westr.

A. fuscus Westr. Modice frequens. Leopoldsberg, Anninger, Gahns, Oberer Adlitzgraben; 180 usque ad 710 m. saltem; mares et feminae mense Aprili, feminae praeterea 15. V.—5. VII. — Thorell (8, p. 168).

Scotina Menge.

S. celans (Blackw.). Anninger, Baden; exempla non adulta.

Agroeca Westr.

A. brunnea (Blackw.). Donauauen, Wienerwald; mense Aprili feminae, 25. VIII. mas. — Thorell (8, p. 163): *A. Haglundii* Thor.

A. proxima (Cambr.). Rarissima: Anninger, inter 250 et 400 m., 13. VIII. femina unica nuper adulta.

A. chrysea L. Koch. Non frequens. Bisamberg, Leopoldsberg, Donauauen, Gaisberge, Anninger, Semmering-Pass, — Leithagebirge; 160—1030 m. (usque ad 920 m. saltem); feminae 25. IV.—29. VIII, mares 29. VIII.—30. IX.

A. gracilior n. sp. Rarissima: Wiener et Laaer Berg, 200—256 m., 15—30. VI. feminae duae.

Phrurolithus C. L. Koch.

Phr. Szilyi O. Herm. Rarissimus: Anninger, 200—280 m., 26. VI. femina; Neukogel, 490—700 m., 3. VII. mas.

Phr. festivus C. L. Koch. Vulgaris. Marchfeld, Kahlenberg, Leopoldsberg, Nussberg, Galizinberg, Wiener et Laaer Berg, Inzersdorf, Donauauen, Laxenburg, Gaisberge, Anninger, Lindkogel, Neukogel, Semmering-Pass; 160—1030 m.; mares: 1. V.—26. VI, feminae: 21 V.—13. VIII.

Phr. pullatus Kulcz. Modice rarus, passim praecedenti frequentior; Bisamberg, Leopoldsberg, Wiener et Laaer Berg, Gaisberge, Anninger; 160—400 m.; mares: 7. V.—26. VI, feminae: 10. V—15. VIII.

Phr. minimus C. L. Koch. Rarissimus: Kahlenberg, Leopoldsberg; mense Aprili et 12. V. exempla non adulta.

Micaria Westr.

M. fulgens (Walck.). Wiener et Laaer Berg, Gaisberge, Anninger, Neukogel; 200—490 m.; 10. V et 9. VI. mares et feminae adult. — Lebert (17. p. 219) Austriam ut patriam huius speciei profert; quo auctore, non dicitur.

M. formicaria (Sund.). Wiener et Laaer Berg, — Leithagebirge; 157—265 m.; mense Maio et Iunio exempla sat multa, non adulta.

M. pulicaria (Sund.). Donauauen, Laaer Berg, Inzersdorf, Laxenburg, Oberer Adlitzgraben; 160—930 m.; 21. V.—11. VII. feminae.

M. albostriata L. Koch. Donauauen, Leopoldsberg — Galizinberg, mense Aprili mas, 25. VIII. femina.

Nescio, an non recte Cel. E. Simon inter terras, quas *Micaria guttulata* (C. L. Koch) incolit, Austriam nominet (13, v. 4, p. 27); species haec ad hoc tempus modo in Bavaria, Gallia, Hispania inventa videtur.

Bona Pav.

B. dives (H. Luc.). Wiener et Laaer Berg, Gaisberge, Anninger; 180—400 m.; 10. V, 15. VI, 26. VI. mares ad.

Trachelas L. Koch.

Tr. nitescens L. Koch. Lindkogel, 250—360 m., 23. VI. exemplum unicum, non adultum.

Agalenidae.

Cybaeus L. Koch.

C. tetricus (C. L. Koch). Semmering-Pass, 920—1030 m., 31. V. et 5. VII. exempla duo non adulta, quae huic speciei potius quam *C. angustiarum* L. Koch adscribenda videntur.

Cicurina Menge.

C. cicur Menge. Leopoldsberg, 200—400 m., 15. V. femina; Oberer Adlitzgraben, 710—930 m., 5. VII. exemplum non adultum.

Cryphoeca Thor.

Cr. silvicola (C. L. Koch). Oberer Adlitzgraben, Semmering-Pass; 710—1030 m.; 5. VII. feminae.

Coelotes Blackw.

C. longispina Kulcz. Leopoldsberg, 200—400 m., 15. V. femina unica.

C. inermis L. Koch. Non frequens. Leopoldsberg. Gaisberge, Lindkogel, Oberer Adlitzgraben; 200—930 m.; mares et feminae inde ab Aprili usque ad 29. VIII. — L. Koch (7. p. 33). Becker (19, v. 3, p. 189). *Amaurobius terrestris* Doleschalii (4, p. 626) dubia est species, fortasse = *C. inermi*.

C. brevidens n. sp. Semmering-Pass, 920—1030 m., 31. V. et 5 VII. feminae ad. duae.

Doleschalii *Drassus cephalotes* (4, p. 627, 640) species fortasse quaedam *Coelotae* est.

Tegenaria Latr.

T. domestica (Clerck). *(T. ferruginea* E. Sim.). Kahlenberg, Schönbrunn (in aedificiis horti), Wiener et Laaer Berg, Inzersdorf, Anninger, Lindkogel; 170—400 m. saltem; 12. V—8. IX. feminae. — Doleschal (4, p. 633).

T. campestris C. L. Koch. Modice frequens. Kahlenberg, Nussberg, Gersthof, Galizinberg, Wiener et Laaer Berg, Inzersdorf, Donauauen, Laxenburg, Gaisberge, Anninger, Lindkogel, Oberer Adlitzgraben, — Leithagebirge; 160—930 m.; mares: IV—9. VI, 8. IX., feminae: IV—8. IX.

T. austriaca n. sp. Raxalpe, femina unica.

T. silvestris L. Koch. Oberer Adlitzgraben, Semmering - Pass; 710—1030 m.; 31. V. et 5. VII. feminae.

T. Derhamii (Scop.) *(T. domestica* E. Sim.) Vindobona (area castrorum Leopoldi, Margarethen, Wieden), Nussberg, Gersthof, Inzersdorf; 1. VI—15. VIII. feminae, 6. VI—1. VII. mares. — Schrank (1. p. 527): *Aranea domestica.* Doleschal (4, p. 633): *T. civilis.*

T. torpida (C. L. Koch). Kahlenberg, Leopoldsberg, Gaisberge, Anninger, Lindkogel, Oberer Adlitzgraben, Semmering-Pass; 200—1030 m.; 15. V—5. VII. mares, 15. V—29. VIII. feminae.

T. luxurians Kulcz. Gahns, femina adulta et exempla pauca non adulta.

Agalena Walck.

A. labyrinthica (Clerck). Franz Joseph-Land, Neukogel, Semmering-Pass, — Leithagebirge; 157—1030 m.; 3. et 5. VII. mares et feminae adult. — Doleschalii *Agelena labyrinthica* (4, p. 633) probabiliter non solum veram *labyrinthicam* sed etiam *A. similem* comprehendit.

A. similis Keys. Praecedenti fortasse frequentior. Marchfeld, Leopoldsberg, Gersthof, Wiener et Laaer Berg, Inzersdorf, Donauauen,

Franz Joseph-Land, — Leithagebirge; 157—400 m.; 15. VIII—8. IX. mares, feminae 25. VIII—30. IX; 11. VII. femina una aetate confecta. — Bertkau (20, p. 225): Austria, num inferior?

Textrix Sund.

T. denticulata (Ol.). Donauauen, Anninger, Lindkogel, Gahns, Raxalpe; 30. VII. mas ad. — Doleschal (4, p. 633): *T. lycosina* Koch.

Argyroneta Latr.

A. aquatica (Clerck). Prater, 18. V. exempla non adulta. — Doleschal (4, p. 633).

Hahnia C. L. Koch.

H. elegans (Blackw.). Kahlenberg, 250—350 m., 12. V. feminae adultae.

H. nava (Blackw.). Galizinberg — Kahlenberg, Wiener et Laaer Berg, Gaisberge; 200—400 m.; mense Aprili mares et feminae, hae usque ad 15. VI.

H. picta Kulcz. Donauauen, mense Aprili mas unicus.

Pisauridae.

Pisaura E. Sim.

P. mirabilis (Clerck). Vulgaris. Galizinberg, Inzersdorf, Anninger, Lindkogel, Neukogel, Raxalpe, Semmering-Pass, Oberer Adlitzgraben,— Leithagebirge; a 160 usque ad 920 m. saltem; 23. VI—5. VII. mares et feminae. — Doleschal (4, p. 629): *Ocyale mirabilis* Koch.

Dolomedes Latr.

D. plantarius (Clerck). Neukogel, 440—490 m., 3. VII. exempla non adulta, probabiliter huius speciei. — Doleschal (4, p. 629).

D. fimbriatus (Clerck). Cum priore, exempla non adulta. — ?Schrank (1, p. 528): *Aranea fimbriata.* Doleschal (4, p. 629).

Lycosidae.

Pirata Sund.

P. Knorrii (Scop.). Kahlenberg, Leopoldsberg, Neukogel; 200— 490 m.; 15. et 25. V. feminae, 25. V. mares. —Thorell (8. p. 346).

P. hygrophilus Thor. Marchfeld, Donauauen, Laxenburg, Neukogel; 160—700 m.; mares 18. V—16. VI, feminae 18. V—11. VII.

P. piscatorius (Clerck). Marchfeld, ca. 180 m., 16. VI. femina.

P. piraticus (Clerck). Marchfeld, Leopoldsberg, Laaer Berg, Donauauen, — Leithagebirge; inter 160 et 400 m.; feminae: 18. V—25. VIII, mares: 16. VI—11. VII.

P. latitans (Blackw.). Marchfeld, Galizinberg — Leopoldsberg, Laaer Berg, Donauauen, Laxenburg, Neukogel; 160—700 m. (usque ad 500 m. saltem); 18. V—4. VI. mares, 4. VI—11. VII. feminae.

Trochosa C. L. Koch.

Tr. Sulzeri (Pav.). Galizinberg—Leopoldsberg, Gaisberge, Anninger, Lindkogel; 200—400 m.; feminae: 10. V—13. VIII, mares: 9. et 23. VI.

Tr. robusta (E. Sim.). Bisamberg, Galizinberg, Nussberg, Wiener et Laaer Berg, Gaisberge; 170—400 m.; 25. IV—6. VI. mares, 25. IV—29. VIII. feminae.

Tr. ruricola (Geer). Marchfeld, Leopoldsberg, Wiener et Laaer Berg, Donauauen, Laxenburg; 160—400 m.; mares et feminae mense Aprili — 11. VII.

Tr. terricola Thor. Bisamberg, Leopoldsberg, Galizinberg, Donauauen, Gaisberge, Anninger, Lindkogel. Raxalpe, — Leithagebirge; mares et feminae ab Aprili usque ad finem Septembris. —Lebert (17, p. 285): *Lycosa terricola.* (Mendum videtur!).

Tr. spinipalpis F. Cambr. Laxenburg, ca. 180 m., 21. V. mares duo.

Tr. sabulonum (L. Koch). Leopoldsberg, Lindkogel; 200—700 m. (ad 400 m. saltem); 6. VI. et 23. VI. mares duo, 20. VI. femina.

Tr. amylacea (C. L. Koch). Bisamberg, Kahlenberg, Leopoldsberg, Neukogel, Oberer Adlitzgraben; 200—930 m.; mares mense Aprili — 15. V; femina 15. V. — Thorell (8, p. 335).

Tr. leopardus (Sund.) Marchfeld, Donauauen, Wiener et Laaer Berg, Laxenburg; 160—250 m.; 4. VI. et 11. VII. mares, 16. VI. feminae. — Thorell (8. p. 331): *Pirata leopardus.*

Tr. alpigena (Dol. [1]). Raxalpe, mense Iulio exemplum non adultum. — Doleschal (4. p. 628, 643): *Lycosa alpigena,* Schneeberg.

Tarentula Sund.

T. nemoralis (Westr.). Vulgaris. Leopoldsberg, Gersthof, Gaisberge, Anninger, Lindkogel, Neukogel, Gahns, Raxalpe, Oberer Adlitzgraben, Semmering-Pass, — Leithagebirge; 6. VI—5. VII. mares, 6. VI—29. VIII. feminae.

T. miniata (C. L. Koch). Marchfeld, Brigittenwald, Prater, Nussberg, Wiener et Laaer Berg, Gaisberge, — Leithagebirge; 160—400 m.;

---

[1] Cfr. Adnotationes.

4. VI—11. VII. mares, 13. V—2. VII. feminae. — Becker (19, v. 1,
p. 104): *Lycosa miniata*, Austria (num inferior?).

T. *inquilina* (Clerck). Anninger, Lindkogel, Neukogel; 250—870
m. (ad 700 saltem); 23. VI. et 3. VII., feminae. — Doleschal (4. p. 628,
643): *Lycosa Kollari* Dol. + *L. audax* Walck.

T. *striatipes* (Dol.). Donauauen, Laaer Berg, Galizinberg; 160—
400 m.; sub finem Aprilis mares et feminae, 4. VI. feminae. — Doleschal (4, p. 628, 642): *Lycosa striatipes*. Thorell (14, p. 152).

T. *Eichwaldii* Thor. Anninger, — Leithagebirge; 160—280 m.;
3. V. mas et femina.

T. *accentuata* (Latr.). Frequens, Bisamberg, Leopoldsberg, Galizinberg, Wiener et Laaer Berg, Donauauen, Gaisberge, Anninger, Neukogel, Raxalpe, — Leithagebirge; 160—500 m. (saltem); mares 25. IV
—15. V, feminae 25. IV—3. VII.

T. *cursor* (Hahn). Bisamberg, 25. IV. mas unus, Gaisberge (250
—400 m., 1. V et 10. V. multa exempla, adulta), Anninger, Lindkogel.

T. *trabalis* (Clerck). Bisamberg, Galizinberg, Gaisberge, — Leithagebirge; 160—400 m.; sub finem Aprilis, 3. et 7. IV. feminae.

T. *cuneata* (Clerck). Leopoldsberg. Gersthof, Galizinberg, Gaisberge,
Anninger, — Leithagebirge; 160—400 m.; sub finem Aprilis, 1. et 15.
V. mares et feminae, 26. VI. femina. — Doleschal (4, 628): *Lycosa
clavipes* Koch.

T. *pulverulenta* (Clerck). Marchfeld, Bisamberg, Leopoldsberg,
Wiener et Laaer Berg, Donauauen, Laxenburg, Neukogel; 160—490
m.; sub finem Aprilis et usque ad 21. V. mares et feminae, hae etiam
3. VII.

T. *pulverulenta var. aculeata* (Clerck). Neukogel, Gahns, Semmering-Pass; 700—1030 m.; 31. V et 3. VII. mares et feminae.

T. *solitaria* O. Herm. Bisamberg, Leopoldsberg, Gaisberge, Anninger; 200—490 m.; 30. IX. femina adulta.

Lycosa Latr.

L. *agricola* Thor. Wiener et Laaer Berg, Laxenburg; 180—256
m.; 21. V—15. VIII. feminae. Rara videtur.

L. *agrestis* Westr. Marchfeld, Wiener et Laaer Berg, Donauauen,
Laxenburg, — Leithagebirge; 160—250 m.; mares 13. V—29. VI, feminae 13. V—25. VIII.

L. *poecila* O. Herm.? Huic speciei subiungendae fortasse sunt feminae duae ad Laxenburg, ca 180 m., 21. V. lectae, a *L. agresti* vittâ
cephalothoracis mediâ antice attenuatâ, a *L. monticolâ* vero laminâ epi-

gynae in longitudinem profundius sulcatâ et staturâ paulo maiore distinctae.

L. monticola (Clerck). Franz Joseph-Land, Wiener et Laaer Berg, Laxenburg, Anninger, Neukogel, Semmering-Pass, — Leithagebirge; 160—1030 m.; 21 et 31. V. mares, 21. V—5. VII. feminae. —? Doleschal (4, p. 628): *L. saccigera* Walck.

L. saltuaria L. Koch. Raxalpe, in regione Pini mughi, mense Iulio mares et feminae.

L. cursoria C. L. Koch. Semmering-Pass, 920—1030 m., 5. VII. mares et feminae; Raxalpe, in regione Pini mughi.

L. palustris (L.). Marchfeld, Wiener et Laaer Berg, Laxenburg, Anninger, Lindkogel, Neukogel, Raxalpe, Oberer Adlitzgraben; usque ad 720 m. saltem; mares 13. V—9. VI, feminae 13. V—5. VII.

L. annulata Thor. Frequens. Bisamberg, Kahlenberg, Leopoldsberg, Nussberg, Laaer Berg, Gaisberge, Anninger, Lindkogel, Neukogel, — Leithagebirge; 150—700 m. (ad 500 m. saltem); mares: 25. IV—15. V. feminae 1. V—13. VIII.

L. pullata (Clerck). Marchfeld, Neukogel, Semmering-Pass; 180—1030 m.; 31. V—3. VII. mares et feminae.

L. prativaga L. Koch. Marchfeld, Donauauen, Wiener et Laaer Berg, Laxenburg; 160—256 m.; mares: 18. V—16. VI, feminae: 18. V—11. VII.

L. montivaga n. sp Oberer Adlitzgraben, Semmering-Pass; 710—1030 m.; 5. VII. mares et feminae.

L. riparia C. L. Koch. Neukogel, Semmering-Pass, 440—1030 m.; 31. V. mas, 3. VII. feminae.

L. lugubris (Walck.). Vulgaris; occurrit tibiis feminae concoloribus (*alacris* C. L. Koch) aut annulatis (*silvicultrix* C. L. Koch). Marchfeld (*silvicultrix*), Bisamberg (*alacris*), Kahlenberg (*silv.*), Leopoldsberg (*al. et silv.*), Galizinberg (*al.*), Wiener et Laaer Berg (*al.*), Prater (*silv.*), Gaisberge (*silv.*), Anninger (*al. et silv.*), Lindkogel (*silv.*), Neukogel (*al.*), Oberer Adlitzgraben (*silv.*), Semmering-Pass (*silv.*), — Leithagebirge (*silv.*); *alacris* inter 200 et 490 m., *silvicultrix* inter 160 et 1030 (usque ad 920 m. saltem); sub finem Aprilis mares et feminae, mares usque ad 20. VI (*silvic.*) et 3. VII. (*alacr.*), feminae usque ad 9. VI (*alacr.*) et 29. VIII (*silvic.*). — ? Doleschal (4, p. 627): *L. vorax* Sund.

L. amentata (Clerck). Vulgaris. Marchfeld, Bisamberg, Kahlenberg, Leopoldsberg, Gersthof, Galizinberg, Wiener et Laaer Berg, Donauauen, Laxenburg, Gaisberge, Neukogel, Raxalpe, Oberer Adlitzgraben; usque ad 720 m. saltem; feminae: sub finem Aprilis — 25. VIII, mares: sub

finem Aprilis — 16. VI et 5. VII (supra 700 m.). — ? Schrank (1, p.
532): *Aranea saccata*. Doleschal (4, p. 628)': *L. paludicola* Koch.

L. paludicola (Clerck). Marchfeld, Donauauen, Kahlenberg, Laxenburg: 160—350 m.; mares et feminae sub finem Aprilis, feminae usque
ad 16. VI —?? Schrank (1, p. 528): *Aranea fumigata* ?Doleschal (4,
p. 628): *L. saccata* Walck.

L. ferruginea C. L. Koch. Raxalpe, in regione Pini mughi, mense
Iulio feminae ad.

L. nigra C. L. Koch. Cum priore, exemplum non adultum, probabiliter huius speciei.

L. Wagleri Hahn. Franz Joseph-Land, Wiener et Laaer Berg;
160—210 m.; 15. V. mares et feminae, 15. VIII. feminae.

L. bifasciata C. L. Koch. Rara. Anninger, Lindkogel; 210—500
m.; mense Iunio feminae et mares. — Becker (19, v. 1, p. 131): *Pardosa bifasciata*, Austria (num inferior?)

Doleschalii *Lycosa solers* Walck. (4, p. 628) plane dubia species est.

Aulonia C. L. Koch.

Au. albimana (Walck.). ·Leopoldsberg, Gaisberge, Anninger, Neukogel; 200—490 m. (usque ad 440 m. saltem); feminae: 6. ·VI—29.
VIII, mares 20 et 26. VI.

Oxyopidae.
Oxyopes Latr.

O. ramosus (Panz.). Lindkogel, 250—400 m., 23. VI. mares
adulti duo. — Doleschalii *Sphasus variegatus* Walck. synonymum huius
speciei videtur non dubium (4, p. 629).

Attidae.
Salticus Latr.

S. formicarius (Geer). Franz Joseph-Land, Prater, Leopoldsberg;
mense Aprili mas adultus. — ?Doleschal: *Pyrophorus austriacus* (4, p.
629, 644). — Simon (6, 717): *Pyroderes austriacus* (ex Doleschal).
Thorell (8, p. 358).

Leptorchestes Thor.

L. berolinensis (C. L. Koch). Vindobona, Bisamberg, Leopoldsberg, Wiener et Laaer Berg, Gaisberge, Lindkogel; usque ad 400 m.;
sub finem Aprilis mares et feminae, hae usque ad 11. VIII, illi ad 1. VI.

Synageles E. Sim.

S. venator (H. Luc.). *(S. confusus Kulcz.)*. Kahlenberg, Inzersdorf, Prater, Laxenburg; in *Phragmite communi* passim sat frequens: mares 12. V—11. IX, feminae 18. V—25. VIII. — Kulcz. in 22, v. 2, p. 287.

S. hilarulus (C. L. Koch). Bisamberg, 25. IV. mas subadultus.

Heliophanus C. L. Koch.

H. cupreus (Walck). Vulgaris. Marchfeld, Bisamberg, Kahlenberg, Leopoldsberg, Nussberg, Wiener et Laaer Berg, Donauauen, Gaisberge, Anninger, Lindkogel, Neukogel, — Leithagebirge; usque ad 500 m. saltem; mares sub finem Aprilis et usque ad 13. VIII, feminae 7. V—29. VIII. — Doleschal (4, p. 630): *Attus cupreus* Walck.

H. aeneus (Hahn). Semmering-Pass, 920—1030 m., 5. VII. feminae. — Doleschal (4, p. 630): *Attus truncorum* Koch.

H. dubius C. L. Koch. Neukogel, 440—490 m., 3. VII. mas unicus.

H. simplex E. Sim. Sat frequens. Bisamberg, Leopoldsberg, Anninger, — Leithagebirge; 160—400 m.; mares 15. V—20. VI, feminae 15. V—11. VIII.

H. flavipes (Hahn). Non frequens. Leopoldsberg, Laaer Berg, Anninger, — Leithagebirge; 160—400 m.; mares 4. VI—26. VI, feminae 4. VI—13. VIII. — Doleschal (4, p. 631): *Attus flavipes* Hahn.

H. auratus C. L. Koch. Frequens. Marchfeld, Brigittenwald, Anninger; 160—400 m.; mares 18. V—25. VIII, feminae 10. V—25. VIII. — Doleschal (4, p. 630): *Attus aureus* (!) Koch.

H. auratus var. mediocinctus n. Gaisberge, Anninger; 200—400 m.; 26. VI—13. VIII. mares et feminae.

Cel. O. Herman Austriam ut patriam *Heliophani Kochii* E. Sim. a. 1876. protulit (15, vol. I, p. 101), quod nescio an mendum sit, ipse Auctor enim nullas araneas Austriacas examinavisse videtur, Cel. E. Simon et P. Pavesi vero, qui soli, quod sciam saltem, ante annum 1876 de *Heliophano Kochii* scripserunt, inter terras, quas *Heliophanus* hic incolit, Austriae nullam mentionem fecerunt.

Dubii etiam Austriae inferioris incolae videntur mihi *Heliophanus Cambridgii* E. Sim. et *H. globifer* E. Sim., quos in „Austria" occurrere dixit Cel. E. Simon (6, p. 672, 695; 10, p. 339) et certo eo teste auctores alii (quod *Heliophanum Cambridgii* solum attinet); ipse exempla Austriaca horum *Heliophanorum* non vidi; Austria apud Cel. E. Simonium l. c. fortasse non archiducatum sed imperium Austriacum significat ut ex gr. (6) in pag. 685, ubi legimus: Autriche (Trieste).

Epiblemum Hentz.

E. scenicum (Clerck). Vulgare. Vindobona: area castrorum Leopoldi, Bisamberg, Kahlenberg, Leopoldsberg, Nussberg, Wiener et Laaer Berg, Inzersdorf, Laxenburg, Gaisberge, Anninger, — Leithagebirge; 160—400 m.; 7.V—1. VII. mares, 15. V—13. VIII. feminae. — Schrank (1. p. 531): *Aranea scenica.* Doleschal (4, p. 629): *Calliethera scenica* Koch.

E. cingulatum (Panz.). Rarum. Prater, Laxenburg; 160—180 m ; 21. V. mas, 18. V. et 25. VIII. feminae.

E. zebraneum (C. L. Koch). *E. scenico* parum rarius. Marchfeld, Bisamberg, Leopoldsberg, Nussberg, Wiener et Laaer Berg, Inzersdorf, Donauauen, Laxenburg, Anninger, Lindkogel, — Leithagebirge; 160—500 m. (usque ad 400 m. saltem); mares 8. V—11. VII, feminae 8. V—25. VIII. — Thorell (8. p. 361): *Epiblemum tenerum.*

Pseudicius E. Sim.

P. encarpatus (Walck.). Non frequens videtur. Franz Joseph-Land, Laaer Berg, Leopoldsberg; 160—400 m.; 41. VI. mas. — Simon (6, p. 583): *Attus encarpatus.* Becker (19, v. 1, p. 24): *Dendryphantes encarpatus.*

Hyctia E. Sim.

H. Nivoyi (H. Luc.). Bisamberg, Kahlenberg, Leopoldsberg, Gaisberge, — Leithagebirge; 160—400 m.; 12. V. et 29. VIII mares, 12. V. et 20. VI. feminae. — Simon (13. v. 3. p. 21): Austria (num inferior?). — Kulcz. in 22, v. 2, p. 289.

Marptusa Thor.

M. muscosa (Clerck). Leopoldsberg, Donauauen, Gaisberge, Neukogel; usque ad 500 m. saltem; sub finem Aprilis et 10. V. mares et feminae, 11. VIII. feminae. — Doleschal (4, p. 631): *Attus tardigradus* Walck. Becker (19, v. 1, p. 14): *Marpissa muscosa.*

Dendryphantes C. L. Koch.

D. hastatus (Clerck). Neukogel, 440—490 m., 3. VII. exempla non adulta. — ? Doleschal (4, p. 631): *Attus pini* Koch (!).

D. rudis (Sund.). Leopoldsberg, Neukogel; 180—500 mares et feminae.

D. nidicolens (Walck). Frequens. Bisamberg, Leopoldsberg, Wiener et Laaer Berg, Inzersdorf, Donauauen, Gaisberge, Anninger, Lindkogel, — Leithagebirge; usque ad 400 m. saltem; mares 10. V—1. VII, feminae 10. V—29. VI.

Philaeus Thor.

Ph. chrysops (Poda). Sat frequens. Bisamberg, Leopoldsberg, Gaisberge, Anninger, Lindkogel; 180—500 m.; mares 15. V—23. VI, feminae 6. VI—23. VI. — ?? Schrank (1, p. 532): *Aranea rupestris.* Doleschal (4, p. 629): *Philia sanguinolenta* Koch. Thorell (8, p. 390).

Ph. bicolor (Walck). Rarus. Anninger, Lindkogel, — Leithagebirge; 160—500 m. (usque ad 400 m. saltem); 9. VI. et 29. VI. feminae.

Attus Walck.

A. pubescens (F.). Kahlenberg, Leopoldsberg, Nussberg, Wiener et Laaer Berg, Inzersdorf, Laxenburg; 170—400 m.; mares: 12. V—1. VII, feminae: 21. V—11. VIII. — Doleschal (4, p. 630).

A. floricola (C. L. Koch). Wiener et Laaer Berg, 200—256 m., 18. V. femina. — Doleschal (4, p. 630): *A. floricolens* Koch.

A. rupicola (C. L. Koch). Oberer Adlitzgraben, Semmering-Pass, 710—1030 m., 31. V. feminae, 5. VII. mares et feminae.

A. Dzieduszyckii L. Koch. Donauauen, Wiener et Laaer Berg; 160—256 m.; mares et feminae sub finem Aprilis, mares usque ad 1. VI, feminae usque ad 30. VI. — *Attus rapax*, quem Cel. T. Thorell secundum exemplum probabiliter in Austria inferiore captum descripsit (8, p. 382), huic speciei subiungendus videtur.

A. distingendus E. Sim.?, Kulcz. Wiener et Laaer Berg, 200—256 m., 15. VI. mas ad. et femina iuvenis.

A. penicillatus E. Sim.? Leopoldsberg, Nussberg, Gaisberge, Jennyberg; 170—400 m.; exempla quatuor: 15. V. mas, 6. VI, 13 et 29. VIII. feminae.

Quid sint *Atti* Austriaci a Doleschalio ut species novae descripti (4, p. 630, 631, 645, 646); *A. viridimanus, A. biimpressus, A. quinquefoveolatus*, difficile est ad cognoscendum.

Cel. E. Simon in: Révision des Attides Européens *Atto biimpresso* subiunxit quidem *Attum (Ballum) segnipedem* suum, sed nescio an non recte, *Attus biimpressus* enim Austriae inferioris incola est, neque Lombardiae, ut l. c. p. 230 (106) legimus, *Ballus segnipes* vero extra Dalmatiam et Helvetiam meridionalem ad hoc tempus non est iuventus, quod sciam. (In „Les Arachnides de France" v. III. p. 208. Cel. E. Simon ut patriam *B. segnipedis* non recte Italiam et Siciliam protulisse videtur). Doleschalii descriptio *Atti biimpressi* adeo brevis et imperfecta est, ut ad speciem hanc agnoscendam non sufficiat.

Attus viridimanus probabiliter species quaedam generis *Heliophani* est.

Attus quinquefoveolatus fortasse ad *Ballum depressum* (Walck.) pertinet, quae species in vicinis Vindobonae frequenter occurrit. *A. quinquefoveolatus* probabiliter prope Vindobonam inventus est.

Aelurillus E. Sim.

Ae. v-insignitus (Clerck). Anninger, Lindkogel; usque ad 400 m. saltem; 9. VI. et 23. VI. mares adulti.

Ae. festivus (C. L. Koch). Bisamberg, Leopoldsberg, Anninger, Lindkogel; 200—500 m.; sub finem Aprilis et 7. V. mares et feminae, mares usque ad 23. VI.

Phlegra E. Sim.

Ph. fasciata (Hahn). Non vulgaris. Bisamberg, Leopoldsberg, Nussberg, Wiener et Laaer Berg, Donauauen, Laxenburg, Gaisberge, Anninger, — Leithagebirge; usque ad 400 m. saltem; 1. V—30. VI. feminae, 21. V—13. VIII. mares.

Ph. fuscipes Kulcz. Gaisberge, 250—400 m., 1. V. femina unica.

*Ph. Rogenhoferi (E. Sim.). Speciem hanc, mihi ignotam, Cel. E. Simon secundum exemplum unicum a Rev. O. P. Cambridgio ad Aquas Pannonias (Baden) inventum descripsit (6, p. 551: *Attus Rogenhoferi*). — Num a praecedenti distincta est haec species? Descriptio eius non quadrat quidem in *Ph. fuscipedem*, sed certo pro parte non recta est (ex. gr. pars tibialis palporum maris inermis describitur).

Pellenes E. Sim.

P. nigrociliatus (L. Koch). Leopoldsberg, Lindkogel; 15. V. et sub finem Iulii feminae.

P. tripunctatus (Walck.). Bisamberg, Nussberg, Gaisberge, Anninger; 160—400 m.; 7. V—26. VI. mares, 10. V—29. VI. feminae. — Doleschal (4, p. 630): *Attus crucigerus* Walck. Becker (19, v. 1, p. 41).

Ergane Keys.

E. laetabunda (C. L. Koch). Lindkogel, 23. VI. mas.

E. falcata (Clerck). Leopoldsberg, Gaisberge, Anninger, Lindkogel, Neukogel, Raxalpe, Oberer Adlitzgraben, — Leithagebirge; usque ad 710 m. saltem; 9. VI—29. VIII. feminae, 23. VI—29. VIII. mares.

E. arcuata (Clerck). Marchfeld, Leopoldsberg, Inzersdorf, Donauauen, Anninger, Lindkogel, Neukogel, — Leithagebirge; 160—500 m.; feminae sub finem Aprilis et 9. VI—25. VIII, mares 16. VI—8. IX.—

??Schrank (1. p. 531): *Aranea truncorum.* ?Id. (1. p. 534): *Aranea Goezenii.* Simon (6, p. 35): *Attus arcuatus* (ex Schrank ?). Thorell (8, p. 396): *Attus farinosus.*

Euophrys C. L. Koch.

Eu. obsoleta (E. Sim.) *(E. confusa* Kulcz.). Frequens. Bisamberg, Leopoldsberg, Wiener et Laaer Berg, Gaisberge, Anninger; 180—400 m.; 25. IV—20. VI. mares, 25. IV—13. VIII. feminae.

Eu. frontalis (Walck.). Bisamberg, Leopoldsberg, Wiener et Laaer Berg, Inzersdorf, Gaisberge, Anninger, Lindkogel, Neukogel, Oberer Adlitzgraben; usque ad 710 m. saltem; feminae: sub finem Aprilis et 7. V—29. VIII, mares: 15. V—1. VII.

Eu. petrensis C. L. Koch. Raxalpe, mense Iulio femina.

Neon E. Sim.

N. reticulatus (Blackw.). Gaisberge, Oberer Adlitzgraben; 200—710 m.; 1. V et 5. VII. et 29. VIII. feminae.

N. pictus Kulcz. Neukogel, 3. VII. femina unica inter 440 et 870 m.

Ballus C. L. Koch.

B. depressus (Walck.). Vulgaris. Marchfeld, Bisamberg, Kahlenberg, Leopoldsberg, Nussberg, Gersthof, Wiener et Laaer Berg, Donauauen, Gaisberge, Anninger, Lindkogel, -- Leithagebirge; 160—400 m.; 7. V—18. V. mares, 12. V—11. VII. feminae. — ?Doleschal (4, p. 631, 646): *Attus quinquefoveolatus.*

Adnotationes et descriptiones specierum novarum minusve cognitarum.

Lathys stigmatisata Menge.

Nimis confisus eis, quae de synonymis *Ciniflonis putae* Cambr. (1863, neque 1872) ab Auctoribus scripta sunt variis temporibus, rem ipse accuratius non examinavi, imo ad vanas coniecturas delapsus, *Lathyem stigmatisatam* (Menge) perperam alias generi *Protadiae* adscripsi, alias *Lathyem subnigram* (Cambr.) appellavi. Anno 1873 Rev. O. P. Cambridge auctor fuit Cel. T. Thorellio, ut *Lethiam stigmatisatam* A. Mengei eandem esse atque *Ciniflo puta* Cambr. (1863) et *Lethiam putam* appellandam declaraverit[1]). Hanc opinionem secutus est Cel. E. Simon[2]). Aliquanto post Rev. O. P. Cambridge repetitâ investigatione *Drassi sub-*

---

[1]) Remarks on Synonyms of European Spiders, p. 433.
[2]) Les Arachnides de France, v. I. p. 204.

nigri Cambr. 1861, *Ciniflonis putae* Cambr. 1863, *Ciniflonis Mengei*
Cambr. 1873, *Lethiae albispiraculis* Cambr. 1878, adductus est, ut omnes has species in unam coniunxerit speciem (*Lethia subniger*, r. *subnigra*[1]). Duobus annis ante Cel. E. Simon *Lethiam albispiraculem* (Cambr.)
generi novo: *Protadiae* subiunxit[2]). Ex his praemissis conclusiunculam
primo feci: *Lathyem* illam, quam in opere, qu. inscr. Araneae Hungariae, paucis verbis attigi in tabulâ synopticâ (vol. I. p. 161), cuiusque
partem quandam palpi delineavi in tab. VI., generis *Protadiae* esse [3]),
paullo post autem, quum perspexerim, speciem hanc a genere *Lathye*
non esse seiungendam, nomen eius „triviale" in „*subnigra* (Cambr.)"
mutandum saltem existimavi [4])   Etiam haec opinio falsa est tamen, ut
nunc video.

Descriptiones primas *Drassi subnigri* (Ann. a. Magaz. Nat. Hist.
1861) et *Ciniflonis putae* (The Zoologist, 1863) non novi. Figurae palporum *Drassi subnigri* et *Ciniflonis Mengei*, quas Rev. O. P. Cambridge
edidit in Trans. Linn. Soc. London, vol. XXVIII. tab. 33, non quadrant in *Lathyem*, quam olim *putam* (Cambr.), postea *subnigram* (Cambr.)
appellavi, nunc autem *stigmatisatam* (Menge) nomino. In figuris his
(quae ceterum non satis perfectae sunt: in fig. 3 b. pars palpi tarsalis,
in fig. 7 d. pars tibialis non recte delineata est) deest angulus prominens, quo pars patellaris *L. stigmatisatae* ornatur, et processus ille insignis cochleiformis, in quem productus est speciei huius bulbus genitalis
(neque — ut credunt Auctores — pars tibialis); certo itaque *Drassus subniger* et *Ciniflo Mengei* non sunt synonyma *Lathyis stigmatisatae*.

Ut *Lathyem*, quam nunc *stigmatisatam* appello, pro *Ciniflone puta*
Cambr. habuerim, eo maxime adductus sum, quod Rev. O. P. Cambridge
de mare „*Lethiae putae*" in dissertatione: On some new species of Araneidea, chiefly from Oriental Siberia, p. 437 [5]) scripsit. Pars patellaris
palporum ibi in angulum acutum producta, pars tibialis apice spinâ
contortâ ornata describitur; quod non convenit cum figuris *Drassi subnigri* et *Ciniflonis Mengei* supra commemoratis, bene quadrat autem in
Lathyem stigmatisatam. Scripsit mihi tamen nuper Vir clarissimus, marem illum non esse verum marem *Lathyis putae*, quae sine dubio eadem
sit atque *Drassus subniger* et *Lethia Mengei* et *Lethia albispiraculis*. Quae
quum ita sint, *Lathyem putam* (m. olim): *stigmatisatam* (Menge 1869)

---

[1]) On new and rare British Spiders found in 1893; with Rectification of Synonyms. Proceed. Dorset Nat. Hist. a. Antiqu. Field Club, v. XV, 1894, p. 105.

[2]) Histoire naturelle des Araignées, 2. édit., p. 239.

[3]) Fauna Regni Hungariae. Archnoidea. Araneae, p. 8.

[4]) Araneae Hungariae, v. II, p. 313.

[5]) Proceed. Zool. Soc. London. 1873.

nunc appello. *Lethyis* huius synonyma non dubia videntur: *Lethia puta*
E. Sim. [1] et *E. puta* Dahl. [2].

Dictyna mitis. Thor.

F e m i n a.

Cephalothorax formâ simili atque in *Dictyna arundinacea* (L.), antice tamen fortius angustatus et parte cephalicâ melius a thoracicâ distinctâ, quum desuper adspicitur cephalothorax, in exemplis staturâ maiore saltem; latera partis thoracicae orbiculata fere, pars cephalica longa (longitudine $^3/_4$ latitudinis aequans saltem), lateribus in universum parallelis, leviter sigmoideis ita, ut a medio posteriora versus paullulum inter se appropinquentur. Etiam exempla staturâ parvâ differunt a *D. arundinaceâ* parte cephalicâ angustiore, latera partis cephalicae cum lateribus partis thoracicae in lineam tamen coniunguntur minus fortiter curvatam et pars cephalica brevior est quam in exemplis magnis. Dorsum partis cephalicae in longitudinem modice convexum, postice cum declivitate cephalothoracis posticâ in lineam confluit aut leviter modo concavam (in exemplis magnis) aut rectam (in parvis). Dense rugulosus est cephalothorax, non, opacus tamen, sed modice nitens. *Oculi* parum inaequales, medii antici posticis et laterales antici posticis paullulum maiores videntur; series posterior directo desuper adspecta leviter recurvata, oculi medii inter se paullo longius quam diametro, a lateralibus circiter sescuplâ diametro remoti; series anterior recta, oculi medii inter se et a lateralibus spatiis subaequalibus, diametrum non aequantibus remoti; oculi laterales circiter dimidiâ diametro inter se distant; area oculorum mediorum antice paullo angustior quam postice, aeque circiter longa atque antice lata. Clypeus sub oculis mediis aeque saltem altus atque area horum oculorum longa, sub lateralibus duplam horum oculorum diametrum breviorem aequans. *Mandibulae* dense granulatae, subopacae, aeque saltem longae atquae ambae simul sumptae latae, basi geniculatae, inferius in longitudinem modice excavatae, in transversum paullo deplanatae; quum a fronte adspiciuntur, paullulum incurvatae, marginibus interioribus infra basim et apice contingentibus, ceterum foramen angustum, mediocriter manifestum includentibus; apice intus oblique truncatae sunt mandibulae et paullo excavatae, sulco unguiculari evidentiori carent, in angulo antice dente uno ornantur fortiori et ad eum utrimque (?) (infra saltem) dente multo minore uno; margo sulci unguicularis posterior grano unico indicatur, magis foras et retro quam dens angularis sito; margo apicalis anterior granis instructus est decem

---

[1] Les Arachnides de France, v. I. p. 204.

[2] Analytische Bearbeitung der Spinnen Norddeutschlands. 1883. p. 42.

saltem, pilos incurvatos fortes gerentibus. Tibia cum patellâ I. longior quam IV. Abdomen formâ vulgari. Cribellum integrum. Epigyne (tab. I. fig. 1) foveis ornatur duabus inter se septo quam ipsae latae sunt paullo angustiore, ea 0·08 mm. lato, latitudinem metatarsorum circiter aequanti, plano remotis, modice profundis, maximam partem rotundatis et optime definitis, in parte exteriore posticâ autem apertis; ad marginem anticam exteriorem foveae tuberculo ornantur parvo corneo, paullo mutabili, plerumque transverso, nonnunquam evanescenti; margo foveae utriusque posterior foras longe productus, margini epigastrii parallelus, ab eo circiter 0·08 mm. remotus, denique breviter anteriora versus curvatus; spatium, quod marginibus his occupatur, latius est, quam quod a maxillis infimis occupatur, et non multo angustius quam maxillae cum labio.

Exempli nostri maximi cephalothorax 1·5 mm. longus, 1·1 latus, pars cephalica fere 0·5 longa, 0·65 lata, tibia cum patellâ I. 1·3, IV. 1·15 longa, abdomen 2·5 longum, 1·8 latum; exempli minimi: cephal. 1·1 long., 0·85 lat., pars cephal. 0·33 longa, 0·49 lata, tib. + pat. I. 0·95, IV. 0·80 long., abd. 1·7 lg., 1·2 latum.

Cephalothorax fuligineus aut badius, parte cephalicâ saepe palli-diore, pilis crassis albis, adpressis, in vittas longitudinales quinque di-gestis ornatâ. Mandibulae maxillae labium sternum colore cephalotho-raci similia. Palpi et pedes fusco-flavidi, colore rufo plus minusve suffusi, annulis obscuris plerumque bene expressis ornati: in palpis pars tibialis fere tota annulo fusco occupatur et reliquis partibus obscurior est, par-tes femoralis et tarsalis plus minusve infuscatae apicem versus; pedum femora fere tota infuscata, praesertim subter et in lateribus, fuscedine praesertim in pedibus posterioribus in annulos duos inaequales (apicalem angustum) plus minusve divisâ; patellae annulis singulis, tibiae et me-tatarsi binis, paullo pone basim et in apice, ornata, tarsi apice infu-scati. *Abdominis* dorsum cinereum aut flavido-cinereum, colore dilute fusco reticulatum, lateribus maculis parvis et punctis fuligineis conta-minatis, secundum medium vittâ ornatum fuligineâ latâ inaequali et plus minusve interruptâ; quae vitta e maculâ constat anticâ, ²/₅ longitudinis saltem occupanti, oblongâ, duplo circiter longiore quam latiore, margi-nibus lateralibus modo parum inaequalibus, modo in sinus duos rotun-datos evidenter dilatatis; pars vittae posterior ex angulis componitur circiter 9, quorum sex anteriores per paria apicibus lateralibus in ma-culas dilatatis inter se coniuncti sunt aut omnino fere confusi (praeser-tim par secundum et tertium), postremi autem puncta potius formant plus minusve transversa; angulus primus, qui cum apice maculae anti-cae coniungitur, et secundus sequentibus saepissime tenuiores sunt, primus

4*

nonnunquam insigniter utrimque abbreviatus. Haec posterior pars vittae, latior et magis inaequalis quam macula antica, non parum variat formâ; in exemplis obscure coloratis maculam format oblongam, latere utroque in angulos tres fracto (quorum anticus saepe ramum brevem crassum anteriora versus et foras emittit), intus angulis fusco-flavidis transversis duobus aut tribus ornatam. Latera abdominis et venter in fundo paullo obscuriora quam dorsum et insuper maculis fuligineis aut umbrinis contaminata; laterum pars inferior plerumque minus quam superior maculata, ita ut venter aream formet colore pallidiore in lateribus manifeste definitam, fuligineam aut umbrinam, pallidius obsolete maculatam. *Epigyne* detrita et humefacta (fig. 2): fusco-flavida, picturâ fuscâ ornatur, quae marginibus fovearum antico et interiori, tuberculo in foveis sito (non raro non distincto) et marginibus transverse positis, supra commemoratis (aut eorum parti exteriori maiori saltem) respondet; pars epigynae postrema media maculis duabus rotundis nigricantibus, inter se proximis (spermathecae translucentes?) picta est.

Abdominis, quod pube tectum est cinereo-albidâ in partibus pallidis, fuligineâ aut nigrâ in obscuris, desiccati pictura similis atque humefacti, minus definita.

E *Dictynis*, quas novi, *D. civica* (H. Luc.) et *D. vicina* E. Sim. imprimis cum *D. miti* comparandae mihi videntur, epigynae et mandibularum [1] formâ enim hae species parum inter se differunt.

Dictyna mitis tuberculo illo, quo foveae epigynae ad marginem anticum ornantur, saepissime a *D. civica* et *D. vicina* distingui potest, non constanter tamen, quoniam tuberculum hoc nonnunquam omnino fere evanescit. Melius differunt epigynae harum specierum humefactae: maculae illae obscurae (spermathecis et „glandulis irrigatoris" respondentes) cum margine fovearum exteriore antico, recurvato, contingentes *(D. vicina)* aut ei proximae saltem *(D. civica)*, quas delineavi in Aran. Hung. v. I. tab. VI. fig. 27b et 28b, desunt in *D. miti*, haec autem ornatur in parte epigynae posticâ mediâ maculis nigricantibus inter se approximatis (rarissime indistinctis), quibus carent *D. civica* et *D. vicina*. A *D. vicinâ* differt *D. mitis* etiam pedibus annulatis atque parte cephalicâ angustiore et a parte thoracicâ marginibus fortius sinuatis distinctâ; quibus in rebus *D. mitis* similis est *D. civicae*. Pictura abdo-

---

[1] Tabula synoptica *Dictynarum*, quam in Aran. Hungar. vol. I, p. 154—155 protuli, emendanda mihi videtur, nota enim e formâ mandibularum desumpta, quam ad distinguendam *Dictynam civicam* a *D. vicina* et *D. arundinacea* adhibui, parum est manifesta et nescio an non recta! *Dictyna civica* itaque a *D. vicina* et *D. arundinacea* imprimis pedibus annulatis distinguenda est.

minis non eadem est in his tribus speciebus, non constans tamen, ita
ut *D. vicina* et *D. mitis* hac in re nonnunquam inter se vix differant;
saepissime tamen in illâ vitta dorsualis abdominis non evidenter interrupta est, in *D. miti* autem manifeste e maculâ anticâ et angulis pone
eam sitis componitur. *D. civica* eo insignis est, quod anguli duo primi,
inter se confusi et cum apice maculae anticae coniuncti aut confusi,
melius expressi sint quam anguli insequentes et maculam forment saepe
nigerrimam crassam recurvatam, aut, si pars eorum media lateralibus
pallidior est, quod non raro occurrit, maculas duas cum apice maculae
anticae utrimque coniunctas; anguli hi in *D. miti*, ut supra dixi, saepissime minus expressi sunt quam insequentes.

Protadia E. Sim.

Pleraeque *Argennae* Auctorum non generi *Argennae*, ut a Cel. E.
Simonio in Histoire naturelle des Araignées, edit. 2, definitum est, sed
generi *Protadiae* eiusdem Auctoris subiungendae videntur. *Protadia* et
Argenna Cel. E. Simonii imprimis — si non unice — intervallis oculorum anticorum inter se differunt. Oculi postici medii lateralibus minores sunt et inter se longius quam ab eis distant in *Argenna lucida* (E.
Sim.) quidem, non tamen in specie typicâ generis: *Argenna Mengei* Thor.,
teste Cel. T. Thorellio [1]). Oculi antici generis *Argennae* a Cel. E. Simonio contingentes describuntur [2]); verisimilius tamen est, eos inter se
valde approximatos esse quidem, sed non contingere; in araneolâ, quam
eandem censeo atque *Argennam lucidam* (E. Sim.), oculi antici medii inter
se circiter $1/_8$ diametri, a lateralibus circiter $1/_4$ diametri distare mihi
videntur. Oculi antici speciei typicae generis *Protadiae: P. patulae* (E.
Sim.) secundum descriptionem Cel. E. Simonii distant inter se diametro
oculorum mediorum [3]); in alterâ tamen huius generis specie, cuius mentionem fecit Cel. E. Simon in Hist. nat. des Araignées *(P. albispiraculi*
(Cambr.) = *subnigra* (Cambr.)), intervalla ea diametro mediorum insigniter sunt minora, imo: medium radio eorum vix maius, secundum
figuram „*Drassi subnigri*" saltem a Rev. O. P. Cambridge editam [4]); in
Ciniflone Mengei Cambr. eodem loco delineato, qui eadem est species
atque *Drassus subniger* teste Rev. O. P. Cambridgio, distant quidem
oculi antici diametro saltem, sed secundum descriptionem exempli typici,

---

[1]) T. Thorell, On European Spiders, p. 123, 124.

[2]) In Histoire naturelle des Araignées, ed. 2, p. 242; in Les Arachnides de France,
vol. 1. p 203. tamen modo: valde approximati (*Lethia lucida*).

[3]) Les Arachnides de France, v. I. p. 197.

[4]) Proc. Zool. Soc. London, v. XXVIII.

quam Cel. E. Simone protulit in Les Arachnides de France, oculi hi
fere contingunt inter se. *Argennae pallidae* L. Koch et *A. testaceae*
Bertk., quae generi *Protadiae* certo subiungendae sunt, intervalla, de
quibus agitur, radio oculorum mediorum parum aut non maiora describuntur aut delineantur [1]). Non desunt itaque formae mediae inter *Pro-
tadiam patulam* et *Argennam lucidam*, quod oculorum anticorum situm
attinet. Facile crediderim, oculos eos in universum eo maioribus inter se
spatiis distare, quo maior est statura speciei [2]), et *Protadias* nil esse nisi
formas luxuriosas generis *Argennae.*

Protadia subnigra (Cambr.).

Argenna minima, quam descripsi in opere: Araneae Hungariae,
v. I. p. 159, synonymum non dubium est: *Protadiae subnigrae* (Cambr.),
cuius marem et feminam Rev. O. P. Cambridge benigne mecum nuper
communicavit. Femina Hungarica, quam ante oculos habeo, differt quidem paullo a femina Anglica forma scutorum, quibus epigyne ornatur (cfr. figuras 7 et 8 in tab. I; in fig. 7 secundum exemplum
Hungaricum delineata scutum dextrum ablatum est, ita ut lamella cornea partem ipsius epigynae formans conspiciatur, scutum sinistrum in
parte postica exteriore paullo laesum), vix tamen dubitari potest, quin
scuta haec forma et magnitudine varient, ut quae ex materia quadam
excreta constent. Nullam ceterum differentiam inter has feminas et inter
mares: Anglicum et Austriacum invenio. (In palpo, quem in fig. 5 et 6
delineavi, bulbus genitalis loco suo paullo motus est, parte postica paullo
magis foras, parte antica magis intus sita quam in palpo integro).

Argenna lucida (E. Sim.).

Exemplum nostrum paullo minus videtur, quam quod Cel. E. Simon descripsit in Les Arachnides de France, v. I; eius cephalothorax
modo 0·65 mm. longus est; oculi, ut supra dixi, antici medii inter se
circiter $^1/_8$ diametri, a lateralibus ca. $^1/_4$ diametri distant. Epigyne (tab.
I. fig. 3, 4) foveis duabus magnis, parum definitis ornatur, quae pi-

---

[1]) L. Koch, Beschreibungen neuer von Herrn Dr. Zimmermann bei Niesky in
der Oberlausitz entdeckter Arachniden. Abhandl. naturf. Gesellsch. Görlitz, v. 17. —
Ph. Bertkau, Ueber die Gattung Argenna Thor. und einige andere Dictyniden. Archiv
f. Naturgeschichte, 48. Jhg.

[2]) *Protadia patula*: cephalothorax ♀ 1·9 mm. longus, intervalla = diametro oculorum mediorum, *P. crassipalpis* (Dahl) (*Argenna Lendlii* Kulcz.): cephal. ♀ 1·3 long.,
intervallum medium saltem radio maius, *P. pallida* (L. Koch): cephal. ♀ 1·0 long.,
intervalla radio parum maiora, *P. subnigra* Cambr. cephal. ♀ fere 0·8 long., intervalla radio insigniter minora, *Argenna lucida* (E. Sim., n.): cephal. ♀ 0·65 long., intervalla = $^1/_4$ et $^1/_2$ radii.

lis longis in parte anticâ et in exteriore adnatis adeo occultantur, ut in epigynâ integrâ difficilius conspiciantur. Septum foveis interiectum latum est (a Cel. E. Simonio sat angustum describitur, fortasse igitur haec *Argenna* nostra non *lucida* E. Sim. est sed species propria?).

Scotophaeus Blackwallii (Thor.).

Scotophaei huius synonymum non dubium mihi videtur *Drassus immundus*, quem ut speciem novam descripsi in „Araneae Hungariae" v. II, pars 2. Femina *Scotophaei Blackvallii* Anglica, dono mihi a Cel. F. O. P. Cambridgio data, non differt a *Dr. immundo* Hungarico nisi epigynae foveâ minus profundâ et angustiore et spatio ante eam sito breviore et item minus profunde impresso; quae differentia certo ex aetate exemplorum inaequali pendet (feminae Hungaricae ambae post partum captae, femina Anglica gravida videtur).

Tabulae synopticae *Drassorum*, quas Cel. E. Simon edidit in Les Arachnides de France, v. I, p. 102—107, quod *Drassum Blackwallii* attinet, non certae et pro parte non rectae videntur. Tibiae IV. feminae supra non constanter aculeo 1 ornantur, imo fortasse saepius inermes sunt (sic in exemplis Hungaricis ambobus; etiam exempli Anglici tibia IV. sinistra supra aculeo caret, — pes dexter deest huic feminae). Tibiarum anteriorum armatura insigniter mutabilis videtur: tibiae I. exemplorum Hungaricorum inermes sunt, exempli Anglici altera inermis, altera aculeo 1 prope medium subter ad latus anticum ornata, tibiae II. illorum modo aculeo 1 in apice subter ad latus anticum, modo etiam altero in latere eodem prope medium armatae, exempli Anglici ambae tibiae II. subter aculeo 1. 1 (non 1. 1. 1) instructae sunt. Maris, unici, quem vidi, tibia I. subter aculeis 1. 2 (prope medium et in apice) ornatur (pes I. sinister deest), tibiae IV. supra inermes sunt. Processus bulbi genitalis exterior[1]) mediocri longitudine, in uncum brevem intus directum desinit. — In *Scotophaeum Blackwallii* nostrum melius fere quam descriptio *Drassi Blackwallii* apud Cel. E. Simonium quadrat eiusdem Auctoris descriptio *Drassi isabellini* (qui summopere similis videtur *Scotophaeo Blackwallii*). Dubitare tamen non possum, quin femina dono mihi data a Cel. F. O. P. Cambridgio verus *Scotophaeus Blackwallii* sit; feminae Hungaricae certo eiusdem sunt speciei, et de mare Austriaco idem accipiendum mihi videtur.

Mas *Scotophaei Blackwallii* facile distinguitur a *Sc. quadripunctato* (L.), cui similis est femorum posteriorum armaturâ et longitudine meta-

---

[1]) „l'interne" sc. apophyse in tabula synoptica Cel. E. Simonii l. c. p. 103, Nr. 19, mendum est pro: l'externe. Cfr. descriptiones l. s. pag. 149 et 150.

tarsi IV., praesertim processu tibiali palporum simili atque in *Sc. scutulato* (L. Koch), sed breviore (evidenter breviore quam pars ipsa, quum in *Sc. scutulato* eam longitudine paene aequet); ab ambobus his *Scotophaeis* differt parte tarsali palporum insigniter angustiore : duplo saltem, neque ut in eis sescuplo modo, longiore quam latiore.

Prosthesima pilipes n. sp.

M a s.

Cephalothorax 3·2 mm. longus, 2·4 latus, fronte ca. 1·05, parte cephalicâ postice ca. 1·3, areâ oculorum ca. 0·5 latâ, densissime subtiliter granulatus, subopacus, pilis dispersis simplicibus, qui granulis paullo maioribus innati sunt, abunde instructus. *Oculorum* series posterior desuper visa latitudine oculi lateralis longior quam series anterior, levissime recurvata; oculi medii leviter angulati sunt, lateralibus paullo maiores et paullo longius inter se (paullulum plus quam dimidiâ diametro) quam ab eis remoti videntur; series anterior fortiter deorsum curvata, oculi medii lateralibus insigniter minores, ab eis spatio parvo, inter se non totâ diametro remoti; area oculorum mediorum aeque fere longa atque lata postice, hic paullulum plus quam dimidiâ latitudine oculi latior quam antice. Oculi antici laterales circiter diametro suâ maximâ a margine clypei remoti. *Mandibulae* pilis inaequalibus non densis instructae, subopacae. *Sternum*, punctis impressis pilos gerentibus exceptis, laeve nitidum. *Palporum* (tab. I. fig. 9, 10) pars femoralis subter parum convexa, apicem versus circiter a medio longe et leviter attenuata; pars patellaris ca. ⁵/₆ longior quam latior; pars tibialis circiter ²/₃ partis patellaris longitudine aequat, prope apicem aeque lata est atque pars ea, basim versus leviter angustata, apice infra, praesertim versus latus interius paullo incrassata, in latere exteriore autem in processum producta quam ipsa circiter dimidio breviorem, anteriora versus et paullulum foras directum, leviter sursum curvatum, quum autem desuper adspicitur, levissime sinuatum : maximam partem foras, apice autem levissime intus curvatum; a latere visus processus hic fere aequabiliter attenuatus est, apice obtusiusculus, desuper visus autem paullo inaequabiliter angustatus in hamulum parum expressum, intus directum desinit. Lamina tarsalis aeque fere longa atque pars patellaris cum tibiali (processu excluso), latitudine sescuplam latitudinem partis patellaris aequat saltem, circiter ³/₄ longior quam latior, ovata, apicem versus sat longe acuminata, parum asymmetrica; rostrum circiter ¹/₅ totius longitudinis occupat. *Bulbus genitalis* ab imo adspectus e lobis duobus imprimis constare videtur, valde inaequalibus; horum interior, minor, postice latus, anteriora versus angustatus, marginem interiorem bulbi occupat; lobus maior, postice et in lateribus ellipticus, magnam partem parum inaequabiliter convexus, sulco lato et modice definito ornatus in margine interiore, basi propius, initium capienti, anteriora versus et foras directo, apicem versus in lineâ mediâ fere dente instructus complanato, lato (latitudine circiter $1/4$ partis tarsalis aequanti), longiore quam latiore, apicem versus leviter aut parum angustato, apice in universum rotundato aut rotundato-truncato, in dimidio apicali minute plicato (sulcis plus minusve radiantibus), margine apicali inaequabiliter denticulato (dens hic formâ paullo variat). Ex margine apicali interiore lobus maior spinam emittit corneam, parum gracilem, foras et paullo anteriora versus directam, apice paullo ultra lineam medianam bulbi pertinentem; sub eâ, fundo alveoli propius, spina alia conspicitur (probabiliter apex lobi interioris) longior, foras directa, modice recurvata, prope marginem alveoli exteriorem sursum curvata. Partem bulbi externam anticam spina alia format profunde sita, crassa, anteriora versus et paullulum intus, a basi etiam sursum directa, apice anteriora versus curvata. A latere visus bulbus genitalis apice late et paullo oblique et inaequabiliter truncatus est, angulo inferiore in dentem producto fortem, fere anteriora versus directum, leviter sursum curvatum, acutum. *Pedum* femora omnia supra aculeis 1. 1, praeterea anteriora in latere antico apicem versus aculeo 1, III. supra ad latus utrumque 1. 1, IV. ad latus anticum 1, ad posticum 1. 1 ornata, patellae et tibiae anteriores inermes, patellae posteriores postice aculeo 1, tibiae posteriores supra inermes, subter aculeis 2. 2. 2, in latere utroque inferius 1. 1 et superius tibiae III. in latere utroque, IV. autem in postico saltem, 1; metatarsi I. inermes, II. subter pone basim aculeis 2, III. et IV. aculeis compluribus, subter, in lateribus, supra in lateribus (non tamen in lineâ mediâ) sitis instructi. Metatarsi et tarsi anteriores scopulati. Pedes solito paullo longius, inaequaliter pilosi, I. 9·5, II. 8·0, III. 6·9, IV. 11, pedum I. femur 2·3, patella 1·45, tibia 1·60, metatarsus 1·5, tarsus 1·15, pedum II. partes: 2·0, 1·3, 1·3, 1·4, 1·1, pedum III.: 1·8, 0·95, 1·15, 1·45, 1·1, IV.: 2·8, 1·45, 2·05, 2·7, 1·3 mm. longae. *Abdomen* 3·3 mm. longum (mamillis exclusis), 2·0 latum, formâ vulgari, cute molli tectum.

Occurrunt exempla minora: cephalothorace 2·5, tibiâ cum patellâ IV. 2·6 mm. longâ.

Cephalothorax et sternum nigra, colore fuligineo suffusa; palpi flavido-fusci, pedes fuligineo-nigri, femora I. utrimque maculâ oblongâ pallidâ ornata, tarsi obscure fusco-flavidi, colore rufo parum suffusi, metatarsi modo omnes fere colore tibiarum et tarsis insigniter obscuriores, modo antici parum obscuriores et tibiis evidenter pallidiores. *Abdomen* nigrum, desiccatum fuligineum, opacum.

Patria: Austria inferior (Bisamberg), Dalmatia (Zara, marem adultum invenit Rev. Cattaneo S. J.).

Prosthesima collina n. sp.

Femina.

Cephalothorax 2·7 mm. longus, 2·05 latus, parte cephalica postice 1·0, fronte ca. 0·85 lata, area oculorum ca. 0·44 lata, dense subtilissime granulatus, parum nitens, pilis simplicibus dispersis, qui granulis paullo maioribus innati sunt, abunde instructus. *Oculorum* series posterior desuper visa levissime recurvata, non tota latitudine oculi lateralis longior quam series anterior, oculi medii angulato-rotundati, laterales sat anguste elliptici, mediis minores sed non aut parum breviores; medii inter se circiter ⅔ diametri, a lateralibus paullo minus remoti; series anterior fortiter deorsum curvata, oculi medii lateralibus insigniter minores, ab eis spatio parvo, inter se non tota diametro et aeque circiter atque oculi medii postici inter se distantes; oculi laterales antici a clypei margine elevato circiter diametro sua minima remoti. Area oculorum mediorum postice circiter dimidia diametro oculi latior quam antice et aeque circiter lata atque longa. *Mandibulae* pilis valde inaequalibus non densis instructae, sat nitidae. *Sternum* punctis impressis, dispersis, pilos gerentibus, exceptis laeve nitidum. *Pedum* femora supra aculeis 1. 1, praeterea anteriora et IV. in latere antico apicem versus 1, III in latere utroque et IV. in latere postico aculeis 1. 1 armata; pedum anteriorum patellae et tibiae inermes, metatarsi subter pone basim aculeis 2 instructi, metatarsi et tarsi dense scopulati; pedum posteriorum patellae in latere postico aculeo 1, tibiae subter 2. 2. 2, in latere utroque 1 et inferius modo 1 (tibiae III. postice) modo 1. 1 (tibiae III. in latere antico, IV. in utroque), metatarsi aculeis compluribus, subter et in utroque latere et supra latera versus — non tamen in linea media — sitis ornati; scopulis carent pedes posteriores. Pedum I. femur 1·8, patella 1·1, tibia 1·24, metatarsus 1·0, tarsus 0·78, pedum II. partes: 1·5, 0·95, 1·0, 0·9, 0·73, pedum III.: 1·4, 0·65, 0·67, 1·0, 0·8, pedum IV.: 1·8, 1·1, 1·45, 1·8, 0·9, pedes I. 6·5, II. 5·75, III. 5·3, IV. 7·7 mm. longi. *Abdomen* 3·0 mm. longum mamillis exclusis, 1·7 latum, forma ordinaria. Area *epigynae* (tab. I. fig. 11.) (nonne perfecte evolutae?) parum definita, margine postico utrimque procurvo, medio leviter rotundato-exciso, fovea ornata partem epigastrii posteriorem circiter dimidiam occupanti, non profunda, optime tamen definita; pars foveae anterior angusta, latitudine dimidiam latitudinem tarsorum IV. vix aequans, anteriora et posteriora versus leviter dilatata, marginibus lateralibus obtusis; margo an-

ticus foveae, acutus, libratus, supra foveam paullo prominens, arcus
format duos parvos recurvos, medio in angulum coeuntes, qui septi
brevissimi instar in foveam paullo productus est et fundo eius adnatus,
posterius fovea primo sensim latior fit, tum iterum angustior, lateribus
paullo inaequabiliter arcuatis; pars haec foveae duplo saltem latior est
quam pars anterior, postice aperta; eius fundus posterius levissime in
longitudinem sulcatus, utrimque sulco ornatur acuto posteriora versus et
paullo intus directo.

Cephalothorax et abdomen nigra; quum animal in liquorem immersum
est, ille colorem fuligineum, hoc cinereum sentit. Mandibulae colore cephalothoracis; subter cephalothorax fuligineo-niger est; palpi flavo fuliginei; pedes fuligineo-nigri, femora antica maculâ pallidâ oblongâ
utrimque notata, tarsi anteriores obscure rufo-umbrini, posteriores pallidiores. Abdomen desiccatum fuligineum, fere opacum.

Species haec, epigynae formam quod attinet, similitudinem quandam cum Prosthesimâ femellâ (L. Koch), quam non novi, praebet; desunt tamen in eâ foveae, quibus epigyne Pr. femellae antice in lateribus ornatur, secundum figuram 114 in opere Cel. Dris L. Kochii: Die
Arachniden-Familie der Drassiden; fovea epigynae antice margine acuto
clausa est, neque aperta, postice usque ad marginem epigastrii pertinet
et aperta est.

Prosthesima pumila (C. L. Koch).

In Prosthesimam, quam Pr. pumilam (C. L. Koch) appello, non
male quadrant descriptio et figurae Prosthesimae vernalis a Cel. Dre
L. Kochio editae in opusculo, qu. inscr.: Apterologisches aus dem
Fränkischen Jura (Abhandl. naturhist. Gesellsch. Nürnberg, 1872, vol.
VI). Pro Melanophora pumila C. L. Kochii Cel. Dr. L. Koch aliam
quandam speciem habere videtur, cuius mentionem fecit in: Verzeichniss
der bei Nürnberg bis jetzt beobachteten Arachniden (l. c. 1877). Utrum
nostra an Dris L. Kochii Frosthesima pumila vera sit Melanophora
pumila C. L. Kochii, difficile est ad diiudicandum; descriptio C. L.
Kochii non satis enim est subtilis et exempla typica deperdita videntur;
Dr. L. Koch saltem in opere; Die Arachniden-Familie der Drassiden,
ubi nonnullorum typorum C. L. Kochii mentionem fecit, Melanophoram
pumilam inter species sibi ignotas posuit (pag. 191). Quum tamen Prosthesima pumila nostra (sive Pr. vernalis L. Koch) species multo frequentior sit et latius diffusa (Gallia meridionalis, Bavaria, Austria inferior, Hungaria, Croatia) et in collibus ad Danubium sitis — prope Vindobonam saltem — occurrat, Prosthesima pumila Dris L. Kochii (ad

hoc tempus subtilius non descripta) contra species rarissima videatur [1]), nomen „pumila C. L. Koch" nostrae potius speciei quam araneae Dris L. Kochii attribuendum censeo.

Prosthesima declinans Kulcz.

Feminae descriptio, quam in „Araneae Hungariae" vol. II. p. 205 protuli, paullo emendanda est. *Mandibulae* paullo proiectae sunt et postice dente uno ornatae, neque inermes. *Tibia* III. antice aculeis 3: superius 1, inferius 1. 1, ornatur, tibia IV. in latere antico nonnunquam inermis; armatura metatarsorum IV. sat mutabilis videtur. Margo posticus foveae *epigynae* in medio nonnunquam angulum nullum evidentiorem format; pars epigynae pone foveam sita in altero exemplo Austriaco anterius sulco ornatur longitudinali, acute impresso, in altero plana. *Cephalothorax* 1·9—2·4 mm. longus.

M a s feminae similis, his rebus differt ab ea: *Cephalothorax* 2·1 mm. longus, 1·55 latus, sub serie secundâ oculorum, quae 0·47 longa est, 1·1 latus. *Oculi* antici laterales diametro suâ maximâ saltem a margine clypei remoti. *Mandibulae* 0·95 longae. Apex anguli *maxillae* fere in mediâ eius longitudine situs, basi non propior saltem quam apici. *Palporum* (tab. I. fig. 12) pars femoralis subter non evidenter incrassata; pars patellaris circiter $\frac{1}{3}$ longior quam latior, paullo asymmetrica, in latere interiore brevior, apicem versus paullo dilatata; pars tibialis duplo saltem brevior quam patellaris, aeque longa (in lineâ medianâ) atque summâ basi lata, a basi apicem versus insigniter dilatata, apice in latere exteriore in processum producta aeque circiter atque ipsa longum, anteriora versus et paullo foras directum, paullo compressum; qui processus a latere sat late triangularis videtur, lateribus fere rectis, summo apice obtusiusculo, desuper visus angustior est, levissime sinuatus, apice acuto leviter incurvato, cum laminâ tarsali non contingenti. Lamina tarsalis circiter duabus quintis partibus suae longitudinis superat partem patellarem cum tibiali (processu excluso), duplo fere longior est quam latior, ovata apice paullo acuminato, basi paullo oblique truncata, mediocriter asymmetrica; rostrum subnullum; margo laminae tarsalis exterior basalis subter sat latus, in longitudinem sulcatus. *Bulbus genitalis* compactilis, processibus prominentibus evidentioribus caret, a latere visus subter modice et parum inaequabiliter convexus; a parte inferiore visus ex lobis imprimis tribus constare videtur valde inaequalibus; horum duo cornei, tertio multo minores, in parte interiore iacent: alter,

---

[1]) *Prosthesimae pumilae* suae Cel. Dr. L. Koch unicum modo exemplum invenit (Verz. Nürnbg. Arachn. p. 152).

maior, elongatus, basim bulbi format et partem maiorem marginis interioris, anteriora versus paullo inaequabiliter angustatus; alter partem
anticam interiorem occupat, oblique positus, latere exteriore fere recto,
interiore leviter et paullo inaequabiliter arcuato; lobus maximus magnam
partem mollis, sulcis et incisuris quibusdam subdivisus, paullo inaequalis, oblongus, postice rotundatus, anteriora versus paullo dilatatus, antice
in latere interiore latius et valde oblique, in interiore brevius et fere
transverse truncatus; in margine interiore prope mediam longitudinem
bulbi lobus hic ornatur impressionibus duabus approximatis, granum
corneum paullo transversum limitantibus, in margine exteriore autem
paullo pone medium fissurâ non profundâ, fere transversâ, in qua initium capit sulcus modice perspicuus, anteriora versus et paullo intus
directus. Ultra marginem bulbi genitalis apicalem, lateri exteriori propius, dens prominet corneus niger, sat crassus, profunde situs, in margine exteriore autem, pone medium bulbus dente alio ornatur, minore,
compresso, corneo, deorsum et anteriora versus directo, paullo deorsum
curvato, qui a latere exteriore non ita difficile conspicitur. *Abdomen* 2·6
mm. longum (mamillis exclusis), 1·5 latum, scuto corneo carere videtur.

Colore non differt mas a femina.

Insigniter haec species differt a *Prosthesimis* typicis, nescio tamen,
cui generi alii rectius sit subiungenda.

Gnaphosa badia (L. Koch).

Pythonissa badia L. Koch 1866. Die Arachniden-Familie der
Drassiden, p. 22. f. 15 (♀). — *Gnaphosa badia* L. Koch 1872, Beitrag
zur Kenntniss der Arachnidenfauna Tirols. 2. Abhandlung, p. 305 (♂).—
E. Simon 1878, Les Arachnides de France, v. IV, p. 178.

Epigyne (tab. I. fig. 13) foveâ ornatur formâ paullo varianti,
e partibus duabus compositâ, anteriore angustâ lateribus plus minusve
parallelis, et posteriore transversâ fere semicirculari, postice rotundatâ.
Pars anterior marginibus lateralibus obtusis; totus eius margo anticus
in ligulam productus est libratam, modo aeque circiter longam ac latam,
modo plus dimidio longiorem quam latiorem, pilosam, plus minusve
evidenter transverse plicatam, apice obtusam, quae non totam huius
partis longitudinem occupat. Fundus partis anterioris foveae, quoad ligulâ non occultatur, plerumque evidentissime transverse plicatus est,
plicâ postremâ plerumque in angulum fractâ apice retro directum, cruribus arcuatis recurvis. Circiter in mediâ totius foveae longitudine margines eius subito foras flectuntur, ita ut foras aut foras et paullo retro
directi evadant; partes hae marginum transverse positae acutissimae
sunt et modo libratae, modo paullo elevatae. Margo posticus posterioris

partis foveae iterum omnino obtusus et modice definitus, in medio fortiter depressus. Fundus partis huius nitidissimus, sulcis duobus ornatur retro et paullo intus directis, plus minusve incurvis; pars media sulcis definita aeque circiter lata atque ligula, ovata antice latior aut triangularis fere, depressa, multo angustior quam partes laterales, quae usque ad marginem posticum sensim adscendunt.

Euryopis dentigera E. Simon (?).

Euryopis dentigera E. Simon 1879. Arachnides nouveaux de France, d'Espagne et d'Algérie, p. 251. — E. Simon 1881. Les Arachnides de France, v. V. p. 129.

Femina, quam huius esse speciei censeo, differt ab *Eu. flavomaculata* (C. L. Koch), cui non parum similis est, imprimis statura multo minore: cephalothorace modo 0·7 mm. longo, et abdomine supra obscure umbrino aut fuligineo maculis pallidioribus carenti, exceptis punctis maiusculis quatuor, parum perspicuis, in quadrangulum paullo transversum dispositis, quae foveolis paullo induratis respondent. Oculi postici medii inter se paullulum longius aut non minus saltem distant quam a lateralibus, intervallum eorum tamen non aut vix minus mihi videtur quam diameter (cfr. E. Simon, Les Arachnides de France, v. V. p. 122). Epigyne (tab. I. fig. 14) foveâ ornata magnâ (0·18 mm. latâ), latiore quam longiore, antice sat profundâ, fundo posteriora versus adscendenti, antice et in lateribus marginibus acutis optime limitatâ, margine postico valde obtuso parum definito, antice rotundato-truncatâ, a margine antico posteriora versus lateribus arcuatis modice angustatâ. A margine postico epigastrii fovea fortasse ¹/₃ longitudinis suae distat.

Theridium suaveolens E. Simon.

Theridion suaveolens E. Simon 1879. Arachnides nouveaux de France, d'Espagne et d'Algérie, p. 256. — E. Simon 1881. Les Arachnides de France, v. V. p. 57.

Feminae abdomen ut in *Th. herbigrado* E. Sim. in dorso postice tuberculo ornatur; quod tuberculum tamen adeo parum expressum est, ut facile fugiat aciem oculorum. Epigyne (tab. I. fig. 18) foveâ ornatur magnâ, latiore quam longiore, marginibus maximam partem non evidenter induratis, obtusis et mediocriter definitis circumscriptâ; postice modo in medio, ubi margo epigastrii in sinum sat latum, modice profundum excisus est, margo foveae compressus carinulam format corneam transversam brevem, ad quam utrimque foveola minuta conspicitur. Cephalothorax exempli nostri unici 0·85 mm. longus est.

Theridium simulans (Thor.)

Theridium formosum var. simulans, Thorell 1875. Descriptions of several European and North-African Spiders. (Kongl. Svenska Vetens-kaps Akademiens Handlingar. Bd. 13. No 5) p. 55.

Theridium hoc probabiliter varietas est *Theridii tepidariorum* C. L. Koch, neque *Theridii formosi* (Clerck), uti censuit Cel. T. Thorell, cui mas *Th. simulantis* ignotus fuit.

Femina adulta differt a *Th. tepidariorum* statura minore et pedibus brevioribus (cephalothorax *Th. simulantis*: 1·45, 1·45, 1·5 mm., tibia I.: 1·65, 1·7, 1·9, cephalothorax *Th. tepidariorum*: 1·9, 2·1, 2·3, 2·5, tibia I: 2·8, 3·05, 3·4, 3·55 longa). Ab exemplis *Th. formosi* pictura melius distinctâ feminae *Th. simulantis* sine negotio distinguuntur pictura abdominis simili atque in *Th. tepidariorum;* area illa pallida oblonga, quo dorsi pars posterior ornatur, in *Th. simulanti* in parte inferiore lineis nigris, fuligineis aut umbrinis, transversis picta est, saepe in arcus paucos crassos dilatatis; lineae hae desunt in *Th. formoso,* cuius area commemorata saepissime supra modo colore nigro aut umbrino repleta pro parte invenitur, rarius etiam prope medium arcu colore eodem transverso recurvato, non vero infra, ornatur. Differentia haec in exemplis pallide coloratis minus distincta est; nonnunquam lineae commemoratae in *Th. simulanti* adeo obsoletae sunt, ut forma haec difficilius a *Th. formoso* distinguatur. Venter prope epigynam non semper concolor est in *Th. simulanti*, imo saepius pari punctorum alborum ornatur, quae puncta raro in maculam unam confluunt. Pedes antici *Th. formosi* paullulum breviores videntur quam *Th. simulantis* (ex. gr.: cephalothorax: 1·38, 1·58, 1·6, tibia I.: 1·53, 1·6, 1·64 mm. longa), sed nota haec parum certa est.

Bulbus genitalis *Th. simulantis* omnino eâdem est formâ atque in *Th. tepidariorum*, facile itaque distinguitur mas *Th. simulantis* a *Th. formoso* (cfr. figuras 37 et 38 in „Araneae Hungariae" vol. II. tab. I.); inter mares *Th. simulantis* et *Th. tepidariorum* nullam aliam differentiam invenio nisi in staturâ et pedum longitudine (ex. gr. illius cephalothorax 1·1, 1·24, 1·31, tibia I. 1·53, 1·6, 1·67, huius cephalothorax: 1·75, 1·75, 1·82, 1·97, tibia I.: 2·85, 3·06, 2·99, 3·65 mm. longa).

Cnephalocotes laesus (L. Koch).

Erigone laesa L. Koch 1879, Arachniden aus Sibirien und Novaja Semlja, eingesammelt von der schwedischen Expedition im Jahre 1875. (Kongl. Svenska Vetenskaps-Akademiens Handlingar, Bd. 16. No 5) p. 67, tab. II, fig. 19. — *Walckenaëra interjecta* O. P. Cambridge 1888,

On Walckenaëra interiecta, a new Spider from Hoddesdon. (Trans. Hertfordshire Nat. Hist. Soc. Vol. V.) p. 18. — Id. 1889, On new and rare British Spiders. (Proc. Dorset Nat. Hist. a. Antiqu. Field Club. Vol. X) p. 15. — *Cnephalocotes interiectus* Chyz. & Kulcz., Araneae Hungariae, vol. II. p. 117 & 118, tab. IV. fig. 40.

Walckenaëra interiecta, quam Rev. O. P. Cambridge anno 1888 descripsit secundum exempla Anglica et Hollandica, certo eadem est species atque *Erigone laesa* Dris L. Kochii e Sibëriâ mediâ. — *Cnephalocotes curtus* (E. Sim. [1]) simillimus videtur *Cnephalocotae laeso*, quod tamen de illius parte tibiali palporum dicitur l. c., non quadrat in *Cn. laesum*.

Tapinocyba antepenultima (Cambr.).

Walckenaëra antepenultima O. P. Cambridge 1882, On some new Species of Araneidea, with Characters of a new Genus. (Ann. a. Magaz. Natur. Hist. 5 Ser. Vol. 9.). p. 259, tab. XIII. fig. 3. — *Plaesiocraerus antepenultimus* E. Simon 1884, Les Arachnides de France, vol. V. 776. — *Diplocephalus antepenultimus* E. Simon 1894, Histoire naturelle des Araignées. 2 edit p. 616.

Speciem hanc generi *Tapinocybae* subiungo, quoniam — praeter alia — pedum unguiculis longe pectinatis differt a *Diplocephalis* et cum *Tapinocybis* convenit.

Feminam non novi. Maris sternum fere omnino laeve, pars cephalica non elevata. Palporum (tab. I. fig. 15, 16, 17) pars patellaris circiter sescuplo longior quam latior; pars tibialis, processibus inclusis, paullo longior et multo latior quam patellaris, subter valde brevis, desuper visa paullo longior quam latior, a basi anteriora versus insigniter et paene aequabiliter dilatata, supra basim laminae tarsalis paullo producta, praesertim in parte interiore, circiter a medio anteriora versus in latere interiore rotundato-angustata, in exteriore primo valde oblique (fere in longitudinem), tum minus oblique truncata et emarginata, in dentes itaque desinens duos latos breves, quorum interior exteriore longius prominet; inter dentes ambos margo partis tibialis sursum inaequabiliter sinuatus et minute denticulatus est et denti interiori propius dentem alium brevem nigrum formare videtur, quum pars haec desuper simulque a tergo adspicitur. Lamina tarsalis desuper visa aeque circiter longa atque lata, insigniter asymmetrica, basi in latere exteriore oblique et late truncata, ceterum latere hoc cum apicali et cum interiore apicali

---

[1] *Erigone curta* E. Simon 1882, Descriptions d'Arachnides nouveaux du genre Erigone. (Bull. de la Société zoologique de France pour l'année 1881) p. 253. — *Cnephalocotes curtus* E. Simon, Les Arachnides de France, vol. V. p. 704, fig. 565, 566.

aequabiliter fere rotundato. In latere exteriore lamina apicem versus fortiter dilatata est sive deorsum producta, apex eius latissime truncatus, angulis — praesertim interiore — late rotundatis. Bulbus genitalis valde inaequalis, apice late excavatus; in latere exteriore, infra, apex eius processum emittit magnum oblongum, pallide coloratum, anteriora versus et paullo deorsum directum, qui fortasse „conductor emboli" est; lateri interiori propius dens iacet elongatus sive spina fortissima, cornea, „conductore" illo non multo brevior, sed anteriora versus et magis sursum directa; ad latus interius dentis huius basis taeniae corneae longissimae (emboli) intus directae conspicitur, quae sursum et paullo anteriora versus curvata, sub laminam tarsalem ingreditur, secundum eius marginem apicalem curvata denique sub angulo apicali exteriore emergit, cum conductore emboli contingit et sinuata paullo ultra eius apicem prominet. Cephalothorax exempli nostri 0·55 mm. longus.

Caracladus globipes (L. Koch.).

Erigone globipes L. Koch 1872, Apterologisches aus dem fränkischen Jura. (Abh. naturhist. Gesellsch. Nürnberg. VI Bd.) p. 14, tab. 1, fig. 13—16. — *Erigonoplus globipes* E. Simon 1884, Les Arachnides de France, vol. V, p. 729, fig. 607—9. — *Walckenaëra globipes* Dahl 1886, Monographie der Erigone-Arten im Thorell'schen Sinne cet. (Schrift. naturwiss. Vereins für Schleswig-Holstein, Bd. VI) p. 82. — *Caracladus globipes* E. Simon, Histoire naturelle des Araignées, edit. II., p. 618.

Mas metatarsis I. fortiter incrassatis valde insignis. Palporum (tab. I. fig. 19, 20) pars tibialis apice in latere superiore interiore in processum producta latum, in ramos divisum duos parum inaequales, sinum latum includentes; ramus superior sive exterior anteriora versus et paullo sursum directus, apice obtusus, supra laminam tarsalem prominet; inferior (interior) paullo minor, magis acutus, anteriora versus directus, cum laminâ tarsali contingit. Bulbus genitalis valde peculiaris; apicem eius lamellae formant magnae corneae nigrae, fere transverse positae (deorsum et parum retro directae) inaequales; interior maior, latere exteriore recto fere, interiore arcuato, deorsum angustata, subplana; exterior oblique semilunaris, latere exteriore arcuato, sursum angustata, angulum superiorem lamellae interioris non attingit, deorsum aeque longe atque illa pertinet, magis quam ea inaequalis. Ad „partem terminalem" bulbi particulae duae aliae pertinere videntur: in latere exteriore lamella oblonga, a margine laminae tarsalis deorsum directa, in transversum concava, parum perspicua, cum lamellâ apicali exteriore contingens; in latere interiore autem pars multo maior, cornea fere C-formis, in latere interiore excisa, parte apicali cum lamellâ apicali interiore contigenti.

Feminam, quam paucis verbis attigit solus Cel. F. Dahl, subtilius describendam censeo:

Cephalothorax laevis nitidus, 0·58 mm. longus, 0·48 latus, antice modice angustatus lateribus parum sinuatis, supra basim palporum 0·32 latus, sub serie secundâ oculorum, quae 0·23 longa est, 0·29 latus, parte cephalicâ, quum desuper adspicitur, fere semicirculari, angulis frontis parum expressis. Postice cephalothorax valde late sed non profunde excisus est in arcum paene aequabilem, cuius pars utraque supra medias coxas IV. cum lateribus cephalothoracis in angulum concurrit valde latum quidem, bene tamen expressum. Oculi postici medii paullulum demissius siti quam punctum summum cephalothoracis, quod ab eis spatio distat aeque circiter longo, atque intervallum oculis mediis postico et antico interiectum. Ab hoc puncto dorsum cephalothoracis posteriora versus lineâ paene rectâ, anteriora versus autem usque ad oculos medios anticos arcu fere aequabili, modice convexo descendit; clypeus leviter proiectus, rectus fere, quum a latere adspicitur. Impressiones cephalicae sat profundae, sed parum definitae; sulco medio caret cephalothorax, inter coxas III. impressione ornatur vadosâ magnâ, parum definitâ, transversâ. In cephalothorace directo desuper adspecto oculi nusquam margines eius attingere, postici laterales et antici medii spatiis paene aequalibus ab eis remoti esse, laterales antici spatiis minoribus distare videntur. *Oculorum* series posterior leviter procurva: puncta media lateralium cum marginibus anticis mediorum lineam designant subrectam, oculi subaequales et spatiis subaequalibus, quam diameter parum minoribus remoti; series anterior leviter procurva: marginibus superioribus oculorum lineam subrectam (parum deorsum curvatam) designantibus, oculi medii posticis mediis evidentur quidem sed non multo minores, lateralibus anticis insigniter minores, ab eis radio suo saltem, inter se spatio fortasse duplo minore remoti. Area oculorum mediorum paullulo longior quam latior postice, hic circiter diametro oculi latior quam antice. Clypeus medius circiter radio oculi medii antici humilior quam area oculorum mediorum longa. *Mandibulae* fere ad perpendiculum directae, circiter sescuplo longiores quam clypeus altus, subtiliter non dense reticulatae, apice intus rotundato angustatae, in sulci unguicularis margine antico dentibus 3(4?) subaequalibus, in postico duobus armatae. *Maxillae* fortiter in labium inclinatae adeo, ut transverse potius quam in longitudinem directae dici possint; palpus lateri anteriori maxillae ad angulum exteriorem adnatus. *Labium* valde breve, triplo saltem latius quam longius, margine elevato partem suam maiorem formanti. *Sternum* 0·36 longum, 0·39 latum, insigniter convexum, laeve (punctis piligeris exceptis), nitidum, postice ita late truncatum, ut coxae IV. fere longitudine suâ inter se distent. *Pedes* modice longe et modice fortiter seriato-pilosi; pili in latere inferiore exteriore femorum anteriorum siti (circiter 7) reliquis non multo fortiores; patellae in apice et tibiae supra pilis singulis fortioribus instructae, pili patellarum dia- metro earum breviores, pili tibiarum anteriorum circiter diametro ae- quales, posticarum eâ non multo longiores, in tibiis I. basi propius quam medio, in IV. circiter in $1/_3$ longitudinis siti. Pili „acustici" me- tatarsorum I. circa in $2/_5$ longitudinis iacent; metatarsus IV. caret pilo acustico. Ungues principales pedum I. dentibus ornati aliquot, quorum etiam maximi non multo longiores videntur quam ungues lati, et multo minores sunt quam unguis pars apicalis non dentata. Pedum I. femur 0·47, patella 0·20, tibia 0·32, metatarsus 0·34, tarsus 0·28, pedum II. partes: 0·44, 0·19, 0·29, 0·31, 0·26, pedum III: 0·39, 0·15, 0·26, 0·29, 0·26, IV: 0·53, 0·18, 0·42, 0·37, 0·29 mm. longae. *Abdomen* mamillis exclusis 0·95 longum, 0·6 latum, paene ellipticum, postice leviter acu- minatum, mamillis prominentibus, longe pilosum. *Epigyne* (tab. I. fig. 21) magna, sat fortiter elevata, insigniter in transversum et in longitudi- nem convexa, in sinum excisa maximum, paene semicircularem, septo alto dimidiatum; septum e lamellâ constat tenui, marginibus inaequabi- liter incrassatis sive dilatatis: inferiore in medio modice, anteriora et poste- riora versus autem sensim paullo fortius, antice in marginem anticum sinus abeunti; margo septi superior adeo fortiter dilatatus est, ut la- mellam formet fortiter concavam, lateribus rotundatis, quae partem maiorem fundi sinus tegit.

Cephalothorax fuligineo-niger aut rufo-fuligineus marginibus nigris, mandibulae et sternum colore cephalothoracis, pedum coxae obscure umbrinae aut fuligineae, reliquae pedum partes et palpi pallidius aut obscurius umbrina, colore rufo-flavo plus minusve suffusa, femora reli- quis partibus modo parum modo insigniter pallidiora, tibiae basi annulo pallido evidentiori non ornatae. *Abdomen* nigrum.

Styloctetor (?) austriacus n. sp.

Femina.

Cephalothorax 0·85 mm. longus, 0·73 latus, desuper visus pirifor- mis, supra palporum basim 0·50 latus et non profunde quidem, mani- feste tamen sinuatus, sub serie secundâ oculorum, quae 0·32 longa est, 0·40 latus; latera partis cephalicae anteriora versus modice inter se ap- propinquant, cum fronte, quae in medio recta est, in arcus latissimos confluunt; postice cephalothorax in arcum excisus est mediocriter pro- fundum, valde latum, qui supra medias fere coxas IV. cum lateribus cephalothoracis utrimque in angulum sat late rotundatum confluit. Dorsum cephalothoracis manifeste divisum in declivitatem posticam, longam,. modice adscendentem, et partem anteriorem, cum illâ arcu latissimo coniunctam, quae anteriora versus primo perparum, rectâ fere lineâ (levissime sinuatâ) adscendit, . tum a puncto summo, quod ab oculis posticis mediis circiter longitudine areae oculorum mediorum distat, fortius descendit usque ad oculos anticos medios et arcum format paene aequabilem, oculis mediis posticis paullo interruptum, quum a latere adspicitur. Clypeus a latere adspectus fere rectus, levissime modo proiectus. Levis maximam partem, nitidus, glaber est cephalothorax, supra margines modo et in clypeo obsolete reticulatus, in lineâ mediâ partis cephalicae et inter oculos et sub eis pilis paucis instructus. Impressiones cephalicae profundae, sed parum definitae, dorsum versus evanescentes; impressiones radiantes partis thoracicae vix ullae; declivitas postica impressione ornata rotundatâ, sat latâ, perparum definitâ, et in eâ sulco medio brevissimo, adeo parum expresso, ut difficilius conspiciatur; in utráque parte huius impressionis mediae, margini postico paullo propius, fovea iacet minor et minus expressa. Directo desuper adspecti *oculi* antici spatiis subaequalibus parvis distare videntur a margine cephalothoracis, postici seriem formant paullulum recurvatam, subaequales sunt, medii inter se paullo plus quam diametro, a lateralibus circiter diametro distant; series anterior recta, oculi medii posticis mediis non multo minores, inter se circiter $1/_3$ diametri, a lateralibus, qui insigniter maiores sunt, paullo minus quam diametro remoti. Area oculorum mediorum paullulum longior quam latior postice, hic diametro oculi latior quam antice; clypeus paullo humilior quam area oculorum mediorum longa, aeque altus atque dimidia series antica oculorum longa. *Mandibulae* duplo longiores quam clypeus altus, paullo reclinatae, sat fortiter reticulatae, modice nitidae, pilis dispersis brevibus instructae, apice .intus rotundato angustatae, in sulci unguicularis margine antico dentibus 5′ (et 6-to minuto, denti quinto proximo), in postico dentibus minoribus 4 aut 5 armatae. *Maxillae* modice in labium inclinatae, margine apicali, qui paullo obliquus est, bene a latere exteriore distincto, basi in latere exteriore modice dilatatae. *Labium* plus duplo latius quam longius, rotundato-trapezicum, pone basim fortiter transverse impressum. *Sternum* aeque longum ac latum, laeve nitidum, punctis impressis pilos gerentibus paucis instructum, praesertim margines versus, postice usque ad marginem posticum coxarum IV. productum, sursum curvatum, truncatum et elevato-marginatum; coxae IV. inter se non multo minus quam longitudine suâ distant. *Pedes* modice longe seriato pilosi; patellae ad apicem, tibiae anteriores circiter in $1/_4$ et $5/_7$ longitudinis, tibiae III. circiter in $1/_4$, IV. circiter in $1/_3$ pilis ornatae fortioribus, quam diameter articuli insigniter aut multo (in tibiis IV. duplo saltem) longioribus; metatarsi 6 anteriores pilo „acustico" instructi, qui in metatarso I. fere in mediâ longitudine iacet; metatarsi IV. carent pilo simili. Unguiculi principales tarsorum I. dentibus parvis confertis ca. 6 ornati, parte apicali inermi longa. Pedum I. femur 0·66, patella 0·26, tibia 0·55, metatarsus 0 49, tarsus 0·41, pedum II. partes: 0·60, 0·23, 0·46, 0·45, 0·37, pedum III.: 0·54, 0·21, 0·39, 0·41, 0·34, IV.: 0·73, 0·22, 0·60, 0·55, 0·39 mm. longae *Abdomen* 1·4 longum, 1·0 latum, ovatum, cute molli tectum, longe pilosum. *Epigyne* (tab. I. fig. 25) ca. 0·3 lata, 0·23 longa, fere semicircularis, margine postico leviter rotundato, modice convexa; in parte anteriore ligulâ instructa corneâ, parvâ, latiore quam longiore, angulato-semicirculari, deorsum et retro directâ; inter hanc ligulam et marginem posticum epigyne sulcis ornatur duobus, in parte anteriore profundis et latis, fere parallelis (anteriora versus paullulum a se discedentibus), in posteriore minore vadosis, foras et retro directis, a se itaque cito discedentibus; pars epigynae sulcis inclusa anterior septum format angustum, in pariete postico ligulae supra dictae initium capiens, obtusum, paullo humilius quam partes epigynae laterales.

Cephalothorax rufescenti-umbrinus, margine nigricanti, ornatus in parte cephalicâ posticâ maculâ obscuriore, forma varianti, nonnunquam fere nullâ, cum oculis lateralibus posticis lineis leviter incurvis, nonnunquam indistinctis coniunctâ; oculi colore nigro cincti, antici medii in maculâ nigrâ siti; mandibulae et sternum colore cephalothoracis. Palpi et pedes rufo-flavidi, pedum tibiae basi annulo pallidiore modice expresso ornatae, femora patellae tibiae summo margine apicali plerumque nigricanti. *Abdomen* umbrinum.

Mas.

Cephalothorax 0·81 mm. longus, 0·68 latus, supra palporum basim 0·45, sub serie secundâ oculorum, quae 0·28 longa est, 0·39 latus, lateribus inter partem cephalicam et thoracicam vix sinuatis, lateribus partis cephalicae anteriora versus paullo fortius quam in feminâ inter se appropinquantibus, fronte sat fortiter rotundatâ, cum lateribus angulos nullos evidentiores formanti. Dorsum cephalothoracis arcu parum curvato et parum inaequabili adscendit a margine postico usque ad punctum summum, quod pone oculos posticos medios iacet, ab eis duplâ fortasse diametro remotum, supra eos parum elevatum; a puncto summo dorsum anteriora versus descendit primo (usque ad oculos) leviter modo, tum fortius, ita ut area oculorum mediorum cum parte pone eam sitâ angulum formet sat evidentem, quum a latere adspicitur. Clypeus leviter excavatus, leviter proiectus. Impressiones in declivitate dorsi posticâ minus quam in feminâ distinctae, sulcus medius nullus. *Oculi* directo desuper adspecti paullulum longius distare videntur a margine

cephalothoracis quam in feminâ (antici medii paullo longius quam radio,
antici laterales circiter radio); series oculorum posterior leviter recurvata: margines postici mediorum cum punctis mediis lateralium lineam
designant subrectam, medii inter se fere sescuplâ diametro, a lateralibus
diametro suâ distant; series anterior paullulum recurvata, marginibus
inferioribus oculorum lineam designantibus paene rectam, levissime modo
sursum curvatam, oculi medii posticis mediis parum minores. Clypeus
aeque altus atque area oculorum mediorum longa. *Maxillae* fortius quam
in feminâ in labium inclinatae, basi extus fortius dilatatae, ita ut latus
earum exterius cum margine apicali angulum evidentiorem non formet
et palpi parti exteriori lateris anterioris adnati videantur, quum cephalothorax directo ab imo adspicitur. Apex *sterni* posticus angustior quam
in feminâ: coxae IV. paullulum minus quam latitudine suâ inter se distant. *Palporum* (tabula I. fig. 22, 23, 24) pars femoralis formâ
ordinaria; pars patellaris sescuplo saltem longior quam latior, lateribus
fere parallelis; pars tibialis supra in lineâ medianâ aeque circiter
longa atque patellaris, sescuplo quam ea latior, a basi apicem versus modice et in utroque latere fere aequaliter dilatata, apice in universum modice oblique truncata, in latere exteriore inferiore brevior
quam in reliquis, processibus brevibus quinque ornata: infra in parte
interiore in dentem brevem obtusum producta; latus apicis interius superius modice in lobum inaequabiliter rotundatum productum; in latere
exteriore apicis dens conspicitur brevis acutus; supra in parte exteriore apex in sinum impressus est rotundatum, utrimque dente nigro
acuto finitum; horum exterior longior, spina potius dicendus, anteriora
versus et paullo deorsum directus, leviter foras et deorsum curvatus; interior complanatus, anteriora versus et paullo foras directus, lobo supra
commemorato, in latere interiore iacenti, proximus. Lamina tarsalis
paullo longior quam pars patellaris cum tibiali processibus inclusis, paene sescuplo longior quam latior, insigniter asymmetrica, basi in latere
exteriore late et oblique truncata, quum desuper adspicitur, paullo ante
medium (basi propius) latissima, inde apicem versus sat fortiter in latere exteriore angustata, apice paullo oblique rotundato-truncata; re verâ
lamina tarsalis in parte exteriore basali, quae desuper truncata videtur,
insigniter impressa est. *Paracymbium* mediocre, semilunare, in hamulum
recurvatum desinens, paene planum. *Bulbus genitalis* valde inaequalis,
e lobis tribus et processibus aliquot compositus. Lobus primus quum
ab imo adspicitur, marginem bulbi format externum posteriorem, antice
parum ultra mediam longitudinem pertinet, oblique positus videtur, magis in longitudinem quam in transversum directus, angustus, anteriora
versus leviter dilatatus. Lobus secundus, cum latere interiore lobi primi

contingit, in parte bulbi exteriore fere usque ad apicem laminae tarsalis pertinet, ab eâ tamen spatio sat lato distat, apice valde oblique truncatus est: margine apicali anteriora versus et foras directo, in marginis huius parte exteriore laciniâ membranaceâ ornatur; in latere interiore lobus hic in sinum adeo magnum excisus est, ut ad limbum corneum angustum redactus evadat, qui partem interiorem baseos bulbi format et in latere interiore usque circiter at mediam longitudinem laminae tarsalis productus, sensim angustior, in alveolum descendit. Sinus lobi secundi in parte posteriore et exteriore lobo tertio repletur, corneo sat lato, fortiter curvato (in latere anteriore profunde excavato); anteriora versus lobus tertius non tam longe pertinet atque lobus secundus; pars eius antica membranacea est. In cavo magno, quod restat inter lobum tertium et marginem interiorem laminae tarsalis, embolus initium capit, cum latere interiore lobi tertii contingens et ei fortasse adnatus, longus valde; e basi, quae profunde sita est, embolus — taeniam corneam crassiusculam formans — primo deorsum descendit, tum retro, sursum, anteriora versus curvatur fere in circulum, qui in longitudinem et ad perpendiculum fere directus est; cuius circuli pars modo inferior anterior in superficie bulbi conspicitur, reliquae partes autem in profundo iacent; protinus embolus concavitatem alveoli sequitur, denique sub apice laminae tarsalis emergit, ultra quem insigniter productus est, anteriora versus et deorsum directus, deorsum et denique retro curvatus atque paullo flexuosus. In parte bulbi apicali exteriore processus duo alii iacent, cum embolo contingentes: quorum alter membrana est pellucida oblonga, quae lobo secundo bulbi adnata videtur (?), in latere exteriore partis apicalis emboli iacet et ultra eam non prominet, quum bulbus a latere adspicitur; alter processus fasciam corneam latam format, inter lobum secundum et laminam tarsalem conspicitur in palpo a latere adspecto, sigmoideus, pone basim sursum, apice deorsum curvatus, apice acuminatus, ultra apicem laminae tarsalis minus longe quam embolus productus. *Pedum IV.* coxae apice in latere postico in dentem brevem latum acutum productae[1]). Pedum I femur 0·70, patella 0 23, tibia 0·58, metatarsus 0·55, tarsus 0·45, pedum II. partes: 0·62, 0·21, 0·52, 0·47, 0 41, pedum III.: 0·53, 0·21, 0·42, 0·44, 0·31, IV.: 0·76, 0·21, 0·63,

---

[1]) Quamquam coxae IV. simili sunt formâ atque in mare *Styloctetoris brocchi* (L. Koch), organo stridulationis eo, quod nuperrime descripsit Cel. G. H. Carpenter (Natural Science, No. 75, May 1898, p. 319), carere videtur *Styloctetor austriacus*; scuta pulmonalia maris enim modo omnium subtilissime transverse striata sunt et similia atque in feminâ. — Organo stridulationis simili atque in *Styloctetore broccho* ornatur mas *Mecynargi longi* (Kulcz.).

0·60, 0·39 mm. longae. Pedes similem in modum atque in feminâ pilis fortioribus ornati videntur; pilus „acusticus“ metatarsi I. circiter in ²/₅ longitudinis situs. *Abdomen* 1·2 longum, 0·8 latum, ellipticum, postice acuminatum, cute molli tectum.

Mas *colore* similis est feminae; palporum partes tibialis et tarsalis reliquis paullo obscuriores.

Generi *Styloctetori* (E. Sim.) speciem hanc subiungo, quoniam imprimis *Styloctetori broccho* (L. Koch) affinis mihi videtur.

Lophomma (?) laudatum (Cambr.).

Walckenaëra laudata O. P. Cambridge 1871, The Spiders of Dorset, p. 594. — *Neriene laudata* O. P. Cambridge 1882, Notes on British Spiders, with Descriptions of three new Species and Characters of a new Genus. (Ann. a. Magaz. of Natural History, Ser. 5, vol. IX.) p. 7, tab. 1; fig. 3. — *Lophomma laudatum* E. Simon 1884, Les Arachnides de France, v. 5, p. 539, fig. 341, 342.

Mas huius speciei ad notas, quas ad distinguenda genera *Theridioidarum* Hungaricorum adhibui, cum *Troxochro* convenit (metatarsus IV. pilo „acustico“ caret, pars patellaris palporum inermis, pars tibialis processibus insigniter supra laminam tarsalem productis caret, lamina tarsalis non carinata, pars cephalica tuberibus non ornata, sternum et cephalothorax reticulata, oculi mediocres, mandibulae apice intus rotundato-angustatae) differt autem ab eo serie anticâ oculorum modice procurvâ. Ab omnibus mihi notis *Erigoninis* distinguitur haec species facile formâ paracymbii valde peculiari, ab Auctoribus non descriptâ, quamquam a Rev. O. P. Cambridgio in figurâ 2d tab. 1. (Ann. a. Mag.) indicatâ (non satis accurate quidem). Paracymbium (tab. I. fig. 26) ipsum parvum est, seminulare, sed e parte suâ inferiore processum emittit quam ipsum multo maiorem, qui calcaris curvati instar, in palpo inflexo cum latere exteriore inferiore partis tibialis contingit et usque ad eius medium saltem pertinet. Calcar hoc in figurâ commemoratâ nimis longum delineatum est et ad partem tibialem palpi potius quam ad tarsalem pertinere videtur. Figura 2e l. c. bulbum genitalem paullo distortum repraesentare videtur.

Walckenaëra furcillata (Menge).

Phalops furcillatus Menge 1869, Preussische Spinnen p. 220, t. 120. — *Walckenaëra furcillata* Cambridge 1874, On new and rare British Spiders cet. (Trans. Linn. Soc. London, v. 28) p. 548, t. 46, f. 18. — Id. 1881, The Spiders of Dorset, p. 510, 594. — *Erigone furcillata* Dahl. 1883, Analytische Bearbeitung der Spinnen Norddeutschlands (Schrift. naturwiss. Vereins Schleswig-Holstein, 5 Bd.) p. 34. — *Diplocephalus furcillatus* Förster & Bertkau, Beiträge zur Kenntniss der Spinnenfauna der Rheinprovinz (Verhandl. naturh. Verein. preuss. Rheinl, u. Westf., 40 Jhg.) p. 236, 228, 270. — *Tigellinus furcillatus* E. Simon. Les Arachnides de France, v. 5, p. 839, f. 770—773.

Armaturâ unguiculorum tarsalium, pili „acustici" in metatarso IV. situ (fere in ²/₃ longitudinis) cet., species haec convenit cum *Walckenaëris*; mas formâ partis cephalicae, ab Auctoribus affatim descriptâ, facillime distinguitur ab omnibus huius generis speciebus. Feminae, quam huius speciei esse censeo, series oculorum anticorum recta, margines postici oculorum posticorum lineam designant rectam, quum desuper adspiciuntur; dorsum cephalothoracis posterius excavatum, anterius convexum; a feminis similibus [*W. capitone* (Westr.), *W. obtusa* (Blackw.)] differt *W. furcillata* praeter alia formâ epigynae (tab. I. fig. 33): paries epigynae inferior paullo ante marginem posticum impressione ornatur transversâ, melius in lateribus quam in medio expressâ; eiusdem parietis margo posticus in sinum excisus est parum profundum, aeque circiter atque labium latum, sub quo sinu epigyne in latere postico foveâ ornatur transversâ, modice recurvatâ, quae melius paullo a parte posteriore perspicitur quam ab inferiore; margo posticus huius foveae utrimque tenuis corneus est, in medio autem dilatatus in foveam ingreditur et tubercula duo transversa cornea nitida flavida disiungit, quibus partes laterales foveae replentur.

Tigellinum, genus a Cel. E. Simonio a. 1884 institutum, coniungendum censeo cum generibus: *Walckenaëra* (Blackw.), *Wideria* E. Sim., *Prosopotheca* E. Sim., *Cornicularia* (Menge), quae etiam teste Cel. Simonio inter se parum differunt et difficilius distinguuntur (Cfr. Histoire naturelle des Araignées, edit. 2, v. I. p. 625).

Walckenaëra saxicola Cambr., quam Cel. E. Simon generi *Tigellino* subiunxit, parum affinis est *Walckenaëris* et inter *Trichoncos* apte collocata videtur.

Walckenaëra unicornis Cambr.

Walckenaëra unicornis O. Cambridge 1861. Discriptions of ten new species of spiders recently discovered in England (Ann. a. Mag. Nat. Hist., 3 ser. v. VII) p. 437. — Blackwall 1864. A History of the Spiders of Great Britain and Ireland, p. 293, f. 207. — *Micryphantes stylifer* Ohlert 1867. Die Araneiden oder echten Spinnen der Provinz Preussen, p. 54, 66. — *Cornicularia monoceros* Menge 1869. Preussische Spinnen, p. 226, t. 125. — *Cornicularia unicornis* E. Simon 1884. Les Arachnides de France, v. V, p. 846, f. 780—782.

Unguiculi pedum in hac specie ut in aliis *Walckenaëris* pectinati sunt, pilus „acusticus" metatarsi IV. in mare circiter in $^3/_5$, in feminâ in $^2/_3$ longitudinis situs est. — Feminae series oculorum anterior recta, oculorum posteriorum margines postici lineam designant procurvam; dorsum cephalothoracis a margine postico usque ad oculos arcum format parum inaequabilem. Epigynae (tab. I. fig. 29) pars media sulco acuto antice et in lateribus definita, paullo longior quam latior, totam fere longitudinem epigynae occupat, cornea est, convexa, supra partes vicinas paullulum elevata, lateribus leviter rotundatis aut fere rectis, modo in universum fere parallelis, modo posteriora versus inter se paullo appropinquantibus, postice late rotundata, antice in sinum· profundum excisa. — Mas similis est imprimis *Walckenaërae Kochii* (Cambr.), ut haec inter oculos medios processu ornatur parvo, erecto, apice dilatato et supra in longitudinem sulcato; palporum pars tibialis (tab. I. fig. 28) etiam similis, supra processibus duobus longis ornata, a basi anteriora versus et paullo foras et sursum directis, circiter usque ad medium inter se contingentibus aut proximis saltem; processus interior sive inferior, qui ut in *W. Kochii* in latere interiore pone basim dente acuto ornatur, convexitatem laminae tarsalis sequitur, ceterum autem paene rectus est; processus exterior apicem versus ab interiore subito discedit foras et anteriora versus et deorsum directus, non procul ab apice subter in latere antico leviter dilatatus est, ramo illo, quo processus respondens *W. Kochii* in latere exteriore instructus est (tab. I. fig. 27), foras et deorsum directo, caret.

Trichoncus scrofa E. Sim.

Trichoncus, quem *Tr. scrofam* E. Sim. appellavi, fortasse plane alia species est, si quidem Cel. E. Simon palpum *Tr. scrofae* recte delineavit in: Les Arachnides de France, v. V. p. 467, f. 242. Palpum maris a Cel. B. Kotula in Austria inveni, quem sine dubitatione *Tr. scrofae* Hungarico subiungo, non possum ita ante oculos ponere, ut figura commemorata cum eo conveniat. Minus discrepat mas hic a descriptione Cel. E. Simonii, quam ob rem nomen „scrofa", quamquam dubium, in praesens tempus retineo. Pars tibiatis (tab. I. fig. 30) exempli nostri a basi fortiter campanulato dilatata est, processibus duobus ornatur; processus exterior brevis et valde latus, totum latus exterius occupat et partem exteriorem lateris superioris (subter pars tibialis apice oblique truncata est, versus latus exterius sensim longior, ita ut processus, de quo agitur, infra nullo sinu aut incisurâ evidentiori definiatur); desuper adspectus processus hic anteriora versus et foras directus videtur, neque anteriora versus, ut in figurâ E. Simonii, apice minus oblique quam in figurâ hac truncatus, angulo interiore bene expresso quidem, sed non producto. Alter processus tibialis in latere interiore situs est, longus valde, angustus, basi intus et paullo anteriora versus directus, anteriora versus, denique foras et paullulum retro curvatus; ubi anteriora versus curvatur, subter leviter angustatus est ita, ut dente obtuso, parum perspicuo ornetur; ceterum ubique aequali est latitudine, apice paullo oblique truncatus. Lamina tarsalis apicem versus modice angustata videtur, lateribus paullulum excavatis, apice truncata angulis rotundatis, quum desuper et paullo a latere interiore adspicitur. Inter processus tibiales lamina tarsalis carinâ acutâ ornatur, processui interiori fere parallelâ et apicem eius fere attingenti. Bulbus genitalis similis atque in *Tr. affini* Kulcz.

Hylyphantes nigritus (E. Sim.)

Erigone nigrita E. Simon 1882. Descriptions d'Arachnides nouveaux du genre Erigone (Bull. Soc. zool. France p. l'a. 1881). p. 223. — *Hylyphantes nigritus* E. Simon 1884. Les Arachnides de France, v. V. p. 464.

Cel. E. Simon *Hylyphantam*, genus a se ipso a. 1884 institutum, postea cum *Porrhommate* coniunxit[1]), quod probare non possum. Speciem typicam generis *Porrhommatis: P. Proserpinam* E. Sim. non novi quidem; in speciebus ei maxime affinibus, quas vidi (*P. Egeria* E. Sim., *P. erranti* (Blackw.), *P. microphthalmo* (Cambr.), *P. pygmaeo* (Blackw.)), tibiae anteriores in utroque latere aculeo 1 ornantur, neque inermes sunt, ut apud Cel. E. Simonium l. c. p. 697 legimus; femora antica saltem aculeo 1 armantur. Species, quae aculeis lateralibus in tibiis anterioribus carent, a propriis *Porrhommatibus* segregandae mihi videntur et aliis subiungendae generibus, ut iam in „Araneae Hungariae" proposui (*Porrhomma glaciale* (L. Koch) generi *Micronetae*, *P. montigenum* (L. Koch) *Hilairae*, *P. adipatum* (L. Koch) *Macrargo* adscribenda censeo). Pedum armaturâ differt *Hylyphantes nigritus* non solum a *Porrhommatibus* propriis sed etiam a *Linyphieis* plerisque, ab illis tibiis anterioribus supra solum aculeis 1.1, neque in lateribus, ornatis et femoribus inermibus, ab his tibiis posterioribus supra aculeo unico instructis. Genus hoc itaque sustentandum et *Erigoneis* potius quam *Linyphieis* adscribendum censeo.

Hylyphantes nigritus habitu similis est quidem *Lephthyphantis* et *Bathyphantis* quibusdam, quod tamen attinet notas, quibus in tabulâ synopticâ *Therididarum* Hungaricorum usus sum, femina cum *Gongylidio*, mas cum *Neriena* (= *Kulczyńskiello*) convenit. A *Gongylidio nigri-*

---

[1]) Histoire naturelle des Araignées, ed. 2., v. 1. p. 701.

canti differt femina *Hylyphantae* praeter alia areâ oculorum mediorum postice vix quartâ parte, sive multo minus quam diametro oculi latiore quam antice, quum area haec in *Gongylidio* postice dimidio sive totâ diametro oculi latior sit quam antice. Maris *Hylyphantae* patellae anticae quartam partem tibiarum longitudinae non superant, in *Kulczyńskiellis* mihi notis *(agresti* (Blackw.), *apicato* (Blackw.), *fusco* (Blackw.), *gibbifero* (Kulcz.), *gibboso* (Blackw.), *retuso* (Blackw.), *tuberoso* (Blackw.)[1]), patellae I. tertiâ parte tibiarum constanter non breviores sunt.

Epigyne (tab. I. fig. 34) posterius in medio sat profunde et late in longitudinem impressa est, et utrimque in tuberculum elevata intus modo et postice bene, antice autem et in latere exteriore parum definitum, rotundatum; apicem totum tuberculorum foveola occupat sat profunda, rotundata, — in exemplis nostris saltem. — Palpi maris (tab. I. fig. 31, 32) parte patellari duplo longiore quam in medio lata est, a basi apicem versus levissime dilatata; pars tibialis dimidiam patellarem longitudine parum superat, pone basim multo angustior et apice non latior est saltem quam apex partis patellaris, quum desuper adspicitur, aeque longa atque apice lata, apicem versus leviter modo dilatata; margo eius apicalis in sinus duos non profundos excisus, quorum alter, minor, paullo inaequilaterus, supra in parte interiore iacet, alter latior et fere aequilaterus totum latus interius occupat. Paracymbium latum, bulbo genitali adpressum, facile pro parte bulbi ipsius haberi potest; lamina tarsalis in margine exteriore pone basim in sinum profundum impressa. Bulbus genitalis a latere exteriore visus prope apicem processu ornatur corneo, anteriora versus et deorsum directo, leviter sursum curvato, latitudine aequali, apice obtuso; aliam partem insignem bulbi processus format in apice fere medio situs, anteriora versus et paulo deorsum et intus directus, crassus corneus niger, in cochleam contortus.

Centromerus vindobonensis n. sp.

Femina.

Cephalothorax 1·2 mm longus, 0·96 latus, ad palporum basim, ubi leviter modo sinuatus est, 0·62 latus, fronte 0·42 latâ, omnium subtilissime reticulatus, nitidus; dorsum supra sublibratum et parum inaequale, antice oculos versus leviter descendens, posterius levissime excavatum.

---

[1] *Kulczyńskiellum tuberosum* (Blackw.), quod secundum Cel. E. Simonium transitum format inter *Nerienam* et *Trachygnatham* (Hist. nat., 2 edit., p. 634); mandibulis maris dente in dorso ornatis ad *Trachygnatham dentatam* (Wid.) accedit quidem, ceterum tamen propter clypeum non reclinatum et secundum palporum maris et epigynae fabricam manifesta et non dubia species generis „*Kulczyńskiellum*" mihi videtur.

Area *oculorum* 0·40 lata, series posterior leviter procurva, oculi magni, fere aequales, inter se paullulum plus quam radio remoti; series anterior modice procurva : marginibus superioribus oculorum lineam designantibus levissime procurvam; oculi medii posticis mediis circiter ¼ (in diametro) minores, intervalla subaequalia, radio oculorum mediorum fortasse paullulum minora; area oculorum mediorum postice non totâ diametro oculi latior quam antice et parum latior quam longior. *Clypeus* sub oculis mediis paullo humilior quam area horum oculorum longa, perparum in longitudinem excavatus et parum proiectus. *Mandibulae* clypeo duplo et dimidio longiores, ut cephalothorax reticulatae et nitidae, apice intus rotundato angustatae, ornatae in sulci unguicularis margine antico dentibus fortibus 3 late distantibus, in angulo et in margine apicali sitis, postice vero in margine apicali denticulis minutis ca. 6 inter se proximis. *Maxillae* lateribus exterioribus fere parallelis. *Sternum* pilis dispersis ornatum, fere laeve, nitidum. *Femora* I. aculeis duobus, supra et in latere antico, femora II. aculeo 1 supra, patellae omnes in apice aculeo 1, tibiae omnes supra aculeis 1.1 ornatae (aculei hi in pedibus anterioribus longitudine et crassitudine minus a pilis differunt, quam in pedibus posterioribus), tibia I. in latere antico paullo pone medium aculeo 1 instructa. Pedum I. femur ca. 1·1, patella 0·39, tibia 1·0, metatarsus 0·88, tarsus 0·62, pedum II. partes : ca. 0·9, 0·36, 0·88, 0·81, 0·54, pedum III.: ca. 0·85, 0·32, 0·70, 0·71, 0·45, IV.: ca. 1·2, 0·36, 1·20, 0·98, 0·52 longae. *Abdomen* 1·9 longum, 1·3 latum, formâ vulgari, modice longe pilosum. *Epigyne* (tab. I. fig. 35, 36) insigniter retro producta, processum format latum, deplanatum, rugosum, ventri parallelum, qui quum ab imo adspicitur, trianguli formam fere habet lateribus paullulum sinuatis, apice rotundato et in apiculum breve rotundatum producto; subter in parte apicali processus hic anguste excisus est in longitudinem et „clavum" continet angustum excavatam, marginibus elevatis.

Cephalothorax rufo-flavus, colore umbrino sat fortiter suffusus, margine nigricanti, ornatus in parte cephalicâ posticâ maculâ umbrinâ, cum oculis posticis lateralibus lineis subrectis coniunctâ, modice expressâ; oculi postici medii colore nigro cincti, laterales bini et antici medii in maculis nigris siti. Mandibulae colore cephalothoracis, palpi et pedes eo paullo pallidiores, sternum umbrinum, obscurius marginatum. *Abdomen* obscure umbrinum.

M a s ignotus.

Micryphantes equester (? L. Koch).

?*Erigone equestris* L. Koch 1884. Beschreibungen neuer von Herrn Dr Zimmermann bei Niesky in der Oberlausitz entdeckter Arachniden (Abhandl. naturf. Gesellsch. Görlitz, v. 17) p. 48. f. 3.

Micryphantes, quem *equestrem* L. Koch esse censeo, insignis est processu, quo basis laminae tarsalis (tab. I. fig. 39, 40, 41) in latere interiore infra ornatur, magno, in universum conico, retro et paullo intus directo, a basi usque ad medium modice attenuato, a medio, ubi leviter sursum fractus est, crassitudine fere aequali, apice obtuso. Laminae tarsalis pars basalis externa, mobilis, sive paracymbium, ita ab ea abscissa est, ut pars tibialis cum lamina tarsali propriâ in latere interiore palpi contingat, in palpo desuper adspecto autem ab eâ paracymbio disiungatur (cfr. figuram 3 l. c. Dris L. Kochii, in quâ Auctor celeberrimus probabiliter e parte tarsali laminam tarsalem propriam solam, non vero paracymbium, neque bulbum genitalem delineare voluit). Apex partis tibialis supra in sinum latum non profundum excisus. Lamella bulbi genitalis, quae cum parte apicali adscendenti paracymbii contingit (cfr. tabulam synopticam *Micryphantarum* in op.: Araneae Hungariae, v. II. p. 87), basi lata, in latere exteriore subito angustata et in sinu hoc dente magno triangulari, anteriora versus et foras directo ornata; partis eius expicalis, angustioris, latus interius rectum, exterius late et paullo inaequabiliter arcuatum, apex acutus.

A *Micryphantis*: *cornigero* (Blackw.) et *retroverso* (Cambr.) differt *M. equester* processu laminae tarsalis non supra sed in latere interiore sito.—Valde affinis est *M. equestri M. gulosus* (L. Koch) sive *M. Grouvellei* (Cambr.), differt tamen processu laminae tarsalis ita curvato, ut in palpo desuper adspecto apice intus directus videatur (tab. I. fig. 37), et formâ lamellae bulbi genitalis cum paracymbio contingentis (tab. I. fig. 38); haec a basi, ut in *M. equestri*, in latere exteriore subito angustata est, dente tamen caret; pars eius angustior in latere exteriore dentibus corneis acutis duobus ornatur. In utraque specie metatarsi I. crassiores sunt quam II. et fusiformes, praesertim quum a latere adspiciuntur.

Micryphantes equester simillimus videtur *Nerienae sublimi* Cambr. (*Micronetae sublimi* F. Cambr. [1]), imo fortasse ab ea non differt, quod tamen e descriptionibus et imaginibus *Nerienae sublimis* ad hoc tempus in lucem editis decerni non potest.

Sintula (E. Sim.).

Species. quas generi *Sintulae* adnumero, nil sunt nisi *Micryphantae* in latere postico tibiarum anteriorum aculeo singulo ornati. Non convenit itaque *Sintula* noster cum *Sintula* Cel. E. Simonii, et novo nomine appellandus videtur; quum tamen systema *Linyphiinarum* longe

---

[1] Fr. O. P Cambridge, Descriptive Notes on some obscure British Spiders cet. (Ann. a. Mag. Nat Hist 1891. Jan.) p 83.

nunc absit a perfectione et mutationes non laeves ei impedeant, nova nomina, quantum fieri potest, vitanda censeo, ut quae olim non parvâ ex parte synonyma sint evasura.

Sintula aërius (Cambr.).

Notandum censeo, *Sintulam*, quem *aërium* (Cambr.) appello, paullo discrepare a descriptionibus et figuris *Linyphiae aëriae* a Rev. O. P. Cambridgio editis. Dorsum *Sintulae aërii* nostri paullulum modo impressum est inter partes cephalicam et thoracicam, epigyne deorsum et retro, neque deorsum et anteriora versus directa, lamina tarsalis maris dorso evidenter angulato (cfr. figuram 36 b in.: Araneae Hungariae, v. II. tab. III) neque aequabiliter arcuato, quum a latere adspicitur. Nihilominus dubitare non possum, quin *Sintula* hic vera sit *Linyphia aëria* Cambr., hoc enim nomine eum appellavit ipse Rev. O. P. Cambridge, qui precibus meis indulgens quindecim ante annis multas *Erigonas* et *Linyphias* a me in Poloniâ collectas, summâ cum liberalitate atque benevolentiâ examinavit. Exempla Anglica *Linyphiae aëriae* a Rev. O. P. Cambridge determinata, misit mihi lubentissime Cel. T. Thorell.

Sintula simplex n. sp.

Femina.

Cephalothorax 0·75 mm. longus, 0·54 latus, supra palporum basim, ubi leviter modo sinuatus est, ca. 0·36 latus, areâ oculorum 0·27 latâ, fronte cum lateribus partis cephalicae in arcum parum inaequabilem coniunctâ, serie oculorum anticorum, quorum laterales desuper adspecti marginem cephalothoracis attingere videntur, 0·26 longâ. Declivitas dorsi postica longa, pars anterior levissime anteriora versus adscendit, inter partem cephalicam et thoracicam levissime modo excavata; clypeus paullo proiectus, margo eius tamen, quum desuper adspicitur cephalothorax, non prominet ultra oculos anticos; subtilissime reticulatus est cephalothorax, sat nitidus. *Oculi* magni prominentes; series posterior paene recta, oculi medii lateralibus paullulum maiores, ab eis paullo minus, inter se insigniter minus quam diametro remoti; series anterior levissime recurvata, oculi medii posticis mediis parum minores, inter se fortasse $^1/_3$ diametri, a lateralibus paullo plus quam radio remoti. Area oculorum mediorum postice paullo plus quam radio oculi latior quam antice, parum longior quam latior; clypeus sub oculis mediis dimidiam longitudinem areae horum oculorum parum superat altitudine. *Mandibulae* clypeo circiter triplo longiores, subtilissime reticulatae, nitidae, apice oblique truncatae angulo late rotundato, ornatae in sulci unguicularis

margine antico dentibus fortibus 5, in postico dentibus parvis 4 inter
se appropinquatis. *Maxillae* lateribus exterioribus sas fortiter anteriora
versus inter se appropinquantibus. *Sternum* 0·47 longum, 0·39 latum,
subtiliter reticulatum, modice nitens, usque ad marginem posticum coxarum IV. productum (quum directo a parte inferiore adspicitur), ita
ut coxae hae circiter latitudine suâ inter se distent. *Fedum* I. femur
0·65, patella 0·22, tibia 0·58, metatarsus 0·52, tarsus 0·42, pedum II.
partes: 0·57, 0·20, 0·49, 0·47, 0·36, pedum III.: 0·45, 0·18, 0·37, 0·39,
0·30, IV.: 0·65, 0·18, 0·58, 0·53, 0·36 longae. Patellae in apice aculeo 1,
tibiae supra 1.1, anteriores etiam in dimidio apicali lateris postici
aculeo 1 ornatae, reliquae partes inermes. Metatarsi 6 anteriores pilo
„acustico" ornati, spatio non magno a basi remoto; metatarsi IV. carent pilo acustico. *Abdomen* 1·4 longum (mamillis exclusis), 0·75 latum,
ovatum postice latius. *Epigyne* (tab. I. fig. 45, 46) magna, a latere
visa processum format retro et deorsum directum, aeque circiter longum
ac latum, a basi apicem versus modice angustatum, apice inaequabiliter
rotundatum et apiculo rotundato ornatum; a parte inferiore adspecta
epigyne posteriora versus modice producta in processum multo latiorem
quam longiorem, margine postico late et parum inaequabiliter arcuato;
processus hic, sat fortiter complanatus, apice in sinum excisus est
transversum, aeque fere latum atque spatium a mamillis infimis occupatum, aliquoties latiorem quam longiorem, leviter procurvum; sinus huius
margo anticus inaequalis est, in medio in angulum parvum excisus, utrimque leviter arcuatus procurvus, in parte extremâ arcuato cum margine
laterali brevi incurvato coniunctus. Sinus lamellâ repletur convexâ,
leviter procurvâ, quae a parte posticâ inferiore adspecta triplo saltem
latior quam longior videtur, apice utroque rotundato, margine postico
aequabiliter arcuato, antico autem in lobos tres rotundatos diviso, quorum medius lateralibus minor; a parte inferiore anticâ adspectus lobus
medius lamellae paullo magis quam laterales prominet et in epigynâ
a latere visâ apiculum illud format, quod supra commemoravimus.

Cephalothorax rufescenti-umbrinus, nigro marginatus, in parte
cephalicâ posticâ plerumque maculâ ornatus obscuriore, lineas duas emittenti oculos laterales posticos versus aut etiam lineam mediam; oculi
colore nigro cincti. Mandibulae colore cephalothoracis aut paullo obscuriores; palpi toti nigricantes aut parte tibiali et tarsali saltem colore nigro
suffusâ; pedes rufo-flavidi; sternum umbrinum, colore rufo suffusum.
Abdomen umbrinum, subter obscurius quam supra.

M a s (probabiliter huius speciei).

Cephalothorax 0·80 longus, 0·60 latus, supra palporum basim non
evidentur sinuatus et 0·40 latus, areâ oculorum 0·28 latâ. *Oculi* postici

medii lateralibus evidentius maiores quam in feminâ, ab eis radio saltem, inter se ne radio quidem remoti; oculi medii antici posticis evidenter minores; area oculorum mediorum postice insigniter plus quam
radio oculi latior quam antice, vix longior quam latior. Clypeus sub
oculis mediis quam dimidia area horum oculorum paullo altior. *Mandibulae* clypeo non triplo longiores, circiter a $^2/_3$ longitudinis intus oblique truncatae et levissime excavatae, angulo parum rotundato, sulco
unguiculari antice in angulo et prope eum dentibus tribus (et fortasse
quarto minuto), postice prope angulum fortasse granulis duobus ornato,
ceterum inermi et ad basim unguis modo antice et postice in dentem
brevem latum dilatato, qui dentes a latere non conspiciuntur. *Palporum*
(tab. I. fig. 42, 43, 44) pars femoralis basi in latere interiore denticulo parum perspicuo ornata, ceterum formâ ordinariâ; pars patellaris
fere sescuplo longior quam latior, ad apicem setâ ornata aeque circiter
atque dorsum partis tibialis longâ, sat forti, paene rectâ; pars tibialis
supra circiter sescuplo longior quam patellaris, desuper visa quartâ parte
saltem longior quam latior, a basi apicem versus modice, paullo campanulato dilatata, margine apicali in angulum fracto quam rectus paullo
minorem, apice rotundatum, crure interiore magis in longitudinem directo et leviter arcuato, crure exteriore magis in transversum directo
et paullo inaequali; dorsum partis tibialis apicem versum impressione
ornatur latâ profundâ, anteriora versus et foras directâ, margini apicali
interiori parallelâ, fundo versus eum marginem sensim adscendenti; in
margine exteriore fovea haec margine valde praerupto, fortasse impend-
denti definitur, qui prope ab apice partis tibialis subito foras curvatus
arcuato descendit et denique cum margine apicali in latere exteriore
in dentem brevem deorsum fere directum coniungitur. A parte posticâ
simulque paullo desuper et a latere interiore adspecta pars tibialis apice
in dentes duos desinere videtur, quorum interior insigniter longior et
angustior est quam exterior; a latere visa subter fortiter convexa est
haec pars, dorso vero anteriora versus insigniter adscendenti et paene
recto. Lamina tarsalis paullo longior quam dorsum partis patellaris cum
tibiali, desuper visa fere triangularis apice late rotundato, latere interiore
leviter arcuato, latere exteriore in angulum obtusum, apice rotundatum
fracto, basi adeo obliquâ, ut cum parte basali lateris exterioris in arcum parum inaequabilem confluat; ad marginem exteriorem posteriorem
lamina tarsalis impressione sat magnâ et profundâ sed parum definitâ
ornatur, in latere interiore basi lobum deorsum directum emittit, in latere
exteriore pone medium subito ita angustior fit, ut dente recto fere ornetur. Paracymbium magnum, in palpo desuper adspecto basis laminae
tarsalis cum margine apicali partis tibialis in dimidio interiore solum

contingit, in exteriore ab eo parte paracymbii quadam disiungitur; pars paracymbii apicalis adscendens superius paullo anteriora versus directa, lata, extrinsecus leviter modo concava est, apice obtusa, margine antico paene recto, postico inaequabiliter arcuato; inferius margo anticus partis huius non latus reflexus est et rugosus. *Bulbus genitalis* magnus, implicitus, fabricâ simili atque ex. gr. in *Lephthyphantis*; lamella, quae „lamellae characteristicae" *Lephthyphantarum* respondet, cum margine antico partis adscendentis paracymbii contingens, oblonga lata, margine exteriore toto convexo (ut in *Sintulâ aërio*, neque basi dilatato, ut in *Micryphanta fuscipalpi, rurestri* cet.), cum margine interiore, qui rectus fere est et obliquus et paullulum inaequalis, in angulum mediocriter acutum coëunti; in latere interiore baseos lamella haec in aliam quandam lamellam bulbi abit, quae dentem magnum acutum gracilem, anteriora versus et intus directum simulat, quum bulbus a latere exteriore inferiore adspicitur; lamella cornea, prope a latere interiore bulbi sita, margini laminae tarsalis in universum parallela, totam bulbi longitudinem occupans, a latere interiore parum curvata videtur, pone medium in margine superiore dente obtuso ornata, apicem versus leviter dilatata, obtusa. Inter has lamellas bulbus valde inaequalis est et lamellis quibusdam ornatur difficilibus ad describendum. In parte anticâ exteriore bulbi lamella cornea iacet paene transverse posita, lata, angulo superiore exteriore in uncum latum brevem producto. Pedum I. femur ca. 0·73, patella 0·21, tibia 0·70, metatarsus 0·63, tarsus 0·47, pedum II. partes: ca. 0·68, 0·19, 0·60, 0·55, 0·41, pedum III.: ca. 0·54, 0·16, 0·42, 0·42, 0·32, IV.: ca. 0·76, 0·18, 0·70, 0·65, 0·39 longae. *Abdomen* 1·0 longum, 0·6 latum. Ceterum in marem quadrant ea, quae de formâ feminae diximus, mutatis mutandis.

Color.idem atque feminae, palpi colore nigro suffusi.

Sintula affinis n. sp.?

Femina praecedenti speciei simillima, differt ab eâ fortasse oculis mediis posticis paullo maioribus (oculi hi lateralibus evidenter maiores esse, inter se paullo minus quam radio, a lateralibus paullo plus quam radio distare videntur) et imprimis formâ epigynae. Haec (tab. I. fig. 47, 48) processum format retro et deorsum directum, paullo latiorem quam longiorem, quum a latere adspicitur, apicem versus modice angustatum, apice truncatum, angulo antico rotundato, postico autem in apiculum parvum rotundatum producto. Minus deplanata est haec epigyne quam in specie antecedenti, apice in sinus duos excisa rotundatos, paullo obliquos, in parte posticâ interiore paullo angulatos, quum ab imo adspiciuntur. Sinus hi lamellis formâ eâdem

replentur, inter se septo disiunguntur paullo quam ipsae latiori, in longitudinem convexo, in transversum plano, postice leviter exciso in sinum
minutum, quem occupat apiculum rotundatum, supra dictum.　Sinus et
septum coniunctim spatium occupant paullo angustius quam ambae mamillae infimae simul sumptae. — Epigyne *Micryphantarum: rurestris* C.
L. Koch, *fuscipalpis* C. L. Koch, *gulosi* (L. Koch) (*Grouvellei* (Cambr.)),
nigripedis (E. Sim.) valde similes sunt epigynae *Sintulae affinis*, carent
tamen apiculo prominenti et apice rotundatae videntur, quum a latere
adspiciuntur.

Feminae cephalothorace 0·76 longo, 0·58 lato, pedum I. femur ca.
0·68, patella 0·23, tibia 0·63, metatarsus 0·60, tarsus 0·44, pedum II.
partes: ca. 0·65, 0·21, 0·54, 0·52, 0·36, pedum III: ca. 0·55, 0·18,
0·40, 0·42, 0·33, IV.: ca. 0·71, 0·19, 0·65, 0·60, 0·39 longae, abdomen
1·4 longum, 0·9 latum.

M a s ignotus.

Sintula montanus n. sp.

F e m i n a *Sintulae simplici* simillima, paullo maior, cephalothorace
0·83 mm. longo, 0·60 lato, supra basim palporum non evidenter sinuato,
areâ oculorum 0·30 latâ. *Oculi* medii postici lateralibus evidenter maiores, ab eis paullo plus 'quam radio, inter se vix radio remoti, medii
antici posticis evidenter sed non multo minores, inter se ca. $^1/_3$ diametri, a lateralibus circiter radio remoti; area oculorum mediorum plus
quam radio oculi latior postice quam antice, aeque fere longa ac lata;
clypeus in medio altitudine circiter $^3/_4$ areae oculorum mediorum aequat
Mandibulae clypeo duplo longiores, apice intus rotundato angustatae.
Maxillae lateribus exterioribus leviter appropinquantibus inter se anteriora versus. *Sternum* 0·47 longum, 0·42 latum. Pedum I. femur 0·76,
patella 0·23, tibia 0·66, metatarsus 0·62, tarsus 0·49, pedum II. partes:
0·71, 0·22, 0·57, 0·54, 0·42, pedum III.: 0·62, 0·19, 0·45, 0·29, 0·32,
IV.: 0·80, 0·23, 0·68, 0·63, 0·40 longae. *Abdomen* 1·4 longum, 0·9
latum. *Epigyne* (tab. II. 49, 50) a latere visa processum format crassum, retro et deorsum directum, pariete inferiore paullo excavato, apice
truncatum angulis rotundatis. A parte anticâ inferiore adspecta epigyne
trapezica fere, insigniter latior quam longior, apicem versus modice
angustata, apice latiori quam ambae mamillae infimae simul sumptae,
utrimque arcum formanti fortiter curvatum convexum, in medio in angulum exciso acutum, cuius fundus solus apiculo parvo rotundato repletur; pars enim apicalis epigynae sulco recurvato modice expresso definita in tubera duo elevata est in transversum fortiter convexa; apicem
epigynae (quam ?　　　posticâ inferiore adspicias!) lamellae occupant

duae fere transverse (paullo oblique) positae, ovatae, in parte exteriore latiores, et ligulâ eis interiecta, multo angustior (apiculum supra dictum). Ceterum in speciem hanc ea quadrant, quae de femina *S. simplicis* diximus.

Bathyphantes gracilis (Blackw.).

Species haec paullo variare videtur pedum armaturâ: femora III. non semper inermia sunt, ut in tabulâ synopticâ *Bathyphantarum* Hungaricorum scripsi (Araneae Hungariae, v. II. p. 72 et 73), sed nonnunquam aculeo 1 armantur. A Cel. Fr. O. P. Cambridgio femora haec inermia describuntur [1]), a Cel. T. Thorellio [2]) et E. Simonio [3]) contra aculeata.

Bathyphantes mastodon E. Sim.

Bathyphantes cyaneonitens, quem secundum exemplum unicum in Tirolia captum descripsi [4]), synonymum certo est *B. mastodontis* E. Sim. Feminae subadultae in Austriâ cum maribus *B. mastodontis* captae simillimae saltem sunt *B. cyaneonitenti*; etiam epigyne, quantum fabrica eius per cuticulam, quâ obtegitur, conspici potest, non differre videtur ab epigynâ *B. cyaneonitentis*. Notandum tamen censeo, figuras 100 et 101 a Cel. E. Simonio editas in „Les Arachnides de France" v. V. p. 333, non bene quadrare in *B. cyaneonitentem* (cfr. figuram 46 nostram l. c. tab. VII.), cuius epigyne ventri adpressa est, in exemplis, quae vidi, saltem, neque ita erecta ut in fig. 101; a parte p o s t i c â adspecta similis est ea quodammodo figurae 100, sed praeter lamellam mediam — multo angustiorem quam in hac figurâ — lamellas duas laterales ostendit, insigniter minores et angustiores, plus minus triangulares.

Mas non parum maior quam femina (illius cephalothorax fere 0·8, huius paullo plus quam 0·6 longus), formâ palporum valde insignis: lamina tarsalis supra eminentiis duabus maximis, conicis fere, sursum et retro directis ornata, quarum altera ad basim in parte interiore iacet, altera paullo minor, priori proxima, a basi magis remota et lateri exteriori paullo propior; margo interior laminae tarsalis profunde et late excisus. Bulbus genitalis (tab. II. fig. 51) lamellâ instructus maximâ, in parte interiore initium capienti, a basi intus et paullo retro directâ, aequabiliter fere in semicirculum anteriora versus curvatâ, apicem bulbi attingenti, latâ, sulco in longitudinem directo in partes duas divisâ, quarum interior paullulum brevior, apice obtusa, exterior acuminata.

---

[1]) New and obscure British Spiders. Ann. a Mag. Nat. Hist. ser. 6 v. X. 1892.
[2]) Remarks on Synonyms... p. 442.
[3]) Les Arachnides de France, v. V. p. 345.
[4]) Symbola ad faunam Arachnoidarum Tirolensem.

Lephthyphantes geniculatus n. sp.

M a s.

Cephalothorax 1·2 mm. longus, subtilissime reticulatus. Series posterior *oculorum* recta, oculi subaequales, inter se minus quam diametro
remoti; series anterior modice recurvata, oculi medii lateralibus et mediis posticis insigniter minores, inter se fortasse ¹/₄ diametri, a lateralibus diametro saltem remoti; area oculorum mediorum postice fere diametro oculi latior quam antice et aeque fere lata atque longa; clypeus
medius aeque altus atque area oculorum mediorum longa. *Mandibulae*
paullo plus duplo longiores quam clypeus altus, subtiliter reticulatae,
apice intus sat longe truncatae et leviter modo rotundatae, ornatae in
sulci unguicularis margine antico dentibus tribus. *Palporum* (tab. II.
fig. 57, 58) pars femoralis formâ vulgari; pars patellaris desuper visa
circiter ¹/₅ longior quam latior, a latere adspecta aeque fere alta atque
supra longa, fortiter enim incrassata est in conum, cuius apex duplo
longius distat a basi quam ab apice partis; una cum hoc cono pars tibialis duplo altior quam basi et paullo plus duplo quam apice crassa est,
eius dorsum inter basim et coni apicem leviter convexum, latus anticum
coni autem rectum fere (levissime excavatum). Apex coni setâ instructus
longâ, sat forti, leviter curvatâ. Pars tarsalis magna. Lamina tarsalis
basi in latere interiore in tuber retro producta compressum, paullo oblique positum, apice paullulum latius quam basi, quum a latere adspicitur, et ita oblique truncatum, ut infra altius evadat quam supra; desuper et paullo a parte interiore adspectum tuber hoc apice levissime
bilobum videtur; ceterum caret lamina tarsalis eminentiis evidentioribus.
Paracymbium magnum, valde inaequale; eius lamina externa sive reflexa
in margine superiore dente forti oblongo, sursum et anteriora versus directo ornata, qui dens a latere visus apicem versus parum inaequabiliter angustatus videtur, re vera in margine superiore intus ante medium
dilatatus est in angulum acutum, qui desuper conspicitur. Pars paracymbii apicalis lata, non procul a laminâ externâ in tuberculum latum elevata, ceterum parum inaequalis. *Bulbus genitalis* fabricâ simili atque
in *Lephthyphantis* plerisque; lamella characteristica mediocri longitudine,
apicem bulbi longe non attingit, taeniam format parum latam, anteriora
versus et foras directam, modice sigmoideam, cum parte paracymbii
latâ contingentem, ab eius parte apicali sat late disiunctam, apice in
uncum corneum, modice procurvum contractam. Cum basi lamellae characteristicae processus duo elongati coniunguntur, plus minus paralleli;
eorum alter profundius situs aeque fere longus est atque lamella characteristica, apicem versus membranaceus, apice fimbriatus, alter insigniter
brevior, apice oblique rotundato truncatus et minutissime denticulatus.

Pedum I. femora aculeo 1 brevi in lateris antici dimidio apicali armata, reliqua femora inermia; patellae omnes aculeo 1, tibiae supra 1·1, anteriores etiam in utroque latere in dimidio apicali aculeo 1, metatarsi omnes aculeo 1 instructi. Pedum I. patella 0·37, tibia 1·36, metatarsus 1·35, tarsus 0·91, pedum II. partes respondentes: 0·36, 1·23, 1·17, 0·78, pedum III.: 0·29, 0·78, 0·97, 0·62, IV.: 0·32, 1·40, 1·36, 0·78 mm. longae. *Abdomen* 1·4 longum, 0·8 latum, formâ vulgari.

Cephalothorax cum mandibulis palpis pedibus rufo-flavidus, nigro marginatus, oculi colore nigro cincti: sternum parum obscurius quam pedum coxae. *Abdomen* umbrinum.

F e m i n a ignota.

Affinis est haec species *Lephthyphantae angulipalpi* (Westr.), sine negotio tamen ab eo distinguitur staturâ maiore et imprimis formâ paracymbii et lamellae characteristicae.

Magis quam *L. angulipalpis* verus similis est *L. geniculato Lephthyphantes* in Bavaria occurrens, cuius exempla duo, *L. angulipalpis* nominata, Cel. Dr. L. Koch benigne mihi olim misit lustranda. Huius *Lephthyphantae*, quem **L. Kochii** appello, paracymbium dente in margine lamellae replicatae et basis laminae tarsalis tubere apice levissime bilobo ornatur, ut in *L. geniculato*, sed lamella characteristica in dentes acutos duos desinit et locum processuum basi cum eâ connatorum, quorum supra mentionem feci, alius processus brevis apice bidentatus tenere videtur (cfr. figuras 52, 53, 54, secundum exemplum a Cel. L. Kochio communicatum olim delineatas).

Lephthyphantes angulipalpis Cel. E. Simonii differt a *L. geniculato* secundum descriptionem et figuras[1]) staturâ minore, metatarsis posterioribus inermibus, serie oculorum anticâ rectâ, paracymbii et lamellae characteristicae formâ. Fortasse *Lephthyphantes* hic idem est atque *L. Kochii*, quod tamen affirmare non audeo.

Femina *L. Kochii* differt a *L. angulipalpi* epigynâ basi non angustatâ et clavo eius multo latiore (cfr. fig. 55, 56).

Lephthyphantes (?) nanus n. sp.

F e m i n a.

Cephalothorax 0·62 mm. longus, 0·50 latus, fronte circiter 0·24 latâ, antice itaque fortiter angustatus, supra palporum basim levissime modo sinuatus, fere laevis; dorsi pars oculis et declivitati posticae interiecta insigniter inaequalis, pone oculos et postice modice convexa, inter has partes sat fortiter excavata. *Oculi* magni, aream occupant 0 24 la-

---

[1]) Les Arachnides de France, v. V. p. 280, fig. 33, 34.

tam; series posterior oculorum insigniter recurvata: puncta media oculorum mediorum cum marginibus anticis oculorum lateralium lineam non nisi leviter procurvam designant; oculi medii lateralibus paullo maiores, inter se radio, a lateralibus ne radio quidem remoti; series anterior leviter procurva, oculi medii posticis mediis non parum minores, distare inter se videntur plus quam radio, a lateralibus minus quam radio. Area oculorum mediorum postice plus quam radio oculi latior quam antice et aeque lata atque longa; clypeus medius altitudine $2/3$ areae oculorum mediorum aequat, sub oculis insigniter excavatus est, desuper visus ultra oculos anticos medios parum aut non prominet. *Mandibulae* clypeo plus duplo longiores, subtilissime transverse reticulatae, apice intus rotundato angustatae, ornatae in sulci unguicularis margine antico dentibus 3 (?). *Maxillae* lateribus exterioribus anteriora versus insigniter inter se appropinquantibus. *Sternum* laeve, 0·39 longum, 0·37 latum, postice productum usque ad marginem posticum coxarum IV., quae inter se circiter latitudine suâ distant. *Pedes* aculeis longis armati, femora I. aculeo 1 ornata in latere antico pone medium, reliqua inermia, patellae omnes aculeis singulis, tibiae I., II., IV. supra 1.1, III. 1 (?), praeterea I. in latere utroque, II. in latere postico saltem in dimidio apicali aculeo 1 instructae, metatarsi I. et II. aculeo 1 ornati, posteriores inermes. Pedum I. femur 0·67, patella 0·20, tibia 0·60, metatarsus 0·55, tarsus 0·44, pedum II. partes: 0·63, 0·19, 0·52, 0·50, 0·39, pedum III.: 0·55, 0·16, 0·41, 0·43, 0·32, IV.: 0·70, 0·17, 0·60, 0·58, 0·39 mm. longae. *Abdomen* 0·8 longum, 0·52 latum, formâ vulgari. *Epigyne* (tab. II. fig. 59, 60) a latere visa processum format 0·13 longum, paullo longiorem quam basi crassum, bis leviter fractum et angustatum; a basi magis deorsum quam retro directa, tum subito angustata et retro et deorsum fracta, apice deorsum fere directo; partes hae tres gradatim breviores et tenuiores fiunt, apex anguste rotundatus est. Margo posticus parietis basalis epigynae a parte inferiore visus procurvus, modice curvatus; in medio paries basalis in sinum excisus est profundum, circiter 0·08 longum et latum, quadrangularem fere parallelepipedum. Scapus totum fere sinum replet et ex apice eius insigniter prominet, antice cum toto margine antico sinus coniungitur et modice depressus est sive humilior quam margines sinus, posteriora versus paullo adscendit usque ad hos margines; pars scapi in sinu sita postice sulco definitur in angulum fracto latum, apice anteriora versus directum, et depressione mediâ ornatur, ita ut tubera formet duo parum perspicua et parum definita; pars scapi e sinu exserta, aeque circiter atque sinus lata, longitudine suâ multo brevior, angulum format crassum refractum, apicibus rotundatis; in eius incisurâ posticâ apiculum iacet duplo circiter angustius, rotundatum.

Color exempli nostri unici, quod pellem nuper exuerat, nondum satiatus. Cephalothorax cum mandibulis palpis pedibus flavidus, colore fusco paullulum suffusus, oculi colore nigro cincti; sternum flavido-umbrinum; abdomen flavido-cinereum.

M a s ignotus.

A plerisque *Lephthyphantis* differt haec species serie oculorum posticorum insigniter recurvata.

Lephthyphantes montanus n. sp.

M a s.

Cephalothorax 0·8 mm. longus, 0·69 latus, fronte fortiter rotundatâ, ca. 0·30 .latâ, supra basim palporum perparum sinuatus, subtilissime reticulatus. Area *oculorum* 0·31 lata; series posterior modice recurvata: puncta media oculorum mediorum cum marginibus anticis lateralium lineam designant mediocriter procurvam; oculi medii lateralibus paullo maiores, inter se paullulum minus quam radio et paullulum plus quam a lateralibus remoti; series anterior recta, oculi medii posticis mediis insigniter minores (diametro circiter $^2/_5$ minore), a lateralibus, qui insigniter maiores sunt, fere radio suo, inter se ne radio quidem remoti. Area oculorum mediorum postice insigniter plus quam radio oculi latior quam antice et paullo latior quam longior. Clypeus medius parum humilior quam area oculorum mediorum longa, sub oculis insigniter excavatus. *Mandibulae* clypeo plus duplo longiores, subtilissime transverse reticulatae, lateribus exterioribus in dimidio apicali levissime excavatis, apicem versus itaque paullulum a se discedentes, intus rotundato angustatae, ornatae in margine antico sulci unguicularis dentibus tribus remotis. *Maxillarum* margines exteriores inter se leviter appropinquant anteriora versus. *Sternum* 0·49 longum et latum, usque ad marginem posticum coxarum IV. productum, hic tamen non latum, ita ut coxae hae inter se non longius quam dimidiâ latitudine distent. *Palporum* (tab. II. fig. 61, 62) pars femoralis ubique aequali fere crassitudine; pars patellaris paene $^1/_3$ longior quam latior, supra modice et parum inaequabiliter convexa, prope medium pilo plus duplo quam ipsa longiore ornata; pars tibialis eâdem fere longitudine, latior et imprimis crassior, a latere visa paullulum altior quam longior, subter campanulato dilatata, dorso primo adscendenti, tum apicem versus brevius descendenti, in angulum itaque latum et obtusum fracto; desuper visa in parte exteriore apicali maiore oblique truncata; in dorso prope a latere exteriore ante medium pilo instructa longiori et fortiori quam pilus patellaris. Lamina tarsalis circiter sescuplo longior quam patellaris cum tibiali, pone medium latissima, in latere exteriore

a parte latissimâ basim versus fortiter et in universum rectâ lineâ, apicem versus autem arcuato angustata, triangularis fere, angulis antico et
exteriore rotundatis, postico autem oblique truncato; in parte latissimâ
prope marginem exteriorem carinulâ oblongâ obtusâ ornata, ceterum
eminentiis evidentioribus carens. Paracymbium magnum, fortiter curvatum, sive antice in sinum profundum excisum, valde inaequale, in paginâ exteriore concavum, marginibus superiore et postico et parte quadam marginis inferioris elevatis aut reflexis; margo superior in palpo
desuper adspecto paullulum ultra marginem exteriorem basalem laminae
tarsalis prominet lamellae longae et angustae instar; margo posticus
(margini apicali partis tibialis parallelus) inferius dente ornatur compresso corneo nigro, sursum et foras directo, qui desuper aut a parte
exteriore posticâ facile, a latere exteriore autem difficile conspicitur;
margo anticus partis apicalis adscendentis infra reflexus et in lobum productus foras et retro et paullo sursum directum, multo longiorem quam
latiorem, obtusum; pars apicalis paracymbii lata, apice inaequabiliter
rotundata, eminentiis caret. *Bulbus genitalis* similis atque in *Lephthy-*
phantis plerisque, apice unco corneo gracili, anteriora versus directo,
foras curvato instructus. Lamella characteristica longa valde et angusta,
bis furcata: prope ab angulo paracymbii inferiore antico in ramos duos
dividitur, quorum interior·anteriora versus directus, ab imo visus duplo
et dimidio saltem longior videtur quam latior, apicem versus in latere
exteriore longe angustatus, paullo contortus, in uncum modice curvatum,
foras directum desinit; pars altera lamellae foras curvata margini paracymbii parallela est, denique ab eo discedit anteriora versus curvata et
in dentes duos longos angustos dividitur, quorum interior longior pallidior, fere porrectus, a latere adspectus basim unci apicalis, supra dicti,
fere attingere videtur; dens exterior anteriora et foras directus, cum interiore angulum format acutum. *Pedum* aculei longi (in exemplo nostro
non pauci defracti); femora I. aculeo 1 ornata, reliqua inermia, patellae
aculeo 1, tibiae (I. ?) II. et IV. saltem supra aculeis 1.1, III. probabiliter modo 1, anteriores probabiliter in dimidio apicali utrimque 1,
metatarsi (I. ?) II. III. aculeo 1 ornati, IV. inermes. Pedum I. femur
1·05, patella 0·26 (reliquae partes desunt), pedem II. partes: 0·94, 0·24,
0·94, 0·86, 0·66, pedum III.: 0·80, 0·21, 0·71, 0·73, 0·52, IV.: 0·99,
0·23, 0·97, 0·97, 0·68 longae. *Abdomen* ca. 1·0 longum, 0·55 latum,
formâ vulgari.

Cephalothorax cum mandibulis palpis pedibus flavidus, colore rufo
leviter suffusus, oculi colore nigro anguste cincti, antici medii in maculâ nigrâ communi siti; sternum umbrinum; *abdomen* umbrino-cinereum

pictura evidentiori caret, in dorsi dimidio posteriore vestigiis linearum obscurarum et pallidiorum ornatur.

Femina ignota.

Lephthyphantes quadrimaculatus n. sp.

Mas.

Cephalothorax 0·9 mm. longus, 0·68 latus, ovatus, antice fortiter angustatus, supra basim palporum perparum sinuatus, fronte circiter 0·28 latâ, subtilissime reticulatus. *Oculi* prominentes, aream occupant 0·29 latam; series posterior paene recta, oculi medii lateralibus parum maiores, inter se parum plus quam radio et duplo longius quam a lateralibus remoti; series anterior leviter procurva, oculi medii posticis mediis non multo minores, a lateralibus circiter radio, inter se circiter $1/_3$ diametri remoti. Area oculorum mediorum parum plus quam radio oculi latior postice quam antice et aeque lata atque longa; clypeus medius aeque fere altus atque area haec longa. *Mandibulae* clypeo parum plus duplo longiores, leviter reticulatae, apice levissime a se discedentes, intus sat longe oblique truncatae, angulo late rotundato, armatae antice in angulo dente minore et pone eum dente maiore, multo longius ab ungue quam a dente primo remoto; margo posticus sulci unguicularis dentibus duobus instructus ab ungue longe distartibus, inter se parum remotis, primo quam secundus insigniter maiore. *Maxillae* lateribus exterioribus fere parallelis, angulo apicali exteriore valde late rotundato. *Sternum* 0·50 longum, 0·44 latum, subtiliter reticulatum, usque ad marginem posticum coxarum IV. productum in processum dimidiam latitudinem coxae IV. superantem. *Palporum* (tab. II. fig. 63, 64) pars femoralis basi in latere interiore denticulo modice manifesto ornata, crassitudine ubique subaequali; pars patellaris apice paullo oblique rotundato truncata, in latere exteriore non, in interiore parum longior quam latior, lateribus leviter rotundatis, dorso modice et paene aequabiliter in longitudinem convexo, pilo ornata sat longo tenui, breviore et tenuiore quam pilus partis tibialis maximus. Pars tibialis supra sescuplo longior quam patellaris, subter duplo saltem brevior quam supra, dorso in angulum fracto valde obtusum et rotundatum, cuius apex duplo longius a basi quam ab apice distat; subter usque ad angulum acutum, deorsum directum, quo ornatur, fortiter et sinuato dilatata. Desuper visa pars tibialis parum asymmetrica, sescuplo saltem latior quam pars patellaris, aeque lata ac longa, basi duplo saltem angustior, apicem versus leviter sinuato dilatata, margine apicali rotundato, in parte exteriore leviter excavato. Lamina tarsalis circiter sescuplo longior quam pars patellaris cum tibiali, desuper et paullo a latere interiore visa insigniter asymmetrica, latere

interiore parum, exteriore fortiter curvato, prope medium latissima, in
latere exteriore basim versus modice angustata, ante medium anguli instar
modice prominentis recti producta, apicem versus sat fortiter inaequabiliter angustata; in parte latissimâ laminae margo exterior deorsum in
lobum obtusum, antice melius quam postice definitum productus.
Paracymbium magnum, fortiter curvatum, latitudine mediocri et valde
inaequali; eius pars inferior, anteriora versus directa, margine inferiore
paene recto, superiore in lobum latum non altum elevato; pars apicalis
sursum et anteriora versus directa, dilatata, rotundata, antice recte truncata, in paginâ exteriore, non procul ab angulo dente parvo patenti
ornata. *Bulbus genitalis* fabricâ non dissimilis bulbo *Lephthyphantarum*
aliorum, insignis tamen formâ lamellae characteristicae et processuum in
parte interiore apicis sitorum. E lobis duobus, qui partem exteriorem
bulbi occupant, anterior apice in conum obtusum productus; lamella
characteristica longa valde, prope medium bulbum, lateri interiori propius, initium capit, intus et sursum directa marginem interiorem laminae tarsalis attingit, retro et porro foras et denique anteriora versus curvata, basim bulbi cingit, porro cum margine inferiore paracymbii, denique cum lobo externo anteriore contingit; a basi apicem versus lamella
haec in universum leviter modo angustata est, apex eius in ramos duos
graciles acutos dividitur, quorum superior porrectus brevior, inferior cum
eo angulum acutum includit, anteriora versus et paullo deorsum directus
leviter sursum curvatus cum bulbo non contingit. Partem bulbi anticam
interiorem processus formant duo cornei crassi, basi inter se et cum
parte basali lamellae characteristicae contingentes, ita curvati, ut foramen includant oblongum obliquum, apice inter se contingentes aut proximi saltem, obtusi; superior precessuum horum apice paullo longius
pertinet quam inferior. Inter lobum exteriorem anticum et processus hos
membrana iuvenitur pellucida, apice obtusa et fimbriata. *Pedum* aculei
in exemplo nostro unico plerique defracti; femora antica aculeo 1 armata,
reliqua inermia, metatarsi sex anteriores aculeo 1 instructi. Pedum I.
femur 0·95, patella 0·24, tibia 0·86, metatarsus 0·78, tarsus 0·65, pedum
II. partes: 0·81, 0·23, 0·73, 0·68, 0·59, pedum III.: 0·65, 0·21, 0·50, 0·54,
0·42, IV.: 0·88, 0·22, 0·84, 0·78, ? mm. longae. *Abdomen* 1·1 longum.

Cephalothorax cum mandibulis rufo-umbrinus, nigro marginatus,
pedes et palpi rufo-flavidi, pedum coxae et femora praesertim anteriora
et palpi colore fuligineo suffusa; sternum paullo obscurius quam coxae.
Abdomen fuligineum, supra umbrino leviter variegatum, in dorsi parte
posteriore lineis paucis transversis pallidioribus parum perspicuis ornatum, paribus duobus macularum albarum parvarum pictum: maculae
anteriores lineolae sunt transversae crassae breves in dorsi lateribus

paullo pone marginem anticum sitae, posteriores in lateribus supra paullo ante mamillas sitae rotundatae.

F e m i n a ignota.

Oxyptila Kotulai n. sp.

Adeo similis etiam partium genitalium formâ est haec species *Oxyptilae raudae* E. Sim. s. *O. obsoletae* Kulcz., *O. septentrionalium* L. Koch, ut satis videatur dicere, quibus rebus ab eâ differat. Oculi antici laterales paullulo minores sunt in *O. Kotulai*, in feminâ eorum diameter paullulum brevior quam spatium, quo ab oculis anticis mediis distant, neque eo paullulum maior aut ei aequalis saltem, ut in *O. rauda*; sed nota haec, paullo mutabilis, parum prodest etiam in feminas harum *Oxyptilarum* distinguendas; in maribus utriusque speciei diameter illa spatium oculo antico laterali et medio interiectum paullulum superat. Processus tibialis palporum maris inferior brevior est in *O. Kotulai* et foras minus productus. Pars antica annuli cornei, quo apophysis bulbi (tab. II. fig. 65) cingitur, in parte posticâ exteriore interrupti, in *O. raudâ* latitudine ubique est paene aequali, foras parum modo angustata, in *O. Kotulai* contra lata in parte interiore, in exteriore autem multo angustior, inter has partes dente ornata foras directo acuto, paullulum retro curvato. Annuli huius pars externa, retro directa, in palpo *O. raudae* a latere exteriore inferiore conspici potest, in *O. Kotulai* autem lamellâ quâdam corneâ in dentem acutum desinenti occultatur (fig. 67). Apophysis bulbi genitalis, quae in *O. rauda* lamellam format sat tenuem subpellucidam, multo crassior est et nigra in *O. Kotulai*, margo eius apicalis, quum ab imo adspicitur, fortius curvatus est in *O. Kotulai*. A latere exteriore adspecta apophysis *O. raudae* magis deorsum quam retro directa videtur, latior et apice latius truncata, angulo utroque paullo producto, *Oxyptilae Kotulai* autem magis retro quam deorsum directa, angulo apicali posteriore modo sat fortiter producto, anteriore autem non aut vix prominenti (fig. 66).

Difficilius quam mares feminae distinguuntur. Epigynae hoc tantum differre videntur, quod margo foveae posticus medius rectus est aut levissime arcuatus et paullulum supra fundum foveae prominet in *O. rauda*, in *O. Kotulai* (tab. II. fig. 68) autem tuberculum format mediocriter expressum, saepissime reliquis partibus epigynae obscurius coloratum, et cum fundo foveae carinulâ brevissimâ obtusâ coniungitur.

Oxyptilam raudam E. Sim. et *O. septentrionalium* L. Koch pro synonymis *O. obsoletae* Kulcz. neque *O. Kotulai* habeo, quoniam figura Cel. Dris L. Kochii 11. in tab. III [1]) annulum corneum bulbi genitalis

---

[1]) L. Koch, Arachniden aus Sibirien und Novaja Semlja...

antice aequabiliter angustatum repraesentat, a Cel. E. Simonio autem apophysis bulbi lata rufescens, angulis apicalibus ambobus paullo productis describitur [1]).

Oxyptila Kotulai occurrit in Austria inferiore et in Hungariâ.

Xysticus cor Can.

Tẹste Cel. E. Simonio [2]) *X. comptulus* E. Sim. idem est atque *X. cor* Canestrinii, cuius descriptiouem primam [3]) non vidi. Mas *Xystici cordis* a Cel. G. Canestrinio delineatus in „Osservazioni aracnologiche“ [4]) colore abdominis insigniter differt a *X. comptulo* a Cel. E. Simonio descripto et delineato [5]) et nou dissimilis est mari illi in Austria inferiore capto, cuius mentionem feci in „Araneae Hungariae“ v. 2, p. 300, 301. Certo itaque *X. cor* variat non parum colore et mas noster Austriacus verus est *X. comptulus* E. Sim. sive *X. cor* Can. Notandum tamen est, descriptionem palpi marís *X. cordis* a Cel. P. Pavesio a 1875 prolatam [6]) parum quadrare in exemplum nostrum; figura palpi a Cel. G. Canestrinio l. c. edita (tab. X., fig. 2 a) parum prodest in agnoscendam speciem, parum enim exacta est et pro parte certo non recta. Quum autem etiam Cel. E. Simonii figurae partium genitalium (l. c. tab. 10, fig. 4, 5) paullo differant ab exemplis nostris, partes has denuo delineandas esse censui (cfr. tab. II. fig. 70: palpus maris Austriaci, fig. 69: epigyne exempli Croatici).

Xysticus viduus n. sp.

Femina.

Cephalothorax 2·7 mm. longus, 2·6 latus, fronte late rotundatâ, dorso partis cephalicae cum declivitate posticâ arcu valde lato coniuncto, anteriora versus sat fortiter declivi et paene recto.   Setae in parte cephalothoracis margini abdominis proximâ non longiores saltem quam in parte anticâ; setis inaequalibus longis ornatur cephalothorax, apicem versus attenuatis, apice acutiusculis; margo clypei setis octo maioribus et inter eas setis minoribus instructus. *Oculi* posteriores inter se spatiis fere aequalibus remoti, antici medii aeque atque postici medii inter se

---

[1]) E. Simon, Les Arachnides de France, v. II. p. 226.
[2]) Annales de la Société entomologique de France. 1880. Bullet. p. 165.
[3]) Atti della Società Veneto-Trentina di scienze naturali res. in Padova, v. II, p. 49.
[4]) Ibid., v. 3, t. X, f. 26.
[5]) Ann. Soc. entom. France. 1873, t. 10. f. 3.
[6]) Note araneologiche. Atti della Società Italiana di scienze naturali, v. 18, p. 51 edit. separ.; nota.

et duplo fere longius quam a lateralibus anticis distantes; oculi medii omnes fere aequales (antici parum maiores), aream occupant fere rectangulam (antice vix latiorem), $^2/_{11}$ sive paullo plus quam diametro oculi latiorem quam longiorem. *Pedum* anticorum femur serie obliquâ aculeorum 3, reliqua aculeo 1, tibiae I. subter ad latus anticum aculeis 5 aut 4, ad posticum 3 aut 4, tibiae II. subter ad latus anticum 4, ad posticum 4 aut 5, metatarsi I. subter utrimque aculeis 4 (aut 5), in latere utroque aculeis 1. 1. 1. pone basim, prope medium, in apice, II. subter utrimque 5 et in latere utroque 3 (raro 4) armati. Pedum I. femur 2·3, patella 1·2, tibia 1·62, metatarsus 1·52, tarsus 0·97 longus, pedum II. partes eadem longitudine, femur modo 2·4 longum. *Abdomen* 3·1 longum, 2·7 latum, late ovatum, circiter in $^2/_3$ longitudinis latissimum, antice rotundato truncatum, setis inaequalibus, aequabiliter attenuatis, suberectis ornatum. *Epigyne* (tab. II. fig. 71) foveâ ornatur magnâ, 0·45 latâ, 0·40 longâ, a margine postico epigastri non longius quam $^1/_3$ longitudinis suae remotâ, a marginibus ipsis profundâ, fundo parum inaequali, nitido, marginibus ubique acutissimis definitâ, quadrangulari rotundatâ, margine antico medio paullulum depresso et in angulum latissimum, apice retro directum fracto.

Cephalothoracis vitta media in parte cephalicâ aeque circiter lata atque spatium, quo oculi antici laterales inter se distant, posteriora versus leviter modo angustata, in declivitate posticâ, ubi $^1/_4$ modo angustior est quam in parte latissimâ, alba colore isabellino levissime suffusa, in parte dorsi sublibratâ lineis ornata duabus fulvis, inter oculos posticos medios initium capientibus, et inter se aeque circiter atque ab oculis his distantibus, posteriora versus paullo inaequabiliter appropinquantibus, in declivitatis posticae parte summâ in lineolam brevem coniunctis; pars haec vittae mediae posterius parum obscurius colorata est quam quae in declivitate posticâ iacet, colore isabellino parum fortius suffusa, anterius vero colore hoc fortius suffusa, colore dilute fulvo maculata et reticulata, densius in parte anteriore maiore, minus dense et minus distincte posterius; margines vittae huius paullo pallidiores sunt reliquis partibus, partes eius obscuriores maculam cuneatam, quâ pars cephalica *Xysticorum* ornari solet, perparum modo expressam et definitam formant. Partes laterales cephalothoracis rufescenti fulvae, non obscurae, minute et dense isabellino punctatae et reticulatae exceptis partibus posticis interioribus, abdomine tectis, quae maculâ ornantur sat magnâ oblongâ obliquâ isabellino-albidâ, a vittâ mediâ et a marginibus cephalothoracis spatiis subaequalibus remotâ, ceterum autem maculis pallidioribus carent. Summi margines laterales cephalothoracis isabellino albidi; qui color in laterum parte anteriore lineâ fulvâ non interruptâ a parti-

bus superioribus distinguitur. Area oculorum et clypeus colore parti anticae vittae mediae similia, oculi annulis albidis angustis circumdati,
laterales bini maculâ albidâ obliquâ modice expressâ et perparum definitâ coniuncti. *Mandibulae* colore clypei, vittâ latâ obliquâ parum expressâ ornatae. *Maxillae* et *labium* isabellina fere, hoc illis paullo obscurius; *sternum* isabellino-albidum, dense rufo-umbrino punctatum. *Palpi*
et *pedes* flavido-isabellini, illi fere concolores, hi autem albido et dilutius
obscuriusque fulvo maculati et punctati; pedum anteriorum femora patellae tibiae in dorso lineâ albidâ, utrimque lineâ fulvâ limitatâ, ornantur;
etiam tibiae pedum posteriorum praesertim apicem versus picturâ simili
parum expressâ ornatae; patellae et tibiae pedum anteriorum reliquis
partibus parum obscuriores, annulis evidentioribus carent; margo femorum apicalis superior et summi margines apicales patellarum albi; femora ad apicem supra utrimque, patellae posteriores, et praesertim posticae, in latere postico apicem versus rufo-umbrino maculata; tibiae
posteriores ad basim anguste et ad apicem latius colore eodem annulatae.
Abdomen, cuius dorsum parum obscurius coloratum est quam latera,
picturâ simili atque in Xysticis plerisque ornatur, parum tamen expressa
et perparum definitâ; area dorsualis avellanea, colore violaceo omnium
subtilissime suffusa, minute rufo-umbrino punctata, marginibus perparum
definitis, inaequalibus; vitta media non multo pallidior, albido-avellanea,
minute et obsolete rufo-umbrino punctata, lata, utrimque in dentes binos
saltem evidentiores dilatata; dentium anteriorum margo posticus parum
longius ab apice quam a margine antico abdominis desuper adspecti
distat. Latera et venter pallide fulva, umbrino et obscure fulvo et avella-
neo-albido inaequaliter punctata; laterum pars superior inferiore parum
pallidior.

M a s ignotus.

Clubiona saltuum n. sp.

F e m i n a.

Cephalothorax 2·5 mm. longus, 1·8 latus, supra basim palporum
1·24 latus, areâ oculorum 1·0 latâ; sulcus medius circiter 0·22 longus.
Oculi antici medii a margine elevato clypei $\frac{1}{3}$ diametri, inter se radio,
ab oculis lateralibus anticis vix longius quam radio remoti; lateralium
diameter maxima diametro mediorum fere aequalis; oculi medii postici
anticis minores (diametro $\frac{1}{4}$ saltem minore), inter se fere duplâ et dimidiâ diametro, ab oculis lateralibus fere duplâ diametro remoti; area
oculorum mediorum postice fere sescuplâ diametro oculi latior quam
antice, circiter $\frac{1}{7}$ longior quam antice latior. *Mandibulae* 1·1 longae,
ambae simul sumptae aeque longae atque latae, femoribus anticis cras-

siores, modice proiectae, dorso in longitudinem sat fortiter et paullo
inaequabiliter (in parte superiore paullo fortius) convexo, lateribus exterioribus in longitudinem leviter modo convexis et inter se in universum
fere parallelis, apice intus non longe oblique truncatae angulo late rotundato, dorso obsolete et parum dense transverse reticulatae, sat nitidae.
Palporum pars femoralis supra aculeis 1.2 ornata, pars patellaris 0·37
longa, pone basim et in apice setis singulis fortibus instructa, pars
tibialis 0·45 longa, aculeis setiformibus ornata: intus prope basim 2,
prope apicem 1, supra prope apicem 1, in latere exteriore prope basim
1; pars tarsalis 0·65 longa, in latere interiore serie obliquâ aculeorum 3,
in latere exteriore prope basim aculeo 1, subter apicem versus aculeis
3 instructa. *Pedum* femora omnia supra aculeis 1.1.1, praeterea apicem
versus anteriora in latere antico, posteriora in latere utroque aculeo 1,
patellae apice pilo longo tenui, tibiae anteriores subter aculeis 2.2, III.
subter ad latus anticum 1.1, in latere utroque 1.1, tibiae IV. subter ad
latus anticum 1.1 et in apice lateri postico propius 1, in latere utroque
1.1, metatarsi anteriores subter pone basim 2, III. subter pone basim 2
et in apice 2, antice 1.1.2, supra 1, postice 1.2, IV. subter 2.1.2, antice
1.2.2, postice 1.1.2, pedum anteriorum tibiae scopulis melius in pedibus
I. quam in II. evolutis ornatae, eorundem pedum metatarsi et tarsi
scopulati. Pedum I. coxa cum trochantere desuper visa ca. 0·30, femur
1·60, patella 0·84, tibia 1·31, metatarsus 1·02, tarsus 0·66, pedum II.
partes: ca. 0·30, 1·68, 0·84, 1·38, 1·02, 0·66, pedum III.: ca. 0·20,
1·68, 0·73, 0·95, 1·31, 0·58, IV.: ca. 0·58, 2·18, 0·84, 1·71, 2·08, 0·69
mm. longae. *Abdomen* mamillis exclusis 4·0 longum, 2·3 latum, formâ
ordinariâ. *Epigyne* (tab. II. fig. 74) in processum producta ca. 0·65 latum, complanatum, duplo circiter latiorem quam longiorem, retro et
paullo deorsum directum, aeque circiter longum atque basi crassum,
subtriangularem lateribus paullo curvatis, apice obtuso, quum a latere
adspicitur. Processus hic incisuris in margine sitis et sulcis in eis initium
capientibus in partes dividitur duas, quarum apicalis basali multo minor
est; partis basalis latera posteriora versus fortiter inter se appropinquant,
magnam partem recta, apicem versus vero rotundata sunt, anguli apicales postici sat anguste rotundati, a parte epigynae apicali incisurâ non
magnâ quidem, sed profundâ et acutâ distincti. Marginem apicalem
partis basalis sulci duo formant in incisuris commodum dictis initium
capientes, fere transverse positi, arcuati recurvi, in medio, ubi modice
expressi sunt, in angulum coëuntes acutum, retro directum, et in sulcum
longitudinalem, quo pars apicalis dimidiatur, productum; paullo ante hos
sulcos pars basalis pari sulcorum alio ornatur, similem in modum dire-
ctorum et curvatorum, minus profundorum, qui prope a marginibus la—

teralibus evanescunt, in medio autem in angulum acutum coniuncti item in sulcum longitudinalem commemoratum abeunt. Pars apicalis insigniter angustior quam apex partis basalis, plus duplo brevior quam latior, lateribus rotundatis, margine apicali autem incisuris duabus acutis obliquis, anteriora versus et intus directis, in partes tres diviso, quarum laterales apicula formant apice obtusa, retro et intus directa, media autem lateralibus aliquoties latior angulum format valde latum et apice obtusum; pars apicalis, ut supra diximus, sulco longitudinali profundo dimidiatur.

Exempli unici, quod vidi, nuper adulti, *cephalothorax* dilute flavidofulvus, margine concolore, colore umbrino obsolete pictus: pars cephalica lineis duabus longitudinalibus inter se appropinquatis et in latere utroque lineâ obliquâ, retro et intus directâ, abbreviatâ picta; pars thoracica utrimque anterius lineis binis radiantibus abbreviatis ornata (in exemplis saturate coloratis cephalothorax fortasse fusco reticulatus est). Mandibulae cephalothorace parum obscuriores; maxillae labium sternum palpi pedes fulvo-flavida, sternum coxis non evidenter obscurius, margine fuligineo modice expresso ornatum, labium infuscatum. *Abdomen* cinereo-umbrinum, subter paullo pallidius quam supra.

Maximam partem detritum est exemplum nostrum; pubes quae restat, albida.

M a s ignotus.

A *Clubiona saxatili* L. Koch, cui epigynae formâ quodammodo similis videtur, differt haec species pedum posticorum, cum cephalothorace et cum pedibus I. comparatorum, longitudine maiore. In *Cl. saxatili* secundum Drem L. Kochium[1]) pedes IV. duplo et dimidio modo longiores sunt quam cephalothorax et tarso solum longiores quam pedes I., in *Cl. saltuum* vero, etiam coxis et trochanteribus exclusis, triplo longiores quam cephalothorax et metatarso longiores quam pedes I.

Agroeca proxima.

Agelena proxima O. P. Cambridge 1870. Descriptions of some British Spiders new to science cet. Trans. Linn. Soc. London v. XXVII. p. 415, t. 54. f. 13. — *Agroeca proxima* L. Koch 1872. Apterologisches aus dem fränkischen Jura. (Abhandl. naturhist. Gesellsch. Nürnberg v. VI.) p. 19, t. II. f. 20—22. — T. Thorell 1875. Remarks on Synonyms... p. 565. — E. Simon 1878. Les Arachnides de France, v. IV, p. 305.

Valde affinis est *A. proxima Agroecae chryseae* L. Koch; differt

---

[1]) Dr. L. Koch, Die Arachniden-Familie der Drassiden, p. 334, f. 216.

ab eâ staturâ maiore (cephalothorax *A. proximae* ♀ ca. 2·2—2·3 mm. longus, ♂ 2·25, *A. chryseae* ♀ ca. 1·6—1·8, ♂ ca. 1·8 mm.), colore obscuriore, formâ partium genitalium paullo aliâ. *Agroecae proximae* epigyne (tab. II. fig. 72), ut in *A. chryseâ*, in parte anteriore foveis duabus ornatur, septo posteriorâ versus angustato distinctis, fundo posteriora versus sensim adscendenti ita, ut foveae hae postice parum definitae evadant; epigynae latitudo cum longitudine comparata maior est in *A. proximâ* quam in *A. chryseâ*, septum minus, posteriora versus paene aequabiliter angustatum, apice acutum, in transversum non excavatum, foveae antice latae obtusae; in *A. chryseâ* vero septum apice late rotundatum est aut rotundato truncatum, secundum medium paullo excavatum, foveae antice angustae, fere acutae. Processus tibialis palporum (tab. II. fig. 73) maris *A. proximae* directo desuper adspectus basi multo magis foras, in *A. chryseâ* non magis saltem foras quam anteriora versus directus videtur, lamina tarsalis desuper visa circiter $^5/_6$ longior quam latior in illâ, in hac vero modo dimidio longior, bulbus genitalis *A. proximae* a latere exteriore visus subter paene aequabiliter convexus, a medio basim versus et apicem versus sensim humilior, *A. chryseae* autem subter late truncatus aut leviter excavatus, in medio igitur non altior saltem quam basi aut apici propius. Bulbi genitalis fabrica eadem fere in utraque specie.

Agroeca gracilior n. sp.

Adeo affinis est haec species *Agroecae striatae* Kulcz.[1]), ut omnia fere, quae de huius feminâ dixi l. infra c., etiam in illam quadrent. (Intervallum oculorum mediorum posticorum *A. striatae* non tertiâ parte, sed fortasse $^1/_6$ modo longius est quam diameter). Minor est tamen *A. gracilior* et pedes habet insigniter longiores et graciliores. *Cephalothorax* 2·04 longus, 1·46 latus, cum abdomine 4·3 longus. *Pedum* I. coxa cum trochantere desuper visa 0·58, femur 1·60, patella 0·90, tibia 1·34, metatarsus 1·17, tarsus 0·87, pedum II. partes: 0·51, 1·46, 0·87, 1·20, 1·09, 0·84, pedum III.: 0·29, 1·38, 0·73, 1·02, 1·34, 0·80, IV.: 0·44, 1·97, 0·87, 1·75, 2·29, 1·06 mm. longae. *Mandibulae* I. non $^1/_4$ solum sed fere $^3/_8$ breviores sunt quam patellae I., metatarsus IV. non perparum, ut in *A. striata*, sed $^1/_8$ fere longior quam cephalothorax. *Abdomen* $2^1/_4$ longum, 1·4 latum.

Tibiae II. amborum exemplorum *A. gracilioris*, quae vidi, carent aculeo apicali, femora IV. in latere antico aculeis 1.1, neque 1 solum ornantur; quae differentia probabiliter constans non est.

---

[1]) Kulczyński, Araneae novae in montibus Tatricis, Babia góra, Carpatis Silesiae collectae, p. 31. t. III. f. 19.

Epigyne eâdem est formâ et picturâ in utraque specie.

Probabiliter differt *A. gracilior* ab *A. striata* etiam colore, sed ambo exempla eius, quae vidi, nuper adulta sunt et non bene conservata; eorum *cephalothorax* fulvus, praeter cingulos oculorum nigros, sulcum medium et lineas in parte thoracicâ radiantes utrimque binas umbrinas, nullam picturam evidentiorem praebet; mandibulae colore cephalothoracis, palpi et pedes fulvo-flavidi, sternum coxis pedum non obscurius, labium infuscatum, *abdomen* umbrino-cinereum, subter paullo pallidius quam supra. Pubes in cephalothorace et in abdomine flavida, opaca.

Agroeca lineata, quam Cel. E. Simon secundum exemplum non adultum descripsit [1]), maior esse et pedes breviores habere videtur, quam *A. gracilior.*

Coelotes brevidens n. sp.

F e m i n a.

Cephalothorax 5·1 mm. longus, 3·3 latus, parte cephalicâ longâ, 3.2 latâ. *Oculorum* series posterior leviter recurvata, anterior modice procurva, quum directo a fronte adspicitur, oculi postici medii lateralibus subaequales, inter se circiter diametro, a mediis anticis paullo longius, a lateribus posticis circiter sescuplâ diametro remoti; medii antici, quorum diameter circiter $1/_4$ minor est quam diameter mediorum posticorum, paene diametro suâ inter se, et parum minus a lateralibus remoti; horum diameter minor paullulum longior quam diameter mediorum. Area oculorum mediorum postice circiter $3/_4$ diametri oculi latior quam antice et aeque saltem lata atque longa. *Mandibulae* 2·4 longae, sublaeves, armatae in sulci unguicularis margine utroque dentibus 3, quorum medius anticus reliquis maior, medius posticus reliquis minor. *Sternum* laeve. *Pedes* I. 11·7, II. 10·9, III. 9·9, IV. 13·0 longi, pedum I. femur 3·28, patella 1·53, tibia 2·33, metatarsus 2·48, tarsus 1·46, pedum II. partes: 2·92, 1·46, 1·97, 2·19, 1·31, pedum III.: 2·63, 1·38 1·58, 2·19, 1·17, IV.: 3·28, 1·46, 2·48, 2·92, 1·39 longae. Pedum armatura, ut in *Coelotis* plerisque, insigniter mutabilis; femora supra aculeis 1.1, praeterea in latere antico: I. apicem versus 1 aut 2, II. et III. 1 aut 1.1, IV. 1 aut 0, in latere postico: III. 1.1 aut 1 aut 0, IV. 1 aut 0, patellae posteriores in latere postico 1, tibiae I. et II. subter 2.2.2, (aut II. 1.2.1), in utroque latere 1.1 aut 0, III. subter 2.2.2 aut 2.1.1 aut 1.2.1, in utroque latere 1.1, IV. subter 2.2.2, in utroque latere 1.1 aut antice 1 et postice 1.1, metatarsi I. praeter aculeos apicales 3 subter et in

---

[1]) Les Arachnides de France v. IV. p. 308.

lateribus sitos, subter 2.2 aut etiam in latere antico 1, metatarsi II. praeter aculeos apicales 4 (antice 2, subter 1, postice 1) subter 2.2.2 et antice 1, metatarsi posteriores supra in lineâ medianâ inermes, in latere utroque et subter aculeis compluribus armati. *Abdomen* 5 mm. longum, 3·3 latum, formâ vulgari. *Epigyne* (tab. II. fig. 75) foveâ ornatur aeque fere longâ ac latâ aut paullo longiore, quadrangulari angulis rotundatis, lateribus parallelis aut posteriora versus paullo a se discedentibus, marginibus lateralibus obtusis; prope a lateribus foveae, fere in mediâ eorum longitudine epigyne dente utrimque ornatur brevi lato, non longiore quam latiore, paullo mobili, retro et intus directo, marginem foveae non attingenti, apicem versus, qui paullo oblique truncatus est, non evidenter angustato. Fovea areâ corneâ maximam partem repletur, in lateribus sulco profundo definitâ, antice vero cum margine foveae ita connatâ, ut margo hic mediocriter solum expressus evadat; area impressionibus evidentioribus caret, aeque elevata est atque foveae margines, circiter $1/_3$ longior quam in parte posteriore latior, antice dimidio aut $1/_4$ saltem angustior quam in parte posteriore; sulci, quibus area in lateribus definitur, leviter curvati sunt ita, ut area circiter in tertiâ parte leviter coartata evadat, inde anteriora versus parum, posteriora versus vero leviter dilatata.

Cephalothorax fuligineo-badius, lineis radiantibus obscurioribus in parte thoracicâ ornatus, parte cephalicâ in lateribus et antice insigniter infuscatâ; mandibulae rufescenti-fuligineae, maxillae fusco-badiae, labium eis obscurius, sternum eis paullo pallidius, praesertim posterius, coxis parum obscurius; pedes posteriores obscure fulvi, anteriores obscuriores fusco-latericii, apicem versus obscuriores, badii fere; palpi colore pedibus anticis similes. *Abdomen* supra fuligineum aut umbrinum plus minusve fuligineo-variegatum, subter insigniter aut paullo pallidius; venter plus minusve obscurior quam laterum partes vicinae; dorsum picturâ pallidiore simili atque in *Coelotis* plerisque ornatum; vitta antica lanceolata pallida modice aut parum expressa, minus distincta quam maculae in parte posteriore sitae, quorum paribus quinque aut sex dorsum ornatur. Mamillae sordide fulvae.

     M a s ignotus.

Tegenaria austriaca n. sp.

F e m i n a.

Cephalothorax 4·2 mm. longus, 3·1 latus; pars cephalica 1.8 lata, a palporum basi anteriora versus levissime dilatata. Series *oculorum* posterior modice procurva, oculi medii lateralibus paullo minores, inter se paullo minus quam diametro et perparum longius quam a lateralibus,

a mediis anticis vix longius quam diametro remoti; series anterior fortiter procurva, marginibus superioribus oculorum lateralium vix altius
quam puncta media mediorum sitis; oculi medii posticis mediis paullo
minores, inter se circiter radio et duplo circiter longius quam a lateralibus remoti, oculi laterales antici elliptici, diametro minore non breviore
saltem quam diameter oculorum posticorum mediorum, a clypei margine
spatio paullulum longiore quam ipsorum diameter maior et circiter $^1/_3$
longiore quam diameter minor remoti; area oculorum mediorum postice
circiter $^3/_4$ diametri oculi latior quam antice et aeque circiter lata ac
longa. *Mandibulae* 2·0 longae, latitudine diametrum maximam femorum
I. aequantes, sublaeves, sub clypeo parum convexae, ornatae in sulci
unguicularis margine utroque dentibus 5, e quibus anticus secundus reliquis maior est. *Palporum* pars patellaris 0·78, tibialis 1·21, tarsalis
1·67 longa. Pedum I. coxa cum trochantere desuper visa ca. 0·87, femur 4·74, patella 1·57, tibia 4·59, metatarsus 4·70, tarsus 2·21, pedum
II. partes ca. 0·80, 4·59, 1·53, 3·97, 4·45, 1·92, pedum III.: ca. 0·87,
4·23, 1·34. 3·46, 4·30, 1·68, IV.: ca. 1·09, 5·10, 1·46, 4·52, 5·61,
1·97 mm. longae. Femora supra pone basim aculeo 1, praeterea anteriora in latere antico aculeis 1.1.1, in postico 1.1, III. in utroque latere 1.1, IV. in utroque latere apicem versus 1 ornata; patellae inermes
videntur; tibiae anteriores supra et in latere postico inermes, I. subter
prope medium et in apice solum (?) aculeis 2.2, II. subter prope basim
1 (?), prope medium 2, in apice 2 armatae videntur, II. etiam in latere antico aculeo 1, III. subter 1.1.2, ant 2.1.2, in utroque latere et
supra 1.1, IV. subter 1.1.2, in lateribus et supra ut III. aculeatae;
metatarsi anteriores subter 2.2.2, II. etiam in latere antico prope medium 1, posteriores in utroque latere et subter aculeati, supra inermes.
Abdomen (post partum) 5 longum, 3 latum, formâ vulgari. *Mamillarum*
supremarum articulus apicalis basali brevior. *Epigyne* (tab. II. fig. 78) sat
fortiter convexa, foveâ ornatur latiore quam longiore, in partibus lateralibus anterioribus optime definitâ marginibus incurvatis, inter se anteriora versus appropinquantibus; foveae partem posteriorem et latera
lamella replet nigra, antice plus quam in semicirculum excisa et utrimque in angulum acutum anteriora versus directum desinens; reliquam
partem, anteriorem, lamella alia occupat cornea fulva, modice convexa,
antice aeque fere lata atque foveae margo anticus, cum margine hoc
in medio late omnino confusa; in lineâ medianâ lamella anterior posteriore duplo fere longior est.

   Pars cephalica ferrugineo - fulva, antice obscurior badia fere, pars
thoracica fulvo-flavida, in medio parti cephalicae colore similis; margines partis thoracicae angusti interrupti nigri; oculi cingulis cincti ni-

gris, pro parte inter se confusis; pars cephalica lineis duabus parallelis, inter se appropinquatis, umbrinis obsoletis ornata; impressiones cephalicae sat late infuscatae; pars thoracica utrimque vittis radiantibus ternis, neque medium neque marginem attingentibus, quatuor anterioribus parum latis, postremis vero late cuneatis, umbrinis, modice expressis, picta; vittis longitudinalibus obscuris evidentioribus caret cephalothorax. *Mandibulae* badiae fere; *maxillae* obscure fulvae, *labium* insigniter infuscatum; *sternum* maxillis paullo pallidius, marginibus fuligineis, colore umbrino ita pictum, ut restent fulvo coloratae: vitta media sat lata inaequalis, postice in ramos tres divisa, et in parte laterali anteriore utrâque maculae binae obliquae, foras et retro directae. *Palpi* fulvo-flavidi, apicem versus obscuriores, parte tarsali fere testaceâ, annulis incompletis umbrinis mediocriter expressis ornati in apice partium femoralis patellaris tibialis, in dimidio apicali partis tarsalis; pars tibialis in dorso fere toto indistincte infuscata. *Pedes* dilute ferrugineo-fulvi, supra fere concolores, subter in femoribus tantum annulis evidentioribus quaternis umbrinis picti. *Abdomen* dilute umbrino-cinereum, colore flavo leviter suffusum, in dorso colore obscure umbrino adeo abunde pictum, ut color hic, praesertim in parte posteriore, omnino praevaleat; pallidius coloratae restant: vitta longitudinalis media, in dimidio posteriore evanescens, in anteriore manifesta sed parum definita, latera versus umbrino punctata; in parte anteriore minore maculae oblongae utrimque binae, anteriores elongatae, posteriores elongato-ovatae paullo obliquae, ab anterioribus parum manifeste distinctae: in dimidio dorsi posteriore anguli circiter quatuor, apice truncati aut rotundati, cruribus in parte extremâ in ramulum brevem intus et retro directum productis; anguli hi paullo plus quam $1/4$ latitudinis abdominis occupant, gradatim tenuiores fiunt, duo anteriores tantum bene expressi, quartus valde indistinctus. Puncta ochroleuca, quibus maculae dorsuales in *Tegenariis* nonnullis ornantur, desunt omnino. Latera abdominis colore dorso similia, infra minus abunde fuligineo maculata; in ventre color pallidior insigniter praevalet. *Mamillae* infimae ferrugineo-fulvae, supremarum articulus basalis fuligineus, apicalis dilute flavidus.

Exemplum nostrum unicum omnino detritum est.

Mas ignotus.

Valde affinis est haec *Tegenaria Tegenariae veloci* Chyz.[1]); differt ab ea paullulum oculorum situ, femoribus supra aculeis singulis armatis, imprimis vero formâ epigynae (quae quidem similis est in utraque specie): lamella, qua pars foveae posterior repletur, multo minus excisa est in

---

[1]) Araneae Hungariae, v. II. p. 168.

T. veloci, cornubus anticis itaque brevioribus, obtusis; processus marginis antici mediam foveam non attingit et insigniter minor est in *T. veloci*.

Hahnia picta Kulcz.

Hahnia picta Kulczyński 1898. Araneae Hungariae. v. II. p. 178, t. VII. fig. 15. (♀).

Mas his rebus differt a feminâ:

Cephalothorax 0·81 mm. longus, 0·73 latus, antice fortiter angustatus, supra palporum basim parum modo sinuatus et ca. 0·47 latus; area oculorum, ut in feminâ, 0·28 lata. *Oculi* postici medii lateralibus paullulum maiores, ab eis paullo plus quam dimidio radio remoti; oculi laterales antici posticis paullulum maiores, antici medii ne ⅓ diametri quidem inter se remoti; area oculorum mediorum postice duplo latior quam antice; *clypeus* insigniter proiectus, sub oculis anticis lateralibus eorum diametrum maximam sescuplam altitudine paullo superat. *Mandibulae* ca. 0·30 longae. *Sternum* 0·50 longum, 0·49 latum. *Palporum* (tab. II. fig. 76. 77.) pars femoralis 0·26, patellaris 0·19, tibialis (supra) ca. 0·12, tarsalis 0·47 longa; pars femoralis inermis, patellaris basi in latere exteriore inferiore processu instructa breviore quam ipsa crassa est, deorsum et foras et paullo retro directo, gracili, paullo inaequabiliter attenuato, modice sursum curvato, in hamulum minutum desinenti; margo apicalis exterior partis tibialis in dentem triangularem latum acutum productus, infra vero pars haec processu ornatur longo valde, gracili, basi deorsum et anteriora versus directo, apicem versus aequabiliter attenuato et corneo nigro et modice foras et sursum curvato, apice foras et sursum, neque retro directo. Lamina tarsalis a latere exteriore visa paullo plus quam sescuplo longior quam latior, margine superiore insigniter arcuato, inferiore parum curvato, basim versus itaque fortiter angustata, apice rotundato infra cum margine inferiore in angulum manifestum obtusum coëunti. Pars „basalis" *bulbi genitalis* circuitu ovata fere, antice in latere inferiore inaequabiliter acuminata, leviter convexa; eius margo 'posticus spatio non parvo a margine antico partis tibialis remotus; in parte inferiore anticâ bulbus membranulâ ornatur pellucidâ, simili atque in *H. Mengei* Kulcz., *H. nava* (Blackw.) cet; emboli basis valde lata, dimidium fere bulbum latitudine aequans, in margine inferiore cornea obscure colorata, ceterum pallida; eius margo exterior in parte bulbi inferiore anteriore, superior vero fere in lineâ medianâ, basi propius initium capit; a basi retro et deorsum directus est embolus, paullo post subito in setam gracillimam contractus sursum curvatur et cum basi laminae tarsalis contingit, a corpore bulbi genitalis itaque spatio sat lato distat; deinde anteriora versus flexus marginem bulbi superiorem et anticum cingit, denique retro curvatus medium eius marginem inferiorem attingit; basis emboli cum corpore bulbi sulcum includit in parte posticâ inferiore situm, angulis fere aequalibus retro et deorsum directum. *Pedum* I. femur 0·81, patella 0·29, tibia 0·73, metatarsus 0·63, tarsus 0·45, pedum II. partes: 0·68, 0·26, 0·58 0·52, 0·42, pedum III.: 0·60, 0·23, 0·49, 0·49, 0·37, IV.: 0·71, 0·25, 0·62, 0·60, 0·42 mm. longae. *Abdomen* 1.1 longum, 0·78 latum. *Mamillae* externae articulo basali ca. 0·21, apicali ca. 0·11, insequentes articulo basali ca. 0·22, intimae ca. 0·13 longo. *Stigma* tracheale prope medium ventrem vidisse videor.

Color similis atque feminae, abdominis pictura eo solum distincta, quod maculae dorsuales paris 2-di cum vittis lateralibus eis vicinis omnino confusae sunt in maculas transversas late triangulares, angulo exteriore longe in latera abdominis producto; ventris color pallidus paullo latius in latera abdominis diffusus quam in feminâ, postice vero colore umbrino non coarctatus solum sed a mamillis anguste disiunctus.

Trochosa spinipalpis F. Cambr.

Trochosa spinipalpis F. O. P. Cambridge 1895. Notes on British Spiders, cet. (Ann. a. Mag. Nat. Hist. Ser. 6. v. XV) p. 28. t. III. f. 4, 5, 9, 11, 14.

Species haec sat late diffusa videtur; occurrit etiam in Poloniâ.

M a s facile distinguitur a *Tr. ruricola* (Geer) et *Tr. robusta* (E. Sim.) palporum parte tarsali apice inermi, neque unguiculo armatâ, a *Tr. terricola* Thor. parte palporum tibiali in latere interiore inferiore aculeis compluribus fortibus, neque pilis solum instructâ. Feminam certo distinguere nescio a *Tr. terricolâ*, cui similis est formâ epigynae; femina Anglica, dono mihi a Cel. Fr. O. P. Cambridgio data, et femina Austriaca, quam huic speciei adscribo, abdomen antice vittâ lanceolatâ albidâ ornatum et cephalothoracis vittas pallidas laterales melius expressas habent quam *Tr. terricola*, cuius vitta lanceolata abdominis, marginibus nigricantibus designata, pube tegitur non pallidiore quam reliquae partes dorsi dilutiores.

Trochosa sabulonum (L. Koch).

Trochosa trabalis var. C. L. Koch 1848. Die Arachniden, v. XIV. p. 143, f. 1373. — *Lycosa sabulonum* L. Koch 1878. Verzeichn. d. bei Nürnberg b. jetzt beobacht. Arachniden, p. 191. f. 19, 20. — *Trochosa terminalis* Bertkau 1880. Verzeichn. d. bish. bei Bonn beob. Spinnen, p. 283, f. 8.

Venter plus minusve nigricans, nonnunquam tamen lateribus abdominis parum obscurior. Vitta media cephalothoracis pallida postice valde angusta, in parte dorsi sublibratâ elongato ovata fere, marginibus mediocriter definitis et circa sulcum medium leviter et obsolete radiato incisis. Sternum coxis non obscurius. Patellae subter et tibiae basi subter pallide coloratae. Tibiae I. subter aculeis — praeter apicales — 2.2 instructae. — Epigyne (tab. II. fig. 79) parva, prope marginem posticum foveolis duabus instructa, postice costâ communi latiusculâ, humili, leviter procurvâ clausis, inter se carinulâ angustâ humili distinctis; ante has foveolas epigyne impressione ornatur sat profundâ quidem, sed parum definitâ, rugosâ et pilosâ. — Unguis mandibularum maris subter tuberculo mediocriter expresso ornatus. Lamina tarsalis (fig 80) unguiculis duobus modice evolutis instructa. Bulbi genitalis pars „basalis", quae paullo plus quam dimidium bulbum occupat, valde oblique truncata, margine apicali inaequali et magis fere in longitudinem quam in transversum directo, prope medium lobo angulato-rotundato ornato; lobo hoc basis lamellae „characteristicae" occultatur, retro et foras directae, basi latae et membranaceae fere, apice in spinam contractae corneam nigram compressam (ita ut a latere insigniter latior quam ab imo videatur), paullulum deorsum directam.

Trochosa alpigena (Dol.).

Lycosa superba L. Koch 1872. Beitrag z. Kenntn. d. Arachnidenfauna Tirols. 2-te Abhandl. p. 316. — *Trochosa insignita* Thorell 1872. On na⁰gra Arachnider fra⁰n Grönland, p. 160 — *Lycosa biunguiculata* O. P. Cambridge 1874. On new and rare British Spiders (being a Second Supplem...) Trans. Linn. Soc. London, v. XXVIII., p. 526, t. 46, f. 2. — Id. 1894. On some new and rare Scotch Spiders, p. 23, f. 1.

Lycosa alpigena Dol. non dubium synonymum mihi videtur *Lycosae superbae* L. Koch et certe etiam *L. biunguiculatae* Cambr.

Venter lateribus abdominis non aut parum obscurior, sternum coxis insigniter obscurius; cephalothorax vittâ mediâ pallidâ parum manifestâ ornatus, postice angustâ, circa sulcum medium modice dilatatâ, non stellatâ, antice in totam partem cephalicam diffusâ. Abdomen antice in dorso vittâ mediâ lanceolatâ pube albâ tectâ, optime expressâ ornatur. Patellae et basis tibiarum subter pallide coloratae. Tibiae I. subter aculeis — praeter apicales — 2.2 ornatae, patellae IV. apice pilo neque aculeo instructae, pedum IV. metatarsus in feminâ insigniter, in mare evidenter saltem brevior quam tibia cum patellâ. — Epigyne (tab. II. fig. 82) postice lamellâ transversâ sive costâ latiusculâ ornatur, modo leviter procurvâ, modo subrectâ apicibus paullo procurvis; foveâ propriâ caret epigyne, impressione modo ornatur ante costam commemoratam, plerumque sat profundâ sed parum definitâ, maiusculâ, formâ paullo varianti, rugosâ et pilosâ, septo nullo dimidiatâ. — Unguis mandibularum maris subter tubere non ornatus. Lamina tarsalis (tab. II. fig. 81) apice unguiculis duobus optime evolutis ornata. Bulbi genitalis pars „basalis" apice valde oblique truncata, margine in parte interiore sive anteriore convexo, in posteriore paullo excavato; lamella „characteristica" modice sigmoidea, cum margine apicali partis basalis late coniuncta, latitudine ubique fere aequali, angulo posteriore exteriore in dentem basi latum, apice acutum compressum, foras directum, modice procurvum, producto; prope ab angulo hoc bulbus genitalis spinâ ornatur profundius sitâ, nigrâ tenui, foras et anteriora versus directâ, apice paullulum ultra marginem exteriorem laminae tarsalis prominenti.

Lycosa montivaga n. sp.

M a s.

Cephalothorax 2·9 mm. longus, 2·2 latus, fronte, cuius totam latitudinem occupare videtur series 2-a oculorum desuper adspecta, 0·84 latâ. Series *oculorum* 2-a aeque longa atque spatium oculis posticis interiectum et plus quam diametro oculi latior quam series antica; area oculorum posteriorum aeque longa atque antice lata; diameter oculi postici circiter ¹/₄ minor quam oculi seriei 2-ae; series oculorum antica sat fortiter procurva, oculi medii circiter triplo minores (in diametro) quam oculi seriei 2-ae, maiores quam laterales, qui tamen una cum tuberculis, quorum parti inferiori innati sunt, mediis paullulum maiores videntur. Pars faciei oculos medios anticos gerens in tuber elevata latum, supra sat bene definitum, infra usque ad clypei marginem pertinens. Oculi antici medii ab oculis seriei 2-ae circiter diametro suâ, a clypei margine sescuplâ diametro saltem, inter se plus quam radio, ab oculis anticis lateralibus minus quam radio distant. *Mandibulae* ca. 0·9 longae, circiter ¹/₄ longiores quam facies (usque ad marginem superiorem oculorum seriei 2-ae) alta. *Palporum* (tab. II. fig. 84) pars patellaris paullo latior quam apex partis femoralis, sescuplo longior quam latior, apicem versus parum dilatata, dorso prope medium late paullo impresso, pars tibialis paullo longior quam patellaris, eâ circiter ¹/₄ latior, a basi apicem versus leviter et aequabiliter dilatata, in latere inferiore intus longe, in interiore modice longe, ceterum breviter pilosa. Lamina tarsalis parum longior quam pars patellaris cum tibiali, circiter ¹/₅ modo latior quam pars tibialis, plus duplo longior quam latior, desuper visa parum asymmetrica, apice unguiculo instructa; rostrum circiter duplo brevius quam reliqua pars laminae tarsalis. Pars „basalis" circiter dimidium *bulbi genitalis* occupat, apice in universum transverse truncata est, margine in parte interiore convexo, in exteriore paullo exciso; ad medium

marginem hunc, lateri interiori paullo propius, processus initium capit
corneus, anteriora versus et foras directus, leviter sursum curvatus,
complanatus, quadruplo fere longior quam basi latior, apicem versus
aequabiliter angustatus, apice, qui obtusiusculus est, paullulum ultra
marginem laminae tarsalis producto; in angulo inter processum hunc
et marginem apicalem partis basalis lamella „characteristica“ conspicitur parva, angulo exteriore in uncum corneum deorsum directum producto. A latere visus bulbus genitalis, processu illo longissimo incluso,
subter modice et paene aequabiliter convexus est. Pedes I. et II. et III.
8·0, IV. 11·5 mm. longi. pedum I. femur 2·18, patella 1·02, tibia 1·68,
metatarsus 1·75, tarsus 0·99, pedum II. partes: 2·04, 1·02, 1·68, 1·90,
0·99, pedum III.: 1·97, 0·95, 1·53, 2·11, 0·95, IV.: 2·63, 1·02, 2·33,
3·39, 1·46 mm. longae. *Pedum* anteriorum tibiae leviter deorsum curvatae, metatarsi et tarsi antici leviter incrassati et pilis patentibus procurvis tenuibus, quorum longiores in latere antico metatarsi siti diametro
partis huius duplo circiter longiores sunt, plumati; etiam apex tibiae
leviter plumatus; pedum II. metatarsi et tarsi parum aut vix evidenter
incrassati, simili instructi ornamento, in latere postico minus evoluto.
Pedum anticorum femora inermia, raro prope apicem antice aculeo 1
minuto armata, tibiae in latere antico aculeis saepissime minutis, magnitudine tamen et numero et situ variantibus (2 vel 3 vel 4) ornatae,
qui aculei saepe pro parte in latere inferiore antico siti sunt; subter
saepissime in apice ad latus anticum tibia I. aculeo formâ vulgari ornatur, rarissime etiam in apice ad latus posticum; metatarsi inermes aut
aculeis minutis subter 2.2, raro etiam antice 1.1 ornati. Femur II.
inerme, patella antice aculeo 1 aut 0 instructa, tibia armaturâ insigniter
varians, antice aculeis 1.1 sat magnis. subter in apice 2 et modo prope
medium ad latus anticum aculeo 1 parvo aut minuto, modo prope basim
et prope medium 2.2 plerumque minutis ornata, postice et supra inermis, raro supra aculeo 1 instructa; metatarsus antice aculeis 1.1.1 aut
1.1, subter 2.2.1, postice in apice aculeo 1 armatus aut inermis. Pedum
III. femur supra aculeis 1.1.1, antice prope apicem 1, postice 1.1 aut 1,
patella in latere utroque 1, supra in apice 1 aut 0 et prope basim rarissime 1, tibia supra 1.1 magnitudine variantibus, in latere utroque
1.1, subter 2.2.2 pro parte minutis, metatarsus supra 0 aut prope basim
1, antice 1.1.2, postice 1.1.1 aut 1.1.2, subter 2.2.1 ornatus. Pedum IV.
femur supra aculeis 1.1.1, in utroque latere apicem versus 1 ornatum,
patella ut III. aculeata aut postice inermis, tibia supra et in utroque
latere aculeis 1.1, subter 2.2.2, metatarsus plerumque in latere utroque
1.1.2, subter 2.2.1 instructus. *Abdomen* 2·6 mm. longum, 1·8 latum,
formâ ordinariâ.

Occurrunt exempla minora, cephalothorace 2·4 mm. longo.

Cephalothorax humefactus fuligineo-niger, vittis pallidis evidentioribus caret; modo in exemplis in liquorem immersis conspiciuntur interdum vittae pallidiores angustae, parum manifestae, media et laterales, quae a margine cephalothoracis latitudine suâ saltem distant; clypeus reliquo cephalothorace nonnunquam pallidior. *Mandibulae* fuligineo-nigrae, apice nonnunquam pallidiores; *maxillae* basi fuligineae, apicem versus plerumque obscure fulvae; *labium* nigro-fuligineum apice pallidum; *sternum* nigro-fuligineum, coxis pedum multo obscurius. *Palpi* toti obscure colorati, parte femorali nigrâ, basi et apice nonnunquam pallidiore, parte tibiali fuligineâ, parte patellari plerumque evidenter, parte tarsali autem parum pallidiore quam pars tibialis; nonnunquam partes patellaris tibialis tarsalis colore parum inter se differunt. *Pedum* coxae et trochanteres subter fulva, illae basi aut etiam apice exceptis colore fusco suffusae; supra coxae et trochanteres nigro-fuliginea sunt; reliquae pedum partes rufo-flavae, laetius aut pallidius coloratae, maculis obscurioribus nullis. *Abdomen* supra nigro-fuligineum, raro antice vittâ lanceolatâ parum manifestâ ornatum, subter pallidius, fuligineum aut obscure umbrinum; *mamillae* obscure umbrinae, infimae supremis plerumque paullo pallidiores.

Desiccatus cephalothorax vittis ornatur e pube albidâ parum densâ formatis, angustis, mediocriter aut parum expressis; vittae mediae pars circa sulcum medium et paullo pone eum sita plerumque melius expressa quam eius partes anteriores et quam vittae laterales, metatarsis pedum posticorum non evidenter latior aut angustior; anterius vitta media saepe intervallum oculorum posticorum attingit, nonnunquam tamen brevior est, nusquam dilatata. Vittae laterales in exemplis distinctius pictis binae: inferior ad ipsum marginem sita, superiore paullo angustior et ab eâ circiter latitudine suâ remota; plerumque vittae hae inter se plus minusve confusae sunt, coniunctim aeque circiter latae atque femora pedum, non raro parum definitae. *Palporum* pars patellaris pube adpressâ, modice congestâ, albidâ, tecta, supra lineis duabus latiusculis nudis ornata; reliquarum partium palporum et pedum color pube parum mutatur; pili longi in latere inferiore partis tibialis palporum nigricantes. *Abdominis* dorsum fuligineum aut cinerascenti-fuligineum; vitta media antica pube albidâ aut cinerascenti, mediocriter congestâ tecta, plerumque sat distincta sed parum definita, raro omnino deleta; ad eius partem posteriorem utramque saepe dorsum vittis binis ornatur colore similibus, obliquis, retro et foras directis, quarum anteriores posterioribus longiores; non raro vittae hae omnino indistinctae sunt; raro dorsum ad partem anteriorem vittae mediae vittâ oblongâ albidâ ornatur.

Inter apicem vittae mediae et mamillas maculae albidae conspiciuntur circiter 4 aut 5 gradatim minores, formâ variantes, anteriores saltem transversae et nonnunquam in medio interruptae, saepissime paullo minus distinctae quam maculae albae laterales; hae utrimque 5 aut 6 sunt, earum antica in mediâ fere longitudine abdominis sita; · puncta maiuscula formant hae maculae plus minusve rotundata. Subter et in lateribus inferius abdomen pube cinerascenti-albidâ tectum est modice confertâ, quae in laterum parte superiore vittas format obliquas sursum et anteriora versus directas, plus minusve distinctas, versus maculas laterales areae dorsualis directas aut cum eis coniunctas.

    Femina.

    Cephalothorax 3·0 mm. longus, 2·25 latus, fronte 0·88 latâ. *Oculorum* series 2-a totam fere latitudinem frontis occupare videtur, quum desuper adspicitur cephalothorax, paullo longior est quam spatium oculis posticis interiectum. *Mandibulae* ca. 1·2 longae, circa $^4/_5$ longiores quam facies alta. *Pedes* formâ vulgari; femora omnia supra aculeis 1.1.1, praeterea I. antice prope apicem 2, II. prope apicem antice 1 et postice 1 aut in latere postico 1.1, III. in utroque latere 1.1, IV. in utroque latere prope apicem 1 aut in latere antico 1.1, patellae anteriores prope basim et in apice setâ longâ, II. in latere antico aculeo 1, patellae III. et IV. supra propè basim et in apice et in utroque latere aculeo 1, tibiae I. et II. supra setis longis 1.1, I. in latere antico in dimidio basali aculeo 1, in latere antico inferiore serie aculeorum 1.1.1 paullo obliquâ, subter ad latus posticum aculeis 1.1, in apice subter ad latus anticum solum aculeo 1, II. antice 1.1, subter 2.2 et in apice 2, postice 0, tibia III. et IV. supra et in latere utroque 1.1, subter 2.2.2 (quorum duo posteriores basi propiores parvi aut basalis a pilis parum distinctus), metatarsi I. in latere antico prope medium 1 et ad apicem 2, subter pone basim et medium versus 2.2, postice ad apicem infra 1, II. antice prope basim et prope medium 1.1, ad apicem 2, subter 2.2 et in apice 1, postice prope medium 1, ad apicem 2, III. praeter aculeos apicales 5 in utroque latere 1.1, subter 2.2, IV. praeter aculeos prope apicem sitos 5 aut 6 in utroque latere 1.1, subter serie duplici aculeorum 1.1.1 aut anterius 1.1, posterius 1.1.1, armati. Pedes I. 8·4, II. 8·3, III. 8·4, IV. 12·2, pedum I. femur 2·26, patella 1·02, tibia 1·75, metatarsus 1·75, tarsus 1·06, pedum II. partes: 2·19, 1·02, 1·64, 1·78, 1·06, pedum III.: 2·19, 1·02, 1·46, 2·04, 1·02, IV.: 2·92, 1·12, 2·44, 3·43, 1·46 mm. longae. *Abdomen* 3·0 longum, 2·2 latum, formâ vulgari. *Epigyne* (fig. 83) foveis ornatur duabus vadosis nitidis, antice et intus et in lateris exterioris parte anticâ optime, in lateris huius parte reliquâ, quae margine acuto caret, parum modo definitis, paene triangularibus latere antico transverso sat fortiter recurvo, coniunctim spatium non duplo latius quam longius occupantibus, inter se septo disiunctis plano latiusculo, a basi posteriora versus primo angustato, tum leviter et paene aequabiliter dilatato.

Cephalothorax humefactus fuligineo-niger, vittis pallidis parum manifestis ornatus, obscure ferrugineo-fulvis; vitta media circiter metatarsos pedum latitudine aequat, circa sulcum ordinarium melius expressa, antice oculorum aream non attingit, nonnunquam inter sulcum eum et oculos interrupta est; vittae laterales aeque paene latae atque tarsi pedum, a margine cephalothoracis latitudine suâ distant; clypeus et mandibulae obscure rufo-umbrina; sternum in medio nonnunquam maculâ oblongâ pallidiore parum perspicuâ pictum. *Palporum* pars femoralis umbrina aut fuliginea, reliquae partes obscure fulvae. *Pedum* coxae subter ut trochanteres rufescenti-umbrinae, basi fulvo maculatae, reliquae partes rufo-umbrinae, femora obscuriora, subter nigro-fuliginea parte apicali exceptâ, in lateribus colore eodem inaequabiliter picta, praesertim anteriora, annulis evidentioribus carent; partes insequentes pedum anteriorum non maculatae, pedum posteriorum patellae ornatae annulis singulis, tibiae binis: basi et in apice, metatatarsi ternis: basi et prope medium et in apice, obscurius umbrinis, parum manifestis et parum definitis, melius distinctis in pedibus IV. quam in III. *Abdomen* fuligineo-nigrum, obscure rufescenti-umbrino maculatum: antice vittâ mediâ ornatum lanceolatâ et ad eam utrimque anterius vittâ oblongâ, antice evanescenti, postice, ubi vitta media in dentem obtusum leviter dilatata est, retro et foras curvatâ et usque ad marginem dorsi productâ; ad partem vittae mediae apicalem acuminatam macula utrimque iacet margini eius parallela, ad apicem eius vero foras et retro curvata. Partem dorsi posteriorem mediam lineae occupant circiter 5 tenues, leviter recurvatae, utrimque puncto magis albido finitae, et anguli eis interiecti, lati, apice anteriora versus directi, breviores; tota haec pictura plerumque non nisi in animali in liquorem immerso conspicitur. Latera nigro-fuliginea, obsolete pallidius contaminata; venter obscure rufescenti-umbrinus.

Desiccatus cephalothorax fuligineus, vittis sordide albis optime expressis ornatus; vitta media oculorum aream, quae pube magnâ ex parte pallidâ tecta videtur, attingit; vittae laterales binae: marginales angustae, supra eas circiter latitudine suâ remotae vittae paullo latiores. Dorsum *abdominis* nigro-fuligineum, eius pictura e pube flavido-cinereâ constans optime expressa, sed paullo minus definita quam in abdomine humefacto, similis, eo excepto, quod vittae in utroque latere vittae anticae mediae sitae ad partes longitudinales redactae, partes laterales earum vero fere deletae aut late abruptae saltem sunt; puncta in lateribus dorsi posterius sita alba.

Ceterum in feminam quadrant ea, quae de mare diximus, mutatis mutandis.

Lycosa haec summopere affinis est *Lycosae (Pardosae) femorali* E. Sim., quam non novi. Mares insigniter inter se differre videntur pedum colore; lamina tarsalis probabiliter brevior et latior est in *L. femorali*; secundum figuram 14 a Cel. E. Simonio in Les Arachnides de France, v. III. t. 13, editam septum epigynae postice fortius dilatatum est in *L. femorali*, quae differentia tamen nescio an non constans sit (in *L. prativaga* saltem, quae *L. femorali* et *L. montivagae* etiam valde affinis est, septum epigynae variat paullo formâ). — A *Lycosa prativaga* L. Koch. mas *L. montivagae* facile distinguitur formâ insolitâ pedum anteriorum, simili atque in *L. femorali*, et laminâ tarsali longiore et angustiore; femina fortasse non semper certo distinguetur, differre enim videtur modo tibiis anticis non annulatis (annuli tibiales tamen etiam in exemplis *L. prativagae* nondum perfecte coloratis indistincti sunt), tibiis I. apice subter ad latus anticum solum, neque ad posticum aculeatis, metatarsis I. antice prope basim inermibus, quum in *L prativaga* tibiae I. loco commemorato aculeos duos habeant et metatarsi I. antice non solum prope medium sed etiam prope basim aculeo 1, saepe debili ornentur — saepissime sed non constanter.

Heliophanus auratus C. L. Koch var. mediocinctus n.

Heliophanus, cuius exempla sat multa legit B. Kotula in montibus: Anninger et Gaisberge, a *Heliophano aurato* formâ non distinctus, differt ab eo abdominis dorso non solum in parte posticâ pari macularum plus minusve transversarum, albarum, sed etiam paullo ante medium fasciâ albâ in medio late interruptâ, transversâ recurvatâ ornato. Fascia haec angusta est saepissime et optime expressa, modo in exemplis aetate provectâ minus distincta, latera versus saepissime usque ad limbum dorsualem album producta et cum eo coniuncta, rarius abbreviata; rarissime loco fasciae angustae par macularum invenitur sat crassarum transversarum, angulo exteriore elongato. — *Heliophanus exsultans* E. Sim., si quidem *Heliophanus*, quem *exsultantem* esse censeo, revera haec est species, differt a *var. mediocinctâ Heliophani aurati* dorso abdominis paullo ante medium non fasciis angustis sed pari macularum ornato albarum rotundatarum aut paullo transversarum, raro foras productarum, saepissime vero a limbo albo marginali late distantium, et imprimis cephalothorace ad marginem posticum oculorum posticorum maculâ maiusculâ albâ picto, quae maculae desunt in *H. aurato var. mediocincto.*

Euophrys petrensis C. L. Koch.

Euophrys petrensis C. L. Koch. 1837, Uebersicht des Arachnidensystems, vol. I. p. 34 — *Attus petrensis* Id. 1848, Die Arachniden, v. 14, p. 49, f. 1307. — *Euophrys petrensis* Thorell 1872, Remarks on Synonyms 374. — E. Simon 1876, Les Arachnides de France, v. 3. p. 193.

Marem huius speciei non novi. — Feminae tibiae II. subter aculeis 1.1 lateri postico parum propioribus quam antico ornantur. Clypeus pilis sat longis dispersis instructus. *Epigyne* (tab. II. fig. 85, 86) foveis evidentioribus caret, eius puncta nigra anteriora circiter aeque inter se remota atque puncta media macularum posteriorum rotundarum. — Ab *Euophrye aequipedi* (Cambr.) et *Eu. monticola* Kulcz. differt *Eu. petrensis* colore multo obscuriore, ex. gr. abdomine supra nigro pictura pallida nulla aut parum expressa, neque fulvo, fuligineo maculato, palporum parte femorali nigra, quum palpi *Eu. aequipedis* et *Eu. monticolae* toti pallide colorati sint cet.

INDEX FIGURARUM.

Tab. I.

18. *Theridium suaveolens*, epigyne (36).

19. *Caracladus globipes*, partes tibialis et tarsalis palpi dextri maris a latere interiore visae (×51).

20. Eiusdem palpi apex partis tarsalis a fronte visus (×65).

21. Eiusdem speciei epigyne (×51).

22. *Styloctetor austriacus*, partes patellaris tibialis tarsalis palpi sinistri maris a latere exteriore visae (×51).

23. Eiusdem palpi partes tibialis et tarsalis a latere inferiore interiore visae (×51).

24. Eiusdem palpi pars tibialis desuper visa (×51).

25. Eiusdem speciei epigyne (×51).

26. *Lophomma laudatum*, palpi dextri maris partes tibialis et tarsalis a latere exteriore visae (×51).

27. *Walckenaëra Kochii*, palpi sinistri maris pars tibialis et basis partis tarsalis a latere exteriore visae (×36).

28. *Walckenaëra unicornis*, palpi sinistri maris pars tibialis et basis partis tarsalis a latere exteriore visae (×36).

29. Eiusdem speciei epigyne (×36).

30. *Trichoncus scrofa*, palpi sinistri maris pars tibialis desuper visa cum parte tarsali (×36).

31. *Hylyphantes nigritus*, palpi sinistri maris pars tibialis desuper visa (×51).

32. Eiusdem palpi partes patellaris tibialis tarsalis a latere interiore visae (51).

33. *Walckenaëra furcillata*, epigyne (51).

34. *Hylyphantes nigritus*, epigyne (36).

35. *Centromerus vindobonensis*, epigyne ab imo visa (×36).

36. Eadem a latere exteriore visa (×36).

37. *Micryphantes gulosus*, palpi dextri maris pars tibialis cum basi laminae tarsalis et paracymbio desuper visa (×51).

38. Eiusdem palpi partes tibialis et tarsalis a latere inferiore exteriore visae (×51).

39. *Micryphantes equester*, palpi dextri maris partes tibialis et tarsalis desuper visae (×51).

40. Partes eaedem a latere inferiore exteriore visae (×51).

41. Eiusdem palpi pars tibialis cum basi laminae tarsalis et paracymbio desuper visa (×51).

42. *Sintula simplex*, palpi dextri maris partes tibialis et tarsalis a latere inferiore exteriore visae (×51).

43. Eiusdem palpi pars tibialis cum basi partis tarsalis desuper visa (×51).

44. Eiusdem speciei partes tibialis et tarsalis a latere exteriore visae (×51).

45. Eiusdem speciei epigyne a latere sinistro visa (×51).

46. Eadem ab imo visa (×51).

47. *Sintula affinis*, epigyne ab imo visa (×51).

48. Eadem a latere sinistro visa (×51).

Tab. II.

49. *Sintula montanus*, epigyne a latere sinistro visa (×51).

50. Eadem ab imo visa (×51).

51. *Bathyphantes mastodon*, palpi sinistri maris pars tarsalis a latere interiore visa (×51).

8

52. *Lephthyphantes Kochii*, palpi dextri maris pars patellaris tibialis tarsalis.
53. Idem.
54. Palpi eiusdem partes patellaris et tibialis cum basi partis tarsalis a fronte visae; *pc* = paracymbium, *lt* = lamina tarsalis, *lc* = lamella characteristica.
55. Eiusdem speciei epigyne a latere dextro visa.
56. Eadem ab imo visa.
57. *Lephthyphantes geniculatus*, palpi dextri maris partes patellaris tibialis tarsalis a latere exteriore visae ($\times$36)
58. Eiusdem palpi basis laminae tarsalis et paracymbium cum parte tibiali a fronte visa ($\times$51).
59. *Lephthyphantes nanus*, epigyne ab imo visa ($\times$65).
60. Eadem a latere dextro visa ($\times$65).
61. *Lephthyphantes montanus*, palpi sinistri maris partes patellaris tibialis tarsalis a latere exteriore visae ($\times$51).
62. Partes eaedem a fronte visae (36).
63. *Lephthyphantes quadrimaculatus*, palpi dextri maris partes tibialis et tarsalis a latere interiore visae ($\times$36).
64. Eiusdem palpi partes patellaris tibialis tarsalis a latere exteriore visae ($\times$36). (Denticulus, quo paracymbium ornatur, re vera paullo minus remotus est ab eius apice, quam in hac figura).
65. *Oxyptila Kotulai*, palpi sinistri maris partes tibialis et tarsalis ab imo visae ($\times$28).
66. Pars media bulbi genitalis eiusdem palpi a latere exteriore visa ($\times$28).
67. Eiusdem palpi partes tibialis et tarsalis a latere exteriore inferiore visae ($\times$28).
68. Eiusdem speciei epigyne ($\times$28).
69. *Xysticus cor*, epigyne ($\times$51).
70. Eiusdem speciei partes tibialis et tarsalis palpi sinistri maris ab imo visae (51).
71. *Xysticus viduus*, epigyne ($\times$19).
72. *Agroeca proxima*, epigyne ($\times$36).
73. Eiusdem speciei pars tibialis et tarsalis palpi sinistri maris ab imo visae (28).
74. *Clubiona saltuum*, epigyne ($\times$28).
75. *Coelotes brevidens*, epigyne ($\times$19).
76. *Hahnia picta*, palpi dextri maris partes patellaris tibialis tarsalis a latere exteriore visae ($\times$36).
77. Eiusdem speciei palpus dexter maris a latere interiore visus ($\times$36).
78. *Tegenaria austriaca*, epigyne paullo a parte posteriore visa ($\times$19).
79. *Trochosa sabulonum*, epigyne ($\times$36).
80. Eiusdem speciei pars tarsalis palpi dextri maris ($\times$28).
81. *Trochosa alpicola*, pars tarsalis palpi sinistri maris ($\times$19).
82. Eiusdem speciei epigyne ($\times$28).
83. *Lycosa montivaga*, epigyne (28).
84. Eiusdem speciei pars tarsalis palpi sinistri maris (28).
85. *Euophrys petrensis*, epigyne ($\times$28).
86. Eadem humefacta ($\times$28).

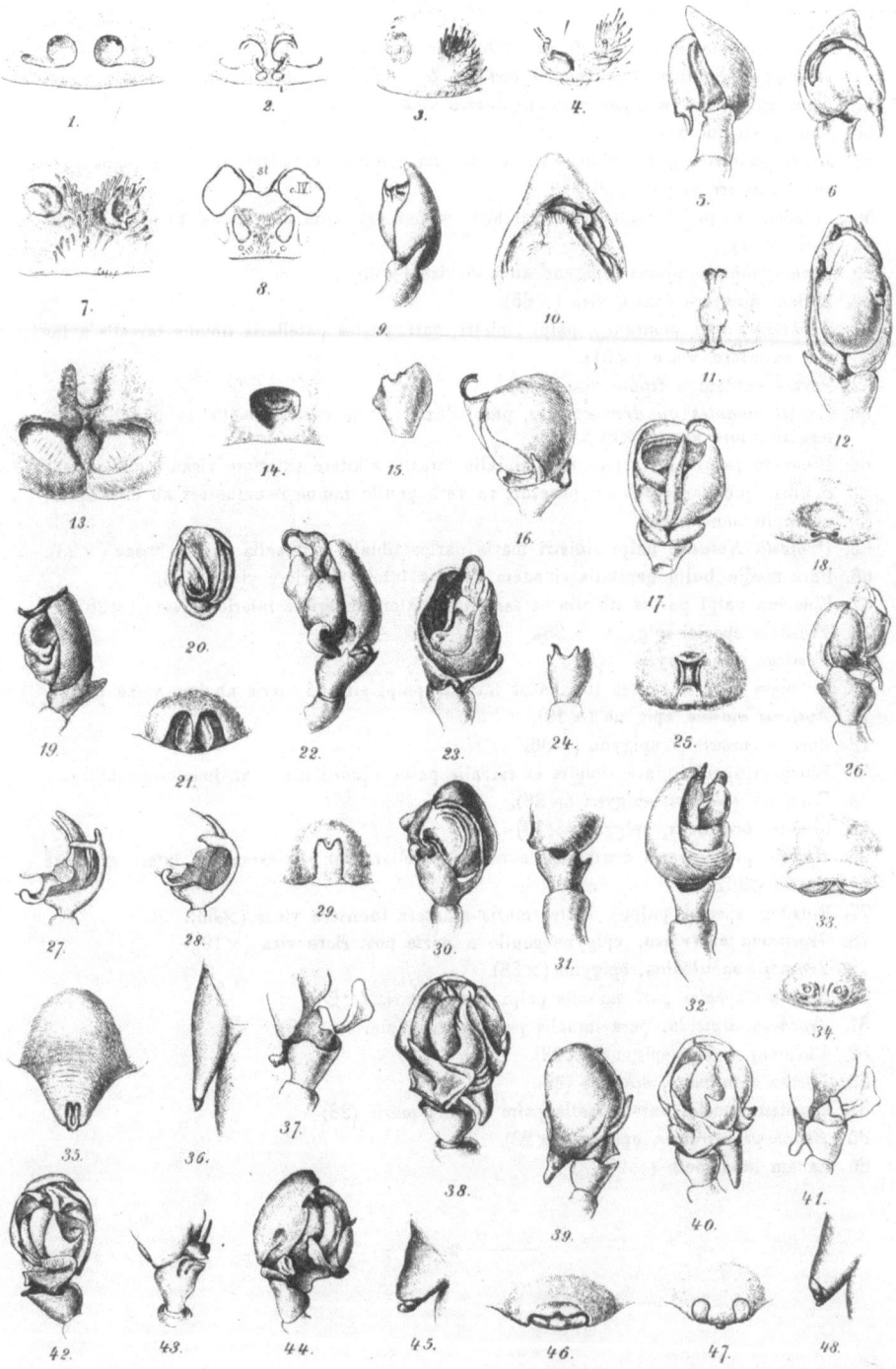

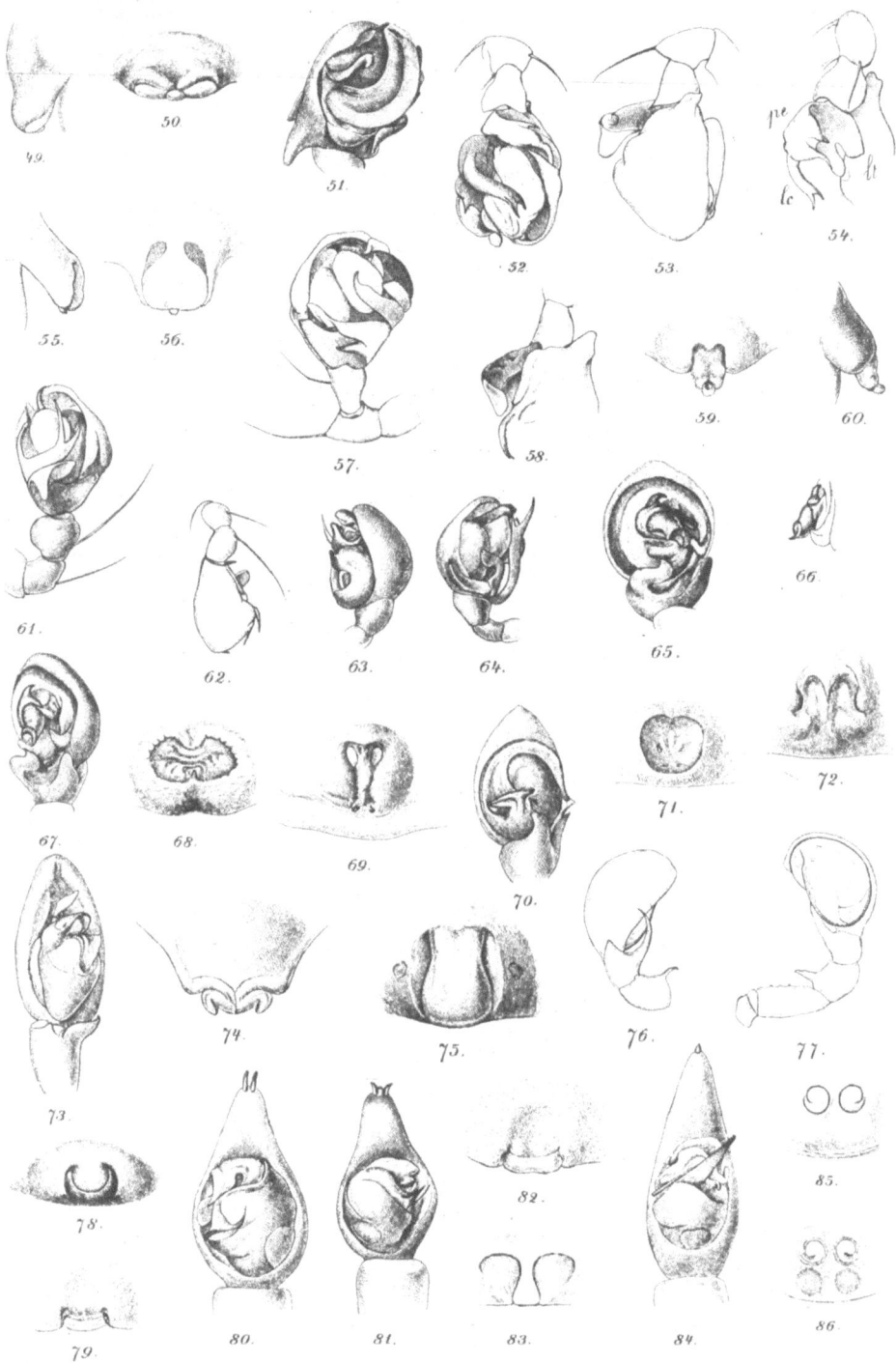

18

15. — W. Kulczyński **Symbola ad faunam Aranearum Austriae inferioris cognoscendam.** Mit 2 Tafeln.

Unter Ausschluss ganz zweifelhafter oder offenbar irrthümlicher Angaben, berechnet der Verf. die Zahl der aus Niederösterreich bisher aufgeführten Spinnenarten auf 147 oder nur 106, — je nachdem nicht ganz sichere aber doch wahrscheinliche Angaben mitgezählt werden oder nicht — und zählt, hauptsächlich auf Grund einer reichhaltigen, von Prof. B. Kotula erhaltenen Sammlung niederösterreichischer Spinnen, 464 Arten und Varietäten auf. Dreizehn Arten wurden in das Verzeichnis auf Grund fremder Angaben aufgenommen; die Bestimmung von sechs, in der Sammlung nur durch junge oder weibliche Exemplare vertretenen Arten, ist fraglich. Im zweiten Theile der Abhandlung charakterisiert d. Verf. kurz diejenigen Arten, welche in den synoptischen Tabellen ungarischer Spinnen in „Araneae Hungariae secundum collectiones a L. Becker pro parte perscrutatas enumeratae a C. Chyzer et L Kulczyński" fehlen, und beschreibt folgende neue Arten und Varietäten und unbekannte Geschlechter schon beschriebener Arten: *Dictyna mitis* Thor. ♀, *Prosthesima pilipes* n. sp., *Pr. collina* n. sp., *Pr. declinans* Kulcz. ♂, *Theridium simulans* Thor. ♂, (*Caracladus globiceps* (L. Koch) ♀), *Styloctetor Austriacus* n. sp., *Centromerus Vindobonensis* n. sp., *Sintula simplex* n. sp., *S. affinis* n. sp., *S. montanus* n. sp., *Lephthyphantes geniculatus* n. sp., (*L. Kochii* n. = *Linyphia angulipalpis* L. Koch), *L. nanus* n. sp., *L. montanus* n. sp., *L. quadrimaculatus* n. sp., *Oxyptila Kotulai* n. sp., *Xysticus viduus* n. sp., *Clubiona saltuum* n. sp., *Agroeca gracilior* n. sp., *Coelotes brevidens* n. sp., *Tegenaria Austriaca* n. sp., *Hahnia picta* Kulcz. ♂, *Lycosa montivaga* n. sp., *Heliophanus auratus* C. L. Koch. *var. mediocincta* n.